油气藏老区开发学术论文集

本书编委会　编

中国石化出版社

图书在版编目(CIP)数据

油气藏老区开发学术论文集 / 本书编委会编. —北京：中国石化出版社，2022.11
ISBN 978-7-5114-6912-0

Ⅰ.①油… Ⅱ.①本… Ⅲ.①油气藏-油气开采-文集 Ⅳ.①P618.13-53

中国版本图书馆 CIP 数据核字(2022)第 207609 号

中国石化出版社出版发行
地址：北京市东城区安定门外大街 58 号
邮编：100011 电话：(010)57512500
发行部电话：(010)57512575
http://www.sinopec-press.com
E-mail：press@sinopec.com
北京富泰印刷有限责任公司印刷
全国各地新华书店经销
*
880×1230 毫米 16 开本 25 印张 628 千字
2022 年 12 月第 1 版 2022 年 12 月第 1 次印刷
定价：280.00 元

《油气藏老区开发学术论文集》
编　委　会

前　言

为贯彻落实习近平总书记关于国家能源安全新战略重要思想，聚焦油气藏老区开发关键技术与长效稳产，交流油气田企业先进开发方式与管理经验，提高整体开发能力水平，推动老区油气藏提产、提速、提质、提效，实现原油增产稳产，天然气持续快速上产，不断提升保障我国能源安全的能力，新疆石油学会、中国石油新疆油田分公司组织开展了油气藏老区开发学术论文征集活动，得到中国石油学会石油工程专业委员会、各地方石油学会的大力支持，中石油、中石化、中海油等油气田企业及科研院所、高校等广大科技工作者积极响应，共收到投稿论文90篇，经专家审核筛选出59篇，汇编出版《油气藏老区开发学术论文集》。

本论文集收集整理了油气藏老区开发领域在油藏描述、高含水老油田综合调整、提高采收率、低渗透油气藏开发、稠油油藏开发、油藏动态监测、储层改造、节能环保等方面的创新成果和经验做法，具有较高的学术水平和实用价值。相信论文集的出版，对各油气田企业广大科技工作者将有一定的参考和借鉴作用，对推动老区油气藏整体开发能力水平将起到积极作用。

在论文征集、出版过程中，得到了黑龙江省石油学会、辽宁省石油石化学会、吉林省石油学会、天津市石油学会、四川省石油学会、青海省石油学会等兄弟学会和相关单位的大力支持，广大科技工作者踊跃投稿，编审专家认真审核、严格把关，提出了宝贵意见和建议，在此一并表示衷心感谢！

目 录

非常规油气开发

油藏开发(稀油)

油藏开发(稠油)

已开发油藏提高采收率

气藏工程

采油气工程工艺

国内外致密油提高采收率技术文献分析

刘　新

（中国石油大庆油田有限责任公司勘探开发研究院）

摘　要　致密油是未来油气开发的重要目标。为有效开发水平井分段压裂后的致密油资源，美国、加拿大等国学者和机构研究并应用注水、化学驱、CO_2驱等提高原油采收率技术。以工程索引数据库(EI)和文摘引文数据库(Scopus)为数据来源，依据文献分析，研究注水、化学驱、CO_2驱等提高采收率在致密油应用的起源、历程和特征，分析石油生产国研究此类油藏EOR技术的文献数量、研究方向、现状和热点分支。研究结果表明，自Arshad A在2009年科威特国际石油展会上发表“CO_2混相驱替致密油实例研究”后，致密油提高采收率技术文献数量呈上升趋势，于2019年达到峰值；文献发表最多的国家是中国、美国和加拿大；技术研究包括注水、化学驱、CO_2驱等在致密储层的模拟研究、驱油机理和现场试验。分析发现，致密油开发研究集中在扩大油井和目标层接触面积、提高原油相对渗透率、降低原油黏度和改变润湿性，CO_2驱、表活性驱和(低盐水)水气交替注入是致密储层主要适用技术。从独特的技术文献分析角度来分析致密油提高采收率技术的起源、现状和发展方向，为研究人员了解致密油开发提供较全面的认识以及一定的参考借鉴。

关键词　致密油；提高采收率；注水；化学驱；CO_2驱

致密油是指赋存在低渗透地层(包括但不限于页岩)的轻质原油，世界致密油地质储量和技术可采储量分别达到9497.6亿吨和471.68亿吨，广泛分布在俄罗斯、美国、中国、加拿大、利比亚、阿根廷和澳大利亚，是非常现实的石油接替资源。致密油在美国已实现了工业化开发，是美国“能源独立”战略的重要推手。中国致密油主要分布在鄂尔多斯、松辽、准噶尔、渤海湾和四川盆地，储量为5~10亿吨。邹才能等学者认为，致密油作为中国非常规能源新类型，随着勘探开发力度和技术应用进一步加大，将会为我国原油产量增加发挥重要作用。

致密油井生产具有产量递减快、采收率低特征，产量在投产早期迅速下降，第一年递减率多超过70%；中后期递减趋缓，油井长期低产稳产，一次采收率通常为4.96%，即使应用当前水平井多段水力压裂技术，采收率往往也低于10%。致密油产量增长主要靠井间接替，因此致密油提高原油采收率技术的突破是影响致密油开发和发展的重要因素。

1　技术起源及发展历程

致密油提高原油采收率技术(致密油EOR)研究出现时间较短。通过EI库和Scopus库文献检索，目前可查的最早文献始于2009年。沙特阿拉伯法赫国王石油和矿业大学Arshad A. 等人于2009年12月14~16日在科威特SPE国际石油会议和展会上发表了一篇名为*Carbon Dioxide (CO₂) Miscible Flooding in Tight Oil Reservoirs: A Case Study*(《致密油藏CO_2混相驱实例研究》)的论文，研究了CO_2混相驱在一个已知致密油藏的应用，采用细管法对二氧化碳、原油及混相CO_2岩心驱的最小混相压力MMP进行实验测定，实验在CO_2完全混相的情况下取得了较高的采收率。

针对致密油EOR技术在EI库和Scopus库进行了检索分析，检索词tight oil或EOR，时间不限定，检索结果如图1所示。根据文献的发表数量，大致将技术发展划分为两个阶段：(1)2009~2014年，年文献量低于10篇，称为起步阶段；(2)2015年至今，年文献量快速增加，2019年达到高峰(65篇)，目前发表数量也保持在高位，称为快速发展阶段。

在技术起步阶段，致密油EOR研究以室内岩心实验、模拟分析为主，尝试了CO_2吞吐、WAG、混相气驱、注表活剂、LTG(注入低泡沫表活剂–气体溶液)等驱油方式，目标是改变岩石润湿性、提高波及效率、降低原油黏度，涉及了致密砂岩、碳酸盐岩(裂缝性和非裂缝性)储层类型，研究地区包括中国胜利油田、中东阿曼、美国巴肯页岩区。

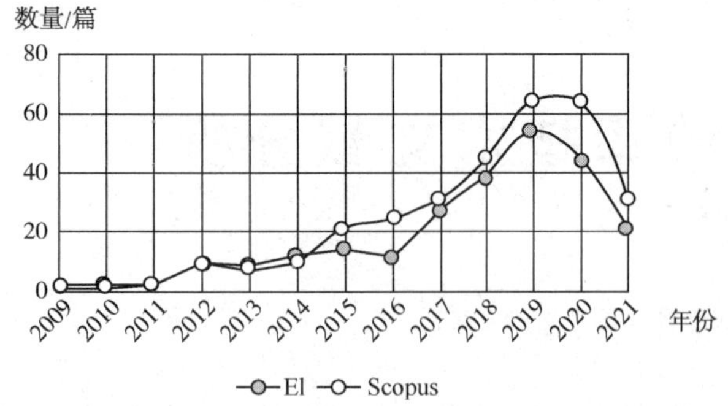

图 1 致密油提高原油采收率技术历年文献发表数量曲线（数据来源：EI，Scopus）

2015 年后，致密油提高采收率研究逐渐活跃，文献数量翻倍增长，研究规模从室内模拟实验扩展到现场小规模试验。除了上述提及的 CO_2 吞吐等驱油方式，还出现了众多新型 EOR 方法，例如基于 WAG 的 NAG（纳米溶液-气体交替注入）、EK CCA-EOR（电动力学-低浓度 HCl）、CO_2结合-WAG、溶解气回注、空气泡沫驱、注氮气、注天然气、注蒸汽、注低矿度水、注碳酸水、水平井注水吞吐等。其中，CO_2近混相驱或水驱后 CO_2驱研究力度增大，在中国鄂尔多斯长 7 致密油藏、吉林油田，美国巴肯致密油藏，加拿大 Steelman 致密碳酸岩油藏均有研究应用，内容涉及筛选标准、关键参数、优化模拟、微地震监测及与其他驱油方式对比。此外，基于表活剂化学驱改变致密岩石润湿性的研究也一直进行中。

2 技术现状

2.1 研究概况

根据 Scopus 库检索结果，分析了世界主要国家致密油 EOR 技术文献的历年发表文献，发现中国、美国、加拿大的文献位居前三。中国相关技术文献在 2014 年后，发表数量和速度上均远超其他各国（见图 2），表明中国学者对致密油 EOR 技术的研究十分关注。

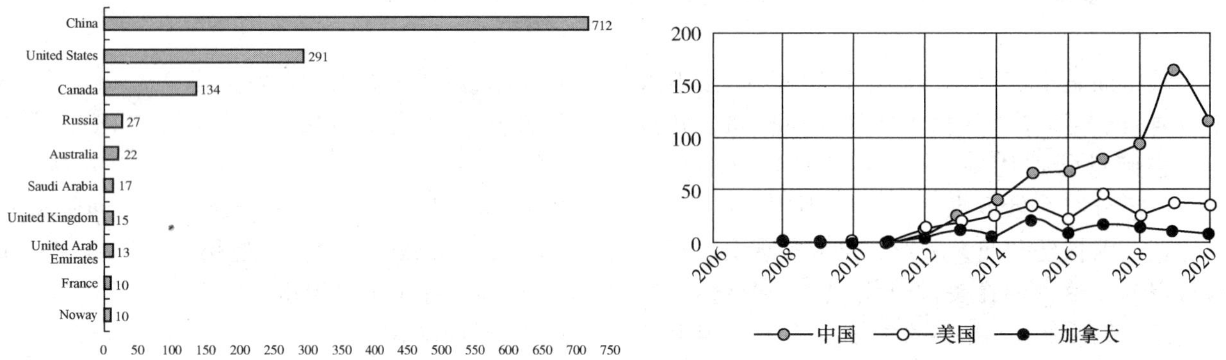

图 2 世界主要国家致密油 EOR 文献数量（左）及中美加致密油 EOR 文献数量曲线（右）

图 3 统计了 Scopus 库中发文量前十名研究机构名单，其中中国的科研单位入围最多，包括一定程度能够代表北京、西南油气田和长庆油田油气研究水平的中国石油大学（北京、华东），中国石油勘探开发研究院、西南石油大学和西安石油大学。美国得克萨斯大学奥斯汀分校、得州 A&M 大学和加拿大卡尔加里大学也进入了前十。表 1 给出 Scopus 库发文量前十名的国内外研究人员。

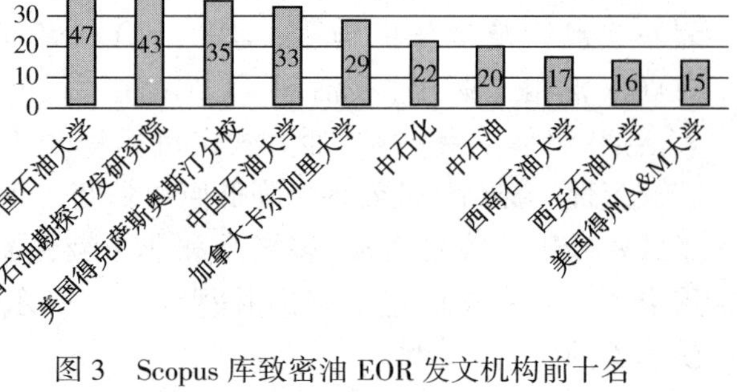

图 3 Scopus 库致密油 EOR 发文机构前十名

表 1 Scopus 库致密油 EOR 发文作者前十名

序号	作者	单位	发文量
1	Yu Wei	美国奥斯汀 SimTech 有限公司	16
2	Sepehrnoori Kamy	美国得克萨斯大学奥斯汀分校	13
3	Chen，Zhangxin	加拿大卡尔加里大学	8
4	Wei，Bing	中国西南石油大学	8
5	Dehghanpour，Hassan	加拿大阿尔伯塔大学	7
6	Bai，Baojuri Jun	美国密苏里科技大学	6
7	Liao，Xinwei	中国石油大学（北京）	6
8	Wu，Keliu	中国石油大学（北京）	6
9	Wu，Kan	美国得州 A&M 大学	6
10	Yang，Zhengming	中国石油勘探开发研究院	6

根据关键词分类情况，对比了技术文献发文位居前三的中国、美国、加拿大（见图 4）。这三个国家学者均研究了二氧化碳驱、水驱这两种驱

替方式，中、美化学驱研究文献也较多，美国、加拿大涉及注气、水气交替注入方法。研究分析了相关技术的驱油机理和关键因素，如润湿性、分子扩散、溶解度、裂缝均；研究方式以计算机模拟、数值模型室内试验为主。岩性包括页岩、砂岩、碳酸盐岩。中国鄂尔多斯盆地、美国巴肯地区、加拿大西部盆地的致密油岩心和储层是各国的重点研究试验目标。

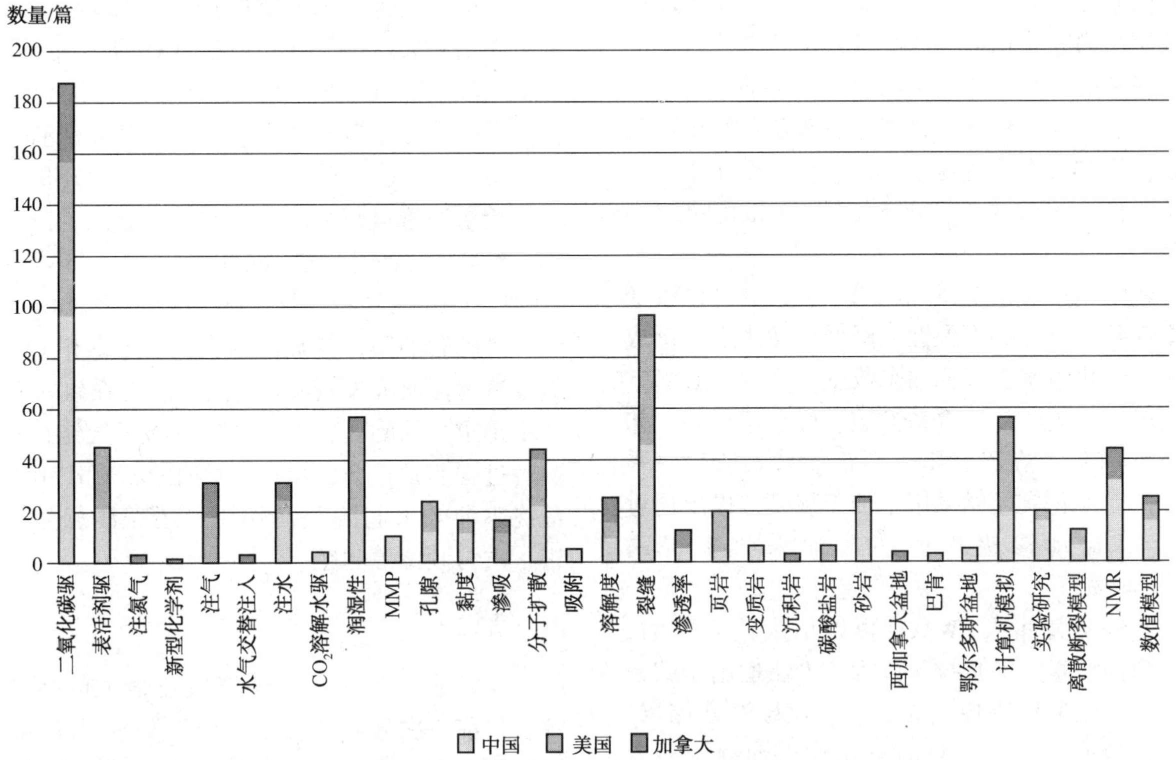

图4　中国、美国、加拿大致密油 EOR 发表文献主要研究内容分类

2.2　研究领域

致密油 EOR 技术各分支领域研究在 2014 年以后进入了快速发展阶段。通过对文献的分析归类，如图 5 所示，驱油方法主要分为气驱、水驱、化学驱、热驱(蒸汽驱)、水气交替注入五大类：气驱研究力度最大，化学驱和水驱并驾齐驱，其次是水气交替注入，热驱研究文献发表最少。气驱中，CO_2 研究文献最多，其次是烟道气驱；化学驱中，表面活性剂驱研究文献最多，其次是泡沫驱和聚合物驱。研究包括驱油机理、室内岩心实验、数值模拟分析以及少量现场试验。

分析文献内容发现，气驱法可以通过注入空气、烟道气、氮气、烃气、二氧化碳等气体，促使原油膨胀，降低原油黏度，扩大波及效率，提高地层压力，实现有效驱替。万涛等模拟实验表明，气驱可使致密油原油采收率提高 22%，是一种高效的致密油采收率方法。

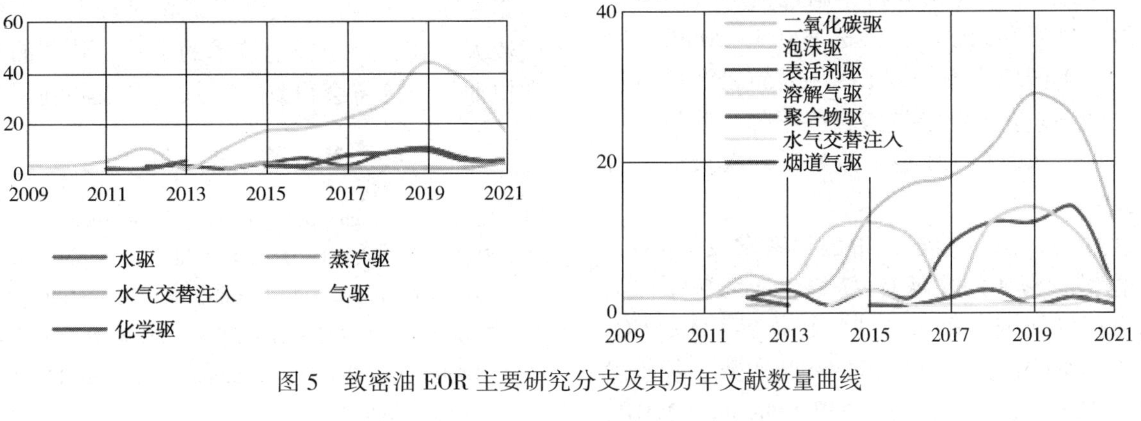

图5　致密油 EOR 主要研究分支及其历年文献数量曲线

水驱作业简单方便，2009年有学者分析了不同盐水化合物对硅质页岩样品吸水性的影响，发现高pH值可以通过改变岩石润湿性。2012～2013年，国外学者尝试模拟巴肯页岩、鹰滩页岩和巴奈特页岩岩心水驱实验，提出水驱可以增大地层压力、降低储层温度、开启新裂缝或生成新基底裂缝，从而提高采收率。致密油注水现场实验区包括北美地区的巴肯组、卡尔蒂姆组、佩基斯科组和维京组等地层组，为小规模注水先导试验，作业采收率受限于储层地质和孔隙圈闭机理。

化学驱中表活剂研究成果较多，其可以改变油湿性致密储层的润湿性，降低界面张力，形成泡沫或乳化液来提高原油采收率，室内岩心测试包括巴肯、鹰滩、二叠系盆地、巴奈特页岩。如2015年有学者在巴肯组表活剂驱替实验后，采用数值模拟将实验结果用于油田规模，提出通过表活剂自动渗吸作业使原油采收率提高30%～40%。

水气交替注入（WAG）可以增大注入能力，提高原油产量。非加拉等认为该方法适用于致密油。蒸汽驱适用高原油黏度、高地层温度储层，不适合致密油开采，目前未见致密油领域研究文献。

2.3　研究热点：致密油 CO_2 驱油技术

CO_2驱包括持续注入、蒸汽吞吐和水气交替注入，可减少界面张力，降低原油黏度，促使原油膨胀，增大油藏压力，并可回注地层重复利用。在所有可注入气体中，CO_2密度和地层油相近，能减少超覆效应，增大波及效率；与注入水相比，CO_2黏度和密度更小，液体注入性能更加优越。

2013年，Ghaderi等对国外致密油储层实施CO_2驱的项目进行总结分析，调查地层岩性包括石灰岩、砂岩和白云石，渗透率0.1～20mD。研究表明，美国境内66%的CO_2驱替致密油项目均取得了经济效益，但储层渗透率下降，项目成功风险增大，水驱后CO_2驱效果好于一次采油后直接CO_2驱。

通过Scopus库检索，中国学者发表的CO_2-EOR挖潜致密油的文献有97篇，研究包括CO_2驱的可行性研究、筛选方法、超临界CO_2、CO_2吞吐关键影响因素分析，包括吞吐次数、基质渗透率、基岩尺寸、注入体积和时间、MMP、CO_2-盐水-岩石相互作用等。研究还对CO_2和注水、CH_4驱、智能水驱、注气、化学驱、溶剂驱、纳米溶液、SAG、WAG以及基于CO_2的CWI、ACWI、ACWG等各种驱油方法进行综合对比，最终结果是CO_2驱应用潜力最大。CO_2驱还衍生出CO_2吞吐、CO_2存储、CO_2和直井-水平井辅助注入，CO_2和伴生气注入等多种综合注入法，可使高含蜡致密储层、天然裂缝致密油等储层获得较高的驱油效率。鄂尔多斯盆地延长组是中国致密油重点开发区，岩心实验尝试了持续气驱、WAG、循环注气、泡沫辅助注空气等，重点研究了CO_2吞吐、CO_2-胶状压裂液和CO_2存储法等；胜利油田、吉林油田尝试了近混相CO_2驱先导试验。研究发现，CO_2注入能力在致密储层并不是很大的问题，但波及控制对于气体吞吐和驱替过程非常重要，CO_2与原油的相互作用也对最终驱油效果起到关键作用，还需注意黏性指进、重力倾覆等问题。

3　结论

致密油是最现实、经济效益最大的接替能源，目前一次采收率低于10%。致密油EOR技术的研究和应用对于有效勘探开发非常规油气资源具有重要意义。国内外学者已经认识到，致密油提高原油采收率技术的潜在应用前景，在20年间研究试验了水驱、气驱、化学驱等多种EOR方法。

鉴于致密油储层复杂地质条件、开采难度很大，从文献分析角度来看，当前致密油EOR技术研究仍处于探索和发展阶段，并以室内研究为主，现场先导性试验规模小，且少见报道。室内研究中，致密油驱油机理集中在扩大波及面积、降低原油黏度和改变润湿性，气驱中注CO_2和化学驱注聚以及WAG文献报道相对较多、研究力度较大。随着未来理论技术的发展，致密油等非常规油气资源将会得到更高效的开发和利用。

参考文献

[1] HIS. Going global: predictingthenexttightoilrevolution [EB/OL]. [2013—09—18]. http｝f N.1hsapae.corn/ihsday2013/en/pdf/Solu—tionBroc－hure/Multi—Client-Study/Going %20Globa1%20Predicting%20the%20Next%20Tight%20Oil%20Revolution%20Updated%2013—21—2013 pdf.

[2] 魏兵，刘江，张翔，等. 致密油藏提高采收率方法与理论研究进展[J]. 西南石油大学学报(自然科学版，2021，43(1)：91-99.

[3] 刘新，安飞，陈庆海，等. 提高致密油藏原油采收率技术分析——以巴肯组致密油为例[J]. 大庆石油地质与开发，2016，35(6)：164-169.

[4] ARSHAD A，AL-MAJED A A，MANEOUAR H，et al. Carbon dioxide(CO_2) miscible flooding in tight oil reservoirs：A case study[C]. Kuwait City：Kuwait International Petroleum Conference and Exhibition，KIPCE 2009.

[5] TAO W，JAMES J，SHENG M Y. Evaluation EOR potential in fractured shale oil recovery by cyclic gas injection[R]. SPE168880，2013.

[6] IWERE F O，ROBIN N，HEIM B V. Cherian numerical simulation of enhanced oil recovery in the Middle Bakken and Upper Three Forks tight oil reservoirs of the Williston Basin[R]. SPE154937，2012.

[7] FAKCHAROENPHOL P，CHAROENWONGSA S，KAZEMI H，et al. The Effect of water induced stress to enhance hydrocarbon recovery in shale reservoirs[R]. SPE158053，2012.

[8] SAMIBA M. Water flooding in the Eagle Ford Shale Formation：experimental and simulation Study[R]. SPE 167056，2013.

[9] SAMIH A M，SHENG J J. Imbibitions characteristics off the Barnett Shale Formation[R]. SPE168984，2014.

[10] KO S C M，DOMILEE D B，MACDERMOTT R N. Waterflood optimization of the Buffalo Coulee Bakken heavy oil pool of Southwestern Saskatchewan[C]. Calgary：Proceedings of the International Heavy Oil Symposium，1995.

[11] YONG C，WU O，BRIDLE M K. et al. Reinjection produced water into tight oil reservoirs[R]. SPE162863，2012.

[12] NASRALLA R，BATAWEEL M，NASR-EL-DIN H. Investigation of wettability alteration and oil-recovery improvement by law-saliniy water in sandstone rock [J]. Journal of Canadian Petroleum Technology，2013. 52(2)：144-154.

[13] FIGERA L A. Performance review and field measurements of an EOR-WAG project in tight oil carbonate reservoir-Abu Dhabi onshore field experience[C]. Abu Dhabi：International Petroleum Exhibition and Conference. Society of Petroleum Engineers，2014.

[14] GHADERI SM. Inverstigation of ecomomic uncertainties of CO_2 EOR and sequestration in tight oil formations [C]. Kuala Lumpur：SPE Enhanced Oil Recovery Conference，2013.

[15] REN B，ZHANG L，HUANG H. Performance evaluation and mechanisms study of near-miscible CO_2 flooding in a tight oil reservoir of Jilin Oilfield China[J]. Journal of Natural Gas Science and Engineering，27：1796-1805，2015.

[16] SONG Z，SONG Y，LI Y，et al. Ccritical review of CO_2 enhanced oil recovery in tight oil reservoirs of North America and China. FUEL，276(15)，2020.

[17] SONG C，YANG D. Performance evaluation of CO_2 Huff-n-Puff processes in tight oil formations[C]. Calgary：SPE unconventional resources conference，2013.

致密油水平井产能评价研究

——以松辽盆地北部三肇地区扶余油层为例

陆慧敏　毕广武　王现华

（中国石油大庆油田有限责任公司勘探开发研究院）

摘　要　松辽盆地北部三肇地区扶余油层储层致密、含油层厚度小，近年来通过开辟开发试验区，采用“水平井+体积压裂”的单井提产模式实现了致密油油藏的有效动用。针对水平井产量差异大、递减规律不一致和产能预测难度大问题，本文通过研究试验区水平井产量及稳产能力的地质、工程相关影响因素的基础上，采用Blasingame递减分析方法，基于致密油水平井边界控制流，以压力积分及其导数和物质平衡拟时间的函数关系建立典型分析曲线，并与产量规整化处理的实际数据进行拟合分析，开展不同压裂规模、储层展布范围和生产阶段的致密油水平井产能评价研究，建立了压裂改造规模、流动阶段特征和井控储量评价等综合因素下的松北三肇地区致密油水平井分类标准，并提出开发对策，研究结果对于松北地区致密油产能评价及开发潜力研究具有重要意义。

关键词　致密油；水平井；产能评价；Blasingame递减分析；井控储量

松辽盆地北部三肇地区扶余油层地质条件复杂，具有纵向跨度大、砂体规模小、单层厚度薄、储层致密，以砂泥岩薄互层为主的特点，主要采用长水平段、多段簇、高排量、大液量压裂的方式改善渗流条件，提高地层能量，提高单井及累计采油量，实现有效开发。随着开发试验区的增多，在开发过程中表现出区块间和区块内开发效果差异大、递减特征差异明显的问题，传统的经验公式和递减分析方法适用性较差，产能评价难度大。Blasingame递减分析是一种变产量变压力条件下的分析方法。通过Blasingame图版与研究区水平井实际的生产动态进行拟合分析，可以进一步得到目的储层和改造的相关参数，计算单井的动态控制储量，从而获得单井的油藏动态模型。文章选取含油长度相近的5口水平井开展压裂规模、流动阶段特征和控制储量多因素的对比分析，基于致密油水平井动静态模型的分析认识，制定研究区水平井分类评价标准，并给出相应的开发对策。

1　研究区地质特征

三肇凹陷位于松辽盆地北部中央凹陷区，是松辽盆地主要的生油凹陷，也是油气富集区，为上生下储式组合模式。油源主要来自上覆的下白垩统青山口组一段源岩，受各个部位构造、断层、岩性配置关系的侧重不同，形成不同类型的油气藏。扶余油层主要为砂岩富集的地垒带形成的断层-岩性油藏和储集层边界受砂岩尖灭和物性变化所控制形成的岩性油藏。受南北物源的控制，扶二组、扶一下、扶一中砂岩组以三角洲平原和前缘亚相为主，发育分流河道、天然堤、决口扇、分流间湾等微相类型。砂体视宽度一般在200～800m。砂岩整体连片分布，油层发育区整体分布较零散，呈短条带或透镜状分布。研究区测井解释有效孔隙度为8.2%～19.6%，平均为12.6%；原始含油饱和度为29.9%～76.4%，平均为52.7%；油层渗透率为0.16～4.69mD，平均为1.26mD，中值为0.99mD，总体表现为低孔特低渗的致密储层特征。天然裂缝不发育，微地震监测人工裂缝方位近东西走向，STAR、XMAC-II成像测井解释最大水平地应力方位在NE70°～110°，平均为NE 80。地温梯度平均为4.74℃/100m，压力系数为0.99MPa/100m，属于较高地温梯度和正常压力系统的油藏。

2　典型井开发效果对比分析

2012～2021年开辟致密油试验区以来，采用“水平井+体积压裂”的单井提产模式取得了一定的效果。随着投产区块的增多、生产时间的延长，区块内和区块间的井都表现出一定的差异性，投产初期日产油量在 1.5～15.5，三年累计产油量在 $0.15\times10^4 \sim 1.12\times10^4$t，开发效果具有较大的差异。选取研究区含油长度相近的 5 口水平井进行储层发育、压裂规模、试油及投产效果对比分析发现，在相似地质条件下，压裂规模决定单井产能大小、加液强度大于 15.0m^3/m、加砂强度大于 1.5m^3/m 的水平井初期产量大于 8t，累计产油量均大于 4000t(见表 1、图 1、图 2)。

表 1　研究区典型井对比表

井　　号		ZP5	ZP6	ZP9	ZP11	ZP1	A198-平 1	A38-P12
层位		FI2	FII1	FI5	FI4	FI2	FI7	FI6
含油厚度/m		2	13	2	2.1	3	3.5	3.4
水平段长度/m		926	1252	723	826	901	1067	1055
砂岩长度/m		830	917	677	826	819	778	975
含油长度/m		788	828	667	801	769	746	771
压裂规模	加砂强度/(m^3/m)	1.7	2.3	1.6	1.4	1.2	1.9	0.8
	加液强度(m^3/m)	17.7	29.4	14.1	10.6	9.6	15	7.7
	累计加砂量/m^3	1337	1906	1092	1114	922	1425	605
	累计加液量/m^3	13933	24355	9419	8519	7369	11162	5924
	簇数/簇	23	43	22	25	22	81	16
试油产量/(t/d)		26.4	75.1	6.9	4.72	17.6	—	—
投产效果	投产时间	201502	201609	201611	201801	201404	201809	201512
	初期 300 天/(t/d)	8.6	15.5	1.5	4.4	5.4	11	5.2
	目前/(t/d)	0.7	3.09	1.4	3.6	0.2	3.7	1.8
	累计产油量/t	4913	8233	1930	3961	2438	6846	5549(CO_2前)

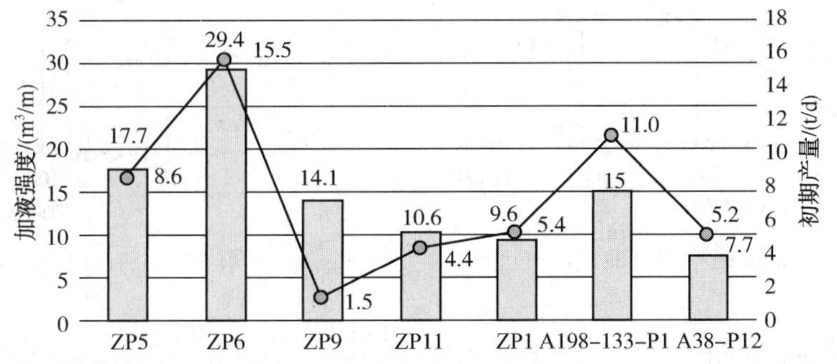

图 1　加液强度与产量关系图

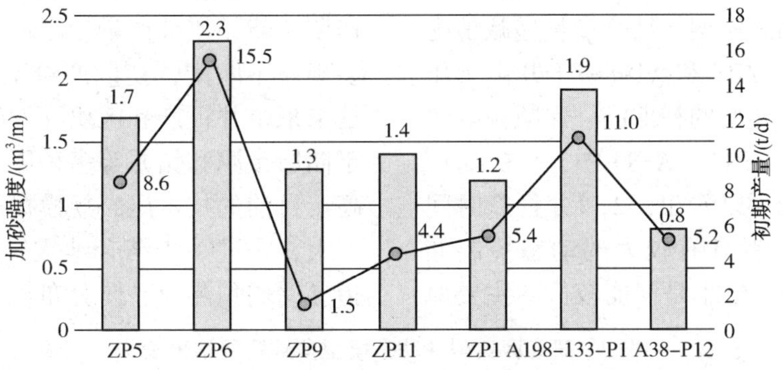

图 2　加砂强度与产量关系图

3　单井动态模型建立

Blasingame 递减分析主要是通过引入物质平衡拟时间，将产量归一化，规整化产量并积分，规整化产量积分后求导，绘制实测 Blasingame 曲线。相关参数计算公式为：

物质平衡拟时间：

$$t_c = \frac{N_p}{q} \tag{1}$$

规整化产量：

$$\frac{q}{\Delta p} = \frac{q}{p_i - p_{wf}} \tag{2}$$

规整化产量积分：

$$\left(\frac{q}{\Delta p}\right)_i = \frac{1}{t_c}\int_0^{t_c} \frac{q}{p_i - p_{wf}} d\tau \tag{3}$$

规整化产量积分导数：

$$\left(\frac{q}{\Delta p}\right)_{id} = -\frac{d\left(\frac{q}{\Delta p}\right)_i}{d\ln t_c} = -t_c \frac{d\left(\frac{q}{\Delta p}\right)_i}{dt_c} \tag{4}$$

式中，N_p为累积产量，t；q为瞬时产量，t；Δp为生产压差，MPa；p为地层压力，MPa；p_{wf}为井底流压，MPa。

针对研究区水平井，基于致密油水平井边界控制流，采用Blasingame分析方法，以压力和产量积分及其导数和物质平衡拟时间的函数关系建立典型分析曲线，并与产量规整化处理的实际数据进行拟合分析，获得单井的动态模型的主要参数。

以研究区的ZP9井为例：ZP9井于2016年11月投产，初期平均日产油1.53t/d，平均日产液2.47t/d，生产过程中产量和流压比较稳定，流压5.3~6.2MPa，目前累计生产近5年，日产油1.4t，累计产油1923t，含水68%。通过Blasingame拟合分析解释获得该井动态模型参数如下(见图3、图4)：动态储量4.18×10^4t，表皮系数-5.29，地层系数为0.4mD·m，有效渗透率0.2mD，裂缝半长50m，裂缝高度1m，控制范围320m×900m。

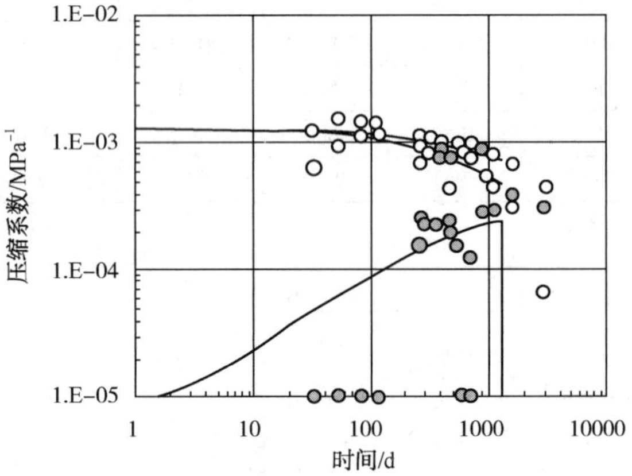

图3　Blasingame模型拟合曲线

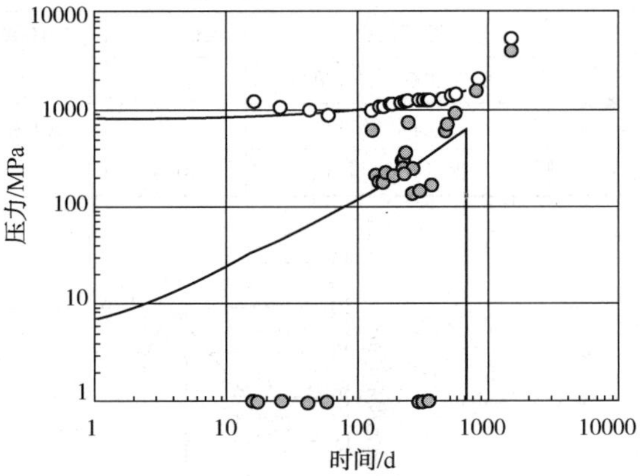

图4　Log-log模型拟合曲线

4　水平井产量及递减分析

井控储量大，水平井稳产时间长、递减慢。通过对典型井建立动态模型，结合产量递减情况可以看出ZP5、ZP6、ZP1和A198-P1井由于压裂规模较大，表现出典型的初期高、递减快的致密油产量递减特征；ZP11、A38-P12井初期产量低，但从产量曲线可以看出，2口井稳产时间较长，递减缓慢，二者具有较大的动态控制储量；ZP9动态控制储量较小是产能较低的主要原因(见表2、图5)。

综上所述，三肇扶余的水平井大致可以分为ABC三种类型：A类井控储量大、压裂规模大，初期产能、累计产量较高；B类井控储量大、压裂规模不匹配，初期产量不高，累计产量不低，是未来单井提产和区块开发的主要目标；C类由于储层预测和钻井等多种原因导致的井控储量不高，目前的技术压裂规模提产的作用和意义几乎不大，需进一步结合地震、测井落实砂体大小，指导储层预测及砂体分布规律认识。

表2　研究区典型井动态模型参数解释结果表

井　　号	ZP5	ZP6	ZP9	ZP11	ZP1	A198-P1	A38-P12
表皮系数	-5.6	-7.1	-5.3	-6.3	-7.5	-7.7	-7.8
动态储量/(10^4t)	7.41	50.8	4.18	14.16	7.18	7.23	9.12
地层系数/(mD·m)	5.5	2.03	0.4	6	3.27	6.07	2.5

续表

井　　号	ZP5	ZP6	ZP9	ZP11	ZP1	A198-P1	A38-P12
有效渗透率/(mD)	2.75	0.16	0.2	1.5	1.09	2.64	0.7
供液范围/m	450×1400	599×1501	320×900	650×1700	379×1116	538×1346	550×1400
投产时间	201502	201609	201611	201801	201404	201809	201512
初期 300 天/(t/d)	8.6	15.5	1.5	4.4	5.4	11	5.2
目前/(t/d)	0.7	3.09	1.4	3.6	0.2	3.7	1.8
累计产油量/t	4913	8233	1930	3961	1913	6846	5549(CO_2前)

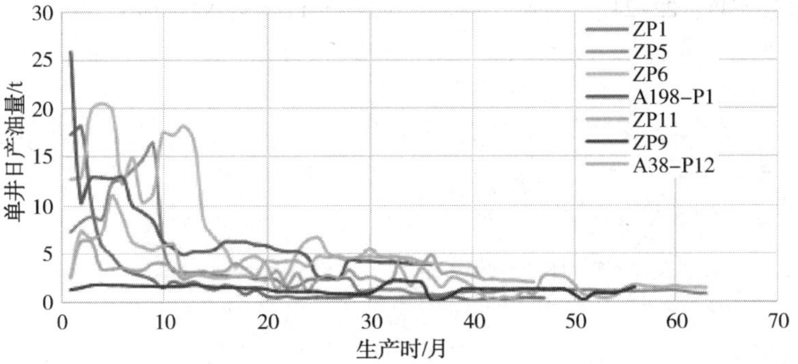

图 5　典型井产量递减对比

5　结论

（1）Blasingame 递减分析是一种变产量变压力条件下的分析方法。通过 Blasingame 图版与研究区水平井实际的生产动态进行拟合分析，可以进一步得到目的储层和改造的相关参数，计算单井的动态控制储量，从而获得单井的油藏动态模型，在此基础上开展产量预测。

（2）三肇扶余的水平井大致可以分为三种类型：A 类井控储量大、压裂规模大，初期产能、累计产量较高；B 类井控储量大、压裂规模不匹配，初期产量不高，累计产量不低，是未来单井提产和区块开发的主要目标；C 类由于储层预测和钻井等多种原因导致的井控储量不高，目前的技术压裂规模提产的作用和意义几乎不大，需进一步结合地震、测井落实砂体大小，指导储层预测及砂体分布规律认识。

参　考　文　献

[1] 孙贺东. 油气井现代产量递减分析方法及应用[M]. 北京：石油工业出版社，2013.

[2] 荀威，王本成，杨丽娟，等. 产量不稳定分析在元坝气田的应用[J]. 油气藏评价与开发，2021，11(4)：652-658.

[3] 杨玉华. 三肇凹陷扶杨油层凹陷区上生下储式源储组合油分布规律及其控制因素[J]. 大庆石油学院学报，2009，33(2)：1-5.

[4] 孙贺东，朱忠谦，施英，等. 现代产量递减分析 Blasingame 图版制作之纠错[J]. 天然气工业，2015，35(10)：71-77.

[5] 刘能强. 实用现代试井解释方法[M]. 5 版. 北京：石油工业出版社，2008.

[6] 廖新平，沈平平. 现代试井分析[M]. 北京：石油工业出版社，2002.

[7] 庄惠农. 气藏动态描述和试井[M]. 2 版. 北京：石油工业出版社，2009.

[8] 张烈辉，郭晶晶. 非均质气藏试井理论[M]. 北京：石油工业出版社，2013.

[9] 孙赞东，贾承造，李相方，等. 非常规油气勘探与开发[M]. 北京：石油工业出版社，2011.

[10] 邹才能，陶士振，候连华，等. 非常规油气地质[M]. 北京：地质出版社，2011.

[11] 郝英芝，蒋凯军，郭权. 利用生产资料分析水平井流动阶段[J]. 油气井测试，2017，26(4)：30-32.

[12] 于萃群，唐亚会. Blasingame 产能分析方法在徐深气田的应用[J]. 科学技术与工程，201，12(19)：4770-4772.

[13] 蒋明金，张福祥，杨向同，等. 双孔双渗油藏压裂井产量递减分析研究[J]. 新疆石油天然气，2013，9(1)：51-55.

[14] 林森虎，邹才能，袁选俊，等. 美国致密油开发现状及启示[J]. 岩性油气藏，2011，23(4)：25-30.

[15] 郭永奇，铁成军. 巴肯致密油特征研究对我国致密油勘探开发的启示[J]. 辽宁化工，2013，42(3)：

311-312.

[16] 许怀先，李建忠. 致密油——全球非常规石油勘探开发新热点[J]. 石油勘探与开发，2012，39(1)：99.

[17] 韩德金，王永卓，战剑飞，等. 大庆油田致密油藏井网优化技术[J]. 大庆石油地质与开发，2014，33(5)：30-35.

[18] 董国栋，张琴，严婷，等. 致密油勘探研究现状[J]. 石油地质与工程，2013，27(5)：1-4.

[19] 王建华，宁涛. 低渗透油藏合理井距确定[J]. 内蒙古石油化工，2013，(4)：22-24.

[20] 姜平，孙雷，杨志兴，等. 数值试井技术在南海油气田中的应用[J]. 天然气工业，2013，33(4)：52-55.

[21] 李华昌. 川西致密气藏压裂水平井生产动态预测研究[J]. 钻采工艺，2015，38(3)：63-65.

[22] 罗佼，闫长辉，何冠华，等. 一种低渗气藏单井产量递减计算方法及分析——以大牛地盒三气藏为例[J]. 石油地质与工程，2013，27(6)：87-90.

[23] 刘文峰，张旭阳，盛舒遥，等. 致密油产量递减分析新组合方法研究[J]. 油气藏评价与开发，2021，11(6)：911-916.

大庆扶余致密油藏能量补充现场实践及认识

张　威　熊文平

（中国石油大庆油田有限责任公司第九采油厂）

摘　要　大庆扶余致密油藏采用直井大规模缝网压裂后取得较好的开发效果，但由于采用天然能量开发，初期递减率达到 37.5%。为减缓产量递减速度，开展了能量补充室内研究和现场试验。优选 CO_2、CH_4、水以及活性水等不同介质开展室内岩心实验。实验结果表明，CO_2吞吐后驱油效率达到 22.11%。通过数值模拟，优化现场注入量为 210t/m，注入速度为 8t/d · m，闷井时间为 20d。现场试验 4 口井，获得单井增油 635t，产出投入比达到 1.6 的好效果，对致密油藏补充地层能量，提高开发效果具有指导意义。

关键词　致密油藏；能量补充；CO_2吞吐；参数优化

大庆外围扶余油层储层物性差，渗透率主要分布在 0.1~0.5mD。2018 年以前采用直井井网常规压裂的方式开发 4 个区块，效果均较差。2018 年在龙西地区开辟了塔 21-4 试验区，部署直井 213 口，采用大规模缝网压裂+天然能量的方式开发，初期单井日产油 3.5t，获得了较高的初期产能。由于采用天然能量开发，地层能量下降快，初期递减率达到 37.5%，其高递减的特征与国内其他天然能量开发的致密油藏基本一致。

1　油藏概况

塔 21-4 试验区构造位于松辽盆地中央坳陷区，扶余油层以分流河道、决口扇沉积的砂体为主，多呈短条带状及透镜状，平面上错叠连片。平均孔喉半径在 0.063~1.104μm，分选系数为 0.44~3.49，平均孔隙度 11.8%，平均渗透率 1.67mD，渗透率中值 0.57mD，属于致密油藏。

2　室内岩心实验

2.1　实验方法及原理

吞吐是经矿场实践证明的一项能有效补充地层能量、提高油田采收率的措施，一般包含“吞”“闷”“采”3 个阶段。在“吞”的阶段，注入介质优先充满高孔高渗透带、大孔喉或裂缝等有利区域。在关井“闷”阶段，注入介质在毛细管力的作用下不断向基质深部运移，与基质中的原油发生置换，使得地层压力、油水饱和度得以重新分布。在开井“采”的阶段，大孔隙及裂缝中的原油在驱替作用下进入井筒而被采出，从实现提高采收率的目的。

实验装置如图 1 所示，流程如下：①岩心饱和油后，装入夹持器中，通过回压阀逐步升压至 19MPa，升温至 90℃；②采用定流速从注入端进行注气，注入 0.4PV 后，关闭注入端，焖井 2h；③打开注入端，通过回压阀连续降压，降压至 15MPa，实时测量核磁谱图；④重复步骤②和③，直至吞吐结束。

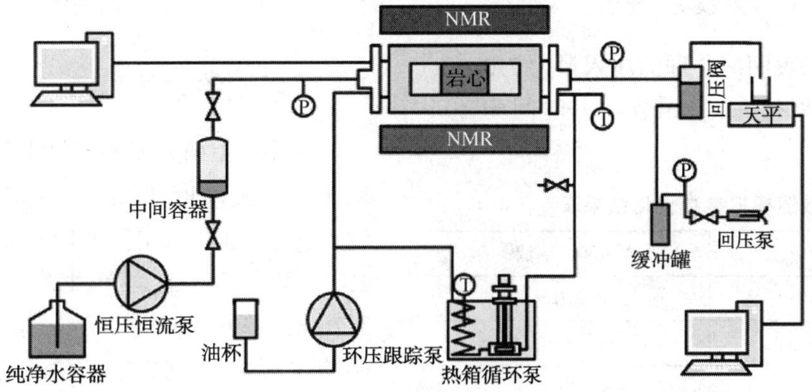

图 1　室内吞吐实验装置示意图

2.2 能量补充介质优选

根据试验区储层物性特征，选择 CO_2、CH_4、水以及活性水等气、液两类 4 种介质开展室内岩心实验，根据不同介质对岩心驱油效率优选最佳吞吐介质。从不同介质 3 轮次吞吐后对岩心驱油效率分析，气介质对于致密油藏具有更好的适应性(见表 1、图 2)。其中，CO_2吞吐后驱油效率达到 22.11%，高于其他 3 种介质，为此优选 CO_2作为现场试验首选介质。

2.3 现场试验参数优化

在室内岩心实验优选驱替介质为 CO_2的基础上，建立试验井区构造、裂缝、孔渗模型，开展数值模拟研究，优化注入量、注入速度、闷井时间等现场试验参数(见图 3、图 4)。

表 1　不同介质 3 轮次吞吐后实验结果对比表

介质	岩心编号	长度/cm	孔隙度/%	渗透率/mD	吞吐效率%
水	84-1	7.26	11.46	0.35	11.92
活性水	80-1	7.23	11.01	0.41	17.63
CO_2	103	7.46	11.54	0.27	22.11
CH_4	221	7.45	11.16	0.16	17.65

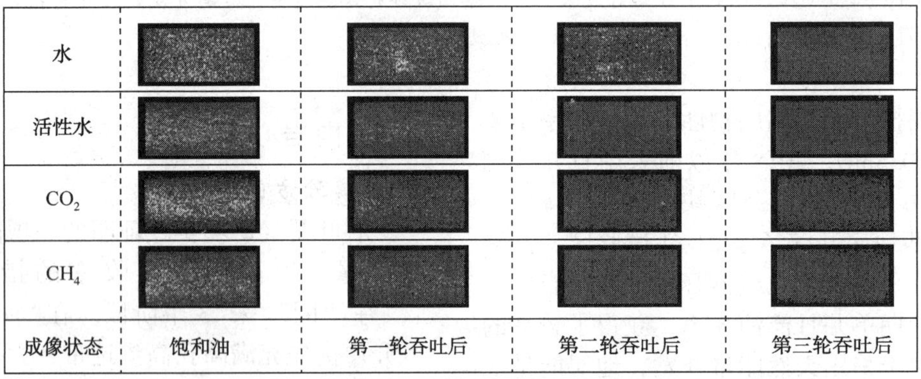

图 2　不同注入介质不同时间 MRI 图像对比

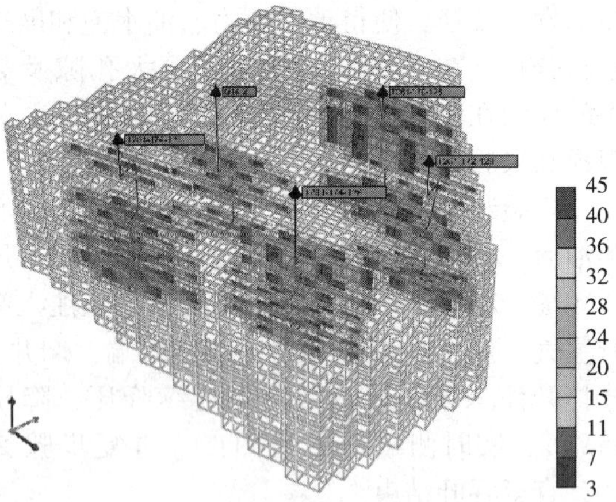

图 3　裂缝模型示意图

图 4　渗透率模型

数值模拟结果表明，合理的注入量为 210t/m，最佳注入速度为 8t/d·m，最佳闷井时间为 20d(见表 2)。

表 2　数值模拟参数优化结果表

参　　数	数值模拟结果
注入量/(t/m)	210
注入速度/(t/d·m)	8
焖井时间/d	20

3　现场试验效果

应用以上研究成果，现场吞吐试验 4 口井，平均单井有效厚度 7.4m，平均单井注入 CO_2 1527t，注入速度 50~70t/d，平均 60t/d，闷井时间平均 21d。实施后，平均单井产油由 1.0t/d 上升到 3.7t/d，单井日增油 2.7t，累积增油 635t。平均单井投资 87 万元，按油价 45 美元评价，产出投入比达到 1.6，取得了较好的经济效益(见表 3)。

表 3　现场试验效果表

井号	有效厚度/m	现场施工参数			实施效果			投资成本/万元	45 美元经济效益临界增油量/t	产出投入比
		注入量/t	注入速度/(t/d)	闷井时间/d	措施前/(t/d)	措施后/(t/d)	累计增油/t			
1#	8.6	1829	70	20	0.8	4.3	727	101	461	1.6
2#	6.2	1350	50	22	0.8	3.9	704	79	358	2.0
3#	6.3	1300	50	21	0.7	2.5	564	76	348	1.6
4#	8.4	1630	70	20	1.7	4.2	544	92	418	1.3
平均	7.4	1527	60	21	1.0	3.7	635	87	396	1.6

4　结论

（1）大庆扶余油层致密油天然能量开发产量递减快，采用气介质吞吐补能的方式较液介质具有更好的适应性。

（2）CO_2吞吐补能可以取得较好的增油效果，有效期内单井增油能达到635t，产出投入比达到1.6，获得了较好的经济效益。

参　考　文　献

[1] 洪亚飞. 致密储集层补充能量方式分选及其界限[J]. 新疆石油地质，2018，39(03)：340-344.

[2] 李斌会，苑盛旺，董大鹏，等. 致密砂岩油藏能量补充方式评价及优化[J]. 特种油气藏，2021，28(06)：91-97.

[3] 李斌会. 松辽盆地北部致密砂岩储层渗流机理及能量补充方式研究[D]. 北京：中国石油大学(北京)，2020.

[4] 王平平，李秋德，杨博，等. 胡尖山油田安 83 长 7 致密油地层能量补充方式研究[J]. 石油化工应用，2015，34(03)：58-62.

[5] 史晓东，孙灵辉，战剑飞，等. 松辽盆地北部致密油水平井二氧化碳吞吐技术及其应用[J/OL]. 石油学报：1-9[2022-03-21].

[6] 廖广志，杨懿，熊伟，沈瑞. 北美致密油提高采收率研究现场试验及启示[J]. 天然气与石油，2021，39(06)：57-68.

[7] 刘博. CO_2吞吐降压开采模拟实验研究[J]. 钻采工艺，2017，40(2)：41-44.

[8] 张娟，周立发，张晓辉，等. 浅薄层稠油油藏水平井 CO_2吞吐效果[J]. 新疆石油地质，2018，39(4)：485-491.

[9] 杨澜. 致密砂砾岩油藏 CO_2吞吐实验研究[D]. 成都：西南石油大学，2019.

[10] 蒲万芬，汪洋松，李龙威，等. 致密砾岩油藏超临界 CO_2吞吐开发可行性[J]. 新疆石油地质，2021，42(4)：456-461.

风西高应力差灰岩储层压裂物模实验

郭得龙　熊廷松　刘世铎　林　海　万有余　刘　永　张成娟　冯昕媛

（中国石油青海油田分公司钻采工艺研究院）

摘　要　针对柴达木高应力碳酸盐岩储层压裂缝网形态的问题，利用小尺寸真三轴水力压裂系统开展全直径井下岩心压裂测试，结合压裂压力曲线结果，评价裂缝扩展规律。通过对制备后的岩心进行力学测试与矿物成分检测，来判断是否能够模拟风西真实储层。考虑水平应力差、排量、液体黏度、不同岩性的影响，设计10组对照试验，对全直径岩心制备的岩心物模试样开展压裂物理模拟实验。通过实验发现，风西储层大排量、小两向水平应力差、低黏液体、藻灰岩易于形成复杂缝网、纹层灰岩易沿层理扩展。风西储层两向应力差偏高（平均13.6MPa），高角度裂缝不发育，层理缝发育，可压性中等，藻灰岩分布分散（占比少）与纹层灰岩交错。结合实验结果，风西储层实施“大排量+密切割+逆复合+暂堵转向+极限限流”工艺提高净压力增大改造体积。其中，藻灰岩采用高比例低黏液体方式造复杂缝网，纹层灰岩储层采用“快速提升至大排量+高比例高黏液体”工艺技术，提高措施效果，实现油藏效益动用。

关键词　藻灰岩；纹层灰岩；逆复合压裂；复杂缝网，压裂物模实验；高两向应力差

从地质条件来看，国外典型海相致密油储集层具有沉积稳定，构造相对简单，分布面积广，厚度大，热成熟度高，埋深适中，页岩层系具有压力高、含油饱和度高、气油比高、流动性较好等特点，而柴达木盆地风西地区因其独特的咸化湖盆沉积特点与成藏特征，混积岩特征明显，非均质性强；同时源岩TOC偏低、含油饱和度低，生产普遍高含水；再者储层高角度裂缝不发育、两相应力差偏高，可压性相对低，不利于复杂缝网的形成。体积压裂能否形成复杂缝网，如何形成复杂缝网，需要进行现场室内试验与技术研究。

本文简要介绍风西页岩油的地质特征，重点考虑水平应力差、排量、液体黏度、不同岩性的影响，设计了10组全直径岩心开展压裂物理模拟实验，通过观察裂缝形态，分析判断各因素对裂缝网络的影响。

1　风西地区地质概况

1.1　地质综合评估

风西区块受风南、风北断层控制，表现为“两断夹一隆”的构造模式，是一个大型的长轴背斜圈闭，高点位于风3井，构造形态完整，圈闭面积86km^2。整体为浅湖相，以碳酸盐岩沉积为主，油层纵向分布井段长（2750～4000m）、累计油层厚度大、平面叠合连片，地层分布稳定（利于水平井开发）。风西 $N_1-N_2^1$ 为浅-半深湖沉积，湖水高频震荡，碳酸盐岩有利储层多期发育，平面展布稳定，与优质湖相烃源岩交互叠置，耦合关系好，为源储一体型低饱和度页岩油藏。

风西有效储层中碳酸盐矿物含量占明显优势，发育藻灰岩与灰云岩（块状与纹层）两种有效储层，以灰云岩为主，占约70%，藻灰岩储层占近30%。风西区块矿物成分以碳酸盐岩为主，平均42.3%，碎屑25.2%，黄铁矿2.9%，黏土矿物26.6%，主要为伊蒙混层和伊利石，速敏矿物较为发育，压后应控制返排速度，预防速敏伤害储层。风西储层敏感性整体表现为弱-中等偏弱水敏，无碱敏、无酸敏，临界矿化度91527mg/L。接触角法分析表明，风西储层岩石润湿性表现为亲水性。

储层天然高角度裂缝不发育，层理缝较发育。藻灰岩以溶蚀孔+晶间孔为主，局部发育裂缝；灰云岩以晶间孔为主，溶蚀孔较少。风西地区 N_2^1、N_1 储层岩心分析孔隙度分布范围为0.1%～15.0%，平均值为3.8%，中值2.8%（其中有效储层平均值为7.6%，中值6.6%）；渗透率多数小于0.001mD，属中孔-特低渗储层（基质渗流条件差，需要压裂改造）。藻灰岩孔喉半径主要分布在1～8μm，灰云岩孔喉半径主要分布在0.1～0.8μm；藻灰岩孔隙连通性优于藻灰

岩；总体上藻灰岩孔隙结构优于灰云岩。

受风西源岩品质影响，充注不足，水不能被完全驱替，则形成低饱和度油藏。风西地区储层物性差，孔隙度平均5.7%，孔喉半径小于1μm，且小于0.1μm的占87%，孔隙连通性差，储层毛管压力高，油气充注阻力大，油气很难进入微细喉道，导致储层含油饱和度低，束缚水饱和度高。目前，3套主力层位含油饱和度在42%~46%。藻灰岩与灰云岩具有不同的相渗特征，孔隙度相当条件下，灰云岩等渗点靠右，油水两相区间窄，束缚水饱和度高，含水上升快。藻灰岩相渗规律性较强，总体上物性越好，等渗点呈左移趋势，束缚水饱和度减小。

有机质丰度方面N_2^1TOC含量高于N_1，生烃潜力优于N_1。E_3^2源岩TOC平均0.14%，S_1+S_2平均0.04mg/g。N_1源岩TOC平均0.74%，氯仿沥青"A"平均0.185%，S_1+S_2平均1.54mg/g。N_2^1源岩TOC平均0.80%，氯仿沥青"A"平均0.297%，S_1+S_2平均3.59mg/g。N_2^1源岩处于低熟-成熟阶段，N_1源岩处于成熟-高熟阶段。N_2^1：0.88~1.23，N_1：0.76~1.28；甾烷成熟度换算Ro%：N_2^1：0.68~0.97，N_1：1.05~1.25。

根据风西102、风西106井MDT测试统计，地温梯度为3.22℃/100m，属于常温系统，压力系数为1.28，属于高压系统（地层能量足利于长期稳产）。

1.2 地质力学概况

通过三轴压缩实验测试确定储层岩石的杨氏模量、泊松比、抗压强度等力学参数。共完成三轴压缩测试13组，平均杨氏模量39.9GPa，泊松比0.26，脆性指数46.6%，可压性中等。通过岩心实验测试，最小水平主应力梯度平均0.0206MPa/m，最大主应力梯度平均0.0248MPa/m，水平两相主应力差平均13.6MPa，应力差较大，不利于形成复杂缝网。通过微地震监测，风西地区最大主应力为北东20°~40°（见表1、表2）。

表1 区块岩石力学实验结果

序号	井号	井深/m	层号	岩性	弹性模量/GPa	泊松比	脆性指数
1	FX2-3	3313.53	N_2^1-V-4	灰云岩	43.15	0.254	53.26%
2		3834.22	N_1-IV-3	灰云岩	41.97	0.19	67.07%
3		3855.98	N_1-IV-4	泥质粉砂	44.03	0.267	51.63%
4		3871.9		灰云岩	35.02	0.2	51.70%
5	FX 4-3	2985.22	N_2^1-IV-5	纹层灰岩	37.94	0.22	53.92%
6		2985.33		纹层灰岩	34.33	0.24	40.42%
7		2997.72		纹层灰岩	28.83	0.26	25.25%
8		2990.74		藻灰岩	44.72	0.263	53.92%
9		2999.22		藻灰岩	39.56	0.301	34.86%
10	FX 7-2	3278.70	N_2^1-V-2	灰云岩	47.42	0.312	46.66%
11		4274.94	E_3^2-I-10	藻灰岩	39.83	0.302	35.10%
12	FX101	2965.18	N_2^1-III-4	灰质泥岩	40.72	0.251	49.50%
13		2967.24	N_2^1-III-4	灰质泥岩	41.70	0.298	43.05%

表2 区块地应力实验结果

层号	井号	深度/m	岩性	水平最大主应力/MPa	水平最小主应力/MPa	垂向应力/MPa
N_1-V-2	风西2-3	3931	泥灰岩	86.08	73.17	116.61
N_2^1-IV-5	风西4-3	2993	泥灰岩	80.30	68.14	120.22

2 压裂物模实验

基于室内压裂物理模拟实验，考虑水平应力差和排量的影响，对井下全直径岩心制备的岩心物模试样开展压裂物理模拟实验。压裂实验结束后，维持三向应力不变，在低排量下将染色液注入试样井筒给裂缝面染色，同时结合试样表面观察和试样剖分两种方法准确地描述裂缝形态。

2.1 实验仪器

2.1.1 小尺寸真三轴压裂模拟系统

该系统主要由应力加载系统、岩心室、恒速恒压泵、岩心室温度控制系统、注入口温度控制系统、低温浴槽、中间容器、数据采集系统、辅助装置等部分组成，如图1所示。三轴应力可无级调整，可加载最大应力为15MPa；试样尺寸为8cm×8cm×10cm；最大排量500mL/min；最大注入压力60MPa；注入泵为恒速恒压泵，由计算机精确控制；可实时监测并记录井口注入压力和温度。

2.1.2 声发射数据采集系统

声发射监测使用的设备是北京软岛科技有限公司的DS5声发射系统，该系统采用USB3.0接口，提高了数据传输速率，能够保证全波形记录的大数据流的完整存储。大容量的存储设备可实现数十小时的连续监测，代表了目前全波形记录的最高水平；16位的A/D转换精度，保证了时间的精度，为准确定位奠定了基础。

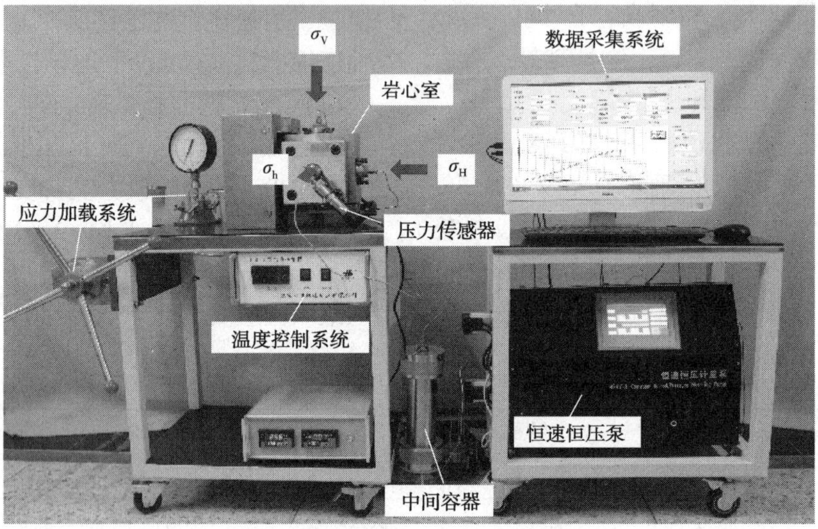

图1　小尺寸真三轴压裂模拟系统

2.2 实验方法

为模拟真实储层中藻灰岩岩心特征，对制备后的岩心进行力学测试与矿物成分检测，检测结果如表3所示。结果表明，物模实验所用藻灰岩岩心符合岩性性质，作为实验样品具有可信度。

表3　实验所用藻灰岩岩心力学测试与矿物测试结果表

序号	指标	参数范围	平均值
1	杨氏模量/GPa	39.5~44.7	42.7
2	泊松比	0.263~0.301	0.277
3	脆性指数	0.407~0.63	0.547
4	抗拉强度/MPa	5.47~6.87	6.17
5	断裂韧性/(MPa·$m^{1/2}$)	1.53~2.33	1.83
6	石英含量/%	12.3~16.5	14.47
7	钾长石含量/%	0.58~1.97	1.48
8	钠长石含量/%	8.25~11.69	10.15
9	白云石含量/%	23.1~27.4	25.5
10	方解石含量/%	14.3~18.9	16.9
11	黄铁矿含量/%	1.23~3.64	2.9

续表

序号	指标	参数范围	平均值
12	伊蒙混层含量/%	9.85~15.63	12.3
13	伊利石含量/%	5.6~12.8	9.1
14	绿泥石含量/%	2.33~6.52	4.2
15	其他副矿物含量/%	1.94~4.69	3.0

为模拟储层地应力状态，施加的垂向应力(σ_v)要垂直于岩样端面，而最大水平应力(σ_H)和最小水平应力(σ_h)分别垂直于、平行于井筒轴线方向，岩样如图2所示。为了压实岩心，避免其在压前发生剪切破裂，首先施加垂向应力，而后平稳施加水平向应力。实验主要应用胍胶压裂液(黏度50mPa·s、130mPa·s)，仅在对比压裂液黏度影响时，设置两组实验应用了滑溜水压裂液(黏度2.5mPa·s)，并在其中加入了荧光剂，从而更容易观测水力裂缝形态。

为了分别研究岩性、水平应力差、压裂液黏度、排量对裂缝形态的影响，共设计了10组压裂实验。具体的实验参数设定如表4所示。

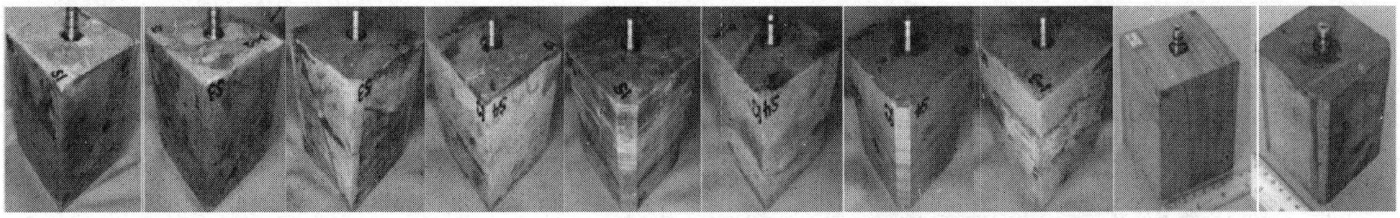

图 2　实验岩样

表 4　压裂模拟实验方案及结果

试样编号	岩性描述	水平应力差/MPa		排量/(mL/min)	压裂液类型	裂缝形态
1#	藻灰岩岩性	6	(5-11-20)	5	基液	2mm 缝宽裂缝
2#	藻灰岩岩性	12	(5-17-20)	15	基液	单一裂缝
3#	纹层灰岩	12	(5-17-20)	5	基液	沿层理延伸
4#	藻灰岩岩性	6	(5-11-20)	10	基液	复杂裂缝
5#	纹层灰岩	12	(5-17-20)	30	基液	沿层理延伸
6#	藻灰岩岩性	12	(5-17-20)	10	基液	复杂裂缝
7#	纹层灰岩	6	(5-11-20)	15	基液	穿层扩展
8#	藻灰岩岩性	12	(5-17-20)	5	滑溜水	分支缝
9#	纹层灰岩	12	(5-17-20)	10	滑溜水	沿层理延伸
10#	砂岩	12	(5-17-20)	10	滑溜水	多缝

2.3　实验结果与分析

2.3.1　水平应力差影响

以 2#、7#岩心作为考虑水平应力差(水平最大主应力与水平最小主应力的差值)对裂缝形态影响的对比实验。2#岩心为藻灰岩，两向应力差为 12MPa，排量为 15mL/min，液体类型为基液。压裂过程中液体沿微裂缝延伸，未见明显破裂。未明显破裂主要有两方面原因：一是藻灰岩岩心内部已经存在裂隙，且水平应力差异大，压裂液体泵注过程中，液体沿岩心内部裂隙滤失，故无明显破裂点；二是制备样品过程中，井筒封堵不完善，井筒与岩样之间存在空隙，导致压裂过程中无明显破裂现象。7#岩心为纹层灰岩，两向应力差为 6MPa，排量为 15mL/min，液体类型为基液。压裂过程中有明显破裂，裂缝穿过层理面扩展。

实验结论：由 2#与 7#岩心对比可以得出，水平两向应力差较小时，裂缝扩展路径偏转更为明显，甚至穿过水平层理面，形成纵向缝(见图 3)。

2.3.2　排量影响

1#与 4#、3#与 5#分别考虑不同泵注排量条件对裂缝形态影响的对比实验，分别设定泵注排量为 5mL/min 与 10mL/min、5mL/min 与 30mL/min。

1#藻灰岩岩心两向应力差为 6MPa，排量为 5mL/min，液体类型为基液。破裂压力为 11.36MPa，裂缝形态为单缝。4#藻灰岩岩心两向应力差为 6MPa，排量为 10mL/min，液体类型为基液。破裂压力为 39.22MPa，形成一定程度的网状缝。

1#与 4#对比，大排量使得起裂压力升高，缝内净压力大于两向应力差，裂缝复杂程度变大(见图 4)。

3#岩心为纹层灰岩，两向应力差为 12MPa，排量为 5mL/min，液体类型为基液。破裂压力为 9.43MPa，裂缝沿层理面延伸。5#岩心为纹层灰岩，两向应力差为 12MPa，排量为 30mL/min，液体类型为基液。破裂压力为 11.27MPa，裂缝沿层理面延伸。3#与 5#对比，大排量使得压裂液流动阻力增大，起裂压力升高，但由于两块岩心原地应力差较大，因此裂缝形态均比较单一(见图 5)。

实验结论：大排量使得起裂压力升高，缝内净压力大于两向应力差，裂缝复杂程度变大，但受水平应力差大小限制，如果水平应力差较大，裂缝形态仍以单一主峰为主。

(a)2#藻灰岩压后照片

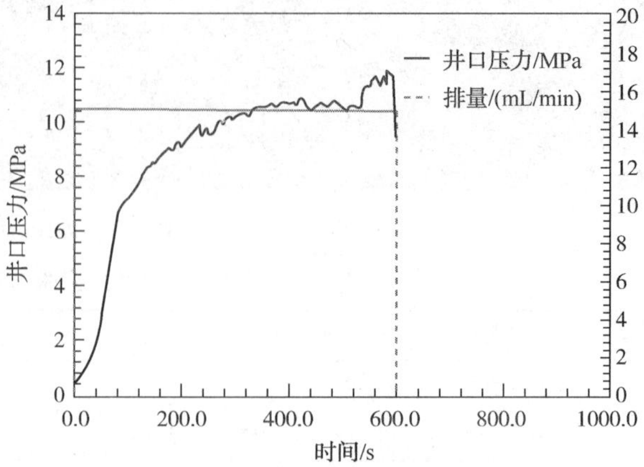

(b)2#藻灰岩泵注压力曲线

(c)7#藻灰岩压后照片

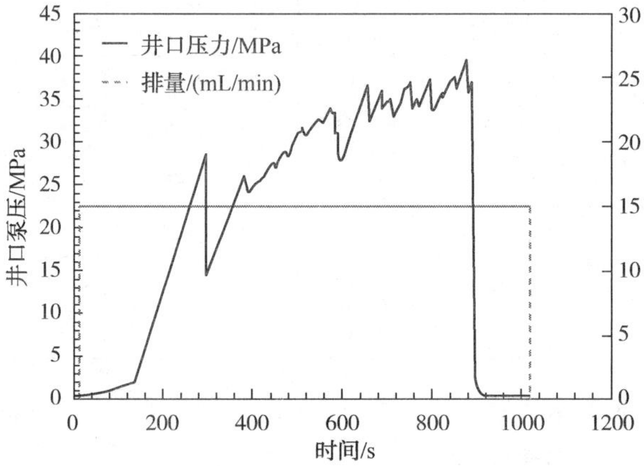

(d)7#藻灰岩泵注压力曲线

图 3　不同水平应力差下的物模实验

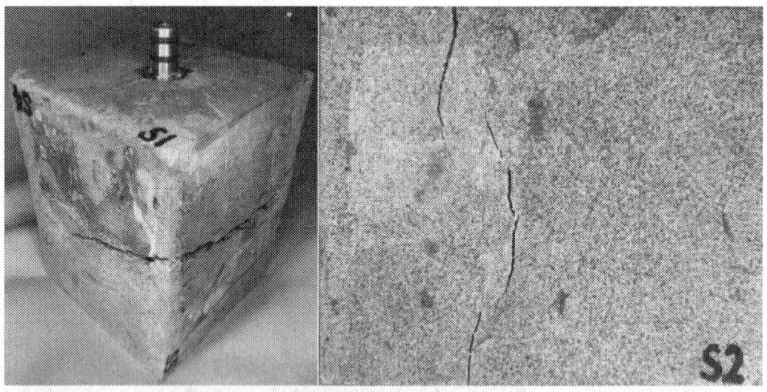

(a)1#藻灰岩压后照片

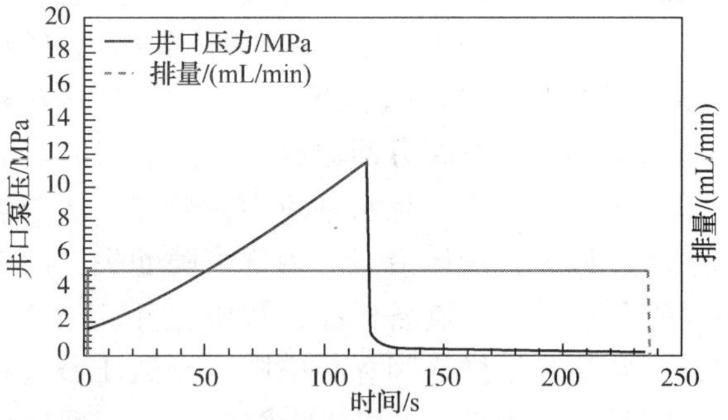

(b)1#藻灰岩泵注压力曲线

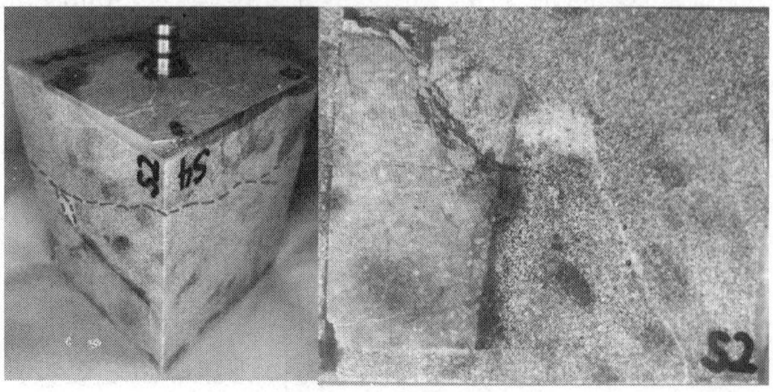

(c)4#藻灰岩压后照片

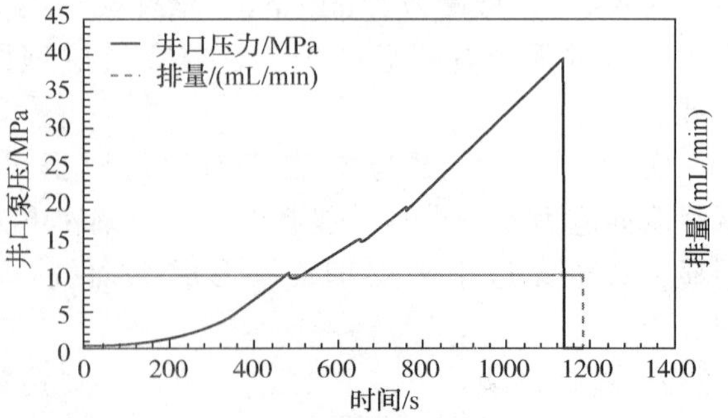

(d)4#藻灰岩泵注压力曲线

图 4　藻灰岩不同排量下的物模实验

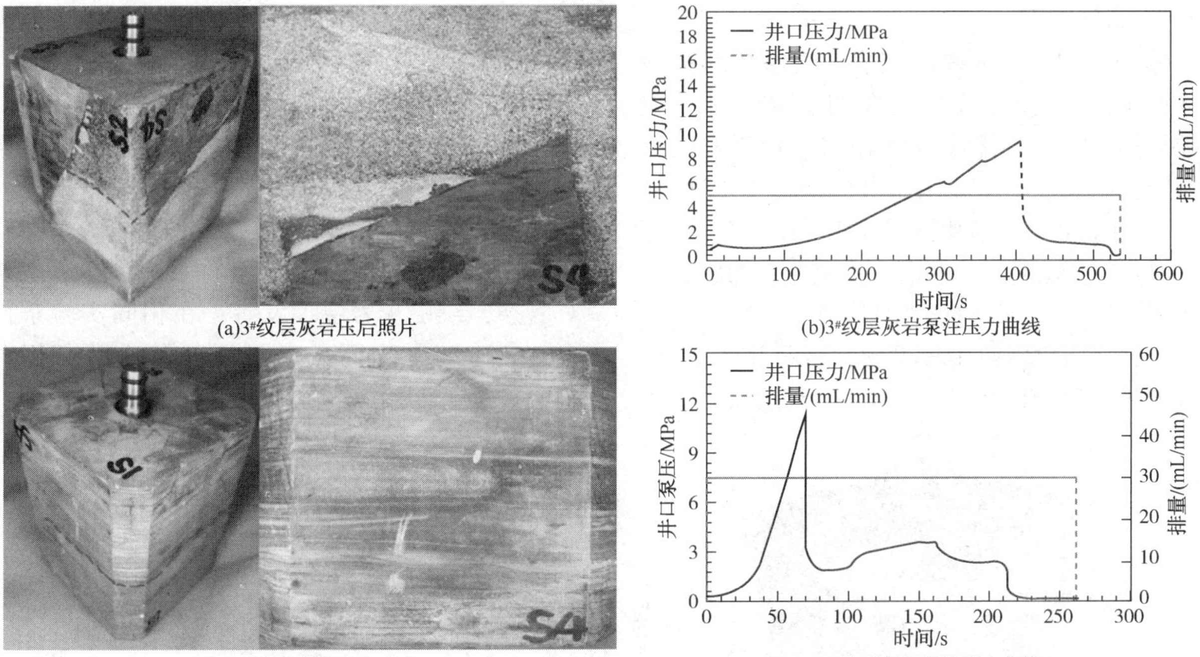

(a)3#纹层灰岩压后照片　(b)3#纹层灰岩泵注压力曲线
(c)5#纹层灰岩压后照片　(d)5#纹层灰岩泵注压力曲线

图5　纹层灰岩不同排量下的物模实验

2.3.3　压裂液黏度影响

3#、8#为考虑不同压裂液黏度对裂缝形态影响的对比实验，压裂液体系分别采用基液与滑溜水，基液黏度为 50mPa · s，滑溜水黏度为 2.5mPa · s。3#岩心为纹层灰岩，两向应力差为 12MPa，排量为 5mL/min，液体类型为基液。压裂过程裂缝中沿层理开启，裂缝形态单一。8#岩心为藻灰岩，两向应力差为 12MPa，排量为 5mL/min，液体类型为滑溜水。压裂过程中液体沿微裂缝延伸，存在分支缝。

实验结论：低黏滑溜水压裂液产生分支缝，形成复杂裂缝形态，高黏度线性胶压裂液产生简单缝（见图6）。

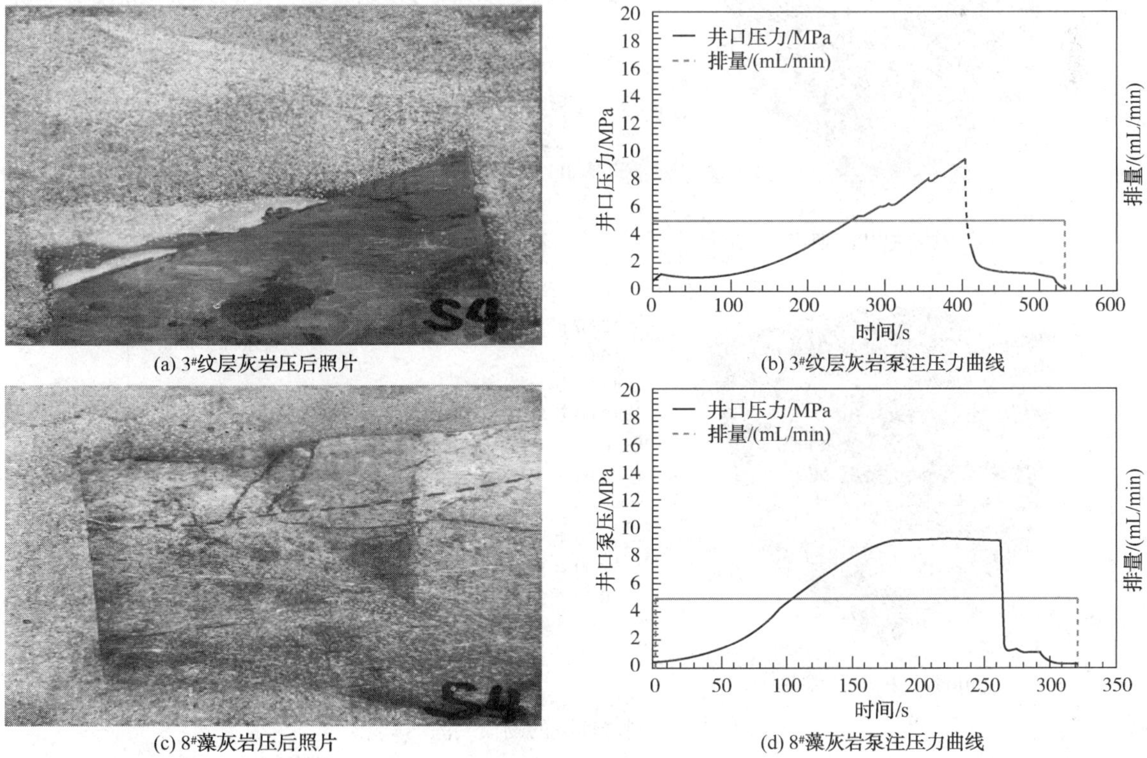

(a) 3#纹层灰岩压后照片　(b) 3#纹层灰岩泵注压力曲线
(c) 8#藻灰岩压后照片　(d) 8#藻灰岩泵注压力曲线

图6　不同压裂液黏度下的物模实验

2.3.4　岩性影响

6#、9#、10#为考虑藻灰岩、纹层灰岩和砂岩3种岩性对裂缝形态影响的对比实验。水平应力差均为12MPa，排量均为10mL；由于实验组数限制，6#藻灰岩岩心用液为基液，9#纹层灰岩、10#砂岩岩心用液均为滑溜水。

6#岩心为藻灰岩，两向应力差为12MPa，排量为10mL/min，液体类型为基液。根据岩心观察，6#岩心结构弱面比较发育，岩石脆性较高，形成的裂缝复杂程度高。9#岩心为纹层灰岩，两向应力差为12MPa，排量为10mL/min，液体类型为滑溜水。压裂过程中沿层理面开启，裂缝形态单一。10#岩心为砂岩，两向应力差为12MPa，排量为10mL/min，液体类型为滑溜水。砂岩脆性较强，形成3条水力裂缝（见图7）。

实验结论：藻灰岩与砂岩脆性指数较高，同时，藻灰岩岩心发育结构弱面，裂缝形态相对复杂，纹层灰岩层理发育；在相同实验条件下，裂缝沿层理面方向扩展，裂缝形态相对单一。

(a)6#藻灰岩压后照片

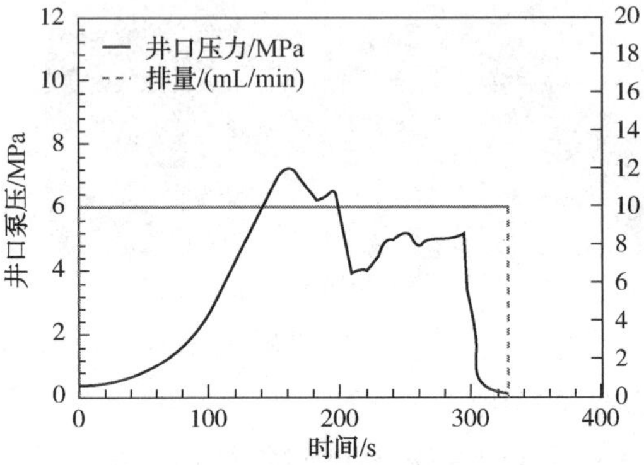

(b)6#藻灰岩泵注压力曲线

(c)9#纹层灰岩压后照片

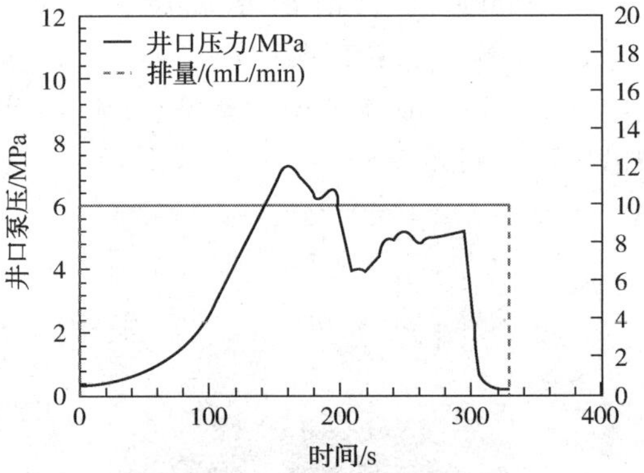

(d)9#纹层灰岩泵注压力曲线

(e)10#纹层灰岩压后照片

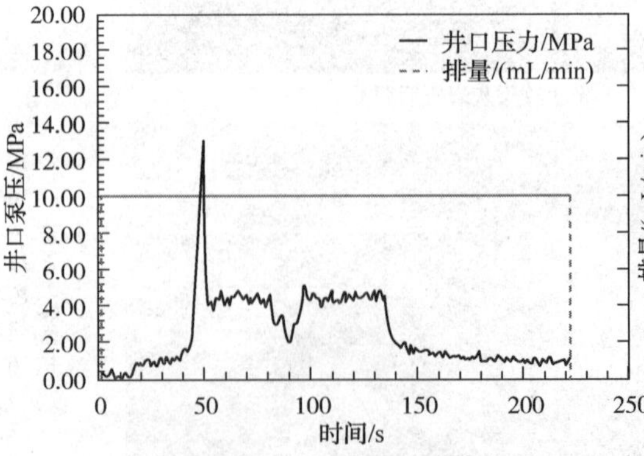

(f)10#纹层灰岩泵注压力曲线

图7　不同岩性下的物模实验

2.4 实验结论

2.4.1 实验认识

综合小尺寸物模实验，可以得出以下几点认识：

(1) 从压裂试验时的泵注压力曲线可以看出，藻灰岩岩心破裂后，压力迅速降落，后期延伸压力很低，说明藻灰岩岩心破裂后压裂更加彻底，脆性更强。

(2) 纹层灰岩破裂后，在停泵之前，压力曲线仍存在一定的波动，说明裂缝存在迂曲延伸现象，能量未完全释放，岩性脆性较藻灰岩弱一些。

(3) 藻灰岩破裂压力 7.26~11.9MPa，平均为 9.93MPa；纹层灰岩破裂压力 9.43~11.27MPa，平均为 10.04MPa；藻灰岩破裂压力较纹层灰岩稍低一些，但不排除局部破裂压力高的情况。

(4) 大排量、小两向水平应力差、低黏液体、藻灰岩易于形成复杂缝网。

2.4.2 对现场压裂指导意义

(1) 藻灰岩局部存在结构弱面(6#岩心)，形成裂缝以张性缝为主，且缝宽较大(1#岩心)，压裂过程中可应用滑溜水体系，起到开启弱面、沟通溶孔作用，增加裂缝复杂程度。

(2) 纹层灰岩裂缝沿层理扩展概率大(3#、5#、9#岩心)，为缓和这种劣势，压裂过程中可采用复合压裂液体系，先以高黏液体开启层理，增加穿层概率，后采用滑溜水携砂，沟通微裂隙，提高储层改造体积。

(3) 结合实验结果，风西储层两向应力差偏高(平均 13.6MPa)，高角度裂缝不发育，层理缝发育，可压性中等，藻灰岩分布分散(占比少)与纹层灰岩交错，开展地质工程一体化工作，识别双甜点(藻灰岩)，实施“大排量+密切割+逆复合控近扩远+高比例滑溜水+暂堵转向+极限限流”工艺提高净压力增大改造体积。针对纹层灰岩，采用“快速提升至大排量+密切割+高比例冻胶+暂堵转向+极限限流”工艺技术，提高措施效果，实现油藏效益动用。

3 现场应用效果分析

3.1 现场实施情况

在基础研究及方案优化的基础上，2021 年完成 5 井次 96 段 764 簇施工，排量 14~16m^3/min，累计用液 14.2×10^{4}m^3，累计加砂 1.4×10^{4}m^3，水平井体积压裂工艺取得实质性的进步(见表 5)。

表 5 2021 年风西水平井施工情况统计

井号	改造/m	段数	簇数	单段段长/m	簇间距/m	排量/(m^3/min)	总液量/m^3	滑溜水占比/%	总砂量/m^3	石英砂占比/%	用液强度/(m^3/m)	加砂强度/(t/m)
风西 IH2-5	1538	17	116	93	10.9	14~15	26962	69.5	1848.8	75.8	17.0	1.7
风西 IH1-5	2541	26	203	98	9.6	14~15	34354.5	62.7	3243.5	76.5	13.6	1.9
风西 IH2-3	2100	20	169	105	9.6	12~14	25072.9	67.9	2701.1	85.0	12.2	1.9
风平 2	1558	17	145	92	8.5	14~16	29203.9	72.1	2460.7	79.3	18.1	2.4
风平 3	1474	16	131	92	8.2	14~16	26894.9	57.2	3691	91.8	18.2	3.8
平均/合计		96	764	68	9.4	14.5	142215.5	65.9	13939.7	81.7	15.8	2.3

从生产来看，表现出高含水的特征，随着生产时间增加含水有降低的趋势。目前 7 口水平井，平均日产油 10m^3，含水 85%，其中风平 2 井产量最高，3mm 油嘴，日产油 36.6m^3，含水 67%。

风西水平井压后初期产油 5~42t/d，Ⅲ-3 层(纹层灰岩夹薄藻灰岩)3 口井含水 90%左右，存在一定平面非均质性；Ⅳ-5 层(藻灰岩)平均含水 76%，含水最低；Ⅴ-5(纹层灰岩夹薄藻灰岩)层风平 3 井含水 80%；各层试采特征表明纵向层间差异明显。整体表现出Ⅵ-5 小层生产优于Ⅲ-3 小层，与“藻灰岩孔隙结构优于灰云岩；物性越好，束缚水饱和度越低”的认识相符合。同时风平 3(纹层灰岩夹薄藻灰岩)采用高比例的高黏液体后，生产效果好于Ⅲ-3 层 3 口井，侧面证实了工艺技术的有效性(见表 6)。

3.2 储层改造效果分析

3.2.1 软件压后拟合

根据风西 6 口水平井裂缝参数反演结果(见图 8)，通过现有的工程技术手段，各簇裂缝基本实现均匀扩展，存在缝间干扰，形成一定程度的复杂缝网。拟合缝长 217~285m，缝高 19~33m，基本实现储层改造目的。

表 6　风西水平井生产情况统计

层　号	井　号	初期 30 天生产情况			目前生产情况			
		日产液/m^3	日产油/m^3	含水/%	日产液/m^3	日产油/m^3	含水/%	油嘴/mm
N_2^1-Ⅲ-3	风西ⅠH2-5	168.6	1.3	99	98	5.88	94	4
	风西ⅠH1-5	140	6.2	96	41.6	3.74	91	3
	风西ⅠH2-3	70.4	8.4	88	54.3	4.34	92	3
N_2^1-Ⅳ-5	风平 2	80	25	69	24.2	7.74	68	2.5
N_2^1-Ⅴ-5	风平 3	84	5.1	94	49.3	9.86	80	3
3 口井平均		108.6	9.2	91.5	53.48	6.312	88.1	3.1

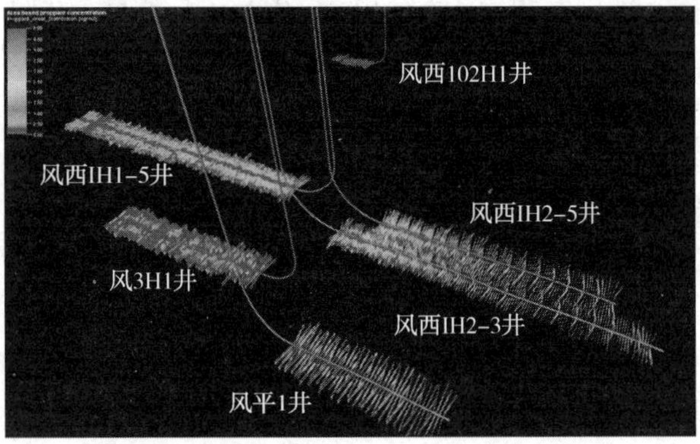

图 8　风西水平井压后裂缝形态反演

3.2.2　微地震裂缝监测

2021 年风西 IH2-3 井裂缝监测情况：该井共监测第 19 段，裂缝方位北偏东 20°～45°；平均裂缝半长 127.9m、裂缝带宽 121.5m、缝带高 46.9m，整体改造体积 2051.48×10^4m^3；各段缝网平均复杂度为 0.48，与其他地区相比属于中低复杂度。通过风西 IH2-3 井的裂缝监测情况可知，虽然风西储层形成复杂缝网较困难，但是通过现有的工程技术手段形成以主缝为主、分支缝为辅的具有一定复杂程度的人工裂缝(例如，第 14 段裂缝复杂段共 12 段，见图 9)，能达到最大限度改造储层的目的。从第 7 段压裂施工，从图 10 中可以看出，第 7 段压裂前期事件较少，且大部分在井筒附近。暂堵后整体施工压力上涨，且事件延伸较远，扩大了缝网，证实了暂堵转向技术可行性。

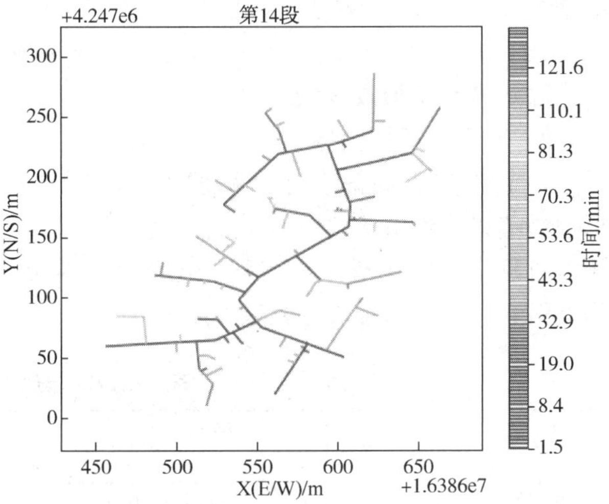

图 9　风西 IH2-3 井第 14 段裂缝监测裂缝网络模型

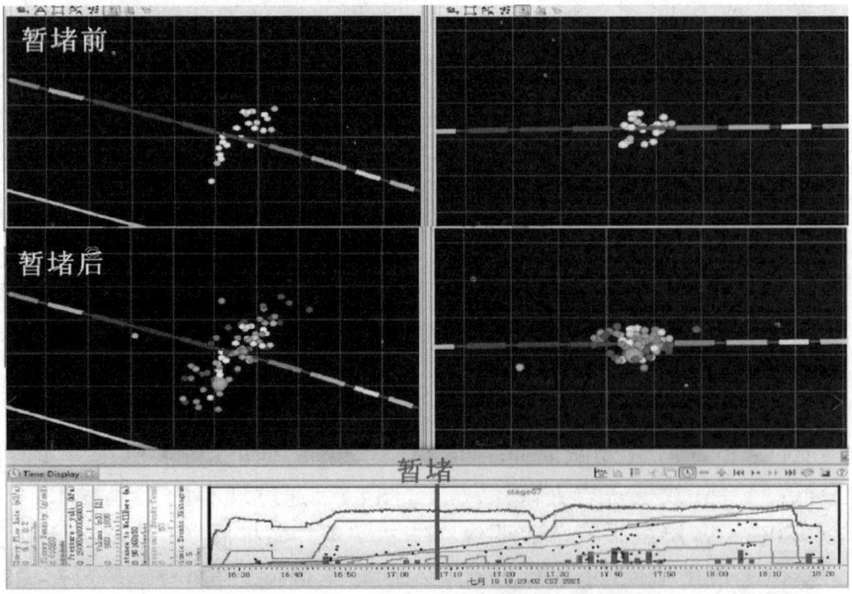

图 10　风西 IH2-3 第 7 段暂堵前后裂缝变化

3.2.3　示踪剂监测

风西 IH1-5 井示踪剂监测返排 45 天后全部见剂，风西 IH2-3 井示踪剂监测返排 21 天后全部见剂，表明改造后各段对产液均有贡献，而且各段示踪剂量随着时间推移，剂量接近，每一段对产量的贡献相对均匀，证实采用密切割打碎储层实现了充分动用储层(见图 11、图 12)。

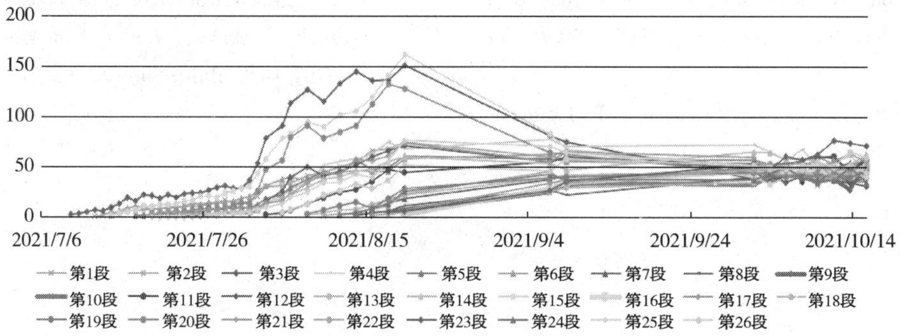

图 11　风西 IH1-5 井各段示踪剂情况

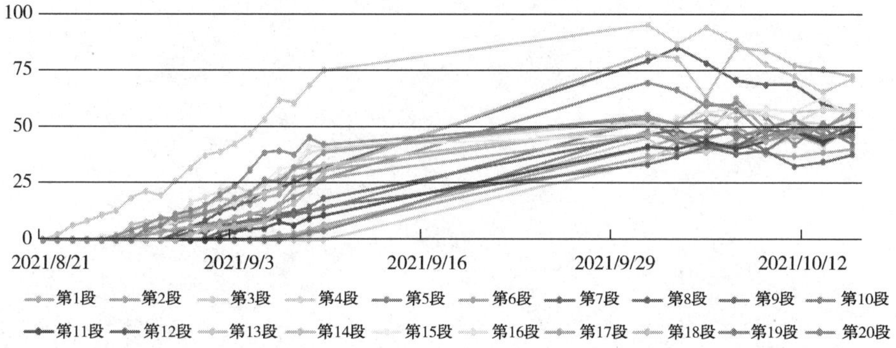

图 12　风西 IH2-3 井各段示踪剂情况

4　结论

(1) 风西储层 TOC 偏低、含油饱和度低、高角度裂缝不发育、两相应力差偏高，可压性中等，藻灰岩分布分散(占比少)与纹层灰岩交错。

(2) 通过压裂物理模拟实验，大排量、小两向水平应力差、低黏液体、藻灰岩易于形成复杂缝网。

(3) 结合实验结果，风西储层实施“大排量+密切割+逆复合+暂堵转向+极限限流”工艺提高净压力增大改造体积。其中，藻灰岩采用高比例低黏液体方式造复杂缝网，纹层灰岩储层采用“快速提升至大排量+高比例高黏液体”工艺技术，提高措施效果，实现油藏效益动用。

(4) 多种压后分析手段均显示，通过现有的工程技术手段，各段均得到充分改造，形成以主缝为主、分支缝为辅的具有一定复杂程度的人工裂缝。

参 考 文 献

[1] 邹才能，朱如凯，白斌，等. 致密油与页岩油内涵、特征、潜力及挑战[J]. 矿物岩石地球化学通报，2015，34(1)：1-17.

[2] 杜金虎，刘合，马德胜，等. 试论中国陆相致密油有效开发技术[J]. 石油勘探与开发，2014，41(2)：198-205.

[3] 李国欣，覃建华，鲜成钢，等. 致密砾岩油田高效开发理论认识、关键技术与实践：以准噶尔盆地玛湖油田为例[J]. 石油勘探与开发，2020，47(6)：1185-1197.

[4] 胥云，陈铭，吴奇，等. 水平井体积改造应力干扰计算模型及其应用[J]. 石油勘探与开发，2016，43(5)：780-786.

[5] 胥云，雷群，陈铭，等. 体积改造技术理论研究进展与发展方向[J]. 石油勘探与开发，2018，45(5)：874-887.

[6] 吴奇，胥云，王晓泉，等. 非常规油气藏体积改造技术——内涵、优化设计与实现[J]. 石油勘探与开发，2012，39(3)：252-258.

[7] 吴奇，胥云，张守良，等. 非常规油气藏体积改造技术核心理论与优化设计关键[J]. 石油学报，2014，35(4)：706-714.

[8] 吴奇，胥云，王腾飞，等. 增产改造理念的重大变革——体积改造技术概论[J]. 天然气工业，2011，

31(04)：7-12.

[9] 陈作，王振铎，曾华国. 水平井分段压裂工艺技术现状及展望[J]. 天然气工业 2007，27(9)：78-80.

[10] Warpinski N R，Teufel L W. Influence of geologic discontinuities on hydraulic fracture propagation [J]. Journal of Petroleum Technology 1987，39 (2)：209-220.

[11] Warpinski N R，Lorenz J C，Branagan P T. Examination of a cored hydraulic fracture in a deep gas well [J]. SPE Production and Facilities 1993，8 (3)：150-158.

[12] Branagan P T，Peterson R E，Warpinski N R，Wright T B. Characterization of a remotely intersected set of hydraulic fractures：results of intersection well No. 1-B，GRI/DOE Multi-Site project. SPE 36452，1996.

柴达木盆地页岩油压裂液研究现状与发展趋势

张成娟　冯昕媛　隋国杰　赵文凯　刘　欢　张　煜

（中国石油青海油田分公司钻采工艺研究院）

摘　要　柴达木盆地发育两大页岩油勘探领域，柴西古-新近系(E_3^2-N_2^1)咸化湖相页岩油、柴北缘侏罗系页岩油，主要集中在英西、风西、干柴沟等区块开展研究工作。近年来，通过不断的摸索和实践，形成了直井采用缝网压裂改造技术、水平井以“打碎储层”的体积压裂技术为主的改造模式，配套的液体通过对目的层段岩屑、岩心，开展压裂液伤害、配伍性、压裂液对导流能力影响等实验，优化出了变黏滑溜水、渗吸等多套压裂液体系配方，形成了滑溜水+冻胶的模式，虽改造效果有所提高，但仍然面临页岩油区块液体效率低、措施改造费用高、诸多区块供水能力不足的问题。面对各类问题，本文开展了高矿化度压裂液体系、地层水配制滑溜水、变黏滑溜水、渗吸等多种类型体系研究，并评价在页岩油储层的适应性研究，讨论柴达木盆地页岩油压裂液发展趋势。

关键词　页岩油；压裂液；滑溜水；发展

1　柴达木盆地页岩油措施改造发展历程

我国页岩油资源储量丰富，2021 年，鄂尔多斯盆地发现了全国超 10 亿吨页岩油储量，随后松辽盆地预测页岩油地质储量 12.68 亿吨，标志着我国页岩油勘探开发取得重大突破。柴达木盆地页岩油研究与勘探对象主要集中在柴西坳陷古-新近系(下干柴沟组上段 E_3^2-下油砂山组 N_2^1)咸化湖相页岩油。主要包括碳酸盐岩与碎屑岩两大页岩油勘探类型，碳酸盐岩包含藻灰岩、灰云岩、纹层灰云岩三种类型，储集空间以晶间孔为主，孔隙度 4%～13%，渗透率 0.01～10mD。碎屑岩储层孔隙以微米级为主(>1μm)，主要为残余粒间孔，孔隙间连通性相对较好，纳米级喉道发育，孔隙度 8%～12%，渗透率 0.5～20mD。

水力压裂技术作为储层改造的常用技术，在页岩油气开发中发挥了极为重要的作用。柴达木盆地下干柴沟组上段 E_3^2 储层改造前期以“改造基质，提高施工排量，提高改造体积，改善措施效果”为主体思路，采用缝网压裂改造技术，配套降低施工压力工艺，最终形成以“大排量、大液量、复合压裂液、小粒径组合支撑剂”等技术为核心的直井高效改造工艺。后期针对英西-干柴沟地区 E_3^2 油藏储层，基岩目的层段岩屑、岩心以及孔喉结构特征，开展敏感性、压裂液伤害、水锁伤害、配伍性、压裂液对导流能力影响等实验，不断优化压裂液体系，突出了防水锁、防膨等方面性能，措施液体系低伤害、易返排的特点更加突出。

干柴沟地区于 2021 年开始进行储层改造，在深层直井改造经验的基础上，革新地质工程一体化研究手段，形成了目前以“提高裂缝复杂程度、进一步提高单井产量”为目标的直井缝网改造工艺。水平井体积压裂以“打碎储层”、提高储层渗流能力为主，并结合天然裂缝发育等特征，形成柴西南古近系页深层有效的开发方式。该区块压裂液以滑溜水为主，形成了“滑溜水+冻胶”的组合液体模式，为造复杂缝、形成缝网提供了基础。

2　页岩油压裂液面临的问题

柴达木盆地非常规储层的措施改造从常规改造模式到缝网压裂、体积压裂、密切割体积压裂等技术，液体体系也从以往包括造缝、携砂功能转变为了造缝、携砂、渗吸、增能、置换等，在页岩油储层开发中增添了压驱和增能的作用，对压裂液体系赋予了新的概念和功能。因此，对压裂液的认识和评价方法上，又有了新的理念和新的方法，而目前并没有完全建立评价标准和规范的评价方法，导致很多实验结果不能去对标对表。页岩油压裂工艺也面临着基质改造程度低、储层改造不彻底、压裂效率不高等问题，必须不断进行创新研究和工艺实践，才能实现储量的有效动用。

2.1 产能优化

页岩油气藏的开发需要形成复杂裂缝网络，而形成复杂裂缝网络的必要条件是让低黏压裂液进入并撑开细微的天然裂缝，于是就形成了滑溜水、线性胶压裂液体系。但低黏压裂液的携砂性能较差，为防止发生砂堵，低黏压裂液的设计砂比低、支撑剂粒径小、铺砂的深度也有限，因此形成的支撑裂缝导流能力远低于常规压裂。虽然采用黏度较低的压裂液可以获得较大的改造体积，但支撑裂缝的导流能力对压后产能也具有显著影响，一味地追求增加改造体积而忽视波及区内的改造强度，并不能得到最优的产能。

比如英西水平井两向应力差大、天然裂缝发育，压裂暂堵转向不明显，导致基质改造程度低，难以彻底打碎基质储层，储层改造不彻底，并且施工效率只有 1.12 段/天。

2.2 水资源

页岩油气藏的开发，对用水量的需求非常大，而柴达木盆地干旱缺水，且单井分布散、作业周期长、投资成本高，如何在这种环境下寻求页岩油勘探开发模式，并根据目前情况开展合理有序的研究与规划，对后期页岩储层压后产能和单井经济效益具有重要的意义。

除了用水量大以外，如何处理返排液也是一大难点。面对柴达木盆地现状，研究对水质要求低、可重复循环使用的压裂液体系，或者开发耐高盐高矿化度压裂液体系以及无水压裂液体系，是一个必然的发展趋势。另外，对地层水的回收处理、蓄水工作，配套相关设备实施，都是亟待解决的问题。

2.3 储层伤害

常规压裂液对储层的伤害，主要分为液相乳化、液相造成的黏土水化与微粒运移、水相圈闭、润湿性改变，以及压裂液中的固相在基质、人工裂缝中的堵塞。而现有的页岩滑溜水压裂液体系暴露出了携砂能力有限、返排液处理难度高和对储层伤害大等诸多问题。因为页岩储层具有明显的自吸和软化现象，在页岩储层中，较为发育的层理及天然裂缝等弱结构面，作为页岩的典型结构特征，对水力裂缝的扩展行为起着巨大的作用，可以形成更复杂的裂缝网络。复杂缝网的形成与页岩储层中的泥质成分含量密切相关，页岩中泥质所富含的黏土成分具有强吸水性，在水分子作用下，形成晶格间的膨胀、断裂。而页岩储层的伤害评价方法并没有完全形成统一标准，只是通过页岩膨胀结合岩心驱替伤害评价，确定液体对储层的伤害程度。

2.4 压裂液返排

压裂液返排效率低是页岩油气藏水力压裂的一大特点，滞留在页岩储层中的大量压裂液会造成流体自吸进入页岩基质，难以返排；高矿化度地层水与低矿化度压裂液产生的渗透力作用也是导致压裂液不易返排的原因。此外，页岩黏土矿物的表面水化作用、页岩储层特殊的相渗特征等，都是返排率低的原因。因此，对页岩油气储层压后返排的受力分析、流体分布区域研究及流动过程机理研究是建立页岩储层返排制度的关键。

3 柴达木盆地页岩储层压裂液现状

根据目前页岩油措施改造面临的诸多问题，室内开展各类实验，如针对措施改造费用高、诸多区块供水能力不足的问题，开展地层水配制减阻剂形成高矿化度滑溜水；针对干柴沟试油过程汽油比低的井(层)压后自喷周期短的问题，开展渗析驱油评价与闷井时间优化等配套技术研究，以及泡沫压裂液室内研究；并调研无水压裂、CO_2干法压裂等工艺技术，为页岩油高效开发提供基础。

3.1 高矿化度滑溜水及压裂液研究

滑溜水已成为非常规压裂的主要液体体系，用量大，其费用在储层改造材料成本中占20%~30%，持续探索添加剂使用浓度下限，实现一剂多效的灵活变黏功能，是降本提效的重要途径。

目前油田应用的减阻剂以乳液聚合物为主，耐盐性能较差，特别是在矿化度比较高的地层水中，由于金属阳离子官能团对减阻剂分子具有屏蔽效应，容易使之卷曲甚至产生沉淀，导致滑溜水体系黏度、减阻性能大幅下降。实验首先对地层水进行分析，并通过对油田现用减阻剂在风西、英西等区块地层水中的各项性能参数进行对比，给出地层水配制滑溜水的结论。

3.1.1 地层水配滑溜水实验研究

风西、英西区块现场产出水中的成分主要包括少量固体悬浮物，略有油花、硫酸盐还原菌等细菌，其中 K^+、Na^+、Cl^- 等一价离子含量高，地层水矿化度较高(见表1)。

表 1　水型分析化验报告

井号	颜色	透明度	pH 值	密度/（g/cm^3）	K^++Na^+/（mg/L）	Ca^{2+}/（mg/L）	Mg^{2+}/（mg/L）	Cl^-/（mg/L）	SO_4^{2-}/（mg/L）	HCO_3^-/（mg/L）	总矿化度/（mg/L）	水型
风西 1H2-3	淡黄	透明	6.5	1.117	68167	1648	211	107141	1595	562	179324	$CaCl_2$
狮新 52-3	淡黄	透明	6.7	1.183	104829	169	32	159816	1973	1314	268133	$NaHCO_3$

按不同比例混合地层水和自来水，开展减阻剂在不同配比地层水中的溶解度、滑溜水的黏度、表面张力等混合液体综合性能测试（见图 1）。

风西滑溜水配方：0.1%减阻剂+0.5%助排剂+0.5%黏土稳定剂+1.0%氯化钾。英西区块滑溜水配方：0.1%减阻剂+0.3%助排剂+1.0%氯化钾。

风西区块黏土矿物主要为伊蒙混层和伊利石，速敏、水敏性矿物较为发育，因此在滑溜水配方中，要加入防膨剂、黏土稳定剂，确保黏土运移及水化膨胀（见表 2、表 3、图 2、图 3）。

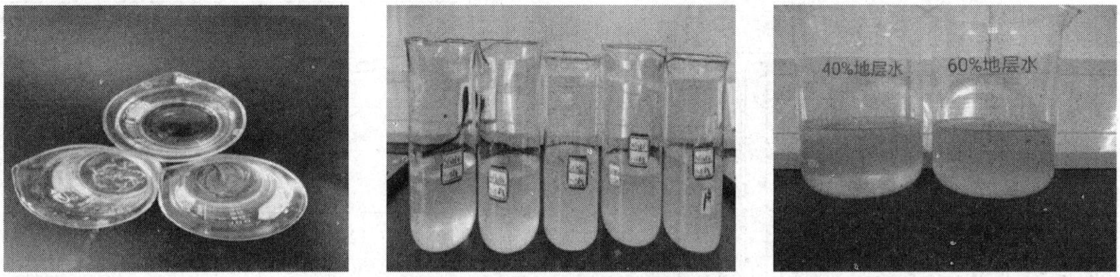

图 1　减阻剂在不同比例地层水中溶解状况

表 2　风西地层水与自来水混合后滑溜水性能测试

指　标	标准	地层水 0%	地层水 20%	地层水 40%	地层水 60%	地层水 80%	地层水 100%
减阻剂溶解性	—	完全溶解	完全溶解	完全溶解	12h 后略有沉淀	12h 后有沉淀	12h 后有沉淀
密度/（g/cm^3）	—	1.0	1.031	1.06	1.086	1.112	1.14
黏度/（mPa·s）	—	1.0	1.772	2.05	2.08	2.12	2.679
表面张力/（mN/m）	≤28	25.082	27.108	27.972	27.631	28.72	28.397
界面张力/（mN/m）	≤2	0.95	1.28	1.52	1.96	2.31	2.47

表 3　英西地层水与自来水混合后滑溜水性能测试

指　标	标准	地层水 0%	地层水 20%	地层水 40%	地层水 60%	地层水 80%	地层水 100%
减阻剂溶解性	—	完全溶解	完全溶解	完全溶解	完全溶解、略有混浊/6h 后略有沉淀	完全溶解、较混浊/6h 后略有沉淀	完全溶解、混浊/6h 后略有沉淀
密度/（g/cm^3）	—	1.0	1.028	1.059	1.111	1.153	1.198
黏度/（mPa·s）	—	1.0	1.5	1.5	1.5	1.5	2.0
表面张力/（mN/m）	≤25	23.518	24.250	24.175	24.509	25.640	26.548
界面张力/（mN/m）	≤2	0.422	0.633	0.731	1.544	2.945	5.344

随着地层水比例的逐渐增大，滑溜水的表界面张力都略有增加，在地层水比例≤60%时，都满足各项参数需求。表面张力在液体全部为地层水时达到最大；界面张力在地层水超过 60%后，增幅最大。

3.1.2　矿化度对减阻剂性能影响实验结果

由于不同区块地层水的矿化度不一样，室内配制不同矿化度的模拟地层水，并测定滑溜水性能。

（1）对溶胀性能影响。

矿化度越高，现场连续混配的滑溜水的出口溶胀率越低，稠化剂完全溶胀所需的时间相应更长，但黏度变化不大。表 4、图 4 为矿化度从 100000～300000mg/L 时溶胀时间与表观黏度的变化。

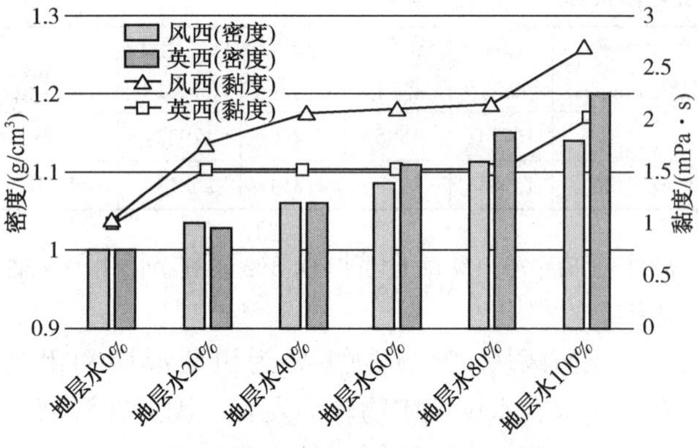

图 2　不同比例地层水配制的滑溜水密度及黏度数据图

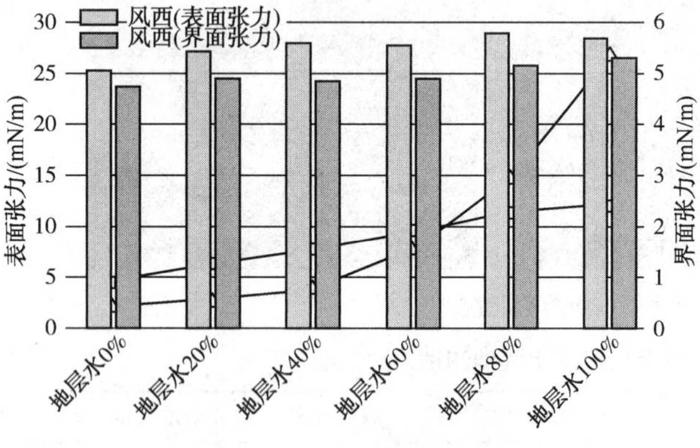

图 3　不同比例地层水配制的滑溜水表/界面张力数据图

表 4　不同矿化度下减阻剂溶解性能对比

序号	矿化度/(mg/L)	起黏时间/s	表观黏度/(mPa·s)
1	0	6	1.031
2	10×10^4	36	1.12
3	20×10^4	52	1.11
4	30×10^4	60	1.01

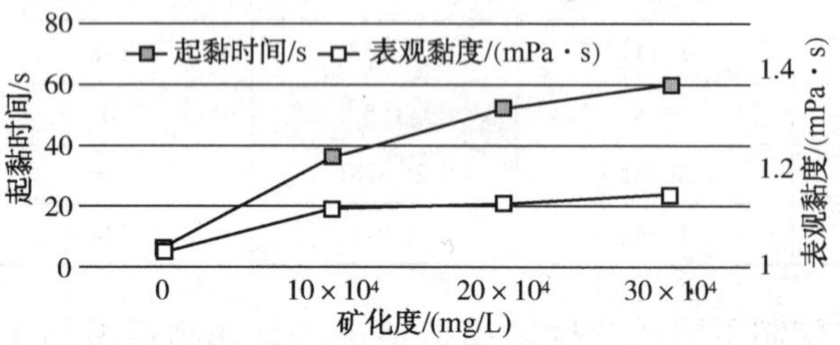

图 4　不同矿化度条件下减阻剂性能图

（2）对降阻性能影响。

测定矿化度从 100000~300000mg/L 时降阻率的变化。在矿化度≤100000mg/L 的条件下，0.1%减阻剂加量下的降阻率可达 70%左右，但随着盐水溶液中钠离子和钙离子的浓度升高，滑溜水的降阻率明显降低(见表 5、图 5)。

表 5　减阻剂在高矿化度下的降阻性能测试

序号	矿化度/(mg/L)	在不同盐溶液中的降阻率/%	
		NaCL 溶液	$CaCl_2$溶液
1	10×10^4	75.9	71.3
2	12×10^4	68.5	65.3
3	15×10^4	56.2	51.3
4	20×10^4	42.3	46.5
5	25×10^4	35.8	33.5
6	30×10^4	32.3	30.2

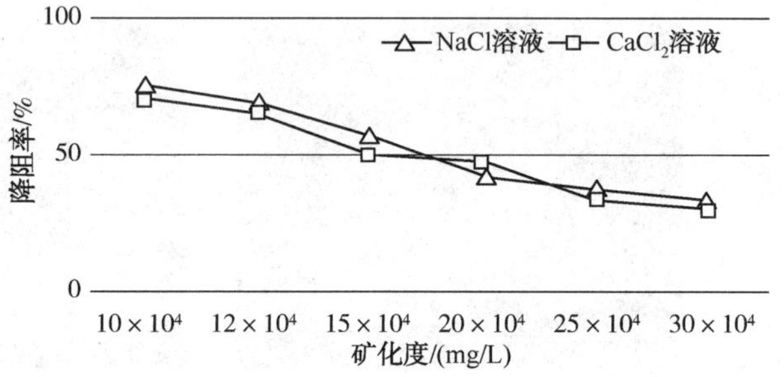

图 5　减阻剂在不同矿化度盐水中的降阻性能测试

3.1.3　英西地层水配制加重压裂液体系验证

为验证是否是由于地层水中有干扰离子存在，室内采取配制模拟地层水的方式，在排除可能的干扰离子的情况下，进行加重压裂液体系验证。选取狮 49-1 井离度为 1.1934g/cm³ 的地层水离子组分，配制相应的模拟地层水。再用模拟地层水配制 0.6% JK106FC 稠化剂的胍胶基液。

（1）模拟地层水下体系耐温性能。

基液配方：0.6%稠化剂+0.2%交联调节剂+0.7%温度稳定剂+0.6%交联促进剂+0.3%~0.5%交联剂。

该配方在 150℃时耐温耐剪切性较差，按配方调整交联剂加量至 0.5%，再次在 150℃时耐温耐剪切性，性能合格(见图 6)。说明在无干扰离子的情况下，加重压裂液体系性能良好。

（2）钙镁离子含量对加重压裂液性能的影响。

分别用清水、含 500mg/L、2000mg/L 钙镁离子的模拟地层水配制 0.6% JK106FC 稠化剂，呈现出钙镁离子含量越高，初始基液黏度越大的特性(见表 6、图 7)。

从实验结果可知，地层水加重压裂液的耐温耐剪切性比清水配制的体系要好，说明在 2000mg/L 钙镁离子范围内，地层水加重压裂液体系不受钙镁离子的影响。

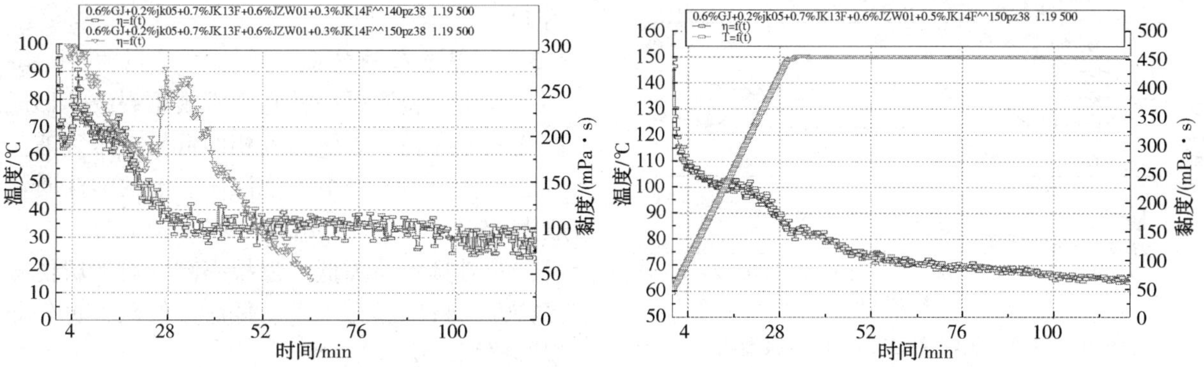

图6　模拟地层水配压裂液在150℃下的耐温耐剪切性

表6　减阻剂在高矿化度下的降阻性能测试

序号	配方	密度/(g/cm³)	钙镁离子含量/(mg/L)	基液黏度/(mPa·s)
1	0.6%稠化剂+0.2%交联调节剂+0.7%温度稳定剂+0.6%交联促进剂	1.0	0	123
2		1.1934	500	144
3		1.1934	2000	156

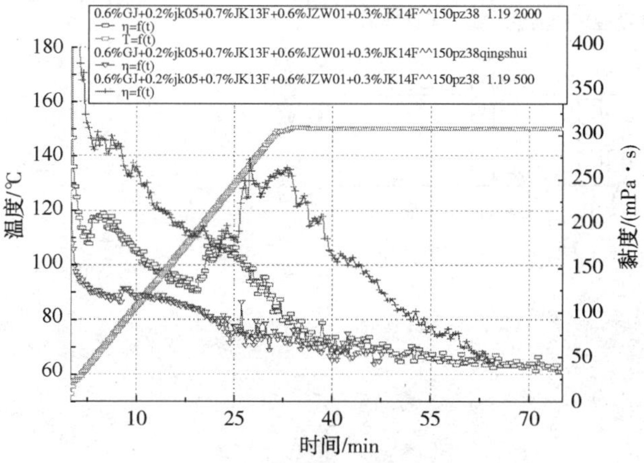

图7　不同钙镁离子含量的耐温耐剪切性能对比

3.2　渗吸置换压裂液体系

页岩油储层低孔低渗，毛细管力大，油在孔隙中难以被动用，用高毛细管力诱发的自发渗吸作用下，水可以将油自发置换出来，是页岩油开采的一个重要机理。大量实验表明，压裂液与基质孔隙内的原油存在渗吸置换作用，大规模压裂补充地层能量，焖井使基质发生原油交换，可以改善油井生产效果。

实验室主要是采用体积法渗吸实验装置，并通过测定液体表界面张力、接触角等，对比不同液体性能，并采用人造岩心，用不同浓度表活剂或者不同配方进行渗吸实验相关数据测试，观察置换效率(见图8、图9、表7、图10)。

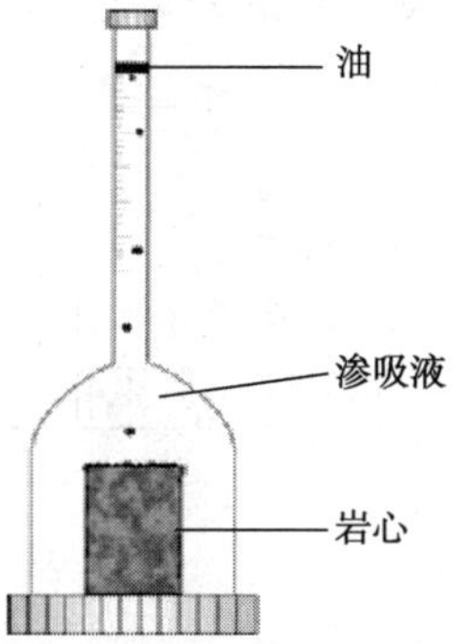

图8　体积法渗吸实验装置图

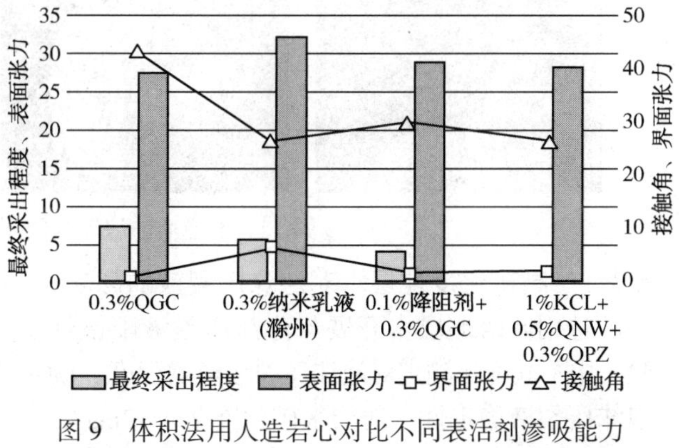

图9　体积法用人造岩心对比不同表活剂渗吸能力

表7　天然岩心基数数据

序号	岩心编号	岩心直径/cm	岩心长度/cm	干重/g	饱和煤油后的湿重/g	孔隙度/%	气测渗透率/$10^{-3}\mu m^2$	饱和煤油体积/mL
1	137	2.478	4.971	57.6207	59.6487	10.58	3.449	2.53
2	117	2.446	4.972	54.3904	56.3341	10.40	5.785	2.43
3	60	2.473	4.589	49.8561	52.1183	12.84	13.701	2.83
4	92	2.491	4.519	49.0172	51.7089	15.29	30.665	3.36
5	62	2.489	4.716	47.523	50.6207	16.88	1202.81	3.87

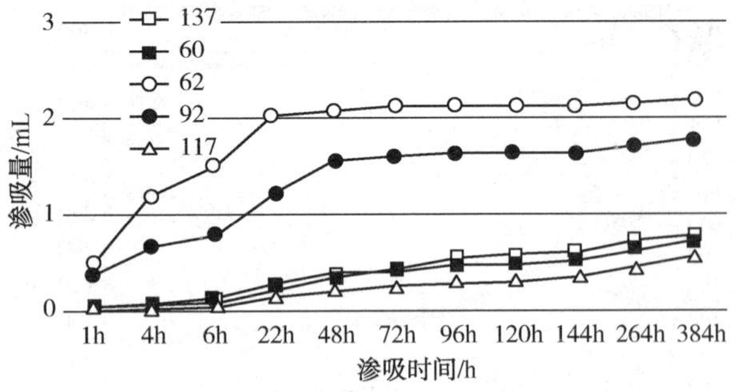

图 10　体积法用天然岩心对比渗吸能力

对于渗透率较高的岩心，渗吸主要发生在 48h 以内，后续析出量明显不再增加或增加缓慢；对于渗透率低的岩心，渗吸缓慢，但都在持续缓慢析出，经过 16d，渗吸量还在缓慢上升．因此，可根据渗吸时间来大致确定焖井时间。

优化出的渗吸压裂液体系在干柴沟柴 902 Ⅰ层组的应用，返排率和最高产油量都有明显提高，因此，渗吸压裂液效果还是较为明显的(见图 11)。

3.3　泡沫压裂液体系

泡沫压裂液是一种基于常规压裂液，形成的以气体为内相、液体为外相的低伤害压裂液。在一定温度压力条件下，泡沫压裂液的泡沫质量一般为 65%～85%，可减少 50%～80%的压裂用水量，同时具备滤失低、返排率高、对地层伤害小等特性，特别适合水敏、低渗、低压、页岩非常规储层的压裂改造。

实验室通过对各类起泡剂进行优选，并和不同体系压裂液进行泡沫各项性能测试，通过测定起泡效果和稳泡性能，及泡沫压裂液各项性能，确定起泡剂及泡沫压裂液配方(见图 12)。

在电子显微镜下观察泡沫压裂液泡沫直径随时间的变化，发现随着时间的增长，小气泡越来越少，大气泡越来越多，泡沫直径逐渐增大，直至泡沫消失。

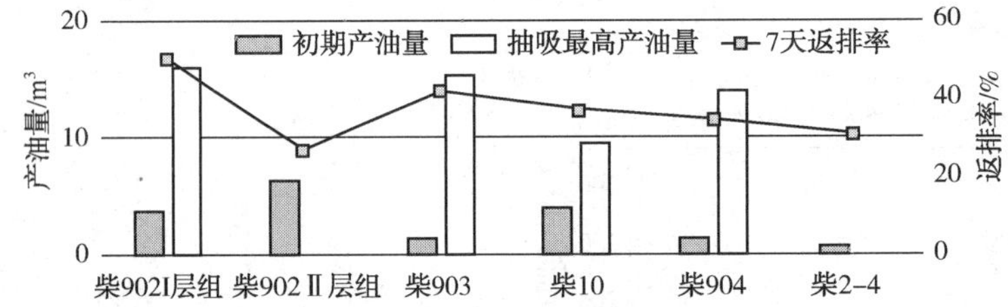

图 11　渗吸压裂液在柴 902 井Ⅰ层组应用效果对比

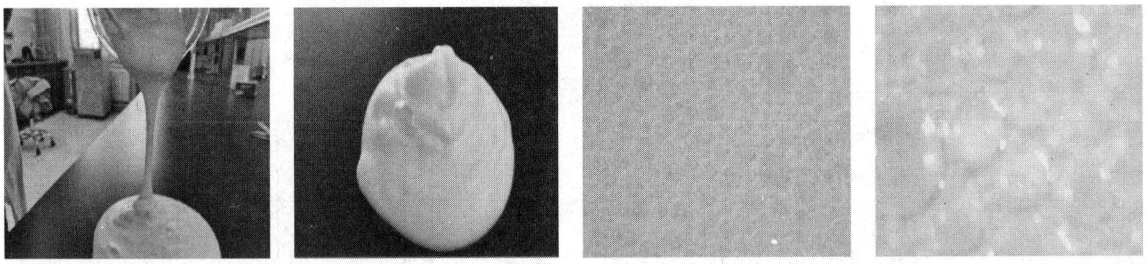

图 12　发泡后的泡沫冻胶压裂液及泡沫在显微镜下的状态

3.3.1　高矿化度地层水对泡沫压裂液的影响

选用风西地层水开展与泡沫压裂液配伍性实验，用不同配比测定对泡沫压裂液影响程度，确定泡沫压裂液稳定性。地层水矿化度 224612mg/L。

地层水的加入对泡沫高度没有产生影响，但对半衰期影响较大，地层水加量越大，半衰期越短(见表 8)。

3.3.2　泡沫压裂液悬砂性能

将分别加有浓度为 1%的抗油泡沫排水剂的 0.20%胍胶基液和冻胶液，用搅拌器在 3000r/min 下搅拌 5min，按 20%砂比(30～50 目石英砂)配比，搅拌均匀后静置观察沉砂情况，结果如表 9、图 13 所示。

根据实验结果可知，加入起泡剂后，泡沫压裂液悬砂性能均有大幅度提升，沉降时间缓慢，且冻胶液体比基液的悬砂性能好得多。

表 8　地层水对泡沫压裂液性能影响

序号	压裂液基液：地层水	泡沫高度/mL	泡沫质量/%	半衰期/min
1	0：1	1030	75.45	17
2	1：1	1010	73.64	28
3	3：1	940	67.27	34
4	9：1	960	69.09	46

表 9　泡沫压裂液悬砂性能对比

序号	配方	沉降时间/min
1	0.2%胍胶基液+20%石英砂	0.7
2	0.2%胍胶基液+1%抗油泡沫排水剂+20%石英砂	2.2
3	0.2%胍胶冻胶+20%石英砂	39
4	0.2%胍胶冻胶+1%抗油泡沫排水剂+20%石英砂	119

3.3.3　耐温耐剪切性能测试

对比泡沫压裂液体系的耐温性能，实验采用 MARS 60 流变仪，实验条件下：剪切速率 $170s^{-1}$，实验升温速率 3℃/min(见图 14)。

测试配方：0.2% ~ 0.25% HPG + 0.02% NaOH+1% KCl+0.5%黏稳+0.3%助排+0.5%交联剂+1%抗油泡沫排水剂。

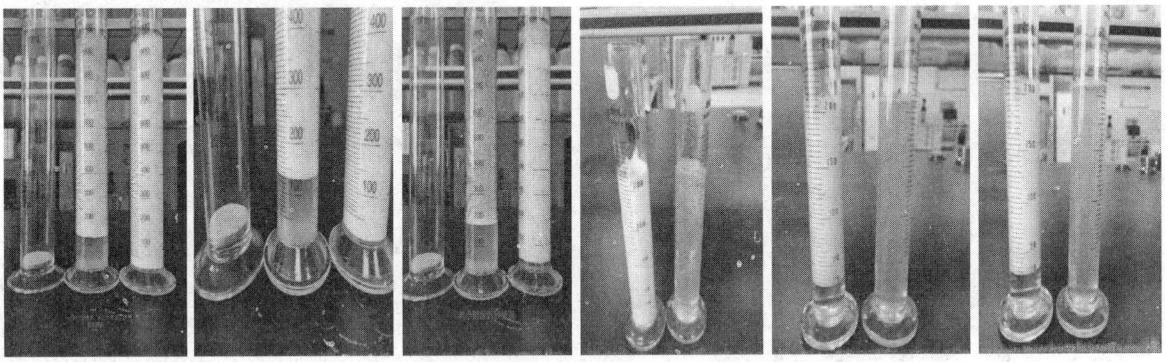

图 13　泡沫压裂液悬砂对比图

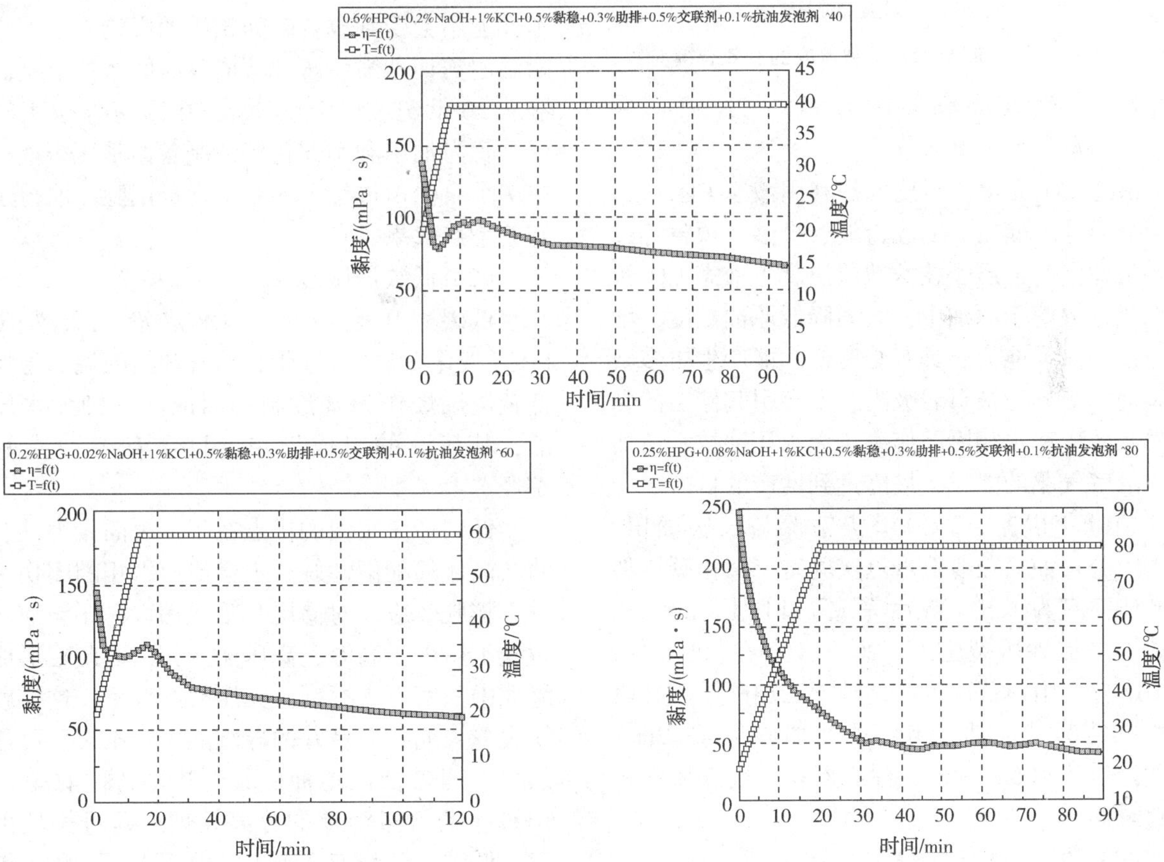

图 14　40~80℃下泡沫压裂液的耐温耐剪切性

该配方在 80℃、$170s^{-1}$、剪切 60min，黏度值为 50mPa・s 左右，剪切 90min，黏度为 41mPa・s 左右。与未加起泡剂的配方对比，黏度略有降低。

3.4　无水压裂技术

为减少水资源的使用和降低环境风险，人们不断在探索采用无水压裂的办法来替代水力压裂技术。无水压裂技术是一种采用非水基液作为压裂介质进行岩石压裂，实现油气开发或者增产的技术，具有缓解水资源压力、环境风险小、储层伤害小、地面风险低等特点。目前国内外研究和应用最广泛的无水压裂液主要是CO_2压裂液和烃类压裂液（见图15），CO_2压裂液分为液态CO_2压裂液和超临界CO_2压裂液，而烃类压裂液又分为油基压裂液和低碳烃压裂液。

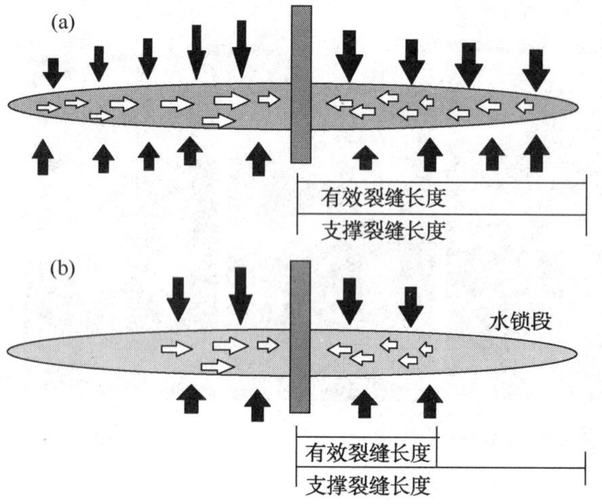

图15　低碳烃压裂液与水力压裂形成的有效裂缝对比

3.4.1　二氧化碳压裂液

（1）液态CO_2压裂液。

液态CO_2无水压裂技术是利用液态CO_2作为压裂介质注入储层，完成造缝、携砂、顶替等过程。与此同时，压裂技术地层温度下液态CO_2快速汽化，混溶于原油中，大大降低原油黏度，增强原油的流动能力；具有黏度低、能产生更多微小裂缝，更容易被页岩吸附，不会引起储层的黏土膨胀效应和水相圈闭伤害；无水压裂技术增加储层溶解气驱的能量，最终达到增产的目的。

2014年以来，国内川庆钻探与长庆油田，以集团公司油气藏改造重点实验室二氧化碳压裂增产研究室为依托，先后完成了14口井的二氧化碳干法加砂压裂施工。2019年，在长庆油田双167井，国内首次二氧化碳干法加砂桥塞分段体积压裂圆满成功，实现单井加砂量45.2m^3、施工排量达到6m^3/min，标志着我国进入无水压裂新时期。

（2）超临界CO_2压裂液。

CO_2的临界点约为温度31.04℃、压力7.38MPa，在该条件下CO_2能够达到超临界状态，成为超临界CO_2，超临界流体具有独特的性质，与气体、液体都有所不同（CO_2压裂液施工现场见图16）。超临界CO_2的黏度接近于气体，而密度又接近于液体，无表面张力，在临界点附近具有突变性和可调性。在被压缩过程中，不会形成液相，仅表现为密度的增加。这些特殊的性质都有利于非常规气藏的压裂改造。

图16　CO_2压裂液施工现场

3.4.2　烃类压裂液

（1）油基压裂液。

油基压裂液是以原油、柴油、煤油等作为基液制备而成的一种无水压裂液。其基液的组成比较复杂，含有烷烃、烯烃等多种烃类物质和少量其他物质。油基压裂液的优点在于：压裂液的基本性能不会受到放置时间长短的影响、压裂液的耐温耐剪切性强、压裂液成胶时间短。油基压裂液从20世纪80年代开始，在国内外应用较广泛，青海油田利用催化柴油制备油基压裂液，并在7个泉油田进行了3井次现场试验，取得了良好的增产效果。

（2）低碳烃压裂液。

低碳烃压裂液是以LNG（液化天然气）、LPG（液化石油气）液化石油气和纯丙烷、丁烷等低碳链烷烃作为基液制备而成的一种无水压裂液，其基液的组成简单，只含有一种或两种烷烃。

低碳烃压裂液的优点在于：表面张力低、与储层流体的配伍性好，不会造成水相圈闭伤害和黏土膨胀效应，对储层几乎无伤害；压裂液在压裂施工后由于高温、高压而汽化，因此在形成的缝隙中只留下支撑剂，无压裂液残留，这样就会使裂缝长期具有良好的导流能力；压裂后可与天然气一同被抽回地面，其返排率、回收率可达100%，且经过简单的分离处理后即可循环再利用；低碳烃压裂液几乎不需要用水，能尽可能地缓解对环境和水资源造成的压力，同时也省去了压裂液废液处理的成本。

4　柴达木盆地页岩储层压裂液发展趋势

柴达木盆地页岩油储层经过发展，目前以降

低成本和提升储层改造效果为目标，着重开展地质甜点与工程甜点综合评价，深化压裂效果影响因素分析，开展地层水配制滑溜水、石英砂代替陶粒、工具国产化等低成本举措，实现了页岩油的高效勘探开发，储层改造技术取得了阶段性进展。但由于柴达木盆地页岩油储层与流体特征更为复杂，需要地质与工程的共同努力，持续开展工程与地质一体化攻关，强化复杂缝形成机理及控制方法、多岩性界面穿层压裂技术、多功能压裂液体系、复杂裂缝有效支撑，将压裂液从传统单一压裂造缝向“造缝、补能、驱油”三位一体升级，推动柴达木盆地页岩油早日实现规模化开发。

4.1 现有体系攻关研究及产品升级

页岩油气藏的开发，需要消耗大量淡水作为压裂液的主要成分，对于柴达木盆地是一个严重挑战，寻找淡水替代品进行水力压裂，将会促进油田整体的环境和经济效益。在现有条件与环境下，开展高矿化度压裂液体系研究，用地层水配制压裂液体系，提高滑溜水与压裂液体系的耐矿化度能力，以及压裂液返排液的重复利用工艺推广，是当前刻不容缓的事情。

在页岩油措施改造中，压裂液可作为压驱补能的介质，有效改善页岩油储层改造效果，研究多功能压裂液，提高压裂液体系渗吸置换效果，同样是提高压裂效果的重要内容。比如研发纳米驱油复合滑溜水、高携砂泡沫压裂液体系以及变黏、酸性滑溜水等压裂液体系，都旨在提高压裂液与地层岩石及原油的配伍性，提高压后产量。

4.2 合理返排制度的建立

页岩油储层压裂后普遍存在渗吸置换作用和一定的应力敏感性，国内外各油田大多采用闷井控排方式生产，但是由于各地区页岩油储层特性差异较大，压裂后排采工作制度也不尽相同，缺少可以借鉴的理论方法。

柴达木盆地页岩油压裂后返排制度主要借鉴致密油方法，但是页岩油储层地质构造更加复杂，储层物性更差，压裂后关井扩散及放喷方案制订方面还存在不适应性，需要针对页岩油储层特征进一步优化研究。目前采用室内渗吸置换模式来大致确定焖井时间，但压后返排的受力分析、流体分布区域研究及流动过程机理研究仍需加强研究，建立柴达木盆地不同区块页岩油储层返排制度。

页岩基质的超低渗透性导致了页岩中压裂液难以滤失进入基质中，主要返排通道为复杂的裂缝体系(见图 17)，因此对液体与裂缝扩展的研究，以及液体在裂缝中的返排规律研究，是今后工作的重点。

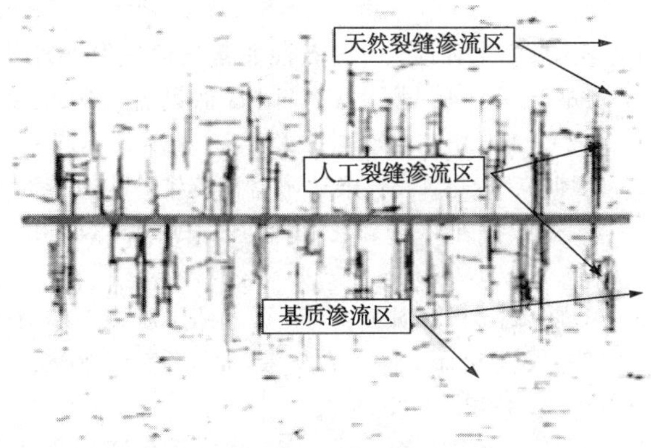

图 17 页岩油水平井渗流区域示意图

4.3 无水压裂液体系

无水压裂技术作为水力压裂的替代技术，在页岩油压裂改造中具有环保、节能、储层损害低、增产效果好的技术优势，有很大的发展前景。无水压裂中利用 CO_2 干法压裂工艺开发非常规及低渗透油气资源，可能是一种符合我国地质条件的具有潜力的技术路径。

该技术在柴达木盆地的应用，还需加强相关配套设备的研发，加快室内与实施现场试验的步伐。主要包括：CO_2 气体的来源；CO_2 配套管网；对无水压裂需要的密闭加砂装置等配套设备；液态 CO_2 增黏体系的研发；对其裂缝形态、裂缝扩展机理研究；等等。

无水压裂技术作为水力压裂的替代技术，既有优点也存在缺失与不足之处，因此需要开展系统和深入的研究，找到应对策略，才能充分发挥无水压裂技术的优势和对其进行应用推广，同时避免各类风险和事故的发生。

5 结论

(1) 通过对目前柴达木盆地压裂液体系梳理，明确目前情况下，优化现有体系、研发高矿化度耐盐滑溜水及压裂液体系、提高渗吸压裂液体系针对性、扩大泡沫压裂液体系应用范围，应是目前所能开展的并适合页岩油储层压裂需求的液体攻关和研究方向；

(2) 加强压后返排的受力分析、流体分布区域研究及流动过程机理研究，对液体与裂缝扩展和返排规律研究，是今后工作的重点；

（3）开展无水压裂液体系研究与适应性分析，寻找适合柴达木盆地最有的无水压裂工艺技术，为无水压裂技术的开展做好储备。

参 考 文 献

［1］李国欣，朱如凯．中国石油非常规油气发展现状、挑战与关注问题［J］．中国石油勘探，2020，25(02)：1-13．

［2］伍坤宇，廖春，等．柴达木盆地英雄岭构造带油气藏地质特征［J］．现代地质，2020，34(02)：378-389．

［3］彭瑀，赵金洲，林啸，等．页岩储层压裂工作液研究进展及启示［J］．钻井液与完井液，2016，33(04)：8-13．

［4］马明伟，祝健，李嘉成，等．吉木萨尔凹陷芦草沟组页岩油储集层渗吸规律［J］．新疆石油地质，2021，42(06)：702-708．

［5］许飞．考虑化学渗透压作用下页岩气储层压裂液的自发渗吸特征［J］．岩性油气藏，2021，33(03)：145-152．

［6］陈作，刘红磊，李英杰，等．国内外页岩油储层改造技术现状及发展建议［J］．石油钻探技术，2021，49(04)：1-7．

［7］毛金成，张照阳，赵家辉，等．无水压裂液技术研究进展及前景展望［J］．中国科学：物理学力学天文学，2017，47(11)：52-58．

［8］李颖虹．全球页岩气无水压裂技术特点及研发策略分析［J］．世界科技研究与发展，2016，38(03)：465-470．

［9］王满学，何静，王永炜，等．国内烃基无水压裂液技术研究与应用进展［J］．钻井液与完井液，2018，35(06)：1-7．

［10］张晓晗．用于提高低渗透页岩油气藏采收率的 CO_2 泡沫压裂液体系的研究［D］．济南：山东大学，2020．

［11］任岚，邸云婷，赵金洲，等．页岩气藏压裂液返排理论与技术研究进展［J］．大庆石油地质与开发，2019，38(02)：144-152．

［12］孙敬，舒德志，刘德华．页岩气水平井压裂液赋存机理与返排规律研究［J］．长江大学学报(自然科学版)，2022，19(04)60-67．

英雄岭干柴沟页岩油储层可压性评价

万有余[1] 王小琼[2] 张玉香[1] 谢贵琪[1] 雷丰宇[1] 赵文凯[1] 温野群[2]

[1. 中国石油青海油田分公司；2. 中国石油大学(北京)非常规油气科学技术研究院]

摘 要 有效评价储层形成复杂裂缝网络的能力，是进行页岩油开采的基础，目前国内外还没有形成有效的评价方法和体系。目前，国内外常用脆性系数来表征页岩油储层的可压性，但脆性不足以表征储层的可压性。英雄岭页岩油储层具有非均质性强、水平两相应力差大、天然裂缝不发育、层理比较发育的特点，为了能够准确识别工程甜点层段，建立了综合可压性模型，提出了适用于英雄岭干柴沟的基质脆性评价指数、水平应力差异指数和裂隙发育指数。研究表明：虽然英雄岭页岩油岩性复杂、水平两相应力差大，但脆性矿物含量高，微裂隙比较发育，整体可压性好。将该方法用于在CP1井可压性评价，结合地质甜点优选压裂层段，对指导页岩油水平井体积压裂有重要意义。

关键词 干柴沟；页岩油；脆性；裂隙密度；可压性

“十四五”我国油气行业进入了非常规时期，页岩油勘探开发对我们具有巨大的战略意义，不仅能够极大地提高我们能源自给能力，而且也能够改变我国的能源消费结构，是我国值得高度重视且值得深入实践的非常规油气资源类型。

页岩油由于其非均质性、低孔低渗、油流阻力大等特征，其特殊性给勘探开发都带来了巨大挑战。与常规储层压裂不同，页岩油储层的压裂要求形成“弥散式体积裂缝网络(体积压裂)。这取决于页岩油储层所能形成的缝网能力以及压裂施工主要参数。然而并非所有的页岩油储层都能通过大规模的压裂改造实现覆盖范围广的体积压裂改造。页岩油储层综合可压性评价对于压裂参数优选、经济效益预测具有重要意义。综合可压性评价已成为页岩油储层表征工程甜点的重要参数。

研究表明，储层是否具备实施体积改造的条件，取决于岩石的塑脆性、天然裂缝发育状况、各向异性及地应力状况等。目前，国内外页岩油储层可压性评价几乎等价于“脆性系数”评价，主要通过岩心的脆性矿物比例、泊松比和弹性模量、抗拉强度与抗压强度之比等来评价页岩油储层的成缝能力。但实际上脆性并不等同于成缝能力，天然裂缝发育程度、地应力等也是可压性评价的关键因素。

本文针对英雄岭干柴沟页岩油储层，基于高脆性矿物及储层层理发育的特点，提出综合矿物脆性和模量脆性的基质脆性概念，建立了适应于高矿物含量、高裂隙密度、高应力差储层的综合可压性评价模型，使页岩油体积压裂更具针对性。

1 基质脆性的评价方法及对可压性的影响

针对非常规油气储层可压性而言，脆性指数的计算方法主要分为两种：一种是基于矿物组分(石英、长石、碳酸盐岩等)含量的计算方法，可通过矿物组分测井求取；另外一种是基于岩石的力学参数脆性指数计算方法，可通过泊松比和杨氏模量计算得到。其中，可在实验室条件下测量得到静态的泊松比和杨氏模量，通过声波测井资料解释可以得到动态泊松比和杨氏模量。

基于矿物组分的脆性评价方法在不断发展。起初Jarvie等认为只有石英可定义为脆性矿物，首先建立了利用脆性矿物含量来评价岩石脆性的方法(B1)；Wang和Gale认为白云石含量的增加对页岩的脆性起促进作用，将石英和白云石定义为脆性矿物(B2)；李矩源等发现碳酸盐岩含量也是影响脆性的重要因素之一，定名石英和碳酸盐矿物为总脆性(B3)；Jin等认为云母、长石、石英、方解石和白云石均能够造成页岩储层脆性的增加，定义了脆性指数(B4)。其中，在非常规储层中碳酸盐岩和石英是影响脆性主要的矿物，其含量的多少基本反映了脆性的大小特征，决定了储层的工程品质。

以上4种页岩储层脆性计算方法均通过研究页岩储层得到，但针对灰云质较高的纹层发育的页岩油储层，单一的采用矿物脆性法并不一定适用。因此，对于该类页岩油需要有针对性地提出新的脆性评价方法。表1是页岩脆性矿物组成评价方法。

表1　页岩脆性的矿物组成评价方法

序号	页岩脆性(B)计算公式	参数含义
1	$B_1=\frac{w_{石英}}{w_{总}}\times100\%$	w 为各矿物组分的质量分数
2	$B_2=\frac{w_{石英}+w_{白云石}}{w_{总}}\times100\%$	w 为各矿物组分的质量分数
3	$B_3=\frac{w_{石英}+w_{碳酸盐矿物}}{w_{总}}\times100\%$	w 为各矿物组分的质量分数
4	$B_4=\frac{w_{石英}+w_{长石}+w_{云母}+w_{碳酸盐矿物}}{w_{总}}\times100\%$	w 为各矿物组分的质量分数

同时，基于岩石力学参数的模量脆性评价方法也在不断发展，通过利用泊松比和杨氏模量来表征岩石脆性，反映页岩油储层可压性。一般研究表明，杨氏模量越大，泊松比越小的岩石的脆性越强，越容易在压裂过程中形成复杂的人工裂缝。Rickman 等人在 2008 年通过对美国 Barnett 页岩进行了经验总结，提出在北美地区取得了良好应用效果的脆性指数概念，其计算公式为公式 B5。Goodway 在 2010 年提出用弹性模量和泊松比来表征页岩的脆性(B6)，为了更好地理解这两个参数，将它们转化为拉梅系数 λ 及剪切模量 μ。Guo 在 2013 年提出一个物理模型，该模型能够利用杨氏模量与泊松比的比值来表征页岩储层的脆性(B7)，发现典型的页岩储层具有较低的泊松比和较高的杨氏模量。刘致水在 2015 年通过测井、地震得到的储集层弹性参数来构建评价储集层脆性程度的脆性因子，通过总结岩石力学参数表述岩石脆性后，提出了一种基于归一化弹性参数的岩石脆性表达式(B8)，如表2所示。

表2　页岩脆性的常用弹性参数评价方法

序号	页岩脆性(B)计算公式	参数含义
1	$B_5=\frac{E_{BI}+v_{BI}}{2}$	E_{BI} 为正归一化的弹性模量，v_{BI} 为反归一化的泊松比
2	$B_6=\frac{\lambda}{\lambda+2\mu}$	λ 为拉梅系数，μ 为剪切模量
3	$B_7=\frac{E}{v}$	E 为弹性模量，v 为泊松比
4	$B_8=\frac{E_{BI}}{v_{BI}}$	E_{BI} 为正归一化的弹性模量，v_{BI} 为反归一化的泊松比

英雄岭干柴沟页岩储层岩石矿物组分复杂，主要包括石英、长石、方解石、白云石、黏土等。统计表明，岩性总体上混积特征明显，以碳酸盐矿物为主，划分为灰云质页岩和黏土质页岩两类岩性。岩石矿物学分析以石英、白云石等为主的脆性矿物含量占比达 60%~90%。从三端元图(见图1、图2)中可得出：灰云质页岩占比较高，其次为黏土质页岩，碎屑岩占比最少，同时，页岩沉积构造特征明显，层理较为发育，一般为 3000~5000 条/m。

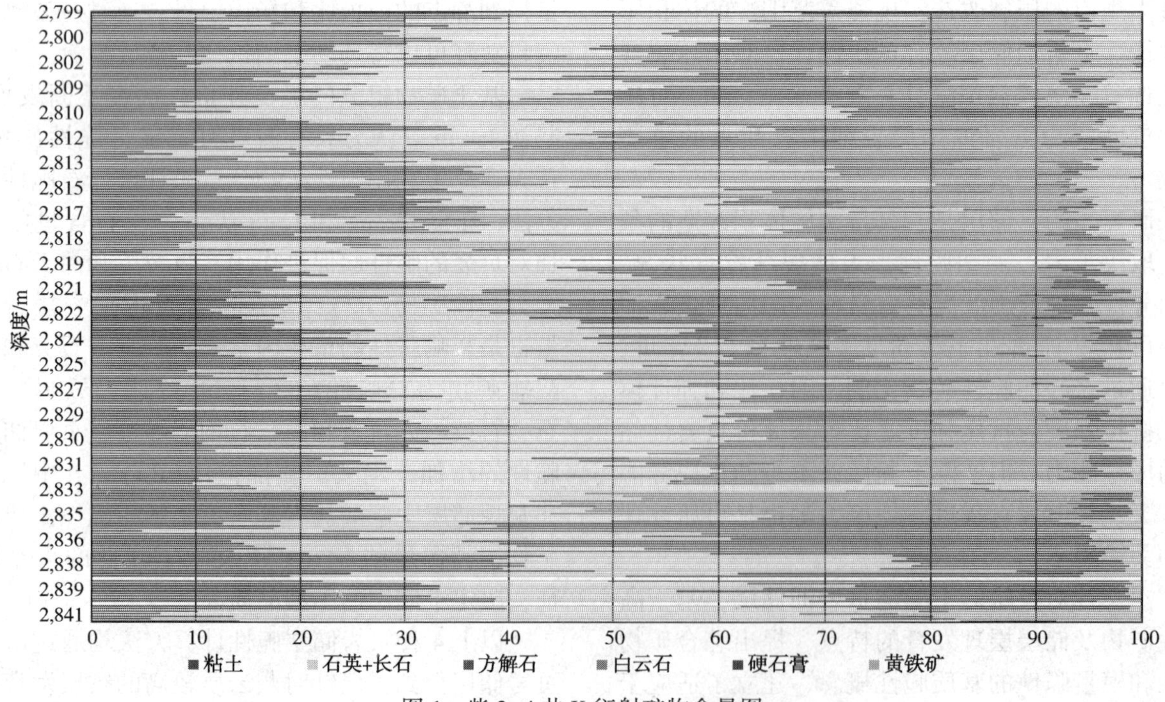

图1　柴2-4井X衍射矿物含量图

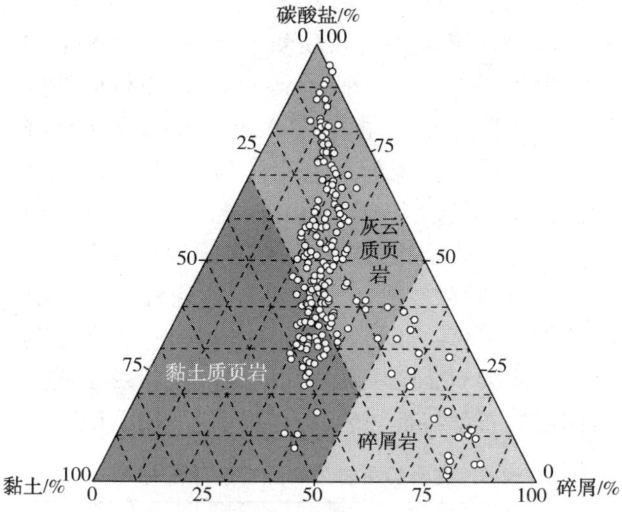

图 2 柴 2-4 井取心段矿物组成

虽然矿物组分法和弹性模量法都能够定量的表征和评价岩石脆性特征，但都存在缺陷，矿物组分法仅靠脆性矿物组分比例来表征，精确性不够，并且需要较多的岩心分析资料进行刻度；弹性模量法受到取样点制约，标定的数据不够连续，同时在连续计算脆性指数时需要用纵横波测井资料，对于气体影响和井眼不规则等因素需要进行校正，同时受到层理发育的影响较大，计算结果通常偏小，难以精确地评价基质脆性。

本文通过分析，认为英雄岭干柴沟页岩油储层岩石中脆性矿物高、层理较发育，因此需要将脆性矿物和模量脆性综合考虑来表征岩石的脆性，以减少高脆性矿物和层理发育带来的影响。提出的改进基质脆性指数公式为：

$$E_{\text{Brit}}=(E_j-10)/(60-10)\times100 \tag{1}$$

$$\mu_{\text{Brit}}=(\mu_j-0.4)/(0.1-0.4)\times100 \tag{2}$$

$$B_{\text{Brit}}=0.5E_{\text{Brit}}+0.5\mu_{\text{Brit}} \tag{3}$$

$$K=(W_{\text{石英}}+W_{\text{碳酸盐岩}})/W_{\text{总}} \tag{4}$$

$$BI=(B_{\text{Brit}}+K)/2 \tag{5}$$

式中，B_{Brit}为模量脆性指数，%；E_j为岩石的杨氏模量，GPa；μ_j为岩石的泊松比，无量纲；E_{Brit}和μ_{Brit}分别为通过杨氏模量和泊松比所计算的脆性指数；K为矿物脆性指数，%；W为各种矿物成分的百分含量，%；BI为基质脆性指数，%。

表 3 是英雄岭页岩油储层基质脆性的评价分类准则，当脆性 BI 值大于等于 60 时为一类储层，表明能够形成充分的放射状裂缝网络；当 BI 值处于 40~60 时，为二类储层，表示高净压下力能够形成较为复杂的裂缝网络；当 BI 值小于 40 时，为第三类储层，表明难以形成裂缝网络。

表 3 英雄岭页岩油基质脆性评价分类

基质脆性	评价分类	描 述
≤40	Ⅲ类	难以形成裂缝网络
40~60	Ⅱ类	高净压力下能够形成较为复杂的裂缝
≥60	Ⅰ类	能形成充分的放射状裂缝网络

2 水平主应力差对可压性影响

在压裂过程中，人工裂缝总是垂直于最小主应力，沿着最大应力的方向延伸。为了压裂时能够产生更多人工裂缝，形成复杂的裂缝网络系统，最大限度地沟通天然裂缝，地层中的最大与最小水平主应力的差值越小越好。

在某一确定的地层，评价地应力参数对人工裂缝形态造成的影响，第一选择参数是水平应力差异系数，用该系数来评价压裂改造时形成复杂缝网的能力：

$$K_h=\frac{\sigma_H-\sigma_h}{\sigma_h} \tag{6}$$

式中，K_h为水平应力差异系数，无量纲；σ_H和σ_h分别为最大、最小水平主应力，MPa。

水平应力差异系数是指最大水平主应力和最小水平主应力之差值与最小水平主应力之间的比值。研究结果表明：水平应力差异系数为 0~0.2 时，压裂改造能形成较为充分的人工裂缝网络；水平应力差异系数为 0.2~0.3 时，压裂改造时在比较高的净压力条件下，才能形成较为充分的人工裂缝网络；水平应力差异系数大于 0.3 时，压裂改造形成裂缝网络的难度较大(见表 4)。

表 4 英雄岭页岩油水平应力差异指数评价分类

水平应力差异指数	评价分类	描 述
>0.3	Ⅲ类	难以形成裂缝网络
0.2~0.3	Ⅱ类	高净压力下能够形成较为复杂的裂缝
0~0.2	Ⅰ类	能形成充分的放射状裂缝网络

干柴沟页岩油主应力差为 13~18MPa，水平应力差异系数为 0.18~0.23，属于Ⅰ类和Ⅱ类储层之间，整体上应力差较大，压裂时需要提高排量、提高净压力来使改造储层更加复杂化。

3 裂隙密度对可压性的影响

微裂隙、层理缝的发育也是影响可压性的重要因素之一。当储层中存在大量微裂隙时，该储层形成复杂缝网的能力越强，可压性也就更好。为此，在进行储层可压性评价时需要考虑微裂隙对其影响。

岩石内部微裂隙闭合的宏观表现是体积模量的增加。根据考虑裂隙的有效介质理论，干燥的岩石在高频状态下的有效体积模量 K 可表示为：

$$\rho_c=\frac{1}{V}\sum_{1}^{n}c_i^3 \tag{7}$$

$$h=\frac{16(1-v_0^2)}{9(1-v_0/2)} \tag{8}$$

$$\frac{K_0}{K}=1+\rho_c\frac{h}{1-2v_0}\left(1-\frac{v_0}{2}\right) \tag{9}$$

式中，ρ_c为裂隙密度，无量纲，代表统计意义上的损伤量；c_i为第 i 个裂隙的半径；N 为镶嵌在体积元 V 内的总裂隙数；K_0、h、v_0分别为岩石基质的体积模量，裂隙密度参数和泊松比。表 5 是英雄岭页岩油裂隙密度评价分类标准。

从沉积构造上分析，E_3^2页岩沉积构造特征明显，根据层理厚度可区分出层状(层理厚度>1cm)和纹层状(层理厚度<1cm)。结合矿物成分，将储层岩性划分为纹层状灰云质页岩、层状灰云质页岩、纹层状黏土质页岩、层状黏土质页岩、砂岩。纹层状灰云质页岩形成于静水条件下，由于周缘河流带来的碎屑物质间歇性向湖内输入，碎屑与原地泥质(云)灰岩或泥岩交叠沉积，在宏观上表现为灰色或深灰色细条纹互层，岩性为泥/页岩、灰云质泥/页岩。储集空间类型以灰云岩基质微孔为主，铸体呈弥散状分布，其次为晶/粒间微溶孔，部分孔隙连通性良好，层间缝较为发育。此类储层约占 33.6%。图 3 是英雄岭凹陷柴 902 区块页岩油储层纹层状灰云质页岩储层岩石学特征，表明存在大量的微裂隙。

表 5 英雄岭页岩油裂隙密度评价分类

裂隙密度评价分类	评价分类	描 述
≤0.1	Ⅲ类	难以形成裂缝网络
0.1~0.25	Ⅱ类	高净压力下能够形成较为复杂的裂缝
≥0.25	Ⅰ类	能形成充分的放射状裂缝网络

由裂隙密度的研究，获得干柴沟页岩油裂隙密度主要分布在 0.2~0.4，属于Ⅰ类和Ⅱ类储层之间，整体上微裂隙较发育，有利于缝网的形成。

(a)纹层状灰云质页岩 (b)纹层状灰云质页岩，荧光扫描 (c)纹层状灰云质页岩，荧光扫描

(d)纹层状灰云质页岩 (e)纹层状灰云质页岩，层间缝 (f)纹层状灰云质页岩，层间缝

图 3 英雄岭凹陷柴 902 区块页岩油储层纹层状灰云质页岩储层岩石学特征

4 综合可压性指数的提出

根据分析结果，可压性综合评价参数包括：基质脆性指数(综合考虑模量脆性和矿物脆性)、水平应力差异系数和裂隙密度，将数据归一化形成可压性指数公式。

在指标归一化计算过程中，把可压性指标分为正向和负向两种指标。正向指标为指标越大对可压性评价结果越好，如基质脆性指数、裂隙密度；而负向指标即指标值越小，对可压性越有利，如水平应力差异系数等。归一化表达式如下：

$$B_{rit}=\frac{B_j-B_{j\min}}{B_{j\max}-B_{j\min}}\times100\% \tag{10}$$

$$\rho_a=\frac{\rho_j-\rho_{j\min}}{\rho_{j\max}-\rho_{j\min}}\times100\% \tag{11}$$

$$K_h=\frac{K_j-K_{j\min}}{K_{j\max}-K_{j\min}}\times100\% \tag{12}$$

式中，B_{rit}、ρ_a、K_h分别为基质脆性指数归一化、裂隙密度指数归一化和水平应力差异系数归一化；B_j、ρ_j、K_j分别为基质脆性测试值、裂隙密度测试值和水平应力差异系数测试值。

鉴于目前研究分析3个参数对裂缝的影响基本相当，故初步确定权重取值均为1/3。可压性指数计算公式：

$$FI=\frac{B_{rit}+\rho_a+K_h}{3} \tag{13}$$

表6是英雄岭页岩油可压性评价分析的分类标准。当可压性指数FI值大于等于60时为一类储层，表明能够形成充分的放射状裂缝网络；当FI值处于40～60之间时，为二类储层，表示高净压下力能够形成较为复杂的裂缝网络；当FI值小于40时，为第三类储层，表明难以形成裂缝网络。

表6　英雄岭页岩油可压性评价分类

可压性评价分析	评价分类	描　　述
≤0.4	Ⅲ类	难以形成裂缝网络
0.4～0.6	Ⅱ类	高净压力下能够形成较为复杂的裂缝
≥60	Ⅰ类	能形成充分的放射状裂缝网络

5　应用实例

将综合可压性指数评价方法应用于英雄岭地区的CP1井上。CP1井水平井长997m，基质脆性0.51～0.67，水平应力差异系数0.18～0.22，裂隙密度0.25～0.38，综合可压性指数0.52～0.69，整体属于Ⅰ～Ⅱ类储层，以Ⅰ类储层为主（见图4）。

过地质工程一体化甜点优选，设计及施工压裂21段124簇，施工排量18m³/min，总液量34677m³，用液强度34m³/m，总砂量3301m³，加砂强度3.3m³/m，平均破裂压力74.2MPa，平均砂比22.5%。

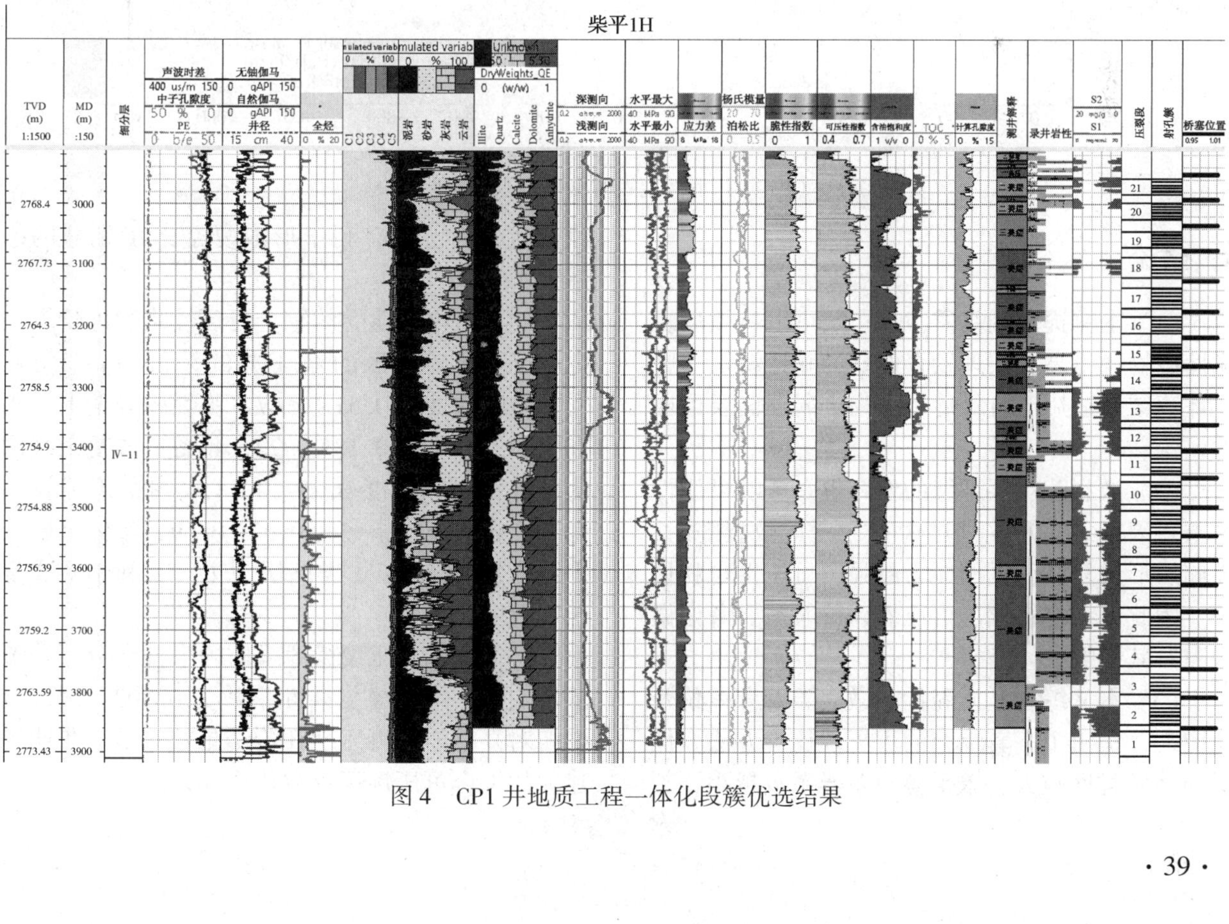

图4　CP1井地质工程一体化段簇优选结果

从微地震监测事件点分布分析，事件点高度平均 55m，事件点长度平均 438m，缝带宽 132m，总事件波及体积 $2322.3\times10^4m^3$。裂缝复杂性指数分析来看，平均裂缝复杂性指数在 0.303，裂缝网络相对复杂（见图 5）。与可压性评价结果较一致，表明了建立的综合可压性评价方法可靠。

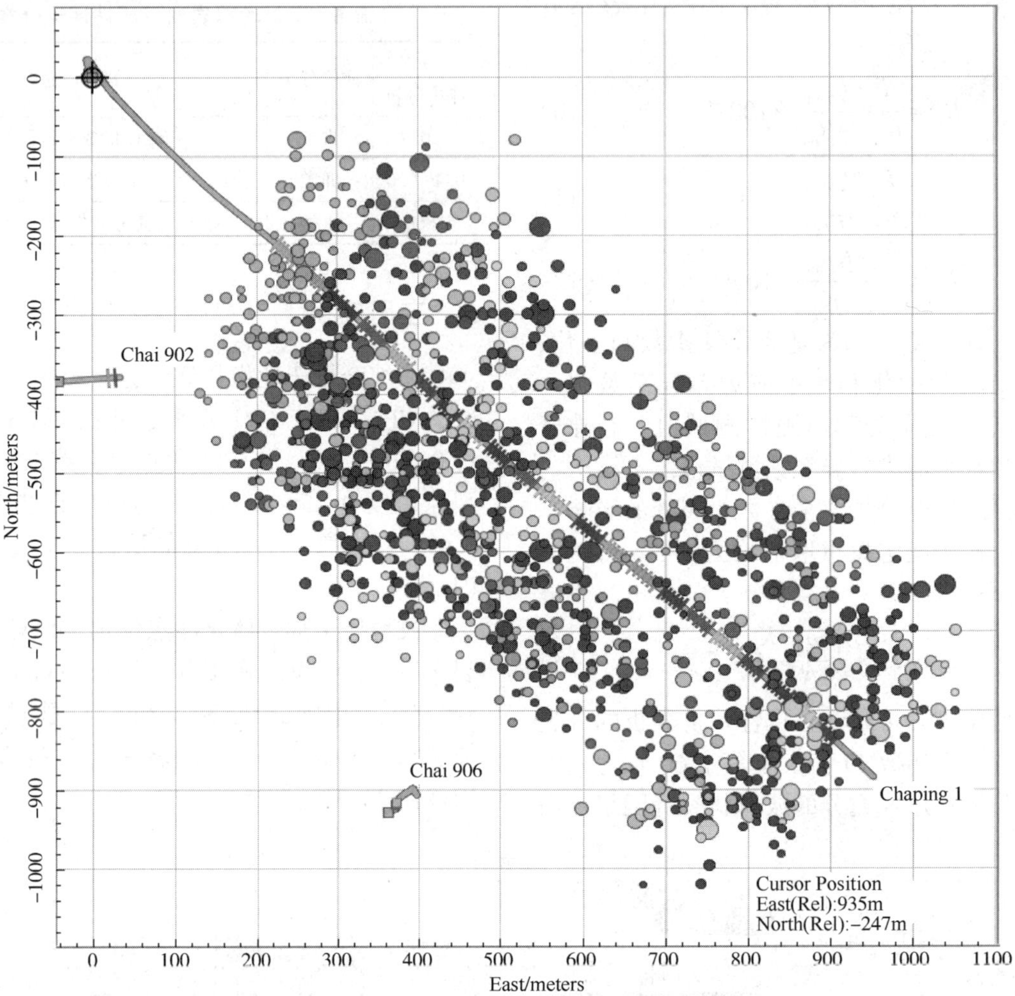

图 5　CP1 井井下微地震监测事件点分布俯视图

6　结论

（1）本文提出的基质脆性指数可以有效反映脆性矿物含量高、层理发育储层的脆性特征，脆性计算结果适用于英雄岭干柴沟页岩油储层可压性评价。

（2）微裂隙、层理缝的发育也是影响可压性的重要因素之一。当储层中存在大量微裂隙时，该储层形成复杂缝网的能力越强，可压性也就更好。为此，在进行储层可压性评价时需要考虑微裂隙对其影响。

（3）本文综合基质脆性、微裂隙发育评价及地应力，提出了一套综合的可压性评价方法。储层中基质脆性越大，水平应力差异系数越小，裂隙密度越大，越有利于形成复杂人工裂缝网络系统。

（4）将本文建立的综合可压性指数评价方法应用于英雄岭地区的 CP1 井的评价中。CP1 井的基质脆性处于 0.51~0.67，脆性中等偏上。水平应力差异系数 0.18~0.22，具备形成复杂缝网的条件，裂隙密度 0.25~0.38 表明微裂隙较发育。综合可压性指数为 0.52~0.69，整体上属于Ⅰ~Ⅱ类储层，以Ⅰ类储层为主，有利于形成复杂裂缝网络。

（5）CP1 井压裂微地震监测事件点分布分散且均匀，平均裂缝复杂性指数为 0.303，裂缝网络相对复杂。与可压性评价结果较一致，表明了建立的综合可压性评价方法可靠。

参 考 文 献

[1] Cipolla CL, Warpinski NR, Mayerhofer M, Lolon EP, Vincent M. The Relationship Between Fracture Complexity, Reservoir Properties, and Fracture-Treatment Design.

[2] 吴奇，胥云，王腾飞，等. 增产改造理念的重大变革——体积改造技术概论[J]. 天然气工业，2011(04)：7-12.

[3] 郭天魁，张士诚，葛洪魁. 评价页岩压裂形成缝网能力的新方法[J]. 岩土力学，2013；34(4)：947-954.

[4] Sondergeld CH, Newsham KE, Comisky JT, Rice MC, Rai CS. Petrophysical Considerations in Evaluating and Producing Shale Gas Resources. 2010/1/1/. SPE: Society of Petroleum Engineers.

[5] Rickman R, Mullen MJ, Petre JE, Grieser WV, Kundert D. A Practical Use of Shale Petrophysics for Stimulation Design Optimization: All Shale Plays Are Not Clones of the Barnett Shale. 2008/1/1/. SPE: Society of Petroleum Engineers.

[6] Li Q, Chen M, Zhou Y, Jin Y, Wang FP, Zhang R. Rock Mechanical Properties of Shale Gas Reservoir and their Influences on Hydraulic Fracture. 2013/3/26/. IPTC: International Petroleum Technology Conference.

[7] Jahandideh A, Jafarpour B. Optimization of Hydraulic Fracturing Design Under Spatially Variable Shale Fracability. 2014/4/17/. SPE: Society of Petroleum Engineers.

[8] 袁俊亮，邓金根，张定宇，等. 页岩气储层可压裂性评价技术[J]. 石油学报，2013(03)：523-527.

[9] 张新华，邹筱春，赵红艳，等. 利用X荧光元素录井资料评价页岩脆性的新方法[J]. 石油钻探技术，2012(05)：92-95.

[10] 王鹏，纪友亮，潘仁芳，等. 页岩脆性的综合评价方法——以四川盆地W区下志留统龙马溪组为例[J]. 天然气工业，2013(12)：48-53.

[11] 李庆辉，陈勉，金衍，等. 页岩气储层岩石力学特性及脆性评价[J]. 石油钻探技术，2012(04)：17-22.

[12] 李庆辉，陈勉，金衍，等. 页岩脆性的室内评价方法及改进[J]. 岩石力学与工程学报. 2012(08)：1680-1685.

[13] 刁海燕. 泥页岩储层岩石力学特性及脆性评价[J]. 岩石学报，2013(09)：3300-3306.

[14] Chong KK, Grieser WV, Passman A, Tamayo HC, Modeland N, Burke BE. A Completions Guide Book to Shale-Play Development: A Review of Successful Approaches toward Shale-Play Stimulation in the Last Two Decades. 2010/1/1/. SPE: Society of Petroleum Engineers.

[15] Matthews HL, Schein GW, Malone MR. Stimulation of Gas Shales: They're All the Same—Right?; 2007/1/1/. SPE: Society of Petroleum Engineers.

[16] Mullen MJ, Roundtree R, Turk GA. A Composite Determination of Mechanical Rock Properties for Stimulation Design (What to Do When You Don't Have a Sonic Log). 2007/1/1/. SPE: Society of Petroleum Engineers.

[17] Jarvie D M, Hill R j, Ruble T E, et al. Unconventional shale-gas systems: The Mississipppian Barnett Shale of north-centrsl Texas as one model for thermogenic shale-gas assessment. AAPG Bulletin, 2007, 91(4): 475-499.

[18] Wang F P, Gale J F. Screening criteria for shale-gas systems. Gulf Cosst Association of Geological Societies Transactions, 2009, 59: 779-793.

[19] Jin x, Shah S N, Roegiers J C, et al. Fracability ecaluation in shale resercoirs-an integated petrophysics and geomechanics approach. Spe Journal, 2014, 20(3): 518-526.

[20] Rickman R, Mullen M J, Petre J E, et al. A practical use of shale petrophysics for stimulation design optimization: all shale plays are not clones of the Barnett Shale[C]//SPE Technical Congerence and Exhibition. Society of Petroleum En - gineers, Colorado USA: 2008.

[21] 刘致水，孙赞东. 新型脆性因子及其在泥岩岩储集层预测中的应用[J]. 岩石力学与工程学报，24(19)：3449-3453.

致密油藏压裂水平井全生命周期产量预测方法

宋俊强　李晓山　王　硕　顾开放　潘　虹　王　鑫　杨新平

（中国石油新疆油田分公司勘探开发研究院）

摘　要　针对致密油藏压裂水平井流态特征众多，全生命周期产量预测误差大的问题，本文在前人对经验递减模型的流态适应性研究基础上，选取了以不稳定流、过渡流为主导的SEPD模型及以边界流为主导的指数模型进行组合，通过结合节点处的产量相等、递减率相等，推出了以边界流时间为节点的全生命周期分段产量预测模型，同时建立了广义回归神经网络(GRNN)算法下的边界流时间预测方法及分段函数的最小二乘法拟合参数求取方法，并进行了实例分析。应用实例结果表明，不论在早期还是达边界流后，新模型普遍比单一SEPD和指数的全阶段拟合度高，其预测结果更接近于生产后期的指数评估结果，且误差小于±5%。

关键词　压裂水平井；全生命周期；边界流时间；广义回归神经网络；产量预测

致密油藏压裂水平井，初期产量递减快，后期递减慢，呈现出两段或多段式递减特征，导致单经验模型产量预测难且准确度低；而准确预测单井全生命产量是做好开发效果及经济效益评价的基础，是开展技术-经济指标优化的关键环节，对于制定合理开发政策界限至关重要。

目前，产量预测方法包括经验法、现代产量递减分析法、神经网络学习法。其中，由于经验法具有使用方便、简单、能够快速预测结果的特点，因此也备受现场的青睐。但是该方法大多以统计学为基础，只考虑产量随时间的单一变化趋势，单模型难以匹配压裂水平井的多流态生产特征，导致了单模型无法准确评价全生命周期产量。因此，现有学者基于不同经验递减模型适用条件提出了一系列组合模型。刘传斌等人提出了按减率变化速率相等处定为组合点的组合模型，但是出现递减率相同的节点必须有足够长生产时间，因此难以实现不同生产阶段的产量预测。王怒涛等人认为组合模型应以产量为组合点，虽然预测模型跳跃现象明显减弱，但不符合递减率连续性特征，同时早期阶段也无法预测。周芸等人将不同模型赋予不同的权重，建立目标函数，通过最优化算法，确定最佳的预测方法组合，该方法虽然可以适应于不同的生产阶段，但失去了各模型的物理意义，且增大了拟合难度。

基于此，笔者从经验模型与流态的关联性出发，提出了以边界流时间为分段节点的新型组合模式，同时根据节点处的产量相等、递减率相等，推出了新型分段产量预测模型，并给出了边界流时间及分段模型的求解方法，既保证了各参数的物理意义，也可解决不同生产阶段单井全生命产量预测问题。

1　产量预测模型的推导

1945年，Arps根据矿场实际生产数据统计研究得出Arps产量递减模型：

$$q=\frac{q_i}{\left[1+nD_it\right]^{1/n}} \tag{1}$$

式中，q为产油量，m^3/d；q_i为递减初期产油量，m^3/d；n为递减指数，无因次；D_i为递减初期的递减率，d^{-1}。

对于式(1)，当递减指数$n=0$时，Arps递减称为指数递减。其特点是，单位时间内产量下降与产量成比例，即递减率为定值。该式为现场常用公式，其产量和时间的关系可以用以公式(2)来描述：

$$q=q_i e^{-D_it} \tag{2}$$

指数递减的递减率：

$$D=-\frac{\partial q}{q\partial t}=D_i \tag{3}$$

2009年，Peter Valko和John Lee等人借鉴物理学中描述衰竭规律的公式，提出了SEPD模型。该模型基于经验公式，且是一个非自治微分方程，其表达式如下：

$$q=q_o\exp\left[-\left(\frac{t}{\tau}\right)^n\right] \tag{4}$$

式中，n为时间指数，无因次；τ为特征松弛时间，d；q_o为参考产量，m^3/d。

该模型递减率表达式：

$$D=-\frac{\partial q}{q\partial t}=\frac{n}{\tau^{n}}t^{n-1} \tag{5}$$

2020 年 Manda 通过对不同经验递减模型与渗流流态特征相关性研究，总结不同经验模型的适应阶段。其中，Arps 递减模型以边界控制流为主导，主要适应于后期拟合预测；延展指数递减模型（SEPD）以不稳定流、过渡流流态为主导，主要适应于前期产量预测评估；两者模型组合节点可用边界流时间 t_{elf} 控制。本文采用 Arps 中最简单的指数模型与 SEPD 模型进行组合，其组合形态见式(6)：

$$\begin{cases} q=q_{o}e^{\left[-\left(\frac{t}{\tau}\right)^{n}\right]}(SEPD\text{递减}) & T<T_{elf} \\ q=q_{i}e^{-Dt}(\text{指数递减}) & T\geq T_{elf}\end{cases} \tag{6}$$

为了使模型连续，采用两模型在节点处的递减率、产量全都相等，可推出指数模型的初始产量、递减率与 SEPD 模型参数的相关公式，见式(7)：

$$\begin{cases} D_{i}=\frac{n}{\tau^{n}}T_{elf}{}^{n-1} \\ q_{i}=q_{o}e^{\left(\frac{T_{elf}}{\tau}\right)^{n(n-1)}}\end{cases} \tag{7}$$

将式(7)代入式(6)，形成改进后的 SEPD-Arps 分段模型见式(8)：

$$\begin{cases} q=q_{o}e^{\left[-\left(\frac{t}{\tau}\right)^{n}\right]} & T<T_{elf} \\ q=q_{o}e^{\left(\frac{T_{elf}}{\tau}\right)^{n(n-1)}}e^{-\frac{n}{\tau^{n}}T_{elf}{}^{n-1}t} & T\geq T_{elf}\end{cases} \tag{8}$$

2　模型节点的求取方法

2.1　边界流时间的确定方法

诸多学者对致密油藏压裂水平井的渗流规律进行了研究，普遍认为压裂水平井的流动阶段可划分早期线性流阶段、拟径向流阶段、复合线性流阶段、边界控制流阶段。从理论上讲，利用经验模型进行产量预测，其预测结果与油井生产历史中的流态有关，不同流态历史的预测结果不同。边界流作为压裂水平井在线性流之后常表现出的一种流动特征，其在物质平衡时间与规整化产量的双对数曲线上会出现斜率为-1 的直线特征。

物质平衡时间：

$$t_{cd}=\frac{N_{p}}{q} \tag{9}$$

规整化产量：

$$\frac{q}{\Delta p}=\frac{q}{p_{i}-p_{wf}} \tag{10}$$

式(9)、式(10)中：t_{cd}为物质平衡时间，d；q 为产油量，m^3/d；N_P 为累积产产油量，m^3；p_i 为地层压力，MPa；p_{wf}为井底流压，MPa。

Seidle、Hongwen Luo 等人研究认为，在变压生产时的物质平衡时间与规整化产量的双对数曲线上，可将线性流斜率-1/2 的线与边界流斜率-1 的线的交点作为边界流时间点（见图 1），但该交点对应的时间为物质平衡时间，需进行一步转化为实际生产时间，才能运用于分段递减模型。研究表明，到达边界流后期，产量较低，累产变化小，物质平衡时间变大较快，实际生产时间的变化速度跟不上物质平衡时间的变化，导致实际生产时间随物质平衡时间在后期变的较为平缓。这种特征与 Langmuir 吸附曲线形态相似，可用改进的吸附特征公式拟合［见式(11)］，获取实际生产的边界流时间（见图 2）。

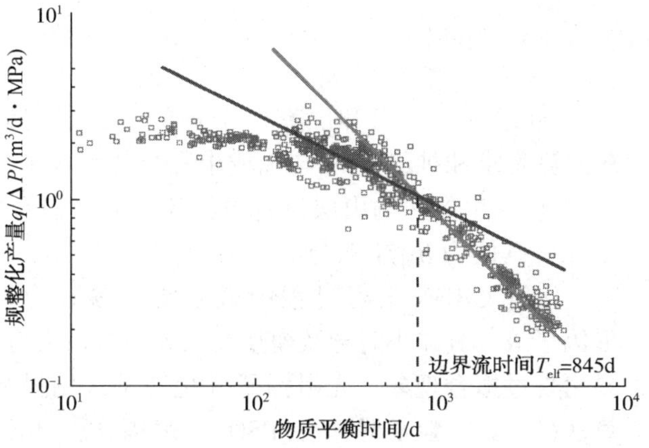

图 1　边界流时间判别图

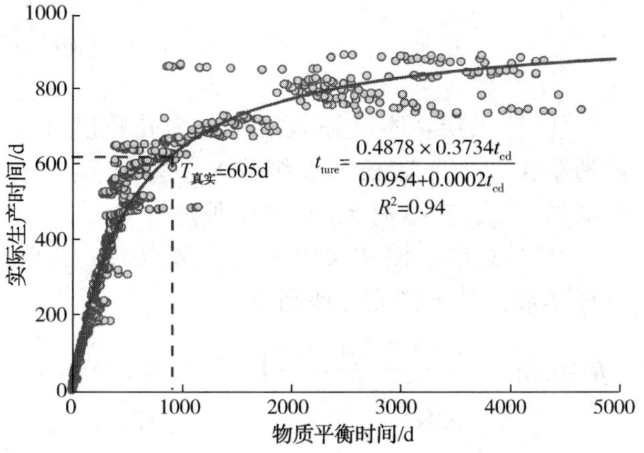

图 2　边界流时间与实际生产时间转化关系图

改进的吸附特征公式：

$$t_{ture}=\frac{abt_{cd}}{c+dt_{cd}} \tag{11}$$

式中，a、b、c、d为相关拟合系数。

通过上述方法可针对已达边界流时间的生产井，构建GRNN神经网络学习数据体。

2.2 基于GRNN算法下边界流时间的预测

依据达到边界流后-1特征曲线，只能判断晚期生产井，对未达边界流时间早期生产需要进行预测才能使用式(8)进行分段产量预测。1945年，Craft和Hawkins指出油藏开始受到边界控制流影响的时间和油藏半径有关，并且与扩散常数成反比，提出了简易的边界控制流时间的计算公式：

边界流时间：

$$t_{elf}=\frac{40\phi\mu c_t r_e^{\ 2}}{k} \tag{12}$$

式中，t_{elf}为边界控制流时间，d；φ为孔隙度,%；μ为黏度，mPa·s；c_t为综合压缩系数，1/MPa；r_e为井控半径，m；k为渗透率，mD。

对致密油藏压裂水平井而言，其井控半径r_e与水平段长、级数、裂缝半长、井距具有一定的相关性，而裂缝半长与压裂液量、支撑剂用量具有一定相关性。考虑黏度、综合压缩系数在同一油藏其值相差不大，压裂水平井的边界流时间可用孔隙度ϕ、渗透率k、水平段长L、级数n、井距D、压裂液量$l_{液}$、支撑剂$l_{砂}$的非线性未知函数关系表示。

致密油藏压裂水平井的边界流时间非线性未知函数关系表达式：

$$t_{elf}=F(\phi,\ k,\ L,\ n,\ D,\ l_{液},\ l_{砂}) \tag{13}$$

广义回归神经网络(GRNN)是一种以非线性回归为基础的神经网络模型，具有数据样本的要求较少、概率意义明确、较好的泛化能力，可逼近任意类型的函数，因此可采用GRNN对边界流时间进行预测。

本文广义回归神经网络(GRNN)学习过程，其结构见图3。

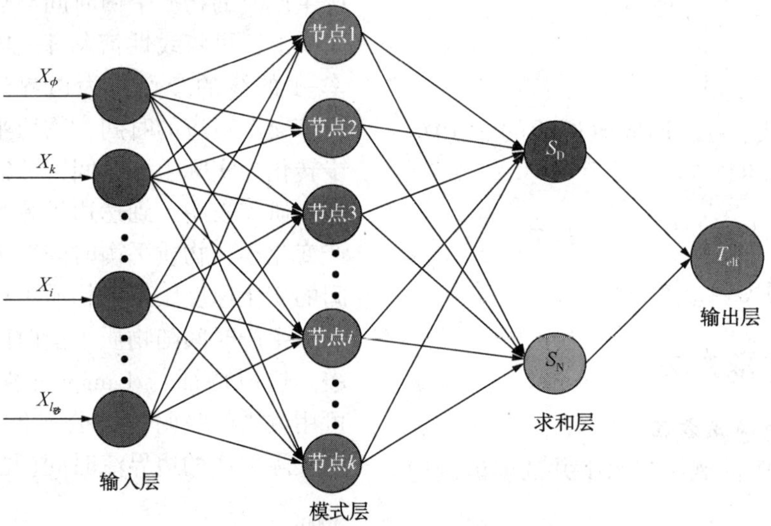

图3　广义回归神经网络(GRNN)结构图

① 输入层：本文输入层单元为孔隙度X_ϕ、渗透率X_k、水平段长X_L、级数X_n、井距X_D、压裂液量$X_{l液}$、支撑剂$X_{l砂}$，共7种。

② 模式层：模式层中神经元节点数k为学习样本数，其神经元传递函数为：

$$P_i=\exp\left[-\frac{(X-X_i)^T(X-X_i)}{2\sigma^2}\right]\quad i=1,\ 2,\ \cdots,\ k \tag{14}$$

式中，P_i为模式层的输出；X为网络输入变量；X_i第i个神经元对应的学习样本；σ为光滑因子。

③ 求和层：求和层有两个神经元，分别为P_i的算术求和神经元S_D与加权求和神经元S_N。

④ 输出层：输出层只有边界流时间T_{elf}单个单元，其值为S_N与S_D与的比值。

上述GRNN学习过程中最主要的参数为光滑因子σ，其较小时导致模型无法收敛；较大时，易出现过拟合现象。光滑因子优化通常采用果蝇算法(FOA)、粒子群算法(PSO)、蝙蝠算法(BA)等。考虑PSO算法具有较高的准确度，本文采用PSO算法对GRNN模型的光滑因子进行优化。

3　产量预测模型应用评价

3.1　模型的预测流程及求解方法

根据推导的分段产量预测模型及边界流时间确定预测方法，提出了本文分段产量模型的评价预测流程，如图4所示。该分段模型是以流态划分为基础；未达边界流时，可利用前期的生产数据采用SEPD模型以“迭代试差+最小二乘法”直接拟合出模型参数；当达边界流时间后，分段式预测模型可采用“全局连续的分段最小二乘法”曲线拟合求解。

迭代试差+最小二乘法拟合求解方法：①将分段模型中的SEPD模型两段取双对数，变成$\ln q-t^n$的线性关系；②n按一定的步长迭代试差求出$\ln q-t^n$的最佳线性拟合关系，即可获得n值，其线性的斜率与截距可获取初始产量及特征松弛时间。

全局连续的分段最小二乘法拟合求解方法如图4所示：①将分段模型式(8)进行两端双对数处理，变成线性函数；②构建拟合误差函数$f(q_o, n, \tau)$；③n以一定步长将边界流之前的生产数据按“迭代试差+最小二乘法”拟合出模型参数，代入拟合误差函数，求出拟合误差函数最小时的模型参数，即为分段模型拟合度最佳的参数。

拟合误差函数：

$$f(q_o, n, \tau)=\sum_{i=1}^{T_{elf}}\left(\ln q_o-\frac{1}{\tau^n}t_i^{\ n}-\ln q_i\right)^2+\sum_{i=T_{elf}}^{t_{max}}\left[\ln q_o+\left(\frac{T_{elf}}{\tau}\right)^n(n-1)-\frac{n}{\tau^n}T_{elf}^{\ n-1}t_i-\ln q_i\right]^2 \tag{15}$$

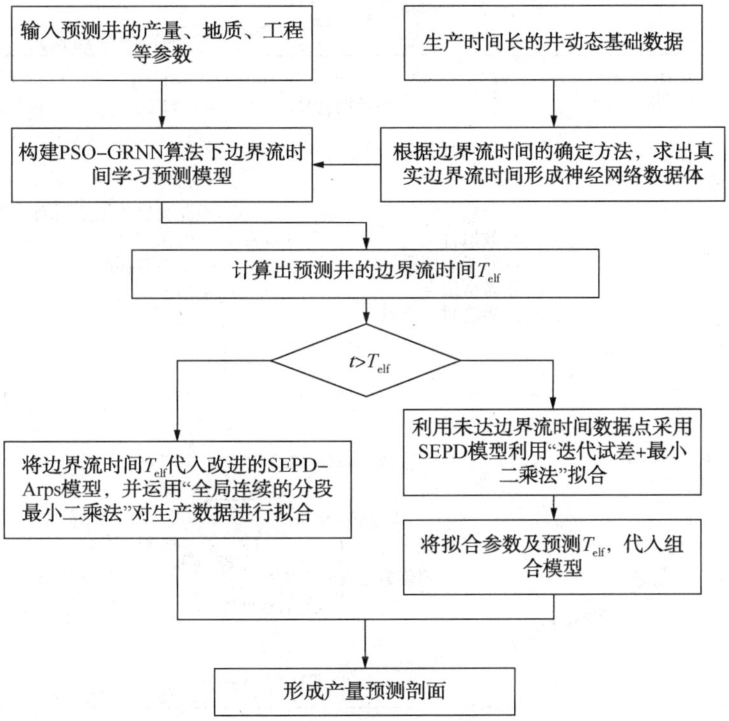

图4　分段产量预测模型的预测流程图

3.2　实例分析

以新疆油田早期压裂水平井MH6004为例，进行模型分析。该井孔隙度11.4%、渗透率2.80mD、水平段长938m、级数12、井距400m、压裂液量13535m^3、支撑剂量836m^3，计算边界流时间27个月。

为减少生产波动的影响，本文将生产数据按月平均日产油处理，按常规产量预测方法，以边界流之后生产数据用指数拟合，设计月平均日产油1t/d为废弃产量，预测EUR达4.3×10^{4}t。同时利用本文模型、SEPD、指数分别按边界流之前的早期阶段(2~25月)及边界流之后(2~33月)拟合预测，对比本文分段模型、SEPD、指数及常规预测方法结果的差异(见图5、图6)。结果表明：针对早期与到达边界流后，在相同拟合阶段下，本文模型比SEPD、指数拟合度高，其预测EUR更接近与常规预测方法，且误差小于±5%，而延展指数(SEPD)预测结果明显偏高，指数预测结果有所偏低。造成该现象的原因是延展指数(SEPD)以不稳定流、过渡流流态为主导，拟合预测时递减率逐渐降低，但实际生产过程到边界流后遵循指数规律，递减率几乎不再发生变化，导致其预测结果比常规方法大；指数较适用于生产中后期的边界流阶段，而压裂水平井生产前期以裂缝的线性流、不稳定流为主，产量从迅速下降到缓慢下降转变，导致利用指数拟合时，递减率较大，预测产量偏低(见表1)。

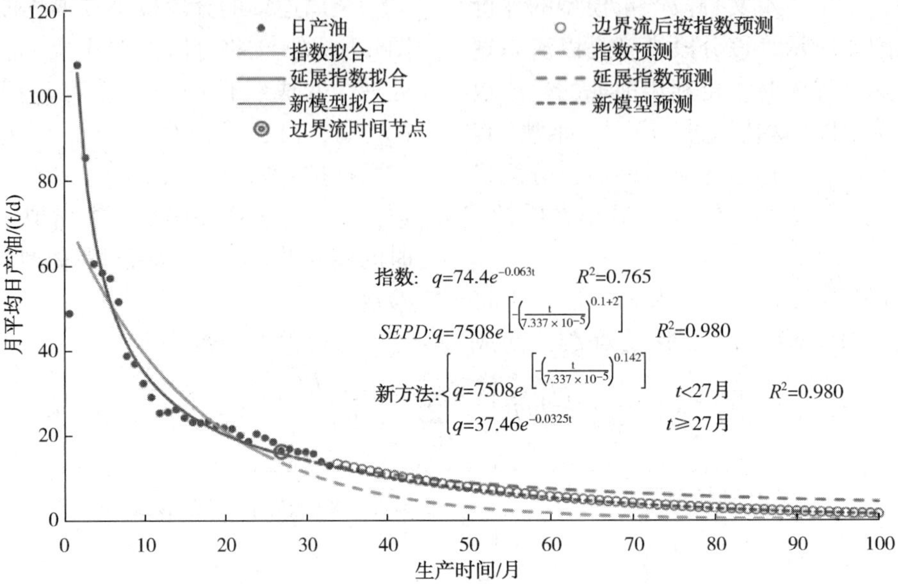

图5　按早期拟合预测对比(2~25月)

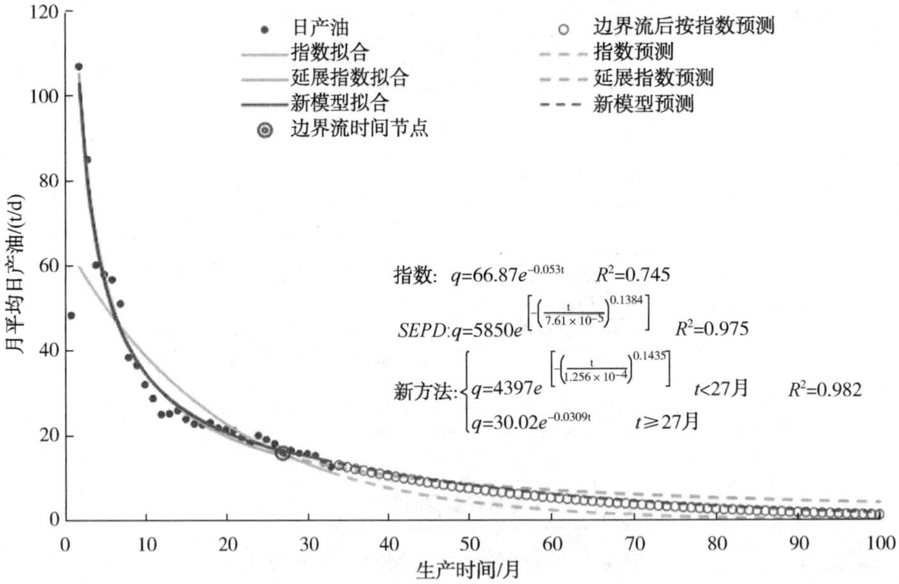

图6　按到达边界流后拟合预测对比(2~33月)

表1　不同模型预测结果对比

类比	方法	拟合时间段/月	拟合阶段拟合优度 R^2	预测 EUR/10^4t	与常规方法相比相对误差/%
按早期井拟合	新方法	2~25	0.980	4.19	-2.56
	SEPD	2~25	0.980	6.16	43.26
	Arps	2~25	0.765	3.43	-20.23
按晚期井拟合	新方法	2~33	0.982	4.49	4.42
	SEPD	2~33	0.975	7.07	64.42
	Arps	2~33	0.745	3.73	-13.26

4 结论

（1）SEPD 模型以不稳定流、过渡流为主导，指数模型以边界流为主导，进而通过两模型在边界流时间处的产量相等、递减率相等，推导形成了以边界流时间为节点的新型分段产量预测模型。

（2）提出了物质平衡时间与真实生产时间的拟合转换关系，形成了生产条件下边界流时间确定方法；同时边界流时间与地质、工程等参数等具有非线性相关特征，可通过 GRNN 算法根据相关已知参数进行早期井边界流时间的预测。

（3）以边界流时间为节点的新型分段产量预测模型，对于早期及到达边界流后的晚期生产井，均具有较高的拟合预测精度，可解决 SEPD 及指数模型预测结果偏高或偏低的问题。

参考文献

[1] 罗皓. 基于递减率模型的产量递减规律研究[D]. 成都：西南石油大学，2019.

[2] 陈元千，徐佳倩，傅礼兵. 预测页岩气井产量和可采储量泛指数递减模型的建立及应用[J]. 油气地质与采收率，2021，28(01)：132-136.

[3] 闫怡. 致密油藏水平井体积压裂产量递减研究[D]. 青岛：中国石油大学(华东)，2017.

[4] 李铁宁. 基于动态神经网络的油田开发数据分析和预测模型研究[D]. 大庆：东北石油大学，2016.

[5] 姜瑞忠，刘秀伟，崔永正，等. 非稳态窜流多段压裂水平井井底压力分析[J]. 油气地质与采收率，2019，26(05)：86-95.

[6] 周明德. 致密油藏体积压裂井生产动态分析[D]. 大庆：东北石油大学，2020.

[7] 刘传斌，姜汉桥，李俊键，等. 页岩气产量递减变化组合模型的探讨[J]. 断块油气田，2015，22(06)：770-772.

[8] 王怒涛，陈仲良，祝明谦，等. 页岩气压裂水平井产量递减组合模型分析[J]. 大庆石油地质与开发，2018，37(05)：135-140.

[9] 周芸，周福建，冯连勇. 一种新型油气产量预测模型[J]. 大庆石油地质与开发，2018，37(05)：76-80.

[10] ARPS J J. Analysis of decline curves[J]. AIME，1945，149(2)：228-247.

[11] 陈元千，徐佳倩，傅礼兵，等. 对 SEPD 模型和 YM-SEPD 方法的评论及 PEPD 模型的建立与应用[J]. 断块油气田，2020，27(06)：766-769.

[12] Prinisha Manda，Diakanua Bavon Nkazi. The Evaluation and Sensitivity of Decline Curve Modelling [J]. Energies 2020，13，2765.

[13] Seidle，J. P. and O Conner，L. S. 2016. Estimation of Unconventional Well Recoveries and Economics from Transient Flow Data[J]. SPE-179983-MS.

[14] Hongwen Luo，Haitao Li，Jianfeng Zhang，etl. Production performance analysis of fractured horizontal well in tight oil reservoir[J]. Journal of Petroleum Exploration Production Technology(2018)8：229-247.

[15] 张凤远. 致密气田产量递减规律分析方法研究及应用[D]. 北京：中国石油大学(北京)，2017.

[16] G. J. Bowden，J. B. Nixon，G. C. Dandy，et al. Forecasting chlorine residuals in a water distribution system using a general regression neural network[J]. Mathematical Computer Modelling，2006，44(5)：469-484.

[17] 王国昌，吕学菊. 用广义回归神经网络和遗传算法分析产量递减[J]. 新疆石油地质，2006(01)：90-93.

[18] 姚宏，于七龙，那琳. 基于粒子群优化算法——广义回归神经网络的磷化膜耐蚀性预测模型[J]. 电镀与精饰，2021，43(11)：1-6.

[19] 杨雅萍，张文莲，孙晓云. 基于改进蝙蝠算法优化广义回归神经网络的岩质边坡稳定性预测[J]. 科学技术与工程，2021，21(20)：8719-8726.

致密砾岩油藏烃气驱防气窜二次交联凝胶的制备与性能评价

赵　勇[1,2]　杜　洁[1,2]　李　凯[1,2]　王凤清[1,2]　原凤刚[1,2]　唐　可[1,2]

（1. 中国石油新疆油田分公司实验检测研究院；2. 中国石油天然气集团公司砾岩油气藏勘探开发重点实验室）

摘　要　新疆油田玛湖致密砾岩油藏采用体积压裂衰竭式开发产量递减快，常规注水开发不适应。通过注烃类气转换开发方式，可以大幅提高采收率，但由于压裂裂缝的存在易导致气窜。为配合此类油藏的裂缝封窜，研发了一种二次交联凝胶体系，具体组成为聚合物 1.0%+一次交联剂 0.01%+二次交联剂 1.0%，室内对二次交联凝胶体系配方进行了评价。实验结果表明，二次交联凝胶体系成胶强度达到 H 级，具有良好的抗剪切性和长期稳定性。在设计 0.5~1.5mm 裂缝宽度条件下，岩心封堵后阻力系数在 22.0~33.8，封堵率均达到 95%以上，最大突破压力梯度超过 30MPa/m，并且对基质伤害率较低，封堵后气驱提高采收率 8%以上。该项研究成果可为玛湖致密油藏注烃类气体提高采收率现场试验提供技术支持。

关键词　致密砾岩油藏；压裂裂缝；二次交联凝胶；气窜通道；提高采收率

MH 区块致密砾岩油藏资源量巨大，是新疆油田主要产能接替区，主要采用水平井加体积压裂衰竭式开采，油井产量递减快、采收率低。为了进一步提高 MH 区块地区采收率，重点部署注烃气提高采收率技术攻关，并开展了现场先导试验。但由于天然裂缝和人工压裂裂缝的存在，注入气沿着裂缝窜流严重，影响驱油效果，如何治理气窜通道已经成为气驱提高采收率技术的关键技术节点。

目前已开发的气驱封窜体系主要采用聚合物凝胶和泡沫冻胶。Zhao G 等采用有机铬交联剂和阴离子聚合物为原料，胶乳过硫酸铵后合成了一种酸化封窜剂，但该堵剂耐温在 80℃，且解堵后不完全。Almuntasheri G A 等采用聚乙烯亚胺和聚丙烯酰胺基(PAM)共聚物反应生成耐温型凝胶，耐温超过 100℃。Reena 使用聚乙烯醇(PVA)和聚乙烯吡咯烷酮(PVP)和间苯二酚-甲醛(RF)反应生成一种抗温性水凝胶，具有较好的环保性和抗温性。不同种类的封窜剂具有不同的作用机理、适用范围，但都有各自的局限性，主要表现在抗盐性差、抗温性差、封堵强度低等方面。新疆油田 MH 区块采用水平井加体积压裂衰竭式开采后，裂缝发育明显，压裂后形成的裂缝沟通注气井与生产井，造成生产井油压上升，产气量明显增加，表现出明显的气窜特征，因此要进行气窜封堵必须选择合适的封窜体系针对裂缝来进行封堵。目前进行气窜封堵的体系，绝大多数都是针对 CO_2气窜进行封堵，针对天然气驱气窜封堵的研究在国内还尚未出现。

玛 18/玛 131 在暂堵剂对微裂缝暂堵后，需要注入具有高强度和强黏附能力的堵剂对气窜主缝进行封堵，同时要避免堵剂在裂缝壁面滤失造成基质伤害。MH 区块气驱封窜体系需满足耐温 90℃以上，耐盐大于 10000mg/L，室内优选了一种二次交联凝胶，对凝胶的的成胶性能、流变性能、抗剪切性进行对比评价，通过岩心实验对二次交联凝胶的注入性能、封堵强度、基质伤害进行了评价。

1　实验部分

1.1　实验材料与仪器

丙烯酰胺、氢氧化钠、过硫酸铵、亚硫酸氢钠来源于成都科龙试剂厂；抗温单体、阳离子单体、疏水单体，来源于阿拉丁试剂有限公司；岩心为人砂岩(若干)，长度均为 6cm，直径均为 3.8cm。模拟水组成如表 1 所示。

精密电子天平，沈阳龙胜电子有限公司；电热恒温水浴锅，金北京科伟永兴仪器有限公司；电热恒温干燥箱，上海鸿都电子科技有限公司；高温高压反应釜，海安县石油科研仪器有限公司；2PB-10005 平流泵，北京星达科技发展有限公司；Quanta 450 环境扫描电子显微镜，美国 FEI 公司。

表 1　配注水和地层水矿化度组成

离子	碳酸根	碳酸氢根	氯离子	硫酸根	钙离子	镁离子	钠钾离子	矿化度
返排液/(mg/L)	0.00	1035.28	8683.26	9.86	1160.40	44.92	4611.86	15545.57
地层水/(mg/L)	0.00	691.00	12033.00	49.39	2377.00	0.00	5362.45	20512.59

1.2　二次交联凝胶的制备及表征

固定丙烯酰胺的比例为体系的 25%，研究不同功能单体的类型和浓度、引发剂的类型和浓度、温度对聚合物黏度的影响，以聚合物浓度为 0.5%时的黏度为标准，优化出最佳合成条件。将合成得到的聚合物经过提纯粉碎后，使用红外光谱定性分析聚合物中的官能团构成，确定聚合物的组成、结构。

1.3　实验评价方法

1.3.1　二次交联凝胶成胶性能评价

将模拟配注水、聚合物、一次交联剂和二次交联剂按照一定比例配制成体系溶液后，观察体系的一次成胶效果和二次成胶效果，优化出合适的配方。常温下体系的一次成胶性能通过黏度来表示，在油藏温度下二次成胶性能通过成胶时间和成胶强度来表示。

1.3.2　二次交联凝胶抗剪切性评价

在堵剂注入过程中因其受泵、炮眼、地层孔隙的剪切作用，黏度必然有一定损失，二次交联体系的耐剪切性是二次凝胶具有足够的力学强度的保证。使用黏度保持率来表征预凝胶的耐剪切性。使用流变仪测试将一次成胶后的体系的黏度-剪切速率的关系；将一次成胶后的体系在 $40s^{-1}$下剪切 30min 后，测试体系的黏度，观察体系黏度保持率。

1.3.3　二次交联凝胶注入性、封堵性和基质伤害评价

采用单裂缝岩心进行流动实验，测试凝胶体系的注入性，对裂缝的封堵能力，以及对基质造成的伤害情况，实验流程图(见图 1)和实验岩心参数(见表 2 和表 3)。

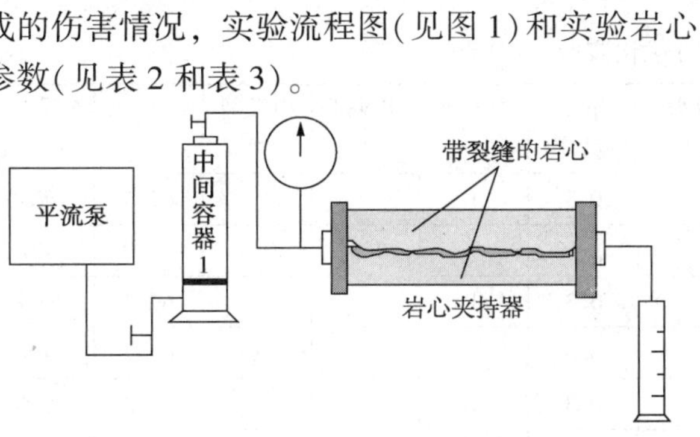

图 1　注入性、封堵性和基质伤害实验流程图

表 2　注入性、封堵能力实验岩心参数

编号	孔隙度/%	基质渗透率/mD	裂缝宽度(垫片厚度)/mm	支撑剂目数	裂缝渗透率/mD
1	14.11	0.518	0.5	30~50	4052
2	13.59	0.521	1.0	30~50	6564
3	14.25	0.530	1.5	30~50	9475

表 3　基质伤害率实验岩心参数

编号	孔隙度/%	基质渗透率/mD	裂缝宽度(垫片厚度)/mm	支撑剂目数	基质渗透率/mD
4	14.13	0.542	1.0	30~50	0.035
5	12.98	0.513	1.0	30~50	0.405
6	13.15	0.566	1.0	30~50	4.955

实验步骤为：①相同基质渗透率(0.6mD)的岩心剖开后，在 90℃恒温烘箱中烘干，每隔 4h 取出称量质量，至岩心质量不再发生变化，饱和模拟地层水，称重后计算造缝岩心的孔隙度，并在一定围压条件下测得气测渗透率 $K1$；②将剖开后的岩心用胶水粘上一定厚度(0.5mm、1.0mm 和 1.5mm)，长 7.8cm，宽 0.4cm 的聚四氟乙烯垫片和 20~50 目的支撑剂，然后用热缩管包裹并加热使热缩管收缩后，装入岩心夹持器，打开环压泵，给岩心加环压到实验设计压力后，测得气测渗透率；③注入不同质量浓度二次交联体系，监测稳定注入压力曲线，测定阻力系数；④油藏温度下成胶封堵后，以一定流速注入气体，记录突破压力和气窜稳定压力(计算气测渗透率 $K2$)，计算突破压力梯度和基质伤害程度。

岩心伤害程度：凝胶在注入过程中会向地层中发生滤失，对地层造成伤害。本文采用岩心伤害率 η_h 来表征一次凝胶的滤失性能，并将 η_h 定义为伤害前、后岩心基质渗透率之差与伤害前岩心基质渗透率的比值，计算公式如下：

$$\eta_h = \frac{K-K'}{K} \times 100\% \qquad (1)$$

式中，η_h为岩心基质伤害率,%；K 为伤害前的岩心渗透率，μm^2；K'为伤害后的岩心渗透率，μm^2。

突破压力表征着凝胶体系在岩心中被突破时的最大压力，反映了二次凝胶在多孔介质中的封堵强度。当多孔介质的几何尺寸、渗透性及流动速度一定时，突破压力越大，则二次凝胶强度越大。将突破压力梯度定义为：单位长度上的突破压力大小。计算公式如下：

$$P_L = P_b / L \quad (2)$$

式中，P_L为突破压力梯度，MPa/m；P_b为突破压力，MPa；L为凝胶段塞长度，m。

封堵率：考察凝胶对裂缝的封堵，封堵率η_s则为裂缝封堵前、后渗透率之差与裂缝封堵前渗透率之比，表征了二次凝胶体系降低裂缝渗透率的能力。计算公式如下：

$$\eta_s = \left(1 - \frac{K_b}{K_a}\right) \times 100\% \quad (3)$$

式中，η_s为封堵率,%；K_b为封堵前的裂缝渗透率(水测)，μm^2；K_a为封堵后的裂缝渗透率(水测)，μm^2。

1.3.4 二次交联凝胶选择注入性和调剖能力评价

采用并联岩心实验，测试凝胶体系的选择注入性和调剖能力。实验流程图和实验岩心参数见图2和表4。

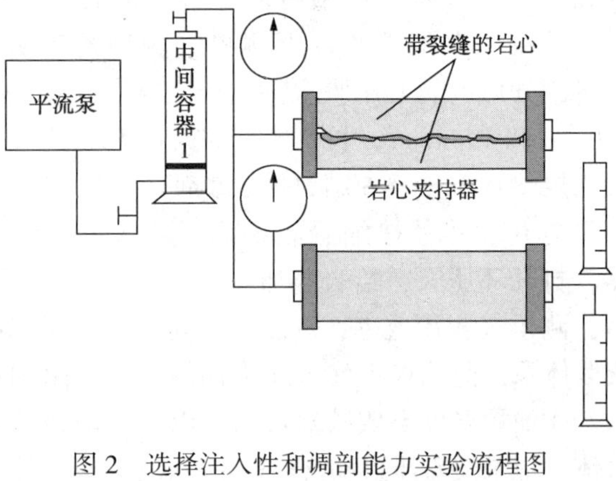

图2 选择注入性和调剖能力实验流程图

表4 选择注入性和调剖能力实验岩心参数

编号	孔隙度/%	裂缝宽度(垫片厚度)/mm	渗透率/mD
1	11.22	0	0.6
2	12.45	1.0	6342
3	13.25	0	0.6
4	13.11	1.5	9132

实验步骤为：①将造缝(未加垫片和支撑剂)及未造缝岩心饱和水后分别装入岩心夹持器，测量气测渗透率；②以一定的流速分别向两根岩心中注入原油，建立原始含油饱和度，然后将造缝岩心取出，用胶水粘上一定厚度(0.5mm)，长7.8cm，宽0.4cm的聚四氟乙烯垫片和20~50目的支撑剂；③在90℃下，将两个岩心夹持器并联后注气，记录压力和出液情况；④向岩心中注入二次交联体系，记录压力和出液情况，然后关闭注入端和出口端侯凝；⑤体系成胶后，气驱至压力恒定，记录两根岩心的压力和出液情况，计算采收率。

2 结果与讨论

2.1 二次交联凝胶的制备与结构表征

称取一定量丙烯酰胺置于烧杯中，加一定量水溶解后，用30% NaOH溶液调节pH至6~8；随后加入一定抗温单体和阳离子单体，搅拌均匀后加水至50mL，通氮气15min除去水中的溶解氧，升温至一定温度后，加入引发剂，反应得到聚合物胶体。所得到的胶体经过提纯后进行表征。由表5可知，不同的引发剂体系和浓度会对聚合效果产生明显的影响，其中编号5和编号6的实验，没有发生爆聚，上部无溶液残留，聚合物胶体内未见明显的气泡，聚合效果较好。

表5 聚合物配方优化实验

编号	AM	抗温单体1	抗温单体2	抗温单体3	阳离子单体1	阳离子单体2	疏水单体	pH调节剂	引发剂1	引发剂2	引发剂3	H_2O	反应温度/℃
1	25	1.5	1.5		1			0.3	1			69.7	室温
2	25	1.2				1.6		0.24		1.2	0.8	70.0	40
3	25	1.5		1.5	1			0.3	1			69.7	室温
4	25	1.5				1		0.3		1.5	1	69.7	40
5	25	1.5			1			0.3	1			71.2	室温
6	25	1.5				1		0.3		0.6	0.4	71.2	40

从红外谱图(见图3)中可以看出，$3450cm^{-1}$、$3442cm^{-1}$为酰胺基的伸缩振动峰，$1633cm^{-1}$、$1639cm^{-1}$为羰基的伸缩振动峰，可证实丙烯酰胺引入到聚合物分子链中；$2925cm^{-1}$为亚甲基的伸缩振动峰，$1452cm^{-1}$、$1454cm^{-1}$为甲基的弯曲振动峰，$1091cm^{-1}$、$1109cm^{-1}$和$660cm^{-1}$、$606cm^{-1}$为磺酸基中硫酰基的振动峰，可证实抗温单体1引入到聚合物分子链中。

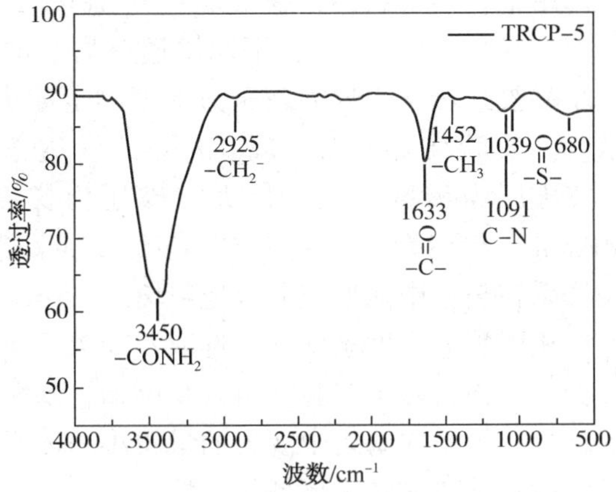

图3 聚合物的红外波谱图

2.2 二次交联凝胶的成胶性能

二次交联凝胶溶液由一定浓度的不同类型聚合物、一次交联剂和二次交联剂、0.05%抗氧化剂组成。使用去离子水作为溶剂配制聚合物凝胶溶液。称取10g不同类型聚合物固体颗粒缓慢加入至1000mL去离子水中，在添加过程中烧杯里的溶液使用磁力搅拌器进行快速搅拌，搅拌速度为400±20r/min，搅拌时间为4h。将上述聚合物溶液在室温(25℃)条件下老化24h，形成1%的聚合物母液。然后，使用去离子水将上述聚合物母液稀释成实验所需浓度的聚合物溶液，在搅拌情况下加入称量好的一次交联剂、二次交联剂和抗氧化剂等，搅拌20min后可以得到二次交联凝胶溶液。

由表6可知，固定聚合物浓度为1.0%，一次交联剂浓度0.01%，改变二次交联剂的浓度，在常温条件下，观察体系2h内黏度的变化，然后放入90℃的恒温烘箱中观察成胶情况，成胶效果如图4所示。二次交联剂浓度对一次成胶黏度、二次成胶初凝时间影响不大，二次交联剂浓度越高，终凝时间越短，终凝强度越大，长期稳定性90d为目测H级。因此优选出二次交联凝胶配为聚合物1.0%+一次交联剂0.01%+二次交联剂1.0%。

表6 不同二次交联剂浓度TRCP-5 90℃的一次成胶和二次成胶性能

聚合物	一次交联剂	二次交联剂	初始	1.0h	2.0h	初凝	终凝	长期稳定性
1.0%	0.010%	0.6%	77.41	165.5	178.8	D(42h)	G(144h)	F(90d)
		0.8%		163.5	175.0	D(42h)	G(120h)	G(90d)
		1.0%		167.5	176.6	D(42h)	H(96h)	H(90d)
		1.2%		166.5	173.2	D(42h)	H(70h)	H-(90d)
		1.5%		164.5	172.5	D(42h)	H(44h)	G(90d)

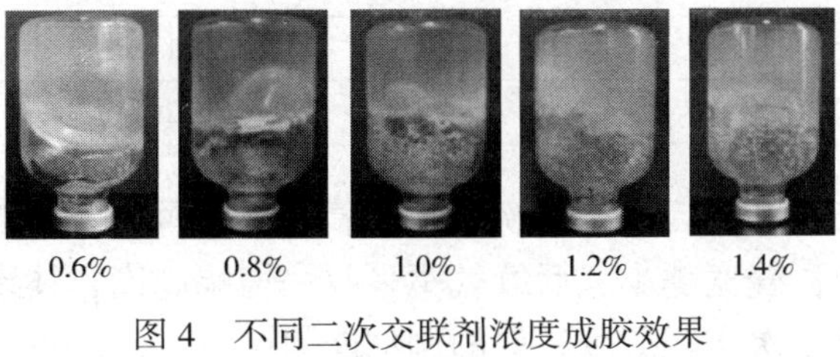

图4 不同二次交联剂浓度成胶效果

2.3 二次交联凝胶的抗剪切性

降低聚合物浓度，增加一次交联剂浓度与优选出的配方进行抗剪切性能对比，如图5所示，两种体系一次成胶后随着剪切速率的增加呈降低趋势，当剪切速率增大时，一次凝胶体系的黏度迅速开始降低，达到一定速率时降低幅度逐渐减小，当剪切速率高于$300s^{-1}$时，一次凝胶体系的黏度几乎不会发生变化。原因在于：一次凝胶为假塑性流体，剪切速度较高时，剪切黏度趋于稳定。由表7可知，一次凝胶在$40s^{-1}$下剪切30min

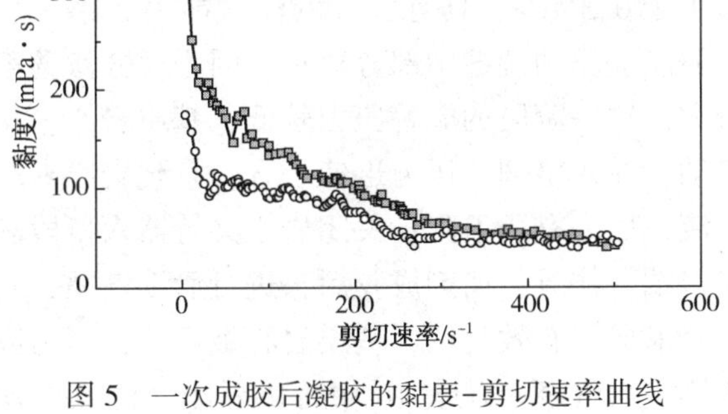

图5 一次成胶后凝胶的黏度-剪切速率曲线

后，两个配方的样品黏度保持率分别为88.6%、87.9%，说明经过剪切后一次交联凝胶的黏度保持程度较好，具有优良的耐剪切性。

表7 一次成胶后的抗剪切性

编号	配方	剪切前黏度值/(mPa·s)	剪切后黏度值/(mPa·s)	黏度保持率/%
1#	聚合物1.0%+一次交联剂0.010%+二次交联剂1%	173.0	153.3	88.6
2#	聚合物0.8%+一次交联剂0.015%+二次交联剂1%	180.4	158.6	87.9

2.4 二次交联凝胶的注入性、封堵性和基质伤害

二次交联凝胶在不同渗透率地层中的注入性能是表征其性能是否优良的重要性能之一，而评价注入性能的唯一指标便是阻力系数。阻力系数是指在相同流量下，二次交联凝胶流体流过岩心的压差与模拟地层水流经同一岩心压力差的比值。二次交联凝胶体系在不同流量下注入岩心的阻力系数如表8所示。通过表8发现二次交联凝胶体系的注入压力稳定后的阻力系数在22.0~33.8，注入性较好。

二次交联凝胶在进入油藏后会优先进入高渗透层，随着堵剂深入地层，高渗透层承受的压力梯度不断减小，当高渗透率地层受到的压力低于封堵层能承受的最大压力时能有效地封堵高渗透层。选用聚合物1.0%+一次交联剂0.01%+二次交联剂1.0%为注入体系，不同渗透率岩心的二次交联凝胶封堵岩心的突破压力梯度测定如表8所示。由实验结果可以发现，岩心的渗透率越小，突破压力梯度越大，最大突破压力梯度>30MPa/m，封堵率均达到95%以上，表明二次凝胶体系在裂缝中能形成有效地封堵。

在相同裂缝宽度条件下，选取不同渗透率岩心进行基质伤害评价实验，由表9可知，基质渗透率越低，体系向基质中滤失的量越小，体系二次成胶后对基质的伤害率越低。

表8 不同缝宽条件下体系的注入性、封堵性

裂缝宽度/mm	渗透率/mD		稳定压差/MPa		突破压力梯度/(MPa/m)	阻力系数	封堵率/%
	注入前	注入后	注入前	注入后			
0.5	4052	127	0.006	0.612	73.72	33.8	97.11
1.0	6564	215	0.004	0.356	54.36	26.3	96.72
1.5	9475	345	0.003	0.180	46.79	22.0	96.36

表9 不同基质渗透率条件下的基质伤害

裂缝宽度/mm	基质渗透率/mD			基质伤害率/%	
	注入前	注入后	成胶后	一次胶	二次胶
1.0	0.035	0.034	0.031	2.86	9.50
1.0	0.405	0.388	0.331	4.20	14.63
1.0	4.955	4.176	3.059	15.72	26.75

2.5 二次交联凝胶的选择注入性和调剖能力

由图6和图7可知，二次交联凝胶的注入压力小于0.3MPa，具有较好的注入能力。第一次气驱能够驱动裂缝中部分原油，因为裂缝渗透率较大，这一阶段的驱替压力较低，基质岩心未见启动；注入堵剂，压力迅速上升，直到岩心末端见液，压力有所下降；关闭岩心夹持器入口段和出口端，侯凝；堵剂成胶后，进行后续气驱，对裂缝形成了有效封堵，基质岩心被启动，压力高于第一次气驱。从表10中可以看出，注入二次交联凝胶后进行二次气驱提高采收率可达8%以上，缝宽越小，后续气驱采收率增幅越高，体现出二次交联凝胶较好的调剖能力。

表10 并联调剖实验不同阶段采收率增幅

缝宽/mm	采收率/%	增幅/%	增幅/%
	气驱	注堵剂	后续气驱
1.0	7.43	0.57	10.86
1.5	15.14	0.86	8.29

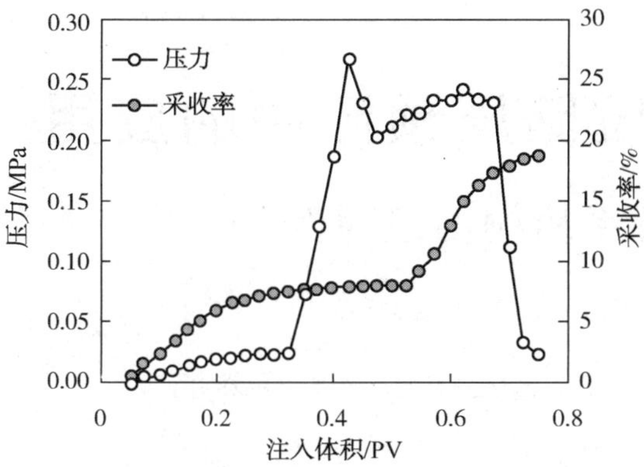

图 6　就地二次凝胶体系在 1.0mm 裂缝岩心-基质岩心并联模型中的控水增油效果曲线

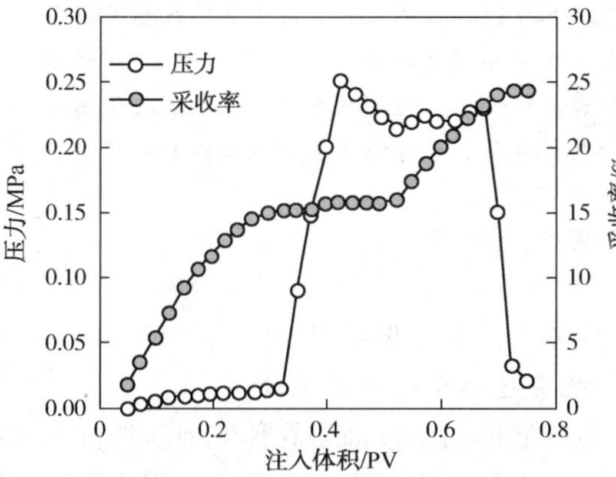

图 7　就地二次凝胶体系在 1.5mm 裂缝岩心-基质岩心并联模型中的控水增油效果曲线

3　结论

(1) 研制的二次交联凝胶体系成胶强度可达到 H 级，老化 90 天性能稳定，通过地面一次成胶，可有效地减少体系滤失；地下二次成胶后，可对裂缝形成有效封堵，启动基质。

(2) 岩心驱替实验表明，岩心封堵后阻力系数在 22.0~33.8，封堵率均达到 95%以上，最大突破压力梯度超过 30MPa/m，并且对基质伤害率较低，封堵后气驱提高采收率 8%以上，具有较强的封堵能力和调剖能力。

参 考 文 献

[1] 赖南君，闻一平，傅波，等. 复合交联聚合物弱凝胶体系的研制与性能评价[J]. 石油钻采工艺，2014(3)：87-91.

[2] Zhao G，Dai C，Li W，et al. Research on a temporary plugging agent based on polymer gel for reservoiracidification[J]. Journal of Petroleum Exploration & Production Technology，2016，6(3)：465-472.

[3] 李福军，曹广胜，夏惠芬，等. 聚合物溶液流变特性试验研究[J]. 石油钻采工艺，1997，19(2)：72-75.

[4] 赵群. 冻胶类调剖剂性能评价方法及适用条件研究[D]. 大庆：大庆石油学院，2004.

[5] 唐孝芬，刘玉章，向问陶，等. 交联聚合物冻胶调堵剂性能评价指标及方法[J]. 石油钻采工艺，2004，26(2)：49-53.

[6] 郭程飞. 低渗透裂缝性油藏弱凝胶调剖实验研究[D]. 成都：成都理工大学，2015.

[7] 李仁杰，刘庆旺，赵宏伟，等. 双重交联凝胶型堵剂的研究和性能评价[J]. 当代化工，2016，45(4)：714-715.

[8] 叶仲斌. 提高采收率原理[M]. 北京：石油工业出版社，2007.

[9] 刘义坤. 凝胶体系地层流体转向技术[M]. 北京：石油工业出版社，2000.

[10] 王晓燕，郭程飞，杨涛，等. 低渗透裂缝性油藏调剖物理模型研制及实验评价[J]. 油田化学. 2017(2)：265-269.

[11] 刘永兵，胡琴，宋文杰，等. 互穿网络聚合物凝胶调驱剂研制[J]. 西南石油大学学报(自然科学版)，2009，31(1)：137-140.

[12] 范振中. 酚醛树脂交联聚丙烯酰胺弱凝胶调剖剂的研究与应用[D]. 杭州：浙江大学，2005.

[13] 殷泉东. 弱凝胶体系调驱技术研究及应用[D]. 青岛：中国石油大学(华东)，2005.

[14] Moradi-Araghi，A.，1994. Application of low-toxicity cross-linking systems in production of thermally stable gels[J]. Paper SPE/DOE 27826，presented at the SPE/DOE Ninth Symposium on Improved Oil Recovery，Tulsa，OK，April 17-20.

[15] 蒲万芬. 低渗透裂缝性油藏双重交联复合凝胶堵水技术[M]. 北京：石油工业出版社，2006.

[16] 陈铁龙. 交联聚合物的性能及应用[C]. 交联聚合物调驱提高采收率技术研讨会. 北京，1998.

[17] 戴彩丽，张贵才，赵福麟. 影响醛冻胶成冻因素的研究[J]. 油田化学，2001，18(1)：24-26.

多属性参数联合反演在优质储层预测中的应用

——以吉木萨尔凹陷二叠系梧桐沟组为例

谭　强[1]　岳红星[1]　全紫荆[2]　张金风[1]　刘飞宇[1]

（1. 中国石油新疆油田分公司吉庆油田作业区；2. 北京众惠达能源科技发展有限公司）

摘　要　吉木萨尔凹陷二叠系梧桐沟组油气资源丰富，由于油水关系不清，油藏类型在岩性油藏与构造油藏之间徘徊，严重制约储量升级与开发。解决这些问题的核心是优质储层的识别与分布。储层敏感性参数研究表明，梧桐沟组储层发育，波阻抗反演不能区分岩性，电阻率反演能区分岩性，但不能区分有效储层与非有效储层，为区分有效储层，在电阻率基础上引入密度参数进行预测。最后采用多属性参数联合地震波形指示反演方法对有效储层进行预测。通过吉45井梧一段老井恢复试油，吉45获得稳产7t的高产，取得了良好的经济效益。验证表明该方法能有效解决厚砂岩区薄储层的预测技术，有效地解决了困扰多年的油藏类型不清的问题，落实了梧桐沟组为“一储一藏”的物性油藏。该方法为类似油藏的开发提供了借鉴指导。

关键词　“一储一藏”；多参数联合反演；优质储层；梧桐沟组；吉萨尔凹陷

准噶尔盆地吉木萨尔凹陷二叠系梧桐沟组储层主要分布在梧一段，根据测井敏感参数分析电阻率能够有效的区分岩性，但梧一段砂岩厚度大，电阻率反演预测砂层为全区分布状态，难以区分有效储层及非储层砂体之间的关系。对于这种厚砂层薄储层问题，已不再是单纯的岩性油藏而是由物性主导。解决问题的关键主要有两方面：一是对测井曲线进行综合研究，找出含油性储层的特征参数；二是寻找能够分辨薄储层的有效反演方法。

1　波形指示反演方法

薄储层勘探面对的问题主要是地震分辨率问题。目前，解决薄储层的反演方法主要是基于地质统计学理论。但是传统的统计学反演主要是基于变差函数表征储层的空间结构，其特点在于综合了地震反演与储层随机建模的优势，精确求取不同方向上的变差函数，反演结果是多个实现数据体，可用于定量评价结果的不确定性。纵向上的变差函数主要是基于测井的高频信息，突破了地震的分辨率的限制，很好地将井上薄储层识别出来。但横向上最主要的参数是变程，是距离的函数，因此对井的数量和分布位置有较高的要求。当井点数量较少，或者分布不均时，变差函数很难准确建立，砂体横向展布多解性强，平面规律性差，反演结果随机性强。

1.1　地震波形指示方法原理

地震波形指示反演是在传统地质统计学基础上发展起来的，是在空间结构化数据指导下不断寻优的过程。它是利用地震波形横向相似性驱动测井高频信息的高分辨率反演方法。在沉积相对稳定的等时地层格架内，地震波形的横向变化与沉积作用有关，地震波形的横向变化反映了地震相或沉积相的变化，相似的沉积相带反映了相似的沉积结构和岩性组合，表现为测井曲线特征相似。因此，地震波形和测井曲线之间具有内在的联系，利用地震波形横向变化特征来表征储层空间变化规律，能更好地体现沉积要素的影响，实现相控随机反演。研究表明，随着波阻抗曲线频带范围的减小，井的相似度越高。因此，反演过程中以利用地震波形相似性代替传统变差函数，建立中频地震信息和高频测井信息之间的联系，进行实现高分辨率反演。以样本集的最佳截止频率为约束条件，得到高分辨率的反演结果。

1.2　波形指示反演的流程

在反演实现过程中，首先通过奇异值分解实现井旁地震道波形动态聚类分析，建立地震波形结构与测井曲线结构的映射关系，生成不同类型波形结构（代表不同类型的地震相）的测井曲线样本集；然后通过分析不同类型波形结构对应的样本集分布，分别建立不同地震相类型的贝叶斯反演框架；接着在不同贝叶斯框架下，分别优选样本集的共性部分作为初始模型，并参照邻井对确定性以外高频成分进行模拟，使模拟结果的结构关系同时符合地震中频阻抗和井曲线结构特征；最后以地震中频为依据，在贝叶斯框架下把初始模型的高频成分予以保留，不符合的过滤，通过反复随机模拟，确保随机模拟中频成分与地震一致，同时保留各个井样本的确定性结果成分，输出平均期望值或者随机模拟结果。

2　测井特征参数及反演方法验证

测井敏感参数分析是反演最基础也是最重要的环节，通过研究区的岩性图版分析得出波阻抗并不能区分砂泥岩，电阻率区分岩性。因为研究区的波阻抗不能很好地区分砂岩和泥岩，因而针对研究区波阻抗的地震波形指示反演虽然具有较高的分辨率和良好的后验符合率，但是不能预测研究区的砂岩的分布范围，因此需要进行电阻率反演。研究表明，低频地震信息与高频测井信息的对应关系不仅适用于波阻抗曲线，同样适用于自然伽马等非波阻抗曲线，这就奠定了利用低频地震资料和高频测井资料信息进行高分辨率反演(或模拟)的基础。需要说明的是，对于波阻抗曲线为地震波形指示反演，而对于自然伽马等非波阻抗曲线为地震波形指示模拟。

当对本区的电阻率进行波形指示模拟时，从图2中电阻率反演剖面可以看出，在纵向上反演结果与井对应良好，能够分出薄砂层，横向上砂体连续，本区梧一段分布着稳定的厚砂岩，与反演结果吻合。

针对不同的地质条件储层预测的目的也不同：(1)富泥沉积环境，“砂岩”近似储层，需要预测砂岩的存在及厚度分布；(2)富砂沉积环境，砂岩广泛分布，受沉积环境水动力影响及后期成岩作用改造，储层分布局限，造成“厚砂层薄储层”现象，需要预测有效储层的分布。梧一段沉积岩性较粗，底部为一套底砾岩，分布比较稳定，上部至少发育三套砂砾岩、中砂岩、细砂岩组合，且横向展布范围广，是明显的富砂沉积环境，反演出的砂岩横向展布广，边界模糊。以往根据构造或者岩性圈闭部署后，发现本区储层油水关系复杂、井点成功率不高、成藏规律不清晰，为以后的评价开发工作带来困难，因此需要寻求一种识别厚砂层薄储层的有效参数，依据地震波形指示反演方法，准确地区分有效储层和非有效储层，总结储层规律，提高布井成功率。通过测井敏感参数的深入研究，分析水层、含油水层、油水层、差油层、油层和干层的敏感参数，发现当电阻率≥12.5ohm·m，且密度≤2.47g/cm^{3}时，为有效储层区域(见图1)。因为地震分辨能力有限，运用波形指示模拟方法对密度进行模拟，与之前的波形指示电阻率模拟，通过值域的有效提取，确定本区的有效储层见图2。

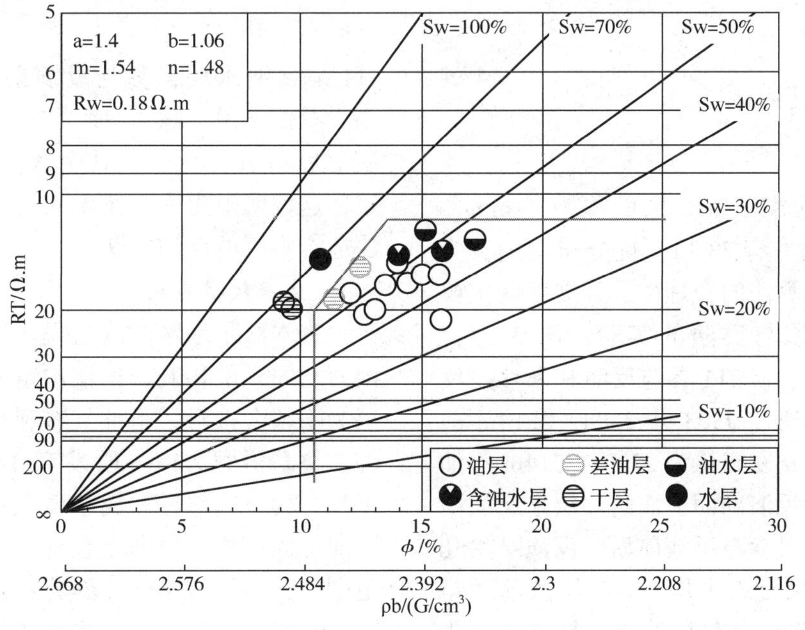

图1　吉木萨尔地区梧一段含油性图版

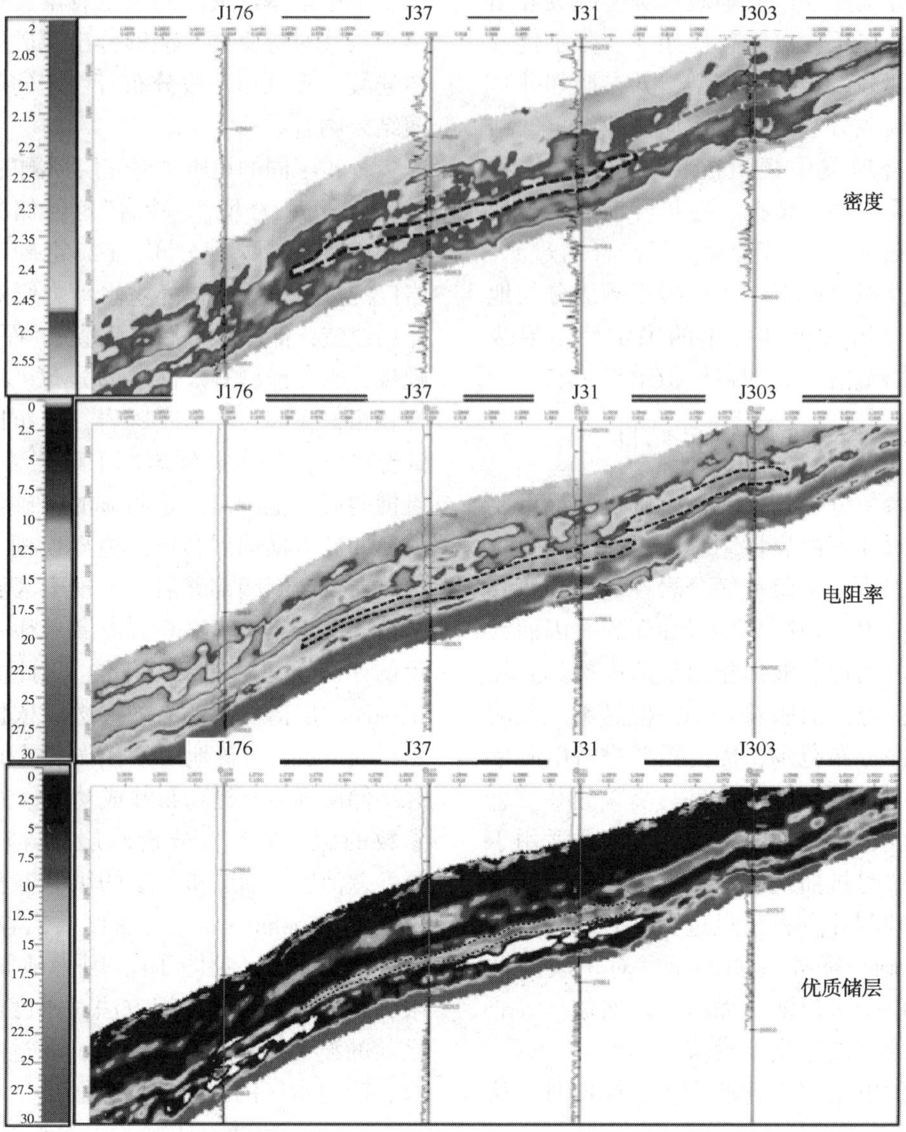

图 2　密度电阻率、提取有效储层

3　技术应用及其效果

3.1　反演方法验证

本次研究区地震三维工区面积为 416km²，工区内参加反演的井有 73 口，且分布均匀，为验证波形指示反演算法的合理性，开展工区主要井未参与反演和参与反演的实验。图 3 为吉 303、吉 37、吉 25、吉 311 参与反演和未参与反演的对比。结果表明，J303 井 2494～2514m 前期试油为含油水层，复查认为 2500～2514m 为油层，上面是水层，反演剖面上面的砂层未反演出来，与实际吻合，且参与反演前后，反演结果几乎一致。吉 37 井为已知油井，参与反演前后略有变化，吉 25 井为综合解释干层，复查解释为水层，参与反演前后都无有效砂体的出现，吉 311 是含油水层，参与反演前后有效砂体规模小。总体来说，除吉 37 井参与反演和未参与反演前后略有变化外，其余 3 口井的反演前后一致，这说明电阻率、密度联合多参数反演模拟方法适合本区的反演方法。

3.2　反演效果应用

吉木萨尔地区的成藏规律复杂，二叠系地层由西北向东南抬升，梧桐沟组一段与芦草沟组地层为不整合接触，是油气有利运移通道，凹陷东部二叠系梧桐沟组一段发育 3～4 套砂泥岩互层沉积，为有利储层，属于扇三角洲前缘相水下分流河道砂沉积，纵向上叠置程度高，横向上分布范围广，控制有利砂体的分布；梧一段底部有一套底砾岩，是油气良好渗滤通道，油气主要富集在梧一段上部，但是梧三段为一套 25～50m 的区

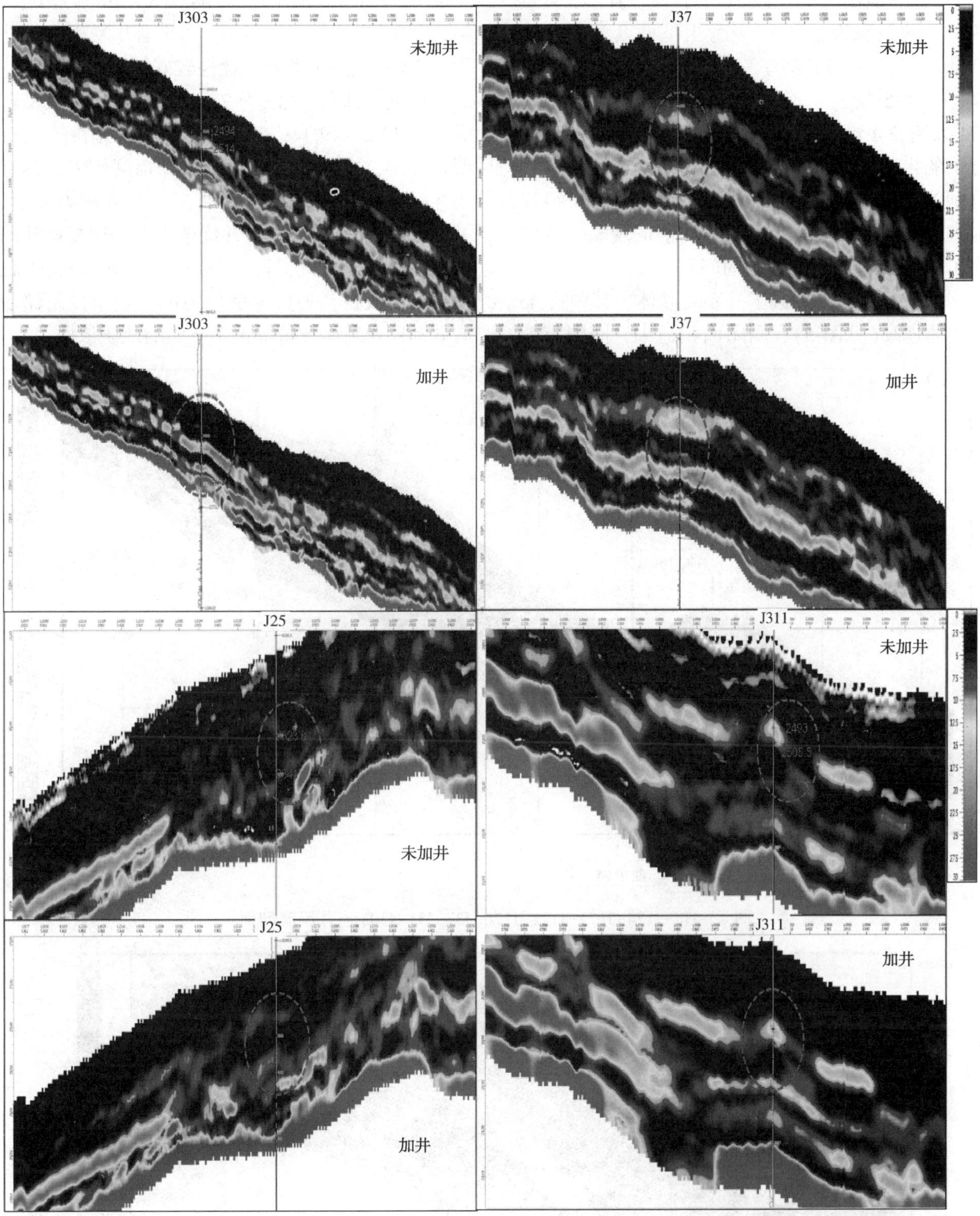

图 3 J303 井、J37 井、J25 井、J311 井未参与反演和参与反演前后对比

域性泥岩盖层，但泥岩厚度在一定程度上起到了遮挡作用，对成藏不利。以构造或者岩性圈闭布井，发现相邻井油水关系混乱，通过连井波形指示反演的结果可以看出在反演剖面的右侧(见图 4)，J37、J31、J303 三口井的关系为：吉 37 井上部砂体为油层，下部砂体为含油水层，吉 31 井为油层，吉 303 为油水层，而吉 303 在吉 31 井的高部位，在以前很难给出合理的地质解释，但从反演剖面可以看出吉 37 井与吉 31 井位同一套砂体，吉 31 井在高部位出油，吉 37 井在低部位出水，吉 303 虽然在高部位出水但其为单独一套砂体，因此，本区的成藏模式应为“一砂一

藏”。在反演剖面的左侧 J17、J174、J175、J171 四口井的关系为：吉 17 发育上下两套油层，位于低部位，吉 174 发育一套油层，位置较吉 17 高，吉 175 发育一套油水层，位于高部位，吉 171 发育 2 套油层和吉 174 位置差不多，位于高部位的吉 175 含水，相对低部位都是纯油层，且分别位于不同的砂体中，“一砂一藏”模式很好地解释了高部位含水、低部位出油的现象，也解决了本区油水关系不明确的问题。

通过反演结果刻画了一系列砂体，其中吉 45 井砂体连续(见图 5)，圈闭面积适中，圈闭有效厚度 0~12m，主体部位后的在 8~12m，厚度均匀，利于水平井部署。结合测井老井复查对应井段：岩性为中-细砂岩，物性较好，密度在 2.42~2.52g/cm^{3}之间，声波为 77us/ft 左右，电阻率较高，在 13.3~19Ω·m 之间；录井荧光，气测有明显异常，核磁显示可动流体峰幅度较大，具有明显的拖曳现象，指示含油，复查解释为油层、差油层。因此，将吉 45 井优选为老井恢复试油的重点井，最终获得了日产 7t 工业油流，取得了较好的经济效益，为吉木萨尔地区二叠系控制储量有效动用及新区评价提供了坚实的地质依据。

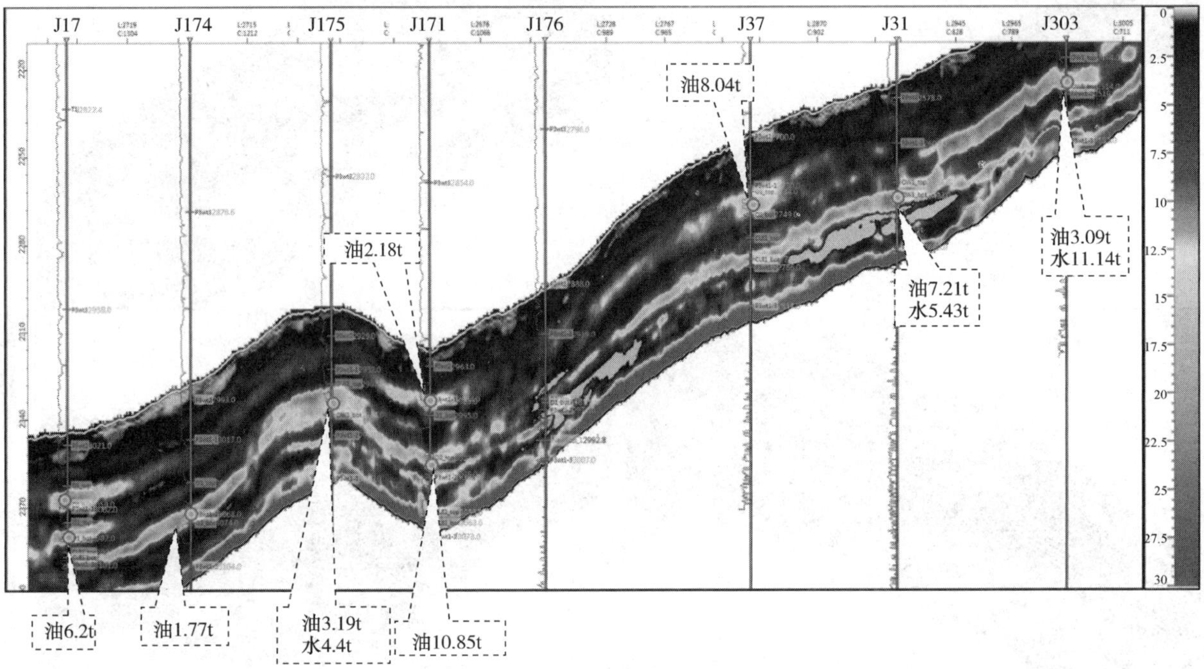

图 4 J17-J174-J175-J171-J176-J37-J31-J303 连井反演剖面

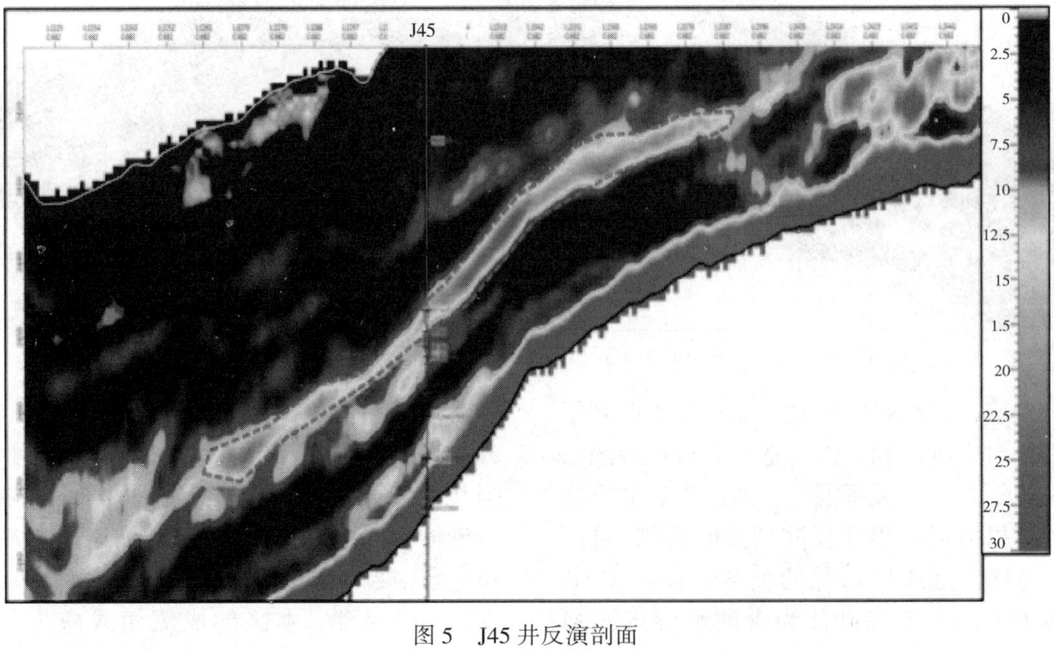

图 5 J45 井反演剖面

4　结论

(1) 传统的反演受调谐作用影响，分辨率较低，只能反演波阻抗，不能解决阻抗不能区分砂泥岩和井间薄储层的问题。

(2) 吉木萨尔梧一段是典型的富砂沉积环境，需要多曲线联合反演预测有效储层。

(3) 地震波形指示反演在垂向上主要依靠测井信息提高纵向分辨率，横向上利用地震波形变化模拟井间砂体组合样式的变化，比变差函数更合理，且更好地体现了沉积地质规律。

(4) 应用实例表明，对于富砂沉积环境薄储层油层砂体，利用多曲线联合反演预测有效储层能够精细刻画砂体分布范围，提高了薄油气层砂体的预测精度，厘清了“一储一藏”的油水关系。

参　考　文　献

[1] WIDESS M A. How thin is a thin bed[J]. Geophysics, 1973, 38(6): 1177-1180.

[2] SHERIFF R E. Limitations on reolution of seismic reflections and geologic detail derivable from them: sectionl, fundamentals of stratigraphic interpretation of seismic data[J]. AAPG Memoir, 1977, 26: 3-13.

[3] RICKER N. The form and nature of seismic waves and the structure of seismograms[J]. Geophysics, 1940, 5(4): 350-365.

[4] 顾雯，章雄，徐敏，等. 强屏蔽下薄储层高精度预测研究—以松辽盆地三肇凹陷为例[J]. 石油物探，2017，56(3)：441-443.

[5] 王西文，刘全新，周嘉玺，等. 精细储层预测技术在板南 5-3 应用[J]. 石油物探，2003，42(3)：389-394.

[6] 刘宗堡，吕延防，付晓飞，等. 三肇凹陷扶余油层沉积特征及油气成藏模式[J]. 吉林大学学报(地球科学版)，2009，39(6)：998-1005.

[7] 王贤，唐建华，毕建军，等. 地震波形指示反演在石南地区薄储层预测中的应用[J]. 新疆石油天然气，2017，13(3)：1-2.

[8] Haas A, Dubrule O. Geostatistical inversion-A sequential method for stochastic reservoir modeling constrained by seismic data[J]. First Break, 1994, 13(2): 60-560.

[9] Rothman D H. Geostatistical inversion of 3-D seismic data for thin sand delineation[J]. Geophysics, 1998, 51(2): 332-346.

[10] 孙思敏，彭仕宓. 地质统计学反演方法及其在薄层砂体预测中的应用[J]. 西安石油大学学报(自然科学版)，2007，22(1)：41-48.

[11] Dubrule O, Thihaut M, LamyP, et al Haas, Geostatistical reservoir eharaclerization constrained by 3d seismic data[J]. Petroleun science, 1998(4): 121-128.

[12] 孙思敏，彭仕宓. 地质统计学反演方法及其在吉林扶余油田储层预测中的应用[J]. 物探与化探，2007(31)：51-56.

[13] 高君，毕建军，赵海山，等. 地震波形指示反演薄储层预测技术及其应用[J]. 地球物理学进展，2017，32(1)：146-144.

[14] 陈彦虎，毕建军，邱小斌，等. 地震波形指示反演方法及其应用[J]. 石油勘探与开发，2020，47(6)：1151-1152.

[15] 陈彦虎，陈佳. 波形指示反演在煤层屏蔽薄砂岩分布预中的应用[J]. 物探与化探，2019，43(6)：1254-1255.

火烧山油田特低渗薄砂岩储层体积压裂技术研究

李天威[1]　章　彤[2]　张　武[2]　黄　凡[2]　滕志辉[2]　罗　强[2]　王　凯[2]

（1. 北京瑞马能源科技有限公司；2. 中国石油新疆油田分公司准东采油厂）

摘　要　火烧山油田 H_1–H_2 油藏属低孔特低渗薄砂岩储层，平面上砂体不连续分布，纵向上呈透镜体状分布，且天然裂缝发育，渗透率非均质性强。常规压裂工艺技术难以实现有效开发，压后呈现出油井产量低、开发难度大。通过对储层特征的深入分析，充分认识了薄砂岩储层常规压裂改造的难点之后，作者提出了采用水平井开采的关键技术思路：(1)提高水平段在油层内的钻遇率；(2)采用密切割体积压裂工艺；(3)优选可溶性桥塞分段完井工艺。经现场应用取得了良好的改造效果，表明水平井密切割体积压裂工艺在 H_1–H_2 油藏薄砂岩储层是适用的、可行的。

关键词　体积压裂；簇间距；分簇射孔；薄砂岩储层；火烧山油田

1　储层特征

火烧山油田 H_1–H_2 油藏南部处于未动用区，埋藏1300m左右，砂体平面连续性差，厚度变化快。储层厚度小，单砂体发育薄，普遍介于2~5m，多呈透镜体状，发育有0.2~0.5m薄夹层。小层间隔层厚度大，上下沟通难度较大。

储层岩性主要是细砂岩，其次是粉砂岩和中砂岩，含砾砂岩少见，粉砂岩以长石为主，高者可达86%以上。细砂级以上岩石多为岩屑，长石含量一般为1.5%~30%。岩屑以安山岩、凝灰岩为主。根据文献，利用岩石矿物计算岩石脆性指数，H_1 脆性较差，H_2 脆性中等（见表1）。

孔隙类型主要以粒间孔、溶蚀孔和微裂缝为主，孔喉半径小，连通性差。H_1 表现为特低孔特低渗特征，平均孔隙度7.55%，平均渗透率0.21mD，H_2 表现低孔特低渗特征，平均孔隙度9.56%，平均渗透率0.46%mD。受微裂缝发育影响，渗透率非均质性强。

地应力测试表明油藏最大水平主应力近东西向267°，两向水平应力差小，仅2.2~4.4MPa，施工过程中净压力极易克服应力差发生裂缝转向（见表2、图1）。

岩石力学测试显示，目标储层岩石杨氏模量小、泊松比大，岩石塑性较强。依据文献，利用岩石力学参数计算岩石脆性指数公式计算出储层岩石脆性指数表明，H_1 脆性较差，H_2 脆性中等（见表3）。

表1　岩石矿物成分析统计

分　类	矿物成分/%									脆性指数
	安山岩	凝灰岩	白云石	硅质岩	岩屑	石英	斜长石	长石	石英+长石	
H_1	7.13	28.58	2.76	0.08	21.46	6.1	16.31	3.58	—	33.5%
H_2	7.24	23.91	1.9	0.93	8.91	8.4	5.63	14.97	1.78	44.3%

表2　地应力实验分析结果统计表

井　号	深度/m	垂向应力/MPa	最大主应力/MPa	最小主应力/MPa	差值/MPa	应力差异系数
火5	1639~1650	38.4	33.4	30.5	2.9	0.10
		38.4	34.8	30.4	4.4	0.14
		39.1	34.8	30.5	4.3	0.14
	平均值	38.6	34.3	30.5	3.8	0.12
H065	1540~1549	39.2	35.5	31.2	4.3	0.14
		39.8	34.8	32.6	2.2	0.07
	平均值	39.5	35.2	31.9	3.3	0.10

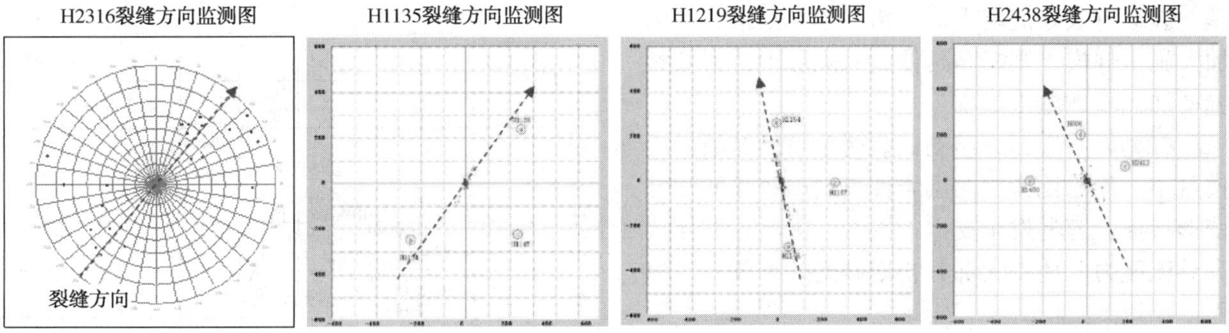

图 1　邻井裂缝方位监测图

表 3　用岩石力学参数计算脆性指数统计表

主力层位	层位岩性参数	脆性指数/%		杨氏模量/GPa		泊松比	
		区间	平均值	区间	平均值	区间	平均值
H_1	灰质粉砂岩	24.2~58.2	39.8	22.091~50.537	33.042	0.203~0.360	0.299
	灰质泥岩	10.3~21.1	13.6	13.443~21.059	15.089	0.310~0.354	0.341
	泥岩	0.1~55.0	24.2	9.702~38.375	22.476	0.187~0.411	0.325
	泥质粉砂岩	8.1~39.7	20.6	13.107~35.105	20.335	0.300~0.371	0.335
	砂质泥岩	15.1~71.3	25.8	14.703~32.510	22.561	0.085~0.372	0.311
	平均值		24.8		22.7		0.32
H_2	白云质泥岩	15.3~54.3	31.1	17.923~45.245	24.122	0.286~0.352	0.322
	粉砂岩	29.8~77.1	54.8	23.302~45.833	34.233	0.250~0.322	0.299
	灰质泥岩	33.0~61.7	50.3	23.441~41.875	34.161	0.288~0.323	0.312
	泥岩	21.3~69.0	39.8	16.155~39.099	27.562	0.251~0.341	0.312
	泥质粉砂岩	28.1~69.6	49.6	23.648~47.750	35.064	0.282~0.376	0.318
	砂质泥岩	21.6~75.9	41.5	20.108~46.792	28.807	0.229~0.360	0.313
	平均值		44.5		30.6		0.31

区块内天然裂缝较发育，以高角度构造缝为主，主要发育于粉砂岩中，多被方解石充填。从岩心裂缝分析统计数据分析，目标储层微裂缝较发育(见图 2、图 3、表 4)。

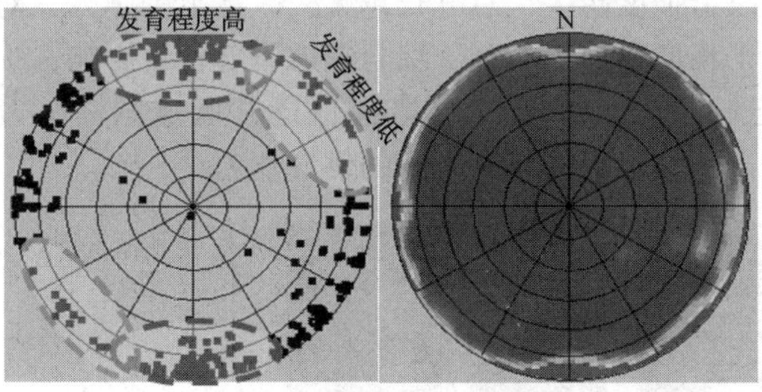

图 2　裂缝方向示意图

表 4　火烧山油田取心裂缝分布情况统计

层位	岩心			含油岩心		
	长度/m	裂缝长度/m	裂缝发育占比/%	含油岩心长度/m	含油裂缝长度/m	含油裂缝发育占比/%
H_1	69.3	6.72	9.7	6.71	0.47	7.0
H_2	247.15	56.25	22.8	56.80	1.42	2.5

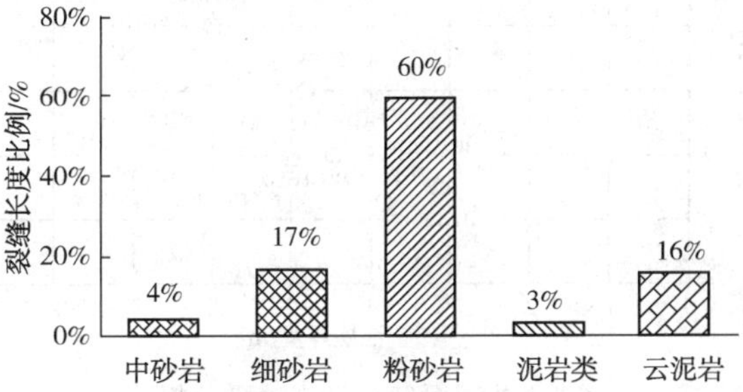

图 3　裂缝发育情况统计

2　常规压裂改造效果及改造难点

火烧山油田南部目前井位少，仅分布少量水平井和上返直井，由于砂体不连续，孔渗条件差等特点，采用常规压裂工艺改造后，油井产量低，井均仅 2.2t，压裂效果差。

通过储层特征及常规压裂改造工艺分析，认为目的储层存在以下改造难点：

(1) 储层厚度小，单砂层厚度一般为 2~5m，普遍发育有夹层。采用常规压裂工艺，施工规模小，受夹层影响，支撑剂在纵向支撑效果差，裂缝有效导流能力低，影响单井产量；如果加大施工规模，则缝高延伸进入隔层中，无效裂缝增加，增加施工成本。

（2）岩心岩石力学测试表明，目的储层杨氏模量小、泊松比大，储层岩性表现出较强的塑性变形特征，容易发生支撑剂嵌入，无法长期保持高导流能力，使得大部井初期试产效果较好，但稳产期短。

（3）根据生产动态分析，高角度裂缝的存在，会造成下部水体沿天然裂缝上窜，造成油井高含水，对生产负影响。

3　水平井+密切割体积压裂工艺探索

针对储层岩石力学特征及压后单井产能不理想，开展了水平井密切割体积压裂适应性探索研究，以形成复杂裂缝网络，最大程度的释放单井产能，提高单井量。具体作法如下。

3.1　提高水平段油层钻遇率

根据前期统计分析，如图4、图5所示，日产油量与油层钻遇厚度、单井控制储量呈正相关性，油层厚度钻遇厚度越高，单井控制储量越高，日产量也越高。因此，保持水平段在油层内是提高单井产能的关键。目标储层单砂体井间变化快，在钻井过程中，应复测老井坐标及海拔，修正三维地质模型，同时使用随钻方位伽玛测井实时调整井眼轨迹，控制水平井眼轨迹在目标储层内，以提高油层钻遇率。

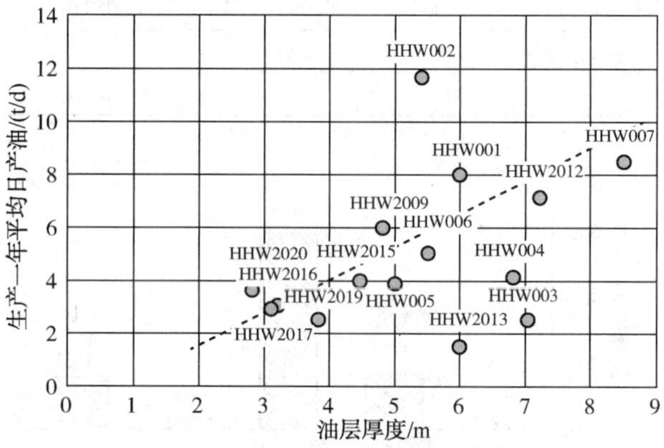

图4　油层厚度与日产油量分析图

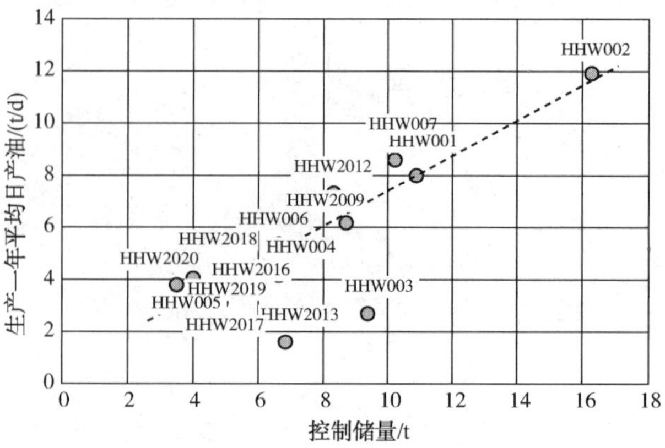

图5　单井控制储量与日产油量分析图

3.2　采用密切割体积压裂工艺，优化簇间距，提高沿水平井轴的动用，控制裂缝横向延伸

密切割体积改造的技术要点就是缩小簇间距，增加裂缝条数，提高对缝间储量的动用。由于裂缝条数的增加而施工排量不可能无限增加，施工时每条裂缝的分流量降低，改造缝长减小，从而实现对整体储层更大面积的控制。

根据模拟结果显示(见图6、图7)，在相同的压裂规模下，簇间距越小，近井区域改造越充分，越有利于早期高产；簇间距越大，单簇裂缝改造强度越大，总缝长越大，改造范围越大，对于长期供液更有利。综合考虑裂缝负责影响，优选簇间距10~20m，既保证近井区域的充分改造，又可保持较长时间的供液能力。

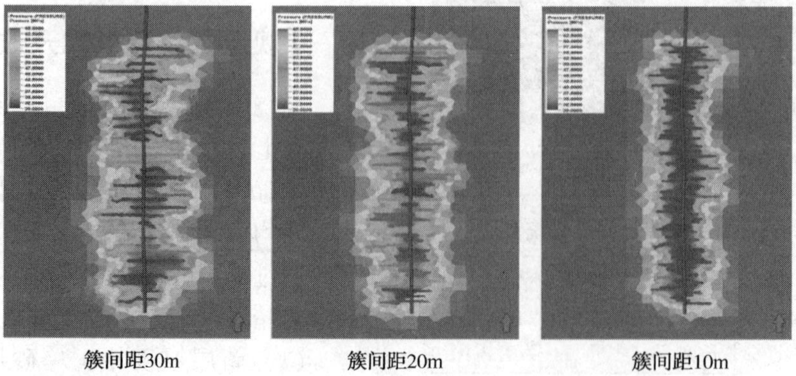

簇间距30m　　簇间距20m　　簇间距10m

图6　不同簇间距下模拟应力场分布

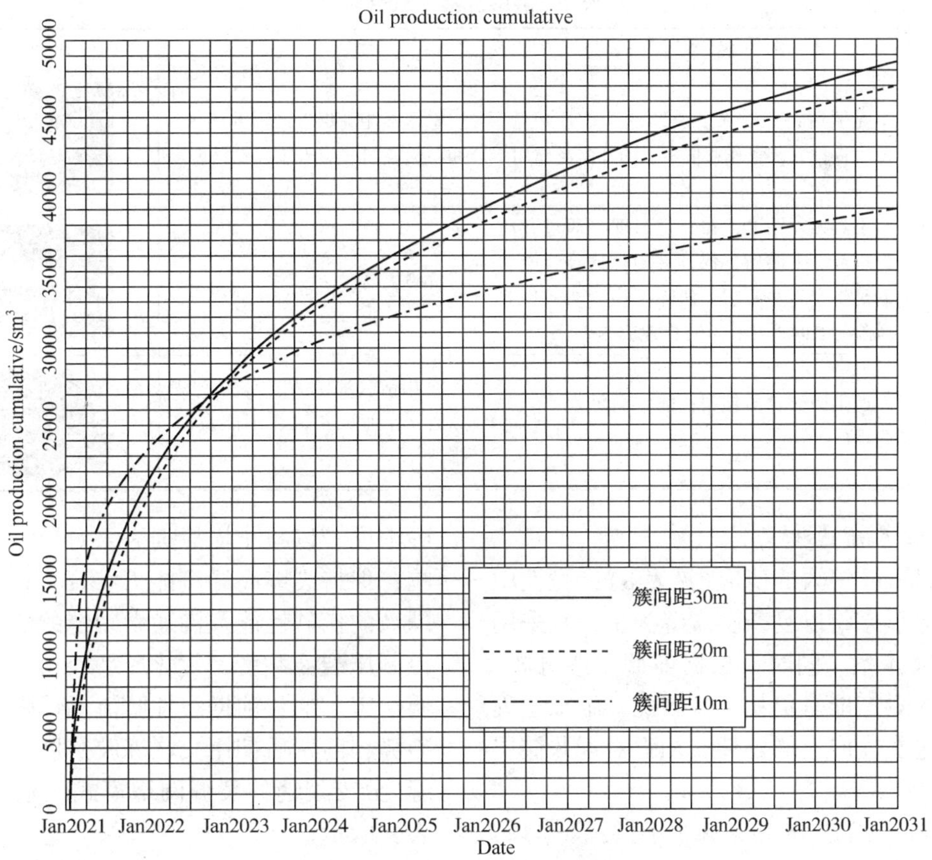

图7　不同簇间距下累计产量模拟

3.3　优选完井工艺

目前，国内外常规的水平井体积压裂工艺以“固井桥塞+分簇射孔联作”最为常见，采用的封隔工具有复合桥塞、可溶性桥塞、大通径桥塞等。

通过对比几种完井工具的优缺点，优选可溶性桥塞作为水平井体积压裂分段完井工具(见表5~表7)。

表5　国外典型非常规油气藏水平井压裂工艺运用情况

方法	Fayette-Ville	Barnett	Wood-ford	Marcellus	Bakken	Niobrara	Haynes-ville	Eagle Ford	吐哈三塘湖	大庆松辽盆地	鄂尔多斯长7
桥塞/射孔联作	75%	97%	98%	99%	40%	20%	100%	99%	为主	为主	为主
滑套/封隔器	25%	2%	2%	1%	60%	80%		1%			
水力喷射/压裂		1%									
备注					水平段>3000m	水平段>2000m					

表6　常用分段压裂工艺对比

方　法	优　点	缺　点
桥塞/射孔联作	技术成熟；风险低；可用于高温高压大流量	等待时间长；需连续油管待命；需过顶替
滑套/封隔器	耗时短；不固井；井壁自然裂缝不受破坏	不能精确控制裂缝位置；不能验做封；不能用于不稳定井眼；砂堵时难处理
水力喷射/压裂	定点压裂	排量低，时间长；现场实际操作少

表 7　常用桥塞优缺点对比

工具方案	优　点	缺　点	实　物
大通径桥塞	无须钻磨、消除了连续油管作业风险、及时返排、节省作业成本、国外广泛应用	基本不能满足生产测井要求，如中途座封、遇卡难以钻磨	
新型全可溶桥塞	工具无须钻磨，在一定温度下通过井筒返排液发生溶解，保证井筒全通径，能够满足生产测井要求，消除了连续油管作业风险，及时返排，节省作业成本	价格更高	
速钻桥塞	遇阻遇卡容易钻磨；能够满足生产测井要求	深井钻磨风险大、套变不易钻磨、作业成本高、不能及时排液	

3.4　压裂液体系的选择

根据 Rickman 等人的研究(见表 8)，脆性中等储层，裂缝形态将以复杂多裂缝为主，宜采用低黏度压裂液体系。同时，根据前期生产分析，微裂缝的存在对产能呈负相关。因此，施工过程中应控制裂缝在横向上的延伸，加强对近井储层的改造。

综合分析，优选 0.35% 胍胶压裂液体系，既降低储层伤害，又满足高砂比加砂的需求。

4　现场应用及效果评价

2021 年，开展了 5 口水平井密切割体积压裂试验，取得了较理想的效果。设计时考虑：(1)储层岩性偏软，易嵌入，施工时提高整体加砂浓度，以减小支撑剂嵌入对导流能力伤害的影响，保持裂缝高导流能力特征；(2)综合考虑压裂液的携砂性能及沟通微裂缝的能力，控制适当控制压裂液黏度，优化压裂液粉笔加量，降低储层伤害。前置前期线性胶流动性强，沟通近井微裂缝，前置后期用交联冻胶扩展主裂，形成主裂缝+分支裂缝的裂缝网络模式。施工参数统计如表 9 所示。

压后两口井 HHW2005 和 HHW2003 开井即自喷出油，HHW1015 和 HH2021 井开井自喷排液到一定阶段后出油。根据压后生产数据统计，油井见油后，日产油量稳中上升，平均单井日产油 13.9t，是常规压裂油井产量的 6 倍，压裂改造效果较好(见表 10)。

表 8　基于储层脆性指数与裂缝形态及压裂液体系的关系

Brittleness	Fluid System	Fracture Geometry	Fracture Width Closure Profile	Proppant Concentration	Fluid Volume	Proppant Volume
70%	Slick Water			Low	High	Low
60%	Slick Water					
50%	Hybrid					
40%	Linear					
30%	Foam					
20%	X-Linked					
10%	X-Linked			High	Low	High

表 9　密切割体积压裂水平井施工参数统计

井号	水平段长/m	油层钻遇率	改造段长/m	段/簇	段长/m	簇间距/m	液量/m^3	平均砂比/%	加砂强度/(m^3/m)
HHW1015	842	81.5%	595	12/36	56.4	14.1	6394.5	21.8	1.0
HHW2005	1011	100%	954	16/42	59.6	18.3	7169.2	23.3	0.7
HHW2021	905	100%	609	14/39	43.5	10.9	4323.6	26.3	0.7
HHW2003	803	91.2%	777	16/53	48.5	11.6	6339.6	20.2	1.0
平均	867	93.9%	721	14/43	52.3	13.1	6056.7		

表 10　密切割体积压裂水平井压后生产效果统计

井号	投产时间	层位	设计产能/(t/d)	转抽时间	初期			目前(2022.2.7)			累计产油/t	累计生产天数/d	平均日产油/(t/d)
					日产液/(t/d)	日产油/(t/d)	含水/%	日产液/(t/d)	日产油/(t/d)	含水/%			
HHW1015	20210724	H_1	17	9.5	24.9	0.2	99.1	19.2	12.1	37	1908.7	196	9.7
HHW2005	20210718	H_2	17		25.9	9.1	65.1	25.9	10.1	61	2317.5	205	11.4
HHW2021	20211108	H_2	17		23.0	0.0	100	67.2	2.7	96	2.7	90	
HHW2003	20211116	H_2	17		自喷，外排						1740.4	84	20.7
合计			73								5969.3	576	13.9

首先，从 HHW2005 和 HHW1015 生产动态曲线分析，如图 8 所示，油井高产期非常短，即油井达到峰值产量后即开始下降，没有高产期，未达预期。

其次，压后排采期长，见油慢。依据数据分析，HHW1015 压后排液 31 天见油，截至 2022 年 2 月 7 日，该井累计排液 4580.2m^3，排液效率 41.8%。HHW2021 井排液 90 天才见油，排液 4321.7m^3，排液效率接近 100%，排液期长，影响到成本回收周期。

最后，生产差异大。目前已投产 4 口水平井生产动态相差甚远。HHW2005 井和 HHW2003 井压后开井即见投产出油，含水稳中下降，产油稳步上升。HHW1015 井和 HHW2021 井投产后排采期长，见油慢。

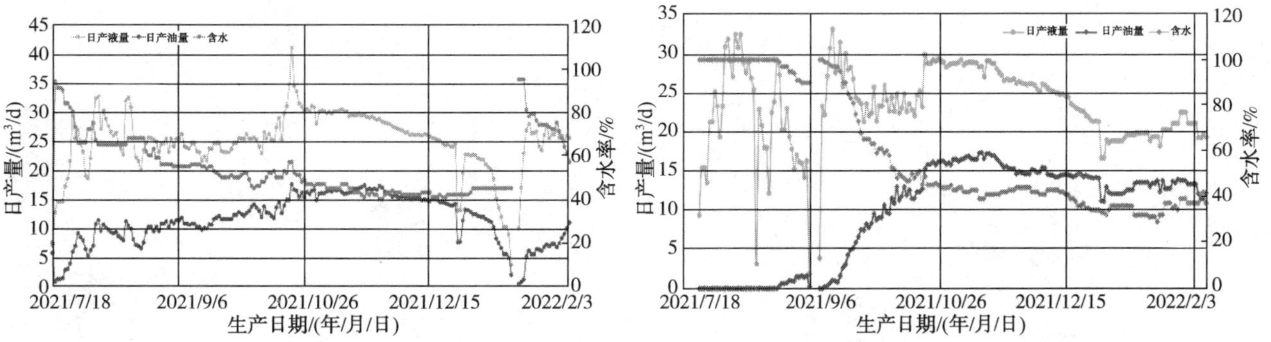

(a)HHW2005井压后生产动态曲线　　(b)HHW1015井压后生产动态曲线

图 8　HHW2005 井和 HHW1015 井压后生产动态曲线

5　认识与建议

5.1　认识

（1）水平井密切割体积压裂工艺在 H_1-H_2 薄砂岩储层是适用的，通过密切割体积压裂可以大幅提高单井产能，实现对目标储层的高效开发。

（2）从实施 4 口水平井体积压裂生产效果分析，4 口井的生产效果相差较大，主要表现在压后排采期长、见油慢；高产期短或无高产期，产量下降快。

5.2　建议

（1）深入研究储层地质特征，特别是微裂缝发育特征，明确微裂缝的存在对单井产能的影响；针对微裂缝发育且对生产的负面影响，开展有针性的压裂工艺研究。

（2）深入分析油层钻遇率、施工规模及簇间距对产量的影响，通过历史拟合结合微地震监测结果，优化压裂施工参数，完善压裂设计。

（3）储层岩石杨氏模量小、泊松比大，表现出塑性特征，需开展支撑剂嵌入试验研究，分析支撑剂嵌入对产能的影响，以指导后期的压裂设计。

（4）开展 28MPa 石英砂的循环导流能力实验，评价石英砂长期导流能力保持水平。

参　考　文　献

[1] Rick Rickman, Mike Mullen. etal, 2008, A practical use of shale petrophysics for stimulation design optimization, doi.org/10.2118/115258-MS.

[2] C. H. Sondergeld, K. E. Newsham. Etal, 2010, Petrophysical considerations in evaluating and producing shale

gas resources, doi.org/10.2118/131768-ms.

[3] J. E. Olson, B. Bahorich, etal, Examining hydraulic fracture-natural fracture interaction in hyrostone block experiments, doi.org/10.2118/152618-ms.

[4] 赵金洲，任岚，等. 页岩气储层缝网压裂理论与技术研究新进展[J]. 天然气工业，2018，38(3)：1-14.

[5] 于学亮，胥云，等. 页岩油藏“密切割”体积改造产能影响因素分析[J]. 西南石油大学学报(自然科学版)，2020，42(3)：132-143.

[6] 付玉坤，喻成刚，等. 国内外页岩气水平井分段压裂工具发展现状与趋势[J]，石油钻采工艺，2017，39(4)：514-520.

[7] 张全胜，李明，等. 胜利油田致密油储层体积压裂技术及应用[J]. 中国石油勘探. 2019，24(2)：233-240.

海上稀井网油田碎屑岩储层构型研究及储层预测

——以珠江口盆地陆丰凹陷 L14 油田为例

戴建文 张 伟 王 华 杨 娇 涂 乙 李 琦

[中海石油(中国)有限公司深圳分公司]

摘 要 随着南海东部油田油气勘探重心向"双古"领域倾斜，古近系辫状河三角洲储层构型表征逐渐成为研究的热点和难点。针对海上油田井距大、井网稀以及古近系储层非均质性强等问题，以珠江口盆地陆丰凹陷 L14 油田文昌组文五段为例，提出"层次约束、分级解剖、模式拟合、井震互馈、多维联动"的陆相辫状河三角洲储层构型表征方法，在储层构型划分的基础上预测优质储层的形成与分布。结果表明：研究区三级构型单元为复合分流砂坝，四级构型单元为分流砂坝、分流河道和辫状河道。四级构型单元具有 3 种垂向叠置样式和 2 种侧向拼接样式。运用多维联动的方法，以分频融合等技术为支撑，精细表征储层构型单元，认为岩石矿物组分和构型单元对物性起主导作用；文五段以Ⅰ类储层为主，多分布在分流砂坝内部；Ⅱ类储层主要分布在Ⅰ类储层的外缘，连续性较差；Ⅲ类储层通常与Ⅱ类储层伴生出现，连续性更差；由砂坝中心向砂坝外缘再到砂坝间的辫状河道和分流河道，储层品质逐渐降低。

关键词 储层构型；低孔渗储层；构型单元；表征方法；储层预测

辫状河三角洲沉积是珠江口盆地古近系深部陆相沉积体系的重要储集层类型，随着古近系陆相储层的陆续勘探发现，受控于断裂发育、砂体叠置关系复杂以及储层普遍低孔渗等因素，天然能量开发模式已经不能满足油田开发生产的要求，基于储层构型精细表征的油田开发模式及优质储层预测逐渐提上日程，对于提高地下油气采收率、最大限度地开发油气资源具有重要意义。

自 20 世纪 80 年代 Allen 和 Miall 等学者对储层构型层次、要素、模式、沉积机理进行开拓性研究以来，从最初侧重于对露头和现代沉积的构型研究，到基于构型模式的构型要素井间预测，以及近年来基于高密度井网、高分辨率地震资料以及现代露头、沉积模拟的构型单元精细表征及剩余油分布研究，不难看出，对于河流相储层构型的研究一直是油气储层研究的热点。对于海上稀井网油田，在通常情况下，井距远大于单个储层构型单元发育的规模，是储层构型精细表征的难点所在。

对此，本文以陆丰古近系稀井网 L14 油田文五段储层为例，针对储层精细研究的不足，采用分频融合、相位转换、地震反演约束属性建模等方法，从高分辨率层序地层格架的建立入手，通过划分构型级次、识别构型单元，精细表征地下古河道储层构型。在此基础上结合低孔渗储层物性特征和主控因素，对古近系辫状河三角洲储层分布规律进行研究，以期为海上稀井网油田地质精细研究及开发井网调整提供科学的模式指导。

1 油田地质概况

珠江口盆地是发育于燕山期花岗岩和前古近系褶皱基底之上的中-新生代大陆边缘裂陷型盆地，盆地的形成、演化与太平洋板块向欧亚板块的俯冲碰撞、印度板块与欧亚板块的碰撞及南海扩张有关。陆丰凹陷位于珠江口盆地珠Ⅰ坳陷东部，东西两侧分别与海丰凸起和惠陆低凸起连接，南邻东沙隆起，北接北部隆起带，发育多个雁行式展布的正断层，以北东向边界大断裂为主，与北西西向断裂体系共同控制了洼隆相间的构造格局(见图 1)。

陆丰凹陷古近纪可分为裂陷阶段(裂陷Ⅰ幕、裂陷Ⅱ幕、裂陷Ⅲ幕)、热沉降阶段和断层活化阶段等 3 个阶段，其中文昌组沉积时期对应于裂陷Ⅱ幕，可分为 6 段，自下而上为文六段至文一段，其中文五段对应于湖盆初始发育时期，地形较为平缓，沉积水体较浅。该层段沉积期惠陆低凸起、陆丰东低凸起供源强烈，在陆丰南区东西缓坡带发育了大面积的辫状河三角洲沉积。

陆丰北区发育多个小规模的扇三角洲-浅湖沉积体系(见图2)。文五段储层发育辫状河三角洲沉积，储层岩性为岩屑石英砂岩为主，其次为长石石英砂岩、少量岩屑砂岩；孔隙类型主要为原生粒间孔，其次为粒间溶孔，铸模孔，储层孔隙度10.2%~14.6%，平均12.4%，储层渗透率2.4~41.2mD，平均17.1mD，总体属于低孔、低~特低渗储层。

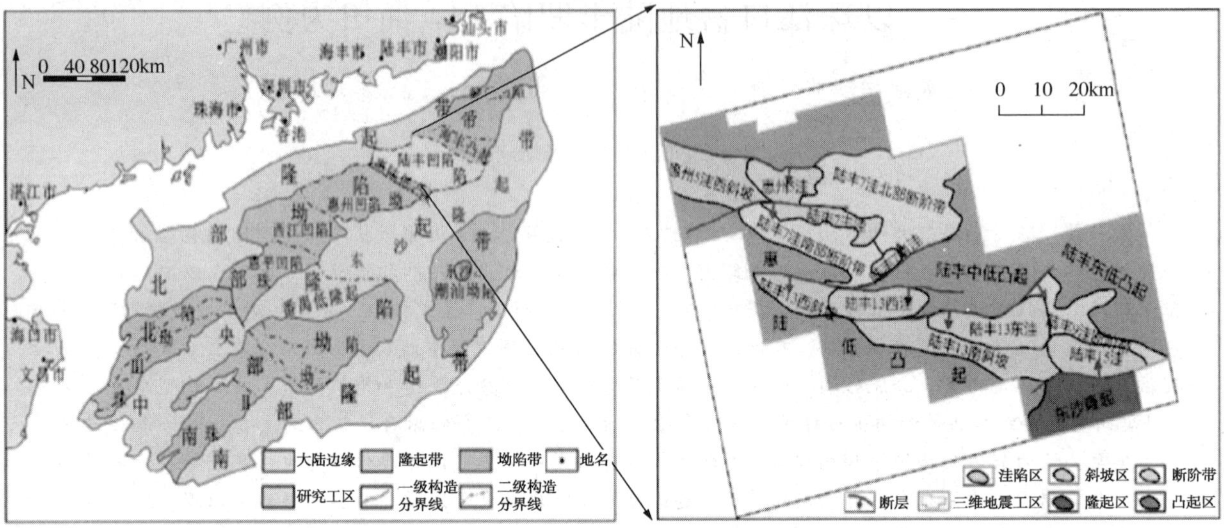

图1 珠江口盆地陆丰凹陷构造位置

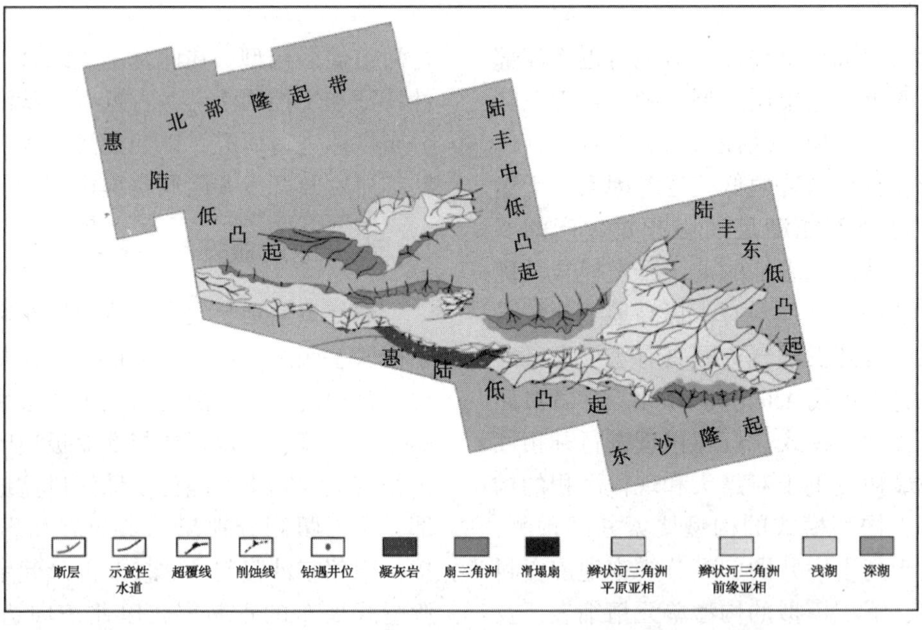

图2 陆丰凹陷文昌组文五段沉积相平面展布特征(据米立军，2018)

2 高分辨率层序地层格架

依据层序划分的界面最大原则、同一性原则和等时性原则，可在陆丰凹陷文昌组地层识别出6个三级层序(SQ1~SQ6)，分别对应于文六段至文一段地层。文五段对应SQ2三级层序，层序顶界面在地震剖面上表现为上超的接触关系，在其内部可划分出低位体系域、湖侵体系域和高位体系域。在文昌组三级层序格架构建的基础上，结合各体系域内部岩电特征，从单井划分到多井对比，对文五段进行高分辨率层序地层划分，共识别划分出6个准层序组，从下至上依次命名为准层序组PSS1~PSS6。其中，PSS1和PSS2对应于低位体系域，PSS3和PSS4对应于湖侵体系域，PSS5于PSS6对应于高位体系域。根据地层旋回特征，在6个准层序组内识别出20个准层序(见图3)，结合南海东部油田惯用砂组命名原则，将准层序组PSS1、PSS2、PSS3、

PSS4、PSS5+PSS6 内部发育的砂组分别命名为 Z50、Z40、Z30、Z20、Z10 砂组。

零相位地震资料地震同相轴与地质体的对应关系并不直观，且当地质体厚度小于 1/4λ（波长）时，顶底界面在强烈的干涉效应下无法分辨。在这种情况下，90°相位地震资料有着更好的解释优势，其对砂体中心的有效对应区间是 0~3/4λ，因此对初始零相位地震资料进行 90°相移可以更好地刻画砂体在地震剖面上的横向展布特征和纵向叠置关系。

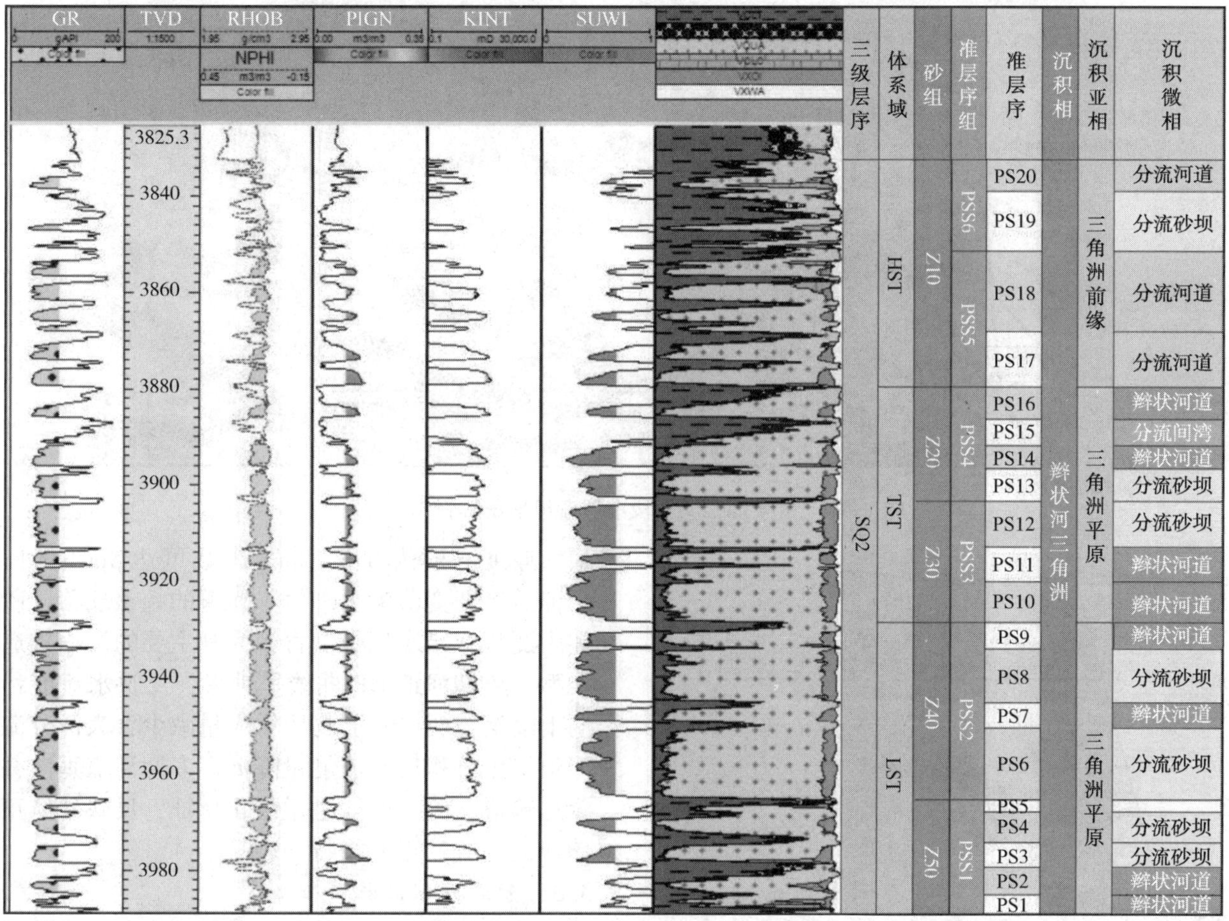

图 3　研究区单井综合柱状图（L14d 井）

地震反射的界面反映出不同时期地层的岩性界面，应用分频技术，提取反映本区地层厚度相当的 30Hz 单频地震数据体，一定程度上厚层和薄层的调谐效应提高了地震剖面的垂向分辨率，在钻井分层的标定下，可以实现准层序界面的拾取和闭合解释。通过多井合成地震记录标定得出准层序组 PSS1、PSS6 的顶面对应 90°相移后的峰谷转换面，因此可以采用分频的方法，对准层序组级别同相轴全区闭合，建立区域高分辨率层序地层格架（见图 4）。

3　储层沉积微相研究

陆丰凹陷文昌组可识别出以辫状河三角洲平原和前缘两个沉积亚相，其中三角洲平原砂体以辫状河道、分流砂坝为主，三角洲前缘砂体以分流河道、分流砂坝和席状砂为主（见图 5）。其中，研究区文五段砂体主要发育辫状河道、分流河道和分流砂坝砂体（见图 3）。

3.1　辫状河道沉积特征

辫状河道沉积由河道砂坝侧向迁移加积形成，沉积物自下而上由粗粒的砾岩渐变到细粒的泥岩，具正韵律特征，每期旋回底部发育明显的底冲刷现象。下部岩性以砂砾岩、粗砂岩为主，多发育底冲刷构造，呈透镜体不连续分布；岩性从下往上由细砾岩、中粗砂岩、细砂岩、粉砂岩组成，顶部常为粉砂岩或泥岩类的泛滥平原沉积，发育水平或小型波状层理。辫状河道沉积自然伽马曲线呈箱形特征（见图 6），反映物源供应充足，曲线齿化程度低，指示稳定的水流能量。

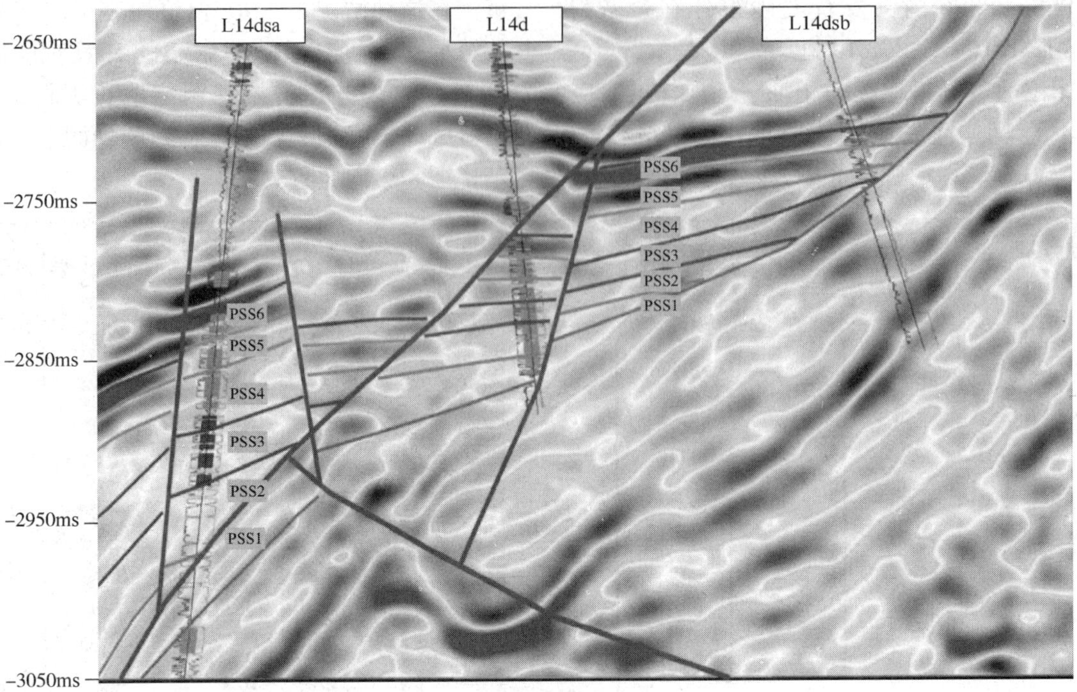

图 4　L14 油田文五段准层序组地震解释结果

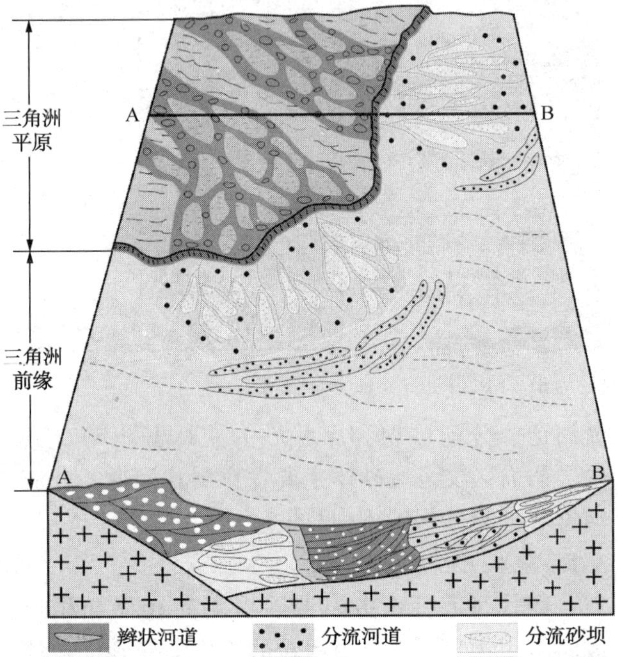

图 5　研究区沉积模式图

3.2　分流河道沉积特征

分流河道是辫状河道入湖后在水下的延续部分，沉积物粒度较粗，主要由砂砾岩组成，泥质含量极少，多在 5%以下。砂体内部往往由若干个下粗上细的砂岩透镜体相互叠置而成，单个透镜体从下向上为细砾岩-含砾中、粗粒砂岩-中砂岩，上部可见细砂岩(见图 6)；单一透镜体的最大厚度一般为 0.5～2m，少数可达 5m，横向延伸数米即变薄尖灭。由于河道的频繁迁移，砂体中侧积交错层理极发育，为其主要的沉积构造类型。单期河道 GR 曲线呈钟形，反映水流能量向上逐渐减弱或碎屑物质供应量减少，表征分流河道发生沉积后水流能量降低。多期河道垂向叠置呈箱形，测井曲线呈微齿化特征，反映砂体正韵律或叠置的正韵律特征(见图 6)。

3.3　分流砂坝沉积特征

分流砂坝位于辫状河三角洲前缘分流河道的末端及侧缘，由于湖水的冲刷和簸选作用，泥质沉积物被带走，砂质沉积物保存下来。单期分流砂坝砂体底部以中-粗砂岩为主，顶部为含砾中粗粒长石石英砂岩，多发育小型砂纹层理、平行层理及槽状交错层理，概率累积曲线呈两段式，滚动组分不发育，整体呈下细上粗的反旋回，自然伽马曲线为明显的弱齿化漏斗形，反映水体能量自下而上逐渐增强，物性较好(见图 6)。

4　储层构型精细表征

以辫状河三角洲沉积模式和研究区沉积亚相、微相识别结果为指导，借助岩心、测井、地震等资料，针对地下古河道直观可视化程度低、井间不确定性高的特征，提出“层次约束、分级解剖、模式拟合、井震互馈、多维联动”的储层构型精细表征方法。

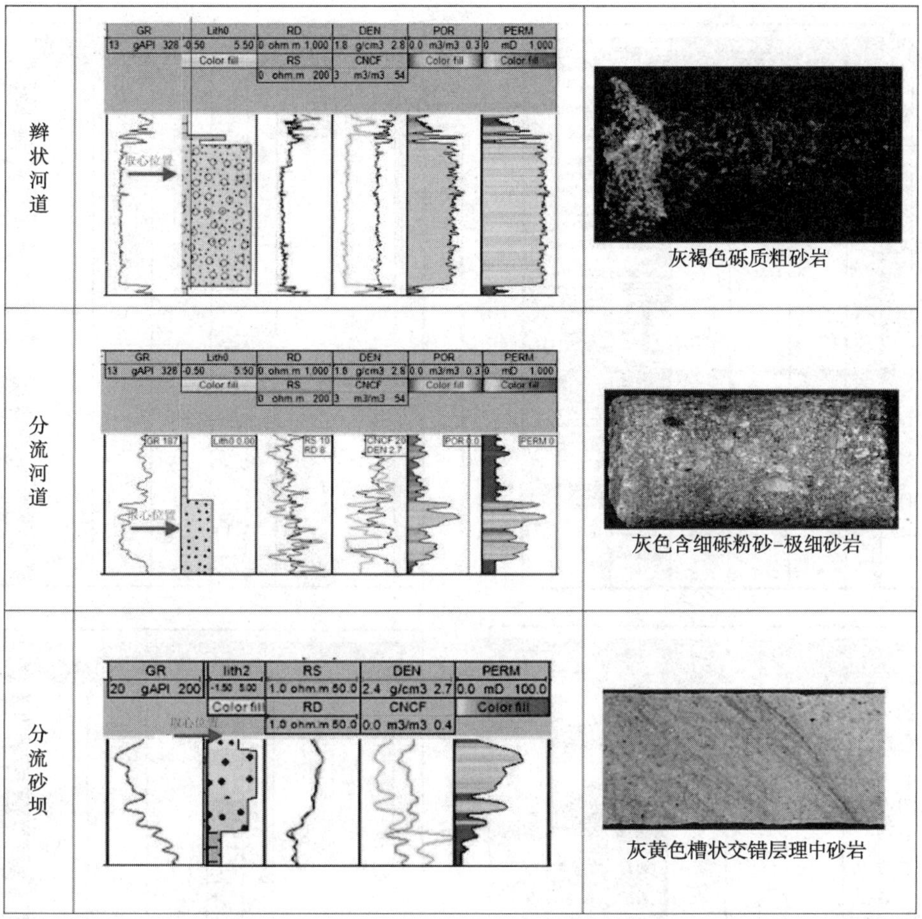

图 6　研究区文五段主要沉积微相测井及岩性特征

4.1　层次约束

储层构型精细表征的核心是确定不同级次构型单元，低级别构型单元的分布受控于高级别构型单元，根据这一思路，在高分辨率层序地层学理论及沉积旋回控制下，对应开发层系，将构型按精细程度从低至高划分为三级、四级、五级(见表 1)。三级构型主要为复合分流砂坝，为一套厚层的复合砂体，顶底界面均与泥岩接触；四级构型为分流砂坝、分流河道和辫状河道，厚度为 5～10m；五级构型为分流砂坝内部增生体，单井上识别为四级构型内部的泥质薄夹层为三级构型界面。

表 1　不同级次储层构型单元

研究区不同级次构型单元	三级构型单元	复合分流砂坝
	四级构型单元	分流砂坝
		分流河道
		辫状河道
	五级构型单元	分流砂坝内部增生体

4.2　分级解剖

分级次对构型单元进行岩电标定，以确定各种构型单元的测井响应特征，是储层构型表征的重要基础。分流河道在平面上表现为条带状，顺物源方向延伸，剖面呈现顶平底凸的形态；单层厚度 2～8m，平均厚度为 5m，单期河道自然伽马曲线呈钟形，多期河道垂向叠置呈箱形。分流砂坝砂体单层厚度 2～6m，平均厚度为 4m；平面形态呈片状、朵状、条带状等，剖面上为底平顶凸，侧向常常与分流河道伴生；辫状河道岩性以含砾粗砂岩、含砾细砂岩为主，平面上呈条带状延伸，单条河道厚 5～8m。

在识别储层构型单元特征的基础上，进一步对单井三级及四级构型进行识别划分(见图 7)，明确文五段由 3 个三级构型单元组成，每个三级构型单元内部均发育不同类型和数量的四级构型单元，其中 Z10 砂组对应一个三级构型单元，主要由分流河道和分流砂坝组成[见图 7(A)]；Z20、Z30 砂组对应一个三级构型单元，主要发育辫状河道[见图 7(B)]；Z40、Z50 砂组对应一个三级构型单元，主要发育辫状河道[见图 7(C)]。

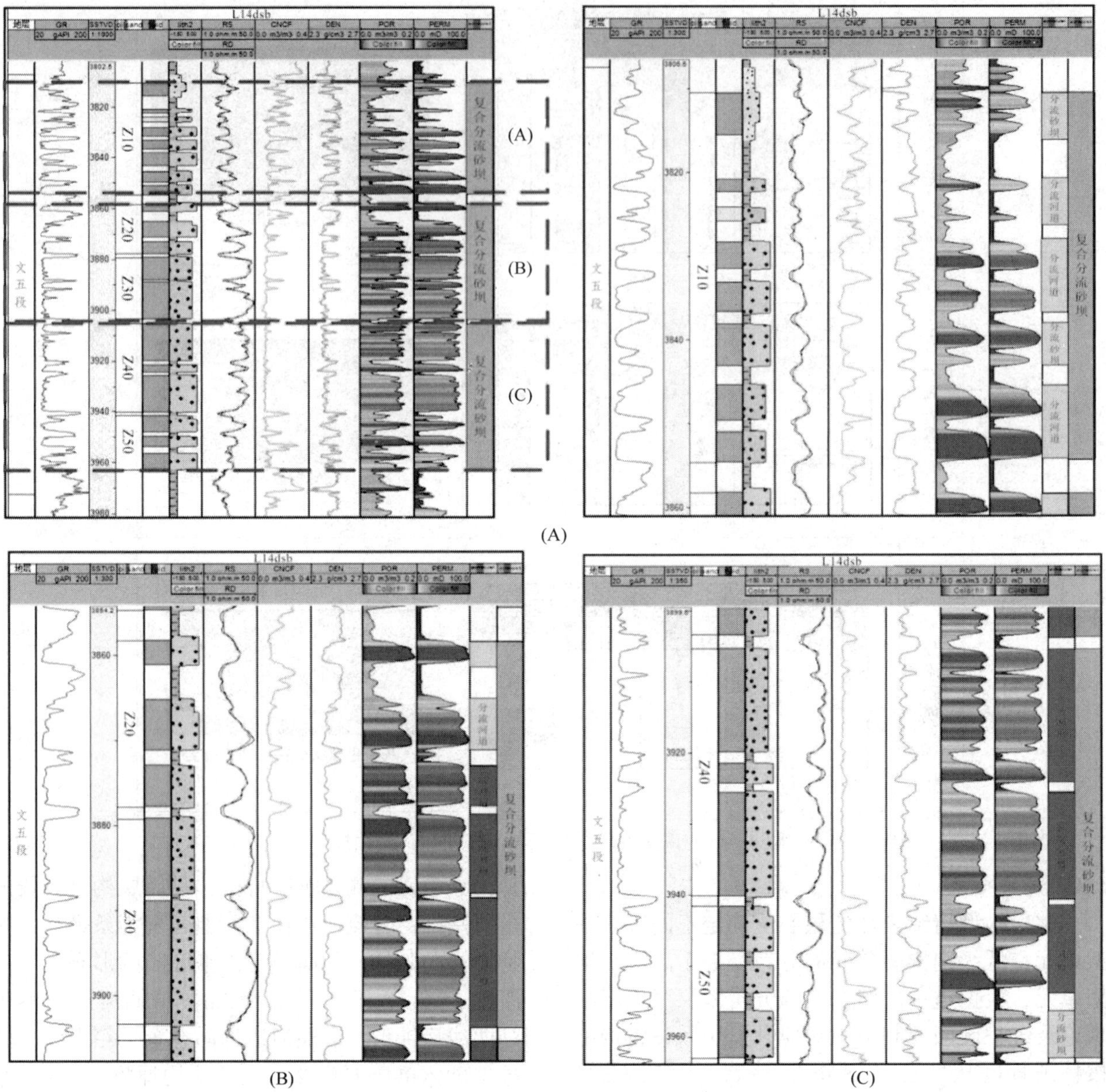

图 7　研究区文五段单井三级-四级构型单元识别划分

4.3　模式拟合

研究区主要接受来自陆丰东低凸起的物源，在缓坡带发育辫状河三角洲，洼陷中心发育中深湖或滨浅湖相，东北部缓坡带断裂多，断裂近北东-南西向展布，导致砂坝多呈叠置展布，具有“河在坝上走”的复合砂体特点(见图 5)。从沉积模式来看，研究区文五段储层发育辫状河三角洲构型单元的组合样式多样，可从多期构型单元间的垂向叠置样式和单期构型单元间的侧向拼接样式两个方面进行研究。

4.3.1　四级构型单元的垂向叠置样式

构型单元的垂向叠置关系主要包括分流砂坝-分流砂坝、分流砂坝-河道及河道-河道 3 种垂向叠置样式(见图 8)，其中河道包括辫状河道和分流河道两种构型单元类型。

1）分流砂坝-分流砂坝

如图 8(a)所示，单井中可观察到两期分流砂坝之间的切叠。两期分流砂坝的岩相组合相似，岩性整体均一。单期砂坝的顶部岩性稍粗，与下伏的分流砂坝存在一定程度的岩性差异，界面较为清楚。测井曲线为漏斗形曲线在垂向上的叠加，分流砂坝顶部沉积的岩性变化可作为四级构型单元的界面。

2）分流砂坝-河道

如图 8(b)所示，垂向上，多期河道与分流砂坝主要表现为垂直物源方向的近水平叠置的样式。测井曲线表现为漏斗形与钟形的垂向叠加。分流砂坝底部较细粒岩石可作为构型单元的底界面，河道向上变细的岩石序列可作为构型单元的顶界面，二者共同组成三级构型单元复合分流砂坝。

3）河道-河道

如图8(c)所示，剖面中可观察到两期河道之间的切叠。两期河道的岩相组合特征相似，整体上岩性较为均一。单期河道的顶部岩性稍细，底部岩性较粗，与下伏河道存在程度不同的岩性差异，界面较为清楚。自然伽马曲线与深侧向电阻率测井显示为钟型或箱型曲线在垂向上的叠加，上伏河道底部沉积的岩性变化可作为四级构型单元的界面。

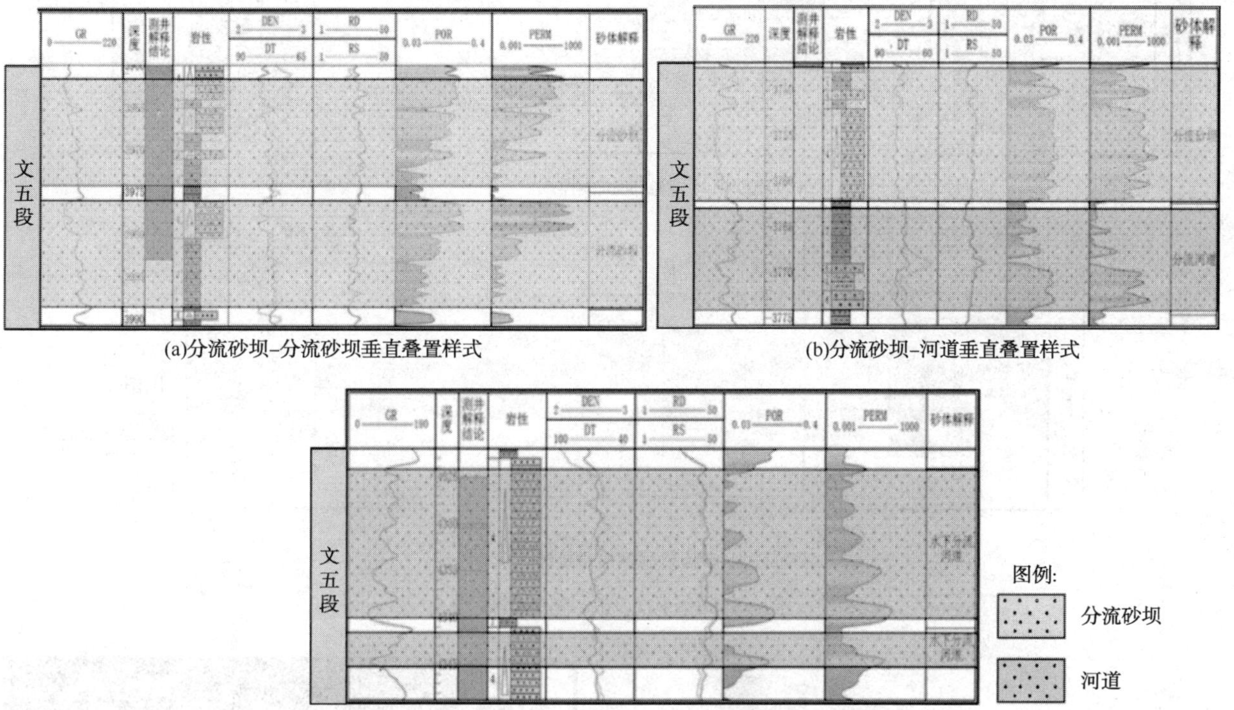

(a)分流砂坝-分流砂坝垂直叠置样式

(b)分流砂坝-河道垂直叠置样式

(c)河道-河道垂直叠置样式

图8 四级构型单元垂直叠置样式

4.3.2 四级构型单元的侧向拼接样式

在井间剖面上观察到的构型单元间的侧向拼接样式主要有两种，即分流砂坝-河道切叠和分流砂坝-分流砂坝切叠(见图9)。

1）分流砂坝-河道切叠

如图9(a)所示，砂体以分流砂坝-河道的侧向拼接分布。根据测井曲线旋回性，在构型单元识别的基础上，认为文五段单层发育河道和分流砂坝砂体，河道与前一期或同期分流砂坝侧向拼接。

2）分流砂坝-分流砂坝切叠

由图9(b)可知，砂体以分流砂坝-分流砂坝的叠置样式分布。根据测井曲线旋回性，在构型单元识别的基础上，可以判别为多期分流砂坝侧向叠置关系，表现为后一期分流砂坝切叠前一期分流砂坝。

4.4 井震互馈

对于井距远大于储层构型单元发育规模的海上稀井网油田，储层构型表征必须借助于地震资料，利用地震振幅属性分频RGB融合来驱动多尺度构型单元的平面预测，在研究区有较好的应用效果。分频RGB融合技术是一种图像处理分析领域的常用技术，通过将红、绿、蓝三原色赋予3张不同图像，从而生成一张新图像，新图像的信息是三张原始图像的综合反映。将分频RGB融合技术与频谱分解技术联合使用则可以同时表征不同厚度的砂体，结合地震反演约束岩相建模可以进一步研究储层构型单元的平面展布特征。

以Z10砂组为例，其内部砂体主要由辫状河道和分流砂坝组成，以辫状河三角洲沉积模式为指导，结合单井构型单元发育特征和地震反演约束岩相建模结果[见图10(a)]，对三级构型单元进行平面刻画，将研究区划分为2个三级构型单元，三级构型单元宽度为5~7km左右，厚度在40~60m。根据分频融合结果[见图10(b)]，将整个辫状河三角洲的外围边缘确定，结合孔隙度、渗透率，岩性等属性平面特征进行内部分流砂坝，分流河道等的刻画。由三级构型平面图可以看出 L14-2 井所处的位置为一片分流砂坝，长 2.5km，宽 1.5km。而在 L14dsa 井区附近为另一片分流砂坝，长 5km，宽 2.5km。在同一分流砂坝内砂体连通性好，不同分流砂坝之间被辫状河道切割[见图 10(c)]。

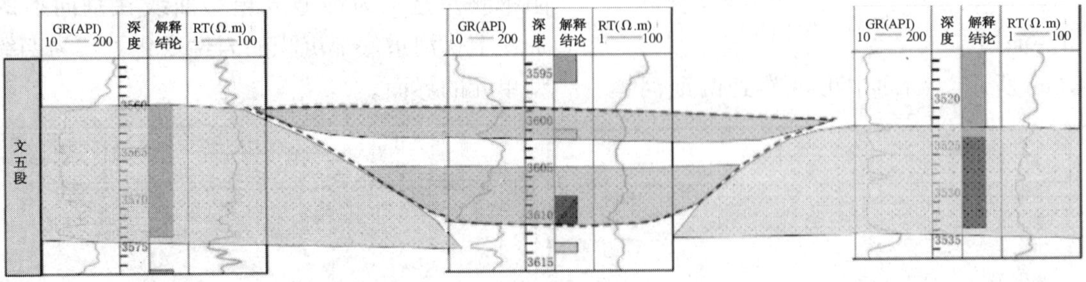

(a)分流砂坝-河道侧向拼接样式

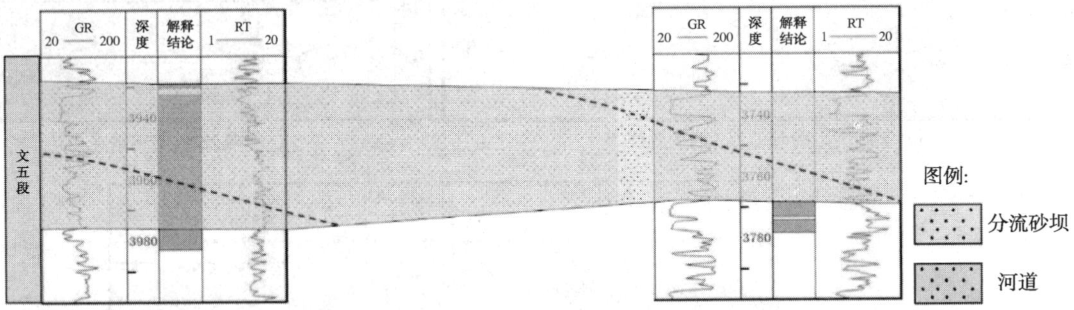

(b)分流砂坝-分流砂坝侧向拼接样式

图 9　四级构型单元侧向拼接样式

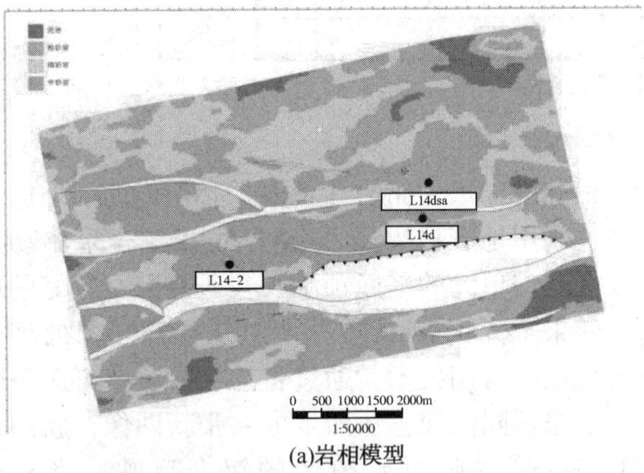

(a)岩相模型

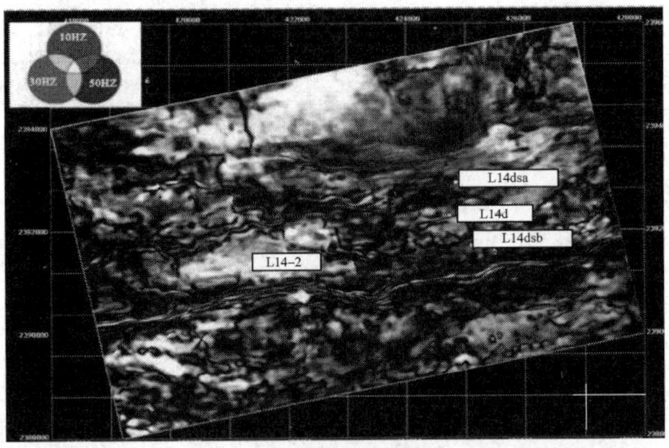

(b)RGB分频融合

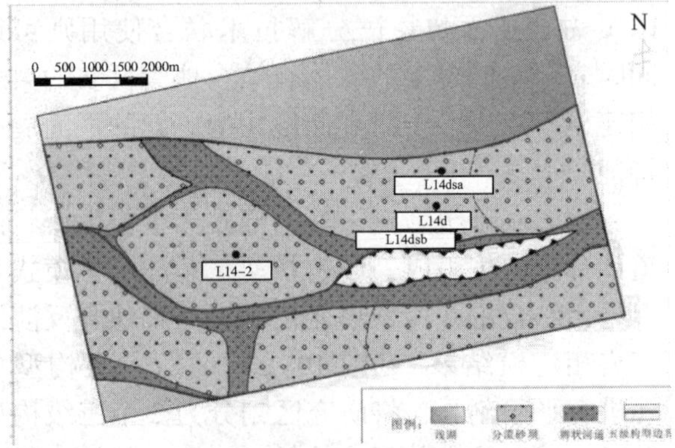

(c)三级构型单元

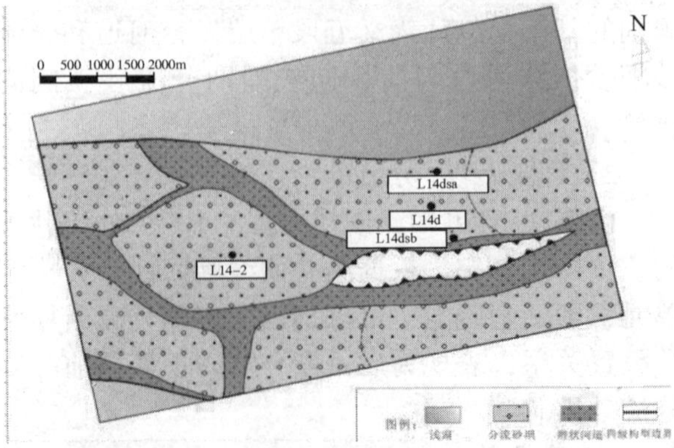

(d)四级构型单元

图 10　基于 RGB 分频融合与地震反演岩相模型的构型单元平面展布特征图

通过三级构型平面图约束以及孔隙度，渗透率和分频融合等的指导，确定砂体分布特征，结合单井、剖面分析，最终完成储层构型单元单一砂体平面识别划分[见图10(d)]。Z10砂组平面上分为辫状河道和分流砂坝，辫状河道由西北延伸指东南方向。研究区范围内总共分为5个四级构型单元，四级构型单元之间被辫状河道分隔开，单个四级构型砂坝平面上长3~4km，宽2~3km。

4.5 多维联动

多维联动是指储层构型单元表征过程中，将一维井眼、二维连井剖面及砂体平面展布特征、三维地质模型与三维地震资料等多维信息之间相互印证的一种研究方法。在物源、沉积环境、构造背景等地质要素的约束下，辫状河三角洲的构型在三维空间必然呈现一定的规律性，以此为依据，将测井、地震资料反演、分频融合等信息体现在地质模型中去，降低一维井资料和二维地震资料的多解性，得到一个尽可能符合构型地质模式和逼近实际地层特征的三维模型。

具体而言，多维联动就是从研究区测井、岩心等一维资料出发，分析辫状河三角洲沉积模式，结合三维地震资料构建区域高分辨率层序地层格架，在此基础上划分储层构型单元级次及要素类型，将其应用于地震资料的二维解释中，得到构型单元平面展布特征，同时结合地质建模技术，精细表征构型单元。

5 储层分布预测

5.1 储层发育主控因素

储层构型控制着砂体在空间上的展布特征，影响着沉积岩的碎屑组分和孔隙结构，从而决定储层的物性特征。通过L14油田文五段矿物组分含量与孔隙度和渗透率的交汇图分析，发现石英含量与储层孔渗成正相关关系，长石、岩屑和填隙物含量与储层孔渗成负相关关系(见图11)。结合研究区沉积模式可知，石英碎屑是碎屑岩中最为稳定的刚性颗粒，自生硅质的孔隙式充填在石英的刚性特征条件使得部分原生孔隙得以保存，因此储层物性随石英含量的增加而变好。而长石虽然可以因溶蚀形成次生孔隙增加储层的储集空间和渗透率能力，但在古近系深层强烈的压实作用使得长石破碎产生的细小颗粒堵塞孔隙、吼道，从而降低了储层孔隙度、渗透率降低。同时，岩屑和填隙物易充填孔隙、堵塞喉道，从而使得孔隙空间变小，渗透能力变差。

通过统计不同四级构型单元内各矿物组分的含量，发现石英与长石在分流砂坝中含量高，岩屑和填隙物较少；分流河道和辫状河道含有较多的泥质杂基和碎屑云母等矿物。此外，分流砂坝

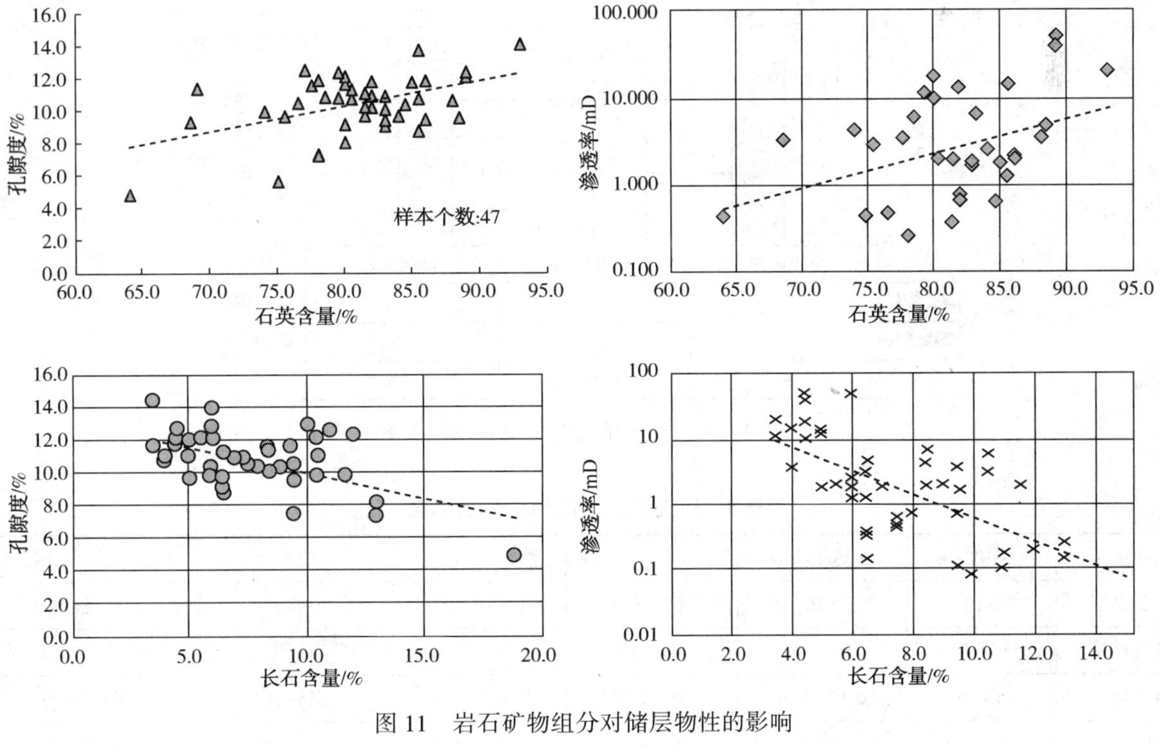

图11　岩石矿物组分对储层物性的影响

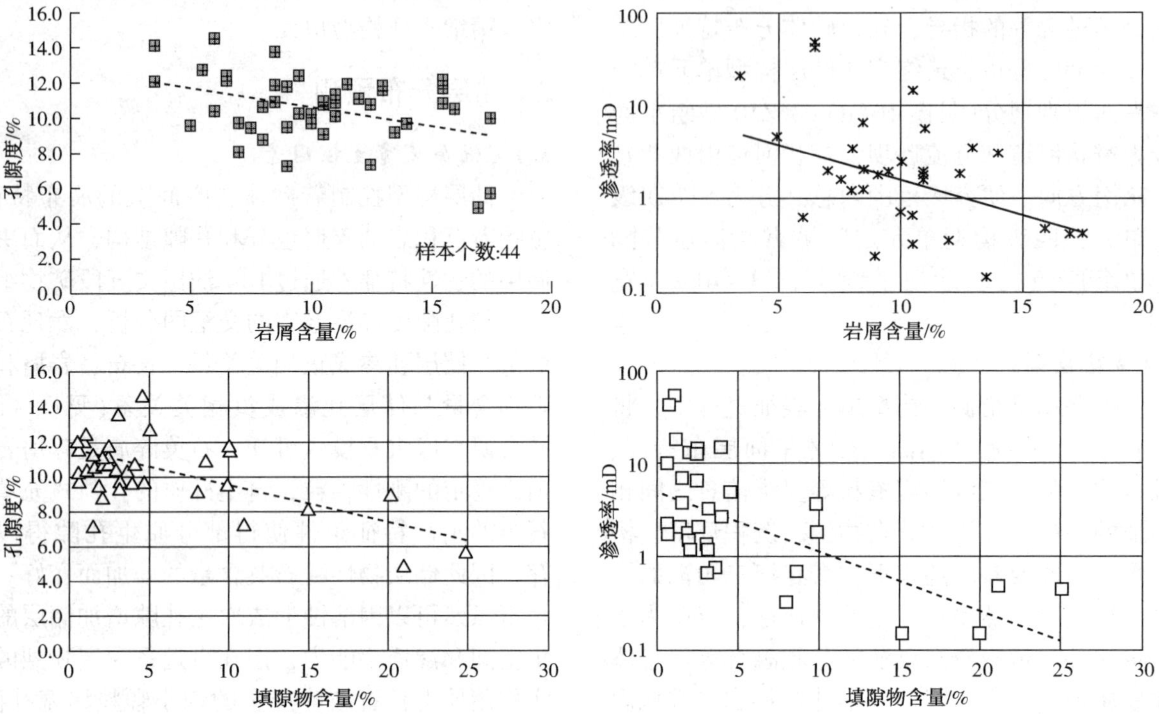

图 11　岩石矿物组分对储层物性的影响(续)

碎屑颗粒搬运的距离较长，分选性和磨圆度较好，储层物性好；分流河道和辫状河道由于水动力较弱，泥质杂基和碎屑云母等矿物会堵塞孔喉，物性比较差。因此，分流砂坝砂体物性最好，孔隙度平均值为 12.2%、渗透率平均值达到 9.39mD(见图 12)。其次是分流河道，孔隙度平均值为 10.3%，渗透率平均值为 2.03mD，辫状河道孔隙度最低，平均为 10.2%，渗透率平均值仅 0.82mD。在此基础上，结合油田实际生产认识，建立了研究区储层分类标准(见表 2)。

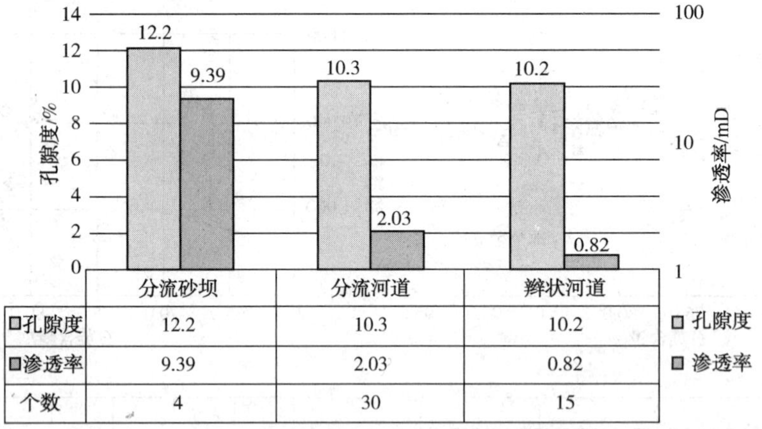

图 12　四级构型单元与储层孔渗性关系

表 2　研究区文五段储层分类标准

储层类别	孔隙度/%	渗透率/mD	自然伽马/(gAPI)	密度/(g/cm³)	岩相类型	构型单元/微相类型
Ⅰ类储层	>15	>10	53~88	2.36~2.51	中砂岩	分流砂坝
Ⅱ类储层	10~15	0.8~10	62~113	2.41~2.51	中砂岩、细砂岩	分流河道、辫状河道
Ⅲ类储层	5~10	0.02~0.8	78~140	2.40~2.54	细砂岩	辫状河道
非储层	<5	<0.02	96~170	2.48~2.65	粉砂岩、泥岩	分流间湾

5.2 储层空间分布规律

5.2.1　储层剖面分布特征

文五段为一套辫状河三角洲的砂泥互层沉积，且文昌组晚期发育强烈湖侵的中深湖泥岩沉积，其中夹杂湖底扇砂岩沉积，砂体空间变化快，对比性较差。以 Z20 砂组为例，通过顺物源方向储层剖面图可知，油层内Ⅰ类储层相对较发育，多分布在分流砂坝内部，连续性较好。由砂坝中心向砂坝外缘再到砂坝间的分流河道与辫状河道，储层物性逐渐降低，储层类型由Ⅰ类向Ⅱ类和Ⅲ类递变(见图 13)。

Z20 砂组Ⅰ类储层主要发育在 L14dsa 井和 L14d 井区，横向均分布在同一期砂坝内部。L14dsa 井区中部Ⅰ类储层厚度达 15m 以上，Ⅱ类储层在 5~10m 的范围内；L14d 井区中部Ⅰ类储层厚度约为 5m，Ⅱ类储层厚度在 3m 左右。

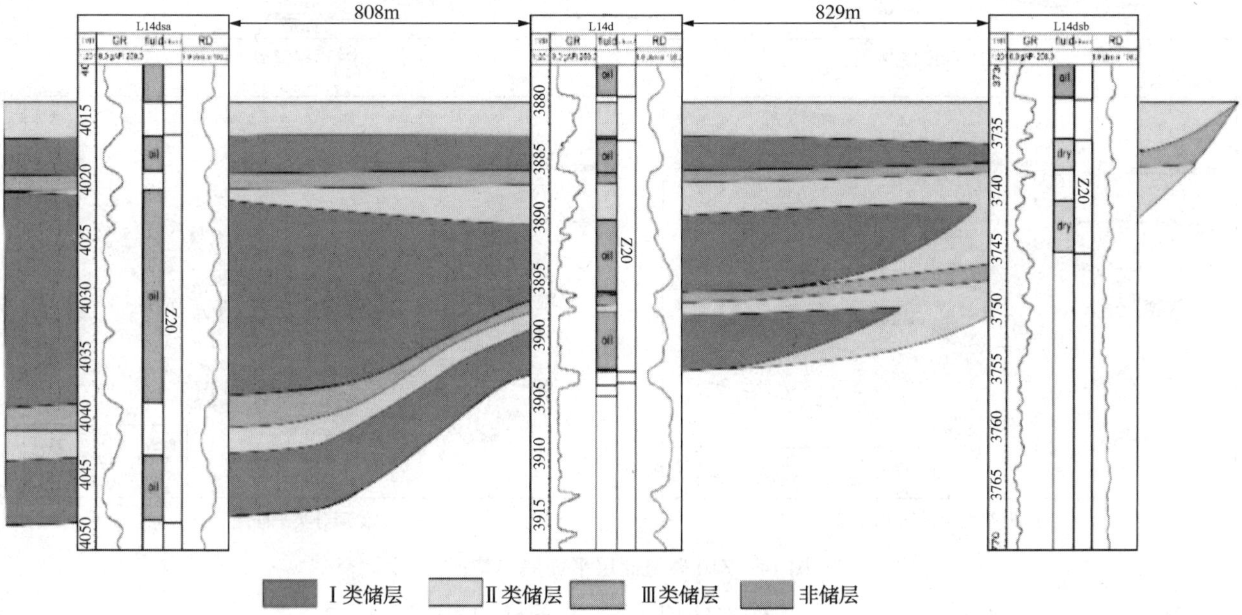

图 13　Z20 砂组储层分类连井剖面

总体上研究区Ⅰ类储层最为发育，多分布在分流砂坝内部，连续性较好；其次是Ⅱ类储层，该类储层主要分布在Ⅰ类储层的外缘，连续性较差。Ⅲ类储层通常与Ⅱ类储层伴生出现，连续性较差。

5.2.2　储层平面展布特征

为精细刻画各主力油层优质储层平面分布特征，以 Z10 砂组为例进行分析，该油层平面上发育 5 期分流砂坝，呈北西-南东走向，各砂坝间被分流河道所切割。L14-2 井钻遇了中部沙坝，而 L14dsa、L14d、L14dsb 三口侧钻井钻遇了北部同一砂坝。利用地震反演约束的属性模型，得到孔隙度、渗透率平面图[见图 14(a)、图 14(b)]，结合储层分类标准与四级构型单元平面展布特征[见图 14(c)]，精细刻画 Z10 砂组储层分类平面图[见图 14(d)]，该层平面上发育 5 套Ⅰ类储层，分属于各砂坝内的中部和末端；Ⅰ类储层向外侧渐变为Ⅱ类储层和Ⅲ类储层。Ⅰ类储层和Ⅱ类储层平面上多呈菱形状。而Ⅲ类储层则多分布在辫状河道内，呈条带状分布。总体上看，研究区平面上以Ⅰ类储层为主，其次是Ⅱ类储层和Ⅲ类储层，其主要分布于Ⅰ类储层的外缘。

6　结论

(1) 在区域高分辨率层序地层格架构建基础上，提出“层次约束、分级解剖、模式拟合、井震互馈、多维联动”的储层构型表征方法，对陆丰凹陷古近系辫状河三角洲储层发育特征进行了剖析，揭示 L14 油田文昌组文五段地层三级构型单元为复合分流砂坝，四级构型单元为分流砂坝、分流河道和辫状河道，五级构型单元为分流砂坝内部增生体，并对文五段五套砂组构型单元进行分级解剖。

(2) 以沉积模式为指导，明确 L14 油田文昌组文五段储层构型单元有垂向叠置和侧向拼接两种组合样式；以分频融合技术为支撑，认为三级构型单元宽度为 5~7km、厚度为 40~60m，四级

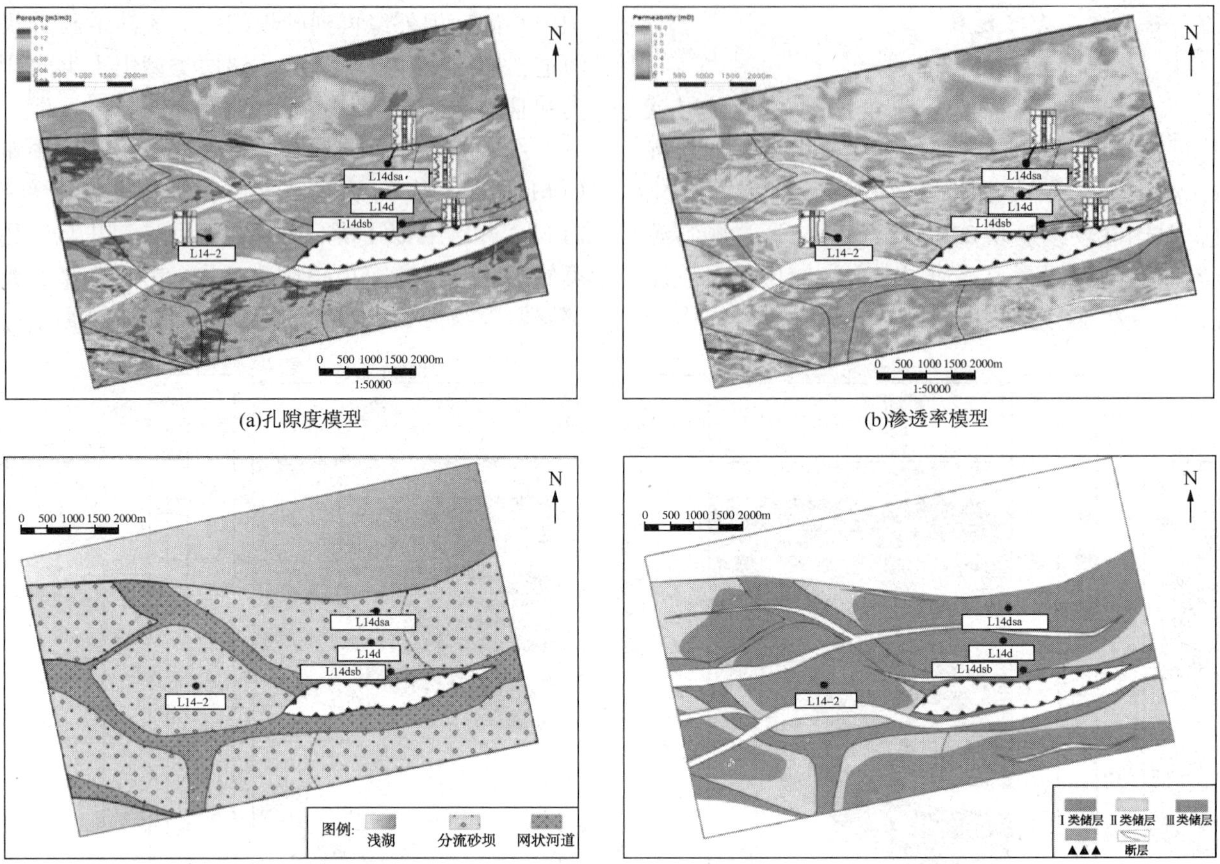

(a)孔隙度模型　　(b)渗透率模型

(c)四级构型单元平面图　　(d)储层分类平面图

图 14　Z10 砂组储层平面展布特征

构型单元平面长 3~4km，宽 2~3km；分流砂坝为主要构型单元，不同砂坝间通常被辫状河道或分流河道切割，同一砂坝内部砂体连通性较好。

（3）L14 油田文昌组文五段低孔渗储层甜点分布主控因素包括岩石矿物组分和构型单元，其中构型单元对于储层物性起主导作用，结合油田生产实际将储层分为 4 类，其中，Ⅰ类储层主要发育在分流砂坝内部，连续性较好；由砂坝中心向砂坝外缘再到砂坝间的分流河道和辫状河道，储层物性逐渐降低，储层类型由Ⅰ类向Ⅱ类和Ⅲ类递变。

参 考 文 献

[1] Miall A D. Architectural - element analysis: a new method of facies analysis applied to fluvial deposits[J]. Earth Sci Rev, 1985, 22(2): 261-308.

[2] Miall A D. Hierarchies of architectural units in clastic rocks, and their relationship to sedimentation rate. In: Miall A D, Tyler N. The Three - Dimensional Facies Architecture of Terrigenous Clastic Sediments, And Its Implications for Hydrocarbon Discovery and Recovery [J]. Soc Eco Paleontol Mineral Conc Sedimentol Paleontol, 1991, 3: 6-12.

[3] Miall A D. The Geology of Fluvial Deposits: Sedimentary Facies, Basin Analysis and Petroleum Geology. Berlin, Heidelberg[J]. New York: Springer - Verlag, 1996. 74-98.

[4] Gibling M R. Width and thickness of fluvial channel bodies and valley fills in the geological record: a literature compilation and classification[J]. J Sediment Res, 2006, 76: 731-771.

[5] Miall A D. Reconstructing the architecture and sequence stratigraphy of the preserved fluvial record as a tool for reservoir development: a reality check. AAPG Bull, 2006, 90: 989-1002.

[6] 薛培华. 河流点坝相储层模式概论[M]. 北京：石油工业出版社，1991. 51-63.

[7] 张文昭，张厚和，李春荣，等. 珠江口盆地油气勘探历程与启示[J]. 新疆石油地质，2021，42(3)：346-352.

[8] Qiu Y N, Xue P H, Xiao J X. Fluvial sandstone bodies as hydrocarbon reservoirs in lake basin. In: Ethridge F G, Flores R M, eds. Recent Development in Fluvial Sedimentology[J]. Special Publ, 1987, 39: 329-342.

[9] 涂乙，闫正和，戴建文，等. 中国南海珠江口盆地西江油田运聚再生油藏模式创新认识与挖潜效果[J]. 石油与天然气地质，2021，42(02)：522-532.

[10] 牛博，高兴军，赵应成，等. 古辫状河心滩坝内部构型表征与建模——以大庆油田萨中密井网区为例[J]. 石油学报，2015，36(1)：12.

[11] 贾珍臻，林承焰，董春梅，等. 大庆升平油田葡萄花油层葡一油组浅水三角洲储层构型研究[J]. 中国石油大学学报：自然科学版，2014，38(6)：9.

[12] 何传亮，康建云，王辛，等. 基于沉积微相-储集空间类型的储集层流动单元划分——以彭州气田雷口坡组碳酸盐岩储集层为例[J]. 新疆石油地质，2020，41(4)：435-443.

[13] 胡光义，范廷恩，陈飞，等. 复合砂体构型理论及其生产应用[J]. 石油与天然气地质，2018，39(1)：1-10.

[14] 霍春亮，叶小明，高振南，等. 储层内部小尺度构型单元界面等效表征方法[J]. 中国海上油气，2016，28(1)：54-59.

[15] 万琼华，刘伟新，王华，等. 珠江口盆地陆丰凹陷辫状河三角洲前缘储层沉积构型模式[J]. 天然气地球科学，2019，30(12)：1732-1742.

[16] 胡光义，王海峰，范廷恩，等. 海上油田河流相复合砂体构型级次解析[J]. 古地理学报，2021，23(04)：810-823.

[17] 李俊飞，王鹏飞，尚宝兵，等. 基于储层构型的三角洲前缘剩余油分布规律：以渤海湾盆地S油田东营组二段下亚段Ⅰ油组为例[J]. 断块油气田，2019，26(5)：580-586.

[18] 权勃，侯东梅，牟松茹，等. 基于水平井信息的辫状河储层构型单元空间展布研究[J]. 中国海上油气，2020，32(4)：96-103.

[19] 刘海，林承焰，张宪国，等. 孔店油田馆陶组辫状河储层构型及剩余油分布规律[J]. 吉林大学学报：地球科学版，2018，48(3)：13.

[20] 瞿雪姣，李继强，张吉，等. 辫状河致密砂岩储层构型单元定量表征方法[J]. 吉林大学学报：地球科学版)，2018，48(5)：1342-1352.

[21] 朱义东，李威，王要森，等. 海上特高含水期油田精细油藏描述技术及应用——以陆丰油田海陆过渡相A油藏为例[J]. 中国海上油气，2020，32(05)：91-99.

[22] Zeng H., Backus M. M. Interpretive advantages of 90°-phase wavelets: Part 1 — Modeling[J]. Geophysics, 2005, 70(3): 7-15.

[23] Zeng H. Frequency-dependent seismic-stratigraphic and facies interpretation[J]. AAPG Bulletin, 2013, 97(2): 201-221.

[24] 吴胜和，翟瑞，李宇鹏. 地下储层构型表征：现状与展望[J]. 地学前缘，2012，19(2)：9.

[25] 李婷婷，王钊，马世忠，等. 地震属性融合方法综述[J]. 地球物理学进展，2015，30(01)：378-385.

[26] 丁峰，年永吉，王治国，等. 地震多属性RGBA颜色融合技术的应用研究[J]. 石油物探，2010，49(03)：248-252.

[27] 张军华，朱焕，高荣涛，等. 地震复合属性——地震属性提取与解释新方法[J]. 新疆石油地质，2007(04)：494-496.

[28] 吴胜和，岳大力，刘建民，等. 地下古河道储层构型的层次建模研究[J]. 中国科学：地球科学，2008，38(0z1)：111.

低渗透油田水平井加密技术研究与应用
——以AN油田为例

周佳美

(中国石油大庆油田有限责任公司第九采油厂)

摘　要　AN油田储层发育层数少、厚度薄、物性差，现井网条件下难以建立有效驱替，直井开发效果差。在油水井措施、直井加密均未取得较好效果的基础上，开展水平井加密技术研究。在剩余油精细研究的基础上，优选储层发育稳定、水淹风险小且剩余油富集的井间区域和断层附近，开展水平井加密。创新发展了“两个优化、一个精细”做法，即通过“井震结合、动静结合”的井位部署优化，提高剩余油挖潜动用；通过“加密布封、优化缝长”的完井设计优化，提高水平井投产效果；通过“早期间注、远强近弱”的精细注水调整，控制水平井含水上升。AN油田2019年加密水平井19口，砂岩钻遇率达到83.0%，含油物性好，以油斑、油侵为主，初期单井日产油7.4t，综合含水28.8%，建立了有效驱替，油田的采油速度由0.8%提高到1.5%，改善了AN油田的开发效果。为AN油田及同类油田加密水平井提供了借鉴。

关键词　低渗透；精细描述；剩余油；加密水平井；提高动用程度

AN油田2006年同步注采开发开发，开采葡萄花油层，储层以薄层席状砂为主，为低渗透储层。从储层和构造上看，具有3个明显的特点：储层物性差，平均空气渗透率13.3mD，有效孔隙度17.5%；储层厚度薄，平均有效厚度2.4m/3.2层；小断层发育。油田发育小断层501条，且展布方向复杂。在油田的开发过程中，暴露出注不进、采不出问题。一是受储层物性差影响，欠注比例高，尽管单井日配注仅12m³，注水压力上升速度仍较快，达到0.42MPa/a，欠注井数比例达到30.5%。二是油井受效差，单井产量低。累计受效比例仅45.0%；单井日产油由初期的1.1t下降至0.3t，日产油小于0.5t井达到71.5%。为改善油田开发效果，先后开展了油水井措施改造、直井加密等试验，降低注水压力，促进油井受效，但效果均不理想。随着水平井开发技术的应用，我们积极转变观念，2014年开展了直井区水平井加密先导试验3口井，初期单井日产油6.3t，加密后注采井距由300m缩短到150m。均压裂投产，初期单井日产油6.9t，投产两年后单井日产油2.6t，累积产油6936t。井区采油速度由0.6%提高到1.6%，从含水与采出程度关系曲线来看，加密后井区采收率由15%以下向20%偏转，井区开发效果得到明显改善。

目前，国内其他油田通过加密水平井试验，均取得了较好的单井开发效果，提高采收率，但未有规模加密水平井改善油田开发效果的案例，同时对加密水平井适用条件、界限标准、加密方式等技术未有详细论述。为改善油田开发效果，提高剩余油动用，有必要探索水平井加密潜力研究，完善低渗透油田持续稳产技术。本文创新形成了“两优一精”的水平井加密技术，加密水平井19口，初期单井日产油7.4t，加密区预计提高采收率11.9个百分点，探索了低效区块二次开发新途径。

1　加密水平井井位部署优化

找准剩余油是基础，优化井位设计是关键，可以有效提高挖潜效果，降低水平井见水风险。通过“井震结合、动静结合”的井位部署优化，提高剩余油挖潜动用。

1.1　井震结合，提高地质认识精度

整体上看，AN油田储层发育稳定见水风险小的井间区域及断层夹持部位未开发动用区域是加密水平井的主力区域。AN油田断层分布复

杂，小层发育薄，因此搞清断层分布及储层发育状况是精准部署加密水平井的基础。通过密井网地震处理重新解释，结合三维地质建模，开展全区断层重新认识，重点对注采关系发生变化区域精细刻画，找准布井潜力区。对断层附近现井网控制不住的剩余油，结合周围直井的储层展布，利用地震资料精细描绘储层物性。一是通过“模型正演、平剖结合”断层精细解释技术，精细落实小断层，剔除伪断层，进一步落实 AN 油田葡萄花油层断层发育特征。开展了全区 488 条断层重新认识，重点对 44 处注采关系发生变化区域精细刻画，新增断层 7 条，断层形态变化 17 条，延伸长度变化 9 条；二是运用高分辨率层序地层学原理，密井网解剖砂体与井震结合建立砂岩组级沉积微相，按照精细油藏描述思路，开展小层细分对比，建立测井相模式，精细单层判相，应用地层切片分析砂体展布、优选最佳时窗，结合砂岩厚度，指导精细平面相带组合。AN 油田主要发育 PI1-PI4 层 4 个小层 8 个沉积单元(见图 1)，北部区块各层均发育，微相间交互分布，非均质性较强；南部区块发育层数少，以主体席状砂为主，非均质性弱。从各沉积单元有效厚度分布看，有效厚度大于 0.5m 以上区域集中在 PI1-1 南部、PI1-2 西部、PI2-2 西南部、PI3-2 北部、PI4-2 层东北部(见图 2)。应用储层精细刻画成果，综合考虑经济效益评价及提高水平井钻遇率，确定加密厚度下限。依据效益评价，按照阶梯油价计算确定水平井段为 400~800m 条件下，有效厚度下限为 3.3~2.0m。依据已开发水平井目的层厚度与钻遇率关系可以看出，目的层砂岩厚度大于 1.5m 时，钻遇率达到 80% 以上。最终明确布井区域优选原则为：储层发育稳定，目的层有效厚度在 1.5m 以上，全井有效厚度在 2.0m 以上；水平井入靶点及水平段距断层的水平距离在 100m 以上。

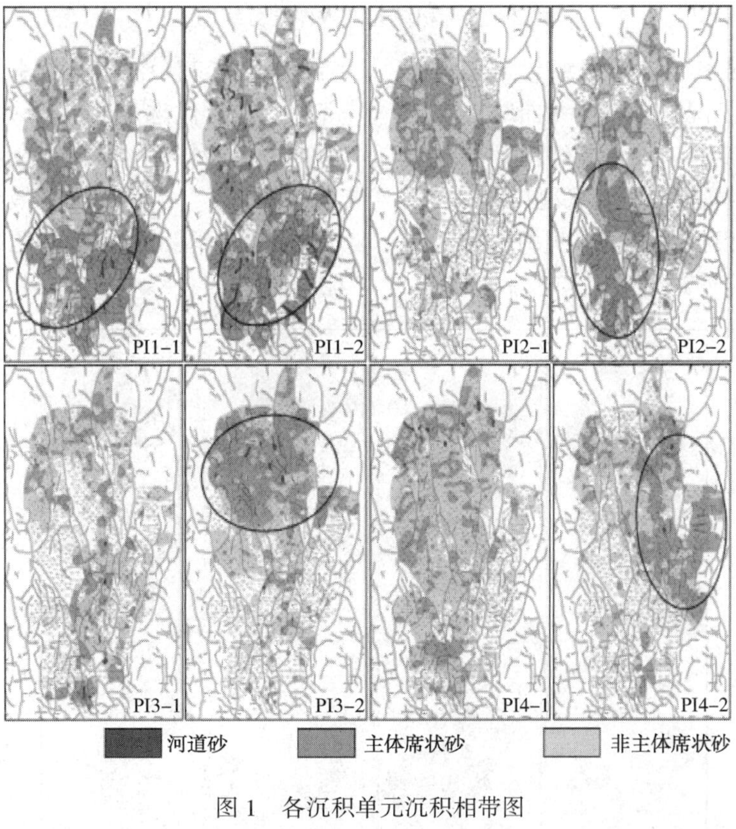

图 1　各沉积单元沉积相带图

1.2　*应用动静结合，搞清剩余油动用状况。*

应用精细油藏描述剩余油分布状况，结合水驱前缘刻画成果，精准描述剩余油。一是建立精细地质模型，搞准分层剩余油。考虑水平井人工裂缝影响，建立“相控约束、裂缝融合”的三维地质模型，通过数值模拟，搞清油田剩余油分布特征（见图 3），明确 PI1.1、PI1.2、PI2.2、PI3.2 层 4 个沉积单元剩余可采储量在 10.0×10^4

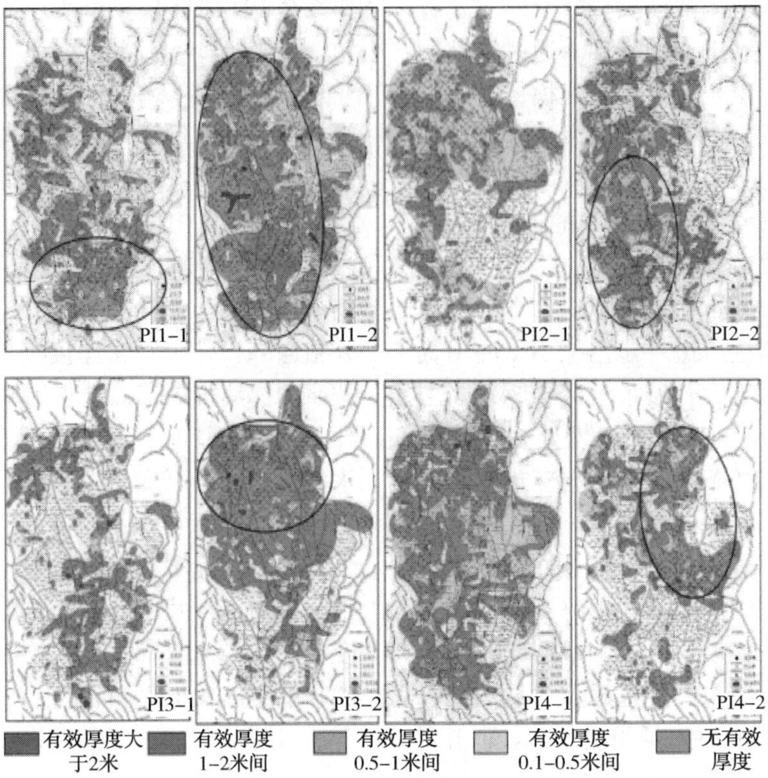

图 2　各沉积单元有效厚度分级图

t 以上，为主要挖潜对象。二是精细刻画水驱前缘，量化单砂体水驱状况。利用测井曲线及生产监测等资料，对全区 940 口油水井细化劈分注入产出，刻画单层单砂体水驱动用状况(见图 4)。三是动态描述与数值模拟结合，靠实剩余油富集部位(见图 5、图 6)。通过剩余油与水驱前缘相结合，优选剩余油富集且水淹风险小的区域为加密潜力区。优选原则为布井区剩余油饱和度在 40%以上，水平井控制剩余可采储量在 8000t 以上；水平段与水驱前缘的最小距离大于 80m，注水井水淹风险小，水平井压裂缝不沟通注水井水驱前缘。

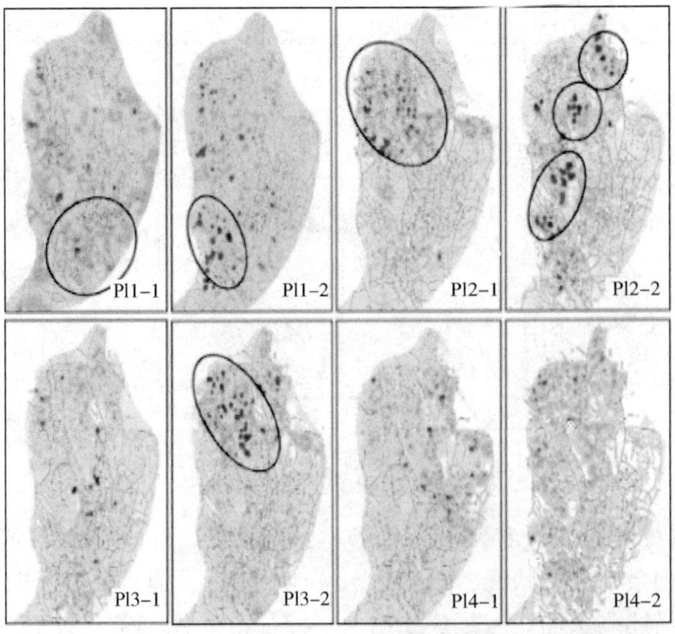

图 3　各沉积单元剩余可采储量图

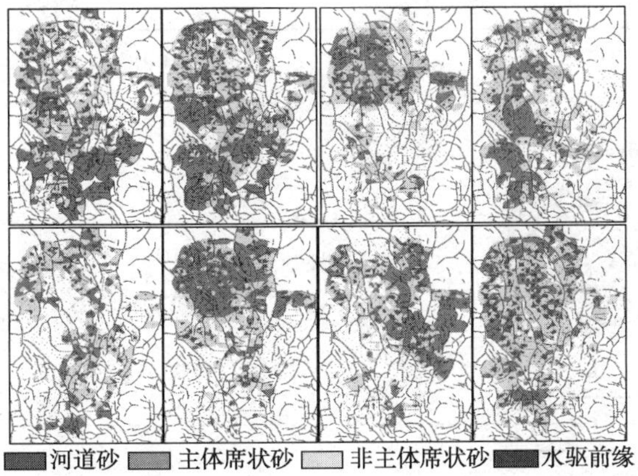

图4　各沉积单元水驱前缘图

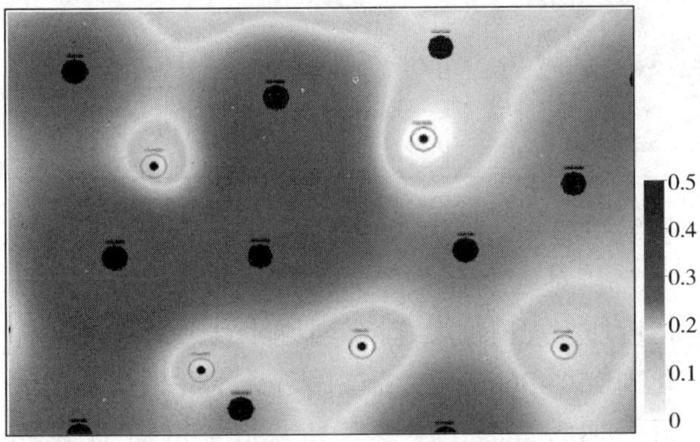

图5　动态劈分剩余储量

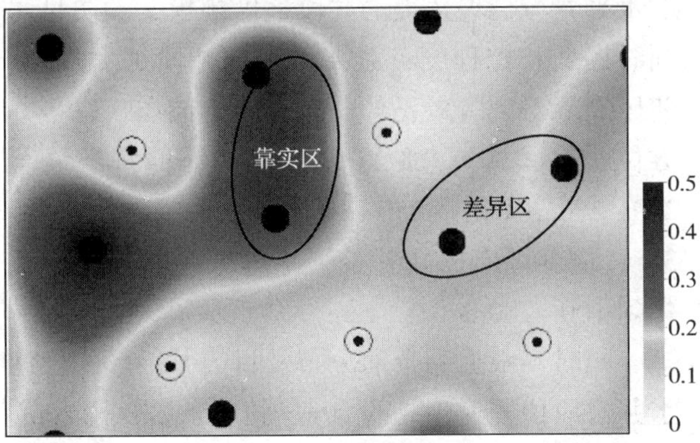

图6　数值模拟剩余储量

1.3　应用多参数综合评价，优化井位部署方式

在水平井方位优化上，针对每个布井目标区，以有利于储层改造为前提，结合剩余油分布形态，进行灵活调整，优选最终采收率、控制面积均较高的布井方位(见表1)。通过数值模拟，优化水平井长度，从水平段长度与初期日产油关系曲线可以看出，随着水平段长度增加，初期产油逐步上升(见图7)。从水平段长度与内部收益率关系曲线可以看出，水平段长度为600~1000m时，内部收益率达到8.0%(见图8)。综合考虑水平井产能及经济效益评价，优化加密井合理水平段长度600~1000m。

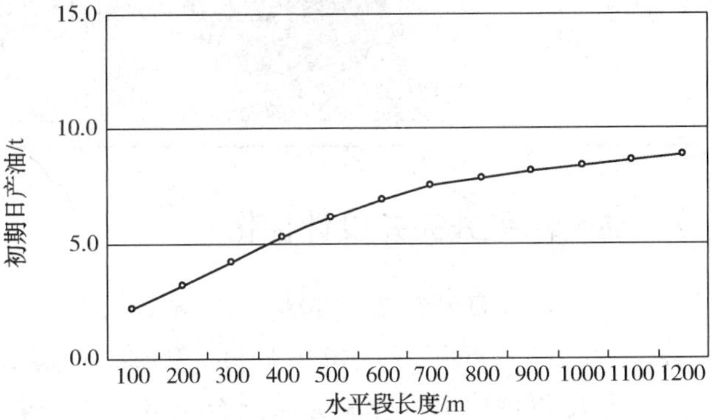

图7　水平段长度与初期日产油关系曲线

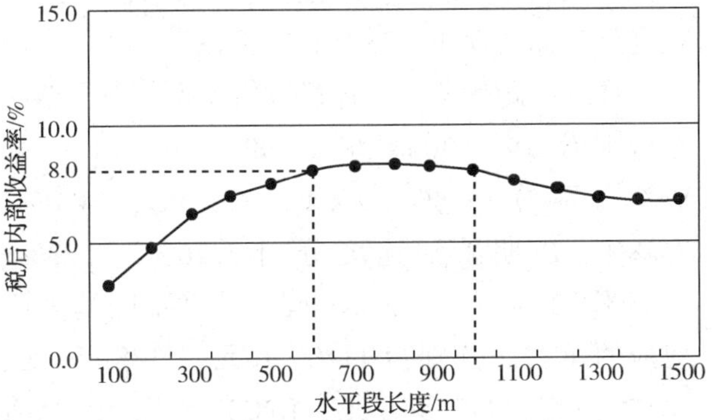

图8　水平段长度与内部收益率关系曲线

表1　不同井位设计方案对比

方案	井位设计示意图	方案优缺点
方案一	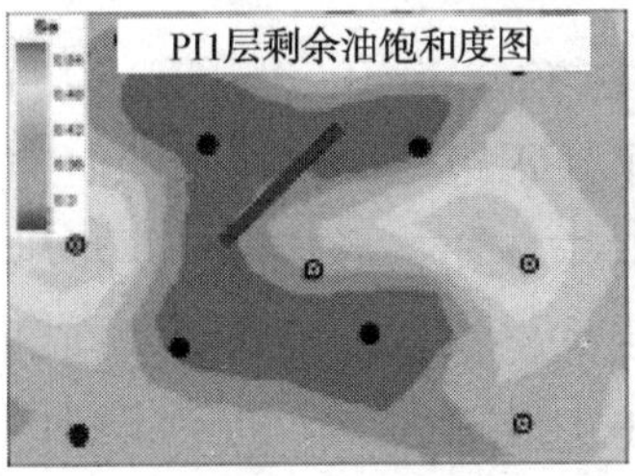 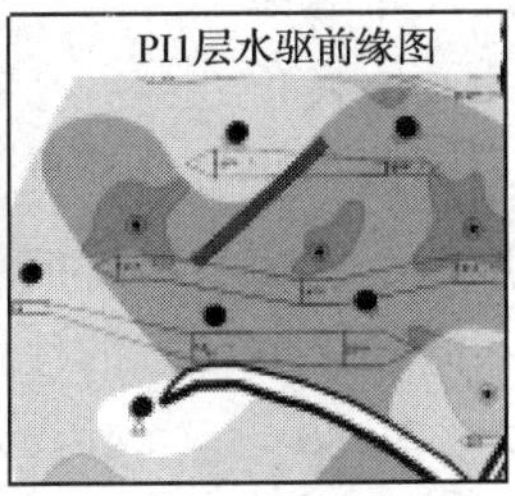	优点：水淹风险小 缺点：剩余油控制面积小 采收率：十年末采收率10.51%

续表

方案	井位设计示意图	方案优缺点
方案二	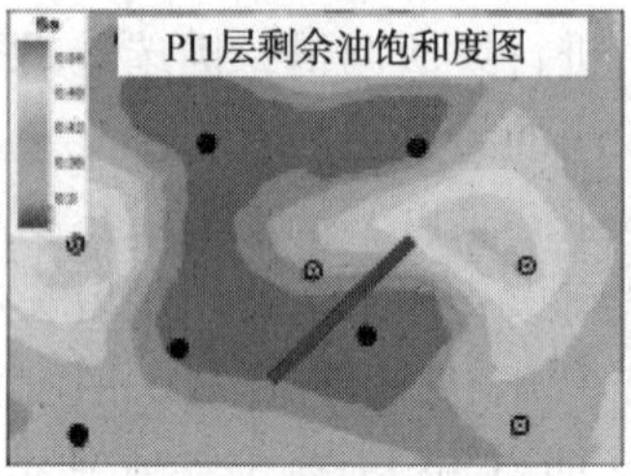 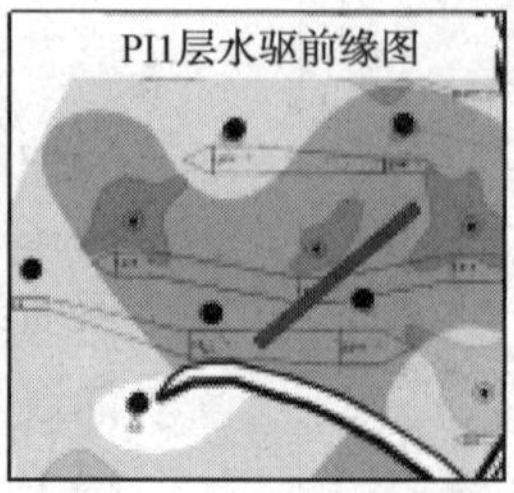	缺点：水淹风险大 剩余油控制面积小 采收率：十年末采收率 11.82%
方案三 (优选)	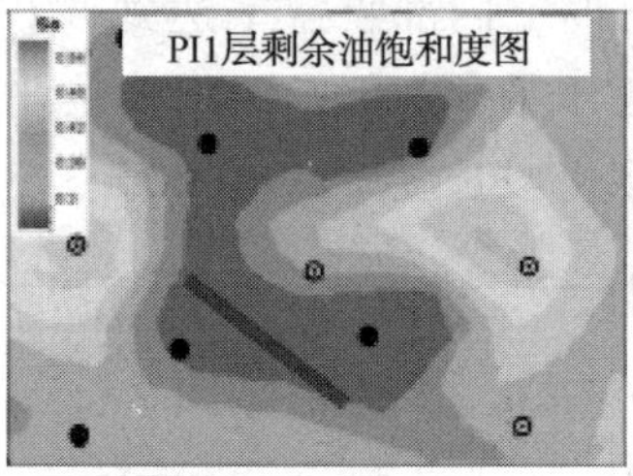 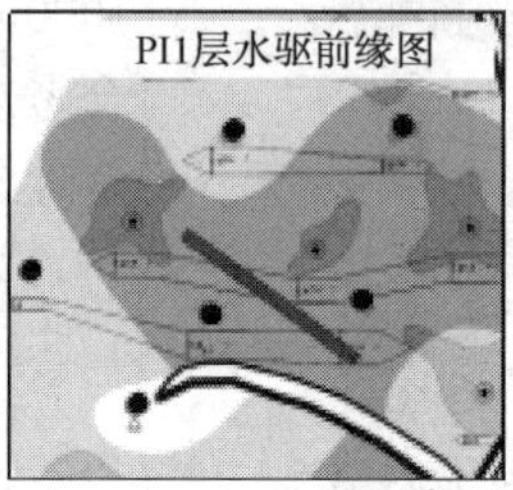	优点：剩余油控制面积大 水淹风险小 采收率：十年末采收率 13.29%

2　加密水平井完井设计优化

油田开发直井注水受效差，难以建立有效驱替，为此以提高单井产量为目标，实施压裂投产，缩短驱替距离，应用穿层压裂技术，实现整个储层的立体改造，增加井控储量。在压裂规模上，采用“加密布缝、优化缝长”的做法，最大程度提高储层动用，建立有效驱替。

在缝间距优化上，通过数值模拟，拟合缝间距分别为 20m、30m、60m、90m、120m 时，采收率分别为 25.8%、25.4%、24.7%、24.0%、23.8%，初期采油速度分别 3.26%、3.23%、2.86%、2.60%、2.46%，同时计算不同缝间距对应的净利润分别为 11809 万元、11882 万元、11670 万元、11325 万元、10857 万元。因此将缝间距由优化为 30m。同时考虑水平井方位，实施个性优化缝间距，提高水平井动用程度，针对垂直方位的水平井，缝间距为 30m，针对近水平方位的水平井，缝垂直间距优化到 30m。

在压裂缝长优化上，按照纺锤形设计布缝原则，依据与注水井位置关系及按水平井方位夹角关系优化缝长，预防水平井早期水淹。一是与注水井位置关系优化缝长。依据水井位置及水驱前缘距离，对垂直注水井位置，为避免水淹，采取水井位置避射，避射距离由 100m 调整至 80~120m；对水井近缝位置，为预防见水，控制规模缩短缝长，半缝长由 150~180m 优化到 80~100m；对远缝位置，为提高井控及充分改造，适度加大规模加大缝长，半缝长由 200~250m 优化到 250~300m，对断层附近无水井位置，加大规模加大缝长，半缝长由 250~300m 优化到 350~400m；二是按水平井方位夹角优化缝长，对水平井方位夹角大的井段适度规模，预防见水同时提高井控程度；对夹角小的井段加大规模，使压裂缝得到有效延伸，充分改造储层。水平井方位夹角 $<30°$，加大规模有效延伸，半缝长 200~250m 优化到 250~300m，水平井方位夹角 $>30°$，适度规模提高井控，半缝长 120~150m 优化到 100~180m。

同时，根据剩余油分布及目前井网形式，注水井对应位置避射，设计避射长度 80m、120m、160m、200m。数值模拟结果表明，加密水平段避射长度越小，水平井累产油越高。最终确定避射 80m 作为加密水平井避射长度。

3　加密水平井精细注水调整技术

在老水平井开发规律认识的基础上，进一步开展了注水跟踪调整技术的研究，注水调整由单排向双排转变，形成了“同步转注、远强近弱”的注水调整技术，实施早期周期注水，减缓水平井含水上升速度 ，同时保证水平井的供液能力。

针对油田直井受效差的实际，为促进水平井

均衡动用，保证两侧都有注水，按对角线形式同步转注周围油井，提高双向及以上水驱控制长度比例，通过合理匹配新老井注水强度，促进水平井受效。针对老水平井见水后控水难度大的实际，对水平井每侧2排水井实施“早期间注、隔强邻弱”的调整思路(见图9)，实施“一井一对策”调整，考虑见水风险级别、累积注水强度、水驱前缘等因素，逐井确定风险级别及注水调整对策(见表2)。

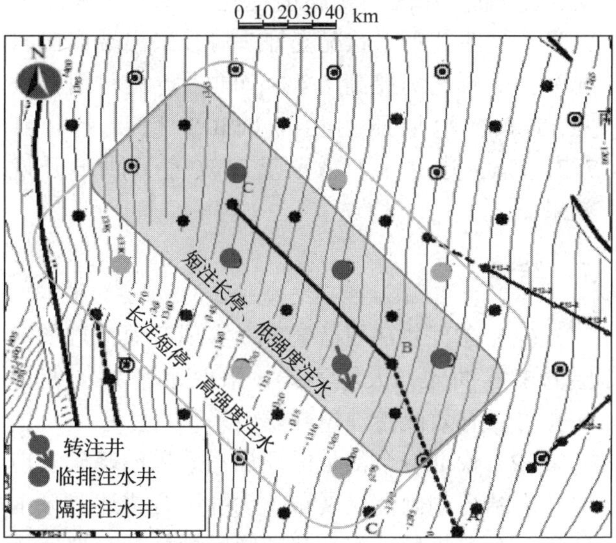

图9　加密水平井注水示意图

表2　注水井不同风险级别调整对策表

位置	风险级别	风险判别	调整对策	注水周期	注水强度/(m^3/d·m)
邻井排	见水区	累积注水强度>1000m^3/m	限制注水	间注关井	
		水驱前缘与缝距离<100m			
	高风险区	累积注水强度>1000m^3/m	限制注水	短注长停	1.0~1.2
		水驱前缘与缝距离>100m			
隔井排	中风险区	累积注水强度>2000m^3/m	加强注水	长注短停	1.3~1.6
		水驱前缘与缝距离<200m			
	低风险区	累积注水强度<2000m^3/m	加强注水	连续注水	1.7~2.0
		水驱前缘与缝距离>200m			

4　水平井加密应用及效果

按照上述原则，在AN油田共部署加密水平井19口，目的层位为PI1-2和PI3-2，其中PI1-2设计加密14口、PI3-2层设计加密5口。设计水平段长度732m。加密水平井完钻投产后，完钻水平井长度639m，钻遇砂岩长度530m，砂岩钻遇率达到83.0%；含油物性好，岩心资料解释以油斑、油侵为主，占到91.9%，水侵长度比例低，仅1.9%。

优化了19口水平井的完井设计，压裂缝间距优化至32m，半缝长80~400m，避射长度80m。优化后加密水平井井控储量69.8×10^4t。投产初期单井日产油7.4t，较先导试验加密井高1.1t，百米水平段采油强度1.2t/d·m，较先导试验井高0.3t/d·m，投产两年后单井日产油3.4t，比先导试验井高0.4t，单井累积产油0.2643×10^4t，比先导试验井高0.0231×10^4t，有效提高了储层动用程度。

按照“同步转注、早期间注、隔强邻弱”的跟踪调整方式，同步转注13口井，双向及以上水驱控制长度比例提高22.3%，通过合理匹配新老井注水强度，水平井受效12口，受效时间47天，日产油由6.2t上升到7.4t；应用数值模拟，设计了不同的注水周期及注水强度方案，优选了开发指标较好的注水组合，对水平井周围69口注水井优化调整135井次，见水比例仅6.7%，与先导试验井对比见水时间延长57天，产量递减减缓9.3个百分点，有效缓解了水平井含水与供液的矛盾。

加密水平井投产后，油田日产油由160t上升到241t，加密井区采油速度由0.4%提高到1.0%。从含水与采出程度关系曲线来看，预计最终采收率提高到25.9%，增加可采储量24.03

$\times 10^4 t$；加密井区与调整前对比，注入端吸水能力强，欠注井吸水状况变好7口；采出端产出状况好，受效比例提高7.4%；同时转注利用低效井11口，地层压力由7.06MPa稳步上升到7.21MPa，建立了有效驱替，改善了油田开发效果。

5 结论

（1）在直井常规措施难以实现有效治理的薄层低丰度油藏，大胆实践，采取水平井加密方式，可以有效改善油田开发效果。

（2）找准剩余油是保证加密效果的基础。应用井震结合刻画储层展布、动静结合描述剩余油分布，有效指导了水平井加密区域优选，奠定了加密物质基础。

（3）布井及完井方式优化是保证加密效果的关键。采取水平井方位优化、缝控储量优化的完井方式，有效提高了水平井产能。

（4）精细注水调整是加密效果的保障。采取“同步转注、早期间注、远强近弱”的注水调整，在保证水平井供液能力同时，有效延长了低含水采油期。

参考文献

[1] 朱新佳．利用水平井井间加密提高苏10区块开发效果[J]．天然气勘探与开发(开发试采)，2011，34(1)：44-46.

[2] 蔡晖，屈丹，陈民锋．组合井网储量动用规律及水平井加密合理技术策略——以渤海HD油田为例[J]．岩性油气藏，2021，33(4)：147-155.

[3] 陈民锋，屈丹，秦立，等．基于储量有效动用规律确定水平井加密调整策略[J]．中国海上油气，2021，33(4)：70-77.

[4] 阴国锋，徐怀民，叶双江，等．水平井注采井网条件下加密水平井产能评价模型[J]．中国石油大学学报(自然科学版)．2011，35(4)：93-97.

[5] 蔡冬梅，韩阳．大庆长垣油田密井网区井震结合储层描述方法[J]．大庆石油地质与开发，2015，34(2)：148-153.

[6] 苏杨鑫．两步建模与数值模拟方法在加密水平井设计中的应用[J]．长江大学学报(自科版)，2014，11(14)：37-40.

[7] 高月刚，刘新菊，王学生，等．安塞特低渗透油田水平井加密动用剩余油研究及实践[J]．石油化工高等学校学报，2018，31(2)：42-47.

[8] 屈雪峰，王选茹，雷启鸿，等．低渗透油藏压裂水平井井网形式研究[J]．科学技术与工程，2013，13(35)：78-82.

[9] 张玉伟．AN油田薄差储层水平井优化设计研究[D]．大庆：东北石油大学，2012.

[10] 范子菲，方宏长，俞国凡．水平井水平段最优长度设计方法研究[J]．石油学报，1997(1)：57-64.

[11] 郑忠博，刘月田，张海茹，等．特低渗透油藏压裂水平井和直井联合井网形式研究[J]．陕西科技大学学报，2014，32(5)：105-109.

[12] 陈民锋，尹承哲，王振鹏，等．直井-水平井组合井网平面井间动用规律[J]．深圳大学学报(理工版)，2018，35(4)：368-376.

[13] 邹易．水平井分段压裂裂缝参数优化研究[D]．西安：西安石油大学，2018.

[14] 徐模，郭肖．压裂水平井布缝方式及裂缝参数优化新方法[J]．大庆石油地质与开发，2016，35(06)：93-98.

[15] 周艳东．AN油田水平井区精细注水调整技术研究[D]．大庆：东北石油大学，2016.

[16] 凌宗发，胡永乐，李保柱，等．水平井注采井网优化[J]．石油勘探与开发，2007(1)：65-72.

[17] 李芳玉，程时清，雷启鸿，等．特低渗透油藏水平井开发效果评价指标和分类评价方法[J]．大庆石油地质与开发，2017，36(1)：55-60.

海外特大型水驱砂岩油田高效开发技术对策研究与实践

——以哈萨克斯坦K油田为例

杨永亮 杨彦东 王 刚 孟凡秋 张安迪

(中国石油辽河油田分公司)

摘 要 哈萨克斯坦K油田进入特高含水开发阶段后，剩余油高度分散，层内、层间矛盾日益突出，稳油控水难度大。立足于油藏精细研究和生产实践，形成与发展了水驱前缘描述、井网加密调整、稳油控水挖潜和聚合物驱油等关键技术，使得油田开发指标得以好转，改善了油田开发效果。该套技术对于多层砂岩油田特高含水期的高效开发具有一定借鉴意义。

关键词 砂岩油田；剩余油；高效开发；水平井；分层注水

K油田位于哈萨克斯坦北乌斯丘尔特盆地的西北部，构造形态是沿着纬度方向伸展的26.7km×9.5km的背斜构造，开发目的层是中、上侏罗统，纵向上共有11套开发层系，以三角洲前缘亚相沉积为主，岩性主要为粉、细砂岩，油藏埋深700~850m，含油面积170km^2，石油地质储量6亿多吨。受构造和沉积双重控制，油层发育程度等有较大的差异，非均质程度较为严重，层间渗透率变异系数0.7~1.2，层间渗透率突进系数1.5~9.5，层间渗透率级差3~38。储层平均孔隙度23%~29%，空气渗透率38~1460mD，地层条件下原油密度0.83~0.89g/cm^3，地层条件下原油粘度14.1~31mPa·s，凝固点低于-18℃，胶质+沥青质含量为17.7%，含蜡量为3.8%。

K油田1979年投入注水开发，笼统注水方式，基础井网采用400m×400m反九点井网为主，局部为反七点井网。2009年底该油田进入高效建产开发阶段，开始大规模实施井网加密调整，井距逐步加密到200m，持续改善油田开发效果，油田生产形势稳定，连续10年原油产量稳步抬升。立足精细地质研究，推进科技进步，在不断的实践和认识中，逐步形成了以井网加密调整、水平井-侧钻水平井挖潜、精细注水调整以及滚动增储研究为主要内容的高效开发技术系列，为该油田长期高产稳产提供了技术保障。

1 油田开发特征及存在的问题

1.1 长期处于低速开发状态，采出程度偏低，剩余可采储量仍具较大潜力

各开发层系采油速度0.01%~1.56%，平均0.63%，地质储量采出程度24.3%，可采储量采出程度75.1%，储采比12.9，剩余可采储量大于5.0×10^{5}t的有6套开发层系，年产油大于5.0×10^{5}t的仅有2个层系。

1.2 进入特高含水期后，老井产量下降，高含水井比例高，产液结构仍需调整

油田平均单井产量5.3t/d，71%的井含水超过90%，51%的产量来自于特高含水井。特别是经过电泵、大泵的强采，使得高渗透主力层含水特高，油层水淹严重，低渗透非主力层能量低，机械采油方式及产液构成不合理。

1.3 油田递减近年呈上升趋势，含水上升速度加快，控水稳油形势严峻

K油田以薄互层砂体沉积为主，储层物性差异大，层内、层间、平面矛盾突出，注入水沿单层突进，油层水淹程度不均匀，逐渐形成注水优势通道，平面调整难度大，纵向上由于薄差层吸水差造成层间接替能力差，导致产量递减及含水上升速度较快。自然递减率由2010年1%上升至2019年自然递减8%，近年含水上升速度达到0.8%，稳产控水难度加大。

1.4 长期笼统注水造成水驱动用程度低，油层吸水产液状况需进一步改善

K油田各层系水驱控制程度69%~89%，平均连通系数为81.4%，水驱控制程度较高，主体部位井网较完善，但从吸水产液剖面统计，水驱动用程度在54.5%~71.8%，目前注水波及体积一般在45%~61%，均存在较大的提高空间。

2 油田高效开发技术研究

针对油田开发中存在的问题，加强精细地质基础研究，落实剩余油分布规律，夯实油藏调整基础，紧紧围绕“注好水、注够水、精细注水、有效注水”的注水结构精细调整原则，做好注采系统完善和加密工作，以“控制无效循环、增加有效注入”为精细调整的重点，在保持注采平衡的前提下，利用多元注水开发技术优化注水结构调整，通过加快聚合物驱工业化推广、坚持建产与滚动增储一体化等有效手段，夯实油田长期稳产基础。

2.1 精细储层构型描述夯实调整基础

在计算机技术、信息技术推动下，油藏描述技术进入到数字化、精细化的新时代。数字化油藏是一门综合性较强的应用技术，把地质、地震、测井、生产测试及计算机技术融为一体进行综合分析，为老油田提高开发效果提供了新的技术途径。

研究过程中以高分辨率层序地层学理论为指导，充分利用岩心、测井、地震、开发动态等资料，综合运用三维可视化解释、水平切片、相干体分析等技术手段，结合近5年395口新井认识以及3000余口井生产测试资料，开展了精细储层沉积微相、储层非均质性、隔夹层分布、三维地质建模为核心的一体化精细油藏描述研究。

基于K油田精细储层沉积特征研究，建立5种储层构型控油模式，层间隔层遮挡、坝边部泥岩遮挡、坝主体侧向叠置、坝主体与坝缘注采弱对应、孤立状远砂坝形成的剩余油，落实各砂体构型样式综合调整的潜力，结合油田生产实际制定了开发调整策略(见表1)。

表1 储层砂体构型样式特征及调整策略统计表

砂体构型样式	连通情况	剖面模式	平面模式	动态特征	开发调整策略
层间隔层遮挡	弱连通 (不连通)	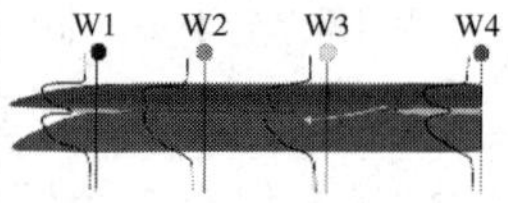	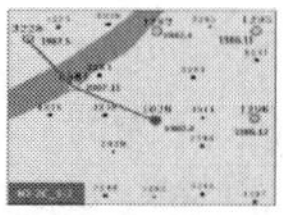	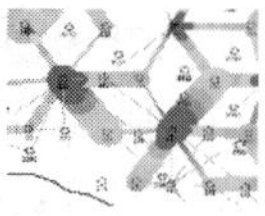	1. 水平井挖潜 2. 油层顶部射孔
坝边部泥岩遮挡	不连通	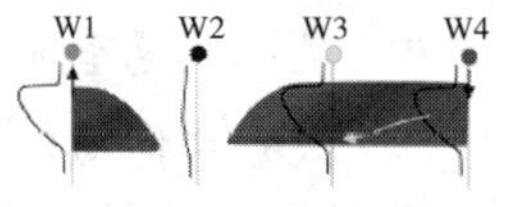	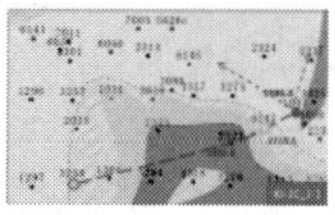	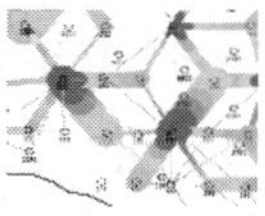	1. 补钻点状井 2. 新建注采井网
坝主体侧向叠置形成	弱连通	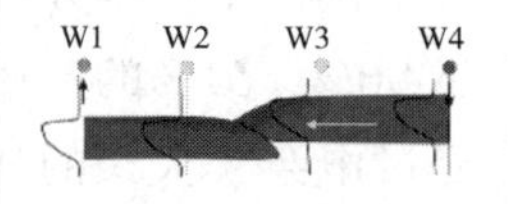	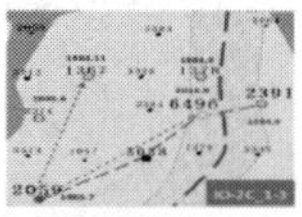	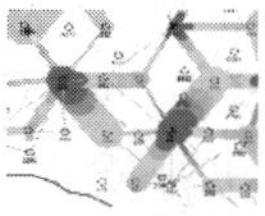	1. 注采对应补孔 2. 调整注采井网
坝主体与坝缘注采弱对应	弱连通	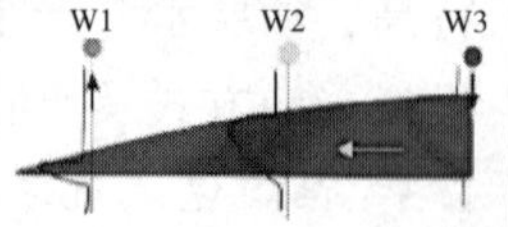	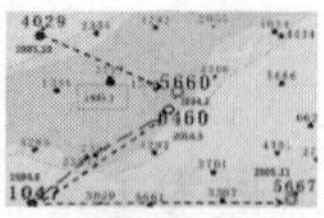	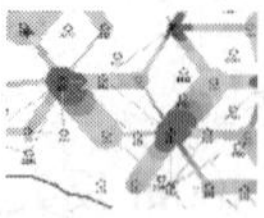	1. 深度调剖 2. 调整注采井网
孤立状远砂坝	不连通	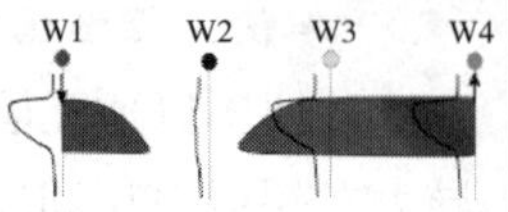	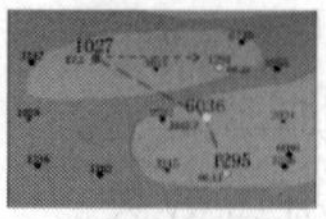	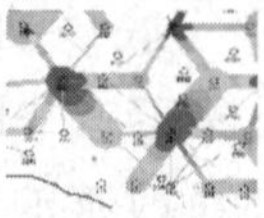	1. 井震结合挖潜甜点 2. 注采对应调整

2.2 基于动态网格加密技术描述水驱前缘

高含水期油藏具有采油速度低、耗水量大、剩余油更加分散等开发特点。精细描述油水驱替前缘信息，量化剩余油格外重要。利用以含水率及含水饱和度为计算标准的局部网格动态加密，并把该技术应用到数值模拟中，从而更准确地确定油水驱替前缘，参照Peter H及李建芳等人提出的化学驱前缘的加密标准，建立了以含水率及含水饱和度为判断准则的加密标准。其中考虑毛细管压力和重力的含水率动态模型为：

$$f_w(S_w)=\left\{1+\frac{KK_{ro}(S_w)}{\mu_o}\frac{1}{v_t}\left[\frac{\partial p_c(S_w)}{\partial x}-\Delta\rho g\sin\alpha\right]\right\}\cdot\left[1+\frac{\mu_w}{\mu_o}\frac{K_{ro}(S_w)}{K_{rw}(S_w)}\right]^{-1} \quad (1)$$

以一维为例，如果粗网格 t 节点满足以下相对误差标准和绝对误差标准时，则进行加密。

相对误差标准为：

$$\mathrm{Max}\{|f_{w,i+1}-f_{w,i}|,\ |f_{w,i}-f_{w,i-1}|\}\geqslant\beta_1|f_{w,i}| \quad (2)$$

$$\mathrm{Max}\{|S_{w,i+1}-S_{w,i}|,\ |S_{w,i}-S_{w,i-1}|\}\geqslant\beta_2|S_{w,i}| \quad (3)$$

绝对误差标准为：

$$\mathrm{Max}\{|f_{w,i+1}-f_{w,i}|,\ |f_{w,i}-f_{w,i-1}|\}\geqslant\alpha_1 \quad (4)$$

$$\mathrm{Max}\{|S_{w,i+1}-S_{w,i}|,\ |S_{w,i}-S_{w,i-1}|\}\geqslant\alpha_2 \quad (5)$$

式中，f_w 为含水率；K 为绝对渗透率，10^{-3} um^2；K_{ro}为油相相对渗透率；S_w 为含水饱和度；p_c 为毛管压力，10^{-1}MPa；g 为重力加速度，m/s^2；α 为油层与水平方向夹角，(°)；α_1、α_2、β_1、β_2 为常数，用于控制网格状态的变化，其大小直接影响计算精度和计算时间；μ_o、μ_w 分别为油和水的黏度，mPa·s；$\Delta\rho$ 为水油密度之差，g/cm^3；v_t 为油水两相的合速度，m/s。

采用局部网格动态加密技术，既更清晰地认识水驱油前缘剩余油饱和度的分布位置（如图 1 所示），又成功将 CPU 运算时间缩短了 80%，为 K 油田大型数值模拟工作提供了技术保障。

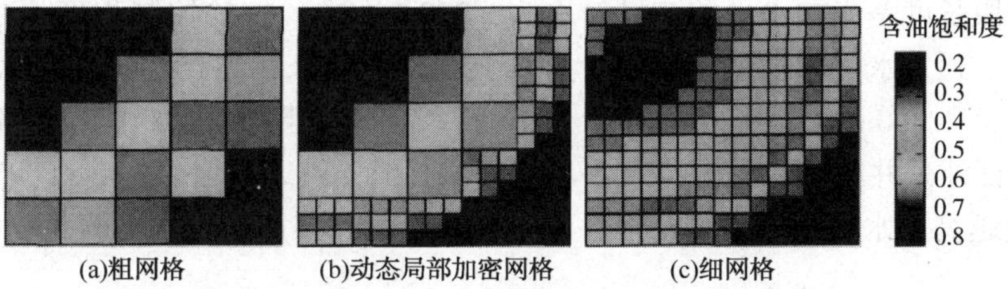

图 1　不同网格水驱油前缘剩余油分布示意图

2.3　注采井网优化部署技术提高动用程度

在精细地质描述和剩余油分布认识的基础上，动静结合，针对注采关系不完善砂体，特别是在剩余油较富集区采取相应的措施完善注采关系。

2.3.1　合理井距研究

科学合理的井网密度既要使井网对储层的控制程度尽可能大，要能建立有效的驱替压力系统，要使单井控制可采储量高于经济极限值，又要满足油田的合理采油速度、采收率及经济效益等指标。通过经验公式法、数模法，当井网密度达到 25 口/km^2（井距 200m），再加密采收率增长幅度明显减缓，但加密至 200m，井数是 280m 的 2 倍，而采出程度增幅变小，K 油田最优经济合理井距为 280m，局部剩余油富集区可考虑加密到 200m 井距（见图 2）。

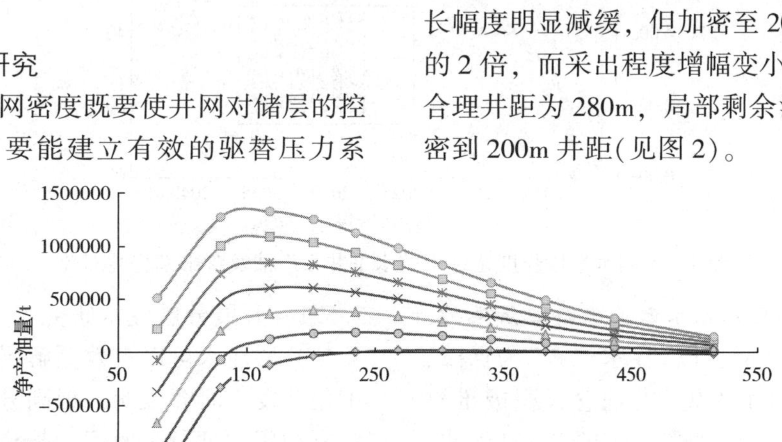

图 2　K 油田经济最优井距论证

2.3.2　合理加密井网研究

对于 400m 反九点基础井网推荐加密转换为 400m 反五点和 200m 反五点的组合井网；对于 400m 反七点井网推荐加密转换为 346m 反七点和 224m 反四点组合井网（见图 3），优势在于可以有效减少转注带来的产量损失，并且有效规避常规加密方式下加密井位于强水淹区的风险，预计采收率可提高 3.3%。应用这种加密组合井网，2011 年以来，累计部署实施加密新井 457 口，新井平均单井产量由平均 6.9t/d 上升到 13.2t/d，当年新建产能合计 1.66×10^{6}t。

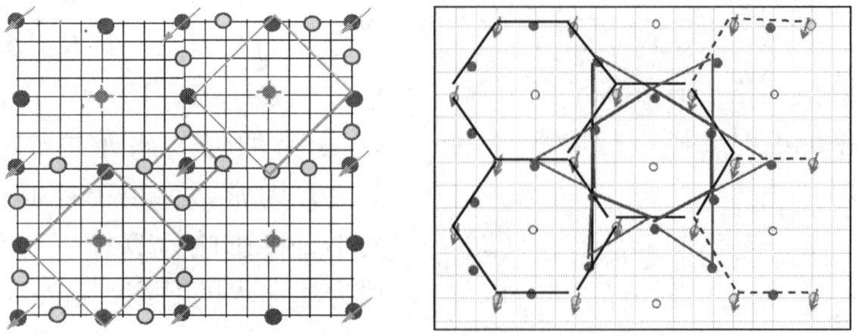

●原油井 ● 原注水井 ○加密油井 ○ 转注水井

图 3 反九点井网和反七点注水井网加密调整示意图

2.4 运用水平井技术提高单井产量

为提高单井产量，提高可采储量利用程度，在K油田建产过程中，运用了水平井-侧钻水平井开发技术。水平段长度是影响水平井产量、水淹时间的重要参数。通过水平段长度分别设计为160m、200m、240m和300m的4个方案进行比较(见图4)，在保证注采井距的前提下，水平段长度越长，累产量越高，水平段为300m时，油井前期产量高，油井见水早，但较其他水平段提前达到高含水95%而关井，造成累产油量减少。因此，在井网完善区域，水平段长度应设计在200m左右，在井控制程度低的区域可以适当加长。10年来，累计实施侧钻水平井45口，水平井38口，当年新建产能合计45×10^4t，累计产油221.5×10^4t。水平井初期日产油是同期直井的2~4倍，累产油是同期直井1.5~3.5倍。

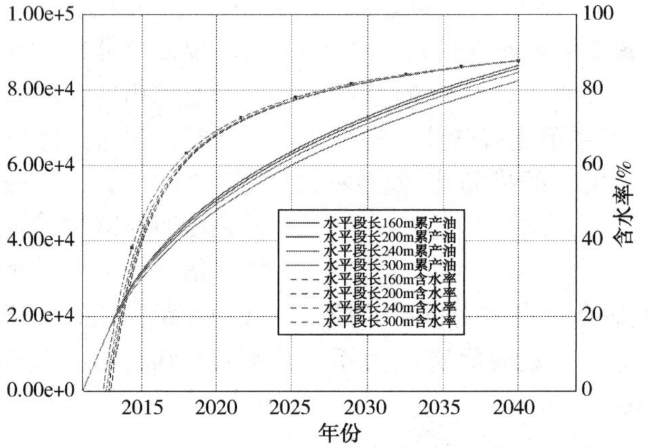

图 4 不同水平段长度条件下的水平井累产油及含水率变化对比

2.5 通过实施精细注水技术政策保持地层压力

结合油田开发实际，以“注水工程”为保障，深化“油水并重，以水为先”的理念，积极推进优化注水在内的“三大工程”，按照“恢复注水、完善注水、改善注水、优化注水、转变注水”五个层次开展工作，落实加密与转换、调剖与堵水、控水与调液、修复与治理、水驱与聚驱“五位一体”工作方法，突破传统思维定式，积极探索注水新技术，通过精细注水政策实施，K油田地层压力有所回升，各层平均地层压力为8.89MPa，压力保持水平为原始地层压力的93.9%，地层能量充足，为油田的整体注采调整奠定了能量基础。

2.5.1 开展分层注水研究

分层注水可以有效缓解层间矛盾，实现纵向细化开发。研究表明，提高分注级别可有效提高水驱动用程度及采收率。据中国辽河油田沈84-安12块经验，每提高一个分注级别，水驱动用程度提高8.66%，采收率提高3.47%。分注井选择技术界限为：吸水剖面统计油层动用低于50%；油层厚度大于1.5m，隔层厚度大于1.5m；渗透率级差10以下；油管、套管满足施工工艺要求。数值模拟表明，分层注水可以有效动用井组剩余油(见图5)，井组采出程度提高1.5%，结合注水结构调整措施，采油井采取压裂、堵水、补孔，同时加强“补堵结合、压堵结合"等组合措施的实施，调节层间矛盾，优化产液结构，采收率可以再提高 3.5%。K 油田分层注水试验共实施了 20 个井组，见到了较好的增油效果，平均单井组日增油 3t/d，年累计增油 2.2×10^4t。

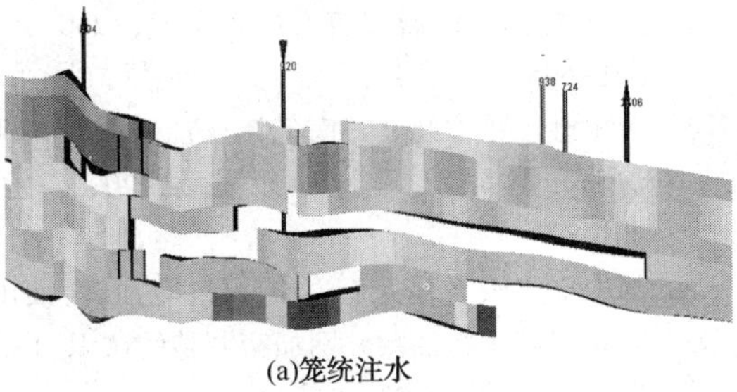

图 5　分层注水实施前后井组剩余油分布

2.5.2　开展聚合物驱研究

K 油田地质储量采出程度仅为 24.3%，比中国大庆油田一类油层聚合物驱前低 7 个百分点，综合含水 92.1%，这个阶段采用聚合物驱油技术，阶段采出程度高，经济效益好。参考大庆油田经验，确定了 K 油田适合注聚合物的油层条件。实验区选取原则为，渗透率大于 100 md，渗透率变异系数 0.5～0.9，油层有效厚度大于 8m，纵向水驱动用程度小于 65%。为保证聚合物驱试验的顺利进行及获得较好的降水增油效果，在注聚前必须对油水井进行必要的注采井网完善、注采结构调整，并在此基础上进行注聚参数的优化以及矿场实施方案的设计。基本步骤主要是：①针对高渗透条带等易发生窜流的区域，为防止窜聚，在注聚前要进行堵水调剖、防窜预处理；②在平面上，采液速度要相对均衡，对部分高产液量井，要采取降液措施，部分低产液量井，应注意提液；③强水淹层进行注灰封层，对水淹程度较低的未射孔含油层进行补孔；④为减少聚合物溶液的剪切黏度损失，注入井采取拔封改光油管注水；⑤对比连续注聚、段塞注入的差异，明确合理的化学剂注入方式。1580 井组自 2015 年 3 月开始试验注聚，至 2017 年 7 月停注，聚驱累积增油 5.2 万吨，提高采出程度 5.1%，含水下降 5.6%，如图 6 所示。

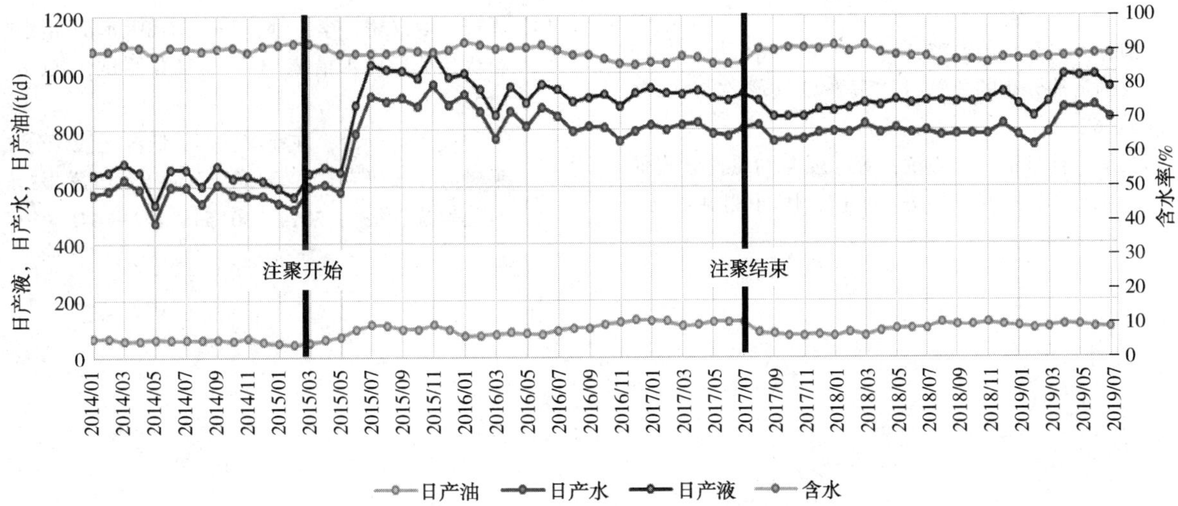

图 6　聚驱实验井组生产曲线（1580 井组）

2.6　坚持建产与滚动增储同步研究

明确建产方向和足够的后备储量是油田持续快速建产和稳产的基础。近年来，K 油田采集了覆盖全区的三维地震资料，持续攻关滚动增储研究，通过井震联合精细识别小断层、落实油藏边部构造，结合断层封堵性分析技术，综合研判油藏边部控油断层油气富集规律；利用地震波形聚类及敏感性分析技术，结合低频强振幅油气检测技术，确定有利砂体展布范围，预测油藏边部有利储层分布。综合研究基础上，推动评价井部署获得了突破，部署评价井 3 口，均获得高产工业油流，新增石油地质储量 1.50×10^6t，为老油田可持续稳产注入了活力。

3　结论与认识

（1）处于特高含水阶段的密井网开发区块，剩余油分布主要由井网、微构造、储层构型控制。充分认识油层水淹规律及剩余油分布是开发综合调整和指导高效挖潜的基础。在以转注、更新、钻点状油水井的同时，加大压堵结合、补堵结合、酸调结合、堵调结合等组合措施实施，可有效控制产量递减、含水上升速度，达到改善油田开发效果的目的。

（2）水平井-侧钻水平井技术不仅可以有效解决老井套损、关停、低产低效的问题，还能提高油田开发水平，实现油田快速稳产增产。因此在同类油田的建产中，应不断针对水平段长度、水平井最优垂向位置等方面对水平井参数优化设计，提高单井产量。

（3）围绕挖潜增效、降水增效，综合运用各种监测资料，动静结合判断低效、无效循环场，精细搞好水驱开发调整，加大细分层注水规模、开展深度调剖调驱、加快聚合物驱工业化推广，是老油田持续高产稳产的有效途径。

参考文献

[1] 杨柏，杨少春，姜海波，等．胜坨油田储层非均质性及剩余油分布的关系[J]．特种油气藏，2009，16(4)：67-70.
[2] 郭振华，林雅平，李心童，等．强非均质性砂岩储层的水淹层测井评价方法[J]．国外测井技术，2018，39(4)：12-15.
[3] 杨永亮．一种储层三维地质建模技术方法[J]．承德石油高等专科学校学报，2016，18(3)：4-6.
[4] 贾爱林，郭建林，何东博．精细油藏描述技术与发展方向[J]．石油勘探与开发，2007，34(6)：691-695.
[5] 罗永胜，张淑娟．阿南低渗透油藏开发特征及剩余油分布预测[J]．特种油气藏，2000，7(2)：17-20.
[6] 胡书勇，敬兴胜，王益维，等．对吐哈油田温西三区块三间房组油藏井网加密调整的认识[J]．天然气勘探与开发，2003，26(1)：24-28.
[7] 尹万泉，张吉昌，陈忠．低渗透油藏提高采收率的井网调整研究[J]．特种油气藏．1996，3(3)：21.
[8] 袁春华，张椿华，张茂林，等．B16 油藏合理井网密度研究[J]．断块油气田，2010，17(1)：79-81.
[9] 王家宏．中国水平井应用实例分析[M]．北京：石油工业出版社，2003.
[10] 刘高华．水平井技术在冷家油田二次开发中的应用前景[J]．特种油气藏．2007，14(6)：32-34.
[11] 黄日成．产液结构调整在断块油田开发中的应用[J]．断块油气田．1997，4(3)：38-41.
[12] 张玉荣，闫建文，杨海英，等．国内分层注水技术新进展及发展趋势[J]．石油钻采工艺．2011，33(2)：102-107.
[13] 董科武．产液结构调整改善砂砾岩油藏特高含水期开发[J]．断块油气田，西部探矿工程 2004，12：83-84.
[14] 周琦，姜汉桥，李志刚，等．利用吸水剖面测试资料优化分层注水措施[J]．油气井测试，2009，18(3)：11-14.
[15] 李俊成，杨亚少，许莉娜，等．低渗透油藏分层注采对应技术研究与试验[J]．石油天然气学报(江汉石油学院学报)，2014，36(5)：141-144.

柴达木浅层疏松砂岩气藏生产水气比特征及在水侵监测中的作用

柴小颖[1a] 王 燕[1a] 刘俊丰[1a] 陈汾君[1a] 杨会洁[1a] 谈志伟[1b]

(中国石油青海油田分公司)

摘 要 柴达木盆地浅层生物气藏为弱边水驱动的背斜型层状气藏，采用衰竭式开采方式开发。基于大量生产资料总结提出浅层气藏生产过程中水气比变化划分为4个阶段，即“A-低含水稳产段、B-初期水侵阶段、C-水侵突破阶段、D-强水侵阶段”，对应的水气比变化曲线具有明显的阶段性变化，同时具有稳定的可量化特征。据此，在柴达木盆地气藏开发中对应提出4个水侵阶段的划分依据，并作为标定水侵层等级的重要标准。研究表明，依照水气比变化可以更准确地监测水侵的发生时间，且“C段”可以作为提前预判边水大规模水侵的重要时间窗口，为调整开采方案，延长稳产周期具有预警作用；“D段”为高含水的强水侵阶段，其生产周期较长，是带水开采提高采收率的重要阶段，生产井的水侵阶段分析对于邻近水侵区域的挖潜有较强的指导作用。

关键词 生物气藏，边水，弹性水驱，水气比，水侵，生产曲线

涩北气田地处柴达木盆地三湖地区，属于第四系自生自储大型整装生物气田是青海气区的主力气田。涩北气田为近东西向的完整潜伏短轴背斜构造，无断层发育，且气藏埋藏浅，岩性疏松，泥质含量高。涩北气田为一套湖相沉积，储层岩性以含泥粉砂岩和泥质粉砂岩为主，孔隙度在25%~35%，渗透率在10~30mD，属高孔中低渗储层，层间和层内非均质性强，含气井段长，气层薄且层数多，气水关系复杂均有边水环绕。随着生产时间的延长和生产压差的增大，地层产水量和水气比均略有升高，气田的气藏类型为弱边水驱动的背斜型层状气藏。

目前气田采用边水弹性驱动开采，近年来水气比明显升高，对气田生产形成多方面的影响，造成地层出砂、井筒积液、采气指数降低、采收率降低等。随着开发程度的不断提高，气田平均单井日产水逐年增加，导致涩北气田水侵日趋严重，目前涩北气田共有96个水侵小层，水侵面积占40.1%，水侵小层占55.6%。通过研究分析表明，该气田气层出水含多种类型水源，主要有凝析水、层内水、层间水、边水等。出水来源复杂，进一步加大了水侵识别的解释难度，因此正确认识出水来源，及时判断出水程度和阶段，成为综合治水的重要基础工作。同时，气井产能差异大，单纯依据井口日产水量很难判别出水类型和水侵程度。

该区域浅层生物气藏本身具有稳定的特低含水特点，水气比变化具有敏感的表征意义，在指示产水来源和水侵阶段方面具有重要量化价值。本文综合分析了大量生产井的产能曲线和水气比变化特征，通过对数刻度下水气比的“台阶式”变化，可以划分水侵的不同阶段，水气比变化的范围具有明显的规律，且具有稳定的量值范围，代表了开发初始阶段、规模开发阶段、初期见水阶段、含水突破及强水侵阶段的特征。由此，提出了“初期见水窗口”的识别标准，为预判水侵发生时间点提供了明确的依据；首次在柴达木盆地气藏开发中提出了“气层、弱水侵、中等水侵、强水侵”的4个水侵(水淹)等级划分方法，并成为测井水淹层等级划分的重要标定依据。通过及时监测水气比变化，判断水侵发生程度，在严重水侵发生之前适时调整开发层组内各井的开采方案，从而实现稳定产能，延长低含水开采周期的目标；通过分析单砂体或小层的产能变化规律、带水开采周期，可以对邻近水侵区域的挖潜价值进行预判，提高水侵区域的挖潜效果。

1 浅层疏松砂岩气藏原始气层的含水特征

涩北气田天然气类型为干气，组分以甲烷为主，平均含量98.74%，含微量乙烷、丙烷和氮

气，属于高热值天然气。该气藏天然气含水量低，在开发初期时产出携带的水分来源于钻井液和地层岩石自身的水分，后期则来源于边水推进水侵。由于气砂体投产厚度差异大，在水侵前，单井井口日产水量基本与产气量密切相关，井口产水量主要与产气量有关，很多情况下缺乏对比意义，而水气比则呈现较好的稳定性。

1.1 开发初期气层产能与水气比

从历史开采资料来看，该区域气砂体出水比例稳定，除了气水同层和少数饱和程度偏低的低渗透产层，一般的气砂体都具有较低且稳定的水气比。在大规模开发之前，气层或单井的水气比一般都低于 $0.3m^3/10^4m^3$。由于单井投产厚度和储集层物性的差异，由气体携带出的层内水量存在较大差异，导致了在统计分析产水来源中缺乏明确的界限，而水气比的稳定性则避免了依据井口产水量统计带来的误矛盾。

图 1 显示了 61 井次单砂体投产初期的产能和水气比特点，可以看出，该区域典型气层的单层月度产气量在 $45×10^4m^3$，水气比低于 $0.3m^3/10^4m^3$；而低产层、气水同层的水气比变化范围相对较大。

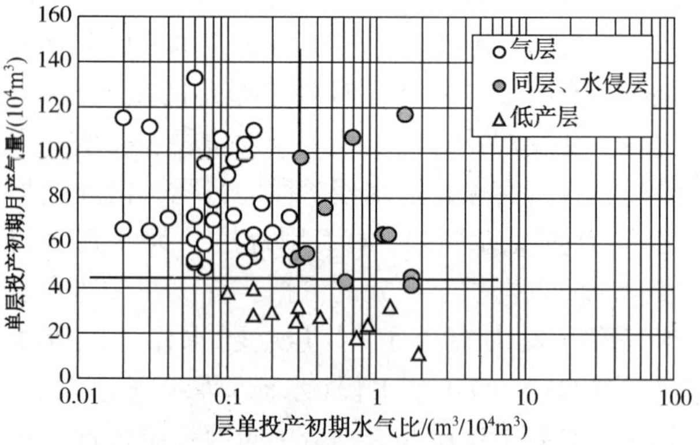

图 1　单砂体投产初期纯产能与水气比分布

1.2 规模开发初期气层产能与水气比

根据涩北气田的开发实践，气砂体开发过程中在水侵前确实存在水气比略有升高的特点。气砂体水侵前出水水源来自岩石中的束缚水。由于规模开发阶段的到来，气层地层压力下降，可能存在岩石孔隙结构和束缚水赋存状态发生改变，导致少量束缚水产出的现象；另外，开发过程中孔隙体积内天然气体积系数变化的影响可能更为明显。在纯气层生产过程中“水分”的产出不是靠单相流动产出的，而是被天然气携带到井口析出的。从这个意义上讲，岩石中天然气与岩石骨架中水分的接触程度，是影响天然气含水量的重要因素。而这种接触关系，主要取决于每万立方米可采气体与岩石骨架的接触面积。随着开发的深入，井口每万方采出的天然气，需要从更多的孔隙空间中去获得，从而单位采出气体与岩石接触的比表面积明显增加，与束缚水接触且携带出的比例升高。

当然，通过统计大量单井或在大规模开发阶段，水气比略有升高，但极限值仍低于 $0.3m^3/10^4m^3$。因此，开发过程中岩石层内水产出的比例是极其有限的。通过统计开发 10 年以上的气砂体，在边水到来前水气比基本介于 $0.01m^3/10^4m^3$ 和 $0.3m^3/10^4m^3$ 之间，表明气层的层内水由于来自束缚水气产出量是不会无限升高的。

1.3 低饱和度气砂体的含水特点

在该区域存在部分饱和程度较低的气砂体，水气比则明显较高。该区域为自生自储气藏，部分层段由于生烃供给能力较差形成低饱和度气砂体，部分低渗透层由于自身储集条件较差形成低饱和度气砂体。这些气水同层、低产层都存在含气面积小、生产含水等特点。其特点是自开采初期即出现明显的携水生产特征。这类气砂体数量有限，含水特征明确，与边水侵入出现的产水区分难度不大。本文讨论的重点，主要针对纯气层的在边水侵入过程的产水特征进行分析，对气水同层的水气比变化特点不再进行细述。

2 水气比曲线变化规律

2.1 水气比曲线的对数刻度

统计显示，气砂体开发早期水气比一般在 $0.01\sim0.3m^3/10^4m^3$ 波动，见水初期一般在 $0.3\sim2.0m^3/10^4m^3$ 波动，强水侵后可以达到 $10.0m^3/10^4m^3$ 甚至 $100m^3/10^4m^3$ 左右，因此开发过程中水气比具有多个数量级的变化，线性坐标下掩盖了前期低水气比的变化特征，因而水气比坐标应该采用对数刻度。

2.2 气水比 A-B-C-D-E 阶段的特征

涩北气田气体含水比例极低，因此未水淹情况下水气比保持很低且稳定的界限。同时在开发过程中。随着压力和含气饱和程度下降，岩石骨架含有的束缚水(原生水)也有很小一部分随天然气被采出，但是层内原生水被采出的比例也十分有限，且具有产出的界限和规律，只有出现边水推进和其他水源时，水气比才会突然升高。由于早期纯气层条件下水气比的值非常低，在水侵后这一变化在对数坐标下非常明显。

结合大量生产井水气比曲线变化规律，尤其是单砂体生产能曲线的追踪分析，提出涩北浅层疏松砂岩气藏的生产曲线可以结合水气比和产能划分为 4 段，见图 2。分别是“A 段-低含水稳产段、B 段-初期水侵水阶段、C 段-边水突破阶段、D 段-强水侵阶段”，每个气砂体开发过程中都基本具有这 4 段或其中的几段特征，并且在不同生产阶段水气比变化特征也具有各自的变化规律。

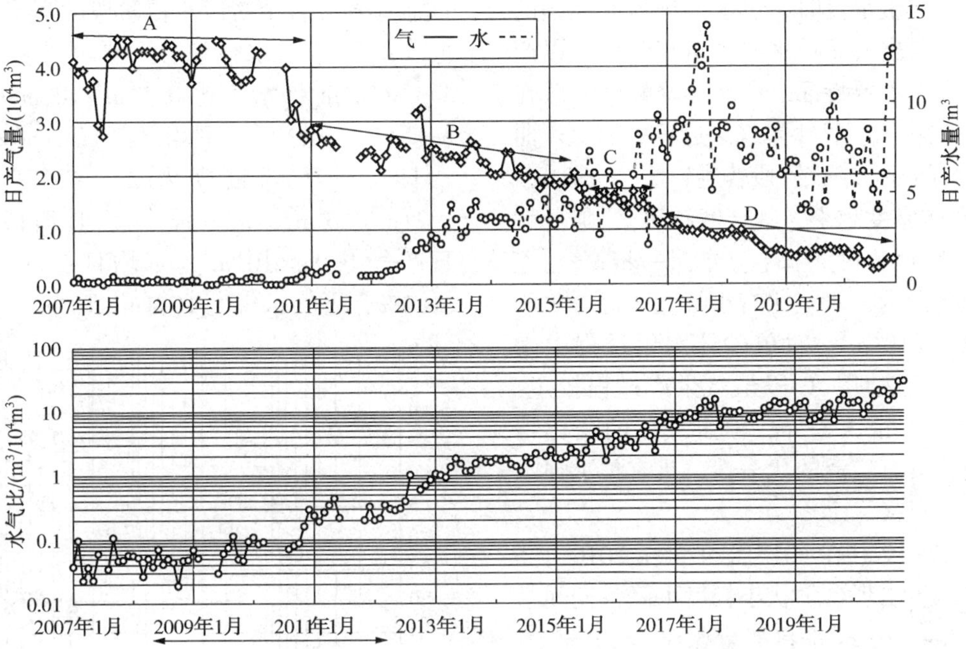

图 2　S2-19 井气层产能与水气比曲线变化特征分段示意图

2.2.1 A 段——低含水稳产段

在气藏大规模开发初期，气藏压力下降慢，产能稳定，不含水或水气比极低，除了投产初期产出水有部分钻井液外，产出基本为气藏凝析水，水气比十分稳定，一般在 0.3 $m^3/10^4m^3$ 以下，单层日产气多在 $1.5\times10^4m^3$ 以上。

随着气藏开发程度的深入，尤其是大规模投产阶段，单一气层或开发层组的气层压力逐步下降，单位孔隙体积内产出气换算到地面的体积在下降，所携带的含水比例会逐步升高。但是由于岩石孔隙中并无可动水，产出水源于气体包含水分、毛管滞留水和岩石骨架的吸附水等，所以这个含水的比例是非常低的，随着压力下降，也不会随天然气采出而无限升高，而是存在明显的上限。历史资料统计表明，未水侵阶段气层的水气比最大值普遍在 0.3$m^3/10^4m^3$附近。因此，在此阶段，气层产出水仍然是气层自身的层内水。

以 S2-19 井为例，气砂体未水侵阶段(A 段)水气比仅在 0.02~0.1$m^3/10^4m^3$，日产气基本在 $4.0\times10^4m^3$以上。

2.2.2 B 段—初期水侵阶段

在气层受到水侵的初期，边水为主要出水来源。由于层内水的比例非常低，边水的侵入会导致水气比的明显变化。当气层的水气比连续升高到 0.3 $m^3/10^4m^3$ 以上的新台阶，基本在 0.3~2.0$m^3/10^4m^3$波动，且产能出现明显的台阶状下降，可基本判断有水侵的发生。但是由于初期水侵可能是边水不连续的零星入侵，或者由于气水界面抬升到比较靠近的位置，天然气裹挟的含水比例逐步升高，水气比呈现一定程度的上升。总体来看，由于水侵面积没有大规模突破，这个阶段产能具有一定的稳定性。

图 2 中 S2-19 井在 2010 年 10 月出现了明显

的见水特征，日产能自 $4.0\times10^4m^3$ 下降到 $2.6\times10^4m^3$ 附近后保持较长时期的稳定保持至2015年4月，期间水气比由 $0.2m^3/10^4m^3$ 升高至 $2.0m^3/10^4m^3$，出现了明显的增加。

可见在水侵初期阶段，产能较原始气层有明显下降，但整个边水推进的过程中产能波动不大，而水气比则稳步升高，具有更强的敏感性，对预示下一个阶段的水侵程度具有更好的量化指示作用。这一特征在诸多气田开发中具有共性。

2.2.3　C段——边水突破阶段

当井点被严重水侵时，边水推进形成连续的水流，井点周围被大面积水淹，生产曲线上以产能大幅度下降为主要特征，产能下降幅度一般在50%以上。对36个单层砂体水侵过程中的生产曲线变化特征分析显示，C阶段普遍较短，一般仅2至数个月(砂体厚度越小，其长度越短)，随后就会发日产水量的大幅度升高，产能进一步萎缩。

而这个阶段内，水气比有小幅度变化，一般在 $2.0\sim5.0m^3/10^4m^3$。对单砂体水侵过程中生产曲线追踪分析表明，C段虽然生产过程较短，产能与B阶段无很大差异，但水气比的变化特征十分明确，具有广泛的代表性，具有预示强水侵的重要指导意义。

图2中S2-19井在2015年4月至2016年5月，产能进一步出现台阶状小幅度下降，期间水气比突破 $2.0m^3/10^4m^3$ 平台高至 $5.0m^3/10^4m^3$。

2.2.4　D段——严重水侵阶段

在边水突破阶段之后，气砂体水侵较快进入严重水侵阶段，产能大幅度下降，水气比在 $5.0m^3/10^4m^3$ 以上。追踪统计36个单砂体，水侵过程中后期水气比多在 $5.0\sim25.0m^3/10^4m^3$。当然，由于后期产能稳定性差，或者积液等现象影响，而且后期水气比可能并不稳定，波动比较明显，也可能出现低产能、低产水的情况。

图1中显示S2-19自2016年6月水气比达到 $5.0m^3/10^4m^3$ 以上，日产从原始气层的 $4.0\times10^4m^3$ 下降到 $1.0\times10^4m^3$ 以下，日产水升高到了 $10m^3$ 附近。

统计3个气田单砂体的开采特征表明，在水气比达到 $5.0\ m^3/10^4m^3$ 以上，会出现产能严重下降的现象，一般在降幅在50%以上。这个阶段水气比的界限是比较明显的，诸多砂体的生产曲线呈现了较好的一致性。

2.3　基于水气比特征识别和定义水侵程度

由于砂体产能差异和投产层数、厚度不同，开发过程中按照产能和出水量定义气砂体或气井的水侵等级是比较困难的，但是这几个阶段的水气比变化都具有规律性，可以较好地结合单砂体产能变化的幅度定义水侵等级或阶段。

按照上述阶段划分方法，对36个单砂体的生产曲线进行了追踪分析，表明水气比变化的界限具有明确的规律性。图3中，追踪分析了纯气层单砂体36个，有28个单砂体进入水侵阶段，且追踪到了各个阶段水侵阶段的产能和水气比数据。单砂体未水侵阶段(A阶段)平均日产气 $2.43\times10^4m^3$，水气比 $0.11m^3/10^4m^3$；进入见水初期(B阶段)后，平均日产气 $1.86\times10^4m^3$，平均日产气下降幅度为23.5%，平均水气比 $1.21m^3/10^4m^3$；进入强水侵(D阶段)后，平均日产气 $0.94\times10^4m^3$，平均日产气下降幅度为61.3%，平均水气比 $10.1m^3/10^4m^3$。

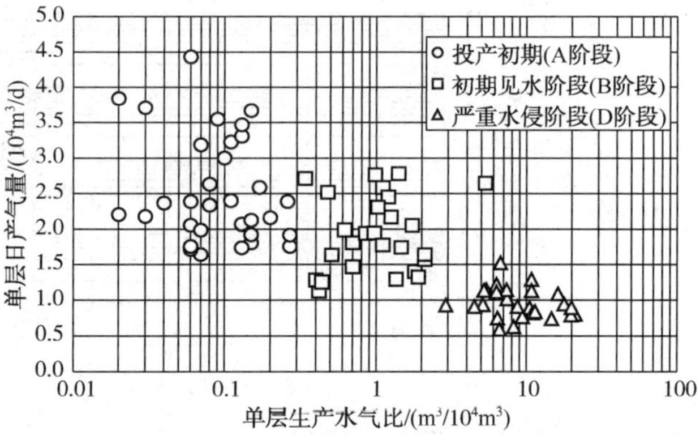

图3　单砂体投产后不同阶段产能、水气比变化特征

上述单砂体水侵过程中的水气比好产能变化显示，水侵初期砂体水气比为 $0.3\sim2.0m^3/10^4m^3$，仅极个别薄砂体水气比较高；严重水侵阶段水气比多数在 $5.0m^3/10^4m^3$，且产能大幅度下降。C阶段普遍生产周期较短，属于B、D阶段的过渡，不做单独统计。产能下降幅度上来看，多数砂体B阶段日产气下降幅度多数在25%以内，而D阶段日产气下降幅度多数在50%以上。

基于产能变化阶段在水侵上具有明显的规律性，对涩北浅层生物气藏生产过程中水侵(水淹)等级的划分，采用四个级别，即按照A-B-C-D四个阶段，定义为未水侵、弱水侵、中等水侵、强水侵(见表1)。这一标准目前也成为涩北气田标定测井水淹层解释等级的生产依据。

表 1　基于生产水气比特征定义的水侵阶段划分标准

生产曲线阶段	水侵(水淹)等级	水气比特征/($m^3/10^4m^3$)	产能特征参考(参考同一砂体或类似砂体)
A 段(特低含水稳产段)	未水侵	<0.3	产量稳定，无明显下降
B 段(初期见水段)	弱水侵	0.3-2.0	产能下降幅度一般低于 25%
C 段(水侵突破段)	中等水侵	2.0-5.0	产能下降幅度一般为 25%~50%
D 段(产能衰竭段)	强水侵	>5.0	产能下降幅度一般大于 50%

3　现场应用

3.1　利用水气比曲线及时掌握初期见水时间

及时掌握气层初期见水时间和后续水侵进程，对于调整开发措施有重要意义。本区气藏气砂体数量多、砂体繁杂，在多层合采的过程中，井口日产量差异较大。由于气砂体自身束缚水的产出，井口产水的绝对量变化较大。前期，采用井口日产水量变化作为判断砂体水侵的依据，精度低、误差较大。

通过本区开采曲线分析表明，在气层开采过程中，随着边水推进范围的延伸，多数井都有一个零星出水的初期见水阶段。在这个阶段，天然气裹挟少量边水产出，导致水气比略有升高。通过监测水气比变化，可以及时了解气井的出水水源变化，迅速开展产水层来源分析，更新砂体水侵动态，掌握边水推进程度和运动规律。

3.2　充分利用“C 阶段”这一重要的“时间窗口”的监测作用

当水气比从 0.3$m^3/10^4m^3$以下波动区间抬升到 0.3~2.0$m^3/10^4m^3$以上平台上，即可以清楚地判定到了 C 段——水侵突水阶段。由于 B 段时间长、规律性好、水气比稳定，和 C 阶段可以清晰的进行区分。而大量生产井资料显示，水气比突破 2.0$m^3/10^4m^3$后，则常常是边水即将突破的强水侵前兆，因此 C 阶段作为重要的强水侵“窗口”，具有特殊的意义。

从确定见水到到水侵大面积突破，强水侵到来前的“时间窗口”一般有 2 个月至数个月的长度。一般来看，物性越好的气层或者储量规模越小的气砂体，其“时间窗口”越短。

及时分析单井产能曲线特征和水气比变化，及时预判强水侵阶段的到来，有助于采取相应的措施，提高气层的开采效果，延缓含水突破时间的到来。

图 4 为 T3-17 投产 2-12+13 小层生产曲线，该砂体 2009 年年初投产，日产气 3.6×10^4~6.2×10^4m^3之间(A 阶段)，在 2012 年 7 月水气比升高到 0.3$m^3/10^4m^3$之上并逐步走高，其中 2012 年 10 月~2013 年 6 月，水气比在 2.0~5.0$m^3/10^4m^3$间波动，日产能下降到 2.5×10^4m^3左右，预示了严重水侵阶段的到来。

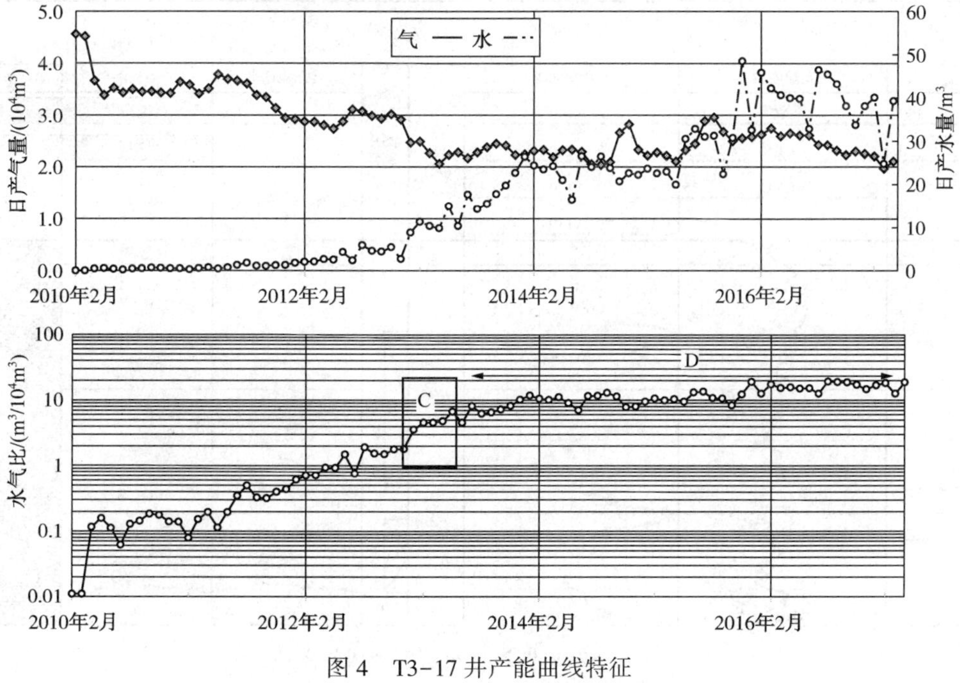

图 4　T3-17 井产能曲线特征

配合对水侵等级的预判，在生产中相应的调整工作制度，从最初的7.0mm气嘴逐步下调，在C阶段到来后下调到4.0mm气嘴，在一定程度上减缓了水侵速度，避免了快速水侵导致产能严重下降局面，以及积液导致的趟井问题，在强水侵阶段保持了较长时间的高含水生产周期。

基于这一认识，生产中为避免水侵快速突破，及时进行水侵状况监测，尤其是对强水侵阶段的时间窗口进行分析预警，在生产中发挥了较好的作用。

3.3 有助于提高"D阶段"携水生产的效益

生产曲线显示，"D阶段"(强水侵阶段)为高含水阶段，但仍可能具有较长的生产周期。如果水侵区域处于"D阶段"早期，一般仍具有较长的带水挖潜周期，而该阶段的末期则很快趋向产能枯竭，这是和油层强水淹的重要区别。但是，该区域为高矿化度、高泥质含量的疏松砂岩低阻气藏，在中等水侵、强水侵阶段，其电性特征可能无显著的差异，对中强水侵区域的新井，很难从电测井响应特征上判断其有无投产价值，尤其是难于判断是处于"D阶段"的早期还是末期，这对于强水侵区的新井评价和决策带来了较大困难。

由于气砂体规模、开采速度等差异，D阶段具有的生产周期在可能存在很大差异，不同砂体可类比性较差。通过结合具体砂体采气井的水侵规律，摸清开采井组内采气井的水侵阶段，对水侵区域的挖潜有重要的参考作用。

以一号气藏2~4小层为例(见表2，图5)，该砂体平面上水侵严重，目前采气井产能大幅度下降，水气比持高不下，部分井已经停躺。综合分析在S2-14、S2-6、S2-29等高含水井区域内有挖潜价值，部署S2-8井进行水侵区域挖潜。S2-14、S2-6井都处于D阶段末期，产能趋向枯竭，都已在D阶段生产超过60个月，S2-8井位置略高于S2-14、S2-6井，与S2-28井接近，具有可比性。且S2-28井评价为D段中期，仍有较稳定产能，高含水生产的周期为34个月，也远少于S2-14等井，综合评价S2-8井区为强水侵阶段的中期，仍有携水生产的潜力。

表2 一号气藏S2-8井周边生产井水侵状况分析(2~4小层)

井号	见水时间	进入强水侵时间	D阶段生产周期/d	初期日产气/(10^4m^3)	目前日产气/(10^4m^3)	目前水气比/($m^3/10^4m^3$)	阶段分析
S2-14	2013.12	2015.09	63	3.2	0.65	5.9	D阶段末期
S2-6	2012.10	2016.01	60	3.7	0.70	11.5	D阶段末期
S2-28	2015.05	2018.02	34	3.9	0.91	7.7	D阶段中期
S2-29	2011.01	2017.07	51	4.8	0.37	6.6	D阶段末期

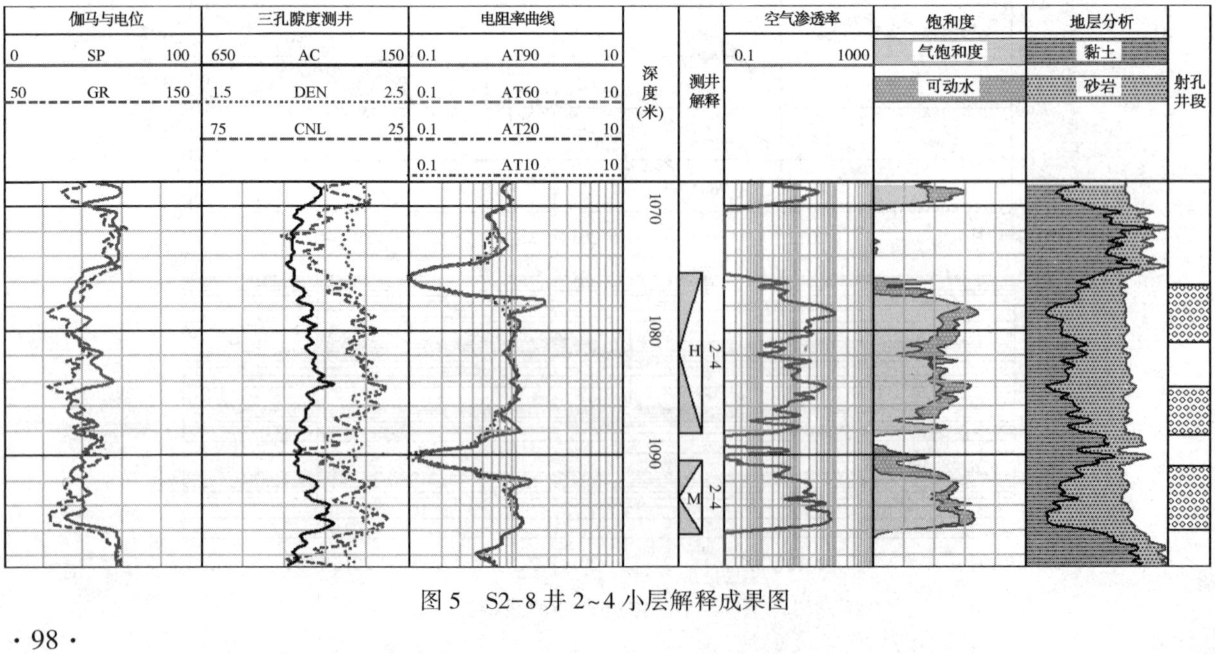

图5 S2-8井2~4小层解释成果图

完钻资料显示，S2-8井有明显的水淹特征，测井解释上部层段强水淹、下部中水淹。投产后日产气$0.92\times10^4m^3$，水$6.68m^3$，水气比$7.3m^3/10^4m^3$，目前产能稳定，与水侵等级和部署前预判产能情况预测吻合。水侵阶段的综合分析在水侵区域挖潜部署中起到了重要的参考作用。

4 结论

柴达木盆地生物气藏纯气层含水量低，产水比例稳定。在排除射开气水同层、层间水串等因素外，水气比的变化有明确的代表意义。通过水气比对数坐标的刻度，可以清晰地监测气层产能和水气比“A-B-C-D”4个阶段的变化。与按照井口产水量监测水侵和划分水侵等级相比，水气比监测更为准确和敏感，避免了气层规模和产能差异的影响。水气比变化的“C段”可以较好地预判大规模水侵阶段的到来，是一个明确的“时间窗口”，是进入强水侵的重要指标标。结合产能曲线特征，及时在早期时间窗口识别水淹的可能性，为开发措施调整争取时间。在水侵时间窗口指示下，结合气井所处的构造位置、气层产能类型，针对性实施降水稳产措施，延长携水生产时间；通过参考生产井生产曲线，细化对“D段”认识，为水侵区的挖潜价值提出评价依据，为强水侵气区进一步挖潜有重要的指导作用。

参考文献

[1] 孙虎法，王小鲁，成艳春，等．水源识别技术在涩北气田气井出水中的应用[J]．天然气工业，2009(7)：76-78.

[2] 华锐湘，贾英兰，李清，等．涩北气田气水分布及气水运动规律分析[J]．天然气工业，2009(7)：68-71.

[3] 张伦友，贺伟．提高水驱气藏采收率新途径——早期治水法[J]．天然气勘探与开发，1998(3)：13-18.

[4] 杨云，顾端阳，连运晓，等．多层疏松砂岩气藏水平井出水机理及防控对策——以柴达木盆地台南气田为例[J]．天然气工业，2019(5)：85-92.

[5] 郭平，徐永高，陈召佑，等．对低渗气藏渗流机理实验研究的新认识[J]．天然气工业，2007，(7)：86-88.

[6] 郭平，黄伟岗，姜贻伟，等．致密气藏束缚与可动水研究[J]．天然气工业，2006，(10)：99-101.

[7] 吴永平，杨敏，李明，等．克拉2气田水侵规律及模式[J]．新疆石油地质，2020(3)：302-306.

[8] 黄质昌，武清钊，黄新平，等．胜利油区疏松砂岩低电阻率气层测井评价技术[J]．测井技术，2015(4)：444-449.

[9] 岳宝林，祝晓林，刘斌，等．气顶边水油藏天然能量开发界面运移规律研究[J]．天然气与石油，2021(5)：74-79.

[10] 张烈辉，梅青艳，李允，等．提高边水气藏采收率的方法研究[J]．天然气工业，2006(11)：101-103，181.

[11] 吴长虹，李敬功，陈彬，等．高含水期产水率解释水淹层方法研究[J]．石油地质与工程，2004(5)：30-31.

[12] 顾端阳，柴小颖，孙勇，等．岩性-电性交会方法在疏松砂岩气藏水侵研究中的应用——以柴达木盆地台南气田为例[J]．新疆石油地质，2019(5)：624-629.

[13] 赵秋丽．草20馆陶一砂体水侵规律研究及潜力评价[J]．断块油气田，2006(2)：37-39，91.

[14] 陈朝晖，邓勇．疏松砂岩气藏水敏性对相对渗透率的影响[J]．新疆石油地质，2012，33(6)：708-711.

[15] 薛江堂，刘针，薛龙龙，等．水驱开发油藏高含水期驱替程度和波及系数变化规律[J]．新疆石油地质，2018，39(5)：573-577.

[16] 高文君，宋成元，付春苗，等．经典水驱油理论对应水驱特征曲线研究J]．新疆石油地质，2014，35(3)：307-310.

柴达木盆地昆北油田切12区基岩油藏水淹模式研究

李积永[1]　盛　军[1]　杨　成[2]　李　杰[1]　李汉阳[1]　熊国忠[1]

(1. 中国石油青海油田分公司勘探开发研究院；2. 中国石油青海油田分公司采油二厂)

摘　要　柴达木盆地昆北切12区基岩油藏为典型双重介质油藏，油藏依靠天然能量开采，开发中产量快速递减，油藏含水快速上升，油井普遍水淹；但基岩油藏地层压力不降反升，油藏整体开发效果差，急需研究油藏见水机理及水淹模式。通过对基岩油藏见水水型、水源分析，水侵量大小和含水变化与上覆沙砾岩油藏注水量关系，基岩油藏及上覆沙砾岩油藏开发特征研究，明确了基岩油藏见水机理及油井水淹模式：切12区基岩油藏上覆沙砾岩油藏注入水侧下驱到达基岩风化壳后，注入水沿基岩裂缝侵入基岩油藏导致油井水淹，此模式为注入水窜入水淹。为油田开发调整提供了技术依据。

关键词　柴达木盆地；昆北油田；切12区；基岩油藏；见水机理；水淹模式

自20世纪70年代以来，我国相继发现了众多潜山基岩油气藏，为油气勘探与开发开辟了一个新的、重要的领域。基岩油藏普遍具有厚度大、储层裂缝发育的特征，属于典型的双重介质油藏。在衰竭式开采和传统的注水开发后，基岩油藏产量大幅度下降，含水快速上升，从而导致开发效果变差，也难以获得理想的采收率。目前，国内外众多学者采用数值模拟及油藏工程方法对常规油藏水淹机理及模式开展了大量研究，水淹模式大致可分为底水锥进水淹、边水侵入水淹、注入水窜进水淹、注入水和底水共同水淹、注入水和边水共同水淹等五种类型，而业界对基岩双重介质油藏的水淹模式研究鲜有研究。为此，笔者以柴达木盆地昆北油田切12区基岩油藏为例，开展基岩油藏出水机理及水淹模式研究，以此指导油田开发调整。

1　油田地质概况

昆北油田切12区位于柴达木盆地西部南缘昆仑山前昆北断阶带的西段，是在古隆起背景下形成的大型鼻状构造，整体构造形态为一北北东向的断背斜构造。昆北断阶带基底为古生界变质岩和海西运动期花岗岩的复合基底，其上直接沉积新生界。

昆北油田切12区发育下干柴沟组下段(E_3^1)与基岩两套含油层系，沙砾岩油藏与基岩油藏未见明显隔夹层，为同一油水系统(见图1)。沙砾岩油藏为一构造油藏，分布于E_3^1底部砾岩储层，具有油层厚度大，连通性好，平面分布稳定特点。储层岩性主要为岩屑长石砂岩及少量的长石岩屑沙岩，岩性以沙砾岩、含砾粗砂岩、砾岩

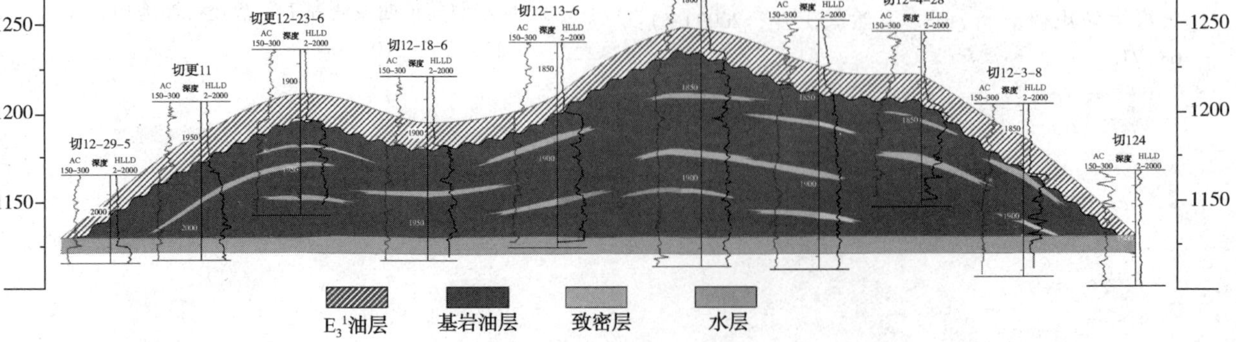

图1　昆北油田切12区砂砾岩(E_3^1)-基岩油藏剖面

为主，储层孔隙以原生粒间孔为主，发育少量溶蚀孔与成岩缝，具有复模态的特征。砂砾岩油藏平均孔隙度12.3%，平均渗透率$17.5\times10^{-3}\mu m^2$，属于低孔低渗储层。切12区基岩油藏是受底水控制的块状构造油藏，与上覆沙砾岩油藏间不发育隔夹层，具有统一油水系统。储层以板岩为主，具有孔隙-裂隙双重孔隙特征，孔隙类型主要为溶蚀孔，裂缝为构造缝与溶蚀缝成。

2 基岩储层特征

昆北油田切12区基岩油藏岩性以变质岩为主，花岗岩次之。本区变质岩主要为板岩，局部见变质砂岩。板岩主要矿物为绢云母，少量变余石英、长石、岩屑等碎屑颗粒，铁方解石、铁白云石等碳酸盐矿物主要充填裂缝或交代矿物。基岩储层储集空间属于典型的基岩风化壳所形成的孔隙，储集空间类型主要包括构造缝、溶蚀缝和溶蚀孔三类储集空间，孔隙类型主要为溶蚀孔(见图2)。基岩储层物性相对较差，孔隙度主要分布在1%~8%，平均3.0%，有效储层孔隙度平均值为4.0%，渗透率分布在$0.02\sim5.7\times10^{-3}\mu m^2$，平均渗透率$0.6\times10^{-3}\mu m^2$。压汞曲线有明显的细歪度、排驱压力较高(一般>5MPa)、双重孔隙介质特征。

(a) 板岩裂缝溶蚀孔100×(-) 1950.16m

(b) 板岩裂缝及溶蚀孔100×(-) 11950.49m

图2　切12区切124井基岩储积空间

切12区基岩储层中普遍发育裂缝(见图3)，其中水平缝发育最多，占35.6%；高角度斜交缝次之，占25.4%；斜交缝占21.2%，低角度斜交缝占整体的15.3%，垂直缝发育最少，占2.5%。大裂缝的切穿深度一般大于10cm，多数在10~30cm，小裂缝的切穿深度通常小于10cm，主要在5~8cm。裂缝的延伸长度一般在0.5~4m，较长者可达十几米，甚至更长。单条裂缝的延伸长度有限，但不同方位的构造裂缝相互交织形成裂缝网络。裂缝开度主要分布在20~60μm，最大可达80μm。裂缝平均密度13.8条/m，高角度大裂缝间距在1~10cm。

图3　切12区基岩裂缝(切12-7-28 1847.6~1748.4m)

3 基岩油藏出水机理及水淹模式

昆北油田切12区发育砂砾岩(E_3^1)与下伏基岩两套含油层系。切12区基岩油藏是受底水控制的块状构造油藏，与上覆沙砾岩油藏间不发育隔夹层，具有统一油水系统。储层以板岩为主，具有孔隙-裂隙双重孔隙特征，孔隙类型主要为溶蚀孔，裂缝为构造缝与溶蚀缝成。沙砾岩油藏2011年注水开发，基岩油藏于2015年采用水平井依靠天然能量开发。基岩油藏试采初期单井产量高、上产快、效益好，实现了基岩油藏效益开发。近两年来基岩油藏产量自然递减率居高不下，一直在30%以上，目前基岩油藏含水达到82.7%，含水大于85%的井占比61.1%，由于高含水关井导致开井率仅为55.6%，而油藏采油速度仅为0.24%，地质储量采出程度不足

2.0%。历经5年开发基岩油藏呈现“三快两低一差”的特征：油藏产量快速递降、油井快速见水、油藏含水快速上升，导致大部分井暴性水淹，致使油藏采油速度低、采出程度低，开发效益变差。

3.1 基岩油井见水水源分析

切12区基岩油藏整体以水平井开发，考虑底水影响，水井轨迹整体设计在基岩顶部储层。开发后大部分井快速见水，平均为136天。油井含水变化具有缓慢上升性与快速上升型两种类型，且以快速上升型为主，具有裂缝见水的特征。

大量学者研究表明，利用油井的水油比、水油比导数与生产时间关系曲线的变化趋势可以判断采油井的出水类型。若水油比导数曲线整体呈现下降趋势，则可判断此水平井的水窜类型主要为底水型；若水油比导数曲线整体呈现上升的趋势，则可判断此水平井的水窜类型主要为注入水窜流型。

切12区基岩油藏18口水平井水油比、水油比导数与生产时间关系曲线均为上升型(见图4)，其中11口井产液氯根含量小于30000mg/L(见图5)。昆北油田切12区基岩油藏原始地层水总矿化度49995~52648 mg/L，平均51512mg/L，氯离子含量30000mg/L左右，水型以$CaCl_2$为主。沙砾岩油藏注入水为淡水，总矿化度为959.68mg/L，氯离子含量157.79mg/L，水型为Na_2SO_4。现场生产监测显示，尽管基岩油藏见水油井$CaCl_2$与Na_2SO_4水型并存，但平均氯离子含量下降明显，平均为13971mg/L，仅为原始地层水含量的46.6%，表明基岩油藏有淡水侵入。

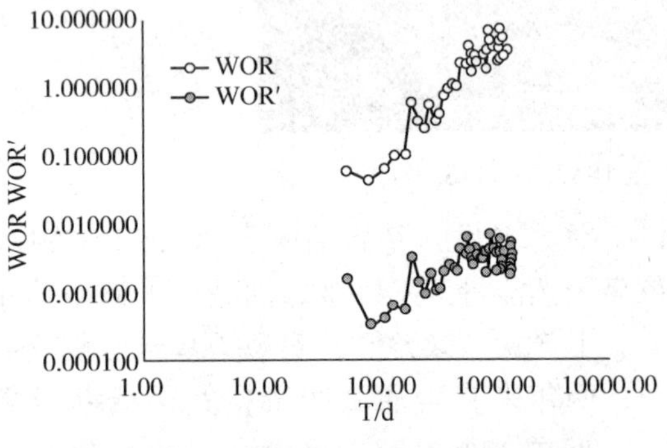

图4 H2井水油比、水油比导数曲线

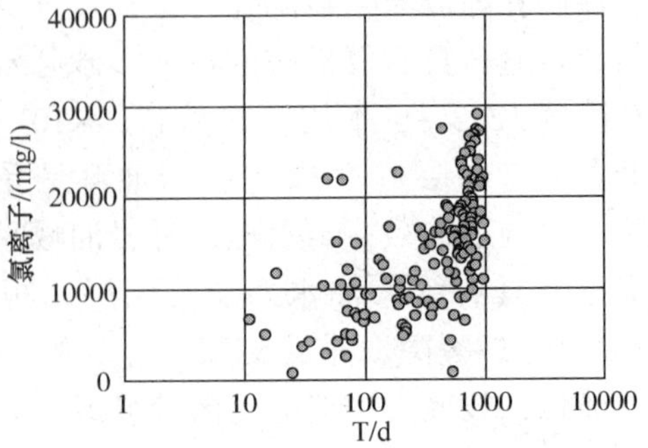

图5 H2井氯根含量变化图

2016年切12区构造中区基岩油藏上覆沙砾岩油藏进行深部调驱，2017年在E_3^1油藏深部调驱试验区下伏的基岩油藏8口水平井先后见到调驱剂(见表1)，证实砂砾岩油藏注入水侵入至基岩油藏。

表1 基岩油藏油井采出液调驱剂浓度统计表(mg/L)

井号	2017/5/1	2017/7/1	2017/9/1	2017/10/1
切12H2	382.25	145.05	73.38	69.97
切12H7		20.48	13.65	30.04
切12H8		19.62	19.62	35.28
切12H9		29.86	—	29.36
切12H10			14.51	25.69
切12H11				36.78
切12H12			53.75	45.12
切12H13				44.69

计算基岩油藏水侵量表明，基岩油藏水侵量与上覆砂砾岩(E_3^1)油藏注水量具有好的正相关性，基岩油藏含水与基岩水侵量也具有较好正相关性(见图6、图7)。随沙砾岩E_3^1油藏注入水量增加，基岩油藏水侵量快速增大，油藏含水受工作制度及措施影响有所波动但整体呈上升趋势。由此可见，基岩油藏油井见水水源为上覆沙砾岩油藏注入水。

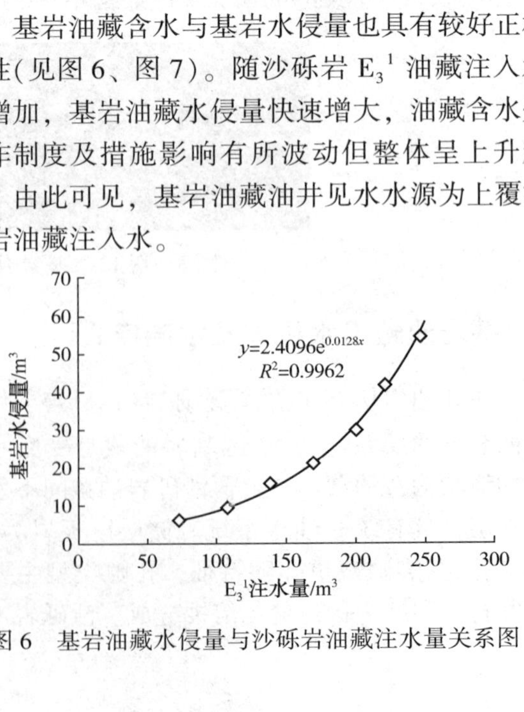

图6 基岩油藏水侵量与沙砾岩油藏注水量关系图

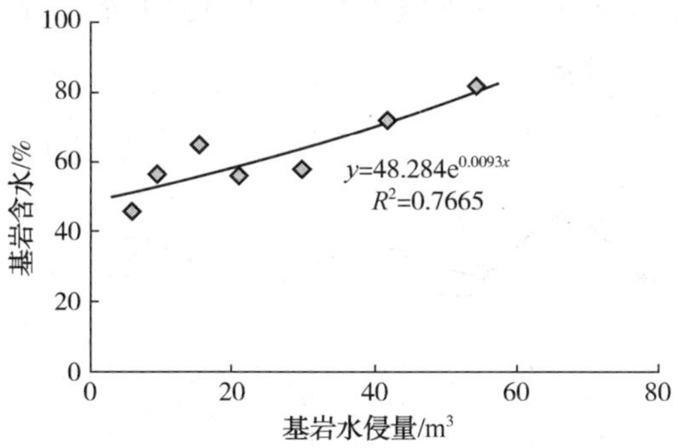

图7　基岩油藏含水与水侵量关系图

3.2　上覆砂砾岩油藏开发特征

沙砾岩油藏全面水驱开发以后，一线油井快速水淹，油藏产量快速下降，含水上升(见图8，因保密需求隐去刻度值)。尽管2013年以来，砂砾岩累注采比较大，但油藏呈现液量下降，地层能量恢复缓慢(见图9、图10)。统计表明，砂砾岩油藏注水后仅37.6%井明显注水见效，大部分井注水未受效。出现注采比增大而产液量下降、地层能量恢复缓慢的原因是，沙砾岩油藏部分井注水见效且水淹，而大部分井由于注入水外溢未能波及。

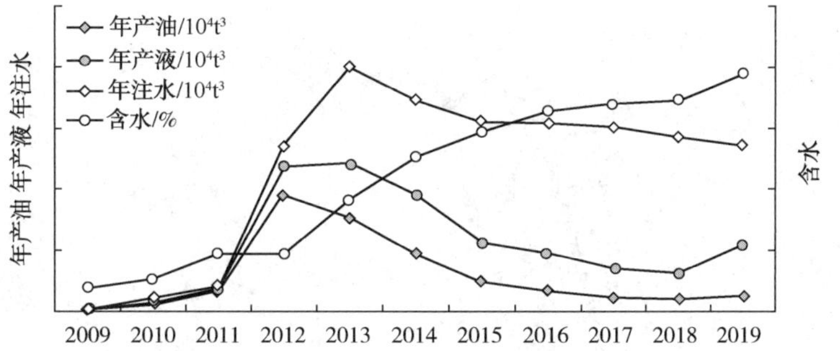

图8　切12区沙砾岩油藏采油曲线

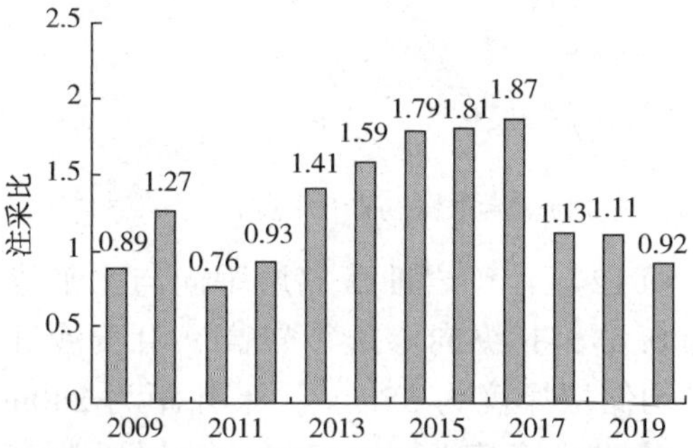

图9　切12区沙砾岩油藏历年注采比柱状图

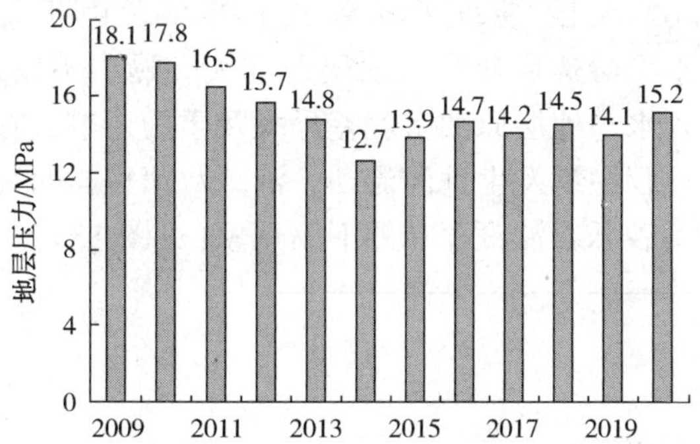

图10　切12区沙砾岩油藏地层压力柱状图

3.3　基岩油藏生产差异

2009年油藏评价时测得昆北切12区基岩油藏原始压力系数为0.991～1.017，平均值为1.003，属于正常压力系统。试油井无自喷能力，均抽汲求产，而2015年后基岩油藏绝地大多数新井初期均可自喷生产，表明基岩油藏压力上升。现场压力监测表明，2014年之后基岩油藏压力升高，压力系数均大于原始压力系数1.003，部分井压力系数达到1.20(见图11)。因基岩油藏尚无注水，油藏开发后压力不降反升。由此可以证实，基岩油藏压力升高的原因是由于上覆沙砾岩油藏历经多年注水后，侵入基岩油藏的注入水量逐步加大，有效补充了基岩油藏的地层能量。

受E_3^1油藏累注水量高低影响，基岩油井产液量存在差异，累注水量低区域，基岩油井低液生产(见图12)。在E_3^1油藏累注量高的主体部位，其下部基岩油藏油井供液较为充足，生产液量较大，而在E_3^1油藏北部累注量低的区域，其下部基岩油藏油井产液状况较差，表现为供液不足。

3.4　基岩水淹模式

切12基岩油藏的上覆沙砾岩油藏储层储积空间以原生粒间孔为主，发育少量溶蚀孔与成岩缝，因此不具备注入水沿裂缝纵向水窜的可能。而切12基岩油藏为双重介质油藏，储层孔隙度分布在1%～8%，有效孔隙度为4%。溶蚀孔隙是主要的储集空间，裂缝是沟通孔隙的渗流通道，其上覆砂砾岩油藏隔夹层横向不连续，在“拼合板”状高渗透储集层网格中形成部分不连续遮挡。研究区沙砾岩油藏隔夹层横向不连续，基岩风化壳裂缝发育，这为上下水窜提供了便利条件。

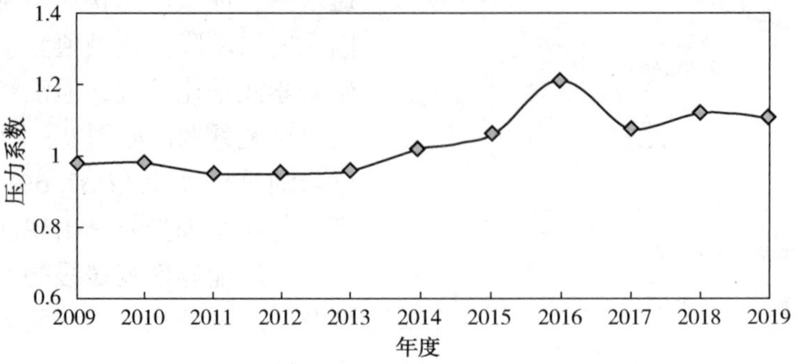

图 11　切 12 区基岩油藏分年度压力系数变化曲线

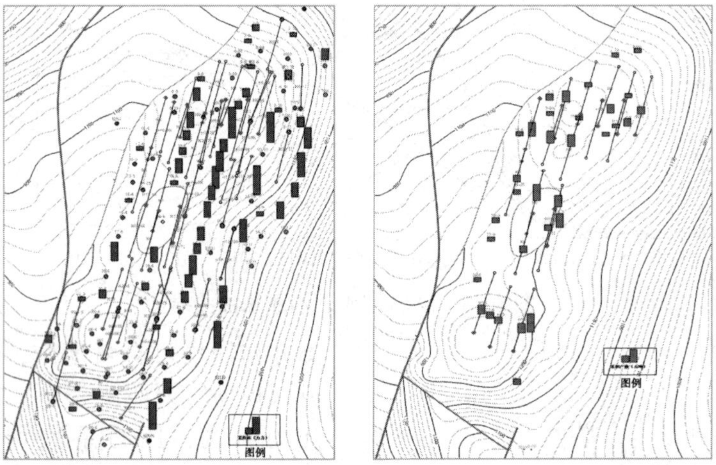

图 12　昆北油田切 12 区沙砾岩油藏累计注水量(左)与基岩油藏初产图(右)

有学者研究表明，较高的储层垂向渗透率与水平渗透率之比(K_v/K_h)会导致注入水或底水迅速垂向流动至高渗条带，从而沿高渗条带快速突破至采油井；由于具有单层厚度大和隔夹层不发育的特点，加之油水重力的影响，注入水进入地层后主要沿油层下部移动，主要表现为顶部驱油效率低，底部水淹强。驱替流体与被驱替流体的密度差是产生重力舌进最直接的原因，当密度差达到 0.06g/mL 时，出现重力舌进特征。

切 12 区沙砾岩油藏储层垂向与水平渗透率比为 0.63，其纵向渗透率较高。由于沙砾岩油藏平均储层厚度为 35m，注采井距为 240m。切 12 区注入水密度为 1.0g/mL，地层原油密度为 0.862g/mL，密度差达到 0.132g/m。由于垂向与水平渗透率比高、油层厚度大、隔层不发育、注入水与地层原油密度差异大及重力影响，在注水过程中易发生垂向流动。油藏数值模拟研究也证实砂砾岩油藏存在侧下驱现象(见图 13)。

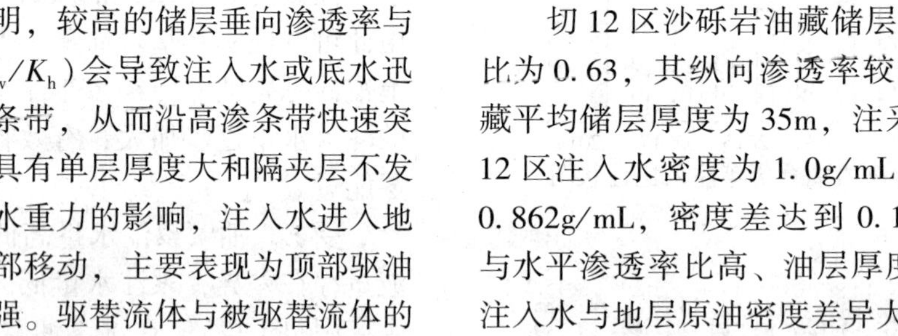

图 13　切 12 区数值模拟饱和度剖面

沙砾岩油藏注水时，注入水侧向驱替，同时，受重力分异影响注入水发生侧下驱。因此，沙砾岩油藏只有部分井注水见效，开发效果变差。当切 12 区砂砾岩油藏注入水到达基岩风化壳时，注入水沿基岩裂缝窜至基岩油藏(见图 14、图 15)，从而使基岩油藏能量上升，并伴随基岩油藏开采，注入水突破导致油井水淹，此水淹模式为“注入水窜入水淹”。

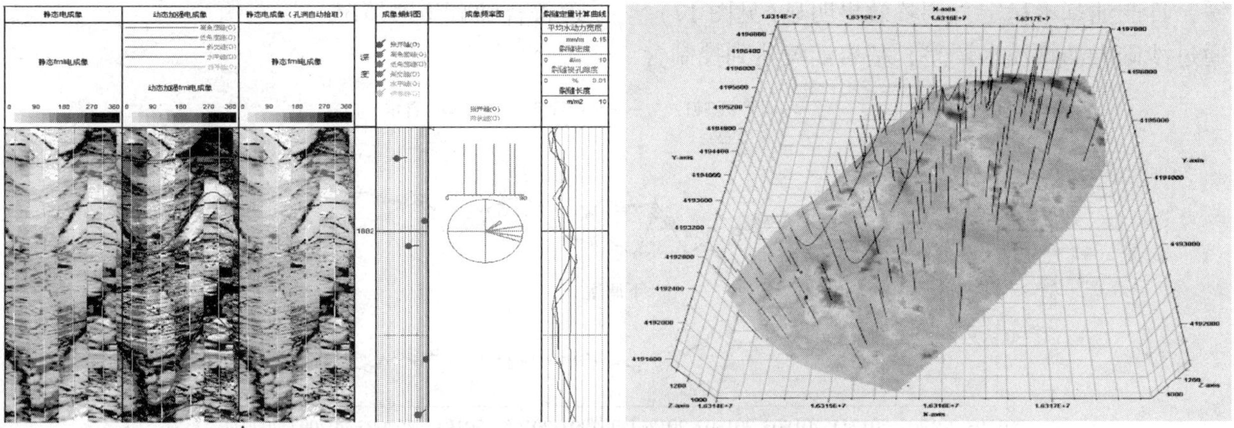

图 14　切 12 井裂缝解释图(左) 切 12 区基岩裂缝强度模型(右)

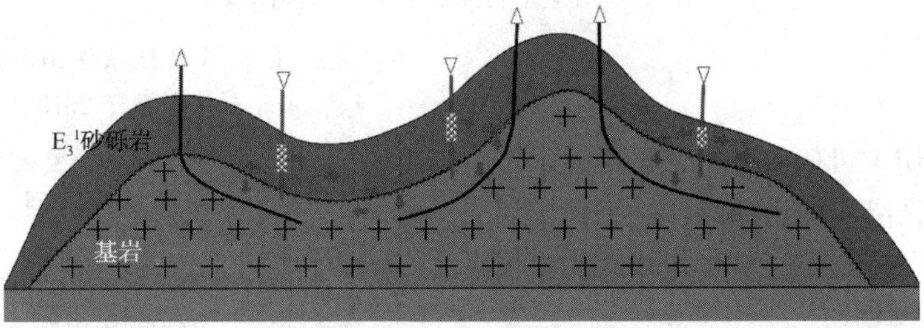

图 15　切 12 区基岩油藏水淹模式图

4　现场实例分析

基于切 12 区砂砾岩油藏注水下窜至基岩油藏的认识，指导油藏注采调整。研究认为 H8 井含水上升主要是受 Q10-6 井注水水窜引起，2017 年 5 月该井注水量进行调整并间歇关停，2017 年 7 月后 H8 井产液量缓慢下降，含水基本稳定，含水快速上升趋势得到有效遏制(见图 16)。月下

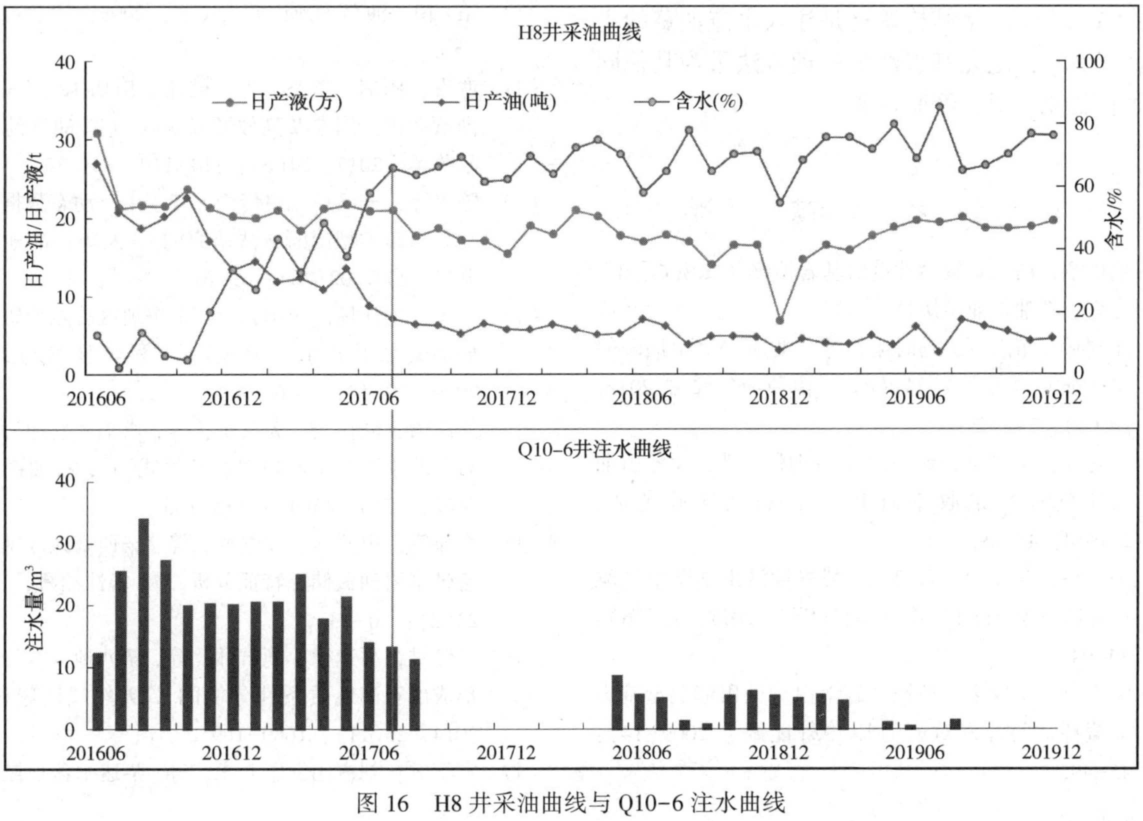

图 16　H8 井采油曲线与 Q10-6 注水曲线

2018年11调上覆砂砾岩油藏5口井注水量，其对应6口基岩油藏水平井含水上升速度明显减缓，日产油基本稳定，调整效果明显(见图17)。通过沙砾岩油藏注水调整，基岩油藏达到控制含水快速上升目的，改善了开发效果，证实沙砾岩油藏注入水向基岩水窜的结论，基岩油藏水窜机理符合油藏生产情况。

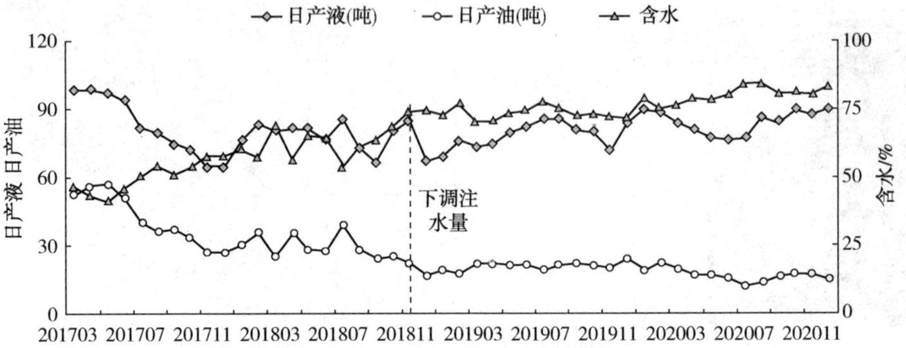

图17　对应基岩油藏水平井采油曲线

5　结论与建议

(1)昆北油田切12区沙砾岩油藏注入水下驱后，沿基岩风化壳侵入基岩油藏，是下伏基岩油藏含水快速上升主要原因，其水淹模式为上覆油藏注入水窜入水水淹。

(2)高含水期后期开发阶段，通过上覆沙砾岩油藏注水结构调整，在基岩油藏控水稳油方面取得较好效果，油藏的综合含水由2018年78.3%稳定在2021年的78.7%，连续3年含水稳定。

(3)开展注水结构调整是注入水淹油藏的主要治理手段，昆北基岩油藏治理方法可为其他同类型油藏开发提供经验借鉴。

参　考　文　献

[1] 柏松章，唐飞．裂缝性潜山基岩油藏开发模式[M]．北京：石油工业出版社，1997.
[2] 汪利兵，童凯军，马时刚，等．变质岩潜山油藏储层特征及高效开发建议[J]．特种油气藏，2012，19(4)：29-32.
[3] 杜建芬，李家燕，郭平，等．变质岩裂缝性潜山油藏注气提高采收率研究[J]．石油实验地质，201014：45-49.
[4] 张吉昌，李贻勇，关亮灯．裂缝性潜山油藏空气驱见效特征分析[J]．特种油气藏，2017，24(6)：90-94.
[5] 陈志海，牟珍宝，孙钰．越南白虎油田缝洞型基岩油藏特征与开发对策[J]．中外能源，2009(14)：45-49.
[6] 杨杰．L油田M区块潜山油藏空气驱研究[D]．大庆：东北石油大学，2018.
[7] 周代余，江同文，马积累，等．底水油藏水平井水淹动态和水淹模式研究[J]．石油学报，2004，25(6)：73-77.
[8] 杜殿发，王玉靖，侯加根，等．薄层边底水油藏水淹模式——以陆梁油田陆9井区呼二三油藏为例[J]．油气地质与采收率，2012，19(5)：91-94.
[9] 程秋菊，冯文光，彭小东，等．底水油藏注水开发水淹模式探讨[J]．石油钻采工艺，2012，34(3)：91-93.
[10] 李道亮．濮城油田双重介质油藏裂缝水淹分析及对策[J]．油气地质与采收率，2003，10(6)：48-50.
[11] 谢琳，杨玥，李杰，等．昆北油田切12井区基岩油藏产主控因素及高效开发实践[J]．油气地质与采收率，2017，24(6)：114-119.
[12] 陈民锋，姜汉桥，赵传峰．基于生产动态数据的采油井水窜类型诊断方法研究[J]．大庆石油地质与开发，2007.02(26)：59-61.
[13] 孙亮，李保柱，李勇，等．中东地区孔隙型碳酸盐岩油藏水平井水淹模式[J]．科学技术与工程，2019，19(14)：136-145.
[14] 刘广为，周代余，姜汉桥，等．塔里木盆地海相砂岩油藏水平井水淹规律及其模式[J]．石油勘探与开发，2018，45(1)：128-135.
[15] 李建明，史玲玲，汪立群，等．柴西南地区昆北断阶带基岩油藏储层特征分析[J]．岩性油藏，2011，23(2)：20-23.
[16] 吴颜雄，马达德，刘君林，等．柴西地区基岩油藏形成的石油地质条件分析[J]．天然气地球科学，2014，25(11)：1689-1695.
[17] 宫清顺，刘占国，宋光永，等．柴达木盆地昆北油

田冲积扇厚层砂砾岩储集层内部隔夹层[J]. 石油学报, 2019, 40(2): 152-164.
[18] 孙亮, 李勇, 杨菁, 等. 薄层底水碳酸盐岩油藏水平井含水上升模式及优化注水技术[J]. 岩性油气藏, 2019, 31(6): 135-144.
[19] 蔡晖, 刘东, 程大勇, 等. 厚层砂岩油藏水驱均衡驱替研究及应[J]. 中国海上油气, 2019, 31(6): 92-98.
[20] 张占女, 王永平, 陈晖, 等. 海上陡构造厚油层轻质油油藏注采井距研究[J]. 复杂油气藏, 2017, 10(3): 51-54.
[21] 祝晓林, 朱志强, 王立垒, 等. 考虑重力渗流机理的海上厚层油藏水淹层厚度预测[J]. 油气藏评价与开发, 2016, 6(3): 28-31.
[22] 狄勤丰, 张景楠, 叶峰, 等. 驱替过程中重力舌进特征的核磁共振可视化实验[J]. 石油学报, 2017, 38(10): 1183-1188.

北 10 井区头屯河组稠油乳化驱油机理及水驱采收率研究

龙沙沙　石　彦　罗兴旺　张　武　李新民　于枫林　杨　可

(中国石油新疆油田分公司准东采油厂)

摘　要　北 10 井区头屯河组稠油具有较强的自乳化性能，水驱开发效果较好。通过室内实验研究，揭示了沥青质组分是产生原油乳化的主要内在因素，含水率是影响原油乳化的关键外在因素。在不同含水条件下，油水均可乳化形成油包水 W/O 乳化液，令驱替相黏度增大，进而有效控制流度，形成有利流度比。但是随着含水率增大，油水乳化难度增加，同时乳化率下降。在低含水条件下，快速形成的稳定乳化液对原油形成近活塞式排驱，驱油效率高。基于水驱砂岩油藏采收率经验公式和相对渗透率曲线拟合计算，预测北 10 井区头屯河组油藏采收率为 29.7%左右。

关键词　自乳化；乳化机理；驱油效率；采收率

乳化原油具有聚合物驱和表面活性剂驱的“一剂多效”双重功能。北 10 井区头屯河组中深层稠油具有较强的自乳化性能，基于该原油的自乳化特点对油藏进行注水驱替开发，获得了较好的经济开发效果。本文较好地揭示了乳化原油的驱替机理，对于如何经济有效动用中深层稠油储量、提高此类油藏采收率具有较好的启示意义。

1　油藏基本情况

北 10 井区头屯河组油藏位于乌鲁木齐市以东约 120km，三台镇以西约 15km，行政隶属阜康市，区域构造位于准噶尔盆地东部阜康断裂带与北三台凸起的接合部位。油藏埋深 1987m，油层平均厚度 33.4m，平均孔隙度 22.28%，平均渗透率 37.39mD，油层温度为 51.8℃，地层原油黏度为 85mPa·s，地面原油 50℃黏度为 1585mPa·s，属中孔、中-低渗、中深层普通稠油油藏。2017 年在油藏中部部署 7 注 12 采注水试验区，2019 年开始注水开发试验，水驱效果明显，截至 2021 年 12 月，共有采油井 34 口，注水井 10 口，累积产油 17.86×10^4t，累积注水 $11.44\times10^4m^3$，综合含水 18.8%，采出程度 5.97%，月度注采比 1.46，累计注采比 0.5。

2　乳化液特征分析

2.1　乳化液类型及粒径

北 10 井区头屯河组产出的乳化液稳定性好，51.8℃下老化 60d 无明显脱水现象(见图 1)。乳化液为油包水 W/O 型，乳化液粒径分布较均匀，平均粒径 2μm 左右。

图 1　采出乳化液稳定性(51.8℃)

2.2　乳化液含水率及粘温性能分析

对北 10 井区头屯河组 17 口油井产出液观察，室温(20℃)静置 3 天，仅一口井观察到游离水，含量为 11.4%，其余井的油样均没有观察到游离水，17 口油井乳化液含水率含量较低，数据如图 2 所示。

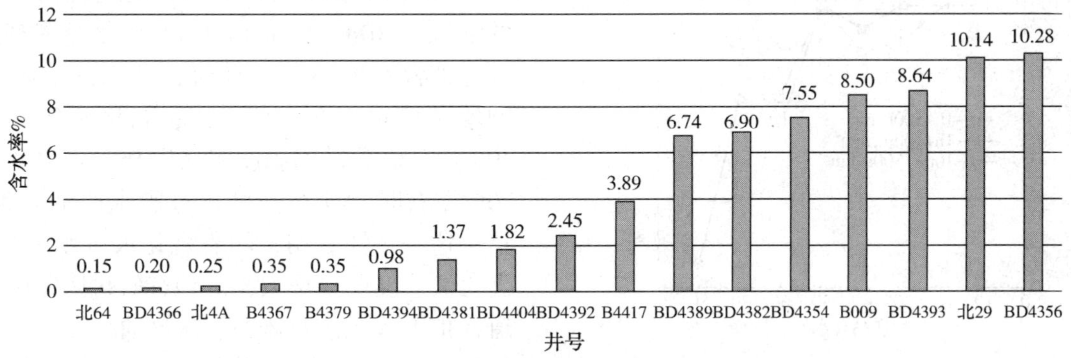

图 2　北 10 井区头屯河组产出液乳化液含水率

对北 10 井区头屯河组乳化液及脱水原油粘度随温度变化情况进行测试，测试结果如图 3、图 4 所示。

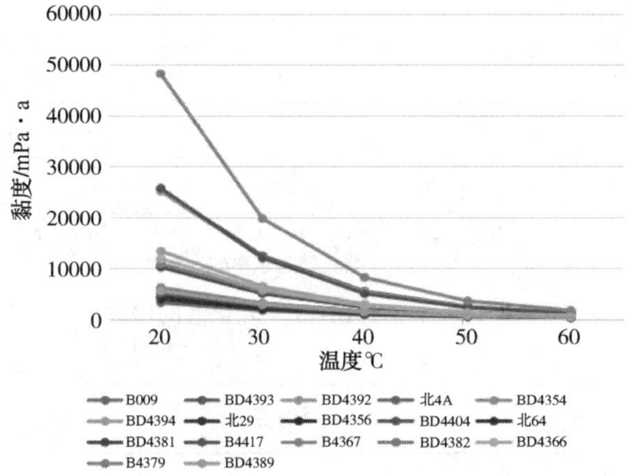

图 3　北 10 井区头屯河组乳化液粘温曲线

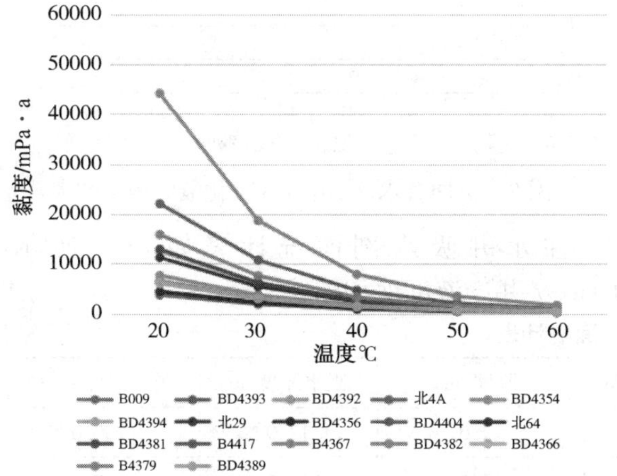

图 4　北 10 井区头屯河组脱水原油粘温曲线

结果表明，黏度随温度变化较敏感。随着温度的增加，乳化液及脱水原油黏度均下降，且 40℃之前下降迅速，40℃以后趋于平缓，50℃乳化液黏度为 479.3～3561.9mPa · s，平均 1288.9mPa · s；脱水原油 50℃黏度为 467.5～3521.3mPa · s，平均 1173.7mPa · s。在低含水下，脱水原油与乳化液的黏度很接近。

2.3　乳化液乳化机理分析

2.3.1　原油乳化外在主控因素

选取试验区北部和南部两口井脱水原油（BD4393 和 BD4354，51.8℃脱水原油粘度分别为 2250mPa · s、1035mPa · s），研究水驱油过程中主要外界因素——含水率、剪切速率、剪切时间对乳化液形成和性质的影响。

1）含水对乳化液性质的影响

（1）对乳化难度的影响。

将油水按不同比例混合形成含水 10%～90% 的样品，并将搅拌时间设定为 1h，搅拌速率设定为 500r/min 和 1000r/min，根据乳化率判定不同含水下各样品的乳化难度，若油水无法有效乳化则延长剪切时间或增大剪切速率。

BD4393 原油样品在不同的含水条件下，油水均形成 W/O 型乳化液。从图 5 可以看出，在 500r/min 和 1000r/min 下剪切 1h，含水 10%～50%样品的乳化率都在 90%以上，说明油水能充分乳化。但当样品含水达到 60%时，油水乳化难度明显增加，乳化率降低至 80%左右。经过试验，乳化液最大持水率约为 70%。当样品含水进一步增至 70%和 80%时，需在 1500r/min 剪切 10h 才能部分乳化，但剪切结束后样品底部出现分层现象，同时油水乳化率仅有 86.7%和 63.3%。可见，高含水率下油水乳化效果较差，由于在不加入工添加剂的情况下，油水只能依靠原油自身的活性组分乳化，而随着样品含水率增加，油相体积逐渐减少，原油活性组分也相应减少。

BD4354 原油样品在不同的含水条件下，油水均形成 W/O 型乳化液。从图 6 可以看出，当样品含水在 10%～40%时，油水在 1000r/min 剪

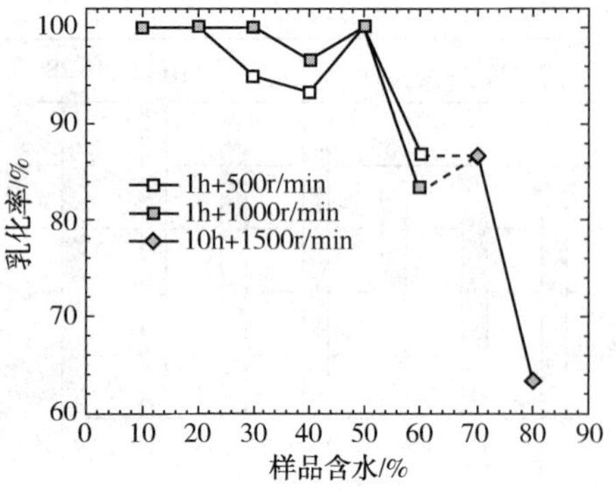

图5　BD4393原油样品含水率与乳化率关系曲线

切1h即可充分乳化。当样品含水率增至50%～70%后，需将剪切速度增至2000r/min并延长剪切时间至3h才能令乳化率达到90%以上。当样品含水增至80%后，油水乳化难度显著提高：在2500r/min条件下剪切7h后，80%样品含水的乳化率仅76.7%，90%样品含水时的乳化率更低至20%。

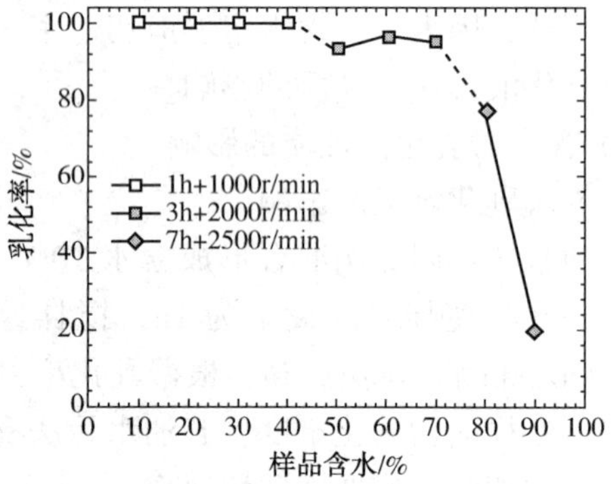

图6　BD4354原油样品含水率与乳化率关系曲线

(2) 对乳化液黏度的影响。

将油水按不同比例混合形成样品含水10%～70%的样品，并将搅拌时间设定为1h、搅拌速率设定为500r/min，测定不同含水下各样品的增黏倍数。

从图7、图8可以看出，随着乳化液含水率的增大，BD4354和BD4393乳化液黏度增加。乳化液含水率小于40%时，乳化液较脱水原油的增黏倍数均在5倍以内；乳化液含水率超过40%后，乳化液的黏度明显提升，乳化液含水率70%左右时，其黏度可超过脱水原油黏度的30倍。这一特性表明，随着乳化液含水率的增加，乳化液黏度明显增大，能够有效封堵储层高渗通道，扩大水驱波及体积。从该油藏注水试验开发效果来看，油层动用程度较高，产液剖面较均匀，采出液低含水(综合含水5.9%)，正是这一特性的反映。

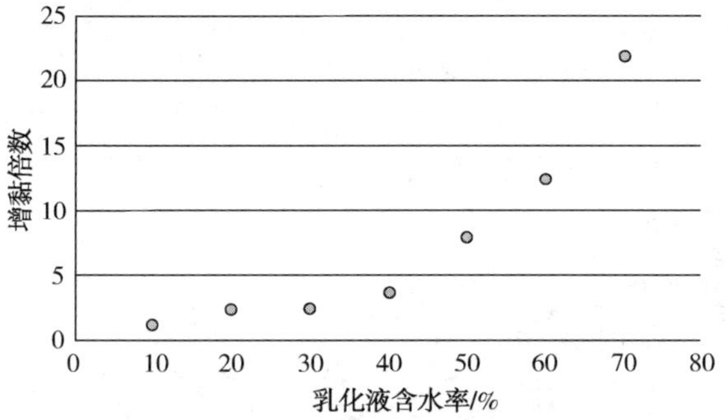

图7　不同含水率BD4354乳化液的增黏性

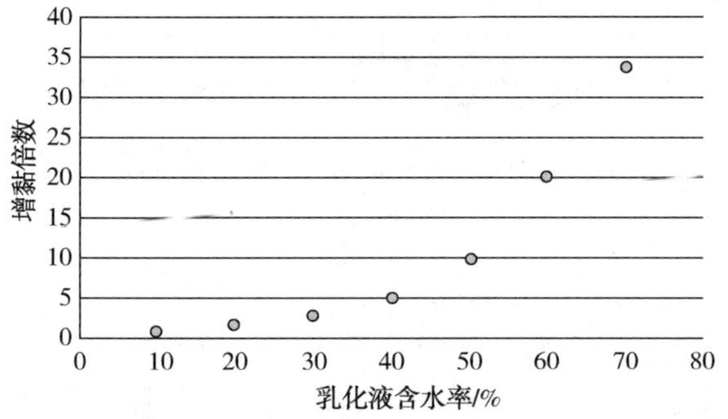

图8　不同含水率BD4393乳化液的增黏性

注水井吸水剖面统计表如表1所示，BD4637井产液剖面如图9所示。

表1　注水井吸水剖面统计表

井号	层数/层	吸水层数/层	层数动用程/%	厚度/m	吸水厚度/m	厚度动用程/%
B008	4	4	100.0	12.0	12.0	100.0
B4368	4	4	100.0	28.5	28.5	100.0
BD4380	3	3	100.0	12.5	12.5	100.0
B4394	6	5	83.3	22.0	18.5	84.1
BD4391	5	2	40.0	17.5	12.0	68.6
BD4404	6	4	66.7	16.5	11.5	69.7
合计	25	19	76.0	109.0	95.0	87.2

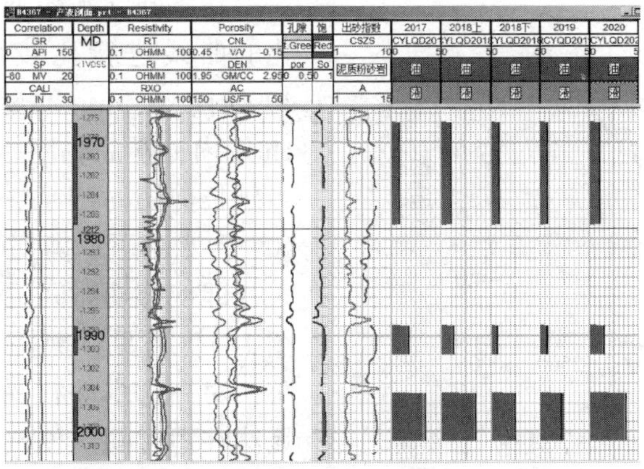

图 9　BD4367 井产液剖面

2）剪切对低含水乳化液性质的影响

（1）剪切时间影响。

将 BD4354 脱水原油与注入水按 9：1 比例混合，将搅拌时间设定为 0. 25h、0. 5h、0. 75h、1h、3h、5h，搅拌速率设定为 1000RPM，置于水浴锅恒温搅拌，考察剪切时间对乳化液性质的影响。

从图 10 可以得出，在相同含水率和剪切速率条件下，剪切时间与乳化液增黏倍数正相关，剪切时间延长，乳化液黏度小幅增加(剪切 5h，增黏倍数<2)。

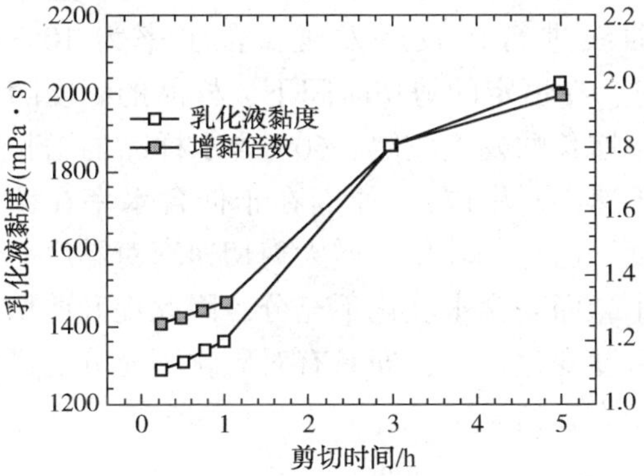

图 10　含水 10%下剪切时间-乳化液黏度与增黏倍数的关系

（2）剪切速率影响。

将 BD4354 脱水原油与注入水按 9：1 比例混合，将搅拌时间设定为 1h，将搅拌速率设定为 500r/min、1000r/min、1500r/min、2000r/min、2500r/min，置于水浴锅恒温搅拌，考察剪切速率对乳化液性质的影响。

从图 11 可以得出，在相同含水率和剪切时间条件下，随着剪切速率的增加，乳化液增粘倍数小幅增加。

3）剪切对中低含水乳化液性质的影响

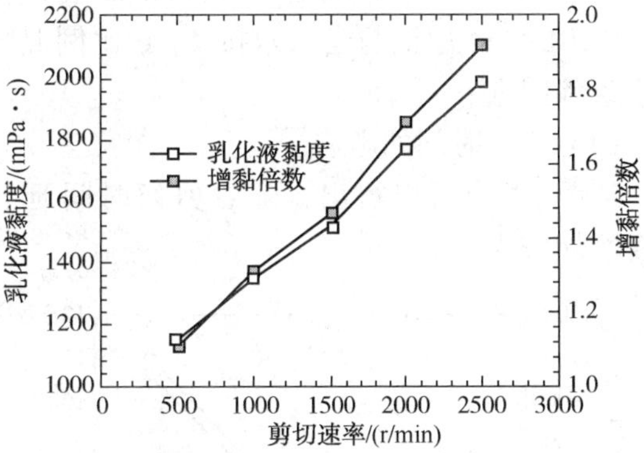

图 11　含水 10%下剪切速率-乳化液黏度与增黏倍数的关系

将 BD4354 原油与注入水按 6：4 比例混合，其余条件同上。

（1）剪切时间影响。

从图 12 可得出，当含水率为 40%时，乳化液增黏倍数随着剪切时间的增加而增大，但当剪切时间大于 1h 后增幅明显减缓。

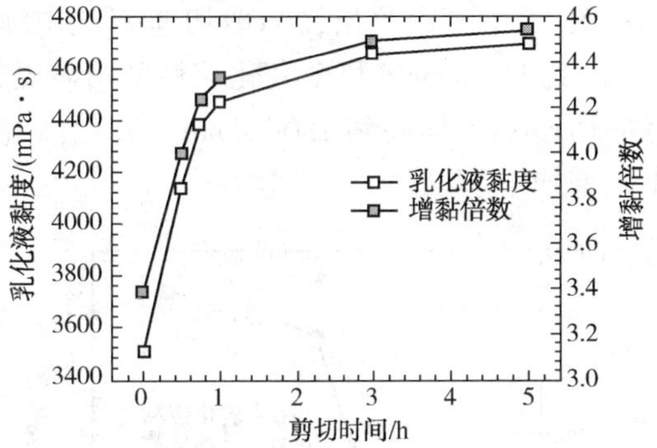

图 12　含水 40%下剪切时间-乳化液黏度与增黏倍数的关系

（2）剪切速率影响。

从图 13 中可以看出，当样品含水 40%时，提高剪切速率，乳化液增黏倍数持续增大。

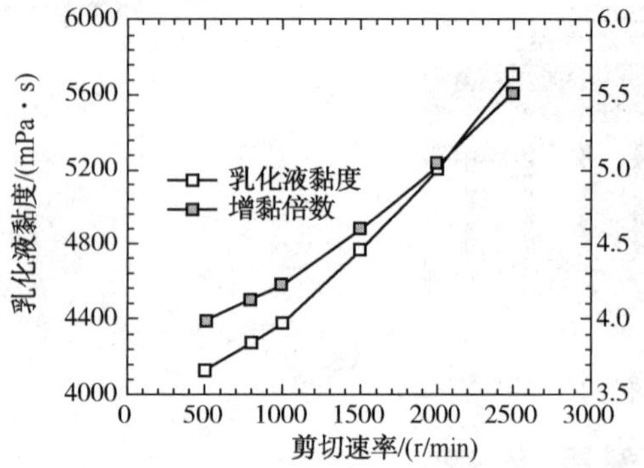

图 13 含水 40%下剪切速率-乳化液粘度与增粘倍数的关系

4) 剪切对中高含水乳化液性质的影响

将 BD4354 原油与注入水按 4 : 6 比例混合，其余条件同上。

(1) 剪切时间的影响。

从图 14 中可以得出，随着剪切时间延长，黏度增加较为明显。

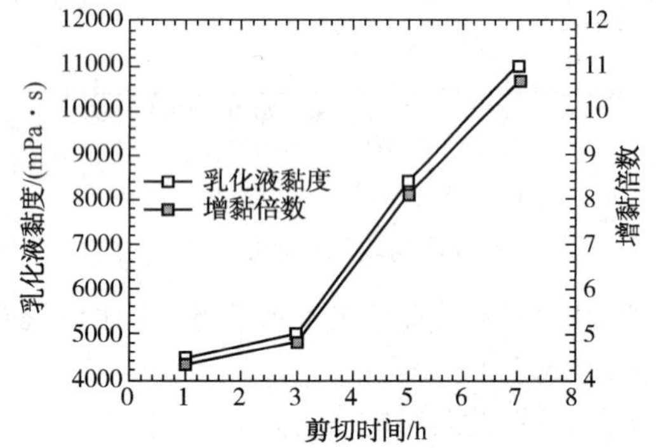

图 14 含水 60%下剪切时间-乳化液黏度与增黏倍数的关系

(2) 剪切速率的影响。

从图 15 中可以得出，当剪切速率从 1000r/min 提高到 1500r/min 可令乳化液粘度明显提升，而将剪切速率再提高到 2500r/min，乳化液黏度仅小幅增加。

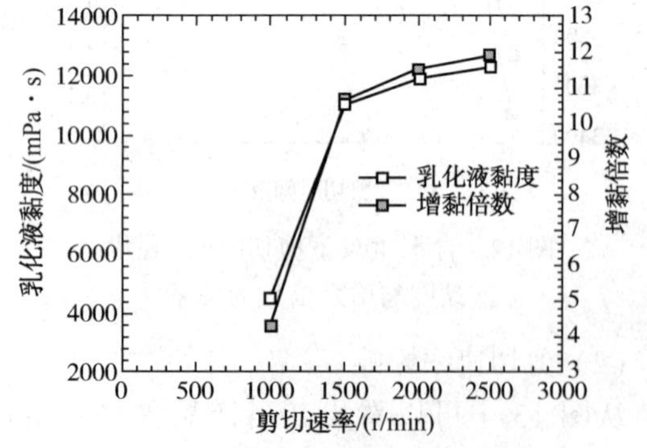

图 15 含水 60%下剪切速率-乳化液黏度与增黏倍数的关系

在不同含水率下，乳化液黏度随剪切时间变化的曲线进行比较后发现，含水率为 10%和 40%时，在恒定的剪切速率下，当剪切时间在 1h 以内，样品黏度相差不大，但仍呈增长趋势，当延长剪切时间至 3h 后，黏度增长较小。但在 60%含水率下，剪切时间的变化对黏度的影响较大，即使剪切时间延长至 7h，黏度仍未稳定(见图 16)。可见，剪切时间对低含水的样品影响较小，对高含水的样品影响较大，因为 1000r/min 无法在短时间内使高含水样品的油水充分分散，所以黏度会随着时间快速增长。

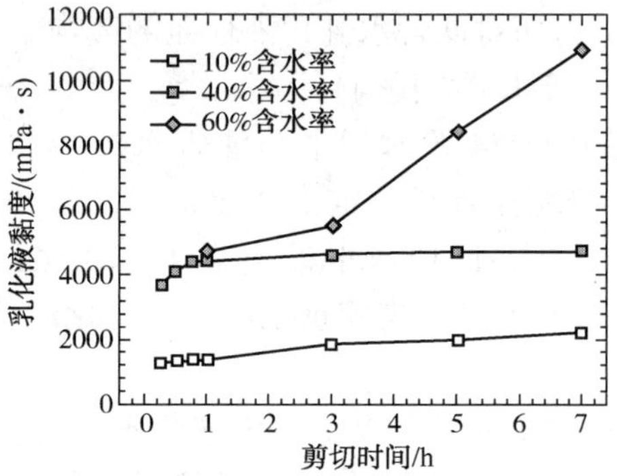

图 16 不同含水率下剪切时间与黏度关系曲线

在不同含水率下，乳化液黏度随剪切速率变化的曲线进行比较后发现，含水率为 10%和 40%时，在恒定的剪切时间下，样品的黏度随剪切速率增长的幅度较缓，60%含水样品的增长则较为迅速(见图 17)。原因在于低含水率在该剪切强度下已充分乳化，增大剪切速率对黏度的影响较小，而高含水乳化不充分，因此提升剪切速率后粘度变化较大，即只有对乳化不充分的样品才有较大影响。

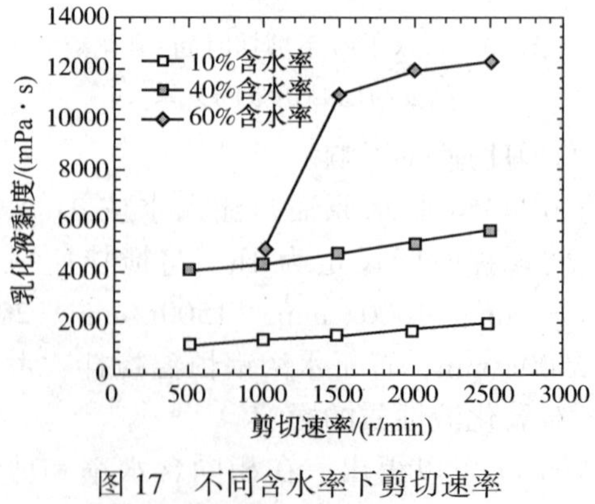

图 17 不同含水率下剪切速率与黏度关系曲线

综合上述分析可看出，在水驱油过程中含水

是影响北 10 井区头屯河组油水乳化最关键的外在因素，剪切速率次之，剪切时间最后。

2.3.2　原油乳化的内在机制

研究表明，油藏中原油和水(地层水或注入水)在天然乳化剂(沥青质、胶质、石油酸等)的作用下能够自发乳化生成乳化液。

沥青质是原油中分子量最大、极性最强的天然乳化剂，其在原油中的溶解状态是影响油包水 W/O 乳化液稳定性的重要因素。胶质是原油中分子量仅次于沥青质的极性组分，其自身不是有效的乳化剂，但它和沥青质具有很强的协同乳化作用，沥青质在原油中的溶解度主要由胶质溶剂化主导，因此胶质在乳液稳定现象中起着关键作用。石油酸是存在于原油中所有酸性化合物的统称，主要成分是石油羧酸，包括脂肪酸、环烷酸和芳香酸。其中，低分子量酸性组分主要起到降低界面张力的作用，而高分子量酸性组分则主要影响界面膜的稳定。大部分原油中含有大量的石蜡，当原油温度降低到低于蜡析出温度时，油相中的石蜡会以结晶的形式出来，形成蜡晶体并开始建立三维网络结构，这会严重破坏油的流动性，但也有相关研究表明，蜡作为类脂类分子吸附于油水界面上，以此稳定乳化液。

对北 10 井区头屯河组 BD4354 井油样进行四组分分离，得到各组分含量见表 2。

表 2　BD4354 原油四组分含量

饱和分含量/%	芳香分含量/%	胶质含量/%	沥青质含量/%
56.1	19.5	20.3	4.1

从 BD4354 井油样四组分含量可知，沥青质含量较少，但饱和分含量超过 50%。

将分离出的四种组分分别溶于混合溶剂，该溶剂由甲苯与正庚烷体积比 1：1 混合而成，浓度设为 1000mg/L，该混合溶剂模拟油相，在常温下剪切，设置样品含水率为 40%，搅拌结束后静置、观察稳定性，判断各组分的乳化性能的强弱(见表 3)。

表 3　BD4354 原油四组分乳化液的稳定性
(1000mg/L，2500r/min，含水 40%)

组分	沥青质		胶质		饱和分		芳香分	
剪切时间/min	10	30	10	30	10	30	10	30
完全分层时间/s	155	168	14	14	14	14	11	11

改变实验条件，观察胶质、芳香分、饱和分乳化液的稳定性(见表 4、表 5、图 18)。

表 4　BD4354 原油四组分乳化液的稳定性
(5000mg/L，10000r/min，含水 40%)

组分	胶质		饱和分		芳香分	
剪切时间/min	10	30	10	30	10	30
完全分层时间/s	16	16	16	16	14	14

表 5　BD4354 原油四组分乳化液的稳定性
(1000mg/L，10000r/min，含水 60%)

组分	胶质		饱和分		芳香分	
剪切时间/min	10	30	10	30	10	30
完全分层时间/s	15	15	15	15	12	12

图 18　四组分乳化液油水分离后外观

通过对以上图表分析判断得出，在相同的样品含水率和剪切条件下，四组分中沥青质形成的乳化液稳定性最强，且水相中出现网状结构膜结构，其他三种组分在搅拌结束后迅速分层，无网状膜结构。加大胶质、饱和分与芳香分的浓度至5000mg/L，提高剪切速率至10000r/min，发现前后分层时间几乎一样，均不能有效乳化。增大含水率至60%，提高剪切速率至10000r/min，也无法乳化。因此，沥青质是四组分中有效的乳化成分，是影响北10井区油水乳化最关键的内在因素。

3　乳化液驱油机理及驱油效率

3.1　乳化液驱油机理

水驱油过程中，原油活性组分在渗流剪切作用下分布于油水界面形成油包水W/O乳化液。从油水接触前缘至注入端，含水不断增加，油水乳化行为随之改变：乳化液含水率不断增大，而油水乳化难度逐渐增加。随排驱进行，储层中含水持续增加，而含油持续减小，最终油水无法完全乳化，驱油逐渐由低含水率乳化液排驱原油变为水+高含水率乳化液排驱低含水率乳化液(见图19)。

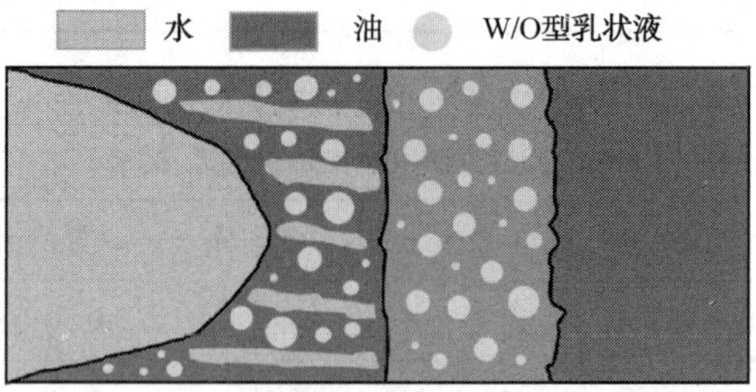

图19　考虑乳化的水驱油过程图

3.2　乳化液驱油特征和驱油效率

3.2.1　不同含水下形成的乳化液的驱油特征

在对北10井区乳化油性能及机理研究的基础上，利用岩心进行模拟，将水油以不同比例(1：4、2：3、3：2)同时注入岩心，以研究不同含水(20%、40%、60%)下形成的乳化液的驱油特征(见表6)。

表6　岩心基本物性参数

岩心编号	孔隙度/%	渗透率/mD	含油饱和度/%	含水/%	水油流速比
100-4	24	67.1	77.9	20	1：4
100-3	25.8	76.1	77.6	40	2：3
100-8	21.5	94	61.1	60	3：2

结果如图20所示，在油水同注前期阶段，含水20%时注入压差上升最快，在注入0.14PV时为3.8MPa；含水40%时注入压差上升速度居中，在注入0.14PV时为1.3MPa；含水60%时注入压差上升最慢，在注入0.14PV时为1MPa。所以含水20%时的乳化液的形成速度最快，含水60%时乳化液形成速度最慢，含水40%时居中。随着注入体积增加，各含水下的注入压差不断增大直至稳定。含水20%和40%时的稳定注入压差相近，都在10MPa左右；含水60%时，注入压差远远大于其他含水，稳定在22MPa左右。

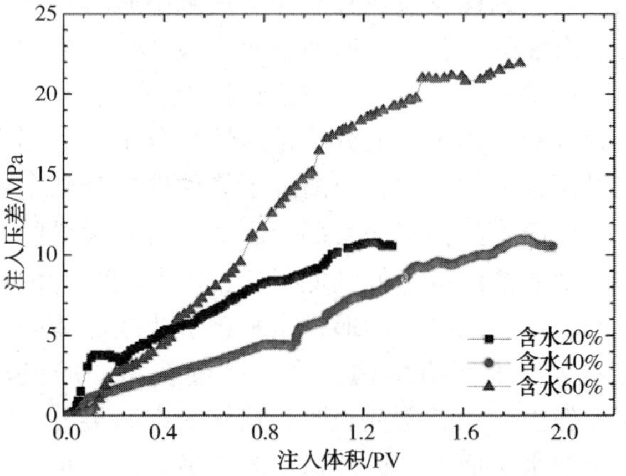

图20　不同含水条件下油水同注的注入压差变化

根据表7可知，含水增加，油水形成的乳化液驱油剂有效黏度增大，驱油流度比降低，尤其当含水达到60%时，流度比明显降低，驱油剂波及体积明显变大。

表7　不同含水下的驱油特征参数

含水/%	产出液相态	驱油流度比	乳化液驱油剂有效黏度/(mPa·s)
20	W/O乳化液	0.12	277
40	水+W/O乳化液	0.11	289
60	水+W/O乳化液	0.053	727

3.2.2　不同含水下就地乳化液的驱油效率

将1PV水油混合驱以不同比例(1：4、2：3、3：2)同时注入岩心以研究不同含水(20%、40%、60%)下就地乳化液的驱油效率(见图21)。

在注入0.22PV之前，不同含水下驱油效率曲线的趋势相似，这是因为，在油水同注前期，不同含水的产出液为纯油或完全乳化的低含水

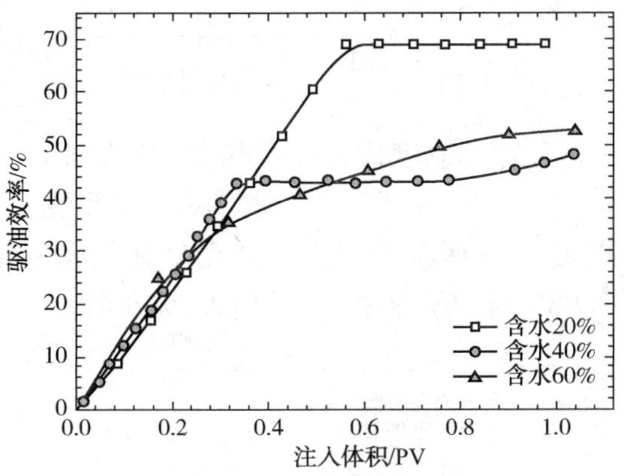

图21　1PV不同含水下乳化液的驱油效率

W/O乳化液。含水20%时油水注入0.56PV左右后，排驱前沿突破，产出油量与注入油量基本平衡，驱油效率稳定在69%。含水40%时的产出液最开始相态为纯油，在注入0.14PV左右后，产出液相态由纯油变为完全乳化的低含水W/O乳化液，驱油效率继续增大；在注入0.26PV左右后，产出液相态变为自由水和W/O乳化液，驱油效率趋于稳定，在注入1PV后驱油效率为48.1%。含水60%时，产出液相态与驱油效率变化规律与含水40%一致，注入1PV后驱油效率为52.8%。

含水20%时，乳化液形成速度最快，快速形成的稳定乳化液对原油形成近活塞式排驱，驱油效率最高。含水40%与60%时，油水未完全乳化，自由水的出现导致排驱前缘不稳定推进，不利于驱油。含水60%时，驱油剂(水+W/O乳化液)的油水流度比较40%时小，波及体积大，驱油效率比含水40%驱油效率高。

可见，原油乳化液的驱油能力不仅受乳化液含水率控制，还与油水是否完全乳化相关。注入水快速与原油完全乳化形成单相乳化液可稳定排驱前缘，有利于提高驱油效率。因此，在油藏注水开发过程中，要确定合理的注采比等，控制含水上升速度，从而提高驱油效率。

4　水驱采收率预测

4.1　基于水驱采收率经验公式

根据适合稠油水驱砂岩油田采收率经验公式，北10井区头屯河组稠油油藏水驱最终采收率为20.86%。

经验公式1：$E_R=0.214289\left(\dfrac{K}{\mu_0}\right)^{0.1316}$

适用条件：渗透率$20\sim5000\times10^{-3}\mu m^2$；原油地下黏度0.5~76mPa·s。

经验公式2：$E_R=0.058419+0.0846121\lg\dfrac{K_a}{\mu_0}+0.3464\phi+0.003871S$

经验公式1和经验公式2中各项参数的分布范围如表8所示。

表8　式中各项参数的分布范围

参数	地层原油黏度μ_0/mPa·s	空气渗透率$K/10^{-3}\mu m^2$	有效孔隙度ϕ	井网密度S/(well/km^2)
变化范围	0.5~154.0	4.8~8900.0	0.15~0.33	3.1~28.3
平均值	18.4	1269.0	0.25	9.6

根据经验公式1和公式2得出的采收率分别为18.08%、22.48%，平均为20.28%，因此，预测北10井区头屯河组稠油油藏水驱最终采收率为20.28%。

4.2　基于相对渗透率曲线拟合计算

用非稳态法测定油水相对渗透率，根据相渗曲线对公式(1)、公式(2)，进行拟合得到公式(3)、公式(4)。根据BD4393和BD4354静态乳化实验得到的数据对公式(5)进行拟合得到低增黏倍数公式(6)和高增黏倍数公式(7)，进而获得图22。将上述各关系代入增黏倍数的产水率公式(8)变成低增黏倍数的产水率公式(9)和高增黏倍数的产水率公式(10)。

$$\frac{K_{ro}}{K_{rw}}=ae^{-bs_w}\tag{1}$$

$$s_w=\frac{3}{2}Rs_{oi}+\frac{3}{2}s_{wi}-\frac{1}{2}(1-s_{or})\tag{2}$$

$$\frac{K_{ro}}{K_{rw}}=3.414\times10^6e^{(-28.5\times S_w)}\tag{3}$$

$$s_w=1.065\times R+0.15\tag{4}$$

$$\frac{\mu_E}{\mu_0}=e^{\alpha S_w-\beta}\tag{5}$$

$$\begin{cases}\dfrac{\mu_E}{\mu_0}=e^{(0.9826\times S_w)} & (S_w<60\%)\\ \dfrac{\mu_E}{\mu_0}=e^{(18.07\times S_w-9.618)} & (60\%\leqslant S_w<70\%)\end{cases}\tag{6}$$

$$\frac{\mu_E}{\mu_0}=e^{(4.34\times S_w)}\tag{7}$$

$$f_w=\frac{1}{1+\dfrac{\mu_w K_{ro}}{\mu_E K_{rw}}}\tag{8}$$

$$\begin{cases} f_w = \dfrac{1}{1+\dfrac{3.414\times10^6}{\mu_0}e^{(-31.39897R-4.42239)}} (S_w<60\%) \\ f_w = \dfrac{1}{1+\dfrac{3.414\times10^6}{\mu_0}e^{(-49.59705R-2.6325)}} (60\%\leqslant S_w) \end{cases} \tag{9}$$

$$f_w = \frac{1}{1+\dfrac{3.414\times10^6}{\mu_0}e^{(-34.9746R-4.926)}} \tag{10}$$

地层原油黏度代入公式(9)和公式(10)，得到如图23和表9所示的产水率和采出程度关系，预测北10井区头屯河组原油充分乳化后，当产水率98%时，采收率可达到29.7%左右。

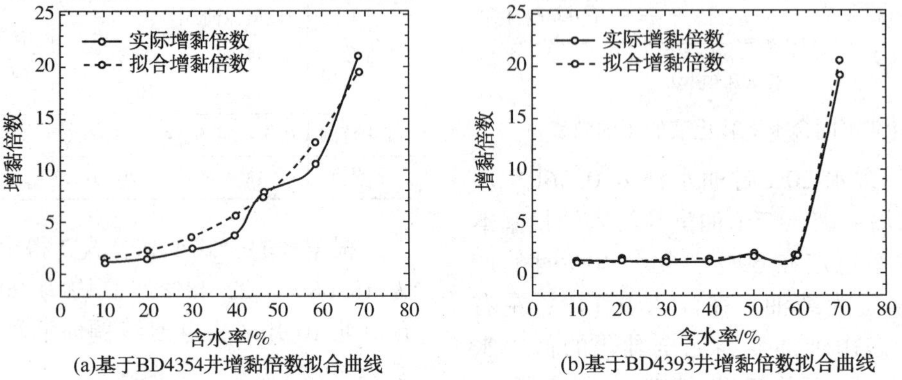

图22　不同含水率下乳化液的增黏倍数拟合

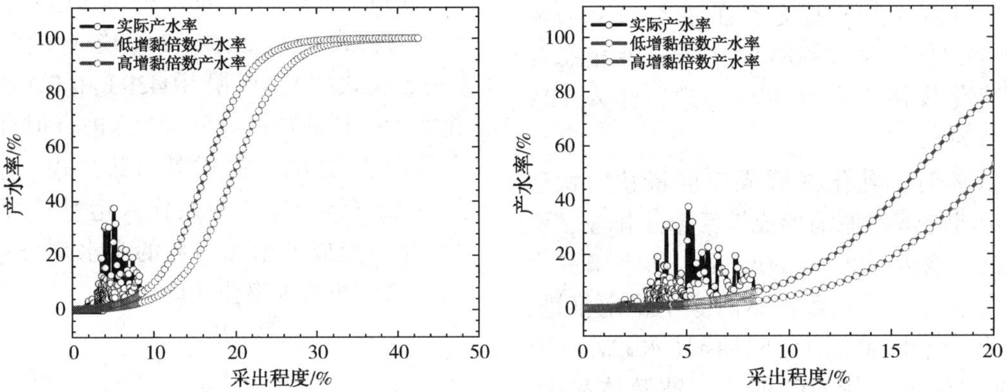

图23　产水率与采出程度关系曲线

表9　北10井区头屯河组油藏采出程度预测

产水率/%	20	40	60	80	98
采出程度预测1/%	12.3	15.2	17.4	20.2	27.3
采出程度预测2/%	15.3	18.5	20.9	24.1	32.1
平均采出程度/%	13.8	16.9	19.2	22.2	29.7

5　结论

(1) 沥青质是影响北10井区头屯河组稠油油水乳化最关键的内在因素，含水是影响北10井区头屯河组稠油油水乳化最关键的外在因素。

(2) 不同含水条件下，油水均可乳化形成油包水W/O乳化液，令驱替相黏度增大，进而有效控制流度，形成有利流度比。但低含水时，油水更易完全乳化形成稳定的W/O乳化液。

(3) 原油乳化液的驱油能力不仅受乳化液含水率控制，还与油水是否完全乳化相关。在多孔介质中，油水完全乳化形成单相乳化液流动，油水不完全乳化形成乳化液与自由水同流，前者即使含水率更低，也可能因更严重的液阻效应产生更强的流度控制能力，并形成稳定排驱前缘，对原油实现近活塞式排驱。

(4) 根据水驱砂岩油田采收率经验公式，计算北10井区头屯河组油藏水驱最终采收率为

20.86%。基于油水相渗曲线与静态乳化实验获得的乳化液黏度-乳化液含水率关系，建立了符合北 10 井区头屯河组稠油水驱特征的产水率-采收程度图版，预测北 10 井区头屯河组在产水率 98%时，采收率可达到 29.7%左右。

参 考 文 献

[1] 杨怀军，崔丹丹．渣油沥青乳状液阻力特性及提高采收率实验研究[J]．石油化工应用，2016，35(1)：86-88.

[2] 苑光宇，罗焕．原油乳化性能影响因素室内试验研究[J]．精细石油化工进展，2018，2016，6(19)：4-6.

[3] 曹广胜，左继泽，张志秋，等．原油组分及乳化剂对乳状液粘度影响分析[J]．石油化工高等学校学报，2019，4(32)：8-13.

[4] 张亚鑫，李思，王卫强，等．含水率对油包水乳状液流变和析蜡特性分析[J]．石油化工高等学校学报，2019，32(02)：71-76.

[5] 张博文．乳化对提高原油采收率的作用机理研究[D]．大庆：东北石油大学，2019.

高含水期带气顶边底水油藏顶存油发现及有效开发

——以 Aryskum 油气田 M-Ⅱ层南区为例

郑　强　多力坤·买买提明　马崇尧　艾尔肯别克·赛依提　李春涛　王苗苗

(中国石油新疆油田分公司勘探开发研究院)

摘　要　针对哈萨克斯坦 Aryskum 油气田 M-Ⅱ层南区高含水期新井部署困难的问题，在井震结合发现新断层基础上，利用数值模拟方法研究剩余油时发现，强边底水驱动使油环中原油运移到原气顶区，受断层遮挡形成顶存油潜力。自 2011 年开始，在顶存油潜力区新钻井 50 口，初期平均单井日产油 41.5t，截至 2021 年 12 月，累产油 131.28×10^4t，证明在断层发育区形成的顶存油是油藏滚动扩边进行挖潜的方向。

关键词　数值模拟；断层；顶存油；加密井

对于进入高含水期的老油田，因边底水侵入使剩余油分布复杂，在油藏内部和油环低部位打井的水淹风险大，造成新井产能低。通过调研国内外文献资料，发现断层附近的顶存油是高含水阶段老油田挖潜的潜力区，但如果不能确定断层的准确位置，就很难确定顶存油是否真的存在。1991 年原新疆石油管理局，在已开发 10 年、综合含水率达到 61.35%的克拉玛依油田五$_2$西区克下组克乌断裂下盘，部署 13 口新井挖潜顶存油，初期平均单井日产油 4.8t，取得好的效果。2004 年哥伦比亚国家石油公司和斯伦贝谢组成联合公司，采用高分辨率 3D 地震勘探和地震解释，根据新认识断层绘制构造图，发现已开发了 60 年的哥伦比亚波哥大北部 Casabe 老油田存在顶存油，在此区域钻新井后，油田原油日产水平从 2004 年 3 月的 820m^3 提高到 2010 年 2 月的 2500m^3，结合注水开发，预测采收率从 16%提高到 22%。Aryskum 油气田 M-Ⅱ层断层发育，为确认该油藏是否存在顶存油潜力，通过地震解释重新认识断层，并结合油气藏数值模拟研究，发现由于强边底水驱动使油环中原油运移到原气顶区，受断层遮挡形成顶存油。

1　地质开发简况

Aryskum 油气田白垩系 M-Ⅱ层为哈萨克斯坦南图尔盖盆地带气顶具边底水的背斜砂岩油气藏，构造形态为北西-南东走向的长轴断背斜，北东边界由北西—南东走向的卡拉套走滑断层控制，走滑断层两侧由其牵引作用而形成的近南北向雁行排列的支断层发育(见图 1)。构造高部位为气顶，构造低部位受油水界面控制，孔隙度 19.23%、渗透率 31.20%，属中孔、中渗储层。根据油藏地质特征、生产特征和开采方式的差异，在平面上把油藏分为北区、中区、南区 3 个区域进行油气田管理。依据试油试采结果和油气层解释成果，确定 Aryskum 油气田 M-II 层南区的油水界面为-910m，油气界面为-885m，南区原始地层压力 10.49MPa，饱和压力 8.18MPa，原始溶解气油比 40m^3/t。根据物质平衡方法计算，水体体积为油环体积的 78.6 倍。

南区于 2002 年 9 月采用天然能量开发，初期平均单井日产油 61.8t，至 2011 年 6 月，平均单井日产油 24.7t，采出程度 18.49%，地层压力降至 6.48MPa，因边底水侵入，综合含水率达到 67.40%，油田进入高含水期，在油藏内部打加密井和向油环低部位滚动扩边的水淹风险大。

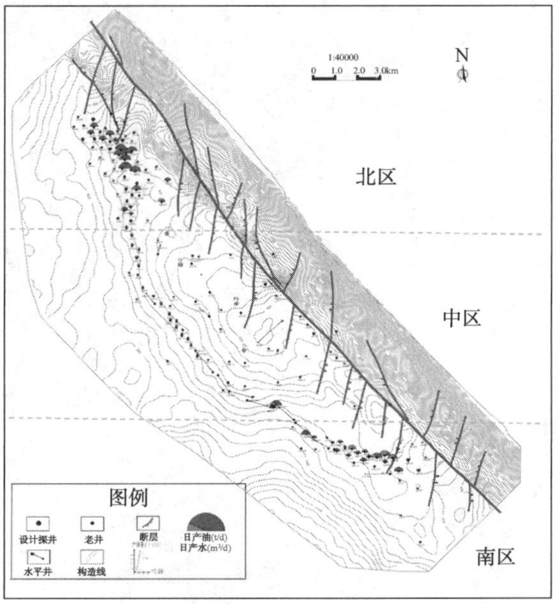

图 1　Aryskum 油气田 M-II 层底界构造图(附 2011 年 3 月开采现状)

2　断层解释

随着油气田开发进入中后期，剩余油挖潜需要准确落实微构造、精细刻画更多次一级断层，这种断层可能是油田局部剩余油富集的重要原因，因此，次一级断层识别对剩余油挖潜具有重要意义。目前识别断层常用方法有相干、曲率、方差体等地震属性。地震属性由于受到地震资料品质的影响，刻画断距小、规模不大的小断层过程中仍然存在不确定性。为此，前人提出了构造导向滤波技术，采用各向异性扩散补偿算法，对叠后三维地震数据进行特殊去噪，在有效压制噪声的同时突出地震数据的断裂特征、保持边界信息。

该区目的层地震数据主频 29Hz、频带 8～50Hz，分辨率不高，强振幅、低频，反射同相轴连续性好，对小断层反映不清楚。通过对叠后地震数据进行提高分辨率及构造导向滤波处理，可获得断层响应更好的地震资料。图 2(a)为 Aryskum 油气田三维地震数据用上述方法处理前后的地震剖面。由图可见，处理后的地震剖面目的层小断层同相轴挠曲清晰，断点清楚，较大地改善了小断层可解释性。依据剖面上表现出的波组错断、强波中断以及上下盘地层反射波组对应关系，充分运用相干曲率多体融合数据体的水平切片、沿层切片、三维可视化等多种方法，在油田南部新刻画出多条与走滑断层平行、与支断层近垂直的次一级断层[见图 2(b)]。新发现的 10 条断层均为正断层(见图 3、表 1)，以近北西-南东走向为主，近东倾断层居多，断距 5～15m、个别达到 20m，倾角 80°左右，延伸长度平均 2km。

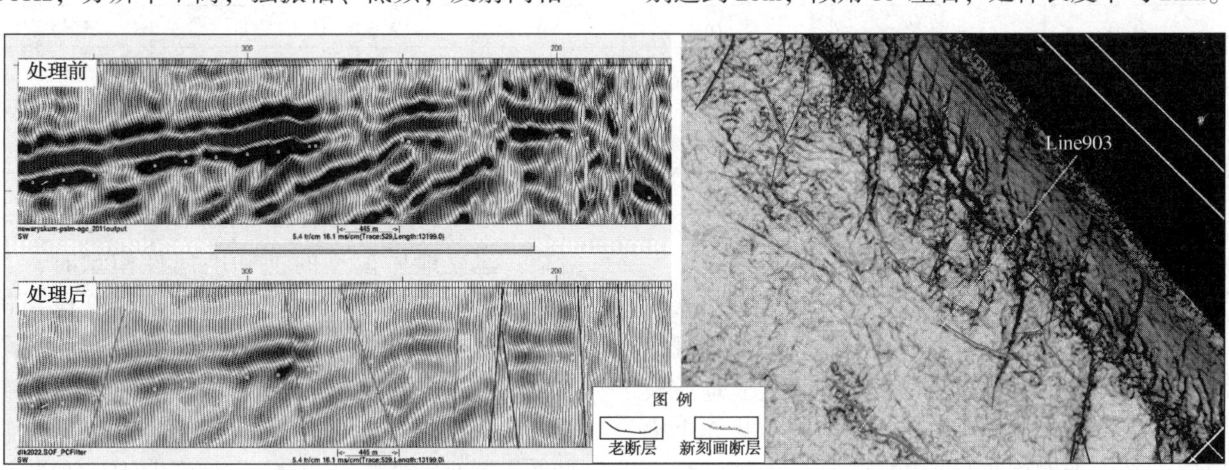

(a)构造导向滤波处理　　(b)相干曲率多体融合沿层切片

图 2　Aryskum 油气田三维地震叠后处理及多体融合图

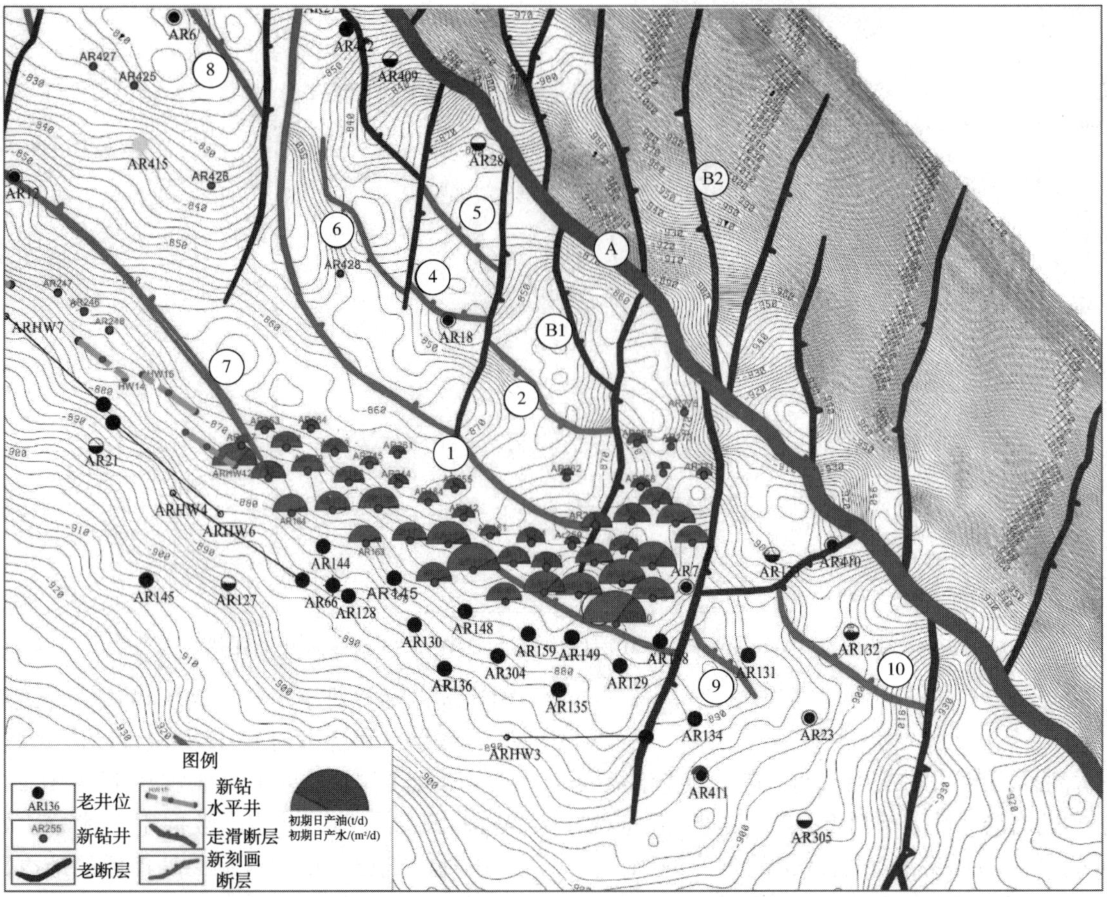

图3　Aryskum 油气田 M-II 层南区断层分布图(附加密井初产图)

表1　Aryskum 油气田 M-II 层南区新发现断裂要素表

断裂名称	断裂性质	目的层断距/m	断层产状			
			走向	倾向	倾角/(°)	延伸长度/km
1	正断裂	5~10	NW	NE	80	4.42
2	正断裂	5~15	NW	SW	85	1.29
3	正断裂	5~10	WN	NE	85	1.82
4	正断裂	5~10	W	N	80	0.72
5	正断裂	5~10	NW	NE	80	0.91
6	正断裂	5~15	NW	SW	80	1.43
7	正断裂	5~10	NW	NE	80	4.42
8	正断裂	10~20	NW	NE	75	2.23
9	正断裂	5~10	WN	NE	85	0.81
10	正断裂	5~10	WN	NE	80	1.61

3　剩余油研究及顶存油发现

为准确描述油气水分布、模拟油水运动规律和确定剩余油潜力，以单砂体为单元建立地质模型(见图4)，将 M-II-3 细分为3层，共3个模拟层。平面上网格步长为30m，南区模拟网格系统为224×240×3=161280(个)。由于油气水分布复杂，建立地质模型的饱和度属性模型时，首先由模型根据油气界面和油水界面计算得到初始油、气、水的饱和度分布图，再根据油气藏剖面图，逐井逐层修正含油、含气和水体分布区域后得到饱和度属性模型(见图5)。通过修改水体大小、方向渗透率，设置虚拟注水井等方法，模型含水率得到较高精度拟合(见图6)，在此基础上得到了2011年3月剩余油气饱和度分布图(见图7)。从剩余油气分布图可看出，由于南区水体体积为油环体积的78.6倍。开发过程中，随油环压力下降，边底水快速侵入，造成油环原含油区域水淹的同时，边底水驱动使油环中的原油向气顶区域流动(见图8)，遇到新解释断层的遮挡，形成顶存油。

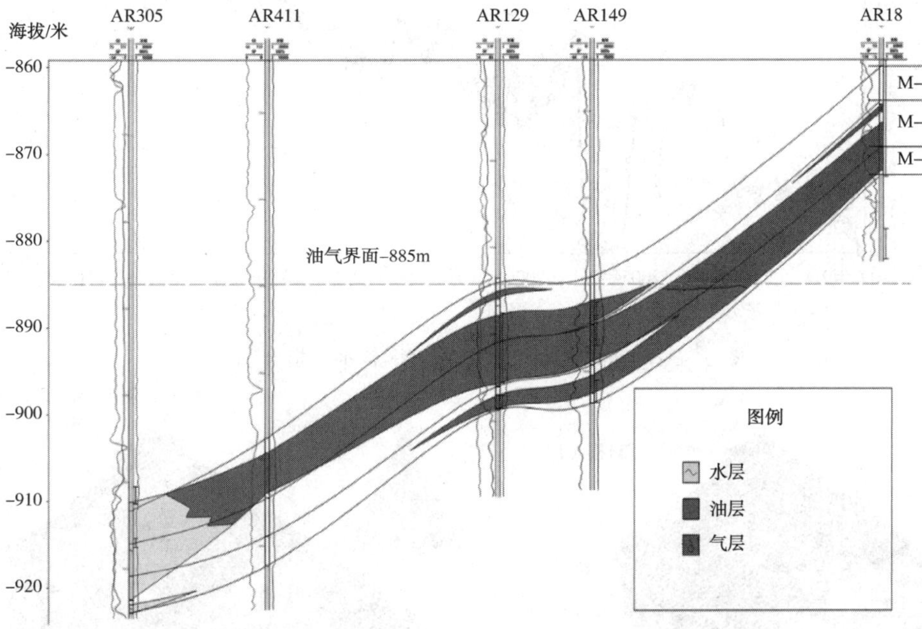

图4　Aryskum油气田M-II层南区单砂体地质分层

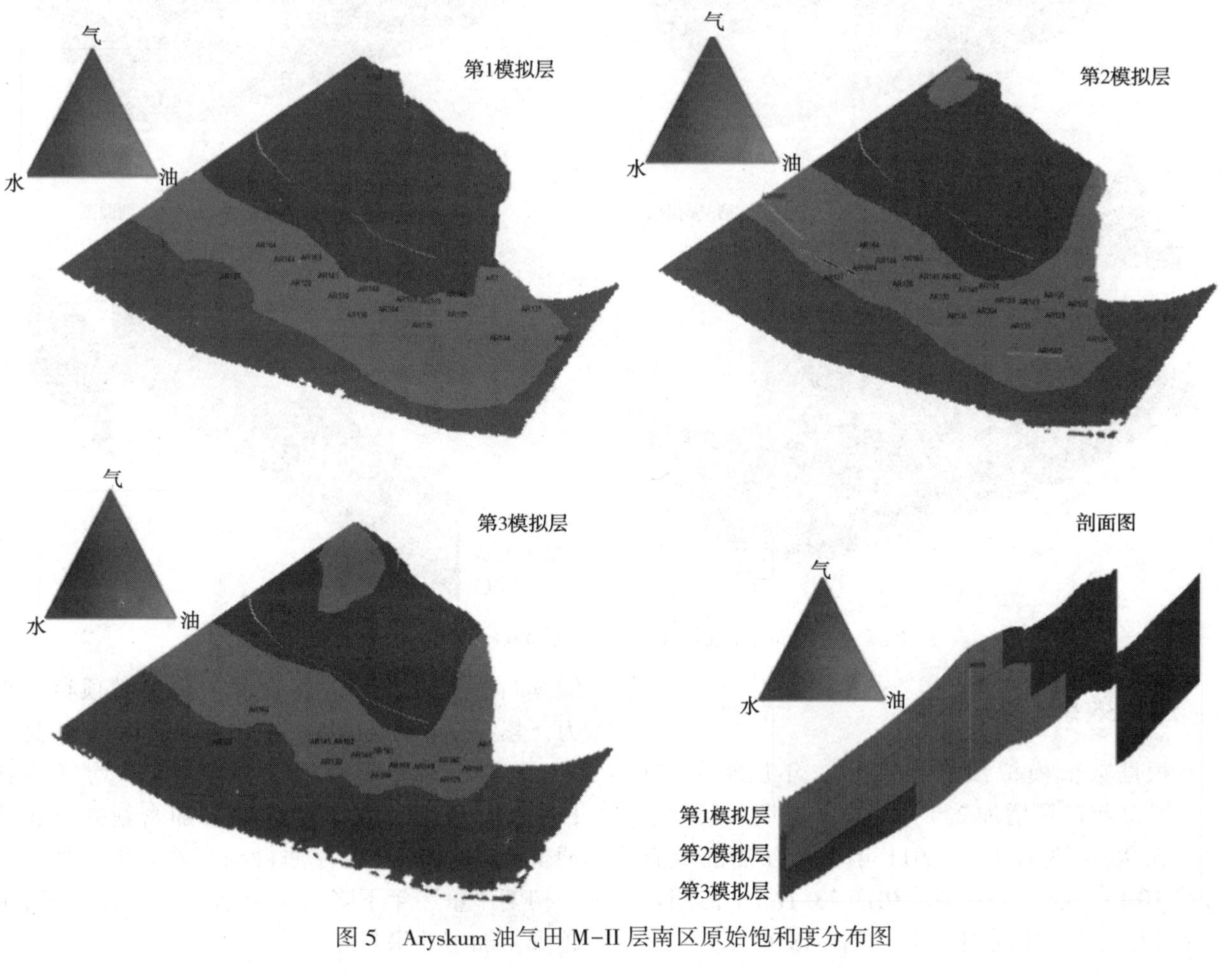

图5　Aryskum油气田M-II层南区原始饱和度分布图

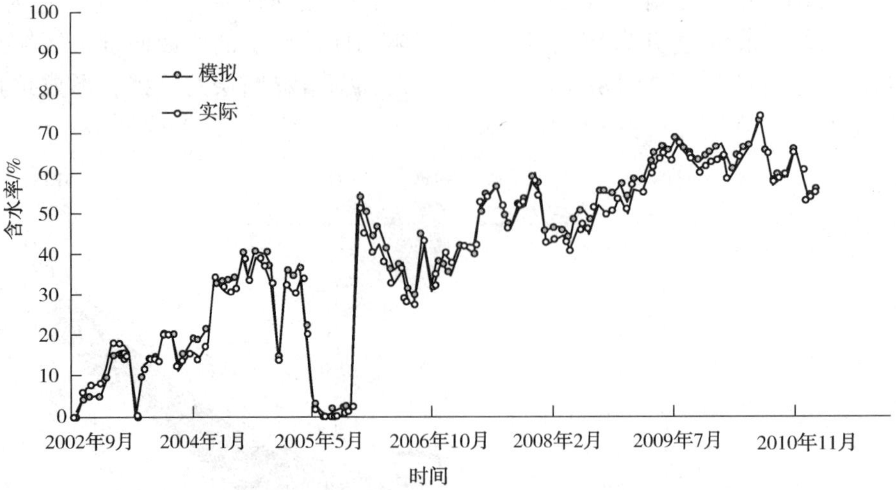

图6　Aryskum油气田M-II层南区含水率拟合图

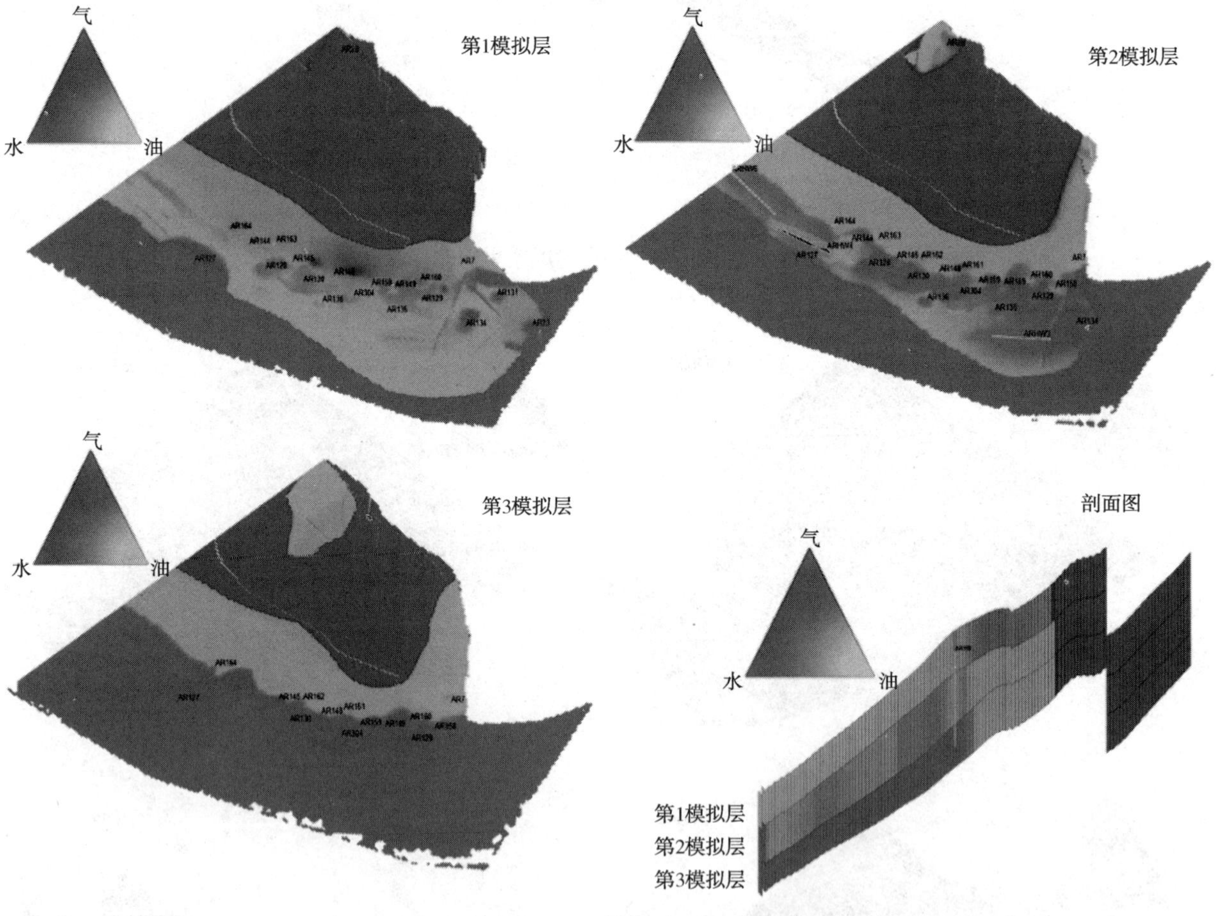

图7　Aryskum油气田M-II层南区2011年饱和度分布图

4　应用效果

根据数值模拟预测，在2011年加密10口井，最高年产量增加2.9×10^4t，预测期末采收率提高5.96%(见图9)。2011年在顶存油区域新钻井10口，前三个月平均初产73.1t/t，初期含水率17.13%，比同期老井产量高48.6t/d。之后继续向油藏高部位进行滚动扩边挖潜顶存油潜力，累积钻新井50口，平均初产41.5t/d(见图3、表2)，初期含水率21.72%，平均气油比173m^3/t，截至2021年12月，加密新井累积产油131.28×10^4t，顶存油得到有效开发。加密新井初期产量逐年下降，说明越靠近断层，顶存油越少，加密效果越差。

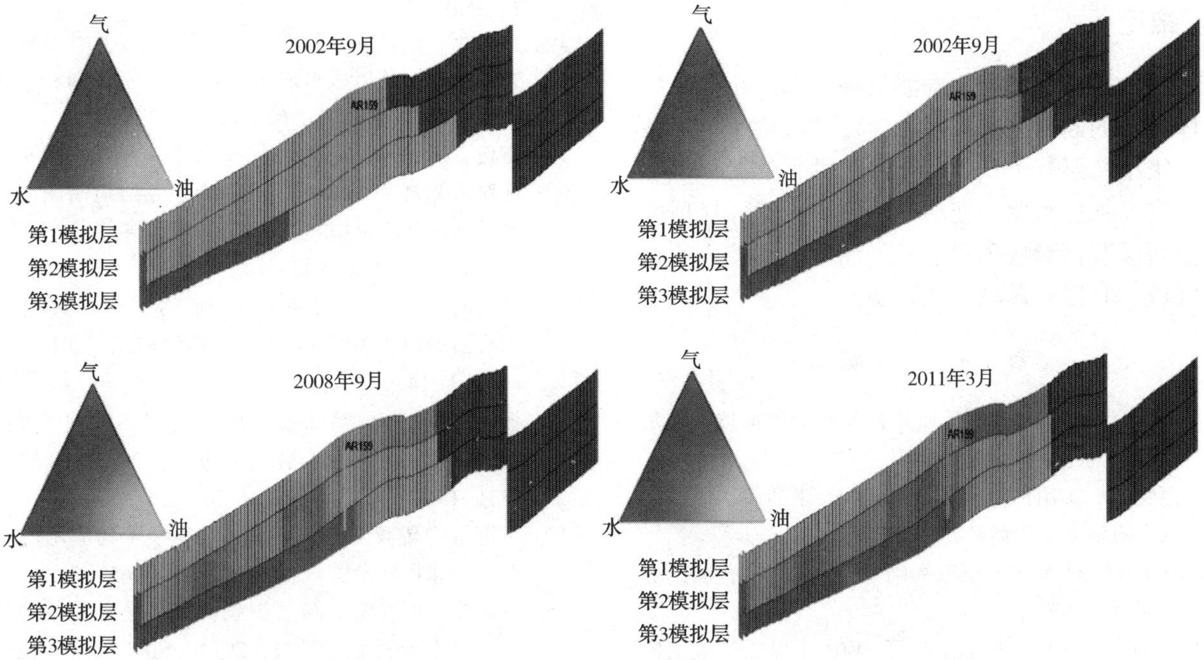

图 8　Aryskum 油气田 M-II 层南区饱和度变化分布图

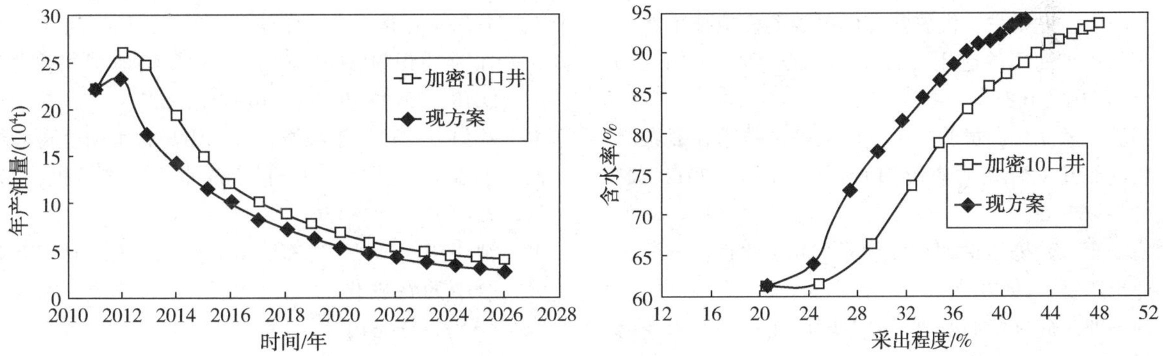

图 9　Aryskum 油气田 M-II 层南区加密方案开发指标

表 2　Aryskum 油气田 M-II 层南区加密井开发指标

时间/年	新钻井数/口	初期			截止 2021 年累产油量/(10^4t)
		日产油/(t/d)	含水率/%	气油比/(m^3/t)	
2011	10	73.1	17.13	66	40.25
2012	9	64.9	7.81	137	36.31
2013	6	51.1	25.83	480	25.06
2014	8	25.2	34.69	99	16.33
2015	6	27.0	28.44	292	9.43
2017	3	14.8	46.17	288	2.01
2018	4	8.5	52.06	89	1.60
2019	2	5.7	56.70	26	0.26
2020	2	1.1	79.41	155	0.03
平均		41.5	21.72	173	14.59
合计	50				131.28

5 结论

(1) 通过构造导向滤波处理，利用相干曲率多体融合的断层分级识别技术，新刻画的 10 条次一级小断层，为认识剩余油提供了依据；

(2) 强边水驱动使油环中原油流动到气顶区并受断层遮挡形成顶存油，是油藏滚动扩边的有利区域，并得到矿场实践证明。

参 考 文 献

[1] 闫存章，李阳．油藏地质建模与数值模拟技术文集[J]．北京：石油工业出版社，2007.

[2] 厄特金．实用油藏模拟技术[M]．张烈辉，译．北京：石油工业出版社，2003.

[3] 韩大匡．油藏数值模拟基础[M]．北京：石油工业出版社，1993.

[4] 郑强，牛津庐，杨新平，等．VIP 并行油藏数值模拟软件在油田开发中的应用[J]．新疆石油地质，2001，22(6)：520-523.

[5] 徐路生，尹太举，代盈营．油藏数值模拟技术在大庆高含水油田的应用[J]．长江大学学报，2012，9(5)：105-108.

[6] 刘晨，孟立新，黄芳．油藏数值模拟技术在复杂断块油藏开发后期的应用[J]．录井工程，2011，22(2)：65-69.

[7] 胡复唐．砂砾岩油藏开发模式[M]．北京：石油工业出版社，1997.

[8] 阿马亚・M. 阿梅亚，L. 卡斯塔尼奥．老油田挖潜增效实例[J]．油田新技术，2010，22(1)：4-17.

[9] 田作基，徐志强，郑俊章，等．图尔盖盆地阿雷斯库姆坳陷石油地质特征和成藏模式[J]．新疆石油地质，2010，31(1)：107-109.

[10] 刘旺东，杨智刚，艾尼・买买提，等．阿里斯库姆大气顶薄油环边底水油田开发方式[J]．新疆石油地质，2018，39(5)：622-626.

[11] 赵伦，王进财，陈礼，等. 砂体叠置结构及构型特征对水驱规律的影响——以哈萨克斯坦南图尔盖盆地 kumkol 油田为例[J]．石油勘探与开发，2014，41(1)：86-94.

[12] 于兴河．油田开发中后期储层面临的问题与基于沉积成因的地质表征方法[J]．地学前缘，2012，19(2)：1-14.

[13] 杨涛涛，王彬，吕福亮，等. 相干技术在油气勘探中的应用[J]．地球物理学进展，2013，28(3)：1531-1540.

[14] 王世星．高精度地震曲率体计算技术与应用[J]．石油地球物理勘探，2012，47(6)：965-972.

[15] 方红萍，顾汉明．断层识别与定量解释方法进展[J]．工程地球物理学报，2013，10(5)：609-615.

[16] 唐成勇．基于局部结构的地震几何属性研究与应用[D]．成都：西南交通大学，2012.

[17] 赵风全，崔德育，康婷婷，等. 构造导向滤波技术在断裂识别中的应用[J]．石油地球物理勘探，2018，53(增刊 1)：214-218，227.

[18] 郑强，左毅，李淑凤，等，中高含水期边底水砂岩油藏历史拟合方法[J]．石油天然气学报，2014，36(10)，152-156.

[19] 池建萍，郑强，祁军，等. 复杂裂缝性油藏历史拟合中的特殊做法[J]．新疆石油地质，2004，25(5)：517-519.

[20] 陈强，陈如鹤，黄庆民，等，砾岩油藏历史拟合方法[J]．新疆石油地质，2002，23(2)：144-145.

压裂水平井气窜规律模拟及调剖封堵优化数值模拟研究

李　凯[1,2]　赵　勇[1,2]　袁恩来[1,2]　万青山[1,2]　谢　辉[1,2]　杜　洁[1,2]

(1. 中国石油新疆油田分公司实验检测研究院;
2. 中国石油天然气集团公司砾岩油气藏勘探开发重点实验室)

摘　要　针对致密油压裂后气驱开发过程中严重气窜的问题，通过水平井人工压裂多段缝网的模拟，建立裂缝油藏气驱数值模拟模型。采用软件中等效的化学反应过程来模拟凝胶在地层中形成和老化过程，建立气窜井凝胶封堵数值模拟模型。通过数值模拟优化暂堵剂、二次交联剂的用量以及后续气驱注入速度。模拟结果表明，暂堵剂用量 $200m^3$、二次交联剂用量 $120m^3$ 时增油效果最好，后续注气速度确定为 $45000m^3/d$。针对气窜封堵后长期注气仍然会发生气窜的问题，建议开展气驱全过程封窜，根据后续不同注气速度气窜时间建议1～1.5年开展一次封窜措施。

关键词　压裂缝；气窜；调剖封堵；油藏数值模拟

随着世界油气需求量的不断增长，致密油正成为国内各大油田增储上产的主体。目前主要采用“水平井+体积压裂”的方式对致密油进行规模化开发，但由于致密油藏渗透率、孔隙度极低，仅依靠弹性能量开发产量递减快、采收率低。针对致密油藏注气提高采收率技术的探索，国内外开展了大量的室内和现场试验，从补能、降黏、混相驱替等驱油机理研究方面论证了注气提高采收率技术在致密油藏的可行性。但在现场试验过程中，由于致密油藏前期造缝形成的复杂人工缝网，注入气体进入地层后，沿着裂缝通道快速窜进到油井端，难以有效实现其提高采收率的机理。目前，国内外针对水平井气窜治理方面研究以封堵剂室内评价为主，本文在压裂缝网模型基础上，通过数值模拟软件模拟气窜井注入封堵剂后的开发效果，优化封堵剂剂量，为现场气窜封堵治理提供指导。

1　油藏概况

玛湖凹陷三叠系百口泉组油藏位于准噶尔盆地中央凹陷北斜坡区，三叠系百口泉组油层分布在 T_1b_3、T_1b_{21}，为单斜构造油藏，深度2500～4000m，厚度110m～140m。平均渗透率 $1.44\times10^{-3}\mu m^2$，为典型的特低渗砂砾岩油藏。由于油藏直井开发呈现低产低效特征，因此该区主要采用多段水平井衰竭式的开发方式。在油藏开发初期相比直井产量高、连续生产能力强，随着地层能量的衰竭，单井产量快速递减。为了进一步提高采收率，油田自2019年重点攻关水平井 CO_2 吞吐、水平井注天然气等大幅度提高采收率的配套技术。但由于前期压裂形成的人工裂缝比较发育，注气过程中气体沿着裂缝通道快速窜进到油井端，难以实现补能、扩大波及体积的目的。如何在已形成复杂缝网的条件下控制注入气体的井间窜流，是玛湖致密油藏水平井注气开发提高采收率技术发展的关键。

2　水平井压裂后气窜特征模拟

2.1　油藏气窜生产特征

玛湖注气井I1在2018年7月投产，水平段长度1600m，钻遇油层长度1522m，钻遇率95.1%，压裂25级73簇，总压裂液 $36650.4m^3$，加砂 $1800m^3$。压裂过程中对邻井形成明显的干扰，邻井P1、P2、P3压裂时对I1井形成干扰，最远干扰距离1600m。

2019年10月19日I1注入氮气时，邻井P2、P3发生明显气窜，其中P3井窜流最严重。I1井10月19日开注后，10月23日P3井压力、气量上升，取样 N2 浓度 45.29%，表现出明显的气窜特征。

I1 井于 12 月 24 日注入烃气，日注气 $3\times 10^4m^3$，注气压力 18.68MPa，注烃气过程中，邻井油压由 4.1MPa 上升至 5.8MPa，日气量由 22503 方上升至 $31284m^3$，气窜特征明显，影响注入烃气补能增产效果，因此需要针对气窜井开展封窜治理研究。

2.2 气窜井模拟及通道刻画

为了能够量化表征 A1312 井组注气阶段气窜规律，在油藏地质模型基础上，结合现场开发动态，建立了致密油压裂水平井数值模拟模型。

在油藏地质模型基础上，结合现场压裂施工数据，采用 Weng 和 Kresse 等人建立的非常规压裂模型[见式(1)、式(2)]，进行分段分簇压裂模拟。

$$\alpha_0 = \frac{2K'}{\phi(n')^{n'}}\left(\frac{4n'+2}{n'}\right)^{n'};\ \phi(n') = \frac{1}{H_{fl}}\int_{H_{fl}}\left(\frac{w(z)}{\bar{w}}\right)\frac{2n'+1}{n'}\mathrm{d}z \tag{1}$$

$$\frac{\partial p}{\partial s} = -\alpha_0\frac{1}{\bar{w}^{2n'+1}}\frac{q}{H_{fl}}\left|\frac{q}{H_{fl}}\right|^{n'-1}, \tag{2}$$

式中：p 为流体压力；q 为裂缝中的流速；H_{fl} 为流体在裂缝中的高度；$w(z)$ 为不同深部 z 下裂缝宽度；$\bar{w}$ 为平均宽度；n' 为幂律指数；K' 为传导指数；s 为沿着裂缝的距离。

模拟结果表明第一段压裂是单簇施工，得到了最长的裂缝长度约 334m，其他压裂段施工得到的裂缝长度大多都在 150~200m，平均 182m。裂缝高度在 16.2~63.5m，平均 27.3m。裂缝开度在 0.11~7.77mm，平均 2.57mm。由于应力阴影影响，不同压裂段之间裂缝体积的差异较大，从几立方米到一百多立方米不等，平均 $15.3m^3$。根据压裂缝网发育参数，在数值模拟模型中按照等效导流能力设置裂缝物性参数，对一注三采水平井的衰竭开发和注气开发生产历史进行拟合，校正裂缝参数，使井组产油量历史拟合精度达到 95%以上(见图 1)。

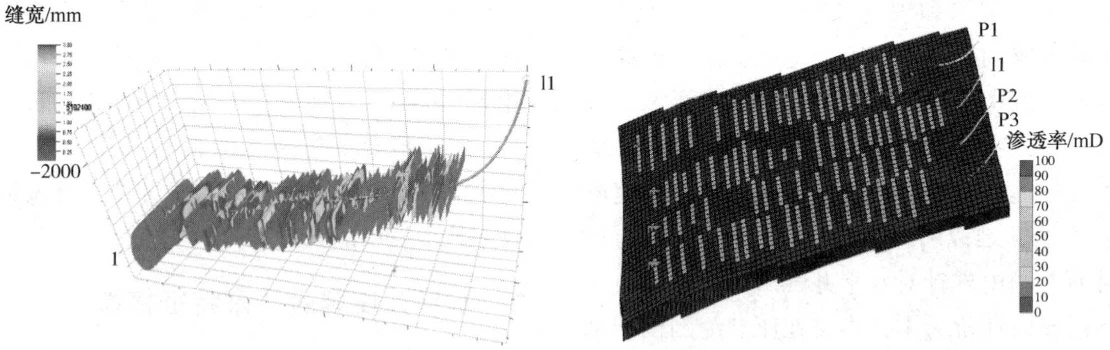

(a)人工压裂缝网模拟结果　(b)考虑压裂缝网的数值模拟模型

图 1　典型区块油藏裂缝模型

3　压裂水平井气驱窜流特征

衰竭式开发过程中，油藏压力延裂缝发育带快速下降，注采井间形成压力传导的沟通。在水平段注气后，注入气主要沿 6/7/8 级压裂缝发生气窜。对应油井压裂沟通部分压力明显较高。油藏顶部受气体上覆作用，含油饱和度较低，中下部储层物性较好，含油饱和度相对较低，同时，注入气有明显顶驱下压原油的特征。由于开采时间短、采出程度低、整体含油饱和度高，受气窜影响动用效果差(见图 2)。

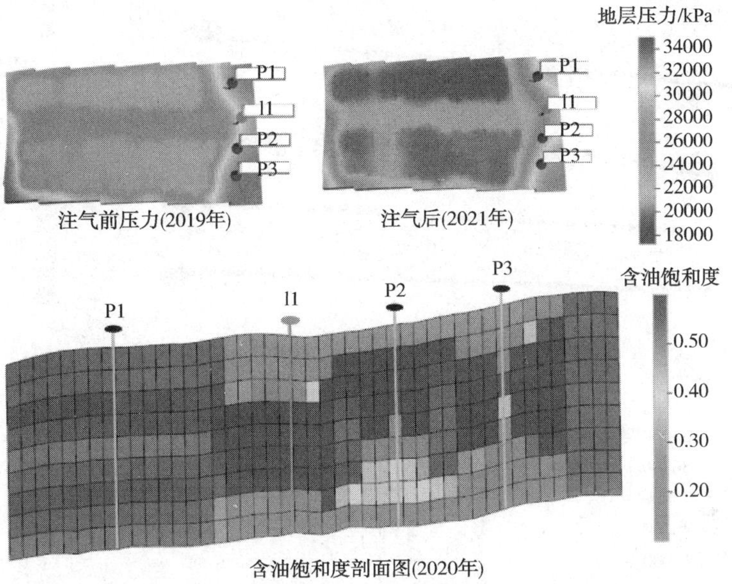

图 2　油藏压力、含油饱和度分布图

4　水平井注气封窜优化设计

4.1　气窜井凝胶封堵数值模拟

为模拟凝胶对裂缝通道的封堵，采用 CMG 数值模拟软件 STARS 模块模拟凝胶体系在地层中封堵作用机理。通过定义化学反应过程来模拟凝胶的形成，主要受聚合物和交联剂浓度、成胶时间控制。而成胶时间取决于聚合物和交联剂反应生成凝胶的速度，模型中采用的反应公式如下：

聚合物(C_1) + 交联剂(C_2) → 凝胶(C_3)(3)

式中，C_1、C_2、C_3分别为聚合物、交联剂、凝胶浓度。

化学反应过程受分子间的相互碰撞影响，通过反应动力学方程表征，聚合物、凝胶组分浓度越大，生成凝胶的反应速度就越快，模拟器中用关键字 FREQFAC 来表征。

$$r_{\mathrm{k}} = r_{\mathrm{rk}} e^{-\left(\frac{Ea}{RT}\right)} \cdot \prod_{i=1}^{nc} C_i^{e_k} \tag{4}$$

封堵有效期受凝胶老化影响，模型中采用反应公式(4)来模拟老化过程，用反应动力学关键字 FREQFAC 的大小模拟凝胶老化时间。最后通过对室内凝胶驱替物模实验拟合，确定模拟凝胶在地层中运移封堵所需特征参数，模型中参数取值见表 1。

表 1　凝胶在地层中运移封堵所需特征参数

特征参数	聚合物黏度/(mPa·s)	凝胶阻力系数	凝胶最大吸附量/(mole/m^3)	成胶反应系数	老化反应系数
数值	4	100	3.543	80	6

实际油藏裂缝模型中，分别模拟按目前生产制度继续开发和气窜封堵治理后注气开发效果。气窜封堵过程首先注入 200m^{3}暂堵体系，随后注入 100m^{3}二次交联体系，后续进行注气开发。模拟结果可以看出，通过注入暂堵体系和二次交联体系后在注入井压裂缝网近井筒附近形成有效的渗流阻力(见图 3)，使后续注气过程中注采井间气窜现象有所控制。相比原开发方式，油井端产气量出现明显下降，地层压力保持程度明显好转，模拟预测 5 年油井产油量增加 31327t(见图 4、图 5)。

4.2　气窜封堵剂用量设计

在气窜封堵剂量优化过程中，通过油藏数值模拟计算注入不同体积的暂堵剂(100m^3、150m^3、200m^3、250m^3、300m^3)和二次交联剂(40m^3、80m^3、120m^3、160m^3、200m^3)后注气开发 5 年的增油量。结果表明，随着暂堵剂用量增加，增油量呈上升趋势，当暂堵剂用量 200m^{3}时增油效果最好，二次交联剂在 120m^{3}时增油效果最好(见图 6)。

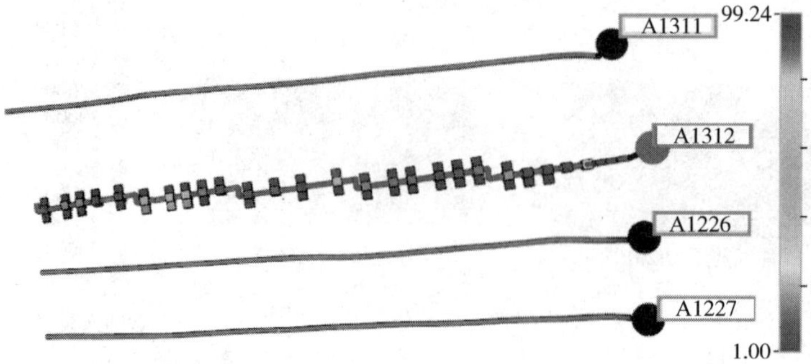

图3　井轨迹剖面气相饱和度

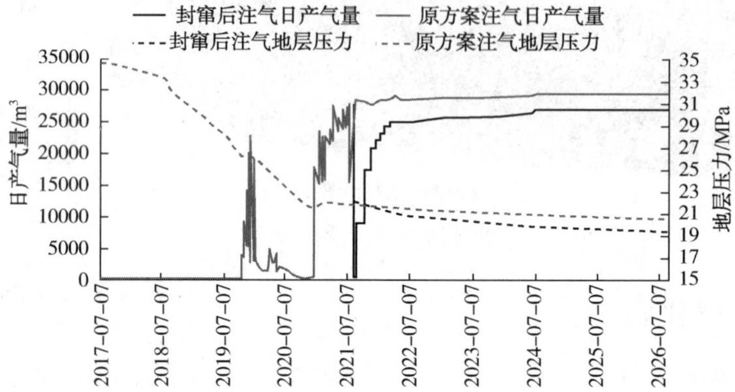

图4　井组日产气量和地层压力曲线

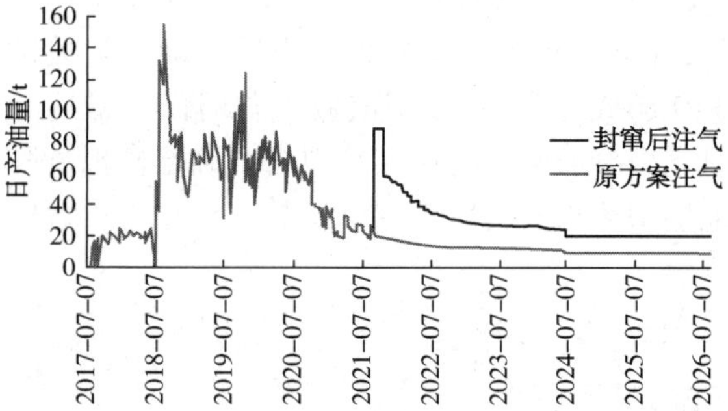

图5　井组日产油量曲线

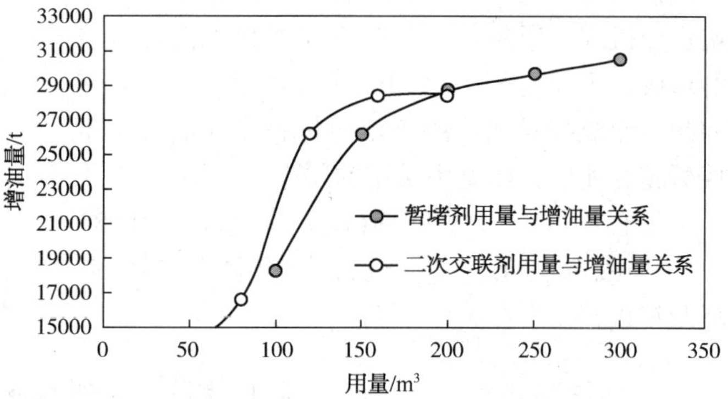

图6　调剖剂用量与增油量关系曲线

4.3　封堵后注气速度优化

在此基础上进一步优化后续注气速度，分别模拟预测气窜封堵后注气速度分别为30000m³/d、45000m³/d、60000m³/d、75000m³/d、90000m³/d时生产5年相比未做封堵措施时的增油效果。结果表明，随着注入速度增大，阶段累计增油量呈上升趋势，换油率整体呈下降趋势。综合考虑增油量和换油率，确定后续注气速度45000m³/d(见图7)。模拟结果也可以看出长期注气后仍然会发生气窜，注气速度越快，气窜时间越早，但是该气窜与封堵前的气窜特征不同，属于“支撑缝”“应力缝”气窜类型。因此，气窜后产量仍然高于封堵前的“动态缝”。由于气窜后会降低油井产量，建议开展气驱全过程封窜，根据不同注气速度的气窜时间建议1~1.5年开展一次封窜措施(见表2)。

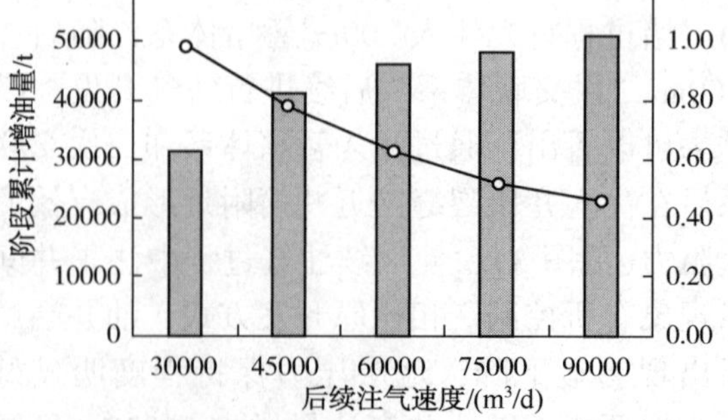

图7　二次交联剂用量与换油率

表 2　不同注气速度对应气窜时间

注气速度/(m^3/d)	30000	45000	60000	75000	90000
气窜时间/d	244	208	179	164	152

5　结论

(1) 采用 Weng 和 Kresse 等人建立的非常规压裂模型对压裂缝网进行模拟，明确压裂形成最长裂缝长度约 334m，平均 182m，裂缝高度为 16.2~63.5m，平均 27.3m，裂缝开度在 0.11~7.77mm，平均 2.57mm；

(2) 通过气窜模拟优化确定暂堵剂用量 200m^3、二次交联剂用量 120m^3时增油效果最好，后续注气速度确定为 45000m^3/d；

(3) 针对致密油压裂形成的人工缝网，调剖剂封堵后长期注气仍然会发生气窜，并且注气速度越快，气窜时间越早，但是该气窜与封堵前的气窜特征不同，属于“支撑缝”“应力缝”气窜类型。考虑气窜后会降低油井产量，建议针对此类油藏开展气驱全过程封窜。

参　考　文　献

[1] 魏兵，刘江，张翔，蒲万芬. 致密油藏提高采收率方法与理论研究进展[J]. 西南石油大学学报(自然科学版)，2021，43(01)：91-102.

[2] 郑太毅，刘先贵，杨正明，等. 致密油藏注天然气提高采收率应用研究进展[J]. 应用化工，2020，49(01)：190-195，201.

[3] 何龙，谷峪，焦保雷，张世岭，等. 有机-无机复合交联凝胶防 CO_2 气窜体系评价研究[J]. 现代化工，2021，41(03)：111-115，119.

[4] 石立华，党海龙，康胜松，等. 注入压力对 CO_2 驱气窜影响规律及裂缝封堵研究[J]. 西南石油大学学报(自然科学版)，2018，40(01)：149-156.

[5] 韩晓冬，邹剑，王秋霞，等. 海上多元热流体气窜凝胶调堵体系研究[J]. 西南石油大学学报(自然科学版)，2017，39(06)：167-172.

[6] 刘文锋，张旭阳，张小栓，等. 致密油多段压裂水平井产能预测方法[J]. 新疆石油地质，2019，40(06)：731-735.

[7] 蒲万芬，汪洋松，李龙威，等. 致密砾岩油藏超临界 CO_2 吞吐开发可行性[J]. 新疆石油地质，2021，42(04)：456-461.

[8] 邓振龙，王鑫，谭龙，等. 玛湖凹陷致密砾岩油藏 CO_2 异步吞吐提高采收率[J]. 新疆石油地质，2022，43(02)：200-205.

[9] 谭龙，王晓光，程宏杰，等. 玛湖致密砾岩油藏注烃类气混相驱油藏数值模拟[J]. 西南石油大学学报(自然科学版)，2021，43(05)：193-202.

[10] 李浩楠，宋平，朱亚婷，等. 玛湖致密砾岩注氮气驱机理及应用效果评价[J]. 西南石油大学学报(自然科学版)，2021，43(05)：203-211.

[11] 周翔，周丹，邓家胜，邓靖译，Ray Rui，姜哲人. 超临界 CO_2 驱提高致密油藏采收率实验研究[J]. 特种油气藏，2021，28(03)：118-123.

[12] Weng X, Kresse O, Cohen C, et al. Modeling of hydraulic-fracture-network propagation in a naturally fractured formation[J]. SPE Production & Operations, 2011, 26(04): 368-380.

[13] Nolte K G. Principles for fracture design based on pressure analysis[J]. SPE Production Engineering, 1988, 3(01): 22-30.

特高含水期扶余油田堵水效果及认识

黎政权　张修林　雷秋艳

(中国石油吉林油田分公司)

摘　要　扶余油田已进入特高含水开发期，无效水循环严重。基于“高含水井不等于层层都高含水”理念及“层间干扰理论模型”指导，动静结合识别渗流优势通道，分层认识后对高含水井段或层段进行临时封隔或阻隔，调整产出剖面，减缓平面和层间矛盾。不断完善适应扶余浅层、低温特征的低成本机械堵水技术，以控制无效水循环为切入点，创新“以堵代找”堵水思路和综合评价方式，与压裂、注水调整配套实施，取得了较好效果。堵水是油田开发注采调控、改善水驱的重要手段，更是深化油藏分层认识的重要手段。结合堵水效果和监测资料认识认为合理生产压差，控制含水上升是当前开发阶段控水稳油的关键。

关键词　堵水；改善水驱；分层认识；生产压差；含水

1　扶余油田基本情况

扶余油田位于松辽盆地南部中央凹陷区东缘，扶新隆起带扶余三号构造上，是一个被断层复杂化的多高点穹隆背斜，为裂缝型中-高渗构造砂岩油藏，开发层系为扶余油层、杨大城子油层，有效储层以河道沉积的正韵律储层为主。油藏埋藏浅，只有 320～500m，含油井段长约150m。油层温度低，平均只有 32.7℃。动用含油面积 95.37km^2，地质储量 1.69×10^8t，可采储量 5547×10^4t。

1.1　地质需求

扶余油田经过 50 多年注水开发，已进入特高含水开发期。储层非均质性严重，经过长期注水开发，人工、天然裂缝发育，层间平面矛盾突出，无效水循环严重；注水量与产液量同步上升，系统压力大，地层压力稳定，存水率下降，驱油效率低。目前综合含水已达 95.6%，但采出程度仅 25.9%。“双高”井层广泛分布，仍然有 20%以上的层不吸水，20%左右层不产液。

虽然已进入特高含水开发期，但“油田高含水不等于每口井都高含水、每口井高含水不等于每个层都高含水”，仍有潜力可挖。“控制含水、改善水驱”成为扶余油田实现稳产最急需解决的问题。

1.2　工艺现状

扶余油田从 2003 年开始，随着油气田开发的不断深入，历经四个堵水阶段，由初期、发展期、徘徊期到 2014 年以后的推广期，经过多年摸索并完善，形成了目前适应浅层低温高含水开发后期的 6 种主体堵水工艺技术，基本能满足开发对稳油控水的需求。目前，扶余 710 口堵水井中随泵封隔器堵水工艺占 57%，成本低，应用最多，受免修期影响重复堵水工作量大；丢手类堵水工艺占 26%，密封可靠，有效期长，清检时免解封，承压能力强；其他堵水工艺有套变井填砂堵水、选择性化学堵水，可钻桥塞堵水，以及免扫塞小修水泥分层堵水等工艺；同时针对机械堵水解封泄压问题研究设计了小修简易防喷装置。

堵水工艺技术经过不断的更新完善，已基本满足开发需求。2003～2006 年堵水初期，常规随泵堵上，桥塞堵下。2007～2009 年堵水发展期，丢手过泵堵任意层。2010～2013 堵水徘徊期，机堵遇瓶颈试验化堵等新方式。2014 年以后堵水推广期，重新确定机堵为主，围绕“低成本、找得准、堵得住、起得出、环保可控”为目标进行工艺创新完善(见图 1)。

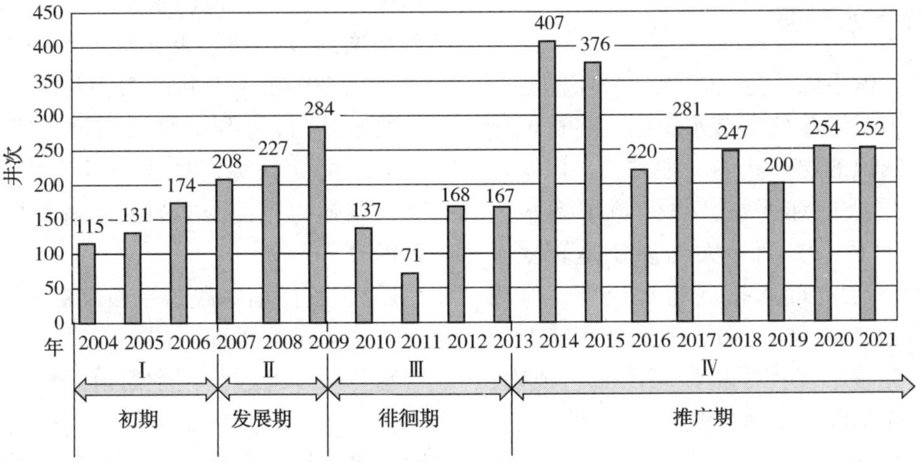

图 1　历年堵水施工工作量统计柱状图

2　堵水增油机理认识

扶余油田堵水从开发上解决了层间及层内矛盾导致增油；平面上邻井见效是通过改变水驱方向，扩大注入水波及体积导致增油；纵向上通过控压差，降含水减缓层间干扰导致增油。

2.1　数值模拟指导

通过综合分析堵水井动态资料，层间、层内数值模拟结合物理模拟等研究，取得了以下几点认识：

(1) 油井封堵后封堵点附近的地层压力升高，堵水井周围的水井的注入水流线发生改变，当堵水后注入水流向物性差的剩余油富集区，邻井平面增油。

(2) 有分层测试数据的井选取高产液、高含水、生产压差大层位；无测试资料的选取河道沉积储层、周围有邻井处于河道边部，层间渗透率级差大于 5 的井；随着渗透率级差的增大及封堵时机的推迟，开发效果变好，当油井封堵后井底流压降低或未封堵层出现增注时，油井层间增油；合理的堵水周期为 6 年。

(3) 当厚油层底部封堵时，注入水向上部储层移动，波及体积扩大；当油层地层压力增大后开始生产时，部分达到启动压力梯度的剩余油开始流动，使油井增油。

2.2　层间干扰理论模型

多层合采砂岩油藏，层间干扰系数是一定含水下油相渗透率、生产压差、渗透率等的函数。假设各小层泄油半径、井筒半径和表皮系数均相同，层间干扰系数理论公式为：

$$\alpha_o = 1 - Q\frac{\ln\dfrac{R_{ev}}{r_{we}} + S}{542.87(p_{me} - p_{mw})\sum\limits_{i=1}^{n}\dfrac{K_i h_i K_{roi}(f_{wi})}{\mu_{oi}B_{oi}}} \tag{1}$$

式中，α_o为层间干扰系数，无因次；Q为多层油藏单井合采实际产油量，m^3/d；R_{ev}为定向井泄油半径，m；r_{we}为定向井井筒半径，m；S为表皮因子；p_{me}为多层油藏地层压力，MPa；p_{mw}为多层油藏单井井底流压，MPa；K_i为第i层渗透率，μm^2；K_{roi}为第i层油相相对渗透率；h_i为第i层厚度，m；μ_{oi}为第i层原油黏度，mPa·s；B_{oi}为第i层原油体积系数。

依据以上理论模型将扶余油田储层参数代入计算。中低含水期(f_w小于 60%)干扰系数随生产压差增大(K_{ro}增加、Q增加)而减小；当生产压差小于 2MPa 时，适当加大生产压差，层间干扰系数也减小；当生产压差大于 2MPa 时且增大时，层间干扰系数增大，且随着压差增加，液量上升幅度增大，不利于生产开发，低含水期生产压差小于 2MPa 较合理。中高水期(f_w大于 60%)干扰系数随渗透率级差(各层渗流阻力相当)降低而减小；随着含水上升，干扰系数大幅度增大；随着含水下降(K_{ro}增大)，干扰系数减小；随着生产压差增大，干扰系数增大，且大于 2MPa 后急剧增加；相同压差、含水、储层参数相同前提下，产量越高，层间干扰系数越小，但层间干扰系数级别差异并不大。扶余油田已进入特高含水开发期，当前急需堵水控压差、控含水减缓层间干扰，改善水驱开发效果。

3 扶余油田堵水效果

鉴于油藏认识手段不足，且无法分层监测的井占比较大，为了快速落实堵水层位，将机械堵水视为找水、认识油层产状的一种方式，以堵代找，实现了分层认识和调整，也保障了堵水规模。2014年堵水技术方面最大的创新是转变了观念，引用“二分法”理念拓展堵水规模，应用比例74%，有效率71%。在原有技术基础上经过不断创新与完善，发挥了机械堵水工艺成熟，占井时间短、成本低、快速见效技术优势，规模应用，缓解了开发矛盾。

3.1 堵水整体效果

2015～2020年堵水1545井次：日产液降1489t，含水降1.3%，月存水率增加18%，相当于增加78口水井；邻井自然递减减缓。依据效果及时调换层位，实现了堵水效果提升。深化油水运动规律认识，分析堵水效果，对堵水失效井、无效井再分析、再认识，动态调换层，近两年调换层堵水58口井，有效率达到93.5%。

3.2 堵水提高采收率

利用递减法计算：2015年以来所有堵水本井增加可采储量6.39×10^4t；邻井自然递减减缓增加可采储量5.11×10^4t。扶余油田注水区含油面积36.6km^2，地质储量0.75×10^8t，可采储量2910×10^4t，预计采收率38.7%，驱油效率48.5%。通过堵水持续控制无效水循环，进一步扩大水驱波及体积。堵水前注水区水驱波及体积系数为79.5%；堵水后注水区水驱波及体积系数为79.8%。注水区通过堵水水驱波及体积系数提高0.3%。

3.3 堵水经济效益评价

12个月本井平均单井增油30.5t，邻井递减折算增油3.5t，本井降液折算增油4.3t，综合增油达到38.3t，对应单井极限成本6.2万元，目前单井费用3.3万元。综合评价堵水经济效益可观。

4 扶余油田堵水取得的认识

4.1 堵水是改善水驱的重要手段

4.1.1 堵水“双高”井层改变水驱方向

针对砂体发育连续性差的边部区域，部分井区高产液、高含水，通过历次动用、井史分析等手段明确高产液、高含水层后进行封堵，封堵水驱优势方向后，迫使水驱方向发生改变，区域内邻井见到很好的效果，整个平面水驱得到改善。例如东70-013.4井，主力层9～11小层出水，且堵水9～11小层后降液增油，邻井该层也明显受效。由此认为，堵水可使得水驱方向发生改变，变强为弱，变弱为强，整个井组开发效果得到提升。

4.1.2 整体堵水改善平面及层间矛盾

主要选取平面、层间矛盾突出的高产液、高含水井区，通过封堵主河道顺物源方向砂体连片发育的层，部分区域迫使注水转向驱油，整体上解决纵向层间矛盾，减缓层间干扰。西16-9区块无效水循环严重，对主河道顺物源方向28口(占总油井31%)井封堵，区块整体堵水，配套调整注水方案，实施后区块日产液量下降163t，综合含水下降1.7%，日产油上升4.4t，开发形势明显好转。认为局部区域整体纵向层间矛盾突出，通过整体堵水减缓层间矛盾，改善区块整体水驱效果。

4.1.3 疏堵结合周期采油提高单井产能

地下流体是运动的，封堵高渗透层后压力上升并重新分布，压力场变化使正韵律储层中上部的剩余油在层间压差的作用下层间渗流；当油井解封后，剩余油在压差的作用下渗流入井筒；可见周期性堵、解起到了有效动用正韵律储层中上部剩余油的目的。以往高含水层不代表目前高含水，重新认识油水运动规律动态调整。

近年实施换层堵水58口，重新堵水后平均单井日降液4.5t、日增油0.16t。扶余油田2010年综合含水91.2%，当时含水95%即是高含水层，目前扶余平均综合含水已经达到95.5%，早期堵水的这类层目前就是潜力层。2010年95%含水的层都会堵掉，有近200口井是下步研究的重点。例如西26-09.4井，该井动用2个层段，2008年6月丢手堵底，堵前日产液18.4t，日产油0.5t，综合含水96.8%，堵后日降液10t，日产油不变，2015年6月换层堵上部，下部层解封，日产液上升，日产油达到1.9t。

2015年以来解封202口井，可评价井116口，平均单井日增液3t，日增油0.1t，含水略降，增油有效期约5个月。

4.1.4 “错位”堵水提高井组开发效果

针对砂体连片发育区，整体各砂组连通性均较好，一旦建立注采关系，水驱见效均较快，出水层位错综复杂，可进行“错位”堵水，改善平面矛盾，减缓层间矛盾。交错层位堵水即是对相邻油井不同层位砂体错开层位堵水，封堵层水源转向开启层，使水驱受效方向改变的堵水方式。例如中S52水井的一线两口油井中+10-10和中10-10.1井，地质认识清楚、出水层位不同，实施错位堵水，平均单井日增油0.3t。分析认为，顺物源方向中+10-10井9小层出水，而中10-10.1井6小层出水，分别对这两口井出水层堵水，堵后中+10-10井日降液5.1t，日增油0.8t，中10-10.1井日降液6.1t，日增油0.4t，井组整体含水下降5.0%。由此可认为，砂体发育连片区域，纵向强水驱层位不同，可通过交错层位堵水，纵向上变强为弱，变弱为强，改善整体开发效果。

4.1.5　调堵压配套实施充分挖掘区块剩余潜力

特高含水开发期，针对无效水循环严重区块，调堵压一体化实施全面改善区块水驱效果，即油井采取“纵向压堵、立体调整”，水井采取“近阻组合、层间轮注”周期注水方式。“压堵结合+层间轮注”既是从纵向上改善层间矛盾，减缓层间干扰，也从平面上改善地下不均衡渗流场，控含水，提效果，全面改善水驱效果，挖潜剩余潜力。例如中2-14-9水井，为扬大城子井网水井，一线四口油井，分7段注水，分别将1.2.5段(组合Ⅰ)与2.3段(组合Ⅱ)分为两个注水组合，6.7段一线油井中2-13-11为高产液、高含水层，且中2-15-11与中2-15-9均未动用6.7段层，中2-13-9动用6.7段较薄，固执行周期注水长期停注。单月执行组合Ⅱ，双月执行组合Ⅰ。通过静态认识与历次动用及井史分析：中2-13-9压裂第4段后，生产第1、3、4、5、6段；中2-13-11堵水第1、3、4、5、6、7段后，生产第2段；中2-15-11压裂第1段，堵水第2、3段后，生产第1、5段；中2-15-9生产第3、4、5段。中2-14-9井组调堵压一体化实施15个月后，日产液量增加16t，日产油量增加3.2t，含水下降4.6%，水驱效果明显提升。依据本井效果，在本井所在区块中30进行推广应用，调堵压综合治理后开发效果也得到明显提升。由此可认为，特高含水开发期单纯依靠一类措施来改善开发效果困难较大，需调堵压一体化全面改善水驱效果。调堵压配套实施，控含水、减缓递减来实现老油田稳产。

4.2　堵水是深化油藏分层认识的重要手段

以找水就是找油的理念，通过堵水认识分层产状，挖掘未发挥的潜力层。通过产液剖面、油井分层测压等传统方法实现分层认识数量有限。2014年以来基于“二分法”理论，结合动态分析采取以堵代找，实现了有认识堵，堵后重新认识。结合监测资料从堵水效果好的井中认识到生产压差与含水的控制对于特高含水期稳油控水至关重要。

4.2.1　找水即是找油

首先，为了快速落实堵水层位，通过井史分析先确定最有可能出水的层位，结合清检作业堵水，再根据效果反复验证，视堵水为找水，出现偏差后继续调整，例如东中13-08.4井，多次动用，且每次多层动用，通过动静态资料分析无法确定出水层位，初次堵水2~3小层无效，换层堵6~11小层后降液增油。应用比例74.3%，有效率71.4%，已经成为主要的找堵水方法，保障了堵水规模，是目前堵水选井主要手段。其次，通过堵水认识潜力实施71口井，尤其是指导压裂选井效果显著，有效率100%，初期平均单井日增油0.8t。例如西+26-07.4井堵水后液量为3.4t，含水下降，通过分析6+7-8小层有重复压裂潜力，堵水后对6+7-8小层进行压裂改造，压后第二个月日产油2.4t，含水79.3%。

4.2.2　加大分层认识力度是前提

从整体堵水效果来看，弄清分层产出状况是堵水效果的关键，但地下流体运动规律复杂，扶余油田产液剖面年测试工作量仅150井次左右，满足堵水的井不足1/5有效率较高，规模受限。油井分层测压年测试工作量150井次左右。2015年来堵水井同时监测产液剖面与分层测压井143井次，堵水后有效率100%，效果好且堵水后日增油达到0.2t以上井66井次，可评价井41井次。认为加大分层认识是提高堵水效果的前提。

4.2.3　合理压差控含水是关键

首先，扶余油田油井堵水后流压控制在2.0兆帕以下效果好。从堵水41井次可评价井效果可以看出，堵水后油井流动压力均控制在2.0MPa以下，堵水后日增油均达到0.2t以上，油井流动压力2~3MPa出现明显断点，基本没有井点，大于3MPa也有增油效果好的井，但日增油只介于0.2~0.3t，无高效井(日增油0.5t

以上)。扶余油田原始地层压力4.4MPa,饱和地层压力3.6MPa,合理地层能量地层压力范围是3.5~4.7MPa,特高含水开发期合理生产压差大致在1.5~2.5MPa,理论上认为2.0MPa左右层间干扰最不严重(见图2)。认为堵水后合理流压控制,保障合理生产压差是堵水效果好的关键。

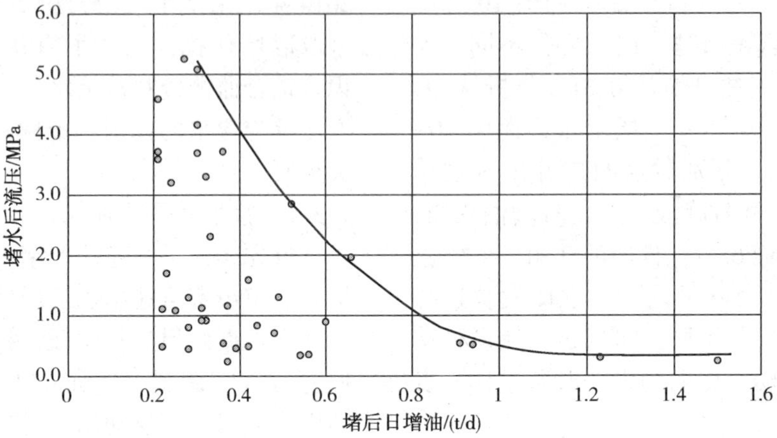

图2 堵水后流压控制与单井日增油关系散点图

其次,堵水"高压、高含水层"控制合理的生产压差,减缓层间干扰,是充分发挥各层潜力的关键。第一类是堵水"高压高产液"井层,如中12-16.4于2017年分层测压后,2~6小层地层压力均在8MPa左右,生产压差较大,其他小层均在5MPa以下,生产压差较低。本井堵水高压层2~6小层效果好,且本井堵水前流压4.31MPa,堵水后流压0.32MPa,堵水后液量大幅度下降,含水大幅度下降,第三个月日增油达到0.4t以上,堵水后也验证目的层高产液高含水。第二类是"高压中低产液层",如西5-016.4井2014年分层测压后,3小层地层压力4.03MPa,其他小层地层压力均在2~3MPa,堵水前与堵水后流压均在1.0MPa以下,堵水后液量略下降,含水大幅度下降,第三个月日增油达到0.7t以上,堵水后也验证目的层高含水。说明油井控制合理流压后保证合理的生产压差,减缓层间干扰,对于油井各层潜力充分发挥起到较重要的作用,且高压、高含水层抑制低压、低含水层产出,控压后降含水充分发挥了水驱潜力。

最后,在保障合理生产压差的前提下,堵水"高产液、高含水层"油井含水得到控制后效果好。例如西17-019.4井2015年分层测压后,各个小层地层压力均在3~4MPa,监测产液剖面显示5+6小层高产液高含水,堵水前与堵水后流压均在1.0MPa以下,流压与生产压差均较合理,堵水5+6小层液量变化不明显,含水大幅度下降,第二个月日增油就达到0.3t以上,堵水后释放了其他层潜力。说明特高含水开发期,控制含水上升同样是减缓层间干扰的关键,"高产液高含水层"抑制低产液低含水层潜力的发挥,需"控高提低"来改善水驱开发效果。

5 结论

(1)特高含水开发期堵水是重要的水驱调控手段,改善了层间、平面矛盾,控制了无效水循环,扩大了水驱波及体积,提高了采收率。

(2)不能单纯依靠一类措施来稳产,需调堵压一体化实施全面改善区块水驱开发效果。

(3)堵水是一种深化油藏分层认识的重要手段,通过堵水实现找油,为稳产、增产指明方向。

(4)堵水起到了合理流压控制作用,合理了生产压差,减缓了层间干扰,充分发挥了纵向各层潜力。

(5)通过堵水来控含水,释放低含水层潜力,也是特高含水开发期减缓层间干扰的关键。

参 考 文 献

[1] 赵小庆,鲍志东,刘宗飞,等.河控三角洲水下分流河道砂体储集层构型精细分析——以扶余油田探51区块为例[J].石油勘探与开发,2013(02):181-187.

[2] 封从军,鲍志东,代春明,等.三角洲前缘水下分流河道单砂体叠置机理及对剩余油的控制——以扶

余油田J19区块泉头组四段为例[J]. 石油与天然气地质，2015(01)：128-135.

[3] 封从军，单启铜，时维成，等. 扶余油田泉四段储层非均质性及对剩余油分布的控制[J]. 中国石油大学学报(自然科学版)，2013(01)：1-7.

[4] 卫秀芬，陈凤. 大庆油田机械堵水技术的发展及展望[J]. 新疆石油天然气，2007，3(2)：43-46.

[5] 徐兴权. 可调层机械堵水技术[J]. 江汉石油学院学报，2004(26)：99-102.

[6] 张慧杰，王天刚，林阳，等. 套变小直径堵水工艺技术[J]. 油气田地面工程，2006，25(7)：18-22.

[7] 秦世群. Y341C-114多级堵水封隔器的研制与应用[J]. 钻采工艺，2006，29(1)：71-73.

[8] 赵福麟，戴彩丽，王业飞，等. 油井堵水概念的内涵及其技术关键[J]. 石油学报，2006，27(5)：71-75.

[9] 贾晓飞，苏彦春，邓景夫，等. 多层合采砂岩油藏动态干扰及其影响因素[J]. 断块油气田，2016，23(3)：334-337.

[10] 季亚辉，李天国，李天民，等. 带泵丢手、验封一体化封水工艺管柱的研究与应用[J]. 中国西部科技，2006(11)：14-17.

[11] 朱洁，张亚敏，朱圣举. 满足水驱规律的合理地层压力保持水平[J]. 西安石油大学学报(自然科学版)，2015，30(1)：38-41.

哈萨克斯坦与国内油田开发经济评价浅析

马秀明

(中国石油大庆油田有限责任公司勘探开发研究院)

摘　要　无论是对于哈萨克斯坦还是国内的一些油气企业来说，在投资建设和生产经营活动中，为了达到一定的收益目标，均需要对各种可能采取的技术方案、技术措施、技术政策等实施以后将会出现的经济效果进行分析、预测、计算、比较、评价，从而选择出技术上可行、经济上合理的最优方案，这就是经济效益评价。本文详细论述了对哈萨克斯坦N油田开发方案进行经济效益评价的具体情况，包括经济评价方法的论述以及评价过程中用于计算收入和支出两部分所涉及的所有计算参数的选取情况，全面论述了敏感性风险分析，并通过评价结果对油田备用开发方案进行比选，选择出获利最佳的开发方案，使油田油气开采效益能够达到最大化。同时，本文还分析了哈萨克斯坦油气田开发方案经济评价与国内经济评价的异同点，通过对比分析以达到取长补短的目的，使经济评价技术不断进步。在投资环境、技术经济等众多影响因素中，经济评价既要全面系统，又要关注细节。本文希望能为从事油气勘探开发经济评价的人员提供一点参考。

关键词　净现金流量；折现率；总投资；运营成本费用；敏感性分析

对于能源经济领域，任何一个较大的推荐方案都需要严谨评估其开发的可行性，因为从投资者也就是公司的角度出发，必须考虑投资该方案所能获得的收益即投资利润，油气投资项目的经济评价就是基于这一目的而进行的一项非常重要的工作，这项工作也是油气开发建设项目前期研究的重要内容。准确合理的经济评价能够对油气开发建设项目的科学决策提供重要依据，减少和避免投资决策的失误，提高油气勘探、开发的整体经济效益。

哈萨克斯坦国和国内油气田开发方案经济评价同样都是采用目前通用的贴现现金流量法进行。贴现现金流量法是矿产资源评估诸方法中较为科学的一种方法，因为它充分考虑了资金的时间价值，所谓贴现就是，通过特定的折现率把处于未来某一时期的资金数值换算成与之等价的现在的资金数值的做法，在矿产资源评价中就是将矿藏开发的预期收益折算成为当前的现值，也就是净现值(NPV)，并以此来评价开发方案或投资项目未来盈利的能力，进而比选出获益最佳的开发投资方案。净现值(NPV)在经济评价中的定义是指项目在整个计算期内各年净现金流量按设定的折现率折现到建设期初的现值之和，它反映项目超过平均盈利率的超额盈余，是考察项目盈利能力的动态指标。贴现现金流量法中的现金流量是指投资项目在整个寿命期内所发生的现金流出和现金流入的总称，是评价投资方案经济效益的重要基础，经济评价主要指标的计算也均是借助于现金流量来完成的。

以哈萨克斯坦国N油田为例，油田开发方案经济评价是按照哈国《矿藏勘探开发合理综合利用地下资源统一准则》进行的。该油田开发方案经济评价主要预测了具有经济效益的累计石油产量、经济极限期、基本建设投资、运营成本、净利润、累计现金流和经济指标。下面着重对哈萨克斯坦N油田开发方案经济评价的具体情况进行分析：

1　现金流出

N油田开发方案经济评价现金流出方面主要包括开发投资(钻井投资、地面建设投资)、运营成本费用以及各项税费支出。评价过程中将哈萨克斯坦国家的货币坚戈转换为美元以便于将来计算的简化。根据哈萨克斯坦共和国石油天然气行业的要求，将采输井以及注入井的钻井支出，考虑到每日的进尺、每日的钻井数量、完井的支出，钻井设备每日使用系数的支出。井场地面设备的投资包括自喷装置、提水泵、泵压缩管道、用于接入电源的变电站、计量设备和单独输电线的成本。油气田设施的投资包括公共用途和勘测设计工作的设施的支出。根据开采的技术和设备以及油气的处理和运输所需，N油田经济评价运营成本费用支出按照以下支出因素计算：材料支出、用电支出、员工工资及培训、生产性质的第三方公司的服务、非生产性质的第三方公司的服务、公共行政支出、其他支出、折旧费用、废弃基金。材料支出中包含化学试剂和原料的支出，化学试剂的支出是根据采液量来确定的；用电支出是根据开采液体和工作试剂注入来计算的，按电力的平均价格及单位消耗计算；员工工资按照石油天然气工业企业标准和月平均人员工资及人员数量计算，培训支出等于开采费用的百分之一；在生产性质的第三方公司服务计算时，按照开采每吨石油的单位费用来计算；在非生产性质的第三方公司服务计算时，以实际支出计算。哈萨克斯坦石油领域勘探与生产合同广泛适用的税收制度包括企业所得税、原油出口利润税、签字与商业发现费、矿产资源开采税等。经计算，N油田开发方案Ⅰ总投资为3275.17万美元，总运营成本费用为44281.94万美元；方案Ⅱ总投资为5090.60万美元，总运营成本费用为4497.13万美元，总税费支出为41356.64万美元。

2 现金流入

N油田原油的销售中预计总产量的43.58%为出口产品，总产量的56.42%为内部市场的产品销售。产品气的总量供应给内部市场。根据设计条件，压缩天然气的销售89%用于外部市场，11%为内部市场。油价主要采用了“布伦特”原油预估价格，并考虑了通货膨胀因素下整个开发期间石油价格的变动情况，如表1所示。经计算开发方案Ⅰ销售油气产品获得的应纳税总收入为48239.42万美元；方案Ⅱ销售油气产品获得的应纳税总收入为54086.81万美元。

表1 N油田油气销售价格表

序号	参数名称	单位	价格
1	出口石油的计划基本价	美元/t	636.15
2	内部市场石油的计划基本价	美元/t	103.27
3	出口石油的运输价格	美元/t	415.15
4	内部市场石油的运输价格	美元/t	9.69
5	内部市场干燥天然气的计划基本价	美元/10^4m^3	40.5
6	出口压缩天然气的计划基本价	美元/t	647.91
7	内部市场压缩天然气的计划基本价	美元/t	241.00

3 方案评价结果对比

N油田开发方案比选的方法是净现值比较法，经过对备选方案Ⅰ和方案Ⅱ经济评价结果的对比分析，方案Ⅱ折现后的净现值明显高于方案Ⅰ，项目盈利期内累计采油量也高于方案Ⅰ，而末期含水率则低于方案Ⅰ，因此综合确定方案Ⅱ为最佳开发方案，两个方案的对比情况见表2。

表2 N油田开发方案Ⅰ、Ⅱ技术经济指标对比表

序号	指标名称	方案	
		Ⅰ	Ⅱ
1	设计年产油量/10^4t	36.15	35.75
2	采油速度/%	6.94	6.46
3	项目盈利期内累计采油量/10^4t	265.00	297.44
4	盈利期内累计采气量/10^6m^3	555.01	684.06
5	开发期内最大井数/口	70	76
	生产井/口	58	64
	注入井/口	12	12
6	预备井/口	8	18
7	开发末期含水率/%	92.08	91.32
8	项目总投资/万美元	3275.17	5090.60
9	项目开发运营成本/万美元	44281.94	49977.13
10	平均成本/(美元/t·年)	123.09	120.90
11	开发期累计现金流/万美元	48987.39	53419.78
12	开发期支出总额/万美元	49109.67	54883.25
13	开发期应纳税收入/万美元	48239.42	54086.81
14	净现值(折现率10%)/万美元	27826.77	30109.16
15	经济极限期/年	2032	2032

4 敏感性风险分析

哈萨克斯坦国与国内油气田开发方案经济评价一样，都会做敏感性分析，敏感性分析的定义也基本相同，主要是对项目不确定性因素进行系统分析，通过分析这些因素单独变化或多因素变化时对净现值或财务内部受益率的影响，从中找出敏感性因素，并确定其影响程度。为了找出关键的敏感性因素，通常进行单因素敏感性分析。哈萨克斯坦N油田开发方案Ⅱ经济评价时确定影响项目效果的风险因素有石油价格、资本投资、运营成本、税收支出，敏感性风险分析主要分析了这四个因素在±15%以内变化时对项目净现值的影响，并形成了敏感性分析图(见图1)。

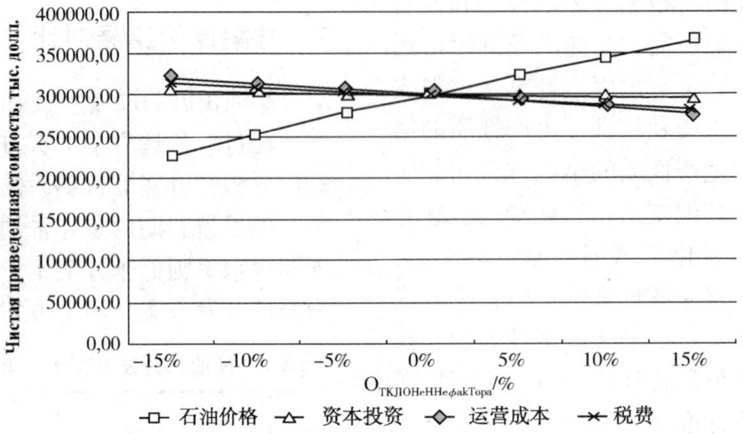

图 1　风险因素对净现值影响的敏感性分析图

图形上代表某个风险因素的直线斜率越陡，说明项目对这一风险因素就越敏感。如图 1 所示，项目净现值对油价变化非常敏感，其他因素在 15%以内变化时对项目净现值影响并不显著，即使油价降低 15%，也没有导致项目出现亏损的情况。敏感性分析数据见表 3。

表 3　单因素敏感性分析表

变化率	单位	石油价格	资本投资	运营成本	税收支出
-15%	万美元	22695. 81	30430. 07	31967. 76	31728. 44
-10%	万美元	25285. 23	30325. 89	31371. 84	31207. 07
-5%	万美元	28055. 91	30221. 67	30754. 73	30668. 49
+0%	万美元	30109. 16	30109. 16	30109. 16	30109. 16
+5%	万美元	32629. 43	29996. 31	29431. 12	29517. 04
+10%	万美元	34519. 15	29882. 53	28717. 08	28892. 52
+15%	万美元	36864. 02	29765. 39	27975. 17	28246. 33

以上主要是分析单因素变化对项目净现值的影响，针对开发方案Ⅱ同时也分析了多因素变化的联合影响效应，并根据多个因素变化时对净现值的影响分出最好的、好的、及格的、不及格的、差的和最差的几种情形，如表 4 所示。在发生概率为 0. 5%的最差情形下，项目净现值 NPV 也没有出现负值，NPV 标准偏差也不大，说明该开发投资方案的抗风险能力较强，这也是选择开发方案Ⅱ的一个重要依据。

表 4　多因素敏感性分析表

情形	发生概率	风险因素偏差				NPV
		石油价格	资本投资	运营成本	税收支出	
最好	0. 5%	115%	85%	85%	85%	394571. 38
好	1. 5%	110%	90%	90%	90%	366712. 06
较好	8. 0%	105%	95%	95%	95%	338153. 03
及格	80. 0%	100%	100%	100%	100%	301091. 63
不及格	8. 0%	95%	105%	105%	105%	266051. 60
差	1. 5%	90%	110%	110%	110%	220706. 49
最差	0. 5%	85%	115%	115%	115%	174880. 72
NPV 平均值						294595. 27
NPV 标准偏差						6496. 36
偏差系数						0. 02

5 哈萨克斯坦油气经济评价与国内的异同点

哈萨克斯坦油气经济评价在投资费用估算方面更为精确，例如钻井支出会考虑到每日的进尺、每日的钻井数量以及钻井设备每日使用系数支出情况；用电支出以及第三方公司的服务费用计算较为精确，这是国内经济评价可以借鉴的地方。国内油田经济评价则在操作成本估算方面更为详细，对采出作业费、驱油物注入费、稠油热采费、油气处理费、轻烃回收费、井下作业费、测井试井费、天然气净化费、维护及修理费、运输费、其他辅助作业费和厂矿管理费等项目均进行详细的计算。

哈萨克斯坦油气经济评价在税收上与国内油气项目经济评价相比，油气专项税种类繁多，计算规则相对较为复杂，共分11项左右税种，所有的支出和税务计算都根据哈萨克斯坦共和国税法和地下资源使用的合同进行，包括签字与商业发现费、原油出口利润税、矿产资源开采税、出口关税、企业所得税等等。比较而言，国内的税收种类更加清晰明确一些，只有几项，主要包括资源税、增值税、所得税、石油特别收益金等，相对而言没有那么烦琐。

哈萨克斯坦和国内油气经济评价中折现率的选取略有不同。哈萨克斯坦油气投资项目经济效益评价采用了10%的折现率，其折现率的确定考虑了通货膨胀因素即价格和费用的一般上涨，考虑了风险溢价，平均贷款利率(实际存款利率)等；此外还考虑了购买美元的汇率损失，反映了价格的时间变化，是依据年通胀率来进行计算的。

国内例如中石油常规油气勘探开发项目的折现率目前取值为8%，其中资金随着时间的推移而逐渐增值的现象，是折现率的主要组成部分，因为企业的货币资产无论用于哪一方面，都会存在机会成本，这一机会成本就是存入银行的利息，如果货币资产使用所带来的收入不能补偿存款利息这一机会成本，就是得不偿失；国内折现率中也包括了投资资金对时间、风险、通货膨胀的估量，考虑的风险是指投资收益或报酬的不确定性，随着时间的增加，这种风险将有所增长，固定资产投资一般要经过较长的时期才能回收，而且在这期间内往往又会碰到自然、政治、经济等因素的影响，这就成为企业投资所冒的风险，一般可表示为一个百分数，并包括在总的折现率内；通货膨胀也是折现率很重要的一个组成部分，主要是考虑因货币供给增加或其他因素所引起的物价上涨因素。

另外，哈萨克斯坦油气项目经济评价比较注重的是对净现值NPV的评估，有时不会将财务内部收益率作为主要经济指标进行计算，例如本文中的N油田开发方案的经济评价。而国内油气项目经济评价中财务内部收益率则是非常重要的经济评价指标，财务内部收益率(IRR)是指项目在整个计算期内各年净现金流量现值累计等于零时的折现率，它反映项目所占用资金的盈利率，是考察项目盈利能力的动态指标。国内常规油气经济评价要求投资项目的财务内部收益率必须超过至少达到行业基准收益率的水平(8%)。

与哈萨克斯坦油气投资项目经济评价相比，国内油气项目经济评价在做敏感性分析时根据油气开发建设项目的特点，通常选择油气销售价格、油气产量、经营成本、投资等对项目效益影响较大且重要的不确定性因素作为敏感性分析因素，税费则不作为敏感性分析因素，敏感因素变化的百分率为±5%、±10%、±15%、±20%等，敏感性分析主要是以对财务内部收益率的影响分析为主，必要时也可分析其他经济评价指标如净现值、投资回收期等。除此之外，国内油气项目经济评价的不确定性与风险分析中有时还会做盈亏平衡分析，盈亏平衡点又称零利润点、保本点、盈亏临界点等，通常是指全部销售收入等于全部成本时(销售收入线与总成本线的交点)的产量，以盈亏平衡点为界限，当销售收入高于盈亏平衡点时企业盈利；反之，企业就亏损。盈亏平衡点可以用销售量来表示，即盈亏平衡点的销售量；也可以用销售额来表示，即盈亏平衡点的销售额。石油项目盈亏平衡分析是根据项目固定成本、可变成本、销售税金及附加、油价等应素，通过确定方案产量盈亏平衡点(BEP)，分析预测产油量对项目盈亏的影响，盈亏平衡点越低说明项目盈利和抗风险能力越强。

6 结论

N油田开发预备了两个备选开发方案：方案Ⅰ和方案Ⅱ，通过经济评价比选得出方案Ⅱ为最佳开发方案，因为该方案采用10%的折现率折现后净现值 NPV 为 30109. 16 万美元，超越了方案 I 净现值 27826. 77 万美元。

随着经济的高速发展，国内油气供需矛盾加快了中国石油公司参与国际竞争的步伐，在海外油气田投资项目中，技术经济评价是可行性研究的重要内容，经济评价的结果是投资决策、并购价格等确定的重要参考依据。在投资环境、技术经济等众多影响因素中，经济评价既要全面系统，又要关注细节，对项目进行综合评估，为决策提供重要参考，为海外投资把好第一关。与海外石油公司相比，国内在油气项目评价上存在着重技术评价轻经济评价、风险评价薄弱等问题，为了充分利用储量资产，提高石油开发项目经济效益，应借鉴国外石油公司的一些做法，将经济评价与风险评估相结合，加强石油开发项目经济评价和管理工作。

本文对 N 油田开发方案进行了经济评价分析及比选，并对哈萨克斯坦油气田开发方案经济评价与国内油气经济评价的不同之处进行了对比分析，希望能为油气领域经济评价人员提供一点参考。

参 考 文 献

[1] 刘斌；油气田企业经济评价管理体系探讨[J]. 国际石油经济，2018(09)：96-100.
[2] 赵国杰，周中国，刘子先 . NPV 与 IRR 评价互斥方案结论差异的原因分析[J]. 西北农林科技大学学报(社会科学版)，2004，4(6)：60-62.
[3] 李丽萍，宋海侠 . 论我国油气资源经济评价的现状与发展趋势[J]. 特区经济，2016(07)：175-176.
[4] 邹倩，尹秀玲，王克铭 . 海外油气项目经营决策中的经济评价思路[J]. 中国矿业，2018，27(03)：54-61.
[5] 刘咏申 . 哈萨克斯坦矿山项目的经济评价特点[J]. 中国矿业，2016(09)：44-47.
[6] 蔡岩 . 石油公司效益的敏感性测度及分析研究[J]. 经营管理者，2019(01)：88-89.
[7] 李玉蓉，陈光海，胡兴中 . 国际石油勘探开发项目经济评价指标体系与综合评价[J]. 勘探地球物理进展，2004(5)：383-387.
[8] 王立群，王明军，纪常杰 . 石油开发项目的经济评价和风险[J]. 国外油田工程，2004(6)：28-34.
[9] 董兴武 . 国际石油合作项目经济评价的特殊考虑[J]. 技术经济与管理研究，2000(5)：97-99.
[10] 夏良玉 . 石油开发经济评价及决策方法研究[D]. 北京：中国石油大学(北京)，2009.
[11] 孙虎良，欧徐超 . 论经济评价中的难点及解决方法[J]. 石油化工技术经济，1999(05)：50-54.
[12] 商梅梅 . 国际油气勘探开发项目风险评价系统研究[D]. 北京：中国石油大学(北京)，2011.
[13] 杨彬 . 中国石油企业海外油气开发项目风险识别与控制研究[D]. 哈尔滨：哈尔滨工业大学，2010.
[14] 刘国一 . 吉鸿公司境外Ⅳ号油气开发项目方案及评价研究[D]. 保定：华北电力大学，2013.
[15]李涛 . 延长石油集团海外勘探开发项目风险识别及评价[D]. 西安：西安石油大学，2013.
[16] 王强 . 基于实物期权的 A 炼油项目经济评价研究[D]. 青岛：中国石油大学(华东)，2016.
[17] 刘清志，王婷，窦吉芳 . 非常规油气资源经济评价研究[J]. 河南科学，2012(10)：1544-1548.
[18] 汤玖宇 . 中国石油集团公司跨国勘探开发战略研究[D]. 哈尔滨：哈尔滨工业大学，2010.
[19] 迟艳波 . 中国石油企业海外投资回收研究[D]. 北京：中国石油大学(北京)，2006.
[20] 张正 . DEA 算法在国际石油项目经济评价中的应用研究[D]. 北京：北京化工大学，2009.

"三类六区"方法在油田效益配产中的应用

刘　畅　张　宇　张　蔓　陈　程　彭梦芸

(中国石油新疆油田分公司勘探开发研究院)

摘　要　油气田上游企业投资、成本、产量、效益如何合理配置是油田生产经营中需要解决的难题。为此，以油井为单元建立"三类六区"效益评价方法，引入最低变动成本识别无效产量，在此基础上通过最低变动成本及单井贡献值的统一优化排序，利用盈亏平衡、成本最低及利润最大三种模型确定经济规模产量，确定不同需求的配产方案。应用于XJ油田效益配产研究，得到油田盈亏平衡、成本最低及利润最大产量，为油田生产经营决策提供依据。

关键词　单井；效益评价；最低变动成本；"三类六区"；效益配产

长期以来，油气田企业都将产量任务作为衡量生产经营水平的刚性指标，产量与成本单独配置，造成资源配置不均衡的现象。某些单位配置产量指标过高，为达成产量指标成本居高不下；某些单位产量任务轻松完成，结余大量成本，产量与成本的不合理配置损害着油田长期效益；另外，油田企业成本控制难度越来越大，面临的降本增效压力也日渐加剧；与此同时，致密油及页岩油等非常规油气开发使得投资大幅度增加。在此形势下，如何合理配置产量和成本、实现油田效益最大化、由重产量转向重效益，成为油田高质量发展需要解决的问题。

将配产单元明确界定为油井，基于"三类六区"单井效益评价方法，进行产量优化配置，从盈亏平衡、成本最低及利润最大角度得到合理经济规模产量，从而实现产量与成本的有效联动，针对低效及无效产量开展分类施策，对于改善油田开发效益具有一定指导作用。

1　"三类六区"效益分类方法

1.1　成本界定

按照油田生产经营过程中消耗成本的层级，将成本划分为最低变动成本、最低运行费、基本运行费、操作成本、生产成本及完全成本(见图1)。"三类六区"评价标准提出最低变动成本线，从维持油井生产的操作成本中剥离出与开井直接相关的动力费、油气处理费、稠油热采费及天然气净化费，作为判别油井有无效益的标准，从而以油井产量直接发生的各项成本来精确定位无效产量。最低运行费则是在最低变动成本基础上考虑基本运行费中相对变动部分。

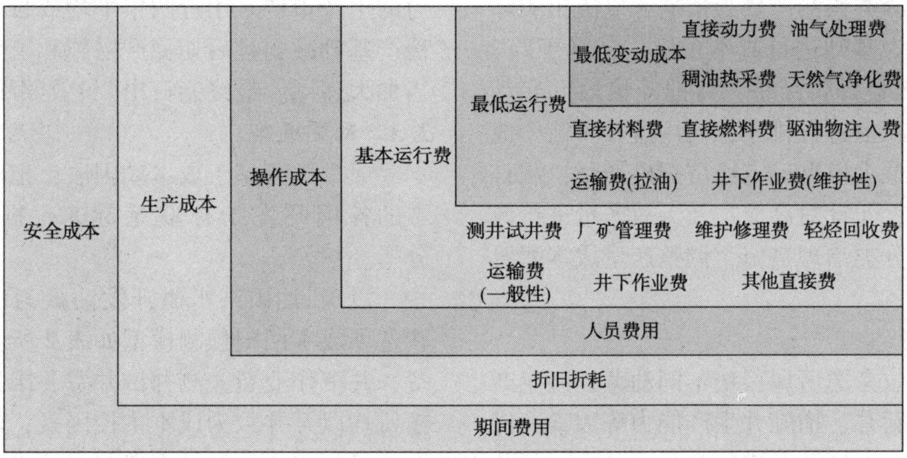

图1　分级成本构成

“三类六区”效益评价方法将各作业过程中包含的人员费用剔除出来，统一归集至油气生产下的人工成本，与财务口径相一致，从而将效益评价与财务、经营管理结合更加紧密，效益配产结果更加可行和严谨。

1.2 分类标准

“三类”是以完全成本及最低变动成本线将油井划分为效益类、边际效益类及无效类。税后油价能够收回完全成本为效益类；税后油价介于完全成本与最低变动成本之间为边际效益类；而税后油价低于最低变动成本为无效类(见表1)。“六区”是指将税后油价与生产成本、操作成本、基本运行费、最低运行费及最低变动成本五条成本线进行对比，以油井收入能否摊薄公司级期间费用、折旧折耗、生产过程中的人工成本、油井生产中相对固定成本及相对变动成本，体现油井不同级别的边际贡献，进一步将边际效益类和无效类划分为六个区间。

表1 “三类六区”单井效益评价分类标准

三类	六区	判别标准	含义
效益类		税后油价>完全成本	能够收回全部成本，产生利润
边际效益类	公司级边际有效	完全成本>税后油价>生产成本	不能产生利润，但能摊薄公司级销售及管理费用、人工成本等固定成本
	厂级边际有效	生产成本>税后油价>操作成本	不能产生利润，但能摊薄折旧折耗
	作业区级边际有效	操作成本>税后油价>基本运行费	不能产生利润，但能摊薄生产过程中的人工成本
	区块级边际有效	基本运行费>税后油价>最低运行费	不能产生利润，但能摊薄操作及维持油井生产中的相对固定成本
	井组级边际有效	最低运行费>税后油价>最低变动成本	不能产生利润，能够收回油井生产直接相关的相对变动成本
无效类	无效类	税后油价<最低变动成本	连维持油井正常生产的最低变动成本都无法收回，无任何效益

2 效益配产方法

2.1 基本原理

“三类六区”法对单井效益的评价结果是配置油田合理产量规模的基础，效益配产通常包含四个步骤：①依托历史效益评价结果，分别预测老井(自然递减、措施)、新井及重大试验井产量；②以单井分类预测产量为依据，以历年实际成本核算数据为基础进行成本预测；③基于“三类六区”单井效益评价结果，将油井按最低变动成本及单井贡献值进行排序，利用盈亏平衡、成本最低及利润最大模型确定经济规模产量，制订效益配产方案；④针对高成本及无效产量进行效益优化，提出分类治理措施，调整产量成本配置方案。

2.2 配置产量

各生产单位考虑所属区块不同油藏类型生产规律，老井、新井、措施井生产能力等因素，优先配置新井、重大试验及措施产量。其中，新井以产能计划最大产能为目标配置贡献率、到位率，重大试验以专项方案作为依据来确定产量，措施井确定措施工作量；老井则按照不同油藏类型和开发方式，划分为常规油藏及非常规油藏，分别确定各区块递减率。

依托历史效益评价结果，进一步优化配产方案，对于不同效益类型生产单位调整递减率取值：有效产量占比高的生产单位在考虑潜力前提下递减取值收紧；生产规律平稳且有一定稳产能力的生产单位采用近两年平均或目前递减；近年稳产基础减弱且后期稳产措施和能力不足考虑适当加大递减。最终制订出“量效兼顾”配产方案。

2.3 配置成本

成本预测基于成本动因法，把成本与发生成本的各项开发指标联系起来，据此进行成本分析。

以XJ油田某水驱开发油藏为例，基本运行费各项成本回归预测模型如表2所示，采出作业费、井下作业费、测井试井费、维护修理费及运输费均以开井数为成本主控因素；轻烃回收费与产油量相关；油气处理费与产液量相关；驱油物注入费与注入量相关；天然气净化费与产气量相关。

表 2　XJ 油田某水驱开发油藏成本回归预测模型

基本运行费项目	回归模型
采出作业费	$y_1=11.559x_1+3.5566$
驱油物注入费	$y_2=15.284x_4+0.0384$
井下作业费	$y_3=10.535x_1+6.5922$
测井试井费	$y_4=2.216x_1+0.1422$
维护修理费	$y_5=2.727x_1+0.6295$
油气处理费	$y_7=6.083x_3+0.144$
轻烃回收费	$y_8=0.330x_2+0.0076$
天然气净化费	$y_9=0.014x_5-0.1849$
运输费	$y_{10}=2.83x_1+0.1202$

其基本运行费总额与开发指标关系见式(1)：

$$A=29.87\times x_1+0.33\times x_2+6.08\times x_3+15.28\times x_4+0.01\times x_5+11.05 \quad (1)$$

式中，A 为基本运行费，万元；x_1 为开井数，口；x_2为产油量，10^4t；x_3为产液量，10^4t；x_4为注入量，10^4t；x_5为产气量，10^8m^3。

以单井配产为主要依据，以历年实际成本核算数据为基础，结合标准成本和业务预算，考虑次年成本增减动因进行成本预测，按照“差异化配置不同项目成本”原则，确定成本需求方案。

2.4　确定经济规模产量

基于“三类六区”法评价结果，在油田内部打破生产单位、油藏类型、油品的界限，对油田所辖的全部单井按照最低变动成本由低到高、单井贡献值由高到低可得到盈亏平衡产量、成本最低产量及利润最大产量。结合不同的经济环境，在保证油田产量规模的前提下，结合效益排序情况，可对各单位进行效益产量合理分配。

2.4.1　盈亏平衡产量

如式(2)所示，油田盈亏平衡产量即收支平衡时的产量，只有处于盈亏平衡点以上的产量，才是能够产生利润的有效产量，经济规模产量下限应为盈亏平衡产量。

$$\sum_{i=1}^{n}(q_i\times p_i\times I-vc_i)=f_c \quad (2)$$

式中，q_i为第 i 口油井的产量，10^4t；p_i为第 i 口油井的税后原油价格，元/t；vc_i为第 i 口油井的变动成本，万元；f_c为固定成本，万元；I 为商品率,%。

将油井按照最低变动成本由低到高排序，以每口井扣除最低变动成本的收入减去固定成本测算累计利润，则累计利润大于 0 的点为盈亏平衡点，对应累计产油量为盈亏平衡产量，累计成本为盈亏平衡成本。

2.4.2　成本最低产量

根据成本理论，一般单位成本是随生产规模的扩大表现为递减趋势的函数。随油田产量的增加，单位成本一般是趋于下降的，即存在最低成本，超过该产量后，单位成本随产量增加表现为递增趋势，该产量即为成本最低产量[见式(3)]。

$$\min C=\frac{\left(\sum_{i=1}^{n}q_i\times I\times vc_{ni}+f_c\right)}{\sum_{i=1}^{n}q_i\times I} \quad (3)$$

式中，C 为单位成本，元/t。

将油井按照最低变动成本由低到高排序，以固定成本与每口井最低变动成本求和计算累计完全成本，并依次累加产油量，对累加产油量部分计算单位完全成本，成本最低时对应累计产油量即为成本最低产量。

2.4.3　利润最大产量

利润最大产量是在单井贡献值[见式(4)]排序基础上，扣除固定成本得到最大利润时对应产量[见式(5)]。

单井贡献值是指油井的税后收入扣除单井变动成本的数值，它直接反映了某口井对油田整体效益的贡献情况，计算公式如下：

$$G_{well}=Q\times p\times I-v_c \quad (4)$$

$$P=\max\left(\sum_{i=1}^{N}G_{welli}-f_c\right) \quad (5)$$

式中，G_{well}为单井年贡献值，万元；Q 为单井年产量，万吨；p 为税后价格，元/t；P 为利润，万元。

最终综合边际成本上升幅度及当期利润，最佳经济产量应当介于成本最低与利润最大产量区间。

3　应用实例

3.1　油田基本情况

以 XJ 油田为例，参与评价单元 136 个，共 36595 口油井，总产油量 1400×10^4t，其中新井产量 201×10^4t，措施井产量 62×10^4t，自然递减老井产量 1167×10^4t。其中常规稀油产量占比 46%，非常规稀油占比 25%，稠油占比 29%。

在预测产量方案基础上，按照成本动因法建立的成本预测模型对成本进行预测，得到基本运行费 81.76 亿元，人员费 44.59 亿元，完全成本 336 亿元。

3.2 评价参数

根据 XJ 油田开发实际，结合现行财税价格政策，确定评价参数如下：

原油价格按照国际油价 60 美元/桶测算；原油和天然气商品率分别为 99.1%、95%；城市维护建设税、教育费附加分别以增值税为税基，按 7%、5%计算；资源税税率 5%；综合销售及管理费用、财务费用、勘探费用及其他费用，确定期间费用为 516 元/t。

3.3 “三类六区”产量分类结果

60 美元/桶下能够收回完全成本的有效产量 1068×10^4t，占比 76%；无法收回最低变动成本的无效益井 3367 口，产量为 18×10^4t，占比 1%(见表 3)。

表 3　XJ 油田 2022 年“三类六区”评价结果

序号	效益类别	产量/10^4t	产量占比/%
1	有效井	1068	76
2	公司级边际有效	96	7
3	厂级边际有效	142	10
4	作业区级边际有效	51	4
5	区块级边际有效	16	1
6	井组级边际有效	8	1
7	无效井	18	1
8	合计	1400	100

占比 1%的无效产量完全成本为 20.51 亿元(见图 2)，占油田完全成本的 6%，可通过分类治理措施、优化工艺技术；加强典型井成本对标分析，加强成本管控，产量与效益角度双管齐下的手段，来减少无效产量，促进效益升级。

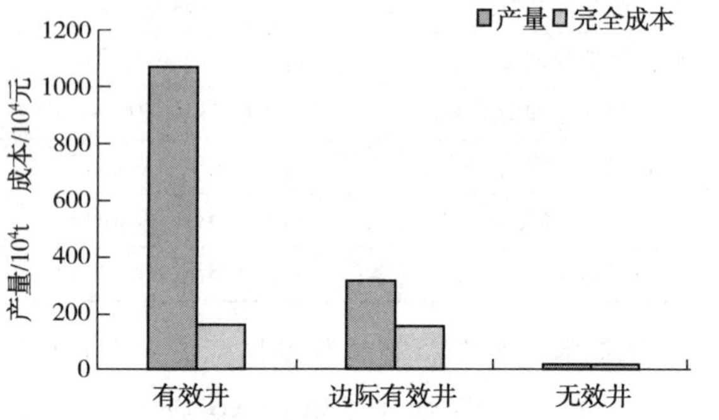

图 2　不同效益类别井产量及完全成本分布

3.4 经济规模产量

在固定 60 美元/桶油价下，该油田盈亏平衡产量为 1184×10^4t；按单井最低变动成本由低到高排序，成本最低产量为 1207×10^4t，对应最低完全成本为 2113 元/吨；按单井利润贡献值由高到低排序，利润最大产量为 1275×10^4t，可实现最大利润为 69 亿元(见图 3)。油田经济规模产量应当介于成本最低与利润最大产量即 1207×10^4t~1275×10^4t，同时可结合经济环境确定配产方案。

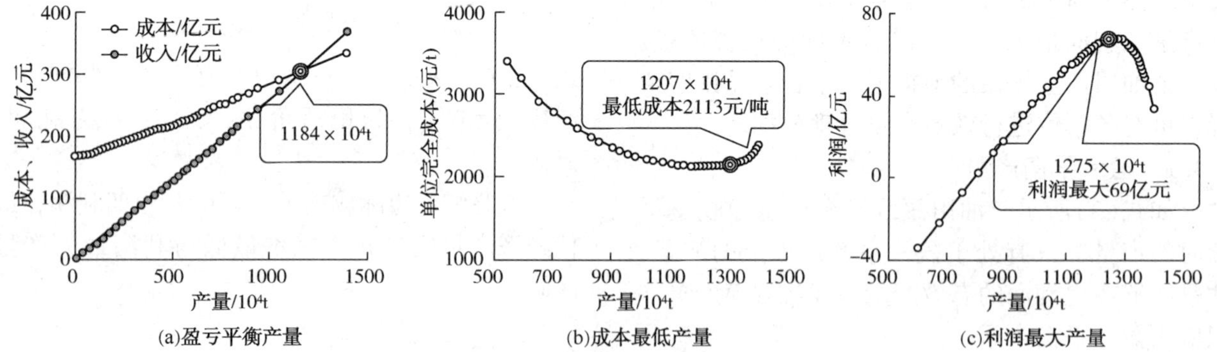

图 3　三种经济产量模型

4 结论与建议

(1)“三类六区”法提出直接动力费、油气处理费、天然气净化费、稠油热采费构成的最低变动成本线来区分边际效益产量与无效产量，精准聚焦无效产量成本动因；同时各作业过程中包含的人员费用统一归集在直接人员费中，实现效益配产与财务口径的一致性，具有可操作性。

(2)通过将成本与开发指标建立多因素相关性分析模型，建立各成本项目与开井数、产油量、注入量、产液量、产气量等成本动因相关关系，基于定量关系配置各评价单元基本运行费细项，各项成本动因的明确使得成本分摊及归集更加合理，为准确的效益评价结果奠定了基础。

(3)面对不同经济环境制定不同经济规模产量配置策略，高油价下应以利润最大产量为主，重在盈利与发展；低油价下应以成本最低产量为主，重在减亏与生存；稳定油价下应靠近最低单位成本产量，其长期累计利润最大。

(4)应用实例表明，研究不同油价下产量、成本之间关系，合理配置产量与成本，对于指导油田生产经营，提高油田整体开发效益具有重要作用。

参 考 文 献

[1] 李映雪．产量成本配置效益最优决策体系构建研究——以中石化西北油田分公司为例[D]．成都：西南石油大学，2016.
[2] 刘斌，郭福军，谢艳艳．基于单井效益评价的油田效益配产方法研究[J]．国际石油经济，2011，19(07)：90-93.
[3] 黄宝．油田企业区块效益评价体系研究[D]．青岛：中国石油大学(华东)，2014.
[4] 许艳，刘斌．辽河油田效益风险管控模式的创建与应用[J]．国际石油经济，2017，25(10)：99-107.
[5] 王卫华，赵颖文，张豪．油区单井经济效益分类评价探讨[J]．西南石油大学学报(社会科学版)，2009，2(06)：17-20.
[6] 秦莉，董蔚凯，马思远，等．准噶尔盆地油气开发投资规律及效益分析[J]．新疆石油地质，2013，34(06)：726-729.
[7] 张宇，王剑峰，向前，等．克拉玛依油田二次开发经济效益评价方法[J]．新疆石油地质，2010，31(05)：551-553.
[8] 李秀生，王灵碧．油气操作成本动因分类方法研究[J]．天然气工业，2008，(01)：146-148.
[9] 刘萌萌．油田企业单井效益评价研究[D]．青岛：中国石油大学(华东)，2018.
[10] 刘斌．油田经济规模产量计算方法[J]．断块油气田，2010，17(04)：466-468.
[11] 郭福军．油田效益产量计算方法探讨[J]．石油科技论坛，2018，37(06)：36-38.
[12] 李晗，郭福军．油田无效井治理效果跟踪评价指标体系探讨[J]．石油科技论坛，2019，38(04)：42-49.

松辽盆地 MB 地区 FY 油层砂体精细研究

汪振杰

（中国石油大庆油田有限责任公司第四采油厂）

摘　要　松辽盆地 MB 地区 FY 油层断层发育多、岩性变化快，因此储层界限对比难度大，砂体分布特征认识不清。本文依据岩心、测井、地震等资料，对松辽盆地 MB 地区 FY 油层沉积界限划分、砂体成因类型、接触关系、分布特征进行研究。结果表明，FY 油层经历多次水进-水退，主要发育分流河道、水下分流河道、溢岸薄层砂及席状砂沉积，平面上，分流河道或水下分流河道砂体呈窄条带分布，单一河道宽度多在 300m 以内，砂体顺物源方向连通较好；垂向上，受沉积物供给能量及沉积演化特征控制，呈现分段特征。FY 油层分流河道或水下分流河道砂体之间的接触关系可分为迁移接触、叠置接触及孤立接触 3 种，分流河道砂体或水下分流河道砂体与溢岸薄层砂或席状砂之间多为突变接触。电测解释结果显示，分流河道与水下分流河道为主要的油气储集砂体。以上认识可为 FY 油层油水分布规律研究提供一定依据。

关键词　FY 油层；地层对比；沉积微相；砂体分布；接触关系

松辽盆地 MB 地区发育构造-岩性油藏，储层砂体的分布决定了圈闭的形成与分布，弄清储层砂体的发育类型与展布特征是分析油水分布规律与预测有利油气富集区的重要前提，因此，在构造-岩性油藏发育区开展储层砂体成因类型与分布模式研究是十分必要的。MB 地区一直是松辽盆地的重要石油勘探与评价区，FY 油层是该区重要的石油勘探与评价层位，其油藏类型主要为构造-岩性油藏及岩性油藏。FY 油层的储集层主要由三角洲的分流河道、水下分流河道、溢岸砂及席状砂构成，这 4 类砂体均具有垂向厚度小及平面变化快的特点，储层砂体分布特征及分布模式十分复杂。X 油田在 2007 年及 2011 年分别开展了 A 及 B 区块的 FY 油层工业化现场试验区，并取得较好的开采效果，表明该区具备良好的油气成藏条件。然而，储层砂体分布特征认识不清严重制约了该区下一步的勘探开发。笔者以沉积学理论为指导，开展松辽盆地 MB 地区 FY 油层砂体成因类型、接触关系及分布特征等精细研究，以期为断层-岩性油藏成藏分析及油水分布规律研究提供一定地质依据。

1　区域地质概况

松辽盆地是中国东北部具有断-坳双重结构的大象中新生代陆相沉积盆地，也是中国陆上油气资源最丰富的巨型含油气盆地。盆地可进一步划分为北部倾没区、中央坳陷区、东北隆起区、东南隆起区、西南隆起区及西部斜坡区 6 个一级构造单元。MB 地区主要发育白垩系、古近系及新近系。FY 油层属于下白垩统泉四段沉积地层，其沉积时期正处于松辽盆地由断陷向坳陷发展的过渡时期，即盆地大规模沉降的前期，在以沉降为背景的振荡运动控制下，具有较快的沉降速度。泉四段沉积早期，气候较为干旱，盆地构造沉降相对稳定，地形平缓，盆地周缘大型河流体系十分发育，向坳陷中心汇集，在整个盆地形成了广泛的河流相沉积。泉四段沉积晚期，湖水扩张，盆地中心部位为浅水湖区，形成了 FY 油层紫红色、灰色、灰绿色泥岩与砂岩不等厚互层。松辽盆地在 FY 油层沉积时期共发育 6 个物源，即讷河、拜泉-青岗、怀德-长春、保康、白城-英台和齐齐哈尔水系。以三角洲分流平原、三角洲前缘沉积为主的泉四段沉积末期，松辽盆地发生突然的大规模湖侵，开始了大型湖盆的演化历史，沉积了一套以大型湖泊-三角洲体系为特征的沉积建造。

在此沉积背景下，MB 地区 FY 油层形成了分流河道、溢岸薄层砂、水下分流河道及席状砂等多种类型的砂体，构成了 FY 油层的储集层。MB 地区 FY 油层目前已进入小区块工业化开发阶段，具有丰富的岩心及测井资料。

2　FY油层层序地层划分与对比

层序地层划分是高分辨率层序地层学核心技术手段。针对FY油层地层厚度大，达到220m，内部几乎不存在标志层，临井砂体可追溯性差等问题，首先优选测井曲线，选出对FY油层更为敏感的测井曲线，在此基础上进行对比研究。通过精细分析，对FY油层岩性及含油性响应更好的曲线为声波、伽马、深浅侧向四条测井曲线。依照油藏评价阶段对FY油层研究成果，将FY油层划分为三个油层组，并进一步细分为46个沉积单元。

2.1　标准层对比

MB地区FY油层存在顶部标准层(见图1)。该标准层为青一段下部低值泥岩背景下的2个高阻峰值：上峰为在FY油层顶之上10~15m的青一段下部，存在2~5m厚的油页岩，测井曲线表现为：高阻、高伽马；下峰为FY油层顶部之上3~5m的青一段下部，存在低值泥岩背景下的0.5~1m厚的相对高值尖峰。该标准层对严格对准FY油层顶部，很好地控制FY油层上部起到关键作用。

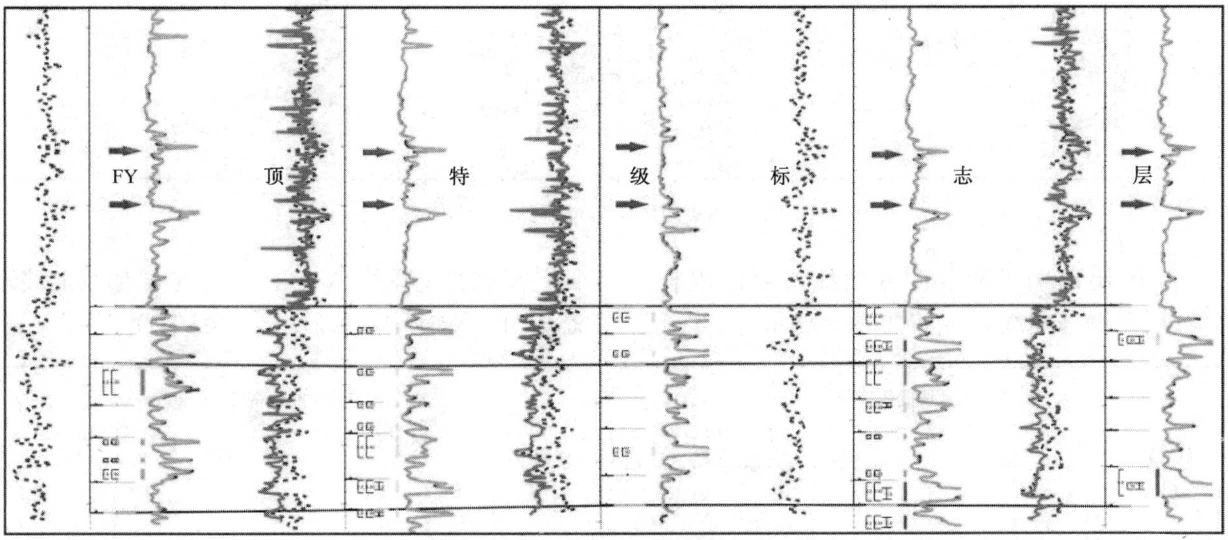

图1　FY油层顶部测井曲线特征

据高分辨率层序地层学研究发现，在FY油层33号层上存在一个明显的标准层。其特征为：声波时差最大、电阻率测井最低。目前尚未有取心，仅据测井相特征推测应为黑色~灰色水平层理泥岩相，从沉积环境综合分析，应为基准面上升-下降转换面的湖沼沉积沉积。这一发现，对下部缺少标准层而较难对比的FY油层具有重要意义，其对整个FY油层的精细对比起到很好的控制作用。

2.2　多级旋回对比

在精细对比时，由于相邻井之间砂体岩相变化快，标志层不稳定，因此采用变换测井曲线的比例尺，首先摸清各油层组的旋回特征，在大旋回确定的基础上，再进行小层及沉积单元的细分。

通过调整比例尺，在确定FY油层顶的基础上，明确旋回特征。1号油层组垂向上可分为两个二级旋回。第一个旋回是从O层到Q层，声波及伽马曲线顶底均为高值回返，第二个旋回是R层到U层(见图2)。

2号油层组垂向上可以分为四个旋回，但是不同区块的旋回级别有所差异。A区块2号油层组垂向四个旋回分别为A-B层、C-D层、E-L层及M-N层。其中，C-D层、E-L层及M-N层为二级旋回，A-B层为三级旋回。B区块2号油层组垂向四个旋回分别为A-B层、C-E层、F-L层及M-N层。其中，F-L层及M-N层为二级旋回，A-B层、C-E层为三级旋回。

2.3　局部参照层对比

在控制旋回的基础上，结合测井曲线组合特征，建立了开发区块的局部参照层。A区块识别了四套测井曲线参照层组合。A-E层在伽马曲线及声波曲线上显示为3个旋回，形态上为3个“U”形叠加。C-G层在垂向上伽马曲线形态为“U”形加两个“Z”形组合。

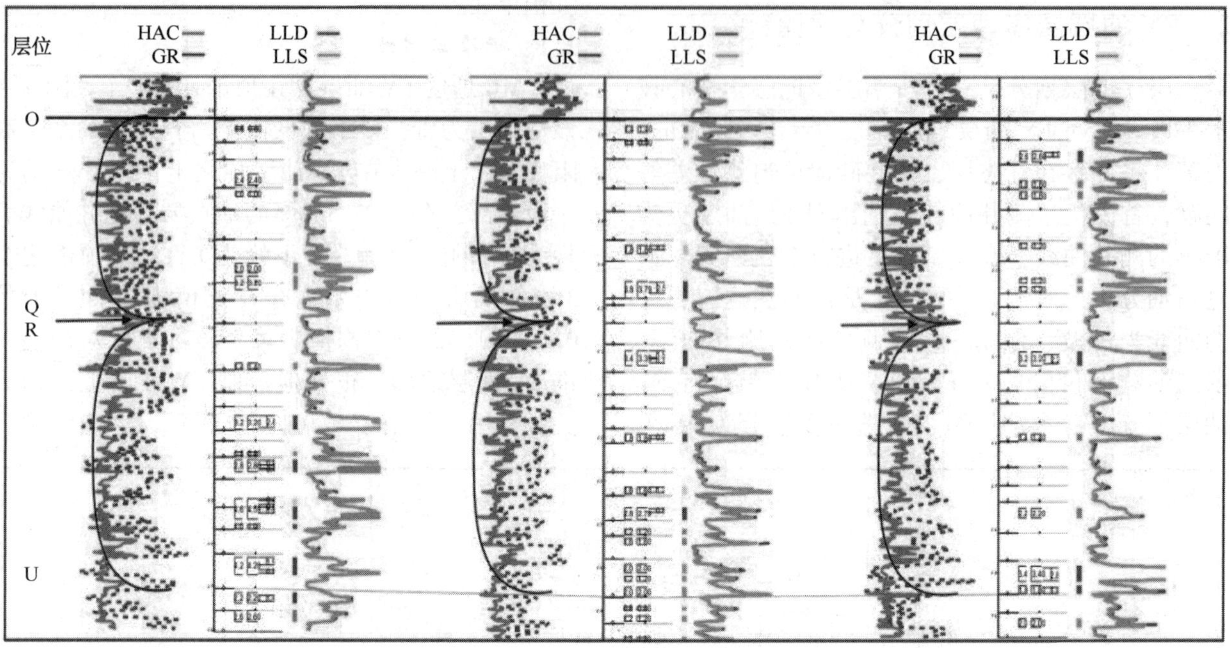

图2　FY 油层 1 号油层组对比图

B 区块识别了两套测井曲线参照层组合。A-E 层在伽马曲线及声波曲线上显示为 2 个旋回，形态为反写的“3”；D 层与 E 层伽马曲线形态为“U”形加“工”字形组合(见图 3)。

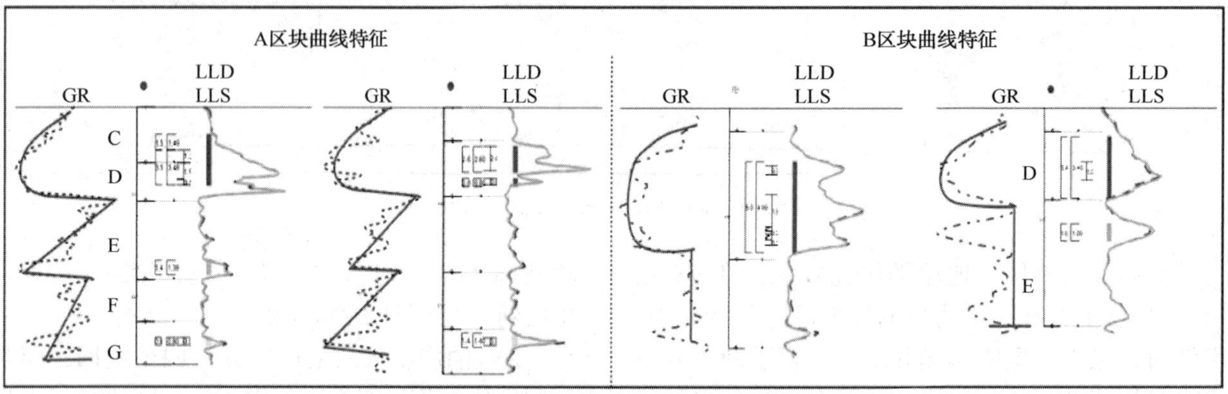

图3　FY 油层局部参照层曲线特征

3　砂体发育特征研究

3.1　单砂体沉积微相研究

沉积盆地内砂体的形成、特征及分布主要受沉积相的控制。因此，沉积微相研究是认识 FY 油层储层单砂体成因类型及其平面展布特征的基础。笔者通过岩心观察与描述及实验室分析资料，建立了不同沉积微相的岩心-测井响应模式。在此基础上，利用测井资料确定同一沉积单元内各井的沉积微相类型及其平面组合关系。

研究表明，研究区主要为河流三角洲沉积体系，发育三角洲分流平原相和三角洲前缘相。结合试验区实际开发需求，将油水识别结果与沉积微相结合并融入沉积相带图中。

将水上分流平原相细分为分流河道砂体、溢岸薄层砂及分流间泥三种微相，并依据油水解释结果，将解释有效厚度的判定为含油河道砂体，含油溢岸薄层砂，解释中不含油的判定为含水河道砂，含水溢岸薄层砂；水下前缘相则进一步细分为水下河道砂体、席状砂、泥岩三种微相类型。依据油水解释结果，将解释有效厚度的砂岩判定为含油水下分流河道砂、含油席状砂，解释中不含油的判定为含水水下分流河道砂、含水席状砂(见图 4)。

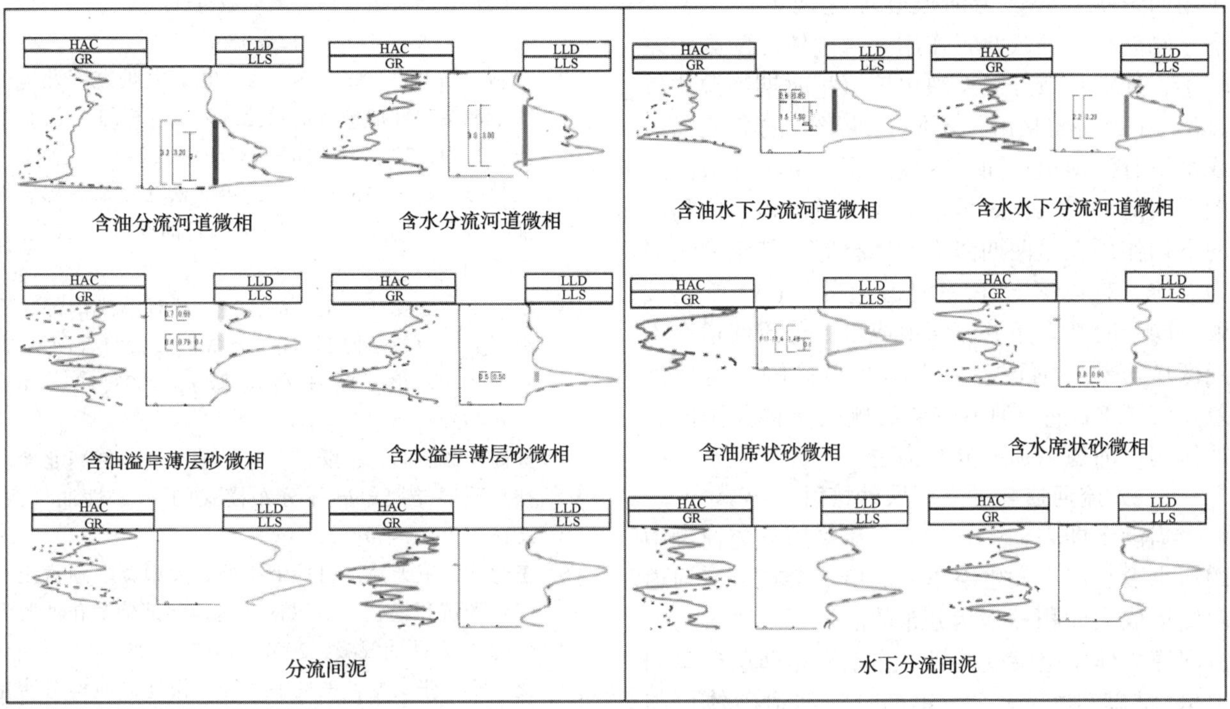

图4 FY油层各沉积微相测井相模式

3.2 储层砂体分布特征

FY油层河道规模小，以发育宽度在300m以内的小型及特小型河道为主，由北向南逐步推进，呈现窄条带状分布特征，中低弯度河道平面上具有分叉-汇合-分叉的特点。河道两侧沉积河控成因的溢岸薄层砂或席状砂。连井剖面显示，垂直于物源方向，河道砂体多呈透镜状，井间连续性差、相变快。

3.3 储层砂体接触关系

根据单砂体的成因类型，可将MB地区FY油层砂体之间的接触关系分为分流河道或水下分流河道砂体之间接触、分流河道与溢岸薄层砂接触及水下分流河道与席状砂接触(见图5)。

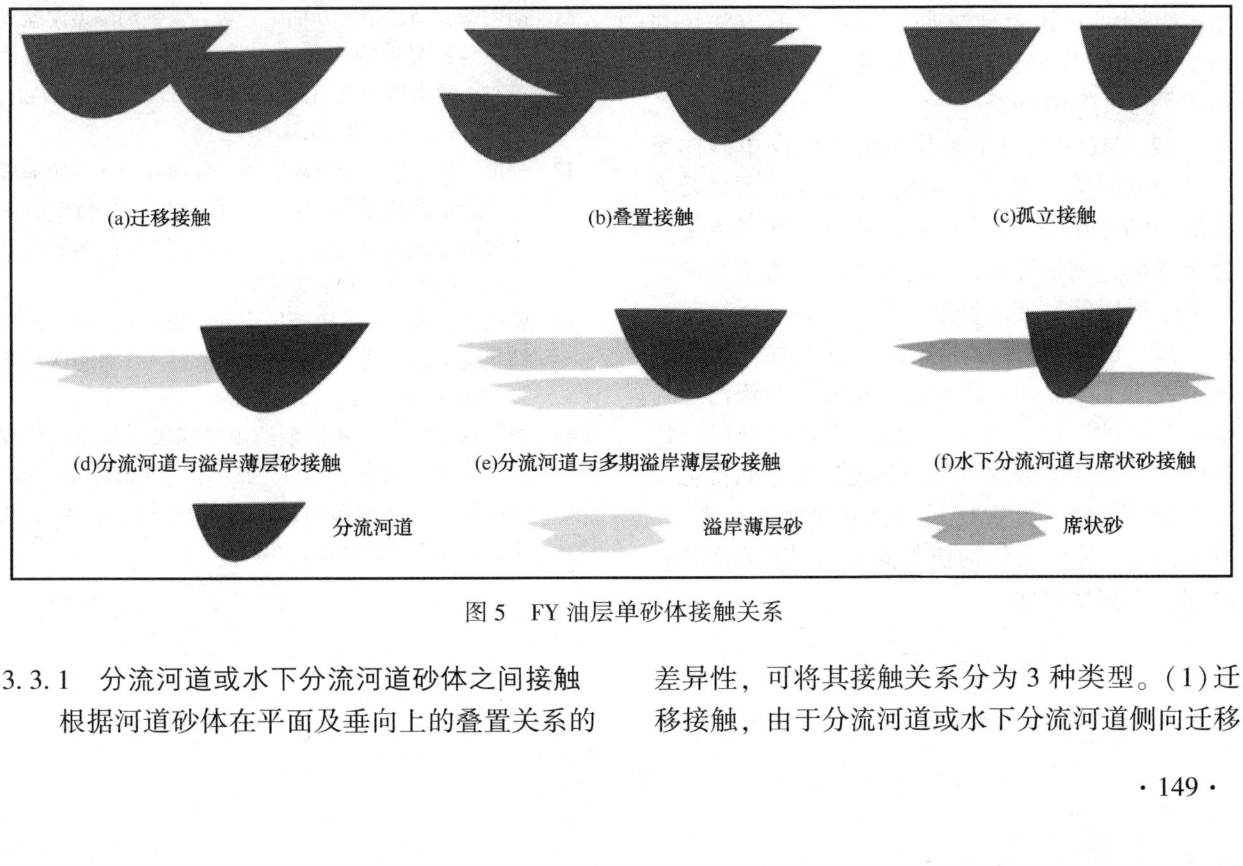

图5 FY油层单砂体接触关系

3.3.1 分流河道或水下分流河道砂体之间接触

根据河道砂体在平面及垂向上的叠置关系的差异性，可将其接触关系分为3种类型。(1)迁移接触，由于分流河道或水下分流河道侧向迁移作用而形成，表现为河道砂体呈现单边接触关系，侧向存在轻微叠置作用，且砂体之间高程差较小，连通性较好，反映出该沉积时期物源比较充足。(2)叠置接触，不同时期形成的分流河道或水下分流河道在同一区域沉积、下切形成。后期形成的河道沉积对早期形成河道沉积不同程度的下切作用，是两期河道砂体叠置，甚至完全混为一体，难以区分单一河道边界。(3)孤立接触，同一时期多条分流河道或水下分流河道在不同区域沉积，河道砂体之间互不接触，连通性差。由于FY油层河道较弱的侧向迁移及垂向切蚀作用，河道以孤立分布为主。

3.3.2　分流河道与溢岸薄层砂接触

当洪水期来临，三角洲分流平原分流荷坳中的河水漫过河堤发生溢岸或决口，会在分流河道两侧形成大面积额扇状分布的溢岸薄层砂，与分流河道砂体常呈突变接触。多期溢岸薄层砂垂向上呈"堆砌"叠置关系。单期分流河道砂体可与多期溢岸薄层砂接触。

3.3.3　水下分流河道与席状砂接触

水下分流河道前端堆积的河口坝受湖水冲刷作用，形成薄而大面积分布的席状砂，受强湖水改造作用，研究区河口坝不发育，水下分流河道砂体与席状砂间多为突变接触。

4　结论

(1) 本文运用高分辨率层序地层学理论，采用多级旋回对比及建立局部参照层的方法，对FY油层进行层序地层对比研究，准确细分对比46个沉积时间单元。

(2) MB地区FY油层主要的储层单砂体类型为分流河道、水下分流河道、溢岸薄层砂及席状砂；FY油层河道规模小，平面上呈窄条带状分布特征，顺物源方向延伸较远，垂直于物源方向多呈透镜状，连通性差、相变块。

(3) FY油层储层单砂体接触关系分为分流河道或水下分流河道砂体之间接触、分流河道与溢岸薄层砂接触及水下分流河道与席状砂接触。其中，分流河道或水下分流河道砂体之间接触又分为迁移接触、叠置接触及孤立接触3种类型。分流河道或水下分流河道与溢岸薄层砂或席状砂之间多为突变接触。

参考文献

[1] 史建南，郑荣才，韩永林，等．鄂尔多斯盆地姬塬地区长8油层组岩性油藏成藏机理研究[J]．岩性油气藏，2009，21(3)：129-133.

[2] 孙雨，马世忠，张秀丽，等．松辽盆地红岗北地区扶余油层岩性油藏特征及控制因素分析[J]．沉积学报，2009，27(4)：760-768.

[3] 毛超林，赵占银，马玉天，等．松辽盆地南部岩性油藏特征及勘探潜力[J]．中国石油勘探，2005，10(6)：1-5.

[4] 刘鸿友，沈安江，王艳清，等．松辽盆地南部泉头组-嫩江组层序地层与油气藏成因成藏组合[J]．吉林大学学报(地球科学版)，2003，33(4)：469-473.

[5] 孙雨，董毅明，王继平，等．松辽盆地红岗北地区扶余油层储层单砂体分布模式[J]．岩性油气藏，2016，28(4)：9-15.

[6] 王建功，王天琦，卫平生，等．大型坳陷湖盆浅水三角洲沉积模式——以松辽盆地北部葡萄花油层为例[J]．岩性油气藏，2007，19(2)：28-34.

[7] 葛荣峰，张庆龙，王良书，等．松辽盆地构造演化与中国东部构造体制转换[J]．地质论评，2010，56(2)：180-195.

[8] 邓宏文，王洪亮，祝永军，高分辨率层序地层学：原理及应用[M]．北京：地质出版社，2002.

[9] 邓宏文，吴海波，王宁．河流相层序地层划分方法——以松辽盆地下白垩统扶余油层为例[J]．石油与天然气地质，2007，28(5)：621-627.

[10] 何玉平，刘招君，杜江峰．高分辨率层序地层学基准面旋回识别[J]．世界地质，2003，22(1)：21-25.

[11] 胡明毅，马艳荣，刘仙晴，等．大型坳陷型湖盆浅水三角洲沉积特征及沉积相模式——以松辽盆地茂兴—敖南地区泉四段为例[J]．石油天然气学报，2009，31(1)：13-17.

[12] 孙雨，马世忠，张秀丽，等．红岗北地区扶余油层河流三角洲体系高分辨率层序地层划分与单砂体等时对比[J]．石油天然气学报(江汉石油学院学报)，2010，32(1)：22-26.

[13] 张庆国，鲍志东，宋新民，等．扶余油田扶余油层储集层单砂体划分及成因分析[J]．石油勘探与开发，2008，35(2)：157-163.

[14] 蔡冬梅．松辽盆地扶余油田泉四段沉积微相研究[J]．岩性油气藏，2014，26(5)：57-63.

[15] 赵翰卿．大庆油田精细储层沉积学研究[M]．北京：石油工业出版社，2012.

北 10 井区头屯河组油藏基于储层分类评价的防砂提产技术研究

于枫林　唐文军　尹东迎　李莲庆　王楚云

(中国石油新疆油田分公司准东采油厂)

摘　要　北 10 井区头屯河组油藏油层厚度大，胶结疏松，纵向上非均质性强，因试油、试采中出砂严重，原油黏度高且平面变化大，储层水敏、速敏严重等多种因素综合影响储量的有效动用。本文结合取心资料、动态资料，针对不同的储层测井特征，分析其对产能的影响，建立一套储层分类评价方法，有针对性地开展措施提产，取得了较好的开发效果，为油藏的规模开发提供可靠依据。

关键词　北 10 井区；难采储量；储层分类；开发效果

北 10 井区头屯河组油藏探明以来，因出砂严重，原油黏度较高且平面变化大，储层水敏、速敏严重，多种因素综合影响储量有效动用。针对以上问题，本文结合取心资料、测井资料及动态资料，对储层开展分类评价研究，地质工程一体化，有针对性地开展技术对策研究，优化提产工艺措施，提高了单井产能，有效推动了油藏开发动用。

1　油藏概况

北 10 井区头屯河组总体表现为北高南低的鼻状构造，为断层-岩性复合油藏。油藏发现于 1986 年，目前落实储量规模达 60×10^6t，滚动开发潜力巨大。油藏平均埋深 1930m，为中孔、中低渗储集层。属辫状河三角洲前缘亚相沉积，储层主要岩性为细砂岩，胶结程度中等-疏松，结构成熟度较低，碎屑颗粒成分以岩屑为主，长石、石英次之，粒度分布以 0.01～0.25mm 的细、粉砂级颗粒为主。地面 50℃原油黏度平均为 1535mPa·s，属普通稠油。由于该油藏储层胶结差，储层强速敏，钻井过程中易垮塌，试油试采易出砂，导致油井产能低，修井作业频繁，严重影响油藏开发动用，亟需对储层进行分类评价研究，有针对性地开展技术对策研究，有效提高单井产能。

2　储层分类评价方法研究

本次研究紧密结合实际生产，先从单井出发，分析影响产能的主要因素，然后根据测井特征参数及储层分析结果，建立评价方法，对储层进行了分类研究。

2.1　储层出砂研究

目前认为出砂为产能影响的主要因素。对比多种解释方法，优选出砂指数对储层出砂强度进行定量刻画，计算公式如下：

$$B=K+4\mu/3=13400\rho/\Delta t_p^{\ 2} \quad (1)$$

式中，B 为出砂指数，无因次；K 为体积模量，Pa；μ 为切变系数，无因次；ρ 为岩石密度，mg/cm^3；Δt_{p2}为纵波时差，μs/ft。

B 越大，表示岩石强度大、稳定性好，不易出砂，反之易出砂。通过对历次修井井筒沉砂速率精确统计，开展出砂定量评价，研究认为出砂界限为 2.96，即 $B<2.96$ 易出砂。通过建立出砂指数与沉砂速率关系图版，并采用等分法，划分为 4 个出砂等级(见图 1、表 1)，并对全区所有井进行出砂等级评价。

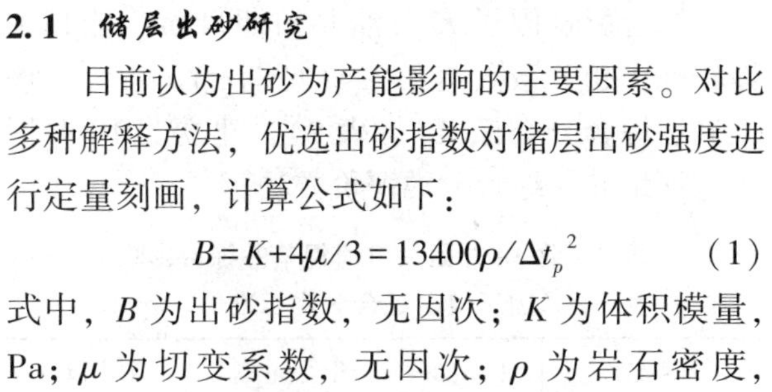

图 1　北 10 井区头屯河组储层出砂分类图版

表 1　北 10 井区头屯河组单井出砂等级分类标准

名称	不出砂	弱出砂	中等出砂	强出砂
B	$B\geqslant2.96$	$2.96>B\geqslant2.45$	$2.45>B\geqslant1.95$	$B<1.95$

2.2　评价方法建立

北 10 井区头屯河组油藏试油、试采中部分油井出砂严重，原油黏度高以及含油性差异大等因素综合影响储量的有效动用。针对油井出砂、原油黏度及油层含油饱和度三种影响因素进行多因素相关性分析，通过精细多元回归法，确定了产能影响的主要因素为油井出砂，其次为含油性和原油黏度，三种因素对单井产能影响的权重分别为 0.6012、0.2027、0.1961。引入综合影响因子 K，则综合影响因子计算公式为：

$$K=A\cdot N_1+B\cdot N_2+C\cdot N_3$$

（假定 $N_1=0.2027$、$N_2=0.6012$、$N_3=0.1961$）

式中，A 为含油饱和度，%；B 为出砂指数；C 为原油黏度，mPa・s。

综合影响因子 K 与油井初期自喷产能相关性较高，相关系数达 0.724（见图 2）。由此，确立储层综合分类标准（见表 2），建立北 10 井区头屯河组储层综合分类评价方法。

表 2　北 10 井区头屯河组单井综合影响因子储层综合分类标准

方法名称	Ⅰ类（好）	Ⅱ类（中等）	Ⅲ类（差）
综合影响因子法	（≥10.54）	（9.04~10.54）	（6.04~9.04）

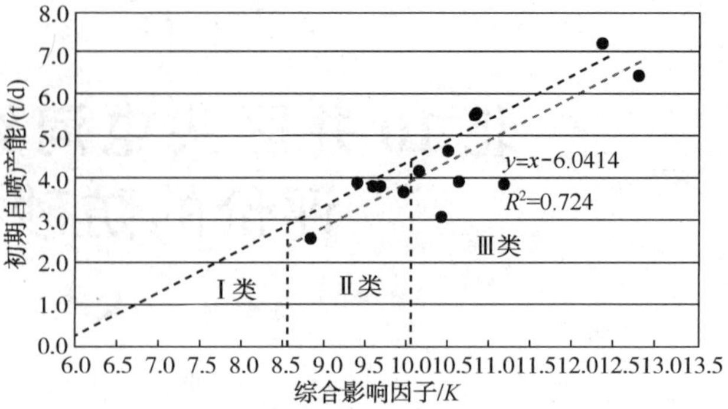

图 2　北 10 井区单井综合影响因子 K 与初期(自喷)产能拟合关系图

3　应用及效果

在储层分类评价的基础上，有针对性地优选射孔井段，优选改造措施，预测油井产能，根据单井产能预测与实际生产情况，确定提产目标及潜力。

3.1　落实各类储层平剖面展布规律

根据储层分类评价方法，通过地质统计学反演特征参数协模拟，落实了各类油层在平面上的展布规律（见图 3）。

3.2　优选单井改造井段，避射强出砂井段

根据储层分类评价结果，为避免储层非均质性对生产的影响，同类型油层作为单次改造目标，通过剖面差异性优选油井压裂改造井段；根据储层出砂评价解释结果，射孔时避开强出砂段，从根本上降低了油层出砂风险（见图 4），在北 10 井区应用 14 井次，增产水平最高 6.7t/d，应用效果较好。

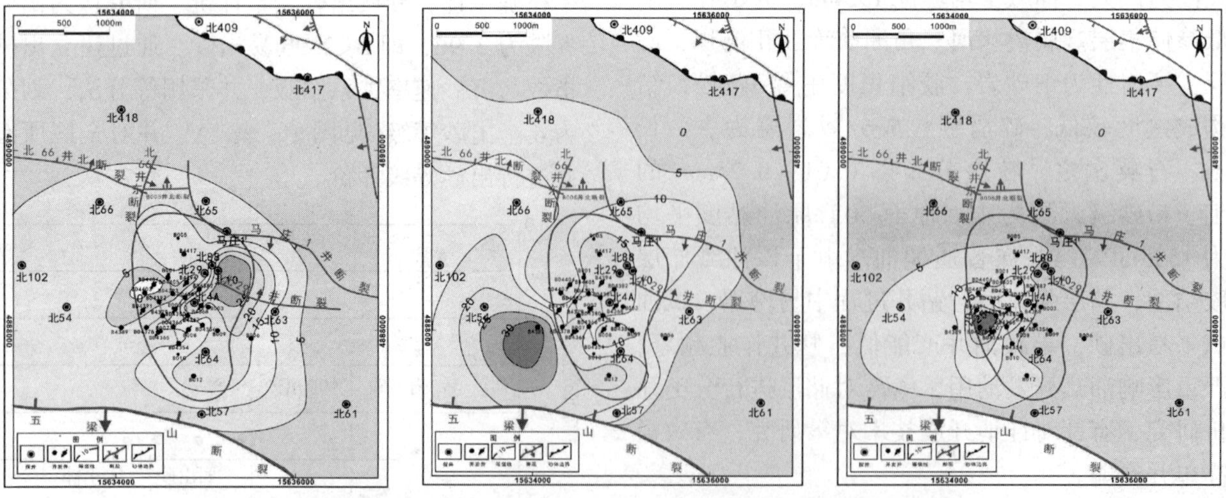

图 3　北 10 井区头屯河组油藏Ⅰ、Ⅱ、Ⅲ类油层平面分布图

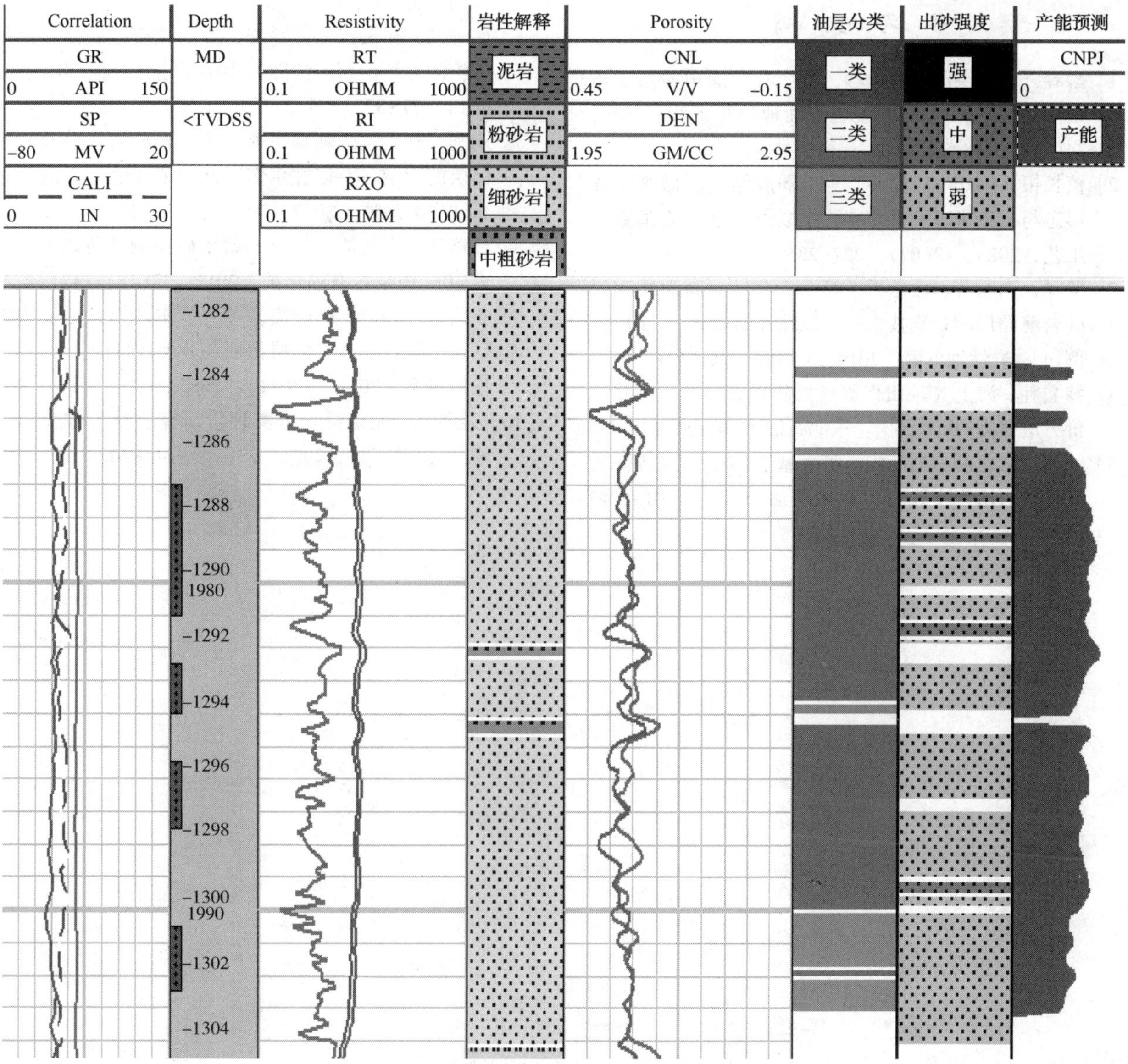

图 4　北 10 井区单井头屯河组测井解释综合成果图

3.3　开展研究区产能预测，确定提产目标和潜力

按照产能和综合因子 K 的拟合关系公式($y=x-6.0414$)，对单井油层产油能力进行预测，计算出油井理论生产能力(见图 2、图 4)，计算值与油井的目前实际生产情况进行对比，筛选出异常低产井进行措施提产，该评价方法也在现场应用中得到验证，误差在±10%以内。

3.4　优化配套工艺技术，提高油井产能

北 10 井区头屯河组储层非均质性强，剖面上差异大，按照出砂指数评价优防砂强度，根据储层评价成果判断储层改造思路(压裂为主还是防砂为主)，并根据评价结果选取适合的施工排量及压裂规模，压裂改造后，油井达产率达到 80%以上，压裂效果较好。

4　结论

(1) 本文阐述的油藏出砂评价方法对油藏的出砂特征评价研究具有较强的适用性和较好应用效果。

(2) 通过储层分类评价，可对北 10 井区复杂非均质性储层进行有效的分类识别，从而优选有利射孔井段、措施目标及改造思路，提高单井产能。

(3) 通过综合影响因子 K 与产能拟合的关系，可对油井的生产能力进行预测，指导措施井段的优选和老井复查，挖掘油藏潜力。

参 考 文 献

[1] 李春云，刘洪涛，解勇珍，等．春光油田沙湾组疏松砂岩油藏出砂规律[J]．石油地质与工程，2020，34(05)：118-122.

[2] 董长银，闫切海，周博，等．弱胶结储层微观出砂形态与出砂机理可视化实验模拟研究[J]．石油钻采工艺，2020，42(02)：227-235.

[3] 罗泽，谢明英，涂志勇，等．一套针对高泥质疏松砂岩薄储层的识别技术——以珠江口盆地 X 油田为例[J]．岩性油气藏，2019，31(06)：95-101.

[4] 韩文胜．海上 X 油田聚驱疏松砂岩储层参数测井评价方法研究[D]．大庆：东北石油大学，2019.

[5] 刘超，冉兆航，刘彦成，等．基于储层微观特征的疏松砂岩增产实践[J]．新疆石油天然气，2019，15(01)：52-57，4.

[6] 韩志磊，崔云江，许赛安，等．疏松砂岩储层出砂分析测井评价新方法[J]．中国海上油气，2019，31(01)：77-85.

[7] 刘利，刘欣，张莉娜，等．碎屑岩成岩作用及其对储层的影响——以鄂尔多斯盆地镇泾地区为例[J]．石油实验地质，2017，39(3)：348-354.

[8] 杜培玲．现河油区疏松油藏出砂预测及防砂方法研究[J]．内蒙古石油化工，2011，37(18)：121-122.

[9] 雷倩倩，郭峰，彭晓霞，等．鄂尔多斯盆地安边地区长 8 段致密砂岩储层特征及分类评价[J]．天然气地球科学，2021，32(11)：1685-1696.

[10] 裴向兵．储层综合分类评价研究思路与方法[J]．西部探矿工程，2021，33(10)：41-44.

杜 66 断块火驱伴生气减排技术研究与实践

刘如杰　李燕敏　柴　标

(中国石油辽河油田分公司)

摘　要　杜 66 断块火驱伴生气日排量达到 80×10⁴Nm³，存在影响生产井泵效、处理成本高、污染环境等问题。通过分析伴生气产生机理、气体组分、分布规律等，针对性采取注入井调控、生产井调整、伴生气回注等治理对策，控制井组排注比，实现低碳和效益的火驱开发。根据火驱见效程度调整注气井点可从源头减少无效伴生气产生；结合火驱不同开发阶段特点，调整注空气强度、控制生产井套压，可调整伴生气分布，改善井组受效程度；根据伴生气气量高低、地面管网完善程度可采取回注试验，为非烃类气驱提供气源。现场应用表明，井组排注比控制在 0.7 左右，可实现火驱低碳、效益和产量有机统一。低效益火驱井组注空气井停注转蒸汽吞吐，井组产量保持稳定；火线形成阶段、热效驱替阶段的最优空气强度分别为 500~900m³/(d·m)、900~1500m³/(d·m)，伴生气分布均匀，井组见效程度高；生产井套压控制在 0.4~1.0MPa，伴生气对生产井泵效影响程度最低。

关键词　杜 66 火驱　伴生气　减排　回注　泵效

火驱又称火烧油层，是一种在油层内产生热量的热力采油技术，该技术具有低成本、高采收率特点。在地层燃烧过程中产生一系列物理化学反应，伴生气是在燃烧过程中产生的燃烧气，并由生产井排出。伴生气是烟道气的一种，受燃烧程度的差异，伴生气组分存在差异，以氮气、二氧化碳为主，其余有一氧化碳、硫化氢、甲烷等少量杂质气体。杜 66 断块是全国最大火驱试验基地，火驱井组达到百余个，日产生伴生气量 80×10^4Nm³ 左右，排注比 0.75。生产井产液量与伴生气量正相关，即油井产液量高的井的伴生气量也较高，但高伴生气量对现场正常管理产生影响，特别是在能源行业减碳，国家实现碳达峰、碳中和背景下，高伴生气量不利于火驱安全清洁高效开发，更与当前碳双控政策不相符，急需对伴生气管理进行优化，找到最优排注比，实现低碳、效益和产量的有机统一。

1　减排背景

杜 66 断块火驱有伴生气生产井 195 口，受转驱时间、油藏动用、燃烧状态影响，单井伴生气量差异较大，按日排伴生气量大小将生产井划分为 a、b、c 三类，其中 a 类井伴生气量大于 8000 标方/天，占比 29.7%，单井日产液 13.1t/d；b 类井伴生气量 4000~8000Nm³/d，占比 32.3%，单井日产液 12.6t/d；c 类井伴生气量小于 4000Nm³/d，占比 38%，单井日产液 11.3t/d(见表 1)。伴生气量高说明生产井与注入井连通程度高，火线推进距离远，受效程度高，生产井产液量也高。实际生产过程中，火驱伴生气量并不是越高越好。高伴生气油井中含有大量游离气，举升过程中，高气液比造成泵充不满问题，降低泵效，影响产液量。此外，伴生气量过高会引发气系统憋压，降低低产井出液。

表 1　杜 66 断块火驱伴生气现状统计表

分级	井数	平均日排伴生气量/Nm³	日产液/(t/d)	占比/%
a 类	57	13800	13.1	29.7
b 类	63	5676	12.6	32.3
c 类	75	2341	11.3	38

地层燃烧过程发生高温氧化或低温氧化反应，伴生气组分以氮气(体积占比达 72.9%)、二氧化碳(体积占比 21.6%)为主，少量甲烷、一氧化碳、硫化物、氧气等其他杂质，其通过套管排入回站气管线，经过过滤、除湿、脱硫等工艺后，一部分进入热氧化处理系统处理，剩余部分通过烟筒外排。伴生气组分特殊，二氧化碳直接排放污染大气，硫化物是有毒气体，甲烷和氧气易燃易爆，威胁设备设施安全。此外，伴生气处理系统需要定期实施换药，维护保养成本高。

2 减排技术研究

2.1 注入井调控

火驱伴生气源头控制的本质是减少无效气循环，结合井组不同开发阶段生产效果，对注空气参数进行优化调整，提高燃烧效率，减少无效伴生气产生，减少一氧化碳、氧气等杂质组分比例。在注气井点优选方面，应结合地层发育、吞吐阶段动用程度、注空气压力等综合分析，对注空气压力高于干线压力、吸气剖面不均匀、生产井日产低于1t/d、单向气窜严重的井组实施停注空气，并将空气井改为蒸汽吞吐排液降压，待压力降低后重新蒸汽点火注空气，节约空气和伴生气处理成本。

2018年辽河油田勘探开发研究院和曙光采油厂共同研究确定，杜66火驱注空气强度设计考虑因素为火线前缘推进速度、数值模拟前缘温度变化(见图1)，随着燃烧过程改变，注空气强度发生变化。现场实施中，根据火驱燃烧阶段采取动态变化注空气强度(见图2)。火线形成阶段应以牵火线为主，伴生气应排尽排，单井伴生气量控制在5000Nm³/d以内，增加井组见伴生气方向，此阶段最优注空气强度500~900m³/(d·m)；热效驱替阶段井组矛盾逐渐突出，伴生气方向及气量差异大，特别是连通系数好的角井生产井，最高伴生气量达到3.0×10^4Nm³/d，形成火线单向突破，不利于井组均衡动用，对此类井组的空气井应降低注空气强度，控制火线推进速度，减少伴生气排放，此阶段最优注空气强度900~1500m³/(d·m)。

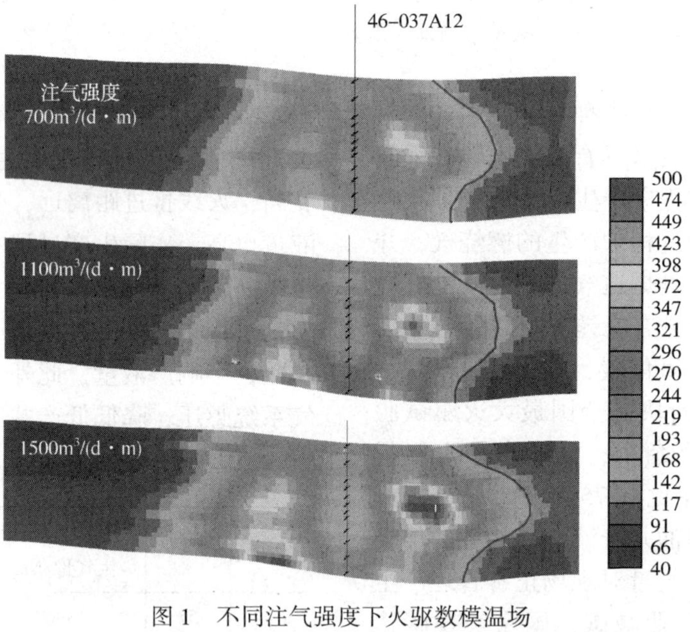

图1 不同注气强度下火驱数模温场

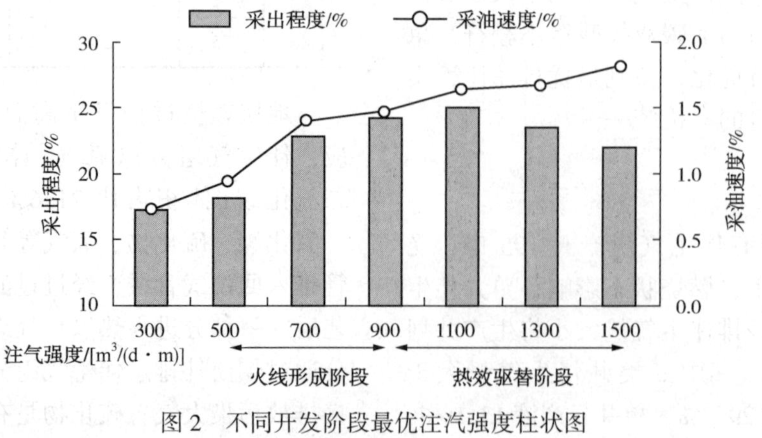

图2 不同开发阶段最优注汽强度柱状图

2.2 生产井调整

采油过程中，伴生气进入生产井井筒后，随着压力逐渐降低，溶解于原油中伴生气逐渐分离出来进入油套环空，若伴生气量高会导致套压增加，压低动液面，降低泵吸入液量，严重时发生“气锁”，降低单井产液量。油藏开发中，需要借助伴生气增大井底压力，保持低层能量，便于原油举升，所以控制合理的套压对于稳定生产井出液至关重要。由于每口井井况、泵况各部相同，对 195 口井 2018~2019 年生产数据统计表现，当油井套压小于 0.4MPa 时，对油井液量影响最小，产液处于稳定，平均值在 11.2t/d；当套压增加至 0.4MPa 时油井液量开始波动，供液能力较差的油井开始受到影响；当套压增至 1.0MPa 时，供液能力强的油井开始受到影响，产量降至 20t 以下；当套压增至 1.5MPa 时，油井液量降至 10t 以下；当套压达到 2.5MPa 时，油井开始生产困难(见图 3)。故将生产井套压控制在 0.4 ~ 1.0MPa，伴生气对油井产液影响最小。

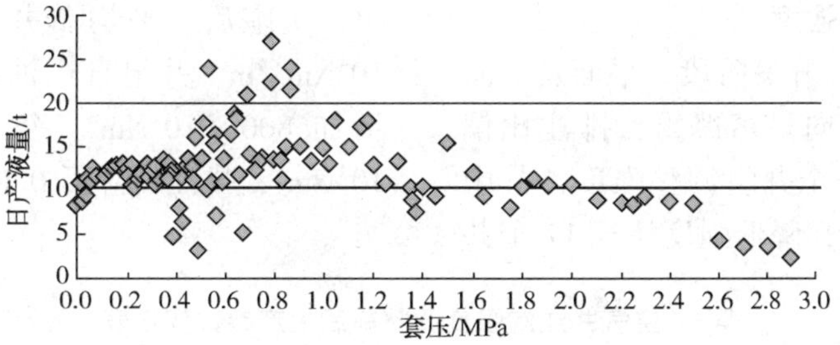

图 3 不同套压下生产井液量变化散点图

生产井受单向气窜严重，单井伴生气量高，通过控制套压也不能保持正常生产，需要采取火驱调剖封窜技术，其原理是对生产井注入调剖封窜剂封堵高渗透通道，实现封堵气窜通道、抑制伴生气排放的目的。2020 年对 7 口日排伴生气量大于 $1.0\times10^4Nm^3/d$，单向气窜严重井实施调剖封窜，实施后日排伴生气量降低 1/3，单井产液量增加 3.1t/d。对采取调剖措施仍不能降低伴生气排放生产井，采取关井控气措施，迫使气窜方向发生改变，提高井组其他方向受效程度。此外，对生产井井况完好、伴生气量高影响正常出液井实施加深泵挂的措施，避开火驱出气层(受效层)，配套使用火驱专用气锚，减少进泵气液比，提高泵供液能力，提高泵效。

2.3 伴生气回注

为了有效利用火驱伴生气中非烃类气体，减少外排随环境污染和资源浪费，实施伴生气回注地层提高蒸汽吞吐采收率。实验研究方面，吴忠维等提出运用火驱伴生气辅助蒸汽驱油不仅能提高饱和烃与芳香烃含量，改善稠油油品性质，而且还能溶蚀地层，使孔隙与喉道半径变大，增加油流通道，在纯蒸汽驱油的基础上进一步提高驱油效率 9%。王苏雯对火驱尾气回注过程相态及工艺进行研究，提出火驱尾气的物性、相平衡特征和超临界特性三大火驱伴生气回注关键影响因素，同时对影响地面系统增压、脱水、输送、腐蚀防护、水合物抑制、安全监控、应急处理等过程以及井筒回注和地下储层保护进行细致理论研究。杜 66 火驱伴生气组分、气源、回注井筛选、管线流程都满足回注要求，关键是如何经济、安全实施回注。杜 66 伴生气主要由氮气和二氧化碳等非烃类气体组成，满足稠油气驱基本条件；日排气量大于 $80\times10^4Nm^3$，满足气源气量要求；伴生气除湿脱硫系统完备，满足气源脱水脱硫要求；气源输送可以借助完善的热注管网，承压大于 15MPa；回注区块杜 48、杜 90 稠油区块开发处于中后期，急需增能提高采收率，年实施井次大于 50 井次。现场唯一欠缺的是伴生气增压装置，目前改项目施工方案正在编制中，预计 2022 年规模实施，年减少伴生气排放量 $1500\times10^4Nm^3$，远期可将压缩伴生气输送至超稠油主力区块，年实施规模 300 井次，年减少伴生气量排放 $1.0\times10^8Nm^3$。

3 现场应用及效果

3.1 注入井调控效果

3.1.1 停注低效益井组注气井

受油藏发育差、受效不均、注气压力高影响，2020 年杜 66 断块低效益井组达 19 个，单位基本运行费 2109 元/吨，井组日产油 10.8t/d,

年注空气量 $6704×10^4Nm^3$，年排伴生气量 $4424×10^4Nm^3$，排注比 0.66。其中 9 个井组处于油藏边部，注气压力超过 6MPa，井组日产油 9.4t/d，排注比仅 0.47，2020 年 3 月份将 9 个低效益井组停注，并将 6 口空气井转蒸汽吞吐排液降压。停注后，低效益井组年减少空气注入量 $1500×10^4Nm^3$，减少伴生气排放 $1457×10^4Nm^3$，井组日产油提高至 11.6t/d，井组排注比提高 0.06。

表 2 低效益井组停注前后效果对比表

类别	井组数/个	井组日产油/(t/d)	日注气量/10^4Nm^3	日排伴生气量/10^4Nm^3	排注比
实施前	19	10.8	6704	4424	0.66
实施后	10	11.6	5204	3747	0.72
对比	-9	0.8	-1500	-1457	0.06

3.1.2 调整空气井注气强度

综合井组燃烧程度、开发阶段、平面及纵向动用程度，2020 年对单向气窜严重、排注比偏高、注气强度不合理 48 个井组调整强度，其中增加强度注气 31 个井组，降低强度注气 17 个井组。实施后，平均单井组注气强度增加 $107×10^4Nm^3/m$，井组日产油增加 1.9t/d，年注汽量增加 $800×10^4Nm^3$，年伴生气量减少 $1400×10^4Nm^3$，排注比降低 0.08(见表 3)。

表 3 空气井注汽强度调整前后生产参数变化表

类别	平均注气强度/[m^3/(d·m)]	井组日产油/(t/d)	日注气量/10^8Nm^3	日排伴生气量/10^8Nm^3	排注比
实施前	857	13.4	2.44	1.93	0.79
实施后	964	15.3	2.52	1.79	0.71
对比	107	1.9	0.08	-0.14	-0.08

39K039 井组 2016 年转驱，注气强度调整前，井组日产油量 11.2t/d，周边 3 口生产井(3939、39381、390381)见伴生气，排注比 0.82，且存在单向气窜(3939 伴生气排放量最高，日排 $5300Nm^3$)，井组处于热效驱替阶段，注气强度 $465m^3/(d·m)$。2020 年将空气井注气强度提高至 $780m^3/(d·m)$，井组新增伴生气排放生产井点 3 口(3940、38 更 40C、390381)，另 3 口原始见伴生气井排放量降低，井组排注比降至 0.72，井组日产油量提高至 18.5t/d(见图 4)。

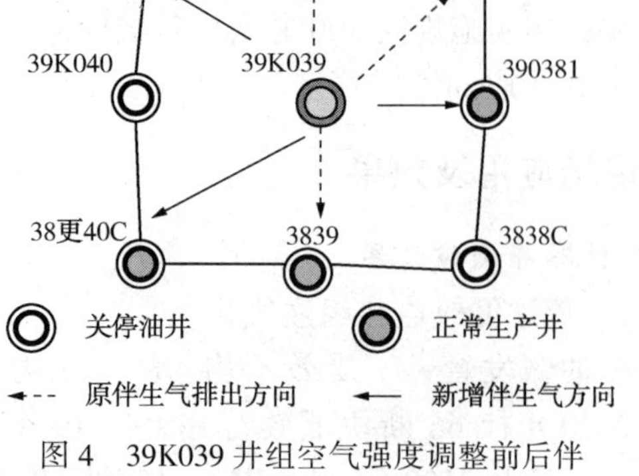

图 4 39K039 井组空气强度调整前后伴生气排放分布示意图

3.2 生产井调整效果

根据伴生气量与产液量对应关系，调整生产井套压 39 井次，减少伴生气排放 $12000Nm^3$；实施火驱调堵封窜 7 井次，减少伴生气排放 $537×10^4Nm^3$；泵挂加深 26 井次，单井平均日产液量增加 2.8t。曙 1-49-033 平均日排气量 $8931Nm^3/d$，日产液量仅为 11.0t/d，利用可调式多功能油嘴将套压控制在 0.9MPa，日排伴生气由 $8208Nm^3$ 降至 $4368Nm^3$，日减少 $3840Nm^3$，实施后该井泵效增加 31%，日产液量达到 20.9t/d(见表 4)。

4 结论

(1) 停注低效井组空气量注入是控制伴生气排放最直接措施，停住后通过蒸汽吞吐可保证井组生产效果。

(2) 注空气强度调整应结合火驱所处的开发阶段动态调整，火线形成阶段、热效驱替阶段的最优空气强度分别为 500~$900m^3/(d·m)$、900~$1500m^3/(d·m)$，将排注比控制在 0.7 左右，井组生产效果最好。生产井套压控制在 0.4~1.0MPa，伴生气对生产井泵效影响程度最低。

表4　曙1-49-033调整套压降伴生气效果统计表

日期	套压/MPa	日排伴生气量/Nm³	井口温度/℃	目测含水/%	产液量/(t/d)
8月17日	0.3	8208	52	65	13.4
8月21日	0.5	5904	52	70	16.2
8月25日	0.9	4368	48	70	20.9

(3)伴生气回注既可以充分利用火驱资源减少能量消耗，又可以降低温室气体排放保护生态环境，需要继续完善工艺配套，尽快推广应用。

参 考 文 献

[1] 张方礼，户昶昊，马宏斌，等．辽河油田火驱开发技术进展[J]．特种油气藏，2020，27(06)：12-19.
[2] 张平．稳定油井产量的套管气压力控制系统研究与设计[D]．成都：西南石油大学，2015.
[3] 孟菊．火驱生产井高强度封窜技术研究与应用[J]．当代化工，2017，46(01)：72-73.
[4] 吴忠维，崔传智，吴超，等．火驱生产井套管尾气回注油藏可行性室内评价[J]．科学技术与工程，2017，17(22)：204-207.
[5] 王苏雯．火驱尾气回注过程相态及工艺研究[D]．西安：西安石油大学，2019.

六、九区稠油热采节能技术研究与应用

丁万成　杨　洪　吴秀全　王利华　过　杨　王争光　杨德保

(中国石油新疆油田公司重油开发公司)

摘　要　按质用能可以提高能源的利用效率。针对稠油热采生产中的主要能耗点进行节能潜力分析，提出提高采收率控制总能耗、优化地面工艺和能量“梯级利用”技术思路节能瘦身，并通过现场试验实现了能量的梯级利用和余热的回收利用，年节约蒸汽超 60×10^4t，六九区采出水回用率达 92.8%。

关键词　稠油热采；能耗；梯级利用；节能瘦身

稠油的生产过程中包括高温高压蒸汽的生产与输送过程，蒸汽注入井底后的换热过程，油水混合物的采出过程，采出液油水分离过程，采出水的处理循环利用过程。由于稠油黏温性和其开采方式决定了稠油开采的高能耗，新疆油田稠油产量约占原油总产量的三分之一，但稠油热采中能耗占新疆油田石油生产总能耗的 80%以上。为了实现集团公司碳达峰和碳中和目标，我们针对稠油生产中的主要能耗点进行节能潜力分析，提出通过转化开发方式提高采收率控制总能耗、优化地面工艺和能量“梯级利用”技术思路节能瘦身，于减少碳排放具有重要意义。

1　稠油热采节能潜力分析

热力学第二定律揭示了能具有丧失可用性的特性，能在质上具有贬值性。按质用能、“梯级利用”可以提高能源的利用效率，使节能不再局限于有形损耗，而进入质的管理中，因此对稠油开采过程中节能潜力进行分析，实现能量的综合利用迫在眉睫。

1.1　注汽系统余热利用潜力分析

油田注汽锅炉作为稠油热采的主要的耗能设备，其运行的经济性直接制约新疆稠油开发水平。根据油田注汽锅炉的特性可知，油田注汽锅炉的热损失主要为排烟热损失、锅炉散热损失及燃料不完全燃烧热损失。通过测试注汽锅炉热损失中最大是的排烟热损失，其次是炉体的散热损失。各项损失所占比例如表 1 所示。

由表 1 可知，排烟热损失所占份额最大，因此实现烟气余热回收利用是注汽锅炉的节能方向。

表 1　注汽锅炉热效率测试热损结果

类别	排烟热损失	炉体散热损失	未完全燃烧热损失	总计
热损失合计/%	14.2	3.7	0.2	18.1
占系统热损失比例/%	78.5	20	1.5	1

1.2　稠油热采冬季工艺保温及采暖系统节能潜力分析

采油计量站、供热站、采出水处理站及集输联合站站内冬季采暖保温大都采用高温、高压蒸汽供暖，高压蒸汽在站内经两级减压后进入站内采暖保温系统。从能量利用角度来考虑，根据热力学第二定律，将高品位能量低品位利用，本身就是一种能量的浪费，不利于节能。因此，实现水暖保温是节能方向。

1.3　稠油集输系统节能潜力分析

稠油油脱水的温度控制在 75~85℃较合理，原油加热采用螺旋板式换热器，螺旋板换热器两侧介质为单通道全逆流流动，饱和蒸汽经过热交换降温后变成汽水混合状态。其中，蒸汽回水温度原则上应控制在 80~100℃，充分利用减压蒸汽的汽化潜热。因此，在稠油处理加热过程中，首先应采用合适的低品位热源来加热原油；其次，若采用高品位热源，则应提高换热系统效率。

1.4　采出水余热利用潜力分析

稠油采出水净化后温度在 60℃以上，实现稠油采出水回用锅炉或尽可能实现净化采出水保温，可以充分利用净化采出水中的余热。因此，在注汽过程中尽量使用稠油净化水作为锅炉给水，不但可以节约大量水资源，而且可以降低稠油热采中的能耗。回用锅炉剩余外排水余热可采用热泵技术提温用于站区保温或油藏热水驱。

2 稠油热采余热回收与能量梯级利用技术

2.1 净化采出水回用锅炉技术

新疆油田的稠油采出水普遍采用"重力除油—混凝沉降—压力过滤"三段式处理方式，处理后的水质通过软化器后可以达到SY/T 0027注汽锅炉给水水质要求。由于净化采出水与清水相比有40℃以上的温度差，给水温度每升高10℃，可以节约天然气1.25m^3。回用1m^3的净化采出水可以节约天然气5m^3，因此注汽应尽可能利用净化采出水作为锅炉给水。

2.2 注汽系统烟气余热利用技术净化采出水

注汽锅炉排烟热损失占锅炉热损失的75%以上，实现烟气的余热回收利用，可以提高锅炉热效率，如能利用烟气中的汽化潜热，则可以大幅度提高锅炉热效率。

2.2.1 回用净化采出水锅炉烟气余热利用技术

热管是以工质相变方式传递热量，传热性能极好。工作时，管内工质吸热蒸发汽化，至冷端冷却放出热量而凝结，如图1所示。

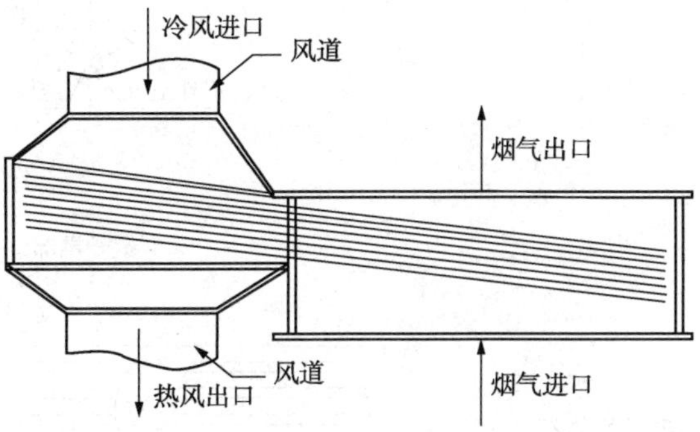

图1 烟气余热回收示意图

安装热管换热器后锅炉的排烟温度由170~220℃下降到120~150℃，热效率可以提高2%以上。然而烟气中的水蒸气仍处于过热状态。当换热器壁面温度低于烟气的露点温度时，烟气中的水蒸汽将被冷凝，释放潜热，高低位发热量差就能被有效利用。因此，对于使用清水作为给水的锅炉，可以利用冷凝技术回收烟气中的水蒸气的汽化潜热。

2.2.2 烟气冷凝技术

烟气冷凝技术在国外已经得到了广泛的应用，早在1979年荷兰诞生了第一台冷凝锅炉。图2是过剩空气系数1.1时，回收烟气显热与潜热提高热效率图。

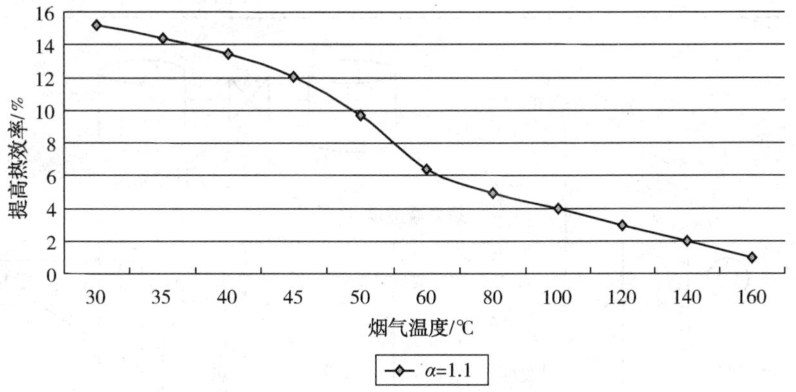

图2 空气过剩系数$\alpha=1.1$回收烟气显热与潜热提热效率图

由图3可知，烟气的热焓随排烟温度而变化，分为两个比较明显的区域，60~160℃变化较缓慢，而在30~60℃变化较大。这主要是因为烟气的热焓中水蒸气的潜热所占的比重要大于烟气显热的结果。新疆油田的天然气组分稳定，天然气含硫量在1.71~3.88mg/Nm^3，远低于国家标准20mg/Nm^3，低温腐蚀极少，因此可以实现烟气的热焓中水蒸汽的潜热的回收利用。图3是设计的烟气冷凝回收系统示意图。

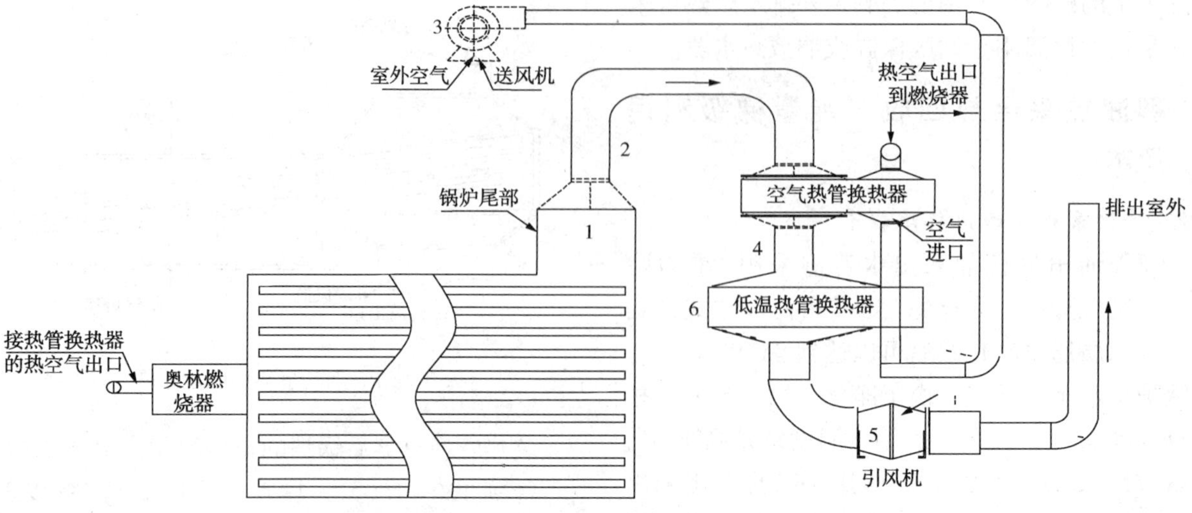

图 3　烟气冷凝回收系统示意图

2.3　采出液余热保温和空气源热泵技术

在一般情况下，油井产出液的温度较高，在 60～100℃，蕴含很高的热能。根据城市房屋住宅采暖指标，房屋冬季采暖指数为 58～64W/m^2，地面面积采暖指数为 245～260W/m^2，折算为采暖室内温度近似 18℃，可根据油井计量站特殊地地理条件，配以恰当的修正系数。新设计试验的采暖系统必须满足这个指标。表 2 是室内温度为 18℃，不同环境温度时所需来液最低温度值，图 4 是采油计量站采暖系统改造示意图。

表 2　室内温度为 18℃，不同环境温度时所需来液最低温度值

类别		Q_1/W	Q_2/W	Q_0/W	Q/W	Δt/℃	T_{zd}/℃
T_i/℃	T_e/℃						
18	-9.8	4640	965.38	5605.38	5605.38	43.76	61.8
	-20	4640	1343.99	5983.99	5983.99	46.75	64.75
	-30	4640	1769.66	6409.66	6409.66	50.08	68.08

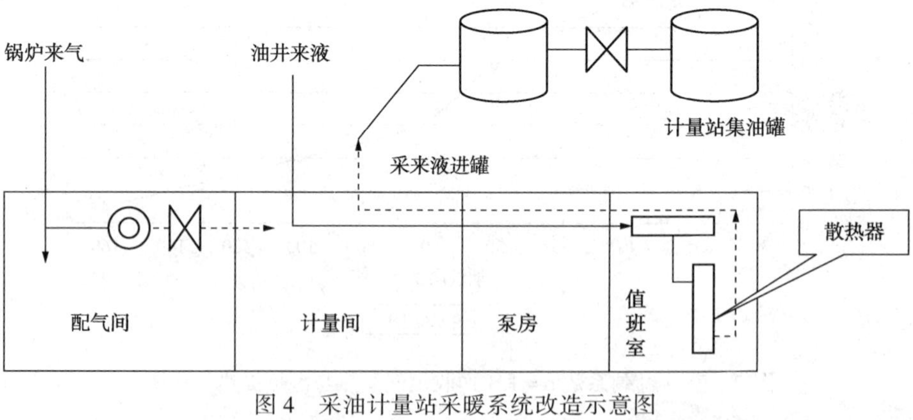

图 4　采油计量站采暖系统改造示意图

近年来，随着热泵技术的逐渐成熟，在现场逐步推广应用余热保温和空气源热泵采暖方式，杜绝了利用高压蒸汽减压采暖方式，将高品质蒸汽用于稠油注气生产。

2.4　站区气暖改水暖技术

传统的注气站采用高品质的高压蒸汽降压后供暖，产生了大量的能量损失，利用拉法尔喷管原理设计的气动换热装置，实现了站区供暖由气暖向水暖的转变。技术原理如图 5 所示。

在没有相变的前提下，水流过换热器内喷嘴时，产生高速水流同时压力急剧下降，根据伯努利方程和拉伐尔喷射原理，压力能的减小量等于

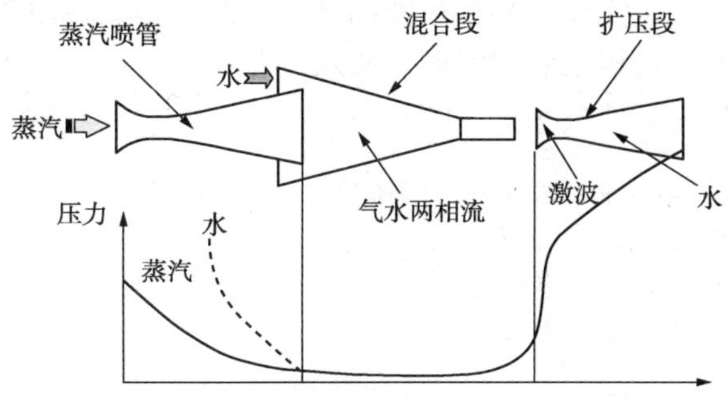

图5　气动换热装置原理示意图

速度能的增加量，这样在引射器吸入口可以形成微负压，将低压蒸汽吸入并与水一起进入混合室(喉部)。在混合室内两者产生动量交换和凝结过程中，形成同速合流，然后进入扩压管，经减速升压后输出循环换热。气水混合式供热机组，该机组利用一次热源低压蒸汽与热网二次侧循环水混合换热，热效率高达近100%，循环低温水排出减少了热能浪费，冷凝后的溢流水排至软化水罐从而也节约了水资源。

2.5　集输系统自动相变掺热技术

自动相变掺热装置是将高压节流后的高温饱和蒸汽通过蒸汽喷头直接掺入原油，蒸汽在与原油进行热交换的过程中发生相变，由气态转化为液态，放出大量的热量，大大提高了加热效率。自动相变掺热装置为组合结构，由掺热套管、掺热管、操作门、锁紧器、防震撬座、蒸汽分配器、防震圈、就地直读式仪表、自动控制系统等组成，如图6所示。表3是两种加热器运行参数对照表。

图6　相变掺热器结构

1—原油进口；2—锁紧器；3—掺热套管；4—操作门；5—原油出口；6—蒸汽分配器；7—蒸汽进口

表3　两种加热器运行参数对照表

名称	蒸汽压力/MPa	蒸汽温度/℃	加热前油温/℃	加热后油温/℃	加热后含水/%	净化油含水/%
换热器	0.34	135.4	65.3	90.8	0.8	0.2
掺热器	0.15	120	66	86	4.2	0.3

从表3可以看出，加热后原油含水升高到4.2%，主要是相变蒸汽冷凝后转化为水，增加了原油的含水，当净化罐脱水时间充分时，净化油含水小于1%，由于实现了加热蒸汽的零排放，大大提高了蒸汽的使用效率，通过测试，将加热蒸汽的使用效率从65%左右提高到99以上%。

2.6　SAGD蒸汽余热回收利用技术

自动相变掺热虽然提高了蒸汽的利用率，但归根结底是利用高品质蒸汽低用，存在能量传递过程中的损失。近年来，随着SAGD、VHSD开采技术的应用，采出液温度普遍在130℃左右，需要采取措施降低温度才能进入集输系统，所携带热能未得到充分利用。我们通过研究认为，可以将SAGD预处理站超稠油蒸汽处理器气相蒸汽用于加热原油。经过论证在SAGD预处理站超稠油蒸汽处理器气相出口管线上新增1条DN200管线，连接到92#处理站内相变掺热器蒸汽进口管线，经过能量平衡计算SAGD、VHSD来液蒸汽分离后用于原油加热完全满足需求。通过工艺设计增加电动阀、PID控制器等自控系统组件，可以实现原油升温温度的自动控制。SAGD、VHSD蒸汽余热回收利用示意图如图7所示。

正常运行后，节约原油提温用蒸汽3×10^4t/a，节约蒸汽费用300万元/年。可替代标煤2670t。

2.7　采出水处理站外排采出水余热综合利用

J230井区共有计量站56座，冬季站区、油井保温需要大量热量。目前稀油井区采用电加热，稠油井区蒸汽加热方式，专门由1台23吨锅炉供汽。六、九区采出水处理站每年有2.50×10^6m^3，温度约75℃的采出水外排，大量余热资源被浪费。将余热利用在生产现场之中，可以保证资源的高效利用。我们通过研究采用水源热泵技术为生产提供热能，实现井区计量站冬季保温，其他多余热量进行稠油“热水+药剂”开发试验。由于换热负荷大，采用电力驱动经济性较低，选用吸收式热泵机组，驱动热源采用油井伴生气，实现低品位热能的最大化利用。余热回收工艺流程示意图如图 8 所示。正常运行后，年可节约天然气 5.40×10^{6}m^3。

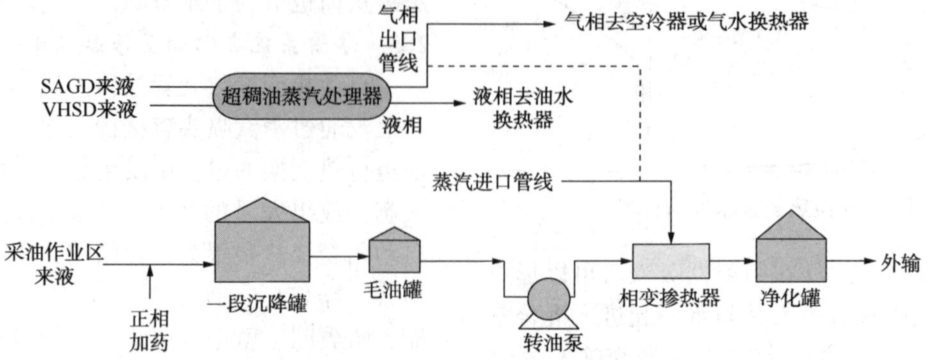

图 7　蒸汽余热回收利用

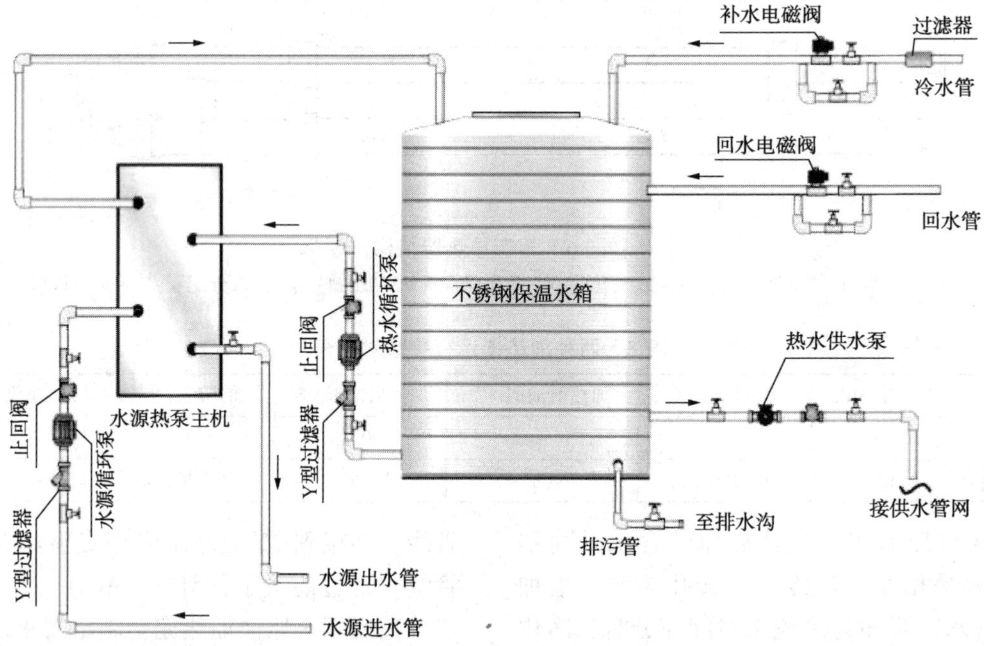

图 8　水源热泵工艺流程示意图

3　应用效果

通过实现能量的梯级利用和余热的回收利用、六九区的计量站已普遍采用采出液保温或空气源热泵技术供暖代替汽暖，供热站、集输站采用汽动换热装置后节能率达 60%，大幅度降低了非生产用汽量，提高了注汽品质，年节约蒸汽超 60×10^{4}t，六、九区形成的节能技术已在新疆油田公司范围内推广应用。

4　结论

通过优化工艺流程和按质用能、能量“梯级利用”技术思路减少能耗，实现稠油热采中的节能瘦身对于减少碳排放具有重要意义。

参 考 文 献

[1] 万仁溥．采油工程手册[M]．北京：石油工业出版社，2000.

[2] 严家騄．工程热力学[M]．北京：高等教育出版社出版，2006.

[3] 丁万成．降低稠油注汽系统能耗技术研究[J]．特种油气藏，2005，12(4)：94-96.

基于提升油田配电系统效率的节能技术应用

艾 强 李 勇 陈 雷

(中国石油新疆油田公司重油开发公司)

摘 要 随着社会经济发展和节能减排意识的提高，坚持绿色发展理念是对发展规律的科学反映，更是对全球生态环境变化问题的积极回应。当前工业用电、节电特别是提高配电网效率的课题引起了广泛重视。本文结合油田机采生产过程负载变化的特点和主要设备设施分布情况，分析了反映配电网能效的重要指标功率因数在实际生产过程中受到的影响，紧密结合油田用电特点开展论述，优化抽油机电机运行工况，应用平衡负载、高低无功补偿、谐波治理等技术，合理规划实施节电措施，并验证功率因数指标提升29%。形成将油田用电需求、能效管理技术与智能电网技术相结合的解决方案，提升油田电能质量及设备能效，优化配电网环境，达到良好的节电减排效果，践行节能节电的绿色发展理念。

关键词 油田配电网；功率因数；三相电动机；无功补偿；三相平衡；智能电网

配电网为油田生产过程中的主要设备、设施提供电力来源，是完成原油生产任务的重要保证。功率因数是标志电网运行状态的重要参数，是衡量电气设备应用效率高低的关键系数指标。功率因数较低反映电路用于交变磁场转换的无功功率较大，从而降低设备的电力资源利用率，增加供输电能损失。由于油田生产工艺过程中的采、注、输工艺流程大量使用三相电动机设备作为动力源，电动机等电感性负载在交变负荷状态下运行，其自然功率因数本身较低，一般治理功率因数常采用优化电气配置及补偿电容的方式，以提高有功功率的输出能力达到治理目的。但是，由于油田生产滚动开发的持续进行及老油区产能递减趋势等因素，原限定生产区域内开关井数量及生产负荷的变化造成配电网的平衡负载发生变化，易造成其用电设备的利用率和负载率较之前偏低，原有的补偿措施无法保持最佳状态，再加之变频器等产生谐波也会在一定程度上影响补偿效果，由此导致配电网功率因数呈降低趋势。经过多年对油田配电网及用电电气工控数据的分析，总结出提高配电网功率因数指标的5项经验技术，分析如下。

1 影响配电网功率因数指标因素分析

功率因数是交流电路中的有功功率与视在功率比值。用电设备在一定的电压和功率之下，该值越高则效率越高，供电系统发电能越能充分利用。油田配电网中的主要电气三相电动机、变压器等多属于电感性负荷，电感性设备在运行过程中不仅需要电力系统提供有功功率，同时还需要产生感性电动势提供的无功功率。若配电系统中无功电流较大，则会加大该线路的负荷，同时提高变压器容量配置需求，随着无功电流的增加同步产生线损，影响油田供、输、配电网系统的效率及经济性。

1.1 功率因数指标分析

引自电工学原理在交流配电系统中，由于感性、容性或非线性负荷的存在导致配电系统中的有功功率不等于视在功率。有功功率 P、无功功率 Q 与视在功率 S 三者满足如下公式：

$$S^2=P^2+Q^2 \tag{1}$$

功率因数为有功功率 P 与视在功率 S 之比值，即为：

$$\cos\varphi=P/S \tag{2}$$

依此可见：无功功率约大功率因数则越小。

以容量为1000kVA的变压器装置为例，若其功率因数 $\cos\varphi=0.8$，则变压器输出有功功率为800kW；而 $\cos\varphi=0.6$，则输出600kW的有功功率。因此，功率因数的大小直接影响配电系统输出有功功率的能力。另外，供电方依据功率因数数值高低调整电费的收费标准，一般要求高压用电用户使用配电网功率因数指标须达到0.9，对应低于指标的用户增收电费。

因此，功率因数同时是供、用电部门重要的电力管控指标，它的高低能够反映电网系统中供输电能力与用电效率，对节约电费及改善电网质量的措施开展具有指导性。提高功率因数指标可实现节能减排，同时增强用电方管理水平，具有重要的社会经济效益。

1.2 无功功率偏高对功率因数的影响

无功功率是在交流电路中，用电设备根据电磁感应的工作原理，通过建立交变磁场进行能量的转换和传递。以配电系统中的变压器及三相电动机为例，变压器需要电流使一次线圈产生磁场，二次线圈感应出电压，三相电动机运行时需建立磁场维持旋转，再由转子转动带动机械运动，变压器、三相电动机的磁场建立都依靠无功电源，此无功功率不会转化为机械能或其他形式。因此，在配电系统同时需要有功电源和无功电源。但是，当配电网中电气负载降低、空载或三相平衡发生变化时，无功功率会发生异常增长，其原因及表现总结如下。

1.2.1 电感设备空载

油田生产的主要设备三相电动机为无功功率产生者，在采油生产过程中电动机带动抽油机完成举升及下降往复动作。一般来说，举升过程中做功，下降过程中无功功率占比增加，尤其在油井产液不足形成轻载或空载时，其确保电动机正常转动的无功功率并不会下降。经测量，此时无功功率可达电动机总功率的60%～70%，造成功率因数指标大幅下降。因此，要改善三相电动机的功率因数，就要首先防止电动机的轻载或空载运行，保持电气负荷与负载相匹配。

1.2.2 变电设备空载

低压0.4kV变压器正常工作时消耗的无功功率一般占其额定容量的10%～15%，若在负载较低以及数量较多的情况下，造成整个配电网视在功率上升，功率因数则下降，满载时维持系统正常运行的无功功率得到充分利用。因此，变压器长期处于低负载运行状态时，即形成大马拉小车的现象，严重影响整个配电网的功率因数指标。

1.2.3 配电网电压波动影响

稳定的电压有利于配电网中电气设备的正常运行，同样有利于功率因数指标平稳。据统计，在配电网中当电压高于额定值的10%时，由于磁路饱和造成无功功率增长；而电压低于额定电压值时，无功功率减少使功率因数提高，但电压降低会引起配电网失压，影响电气设备正常运行及使用寿命。所以，电力系统的工作电压应保持稳定。

在油田生产过程中，由于生产扩边区域油井的用电需求，常出现其配电线路扩长、供电半径增大，造成线路压降和线损较大，使得电气设备容量利用率得不到充分发挥，配电网补偿措施开展难度大，功率因数指标降低。

1.3 配电网三相平衡分析

三相平衡电路的三相电压、三相电流须为正弦波，且三相负荷阻抗为线性并相同，频率幅度相同。在油区0.4kV低压三相四线制TN-C的配电系统中，由于单相负荷(220V)如站库的照明及油井的电伴热等，与三相负荷(380V)电气如三相电动机混用，负荷大小不同且用电时间不同，造成配电网中相间存在不平衡电流。这种不规律的不平衡导致了低压配电系统存在三相负载不平衡现象。三相负载不平衡时，负载轻的单相存在冗余容量，使其输出的容量无法达到额定值，容量减少降低变压器有功输出的功率。同时，富余电流增加线路损耗，引起三相电压不平衡，影响用电电气的平稳运行，而解决这种不平衡状态的问题一般采取无功补偿方式。

1.4 分析油田配电网功率因数的影响因素

油田配电网的架构由高压输配电线路、变电设备、低压配电线路及用电设备组成。一般高压输配电线路包括110kV/35kV变电站通过10kV/6kV高压输配电线路将电能供应到各用电地点，再由变压器变比输出0.4kV的低压配电网供电气设备使用。其主要用电设备包括三相电动机、电加热器及照明等。

1.4.1 三相用电设备影响分析

抽油机是广泛应用在我国油田系统中的单井采油机械，运行过程中需要消耗大量电能。抽油机主要由两部分构成：机械部分和电气部分。机械部分主要由抽油泵、抽油杆和平衡等部分组成，电气部分主要是三相电动机。三相电动机带动抽油杆做往复运行，将原油从地下抽到地面。抽油杆的举升和下降过程的负载饱和程度是往复变化的，变化周期短且不同单井间不同步。随着油田开发的深入，地下原油的储量逐年减少，抽油机工作时，满载的次数逐渐减少，大部分时间是轻载或空载。

$$\cos 是广泛应用/S=P/\sqrt{(P^2+Q^2)} \quad (3)$$

按此式在生产工况变化时，有功功率减少时无功功率变化很小。通常为保证抽油机的正常启动和安全运行，电动机的功率选型要比普通设备大。通过实际测量，其功率利用率一般为 20%~30%，造成功率因数仅为 0.2~0.4。因此，普遍存在抽油机电动机的功率因数较低的现象，在油田配网中以线损形式被损耗，同时造成压降，电网质量下降。

1.4.2　补偿效果分析

针对油田配电网中的电感性电力负荷，一般采取在电网中安装电容器无功补偿设备的措施，可以提供补偿感性负荷消耗的无功功率，减少电网产生的无功功率。但随着油田持续开发，新井投产、滚动开发及老井关停等生产变化造成配电网平衡负荷发生变化，原先部署的补偿系统出现不平衡状态，在局部出现过补或补偿容量不足的情况，无法达到无功补偿的最佳效益，功率因数指标随之下降。

2　提高油田配电网功率因数的方法

提高功率因数的关键在于如何减少电力系统中的无功功率，主要可归结为通过优化设备工况提高自然功率因数，以及平衡电网合理开展补偿措施两类方法。如以上所分析结合油田生产用电特点，自前期规划与部署，提高自然功率因数取决于稳定的生产工况和节能电气应用，而平衡电网负荷及合理开展补偿的方法更适合于生产的变化。

2.1　优化电气运行工况

结合油田生产工况优化抽油机运行状态可有效提高电气运行效率。油田主要用电设施抽油机工作时，为平衡电动机的负载和减轻电动机重载时的负担，一般在抽油机安装平衡块。当抽油杆下降时，平衡块提升，将其势能存储起来；当抽油杆上升时，平衡块下落，释放存储的势能，负载变化得到缓和。但此平衡带来另一个问题，抽油机在启动时应考虑举升平衡块的功率，因此在设计时，抽油机配套电动机的功率不得不留有较大的功率预留。然而，随着开采的持续进行产液量负载趋于减轻，这样导致抽油机配套电动机效率逐渐降低，功率因数呈下降趋势。

因此，抽油机配套电动机的轻载现象通过单一的方法很难实现长期有效的管控，优化抽油机的运行工况十分重要。常见的做法包括前期配备节能电动机、变速电动机，中期根据产液量负载的变化调整高低速配套运行。然后，在老区产量递减较为明显的区域实施间抽。最后，根据油田单井生产工况合理优化调整电动机部署也是控制轻载非常有效的调控措施。

2.2　应用智能电网技术提高用电效率

应用智能监测技术及时掌握电网参数可有效指导实施高低补偿、间抽调速、平衡减容等措施开展。近年来，随着信息化发展及技术进步，基于互联网的发展逐渐走向物联网技术，传统工业生产领域也开始应用信息智能化技术，电力方面的智能电网技术应用逐渐成为发展的重点。其包括精准供能提高能源需求侧的有效应用效率，通过在用户侧部署电力数据监控设施，并对数据分析，为用电方提供节能优化管理建议。

在油田生产领域，结合智能油田和智能电网的发展步伐，通过关键用电节点部署电子传感、探测、监控等自动化信息设备，对生产用电动机、变压器、配电网等设备设施的实时电力工况参数开展监测和跟踪，实施掌握生产过程中的设备电流、电压、功率因数等关键参数，有效分析生产变化的工况，促进进一步智能化控制及精准调参。如监测油井产液量变化实施停抽喷或间抽措施、监测电网功率因数的变化有针对性地开展补偿措施、监测负载率的变化协助做好变压器并容及电气设备的并转运行，及时识别并有效控制低效状况。同时通过监测用电设备及电网功率因数及负载率参数的变化，有效协调供用电网的供需平衡，提高整体的电网使用效率，管控能源浪费，从而提高能效并减少二氧化碳的排放。

2.3　合理开展设备低压补偿

合理开展低压补偿措施需要兼顾做好关键节点电气设备个别补偿和点多面广电气设备的集中补偿。多种补偿措施与实际用电电气的负载、工况有机集合，是补偿系统在电网中具备一定的平衡及互补能力。

如前文所述，无功补偿是提高功率因数指标

的直接措施之一。特别是油田主要电气正常工作过程中须建立磁场或产生二次电压的实际情况，加之生产过程中电气负载趋于轻载的趋势，无功功率占比上升成为必然结果。因此，开展无功补偿是提高油田配电网功率因数的必要方法，其可有效提高供用电效率，减少线路损耗，改善油田配电网环境。无功补偿常采用三种方法，分别为低压个别补偿、低压集中补偿及高压集中补偿。

低压个别补偿适用于补偿个别大容量且连续运行的设备，如热注、输油、水处理等工艺流程所使用的大中型三相电动机。它是根据个别用电设备对无功的需要量将单台或多台低压电容器组分别与用电设备并接。低压个别补偿的特点是：当用电设备运行时则无功补偿投入运行，而用电设备停止运行时补偿同时退出，因此避免了无功电流的倒送。低压个别补偿具有单体或小规模使用范围内性价比高，安装容易占位小，配置方便见效快，事故易于诊断的优点。

低压集中补偿则主要适用于治理分散在油区中的抽油机电动机。它是将低压电容器通过配电网低压侧连接至变压器的低压母线，同时部署无功补偿简单回路控制装置及投切装置，根据监测低压母线上的无功负荷参数直接控制电容器的投切。低压集中补偿的特点：以变压器为节点可实现此变压器之下的所有单井电动机同时补偿，易解决设备点多面广问题，使无功就地平衡，从而提高利用率，具有较高的经济性，也是低压无功补偿中常用方法。

2.4　集中开展配网高压补偿

高压集中补偿适用于油区用电电气位于远离变电所或在供电线路的支线或末端区域。它是指将电容器组直接装在6~10kV高压母线上的补偿方式，补偿装置根据此配电线路负荷的大小自动投切，从而直接提高高压配电线路功率因数。其优势在于：随着油田生产开关井变化，线路负荷处于变化状态，对配电线路整体实施补偿便于平衡线路功率因数的变化，提高整体补偿效率，同时也便于集中维护。

因此，低压个别补偿、低压集中补偿及高压集中补偿在油田生产配电网各自具有最合理的应用场景，综合搭配的使用在投入上可以达到良好的性价比，在性能上可结合用电电气负荷工况的实际特点发挥优势，在系统方面可实现整体的补偿平衡和互补。低压补偿的暂时性故障可得到高压补偿的支撑，减少影响面，提高补偿系统的整体稳定性。同时使用补偿电容器应注意使用寿命与工作电压、环境温度密切相关。工作电压过高时，容易引起电容电介质局部击穿造成电容值下降，从而影响补偿效果。电容器本身是发热元件，温度过高容易加速电容器介质老化，因此在使用大容量无功补偿的装置时应注意保持良好的通风。

2.5　谐波治理确保补偿效果

谐波治理是保证补偿措施有效、稳定开展的必要措施。在油田配电网络中，为实现精准控制或节能的需要，运行着一定数量变频器装置且负荷一般呈逐年上升趋势，而变频器装置为非阻性负荷设备。非阻性负荷工作时导致电网中出现大量电流和电压谐波，会影响电网以及用电设备的稳定运行，且直接影响电容器寿命，同时影响自动控制装置的正常运行，影响补偿自动投切及效果，造成功率因数下降。

因此，在合理开展补偿措施时，需要有效识别变频器设备在高压配电线路的分布，有针对性地同步开展谐波治理工作，确保该线路中补偿电容装置正常运行，确保补偿措施长期稳定有效。

3　节能效果分析结论

开展低压补偿与高压补偿合理结合是提高油田配电网功率因数的重要措施，而应用智能电网技术则可以及时准确地验证补偿实施的效果，同步开展谐波治理则可以确保补偿效果、功率因数指标长期稳定提高。优化设备运行工况可促进提高功率因数指标，其要点在于做好前期部署，相对而言后期调整需要一定的投入。

以一座站库的功率因数治理效果为例，其配置2台容量各为1000kVA的变压器，治理前其运行过程中的实际功率因数为cos程中的实际，即实际输出有功功率为1400kW，在采取无功补偿措施后，此线路功率因数cos功达到0.9，即输出有功功率达到1800kW，增效输出功率400kW，节约发电量折合到年度约为500.6×10^4kW·h，节能折合标煤约为615.2t，减少排放CO_2量约为1661t。由此，通过提高电气功率因数指标提高电网效率、实现节能减排的案例普遍有效，且效果明显。

因此，精确把握油田用电设备设施的需求及工况，结合智能电网技术的发展方向，采取合理的补偿措施可有效提高油田配电网功率因数指标，通过监测电参数据平衡调整电网负荷，则可以及时验证节能效果。多项措施并用既能节约供电方发电量，又减少用电方的用电量及电费，达到改善电网使用效率及节能减排的效果，为油田电网的节能措施提供了崭新的思路，具有显著的经济效益和社会效益。

参考文献

[1] 吴延荣．电工学[M]．北京：中国电力出版社，2012.

[2] 蔺金元．电路分析基础[M]．北京：中国电力出版社，2012.

[3] 卢小芬．电路分析[M]．北京：中国电力出版社，2011.

[4] 喜文华．节能减排与可再生能源知识手册[M]．北京：科学出版社，2011.

强非均质超稠油 SAGD 储层升级扩容数值模拟研究

孟祥兵　孙新革　马　鸿　罗池辉　王　青

(中国石油新疆油田分公司勘探开发研究院)

摘　要　新疆风城油田超稠油油藏属陆相辫状河流相沉积，储层非均质性强，SAGD 井组存在循环预热周期长、蒸汽腔发育不均等问题。前期储层扩容试验能够显著提高蒸汽注入能力，缩短预热时间，但缺乏储层扩容的全流程的岩石力学耦合分析，不利于SAGD 储层升级扩容施工参数优化设计。基于岩石三轴压缩等室内实验，获取强非均质储层岩石力学参数，建立耦合岩石力学的双水平井 SAGD 扩容热采数值模型，开展储层升级扩容影响因素分析研究。通过对强非均质储层开展分级分段扩容模拟，明确储层升级扩容应包括井筒孔压预处理、注气井应力预处理扩容、注气井大体积扩容、生产井扩容及注气井、生产井井间连通、注气井上方大体积扩容等五个阶段，形成鱼骨井分段扩容等针对强非均质储层的升级扩容策略。现场应用实践表明，储层升级扩容技术对于强非均质储层适应力更好，启动时间缩短 50%，采油速度提高 20%。研究成果可为强非均质储层 SAGD 升级扩容施工参数优化设计提供理论指导。

关键词　浅层超稠油油藏；SAGD；强非均质性；耦合岩石力学；储层升级扩容

双水平井 SAGD 作为一种超稠油高效开发方式，在加拿大油砂矿、中国风城油田等稠油油藏得到了成功应用。与海相均质的 SAGD 项目不同，新疆风城油田超稠油油藏属陆相辫状河流相沉积，具有埋藏浅、原油黏度高、储层非均质性强等特点，储层中存在多期较薄的泥质纹层和泥岩互层。SAGD 在开发过程中存在循环预热周期长、蒸汽腔发育不均等问题。

储层升级扩容是利用弱固结油砂储岩石力学特性，通过向注气井及生产井注入扩容液的方式，改善注采井间及注气井上方储层渗流能力的一项技术。前人研究表明，通过储层扩容能够显著改善 SAGD 注采井间储层物性，提高蒸汽注入能力，建立水平井水力连通通道，从而缩短预热时间。利用均质模型，针对 SAGD 储层升级扩容数值模拟，国内外学者已开展较多研究，Yuan 等针对新疆风城油田 SAGD 挤液扩容快速启动试验区块进行数值模拟分析，将地质力学模型与均质油藏模型联系起来，建立了井间连通判断依据；王琪琪等利用有限元计算了扩容引起的储层变形，然后采用 CMG 分析扩容后的均质储层模型 SAGD 预热及生产情况。非均质性油藏储层升级扩容数值模拟研究相对较少。孙新革等利用真三轴地应力条件下的大型物理模拟，基于储层物性参数和岩石力学参数等，利用 ABAQUS 和热采软件 CMG 对非均质性油藏开展了可控升级扩容技术的研究；孙君等利用 ABAQUS 有限元分析扩容启动过程中的流固耦合过程，并将模拟结果耦合到 CMG 热采数值模型中，对物性较好的均质地层和存在泥岩夹层的强非均质地层，扩容过程演化研究和施工参数进行了优化分析。

以上储层扩容数值模拟研究主要利用有限元模型进行流固耦合，流程较为复杂，且在后续热采模拟过程中未考虑储层地质力学变化，不利于强非均质性 SAGD 储层升级扩容参数优化设计。为此，以风城油田重 18 井区强非均质性超稠油油砂储层为例，利用 CMG 软件建立耦合岩石力学的双水平井 SAGD 扩容热采数值模型，开展储层升级扩容影响因素分析研究，对储层升级扩容全过程进行优化分析。

1　耦合岩石力学的储层升级扩容模型

1.1　岩石力学参数

岩石力学参数是储层升级扩容设计的关键参数。为充分了解油砂储层、泥岩盖层在特定的环境压力条件下的变形和强度情况，揭示并定量化岩样在不同工况条件下的变形破裂机理。通过对标准规格的圆柱形试样在压力室内施加一定的围压，再施加轴向压力，逐步进行剪切直至试样破坏，根据选定的岩石力学本构关系，求得抗剪强度参数(内摩擦角、内聚力和剪胀角)，可以模拟剪切扩容过程。选取风城油田重 18 井区有代表性的取心井岩心，通过室内三轴压缩实验测得泥岩盖层、油砂储层、泥质夹层的应力-应变曲线，计算得到风城油田重 18 井区岩石力学参数。建立适合风城油田重 18 井区储层的岩石力学本构关系和数值模型，为储层升级扩容设计提供理论依据。

从风城油田重 18 井区岩石力学参数来看(见表 1)，泥岩盖层的内聚力显著高于油砂储层，即在原位地应力条件下(重 18 储层有效围压为 4~6MPa)，泥岩盖层的强度将高于油砂储层。油砂储层的抗剪强度和泥岩盖层的抗剪强度差别不大，不利于盖层稳定性。在油砂储层中如果形成破坏区(剪切裂缝或者张性裂缝)并向上扩展，盖层将不能形成明显的强度遮挡效应，储层中的扩容区将一直向上扩展。因此，在储层升级扩容过程中需要将扩容压力严格控制在盖层破裂压力以下。

表 1　风城油田重 18 井区不同岩性岩石力学参数统计表

分类	抗压强度/MPa	残余强度/MPa	内摩擦角/(°)	内聚力/MPa	残余内摩擦角/(°)	残余内聚力/MPa	剪涨斜率	弹性模量/MPa	泊松比
泥岩盖层	20.85	7.37	24.51	4.60	22.92	0.37	-0.81	1819.87	0.26
油砂储层	25.42	7.42	35.39	0.94	35.39	0.94	-0.21	452.15	0.03

从油砂储层的剪胀性状来看(见图 1)，在低有效围压下，随着轴向应变的增加，体积扩容量增加。同时，随着有效围压的增加，油砂体积扩容速度变慢，扩容量减小。当有效围压为 0MPa、2MPa、3MPa、4MPa 和 6MPa 时，剪胀角分别为 46°、23°、20°、12°和 9°。在岩石力学中，孔隙介质岩体的扩容能力随着围压的增加而降低。因此，在储层升级扩容过程中需要以低于地层破裂压力的压力连续注水，提高井周地层的孔隙压力，降低井周有效围压，同时随扩容区域实际埋深的增加适当提高注入压力，以保证达到良好的扩容效果。

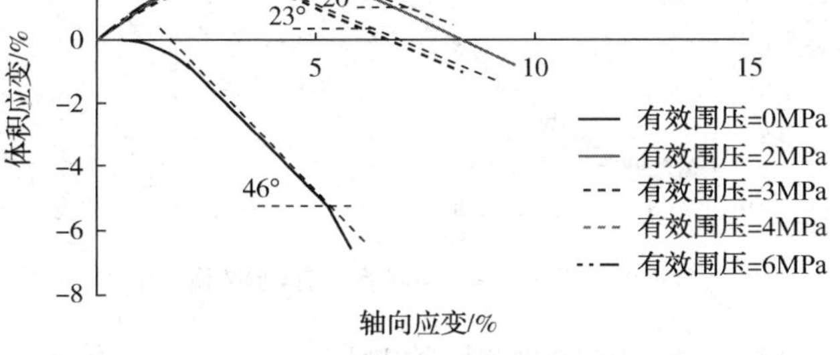

图 1　风城油田重 18 井区油砂储层不同有效围压下的体积扩容曲线

1.2　地应力大小及方向

现场小型压裂地应力测试是一种能够可靠而有效的测量地壳深部应力的方法。通过小体积、高压的流体注入，小型压裂测试在测试层位产生一条张性裂缝并将破裂扩展到远离井筒影响范围的原始地层中，然后停止流体注入，裂缝将随着压力下降而闭合。通过地质力学与渗流的理论方法分析压降曲线，取得破裂闭合压力，该压力等效于地层的最小主应力。根据测试结果，风城油田重 18 井区油砂储层的垂向应力梯度、最大和最小水平主应力梯度分别为 22kPa/m、18kPa/m、21kPa/m；盖层的垂向应力梯度、最大和最小水平主应力梯度分别为 21.2kPa/m、28kPa/m、21kPa/m，盖层破裂压力约 10.0MPa。

钻井过程中由于各向异性地应力场所引起的井壁坍塌，或者诱导张裂缝可以用来估计地应力的方向。通常来说，井壁坍塌的方位对应着最小水平主应力的方位，诱导张裂缝的方位对应着最大水平主应力的方位。根据风城油田重 18 井区的成像测井数据(见图 2)，储层中水平最大主应力的方向为北偏东 60°。

1.3　耦合岩石力学数值模型建立

基于风城油田重 18 井区储层岩石力学参数及油砂强度本构关系模型，利用热采数模软件 CMG-STARS 的 Geo-mechanical 模块开展耦合岩石力学的储层升级扩容技术的数值模拟研究。其中地质力学模型采用应力-应变关系数据，通过双向耦合，实现温度-渗流-应力三场全耦合求解。

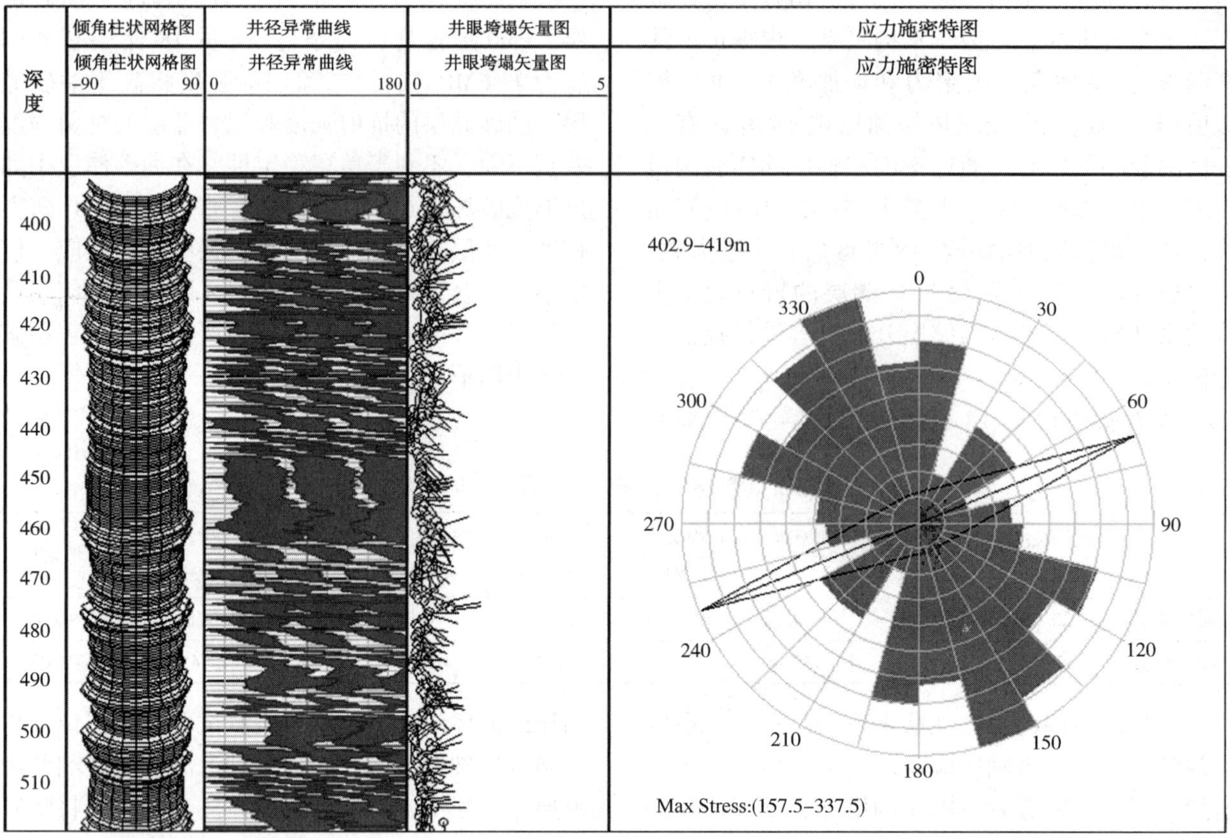

图 2　风城油田重 18 井区成像测井上井壁坍塌和诱导张裂缝的方位

通过在重 18 岩芯上开展的岩石力学三轴强度测试曲线来标定油砂的强度模型，结果表明数值模型和实验室数据有较高的拟合度(见图 3)。通过岩石力学标定和强度曲线历史拟合，得到油砂强度本构关系模型。在岩石力学强度模型的基础上，对重 18 井区开展的小型压裂地应力测试进行了数模历史拟合，进一步标定了扩容模型的非线性渗透率参数和流固耦合参数。

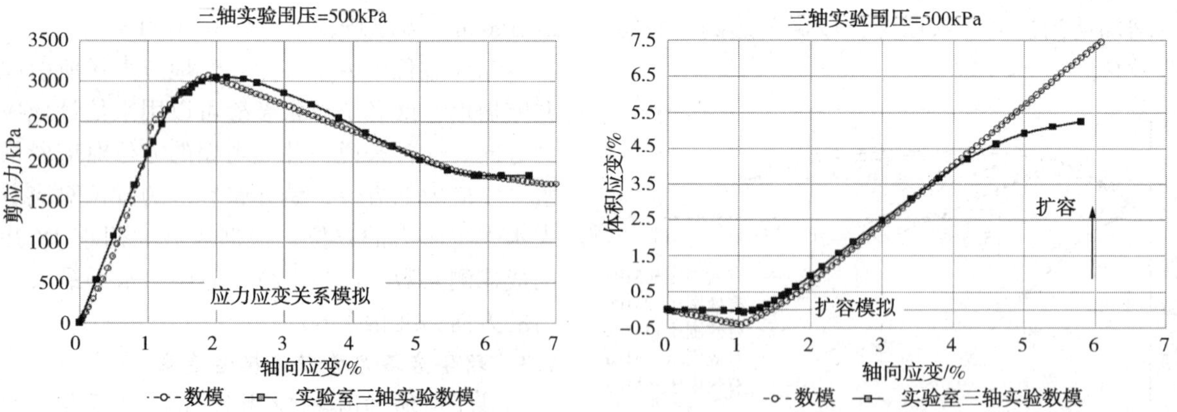

图 3　通过重 18 的岩石力学三轴测试标定油砂岩石力学强度和扩容模型

SAGD 双水平井耦合岩石力学储层升级扩容数值模型如图 4 所示。模型中注汽井和生产井的水平井段长度均为 400m，注采井的垂向间距为 5m。灰色边框为岩石地质力学模型，模型中的岩石力学和地应力参数采用前述油砂储层岩石力学测试和地应力测试数据，具体参数见表 2。利用耦合地质力学和热采的数值模型，对 SAGD 储层升级扩容各阶段进行了模拟分析。

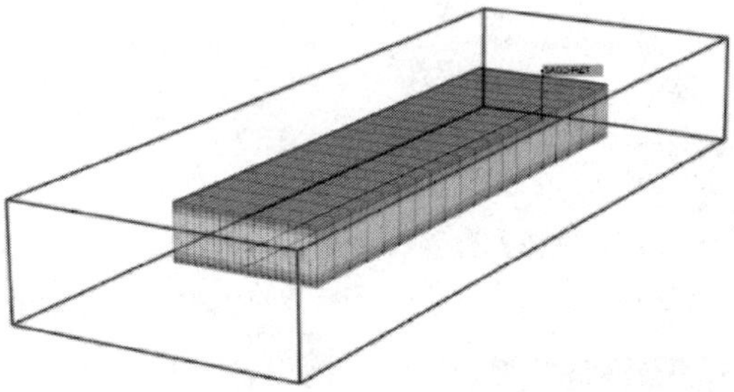

图 4　耦合岩石力学的数值模拟模型
(灰框为地质力学模型边界)

表 2　SAGD 双水平井耦合岩石力学储层升级扩容数值模型参数取值

参　　数	数　　值
热采模型网格数	41×101×21＝86961
热采模型网格步长	3m×5m×1m
地质力学模型网格数	41×30×40＝49200
地质力学模型网格步长	5m×20m×1m
埋深/m	450
孔隙度/%	30.5
渗透率/mD	1100
含油饱和度/%	65.0
地层温度/℃	22.0
50℃原油黏度/mPa·s	12×10^4
最小水平主应力/kPa	7650
垂向地应力梯度/(kPa/m)	22
杨氏模量/kPa	310×10^3
泊松比	0.09
内摩擦角/(°)	30
内聚力/kPa	260
剪胀角/(°)	20

2　储层升级扩容影响因素分析

2.1　岩石力学参数

对杨氏模量、泊松比等岩石力学参数，利用 CMG 软件 CMOST AI 模块开展敏感性分析。以 SAGD 扩容总注入量作为目标函数，结果表明，对扩容总注入量影响最大的参数为杨氏模量，占 93%。随着杨氏模量的增大，扩容总注入量逐渐变小，导致扩容效果逐渐降低，其余岩石力学参数与扩容注入量之间为离散关系，对扩容效果影响相对较小(见图 5)。

由于重 18 井区储层孔隙度相对较高，储层升级扩容过程中主要通过岩石颗粒的滑动或分离，而非形成裂缝，实现宏观孔隙度和渗透率的增加。杨氏模量为沿纵向的弹性模量，泊松比是反映材料横向变形的弹性常数。因此，在储层扩容过程中杨氏模量对扩容总注入量的影响远大于泊松比。内聚力、内摩擦角等参数，反映岩石的摩擦特性和抗剪强度，主要影响储层达到扩容时所需的最小压力，对扩容总注入量影响相对较小。

2.2　储层非均质性

对不同渗透率极差下的储层扩容效果进行模拟对比，结果显示：随着储层渗透率极差的增大，储层扩容效果的差异性逐渐增强。当储层渗透率极差为 2 时，扩容结束后，储层渗透率极差放大至 4.56，油藏非均质性进一步增强(见图 6)。

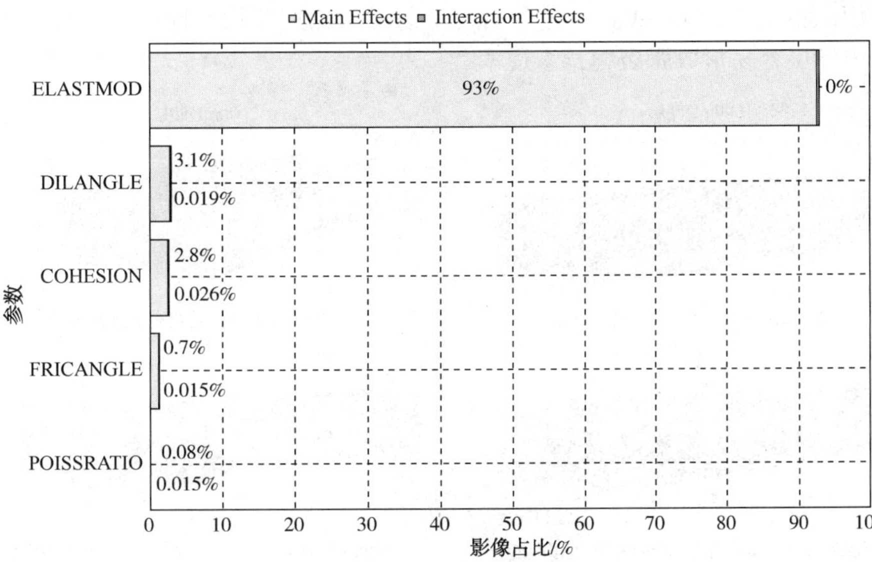

图 5　Sobel 分析岩石力学参数主要影响因素重要性比例图

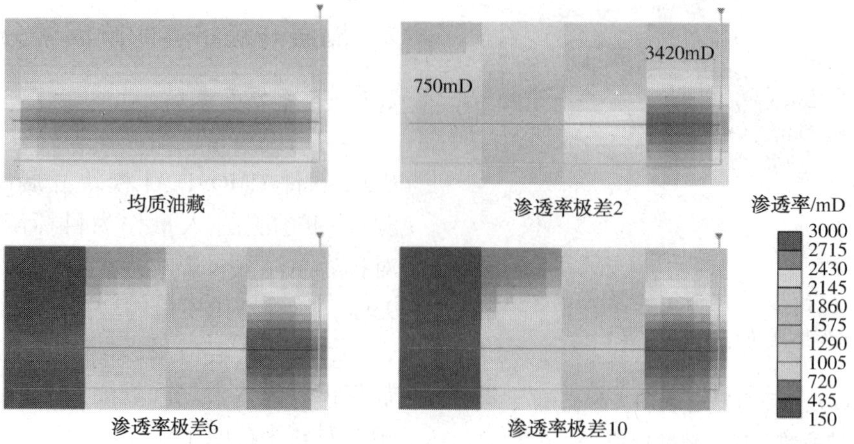

图 6　不同渗透率极差下储层扩容后渗透率分布图

在扩容介质为水的条件下，储层渗透率越高的区域，扩容介质越容易进入，导致该区域扩容效果好于储层渗透率低的区域，进一步放大了储层的非均质性。

风城油田重 18 井区储层具有较强非均质性，水平段渗透率极差平均为 3~5，储层内分布较多抗剪强度较高的泥岩夹层。因此在扩容过程中需要考虑采用分段扩容的方式，改善储层非均质性。

2.3　扩容介质

利用非均质模型(渗透率极差 2)，对不同扩容介质：水(温度 80°，黏度 1mPa·s)、聚合物(黏度 200mPa·s)的储层扩容效果进行模拟对比。结果显示：采用热水扩容，渗透率较低的水平段扩容效果较差，采用聚合物扩容，可以较大程度地改善非均质性(见图 7)。

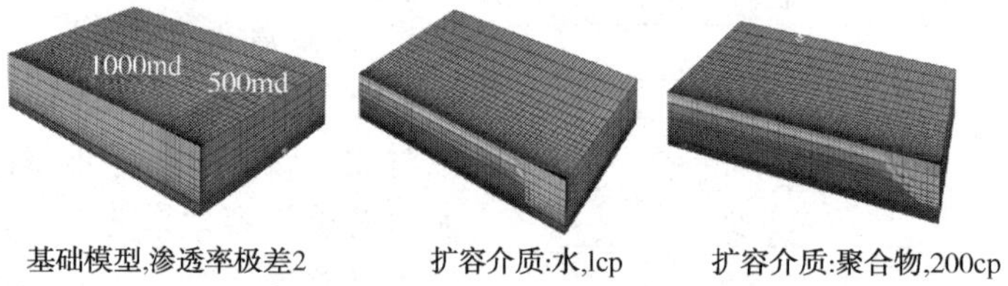

图 7　不同扩容介质下非均质储层扩容后渗透率分布图

进一步对不同渗透率的储层适宜注入的聚合物黏度进行了对比分析。结果显示：渗透率为 1000mD 的储层使用黏度大于 200mPa·s 的聚合物，在扩容过程中储层容易形成张裂缝；渗透率为 2000mD 的储层使用黏度大于 200mPa·s 的聚合物，由于水平井的流动阻力，在扩容过程中容易导致储层非均质性扩容(见图 8)。

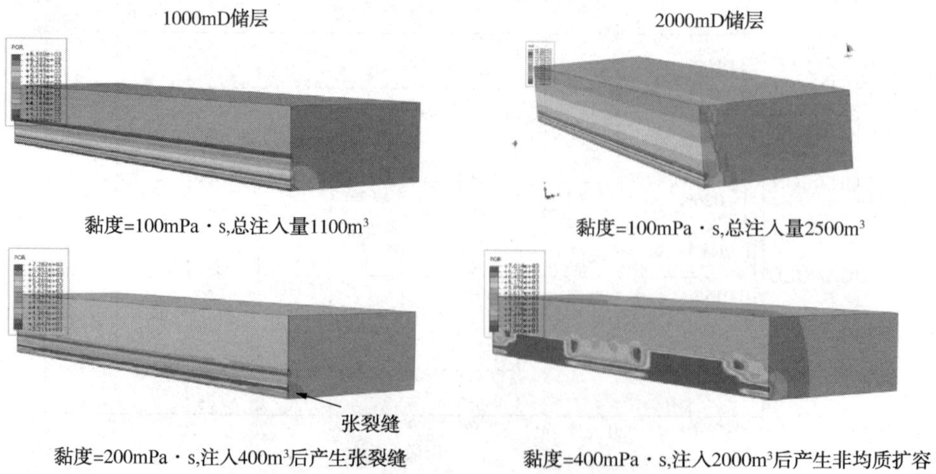

图 8　不同渗透率储层不同黏度扩容介质下扩容效果对比分析

扩容介质为高黏聚合物的条件下，对储层渗透率高的区域形成了暂堵，迫使更多的介质进入渗透率相对低的区域，使得该区域储层扩容，在一定程度上改善了储层的非均质性。当聚合物黏度过高时，又会在扩容过程中形成张裂缝。

风城油田重 18 井区储层渗透率平均为 900mD。在储层扩容过程中，使用聚合物的黏度应小于 200mPa·s。

3 强非均质性储层升级扩容策略

储层升级扩容可分为井筒孔压预处理、I 井应力扩容、I 井大体积扩容、I 井与 P 井间联通、I 井上方大体积扩容等 5 个主要阶段，首先利用均质模型对储层升级扩容 5 个阶段进行了模拟优化。

3.1 井筒孔压预处理阶段

该阶段注气井注入 80℃ 热污水，生产井注入黏度 50mPa·s 的聚合物。通过较长时间的高压流体注入，调节井周的物性非均质性和井周的含水饱和度，使之后大排量流体扩容容易形成剪切扩容区，同时扩容区沿水平井能够均匀分布。从模拟结果来看，有预处理阶段的扩容效果明显好于无预处理，注气井、生产井井间孔隙度分布更为均衡(见图 9)。重 18 井区孔压预处理启动压力为 6.65MPa，接近地层最小水平主应力，最大应控制在 7.5MPa。

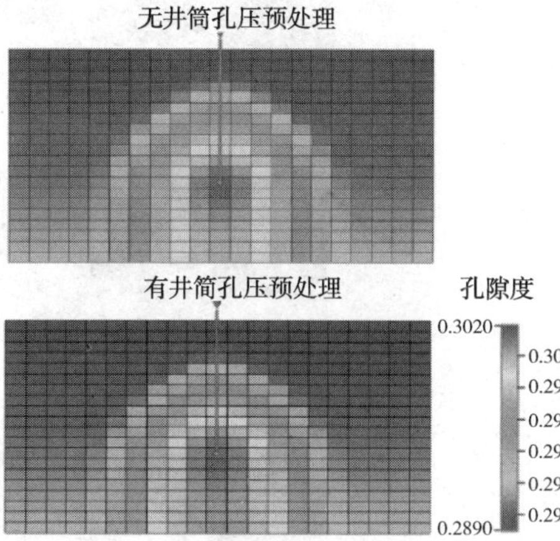

图 9 均质油藏有无井筒孔压预处理阶段扩容后孔隙度对比图

3.2 注气井及分支应力扩容阶段

该阶段注气井继续注入 80℃ 热污水，生产井关井，主要目的是：注气井分支周围 1m 左右孔隙压力增加，同时不干扰生产井，注气井与生产井之间不形成联通。模拟对比了注气井提压至最大压力分别为 1.1、1.2、1.3 倍最小主应力的效果。结果显示，注气井提压至最大压力为 1.2 倍最小主应力(8.25MPa)时效果最佳(见图 10)。

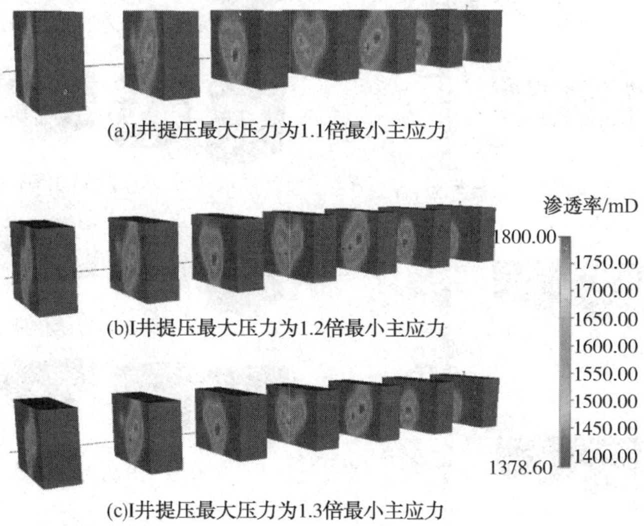

图 10 注气井及分支应力扩容阶段不同压力时渗透率分布对比图

3.3 注气井及分支大体积扩容阶段

该阶段注气井采用阶梯式升压、降压，震荡循环，尽可能增大扩容范围。生产井注入黏度为 50mPa·s 的聚合物循环，压力与注气井同步。主要目的是：注气井分支周围 1~2m 扩容，未产生塑性变形，注气井、生产井井间未有明显联通。模拟对比了注气井及分支震荡的最大压力分别为 1.2、1.3、1.4 倍最小主应力的效果。从模拟结果来看，震荡的最大压力为 1.3 倍最小主应力(8.9MPa)时效果最佳(见图 11)。

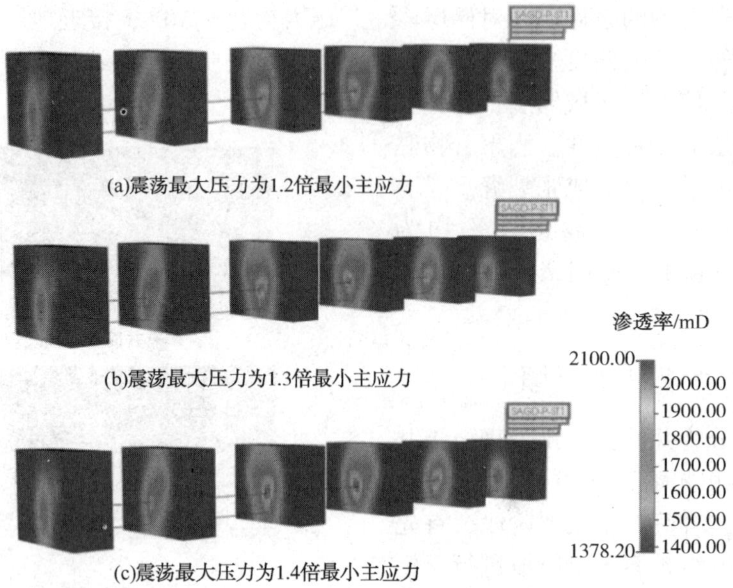

图 11　注气井大体积扩容阶段不同震荡最大压力时渗透率对比图

3.4　注气井与生产井井间联通阶段

该阶段注气井、生产井通过排液降压，然后生产井用热污水进行扩容，实现井间联通，主要目的是注气井、生产井井间实现弱联通。模拟结果显示：注气井、生产井排液降压后，生产井以1.2倍最小主应力注热污水循环，同时控制注气井与生产井压差在1MPa以内，井间联通效果最好(见图12)。

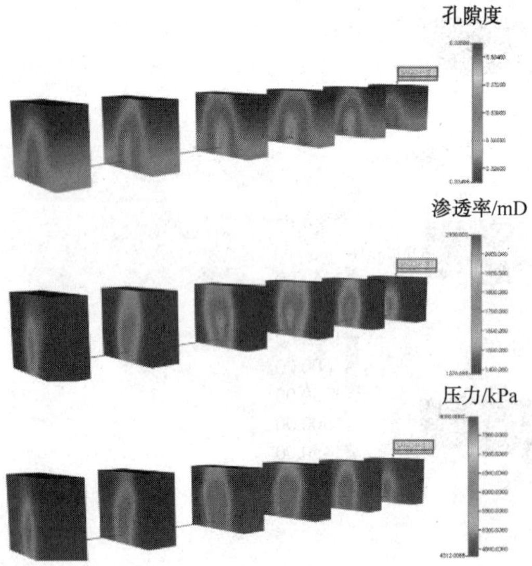

图 12　注气井、生产井井间联通后孔隙度、渗透率及压力分布图

3.5　注气井上方大体积扩容阶段

该阶段注气井注入80℃热污水，生产井注入黏度为100mPa·s的聚合物循环，压力与注气井同步。主要目的是在注气井上方扩容5m~8m，同时对盖层无影响。模拟对比了注气井注入压力为1.2、1.3、1.4、1.5倍最小主应力的扩容效果。结果显示，注入压力为1.4倍最小主应力(9.2MPa)时效果最佳，压力过低扩容效果不明显，压力过高导致非均质性严重(见图13)。

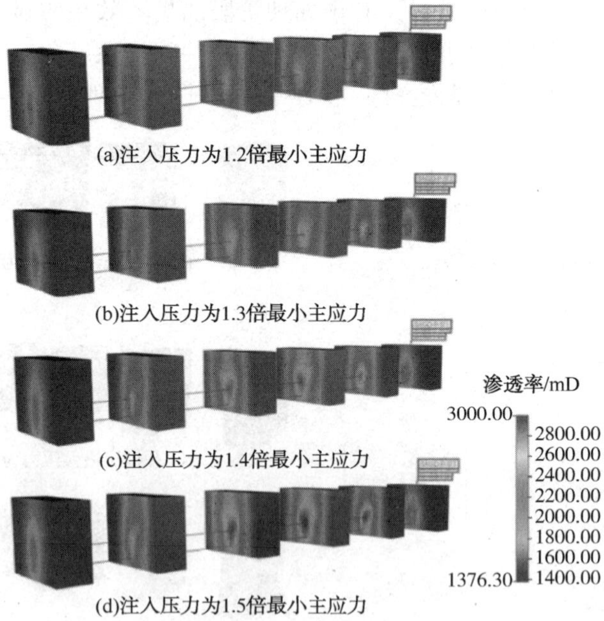

图 13　注气井上方大体积扩容阶段不同压力时渗透率对比图

以风城油田重18井区FHW3143井组实际地质模型为例，对储层升级扩容流程进一步优化。该井组水平段井间分布较多夹层，储层非均质性较强。在不进行分段扩容的情况下，井间非均质性未得到明显改善，转循环预热阶段，水平段尾

端动用较差。因此，针对该井组在井间连通阶段应采用分段扩容方式，先用高黏聚合物封堵物性好的井段，然后用低黏度聚合物对物性差的井段扩容。从模拟结果来看，采用分段扩容方式，FHW3143 井组井间渗透率非均质性得到明显改善，渗透率极差由扩容前的 5 降至 2 左右。

风城油田重 18 井区 A 井组水平段井间平均渗透率 958mD，平均含油饱和度 64.7%，采用上述 6 个阶段的储层升级扩容后(见图 15)，A 井组循环预热时间 90 天，消耗蒸汽量 1.89×10^4t，较同区块物性相近的井组平均循环预热时间缩短 50%，消耗蒸汽量减少 30%。转 SAGD 生产后，A 井组日产油 15t/d，油汽比 0.18，较同区块物性相近的井组采油速度提高 20%，油汽比提高 0.01。现场应用结果表明，该研究可为强非均质储层 SAGD 升级扩容施工参数优化设计提供理论指导。

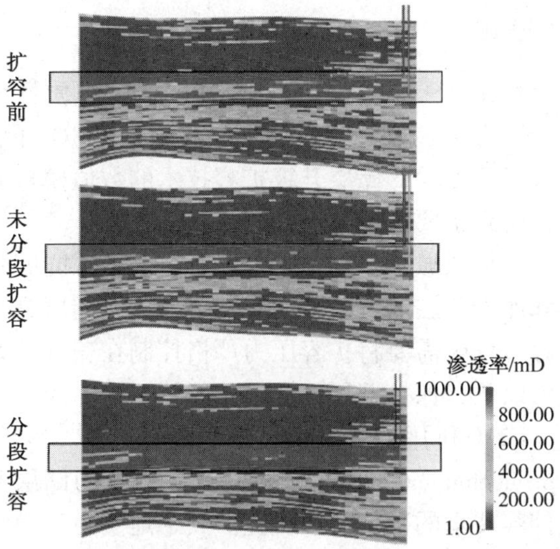

图 14　FHW3143 井组未分段/分段扩容前后渗透率分布对比图

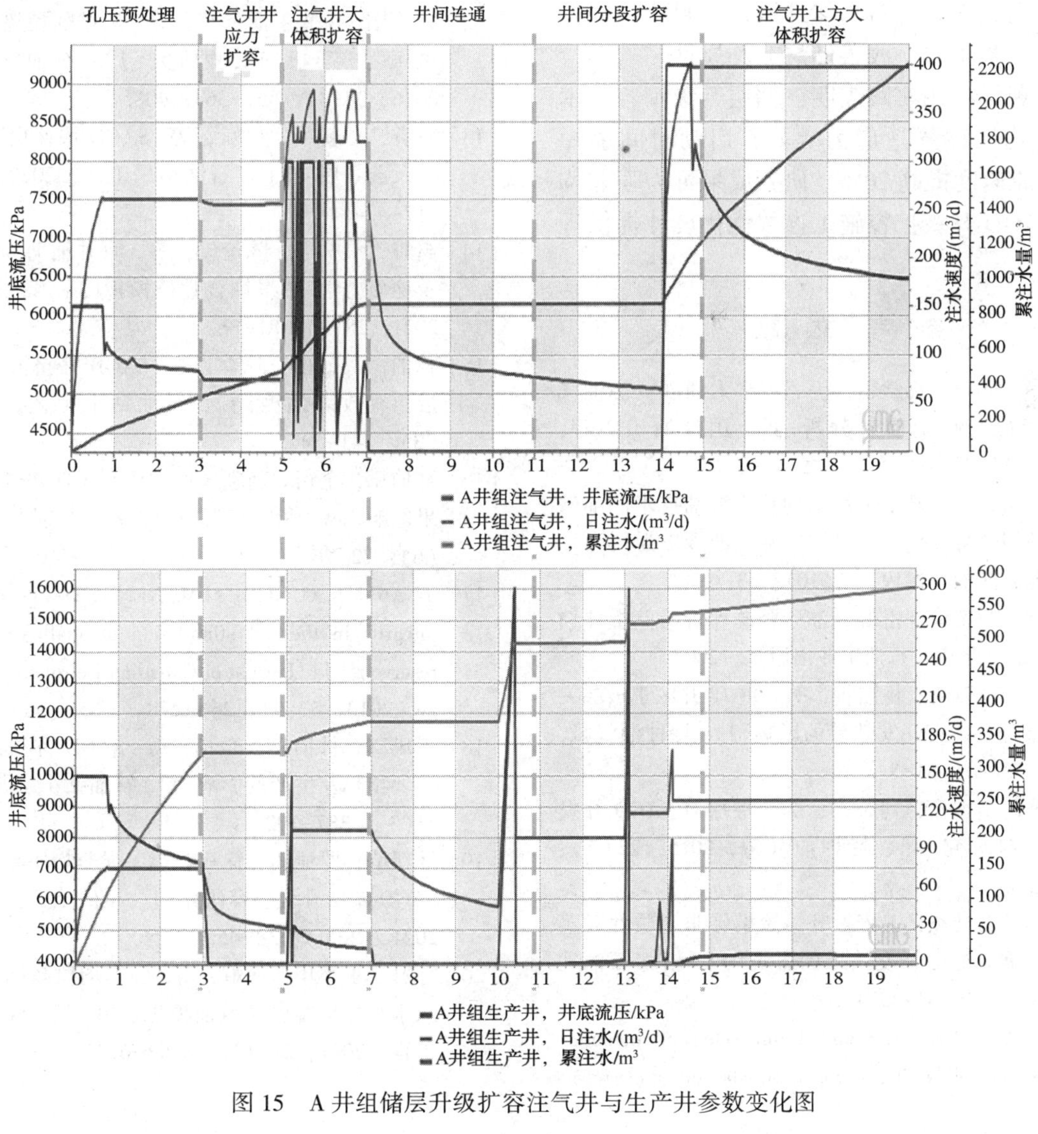

图 15　A 井组储层升级扩容注气井与生产井参数变化图

4 结论

本文基于风城油田重 18 井区强非均质性储层岩石力学参数，利用热采数模软件 CMG 开展耦合岩石力学的储层升级扩容技术的数值模拟研究，得到主要认识如下：

（1）风城油田重 18 井区油砂储层的抗剪强度和泥岩盖层的抗剪强度差别不大，在储层升级扩容过程中需要将扩容压力严格控制在盖层破裂压力以下，保护盖层。

（2）利用热采数模软件 CMG－STARS 的 Geo-mechanical 模块开展耦合岩石力学的储层升级扩容技术的数值模拟研究。其中地质力学模型采用应力-应变关系数据，通过双向耦合，实现温度-渗流-应力三场全耦合求解。

（3）风城油田重 18 井区储层具有较强非均质性，在扩容过程中需要考虑采用分段扩容的方式，利用高黏聚合物对高渗透段进行封堵，对低渗透段进一步扩容，改善储层非均质性。

（4）现场应用实践表明，储层升级扩容技术对于强非均质储层适应力更好，启动时间缩短 50%，采油速度提高 20%。研究成果可为强非均质储层 SAGD 升级扩容施工参数优化设计提供理论指导。

参 考 文 献

[1] 孙桂华，邱燕，彭学超，等．加拿大油砂资源油气地质特征及投资前景分析[J]．国外油田工程，2009，25(3)：1-2.

[2] 武静，胡光义．基于蒸汽辅助重力泄油技术的油砂开发动用储量评估——以加拿大 A 油砂矿为例[J]．海洋地质前沿，2019，35(10)：63-68.

[3] 贾承造，刘希俭，雷群．油砂资源评价与储量评估方法[M]．北京：石油工业出版社，2007.

[4] 桑林翔，杨万立，杨浩哲，等．重 18 井区 J_3q_3 层夹层分布对 SAGD 开发效果的影响[J]．特种油气藏，2015，22(3)：81-84.

[5] 石兰香，李秀峦，刘荣军，等．夹层对 SAGD 开发效果影响研究[J]．特种油气藏，2015，22(5)：133-136.

[6] 何万军，王延杰，王涛，等．储集层非均质性对蒸汽辅助重力泄油开发效果的影响[J]．新疆石油地质，2014，35(5)：574-577.

[7] XU B，WONG R C K. Coupled finite-element simulation of injection well testing in unconsolidated oil sands reservoir[J]. International Journal for Numerical and Analytical Methods in Geomechanics，2013，37(18)：3131-3149.

[8] 林伯韬，金衍．新疆风城油田 SAGD 井挤液扩容效果影响因素评价[J]．石油钻探技术，2018，46(6)：71-76.

[9] 高彦芳，陈勉，林伯韬，等．稠油油藏 SAGD 微压裂阶段储层压缩系数研究——以新疆风城陆相储层重 1 区齐古组为例[J]．石油科学通报，2017，2(2)：240-250.

[10] LIN B，CHEN S，YOU H，et al. Experimental investigation on dilation mechanism of ultra-heavy oil sands from Xinjiang oilfield[C]. Montreal：13th ISRM International Congress of Rock Mechanics，2015.

[11] LIN B，JIN Y，PANG H，et al. Experimental investigation on dilation mechanisms of land-facies Karamay oil sand reservoirs under water injection[J]. Rock Mechanics and Rock Engineering，2016，49(4)：1425-1439.

[12] 林伯韬，陈森，潘竟军，等．风城陆相超稠油油砂微压裂扩容机理实验研究[J]．石油钻采工艺，2016，38(3)：359-364，408.

[13] 赵睿，孙新革，徐斌，等．SAGD 快速启动技术现状及前景展望[J]．石油钻采工艺，2020，42(4)：417-424.

[14] 赵睿，桑林翔，陈伦俊，等．直井辅助 SAGD 扩容及地质力学-热采耦合数值模拟[J]．特种油气藏，2021，28(3)：81-86.

[15] 林伯韬，金衍，陈森，等．SAGD 井挤液预处理储层扩容效果预测[J]．石油钻采工艺，2018，40(3)：341-347.

[16] 林伯韬，金衍．新疆风城油田 SAGD 井挤液扩容效果影响因素评价[J]．石油钻探技术，2018，46(6)：72-76.

[17] YUAN Y，XU B，PALMGREN C. Design of caprock integrity in thermal stimulation of shallow oil-sands reservoirs[J]. Journal of Canadian Petroleum Technology，2013，52(4)：266-278.

[18] 王琪琪，林伯韬，金衍，等．SAGD 井挤液扩容对循环预热及生产的影响[J]．石油钻采工艺，2019，41(3)：387-392.

[19] 孙新革，罗池辉，徐斌，等．强非均质超稠油油藏 SAGD 储层升级扩容研究[J]．油气地质与采收率，2021，28(6)：38-45.

[20] 孙君，王小华，徐斌，等．强非均质超稠油砂储层双水平井扩容启动数值模拟研究[J]．科学技术与工程，2021，21(15)：6262-6271.

超稠油单直井 SAGD 数值模拟研究

王　青　杨思迪　赵　睿　杨　智　罗池辉　孟祥兵

(中国石油新疆油田分公司勘探开发研究院)

摘　要　针对目前超稠油开采主体技术适用范围受限、部分储量无法有效动用的问题，将蒸汽吞吐和SAGD二者的优势相结合，提出单直井SAGD技术。通过油藏机理模型，研究了油藏参数对开发效果的影响；利用矿场非均质模型，开展了油藏工程关键参数优化及开发效果预测。研究结果如下。①单直井SAGD方式下，油藏参数对生产效果综合影响力排序为有效厚度>含油饱和度>渗透率>原油黏度；有效厚度对累产油影响较大；渗透率、含油饱和度对采收率影响较大；原油黏度对油汽比影响较大。②单直井SAGD可通过蒸汽吞吐有效启动，吞吐2~4轮即可转生产，操作核心是保持液面和注采平衡。③对于风城重32井区典型超稠油油藏，单直井SAGD平均日产油2.1t/d，采收率40.98%，油汽比0.18，不同油价下经济评价内部收益率13.6%~74.9%，项目经济可行。研究结果可为同类油藏开发提供借鉴。

关键词　超稠油；单直井SAGD；油藏参数；灰色关联系数；影响力排序；参数优化

蒸汽吞吐和蒸汽辅助重力泄油(以下简称SAGD)是新疆油田超稠油开采的主体技术，占稠油产量的80%。这两种开发技术各有其优缺点，其中蒸汽吞吐的优点是技术成熟、操作简单、适用性强，缺点是一次采收率低、油汽比低，需要接替技术提高采收率；SAGD的优点是采收率高，适用于黏度较大的超稠油油藏，缺点是对油层展布和油层厚度要求较高，开发效果受油层非均质性影响较大，存在水平段动用程度低、蒸汽腔扩展不均匀等问题。由此使得主体技术适用范围受限，部分储量仍无法有效动用。为此，将蒸汽吞吐和SAGD二者的优势相结合，提出单直井SAGD技术。

单直井SAGD是在一口直井中实施SAGD，即在同一口井中下入封隔器将环空封隔为注汽段和采油段，同时实现蒸汽的注入和原油的产出。由于结构简单、操作灵活，新老区均可实施，能有效降低开发成本，且克服了蒸汽吞吐和SAGD的缺点，结合了二者的优点。加拿大Husky能源公司曾开展一口井的单直井SAGD试验，连续生产10个月，最终因邻区泄压无法建立汽腔，导致边水侵入泄油带而失败，但该方式被认为可作为双水平井SAGD开发的前期评价。目前此项技术在国内外尚无应用，其关键机理、油藏适应性、启动方式、产能、注采参数等均不明确。为此，系统阐述了单直井SAGD技术原理，利用油藏数值模拟探索了影响因素及技术适应性；并以新疆风城重32井区超稠油油藏为例，优化油藏工程关键参数，预测开发效果，为同类油藏单直井SAGD的现场实施提供借鉴。

1　单直井SAGD技术原理

1.1　技术原理

单直井SAGD技术是SAGD开采稠油理论的延伸，生产与注入在同一口井内进行，核心机理是蒸汽辅助降黏、重力主导泄油。具体实现方式为：采用双管或同心双管完井，以热采封隔器建立上下注采通道，在通过短时间造腔或预热后，转为上注下采的同井连续注采生产方式。相比常规吞吐方式具有稳定供能、持续泄油的特点，无论在技术上还是生产管理上都有独特的优势，若辅以二氧化碳、烃类气体等非凝析气，还能进一步提升开发效果(见图1)。

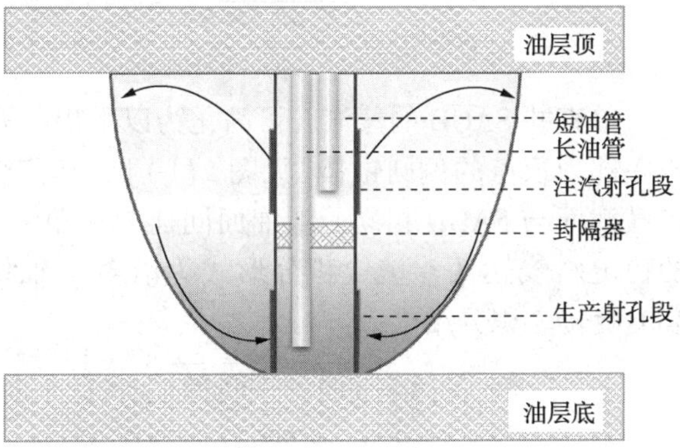

图1　单直井SAGD技术原理图

1.2 技术优势

如表 1 所示，相比蒸汽吞吐和双水平井 SAGD，单直井 SAGD 技术具有明显优势。(1)前期投入少，一口直井即可。(2)生产操作灵活、简便。根据油藏条件布置井网，可部署不规则井网，最大限度地动用储量；吞吐方式启动，周期短，热能消耗少，操作简单；连续生产，便于现场管理；Subcool 控制自由度大，液面可控高度达 10m 以上；(3)油藏适应性强。通过就地降黏、重力泄油机理，能达到双水平井 SAGD 的黏度界限，油层厚度下限有所降低，展布范围达到直井井距即可，且受隔夹层影响较小。(4)开发效果好。采收率远高于常规蒸汽吞吐，达到 45%，油汽比接近于 SAGD 方式。

表 1　单井 SAGD 与双水平井 SAGD、吞吐的特征对比表

项　　目		双水平井 SAGD	直井吞吐	单直井 SAGD
前期投入		两口水平井	一口直井	一口直井
生产操作参数	井网	排状	直井网	灵活\\非固定
	启动方式	循环	吞吐	吞吐
	启动周期	长	—	短
	生产操作方式	两井协同生产	单井周期式生产	单井连续生产
	Subcool 控制	精确	—	自由度大
	液面可控高度/m	5	/	>10
油藏地质参数	50℃原油黏度/(mPa·s)	<200000	<20000	<200000
	连续油层厚度/m	>10	—	>6
	油层展布范围/m	>350	60~70	60~70
	隔夹层影响	大	较小	较小
开发效果	采收率/%	50	20	45
	油汽比	0.20	0.08	0.16

1.3 单井产能解析模型

基于经典 Butler 产能解析模型，分析并推导了单直井 SAGD 的产能计算公式。根据 Butler 的双水平井 SAGD 理论，其蒸汽腔数学模型是以生产水平井为顶点的倒三棱体[见图 2(a)]。

其水平井产能为：

$$Q=2L\sqrt{\frac{2K_{g}\alpha\phi\Delta S_{o}h}{mv_{s}}} \tag{1}$$

单直井 SAGD 的蒸汽腔可简化为以采出射孔段底部为顶点的倒圆锥体[见图 2(b)]。其蒸汽腔横截面与 SAGD 相同，泄油面同样为夹角为 θ 的稳定斜线达西渗流，积分形式为沿着 y 轴做 360°旋转。积分结果为：

$$Q_{o}=\frac{\pi w}{3}\sqrt{\frac{2K_{g}\alpha\phi\Delta S_{o}h}{mv_{s}}} \tag{2}$$

如在实施过程中采用多介质辅助，则在多介质提高驱油效率、扩大蒸汽腔波及体积作用下，由于强化了蒸汽腔横向扩展，其泄油面将由夹角为 θ 的稳定斜线达西渗流转变为下凹的椭圆线[见图 2(c)]。相应蒸汽腔可简化为以采出射孔段底部为顶点的半椭球体。积分形式为沿着 y 轴做 360°旋转。积分结果为：

$$Q_{o1}=\frac{2\pi w}{3}\sqrt{\frac{2K_{g}\alpha\phi\Delta S_{o}h}{mv_{s}}} \tag{3}$$

式(1)~式(3)中，Q 为 Butler 经典双水平井 SAGD 产量，t/d；Q_o 为单井 SAGD 产量，t/d；Q_{o1} 为多介质辅助单井 SAGD 产量，t/d；w 为直井井距，m；K 为绝对渗透率，D；g 为重量常数，9.8m/s^2；α 为热扩散系数，m^2/s；m 为黏温曲线指数；ϕ 为孔隙度，小数；ΔS_o 为可动油饱和度，小数；h 为油层厚度，m；v_s 为原油的运动黏度，m^2/s。

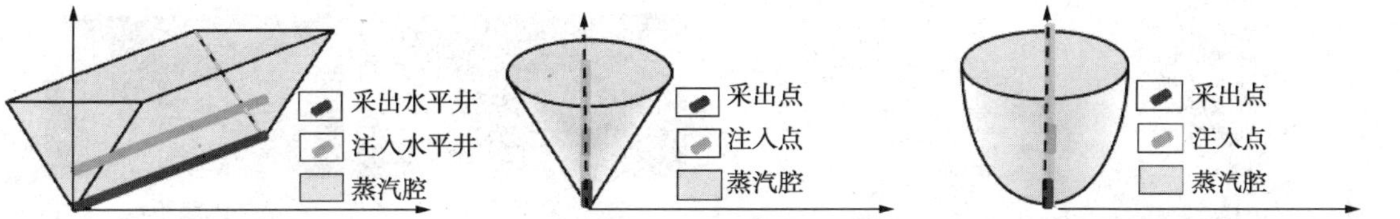

(a)Butler蒸汽腔数学模型 (b)单直井SAGD蒸汽腔数学模型 (c)多介质辅助SAGD蒸汽腔数学模型

图 2 三种蒸汽腔数学模型

对比式(1)、式(2)和式(3)可知,三个产能公式形式相同,相同油藏条件下其值仅与系数相关。如将不同的部分定义为"无因次相似系数",则单直井 SAGD 的无因次相似系数为 0.52,多介质辅助条件下无因次相似系数为 1.05。即单直井 SAGD 的产能为 w 长度 SAGD 井产能的 0.52 倍,多介质辅助后为 w 长度 SAGD 井产能的 1.05 倍。

2 油藏参数对开发效果的影响

根据新疆油田超稠油油藏典型地质特征,采用 CMG 软件建立单井组油藏数值模型。基础模型参数如下:角点网格,网格步长为 1.25m×1.25m×0.75m,平面网格划分为 49×49 个,纵向上分为 20 层。油层厚度 15m,渗透率 3000mD,孔隙度 32%,含油饱和度 72%,50℃下原油黏度 50000mPa·s,原始地层温度 17.4℃,地层压力 1.58MPa。中间设置一口直井,以此机理模型分析油藏参数对单直井 SAGD 开发效果的影响。

2.1 原油黏度

分别模拟了 50℃ 原油黏度 10000mPa·s、30000mPa·s、50000mPa·s、80000mPa·s、100000mPa·s、150000mPa·s 和 200000mPa·s 情形,以瞬时油汽比低于 0.10 为极限。结果表明,黏度越高,相同条件下原油流度越小,汽腔扩展阻力越大,加热油层所需热量更多,累产油和油汽比越低。当 50℃ 脱气原油黏度从 1.0×10^4mPa·s上升到 20.0×10^4mPa·s 时,累产油及采出程度下降 27.9%,油汽比下降 62.1%;即使在 50℃ 原油黏度 20.0×10^4mPa·s 条件下,累积油汽比和采收率也能分别达到 0.11 和 51.5%,可见黏度是次要影响因素,由于持续的蒸汽腔界面换热,原油在操作温度下可始终保持较低黏度和较好的流动性。

2.2 油层厚度

模拟对比了油层有效厚度分别为 5.0m、7.5m、10.0m、12.5m、15.0m、17.5m、20m、25m 时生产效果。结果表明,随有效厚度增加,单井产油量、累积油汽比增加。增加幅度先增大后减小。当油层厚度从 5m 上升到 25m 时,累积产油量从 811t 增大至 15054t,累积油汽比从 0.06 升高至 0.25,采出程度由 18.7% 升高至 69.2%。厚度是重要影响因素,与经典 SAGD 理论相似,厚度越大泄油高度越大,越易发挥重力泄油机理。

2.3 渗透率

模拟对比了渗透率分别为 500mD、1000mD、1500mD、2000mD、2500mD、3000mD 和 3500mD 时生产效果。结果表明,随渗透率增加,单井产油量越高且峰值到来的越早,累积油汽比增加,增加幅度后期减小。当渗透率从 500mD 上升到 3500mD 时,累积油汽比从 0.10 升高至 0.18,采出程度由 46.2%升高至 65.7%。渗透率主要影响峰值期,渗透率越大,蒸汽腔上升扩展越快,从而能较早达到产油峰值。

2.4 含油饱和度

模拟对比了含油饱和度分别为 50%、60%、65%、70%、75%时生产效果。结果表明,随含油饱和度增加,日产油量、累积油汽比增加。增加幅度逐渐变小。当含油饱和度从 50%上升到 75%时,累积产油量从 4216t 增大至 9026t,累积油汽比从 0.11 升高至 0.19。采收率从 46.6% 升高至 66.5%。

2.5 夹层

模拟对比了夹层处于注采射孔点之间,厚度 1m,渗透率 1mD,长度为 10m、20m、30m、40m、50m 时对开发效果的影响。结果表明,当夹层长度增加时,产油量和油汽比持续下降,效果变差。夹层超过 20m 时,泄油通道受到了明显阻挡,夹层越长,初期产量受限时间越长,生产较长时间后蒸汽腔才能跨越夹层发育,夹层上部储量开始动用(见图 3)。由此可知,夹层展布范围不应过大,否则峰值期滞后太多影响生产效果和经济性。

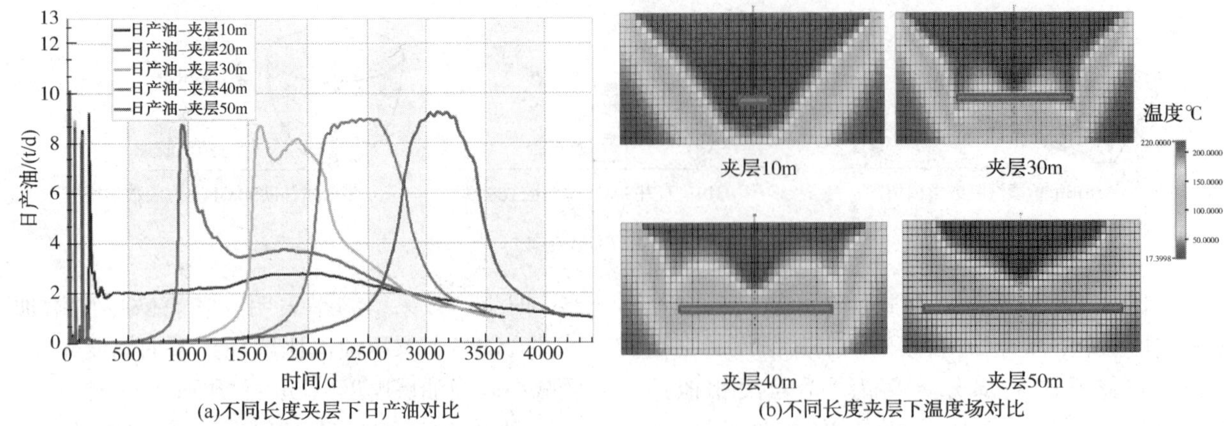

(a)不同长度夹层下日产油对比　　(b)不同长度夹层下温度场对比

图3　不同长度夹层下生产效果对比

2.6　油藏参数影响综合评价

在以上研究基础上，为综合评价油藏参数对开发效果的影响，分别计算了原油黏度、有效厚度、渗透率、含油饱和度与油汽比、累积产油量和采收率之间的灰色关联系数(见图4)。结果显示，按油藏参数对生产效果综合影响力排序为：有效厚度>含油饱和度>渗透率>原油黏度。相对而言，有效厚度对累产油影响较大；渗透率、含油饱和度对采收率影响较大；原油黏度对油汽比影响较大。

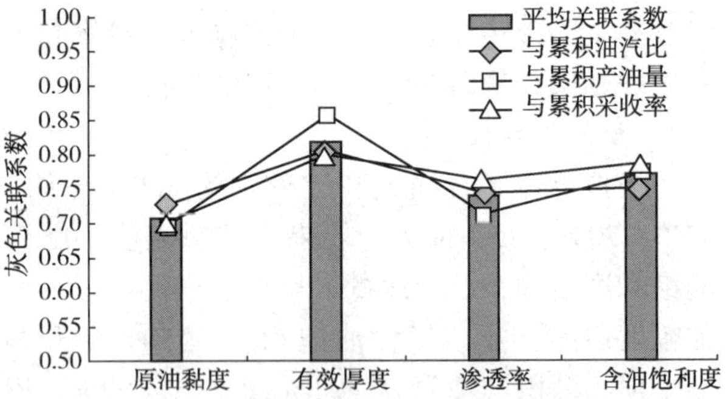

图4　不同油藏参数灰色关联系数

3　油藏工程关键参数优化研究

3.1　数值模型建立

综合考虑油藏参数影响，选取新疆油田重32井区齐古组油藏为典型油藏。该油藏连续油层厚度30.2～39.5m，平均35.7m；孔隙度29.1%～32.5%，平均30.9%；渗透率1371～3164mD，平均2042mD；含油饱和度73.1%～77.6%，平均75.3%；夹层厚度0.5～2m，平均个数3个，适宜采用单井SAGD技术开发。在地质模型基础上，建立单井非均质数值模型：50m井距，平面网格步长为1.7m×1.7m，纵向上网格步长为1.0～1.3m，中间设置直井。网格设置为30×32×25个，平均渗透率2042mD，平均含油饱和度75.3%，平均孔隙度30.9%，原始地层压力2.0MPa，地层温度20℃，50℃原油黏度20000mPa·s。

以此模型为基础，对井的射孔参数、注采参数及操作策略进行优化。

3.2　射孔参数优化

3.2.1　注汽点垂向位置

在注采点间预留5m不射孔、其余油层段全部射开的条件下，模拟了注汽点底端距离油层顶部18m、20m、22m、24m时的生产效果。

结果表明，注汽点越靠下，动用储量越多，采收率越高，油汽比越高。但当距离顶部超过22m时(底部泄流段小于3.8m)，泄油量大而通道过短，初期采油速度会受到明显影响。注汽点距离顶部22m为宜，实际可根据油层厚度大小按照注采段长度比例优化，注汽点距离油层顶部与泄油段长度之比不大于5.8。

3.2.2　注采射孔点之间的距离

注采射孔点之间的距离是分隔器位置，也是预留非射孔段，防止初期供液不足情况下管外压差过大造成汽窜。模拟了注采射孔点之间的距离为3m、4m、5m、6m的生产效果。结果表明，随距离增加，油汽比及采收率均有所提高，但增幅不大。油层较厚时，注采射孔点之间的距离5～6m为宜，油层较薄时，3～4m即可。

3.2.3　注汽射孔段长度

模拟对比了4m、8m、12m、16m、20m注汽射孔段的生产效果。结果显示，注汽射孔段从

4m 增加到 12m 时，效果逐渐变好，但增加幅度逐渐减小。当增加到 16m 时，效果突然变差，从温度分布来看，是射孔段刚好处在低渗透段中导致效果变差，当增加到 20m，几乎是全井段射孔，效果重新变好。考虑蒸汽超覆特点，注汽射孔段 8m 为宜(见图 5)，且应避射差油层段。

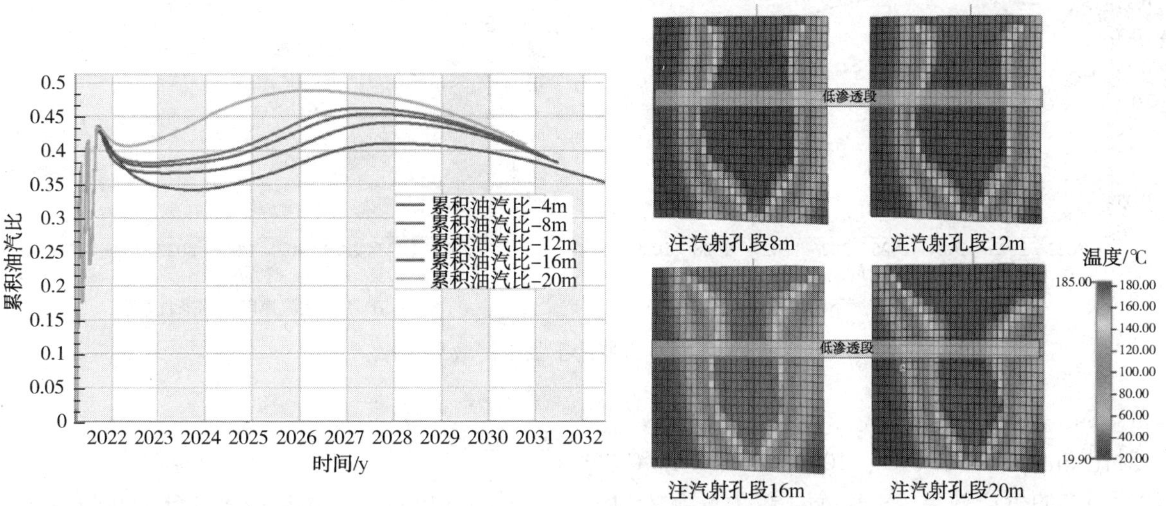

(a)不同射孔长度下累积油汽比对比 (b)不同射孔长度下同时刻温度对比

图 5 不同注汽射孔段长度下生产效果对比

3.3 转 SAGD 时机

单直井 SAGD 的启动方式为吞吐，因此对吞吐转 SAGD 的时机进行优化，分别模拟了 2 轮、4 轮、6 轮、8 轮转 SAGD 的生产效果。结果显示，随着吞吐轮次的增加，初期日产油峰值、累积油汽比逐渐升高。但 3 轮后开始降低，表明初期地层能量充足，吞吐启动阶段能够快速采油，形成近井地带的热场，随能量消耗，效果逐渐变差，此时应适时转入 SAGD，建立稳定泄油机制。考虑试验区为 50m 的小井距，为避免过度预热，形成邻区窜扰，初期启动吞吐 2~4 轮次即可具备连续泄油条件。

3.4 注采参数优化

3.4.1 注汽压力

压力越低，温度越低，加热油藏基质所需的能量也较低，因此油汽比较高。但低压操作下有可能导致注汽能力低，采油速度低，经济效益变差。表 2 为注汽压力 2.5MPa、3.0MPa、3.5MPa、4.0MPa、4.5MPa 时的生产效果对比。结果显示，随注汽压力的增大，生产周期缩短，采油速度升高，但油汽比有所降低。综合考虑蒸汽潜热利用和开发效果，注汽压力 2.5~3.0MPa 为宜。

表 2 不同注汽压力下的生产效果对比表

注汽压力/MPa	生产时间/d	注汽量/t	产油量/t	油气比/f	采收率/%
2.5	3289	40935	15481	0.38	74.3
3.0	3053	42871	15414	0.36	73.6
3.5	2847	44335	15297	0.34	73.4
4.0	2734	43549	15177	0.33	72.8
4.5	2697	47535	15062	0.32	72.2

3.4.2 注汽速度

对比注汽速度 5t/d、10t/d、15t/d、20t/d、25t/d 时的生产效果。当注汽速度大于 10t/d 时，油汽比最大，采收率最高(见图 6)。但考虑到低速注汽下无法保障井下蒸汽干度，在建立正常生产液面后，应尽量提高注汽速度至 10~15t/d。现场条件满足的情况下，也可采取间歇式大汽量注入(60t/d)，以保障蒸汽干度及降低井筒热损失，注入时控制产出和液面。

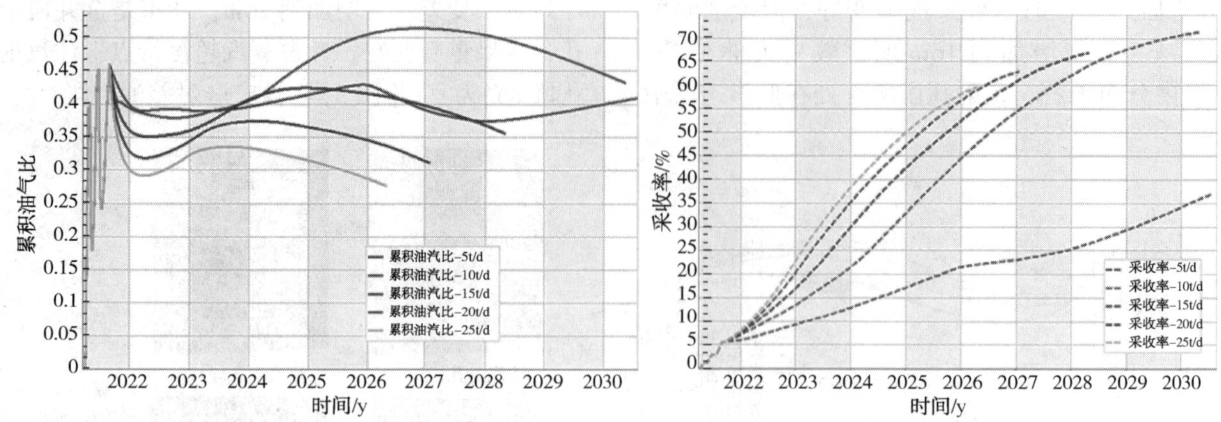

(a)不同注汽速度下的累积油汽比图　　(b)不同注汽速度下的采收率图

图6　不同注汽速度下的生产效果对比

3.4.3　Sub-cool

对比 Sub-cool 在 5℃、10℃、15℃、20℃、30℃、40℃的生产效果。Sub-cool 越大，泵入口上方的液面越高，越便于控制蒸汽突破；但高 Sub-cool 容易导致注汽段被淹，蒸汽腔扩展受限。从生产控制和蒸汽的热利用效率考虑，单直井 SAGD 的 Sub-cool 控制以 5~15℃为宜，保证带液面生产。在实际操作中，如具备加深泵挂条件，可考虑提高 Sub-cool 控制界限，泵深增加 10m，Sub-cool 约增加 10℃。

3.4.4　采注比

对比采注比 1.0、1.1、1.2、1.3、1.4 时的生产效果。当采注比小于 1.2 时，其蒸汽腔得不到有效扩展，注汽段被大量的液体淹没，降低了热利用率，油汽比随之降低；当采注比大于 1.2 时蒸汽腔得到了较好的扩展，但继续增大采注比易引发汽窜，控制难度增大，建议采注比控制在 1.2 左右为最佳，操作核心是控制注采平衡。

4　应用示例

采用优化后的参数对研究区单井进行开发指标预测，试验井可连续生产 14 年，累积产油 8514t，累积注汽 4.60×10^4t，平均日产油 2.1t/d，油汽比 0.18、采出程度 40.98%。经济评价结果显示，按结算油价 45 美元/桶评价，当项目总投资为 30 万~100 万元时(主要为完井费用)，项目税后内部收益率为 44.1%~13.6%；在阶梯油价下，当项目总投资为 30 万~100 万元时，项目税后内部收益率为 74.9%~36.1%，项目抗风险能力强且经济有效。

5　结论

(1) 单直井 SAGD 技术相比常规吞吐方式具有稳定供能、持续泄油的特点，技术适应性较强，尤其对于黏度过高、油层展布有限、采用现有吞吐和 SAGD 方式无法有效动用的油藏，在技术和生产管理上都有独特的优势。

(2) 灰色关联系数计算结果显示，对于单直井 SAGD 技术，油藏参数对生产效果影响力排序为：有效厚度>含油饱和度>渗透率>原油黏度。有效厚度对累产油影响较大；渗透率、含油饱和度对采收率影响较大；原油黏度对油汽比影响较大。

(3) 单直井 SAGD 技术对于超稠油油藏开发技术经济可行。新疆油田重 32 井区齐古组油藏条件下，注汽点距离油层顶部与泄油段长度之比应不大于 5.8，注采射孔点之间的距离 5~6m，注汽射孔段 8m，吞吐 2~4 轮即可转 SAGD 生产，经济有效且抗风险能力强。

参　考　文　献

[1] 赵庆辉，张鸿，杨兴超，等. 深层超稠油油藏蒸汽吞吐后转汽驱实验研究[J]. 西南石油大学学报(自然科学版)，2021，43(03)：146-154.

[2] 马德胜，郭嘉，李秀峦，等. 浅薄层超稠油油藏蒸汽吞吐后开发方式实验[J]. 新疆石油地质，2013，34(04)：458-461.

[3] 袁士宝，蒋海岩，王丽，等. 稠油油藏蒸汽吞吐后转火烧油层适应性研究[J]. 新疆石油地质，2013，34(03)：303-306.

[4] 刘卫东，张洪，都炳锋，等. 非均质储层内夹层对 SAGD 开发的影响及技术对策[J]. 石油钻采工艺，

2020，42(02)：236-241.

[5] 桑林翔，张家豪，宁朦，等. SAGD 水平段动用程度判断方法及动用模式分析[J]. 油气地质与采收率，2020，27(06)：136-142.

[6] 杨智，孟祥兵，吴永彬，等. 风城浅层超稠油油藏双水平井 SAGD 关键技术及发展方向[J]. 特种油气藏，2021，28(01)：92-97.

[7] 王青，张洪，罗池辉，等. 基于生产井监测温度的 SAGD 蒸汽腔定量描述解析模型[J]. 石油钻采工艺，2021，43(02)：254-258.

[8] K. A Miller，Y. Xiao. Lloydminster，SasKatchewan Vertical Well SAGD Field Test Results[J]. JCPT，2010，49(11)，22-29.

[9] 钱根宝，马德胜，任香，等. 双水平井蒸汽辅助重力泄油生产井控制机理与应用[J]. 新疆石油地质，2011(02)：147-149.

[10] 赵睿，王延杰，杨智，等. 用于蒸汽驱采油的直井及稠油的开采方法[P]. 北京：CN106468163B，2020-04-10.

[11] 张运军，沈德煌，高永荣，等. 二氧化碳气体辅助 SAGD 物理模拟实验[J]. 石油学报，2014，35(06)：1147-1152.

[12] 张小波，郑学男，郇德军，等. SAGD 添加非凝析气技术研究[J]. 西南石油大学学报(自然科学版)，2010，32(02)：113-117，204.

[13] 钟立国，姜瑜，林辉，等. 海上深层特稠油多元热流体辅助重力泄油可行性室内研究[J]. 油气地质与采收率，2015，22(05)：79-83.

[14] BUTLER R M. Thermal recovery of oil and bitumen[M]. New Jersey：Prentice Hall，1991.

[15] 李苒，陈掌星，吴克柳，等. 特超稠油 SAGD 高效开发技术研究综述[J]. 中国科学：技术科学，2020，50(06)：729-741.

[16] 王秀宇，崔雨樵，郝俊兰，等. 基于灰色关联的压裂液渗吸主控因素分析[J]. 科学技术与工程，2019，19(03)：90-94.

浅层超稠油直井水平井组合重力泄油动态调控技术研究及应用

黄　纯　赵长虹　吕柏林　卢迎波　马　鹏　陈　超　洪　锋　宋翔健

(中国石油新疆油田分公司)

摘　要　针对浅层超稠油直井-水平井组合重力泄油开发面临的蒸汽易突进、井组提液难及蒸汽腔发育不均衡等问题，利用数值解析方法，得出直平组合重力泄油产能公式，明确增加泄油井点、提升泄油高度是提高井组产能的关键。采用数值模拟技术，明确重力泄油合理井下 Sub-cool 在 10~20℃。现场通过增加注汽井完善注采井网，增加蒸汽腔压力提升井组产液，加之以相态调控为核心，根据 Sub-cool 大小实施提汽增压、控液稳面等调控政策，促使井组产能发挥最大，井组日产油提高至 14t/d，油汽比提高至 0.2 左右，水平段动用有单峰型向台型转变，动用程度提高至 85%以上，成为国内浅层超稠油油藏首批直井-水平井组合重力泄油开发的先例。

关键词　直井-水平井；浅层超稠油；蒸汽腔；重力泄油；动态调控

风城油田重 32 井区侏罗系齐古组超稠油油藏位于准噶尔盆地西北缘，底部构造形态为一向东南缓倾的单斜，地层倾角约 3°~9°。油藏埋深 150~235m，属辫状河流相沉积，发育 J_3q_{22-1} + J_3q_{22-2}、J_3q_{22-3}和 J_3q^3三套油层，各套油层间的隔层 10~15m，且发育稳定，可分别作为一套开发层系；油层岩性均以中砂岩、细砂岩为主，胶结程度疏松，储集空间为原生粒间孔。油层平均厚度 13.2m，孔隙度 30.6%，渗透率 1627 × $10^{-3}\mu m^2$，含油饱和度 71%；属高孔、高渗、高饱和度的浅层超稠油构造岩性油藏。油藏原始地层温度为 17℃，原始地层压力为 2.3MPa，压力系数 0.987，50℃时原油黏度 15839mPa·s，黏温反映敏感，温度上升至 80℃时，原油黏度降至 1000mPa·s。2008 年采用蒸汽吞吐开发，但随着吞吐轮次上升，开发效果日益变差，2013 年利用直平组合井网开展浅层超稠油重力泄油开发试验，进一步提高采收率。试验区共部署油井 36 口，其中水平井 8 口(水平段长度 280m)，直井 28 口，形成 8 个井组，直井与直井间距 70m，直井与水平井间距 50m，油藏平均埋深 190m，油层厚度 15.3m，孔隙度 32.2%，渗透率 2618mD，原始含油饱和度 75%，50℃地面脱气原油黏度 15000mPa·s，动用地质储量 76.4×10^4t。试验采用单点交叉轮换式注汽，注汽速度 70t/d，注汽周期 60 天，剩余直井和水平井采油，开发初期产油水平由 74t/d 上升至 138t/d，油汽比由 0.13 提升至 0.24，随后井间汽窜逐步加剧，产油水平快速下降至 55t/d，油汽比仅 0.14，蒸汽腔扩展速度缓慢，规模较小，且形态呈“孤岛状”，开发效果不理想。

1　开发原理

浅层超稠油通常为蒸汽吞吐开发，油井动用半径较小，采收率为 20%~25%，大量井间剩余油无法开采。直井水平井组合重力泄油开发是浅层超稠油蒸汽吞吐后期的接替开发方式，能有效动用井间剩余油，提高采收率。

直井水平井井网组合下，直井作为注汽井持续向油藏内注入蒸汽，蒸汽超覆在油层上部形成蒸汽腔，受蒸汽驱动力和重力势能的作用，井间热原油渗流至生产水平井采出。重力泄油开发根据蒸汽腔发育情况分为三个阶段，初期为蒸汽腔形成阶段，直井持续注汽，蒸汽逐渐充斥吞吐动用区域形成蒸汽腔，由于蒸汽超覆作用，蒸汽腔沿油层顶部向水平井推进，井间原油被驱替至水平井采出，蒸汽腔前缘形态呈“S”形，直至与水平井形成汽腔连通，此阶段蒸汽驱动力起主要作用，生产表现为产油先升后降，含水先降后升，采出程度 3%；中期为蒸汽腔横向扩展阶段，当直井与水平井产生连通后，水平井作为泄压点，对蒸汽具有牵引作用，蒸汽腔沿水平段方向扩展融合，在水平井上方形成“倒三角形”蒸汽腔，形成相对稳定的泄油界面和泄油沟槽，气液界面的可动原油在重力作用下流至水平井采出，此阶段蒸汽驱动力逐渐减弱，重力起主要作用，生产表现为产油、含水相对稳定，采出程度15%；后期为蒸汽腔下降阶段，当井间原油不断被采出，蒸汽腔逐渐下降，泄油坡面逐渐减小，直至重力作用消失，生产表现为产油下降，含水上升，采出程度7%(见图1)。

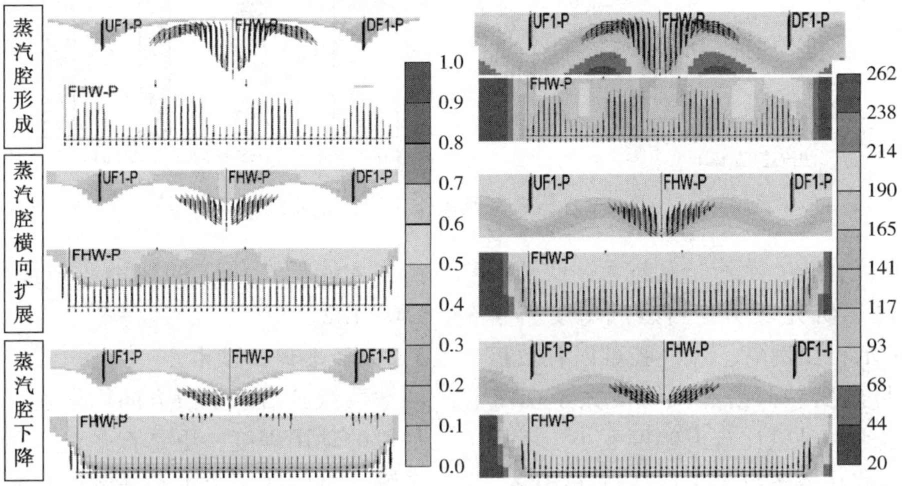

图1　直井-水平井重力泄油各开发阶段蒸汽腔、温度场变化示意图

2　影响产能因素分析

利用数学解析，根据达西公式和物质平衡方程，推导出直平组合重力泄油产能公式：

$$q = 2\beta(a-c)\sum_{i=1}^{n}\psi_1\sqrt{\frac{2K\rho g\alpha\phi\Delta S_0 h}{3m\mu_0}} = 25\text{t} \quad (1)$$

式中，a为直井到水平井距离，m；c为实际的蒸汽腔顶部平缓区域半径，m；n为泄油井点数；h为泄油高度，m；q为原油的体积流量，m/s；K为油藏渗透率，mD；μ_0为汽腔温度下原油黏度，mPa·s；ρ为原油密度，kg/m；α为油藏热扩散系数，m^2/d；ψ_i为直井控制水平段对应的角度，(°)；m为黏度指数；ΔS_0为原始含油饱和度与蒸汽腔内残余油饱和度之差,%。

根据公式，重力泄油产能与渗透率、含油饱和度、原油黏度等油藏静态数据有关外，泄油井点数和泄油高度这两个动态因素直接影响产能大小。泄油井数越多，蒸汽腔沿水平段方向发育点越多，整体泄油量越多，水平段动用程度越高，泄油效率越高；泄油高度越高，重力势能作用越大，泄油面与蒸汽腔接触面积越大，泄油效率越高。结合试验区地质参数，理论单井组产油可达25t，采收率可达55%。

试验区采用单点轮换注汽，剩余直井生产，在开发初期蒸汽腔形成阶段，能快速驱替井间可动原油，产油水平快速提升，但进入开发中期蒸汽腔扩展阶段时，随着井间可动原油不断驱替采出，注采压差逐渐降低，蒸汽驱动力减弱，驱油效率降低，而单点注汽，仅有一个泄油点，水平段动用不均严重，影响井组产量；并且因剩余生产直井成为泄压点，牵引蒸汽腔，致使注汽直井与生产水平井间蒸汽腔发育缓慢，甚至不发育，直接导致开发中期无法形成有效的重力泄油，仅靠蒸汽驱扫井间连通通道内的边缘油，产油水平逐步下降。

3　调控技术政策

为形成有效的重力泄油，提高井组产能，对制约重力泄油开发的泄油井数和泄油高度开展针对性的注采政策优化和动态技术调控，促使蒸汽腔沿水平段方向均衡扩展融合，提高水平段动用程度，井组达到理论产能。

3.1　注采政策优化

(1)井组注汽速度优化：不同的注汽速度影响蒸汽腔的扩展速度，导致产量降低。注汽速度过大，注采压差大，蒸汽易突破至采液点发生汽窜，蒸汽尚未进行热交换，直接被生产井采出，油汽比降低；注汽速度过小，热损失较大，蒸汽腔扩展缓慢，产油水平降低(见图2)。通过结合现场采油工艺，拟合比对，优化单井组注汽速度为80~100t/d。

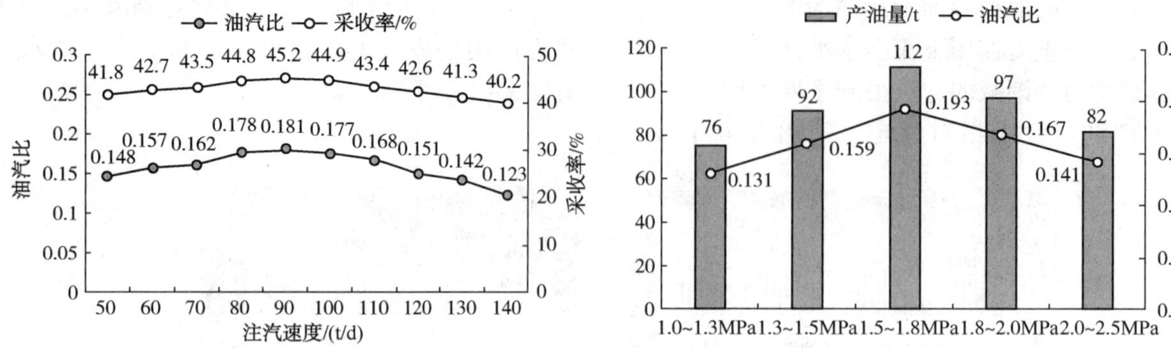

图2　注汽速度及操作压力优化曲线

(2) 蒸汽干度优化：蒸汽干度越大，产油水平和油汽比越高。研究表明，当蒸汽干度小于70%时，蒸汽中水相比例高，蒸汽腔难以有效扩展，开发效果明显变差；当蒸汽干度大于70%时，井组产油水平和油汽比提升幅度变小。考虑到经济效益，因此注入蒸汽干度应保持在70%。

(3) 蒸汽腔操作压力优化：重力泄油不同开发阶段对应的蒸汽腔操作压力不尽相同，为确定蒸汽腔横向扩展阶段合理的操作压力，分别模拟了1.0~1.3MPa、1.3~1.5MPa、1.5~1.8MPa、1.8~2.0MPa、2.0~2.5MPa操作压力下开发效果。结果表明，在蒸汽腔横向扩展阶段，较高的操作压力对应的注汽量增加，但产油量上升有限，油汽比下降；较低的操作压力，产油量和油汽比均有所下降。因此合理的操作压力在1.5~1.8MPa。

(4) 采注比优化：重力泄油生产过程中，生产井排液速度应与泄油速度相匹配。排液速度过高，易发生汽窜，排液速度过低，降低蒸汽腔扩展速度，影响产油量。以泄定采，维持注采平衡，才能保持稳定的泄油，则最优的采注比为1.0~1.2。

3.2 动态调控技术

蒸汽腔沿水平段方向均衡发育直接关系到水平段的动用程度，更是直平组合重力泄油开发的关键。试验区每个水平井两边有8个直井，在蒸汽腔平面调整上较为灵活，可通过多个井点注汽提高水平段动用。单点轮换式注汽，单井组泄油井点为2个，水平井水平段上方的蒸汽腔仅泄油井点发育，整体动用程度为58%。为了使蒸汽腔均衡发育，提高水平段动用程度，试验区由单点轮换式注汽优化为直井整体注汽。直井停采转注后，水平井成为唯一泄压点，不仅能快速牵引蒸汽腔，产生井间连通，成为有效泄油井点，并且当所有注汽井与水平井连通后，蒸汽腔会覆盖整个水平段，泄油井点由2个增加至8个，泄油面积增加，大幅度提高水平段动用程度和泄油效率。数值模拟与生产动态结合分析表明，每增加1个有效泄油井点可贡献3t产能。不同注汽井点下含油饱和度分布图见图3。

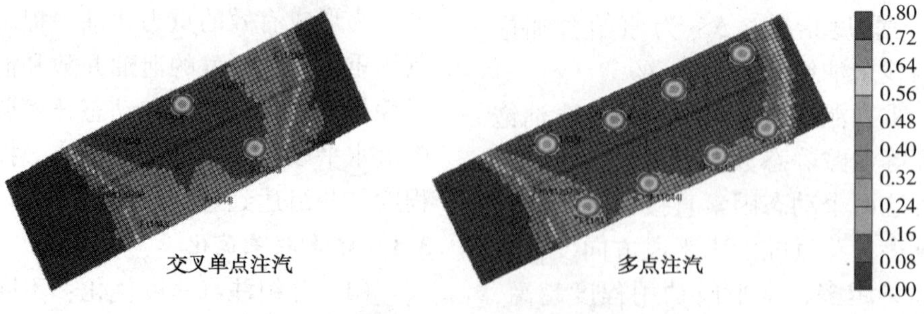

图3　不同注汽井点下含油饱和度分布图

为保证注采平衡，使蒸汽腔均衡扩展，产油量和油汽比最大化，引入Sub-cool值指导重力泄油开发。Sub-cool值是水平井井底流体温度与蒸汽腔压力对应饱和蒸汽温度的差值。其大小表明井底液面的高度，作用是避免井底蒸汽突破和积液过多，影响蒸汽腔扩展。通过数值模拟表明，当Sub-cool大于20℃时，意味着井底汽液界面高，则泄油高度小，重力作用弱，且泄油面与蒸汽腔的接触面小，泄油速率低；当Sub-cool小于10℃时，虽然泄油速率高，但汽液界面临近采液点，蒸汽易突破到采液点，发生汽窜。则Sub-cool为10~20℃为最佳，此时泄油高度大，并且汽液界面在采液点上部0.5~1m处，蒸汽无法突破(见图4)。则严控Sub-cool在10~20℃，是重力泄油开发动态调控的关键。

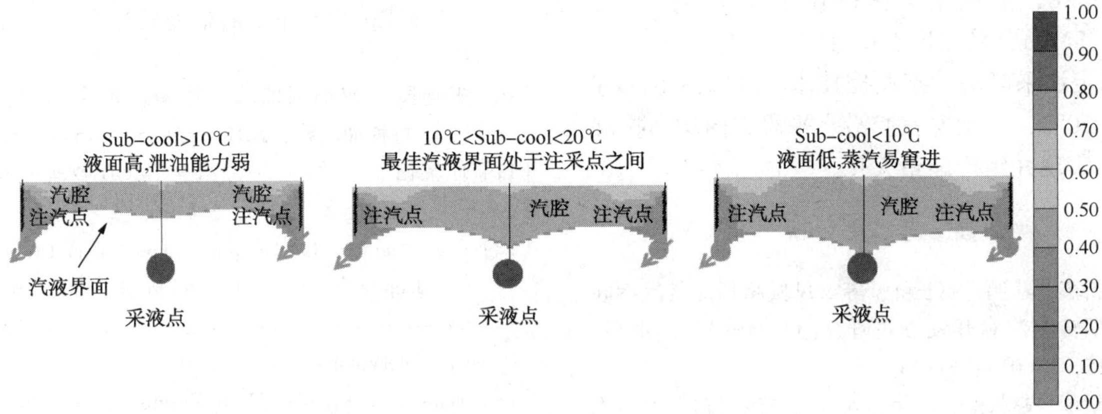

图4　直径水平井组合重力泄油不同Sub-cool对应的汽液界面位置

因此建立以Sub-cool为核心注采联动调控技术，由于在直井与水平井组合的井网下，每个直井注汽井点与水平井都是一个独立的蒸汽腔，当Sub-cool大于20℃时，要降低操作压力对应的注汽井提高注汽速度和操作压力，增大注采压差，推进汽液界面向采液点靠近，同时采油井加大排液量，加速降低汽液界面；当Sub-cool小于10℃时，对应注汽井降低注汽速度和操作压力，减小注采压差，防止蒸汽突破液面窜入采液点，同时采油井减小排液量或进行控关，在采液点上方持续续液，提高汽液界面；当Sub-cool在10~20℃时，保持注采参数，实现产油能力最大化(见表1)。

表1　不同Sub-cool条件下对应调控策略

Sub-cool	调控对策	方法	
		注汽井	采油井
小于10℃	降低操作压力	提高注汽速度	降低排液量/焖井续液
10~20℃	稳定操作压力	保持注汽参数	保持生产参数
大于20℃	提高操作压力	降低注汽速度	提高排液量

4　应用效果

风城油田作业区自2020年开展直平组合重力泄油开发调控技术研究，对重力泄油开发模式有了更深入的了解和重新认识，调控技术政策有效指导了试验区开发调整。通过该技术的应用，试验区蒸汽腔规模逐渐扩大，且由"孤岛状"向整体连片发育，水平段动用由单峰型向平台型转变，动用程度由58%提高至85%以上，单井组产油水平由6.8t提升至14.0t，油汽比由0.14提升至0.21，效果显著(见图5)，成为国内浅层超稠油油藏首批直井-水平井组合重力泄油开发的先例，同时为浅层超稠油重力泄油开发提供了强有力的技术支撑。

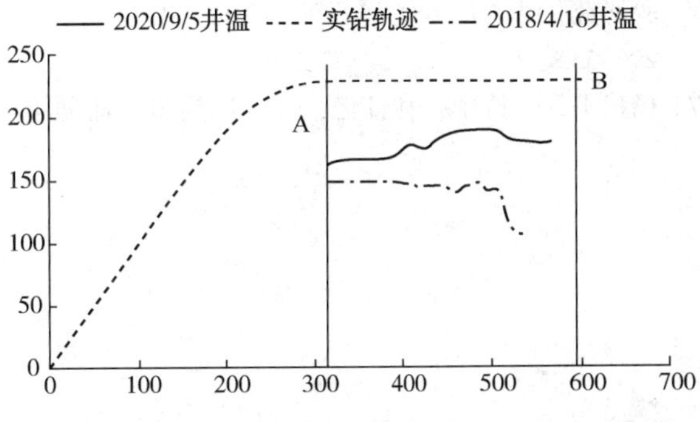

图5　FHW12080调控前后水平井井温测试对比图

5　结论

(1)重力泄油开发根据蒸汽腔发育规律可分为三个开发阶段：初期为蒸汽腔形成阶段；中期为蒸汽腔横向扩展阶段；后期为蒸汽腔下降阶段。

(2)单点轮换式注汽时，蒸汽腔横向扩展速度缓慢，无法形成有效重力泄油，且水平段动用程度低。

(3) 重力泄油开发模式的关键影响因素为泄油井点数和泄油高度。

(4) 明确了直井水平井组合浅层超稠油重力泄油注采政策为直井整体转注，井组注汽速度80~100t/d，蒸汽干度保持在70%，操作压力1.5~1.8MPa，采注比1.0~1.2；同时围绕Sub-cool制定注采联动动态调控技术，严控Sub-cool在10~20℃，促使蒸汽腔沿水平段方向均衡扩展发育，实现井组产能最大化。

参 考 文 献

[1] 孙新革，马鸿，赵长虹，等．风城超稠油蒸汽吞吐后期转蒸汽驱开发方式研究[J]．新疆石油地质，2015，36(01)：61-64.

[2] 孙新革，赵长虹，熊伟，等．风城浅层超稠油蒸汽吞吐后期提高采收率技术[J]．特种油气藏，2018，25(03)：72-76，81.

[3] 巴忠臣，张元，赵长虹，等．超稠油直井水平井组合蒸汽驱参数优化[J]．特种油气藏，2017，24(01)：133-137.

[4] 钱根葆，孙新革，赵长虹，等．驱泄复合开采技术在风城超稠油油藏中的应用[J]．新疆石油地质，2015，36(06)：733-737.

[5] 王宏远，杨立强．辽河油田蒸汽辅助重力泄油开发实践[J]．特种油气藏，2020，27(06)：20-29.

[6] 王春生，曹海宇．稠油油藏直平井组合立体开发实验研究[J]．天然气与石油，2017，35(04)：25-29，53.

[7] 杨建平，王诗中，林日亿，等．过热蒸汽辅助重力泄油吞吐预热模拟及方案优化[J]．中国石油大学学报(自然科学版)，2020，44(03)：105-113.

[8] 田明磊，陈小宁，靳尚朴．基于SAGD研究注采参数调整对开发效果的影响[J]．当代化工，2019，48(07)：1591-1594.

[9] 侯国儒．杜84块馆陶组油层SAGD高产井影响因素和调整对策研究[J]．石油地质与工程，2019，33(02)：64-67.

[10] 王连刚．溶剂辅助蒸汽重力泄油室内实验研究[J]．特种油气藏，2018，25(05)：151-155.

[11] 任宝铭．直井-水平井组合SAGD物理模拟研究[J]．中外能源，2018，23(01)：27-31.

[12] Wang Yanwei；Liu Huiqing；Zhou Yuhao. Development of a deep learning-based model for the entire production process of steam-assisted gravity drainage (SAGD) [J]. FuelVolume，287，2021.

[13] Hamidreza Erfani；Abtin Karimi Malekabadi，et al. Experimental and Modelling Study of Gravity Drainage in a Three-Block System [J]. Transport in Porous Media，2020. PP 1-24.

[14] Wang Fei；Yang Zhengda，et al. Convection beyond the Steam Chamber Interface in the Steam-Assisted-Gravity-Drainage Process [J]. ACS OmegaVolume 5，Issue 47. 2020. PP 30478-30487.

[15] WANG Hongyuan，GUO Erpeng. Surveillance of steam assisted gravity drainage in in-depth extra-heavy oil reservoir[C]. SPE190442，2018：59-71.

[16] 卢迎波，胡鹏程，申婷婷，等．电加热辅助蒸汽吞吐提高水平井水平段动用程度的技术[J/OL]．大庆石油地质与开发：1-8.

浅层超稠油 SAGD 汽腔融合阶段调控技术研究

解阳波　于　兵　马小梅　张洋洋　张　康　孙　璐　曹宇超　安　廷

(中国石油新疆油田分公司风城油田作业区)

摘　要　针对浅层超稠油双水平 SAGD 开发中后期汽腔发生融合后导致产油水平下降、含水率上升、开发效益下降问题，通过数模、物模研究，明确了汽腔扩展及连通规律，创新形成“两降一提”即降低 Sub-cool、降低操作压力、提高产液量，“两调一变”即调整注汽模式、调整采液模式、改变采注点的调控技术政策，研究形成以降低热损失，提高驱油效率为目标的非凝析气辅助体系，制定了非凝析气辅助实施参数，最终形成了一套提高 SAGD 汽腔融合阶段开发效果的技术对策。现场实施后，平均单井组产油水平提高 2t，油汽比提高 0.024，采注比提高 0.15，开发效果提升显著。该技术为 SAGD 开发中后期稳产提效提供了保障，也为同类油藏高效开发提供了借鉴。

关键词　SAGD；汽腔融合；操作压力；非凝析气辅助；调控技术

风城油田在国内首创了浅层超稠油双水平井 SAGD 开发新技术，于 2008 年进入现场攻关试验，经过几年探索，取得了 SAGD 技术的成功，2012 年进入工业化推广阶段，目前已成为风城油田超稠油开发的一项主体技术。随 SAGD 开发不断深入，开发时间最长、储层物性最好的超稠油Ⅱ类油藏部分井组出现汽腔连通现象，表明开发进入汽腔融合新阶段。汽腔融合是 SAGD 井组蒸汽腔发育到顶后，沿横向扩展到油层顶部两侧边界时与邻井汽腔连通融合，一般投产 7~8 年后开始出现融合现象。目前，国内针对双水平井 SAGD 汽腔融合阶段发育规律、调控政策研究尚属空白，急需开展汽腔融合阶段开发技术攻关，为 SAGD 中后期提产增效提供技术支撑。

1　汽腔发育情况

1.1　汽腔描述技术

SAGD 蒸汽腔发育形态和规律对于井组生产调控、实施针对性措施等方面具有重要指导意义，因此需要对蒸汽腔进行精准描述，为增产提效提供技术指导。蒸汽腔的精细描述包括蒸汽腔位置的定位和蒸汽腔发育规模的确定两方面内容，依据热力传导、重力变化等技术指标，形成了井下温度、观察井监测、数值模拟、微地震和时移微重力等多维蒸汽腔监测描述手段，精确监测描述蒸汽腔扩展规律。

1.2　汽腔扩展规律

SAGD 开发是通过上部的注入井将蒸汽连续注入地层，通过蒸汽加热地层以及原油，被加热的原油和蒸汽冷凝水在重力的作用下向下流动到生产井中被采出，蒸汽占据被采出原油的空间，并在地层中逐步扩展形成蒸汽腔，蒸汽腔的扩展过程就是地层中原油与蒸汽发生热交换被采出的过程。因此，蒸汽腔的扩展发育是 SAGD 开发过程中所蕴含机理的一种物理表现形式，通常被用来描述 SAGD 的开发过程。

学者们通过模型分析、数值模拟研究、室内实验以及现场试验等手段就将 SAGD 开发过程根据蒸汽腔的扩展方式，分为循环预热、蒸汽腔垂向上升、蒸汽腔横向扩展和蒸汽腔下降四个阶段，后三个阶段统称为 SAGD 生产阶段(见图 1)。

在实际生产过程中，陆相辫状河多渗流屏障储层下，汽腔扩展具有“屏障抑制、夹角堆积”的扩展规律。井间分布的隔夹层在 SAGD 生产阶段减小了泄油通道面积，使得由汽腔泄下的流体不能迅速通过生产井及时排出，从而影响注汽井上方汽腔的发育，隔夹层越靠近生产井，汽腔发育规模越小，产量高峰值越低，最终采收率也越低；分布于注汽井上方的隔夹层主要影响 SAGD 生产阶段汽腔的垂向上升，阻碍了汽腔正常的垂向发育，迫使蒸汽腔横向扩展绕过隔夹层，从而影响 SAGD 的高峰产量值及其出现的时间，隔夹层距离注汽井越近，受隔夹层阻挡，垂向扩展趋势越弱，距离注汽井越远，蒸汽腔垂向可发育范围越大，汽腔在到达隔夹层时汽腔规模越大(见图 2)。

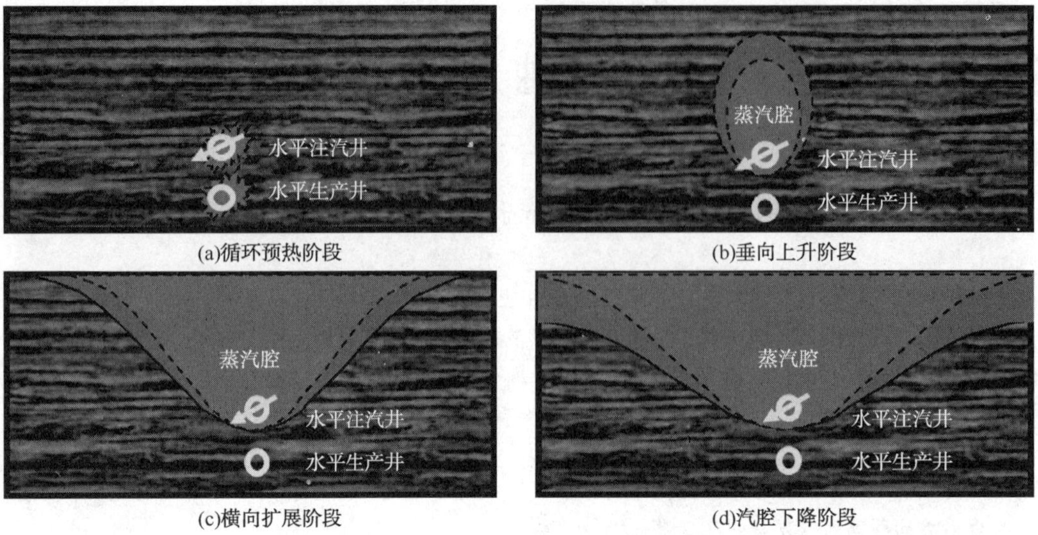

图 1　SAGD 生产过程

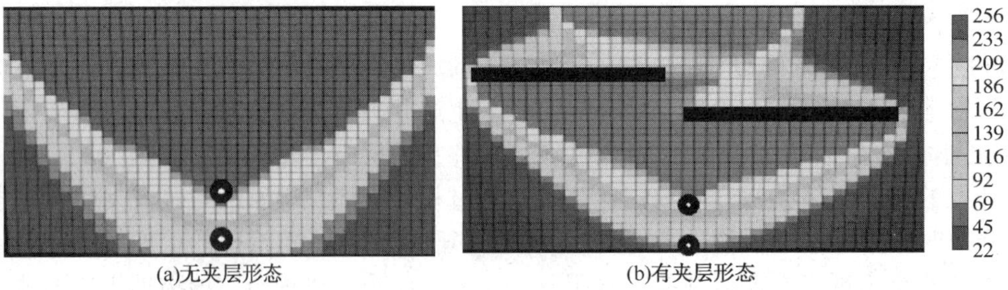

图 2　蒸汽腔发育形态

1.3　汽腔融合规律

汽腔融合发生在 SAGD 蒸汽腔横向扩展后期。在实际生产过程中，蒸汽腔受非均质性、夹层等因素影响，转入 SAGD 生产初期，蒸汽腔呈“串珠状”分布，沿水平段各小蒸汽腔持续垂向向上发育。生产一定时间后，各小汽腔发育到油层顶界，并沿油藏顶部横向扩展，随汽腔横向扩展，各小蒸汽腔逐渐聚合形成一个大蒸汽腔，相邻井对间汽腔开始出现热力、水力连通。当两井组汽腔主体接触融合时，进入汽腔融合阶段。通过数值模拟可以看出，平面上汽腔融合呈现出“由点、及段、到线”规律，可分为“出现连通、牵引勾通、多段融合、完全融合”4 个阶段(见图 3)。

剖面上汽腔融合过程随时间呈现“由点、及段、到线”规律，可划分为热力连通、顶部扩展融合、融合下降 3 个阶段(见图 4)。

1.4　汽腔融合模式

受储层非均质性、隔夹层等因素影响，水平段动用、汽腔发育不均衡，汽腔连通融合的位置不同。根据汽腔融合特点，可将汽腔融合划分为均衡融合、均衡-段融合、段-段融合三种模式(见图 5)。

均衡融合模式的两井组汽腔发育均衡，两井组剖面上均处于顶部扩展融合-融合下降阶段，平面上处于多段-完全融合阶段，两井组液量、压力联动显著，井组汽腔发育较好，在融合后，井组生产更稳定；均衡-段融合模式中一井组汽腔发育均衡，一井组处于汽腔局部发育局部不发育，该类井组汽腔融合后连通部位易受邻井影响，同时融合部位会抑制汽腔发育较差部位发育，井组汽腔内压力不均衡，易产生液量偏流，需找出对应井组综合分析；段-段融合井组中两井组汽腔发育不均衡，仅在汽腔发育好的位置发生融合，该类井组储量动用极不均衡，不连通段的汽腔后期较难发育，在地层倾角或井位高度的影响下，易造成高部位 P 井井底温度高，影响生产。

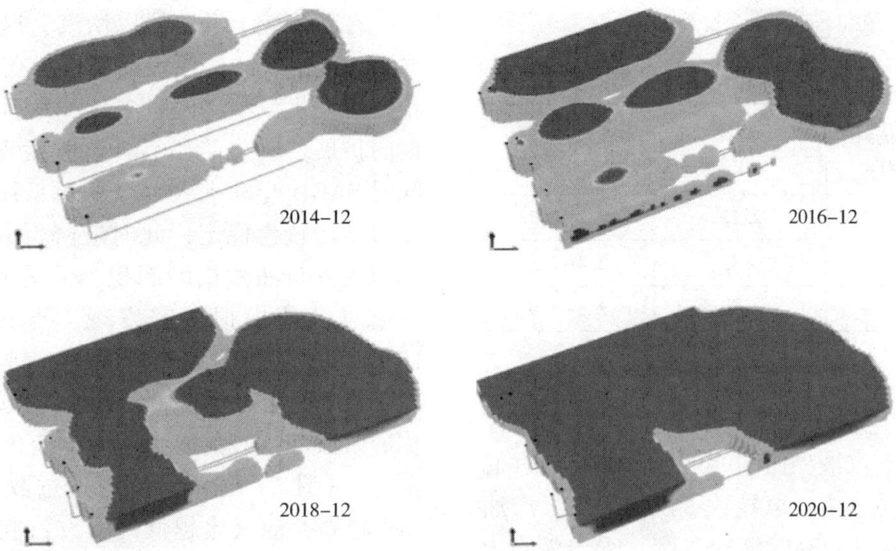

图 3　蒸汽腔平面融合规律

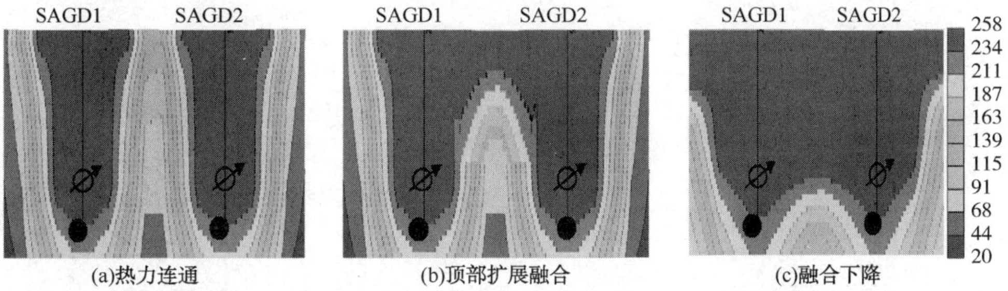

图 4　蒸汽腔剖面融合规律

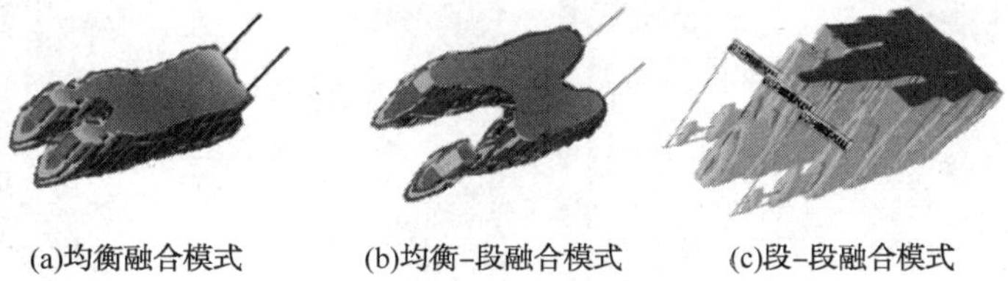

图 5　汽腔融合立体模式示意图

2　调控参数研究

2.1　操作压力优化

操作压力越低，蒸汽热利用率越高，油汽比越高(见图 6)。

刘新光等通过室内物理模拟实验，证实 SAGD 开发过程中存在启动压力梯度现象，并将 SAGD 开发启动压力结果表示为式(1)。为保证蒸汽腔可有效扩展，操作压力需≥地层压力和启动压力之和，当操作压力等于地层压力和启动压力之和时，蒸汽热利用率最高，因此确定最小操作压力为原始地层压力+启动压力。以重 32 井区为例，汽腔融合阶段最佳操作压力为 2.1～2.2MPa(见表 1)。

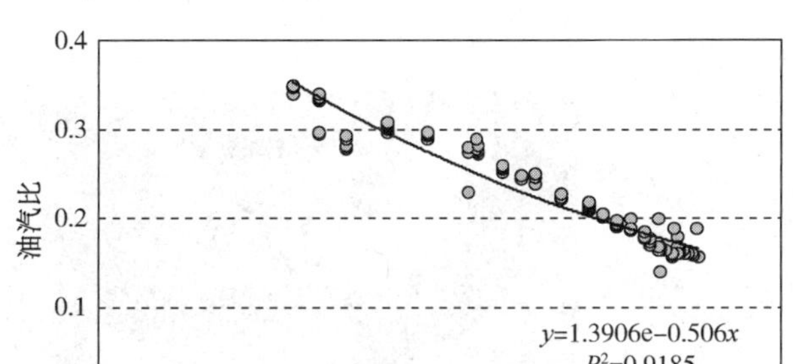

图 6　操作压力与油汽比关系图

$$\lambda = 0.6869\left(\frac{K_a}{\mu}\right)^{-0.595} \tag{1}$$

式中，λ 为启动压力梯度，MPa/m；K_a 为岩心气测渗透率，mD；μ 为某一温度下的原油黏度，

mPa·s。

表1　不同区块操作压力优化表

区块	启动压力/MPa	原始地层压力/MPa	最小操作压力/MPa
重32井区	0.10	2.12	2.1~2.2
重37井区	0.15	2.35	2.4~2.5
重1井区	0.19	2.70	2.8~2.9

2.2　Sub-cool优化

在SAGD生产过程中，井下Sub-cool的控制直接决定井下汽液界面的高度：Sub-cool过低时液面过低，易发生汽窜导致蒸汽被产出，产油量下降；Sub-cool过高时液面过高，采出液在P井上方冷凝导致流度降低产量下降。

在蒸汽腔上升阶段以增汽、提液、提动用为原则，Sub-cool控制较高，保持在20~30℃，防止井底发生汽窜，经过多年开发，井组汽腔进入横向扩展、融合阶段后，汽腔发育规模已较大，同时SAGD开发进入一个相对低压的操作状态，井组生产较为稳定，此时应降低井底Sub-cool，增加蒸汽与油藏接触面积，促进下部汽腔扩展，且通过数值模拟研究发现。当Sub-cool低于15℃时，随蒸汽腔横向扩展，汽腔底角是变化，底部汽腔逐步发育；当Sub-cool较大时，横向扩展阶段蒸汽腔的底角不发生变化，底部汽腔不发育(见图7、图8)。同时通过数模研究，Sub-cool越高，油汽比越低，下方汽腔越不发育(见表2)。因此，优化该阶段Sub-cool为5~15℃。

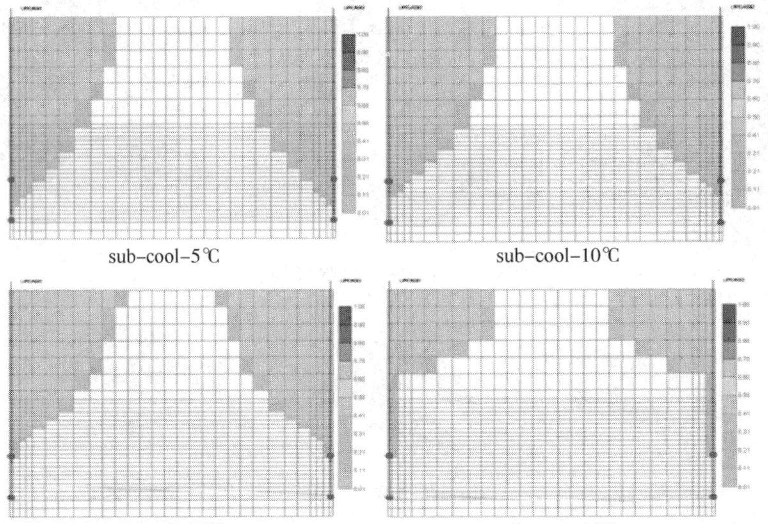

图7　不同Sub-cool条件下蒸汽腔发育规模对比图

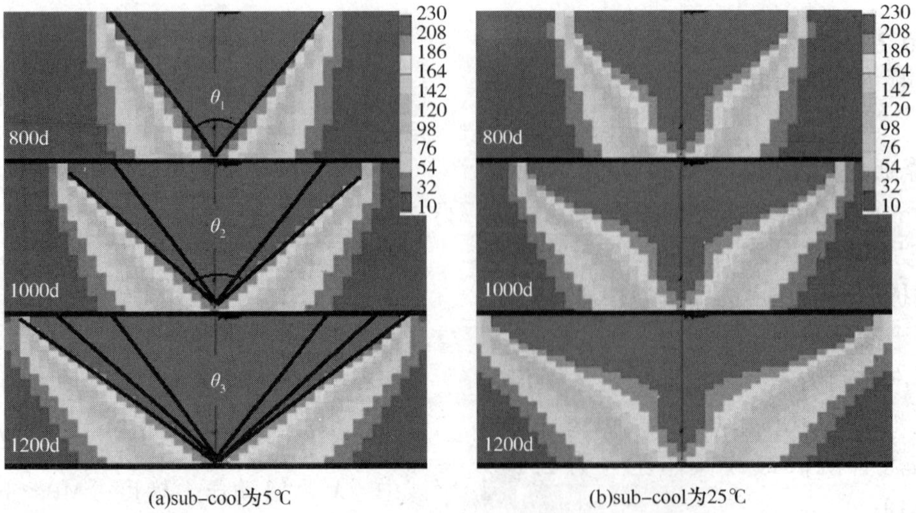

图8　不同时间不同Sub-cool条件下蒸汽腔扩展规模对比图

表 2 不同 Sub-cool 值下 SAGD 累积油汽比

Sub-cool/℃	5	10	15	20	25	30	35	40
累计油汽比	0.395	0.390	0.385	0.380	0.375	0.370	0.345	0.334

2.3 注采政策优化

2.3.1 注采点优化

为建立汽液界面，避开单点突破或汽窜段，同时促进汽腔均衡发育，提高储量动用率，可综合考虑汽腔融合形态、夹层发育情况及管柱结构确定合理的注采点(见图 9、表 3)。

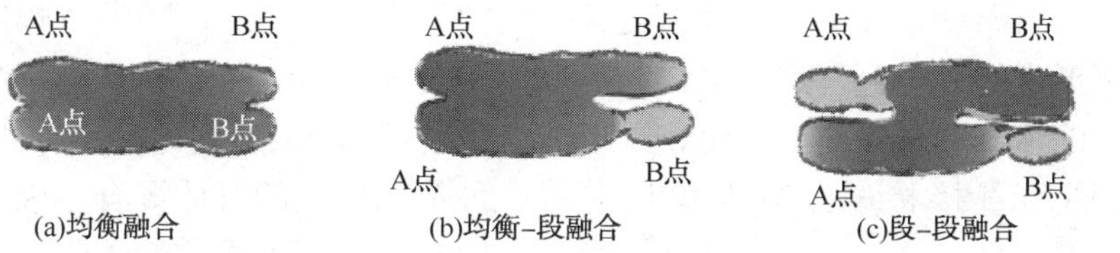

图 9 注采点优化示意图

表 3 不同融合模式注采点优化表

类别	高部位井组汽腔发育	低部位井组汽腔发育	注采点优化	
			高部位井组	低部位井组
均衡融合	均衡发育	均衡发育	AB 点注汽 AB 点采液	AB 点注汽 AB 点采液
前端融合	均衡发育	前段发育 后段不发育	AB 点注汽 AB 点采液	B 点注汽 B 点采液
中间融合	中前段发育	中后段发育	B 点注汽 B 点采液	A 点注汽 A 点采液

2.3.2 注采模式优化

汽腔发生融合后，井间形成热力、水力连通，两井组形成统一压力体系，受地层倾角以及钻井位置不同，井组之间存在高度差，利用高度差及重力泄油规律，可优化高部位井“加强注汽”，低部位井“降汽/停汽”，利用井间压差加速原油驱替，在保障井组生产效果的同时节约蒸汽量；同时为加速原油采出，提高下部井采注比至 1.3，上部井采注比优化为 1.0(见图 10)。

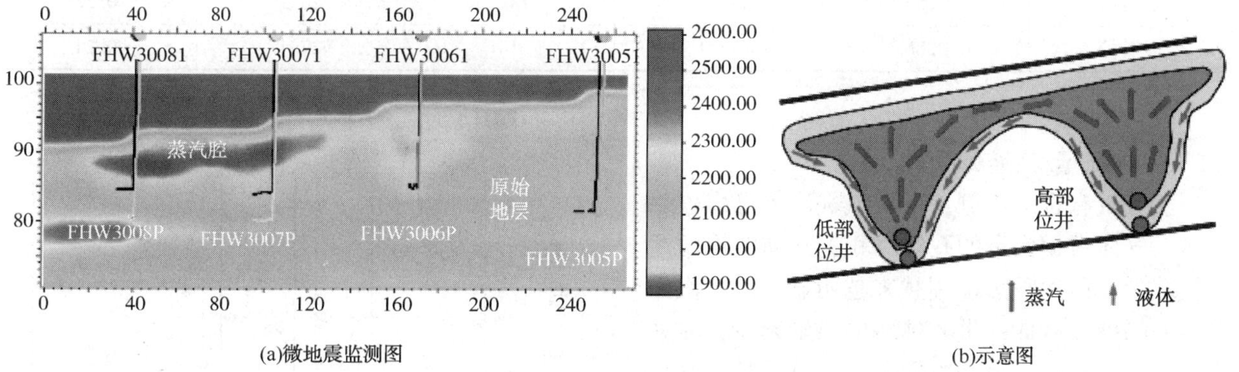

图 10 汽腔融合后蒸汽与泄油路径示意图

3 辅助措施研究

汽腔融合阶段，蒸汽与顶部盖层接触面积大，热损失大，造成含水率上升，热效率下降，同时长时间高温、高压作用下，蒸汽腔上方盖层易形成张裂缝，在蒸汽腔侧翼易形成剪切裂缝，需对盖层进行保护，实现安全开发。经研究，氮气辅助可有效降低热损失，保护盖层。

3.1 措施机理

3.1.1 隔热作用

氮气导热系数低，属于隔热材料的范畴，能够起到很好的隔热作用。通过数模分析得知，氮气分布在蒸汽腔上部，形成隔热层，减少了蒸汽与上覆岩层的传热速度，降低热损失，提高热效率。这是由于一定压力温度条件下，氮气密度轻和蒸汽遇冷凝析而形成的，当氮气进入蒸汽腔后主要分布在蒸汽腔的顶部形成隔热带，阻止了下部蒸汽腔与冷盖层的直接接触，减少盖层热损失。

3.1.2 泄油作用

氮气泄油机理主要是通过增加地层能量、通过与原油混相来提高原油采收率。其作用机理为：(1)注氮气有利于保持地层压力，注入地层后具有一定的弹性势能，其能量释放可起到良好的维持汽腔压力的作用；(2)注入油藏的氮气会优先占据多孔介质中的油孔道，将原来呈束缚状态的原油驱出孔道成为可流动的原油，从而提高泄油效率；(3)非混相驱替作用：氮气、油、水三相形成乳状液，降低了原油的黏度，从而提高了泄油效率。通过数值模拟分析，由于氮气压缩和膨胀性大，在汽腔顶部能有效维持系统压力，占据原油孔隙空间，由重力作用向下驱替原油，提高泄油能力。

3.2 措施参数优化

3.2.1 注入方式

注氮方式主要有两种，一种是氮气随着高温蒸汽连续注入油藏，另一种为氮气采用周期注入方式，一次性注入一段时间后再补充。

(1) 连续式注氮：将氮气与蒸汽按一定比例同步注入到油层内。该方式的优点是蒸汽腔可以维持在较高的温度水平以上，氮气对蒸汽的加热效果影响较小、压力波动幅度小，油井产能特征相对平稳。缺点是在实施过程中，需要时刻控制最佳的氮气/蒸汽比，操作难度较大，同时因两种不同性质的气体混合，极易造成偏流，注氮工艺难度大，可操作性不强。

(2) 周期式注氮：每隔一段时间注入一定体积的氮气段塞。周期式注入的氮气会在顶部形成一个稳定的隔热层，一方面能减缓蒸汽在盖层的热损失，另一方面控制用量也会加速汽腔横向扩展，并且后期可根据蒸汽腔扩展情况补充氮气，能够达到改善开发效果的目的，同时这种方式操作简单、可控性强。其缺点是短时间内对蒸汽腔和产能有影响。

通过数模对比发现，虽然控制好连续式注入比例累积产油量较高，但油汽比较低，而周期注氮在提高日产油量、增加采油速度、提高油汽比及现场操作性上均占有优势，因此注氮方式采用周期式注氮(见表4)。

表4　不同注氮方式及周期产量预测表

氮气注入方式	生产时间/d	注汽量/10^4t	产油量/10^4t	平均日产油/(t/d)	油汽比
连续式	3652	83.8	18.5	26.3	0.22
周期式	3286	74.4	18	27.4	0.24

3.2.2 注氮量/汽腔体积比

注氮量有合适比例，如果氮气注入过多，一方面，气体占据大量的孔隙体积，致使蒸汽的注入量减少，虽然隔热作用越来越明显，但蒸汽作为唯一的携热载体，带入油藏的热量越少，原油流动性就会越低。另一方面，注入过量的氮气会增加蒸汽腔操作压力，导致蒸汽、氮气窜入生产井中，造成采油量和油汽比都降低。根据前期实际注氮效果(见图11)，结合数模研究结果(见表5)，确定注入氮气量与井组蒸汽腔体积比最佳为0.014时，效果最好。

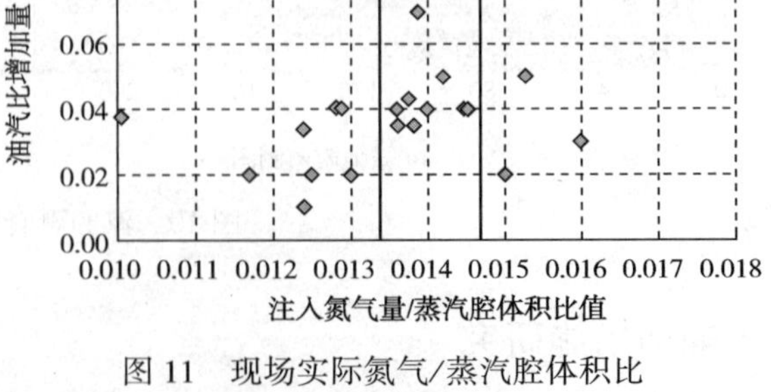

图11　现场实际氮气/蒸汽腔体积比与油汽比增加量关系图

表 5　不同氮气/汽腔比值辅助效果

氮气/汽腔比	0.010	0.012	0.014	0.016	0.018	0.020
累积油汽比	0.284	0.286	0.291	0.288	0.285	0.280

4　实施效果

SAGD 汽腔融合区通过开展优化调整，整体产油水平提高 190t/d，调整后平均单井日增油 2.1 吨，采注比提高 0.15，油汽比提高 0.024，实现了 SAGD 汽腔融合阶段高效开发。

5　结论

(1) 汽腔融合后，受泄油坡度变缓、热散失增大等因素影响，井组开发效果下降；

(2) 汽腔融合过程，在平面上可分为“出现连通、牵引勾通、多段融合、完全融合”4 个阶段，剖面上可分为热力连通、顶部扩展融合、融合下降 3 个阶段；

(3) 汽腔融合阶段通过操作压力优化、sub-cool 优化、注采点优化等工作，可提高井组生产效果；

(4) 氮气辅助具有隔热、保压作用，能够有效降低热损失，保护盖层，提高油汽比。

参 考 文 献

[1] 葛明曦．边顶水超稠油油藏 SAGD 蒸汽腔描述及调控对策[J]．特种油气藏，2021，28(04)：136-141.

[2] 武毅，张丽萍，李晓曼，等．超稠油 SAGD 开发蒸汽腔形成及扩展规律研究[J]．特种油气藏，2007(06)：40-43，97.

[3] 桑林翔，张家豪，宁朦，等．SAGD 水平段动用程度判断方法及动用模式分析[J]．油气地质与采收率，2020，27(06)：136-142.

[4] 王强．油藏监测技术在 SAGD 开发中的应用[J]．特种油气藏 2007(06)：91-94，100.

[5] 王青，张洪，罗池辉，等．基于生产井监测温度的 SAGD 蒸汽腔定量描述解析模型[J]．石油钻采工艺，2021，43(02)：254-258.

[6] 桑林翔，杨果，于兵，等．风城油田重油 SAGD 蒸汽腔微震监测[J]．地球物理学进展，2021，36(01)：237-249.

[7] 陈雄，贾永禄，桑林翔，等．一种确定蒸汽重力采油(SAGD)蒸汽腔前缘发育速度及范围的新方法[J]．油气藏评价与开发，2016，6(01)：36-39，55.

[8] 辛坤烈．四维地震技术在 SAGD 蒸汽腔监测中的应用[J]．石油地球物理勘探，2019，54(04)：882-890，907，726.

[9] 钱根宝，马德胜，任香，等．双水平井蒸汽辅助重力泄油生产井控制机理与应用[J]．新疆石油地质，2011，32(02)：147-149.

[10] 孙新革，何万军，胡筱波，等．超稠油双水平井蒸汽辅助重力泄油不同开采阶段参数优化[J]．新疆石油地质，2012，33(06)：697-699.

[11] 刘新光，郭晓，王盘根，等．油砂蒸汽辅助重力排水开发隔层界限及上部剩余油挖潜方法[J]．科学技术与工程，2021，21(16)：6657-6662.

[12] 周游，鹿腾，武守亚，等．双水平井蒸汽辅助重力泄油蒸汽腔扩展速度计算模型及其应用[J]．石油勘探与开发，2019，46(02)：334-341.

[13] 王博．杜 84 块馆陶油层蒸汽腔调控研究[J]．科学技术创新，2021(31)：71-73.

[14] 舒展，裴海华，张贵才，等．改善蒸汽辅助重力泄油技术研究进展[J]．油田化学，2020，37(01)：185-190.

[15] 张小波，郑学男，郇德军，等．SAGD 添加非凝析气技术研究[J]．西南石油大学学报，2010，32(02)：113-117，204.

[16] 李浩哲，梁琳琳，钱永娟．新型 SAGD 技术在稠油开采中的应用[J]．中外能源，2016，21(09)：52-56.

[17] 栾键，陈军，韩冰，等．杜 84 块兴 I 组超稠油 SAGP 注采参数优化研究[J]．化工管理，2015(34)：210-214.

超稠油 SAGD 开发制约因素及对策研究

杨浩哲　苏长强　孙　滕　姜　丹　张宝真　张洋洋

(中国石油新疆油田分公司)

摘　要　风城油田 SAGD 开发区是国内规模最大的陆相浅层超稠油双水平井蒸汽开发区，是新疆“十四五”稠油稳产的主要接替技术。由于强非均质性和隔夹层多期发育造成资源利用率低、蒸汽热能虚耗，严重制约了 SAGD 高效开发，因此围绕目前开发阶段，构建了 3 类关键技术系列：循环预热期快速见产+高效连通技术、上升期分类调控+多相协同辅助技术、扩展期直平组合井网调整+非凝析气增能技术。平均单井组增油 7.3t/d，节约蒸汽 13t/d，水平段动用程度提升 13%，并培育出百吨双水平井 SAGD 井组，油汽比最高达 0.45。累计增产原油 42.2×10^4t，节约蒸汽 22.5×10^4t，产油量连续 5 年达到百万吨级，单位完全成本控制在 45 美元以内，确保老区 4 年效益稳产，实现了陆相复杂浅层超稠油油藏的高效开发。

关键词　强非均质；SAGD；制约因素；关键技术

我国稠油资源丰富，占石油资源总量 20% 以上，新疆油田浅层环烷基超稠油资源量 6×10^8t，是国家重大工程建设和国防尖端装备制造的战略资源，由于原油黏度高、非均质性严重，常规稠油开发技术无法实现经济有效开发。SAGD 是国际先进超稠油开发方式，单井产量高、开发效益好，要破解新疆浅层超稠油高效开发必须依靠 SAGD 技术。风城油田超稠油油藏属典型的辫状河沉积，由于河道反复分岔合并，受不稳定水流作用，沉积物复杂，粒度变化范围较宽，相比于加拿大 SAGD 开发方式的海相沉积储层具有“薄、散、碎”的特征(见表 1)。

表 1　风城油田与加拿大 SAGD 开发区油藏参数对比表

区块	F 油田		加拿大麦肯河区	加拿大 Dover 区
层位	J_3q_2	J_3q_3	K	K
油层埋深/m	190~287	453	170~200	376
含油饱和度/%	73.3	60.0	80	68
渗透率/mD	2019.25	925.3	2200~8000	4800
孔隙度/%	31.5	28.4	34	33
油层厚度/m	8.5~35.6	8.2~20.2	15~30	20

自 2008 年开展先导试验以来，经过多年对 SAGD 开发技术的探索攻关，目前已实现工业化应用，共实施 256 对井组，动用地质储量超 3.0×10^7t，相比较常规稠油开发取得了较高采收率和较好的经济效益，累计产油 7.58×10^6t，累计产液 41.28×10^6t，平均日产油 2596t。但在开发过程中存在资源利用率低、蒸汽热能虚耗的问题，效益逐渐下降，严重制约了 SAGD 的高效开发。本文围绕 SAGD 开发机理，研究关键影响因素，并形成了一套针对不同阶段的高效开发技术。

1　制约 SAGD 提产提效的主要因素

SAGD 开发的原理是从注汽井注入高干度(干度≥90%)蒸汽，与冷油区接触，释放汽化潜热加热原油。被加热的原油黏度降低，和蒸汽冷凝水一起在重力作用下向下流动，从水平生产井中采出，蒸汽腔在生产过程中持续扩展，占据产出原油空间。根据长期生产规律总结与蒸汽腔发育理论研究，将 SAGD 生产阶段划分为以下 4 个阶段：(1)循环预热阶段(建立注汽、生产井间的水力连通通道)；(2)汽腔上升阶段(产量随着汽腔高度的升高而上升)；(3)汽腔扩展阶段

(蒸汽腔发育至上部盖层并开始横向扩展，产量达到峰值并持续稳产)；(4)汽腔下降阶段(产量下降至经济极限)。

因此，本文围绕不同生产阶段下油层厚度、孔渗饱、隔夹层、水平段动用，操作参数等 15 项数据为基础，以产量变化为评价点，运用机理模型开展敏感性对比分析；确立"渗流屏障(隔夹层、渗透率)、有效动用程度、热利用率、生产制度(Sub-Cool、注汽压力)"为 SAGD 提产提效关键控制因素。

1.1　蒸汽热利用率低增加开发成本

SAGD 循环预热阶段主要采用注蒸汽井间循环方式，但该方法加热油层后，原油的降黏速率变化缓慢，循环预热时间随着高黏、高压、低渗影响而延长。由于开发储层条件逐渐变差，整个循环预热周期平均单井组用时长达 300 天以上，平均蒸汽消耗量 4.0×10^4t 以上，平均油汽比仅为 0.05。而在上升阶段末期，蒸汽腔发育至盖层后，与低渗岩层进行热交换，导致热蒸汽冷凝成水，热损失增加 10%～40%，导致油汽比下降，含水上升，进入蒸汽腔扩展阶段后，随着接触面积增大，热损失也逐步增大，且持续至开发末期。由此可见，蒸汽热能在 SAGD 开发全周期中消耗大，效率低，严重影响 SAGD 的整体开发效益。

1.2　隔夹层阻碍蒸汽腔发育

以隔夹层特征影响，蒸汽腔发育程度为判断指标，结合区块平均日产液量进行二元回归。建立了全区 SAGD 井组日产液量和有效动用程度与渗透率的关系式：

$$y=-8.75261+117.4694x_1-0.0016x_2$$
(相关系数为 0.78)　　(1)

回归发现：隔夹层的渗透率越低影响越大呈反曲线关系，发育长度越长影响越大呈正比关系，离生产井越近影响越大呈反比关系，并当渗透率<100mD，夹层宽度>100m 时，蒸汽腔难以快速发育。以影响蒸汽腔发育程度为拐点，建立隔夹层对生产的影响评价指标：渗透率<100mD、宽度>100m、距注汽井<5m 时，严重阻碍蒸汽向上扩散，蒸汽以横向扩展为主，此时油汽比<0.15，开发效益极差；渗透率 100～500mD、宽度 100～30m、距注汽井 10～5m 时，部分蒸汽可穿过隔夹层向上扩散，此时油汽比 0.15～0.20，效益中等；渗透率大于 500mD、宽度<30m、距注汽井>10m 时，基本不影响蒸汽腔发育，此时油汽比>0.20，效益好。此外，井间夹层影响大于注汽井上方夹层，且长度每扩展 10m，产油高峰将推迟半年以上。通过统计，全区 115 井组存在注汽井上方夹层，47 井组存在井间夹层，占比 56%，严重影响 SAGD 蒸汽腔发育。

1.3　水平段有效动用长度影响泄油能力

转 SAGD 生产后，水平段有效动用程度的高低，决定了泄油通道的能力，泄油能力越低剩余油分布程度越高，严重影响井组生产水平及阶段采出程度，是控制井组生产效果显著因素。由模拟产油水平拟合曲线可以看出，有效动用长度越长，动用程度越高，产油水平越高。结合现场实际得出，动用段长度在 120～200m，动用程度在 30%～65%，产油水平 5～10t/d；动用段长度在 200～350m，动用程度在 50%～85%，产油水平 10～20t/d；动用长度大于 350m，动用程度在 75%～100%，产油水平 20t/d 以上(见图 1)。

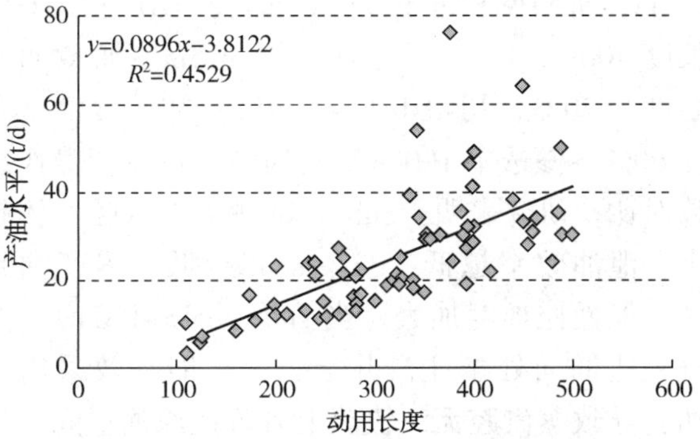

图 1　井组有效动用长度与产油水平散点图

为了研究 SAGD 转生产后动用程度逐渐降低的原因，选取主要影响渗流变化的孔喉结构，物性变化，驱替压力。进行蒸汽冲刷实验，分析岩心经过长期蒸汽冲刷后岩心孔隙结构、物性以及渗流规律的变化。具体实验步骤如下：(1)实验用水按照地层水分析资料配制，将模型接入抽真空流程，在真空度到 133.3Pa 后，用天平称量并做好记录；(2)将岩心样品装入夹持器中，设置好保温箱温度、围压，驱替速度；(3)以 3.0mL/min 的驱替速度恒速注入 180℃ 蒸汽；(4)出口端计量液量，30PV 时停止实验(根据行业标准 SY/T 5590—2004 调剖剂性能评价方法，耐冲刷性能的测试中，剖药剂耐冲刷性能要求不低于 30PV)。试验结果表明：注汽后喉道、渗透率变大，驱替压力变小，且物性越差的储层，越容易形成高渗通道；黏土矿物在注蒸汽之后，伊蒙混层与伊利石体积分数减小；高岭石和绿泥石体积分数增加；伊蒙混层和高岭石变化程度大。且在SAGD开发过程中，由于蒸汽的作用形成优势渗流通道后，热水优先通过，导致采出液含水明显上升；温度升高，束缚水饱和度增大，残余油饱和度减小，两相共渗区间扩大，并且两相渗流能力均增加；物性越好，两相共渗区间越大。综上所述，渗透率极差越大的井段受强烈蒸汽冲刷造成水平段整体动用降低越明显(见图2)。

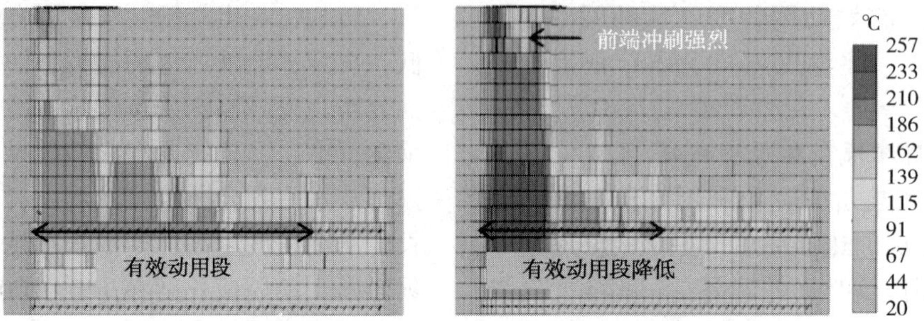

图2　注蒸汽后物性变化影响温度场示意图

1.4　生产制度制约产油效率

建立网格步长I方向为10m，J方向为2.5m，垂向网格步长为0.5m，SAGD井水平段长度400m，I、P两井垂向距离5m。油藏初始温度为20℃，初始压力4.5MPa，初始含油饱和度60%，渗透率1000mD的模型进行生产操作参数对比。研究表明：Sub-cool越大，汽腔气体越小，泄油效率越低；Sub-cool越低，累产油越高，但操控难度加大。当sub-cool>40℃时、蒸汽腔泄油面处于注汽井上方，不能有效采出原油，导致蒸汽腔无法快速上升置换原油空间，导致蒸汽腔体积无法有效扩展，累产油上升变缓。

另外，注汽压力越高，液面越低，同一时间内日产油和采出程度越高，但调控难度大，易发生汽窜，造成水平段动用程度降低。

综合上述研究可知，热利用率是控制成本的关键指标，隔夹层和有效动用程度是提高产量的关键指标，生产制度是稳定效果的关键指标。这4种指标共同反映了SAGD开发效果的好坏，因此针对不同阶段的影响因素制定了一系列改善方法。

2　提效技术对策研究

近年来，SAGD生产水平停滞不前，开发效益面临巨大挑战。为了提高SAGD产油水平，降低能耗，结合目前SAGD生产阶段，对循环预热、汽腔上升、汽腔扩展这3个阶段开展高效开发技术研究。

2.1　循环预热阶段

根据循环预热生产特点，影响该阶段高效开发的主要因素为热利用率低，因此研究出快速见产+高效连通技术。

2.1.1　SAGD扩容快速见产技术

针对井间隔夹层覆盖率>25%的井组，采用SAGD扩容快速见产技术：通过同时往注采水平井高压注水，在井间形成一个相对均匀的垂向扩容区，增加储层的孔隙体积，从而提高了储层绝对渗透率(k_a)。同时，由于新增加的孔隙体积被注入的水填充，也增加了水的相对渗透率(k_r)。进而增加了水在油砂中的流度($m=\frac{k_a k_r \gamma_w}{\mu}$)，提高蒸汽注入效率，促进热对流，快速建立注采井热力-水力连通通道，减少循环预热时间，降低蒸汽用量。现场效果表明，J_3q_2层快速预热平均预热周期118天，同比减少39.2%；消耗蒸汽0.86×10^4t，同比减少64.4%。J_3q_3层快速预热平均预热周期176天，同比减少38.5%；消耗蒸汽2.18×10^4t，同比减少39.1%。

2.1.2　溶剂辅助SAGD高效连通技术

针对井间隔夹层覆盖率≤25%的井组，采用溶剂辅助SAGD高效连通技术。研究表明，溶剂的注入过程实际上是一种混相驱过程，在混相驱过程发生指进的程度为最弱。因此，溶剂与原油的混溶能够克服蒸汽与原油非混相驱替过程中热波及效率低的弊端，提高井间动用均匀程度。根据风城油田超稠油的特性，对蒸汽循环预热的降黏效果进行模拟结果为：原油黏度从 50×10^4mPa·s 降低至 2×10^4mPa·s 需要 20 天，降至 1500mPa·s 需要 50 天，降至 100mPa·s 则需要近 260 天，可见蒸汽在 1000mPa·s 以上降黏速率快，低于 1000mPa·s 时速率逐渐变缓。而此刻加入溶剂后，能显著降低原油黏度(见图 3)。对不同预热方式在黏度均为 100mPa·s 时井底温度场进行模拟，得出蒸汽循环预热时，井间温度为 150℃，而溶剂辅助时，井间温度为 100℃。因此，溶剂辅助 SAGD 启动能减少蒸汽用量及循环时间，也可提高转生产后开发效果。

与同区未实施该措施对比：平均预热时间降低 15%，连通程度增加 5%；转抽初期平均油汽比上升 0.13，日产油量提升 4t/d，水平段动用程度增加 10%以上。

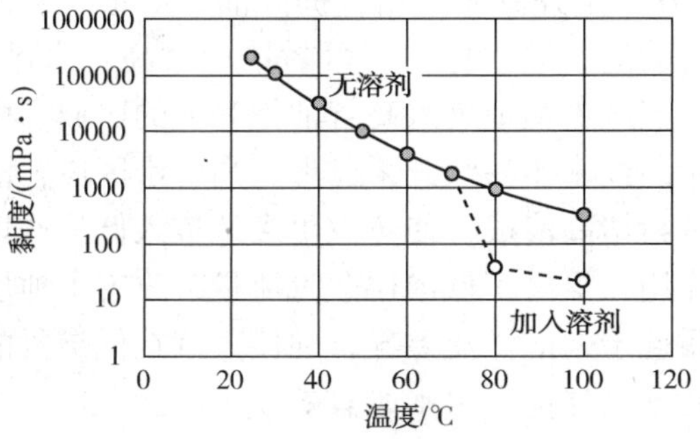

图 3　加入溶剂前后原油黏温曲线变化图

2.2　蒸汽腔上升阶段

根据该阶段生产特点，影响该阶段高效开发的主要因素为生产制度、渗流屏障、有效动用段，因此研究出分类调控+多相协同辅助技术。

2.2.1　分类调控技术

(1) 针对水平段动用均匀，生产稳定的井组，采用低 Sub-cool 提液扩腔技术：随着汽腔规模不断增大，供液能力会持续提高，若此时注采参数保持不变进行生产，会导致注汽量因不满足汽腔需求而发育迟缓。另外，因产液速度小于汽腔泄油能力，导致出现汽液界面逐步提高，淹没注汽井后蒸汽腔大幅缩小。因此需要计算出液面高度的极限值和泄油速度的最大值来达到平衡。

液面高度：在 SAGD 生产过程中，井下 Sub-cool 的控制直接决定汽液界面的高度，Sub-cool 过低时，易发生汽窜产量下降；Sub-cool 过高时，采出液在 P 井上方冷凝导致流度降低产量下降。研究表明，当日产液量为 100t/d 时，需控制液面高度大于 1m，Sub-cool 应大于 20℃。结合制约因素分析，Sub-cool 应控制在 20~40℃范围内可实现有效泄油。

泄油速度：首先计算出蒸汽腔体积

$$V=M/[\varphi(S_O-S_{O剩余})] \tag{2}$$

式中，V 为双水平井 SAGD 蒸汽腔体积；M 为 SAGD 井组累产油量。

由于一定时间内蒸汽腔形态具有相似性，所以前后两个月蒸汽腔与泄油水平的比值相同，以此建立方程，求解下个月合理泄油速度 V_2：

$$v_2=V_2\frac{v_1}{V_1} \tag{3}$$

式中，v_1、v_2 为前后两个月的泄油速度；V_1、V_2 为前后两个月双水平井 SAGD 蒸汽腔体积。

在严格控制井下液面高度的情况下，最大限度地提高泄油能力，可有效发挥油藏的注汽和开发潜力。调控后，Sub-cool 由 30℃降低至 20℃，平均单井组日产油提高 2.2t，油汽比提高 0.017，采注比提高 0.15。

(2) 针对储层非均质性较强，整体吸汽能力差，注汽井上方蒸汽腔扩展缓慢的井组，采用蒸汽增能扩腔技术：通过高压激励注汽，使得油藏孔隙颗粒在剪应力或者孔隙介质压力下发生变形，产生地质力学扩容，使孔隙度、渗透率变大，加快蒸汽腔扩展速度，促进分散式汽腔融合，提高采油速度，改善开发效果。

在机理认识的基础上，通过油藏工程研究，将其划分为注汽激励、液面建立、均匀采液 3 个阶段，并优化了注汽压力、注汽速度、轮注汽量以及注采方式等关键操作参数(见表 2)。调控后，平均单井组产液水平提升 20t/d，产油水平提升 6.1t/d，含水下降 3.8%。

2.2.2　多相协同辅助技术

根据上升阶段存在的动用程度不均、汽腔发育迟缓、热利用低等主要问题，提出了具体的改善方向和措施，形成了既相互独立又相互关联的三项辅助热采技术，分别是复合吞吐、水平段暂堵调剖、多介质辅助。

(1) 针对水平段动用不均，汽腔发育受阻的井组，采用“高温分散剂+蒸汽激励”和“氮气+蒸汽吞吐”的复合吞吐技术：该技术适用于水平段井间夹层遮挡率≤25%且非汽窜影响的区域，一方面利用“苯类+醇类+重芳烃+分散剂”的油溶性复合体系的分解降黏、相似相溶原理，分散井间原油大聚集体(见图4)，疏通井间泄油通道，提高泄油能力；另一方面利用氮气的保压隔热性质，迫使蒸汽腔横向扩展，加速绕过夹层，提高蒸汽腔扩展速度，同时辅以蒸汽吞吐，达到搅拌、激励作用，最终复合改善 SAGD 开发效果。采用先注高温分散剂，再注氮气，最后进行蒸汽吞吐的方式进行实施，措施后，单井组产油水平提高 5.3t/d，有效动用程度提高 8%。周期增油 38461t，有效率 81%。

表2　蒸汽增能扩腔技术操作参数统计表

轮次	注汽方式	注汽速度/(t/d)	最高注汽压力/MPa	轮注入量/t	焖井时间	生产方式
第一轮	I 井主副同注，P 井关井	130~150	7.5	2500	井下温度在 220℃左右时开井，保证井口采出纯液相	I 井关井 P 井生产
第二轮		150~170	8.0	3000		
第三轮		170~180	8.5	3500		
第四轮		180~190	8.5	4000		

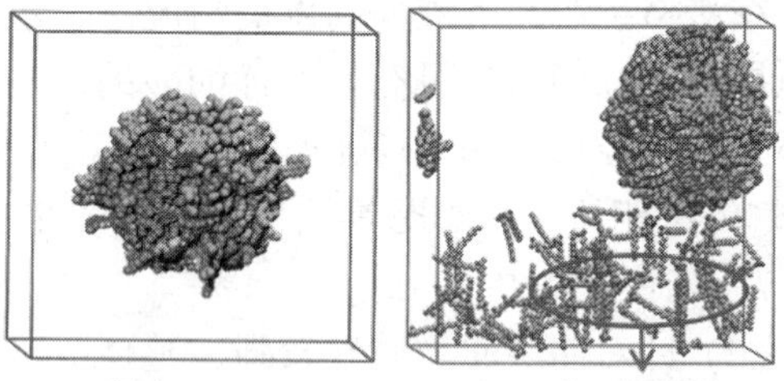

图4　稠油加入高温分散剂原理图

(2) 针对 SAGD 部分注采井间存在明显优势连通通道，造成无效动用段的井组，采用暂堵调剖技术：该技术适用于水平段动用程度低且存在 220℃以上高温的区域，优选适用的耐温泡沫暂堵体系，暂堵已动用段，动用未动用段，改善 SAGD 水平井剖面动用，提高油井产量。该体系遇油消泡、遇水稳定，可封堵相对高含水区域，迫使蒸汽更多地进入高含油饱和度的区域。由于高渗层经多年注汽开采已形成高含水区域，泡沫具有封堵高渗段，使蒸汽更多地进入低渗透地层的作用，提高了低渗层蒸汽流量，改善了地层非均质性带来的渗流差异，促使蒸汽在低渗段的波及效率，提高了水平段有效动用(见图5)。采用先注高温泡沫暂堵体系，再注耐温暂堵体系，最后进行清水顶替。采取措施后，单井组产油水平提高 2.6t/d，动用程度提高 15%，周期增油 6211t，有效率 70%。

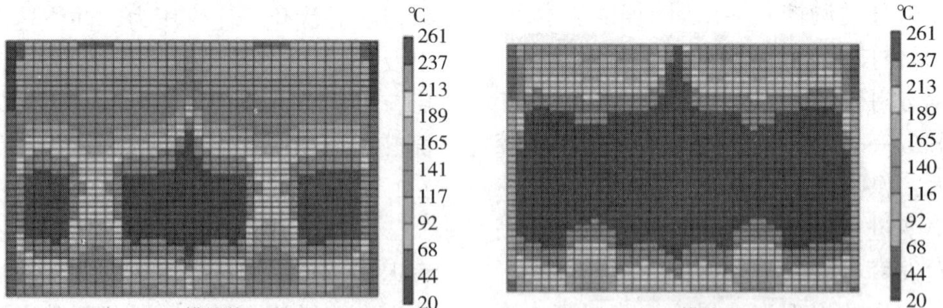

图5　暂堵调剖措施前后蒸汽腔发育图

(3) 针对蒸汽腔发育体积小导致泄油能力差，产量提升困难的井组，采用多介质辅助技术：该技术适用于水平段渗透率在 800mD 以上，油层厚度大于 10m 的区域。一方面，利用甲烷密度小、导热系数低，与稠油互溶的原理，可起到很好的隔热作用，减小汽腔顶部热损失，提高热利用效率。通过数值模拟对比，未注甲烷时热损失速度比注甲烷时热损失速度高 1×10^8 J/d。同时，当温度在 150~250℃、压力在 3~4MPa 时，甲烷可使原油体积膨胀，弹性能增加，黏度下降，提高蒸汽腔中下部扩展速度。另一方面，利用较轻质的溶剂易气化，且游离性强的特点，遇冷的汽腔壁会先溶解于周围的原油中，促进蒸汽与原油热交换，为重力泄油提供驱动力，使得蒸汽腔体积变大。该技术中，甲烷、溶剂和蒸汽由于密度，饱和压各异而进入油藏的位置不同，弥补了单一介质波及面积小的不足，改变蒸汽腔的泄油模式(见图 6)。采用先与蒸汽共同注 3% 浓度的复合溶剂体系，再在产量下降期时注入蒸汽腔体积 0.011 倍的甲烷，最根据汽腔扩展及气体损失量进行补充。采取措施后，平均日产油增加 2.9t/d，累产油增加幅度 10.3%，油汽比增加 0.014，采出程度增加 4.0%。

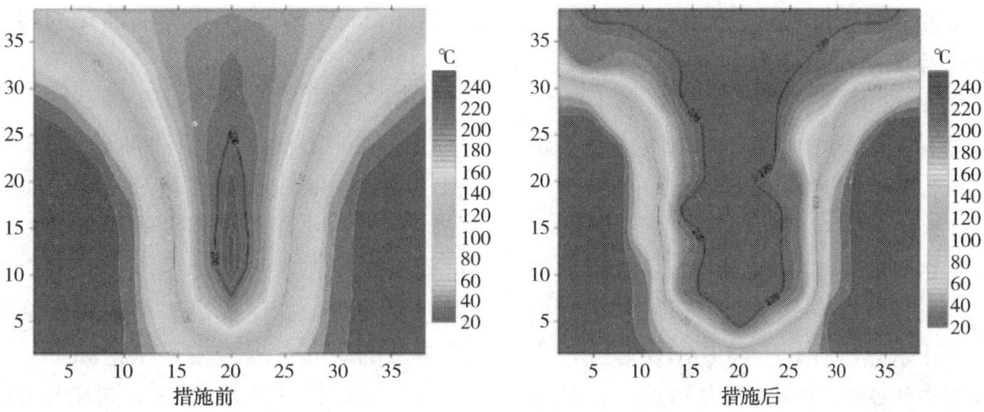

图 6　多介质辅助前后蒸汽腔变化图

2.3　蒸汽腔扩展阶段

根据该阶段生产特点，影响高效开发的主要因素为渗流屏障、有效动用段、热利用率，因此研究出直平组合井网调整+非凝析气增能技术：

2.3.1　非凝析气增能技术

针对蒸汽腔上升到顶后，蒸汽与盖层接触，热损失增加，油汽比下降的井组，可采用氮气辅助：利用氮气密度、黏度、导热系数低，压缩系数大，膨胀能力强，弹性能量大的特点，注入氮气后可在油层顶部形成有效隔热层。同时，氮气能有效维持汽腔压力，优先占据原油孔隙空间，将束缚油驱出。因此氮气、油、水三相形成乳状液，可降低热量损失，提高油汽比，加速蒸汽腔横向扩展(见图 7)。采取措施后，平均单井组节汽 19t/d，油汽比提高 0.05。周期节汽 97155t，有效率 90%。

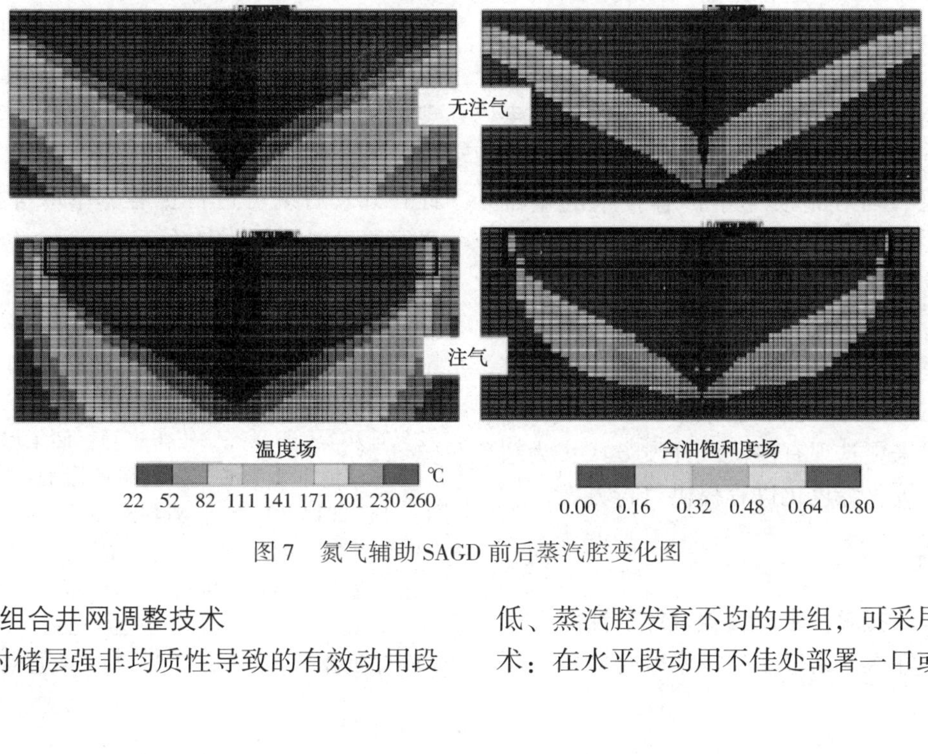

图 7　氮气辅助 SAGD 前后蒸汽腔变化图

2.3.2　直平组合井网调整技术

(1) 针对储层强非均质性导致的有效动用段低、蒸汽腔发育不均的井组，可采用直井辅助技术：在水平段动用不佳处部署一口或多口辅助直井，通过直井吞吐，增加汽腔发育点，迫使各小汽腔快速连通，当连通形成后，直井以驱替为主，通过轮换注汽、采油，井间剩余油被逐渐采出形成统一汽腔；之后，直井与注汽井同时持续注汽，生产井连续生产，有效将双水平井SAGD开发与直井蒸汽驱相结合，强制形成难动用水平段的汽腔，加速汽腔扩展及融合。当注汽井上方存在非渗透性夹层时，可利用直井动用夹层上方储量，从而采出难动用可采储量。采取措施后，单井组增油水平6.3t/d，采油速度提高1.4%，动用程度提高14%。累增油26.5×10^4t，直井辅助连通率80%，SAGD受效率83%。

(2)针对SAGD井对间蒸汽腔发育缓慢的井组，采用水平井辅助技术：在SAGD井对间加密一口水平井，当蒸汽腔发育至油层顶部之后，启动加密水平井开始蒸汽吞吐，与SAGD形成水力连通后，加密井开始生产直至开发结束。该技术可加快井对间汽腔横向扩展速度，减少残余油饱和度，增大采油速度，提高采收率，也可降低SAGD井组间汽窜风险。采取措施后，单井组产油水平提高15.3t/d，油汽比提高0.06，累增油6750t，预计采收率可提高10%。

2.4 技术发展趋势

虽然SAGD在新疆油田取得了巨大成功，但随着储层条件的愈加复杂，裂缝发育愈加频繁，导致开发效果难以再有提升。因此，本文提出了后期SAGD高效见产的方向：(1)针对漏失严重，裂缝发育的油藏不适合注蒸汽开发，采用电加热+溶剂为主的热溶剂萃取技术代替注蒸汽开发，在明确开发关键机理的基础上，形成不同阶段的SAGD操作策略，为裂缝型油藏提供开采手段；(2)针对强非均质、低渗低孔，已有手段无法改善的储层，可在地质力学扩容技术的基础上，开展直井和水平井组结合的复合扩容开采技术，进而改善SAGD开发效果；(3)针对SAGD蒸汽腔下降阶段蒸汽无效循环达到峰值，可摸索替代蒸汽的非凝析气体，在提高产量的同时降低蒸汽用量。在“十四五”期间更应寻求低碳、环保的开发方式来更迭现有注蒸汽开发方式，为超稠油油藏可持续，绿色化进程提供可行方案。

3 应用情况

目前，提产提效技术已覆盖SAGD油藏6个区块，共353井次。通过多项技术叠合应用，平均单井组增油水平7.3t/d，蒸汽耗量降低13t/d，有效动用段提高15%。截止目前，增产原油42.2×10^4t，节约蒸汽22.5×10^4t，与方案对比已延长4年稳产期。其间通过实施一井一策精细调控及措施辅助，培育出一批百吨井，产油水平突破40t/d，有力保障了SAGD老区开发效果，并成功将SAGD单位完全成本控制在45美元以内，实现了陆相复杂浅层超稠油油藏的高效开发。

4 结论与认识

风城油田浅层超稠油油藏为陆相辫状河沉积，具有埋藏浅、黏度高、非均质性强等特点。虽然相比吞吐开发有很高的经济效益，但在开发过程中仍存在水平段动用不高，蒸汽腔发育迟缓等系列问题，如何提高生产效果，降低经济投入是本文的研究重点。主要结论如下：

(1)根据SAGD开发不同阶段的15项影响因素为基础，利用数值模拟进行敏感性分析，综合考虑渗流屏障、有效动用程度、热利用率、生产制度等指标为SAGD提产提效关键控制因素，并详细阐述了影响程度。

(2)基于室内实验，利用SAGD解析模型和数值模拟，针对各生产阶段综合性地形成了溶剂辅助、复合吞吐、直井辅助等10项改善SAGD开发效果的新技术，解决了风城超稠油辫状河沉积储层特有性质给SAGD开发带来的不利影响。

(3)提产提效技术共实施了353井次，共计增产原油42.2×10^4t，节约蒸汽22.5×10^4t，并培育出一批百吨井，提高了SAGD老区开发效果。虽然SAGD技术已日趋成熟，但随着储层条件的愈加复杂，水平段动用难以长期保持，蒸汽腔扩展速度无法进一步加快仍是困扰我们的难题，因此在开发后期可进行扩容、萃取等技术的研究，来完善SAGD开发体系。

参考文献

[1] 鄢旭.SAGD开发影响因素研究[J].甘肃科技，2011，27(4)：49-50.
[2] 何万军，王延杰，王涛，等.储集层非均质性对蒸汽辅助重力泄油开发效果的影响[J].新疆石油地质.2014，35(5)：574-577.
[3] 赵庆辉，刘其成，于涛，等.蒸汽辅助重力泄油蒸汽腔发育特征研究[J].西南石油大学学报(自然科学版)，2008，30(4)：123-126.
[4] 张洪源，李婷，解阳波，等.夹层对蒸汽辅助重力

泄油的影响[J]. 特种油气藏, 2017, 24(5): 120-125.

[5] 唐帅, 吴永彬, 刘鹏程, 等. 泥页岩夹层对 SAGD 开发效果的影响[J]. 西南石油大学学报(自然科学版), 2017, 39(1): 140-147.

[6] 桑林翔, 张家豪, 宁朦, 等. SAGD 水平段动用程度判断方法及动用模式分析[J]. 油气地质与采收率, 2020, 27(06): 136-142.

[7] 杨兆臣, 于兵, 吴永彬, 等. 超稠油溶剂辅助 SAGD 启动技术油藏适应性研究[J]. 特种油气藏, 2020, 27(4): 67-72.

[8] 吴寒, 林伯韬, 潘竟军, 等. 风城油田超稠油油藏非均质储集层地应力场特征[J]. 新疆石油地质, 2020, 41(02): 217-222.

[9] 张小波, 郑学男, 郃德军, 等. SAGD 添加非凝析气技术研究[J]. 西南石油大学学报: 自然科学版, 2010, 32(2): 113-117.

[10] 马德胜, 郭嘉, 昝成, 等. 蒸汽辅助重力泄油改善汽腔发育均匀性物理模拟[J]. 石油勘探与开发, 2013, 40(2): 188-193.

[11] 尚奇, 王晓春, 高永荣, 等. 超稠油油藏直井与水平井组合 SAGD 技术研究[J]. 石油勘探与开发, 2007, 34(2): 234-238.

[12] 王倩, 高祥录, 罗池辉, 等. 超稠油Ⅲ类油藏夹层发育模式及 SAGD 提高采收率技术[J]. 特种油气藏, 2020, 27(04): 105-112.

[13] 刘名, 姜丹, 李婷, 等. 风城油田水平井辅助 SAGD 技术参数优化[J]. 特种油气藏, 2017, 24(04): 122-126.

[14] 卢川, 田冀, 郑强, 等. SAGD 开发效果综合评价新方法[J]. 油气地质与采收率, 2019, 26(4): 99-104.

[15] Butler RM, et al. Theoretical studies on the gravity drainage of heavy oil during in - situ steam heating [J]. Canadian Journal of Chemical engineering, 1981, 59: 445-460.

[16] NOUROZIEH H, KARIZNOVI M, ABEDI J. Viscosity measurement and modeling for mixtures of Athabasca bitumen/hexane[J]. Journal of Petroleum Science and Engineering, 2015, 129: 159-167.

[17] BUTLER R. M. A new approach to the modelling of steam assisted gravity drainage[J]. JCPT, 1985, 24(3): 42-45.

超稠油多介质协同提高采收率研究及应用

卢迎波　欧阳梓昕　朱丽娟　周　峦　吕　瑞　杨　帆　赵　君　王桂庆　刘春兰

(中国石油新疆油田分公司)

摘　要　超稠油水平井高轮次蒸汽吞吐后面临的井间窜扰严重、水平段动用不均、油井存水高等多重开发矛盾，单一介质辅助无法实现效益开发。针对此开发现状，基于介质驱油物理模拟实验，开展多种介质单一及组合驱油研究，建立多介质热载协同驱油体系和评价方法，揭示了多种介质协同驱油机理。实验结果表明，尿素+起泡剂为最佳的协同驱油介质组合，最终采收率可达37.6%，较蒸汽驱替采收率提高约10%，剖面动用改善率提高至70%以上。通过多组分、多相态数值模拟技术，优化了各种介质注入浓度、强度等关键参数，为现场应用提供依据。该技术已在风城油田Z区块实施水平井16口，单井增油540t，水平段剖面动用提高27%，为提高超稠油水平井吞吐后期开发效果和采收率提供了新技术。

关键词　浅层超稠油；蒸汽吞吐；多介质协同；采收率

G油田齐古组油藏构造上是受断裂控制的南倾单斜，辫状河流相沉积，平均埋深390m，地层温度下原油黏度157.5万mPa·s，属构造-岩性浅层超稠油油藏，自2008年开发至今，已投产水平井513口，均采用蒸汽吞吐方式开发，平均吞吐13.7轮。受储层非均质性、注汽工艺等影响，高轮次吞吐后水平井面临井间汽窜严重、水平段动用不均、排液困难等多重开发矛盾。现场单一介质辅助实践表明，在注蒸汽时加入N_2或CO_2等非凝析气体可提高地层压力，降低原油黏度；或添加高温起泡剂能够封堵起窜通道，改善剖面动用，但汽窜、剖面动用等矛盾仍未得到较好改善，单井增油仅100t左右。通过文献调研，前人已开展过非凝析气体与起泡剂等组合驱油的相关技术研究和试验，均取得较好的实验效果，但试验油藏原油黏度均在10×10^4mPa·s以下，尚未在100×10^4mPa·s的超稠油油藏进行研究和试验。本文综合考虑现场常用介质，基于室内实验，匹配多相介质组合，剖析介质协同增压、降黏、调剖等多效合一的驱油机理，优化注采参数，现场应用效果较好，为提高超稠油水平井开发效果和采收率提供稳产技术新思路。

1　多介质协同驱油技术

1.1　介质协同体系建立

多介质协同驱油技术其核心是在于利用不同介质的驱油机理，进行不同介质组合协同相辅，伴随高干度蒸汽入井，实现调剖、降黏、增能等作用。本文根据油田常用介质，如N_2、CO_2、尿素、起泡剂等四种介质，开展一维驱油实验，根据不同介质及组合下的驱油效果，确定最佳的协同驱油介质体系。

以G油田齐古组油藏储层条件为参考，制作物性相近的人造岩心8个(见表1)，均饱和填充矿场原油6.8ml，实验共开展8组，按照驱替介质不同分别为蒸汽驱替、N_2+蒸汽驱替、CO_2+蒸汽驱替、尿素+蒸汽驱替、尿素+起泡剂+蒸汽驱替、尿素+起泡剂+蒸汽驱替、CO_2+起泡剂+蒸汽驱替、N_2+起泡剂+蒸汽驱替。实验设置及流程如下：设置回压4MPa，蒸汽注汽温度250℃，驱替速度0.5mL/min，第一步是蒸汽驱替，直至产出液含水98%为止；第二步是N_2+蒸汽驱替，先注蒸汽2PV驱替后，再注入0.3PV的N_2，再进行蒸汽驱替直至产出液含水98%为止；第三步是介质分别替换成0.3PV的CO_2、尿素(30%wt)、起泡剂(0.5%wt)，重复第二步完成驱替实验；第四步是尿素+起泡剂+蒸汽驱替，先注蒸汽2PV驱替后，再注入0.3PV的等体积比例组合介质(尿素+起泡剂)，再进行蒸汽驱替直至产出液含水98%为止；第五步是介质组合分别替换成等体积比例组合(CO_2+起泡剂、N_2+起泡剂)，重复第四步完成驱替实验。实验结果表明：纯蒸汽驱替采收率仅27.3%，单一介质驱替较纯蒸汽驱替能提高采收率2%~5%，多种介质组合协同驱油较纯蒸汽驱替可提高采收率6%~10%，其中尿素+起泡剂+蒸汽驱油采收率最高，可达到37.6%。单一介质驱油作用有限，通过与其他介质组合，可互补驱油短板，达到较好的驱油效果和采收率。基于多种介质提高采收率效果，最终确定尿素+起泡剂复合介质协同驱油体系。

表1 实验岩心参数表

序号	岩心长度/cm	岩心直径/cm	孔隙体积/mL	孔隙度/%	渗透率/mD	介质类型	最终采收率/%
1	6.99	2.54	10.2	30.2	1011	蒸汽	27.32
2	6.89	2.54	10.4	29.8	1084	N_2+蒸汽	30.28
3	7.12	2.54	11.3	31.3	1131	CO_2+蒸汽	31.49
4	6.71	2.54	10.1	29.7	991	尿素+蒸汽	32.55
5	6.35	2.54	10.1	31.4	1015	起泡剂+蒸汽	31.34
6	6.88	2.54	10.6	30.5	1091	尿素+起泡剂+蒸汽	37.62
7	6.98	2.54	10.5	29.7	999	CO_2+起泡剂+蒸汽	36.02
8	7.02	2.54	11.1	31.2	1102	N_2+起泡剂+蒸汽	33.92

1.2 介质协同体系驱油机理研究

1.2.1 补充地层能量

非凝析气体CO_2、N_2均具有较好的可压缩性，在油层中一部分以游离状态存在，可提高近井地带压力0.8~4MPa，释能时能提高油井排液能力。尿素加热分解生成CO_2和NH_3，生成的CO_2一部分溶解原油降低原油黏度，一部分呈游离状态分布在油藏中提高地层能量，NH_3溶于水能够乳化原油，降低界面张力。具体实验流程是：将30%wt尿素和0.5%wt起泡剂的混合溶液放入高压反应釜中(压力4MPa)，改变系统温度，观察并记录反应釜内压力随时间的变化规律，直至系统内压力稳定即为尿素分解反应完毕。实验结果表明：当温度升高至150℃时，尿素反应速率由0.12mol/(mL·s)提高至0.36mol/(mL·s)，经过1.9h反应，压力由0.3MPa上升至2.95MPa后基本趋于稳定，表明尿素在150℃时基本完全分解，反应釜内压力提升近3MPa(见图1)。

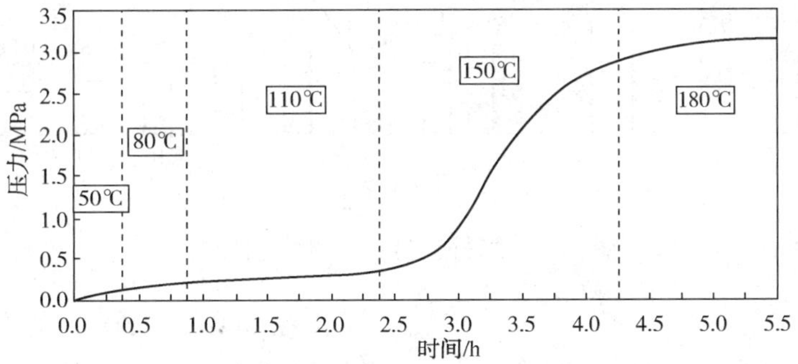

图1 不同温度条件下介质分解压力变化曲线

1.2.2 提高油层剖面动用

以风城油田Z区块油藏储层参数为依据建立三维物理模型，设计三套油层，每套油层装填2种渗透率(上部油层3000mD/800mD，中部油层1000mD/300mD；下部油层2000mD/400mD)，同时每套油层夹有2.0cm厚的隔层，模拟吞吐实验12轮。其中，7轮蒸汽吞吐，后转多介质协同热载辅助吞吐5轮，蒸汽吞吐设计注汽速度150cm³/min；多介质协同热载复合吞吐设计注蒸汽速度130cm³/min，注介质速度20cm³/min(30%wt浓度尿素+0.5%wt起泡剂)，每周期注汽8min，焖井2min，生产30min。从实验监测的温度场图可知，随蒸汽吞吐周期增加，注入的蒸汽大部分进入高渗层，低渗层较难动用；转多介质协同热载复合吞吐后，利用气体泡沫贾敏效应，暂堵高渗层，蒸汽转向中低渗层，达到改善各层吸汽，油层均衡动用的效果，较蒸汽吞吐油层剖面动用改善率提高 73%(见图 2)。蒸汽吞吐采出原油 742g，转多介质协同热载辅助吞吐后采出 351g，周期产油量、油汽比明显提升，采收率由 22.8%提升至 33.6%，提高 10.8%(见图 3)。

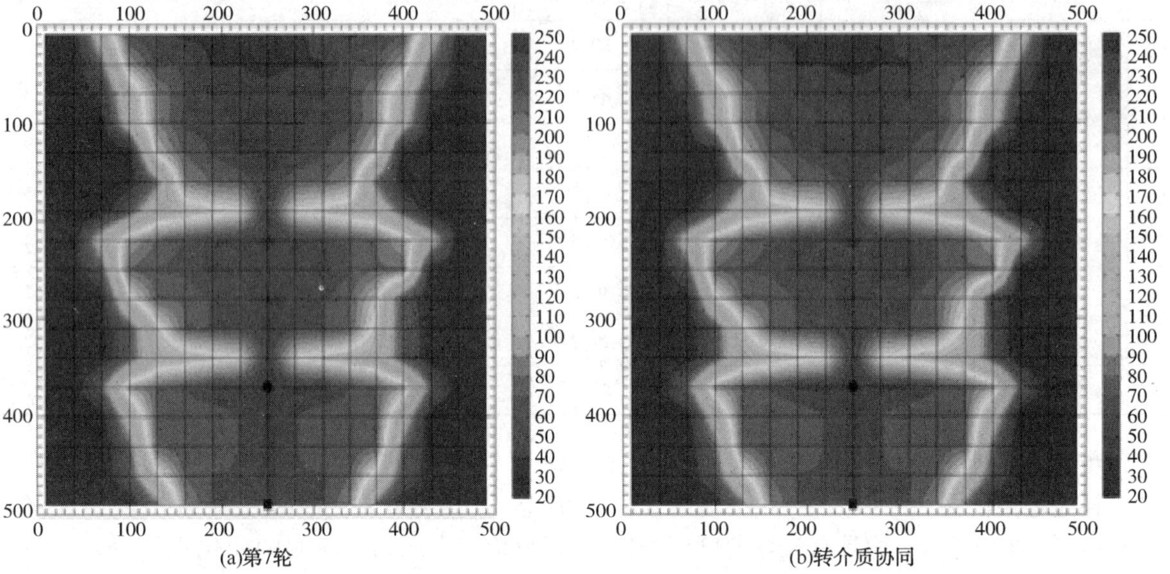

图 2　温场剖面对比图

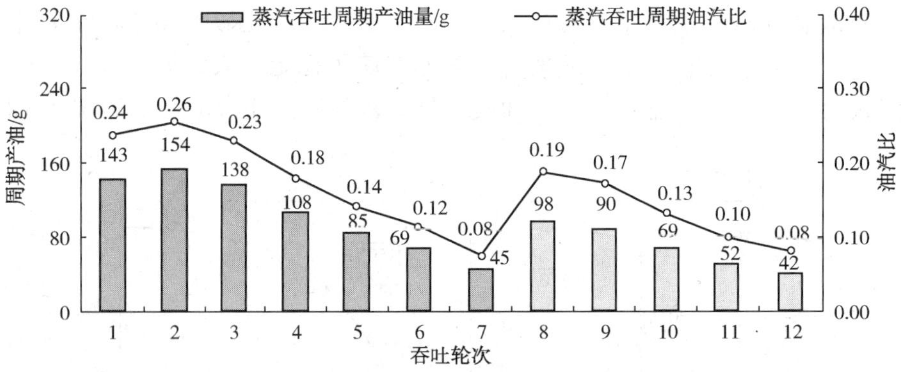

图 3　三维物模实验周期生产指标图

1.2.3　降低原油黏度

尿素受热能够分解 CO_2，CO_2在稠油的溶解度随压力增加而增加，随温度的升高而降低，原油降黏率随溶解度增加而增加。选取 50℃ 黏度为 12400mPa · s、密度 0.974g/m^{3}的油样进行降黏实验，按照尿素溶液与原油不同体积比将实验分为三组，结果表明：尿素受热分解的 CO_2溶于原油，受尿素浓度高易结晶的影响，随着尿素浓度的增加，原油的降黏率呈先上升后下降趋势，当尿素溶液与原油配比为 2∶8 时，降黏效果最好。在 4MPa，50℃ 条件下，原油黏度由 12400mPa · s 降至 7552mPa · s，原油黏度降黏率为 39%；当压力快速下降至 2.5MPa 后，溶解在原油中的 CO_2析出，扰动原油呈拟混相状态的泡沫油，原油黏度进一步下降至 1327mPa · s，原油降黏率高达 89.3%(见表 2)；另外，尿素分解的 NH_3溶于水后与原油中的酸就地生产表面活性剂，降低表面张力，与 CO_2综合作用降黏。

表 2 尿素溶液反应后的降黏效果实验结果

溶液：原油	黏度(4MPa，50℃)			黏度(2.5MPa，50℃)	
	反应前/(mPa·s)	溶解 CO_2降黏		形成泡沫油降黏	
		反应后/(mPa·s)	降黏率/%	反应后/(mPa·s)	降黏率/%
1：9	12400	9089	26.7	2468	80.1
2：8	12400	7552	39.1	1327	89.3
3：7	12400	8606	30.6	1897	84.7

2 多介质协同热载驱油关键参数设计

室内实验与数值模拟相结合，对协同介质注浓度、注入强度、蒸汽注入速度和注入强度等参数进行优化设计，为多介质协同热载驱油提高采收率技术现场应用提供依据。

2.1 介质浓度设计

介质浓度决定其阻力因子的大小，同时决定了介质的调剖能力。通过物理模拟实验，测试不同采出程度下不同起泡剂浓度的阻力因子。结果显示：阻力因子随起泡剂浓度的增大而增大，当起泡剂浓度大于3.0%时，阻力因子上升幅度降低，最优浓度随采出程度的增大而升高(见图4)。测试尿素浓度分别在10%、20%、30%、40%时的阻力因子，阻力因子随尿素浓度的增大而增大，当尿素浓度大于30%时，阻力因子上升幅度降低(见图5)。

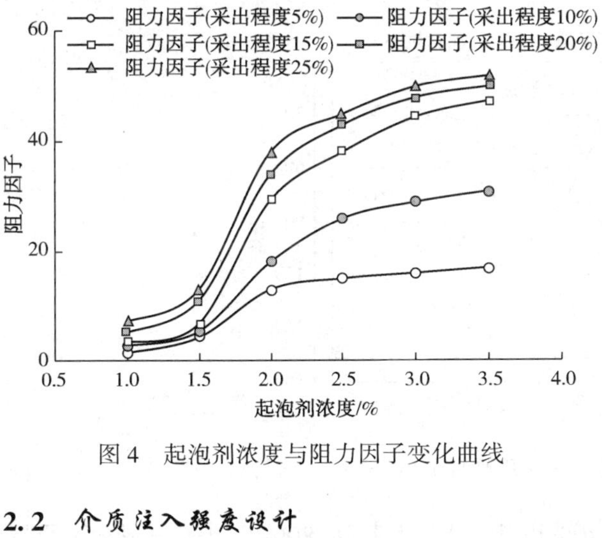

图4 起泡剂浓度与阻力因子变化曲线

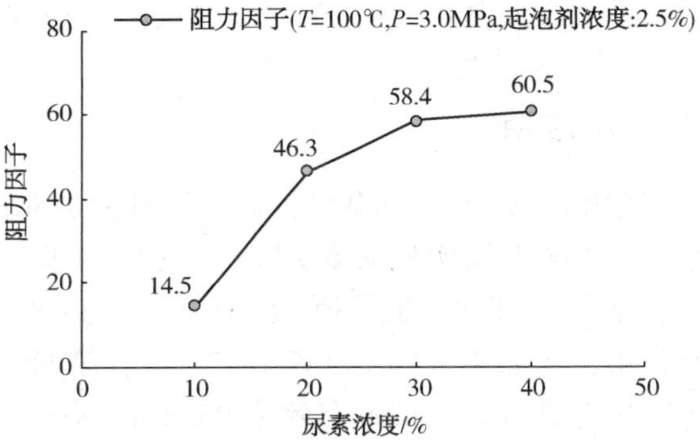

图5 不同尿素浓度条件下阻力因子变化曲线

2.2 介质注入强度设计

介质注入强度决定了介质协同热载辅助增油量及经济效益，介质注入强度低，介质与原油接触范围低，易造成驱油效果不佳；介质注入强度高，介质与原油接触范围有限，增油效益低。通过采用均质模型进行介质注入强度数值模拟，对比水平井注入尿素强度分别为0.1t/m、0.2t/m、0.3t/m、0.4t/m、0.5t/m、0.6t/m时的增油和效益，结果显示，尿素注入强度为0.3t/m时，增油幅度降低，开发效益最高(见图6)。

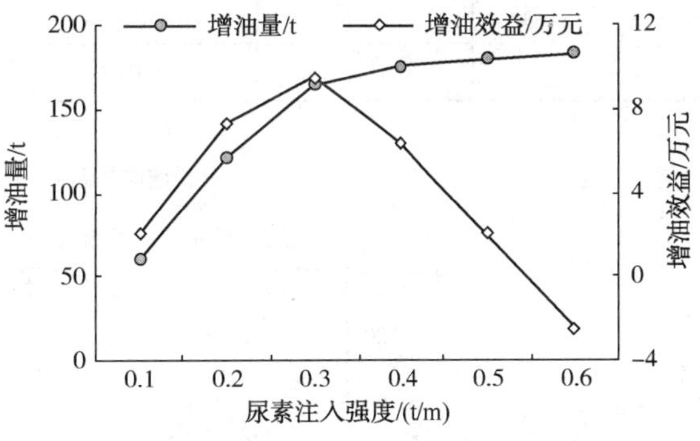

图6 尿素注汽入强度优化曲线

2.3 注汽参数优化

介质注入油层后，在注入蒸汽的加热下分解生成CO_2和NH_3、其扩散和溶解等作用需要吸收部分汽化潜热。对此需对注汽参数进行数值模拟优化研究，结果显示，介质协同热载复合吞吐后，最优注汽速度为250t/d，与纯注蒸汽速度相同，最优注汽强度为13t/m时，较纯注蒸汽强度提高1t/m(见图7)。

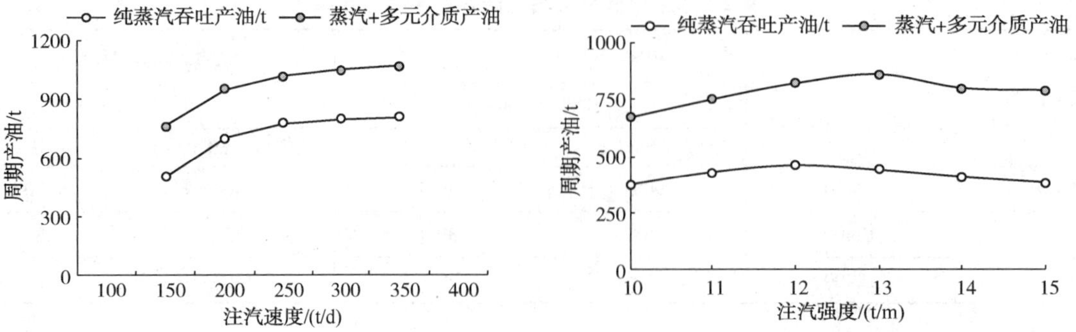

图 7　多元介质辅助蒸汽吞吐注汽强度优化曲线(左为注汽速度，右为注汽强度)

3　现场应用

利用多介质协同热载辅助吞吐技术，在风城油田 Z 井区现场实施尿素+起泡剂复合试验 16 口水平井，平均油层厚度 23.8m，渗透率 2453mD，50℃原油黏度 15900mPa · s。实施后 15 口井措施有效，措施有效率 93.8%。平均油井注汽强度提高由 10.2t/m 提高至 11.0t/m，注汽压力由 6.6MPa 提升至 7.5MPa，采注比由 0.98 提高至 1.55，油汽比由 0.31 提高至 0.49，单井周期生产天数由 100 天延长至 172 天，单井周期产油由 740t 提高至 1280t，增油 540t，采油速度由 1.4%提高至 2.6%(见表 3)。从多介质协同热载辅助吞吐措施前后井温测试资料显示，水平井措施前水平段动用呈双峰型，动用程度为 45%，措施后水平段动用逐渐向平台型转变，动用程度为 72%，水平段动用提高 27%(见图 8)，取得较好的现场应用效果。

表 3　水平井介质协同生产效果统计表

介质	分类	周期产油/t	油汽比	采注比	采油速度/%	剖面动用程度/%
尿素+起泡剂	实施前	740	0.31	0.98	1.4	45
	实施后	1280	0.49	1.55	2.6	72
	对比	540	0.19	0.57	1.2	27

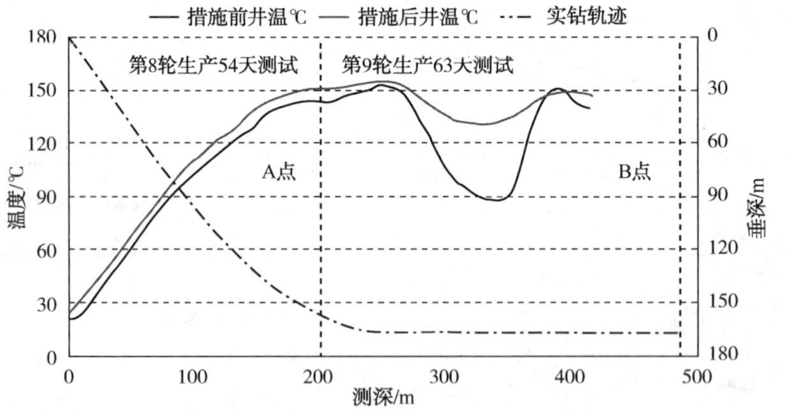

图 8　介质协同辅助吞吐前后井温曲线

4　结论

(1)多介质协同热载技术可以协调各介质驱油优势，针对性解决油藏多种开发矛盾，协同介质注入后实现多效合一的驱油作用实验结果表明：压力提升 2～3MPa，油层剖面动用提高至 70%以上，降黏率达 80%以上，采收率可提高 10%。

(2)多介质协同热载复合效果取决于最优关键操作参数，数值模拟结果表明：起泡剂最佳浓度为 2.5%，尿素最优浓度 30%，水平井尿素最优注入强度 0.3t/m，蒸汽注入速度保持不变，注汽强度提升至13t/m。

(3) 该技术已实施16口井，取得较好效果，实践证明，超稠油油藏多介质协同热载复合吞吐可改善开发效果，为吞吐中后期油井提高油层动用程度、扩大蒸汽波及体积、减缓井间窜扰、降低地层存水提供了有效新手段思路，为减缓递减、提高采收率提供了新技术。

参考文献

[1] 王福顺，牟珍宝，刘鹏程，等. 超稠油油藏CO_2辅助开采作用机理实验与数值模拟研究[J]. 油气地质与采收率，2017，24(06)：86-91.

[2] 霍进，吕柏林，杨兆臣，等. 稠油油藏多元介质复合蒸汽吞吐驱油机理研究[J]. 特种油气藏，2020，27(02)：93-97.

[3] 刘勇，王崇先，李晓辉，等. 深层超稠油多元热流体开采机理[J]. 断块油气田，2019，26(05)：638-643.

[4] 孙永涛，李兆敏，王壮壮，等. 渤海稠油油藏多元热流体开发全过程参数优化[J]. 科学技术与工程，2020，20(25)：10255-10261.

[5] 张娜，朱元芮，祝仰文，等. 基于井筒离散模型的多元热流体吞吐机理[J]. 新疆石油地质，2020，41(03)：332-336.

[6] 葛涛涛，庞占喜，罗成栋，等. 海上稠油油藏水平井多元热流体驱物理模拟实验研究[J]. 油气地质与采收率，2019，26(04)：62-69.

[7] 吴润楠，魏兵，邹鹏，等. 超临界CO_2对普通稠油和超稠油物性的影响规律[J]. 油田化学，2018，35(03)：440-446.

[8] 常泰乐，杨元亮，高志卫，等. 氮气泡沫在浅薄层超稠油油藏开发中的适用性[J]. 新疆石油地质，2021，42(06)：690-695.

[9] 吴正彬，刘慧卿，庞占喜，等. 稠油油藏气体-泡沫辅助注蒸汽实验与数值模拟[J]. 石油钻采工艺，2016，38(06)：852-858.

[10] 王庆，刘永革，吕朝辉，等. 高温发泡剂性能评价新方法[J]. 特种油气藏，2015，22(03)：93-96，155.

[11] 许建军. 泡沫调剖改善多元热流体开采效果技术研究与应用[J]. 石油钻采工艺，2015，37(02)：114-116.

[12] 胡元伟，金德，木合塔尔，等. 稠油油藏多元热流体吞吐油藏参数界限研究[J]. 科学技术与工程，2020，20(21)：8537-8542.

[13] 陈建波. 海上深薄层稠油油田多元热流体吞吐研究[J]. 特种油气藏，2016，23(02)：97-100，155-156.

[14] 赵云海，王健，吕柏林，等. 高温高压油藏纳米颗粒提高CO_2泡沫驱油效果实验[J]. 新疆石油地质，2019，40(06)：708-713.

[15] 向湘兴，陈静，侯军伟，等. 克拉玛依油田稠油油藏氮气泡沫驱应用[J]. 新疆石油地质，2017，38(01)：76-80.

[16] 王俊衡，王健，周志伟，等. 稠油油藏CO_2辅助蒸汽驱油机理实验研究[J]. 油气藏评价与开发，2021，11(06)：852-857，863.

浅层超稠油蒸汽吞吐开采过程中的汽窜问题研究

张文胜[1]　田　宇[1]　高　怡[2]　程顺权[1]　刁书渊[1]

(1. 中国石油新疆油田分公司红山公司；2. 中国石油新疆油田分公司采油一厂)

摘　要　汽窜问题是稠油蒸汽吞吐生产中一个常见的现象，其对生产的影响及危害很大。针对汽窜问题，本文以红山嘴油田红003浅层超稠油蒸汽吞吐开采为例，综合运用区块生产动态数据，重点研究分析汽窜与注汽的关系，全过程评价汽窜对油井、区块生产的影响，探讨防范汽窜的方法和措施。研究表明：浅层超稠油油藏，油井低轮次时，汽窜的发生主要受注汽压力控制，当压力超过地层破裂压力时可发生汽窜；本油藏同类油井，相对低压、低速注汽方式(注汽压力6.5~7.8MPa，注汽速度80~110t/d)，汽窜发生的比例低、轮次高，对油层的破坏性小，更利于延长油田开发生命周期，吞吐期采出程度比高压、高速注汽方式(注汽压力8.0~10.5MPa，注汽速度160~250t/d)高出10%以上；稠油吞吐注汽参数选择既要保证注汽质量又要兼顾油层保护，即吞吐注汽压力上限不能超过油层破裂压力，本油藏在破裂压力以下1.5MPa区间的都比较合适。本次研究首次提出稠油注汽要考虑油层保护的观点，有很强的创新性，同时分析的资料来源于实际生产，得到的观点认识很有实际价值。

关键词　汽窜；稠油；蒸汽吞吐；注汽压力；油层保护；破裂压力

蒸汽吞吐是一种广泛应用于稠油油藏热采开发方式，然而稠油油藏在进行多轮次蒸汽吞吐的过程中往往容易出现蒸汽窜流现象。汽窜通道的形成会导致蒸汽波及体积低、热能损失增大、油层的动用不均匀以及油层出砂严重等现象，严重制约着稠油油藏的开发效果。目前对汽窜研究主要集中在汽窜通道的识别及定量描述等方面的工作，缺乏现场注汽参数对汽窜的验证。红003井区2010年投入开发，开发过程中先后经历过低压低速注汽、高压高速注汽两种生产模式，积累了正反两方面的经验和教训。全过程总结红003井区汽窜对油井、区块生产的影响，为同类油藏开发提供借鉴。

1　基本情况

红003井区清水河组油藏类型为断裂遮挡的局部发育边底水的构造-岩性稠油油藏。顶面总体为断裂切割的向东南缓倾的单斜构造(见图1)，地层倾角4°~8°，油层中部埋深450~650m，平均550m，地层厚度变化在22.5~49.4m之间，平均37.7m。沉积岩性主要为沙砾岩、含砾砂岩和砂岩，层内上部发育扇三角洲平原泥石流、漫流沉积、中下部发育扇三角洲前缘水下分流河道及间湾沉积，物源方向为北西向。胶结类型主要以压嵌型为主，孔隙~压嵌型为辅。储层物性、含油性纵向上差异大，层间非均质性强，渗透率125~4012mD，平均721mD。油层孔隙度18.0%~36.1%，平均27.8%，含油饱和度50.1%~83.4%，平均64.7%。平均地面原油密度0.96g/cm^3，50℃地面原油黏度247~16146mPa·s，平均5596mPa·s，属于超稠油Ⅱ类。油藏中部海拔为-195m，原始地层压力为4.65MPa，压力系数为0.97，地层温度23.8℃。

由于油藏埋藏浅、胶结疏松、储层非均质性严重、注汽压力高等因素，红003井区稠油蒸汽吞吐生产过程中，汽窜现象比较常见。据统计，97%的油井发生过汽窜，平均单井汽窜6井次，平均油井因汽窜损失生产时率8~10天，最大汽窜范围超300m。汽窜问题造成油井吞吐效果急剧恶化。当前，汽窜问题已经成为影响红003井区持续稳产和效益开采的主要因素。

2　汽窜成因分析

2.1　储层地质因素

(1)油层非均质性：油层的非均质性是造成油井汽窜的根本因素之一。根据岩心样品统计分析，清水河组一段各个小层渗透率特征主要表现为复合韵律(见图2)。高渗段与低渗段差异等于或大于1个数量级，GR曲线表现为微齿化或齿箱形特征，为多期次不同强度水动力条件下沉积的叠加复合体。结合区域沉积背景，红 003 井区清水河组砂层组具有冲积扇洪水期与枯水期交替沉积的特点，储层物性在纵向上差异明显，即纵向非均质性严重。

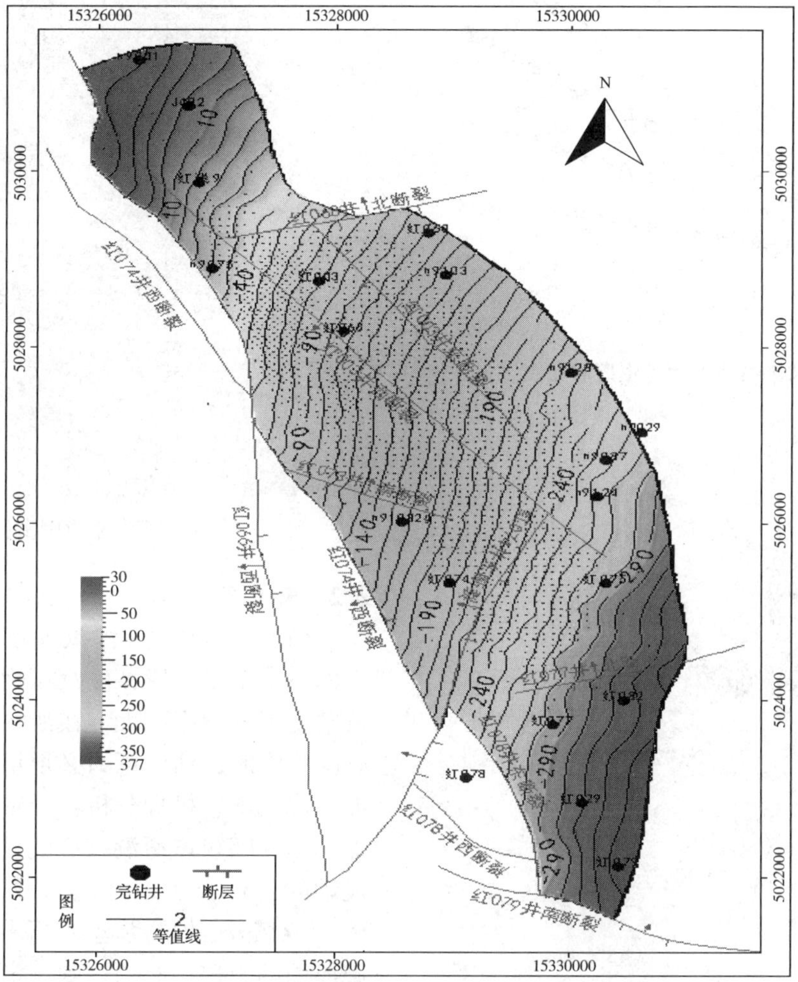

图 1　红 003 井区清水河组顶面构造图

通过汽窜通道解释以及产吸剖面验证可知，受蒸汽超覆的影响，绝大部分汽窜通道大都在物性较高的顶部小层，注入的蒸汽容易沿着渗流阻力较小的高渗层突进从而造成指状汽窜。

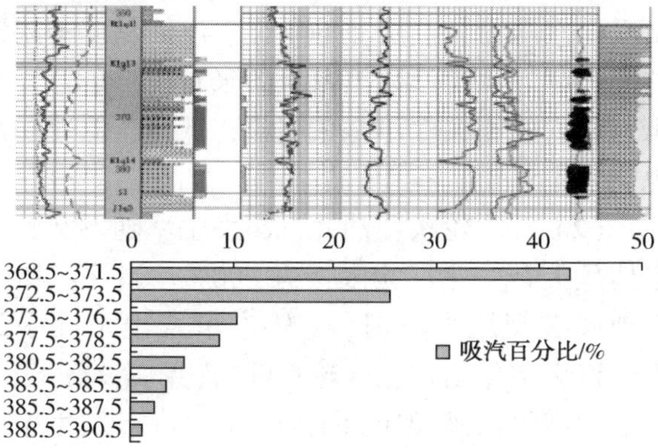

图 2　复合韵律井及吸汽剖面测试图

（2）原油黏度：随着原油黏度的增加，油水流度比增大(见图 3)，黏性指进变得严重，导致热流体更快地到达生产井，汽窜时间变短，热侵体积减小，加剧汽窜现象的发生。本区域原油黏度跨度大，50℃ 原油黏度变化范围为 329 ~ 17329mPa · s，平均 5596mPa · s，按新疆浅层稠油分类标准，从普通至超稠油。根据汽窜发生频次与黏度关系统计，高黏度区域概率及频次大于低黏度区(见图 4)

（3）油层构造：当地层倾角较大时，受蒸汽超覆的影响，蒸汽具有向上部油层突进的趋势，造成蒸汽由低部位向高部位发生干扰和窜流。以该区域转汽驱先导井组为例，受蒸汽超覆的影响，蒸汽由低部位向高部位窜流，造成高部位区域温度值偏高，而低部位区域温度值偏低(见图 5、图 6)。

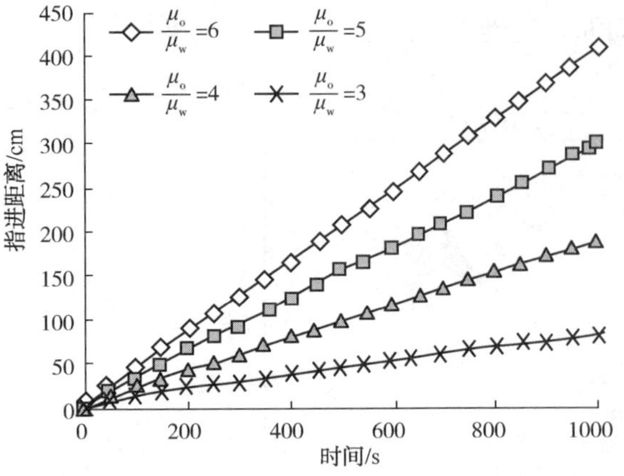

图 3　不同油水黏度下指进距离对比图

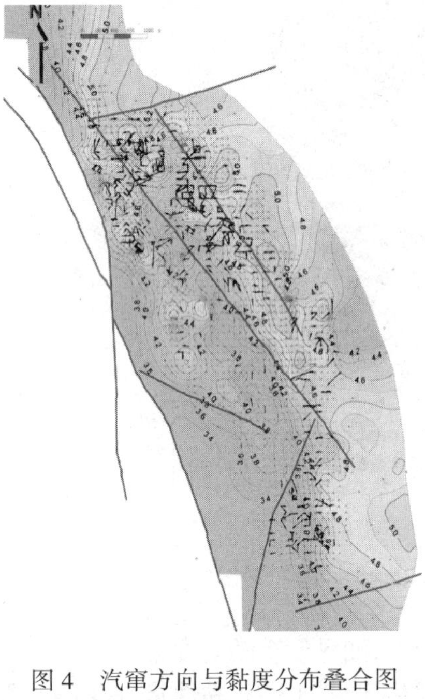

图 4　汽窜方向与黏度分布叠合图

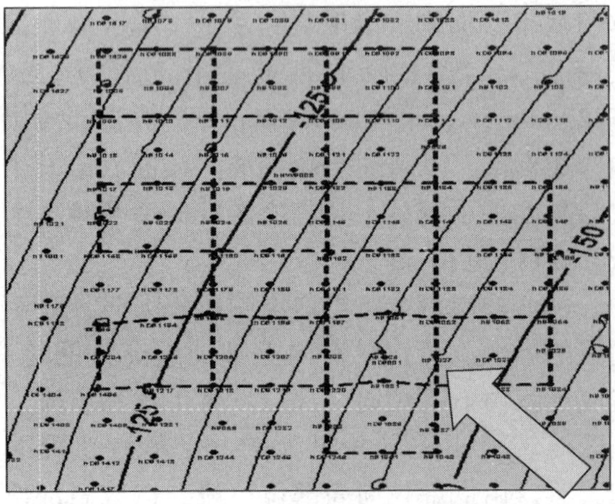

图 5　蒸汽驱范围顶面构造图

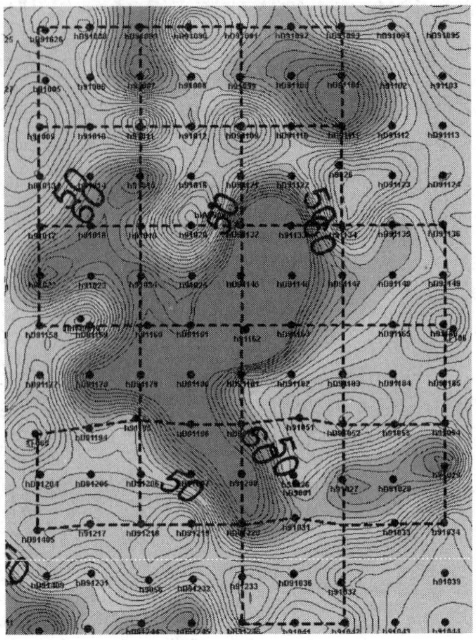

图 6　蒸汽驱范围窜扰平面图

2.2　动态因素

(1) 注汽压力(注汽速度)：注汽是汽窜发生的一个主要因素，注汽压力(注汽速度)越高，汽窜发生的概率越大。在油井低轮次(2 轮以下)吞吐注汽时，注汽压力必须超过地层破裂压力才能形成汽窜。机理分析：低轮次时，地层没有被加热，井间热连通没有形成，原油在地下是无法流动的，相当于在井间形成了一堵超厚的“墙体”，对蒸汽的推动起到了隔挡作用。蒸汽要突破原油的阻挡，必须达到一定的压力值，这个下限就是地层的破裂压力。从统计的数据散点图来看(见图 7)，低轮次发生汽窜时，注汽压力大都在破裂压力之上，完全是压力控制的因果关系。

油井高轮次(3 轮以上)吞吐注汽时，井间热连通已基本形成，原油在油层中已具备流动条件，对蒸汽扩张的阻挡作用已经弱化，这时的汽窜受注汽压力、油层非均质性、原油黏度等因素共同控制。从统计数据散点图来看(见图 8)，汽窜与压力的相关性不是太明显，低压、低速注汽也能发生汽窜。

(2) 吞吐轮次：油井汽窜发生率随吞吐轮次整体呈上升变化，无限接近 100%。当注汽压力在地层破裂压力下时，1 轮汽窜发生率几乎为零，汽窜主要出现在 4 轮吞吐后(见图 9)；当注汽压力在地层破裂压力上时，1 轮汽窜发生率高达 15.4%，第三轮时汽窜发生率已达 87.8%(见图 10)。

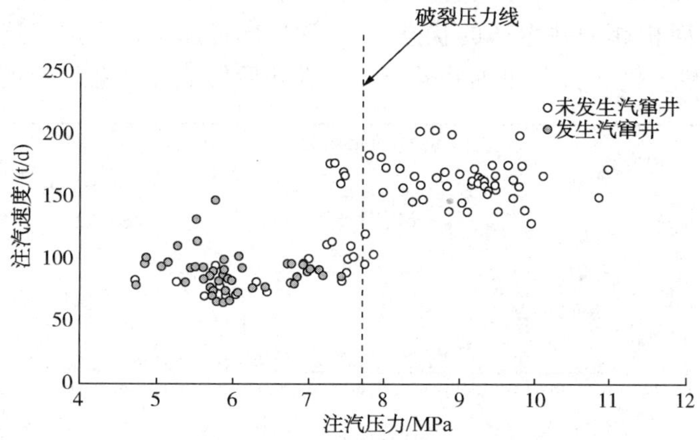

图 7　同类井 1、2 轮不同条件下首次汽窜散点分布图

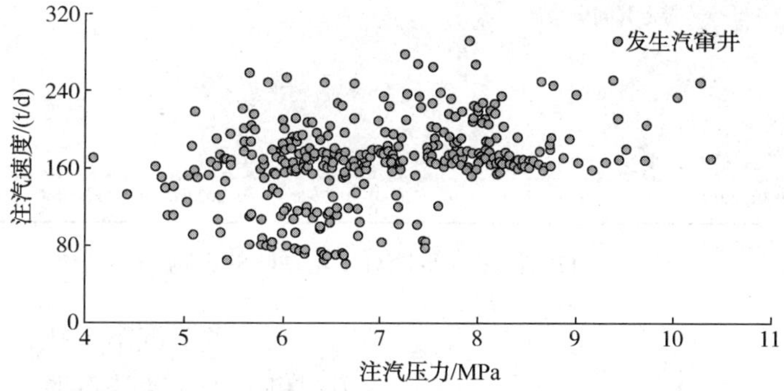

图 8　同类井 3 轮以上不同条件下汽窜散点分布图

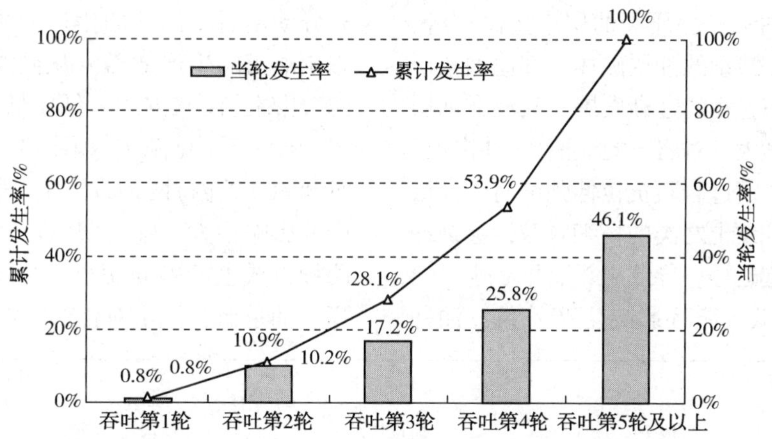

图 9　破裂压力下吞吐注汽汽窜发生率变化曲线

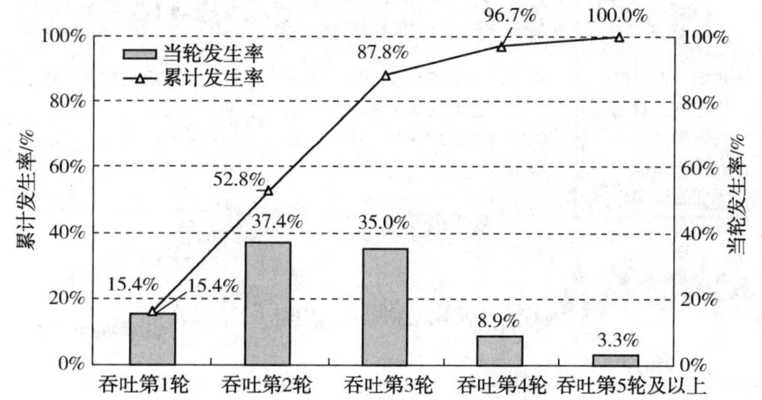

图 10　破裂压力上吞吐注汽汽窜发生率变化曲线

(3) 注采异步性：在蒸汽吞吐生产过程中，总是存在一口油井注汽而相邻油井生产的状态，这是油井间的注采异步性。注汽井与采油井处于两个压力系统，一旦形成连通，蒸汽很容易沿高渗层向低压部位突进，造成汽窜，经过多轮蒸汽吞吐后形成井间蒸汽通道(见图 11)。

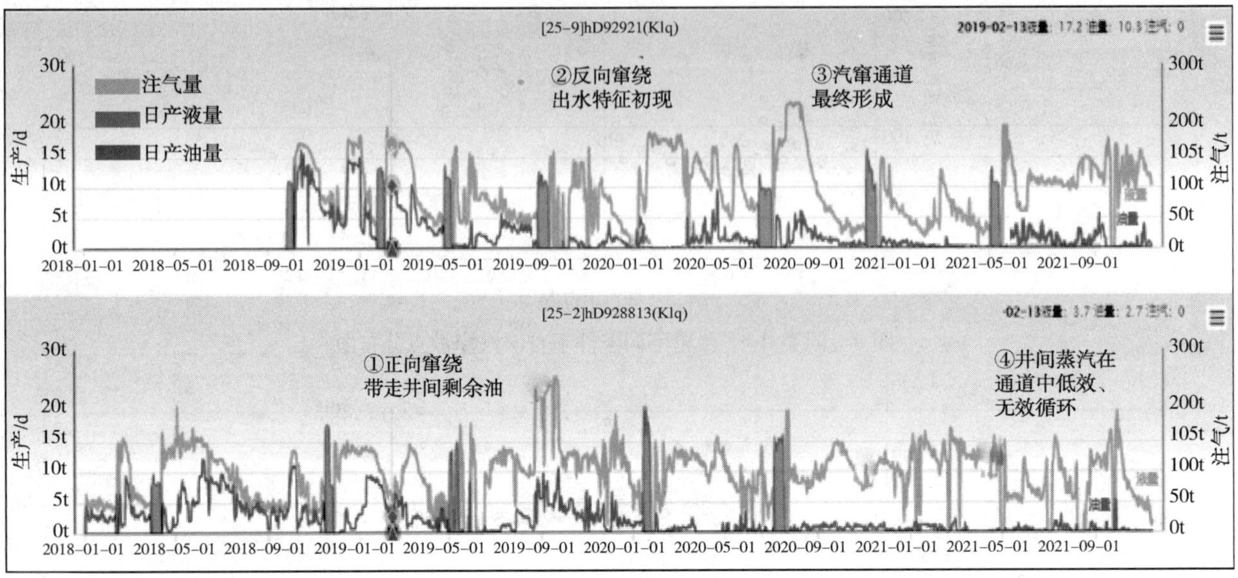

图 11　注采异步性对多轮吞吐的影响

3　汽窜的危害认识

(1) 汽窜的发生伴随着油层的破坏：油井吞吐注汽时，注汽压力过高，会压裂油层产生微裂缝，形成汽窜通道，这是典型的油层破坏。其他因素形成的汽窜，随着汽窜过程的逐渐发展，蒸汽在油层内的流动速度也在增大，对岩石的拖拽力(冲击力)也在增大。当作用力超过岩石抗拉伸强度时，油层就会遭到破坏，诸如黏土之类的精细颗粒，会被冲刷掉，随产出液一起运移，导致相邻油井出砂。

(2) 形成注汽低效循环影响生产效益：油井间一旦发生了汽窜干扰，油层内便产生了高渗通道，再一次吞吐注汽时，蒸汽会优先进入固有的高渗层位，影响了其他层位的动用。当高渗层位充分动用后，油井的生产效果会急剧恶化，严重影响油田的生产效益。从同类油藏两类生产方式(高压高速注汽方式、低压低速注汽方式)生产曲线特征来看(见图 12、图 13)，在开发初期(投产时间 500 天内)两种方式生产特征类似，汽窜对生产的影响不大；中后期(投产时间 500～1500 天)，两种方式生产差异明显，高压高速生产方式含水高、油量低，汽窜对生产恶性影响显现。

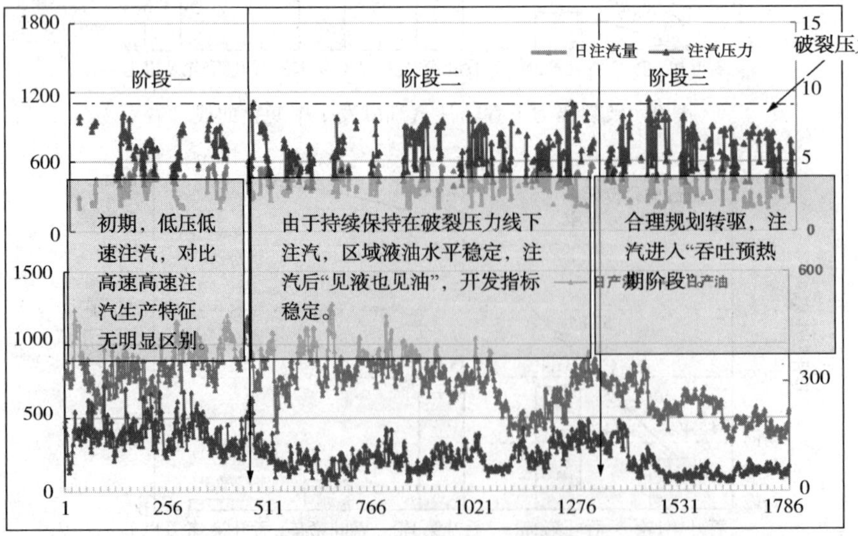

图 12　低压低速注汽方式开发前 6 年生产变化曲线

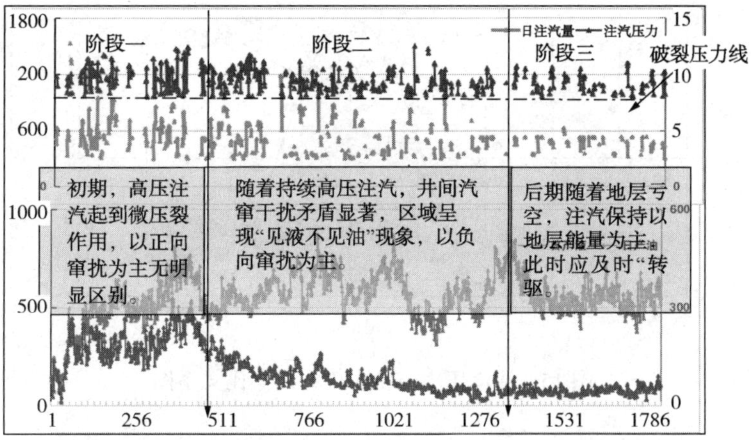

图 13 高压高速注汽方式开发前 6 年生产变化曲线

(3) 降低了油田开发生命周期及终极采收率：由于汽窜干扰问题严重影响油井吞吐生产效果，油井会过早的进入低效生产阶段，即使转入蒸汽驱生产，既有的层间矛盾和平面矛盾也不能得到改善，油井生产仍将会呈低效状态，经济开采时间及终极采出程度极大降低。从生产数据统计来看(见表 1)，同类油藏在吞吐期，正常区域(低压低速注汽方式)油井比汽窜程度严重区域(高压、高速注汽方式)油井采出程度高出 13%上。

表 1 不同开采方式井生产指标对比

分类	井数/口	生产天数/d	单井产油/t	油汽比	采出程度/%
低压低速注汽	68	2000	2360	0.16	26.5
高压高速注汽	73	2000	1220	0.11	13.5

4 汽窜的治理对策

4.1 选择合理的注汽参数，兼顾油层保护和注汽质量

注汽压力(注汽速度)与汽窜关系密切，同时二者又是一对矛盾体，要控制汽窜就要降低注汽质量，即降低注汽压力(注汽速度)；要保证注汽质量，即提高注汽压力(注汽速度)，就会加剧汽窜问题。对未发生汽窜和汽窜程度比较轻的区域，参数的控制以压力为主，根据理论分析及现场经验，注汽压力上限不能超过油层破裂压力，在破裂压力以下 1.5MPa 区间的都比较合适(见图 14、图 15)；对汽窜程度严重的区域，参数的控制以速度为主，该区块注汽速度在 110~160t/d 比较合适(见图 16、图 17)。

4.2 以区域为单元，实施大集团吞吐注汽模式

在汽窜程度严重的区域，油井按照“层位、厚度、物性、轮次、采出程度、供汽半径”相近原则组合成一个区域单元，所有油井同注、同焖，同时结合层间韵律沉积规律分析，对韵律相近的井，集体封隔上部高渗层。通过实施大集团吞吐注汽方式，改善油层动用状况。目前区域累计实施 9 批 134 井次集团注汽，最大注汽量达 3100t/d。注汽压力较上轮措施前提高 2.1MPa，单井日增油提高 0.3 吨(见图 18、图 19)。

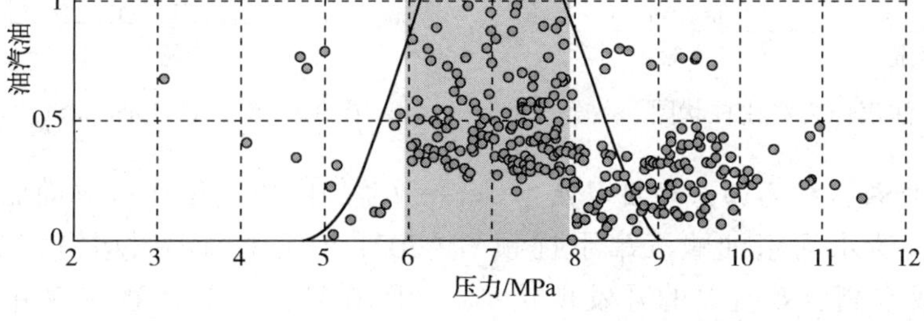

图 14 注汽压力与轮次单井日产油关系图

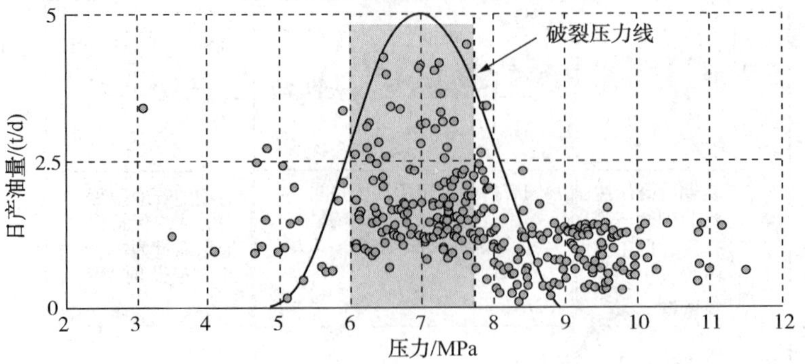

图 15　注汽压力与轮次单井油汽比关系图

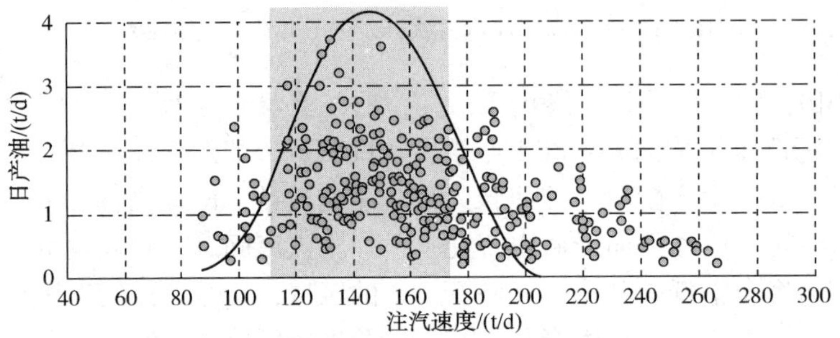

图 16　注汽速度与轮次单井日产油关系图

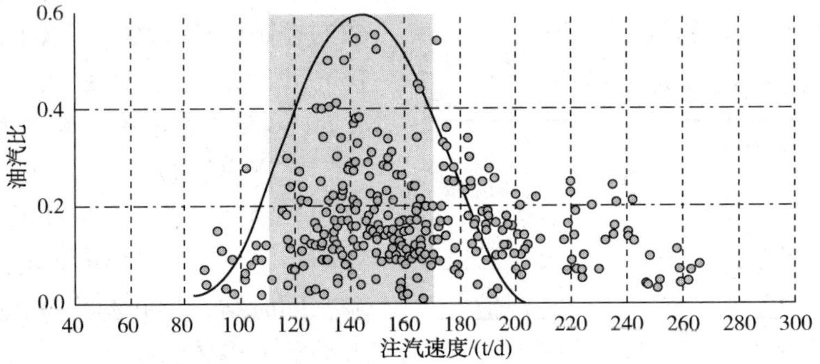

图 17　注汽速度与轮次单井油汽比关系图

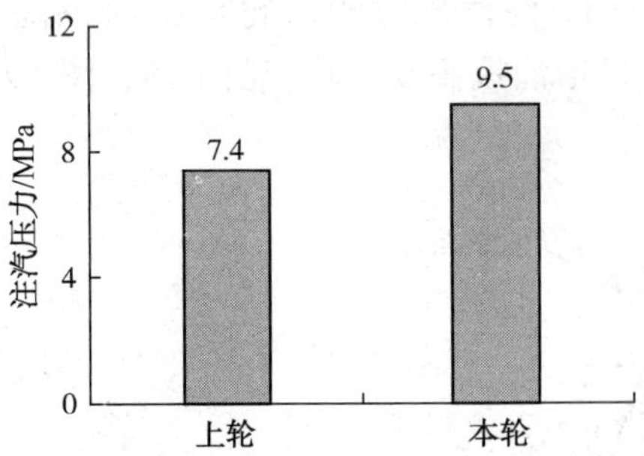

图 18　注汽压力对比柱状图

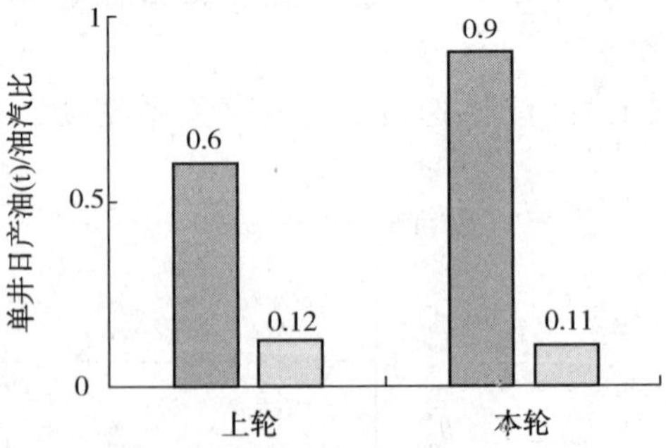

图 19　单井日产油/油汽比对比柱状图

4.3　实施高温封堵措施，提高油层动用程度

鉴于红 003 井区清水河组油藏汽窜干扰频繁，油井产量低、成本高、效益差的开发现状，为解决汽窜干扰，改善油井开发效果、提高注汽效益，区块近年在这方面做了一些积极的尝试。2021 年实施高温封堵措施 7 口，多介质辅助吞吐 10 口，目前观察成效并不显著。分析原因，主要问题如下。一是区块汽窜通道多为地层破裂成因，这类汽窜通道比正常的高渗通道孔隙半径大，属贯通式管流通道，在技术上难以封堵。例如，一口试验井 hD91759 目的层注入堵剂时，堵剂沿下部 K1q4 高渗透段窜流至邻井 h91672，封堵效果未达预期且影响邻井正常生产(见图20)。二是受制于措施成本控制，这种超常规的封堵措施，费用过大，无法实现效益投入。

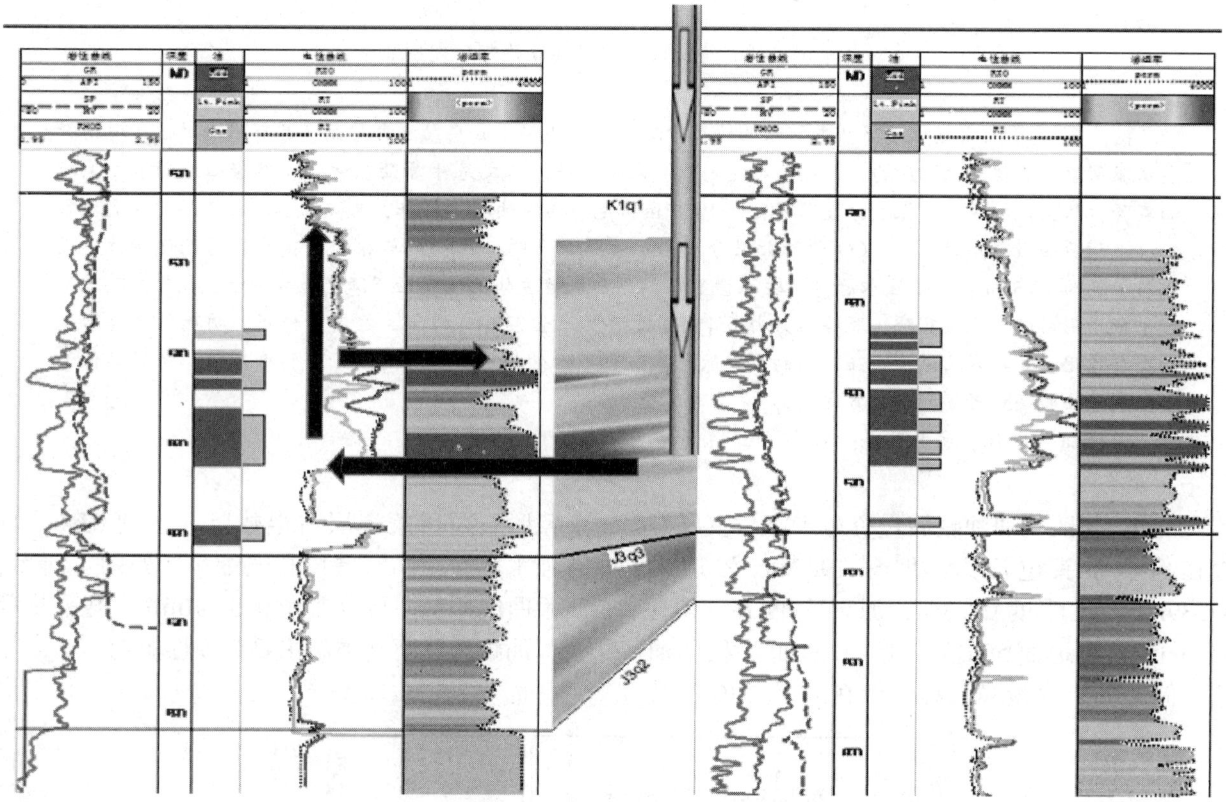

图20　封堵施工井 h91769 与被堵井 h91762 井堵剂窜流方向示意图

5　结论

(1) 油井低轮次时，汽窜的发生主要受注汽压力控制，当压力超过地层破裂压力时可发生汽窜。

(2) 本油藏同类油井，相对低压、低速注汽方式(注汽压力 6.5~7.8MPa，注汽速度 80~110t/d)，汽窜发生的比例低、轮次高，对油层的破坏性小，更利于延长油田开发生命周期，最终采收率比高压、高速注汽方式(注汽压力 8.0~10.5MPa，注汽速度 160~250t/d)高出 10%以上。

(3) 注汽参数选择既要保证注汽质量，又要兼顾油层保护，要避免油层破裂形成的汽窜，即吞吐注汽压力上限不能超过油层破裂压力。

(4) 针对汽窜严重区域，采取集团注汽方式生产是目前最权益的手段，但该措施目前油汽比较低，经济效益不高。

(5) 高温封堵技术是治理汽窜的根本手段，针对大孔隙汽窜通道的封堵，要在技术改进和成本控制上努力攻关。

参考文献

[1] 陶光辉. 河南油田稠油老区开发后期技术路径的思考[J]. 石油地质与工程，2019，33(03)：49-52.

[2] ZHAN X，WANG X，Li L，et al. A novel polyacrylamide-based superabsorbent with temperature switch for steam breakthrough blockage [J]. Journal of Applied Polymer Science，132(24)：352-359.

[3] 蔡宁骁，王真理，周大胜，等. 注蒸汽稠油热采开发区浅层汽窜的微重力勘探方法[J]. 石油地球物理勘探，2019，54(01)：235-242.

[4] 凌国春. 油井汽窜远程监测技术在齐 40 块的应用[J]. 石油规划计，2016，27(04)：48-51.

[5] 程刚. 多轮次蒸汽吞吐井间汽窜通道定量描述[D]. 北京：中国石油大学(北京)，2020.

[6] 赵萌. 蒸汽吞吐井间汽窜特征及预判评价方法研究[D]. 北京：中国石油大学(北京)，2018.

北 10 井区头屯河组稠油油藏注水压力高实验分析

宁　朦　李织宏　许　亮　聂小斌　李　明　刘佳幸　罗　强

(中国石油新疆油田分公司实验检测研究院)

摘　要　北 10 井区侏罗系头屯河组油藏属中深层稠油油藏，储层黏土含量高，具有强水敏性。现场开展水驱试验，表现为注水压力高、储层补能困难、采收率低。本文基于原油乳化、天然岩心水敏和 CO_2 驱油实验，结合低场核磁共振成像技术研究北 10 井区头屯河组稠油乳化特征、岩心注水前后储层物性变化特点、水驱原油微观动用规律、CO_2 驱油效果分析。实验结果表明，注入水与原油存在明显的乳化现象，乳化液粒径为 1~5μm；岩心注水后，核磁 T_2 谱显示储层水敏后主体孔喉半径下降 2 个数量级，乳化液难以通过水敏后形成的纳米级孔隙，驱替压力由 1.4MPa 持续上升至 22MPa 以上。经实验分析，明确乳化与水敏的叠加作用是导致本油藏注水压力高的主要原因，而 CO_2 驱在本油藏具有高效开发的可行性，为同类低渗水敏稠油油藏高效开发指明了方向。

关键词　北 10；注水压力；水敏；乳化；低场核磁；CO_2 驱

北 10 井区稠油油藏储量资源丰富，主要发育在侏罗系头屯河组，埋深 1987m，渗透率 37.39mD，孔隙度 22.3%，原油黏度在 140~5926mPa·s(地面 50℃)，属于中孔低渗稠油油藏。储层黏土含量高，总含量在 8%~13%，其中蒙脱石及伊蒙混层占半数以上达到 63%，具有强水敏性，同时储层孔喉细小。如图 1 所示，压汞曲线所示主要分布在 0.5~10μm，开采难度大。油藏天然驱动类型主要为弹性驱动。

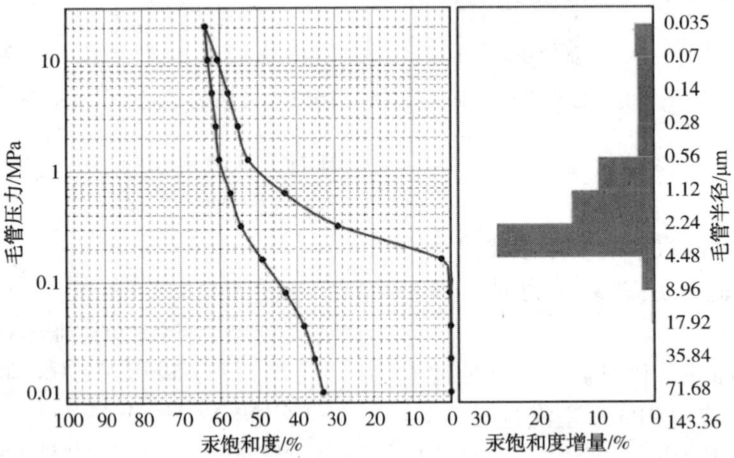

图 1　北 29 井压汞曲线

2017 年在油藏中部部署 7 注 12 采注水试验区，初期以衰竭式开采。2019 年实施反 7 点井网注水试验。目前水驱开发表现为水井注水压力高、欠注严重、储层补能困难、油井产量递减快、供液不足，未能达到设计产能，油藏中仍有丰富的剩余油亟待挖潜和开发。

前人针对水敏性油藏注水困难开展大量实验研究：苏德尔特油田贝 16 断块水敏性储层，在水驱过程中使用防膨型酸液体系及防运移型酸液体系；阿拉德油田哈浅 22 块疏松砂岩水敏性稠油油藏采用无氯小阳离子黏土稳定剂；胜利油田水敏低渗油藏利用一种可以进入黏土晶格内部的小分子防膨缩膨剂，抑制黏土矿物膨胀和微粒运移，减少注入水对储层产生的伤害，提降低注水压力，提高采出程度。针对水敏性油藏采用水驱开发的模式，国内外主要通过使用各类黏土稳定剂体系减轻对储层产生的伤害，但无法完全消除，仍存在残余伤害影响开发效果。相比于常规砂岩油藏，低渗砂岩油藏由于岩性致密、孔喉细小，储层水敏后会产生黏土矿物水化膨胀、失稳脱落、分散运移导致渗流通道体积缩小，堵塞孔隙喉道，对储层造成的伤害更加严重。目前北 10 井区强水敏低渗透稠油藏采用无机黏土稳定剂，现场表现出水井注水压力高、油井产量递减快的现象，开发效果不理想。通过实验筛选未能寻找到适合此油藏水驱开发的黏土稳定剂，可以有效解决注水困难的现状。针对本油藏开发出现的问题，通过开展原油乳化、岩心水驱等实验，对水驱开发注水压力高的机理认识由定性认识转向定量认识，同时明确寻找其他高效经济的开发方式，是目前油田开发亟待解决的问题。

1　乳化实验

1.1　实验条件

为消除水敏影响选取物性类似目标油层条件的人造岩心 3 块，规格为 3.8cm×8cm，编号为 a、b、c，北 10 脱水原油（1300mPa·s，51.8℃），矿场采出水，北 10 模拟注入水，模拟油藏温度 51.8℃。

1.2　实验步骤

(1) 原油乳化：将北 10 脱水原油与采出水按照试验区产出乳状液的含水率 10%配备液体样品，使用一字搅拌杆仪器进行剪切乳化，形成乳化液后测定其相态、黏度与粒径等数据；

(2) 油水混合驱：以 0.1mL/min 速度将模拟水、原油以不同比例(1∶4、2∶3、3∶2)同时注入岩心(见表 1)，以研究不同含水(20%、40%、60%)乳状液对渗流的影响。

表 1　岩心物性参数表

岩心编号	孔隙度/%	渗透率/mD	含水/%	水油流速比
a	15.6	32.8	20	1∶4
b	17.4	24.3	40	2∶3
c	15.5	28.7	60	3∶2

1.3　实验结果及分析

(1) 对实验产出的乳化液进行检测，发现乳化液稳定性好，51.8℃下老化 60d 无明显脱水。相态为 W/O 型，含水率为 10%。乳化液黏度平均值为 3861mPa·s，粒径处于 1~5μm 范围内，各项性质与矿场试验区产出乳状液相近(见表 2、图 2)。同时发现油水样品极易发生乳化，在油藏温度 51.8℃条件，仅需剪切速率 500r/min 搅拌 1h，即可使样品完全乳化。表明油藏实施注水措施后，油层内部产生大量粒径为 1~5μm 且性能稳定的乳化液，将难以通过储层中大部分孔喉，增加注入液体在油藏中的流动阻力。

表 2　乳化液性质

编号	剪切速率/(r/min)	相态	乳化率/%	粒径/μm	含水率/%	乳化液黏度/(mPa·s)
36#	300	W+W/O	93.3		3.6	-
37#	600	W/O	100	1~3	10	3923
38#	500	W/O	100		10	3564
39#	500	W/O	100		10	4096
矿场	-	W/O		1~5	10	3529

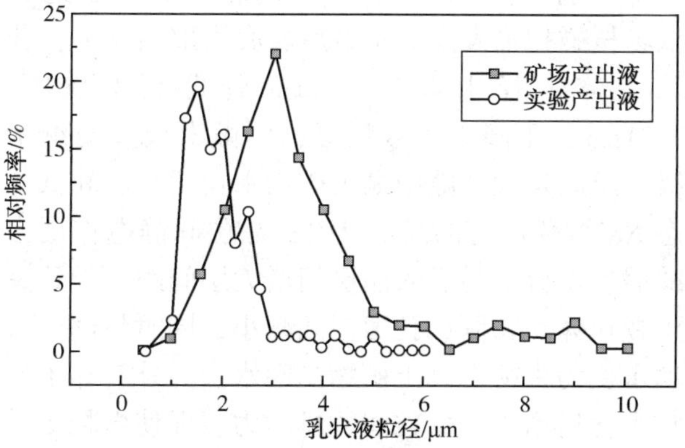

图 2　产出液微观形态

(2) 如图 3 所示，注入液体含水为 20%时，乳化速度最慢，产出液完全乳化且非常稳定，注入体积为 2PV 内注入压力上升幅度较小，在注入体积超过 2PV 后进入高速上升期，当注入体积达到 4PV 时达到峰值，此时注入压力升至 16.3MPa；注入液体含水为 40%时，乳化速度居中，产出液中存在明水，注入体积在 0~2PV 范围内，为注入压力迅速上升，在 2PV 时达到高点后保持稳定，最高压力为 17.8MPa；注入液体含水为 60%时，乳化速度最快，产出液完全乳化，在注入体积小于 1PV 时注入压力直线上升至18.2MPa，后期无明显上升趋势保持平稳。油水混合驱实验表明，注入液体的含水是影响样品乳化速度的决定性因素，含水越高，乳化速率越快。随着注入液体含水率的增加，液体达到完全乳化时的注入体积逐渐变小，分别为4PV、2PV和1PV。不同含水下，最高驱替压力差距不大，较乳化前提高15~20倍，即使8cm岩心至少需要15MPa以上才能驱动，说明乳化液的生成对渗流影响较大，在170m井距的矿场开发中则需要超高的驱动压力。

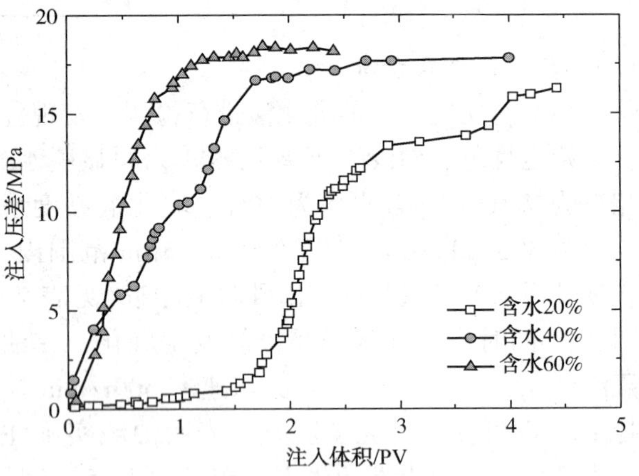

图3　不同含水条件下油水同注的注入压差变化

2　水敏实验

2.1　实验条件

为消除乳化影响，实验油选取不与水发生乳化的煤油作为岩心饱和用油；实验用水为依据北10井区注入水化验分析后配制的模拟水；实验岩心取自北10井区探井目的层的天然岩心，规格为2.5cm×5cm，编号为A、B、C。

2.2　实验步骤

(1) 浸泡实验：将北10井天然岩心A制成厚度为8mm的薄片，在储层温度51.8℃条件下，使用模拟水浸泡24h，观察其形态变化。然后低温烘干至恒重，利用电镜扫描观察浸泡实验前后岩心内部微观结构变化。

(2) 饱和煤油：将抽真空后的2块天然岩心(B、C)，以0.05mL/min的注入速度饱和煤油，饱和至岩心恒重后结束，使用低场核磁共振扫描，确定岩心原始孔隙范围及分布方式。

(3) 饱和模拟水：将岩心B，将煤油抽提干净，抽真空后，将模拟水以0.05mL/min的注入速度注入岩心，至岩心恒重后结束，使用低场核磁共振扫描岩心，观察水敏后孔隙结构及分布变化。

(4) 煤油驱煤油：使用煤油以0.05mL/min的速度注入岩心C，注入量为2PV，观察驱替压力变化。

(5) 模拟水驱煤油：使用模拟水以0.05mL/min的速度继续注入岩心C，注入量为4PV，观察驱替压力变化。

2.3　实验结果与分析

(1) 北10井天然岩心浸泡实验：在宏观上，岩心经过模拟水浸泡后，松散变形，断面产生交叉状裂缝，出现明显水化膨胀现象，在物理形态上发生宏观形变(见图4)；在微观层面，通过电镜扫描发现水敏后黏土膨胀致使岩心内部孔径为5.5μm具有流动性的孔隙发生闭合，严重降低了储层的孔隙度与渗透性，伤害储层物性同时制约水驱开发效果。

(2) 用低场核磁共振扫描岩心，可以通过弛豫时间与信号幅度表征岩心孔隙分布情况。李海波等结合多种数学方法给出了系数 C 计算方法，使得 T_2 弛豫时间与岩心孔隙半径 r 可以有效转换。公式如下：

$$T_2 = C \times r \tag{1}$$

$$C = \frac{1}{\rho_2 F_S} \tag{2}$$

式中，T_2 为弛豫时间，单位为ms；C 为换算系数(无量纲)；r 为孔隙半径，单位是μm；ρ_2 是弛豫率，单位是μm/ms；F_S 为孔隙形状因子(无量纲)，它的大小随孔隙模型的不同而不同。ρ_2 与 F_S 可以看作是常数，因此系数 C 也应是一个定值。

本文在求取出系数 C 后选取一定量有代表岩样进行 C 值标定，最终得到 C 值为100。通过换算可以得到本油藏弛豫时间与孔隙半径的对应数据(见表3)。

将饱和模拟水实验前后的岩心B分别进行低场核磁扫描发现，水敏后岩心内部表现为：孔隙主体半径由0.1~10μm降低至0.001~0.01μm，下降2个数量级，由微米级降至纳米级。原因是大孔隙中黏土矿物水化后晶层间低价态 Na^+ 取代原有的高价 Al^{3+}，晶层间静电作用力减弱，水分子易进入晶层间增大层间距，导致黏土颗粒体积膨胀、孔隙空间减小，同时将部分可动水变为束缚态黏土矿物晶间水。另外，黏土矿物水化后增强了微粒间的排斥力，促使微粒更易脱落，会加大微粒运移造成储层伤害。

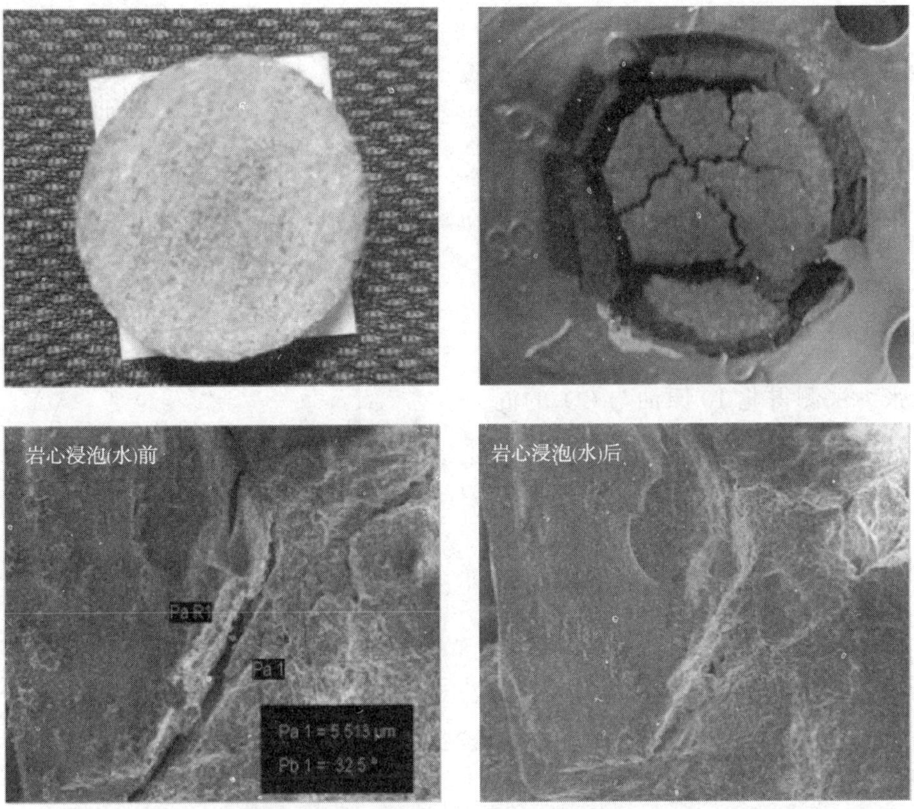

图 4　北 10 井天然岩心浸泡前后电镜扫描图

表 3　弛豫时间与孔隙半径对应表

项目	数值						
弛豫时间/ms	0.01	0.1	1	10	100	1000	10000
孔隙半径/μm	0.0001	0.001	0.01	0.1	1	10	100

(3) 由图 5 可知，岩心中具有流动性的孔隙位于 T_2 截止值右侧，经过换算主要分布在 0.1～10μm 范围内，水敏会造成可流动孔隙度下降 50%以上。表明本油藏经水驱开发后，不仅发生黏土膨胀导致中小孔隙闭合，大孔隙变小，具有流动性的孔隙体积大幅降低。同时，残余的大孔隙由粒径为 1～5μm 的乳状液占据空间，丧失流动性，给储层造成极大伤害。

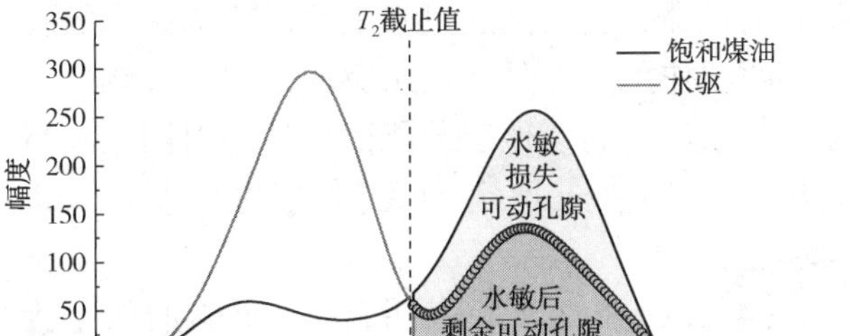

图 5　饱和煤油/水后孔隙核磁分析示意图

注：T_2 截止值：使饱和水 T_2 累积信号量与离心后 T_2 谱累积信号量相等的点，反映可动流体孔隙大小。

(4) 煤油驱煤油实验，注入压力无上升趋势，稳定在 1.4MPa，而使用同一岩心继续开展模拟水驱实验注入压力迅速上升至 22MPa 以上，属于典型的黏土膨胀压力曲线，水敏效应导致渗流能力大幅降低，极大地影响了注水开发效果(见图 6)。

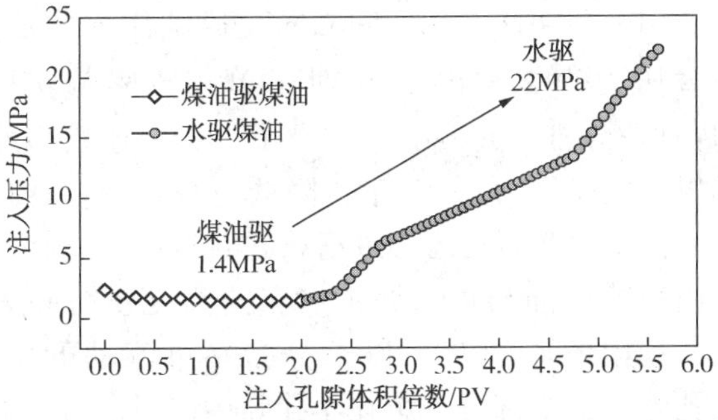

图 6　水驱煤油驱油实验压力示意图

本文通过室内实验分析了北 10 井区水驱开发乳化和水敏反应在微观上储层内部的渗流特

征，明确本油藏注水压力高的主要原因。同时经过调研分析发现前人针对水敏、稠油、低渗等不同油藏，开展大量矿场及室内实验研究，确定CO_2驱能够有效改善强水敏性稠油油藏开发效果。下步开展室内实验，明确CO_2驱油在本油藏中的可行性，从而为该项技术在强水敏稠油油藏的应用提供理论支持。

3　CO_2驱油实验

利用界面张力法测得北 10 原油与CO_2的混相压力为 49.1MPa，本油藏原始地层压力为 31.7MPa，无法达到混相状态。因此，本区CO_2驱油为非混相驱。

3.1　实验条件

使用探井目的层天然岩心 D，规格为 2.5cm ×5cm，北 10 脱水原油(1300mPa·s，51.8℃)，CO_2气体，模拟油藏温度压力（51.8℃，31.7MPa)。

3.2　实验步骤

（1）气测孔渗实验：使用氦气测试岩心 D 的渗透率和孔隙度。

（2）饱和油：重复水敏实验步骤第 2 步，将煤油换为北 10 原油，使用核磁共振T_2谱扫描饱和油后岩心的原油分布状态。

（3）CO_2驱油：在油藏温度压力下，以 0.05mL/min 的恒速将浓度为 99%的超临界CO_2注入岩心，驱替至出口端无原油产出后停止，在不同驱替阶段记录注入压力和出油量后取出岩心，去除表面的浮油和水溶液，采集核磁共振T_2谱分析计算驱油效率和不同孔隙原油采出贡献率。

3.3　实验结果与分析

（1）将CO_2以 0.05mL/min 速度注入岩心，驱替压力为 2.8MPa，相对于单相流驱替实验(煤油驱煤油，1.4MPa)上升了 1 倍，比模拟水驱煤油实验压力(>22MPa)降低 80%以上。通过对CO_2驱替前后的岩心进行核磁共振扫描，将岩心内束缚原油与可动原油含量进行定量分析发现，动用的原油 90%以上分布在可流动的中、大孔隙中，少部分聚集在小孔隙中(见图 7)。原因为CO_2气体分子体积小，且具有较强的扩散性，可以进入更小的孔隙驱替原油，增加波及体积；同时CO_2气作为驱替剂注入岩心后溶解于原油，可有效降低原油界面张力和黏度、膨胀原油体积，增加原油流动性、蒸发原油中轻烃组分，形成溶解气驱，从而达到提高原油采收率的目的。策莎莎等在 YSL 低渗油藏CO_2驱油研究中也得到相似观点。

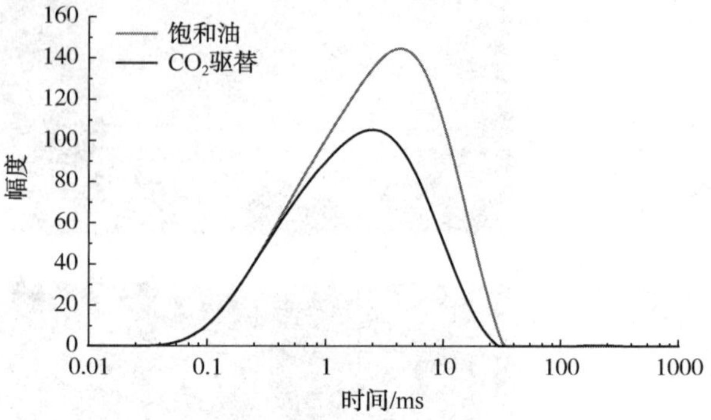

图 7　CO_2驱前后核磁信号变化示意图

（2）在地层温度条件下，利用核磁信号幅度计算出CO_2驱油效率可达 26.6%，提高采出程度效果明显。

4　结论

（1）北 10 头屯河组油藏黏土矿物含量高，采用水驱开发方式，诱发水敏效应造成储层中平均孔隙直径下降 2 个数量级，可流动孔隙体积下降 50%以上，使得注水井近井地带储层堵塞，导致水驱实验驱替压力升至 22MPa 以上，在矿场表现注水压力高，欠注严重。

（2）北 10 原油易与注入水发生乳化，形成的乳状液非常稳定，粒径为 1~5μm，刚好与北 10 油藏储层原始孔径 0.5~10μm 相匹配，考虑到贾敏效应的叠加，液体在储层中渗流所需驱替压力超过乳化前 15 倍以上。

（3）经研究分析发现，储层水敏与原油乳化单独存在均可以成为注水压力高的重要因素，但北 10 原油乳化液不仅可以堵塞储层水敏后剩余可流动孔隙，更无法通过水敏后形成的纳米级孔喉，两项作用叠加是造成水驱渗流阻力大幅度上升、注水压力高、地层补能困难的绝对因素。目前矿场采用黏土稳定剂无法解决上述的双重问题。

（4）CO_2驱油实验表明，CO_2驱驱油效率为 26.6%，能有效提高油藏采收率，证明了CO_2驱在本油藏实施的可行性。建议针对本油藏开展CO_2驱油技术实验研究工作，优化得到合理的开发方式及现场实施设计方案，为同类低渗水敏稠油油藏高效开发提供技术指导。

参考文献

[1] 刘国静. 水敏储层注水开发技术[J]. 油气田地面工程, 2013, 32(02): 9-10.

[2] 庄严, 熊汉桥, 尹达, 等. 稠油油藏注蒸汽储层损害机理及保护措施[J]. 地质科技情报, 2017, 36(04): 203-209.

[3] 李侠清, 张星, 孙玉海, 等. 低渗透水敏储层小分子缩膨减阻增注技术研究[C]//2020 油气田勘探与开发国际会议论文集, 2020: 1442-1449.

[4] 李海波, 朱巨义, 郭和坤. 核磁共振 T_2谱换算孔隙半径分布方法研究[J]. 波谱学杂志, 2008(02): 273-280.

[5] 董沅武, 低渗透砂岩油藏增产过程中储层损害的微观机理研究[D]. 荆州: 长江大学, 2021.

[6] 刘凡, 姜汉桥, 张贤松, 等. 基于核磁共振的水平井开发孔隙动用机理研究[J]. 西南石油大学学报: 自然科学版, 2013, 35(6): 99-103.

[7] 吴长辉, 赵习森. 致密砂岩油藏核磁共振 T_2截止值的确定及可动流体喉道下限——以吴仓堡下组合长9 油藏为例[J]. 非常规油气, 2017, 4(2): 91-94.

[8] 张丽雅, 宋兆杰, 马平华, 等. 稠油油藏注超临界二氧化碳驱油影响因素分析[J]. 地质与勘探, 2017, 53(04): 801-806.

[9] 张立, 张卫东, 沈之芹, 等. 二氧化碳提高稠油采收率技术进展[J]. 化学世界, 2020, 61(11): 727-732.

[10] 王晓燕, 章杨, 张杰, 等. 稠油油藏注 CO_2 吞吐提高采收率机制[J]. 中国石油大学学报(自然科学版), 2021, 45(06): 102-111.

[11] 匡铁. 强水敏储层 CO_2 驱数值模拟研究[D]. 大庆: 东北石油大学, 2018.

[12] 史英, 盖长城, 颜菲, 等. 稠油油藏 CO_2 吞吐合理吞吐轮次[J]. 大庆石油地质与开发, 2017, 36(01): 129-133.

[13] 孙焕泉, 王海涛, 吴光焕, 等. 稠油油藏注 CO_2 提高采收率影响因素研究[J]. 石油实验地质, 2020, 42(06): 1009-1013, 1023.

[14] 杨胜来, 李新民, 郎兆新, 等. 稠油注 CO_2 的方式及其驱油效果的室内实验[J]. 石油大学学报: 自然科学版, 2001, 25(2): 62-64.

[15] 白剑. 特低渗透强水敏储层 CO_2 驱油可行性研究[J]. 科学技术与工程, 2012, 12(21): 5270-5273.

[16] Lipei Fu, Kaili Liao, Jijiang Ge, et al. Study of ethylenediammonium dichloride as a clay stabilizer used in the fracturing fluid[J]. Journal of Petroleum Science and Engineering, 2019, 179: 958-965.

[17] 策莎莎. YSL 低渗油藏 CO_2 驱油室内实验综合评价研究[D]. 成都: 西南石油大学, 2019. DOI: 10.27420/d.cnki.gxsyc.2019.000566.

[18] 沈德煌, 张义堂, 张霞, 等. 稠油油藏蒸汽吞吐后转注 CO_2 吞吐开采研究[J]. 石油学报, 2005, 26(1): 83-86.

[19] 刘恩新, 宋东勇, 崔巨师, 等. 低渗透油田油层伤害机理及保护措施研究[J]. 断块油气田, 2003, 10(6): 39-45.

[20] 罗二辉, 胡永乐, 李保柱, 等. 中国油气田注 C02 提高采收率实践[J]. 特种油气藏, 2013, 20(2): 1-7.

[21] 李隆新, 吴锋, 张烈辉. 低渗透油藏 CO_2 混相驱对储层改造作用的实验研究[J]. 科学技术与工程, 2013, 13(13): 3588-3591.

[22] 胡滨, 胡文瑞, 李秀生, 等. 老油田二次开发与 CO_2 驱油技术研究[J]. 新疆石油地质, 2013, 34(4): 436-440.

[23] 邵东波, 谢先奎, 张高源, 等. 超低渗透砂岩油藏微观渗流特征及驱油效率的影响因素[J]. 地球物理学进展, 2017, 32(4): 1628-1635.

[24] 徐冰涛, 杨占红, 刘滨, 等. 鄯善油田注空气提高原油采收率实验研究[J]. 吐哈油气, 2005, 10(2): 137-140.

[25] 赵继勇, 熊维亮, 范伟, 等. 特低渗透油藏提高采收率驱油体系筛选及应用[J]. 新疆石油地质, 2019, 40(6): 720-724.

强非均质超稠油油藏直井辅助 SAGD 直井筛选条件研究

王　青　刘　佳　刘传义　许海鹏

（中国石油新疆油田分公司勘探开发研究院）

摘　要　强非均质性超稠油油藏主体开发技术 SAGD 部分井组存在蒸汽腔发育不均衡、横向扩展缓慢等问题。直井辅助 SAGD 技术可明显改善此类问题，目前辅助直井的筛选尚未形成统一标准。以风城油田 Z01 井区为例，从油层厚度、三类蒸汽腔的平面垂距、直井之间的距离、直井的排列方式、地层倾角五个方面明确了辅助直井的筛选条件，解决了直井辅助首要的选井问题。研究结果表明，直井辅助后油汽比提高 0.021，采收率提高 6.3%，为 SAGD 高效开发提供了技术支撑。

关键词　强非均质超稠油油藏；直井辅助 SAGD；数值模拟；水平段分类；平面垂距；筛选条件

新疆风城油田是典型的超稠油油藏，为陆相辫状河沉积，以心滩、河道微相发育为主，非均质性较强，开发难度很大。经过新疆油田多年攻关实现了超稠油 SAGD 的经济有效开发，目前该技术已成为超稠油开发的主体技术，但受隔夹层、工艺条件等方面影响，部分井组存在水平段动用程度低、蒸汽腔发育不均衡、横向扩展缓慢等问题。现场实践中，为提高 SAGD 采收率，改善开发效果，采取了直井/水平井辅助 SAGD、多分支 SAGD，储层改造、多介质辅助等措施进行开发增效，其中直井辅助 SAGD 可以明显改善蒸汽腔发育，提高采油速度，所需费用较少且可操作性较强，最终达到提高油汽比和采收率效果。前人对直井辅助 SAGD 技术讨论较多的为综合性概述、参数优化等，而直井的选择仅讨论距离一个参数，且对蒸汽腔发育的不同程度没有针对性的细化研究。本次研究首次提出“直井筛选条件”的概念，以强非均质超稠油典型井区风城油田 Z01 为例，从五个方面系统地研究了直井的筛选条件，其中在讨论距离时针对蒸汽腔发育的大小给出了详细的距离界限。最后通过实例验证了筛选条件的合理性，研究结果对直井辅助 SAGD 技术具有重大的指导意义。

1　油藏地质概况

风城油田 Z01 井区 50℃下原油黏度在 $9.0\sim44.8\times10^4$mPa·s，平均 11.5×10^4mPa·s。目的层齐古组 J_3q_3 层构造形态为南倾单斜，地层倾角 5°～8°，油藏中部埋深 470m，油层以中-细砂岩为主，连续油层厚度 15～24m，平均 19m，平均孔隙度 28.7%，平均渗透率 983mD，平均含油饱和度 62.5%。原始地层温度 21.42℃，地层压力 4.5MPa。井区内储层以辫状河心滩坝沉积为主，主要发育岩性夹层，物性夹层次之，属于中等~强非均质性油藏。井区内 5 对 SAGD 井组水平井井距 70m，水平段长度 600～800m。其中 H01 井组为 800m 长水平段，其余井组为 600m 长水平段，共有控制井 12 口。Z01 井区于 2013 年投产，截至 2020 年 6 月，单井组平均日产油 15.9t/d，平均油汽比 0.14，采注比 0.77～1.03。井区累积产油 15.41×10^4t，采出程度 14.4%。

监测资料显示，Z01 井区目前 5 个 SAGD 井组水平段动用程度 72%～95%，平均 84%。蒸汽腔整体状态表现为局部未到顶、发育不均衡、横向扩展缓慢的特点。

2　直井筛选条件

直井辅助 SAGD 技术是指为解决储层物性差、隔夹层普遍发育导致的 SAGD 井组蒸汽腔发育受阻、开发效果差的问题，利用 SAGD 邻近直井，依靠直井蒸汽吞吐与 SAGD 井组形成热连通，之后直井持续注汽扩大蒸汽腔规模，以此提高 SAGD 开发效果的一种技术。

由以上原理可以看出，直井辅助的效果取决于直井与 SAGD 井的连通效果即直井和 SAGD 井之间的油层条件。油层条件好的，连通速率快，辅助效果好，反之亦然。根据油田开发实践经验，影响连通效果的油层参数按影响从大到小分别为直井处的油层厚度、直井与SAGD井的距离、直井之间的距离、直井的排列方式、地层倾角。下面依次讨论上述筛选条件，从待选井中筛选出合适的直井进行辅助，从而达到改善蒸汽腔发育和提高采油速度的效果。

2.1 数模模型的建立

根据Z01井区J_3q_3层油藏地质特征，利用CMG软件建立单井组油藏数值模型，网格步长为10m×2m×1m。采用角点网格，平面网格划分为37×35个，纵向上分为35层。渗透率为983mD，孔隙度为29%，含油饱和度为63%，原始地层温度22.0℃，底层压力4.5MPa。中间设置一对SAGD井，以此机理模型对辅助直井相关参数进行论证。

2.2 直井处油层厚度

为避免过早汽窜，直井的射孔底界应与SAGD注汽井齐平。分别模拟直井处SAGD注汽井上方油层厚度6m、10m、14m时的生产效果。由模拟结果可知，随注汽井上方油层厚度的增加，产油量增加。当厚度为6m时井组累产油为1.20×10^4t，采收率41.2%；10m时累产油为2.56×10^4t，采收率52.7%；14m时累产油为3.94×10^4t，采收率57.8%。厚度10m和15m的产油峰值相差不大。结果表明，在目前的油价及操作成本下，直井处SAGD注汽井上方油层厚度应≥10m。

2.3 平面垂距

平面垂距是指直井垂直于水平井的距离。SAGD井周围油层厚度变化不大，而直井的平面垂距是直井辅助现场实施中影响最大的因素。平面垂距越小，直井处于SAGD井蒸汽腔中，丧失辅助效果，且钻井存在安全风险。平面垂距越大，实现连通的吞吐轮次越高，辅助效果越差。前人的研究成果没有考虑辅助直井处水平井段蒸汽腔大小对平面垂距的影响，而在实际应用中，平面垂距应与水平段蒸汽腔大小有关，蒸汽腔发育较好处，直井的平面垂距较大，蒸汽腔发育较差处，平面垂距较小。在不同非均质条件下，蒸汽腔发育情况也不尽相同。在均质油层中，蒸汽腔发育差别不大，在中等非均质油层中，蒸汽腔发育差别较大，在强非均质油层中，蒸汽腔发育差别极大。在数模中可以定量得到蒸汽腔的体积大小。

根据前人经验和现场实践，按蒸汽腔体积系数对蒸汽腔大小进行分类，定义如下：

$$V_c = V/V_{max} \quad (1)$$

式中，V_c为沿水平段蒸汽腔体积系数，无量纲；V为辅助直井处水平段蒸汽腔体积，m^3；V_{max}为水平段蒸汽腔最大体积，m^3。

非均质性越强，蒸汽腔发育越差，蒸汽腔体积系数越小。均质油层中发育Ⅰ类蒸汽腔，$0.5<V_c\leq1$；中等非均质油层发育Ⅱ类蒸汽腔，$0.3<V_c\leq0.5$；强非均质油层发育Ⅲ类蒸汽腔，$0<V_c\leq0.3$。在数模实现中数值模型均分为前后两段，前段为标准段即对比段，后段为差物性段。根据刘泽荣等对非均质的定义设置不同的物性参数得到蒸汽腔不同的发育情况，图1为三类蒸汽腔的典型模式，图(a)中标准段蒸汽腔发育较为均匀，垂向发育至油层顶部，逐渐向两边扩散，而Ⅰ类蒸汽腔发育稍有差距；图(b)中前后两段蒸汽腔发育差距较大，Ⅱ类蒸汽腔处于上升阶段，汽腔发育困难；图(c)中前后两段蒸汽腔发育差距极大，Ⅲ类蒸汽腔几乎不发育。

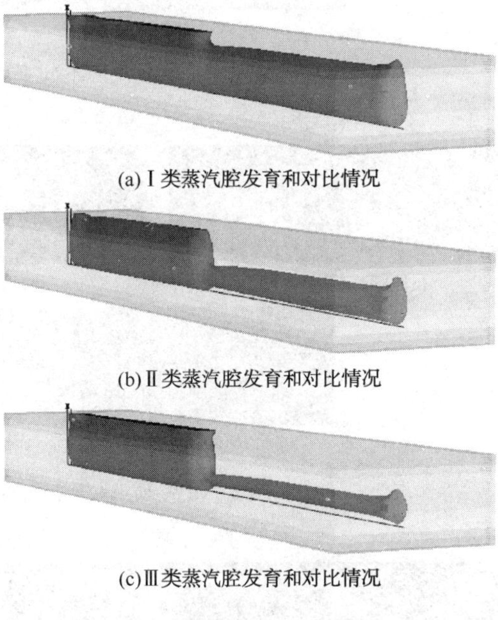

(a)Ⅰ类蒸汽腔发育和对比情况

(b)Ⅱ类蒸汽腔发育和对比情况

(c)Ⅲ类蒸汽腔发育和对比情况

图1　不同类别蒸汽腔发育和对比情况

2.3.1 Ⅰ类蒸汽腔的平面垂距

分别模拟了平面垂距在25m、30m、35m、40m、45m时的蒸汽腔连通情况。模拟结果可以看出，当垂距小于35m时，直井蒸汽腔处于SAGD蒸汽腔中或者很快与SAGD蒸汽腔连通，中间没有低温带；当垂距大于35m小于45m时，直井与 SAGD 井组能够在 5 轮吞吐之内建立连通关系，加速汽腔的横向扩展；当垂距大于 45m 时，即使直井进行多轮次吞吐也无法形成热连通。从 SAGD 生产效果来看，Ⅰ类蒸汽腔的平面垂距在 35~45m 为宜(见图 2)。

2.3.2　Ⅱ类蒸汽腔的平面垂距

分别模拟了平面垂距在 20m、25m、30m、35m、40m 时的蒸汽腔连通情况。模拟结果可以看出，当垂距小于 25m 时，直井蒸汽腔处于 SAGD 蒸汽腔中或者很快与 SAGD 蒸汽腔连通，中间没有低温带；当垂距大于 25m 小于 40m 时，直井与 SAGD 井组能够在 5 轮吞吐之内建立连通关系，加速汽腔的纵向和横向扩展；当垂距大于 40m 时，即使直井进行多轮次吞吐也无法形成热连通。从 SAGD 生产效果来看，Ⅱ类蒸汽腔的平面垂距在 25~40m 为宜(见图 3)。

2.3.3　Ⅲ类蒸汽腔的平面垂距

分别模拟了平面垂距在 10m、15m、20m、25m、30m、35m 时的蒸汽腔连通情况。模拟结果可以看出，当垂距小于 15m 时，直井蒸汽腔处于 SAGD 加热范围内或者很快与 SAGD 蒸汽腔连通，中间没有低温带；当垂距大于 15m 小于 35m 时，直井与 SAGD 井组能够在 5 轮吞吐之内建立连通关系，建立和引导汽腔的发育；当垂距大于 35m 时，即使直井进行多轮次吞吐也无法形成热连通。从 SAGD 生产效果来看，Ⅲ类蒸汽腔的平面垂距在 15~35m 为宜(见图 4)。

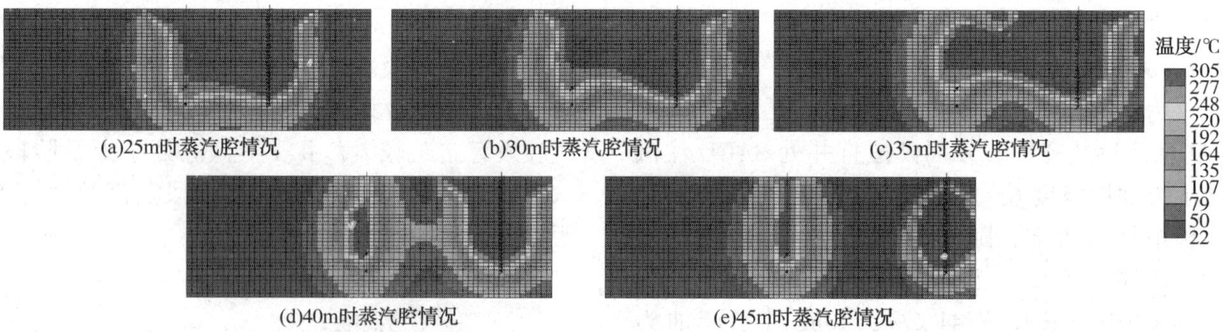

图 2　Ⅰ类蒸汽腔不同平面垂距时蒸汽腔连通情况(相同生产时间)

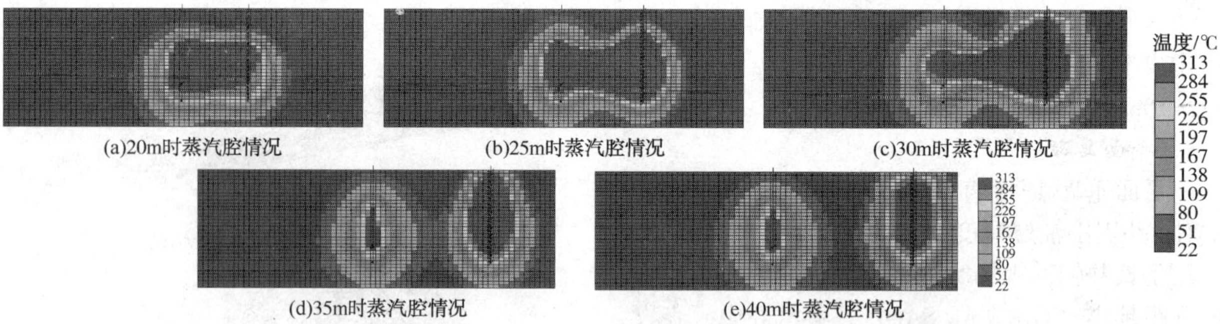

图 3　Ⅱ类蒸汽腔不同平面垂距时蒸汽腔连通情况(相同生产时间)

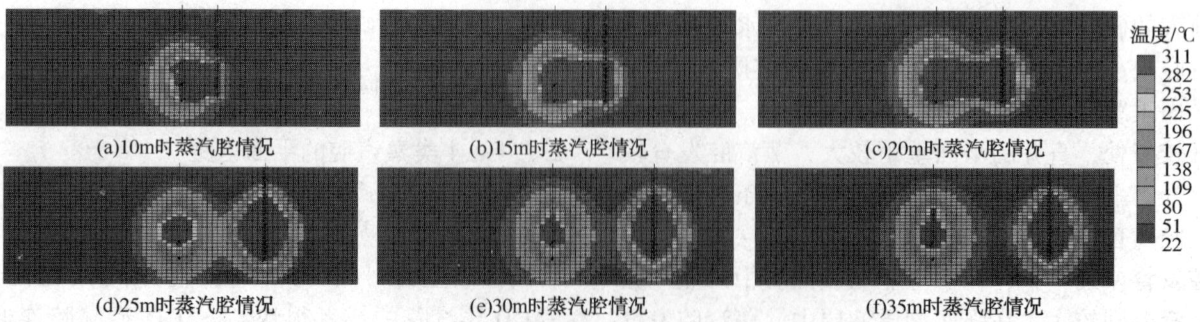

图 4　Ⅲ类蒸汽腔不同平面垂距时蒸汽腔连通情况(相同生产时间)

2.4 直井之间的距离

直井之间的距离和吞吐可影响的加热范围有关。研究了不同黏度条件下油层有效加热半径，当50℃时原油黏度为10000~40000mPa·s时，直井有效加热半径为20.5~25m，经窦宏恩模型修正后分别为24.4~29.7m，矿场实践中直井吞吐的井网井距一般在50~80m范围内。综上所述，直井蒸汽吞吐汽腔扩展半径一般为20~30m，在沿水平段方向上可影响40~60m的范围，而直井辅助仅为一种增效技术并非开发方式，所以单井辅助范围可稍大，确定在100m，单井辅助在未连通段长度小于100m时效果最佳，超过100m采用多井进行辅助。

2.5 直井排列方式

直井排列方式有两种：平行式排列和交错式排列。平行式排列即直井在SAGD井组两侧对称式直线排列。交错式排列即一侧的直井沿着水平井方向移动半个井距，和对面的直井呈现交错状排列。通过对SAGD井组现场调研及数模分析发现，辅助直井分布在水平井两侧呈现交错排列时，直井汽腔可最大程度地提高水平段动用程度，平面波及范围大；避免了直井对蒸汽腔两侧的同时施压，降低了气窜风险。直井交错式排列最终采收率高于平行式3%左右。

2.6 地层倾角

稠油热采在注蒸汽过程中会发生蒸汽超覆，而地层倾向决定了超覆的方向。目的层齐古组J_3q_3层构造形态为南倾单斜，地层倾角5°~8°。模拟了在一定地层倾角下，在上倾和下倾方向各设置一口直井，吞吐5轮次后进入汽驱的生产效果。由模拟结果可以看出，SAGD蒸汽腔明显向上倾方向超覆，上倾方向的直井蒸汽腔率先与SAGD井蒸汽腔连通，随后下倾方向连通。从最终蒸汽腔形态来看，下倾方向的汇聚蒸汽腔体积更大，上倾方向相对较小。分析认为，下倾方向直井受蒸汽超覆作用影响，后期汽腔扩展速度快，上倾方向直井连通时刻早，但是后期连通速度及扩展规模稍差于下倾方向直井。从蒸汽腔扩展体积和开发效果来看，优先选择下倾方向的辅助直井。如果待选井都为老井利用的话，地层倾角不做硬性要求。

3 风城油田Z01井区直井筛选

按照以上对直井的筛选条件，结合近期测温资料，对Z01井区内的12口控制井进行了筛选。直井处油层有效厚度都超过了10m。F01井平面垂距为23.6m，小于Ⅱ类蒸汽腔的下限25m，且测温资料显示温度以每年6.2℃速率上升，显示距离蒸汽腔太近，有气窜风险；F02井虽然平面垂距大于Ⅰ类的上限45m，理应不受到蒸汽腔影响，但是测温资料显示温度已达到113.97℃，已接触到邻井蒸汽腔。推测应该是受到其北部相邻井区距离23.3m的井影响；F07井平面垂距12.4m，小于Ⅲ类的下限15m，距离SAGD井太近，有气窜风险；F09井平面垂距30.7m，小于Ⅰ类的下限35m，距离蒸汽腔太近，有气窜风险。这4口井不做选择，筛选出了8口合适的井(见表1)。

直井之间的距离在217~577m，均超过了100m，应进行多井辅助，但由于客观原因，不再钻新井。直井的排列方式均为交错式排列，符合条件。

表1　待选井筛选条件汇总表

辅助可选直井	被辅助SAGD井组	倾向	蒸汽腔类别	平面垂距/m	直井之间的距离/m	观察井温度/℃	年均增长/℃	辅助井综和判断
F01	H04	下倾	Ⅱ	23.6	414	46.08	6.2	小于Ⅱ类的下限25m，距离蒸汽腔太近，有气窜风险
F02	H01	上倾	Ⅰ	55.4	577	113.97	23.1	大于Ⅰ类的上限45m，测温温度高，已接触到邻井蒸汽腔
F03	H01	下倾	Ⅲ	18.1	320	原始地层温度	0	合适
F04	H01	上倾	Ⅰ	42.1	575	原始地层温度	0	合适

续表

辅助可选直井	被辅助SAGD井组	倾向	蒸汽腔类别	平面垂距/m	直井之间的距离/m	观察井温度/℃	年均增长/℃	辅助井综和判断
F05	H01	下倾	Ⅰ	32.3	268	原始地层温度	0	合适
F06	H03	上倾	Ⅱ	25.5	217	26.1	无最新资料	合适
F07	H05	下倾	Ⅲ	12.4	282	25	3.0	小于Ⅲ类的下限15m，距离SAGD井太近，有气窜风险
F08	H04	下倾	Ⅲ	15.6	414	37.6	8.0	合适
F09	H02	上倾	Ⅰ	30.7	268	33.6	0	小于Ⅰ类的下限35m，距离蒸汽腔太近，有气窜风险
F10	H03	上倾	Ⅲ	32.9	217	40.5	5.2	合适
F11	H03	下倾	Ⅱ	26.7	无	31.5	0	合适
F12	H05	下倾	Ⅲ	15.1	282	原始地层温度	0	合适

4 结果验证

以风城油田Z01井区为例，利用CMG软件STARS模块建立了矿场数模模型。采用角点网格，平面网格步长为15m×1m，纵向网格步长0.3~0.1m。纵向上分为40层，总网格数198×178×40=140.98万个，累产油、日产油及含水率拟合误差控制在10%以内，整体拟合精度达到93%以上，模型能够真实、有效地反映油藏实际情况。结合直井的筛选条件，将井区原有的12口控制井中的8口转为辅助直井，预测10年之后的生产效果。

从预测结果可以看出，调整后5井组生产效果均有不同程度提高，SAGD平均单井组日产油量提高5t/d。预计可有效生产10年，累积产油量52.4×10^4t，采收率49.2%，比未采取措施油汽比提高0.021，采收率提高6.3%。从蒸汽腔发育可以明显看出，F11、F12、F06、F03、F04这5口井点处储量经过直井辅助后从未动用转换成为已动用，尤其是F08井更是贯通了H03、H04、H05三对SAGD井组的蒸汽腔，对蒸汽腔发育起到了明显的改善作用。综上所述，直井辅助后蒸汽腔发育更均衡，辅助直井周围储量得到有效动用。

从同一区块相邻区域已经实施的15口直井辅助15对SAGD井组的效果来看，辅助效果最好的井组日注汽量降低16.0t/d，日产液量提高10.2t/d，日产油量提高3.1t/d，油汽比提高0.10，采注比提高0.34，辅助后生产效果明显提升；单井组平均日注汽量增加1.2t/d，平均日产液量增加2.6t/d，平均日产油量增加0.3t/d，采注比提高0.07，油汽比提高0.02，辅助效果已初步显现。目前辅助时间较短，仅有部分井转为持续注汽井，待辅助直井全部转驱后效果会进一步提升。采取直井辅助后蒸汽腔发育情况对比见图5。

5 结论

(1) 强非均质超稠油直井辅助双水平井SAGD措施能有效地提高水平井动用程度和采油速度，改善开发效果。Z01井区实际模型采用直井辅助后，SAGD平均单井组日产油量提高5t/d。比未采取措施油汽比提高0.021，采收率提高6.3%。

(2) 明确了直井辅助双水平井SAGD直井的筛选条件，解决了直井辅助首要的选井问题。根据蒸汽腔体积系数V_c划分水平段蒸汽腔发育情况，从大到小分为三类：$0.5<V_c\leq1$为Ⅰ类蒸汽腔，$0.3<V_c\leq0.5$为Ⅱ类蒸汽腔，$0<V_c\leq0.3$为Ⅲ类蒸汽腔。辅助直井的筛选条件：直井处油层有效厚度大于10m；Ⅰ类蒸汽腔的平面垂距在35~45m为宜，Ⅱ类蒸汽腔25~40m，Ⅲ类蒸汽腔15~35m；直井之间距离最大为100m，未连通段大于100m的采用多井辅助；直井井排为交

错式排列；优先选择下倾方向直井，老井不做要求。

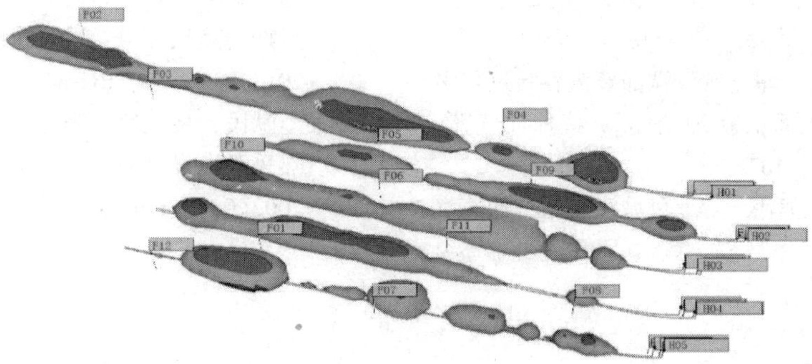

(a)目前蒸汽腔发育情况

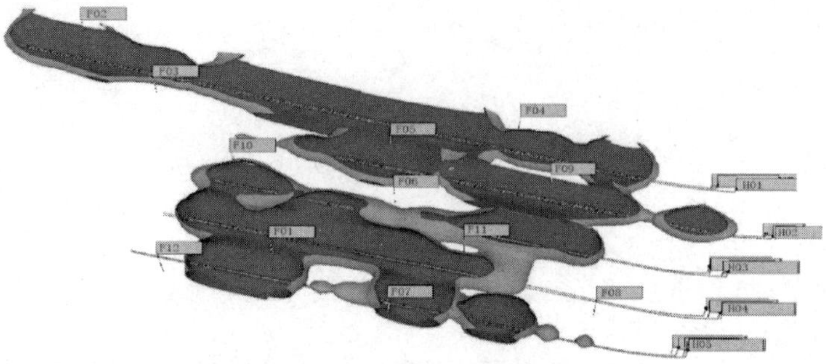

(b)无措施蒸汽腔后期发育情况

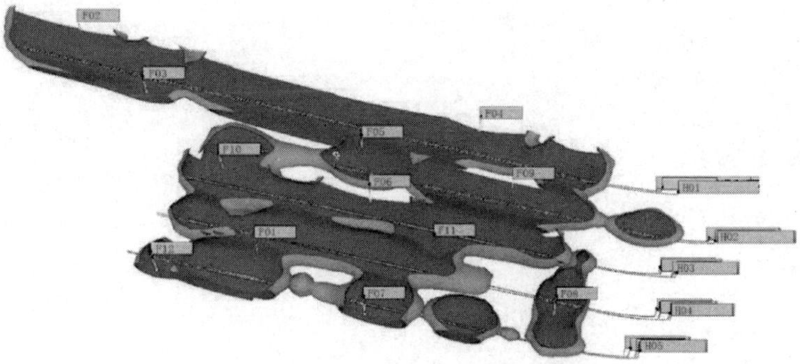

(c)采取直井辅助后蒸汽腔后期发育情况

图 5　采取直井辅助后蒸汽腔发育情况对比

参 考 文 献

[1] 刘文章．稠油注蒸汽热采工程[M]．北京：石油工业出版社，1997.

[2] 石兰香，李秀峦，刘荣军，等．夹层对 SAGD 开发效果影响研究[J]．特种油气藏，2015，22(5)：133-136.

[3] 张洪源，李婷，解阳波，等．夹层对蒸汽辅助重力泄油的影响[J]．特种油气藏，2017，24(5)：120-125.

[4] 王倩，高祥录，罗池辉，等．超稠油Ⅲ类油藏夹层发育模式及 SAGD 提高采收率技术[J]．特种油气藏，2020，27(04)：105-112.

[5] 赵睿，罗池辉，陈河青，等．鱼骨注汽水平井 SAGD 在风城油田超稠油油藏中的应用[J]．新疆石油地质，2017，38(5)：611-615.

[6] 赵睿，罗池辉，张宇，等．非均质超稠油油藏 SAGD 快速启动技术界限——以风城油田侏罗系齐古组超稠油油藏为例[J]．新疆石油地质，2019，40(2)：199-203.

[7] 刘泽容，王伟锋，金强，等．复杂油田的油藏描述技术[J]．石油学报，1993(04)：42-48.

[8] 刘泽容，信荃麟，王伟锋，等．油藏描述原理与方法技术[M]．北京：石油工业出版社，1993.

[9] 王江涛，熊志国，张家豪，等．直井辅助双水平井 SAGD 及其动态调控技术[J]．断块油气田，2019，26(06)：784-788.

[10] 王江涛．超稠油直井辅助双水平井 SAGD 技术研究

[J]. 石油化工应用，2019，38(03)：57-60.
[11] 陈新宇，屈悠潇. 超稠油直井辅助双水平井 SAGD 井距界限研究[J]. 中外能源，2020，25(10)：31-37.
[12] 窦宏恩，常毓文，于军，等. 稠油蒸汽吞吐过程中加热半径与井网关系的新理论[J]. 特种油气藏，2006(04)：58-61，107.
[13] 孙新革，赵长虹，熊伟，等. 风城浅层超稠油蒸汽吞吐后期提高采收率技术[J]. 特种油气藏，2018，25(03)：72-76，81.
[14] 孙新革，马鸿，赵长虹，等. 风城超稠油蒸汽吞吐后期转蒸汽驱开发方式研究[J]. 新疆石油地质，2015，36(01)：61-64.
[15] 李献民，吴光焕，满燕，等. 胜利油区超稠油油藏热采开发设计优化研究[J]. 油气地质与采收率，2002(05)：60-64.

高黏稠油油藏火驱预热启动及转火驱初期关键参数研究

杨凤祥　王若凡　李海波　孙新革　展宏洋　吕世瑶

(中国石油新疆油田分公司勘探开发研究院)

摘　要　新疆油田红浅1井区八道湾组油藏为稠油油藏，区块原油黏度在327~16×10^{4}mPa·s，平均16291mPa·s。2018年开始，在该区块开展了火驱工业化开发试验，试验过程中部分高黏井组出现启动困难、见效慢、火线发育不均等问题。本文采用数值模拟方法，对高黏稠油如何实现稳定燃烧驱替进行了研究论证。结果表明，点火前实施蒸汽吞吐预热5轮以上，注汽强度维持在140t/m左右，采注比在1.0~1.1，可有效建立热连通，有助于解决高黏稠油火驱启动难的问题；在转火驱初期，优化点火注气强度600m^3/m，月提气速率50m^3/m，最终注气强度为1600m^3/m，操作压力4MPa，先期受效井排气占比保持在60%左右，再结合气窜井控关或间开生产、生产井实施吞吐引效等手段，可进一步改善火驱开发效果，促进火线均匀推进。研究结果在试验区块应用，加快了油井见效，改善了火驱开发效果，总结形成了一套适合高黏稠油的预热启动及转火驱初期关键参数，为高黏稠油火驱开发提供了有意义的借鉴和指导。

关键词　新疆油田；高黏稠油；火驱；预热启动；火驱初期；数值模拟；关键参数

火驱是一种可大幅提高稠油采收率的热力采油方法，世界上美国、加拿大、罗马尼亚、印度等国家已有较大规模的矿场应用历史，我国从1958年开始，先后在新疆、玉门、胜利、吉林、辽河等油田开展过火驱现场试验，成功火驱项目的油藏主要以黏度小于5000mPa·s的稠油油藏为主。2009年新疆油田在红浅1井区开展了火驱先导试验，试验区平均黏度达到10000mPa·s，证实了在该黏度条件下通过火驱技术提高原油采收率的可行性。2018年，新疆油田在红浅1火驱先导试验取得成功的基础上开展了工业化试验，试验井组黏度差异较大，试验区69个火驱井组，近一半黏度大于25000mPa·s，平均达到40856mPa·s，随着原油黏度升高，技术适应性问题突显，需要采取相应对策改善开发效果。本文以红浅1井区工业化试验区为原型，通过数值模拟手段，对如何实现高黏稠油火驱快速启动及转火驱初期阶段的关键参数开展了研究。

1　火驱试验概况

1.1　油藏地质简况

红浅1井区稠油油藏位于准噶尔盆地西北缘，火驱开发目的层为八道湾组J_1b_4层，油层中部平均埋深为510m，平均厚度为9.1m。油层平均孔隙度为26.5%，平均渗透率775mD，渗透率变异系数为0.79，突进系数为4.03，属于强非均质储层。地面脱气原油密度分布在0.92~0.97g/cm^3，20℃时原油黏度在330~160000mPa·s，原始地层压力5.8MPa，原始地层温度23.9℃，为典型的浅层砂砾岩稠油油藏。该油藏于1988年进行试采，1991年开展注蒸汽规模开发，1999年开始，八道湾组油层注蒸汽开发陆续停产。火驱开发前，蒸汽开发阶段采出程度28.9%，蒸汽开发后压力下降至3.4MPa，油藏温度基本下降至原始地层温度。

红浅火驱工业化试验区开发井网的布置方式为利用原蒸汽开发100m×140m井距井网的基础上，加密的50m排距交错式井网，加密新井位置处于井间，自西向东共设计三列注气井排共69个火驱井组。原油黏度呈现西低东高的特征，其中西部“低黏”井组平均黏度10000mPa·s，中东部平均黏度达到30000mPa·s(见图1)。

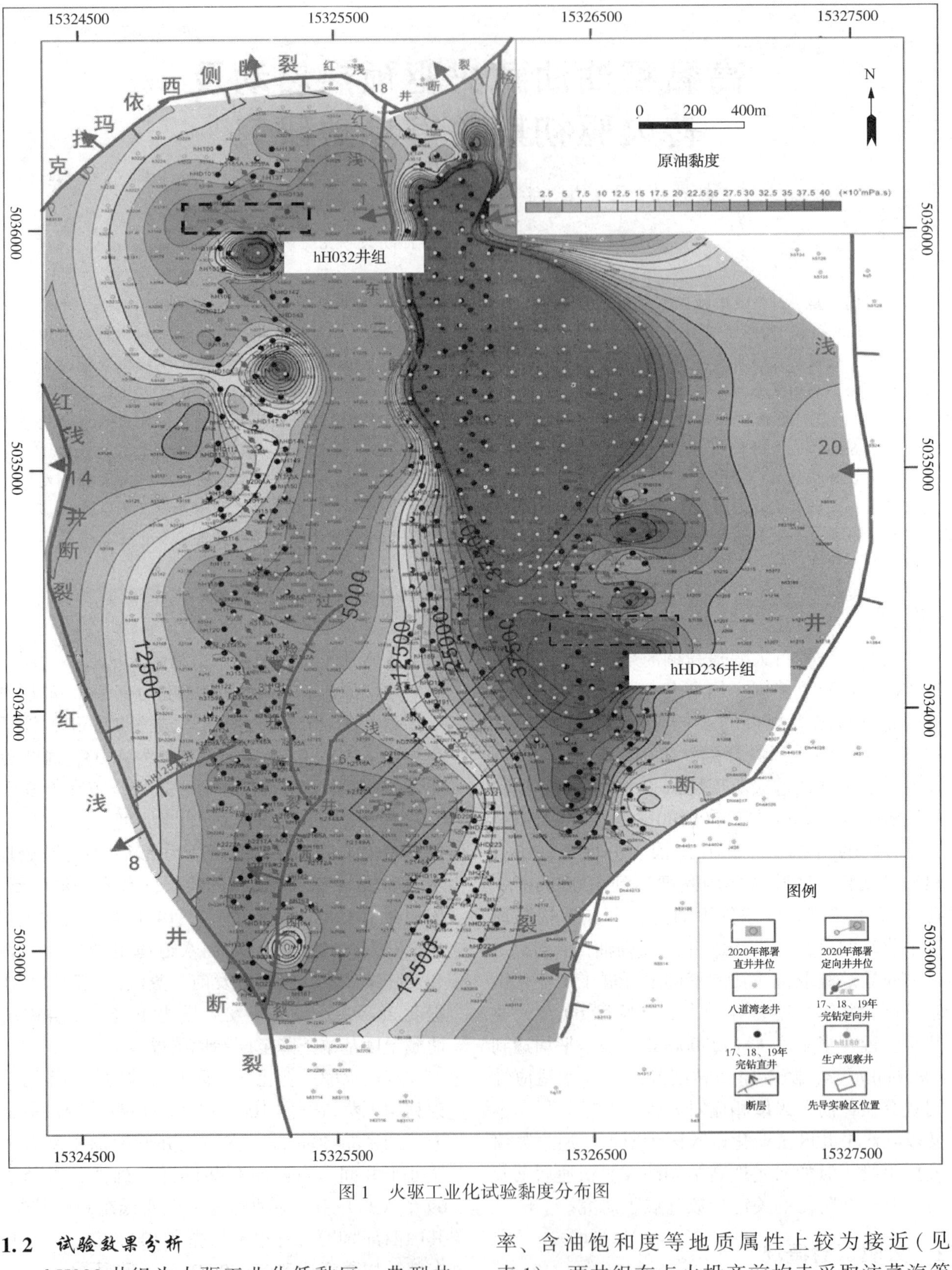

图1　火驱工业化试验黏度分布图

1.2　试验效果分析

hH032井组为火驱工业化低黏区一典型井组，原油地层条件下原油黏度为9700mPa·s，hHD236井组地层条件下黏度为30000mPa·s，为相对的高黏井组，两井组在油层孔隙度、渗透率、含油饱和度等地质属性上较为接近(见表1)。两井组在点火投产前均未采取注蒸汽等预热连通措施，但hHD236井组点火前的试注气压力为5.2MPa，远高于低黏井组hH032的1.7MPa水平。

表 1　hHD236 井组与 hH032 井组物性与试注压力对比表

参数名称	高黏井组(hHD236)	低黏井组(hH032)
孔隙度/%	24.1	24.6
渗透率/mD	483	517
剩余油饱和度/%	47.3	51.4
黏度/mPa·s	30000	9700
试注压力/MPa	5.2	1.7

从转火驱生产拉齐曲线来看(见图 2)，低黏区 hH032 井组在点火 240 日左右见效进入井组产油峰值期，稳产阶段井组日产油水平最高超过 25t/d，平均 10t/d，随后逐渐递减，在 750 天左右后进入第二个产油高峰期。hHD236 井组受原油黏度影响，生产初期仅间歇性地出现产油水平增高的情况，井组日产油水平在 10t/d 以下，在 550 天左右开展了蒸汽吞吐引效作业，日产油水平迅速升高，但很快便出现递减。通过对比分析，高黏火驱井组呈现见效慢、生产效果差、间歇见效等特点。

对两井组开展数值模拟研究，hH032 点火初期燃烧前缘推进较快，且燃烧前缘呈圆形均匀发育，进入火驱稳产阶段后，燃烧前缘呈椭圆形推进，在接近生产井附近略出现突进现象，但整体发育仍较均匀(见图 3)；与之相比，hHD236 井组燃烧前缘在火驱初期火线推进速度明显低于 hH032 井组，且在火线推进过程中，高黏井组更易发生单向突进，平面波及效率低(见图 4)。

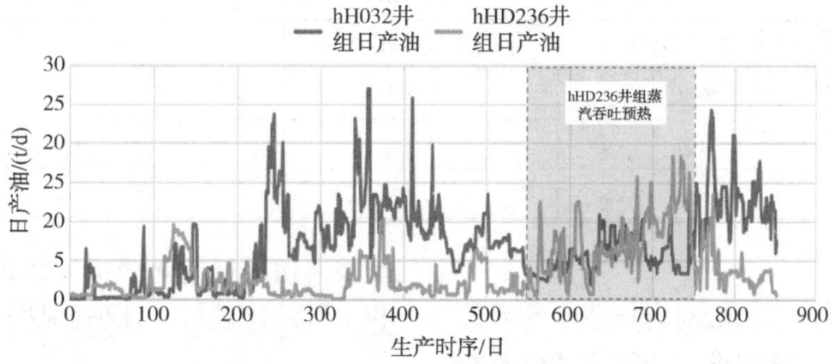

图 2　hH032 井组与 hHD236 井组转火驱生产拉齐曲线

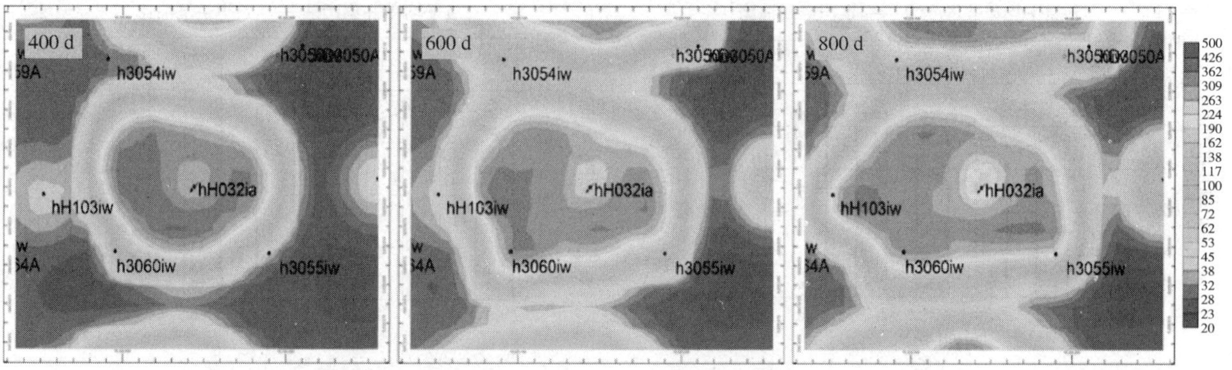

图 3　低黏区 hH032 井组温度场图及燃烧前缘数值模拟拟合图

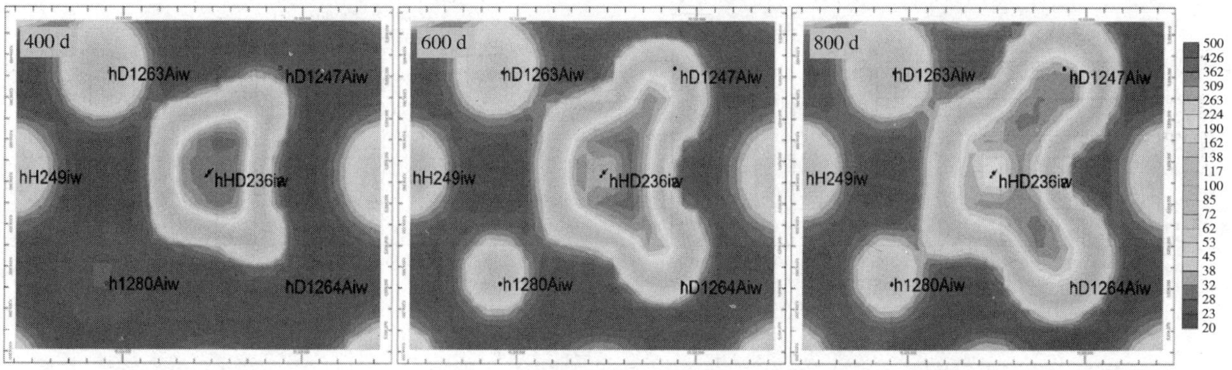

图 4　高黏区 hHD236 井组温度场图及燃烧前缘数值模拟拟合图

2　预热启动技术研究

对火驱见效慢井进行分析，认为主要是因为原油黏度高，加之火驱初期油藏整体温度偏低，使得注采井间存在大量的冷油，无法形成有效驱替。在点火试注时，高黏井组试注压力显著高于低黏井组，也验证了这一分析的可靠性。因此考虑通过在点火前进行预热，使注采井间建立热连通来加快火驱见效，实现高黏稠油火驱快速启动。在商业数值模拟软件 CMG-STARS 模拟器下，按照红浅火驱工业化试验区平均油藏条件及井网建立理想模型，原油黏度 25000mPa·s，模型网格维度 10m×10m×0.5m，在此基础上开展火驱点火前预热启动优化研究。

2.1　预热方式研究

吞吐及电加热是常见的稠油预热方式，分别对点火注气前采取不预热、电加热预热、蒸汽吞吐预热三种方式进行了模拟研究。其中，蒸汽吞吐方式下加热半径最大，转点火注气后试注压力最低，进入稳定生产阶段后，注气压力提高幅度最小，火驱见效时间由不预热的 1370 天降低至 830 天，稳产期单井日产油也从不预热的 0.7t/d 提高至 1.3t/d。在此基础上，选取蒸汽吞吐作为火驱启动前预热方式，并对各参数进行优化研究(见表 2)。

表 2　理想模型以不同预热方式启动转火驱各项评价参数

预热方式	点火试注压力/MPa	稳定注气压力/MPa	见效时间/d	单井峰值日产油/(t·d)
不预热	6.4	7.8	1370	0.9
电加热	4.8	5.6	1150	1.2
蒸汽吞吐	3.3	3.8	830	1.6

2.2　预热参数优化

为有效评估各项预热参数对转火驱生产后的影响，对吞吐轮次、注汽强度、注汽干度以及吞吐采注比进行优化分析，并通过单井平均累产油和空气油比进行了评估(见图 5)。

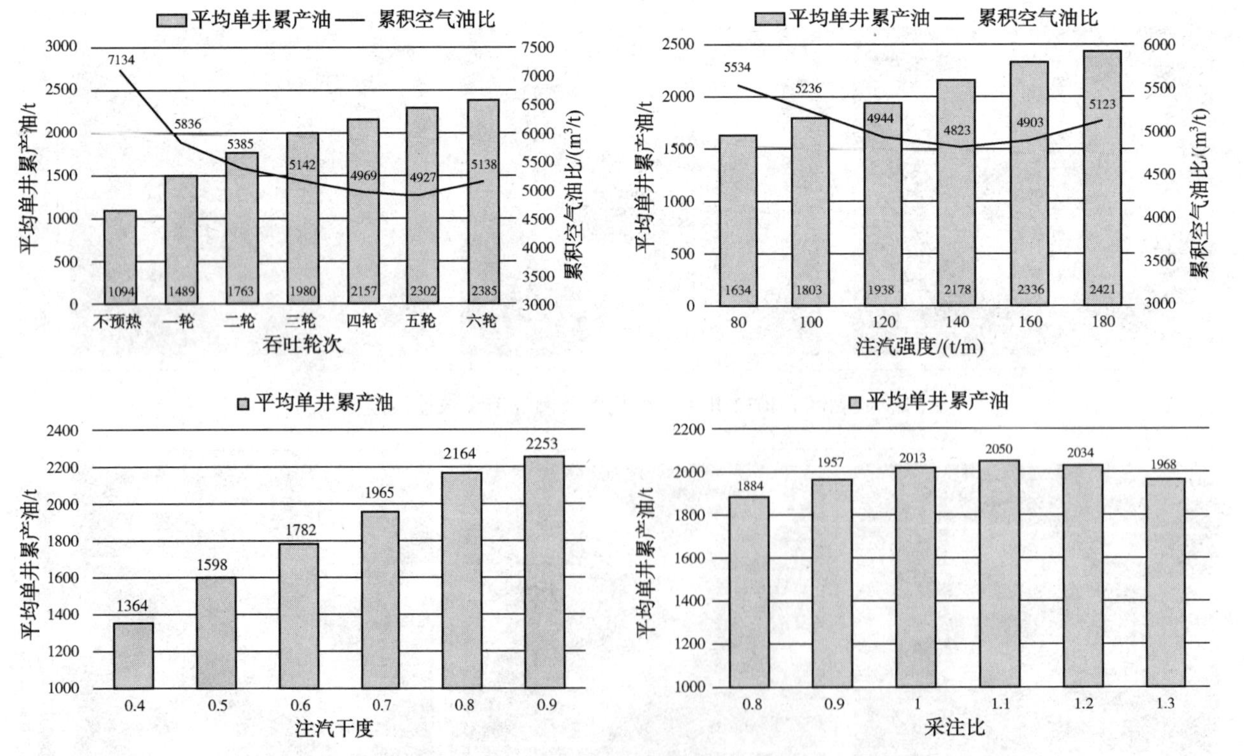

图 5　蒸汽吞吐预热参数优化

(1) 吞吐轮次。原蒸汽开发 100m 井距井网加密的 50m 排距交错式井网中，各邻井的井距为 70m。根据数值模拟优化结果显示，当吞吐轮次达到 5 轮及以上时，有效加热半径可达到约 30m，井间区域最低温度可升至 40℃，此时仅存在 5m 左右的冷油带，已构成有效的热连通，平均单井累产油最高，空气油比最低。对于该黏度火驱井组，需要吞吐至少 5 轮。

(2) 注汽强度。随注汽强度提高，平均单井累产油升高，当注汽强度超过 140t/m 后，累产油的上升开始减缓，折算累计空气油比出现上升（根据能耗按 1t 蒸汽相当于 600Nm^3 空气），因此最优注汽强度为 140t/m。注汽强度在现场实施过程中，下一轮注汽量在前一轮的注汽强度上会提高 20%～30%，进一步扩大有效加热半径，并且在维持总注汽量不变的情况下，将吞吐轮次从理论上的 5 轮缩短至 3～4 轮，加快吞吐引效节奏。

(3) 蒸汽干度。较高干度的蒸汽能够携带更多的汽化潜热，在注入地层进行热量交换后，能够形成更大的加热半径，有利于点火前形成较好的热连通。对不同干度的蒸汽做了敏感性分析，当蒸汽干度大于 0.8 后，对于点火阶段压力的降低幅度，以及转火驱后生产井的见效时间提升效果不明显，认为应当保持井口注蒸汽干度维持在 0.8 以上。

(4) 采注比。试验区火驱开发前经过长时间的蒸汽吞吐及汽驱开发，油藏压力有所下降，地层能量供给不足。优化后井组吞吐预热的最优采注比为 1.0～1.1，这样可以在有效预热地层的同时，尽可能地保持地层压力，对于转火驱生产后注采压差的建立，以及保持高温燃烧的稳定推进具有积极影响。

3 转火驱初期关键参数优化

火驱工业化开发试验区在经历了长时间的注蒸汽开发后，地层原油黏度较开采初期有所增加，原油黏度最高值达到 160000mPa·s，高黏火驱井组整体平均黏度达到 40000mPa·s，点火后表现出见效周期长、火线推进慢且易单向突进等问题。在 CMG-STARS 理想模型下，对蒸汽吞吐预热后，高黏火驱井组转火驱初期注采参数及火线调控对策开展了研究。

3.1 注采参数优化

在理想模型中，以点火注气后平均单井累产油及累积空气油比作为评价参数，对注气强度、提气制度、操作压力及先期受效井排气占比进行了敏感性分析（见图 6）。

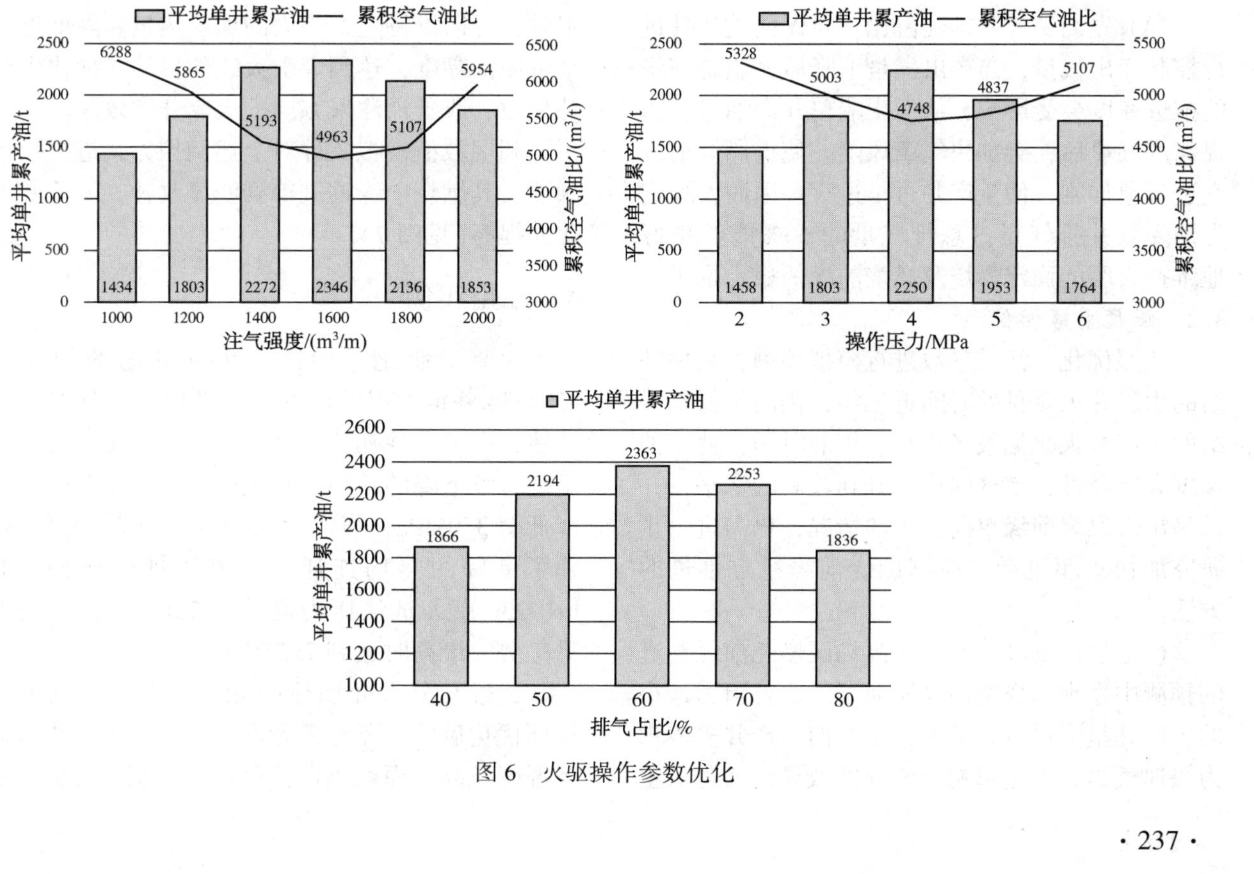

图 6 火驱操作参数优化

(1) 注空气强度。类比蒸汽开发中的注汽强度，提出火驱注气井注控气强度概念，指每米有效油层厚度对应的日注空气量。注空气强度较低时，会影响到生产井的见效时间，使模拟时间内的单井累产油降低，空气油比升高；过大的注空气强度会加剧气窜，同样会使得单井累产油不及预期以及空气油比的升高；优化后注气强度为 $1600m^3/m$。

(2) 提气制度。相比恒定注气强度，在点火阶段以低强度注气，阶梯式提高注空气强度可以进一步避免早期气窜的发生，改善开发效果，同时显著节约空气用量，提高空气油比。制定了不同的点火注气强度及提气速率，注气强度提高至最优值 $1600m^3/m$ 为止。最优的方案为点火阶段的注空气强度为 $600m^3/m$，每月按照 $50m^3/m$ 的速率进行提气，最终的平均单井累产油为 2549t，累积空气油比为 $4023m^3/t$(见表 3)。

表 3　不同注气制度下的生产效果评价

方案	注气制度	点火注气强度/(m^3/m)	月提气速率/(m^3/m)	平均单井累产油/t	累积空气油比/(m^3/t)
1	恒定注气	1600	—	2346	4963
2	阶梯提气	400	50	2175	4684
3	阶梯提气	400	75	2207	4612
4	阶梯提气	600	25	2427	4204
5	阶梯提气	600	50	2549	4023
6	阶梯提气	600	75	2356	4398
7	阶梯提气	800	50	2436	4431
8	阶梯提气	800	75	2343	4657

(3) 操作压力。高黏区操作压力一般高于低黏区，对经过蒸汽吞吐预热后不同油藏压力下的操作压力进行了分析，得出最优的操作压力应当维持在 4.0MPa 左右。

(4) 先期受效井排气占比。对先期受效井进行控制产出气量，当产出气量下降后，燃烧前缘的推进速度会受影响，从而影响单井产油量；当提高产气量后，会加快气窜风险，使得燃烧前缘突进现象加剧，使生产井过早过火；因而，稳定先期受效井排气量占总排气量的 60%能够更好地维持火驱的稳定燃烧及燃烧前缘的稳定推进。

3.2 燃烧前缘调控

按照优化后注采参数进行模拟预测，高黏井组的生产井火驱见效时间近三年，仍高于低黏井组的生产井火驱见效半年至一年的时间，使采油速度大幅降低，空气油比上升到较高的水平，并且易出现燃烧前缘单向突进的情况，仍需进一步研究加快火驱见效、控制燃烧前缘稳定推进的方法。

(1) 生产制度控制。在高黏区燃烧前缘推进的预测中发现，燃烧前缘倾向于沿驱替阻力最小的生产井呈突进方式推进，该方向生产井多表现为快速气窜，严重影响火驱开发效果。通过对生产井采取控关间开生产的措施，有效控制了燃烧前缘过快地向某一方向推进。

(2) 蒸汽吞吐引效。火驱开发过程中，对燃烧前缘推进慢的生产井可开展周期性的蒸汽吞吐引效，可以维持生产井周围地层热量、降低近井地带原油黏度，达到牵引火线的目的，加快生产井见效，改善该注采方向的火驱开发效果。

利用数值模拟软件对上述调控方式进行模拟预测，其燃烧前缘推进得到明显改善，波及效率明显提高(见图 7)。

4 应用实例

火驱工业化试验区 hH069 井组的物性与 hHD236 井组类似，在点火前进行了充分的吞吐预热，点火试注压力为 4.4MPa，并且注气压力呈现持续下降的趋势。在生产 300 天左右时注气降低至 3.0MPa，表明点火前的蒸汽吞吐预热构建了良好的热场连通，烟道气排气通畅。而 hHD236 点火试注压力高达 5.2MPa，且呈现上升趋势，最高时达到 7.5MPa。

经过充分吞吐预热的 hH069 井组，点火后按照优化后的火驱注采参数实施，由于预热后地下温度较高，原油仍保持可流动状态，火驱初期即获得了高产，井组平均日产油达 10t/d 以上，远高于同期 hHD236 井组的 3～5t/d，随后因地下温度下降产量略有递减。经过数值模拟预测，hH069 井组在约生产 600 天时开始见效日产油水平逐渐升高，在生产 1100 天左右达到峰值，约为 15t/d。hHD236 井组点火注气后，井组日产油水平始终维持较低水平，仅间歇性地出现升高情况，在生产 550 天左右时进行了吞吐引效，见到了一定效果。经预测，hHD236 井组约在生产 1050 天时开始见效，生产 1450 天左右时达到 10t/d 的峰值产量(见图 8)。可见，高黏火驱通过吞吐预热及优化注采参数，可大幅改善火驱初期开发效果，见效时间可加快 1 年左右，井组峰值日产油水平可提高 5t/d 左右。

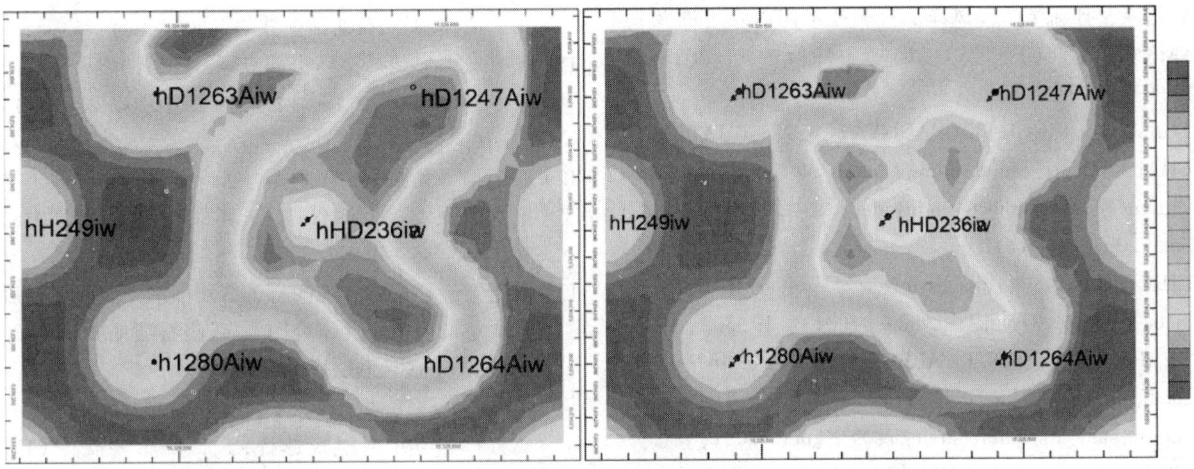

图 7 hHD236 井组未调控与调控后燃烧前缘的推进状态对比

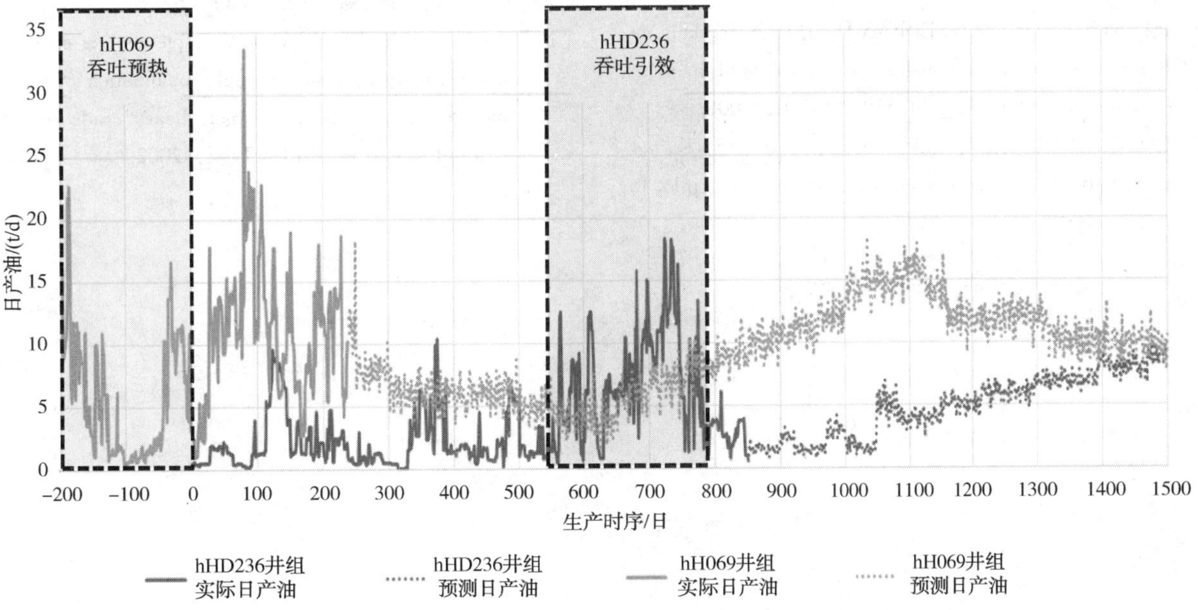

图 8 hHD236 井组与 hH069 井组实际日产油曲线及预测日产油曲线

5 结论

(1) 在点火前进行蒸汽吞吐预热可有效建立注采井间热连通，加快火驱见效，数值模拟优化的预热参数为吞吐 5 轮以上，注汽强度应维持在 140t/m 左右，注汽干度不低于 0.8，采注比在 1.0～1.1，可以实现最优的预热效果。

(2) 对于高黏火驱井组，优化点火阶段注气强度 600m^3/m，月提气速率 50m^3/m，最终注空气强度为 1600m^3/m，操作压力 4.0MPa，先期受效井排气占比保持在 60%左右，可以进一步改善开发效果；通过对气窜井实施控关间开生产、排液能力较差井进行吞吐引效，可以实现高黏火驱井组火线前缘的均匀稳定推进。

（3）按照优化预热参数、转火驱初期注采参数及火线调控技术，在火驱工业化高黏井组，实现了火驱快速启动及火线均匀稳定推进，大幅改善了高黏区火驱井组的生产效果。

参考文献

[1] 赵仁保，孙新革，杨凤祥．火驱技术国内外进展及理论发展方向的思考[J]．新疆石油天然气，2021，17(03)：30-36.

[2] TURTA A T，CHATTOPADHYAY S K，BHATTACHARYA R N，et al. Current status of commercial in situ combustion projects worldwide[J]. J Can Pet Technol，2007，46(11).

[3] CHIEH C. State-of-the-art review of fireflood field projects[J]. J Pet Technol，1982，34(01)：19-36.

[4] SHARMA J，DEAN J，ALJABERI F，et al. In-situ combustion in Bellevue field in Louisiana - History，current state and future strategies[J]. Fuel，2021，

[5] MOORE R G，LAURESHEN C J，URSENBACH M G，et al. A Canadian perspetive on in situ combustion[J]. J Can Pet Technol，1999，38(13).

[6] PANAIT-PATICA A，SERBAN D，ILIE N. Suplacu de Barcau field - A case history of a successful in-situ combustion exploitation[C]. SPE 100346，2006.

[7] ROYCHADHURY S，RAO N S，SIHA S K，et al. Extension of in-situ combustion process from pilot to semi-commercial stage in heavy oil field of Balol[C]. SPE 37647，1997.

[8] 王元基，何江川，廖广志，等．国内火驱技术发展历程与应用前景[J]．石油学报，2012，33(05)：909-914.

[9] 关文龙，席长丰，陈亚平，等．稠油油藏注蒸汽开发后期转火驱技术[J]．石油勘探与开发，2011，38(04)：452-462.

[10] 蔡文斌，李友平，李淑兰．火烧油层技术在胜利油田的应用[J]．石油钻探技术，2004(02)：53-55.

[11] 张方礼，户昶昊，马宏斌，等．辽河油田火驱开发技术进展[J]．特种油气藏，2020，27(06)：12-19.

[12] 张霞林，关文龙，刁长军，等．新疆油田红浅1井区火驱开采效果评价[J]．新疆石油地质，2015，36(04)：465-469.

[13] 袁士宝，蒋海岩，王丽，等．稠油油藏蒸汽吞吐后转火烧油层适应性研究[J]．新疆石油地质，2013，34(03)：303-306.

[14] 关文龙，张霞林，席长丰，等．稠油老区直井火驱驱替特征与井网模式选择[J]．石油学报，2017，38(08)：935-946，972.

[15] 赵罡．电预热技术在低受量稠油储层中的应用[J]．特种油气藏，1995(04)：62-65.

[16] GAO Y，LIU S，ZHANG Y. Implementing steam assisted gravity drainage through combination of vertical and horizontal wells in a super-heavy crude reservoir with top-water[C]. SPE 77798，2002.

低物性夹层治理技术在SAGD开发中的应用

杨依峰

(中国石油辽河油田分公司)

摘　要　曙光油田杜84馆陶区块为巨厚块状边顶底水超稠油油藏。2009年转入SAGD开发，存在蒸汽腔纵向扩展速度慢、注汽汽窜水平井、井组注采关系见效不明显等矛盾。通过精细油藏地质研究，明确低物性夹层是影响SAGD开发效果的主要因素。根据岩心、物性、地震等地质资料，结合测井二次解释曲线特征确定低物性夹层的识别划分标准及低物性夹层在平面、纵向发育分布特征，并结合井温曲线资料、生产特点通过数模将低物性夹层划分为容易突破、交易突破、难突破、很难突破三类。针对不同类型形成了不同区域不同部位的调层补孔、压裂、酸化等治理技术，促进了蒸汽腔纵向扩展，增加了有效泄油井点，对同类油藏开发方式具有一定的指导作用。

关键词　馆陶油藏；SAGD；低物性夹层

1　区块概况

1.1　油藏地质概况

杜84馆陶油藏构造上位于辽河断陷西部凹陷西斜坡中段，开发目的层为上第三系馆陶组油层。区块含油面积1.37km^2，地质储量1835×10^{4}t。

根据全区对比标志，馆陶分为五个砂岩组，构造比较单一。馆陶顶面为南东倾斜的单斜构造，倾角2°~3°。底面亦为南东倾斜的单斜构造，与下伏地层呈不整合接触。

杜84馆陶为近物源水下冲积扇沉积，物源方向为北西。砂体在纵向和平面上均为连续分布，纵向上分为5个砂岩组，厚度为150~170m。储层岩性主要为中粗砂岩和不等粒砂岩，其次为砾岩、砾状砂岩和细砂岩等。颗粒磨圆差，以棱角1次棱角为主，颗粒间呈点接触，泥质胶结，胶结类型以接触式和孔隙式居多。成岩性差，为岩石结构疏松的低成熟度储层，孔隙以粒间孔为主。孔隙度为36.3%，渗透率为5.54μm^2，属高孔、高渗储层。馆陶油层黏土总量平均为5.2%，内部没有纯的泥岩隔夹层，只存在物性夹层。

馆陶油藏顶界埋深-530~-640m，油层有效厚度最厚95.2m，最薄80.4m，一般在88~94m，平均为91.7m。油藏四周被水包围，其中底水主要位于南部的曙1-30-143井和北部的杜84-64-64井附近，为一巨厚块状边顶底水油藏。

杜84馆陶油品性质为超稠油，在20℃原油密度平均为1.001g/cm^3，50℃地面脱气原油黏度是23.191×10^{4}mPa·s；胶质+沥青质含量高为52.9%；凝固点高27℃；含蜡量低2.44%。

杜84馆陶地层水为$NaHCO_3$型，总矿化度为2112.2mg/L。

杜84馆陶属于正常的温度压力系统，油层压力系数为1.003，折算原始地层压力为6.0~6.5MPa。地温梯度为3.4℃/100m，折算油层温度是28~32℃。

1.2　开发历程及现状

杜84馆陶油藏于1999年采用70m正方形井网、蒸汽吞吐方式投入开发，共经历了上产阶段、稳产阶段、SAGD开发阶段。区块经过多轮吞吐，地层能量逐渐下降，年产油及油汽比呈逐年下降趋势，2008年末年产油降至30×10^{4}t以下，采油速度1.38%，采出程度15.6%。为寻求超稠油油藏有效的稳产接替方式，2009年转为SAGD开发，区块年产油逐年上升，2019年年产油42×10^{4}t，超过吞吐高峰期的最高产量，采油速度达到2.3%，目前采出程度33.4%。

SAGD共规划19个井组，已全部转驱。目前井组共有直平组合16个、双水平组合3个，注汽井总井数82口，正注45口，日注汽5426t，井口日产液5917t，日产油1358t，平均单井组日产油71t，综合含水77%，瞬时油汽比0.24，采注比1.2。

1.3　目前存在的矛盾

1.3.1　SAGD 有效注汽井点少，汽窜严重

区块一次井网部署注汽直井 38 口，水平井 6 口。初期明确见效直井注汽井点 11 口；转入 19 个井组，5 个井组存在汽窜严重的现象。

1.3.2　蒸汽腔纵向扩展速度慢

区块观察井资料统计显示：蒸汽腔年均扩展速度 4.3m，但 2010~2011 年扩展速度仅为 2m，2014 年扩展速度仅为 0.8m。部分井蒸汽腔连续 30 个月未扩展。

1.3.3　油井产液量低、部分井闪蒸严重

转驱后水平井产量逐渐增加，2011 年井组平均日产液达 200t 以上，但与方案设计(350~400t)仍有较大差距，个别井组闪蒸，不具备提液条件。

通过深入油藏研究发现，注汽井段上部存在多套低物性夹层，正是由于夹层的存在影响了蒸汽腔进一步扩展。因此，需通过精细描述蒸汽腔发育的状态，明确影响开发效果改善的主要因素，细分开发阶段。通过不断完善注采井网，促进汽腔均衡扩展，实现 SAGD 高效开发，同时也为后续转入的 SAGD 井组在开发过程中出现的一系列问题提供理论和技术支持。

2　低物性夹层研究

2.1　低物性夹层的识别

首先以取心井杜 84~馆观 12 井为基础开展研究，区域发育低物性夹层，岩性以含粉砂极细砂细砂岩为主，孔隙度在 15%左右。低物性夹层发育位置，电阻率曲线和感应曲线出现明显的负异常。

其次针对取心井进行低物性夹层解释之后，统计其所对应的测井曲线值及物性数据，找出低物性夹层电性特征上的差异，并绘制蛛网图(见图 1)，建立杜 84 块馆陶油层低物性夹层识别标准：声波时差(AC)在 260~450μs/m，深侧向电阻率(R_t)小于 70Ωm，浅侧向电阻率(R_s)小于 60Ωm，感应(CON)在 3~20，孔隙度(POR)在 0~20%，渗透率(PERM)5~300×10^{-3}μm^2。

最后在利用岩性、电性和物性确定隔夹层划分标准的基础上，充分结合井温曲线辅助确定隔夹层划分标准。井温曲线是通过收集观察井在不同时间观察点的温度数据绘制的线性曲线，能直观地显示出观察井在不同时间内温度的变化趋势。通过对井温曲线的观察分析，可以了解蒸汽腔的变化、隔夹层的分布位置及其对蒸汽腔变化所起到的作用，可以找出突破阻碍蒸汽腔扩展的隔夹层的时间及不同时间中各类隔夹层的厚度和物性特征。未突破物性隔夹层井温曲线特征：随时间推移，井温曲线幅度并未发生改变、温度升不上去，呈下降趋势。已突破物性隔夹层井温曲线特征：从下到上呈现高值-低值-高值的特征。

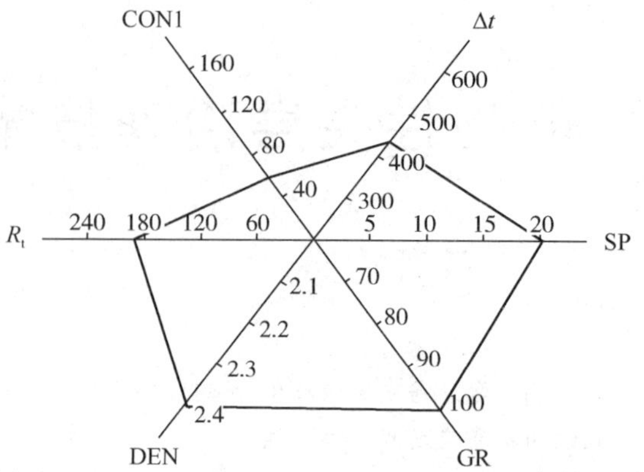

图 1　杜 84 块馆陶组低物性段蛛网图模板

2.2　低物性夹层的分布特征

研究发现，隔夹层的发育受层序结构和沉积韵律控制明显，隔夹层主要集中发育在砂层组或小层分界线的位置，依据低物性夹层确定原则，通过精细油层对比，明确了低物性夹层分布规律：纵向上主要分为Ⅰ、Ⅱ、Ⅲ三套(见图 2)，由西向东连续发育。其中西部区域平均厚度 1~2m，东部区域平均厚度 2~4m。其中，第Ⅰ套低物性夹层由于埋深较浅(600~610m)，处于馆陶油层的顶部，未对 SAGD 开发造成影响；第Ⅱ、Ⅲ套(640~660m、650~670m)低物性夹层埋藏较深且分布在水平井附近，是目前制约 SAGD 开发的主要因素。

3　低物性夹层影响特征研究

3.1　影响泄油通道形成

低物性夹层主要发育在水平生产井与注汽井段之间，尽管蒸汽腔可向上扩展，但注汽井与水平井间无法形成有效泄油通道。

3.2　影响蒸汽腔扩展

低物性夹层主要发育在水平生产井与注汽井段的上部，无法形成蒸汽腔且易造成注采井间汽窜；低物性夹层与水平井注采井间形成一定高度的蒸汽腔后不再扩展。

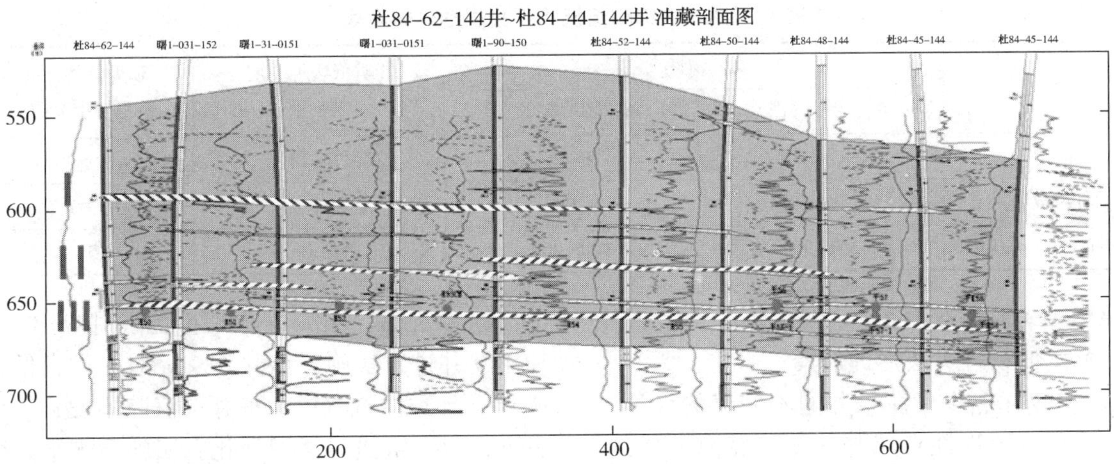

图 2　杜 84 馆陶 SAGD 区域低物性夹层纵向分布图

3.3　影响注汽井网完善

初期共规划注汽井 44 口，其中直井 38 口、水平井 6 口。受低物性夹层发育影响，注汽有效井点仅 11 口。

3.4　影响水平段动用程度

受低物性夹层发育影响，水平井普遍存在动用不均，给后期调控造成较大影响。尤其是双水平井区域周边无直井注汽井点，因此无有效手段进行调整。

4　低物性夹层的治理技术研究

4.1　低物性夹层的划分

通过低物性夹层影响特征分析，在利用岩性、电性和物性确定隔夹层划分标准的基础上，充分结合井温曲线辅助确定隔夹层划分标准。井温曲线是通过收集观察井在不同时间观察点的温度数据绘制的线性曲线，能直观地显示出观察井在不同时间内温度的变化趋势，通过对井温曲线的观察分析，可以了解蒸汽腔的变化、隔夹层的分布位置及其对蒸汽腔变化所起到的作用。

区域中共有 26 口观察井的井温曲线数据(见图 3)，通过对井温曲线的分析，可以找出突破阻碍蒸汽腔扩展的隔夹层的时间及不同时间中各类隔夹层的厚度和物性特征。未突破物性隔夹层井温曲线特征：随时间推移，井温曲线幅度并未发生改变、温度升不上去呈下降趋势。已突破物性隔夹层井温曲线特征：井温曲线从下到上呈现高值-低值-高值的特征。

通过所有观察井井温曲线的总结分析，确定了对蒸汽腔影响最大的隔夹层的几种主要属性，首先是厚度，其次是渗透率(PERM)。通过对不同厚度和孔隙度低物性夹层对蒸汽腔扩展的阻碍作用的不同，将低物性段分为以下不同类型(见表 1)。

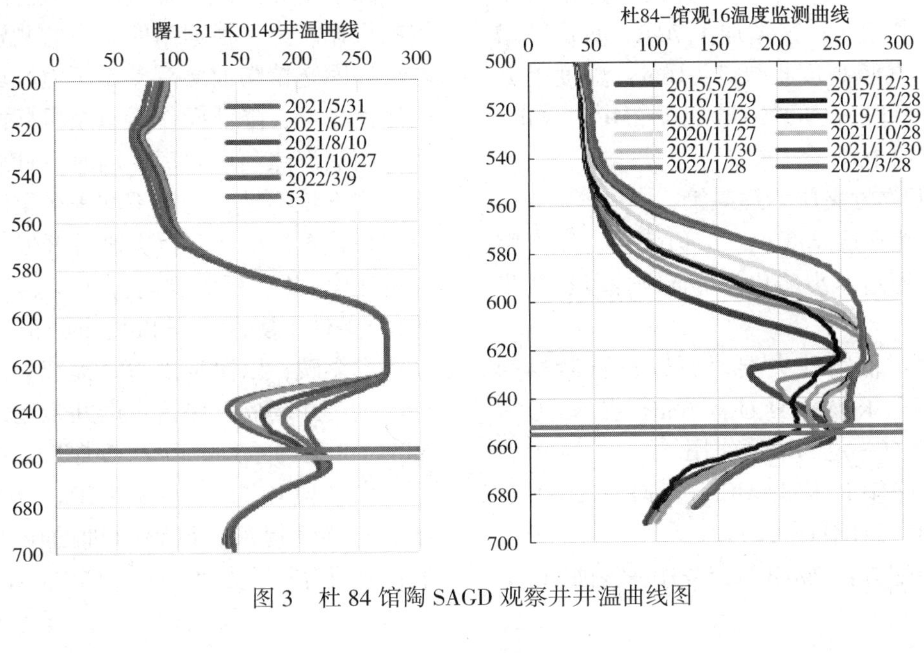

图 3　杜 84 馆陶 SAGD 观察井井温曲线图

表 1　杜 84 块馆陶组低物性夹层划分方案表

分类	A 类低物性夹层		B 类低物性夹层（难突破）	C 类低物性夹层（很难突破）
	A_1（容易突破）	A_2（较易突破）		
月份	0~10	10~20	20~30	>30
厚度/m	<0.5	0.5~1	1~1.5	≥1.5
PERM/（$\times10^{-3}\mu m^2$）	200~300	100~200	50~100	5~50

4.2　低物性夹层治理对策

4.2.1　A 类低物性夹层治理对策

针对有效井点少、注采井网不完善的矛盾，紧密结合 A 类低物性夹层平面分布特点，优选水平段低动用区域、低物性夹层不发育区域增加新的注汽井点。阶段实施大修 12 口、转注 5 口，共增加注汽井点 17 口，增加有效井点 10 口。对应 5 口水平井生产效果改善明显，平均单井组最大日增液量为 173 吨，最大日增油量为 60t。

4.2.2　B 类低物性夹层治理对策

针对蒸汽腔纵向扩展慢的矛盾，紧密结合低物性夹层纵向分布特点，优选 B 类低物性夹层发育区域，先后对注汽井段进行了两次调整，促进蒸汽腔发育。

第一次通过对Ⅱ套和Ⅲ套低物性夹层之间补孔，增加注汽井段，促进蒸汽腔扩展，共实施 12 井次。如杜 84-馆 HK20 井组在脚尖不见效 3 口实施补孔后，蒸汽腔纵向扩展 17m，日产液对比增加 103t，日产油对比增加 13t。

第二次在Ⅱ套低物性夹层上部进行补孔，促进蒸汽腔向上扩展，突破低物性夹层，提高泄油能力，共实施 26 井次。

实施后杜 84-馆 H50-H55 井五个井组均见到明显效果，井组日产液增加了 704t，日产油增加了 150t；蒸汽腔高度扩展 7~16m，温度上升 21~86℃；水平段压力平均增加 1.2MPa，sub-cool 值平均增加 16℃。

4.2.3　C 类低物性夹层治理对策

C 类低物性夹层厚度大、渗透率低、蒸汽腔难突破，因此通过压裂酸化改造低物性段，初步取得效果。

酸化原理：低物性夹层岩石以长石砂岩为主，HF 对长石（$K_2O\cdot Al_2O_3\cdot 6SiO_2$ 或 $Na_2O\cdot Al_2O_3\cdot 6SiO_2$）有一定的溶蚀作用。

$$KAlSi_3O_8+4HCl=KCl+AlCl_3+3SiO_2+2H_2O$$

$$SiO_2+4HF=2H_2O+SiF_4\uparrow$$

施工药剂配方：5%HCl+25%HF+缓蚀剂

选取杜 84-馆 H54 井组注汽井曙 1-31-K0149 井进行实施，该井 629~631m 发育低物性夹层，导致注汽汽窜水平井，汽腔不发育。对该井 629~631m 进行压裂酸化，实施后水平井生产效果改善，日产液增加 59t，日产油增加 9t，低物性夹层处温度由 177℃上升到 200℃。

4.3　形成不同开发阶段的现场调控对策

按照“注采平衡、以采定注、效益优先”的原则，探索 SAGD 不同开发阶段调控对策，不断改进调控技术，初步形成了一套基本成熟的现场操控理念。

驱泄复合阶段：有连通、有空间扩大效果持续注；无连通、无空间培养效果坚持注；有连通、无空间改善效果轮换注。

蒸汽腔形成阶段：“无夹层、有汽腔、有通道”扩大效果加大注；“有夹层、有汽腔、无通道”培养效果坚持注；“有夹层、无汽腔、无通道”汽窜井点不再注。

蒸汽腔扩展阶段：“无夹层、有汽腔、有通道”扩大效果合理注；“有夹层、有汽腔、无通道”培养效果坚持注；“有夹层、无汽腔、无通道”汽窜井点不再注。

除了培养蒸汽腔外，SAGD 过程还需要合理控制操作压力。根据温度压力监测资料和生产动态特征圈定馆陶油层高操作压力区域，降低区域内注汽排量，降低操作压力至目标操作压力，从而提高蒸汽热利用效率。同时，针对因注采连通差、注汽量不足、注汽不均等多重因素影响导致的注采井数比低、蒸汽突破等开发矛盾，在保证合理注汽（井点相对均匀分布、蒸汽腔操作压力适宜）条件下实现合理 Sub-cool 值控制，杜绝井底蒸汽突破，以泄定采适时提液。

生产井调控以保持生产井合理的井底流压和 sub-cool 值为重点，分为三类进行调控。

水平段压力大于 3.5MPa、sub-cool 大于 15℃的持续提液，调整合理的压力和 sub-cool 值；水平段压力大于 2.5MPa 小于 3.5MPa、 sub-cool小于15℃的缓慢提液，控制合理的压力和sub-cool值；水平段压力小于2.5MPa、sub-cool小于15℃的控液生产，培养压力及sub-cool值。

5 实施效果及效益分析

5.1 实施效果

通过实施低物性夹层治理，SAGD开发效果明显改善，截止到目前区块日产液由实施前的4086t/d上升到5917t/d，日产油由687t/d上到1358t/d；平均单井组日产油由实施前31t上升到71t，最高单井日产油达150t；阶段油汽比由0.18上升到0.24，采油速度由1.39%上升到2.29%。

5.2 效益分析

5.2.1 直接效益

该项目形成了低物性夹层治理技术，促进了蒸汽腔扩展，增加了有效泄油井点，为杜84馆陶SAGD高效开发提供了技术支撑，实现了SAGD大幅增产。

SAGD年增油=SAGD年产油-调整前年产油，该项目自2012年开始实施，以2011年产量(18.6×10^4t)为基数，2012~2019年累计增油111.6×10^4t。

5.2.2 社会效益

辽河油田超稠油SAGD开发自2009年工业化推广以来，虽然SAGD产量呈稳步递增，但低物性夹层的存在影响了SAGD高效开发。低物性夹层治理技术的研究应用大幅提高了油藏采收率，对辽河油田保持千万吨持续稳产、创建百年辽河和国家能源供给具有重要的战略意义。

6 结论与认识

（1）低物性夹层是目前制约SAGD开发效果的主要因素，影响了蒸汽腔的扩展，有效的泄油通道难形成。

（2）低物性夹层治理技术的研究应用，为杜84馆陶SAGD顺利实施、高效开发提供了保障，夯实了SAGD工艺技术基础，对辽河油田后续SAGD开发具有重要的借鉴意义。

参考文献

[1] 武毅，张丽萍，李晓漫，等．超稠油SAGD开发蒸汽腔形成及扩展规律研究[J]．特种油气藏，2007，14(6)：40-43.

[2] 杨通佑．石油及天然气储量计算方法[M]．北京：石油工业出版社，1998.

[3] 郭宝玉．巨厚底水油藏地质特征及开采技术研究[J]．特种油气藏，2004，11(4)：46-49.

[4] 王选茹，程林松．蒸汽辅助重力泄油对油藏及流体适应性研究[J]．西南石油学院学报，2006，28(3)：57-60.

[5] 郭二鹏，刘尚奇．直井与水平井组合的蒸汽辅助重力泄油产量预测[J]．断块油气田，2008，15(3)：71-74.

中深层互层状超稠油蒸汽驱技术研究与试验

杨依峰　高忠敏　刘　艳

(中国石油辽河油田分公司)

摘　要　杜80兴隆台蒸汽驱是中国石油辽河油田公司重大试验区块，也是曙光采油厂的主力生产单元。该区块构造上位于辽河盆地西部凹陷西斜坡齐曙上台阶中段，开发目的层为沙一+二段(S1+2)兴隆台油层，油层埋深810~930m，油层厚度18~35m，平均单层厚度3.5m，为典型的中深层互层状超稠油油藏。区块经过20年的蒸汽吞吐开发，存在油藏压力水平低、汽窜情况严重、继续吞吐潜力有限等问题，为寻求互层状超稠油油藏开发接替技术，开展了蒸汽驱可行性分析和技术研究。方案以二次开发井网为依托，以蒸汽驱技术为保障，针对互层状油藏特点，确定了蒸汽驱射孔原则和油藏工程设计，并选取具有代表性的中部区域开展了4个井组的蒸汽驱先导试验。试验取得了较好效果，单井日产油是转驱前的2倍。蒸汽驱试验的成功实施，为整个互层状超稠油油藏吞吐开发后期提供稳产接替技术。

关键词　互层状；蒸汽驱；二次开发；先导试验

蒸汽驱就是将地面产生的高温蒸汽由注入井连续注入油层，加热并驱替原油从生产井采出的一种流动性稠油热采技术。从美国加利福尼亚和印度尼西亚等一些国家、地区来看，它是一种稠油油藏转换开发方式的前沿技术，与蒸汽吞吐相比，采收率高达50%，提高了2倍多。目前超稠油油藏杜229蒸汽驱试验取得较好效果，与国内其他油田相同方式开发指标对比，达到国内领先水平，但储量占比较大的薄互层超稠油油藏规模尚未开展蒸汽驱矿场试验。因此，为探索此类油藏蒸汽驱开发技术，助力曙光油田稠油3.0×10^6t再稳产10年，优选具有代表性的杜80块开展先导试验。整体上区块具有黏度更高、厚度更薄、层数更多、净总比更小等复杂条件，蒸汽驱操控难度相对较大，为确保先导试验的成功实施，通过开展储层物性、四场条件分析、驱前参数优化设计及调控方法研究，确保薄互层超稠油油藏蒸汽驱效益开发。

1　油藏概况

1.1　地质特征

杜80兴隆台构造上位于辽河坳陷西部凹陷西斜坡中段，曙光油田曙一区东南部。开发目的层为新生界古近系沙河街组沙一+二段兴隆台油层，油藏埋深810~950m，孔隙度30.3%，渗透率1600mD，50℃原油黏度平均8.4551×10^4mPa·s，属于高孔、高渗储层。

隔夹层相对较发育。主要为灰绿色、灰色泥岩和灰绿色泥质粉砂岩、粉砂质泥岩。各油层组间的隔层厚度一般在1~12m，层系内泥岩隔层较薄，兴Ⅱ组与兴Ⅲ组之间隔层厚度为1.5~6m，层系间隔层厚度大，兴Ⅲ组与兴Ⅳ组隔层厚度为2~10m。

剩余油相对富集。区域10~30m的井间饱和度在30%~40%，含油饱和度相对较高，单井驱替层段剩余储量$2\sim4\times10^4$t，含油饱和度0.56，具备转驱物质基础。

层间非均质性较强。共发育5个油层组，23个小层，其中Ⅱ、Ⅲ油层组划分为10个小层，Ⅳ油层组划分为4个小层，Ⅴ油层组划分为5个小层，兴Ⅵ组油层不发育，储层以含砾砂岩和不等粒砂岩为主的扇三角洲沉积体系，物性差异较大，非均质性较强，渗透率级差5.8，变异系数0.37，突进系数1.4。

整体动用程度较高。经过多轮次吞吐，平面整体动用较好，动用程度达65%~75%，尤其是北部区域目前温度在80℃以上，地下热连通基本建立。同时，纵向上受射孔位置、单层厚度、储层物性等因素影响，兴Ⅱ-Ⅲ组动用程度最好，高达80%以上，兴Ⅴ组动用差。

1.2　开发历程及现状

区块1999年开始试采，2002年在北部主体油层厚度大于50m区域采用70m井距正方形井网、油层厚度在20~50m范围采用100m井距、采用蒸汽吞吐方式投入开发。经历早期试采、滚动部署、扩边部署等三个开发阶段。

截至目前，总井数 167 口，开井数 98 口，日产液 1501t/d，日产油 319t/d，综合含水 78.7%。区块年注汽 45×10^4t，年油汽比 0.25，年采油 11.3×10^4t，采油速度 1.33%，年采水 38×10^4t，年回采水率 84.4%。平均吞吐 14.5 周期，累计采油 183×10^4t，采出程度 21.6%，累计注汽 582×10^4t，累计油汽比 0.32。

杜 80 兴隆台经过 20 年的蒸汽吞吐开发，可采储量采出程度已达 91.1%(标定采收率 23.7%)，目前油藏压力水平低、汽窜情况严重、继续吞吐潜力有限，开发形势严峻。因此，从油藏长期可持续发展角度来考虑，急需开展转换开发方式。

2　蒸汽驱油藏工程设计

超稠油蒸汽驱与普通稠油蒸汽驱特点不同，所需热量更大，剥蚀作用更明显，无明显产量高峰，剥蚀稳产期长。现场实际表明：超稠油测温呈指型，驱油以单层剥蚀为主；普通稠油测温呈箱型，形成一定厚度驱替。杜 80 兴隆台进行蒸汽驱的条件在净总厚度比、非均质性、转驱时含油饱和度方面偏低，油藏埋藏较深(一般在 850m 以上)，层数相对较多，必须严格把握转驱条件。因此，需要从驱替层位、井网井距、注采参数设计、转驱时机等方面进行方案优化设计，确保薄互层超稠油油藏蒸汽驱成功实施。

2.1　设计原则

依据曙一区兴隆台蒸汽驱开发整体方案，杜 80 块油藏工程方案遵循以下原则：

(1) 基于油藏状况，参考蒸汽驱先导试验区成熟经验进行油藏工程设计；

(2) 注采参数等指标的设计参考先导试验区的操作参数；

(3) 注汽井井况完好，能够满足生产需要，无法满足汽驱生产需要的井应更新。

2.2　开发层系划分和组合

借鉴杜 229 块蒸汽驱成功经验，蒸汽驱替过程中，层系内尽量选择油层厚度集中，连通性好，级差小的层段，具体原则如下：

(1) 连通性好，油层厚度 20~30m(主力层>15m)；

(2) 油层集中，净总比大于 0.40；

(3) 相对均质，渗透率级差小于 4；

杜 80 块上层系厚度在 20~35m，与下层系之间有稳定的隔层(见图 1)。

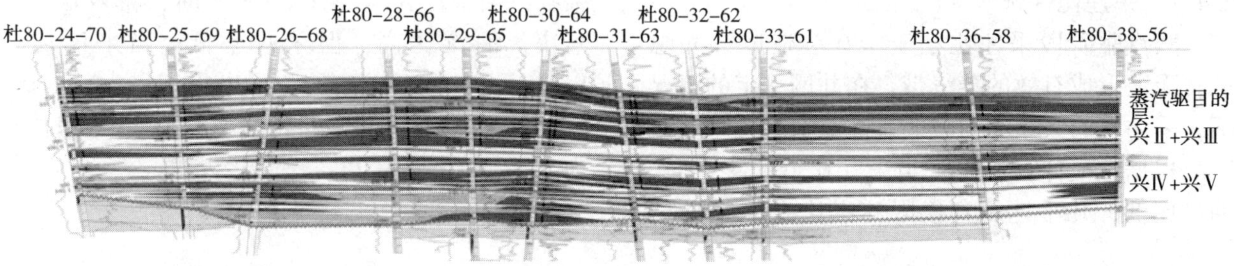

图 1　杜 80 兴隆台北部剖面图

2.3　井网井距优化

2.3.1　优化设计法优选井网井距

蒸汽驱最优设计方法是综合考虑产液能力、注汽能力、井底干度、油层厚度、油藏深度等影响因素下，对蒸汽驱井网井距进行设计的一种方法。

依据单井最低注汽量与单井最大产液量的比例关系设计井网形式，若注汽量与产液量接近，则可设计为反五点井网；若注汽量是产液量的 3 倍，则需要设计为反九点井网。按照前述单井最低注汽量和最大产液量的计算结果，其比例基本为 3∶1，故优选为反九点井网。

利用公式计算出反九点井网条件下理论井距为 66~68m，考虑到实际井距 70m 与理论井距比较接近，因此优选井距为 70m(见表 1)。

计算公式：

$$d=100\left(\frac{n\cdot q_1}{Q_s\cdot h_o\cdot F_A\cdot R_{PI}}\right)^{1/2}\qquad(1)$$

式中，d 为井距，指相邻采油井之间的距离；n 为采油井与注汽井的井数比例，本计算中取 3；q_1 为采油井最大产液量，m^3/d；Q_s 为单位油藏体积注汽速率，t/(d · m · ha)，本计算中取 1.8；h_o 为油层有效厚度，m；F_A 为不同井网形式下的面积系数，对于反九点井网取 4；R_{PI} 为井组采注比，本计算中取 1.2。

表 1　不同区块蒸汽驱井距计算结果表

区块	d 井距/m	q_l 单井产液量/(m^3/d)	q_{is} 日注汽量/(t/d)	井口蒸汽干度/%	井底蒸汽干度/%
杜 80	68	30~50	100~120	75	44

2.3.2　数值模拟法优选井网井距

运用数值模拟方法对比了 70m 井距和 100m 井距下反九点井网蒸汽驱的采收率及温度场，结果表明，70m 井距蒸汽驱采收率 58.5%，100m 井距 40.2%；70m 井距蒸汽驱的平面动用程度也远高于 100m 井距(见图 2)。

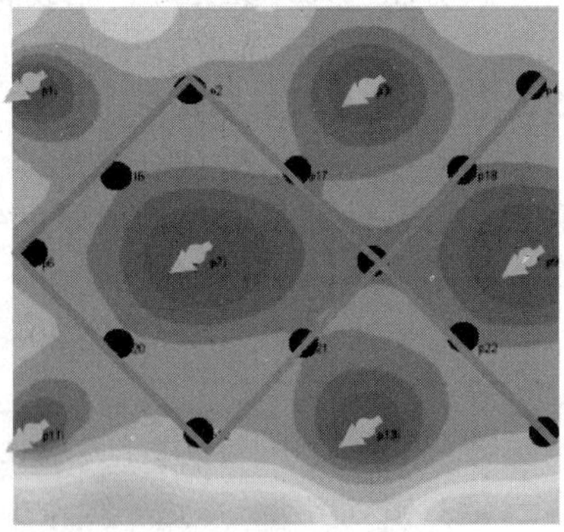
(a)4个70m井距反九点井网

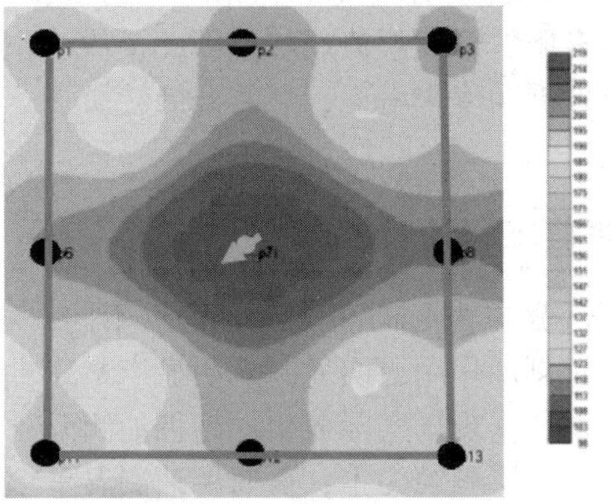
(b)1个100m井距反九点井网

图 2　不同井距下蒸汽驱温度场对比

2.4　注采参数优化

2.4.1　采注比优选

蒸汽驱阶段采注比小于 1.0 会造成井底憋压，无法形成有效的蒸汽带。在井网一定的情况下，采注比的大小与油藏的排液能力有关。

根据数模计算结果，当采注比低于 1.1 时，油汽比低，几乎达不到极限油汽比 0.12，地层压力恢复快，不易形成蒸汽腔，导致蒸汽驱过早结束；当采注比大于 1.3~1.4 时，见效快，汽窜快，油汽比高，但采收率低；当采注比为 1.1~1.2 时，净产油量和采出程度最大。因此，限于杜 80 块单井最大排液量 40t/d，合适采注比为 1.1~1.2(见表 2)。

表 2　采注比优选结果

采注比	生产时间/d	累产液/10^4t	累产油/10^4t	累注汽/10^4t	净产油/10^4t	油汽比	采出程度/%
1	2140	21.65	3.72	25.68	1.89	0.144	16.7
1.1	2595	34.52	4.60	31.14	2.37	0.148	20.58
1.2	2733	36.53	5.27	32.8	2.93	0.161	23.59
1.3	1485	20.68	3.52	17.82	2.24	0.197	15.75
1.4	1423	20.02	3.48	17.08	2.26	0.204	15.58

2.4.2　注汽速率

数值模拟结果表明，在给定井底干度 50%，采注比 1.2 的条件下，对不同的注汽速率进行模拟计算，结果表明注汽速率 1.7~1.9t/(d · m · ha)时效果较好。综合理论计算、现场实际测试和数值模拟结果，推荐注汽速度为 1.7~1.9t/(d · m · ha)(见表 3)。

表 3　蒸汽驱注汽速率优选结果

注汽速度/(t/d)	生产时间/d	累产液/10^4t	累产油/10^4t	累注汽/10^4t	净产油/10^4t	油汽比	采出程度/%
1.6	3038	33.92	5.088	30.38	2.07	0.167	22.79
1.7	2916	35.77	5.268	32.08	2.1	0.164	23.59
1.9	2733	36.53	5.268	32.8	2.04	0.161	23.59
2.0	2460	35.58	5.04	31.98	1.92	0.158	22.57
2.2	2095	32.58	4.608	29.33	1.75	0.157	20.64

2.4.3　井底蒸汽干度

注入井底蒸汽干度的高低，不仅决定蒸汽携带热量的多少、能否有效地加热油层，而且还决定蒸汽带体积能否稳定扩展、驱扫油层而达到有效汽驱开发。一般是注入蒸汽干度越高，开发效果越好。国内外研究资料也表明，对于油层厚度较薄的单层状和互层状油藏，要尽量提高井底蒸汽干度。但蒸汽干度太高，成本也高，因此，对经济合理的注汽干度进行优选。

建立典型区域数值模拟模型，模拟结果表明：注入蒸汽干度越高，其采出程度、油汽比、净产油越高，汽驱开发效果越好。蒸汽干度在50%时，汽驱采收率、净产油变化明显；当蒸汽干度大于50%时，随注汽干度的继续提高，采收率上升幅度明显变小。因此，蒸汽干度为50%就可以满足汽驱要求了，以大于50%为最佳(见表4)。

表 4　井底蒸汽干度优选结果

注汽干度/%	生产时间/d	累产液/10^4t	累产油/10^4t	净产油/10^4t	油汽比	采出程度/%
30	1761	23.38	3.11	1.08	0.147	13.92
40	2307	30.73	4.26	1.57	0.154	19.08
50	2733	36.53	5.27	2.04	0.161	23.59
60	2794	37.48	5.62	2.28	0.167	25.15
70	3342	45.09	6.89	2.88	0.172	30.85

现场通过对杜80-31-61井组不同注汽速度分别进行蒸汽干度取样，结果表明：当注汽速率在120t/d时，780m处蒸汽干度为48%；当注汽速度在105t/d时，780m处蒸汽干度为46%。因此，要保障汽驱开发效果，厚度较大区域，初期最低注汽速度应该保持在120t/d以上，才能确保井底干度在50%以上。

2.5　转驱时机优化

借鉴杜229块蒸汽驱先导试验成功经验，启动条件与室内研究相互验证，杜80块兴隆台油层转蒸汽驱时机基本成熟。

确定转驱时机为：

(1) 油层压力下降到4MPa以下；

(2) 油层温场上升到80℃以上；

(3) 转驱前含油饱和度达到45%。

杜80块主体区域目前油层温度为68～104℃，油层压力为1.2～2.39MPa，剩余油饱和度大于50%。目前，油层主体区域基本符合超稠油蒸汽驱转驱条件，转蒸汽驱的时机基本成熟。

2.6　射孔方式优化

为确保转驱后油层均衡动用，利用蒸汽超覆原理，射孔时采用分厚度、分级差射孔。当厚度小于2m，全部射开；厚度为2～5m，射开下部2/3；厚度为5～10m，射开下部1/2；厚度大于10m，应分两段各射下部的1/2。渗透率级差大于4，孔密16孔/m；渗透率级差3～4，孔密12孔/m；渗透率级差2～3，孔密8孔/m；渗透率级差1～2，孔密4孔/m。

3　蒸汽驱实施效果

3.1　各项指标较好

3.1.1　与吞吐对比，开发指标、管理指标均较好

管理指标明显好于转驱前：开井率由78%上升至100%，生产时率由69%上升至78%，综

合含水由 80%下降至 74%，实现了油井的有效利用。

开发指标均好于吞吐阶段：单井日产能力由 3.4t 上升至 6t，单井阶段产油与吞吐同期比对上升了 585t，采油速度由 1.7%上升了 3.4%，实现了单井日产和总产量的有效提升。

3.1.2 与其他蒸汽驱对比，初期效果相对较好

通过不断学习齐 40、杜 229 蒸汽驱的先进开发理念，并运用到杜 80 蒸汽驱先导试验现场，整体上取得了较好的效果，综合含水相对较低、油汽比及单井日产油均好于其他蒸汽驱。

3.2 动用程度较高

3.2.1 平面上蒸汽腔逐渐形成

通过观察井及生产井井温资料，综合判定蒸汽驱整体仍处于热水驱阶段(100~200℃)，但汽腔发育雏形正在建立；2020 年 9 月份最高温度 79℃，2021 年 4 月达到最高温度 97℃，经过 5 个月温度上升 18℃，通过目前井温测试资料，根据传热学中导热基本定律(傅立叶定律)推导蒸汽驱过程中的导热公式，计算杜 80-31-61 注汽井周围大约 27m 范围已形成蒸汽腔。

3.2.2 纵向上动用程度较高

根据监测资料统计结果，渗透率小于 200mD 西的小层基本不吸汽，从整体上看纵向上动用程度达到 82%以上，吸汽强度较为均匀。

3.3 产量大幅度增长

杜 80 蒸汽驱先导试验井组单井日产油由 3.4t 上升到 6.0t，上升 2.6t；阶段产油 5.3×10^4t，增油 3.7×10^4t；采油速度翻了一番(见图 3)。

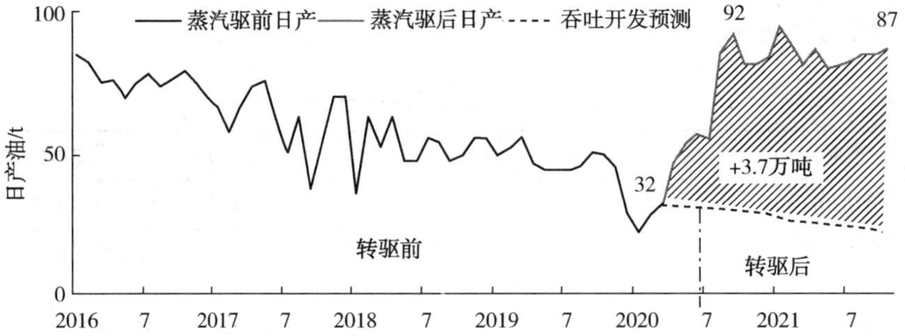

图 3 杜 80 蒸汽驱先导试验井组日产油变化曲线图

4 结论及认识

杜 80 兴隆台薄互层状超稠油蒸汽驱先导试验表明，薄互层状超稠油蒸汽驱同样可以取得较好的开发效果，其开发方式是可行的。同时积累了一定的矿场实践经验，为拓宽了蒸汽驱实施黏度的界限，已成为互层状超稠油油藏吞吐后期主要接替技术，推广应用前景广阔，为辽河油田持续千万吨稳产提供重要技术支持。

(1) 油藏工程优化设计是蒸汽驱开发的基础；

(2) 严格控制关键节点是蒸汽驱成功的前提；

(3) 精准定量化动态调控是蒸汽驱成功的关键。

参 考 文 献

[1] 赵洪岩．辽河中深层稠油蒸汽驱技术研究与应用[J]．石油钻采工艺．2009(S1)：110-114.

[2] 王中元．齐 40 块蒸汽驱蒸汽波及规律研究[J]．特种油气藏．2007(04)：65-67，108.

[3] MaxS. Jupraserteta1.，张梅，刘平德，等．利用碳同位素的特征来预测蒸汽驱的动态[J]．国外油田工程．2000(11)：3-4.

[4] 张义堂，李秀峦，张霞．稠油蒸汽驱方案设计及跟踪调整四项基本准则[J]．石油勘探与开发．2008(06)：715-719.

浅层超稠油蒸汽吞吐转驱泄复合精细调控研究

刘　刚　朱爱国　颜永何　王传康

(中国石油新疆油田分公司)

摘　要　克拉玛依油田G区超稠油油藏历经多种井网的高轮次蒸汽吞吐后转驱泄复合开发,面临剩余油分布不清和蒸汽腔扩展不均等问题。针对该问题,建立了全油藏数值模拟模型,并根据蒸汽腔发育形态对驱泄复合阶段的注采参数进行优化。结果表明,合理操作参数为:以90天为周期进行交替注汽,注汽速度60 t/d,操作压力1.2 MPa。同时,结合井组生产特征和蒸汽腔发育情况分为正常驱泄井组、见效缓慢井组和蒸汽窜扰井组,治理措施分别为注汽制度优化和稳定饱和温差、吞吐引效和提汽增压、控制关井和封堵微压裂。优化治理后,区域日产油由221 t/d提升到348 t/d,含水下降4.6%。研究成果可有效指导驱泄复合现场精细调控,对同类油藏转驱泄复合开发具有重要的指导意义。

关键词　超稠油;直-平组合驱泄复合;蒸汽腔;参数优化;精细调控

目前,国内稠油油藏开发使用最广泛技术是蒸汽吞吐,但随着吞吐轮次的增加,开发效果逐年变差。稠油油藏吞吐后期主要转换方式为蒸汽驱开发,对于新疆浅层超稠油油藏,储层非均质性强,汽窜干扰严重,直井汽驱生产效果不理想。对此,许多学者开展了大量关于直井-水平井组合的驱泄复合研究,取得了较好的应用效果。刘尚奇等研究了直井与水平井组合最佳的布井方式及注采参数;杨立强等建立了直井-水平井组合开发方式的物理和数模模型,研究了蒸汽腔的形成和扩展过程;孙新革等进一步明确了直井-水平井组合驱泄复合开采机理和调控政策;陶亮等结合数值模拟和油井生产情况,进行了注采参数优化和分类治理,改善了开发效果。但这些研究都是基于单井组的数值模拟,难以准确描述多种井网、高轮次蒸汽吞吐后转驱泄复合开发的剩余油分布和蒸汽腔发育特征。因此,针对克拉玛依油田G区超稠油油藏建立全油藏数值模型,准确刻画不同蒸汽腔发育特征,分析影响蒸汽腔扩展的主要因素,并结合蒸汽腔发育情况和井组生产特征,进行驱泄复合阶段的参数优化和井组分类精细调控,对其他稠油老区现场调控具有重要指导意义。

1　油藏概况

克拉玛依油田G区齐古组油藏位于准噶尔盆地西北缘,油藏自下而上分为$J_3q_2^{2-3}$、$J_3q_2^{2-2}$和$J_3q_2^{2-1}$三个小层,构造上为西北向东南倾的单斜,倾角3°~9°,平均埋深160m,地层压力1.58MPa,50℃原油黏度4969mPa·s,属于浅层超稠油油藏。其中主力油层为$J_3q_2^{2-2}$和$J_3q_2^{2-1}$层,油层厚17.5m,平均孔隙度30.3%,平均渗透率1165mD,原始含油饱和度72%,无稳定隔夹层发育。

该油藏自1986年投入开发,已经蒸汽吞吐超过11轮,油藏压力下降到0.6MPa,瞬时油汽比0.08,开发效果日益变差。2018年建立了驱泄复合试验区,在直井间部署水平井,水平井位于$J_3q_2^{2-2}$层底部,形成直井上部注汽,水平井下部采油的驱泄复合(VHSD)开发方式。

2　油藏数值模拟研究

2.1　数值模型建立

驱泄复合试验区有注汽井208口、水平井29口,直井井距70m,直井与水平井间距35m,使用随机建模方法建立油藏精细地质模型。其中,模型储层渗透率范围为60~3183mD,平均为1202mD,在平面上,东北部渗透率较高,储层物性好,西部和南部储层物性相对较差(见图1)。在地质模型的基础上建立油藏数值模型,考虑到运算速度和纵向非均质性等情况,保留模型平面网格大小10m×10m,共计1.9×10^4个网格,纵向上非油层粗化为20~35层1个网格,油层粗化为5层1个网格,共计64层,其中2~15层网格为$J_3q_2^{2-1}$层,16~41层网格为$J_3q_2^{2-2}$层,网格垂向步长1~2m,网格总数120×10^4个。

图1　试验区渗透率分布模型图

2.2　历史拟合

历史拟合是使数值模型的产量、压力等与油藏实际情况基本一致的过程。在监测资料的约束下，对模型范围内的蒸汽吞吐和驱泄复合井组进行生产动态历史拟合，反映油藏实际的开发过程。通过调整相渗、黏温等相关物性参数，以定液量方式进行拟合。拟合后，全区产油整体拟合率达97%，单井拟合率92%，拟合温度与监测井附近实测温度基本一致，拟合含油饱和度和取心井解释剩余油饱和度相近(见图2)，模型准确、可靠。从历史拟合结果中输出不同阶段的压力、温度、含油饱和度场图，分析转驱泄复合各阶段场图变化，对后期调控提供依据。

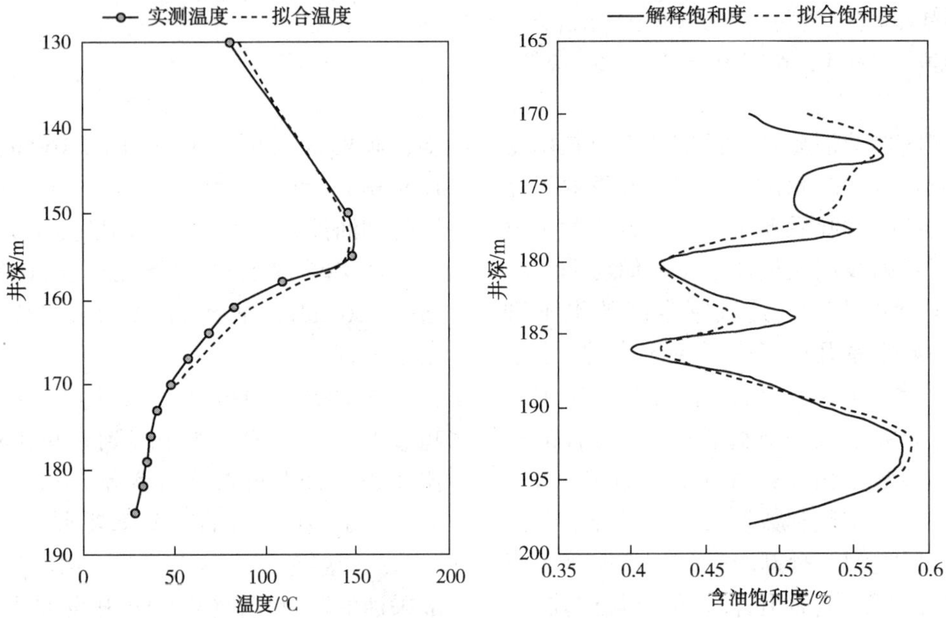

图2　温度、饱和度拟合结果图

2.3　三场分布

在油藏转驱泄复合初期，由温度场分布(见图3)可知，近井地带受热最充分，温度100～170℃，远井地带温度较低，且部分井前期生产效果差，加热半径小，未与水平井形成热连通，纵向上蒸汽超覆严重，蒸汽沿高渗层突进，使井间部分区域温度达170℃以上；由压力场分布可知，油藏压力得到初步恢复，平均0.68MPa；由饱和度场可知，油层饱和度分布和温度场密切相关，纵向上$J_3q_2^{2-1}$层温度高、采出程度高，含油饱和度低，$J_3q_2^{2-2}$层温度低、采出程度低，含油饱和度较高，平面上直井近井地带含油饱和度低于远井地带含油饱和度。总体上，试验区热连通程度和原油动用程度差异较大，油藏中部和南部温度较低，东北部温度较高，热连通程度和动用程度高。

2.4　蒸汽腔发育特征

数值模拟研究表明，试验区目前蒸汽腔横向扩展较快，但平面发育差异大，表现出三种典型特征(见图4)：①东北部储层物性好，区域采出程度高，注采井间已形成较好的热连通，注采井之间和沿水平井方向温度较高，蒸汽腔优先向注采井间和沿水平井区域扩展连通，平面上蒸汽腔开始呈线状接触，蒸汽腔面积较大，为Ⅰ类蒸汽腔；②南部和中部受物性和转驱时间的影响，注采井间热连通程度不高，蒸汽腔仅在注汽井附近小范围发育，井组间蒸汽腔基本不连通，平面上为孤立的点状，蒸汽腔面积较小，为Ⅱ类蒸汽腔；③局部区域发育有高渗通道，转驱泄复合后注汽速度和压力过高，蒸汽沿通道方向性窜进，蒸汽腔快速萎缩，面积很小，甚至无蒸汽腔发育，为Ⅲ类蒸汽腔。

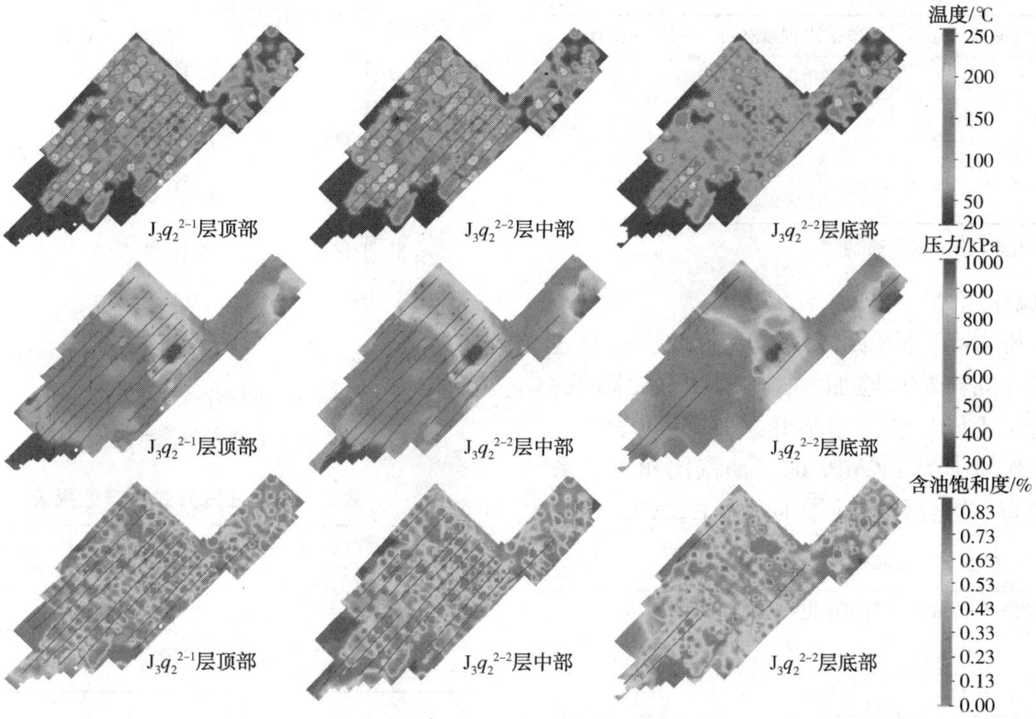

图3　VHSD 驱泄复合初期三场分布图

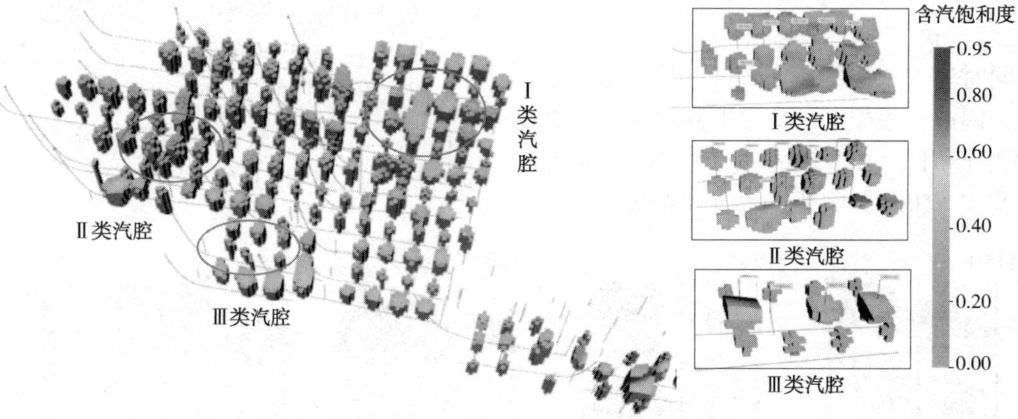

图4　调控前蒸汽腔发育情况图

根据驱泄复合开发方式阶段划分，试验区目前正处于蒸汽腔扩展阶段，现场实践和数值模拟表明，在此阶段，蒸汽腔优先向动用程度高、储层物性好的区域发育。

3　调控措施

驱泄复合的开发效果与蒸汽腔的发育程度密切相关。根据驱泄复合试验区蒸汽腔发育及生产特征，进行全区注采参数优化，并结合不同类型的蒸汽腔发育情况进行精细治理和调控，促进全区蒸汽腔均衡快速发育，提高开发效果。

3.1　注采政策优化

针对试验区实际生产情况，结合汽腔发育特征对蒸汽腔扩展初期的关键注采参数进行了优化。

3.1.1　注汽速度

蒸汽腔横向扩展初期，注汽速度影响蒸汽腔扩展速度。研究区汽窜优势通道发育，注汽速度大，容易引发汽窜；注汽速度过低，热损失加大，井底蒸汽干度低，产油量低。通过对比不同注汽速度开发效果，确定单井最优注汽速度为60t/d(见表1)。

表1　不同注汽速度生产效果表

方案	注汽速度/(t/d)	阶段采出程度/%	累积油汽比
1	40	30.4	0.123
2	50	31.9	0.133
3	60	32.5	0.134
4	70	32.8	0.132

注：累积油汽比=累产油/累注汽。

3.1.2　操作压力

注汽压力高，阶段采收率高，但注汽压力过高，直平井间汽窜风险加大，阶段油汽比降低；对比分析了不同操作压力下开采效果(见表2)，表明当操作压力为1.2MPa时，油汽比和阶段采出程度最高。综合优选操作压力为1.2MPa。

表2　不同操作压力生产效果表

方案	操作压力/MPa	阶段采出程度/%	累积油汽比
1	0.9	33.1	0.139
2	1.2	34.5	0.138
3	1.5	35.0	0.135
4	1.8	35.3	0.130

3.1.3　注汽方式

直井同时注汽，注汽速度太低，且容易产生汽窜干扰，因此，模拟了1口水平井对应4口直井(VHSD生产时，1口直井同时对2口水平井注汽，因此在VHSD井组中，水平井系数为1，直井系数为0.5)布井方式下，不同组合方式的开采效果(见图5、表3)。综合油汽比和采出程度，结果表明直井交替注阶段采出程度最高，优选注汽方式为直井交替注汽。

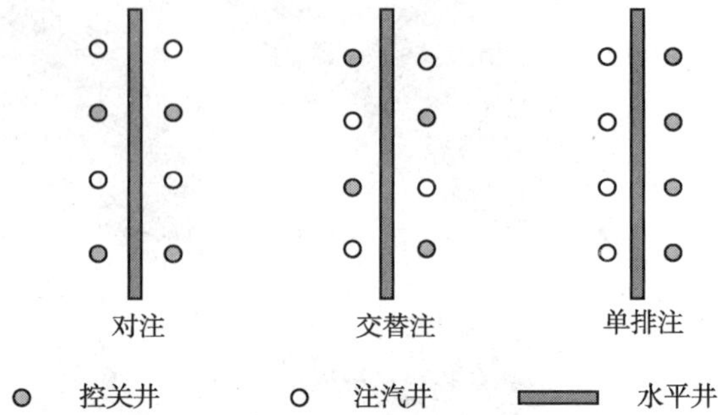

图5　不同注汽方式示意图

注：控关井为关闭直井。

表3　不同注汽方式生产效果表

方案	注汽方式	阶段采出程度/%	累积油汽比
1	对注	29.3	0.135
2	交替注	30.4	0.138
3	单排注	28.5	0.128

3.1.4　交替周期

交替周期时间长，管理难度低，但蒸汽腔前缘与水平井距离变小，汽窜风险加大。模拟表明，随着注汽天数的增加，汽液界面的距离减小，当交替周期为90天时，蒸汽腔距水平段3m，蒸汽腔体积较大，且无汽窜特征，故推荐交替注汽周期90天(见图6)。

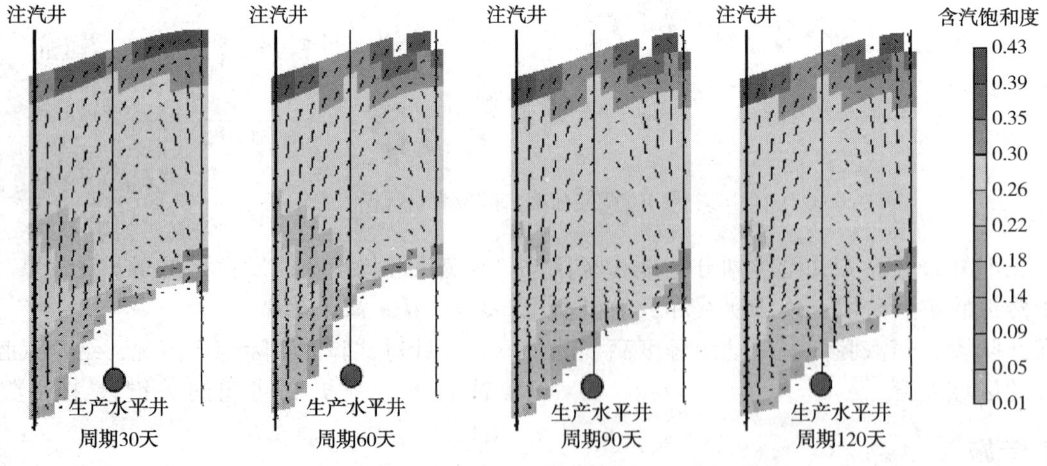

图6　不同交替周期汽液界面示意图

3.2　井组精细调控

结合蒸汽腔特征和井组生产情况划分为3类(见表4)。Ⅰ类正常驱泄井组：井组蒸汽腔初步连通，蒸汽腔呈线状，泄油面积较大，产油产液持续上升，井口温度和含水率基本稳定。Ⅱ类见效缓慢井组：蒸汽腔呈点状，在注汽井周围孤立发育，蒸汽腔泄油面积小，水平井产油产液维持在较低水平，井口温度低，含水较高。Ⅲ类汽窜井组：由于储层非均质性使蒸汽沿高渗层突进，蒸汽腔不能正常扩展，使得产液产油量很低，含水很高，甚至接近100%，井口温度上升明显甚至见汽。

表4　井组分类特征表

井组类型	日产油量/(t/d)	含水/%	井口温度/℃	蒸汽腔特征
Ⅰ类	>10	50~80	90~120	线状蒸汽腔
Ⅱ类	4~10	70~90	<90	孤立蒸汽腔
Ⅲ类	<4	>90	>120	蒸汽腔很小甚至不发育

根据蒸汽腔发育特征，确定了以促进蒸汽腔均衡发育为目标的井组分类精细调控措施(见表5)。Ⅰ类井组蒸汽腔已基本连通，通过注采制度优化，调控注采平衡，保持饱和温差在20~30℃，促使蒸汽腔在各井组均衡发育：高温区降速降压、停注卸压，低温区提汽增压，促进蒸汽腔向低温区扩展，同时改变工作制度维持合理产液量，高液量井组控液，抑制汽窜，低液量井组提液，促进泄油通道扩大。Ⅱ类井组采用吞吐引效，直井提汽增压促进蒸汽腔形成、扩腔和连通：对蒸汽腔体积小、水平井井底温度低、连通程度不高的井组采用水平井再次吞吐引效，直井提汽增压，当对应的水平井测点温度上升时，逐步提高水平井冲次，增加产液量，使井口温度稳定在90~120℃。Ⅲ类井组采用控制关井和封堵调剖保证蒸汽扩展成腔：对单点汽窜，采用关闭汽窜来源井，降低水平井冲次，提高液面，缓解汽窜，促使蒸汽腔向其他区域扩展。对于多点汽窜，采用水平井暂堵和微压裂，封堵原有的高渗层，重建泄油通道，提高低渗区的动用程度，促进蒸汽腔发育，改善生产效果。

通过精细调控，试验区蒸汽腔体积明显扩大，各类井组蒸汽腔发育更为均衡(见图7)，汽窜明显减弱，区域受热更加均匀；Ⅰ类井组蒸汽腔连通程度更高，扩展也更加均衡，开始呈片状发育；Ⅱ类井组蒸汽腔体积明显扩大，井组间蒸汽腔开始相互连通，呈线状发育；Ⅲ类井组蒸汽腔在未汽窜区发育成形，井组内开始形成连通。

表5　井组分类调控措施表

井组类型	蒸汽腔发育特征	调控措施	
		直井	水平井
Ⅰ类	线状发育	高温区降速降压，注汽速度30~50t/d 低温区提汽增压，注汽速度70~90t/d	控液生产50~80t/d 采注比0.8~1.0
Ⅱ类	孤立发育	吞吐预热，提汽增压 注汽速度70~90t/d	吞吐引效：1/2预热引效量 提液扩腔，采注比1.0~1.2
Ⅲ类	蒸汽窜扰	单点汽窜：关闭汽窜来源直井	控液生产，采注比0.8
		多点汽窜：降速降压，注汽速度30~50t/d	暂堵+微压裂

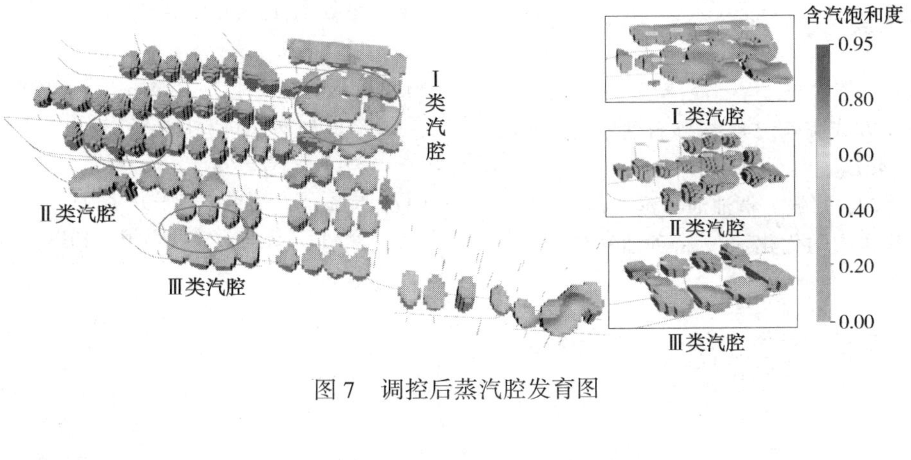

图7　调控后蒸汽腔发育图

4　应用效果

通过对驱泄复合阶段全油藏注采参数优化和井组精细调控，各类井组生产水平明显提高(见表6)。驱泄复合区域日产油由转驱初期233t上升到了348t，油藏总体生产指标明显改善，阶段油汽比由0.09上升至0.11，综合含水由81.1%下降到76.5%，驱泄复合方式生产阶段采出程度8.8%，调控效果显著。

表6　井组精细调控效果表

井组分类	井组数	日产油量/(t/d)	
		调控前	调控后
Ⅰ类	10	12.4	16.7
Ⅱ类	13	7.0	12.2
Ⅲ类	6	3.0	7.6

5　结论

(1)建立了区域全油藏地质和数模模型，数值模拟研究表明，储层物性和前期动用程度是影响蒸汽腔横向扩展的重要影响因素。

(2)针对克拉玛依油田G驱泄复合区蒸汽横向扩展阶段，优化了关键注采参数，注汽速度60t/d，井底操作压力1.2MPa，注汽方式为直井交替注汽，交替周期90天。结合蒸汽腔发育特征和生产情况将驱泄复合井组分为正常驱泄井组、见效缓慢井组和窜扰井组，并分别提出针对性的精细调控措施为注汽制度优化、吞吐引效和提汽增压、控制关井和封堵+微压裂。

(3)应用结果表明，井组精细调控后蒸汽腔发育更加均衡，蒸汽腔体积明显扩大，汽窜干扰情况得到持续改善，区域生产效果大幅度提高，可有效指导稠油油藏后期转驱泄复合的调整开发。

参　考　文　献

[1] 马德胜，郭嘉，李秀峦，等．浅薄层超稠油油藏蒸汽吞吐后开发方式实验[J]．新疆石油地质，2013，34(4)：458-461.

[2] 王长久，刘慧卿，郑强．稠油油藏蒸汽吞吐后转驱方式优选及注采参数优化[J]．特种油气藏，2013，20(3)：72-75.

[3] 刘春泽，任香，李秀峦，等．浅薄层超稠油水平井蒸汽吞吐后转换开发方式研究[J]．特种油气藏，2010，17(4)：66-68.

[4] 宋杨．薄层稠油水平井蒸汽驱优化设计[J]．断块油气田，2013，20(2)：239-241.

[5] 尚建林，徐雄，霍新勇，等．百口泉油田水平井与直井组合蒸汽驱先导试验研究[J]．石油工程与工程，2008，22(6)：59-61.

[6] 刘尚奇，王晓春，高永荣，等．超稠油油藏直井与水平井组合SAGD技术研究[J]．石油勘探与开发，2007，34(2)：234-238.

[7] 杨立强，陈月明，王宏远，等．超稠油直井-水平井组合蒸汽辅助重力泄油物理和数值模拟[J]．中国石油大学学报(自然科学版)，2007，31(4)：64-69.

[8] 孙新革，马鸿，赵长虹，等．风城超稠油蒸汽吞吐后期转蒸汽驱开发方式研究[J]．新疆石油地质，2015，36(1)：61-64.

[9] 钱根葆，孙新革，赵长虹，等．驱泄复合开采技术在风城超稠油油藏中的应用[J]．新疆石油地质，2015，36(6)：733-737.

[10] 钱根宝，马德胜，任香，等．双水平井蒸汽辅助重力泄油生产井控制机理及应用[J]．新疆石油地质，2011，32(2)：147-149.

[11] Sharma J G, Gates I D. Convection at the edge of a steam - assisted - gravity - drainage steam chamber [J]. SPE Journal, 2011, 16(3): 503-512.

[12] Kimber K D, Puttagunta V R, Ali S. New scaling criteria and their relative merits for steam recovery experiments[J]. Journal of Canadian Petroleum Technology, 1988, 27(4): 42-57.

[13] 巴忠臣，张元，赵长虹，等．超稠油直井水平井组合蒸汽驱参数优化[J]．特种油气藏，2017，24(1)：133-137.

[14] 陶亮，李凌铎，袁玉晓，等．超稠油非均质油藏直井水平井SAGD精细化调控研究[J]．特种油气藏，2018，25(2)：80-84.

[15] 田鸿照，孙野．直井与水平井组合吞吐转汽驱操作参数优选[J]．岩性油气藏，2013，25(3)：127-130.

[16] 孙新革，赵长虹，熊伟，等．风城浅层超稠油蒸汽吞吐后期提高采收率技术[J]．特种油气藏，2018，25(3)：72-76.

[17] 程紫燕，周勇．水平井蒸汽驱技术政策界限优化研究[J]．石油天然气学报，2013，35(8)：139-142.

低渗高黏中深层稠油油藏化学复合冷采机理研究

施小荣[1] 何晓琳[2] 张新奇[1] 许海鹏[1] 王 倩[1] 李宾飞[2]

(1. 中国石油 新疆油田分公司勘探开发研究院;
2. 中国石油大学(华东)石油工程学院)

摘 要 CJ油田梧桐沟组某区块油藏具有埋藏深、原油黏度大、渗透率低、原油流动性差等特点,经过前期注水开发后,油井含水上升且快速突破,开采难度极大。为了提高CJ油田梧桐沟组某区块原油采收率,本文优选了改善水驱油藏开发效果的降黏泡沫剂体系,并开展了岩心水驱、氮气泡沫吞吐、降黏泡沫剂溶液驱和氮气泡沫驱室内物理模拟实验。实验结果表明:综合考虑降黏效果以及技术经济可行性,优选出了0.5wt%降黏泡沫剂体系DXY-03,该体系具有较好的乳化降黏和起泡能力;岩心驱替实验表明,在水驱采收率20.14%的基础上,氮气泡沫吞吐较水驱提高8.08%,降黏泡沫剂溶液驱提高5.29%,氮气泡沫驱提高12.58%;降黏泡沫剂提高稠油采收率的主要机理是其能够降低油水间界面张力,促进原油的乳化降黏和分散,从而形成O/W型乳状液,稠油黏度降低使得原油更容易被采出,实现了氮气-降黏泡沫剂体系协同降黏增效的作用。因此,采用注化学剂复合冷采能够实现难动用储量的开采和区块有效开发,对于改善低渗高黏中深层稠油油藏开发效果具有重要意义。

关键词 稠油油藏;低渗;中深层;降黏泡沫剂;冷采;提高采收率

CJ油田梧桐沟组含油面积18.96km^2,地质储量7018×10^{4}t,油层跨度大,油藏埋深1317~1846m,油层有效厚度43.8~58m,孔隙度21.4%,渗透率84.9mD,地层温度下原油黏度100.5~10027.0mPa·s,属于中孔低渗、岩性-构造、中深层稠油油藏。目前,采油注蒸汽开采是大部分稠油油藏开采的主要方法,该方法适用于90%以上的稠油开发。但是由于中深层低渗稠油具有油藏埋深大于1500m、储层渗透率小于200mD、原油黏度大等特点,常规注蒸汽热采具有注汽压力大、热利用率低、热损失大等特点,导致降黏效果差、单井产能低,并且在采用注蒸汽方法开采之后,大多数稠油区块都不可避免地进入了高含水阶段,油藏开发难度极大。因此,针对低渗中深层稠油油藏的开采,利用热采开发已不适用,应该考虑使用冷采方法进行开采。

近年来,国内外对稠油冷采提高采收率技术越来越重视,冷采方法不仅可以降低开采成本,还可以减少对地层伤害。稠油油藏水驱效果一般较差,开发初期因地层处于低含水率阶段,会形成“油包水型”乳状液,注水开发效果明显,但随着生产含水不断提高,当地层处于中-高含水阶段,容易形成窜流通道,开发效果逐渐变差。氮气与降黏泡沫剂混合后可以形成泡沫,泡沫能够作为调剖剂,能够驱替出地层中存在的大部分残余油,主要为水驱后剩余在多孔介质中的盲端状、膜状残余油。氮气泡沫驱油体系提高采收率的机理有以下几种。①调剖作用。当泡沫注入非均质油藏中,依靠泡沫的堵水调剖作用进而提高驱油效率,将水驱后残留在小孔隙中的剩余油驱替出来,对于水驱中有优势通道的油藏,氮气泡沫驱的作用更加明显。②稠油乳化降黏和携带作用。降黏泡沫剂可以大幅度降低油水界面张力,促进稠油乳化和分散,便于水包油乳状液的产生,同时携带油滴向前运移。③泡沫堵水而不堵油的特征,当泡沫遇到油滴的时候,流动阻力降低,遇油时消泡,遇水时不消,从而达到堵水而不堵油的开发效果,从而提高采收率。

氮气泡沫驱作为一项通过降低稠油油藏水油流度比、改善水驱黏性指进现象,进而能够有效提高采收率的技术,具有调剖和驱油两种独特优势,对于稠油油藏的开发效果、提高经济效益具有一定的指导性意义。因此,本文以CJ油田梧桐沟组某区块低渗中深层稠油油藏为研究对象,为了改善高含水、高黏区油田采收率低下等问题,在现有的开采工艺的基础上,通过筛选得到驱油效果更好的降黏泡沫剂体系,优选出了一种合适该低渗中深层稠油油藏开发的降黏泡沫剂,同时开展了室内一维岩心驱替实验，为该类稠油油藏的降黏开采提供一定的技术支持。

1 实验

1.1 实验材料

模拟CJ油田梧桐沟组某区块相应的油藏条件，实验温度与地层温度保持一致，温度设为60℃；实验岩心为该油田某区块的天然岩心，岩心长度为8cm，直径为2.5cm；实验用油为该油田该区块地面脱气脱水稠油，50℃下原油黏度为3856mPa·s，该实验用油的黏温曲线见图1；实验用水为该油田某区块地层水；化学剂为4种降黏泡沫剂，其中DXY-03为阴离子型表面活性剂，主要成分为α-烯烃磺酸盐；DXY-02是阴非离子型表面活性剂，主要成分为醇醚硫酸酯钠盐；HY-2N是阴非离子型表面活性剂，主要成分为醇醚羧酸盐；CH-03是阴离子型表面活性剂，主要成分为烷基磺酸盐；实验气体为纯度99.9%的氮气。

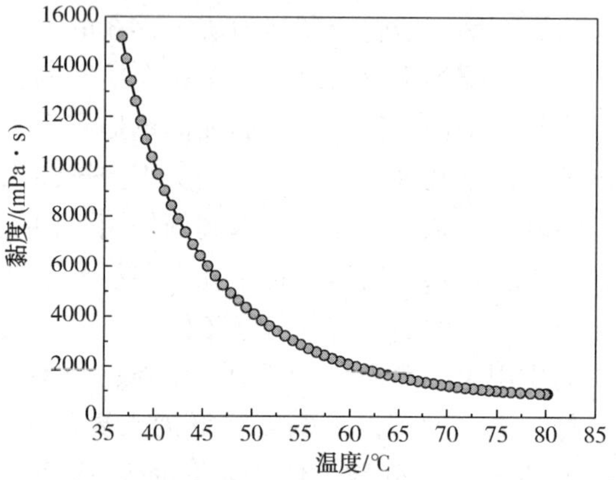

图1 原油黏温曲线

1.2 降黏泡沫剂性能评价

由于稠油组分非常复杂且差异很大，降黏泡沫剂对稠油有一定的选择性，因为有必要对其在油藏中的性能进行评价。降黏泡沫剂室内性能评价主要包括起泡能力、降黏率和表面张力。

1.2.1 降黏泡沫剂起泡能力测定方法

降黏泡沫剂起泡能力的评价实验步骤：

（1）降黏泡沫剂溶液准备：取地层水100mL，按照质量浓度分别配制0.1wt%、0.3wt%、0.5wt%、0.7wt%降黏泡沫剂溶液，搅拌均匀使其充分溶解。

（2）搅拌起泡：将100mL降黏泡沫剂溶液倒入高速搅拌机的量杯中，以8000r/min的速度搅拌3min。

（3）起泡体积测试：将高速搅拌机量杯中形成的泡沫马上倒入500mL量筒，记录泡沫体积V_0并开始计时，该体积即为起泡体积。

（4）泡沫析液半衰期测试：观察量筒底部析出液体体积的变化，当析出液体体积达到50mL时，停止计时，该时间即为泡沫的析液半衰期，用$t_{1/2}$表示。

（5）将实验数据记录到表格中，重复实验步骤(2)～(4)，评价4种不同种类降黏泡沫剂，记录并分析对比4组评价实验的结果，分析不同降黏泡沫剂的起泡能力和稳定性，最后优选出最佳浓度的复配降黏泡沫剂。

1.2.2 降黏率测定方法

首先取一定量的脱气脱水的稠油样品放置于250mL量筒中，再按照油水比7：3的比例加入不同浓度的降黏泡沫剂溶液，在恒定温度50℃水浴中静置10min后用玻璃棒匀速搅拌，直至乳化均匀；在50℃条件下使用安东帕流变仪迅速测定乳状液的黏度μ_1，并与50℃条件下空白原始稠油样品黏度μ_0对比，重复实验3次取其平均值，最后按式(1)计算该降黏泡沫剂对稠油的降黏率η。

$$\eta=\frac{\mu_0-\mu_1}{\mu_0}\times 100\% \tag{1}$$

式中，η为降黏率,%；μ_0为空白原始稠油黏度值，mPa·s；μ_1为加入降黏泡沫剂后原油的黏度值，mPa·s。

1.2.3 表面张力能力测定方法

在开始实验前，为减小实验中产生的误差，使用乙醇充分清洗实验所需装置，将40mL降黏泡沫剂溶液倒入石英样品池，接着把U形针头没入溶液中，并且缓缓鼓出一个气泡；调整CCD摄像头，在计算机中得到清晰而稳定的气泡图片，通过计算机测试并记录气液界面张力，记录10min后停止实验；改变降黏泡沫剂种类，重复实验。利用悬滴法测定，根据Laplace方程计算表面张力：

$$\frac{1}{x}\frac{\mathrm{d}}{\mathrm{d}x}(x\cdot\sin\theta)=\frac{2}{b}-cz \tag{2}$$

式中，θ为滴轮廓上过点$(x,\ z)$的切线与x轴的夹角；b为滴轮廓的曲率半径；c为毛细常数。

1.3 氮气泡沫驱室内实验

本次实验使用CJ油田梧桐沟组某区块的天然岩心，在一维岩心驱油实验开始前，对该实验所使用的岩心进行适当处理。首先，将切割和洗油后的岩心放在105℃的烘箱中干燥4h，然后称取岩心干重；接着将烘干后的干燥岩心放入中间容器中抽取真空12h，饱和地层水，称取岩心湿重，计算孔隙度；水驱岩心，测岩心100%水相的绝对渗透率；依次将油田脱气脱水原油、地层水、0.5wt%的DXY-03降黏泡沫剂溶液、氮气装入中间容器，将岩心装入60℃恒温烘箱内的岩心夹持器后以0.1mL/min的注入速度将原油注入岩心，进行油驱水实验，充分饱和原油后，计算含油饱和度；饱和油结束后，将饱和油后的岩心放置于60℃恒温烘箱老化12h以备用。因此，本次实验所选用的天然岩心水测渗透率为7mD、孔隙度15%、初始含油饱和度77%。此次岩心驱油实验分为四个阶段：

(1)水驱：以0.5mL/min的速度将地层水注入岩心，当水驱4PV时，含水率达到98%，停止水驱实验，记录水驱过程中不同时刻的压差、产出水和采出油体积，计算水驱驱油效率。

(2)氮气泡沫吞吐：水驱结束后，接着进行氮气泡沫吞吐实验，实验压力调整至地层压力14MPa后，从注入端以恒定速度0.25mL/min注入0.1PV降黏泡沫剂，继续以恒定速度0.5mL/min注入0.1PV氮气，停止注气；打开生产端中间活塞容器后，继续向岩心夹持器中注入一定量的降黏泡沫剂和氮气，关闭生产端和注入端，焖井7h；焖井结束后打开注入端阀门，使原油和氮气在一定放喷速度下被采出，采出完成后停止实验，记录不同时刻原油累计产量，当前周期吞吐结束后，重复吞吐6个轮次后，结束吞吐实验，计算吞吐阶段的驱油效率。

(3)降黏泡沫剂溶液驱：泡沫吞吐周期完成后，以0.5mL/min速度将配制好的降黏泡沫剂溶液注入岩心，当降黏泡沫剂溶液驱至含水率98%以上时停止实验，记录整个驱替过程的压差、产出水和采出油体积，计算降黏泡沫剂溶液驱驱油效率。

(4)氮气泡沫驱：降黏泡沫剂溶液驱结束后，持续交替注入降黏泡沫剂溶液和氮气，记录整个驱替过程中的压差变化、产出水和采出油体积，测试氮气泡沫驱提高采收率的能力，计算氮气泡沫驱驱油效率。实验装置在实验过程中保持在恒定60℃温度环境中，实验流程见图2。

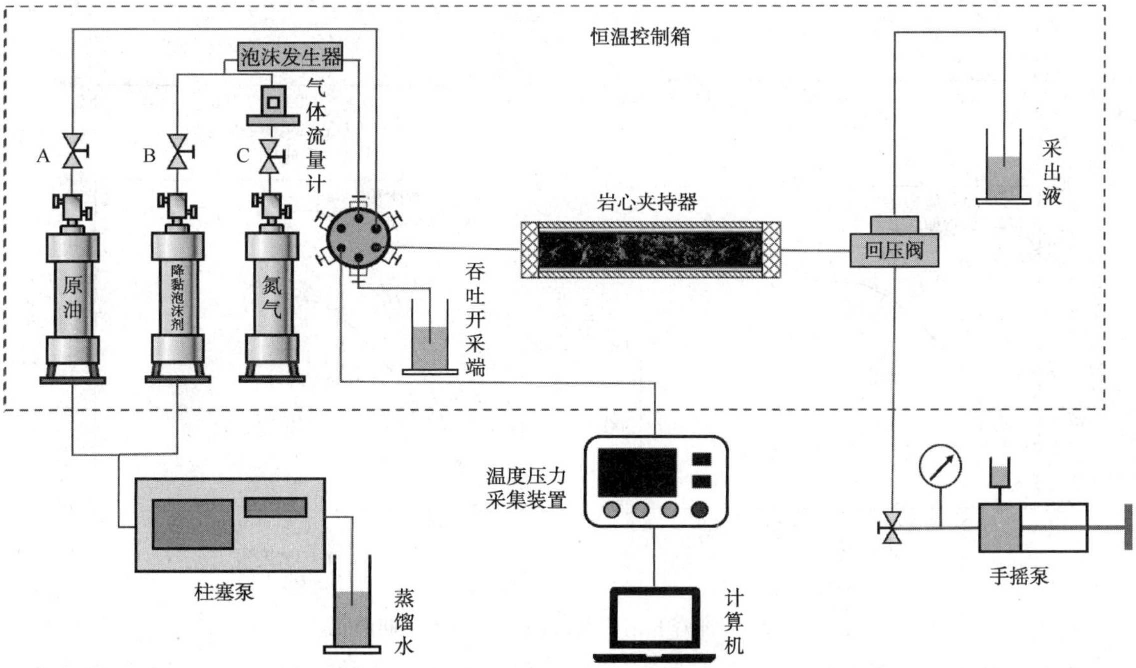

图2　岩心驱替实验装置流程图

2　实验结果与讨论

2.1　不同类型降黏泡沫剂的起泡性能

针对目标区块的稠油特征，优选了4种具有降黏和起泡性能的复合药剂，在同一环境条件下进行不同类型降黏泡沫剂的泡沫性能评价，4种降黏泡沫剂的起泡体积和泡沫的析液半衰期如图3所示。起泡体积是指在特定的条件下，一定量的降黏泡沫剂溶液经过匀速的充分搅拌后能够形成泡沫的总体积，其主要用于评价降黏泡沫剂产生泡沫的能力。4种起泡剂起始浓度为0.1wt%，随着复配的降黏泡沫剂溶液浓度的增加，起泡体积也不断增大，降黏泡沫剂的起泡体积都达到400mL以上，其中DXY-03的起泡能力最好，当浓度较高时起泡体积甚至超过了600mL；CH-03次之较好，在浓度达到0.5wt%后，最大起泡体积超过580mL；HY-2N和DXY-02起泡能力一般，最大起泡体积为575mL。综上所述，4种复配的降黏泡沫剂起泡体积较大，而起泡体积的增长速度在降黏泡沫剂溶液浓度为0.5wt%后趋于缓慢增长趋势。

泡沫析液半衰期指的是在一定条件下，从搅拌降黏泡沫剂所产生的泡沫中析出50mL液体所需的时间，它是反映泡沫体系初期稳定性的一个重要参数。在一般情况下，降黏泡沫剂浓度越大，产生的泡沫体积越高，泡沫析液半衰期越长。从图3可知，降黏泡沫剂浓度变化对DXY-03的泡沫析液半衰期影响相对显著，当浓度超过0.5wt%之后，DXY-03的泡沫析液半衰期较高，最高在9min左右；HY-2N和DXY-02的泡沫析液半衰期随溶液浓度的增大而增大，在浓度为0.7wt%时都能达到7min左右；CH-03最差，随着溶液浓度的增大，泡沫析液半衰期几乎无太明显的变化，保持在6min左右。综合不同降黏泡沫剂的起泡体积和泡沫析液半衰期来看，DXY-03降黏泡沫剂在一定的地层条件下能够形成较为稳定的泡沫体系。

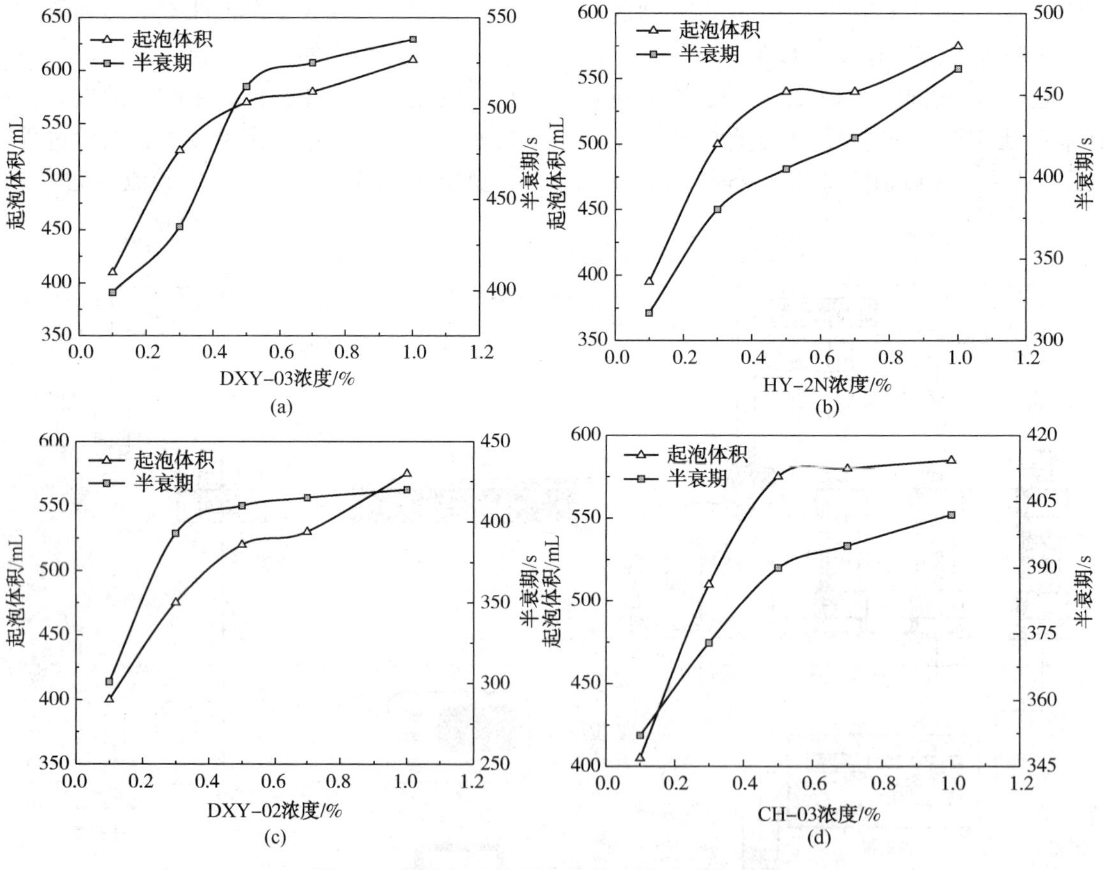

图3　4种降黏泡沫剂起泡体积和半衰期曲线

2.2　不同类型降黏泡沫剂的乳化降黏效果

降黏率和降黏剂浓度都是评价一种降黏剂是否适用的重要参数。判断某种降黏剂是否合格的基本参数是降黏率，而评价其是否符合经济性价比的重要参数是降黏剂浓度。不同种类、不同浓度降黏泡沫剂与原始稠油按油水比7∶3混合后形成O/W乳状液后的黏度与稠油降黏率如图4所示。

由实验结果可知，因降黏泡沫剂可以促进稠油乳化降黏的机理，向原油中注入一定量配制好的降黏泡沫剂后，原油乳化形成了稳定的O/W乳状液，随着降黏泡沫剂浓度的增加，O/W乳状液的黏度呈现大幅度下降的趋势；降黏泡沫剂的浓度对原油黏度会产生较大的影响。其中，当加入0.5wt%的DXY-03溶液时，O/W乳状液的黏度由原本稠油样品黏度20300mPa·s降至25.7mPa·s，降黏率为99.87%；当加入0.5wt%的HY-2N溶液时，O/W乳状液的黏度由原本稠油样品黏度20300mPa·s降至27.2mPa·s，降黏率为99.86%。由此可以看出，DXY-03与HY-2N降黏泡沫剂对原油都有良好的降黏效果以及配伍性，降黏率都高达99%以上。但是，DXY-02与CH-03的降黏率相对较低。

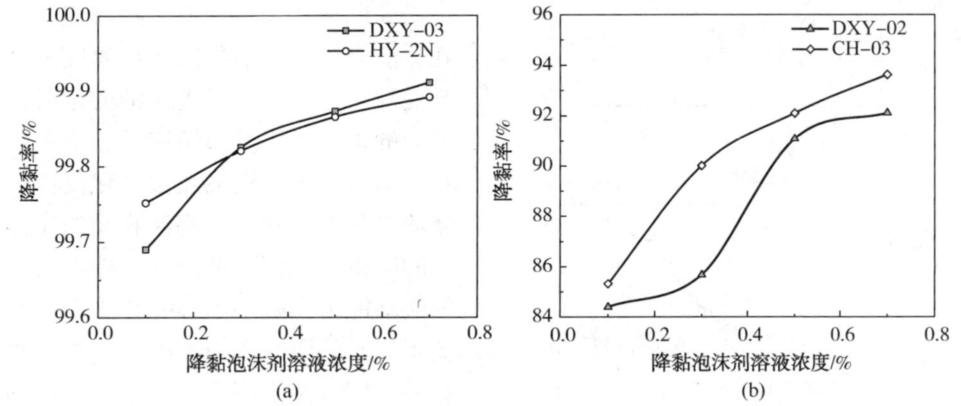

图4　4种不同浓度降黏泡沫剂降黏率曲线

2.3　不同类型降黏泡沫剂溶液的表面张力

图5是4种复配降黏泡沫剂表面张力与时间的关系曲线。如图5所示，当加入不同种类、浓度均为0.5wt%的降黏泡沫剂后，表面张力不断减小；随着时间的增长，其基本保持为一常数。其中，随着时间的推移，DXY-03溶液的表面张力使地层水的表面张力下降幅度最大，在600s时表面张力达到最小值24.25mN/m。根据Gibbs原理，体系总是会趋向于比较低的表面能状态，低表面张力可以使泡沫体系的能量降低，更有利于体系内所产生的泡沫的相对稳定。从而从实验结果可以看出，DXY-03的泡沫体系相比于其他三种降黏泡沫剂的泡沫体系是相对趋于稳定的。

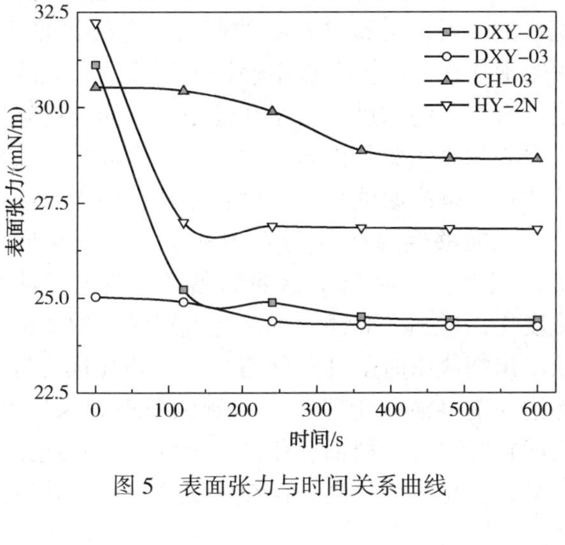

图5　表面张力与时间关系曲线

2.4　驱油效果实验评价

2.4.1　水驱驱油阶段

由图6(a)关系曲线水驱过程中压差的变化可以看出，稠油油藏注水开发过程中主要包括三个阶段。

(1)启动压力突破阶段。在这个阶段中，由于稠油黏度要比水的黏度高，原油难以在多孔介质中流动，而且稠油具有启动压力梯度，导致注入压力先逐渐升高，岩心中的原油随着注入水的持续注入被驱替出来。

(2)快速压降阶段。进入此阶段时，注入压力在达到突破压力后，水开始产出，注入压力迅速降低，主要是因为油水黏度比非常大，水流阻力非常小，所以注入水沿着高渗透通道流动，形成了水流优势通道，从而导致注入压力的迅速降低。

(3)持续低压阶段，该阶段注入压力逐渐降低，注入水逐渐达到稳定流动阶段。采用注水开发，由于稠油黏度较高，流动性较差，注入压力处于较低水平，稠油实际上无法在岩心中流动，岩心中只有水在流动，采出端不再有原油产出，因此，水驱波及系数较低。由水驱分析结果可知，当注入4PV地层水后，含水率达到98%，水驱阶段采收率为20.14%，因为当注入压力突破了启动压力梯度的时候，注入水形成了流通通道，导致含水率大幅增加，水驱采收率较低。

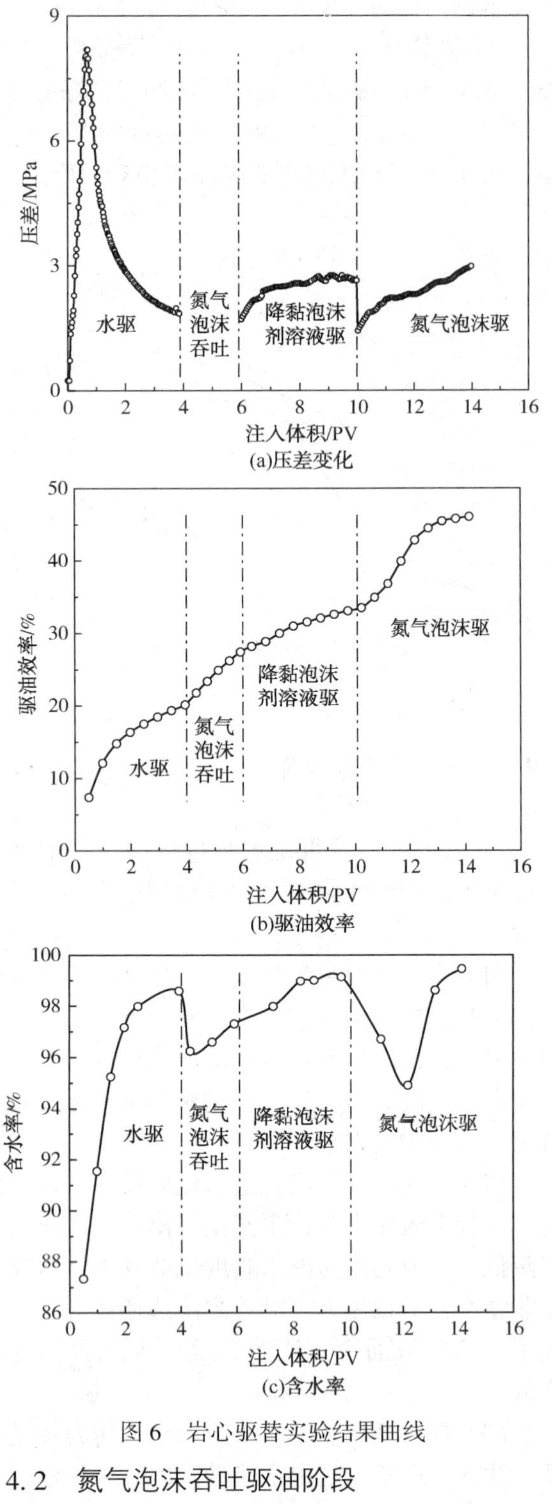

图6　岩心驱替实验结果曲线

2.4.2　氮气泡沫吞吐驱油阶段

氮气泡沫吞吐实验开始时，含水率已经达到98%，注入0.1PV氮气和0.1PV降黏泡沫剂后焖井7h，经过6个轮次的吞吐后，最终含水率降至96%，降幅达2%，氮气泡沫吞吐阶段提高采收率8.08%。由此可以看出，氮气泡沫的注入增大了岩心中的注入压力，降低了油水界面张力，同时氮气泡沫与原油发生乳化反应从而降低了原油的黏度，提高了原油的流动性。因此，较高的注入压力能够携带出一部分岩心中的稠油，从而在一定程度上提高稠油采收率。

2.4.3　降黏泡沫剂溶液驱驱油阶段

降黏泡沫剂溶液驱油过程也可分为三个阶段，与稠油水驱过程相似。从水驱与降黏泡沫剂溶液驱过程中的压差变化可以明显看出，当开采到后期时油藏处于高含水阶段，继续注水开发很难提高原油的采出程度，降黏泡沫剂具有较强的乳化能力时，稠油黏度降低幅度大，可以很好地改变油水流度比，促进原油的运移，从而提高了稠油的采收率。水驱结束后，降黏泡沫剂注入岩心中与岩心中的稠油发生乳化反应，形成黏度较低的水包油乳状液，将油膜间的摩擦变为水膜之间的摩擦，从而降低流动摩擦阻力，提高了稠油的流动能力，减小了多孔介质中的渗流阻力，降低了岩心的驱替压力。因此，在降黏泡沫剂溶液驱替初期，注入压力低于水驱，启动压力突破时间早于水驱。因为O/W乳状液的黏度非常小，O/W乳状液主要沿高渗透通道流动，与原油相比，O/W乳状液更容易在岩心中流动，提高了波及区内稠油的可动用程度。综合水驱以及氮气泡沫吞吐后加入降黏泡沫剂溶液后驱替过程的采出程度和含水率，当注入地层水4PV后，水驱含水率达到98%后；当改为注入降黏泡沫剂溶液后，开始降黏泡沫剂溶液驱。实验结束后，降黏泡沫剂溶液驱提高采收率5.29%。

2.4.4　氮气泡沫驱驱油阶段

氮气泡沫驱是结合了氮气和泡沫两者共同优势的一种驱油方式，水驱阶段时驱替压差较低，注入水对于多孔介质中的原油波及程度十分有限。与水相比，泡沫的黏度高，流动的阻力相对大，可以有效地增加岩心中的渗流阻力。当注入氮气泡沫后，实验过程中的驱替压差逐渐增大，表明泡沫在岩心大孔道中慢慢地形成了有效的封堵，有利于泡沫进入中小孔道中，从而使后续流入岩心的流体驱替出岩心中残留的原油，扩大波及体积，提高原油采出程度；另外，注入岩心中的氮气能够轻易地与岩心中的水、油一同形成O/W乳状液，降低了原油的黏度，改善了油水流度比，增加了驱油效率。氮气泡沫驱的产出液从采出端流出时呈乳化状态，产出的乳状液与降黏泡沫剂溶液驱阶段相比，颜色呈现为深褐色，说明在此阶段，稠油乳化能力更强，乳化现象更明显，乳化程度更高，但该阶段产出的乳状液经过一段时间的静置沉降后，大部分都会发生油水分层现象；随着综合含水率的升高，产出液中开始慢慢出现游离水，乳状液的产出会降低，颜色也会慢慢变淡，氮气与降黏泡沫剂对于岩心的洗油能力以及乳化能力逐渐降低，但产出液中依然存在着水包油乳状液。由图 6(b)、图 6(c)以及图 7(a)、图 7(b)可以看出，经过注入泡沫进行氮气泡沫驱后，原油采收率为 46.10%，即氮气泡沫驱可以在水驱、氮气泡沫吞吐以及降黏泡沫剂溶液驱基础上提高采收率 12.58%，含水率降幅达 4.70%。因此，氮气泡沫驱适用于低渗中深层稠油油藏开发中后期提高采收率。

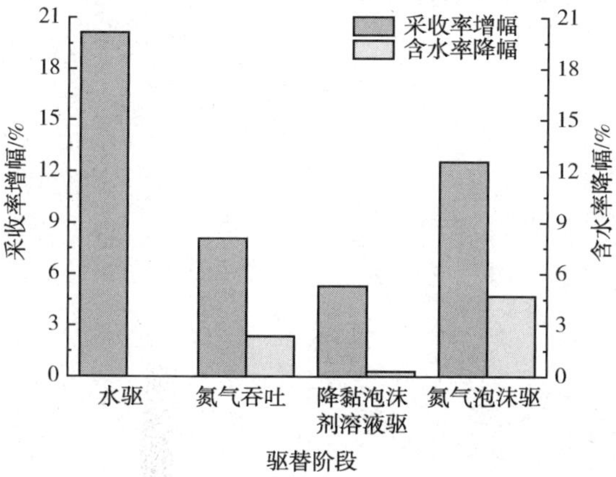

图 7　不同驱替阶段采收率增幅和含水率降幅情况

3　结论

(1) 通过室内不同类型降黏泡沫剂起泡体积、泡沫析液半衰期、降黏效果和表面张力的评价实验，优选出了一种适合低渗中深层稠油油藏的降黏泡沫剂体系，即 0.5wt%的 DXY-03 降黏泡沫剂溶液，其对所研究的目标区块原始稠油样品的降黏率高达 99.8%。

(2) 低渗中深层稠油油藏采用水驱开采时，采出程度低，注水开发阶段采收率仅为 20.14%，氮气吞吐阶段较水驱阶段采收率提高了 8.08%，含水率降幅达 2.35%；降黏泡沫剂溶液驱阶段采收率提高了 5.29%，含水率降低 0.30%；氮气泡沫驱采收率提高了 12.58%，含水率降幅达 4.70%。由此可知，氮气泡沫驱可能更有利于提高原油驱油效率。

(3) 氮气与降黏泡沫剂混合形成泡沫后，泡沫具有堵水不堵油、堵大不堵小的特点，氮气泡沫驱主要是驱替水驱、氮气泡沫吞吐和降黏泡沫剂溶液驱剩余在多孔介质中的盲端状、膜状的残余油，能够进一步提高洗油效率。因此，针对低渗高黏中深层稠油油藏，氮气与降黏泡沫剂二者协同降黏增效的方式可以有效地改善开发效果。

参 考 文 献

[1] 范海涛，王秋霞，刘艳杰，等. 稠油冷采技术在胜利油田应用的可行性探讨[J]. 特种油气藏，2006(01)：81-83，108-109.

[2] FIROOZABADI A. Mechanisms of solution gas drive in heavy oil reservoirs[J]. Journal of Canadian Petroleum Technology，2001，40(03)：15-20.

[3] TURTA AT，MAINI BB，JACKSON C. Mobility of gas-in-oil dispersions in enhanced solution gas drive (foamy oil) exploitation of heavy oil reservoirs[J]. Journal of Canadian Petroleum Technology，2003，42(03)：48-55.

[4] 纪超. 稠油冷采技术在孤东油田应用的可行性研究[J]. 内蒙古石油化工，2011，37(10)：180.

[5] 刘向东，赵刚，刘平礼，等. 稠油冷采井砂产量分析方法[J]. 石油天然气学报，2013，35(07)：104-107，2.

[6] 余华杰，张慧. 海上稠油油田常规冷采开发黏度极限探讨[J]. 长江大学学报(自科版)，2016，13(20)：68-74，7.

[7] 李甫，史建英，杜雪峰，等. 新疆油田拐 16 井区稠油冷采降黏技术室内研究[J]. 石油地质与工程，2014，28(02)：139-141，144.

[8] HADDAD AS，GATES I. Modelling of cold heavy oil production with sand(CHOPS)using a fluidized sand algorithm[J]. Fuel，2015，158：937-947.

[9] YANG Zhaopeng，LI Xingmin，CHEN Heping，et al. Development optimization for improving oil recovery of cold production in a foamy extra-heavy oil reservoir[C]. SPE Oil and Gas India Conference and Exhibition. 2019.

[10] SHU Zheng，ZHU Shijie，YE Zhongbin，et al. Study on the method for determining the effective construction range for heavy oil cold mining chemical viscosity reduction[J]. Energy Sources，Part A：Recovery，Utilization，and Environmental Effects，2021，43(8)：1019-1027.

[11] LIU Yingxian，TAN Jie CAI Hui，et al. Experimental study on percolation mechanism and displacement characteristics of cold recovery in offshore heavy oil field[J]. Journal of Petroleum Exploration and Production Technology，2021，11(11)：4087-4115.

[12] 俞启泰. 为什么要根据原油黏度选择水驱特征曲线[J]. 新疆石油地质，1998(04)：53-58，84.

[13] 罗鸿成，梁成钢，单国平，等．深层稠油油藏常温注水试验效果评价——以昌吉油田吉008试验区为例[J]．新疆石油天然气，2014，10(04)：58-61，4.
[14] 李兴博．国外常规水驱稠油油藏提高采收率研究与实践[J]．石化技术，2016，23(08)：263，277.
[15] JAMALOEI BY，BABOLMORAD R，KHARRAT R. Visualization and analysis of viscous fingering in alcohol-assisted surfactant waterflooding of heavy oil in a two-dimensional sandstone micromodel [J]. Fuel，2016，184(15)：169-179.
[16] 杜勇，段志刚．深层稠油油藏微生物吞吐技术研究与应用[J]．油田化学，2018，35(03)：499-502.
[17] 赵磊．低渗透油藏氮气泡沫驱油实验研究[D]．成都：西南石油大学，2017.
[18] 张泉，付美龙，孙晶，等．特低渗油藏氮气泡沫驱油效率实验研究其现场应用[J]．西安石油大学学报(自然科学版)，2019，34(02)：54-59.
[19] 李正辉，赵莉，陈菊涛，等．氮气驱与氮气泡沫驱技术适用性分析[J]．内蒙古石油化工，2019，45(11)：83-85.
[20] 廖辉，孔超杰，邓猛，等．氮气泡沫驱提高采收率机理及影响因素研究进展[J]．当代化工，2019，48(01)：122-126.
[21] 贾志刚，王岳虎，沙彦宏，等．低渗透油藏氮气泡沫驱应用研究[J]．石油知识，2020(01)：52-53.
[22] 李一鸣．特高含水期剩余油流动能力研究[D]．青岛：中国石油大学(华东)，2019.

气液两相示踪剂在特稠油多介质复合蒸汽驱开发调控中的应用

宋　栋[1]　郑爱萍[1]　古丽给娜儿[1]　巨世昌[1]　刘艳春[2]　李斯琪[1]　张文胜[3]

(1. 中国石油 新疆油田分公司重油开发公司；2. 中国石油 新疆油田分公司新港公司；
3. 中国石油 新疆油田分公司红山公司)

摘　要　克拉玛依油田九$_6$区齐古组油藏多介质复合蒸汽驱试验自开展以来取得了较好的开发效果，但是在调控中需要及时掌握蒸汽的波及状况，仅靠井口温度、液量等参数变化无法实现对蒸汽前缘和液流转向效果的判断。微量物质示踪剂测试技术在矿场应用已较为成熟，在此基础上，在多介质复合蒸汽驱试验现场开展气液两相示踪剂同步联合应用，有效评价了水汽两相流动规律、油井异常渗流状况、多向受效特征，明确了井间储层连通和非均质状况，定量反演解释井间渗流通道和窜流通道储层参数，精细刻画了油藏优势通道，定性判断多介质调剖对汽驱优势通道和水驱优势通道的改善程度，指导了现场注采参数优化及油井调控32井次，油井见效比例上升了12.5%。实践表明，气液两相示踪剂同步联合应用能够帮助我们掌握蒸汽波及状况及措施见效情况，对于及时优化介质参数、适时开展动态调控的提供了有力依据。

关键词　气相示踪剂；液相示踪剂；特稠油；复合蒸汽驱；蒸汽波及状况

井间示踪剂监测技术从20世纪90年代开始已经在国内得到广泛应用，药剂从单一的无机盐、放射性、非放射性，发展到现在得微量示踪剂，形态也从液态发展到气态环烷烃类、固体油相类，类型多样不但可以应用于常规水驱，也可用于聚驱、汽驱、蒸汽吞吐开采、非混相驱和三元复合驱等矿场试验的生产动态监测。多年的现场矿场应用已经形成一套成熟的动态监测技术体系，但是其应用一般采取单相示踪剂监测，监测结果只能单一反映液体或气体在储层中运移情况，表征单一相态的渗流特征。本文以克拉玛依油田九$_6$区齐古组油藏96144井区特稠油多介质复合蒸汽驱试验为例，采取气液两相示踪剂同步联合监测技术研究蒸汽驱后储层非均质性和蒸汽超覆影响，综合认识平剖面蒸汽驱替规律，了解水、汽流动规律，解决蒸汽驱动用不均衡问题，指导现场注采参数优化及油井调控32井次，油井见效比例上升了12.5%，产油水平由措施前18.2t/d提升至35t/d。

1　测试井区概况

九$_6$区齐古组为构造–岩性控制的浅层特稠油油藏，东部存在边水，北部隔夹层相对发育，油水界面海拔20m。九$_6$区沉积相为辫状河流相沉积，水流方向自北向南，井区中西部发育河道、心滩为主，东部发育河漫滩为主，河道和心滩微相是主要储油层。储层非均质性严重，从上到下孔、渗物性变差。油藏中部油层厚度大，原油黏度相对较低。$J_3q_2^2$层全区分布，主力油层分别为$J_3q_2^{2-1}$、$J_3q_2^{2-2}$层。多介质复合蒸汽驱井区封堵油层上部$J_3q_2^{2-1}$层，按照“中上部主力砂层($J_3q_2^{2-1}+J_3q_2^{2-2}$)重力驱、下部低渗砂层($J_3q_2^{2-2}$下部+$J_3q_2^{2-3}$)平面驱”的开发理念，依托“深部封堵+优化射孔+多介质辅助”几项关键技术支撑，实现油层蒸汽波及效率、动用程度最大化。

九$_6$区齐古组蒸汽驱多介质试验区自2018年8月开始投产，投产后试验区取得初步成果，但仍存在问题，需要继续认识。

(1)调剖见效时间有差别，效果有效期短，仅持续1~1.5个月，且平面见效差别大。

(2)措施前后温度场有变化，仅局限在某几个井区，说明井间优势通道得到抑制，但平面上温度场差异大的特征并没有得到很好的改善，多介质调剖后汽驱优势通道改善程度和水驱优势通道见效程度需要重新认识。

利用气液两相示踪剂监测技术，多介质段塞前、后两个阶段，分别注入气液示踪剂，跟踪注入蒸汽、流体，认识蒸汽与流体运移轨迹，了解多介质调剖后，井间汽驱优势通道和水驱优势通道种流动方向、速度和井间通道等变化状况。

2 气液两相示踪剂注采参数确定

2.1 示踪剂筛选

示踪剂的选择是以储层液体种示踪物质的本底含量水平，以及它们同所跟踪的流体之间的相溶性、同步性考虑为依据(见表1)。良好的示踪剂应具备：①地层中背景浓度低；②地层吸附少，不与地层流体及岩石中的矿物反应；③与所示踪的流体配伍性好；④易于检出，灵敏度高；⑤具有较好的化学稳定性和生物稳定性；⑥安全无毒，无放射性，对后续测井无影响；⑦耐高温；⑧来源广，成本低。

液相示踪剂选择是结合了多介质试验区的工艺流程、示踪剂与地层流体的配伍性实验、吸附实验、同步性实验等因素，选择了第四代微量元素——稀土类示踪剂，目前已广泛应用在国内各大油田，具有较好的适应性。

气相示踪剂选择主要考虑了复合蒸汽驱储层温度(>60℃)，选择临近温度和临界压力适合九$_6$区齐古组油藏环境，保证储层温度和压力条件下为气态(见表2)。

表1　气体示踪剂选择

示踪剂	临界温度/℃	临界压力/MPa	备　注
GT-01	45.6	3.37	临界温度：每种物质都有一个特定的温度，在这个温度以上，无论怎样增大压强，气态物质都不会液化，这个温度就是临界温度 临界压力：物质在临界状态下的压力称为临界压力，即在临界温度下能使气体液化的最小压力
GT-03	25.9	4.83	

表2　九$_6$区齐古组多介质复合蒸汽驱96176井组液体示踪剂用量计算表

措施	层位	井面积/m^2	有效厚度/m	孔隙度/%	含水饱和度/%	稀释体积/m^3	示踪剂类型	本底浓度	保障系数	用量/g
调前	q_2^2	5811.62	25	0.272	0.95	37543	Sm	0.24	100	3604
调后	q_2^2	5811.62	25	0.272	0.95	37543	Dy	0.27	100	4055

2.2 示踪剂用量确定

2.2.1　液相示踪剂用量计算

液相示踪剂用量利用Brigham-Simith公式：

$$M=\frac{\pi \cdot R^2 \cdot h \cdot \phi \cdot S_w \cdot \mu \cdot MDL}{\omega}\times 10^{-4} \quad (1)$$

式中，M为示踪剂用量，kg；R为注入井与观察井间的距离，m；h为注采井平均射开厚度，m；S_w为储层含水饱和度；ϕ为注采井按油层厚度加权平均计算的孔隙度,%；μ为经验保障系数，无因次；MDL为本底浓度与仪器最低检测极限值之间的最大差值，ng/mL；ω为示踪剂种有效示踪物质所占的质量百分数,%。

2.2.2　气相示踪剂用量计算

作为油田气体示踪剂用量取决于注入气体在具体井组所波及的最大孔隙体积，为了保障气体示踪剂的检测，在进行气体示踪剂用量计算时加一保障系数K。所用为Benoit Pierre Emile Clapeyron公式。

根据气体状态方程$PV=nRT$得出：

$$G=\frac{3.14 \cdot K \cdot P \cdot h \cdot L^2 \cdot M \cdot \phi \cdot C_p}{R \cdot T} \quad (2)$$

式中，G为示踪剂用量，kg；K为经验保障系数，无因次；P为地层压力，MPa；h为注采井平均射开厚度，m；L为注入井与观察井间的距离，m；ϕ为注采井按油层厚度加权平均计算的孔隙度,%；M为示踪剂气体相对摩尔质量；C_p为设计气体示踪剂检出浓度最大值，ppb；T为地层温度，K；R为气体常数，8.31。

九$_6$区齐古组多介质复合蒸汽驱96145井组气体示踪剂用量计算表见表3。

表3　九$_6$区齐古组多介质复合蒸汽驱96145井组气体示踪剂用量计算表

措施	层位	井面积/m^2	有效厚度/m	孔隙度/%	示踪剂类型	稀释体积/m^3	温度/K	压力/MPa	保障系数	M/(摩尔质量)	气体常数	用量/kg
调前	q_2^2	5811.62	25	0.272	GT-48	39519	358.15	1.2	100	0.2	8.31	84.3
调后	q_2^2	5811.62	25	0.272	GT-112	39519	358.15	1.2	100	0.086	8.31	36.3

2.3 示踪剂注入

示踪剂注入过程中，要保持注入速度和压力与注入井的工作制度相同或相近，示踪剂监测区注入速度为 2.5～4.25m³/h，注入压力为 0.8～2MPa，实际注入采用低浓度段塞连续注入方式，注入时间>8h，保证示踪剂全部进入地层，确保后期示踪剂解释的准确性。

3 气液两相示踪剂监测结果分析

多介质调剖前 2 个月完成第一阶段气液示踪剂监测，调剖后 3 个月完成第二阶段气液示踪剂监测。

3.1 注入蒸汽运移路径变复杂

监测井见剂曲线是流体在储层内运移路径的直接反应。见剂曲线形态越不规律，波动起伏越大，井间流体运移通道越复杂。多介质调整前，气液两相见剂曲线相对较平缓，曲线形态多以单尖峰型，井间优势通道发育，调整后见剂曲线形态明显呈多峰型存在，注入流体在储层中运移时间(示踪剂持续天数)和运移路径(曲线形态)改变明显。气相示踪剂和液相示踪剂典型曲线形态对比，调剖后气体示踪剂见剂曲线形态变化更明显，锯齿状程度强，说明多介质调剖后汽驱运移路径变得更复杂，如图 1、图 2 所示。

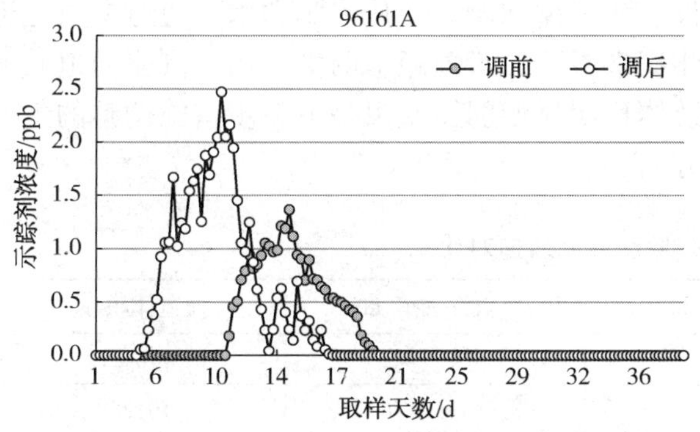

图 1 气相示踪剂监测见剂曲线图

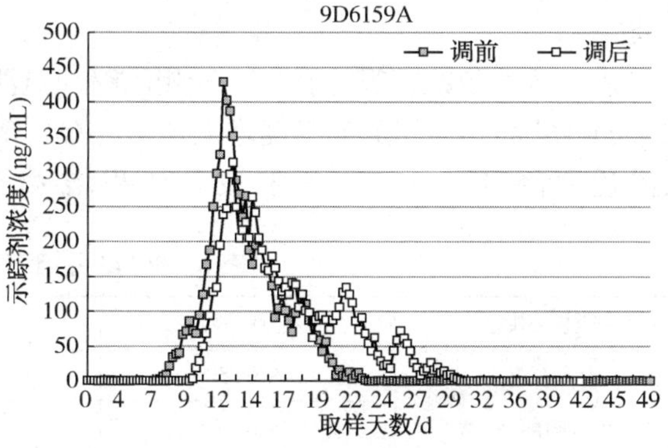

图 2 液相示踪剂监测见剂曲线图

3.2 多介质对水驱优势通道改善效果好

目前，九$_6$区特稠油多介质复合蒸汽驱平均含水率达 90%以上，水淹程度高，井间优势通道已经形成，通过气液示踪剂监测见剂方向和井次，可定性判断多介质调剖对汽驱优势通道和水驱优势通道的改善程度。

以气相示踪剂监测井组 96145 为例(见表 4)，调剖前见剂 3 井次，调剖后见剂 4 井次，多介质调剖抑制了 96896 井和 96895 井的优势通道，但也导致 96888 井方向形成新优势通道；液相示踪剂井组 96176 为例(见表 5)，调剖前见剂 5 井次，调剖后见剂 3 井次，水驱优势通道得到很好封堵。对比汽驱优势通道和水驱优势通道，多介质调剖对汽驱优势通道影响较小，对水驱优势通道影响较大。

3.3 注入流体在地下运移时间变长

注入流体在储层中运移时间越长，相对应流体波及程度变大，驱油效率越高。由表 4 和表 5 可以看出，气相示踪剂在储层中平均运移由调剖前的 8 天，延长到 15 天。液相示踪剂由调剖前 14 天，延长到 18 天。

表 4 96145 井组气相示踪剂监测调剖前后对比

注入井	监测井	见剂天数/d		峰值浓度/ppb		持续天数/d		突破速度/(m/d)	
		调前	调后	调前	调后	调前	调后	调前	调后
96145	9D6161A	10	5	1.365	2.77	10	13	10.6	21.3
	96896	16	12	2.427	1.64	8	13	4.3	5.7
	96895	4	7	3.718	3.85	7	16	17.7	10.1
	96888	—	15	—	0.84	—	20	—	5.6

表 5　96176 井组液相示踪剂监测调剖前后见剂参数对比

注入井	监测井	见剂天数/d		峰值浓度/(ng/mL)		持续天数/d		突破速度/(m/d)	
		调前	调后	调前	调后	调前	调后	调前	调后
96176	96887	7	11	378	158.09	12	15	9.0	5.7
	96879	5	6	967.4	412.52	15	17	13.7	11.4
	9D6159A	8	10	428.9	313.24	16	21	14.9	11.9
	96871	11	—	94.2	—	13	—	6.6	—
	96192	14	—	121.4	—	13	—	7.6	—

3.4　井间通道改善效果明显

将井间通道参数定量化，是利用示踪剂数模解释软件在水驱拟合基础上，通过精细调参，对见剂井示踪剂产出曲线进行拟合，对井间通道参数(等效厚度、等效渗透率、通道体积)进行反演。

井间通道参数直观的看出，气相示踪剂监测(见表6)见剂井井间通道厚度增大了16.7%，等效渗透率降低了10%，汽驱波及体积增大了50.6%。液相示踪剂监测(见表7)见剂井井间通道厚度增大了19.8%，等效渗透率降低了32.2%，水驱波及体积增大了8.6%。

调剖后，井间通道厚度变大，汽驱波及体积增大明显，主要原因是蒸汽在地下运移时间变长，波及体积增大。从汽驱和水驱通道参数通道体积来看，二者差距呈两倍关系，汽驱通道其波及体积明显偏弱，这也是下一步措施调整的主要方向。

表 6　96145 井组气相示踪剂监测井间通道对比

注入井	监测井号	等效厚度/m	等效渗透率/mD	通道体积/m^3
调前	96895	1.13	4364	1964.7
	96161A	0.94	3671	1012.8
	96896	1.06	2826	1121.5
平均值		1.04	3620	1366.3
调后	96895	1.24	3541	1707.2
	96161A	0.85	5227	1254.3
	96896	1.38	3381	1813.2
	96888	0.97	3242	1237.8
平均值		1.11	3847	1503

表 7　96176 井组液相示踪剂监测井间通道对比

注入井	监测井号	等效厚度/m	等效渗透率/mD	通道体积/m^3
调前	96192	1.08	1924	2883
	96871	1.89	2406	2209.9
	96887	0.92	3454	3068.9
	96879	2.21	3528	3612.6
	9D6159A	1.99	3319	3836.4
平均值		1.71	3167	3505.9
调后	96887	1.27	2246	3487.7
	96879	2.53	3061	3763.8
	9D6159A	2.36	1882	4258.2
平均值		2.05	2396	3836.6

4 结论

(1) 示踪剂监测技术是进行油田开发中、后期进行动态监测和管理的关键技术。目前应用微量元素液相示踪剂和环烷烃类气相示踪剂的种类、性能可满足二次开发和三次开发采油监测需求，相互不影响检测。

(2) 经过在九$_6$区特稠油多介质复合蒸汽驱油藏进行现场监测，示踪剂监测、解释技术因其直观、有效的特性，能准确描述井间连通状况、汽水流动规律，又能定量刻画井间渗流优势通道，在非均质性严重、开发不均衡油藏注采评价、措施调整等，有其他方法所不可比拟的优势。

(3) 从气液两相示踪剂监测来看，多介质调剖封堵蒸汽优势通道，临井会形成新的优势通道，建议多介质注入设计由 15 天周期，调整为 20 天，降低注入强度，避免新的优势通道出现。

(4) 示踪剂设计低注入量和高精度(ppb)决定了需要灵敏度高和苛刻条件的检测环境，受到检测手段的限制，数据结果带有滞后性，仍需要加强检测技术研究，满足现场取样、现场测试，降低示踪剂材料和检测成本，提高示踪剂监测效率。

参考文献

[1] 姜汉桥，刘同敬．示踪剂测试原理与矿场实践[M]．东营：石油大学出版社，2001.

[2] 刘同敬，张新红，姜汉桥，等．井间示踪测试技术新进展[J]．同位素，2007(03)：189-192.

[3] 胡复唐，刘顺生，李联武，等．砂砾岩油藏开发模式[M]．北京：石油工业出版社，1997.

[4] 汪玉琴，陈方鸿，顾鸿君，等．利用示踪剂研究井间水流优势通道[J]．新疆石油地质，2011，32(05)：512-514.

[5] 白雷，扎克坚，孟亚玲，等．克拉玛依油田七区八道湾组油藏水流优势通道研究[J]．新疆石油天然气，2014，10(01)：88-91，9.

[6] 蒲春生，景成，何延龙，等．裂缝性特低渗透油藏水窜水淹逐级调控多级井间化学示踪技术[J]．石油勘探与开发，2016，43(04)：621-629.

[7] 刘远志，谢日彬，闫正和，等．南海东部深水油田水平井产出剖面示踪剂监测技术及应用[J]．石油地质与工程，2019，3306：111-113.

[8] 刘同敬，姜汉桥，李秀生，等．井间示踪剂测试半解析方法体系数学模型[J]．石油学报，2007(05)：118-123.

[9] 冯其红，李淑霞．井间示踪剂产出曲线自动拟合方法[J]．石油勘探与开发，2005，(05)：121-124.

[10] 陈耀武，冯其红，陈月明，等．井组示踪剂产出曲线组合解释方法研究[J]．中国石油大学学报(自然科学版)，2007，(04)：74-77.

[11] 葛家理，赵必荣，郎兆新．油气层渗流力学[M]．北京：石油工业出版社，1982.

碳酰胺复合蒸汽驱开发技术在特稠油油藏综合治理中的研究与实践

宋　栋　郑爱萍　蒙延冲　陈宏飞　刘冷杉　张　婷

(中国石油 新疆油田分公司重油开发公司)

摘　要　克拉玛依油田九$_6$区齐古组油藏是典型的特稠油油藏，经过30余年注蒸汽开发，油藏已进入高采出程度、高含水开发阶段，受继承性窜流通道的影响，油层动用不均、汽窜水淹频繁、注蒸汽效益差，急需改善开发效果。通过密闭取心、四性关系研究、动用状况综合分析，开展了剩余油分布研究，建立了蒸汽驱后期继承性窜流通道识别方法，明确了复杂窜流通道赋存状态，创新的提出了“深部封堵+优化射孔+多介质辅助”相结合的碳酰胺复合蒸汽驱开发技术，并开辟了9井组试验区，生产效果改善明显，实现了由蒸汽到多介质、单井到多井组合的技术跨越，为进一步提高蒸汽驱油藏蒸汽波及系数、实现蒸汽驱后开发技术接替、储量效益开发奠定了基础。

关键词　特稠油；汽驱后期；窜流通道；深部封堵；碳酰胺；蒸汽波及

克拉玛依油田九$_6$区属于砂岩特稠油油藏，开发已逾30年，蒸汽驱采出程度超过50%，含水上升至97%，油汽比低于0.10，面临原生、次生非均质叠加，井间及油层下部剩余油尚未得到充分动用，继续汽驱无效益的开发困境，急需改善开发效果，进一步提高油藏采收率。针对注蒸汽开发后期开发矛盾，主要做法以注采调控为主，或在注蒸汽同时添加氮气、二氧化碳等复合气体不能，或利用发泡剂产生泡沫降低蒸汽流度，或采取封堵调剖的方式效改善蒸汽驱开发效果，但其有效期短，无法根本解决现场面临的问题，碳酰胺复合蒸汽驱开发技术集成“深部封堵+优化射孔+多介质辅助”，先采取深部封堵技术，大规模封堵汽窜通道，再通过优化射孔、多介质注入来进一步提高蒸汽驱油藏蒸汽波及系数。该项技术为蒸汽驱后开发技术接替，储量效益开发奠定了基础。目前已开辟96144试验井区，日产油水平由初期18.2t/d上升至峰值35t/d，含水由94.3%下降至92.8%，试验效果明显。

1　油藏地质概况

九$_6$区齐古组井区为受构造、岩性控制的浅层特稠油油藏，顶面构造形态为南东缓倾的单斜，油层纵向上主要分布在q_2^{2-1}和q_2^{2-2}砂层，q_2^{2-1}层油层厚度平均11.2m，q_2^{2-2}层油层厚度平均10.6m，层内隔夹层主要为物性夹层，油层系数平均0.81；平均渗透率为2015mD，孔隙度29.8%，含油饱和度68%，属于高孔、高渗储层；20℃下黏度平均17302mPa·s，黏-温反应敏感。

油藏开发30余年，采出程度超过50%，单井日产油下降至0.2t/d，含水从初期的85%上升到98%，油汽比跌至0.05以下。受纵向非均质性的影响，蒸汽超覆、高渗通道指进现象突出，未动用层位原油黏度与汽窜通道流体间流度比大，导致驱油效率降低，蒸汽有效波及体积减小，同时地层亏空严重，油藏供液能力下降，由原始油藏压力1.8MPa下降到目前0.5MPa。

2　剩余油潜力再认识

2.1　蒸汽驱开发动态解剖

从全区生产井产液剖面测试资料统计来看(见表1)，上部q_2^{2-1}层产液占比78.7%，下部q_2^{2-2}层占比21.3%，根据产液剖面统计结果对小层产油量进行批分，计算q_2^{2-1}层采出程度68.7%，q_2^{2-2}层采出程度24.0%。

2.2　取心剩余油认识

2015~2016年在九$_6$区共部署密闭取心井6口，岩心密闭取心井岩心分析饱和度表明，油层整体动用，但纵向动用不均衡，上部物性较好的$J_3q_2^{2-1}$和$J_3q_2^{2-2}$层动用程度高，物性差的$J_3q_2^{2-3}$

动用程度较低，但 $J_3q_2^{2-3}$ 层由于原始含油较低，大多为差油层和干层，剩余油饱和度低。对主力小层进一步细分单层，剩余油主要分布在 $J_3q_2^{2-1-2}$ 和 $J_3q_2^{2-2-1}$ 和 $J_3q_2^{2-2-2}$ 层中，剩余油饱和度大于 0.45(见表 2)。

表 1　目标区小层剩余油参数统计表

层位	有效厚度/m	储量/10^4t	批分产油量/10^4t	剩余储量/10^4t	采出程度/%	剩余油饱和度/%
q_2^{2-1}	11.2	35.5	24.4	11.1	68.7	22.0
q_2^{2-2}	10.6	32.0	7.7	24.3	24.0	51.7

表 2　九$_6$ 区密闭取芯井剩余含油饱和度

小层	单层	孔隙度/%	含油饱和度(校正)/%	含水饱和度(校正)/%
$J_3q_2^{2-1}$	$J_3q_2^{2-1-1}$	0.286	0.362	0.638
$J_3q_2^{2-1}$	$J_3q_2^{2-1-2}$	0.293	0.472	0.528
$J_3q_2^{2-2}$	$J_3q_2^{2-2-1}$	0.266	0.468	0.532
$J_3q_2^{2-2}$	$J_3q_2^{2-2-2}$	0.271	0.455	0.545
$J_3q_2^{2-3}$	$J_3q_2^{2-3-1}$	0.207	0.321	0.679

2.3　水淹测井解释分析

在油藏开发中后期，长时间蒸汽注入带来了地层水矿化度、地层温度不确定性等问题，饱和度求取难度比较大。为解决这一问题，对 Archie 公式进行变形，基于地层电阻率、孔隙度、自然电位相对值及与吸汽层段顶的距离等 4 个变量，建立多元线性回归饱和度模型，利用自然电位相对值反映地层水矿化度的变化，与吸汽层段顶的距离也可以反应地层水矿化度变化及地层温度的变化，可以提高模型的计算精度。分层位含水饱和度计算公式如下：

q_2^{2-1}层：

$$\lg S_w = 3.875 - 0.650\lg(D+50) - 0.487\lg\phi - 0.355\lg RT - 0.208\lg\Delta SP \quad (1)$$

q_2^{2-2}层：

$$\lg S_w = -3.19 + 1.296\lg(D+70) - 0.151\lg POR - 0.172\lg RT - 0.183\lg\Delta SP \quad (2)$$

式中，S_w 为含水饱和度，%；RT 为地层电阻率，Ω · m；ϕ 为孔隙度，%；ΔSP 为自然电位相对值，f；D 为与吸汽层段顶的距离，m。

利用新建立的孔隙度、饱和度解释图版，对取心井进行解释，解释结果与化验分析符合率 93%，解释结果可靠。利用新建立的解释图版，对 2016 年完钻的 9 口更新井进行测井解释。新老井解释结果对比，两层孔隙度提高幅度分别为 6.6%、9.5%。更新井 q_2^{2-1} 层平均含油饱和度 48.4%，q_2^{2-2}层平均含油饱和度 47.7%，较原始含油饱和度分别下降 34.8%、30.8%。

2.4　平面剩余油分析

数模结果表明，经过多年蒸汽吞吐和蒸汽驱，目前汽驱区平均含油饱和度 51%，井底附近 25m 油层(约占井控制面积的 1/3)含油饱和度低于 35%，其他区域(约占井控面积的 2/3)的含油饱和度 59%。目前，九$_6$ 区汽驱区油层平面水油流度比差异大(见图 1)，表现为三种不同驱替程度的区带。(1)蒸汽驱扫区：剩余油饱和度在 22%以下，平均 19%，占总油藏体积的 10.3%。(2)热水驱扫区：剩余油饱和度在 25%~50%，平均 44%，占总油藏体积的 41.9%。(3)注入流体基本未驱扫区：剩余油饱和度在 50%以上，平均 64.0%，占总油藏体积的 47.8%。

综合分析蒸汽驱井组采出程度、剩余储量、温度场、流度比等资料，通过密闭取心、岩心水洗状况分析、过套管电阻率和全谱剩余油测井等技术联合，综合分析 q_2^{2-1}层、q_2^{2-2}两层蒸汽驱技术极限采出程度分别为 72.3%、70.4%，剩余技术极限可采储量分别为 6.49×10^4t、8.00×10^4t。

3　通道对蒸汽驱开发的影响

长期注蒸汽开发对高含水油藏造成的影响，除了含水饱和度增加以外，还有一个重要的影响就是形成了水窜通道。可能造成水窜的通道主要有两类：高渗通道和继承性窜流通道。其中，高渗通道是储层先天非均质性造成的流动优势条带，这类通道在油藏中普遍存在；继承性窜流通道是经过长期冲刷的高渗条带或曾压裂区域，其水流优势明显，封堵难度大。

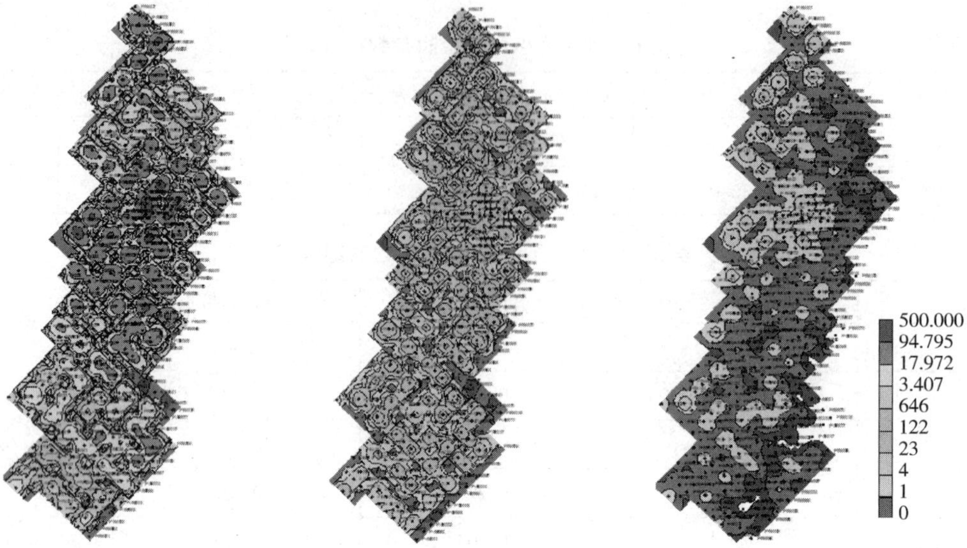

图1　九$_6$区汽驱区油层平面水油流度比

3.1　高流度通道对蒸汽驱开发影响

九$_6$区属于典型的辫状河流沉积的疏松砂岩油藏，多期河道叠加导致储层平面和纵向非均质性都比较严重。

3.1.1　物模研究

通过物模试验研究不同阶段所观测到的温度场(见图2)。蒸汽驱初期——注入的蒸汽首先沿着高渗透带或窜流通道走，产液含水较高。蒸汽驱中期——随着蒸汽注入，油藏加热范围变大，蒸汽腔逐渐形成，蒸汽腔前缘前面形成溶剂带，纵向上蒸汽波及趋于均匀，此时，产液、含水率下降；随着蒸汽腔进一步扩大，开始出现超覆现象，但产液、含水率稳定。蒸汽驱后期——蒸汽波及范围达到模型的70%，蒸汽驱即将结束时产液、含水率开始上升(由于二维模型存在热损失，超覆的蒸汽冷凝成水，导致超覆变弱)。从物理模拟研究结果来看，高流度通道虽然会对汽驱初期有影响，但随着蒸汽腔的发育和形成，其影响逐渐减小。

3.1.2　数值模拟

在拟合后的汽驱先导试验区模型上，采用数模方法研究了蒸汽吞吐后存在的高流度通道对蒸汽驱开发效果的影响。图3是汽驱过程中注入井周围温度场变化情况，所显示的温度场扩展情况和物理模拟结果吻合，即蒸汽虽然会在汽驱早期首先进入高流度通道，但随着蒸汽腔的形成和发展，蒸汽沿高流度通道的指进被抑制，开发效果逐渐变好。从总体开发效果来看，在注采控制合适的条件下，存在高流度通道的油藏，仍能取得较好的汽驱开发效果。

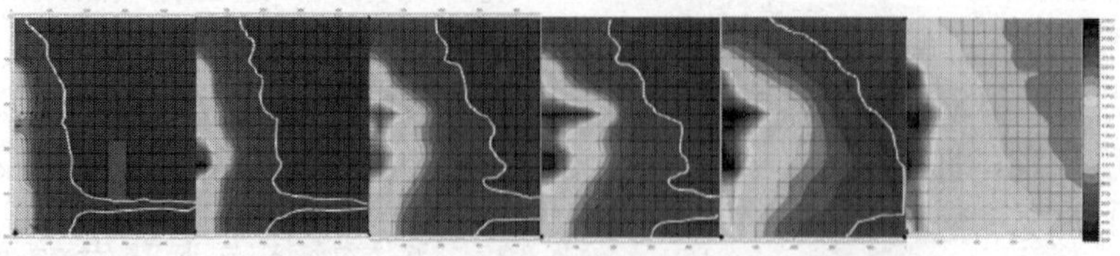

图2　高渗通道蒸汽驱不同时间温度场分布(物理模拟)

图3　高渗通道蒸汽驱不同时间温度场分布(数值模拟)

3.2 继承性窜流通道的影响

继承性窜流通道的主要特点是水流优势明显，长期关停后一旦开井很快又会高含水，常规注采调整和近井封堵调剖无法解决，对后续注蒸汽开发可能造成影响的主要因素是继承性窜流通道，有效识别继承性窜流通道成为保证后续开发效果的关键。为此，采用了“多项开发指标及精细数值模拟结合”识别与预测注蒸汽开发油藏继承性窜流通道的方法。

(1) 冲刷时间——标志着建立注采关系的累计时间，高渗条带附近的长时间注采联通易形成继承性窜流通道。

(2) 累积注汽量——反映了蒸汽主要流向。

(3) 注汽速度——冲刷强度过大尤其是开采初期强度过大，将增大水力压裂风险。

(4) 产水-产油量比值——反映了蒸汽利用率及平面蒸汽流向差异。

(5) 综合含水——继承性窜流通道上的综合含水表现为暴性水淹的特点，其上升规律与其他井差异大。

(6) 注采反应——注采反映迅速、强烈的井间存在继承性渗流通道的可能性较大。

(7) 精细历史拟合的温度场——温度差异反映了蒸汽流向差异，长期温高区域存在继承性渗流通道的可能性较大。

上述指标大于平均值的叠加区域，易出现继承性窜流通道；由于窜关等措施的影响，分析继承性窜流通道应基于具体的时间阶段，存在时效性。

图4是九$_6$区齐古组汽驱区长期汽驱后主力层J_3q^2的继承性窜流通道和高黏油墙分布情况。可以看出，上部J_3q^{2-2-1}层已经形成大量继承性窜流通道，加之高黏油墙的影响，部分井间流度比已经大于10000。

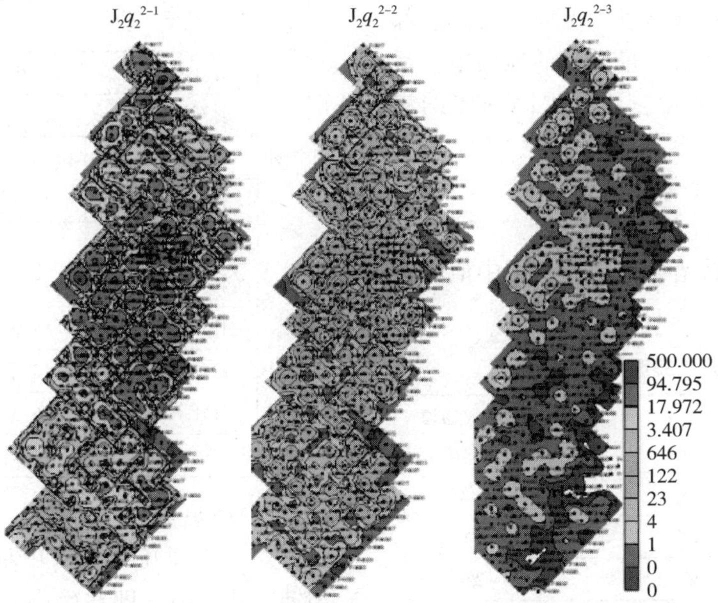

图4　九6齐古组汽驱区主力油层非均质状况

4 碳酰胺复合蒸汽驱开发技术

为探索蒸汽驱中后期提高采收率的对策，针对蒸汽驱平、剖面动用严重不均、汽窜频繁的主要开发矛盾，在九$_6$区齐古组油藏汽驱区开展了碳酰胺复合蒸汽驱先导试验，以验证其技术和经济可行性，为稠油油田蒸汽驱老区提供经济有效的接替技术。

碳酰胺复合蒸汽驱开发技术是在原蒸汽驱基础之上，通过固体颗粒深部封堵原生及继承性窜流通道，添加碳酰胺等，配合高温气体调剖剂，形成蒸汽、气体、调剖剂为注入介质封堵次级小孔道，提高波及程度，实现提高采收率的目的。

4.1 碳酰胺复合蒸汽驱主要机理

碳酰胺溶液在一定温度下水解生成非凝析气体CO_2和NH_3，主要机理有以下几点。

(1) 补充地层能量。CO_2和NH_3进入地层后，一部分溶于原油，使原油体积膨胀，增加液体的内动能；另一部分充满地层孔隙，扩大蒸汽波及体积，有利于原油回采。

(2) 提高驱油效率，降低残余油饱和度。NH_3 和原油可以就地生成表面活性剂，能够降低界面张力、黏度及原油流动的启动压力，使储层中的岩石由亲油变为亲水，提高洗油效果。

(3) 降黏助排。CO_2 易溶于原油和水，溶于油可降低黏度，溶于水可改善相渗。这非常有利于原油克服毛细管阻力和摩擦力，从而大大提高原油的流动能力。

(4) 调剖作用，改善蒸汽波及体积。CO_2 也可与 NH_3 和原油生成的表面活性剂反应形成具有一定强度的泡沫(阻力因子达到 10)，降低蒸汽在高渗地层的窜流，起到了蒸汽转向、扩大蒸汽波及体积的作用。

(5) NH_4^+ 具有降低水敏的作用。NH_3 在高温下和水反应生成 OH^- 和 NH_4^+($NH_3+H_2O \rightarrow OH^- + NH_4^+$)，形成的 NH_4^+ 通过与膨胀黏土中的阳离子进行交换，具有稳定黏土、降低水敏的作用。

(6) 对储层有一定的酸化解堵作用。CO_2 溶于水后呈酸性并与地层基质发生反应，溶蚀一部分杂质，尤其是在碳酸岩含量较高的地层中，反应生成溶于水的碳酸氢盐，可以提高油层的渗透率。

4.2 碳酰胺复合蒸汽驱试验设计

4.2.1 深部封堵参数优化

选取无机凝胶类封堵体系，其不同中值粒径颗粒可针对性封堵对应大通道(见表 4)

表 4 无机凝胶体系

封堵体系	颗粒中值粒径/μm	对应封堵大通道平均直径/μm
粗分散无机凝胶	55	400~500
细分散无机凝胶	45	250~400
微粉无机凝胶	35	170~250
超细无机凝胶	20	100~170

通过数模确定注汽井封堵半径 15m 采油井封堵半径 12m，并根据类产水量，确定高渗透层比例，计算封堵用量，累产水 $1.8\times10^5 \sim 2.0\times10^5 m^3$，高渗透层比例 $e=17\%$；累产水 $1.6\times10^6 \sim 1.8\times10^5 m^3$；高渗透层比例 $e=16\%$；累产水 $1.0\times10^5 \sim 1.6\times10^5 m^3$，高渗透层比例 $e=15\%$；累产水 $0.5\times10^5 \sim 1.0\times10^5 m^3$；高渗透层比例 $e=14\%$；累产水 $<5\times10^4 m^3$；高渗透层比例 $e=13\%$；封堵油层厚度 $H \geqslant 10m$，动用厚度百分比 $a=80\%$；封堵油层厚度 $H<10m$，动用厚度百分比 $a=100\%$；注汽井 q_2^{2-1} 段，高渗透比例 18%；注汽井 q_2^{2-2} 段，高渗透比例 15%。

因此，封堵剂用量：

$$Q=3.14\times r^2\times\Phi\times H\times e\times a \tag{3}$$

式中，Q 为封堵剂体积，m^3；r 为封堵半径，m；Φ 为孔隙度；H 为封堵厚度，m；e 为高渗透层比例，无因次；a 为动用厚度百分比，无因次；

4.2.2 射孔方式优化

选择性射孔可减少蒸汽沿优势通道窜流，要求对试验区注汽井、生产井原射孔井段挤灰封堵后，开展二次射孔完井。由于 $J_3q_2^{2-1}$ 和 $J_3q_2^{2-2}$ 小层之间没有稳定隔层，物性夹层局部发育，封挡作用有限，因此将 $J_3q_2^{2-1}$ 和 $J_3q_2^{2-2}$ 小层整体考虑，射开设计针对的是整个油层。注汽井射开油层下部的 1/3，生产井射开油层下部 1/2 的开发效果较好(见表 5)。

表 5 注汽井射孔方式优化

井型	注汽井射孔方式	采出程度/%	油汽比/f	净产油/10^4t
注汽井	射开上部 1/2	7.9	0.060	−2.32
	射开下部 1/3	17.2	0.128	5.29
	射开下部 1/2	15.8	0.115	4.14
	射开下部 3/4	13.7	0.106	2.80
	全射开	10.5	0.089	0.96
采油井	射开上部 1/2	12.1	0.093	2.67
	射开下部 1/3	15.0	0.113	4.16
	射开下部 1/2	17.2	0.128	5.29
	射开下部 3/4	16.3	0.126	4.94
	全射开	15.5	0.117	4.36

4.2.3 碳酰胺复合驱注入参数优选

对比不同开发方式开发效果，尿素泡沫降黏剂辅助蒸汽驱，即在生产井添加降黏剂以破坏蒸汽绕流产生的次生夹层，通过注入井添加泡沫剂-尿素辅助注蒸汽，可有效降低泡沫剂用量，进一步提高阶段油汽比，开发效果最好(见表 6)。

根据数模优化结果，多介质复合蒸汽驱的先导试验区注汽井井底蒸汽干度下限为 45%，采注比最优值为 1.12，最优注汽速度为 80t/d，尿素溶液浓度为 50%，泡沫剂浓度 5%。

利用三维全试验区模型预测了多介质复合驱生产动态开发指标。以“大孔道深部封堵+纵向射孔优化+多介质辅助”组合技术开展多相复合蒸汽驱试验，预计试验历时 5.2 年，累产油

13.2×104t，采出程度15.7%(见图5)。

表6 碳酰胺复合蒸汽驱复合驱开发方式优化

开发方式	产油/(10^4t)	注汽/(10^4t)	尿素/t	泡沫剂/t	降黏剂/t	采出程度/%	油汽比/f	净产油/(10^4t)
继续现蒸汽驱	无经济效益							
高干度蒸汽驱	9.91	123.3	0	0	0	11.8	0.080	1.10
尿素复合蒸汽驱	10.46	114.2	3205	0	0	12.4	0.092	1.98
尿素泡沫复合蒸汽驱	12.53	103.9	3205	801	0	14.9	0.121	4.18
多介质复合蒸汽驱	14.45	112.9	3205	801	1145	17.2	0.128	5.29

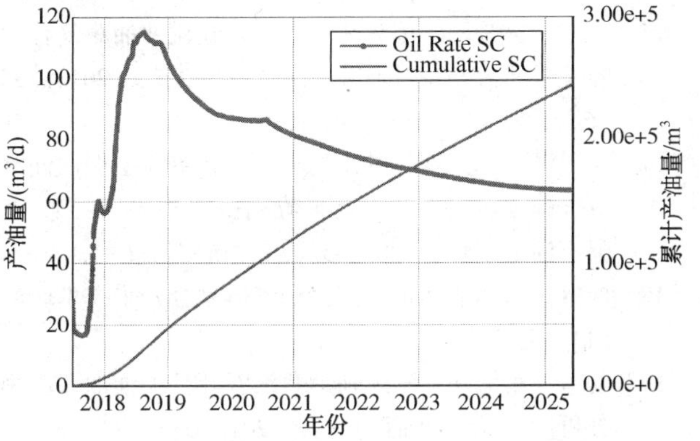

图5 碳酰胺复合蒸汽驱试验产量预测

4.3 碳酰胺复合蒸汽驱适宜条件筛选

采用数值模拟方法进行的正交试验表明：油层有效厚度、含油饱和度、原油黏度、净总厚度比、渗透率级差对采收率影响显著，碳酰胺复合蒸汽驱不适合原油黏度高于18000mPa·s、渗透率级差大于21的油藏(见表7)。

表7 转碳酰胺复合蒸汽驱的适宜油藏条件

对比参数	指标
原油黏度/mPa·s	<18000
油层厚度/m	35>h>5
净总厚度比	>0.41
平均含油饱和度/%	>41%
渗透率级差	<21
流动系数	<10000

4.4 多相协同复合蒸汽驱矿场应用

根据选井依据及油藏潜力，选择A区中9个井组为多介质复合汽驱先导试验区。试验区油层平均有效厚度20.8m，孔隙度31%，渗透率2780×10^{-3}μm^2，平均含油饱和度42.4%，油层连通性好，原油黏度15360mPa·s，采出程度46.4%。试验区满足多介质复合蒸汽驱对油藏条件的要求，平面非均质性严重，具有较好代表性。

2018年8月率先完成4井组深部封堵试验，日产油由5.4t/d上升至15.6t/d，平均井组增油2.5t/d以上，累计增产5905t，证实了资源基础。2019年8月，9井组投产后温度场明显下降，产液水平、产油水平液有所下降，含水由94.3%下降至92.8%，日产油水平由初期18.2t/d，上升至峰值35t/d，试验效果明显。

5 结论与认识

(1) 通过密闭取心井设计、岩心水洗状况分析、过套管电阻率和全谱剩余油测井等技术联合，实现水淹层定量解释，形成不同沉积韵律、隔夹层组合模式下剩余油定量分布表征，指导了蒸汽驱开发后期复合汽驱潜力层选取。

(2) 长期注蒸汽开发形成了水窜通道。高渗通道和继承性窜流通道是造成水窜的主要原因。其中，高渗通道是储层先天非均质性造成的流动优势条带，这类通道在油藏中普遍存在；继承性窜流通道是经过长期冲刷的高渗条带或曾压裂区域，其水流优势明显，封堵难度大。

(3) 提出了“深部封堵+优化射孔+多介质辅助”相结合的碳酰胺复合蒸汽驱开发技术，在原蒸汽驱基础之上，通过固体颗粒深部封堵原生及继承性窜流通道，添加碳酰胺等，配合高温气体调剖剂，形成蒸汽、气体、调剖剂为注入介质封堵次级小孔道，提高波及程度，可有效实现提高采收率的目的。

(4) 进行深部封堵、优化射孔，多介质注入，优化注入参数，引导稠油开发由“单介质”“笼统注汽”向“多种介质”“精细注汽”转型。试验区累积增油2×10^4t，试验区单井日产油由0.5t/d提升至1.3t/d，含水下降1.5%，阶段成效初显。

参 考 文 献

[1] 王敬，刘慧卿，王增林，等．稠油油藏热力泡沫复合驱数值模拟研究[J]．特种油气藏，2011，18(05)：75-78，139.

[2] 蒙延冲，宋栋．提高超稠油蒸汽驱效果的策略[J]．化工管理，2019，(28)：75-76.

[3] 蒋立明，敬思伟，刘欢，等．水平井多介质调剖技术及应用[J]．化工管理，2021，(14)：84-85.

[4] 于会永，刘慧卿，张传新，等．超稠油油藏注氮气辅助蒸汽吞吐数模研究[J]．特种油气藏，2012，19(02)：76-78，139.

[5] 王杰，刘德华，王梓来，等．超薄层稠油油藏吞吐后转蒸汽驱技术研究[J]．能源与环保，2017，39(10)：69-74.

[6] 卢川，刘慧卿，卢克勤，等．浅薄层稠油水平井混合气与助排剂辅助蒸汽吞吐研究[J]．石油钻采工艺，2013，35(02)：106-109.

[7] 孙焕泉，王敬，刘慧卿，等．高温蒸汽氮气泡沫复合驱实验研究[J]．石油钻采工艺，2011，33(06)：83-87.

[8] 汪洋，李兆杰，熊伟，等．浅层超稠油蒸汽驱数值模拟提高开发效果研究[J]．新疆石油天然气，2015，11(03)：80-82，90，5-6.

[9] 东晓虎，刘慧卿，庞占喜，等．不同含水期轻质油藏空气泡沫驱试验[J]．中国石油大学学报(自然科学版)，2013，37(04)：124-128.

[10] 黄伟强，王利华，陈忠强，等．复合蒸汽吞吐提高稠油采收率试验[J]．新疆石油地质，2010，31(01)：69-71.

[11] 吴正彬，刘慧卿，庞占喜，等．稠油油藏气体-泡沫辅助注蒸汽实验与数值模拟[J]．石油钻采工艺，2016，38(06)：852-858.

[12] 欧阳传湘，闫利恒，姚梦多，等．超稠油三元复合吞吐物理模拟实验研究[J]．新疆石油天然气，2007(04)：40-43，105-106.

[13] 孙家国，邵国峰，田华．二氧化碳三元复合吞吐采油技术在杜84区块的应用[J]．渤海大学学报(自然科学版)，2008(01)：18-22.

[14] 黄伟强，郑爱萍，王利华，等．克拉玛依油田复合吞吐改善稠油热采开发效果试验研究[J]．石油地质与工程，2008，22(6)：21-23.

[15] 胡成亮，魏玉莲，熊英，等．稠油复合吞吐开采技术[J]．油气田地面工程，2007，26(10)：21-22.

[16] 李甫，梁爱国，廖先燕，等．新疆稠油油藏复合吞吐技术研究与应用[J]．石油钻采工艺，2013，35(6)：88-90.

[17] 彭通曙，郑爱萍，刘洪恩，等．新疆浅层稠油油藏氮气辅助蒸汽吞吐提高采收率研究与应用[J]．新疆石油天然气，2009，5(03)：45-47，6-7.

[18] 刘帆．超稠油油藏注蒸汽和气体复合开采技术研究[J]．化工管理，2017(16)：184.

[19] 周琦，李孟伟．气体辅助蒸汽吞吐在稠油油藏应用分析[J]．化学工程与装备，2019(03)：74-75.

[20] 钟立国，王成，刘建斌，等．中深层稠油油藏蒸汽-氮气复合吞吐技术[J]．新疆石油地质，2019，40(02)：194-198.

[21] 李睿姗，何建华，唐银明，等．稠油油藏氮气辅助蒸汽增产机理试验研究[J]．石油天然气学报(江汉石油学院学报)，2006，(01)：72-75，141.

[22] 冉钟文．应用组合式蒸汽吞吐提高热采稠油油藏采收率[J]．内蒙古石油化工，2009，35(20)：145-147.

[23] 潘一，付洪涛，殷代印，等．稠油油藏气体辅助蒸汽吞吐研究现状及发展方向[J]．石油钻采工艺，2018，40(01)：111-117.

稠油老区加密双水平井 SAGD 开发蒸汽腔发育规律研究及改善策略

肖武林　李　玄　郑爱萍　陈宏飞　刘　欢　梁向进　宋文志

(中国石油 新疆油田分公司重油开发公司)

摘　要　针对新疆油田超稠油高轮次吞吐后油藏递减加大等问题，2019 年起在克拉玛依油田九$_8$区开展了双水平井 SAGD 开发试验并取得较好的开发效果。转 SAGD 生产初期产量提升快，但存在高产期短、含水上升快、采注比低等问题。本次研究在动态监测数据和跟踪数值模拟的基础上，开展蒸汽吞吐后双水平井 SAGD 开发蒸汽腔发育规律的研究，认识到九$_8$区吞吐阶段储层纵向上超覆动用，造成油层上部动用程度明显高于下部，蒸汽腔上升至扩展阶段，蒸汽腔形态由“倒三角”变异为“漏斗形”或“半漏斗形”，导致汽腔边界角度增大泄油困难。在此基础上提出了非凝析气补能、提压等技术对策，并优化了相关参数，为浅层超稠油老区吞吐后转 SAGD 开发动态调控实践提供了技术思路。

关键词　克拉玛依油田；双水平井；SAGD；蒸汽吞吐后；蒸汽腔；开发动态调控

目前，双水平井 SAGD 在新疆风城油田浅层超稠油油藏已实现工业化推广应用，形成了一套较为完善的动态调控技术。风城油田 SAGD 开发区块构造特征、储层特征、流体性质于九$_8$区相似，开发层位均为侏罗系齐古组(风城油田为 J_3q_2 层、J_3q_3 层，九$_8$区为 J_3q_2 层)。不同的是，九$_8$区 SAGD 是国内首次在吞吐后老区开展的双水平井 SAGD 开发试验。试验过程中发现，转 SAGD 生产初期日产液量、日产油量提升快，转生产 1 年左右，含水率持续上升，日产液量稳定，日产油量、油汽比下降，同时，生产过程还表现出蒸汽腔压力低、产出液温度低等特点，依靠纯机抽生产，无法实现生产初期“机抽+自喷”方式生产，稳产难度大。SAGD 原始油藏条件下的蒸汽腔发育规律、生产特征、调控策略不能直接用于指导吞吐后转双水平井 SAGD 开发。本次研究以九$_8$区 SAGD 蒸汽腔发育规律研究为核心，明确了地层亏空、蒸汽超覆对蒸汽腔发育形态的影响，揭示了老区吞吐后转 SAGD 开发与新区原始油藏 SAGD 开发蒸汽腔发育形态的不同，以及所带来的生产规律的不同，并在此基础上提出了非凝析气补能、提压等技术对策，优化了相关参数，为浅层超稠油老区吞吐后转 SAGD 开发动态调控实践提供了参考和技术思路。

1　老区转 SAGD 生产简况

克拉玛依油田九$_8$区齐古组于 20 世纪 80 年代投入开发，构造形态被断裂切割的西北向东南倾的单斜，地层倾角 4°～9°，平均孔隙度为 30.4%，平均渗透率为 1165mD，平均含油饱和度为 69.0%，平均油层厚度 19.0m，油层埋深 160m，50℃平均 4969.6mPa·s，原始地层压力为 1.58Mpa，原始油藏温度 18℃，属于受构造和岩性控制的浅层超稠油油藏。采用 70×100m 直井网吞吐开发，30 余年来，采出程度达 22.3%，逼近吞吐开发极限采收率，平均吞吐 12 轮以上，呈现日产低、含水率高、油汽比低的生产状态，常规开发模式下效益稳产难度大。为探索超稠油老区吞吐后提高采收率新路子，2019 年在该区率先开展了吞吐后转双水平井 SAGD 开发试验。九$_8$区 SAGD 井组转 SAGD 生产 10 个月后，单井组产油能力由初期 18.5t/d 下降至 10t/d，含水上升幅度达 20%，采注比仅为 0.8，同时井组间存在明显的联动反应，调控难度进一步加大。分析认为，老区 SAGD 井组生产差异主要受汽窜通道、直井吞吐低压、低饱和度枯竭带以及地层亏空的影响，具体表现如下。

(1) 汽窜通道复杂，井组间生产联动明显。

九$_8$区油藏整体属于中等-强非均质性，纵向上 $J_3q_2^{2-1}$ 层孔渗透条件好于 $J_3q_2^{2-2}$ 层，直井吞吐阶段调整区汽窜窜流复杂，累计发生汽窜 285 井次，平均单井 5.2 井次。转 SAGD 生产后，部分相邻井组间产液量、采注比等指标存在“此消彼长”迹象，生产联动明显。

(2) 油藏动用特征，造成初期高产、后期含水上升快。

超稠油 70m×100m 直井井网吞吐开发动用半径有限。平面上，原井网吞吐井周围半径 10m 范围形成低饱和度枯竭区(剩余油饱和度<30%)，10~25m 动用程度较高(剩余油饱和度 30%~45%)，25m 以外动用程度相对较低(剩余油饱和度>45%)；纵向上，受储层非均质性影响，$J_3q_2^{2-1}$层动用程度高，饱和度下降幅度 15% 以上，$J_3q_2^{2-2}$层动用程度相对低，饱和度下降 5%以上。

转 SAGD 后，初期产量贡献主要为注汽水平井上方弱动用高饱和度区域，汽腔向上扩展，连通直井低压低饱和度枯竭带后，造成含水快速上升。

(3) 地层亏空导致采注比低，井组生产差异大。

油藏整体亏空较大，井组平均亏空 3.7×10^4m^3，转 SAGD 后区域采注比仅为 0.8。结合井组初期生产情况，井组百米产能与地层亏空存在明显的负相关性。其中有 6 个亏空达到 6×10^4m^3 以上的井组生产效果远差于亏空相对较小井组，生产表现为低注汽压力、低出液温度、低产油、低采注比。

2 老区转 SAGD 开发蒸汽腔发育规律

2.1 模型建立

模型水平段长度 504.1m，50℃脱气原油黏度 2284cp，油层厚度 22.4m，渗透率 1910mD，孔隙度 34%，含油饱和度 74%。模型网格建立采用“平面控制，水平段加密”的策略，在平面分布上，井间至少 6 个网格间距控制，以体现单井的独立性；其次对水平井段附近的平面和垂向均加密，实现模型对驱泄动态的精细描述。实际设计中，水平段附近平面和垂向均采用 1m 网格间距；平面网格水平段方向粗化，减小模型规模，采用 3m×10m 平面网格(见图 1、图 2)。

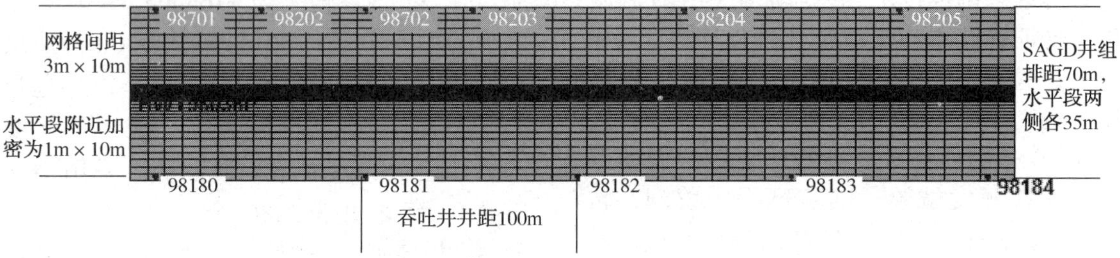

图 1　理想模型网格设计示意图(平面)

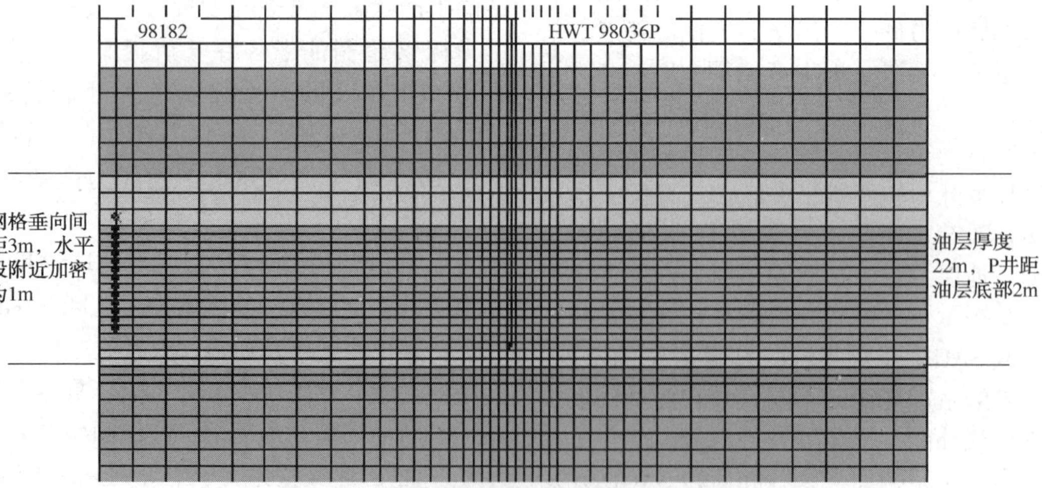

图 2　理想模型网格设计示意图(垂向)

2.2 蒸汽腔发育特征

模型建立后，分两组进行蒸汽腔发育形态的模拟。一组利用吞吐井历史生产数据进行历史拟合，描绘出吞吐后油藏“三场”特征，在此基础上进行 SAGD 开发阶段蒸汽腔形态模拟，一组在未经历吞吐开发的原始油藏状态下进行 SAGD 开发阶段蒸汽腔形态模拟。吞吐末期转 SAGD 开发井组，下文采用“老区”命名，对于新油藏开发即采用 SAGD 方式的井组以“新区”命名。“新区”整体上汽腔发育较对称，形态均匀，“老区”整体上汽腔优先进入已动用的低压枯竭区，压力平衡后再进一步扩展，汽腔发育偏向已动用区，形态扁平，横向扩展的范围更大。SAGD 开发全生命周期汽腔发育总体上可以划分为 4 个阶段：上升阶段、扩展阶段、下降阶段、突破阶段”(见图 3、图 4)。

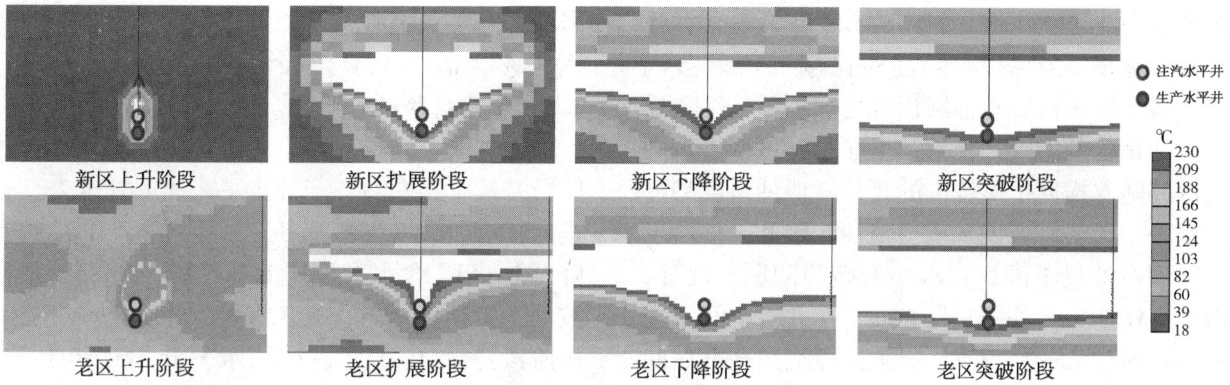

图 3　蒸汽腔发育剖面示意图

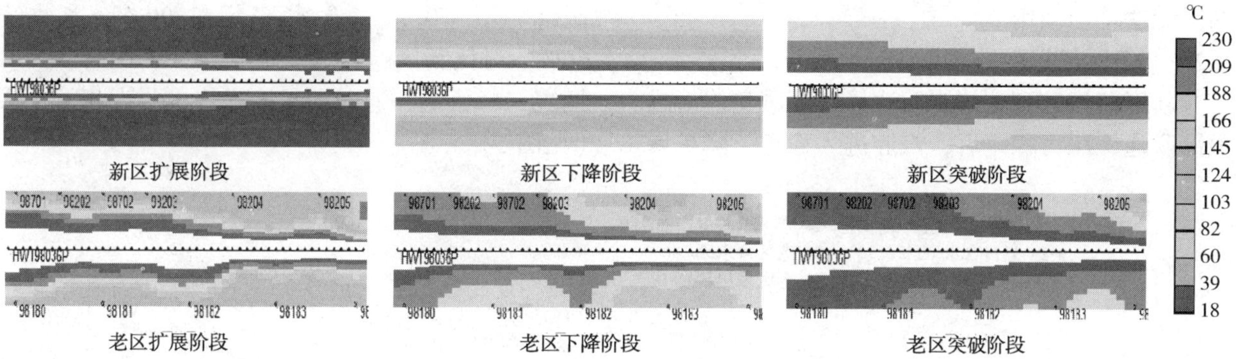

图 4　油层中部蒸汽腔发育平面示意图

2.2.1　上升阶段

新区油藏原始地层温度 18℃，蒸汽腔向上发育，形态规则，中心区域与泄油带边界清晰，汽腔压力高，中心区域温度超过 230℃。该阶段初期蒸汽腔较小，供液能力有限，承受压力波动幅度较小，需控制注汽水平井与生产井间汽液界面，操作压力控制在不大于地层压力 0.5MPa 的范围，通过增加注汽量和产液量，不断建立新动态平衡；操作压力、注汽速度和产液量呈现一个螺旋上升的趋势，生产效果随着蒸汽腔高度升高逐步提升，蒸汽腔发育形成一定规模后，提高操作压力至小于油层破裂压力 0.5MPa，加快蒸汽腔的垂向发育和扩展，整个阶段持续 2~3 年。老区油藏在经过长期的吞吐开发后，地层温度在 60℃以上，吞吐动用区域蒸汽超覆作用明显，温度达到 80~120℃。蒸汽腔向上发育时形态不规则，向已动用区域偏移，加大了与岩石骨架接触面积，造成中心区域与泄油带边界不明显，汽腔压力低，中心区域温度 180~200℃。与新区不同的是，老区在该阶段蒸汽腔沿已动用区域上升，发育速度明显变快，供液能力增强，由于直井间剩余油相对富集，地层温度高，阶段初期生产效果随着蒸汽腔高度快速提升，而操作压力升高缓慢，接近原始地层压力，井组无自喷能力，依靠机抽生产，采出液温度在 100~130℃，汽液界面稳定，整个阶段持续 1 年。

2.2.2　扩展阶段

新区蒸汽腔发育到顶后进入横向扩展阶段，形成较完美的倒三角形蒸汽腔，进入稳产阶段。此时，井组注汽速度和产液量达到最大并保持稳定。达到产油高峰后，通常的调控方式为逐步降低操作压力，有效降低盖层热散失，提高热效率，保持较高的油汽比稳定生产。老区蒸汽腔首先填充吞吐产生的亏空低压区，压力平衡后进一步横向扩展。由于蒸汽超覆作用，蒸汽腔横向扩展沿油层顶部发生，横向扩展范围比新区大，且直井距离近的一测扩展更明显。其主要原因是，直井吞吐后产生的低压、低含油饱和度亏空带具有蒸汽“牵引作用”，蒸汽向亏空带逃逸，最终形成了漏斗形蒸汽腔(如果 SAGD 仅单侧有吞吐直井，会形成半漏斗形)。对比倒三角形蒸汽腔，漏斗形蒸汽腔在油层顶部更加扁平，这会导致泄油角度的增大。模拟结果显示，该形态下的蒸汽腔随着横向扩展范围的延伸，泄油角度趋近于水平，无法有效实现重力泄油。因此，该阶段会出现产油量下降，含水率升高等问题。此外，由于 SAGD 井组井距只有 80m，在井组中间直井亏空区域较大的情况下，扩展阶段会出现井组间蒸汽腔过早连通融合的现象，导致其中一个 SAGD 井组(通常为下倾方向)蒸汽腔逐步萎缩，储层无法均匀动用。

2.2.3　下降阶段

新区蒸汽腔到达控制区边界，油藏整体形成顶部联通，压力稳定后，汽腔进入稳定下降扩展阶段。此阶段汽腔表现为向下逐步扩展的特点，产量呈缓慢下降趋势。老区进入下降阶段后，随着油层中下部剩余储量被动用，泄油能力恢复，蒸汽腔下降过程中产生向下驱动力，产量进入回升期。

2.2.4　突破阶段

水平采油井上方基本都被蒸汽腔充满，水平采油井有蒸汽突破，产油量急剧下降，含水率高达 98%以上，SAGD 过程结束。

2.3　生产规律认识

根据模拟结果显示，老区 SAGD 蒸汽腔上升阶段持续 1 年左右，产油水平快速上升达 28t/d。进入扩展阶段，因蒸汽补充亏空区，产油快速下降至 21t/d，含水率呈现上升趋势，在 85%左右波动，持续 3 年后，进入汽腔下降阶段。汽腔下压阶段持续 4~5 年，产油水平开始逐步上升，平均 27t/d，高峰 29t/d，含水平均 80%。汽腔突破阶段产油快速下降，2~3 年后达到经济极限油汽比(0.1)，含水率超过 90%，采收率 56%。对比新区，老区双水平井 SAGD 产油高峰期短，峰值低，递减期早，最终采收率相差不大(见图 5)。

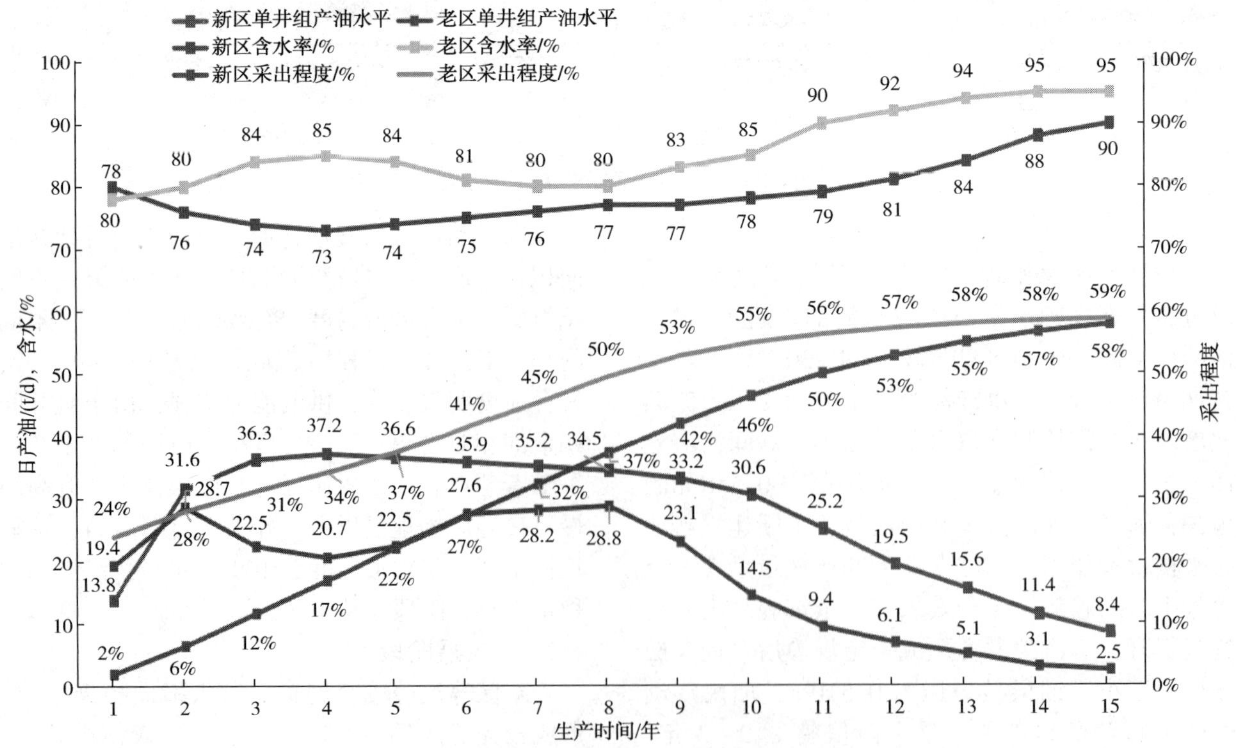

图 5　新老区 SAGD 全生命周期生产曲线

3 改善策略

根据前文对蒸汽腔发育规律的研究，九$_8$区SAGD开发的主要矛盾是老区亏空带无效的占用蒸汽，导致汽腔变形，开发效果变差。改善开发效果的关键是尽早完成亏空带填补，缩小蒸汽腔沿油层顶部横向扩展的范围，加快蒸汽腔向未动用区域扩展的进程。本节采用数值模拟方法，研究使用氮气填充枯竭带，提高开发效果的可行性，提出注氮辅助开发的改善策略。

3.1 氮气在油层内的分布

在重力分异作用下，氮气与蒸汽混合气体具有向油层上部运移的基本动力。在接触低温的油层时，混合气体降低温度，蒸汽凝结为液体水向下运移，形成油层顶部氮气富集带。持续注入蒸汽过程中，随着低温液体被采出，蒸汽腔高温区域与氮气富集带接触，部分氮气将被"吹散"。由于氮气和水蒸汽的饱和温度差较大，当温度降低时，蒸汽凝结为液体水体积缩小160倍，造成被"吹散"氮气富集在蒸汽腔边缘的汽液带上，形成"氮气罩"，这会影响蒸汽腔的扩展，同时导致部分氮气被采出。

3.2 注氮方式

亏空带主要分布在直井吞吐动用区域，利用直井注氮可以精准填补亏空，氮气聚集在直井亏空区域及油层顶部已动用区域，注氮气后蒸汽腔形态得到有效调整，汽腔沿亏空区域发育趋势得到改善。采用注汽水平井注氮，运移距离较长，填充位置不可控。模拟研究显示，汽腔扩展阶段采用直井注氮气补能改善效果明显，注汽水平井注氮补能作用在蒸汽腔下降阶段较为明显。对比连续混合注入和段塞注入方式，连续混合注入方式油层顶部氮气隔热厚度稳定，但始终存在"氮气罩"，影响地层热交换；采用段塞式注氮，后期补充氮气损失的方式，可以消除"氮气罩"的影响，有力提高热效率。因此，在九$_8$区SAGD目前所处的蒸汽腔扩展阶段，应当采用直井段塞式的注入方式(见图6)。

3.3 注氮填充量

段塞式注氮气存在一个合适的体积比例，如果段塞过大，氮气占据油藏孔隙体积的空间就会增加，相应减小了蒸汽腔扩展空间和蒸汽加热油藏体积从而减少了可动用储量。研究结果表明，注氮气填充比例越高，蒸汽腔压力上升幅度越大，产量提升明显，但注氮填充比例达到50%时，部分氮气开始在油层下部已动用区域聚集，比例越高，下部聚集量越大，易造成气窜和氮气浪费(见图7)。当填充比例超过50%后，在蒸汽腔扩展阶段对生产效果改善幅度减小，由于氮气占据了过多的孔隙体积，可动用储量减少，后期递减率会明显增大(见图8)。按照谨慎防窜和有效利用氮气原则，填充比例应控制在50%填充以内，可提高操作压力0.4MPa左右，单井产油水平可提高2~4t/d。

除氮气辅助外，蒸汽腔扩展阶段，还可采用直井辅助双水平井SAGD技术，利用SAGD井组间直井注汽，在重力与驱动力的双重作用下，动用油层上部及直井亏空区域剩余难动用储量，提高采油速度。

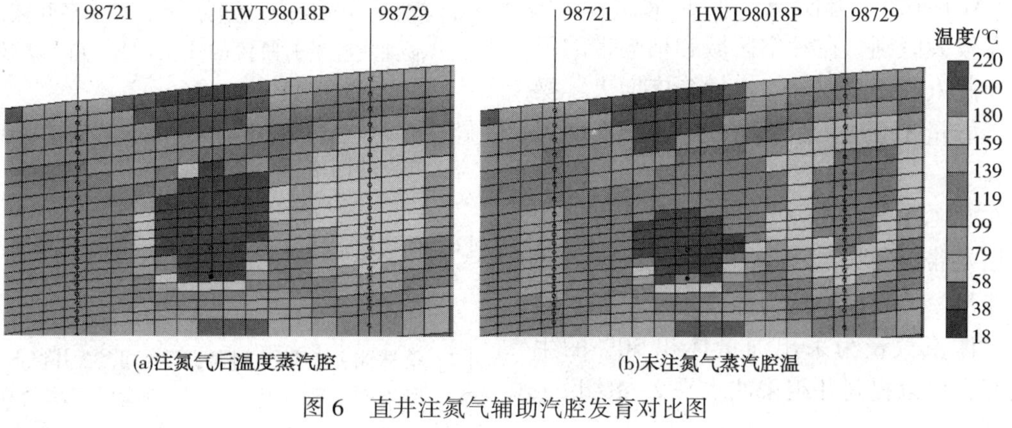

(a)注氮气后温度蒸汽腔 (b)未注氮气蒸汽腔温

图6 直井注氮气辅助汽腔发育对比图

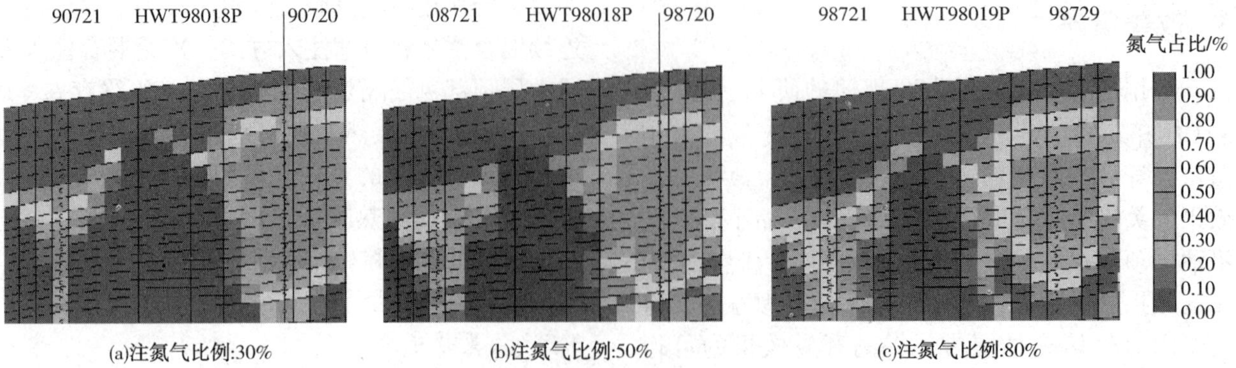

图7　不同比例氮气分布图

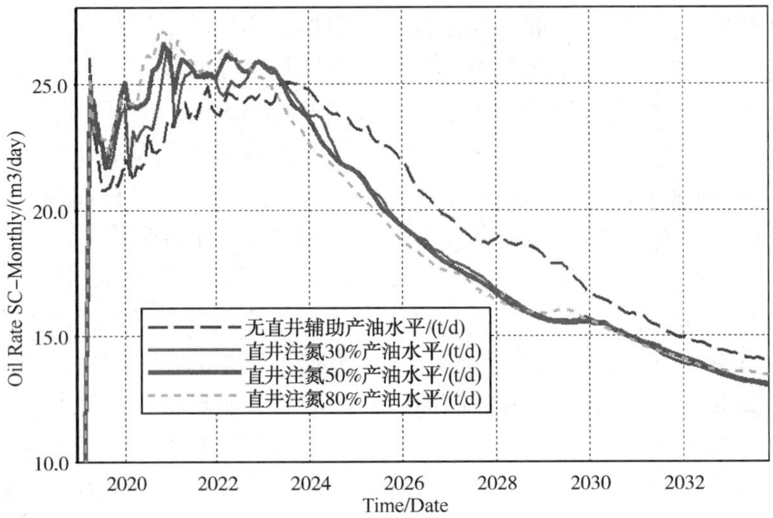

图8　不同比例氮气效果

4　结论与认识

(1) 地层亏空、直井吞吐低压、低饱和度枯竭带以及高渗汽窜通道是影响浅层超稠油老区吞吐后转 SAGD 井组初期生产效果的主要因素。

(2) 老区 SAGD 井组蒸汽腔发育过程与新区原始油藏 SAGD 在“上升阶段”和“扩展阶段”发育规律存在较大区别，在亏空区域和枯竭带的牵引作用下，蒸汽腔形态变异、泄油角度增大、操作压力低、能量不足是“扩展阶段”稳产难度大的直接原因。

(3) 在 SAGD 开发汽腔上升和扩展阶段，注氮气填充枯竭带，可以起到修正汽腔发育形态、补充地层能量、提高操作压力的作用。采用直井辅助注氮，注氮气量为采出油量体积 50% 的生产效果较好，可以提高井组采油水平 2~4t/d。

参　考　文　献

[1] 霍进，桑林翔，樊玉新，等．风城超稠油双水平井蒸汽辅助重力泄油开发试验．新疆石油地质，2012，33(5)：570-573.

[2] 李苒，陈掌星，吴克柳，等．特超稠油 SAGD 高效开发技术研究综述[J]．中国科学：技术科学，2020，50(6)：729-741.

[3] 任宝铭，双水平井组合 SAGD 物理模拟研究[J]．中外能源，2018，23(2)：55-59.

[4] 霍进，桑林翔，杨果，等．双水平井蒸汽辅助重力泄油汽腔上升阶段的注采调控[J]．新疆石油地质，2012，33(6)：694-696.

[5] 霍进，桑林翔，刘名，等．适于蒸汽辅助重力泄油开发的网格粗化技术[J]．新疆石油地质，2014，35(4)：429-432.

[6] 孙新革，何万军，胡筱波，等．超稠油双水平井蒸汽辅助重力泄油不同开采阶段参数优化[J]．新疆石油地质，2012，33(6)：697-699.

[7] 桑林翔，姜丹，刘名，等．重 32 井区 SAGD 开发阶段生产参数优化[J]．特种油气藏，2016，23(1)：96-99.

[8] 桑林翔，吕柏林，卢迎波，等．新疆风城 Z32 稠油油藏注气辅助蒸汽驱实验研究及矿场应用[J]．油气

藏评价与开发，2021，11(2)：107-113.

[9] 刘万勇．后 SAGD 阶段开发技术探索与实践[J]．中外能源，2016，21(5)：46-49.

[10] 解鑫，魏立新，王伟伟，等．注氮气改善 SAGD 开发效果(SAGP)作用机理解析[J]．化学工程师，2015，29(4)：81-85.

[11] 孙新革，赵长虹，熊伟，等．风城浅层超稠油蒸汽吞吐后期提高采收率技术[J]．特种油气藏，2018，25(3)：72-81

[12] 王敬，姬泽敏，刘慧卿，等．裂缝-孔洞型储集层注氮气辅助重力泄油实验[J]．石油勘探与开发．2019，46(2)：342-353.

[13] 何万军，木合塔尔，董宏，等．风城油田重 37 井区 SAGD 开发提高采收率技术[J]．新疆石油地质，2015，36(4)：483-486.

[14] 高永荣，刘尚奇，沈德煌，等，氮气辅助 SAGD 开采技术优化研究[J]，石油学报，2009，30(5)：718-721.

[15] 郑强，田冀，谭先红，等．油砂 SAGD 合理开发界限与主控因素研究[J]．中国科学：技术科学，2017，47(2)：204-209.

[16] 王江涛，熊志国，张家豪，等，直井辅助双水平井 SAGD 及其动态调控技术[J]．特种油气藏，2019，26(6)：784-788.

克拉玛依油田注蒸汽后期低效益稠油油藏微生物提高采收率技术

郑爱萍[1(a)]　冀　楠[1(a)]　孙新革[1(c)]　刘艳春[1(d)]　黄后传[1(a)]　张文胜[1(b)]　刘衍彤[2]　石　磊[2]　夏文杰[3]

[1. 中国石油新疆油田分公司(a)重油开发公司，(b)红山公司，(c)勘探开发研究院，(d)新港公司；2. 新疆新易通公司；3. 南开大学，生命科学学院]

摘　要　克拉玛依油田稠油热采经过30余年的高效开发后，部分进入“双高”阶段、成为“双负”油藏，油汽比低、开发成本高、效益差，油井油区陆续关停，储量失控。自20世纪90年代始，微生物采油技术掀起了两次在油田现场试验的高潮，但多以内源微生物激活、单井吞吐的方式开展试验，试验井的效果差异大，油井占产时间长，转轮后功能微生物降黏解堵作用下降。2000年前后陆续停止试验，加上长期注蒸汽开发后，地层亏空加剧，油藏菌群灭活程度高、菌种结构复杂，稠油微生物提高采收率试验长期停滞。为了寻求停关区效益开发的有效途径，并在国家的“双碳”目标下，稠油微生物采油技术重新提上了日程。2016年，重油开发公司在六区2口稠油水平井进行微生物试验取得了新进展，平均单井增油1179t，投入产出比1∶4.5，继而在克浅井区为代表的蒸汽驱开发后的低效益稠油油藏进行了低成本的微生物提高采收率试验，构建了基于油藏分类的注蒸汽后期低效益稠油油藏微生物三元开采体系，建成了循环驱替的低本本开采模式，形成了10注30采的开发规模，增油1×10^4t，基本运行费由注蒸汽的2057元/t下降到577元/t，走出了浅层稠油的提质增效、提高采收率的新路子，也成为稠油绿色低碳开发的重要接替技术之一。

关键词　克拉玛依油田；注蒸汽后期；稠油油藏；低效益；微生物；三元开采体系；循环驱替；采收率

微生物采油技术1926年被提出，早期发展缓慢，至20世纪八九十年代有极少数油田开始三次采油，且集中在中国。近十几年来微生物采油技术进入快速发展时期。国外现有技术所采用的采油微生物多为筛选菌种(或外源微生物群，以美国学派为代表)或是本源微生物群(以俄罗斯学派为代表)，亦有利用混合菌群的。目前，中国微生物采油技术的发展在世界范围内处于领先地位。国内微生物驱油技术已在不同的油藏进行试验，在单井吞吐和微生物驱油现场试验中均见到增油或提高采收率的效果，但在工业应用过程中仍然存在不少问题，影响了该技术的大规模推广应用。

20世纪90年代，微生物采油技术以本源微生物为主，用在单一的吞吐井和注水井，主要解决单井增油和解堵，1997年在大庆喇嘛甸油田东部稠油段(黏度120.8mPa·s)油层4口井进行吞吐试验，3轮试验后3口见效井累积增油495t，吞吐试验方式处理油层半径小，有效期短，因此增油量少。2003年针对营6断块由于堵塞、污染等原因注水较差，在营6-16的4口注水井微生物驱油先导实验，Y6-16注水井日注水量由$40m^3$提高到$92m^3$，注水情况良好，施工后见到了明显的解堵和增油效果。2010年以来，中国已有40多个区块实施微生物驱，主要有胜利、华北、克拉玛依、大庆和长庆等均在水驱油藏开展试验，2010年在克拉玛依六中区对4口注水进行内源微生物激活试验，内源菌数提高1~5个数量级。在七中区克上组砾岩油藏采出程度为41.2%的情况下，实施微生物驱油后，累积增油量为3.93×10^4t，阶段提高采收率达到5.46%。沾3也是水驱稠油油藏，油藏内菌群结构复杂，建立了采油功能菌选择性激活技术，微生物驱后日产油量从29t/d增加到78t/d，含水率从93.8%降低到85%，累积增油量达到7.2×10^4t，阶段提高采收率为4.09%。前人对微生物提高采收率技术主要集中在低渗特低渗油藏、水驱开发油藏，对于稠油油藏微生物开采技术主要应用于开发初期的油藏，并且多以单井吞吐开采为主。

本文主要是面对注蒸汽开发后期“双高”稠油油藏沉淀储量亟待盘活、亟待降低开采成本、亟待实现绿色低碳开发的重要需求，针对注蒸汽后期菌种灭活程度高、菌群极端复杂的关键难题，构建了基于油藏动态分类为基础的微生物三元开采体系，形成了微生物循环利用、持续补能、驱替原油的提高采收率开发模式。

1　油藏概况

克拉玛依油田六、九区及克浅井区齐古组稠油油藏位于准噶尔盆地西北缘，是新疆油田最早投入注蒸汽开发的油田，油藏埋藏深度 160～416m，为高孔高渗储层。孔隙度 25%～35%之间，渗透率 300～4000mD，20℃地面原油黏度在 2000～120000mPa·s。自 1984 年九$_1$ 区注蒸汽热采起至目前，克拉玛依油田六、九区及克浅井区齐古组稠油油藏已陆续开发了九$_1$、九$_2$、九$_3$、九$_4$、九$_5$、九$_6$、九$_{7+8}$、九$_9$、J230 井区、六$_1$、六东、克浅 10、克浅 109 等 13 个层块，形成了大规模工业性热采局面。油藏经过 30 余年的高效开发，目前油藏含水上升，油汽比大幅下降，油藏开发效益急剧变差，部分油藏因低效整体停关，停关规模逐年扩大，集中停关区主要集中在克浅和九区八道湾油藏，零星停关井集中在九$_6$、九$_9$ 吞吐区域以及拐 16 和五区南等区域，损失储量 3555.5×10^{4}t，关停区平均采出程度仅为 26.8%，具有进一步恢复生产的潜力。

早在 2001 年，陆续在克拉玛依油田六中区、九$_3$ 区和九$_8$ 区开展了稠油微生物开采矿场试验，也取得了一些初步成果，但多以内源微生物激活、单井吞吐为主，试验井的效果差异大，油井占产时间长，转轮后功能微生物降黏解堵作用下降，加上长期注蒸汽开发后，地层亏空加剧，油藏菌群灭活程度高，菌种结构复杂，稠油微生物提高采收率试验长期停滞。

本文以实验为基础，采用动静结合的技术手段，分析了稠油油藏长期注蒸汽开发后油藏微生物菌群结构变化特征及稠油油藏微生物开采提高采收率作用机理，构建了注蒸汽后期低效益稠油油藏微生物三元开采体系，并针对蒸汽驱稠油油藏的开发矛盾，制定了微生物采油配套工艺技术，满足了低效稠油油藏微生物冷采提产提效的需要。

2　注蒸汽后期低效益稠油油藏菌群结构特征分析

稠油油藏经过长期蒸汽开发后油藏菌群结构发生了较大的变化，蒸汽强波及区域，受高温灭活影响，微生物活性大幅度下降。蒸汽弱波及区，因波及区温度不同，油藏内各类菌群丰度差异较大。因蒸汽波及程度不同导致油藏内微生物可利用环境发生较大变化，而这种油藏内不同区域微生物菌群结构的变化对有效利用油藏内微生物采油功能菌的作用产生了较大的影响。

2.1　油藏分类

为了明确蒸汽开发对油藏内微生物菌群结构的影响特征，以新疆克浅 10 井区齐古组油藏为典型代表进行实验研究。该油藏经过 13 年的蒸汽驱开发，2016 年因效益低下而全面关停，2021 年测试显示油藏主体区域温度已下降至 40～50℃，蒸汽未波及或弱波及区温度已恢复至原始地层温度，而部分油环封闭的区域油藏温度仍维持 70℃以上水平。根据油藏开发动态特征及油井的温度条件，可以将油藏受蒸汽影响的程度分成三类，分别代表受蒸汽灭活影响较大的区域、蒸汽弱波及区域及蒸汽未波及区域的油藏微生物菌群特征。

2.1.1　原始油藏菌群特征井

主要特征为目前采出液温度与原始井温相同，且生产动态反应蒸汽驱开发期间受蒸汽影响较小，长期汽驱不受效或者汽驱波及程度较弱，代表储层受蒸汽影响较小，目前的菌群特征可以代表原始油藏菌群特征，典型井为 21670。

2.1.2　受蒸汽弱波及特征井

主要生产特征为目前采出液温度与原始井温接近，且动态反应蒸汽驱开发期间汽驱受效，油井长期维持中低温生产(50～70℃)，显示蒸汽对储层有一定作用，目前的菌群特征可以代表油藏蒸汽弱波及后的油藏菌群特征，典型井为 21890。

2.1.3　蒸汽动用区特征井

经过 5 年关停后，采油井井口产液温度还长期保持在 70℃以上，显示区域为蒸汽加热区域，储层经过充分的蒸汽驱波及，菌群经过充分灭活并处于主冷凝水通道内，随关停时间延长，耐温菌沿冷凝水通道形成扩散，形成了以耐温菌为主要封堵的菌群特征，典型井为 21887、21556、21559。

2.2　不同类型菌群特征

因蒸汽作用程度不同，各类井微生物菌属差异较大，统计了不同类型油井微生物菌属聚类 OTU 数见图 1，各类代表井均有自己独有的物种，相同类型的菌属 OTU 数为 323[见图 1(c)]；其中三口高温井菌属相似性最高，代表了高温蒸汽灭活及蒸汽对地层岩石溶蚀对微生物激活产生的影响。

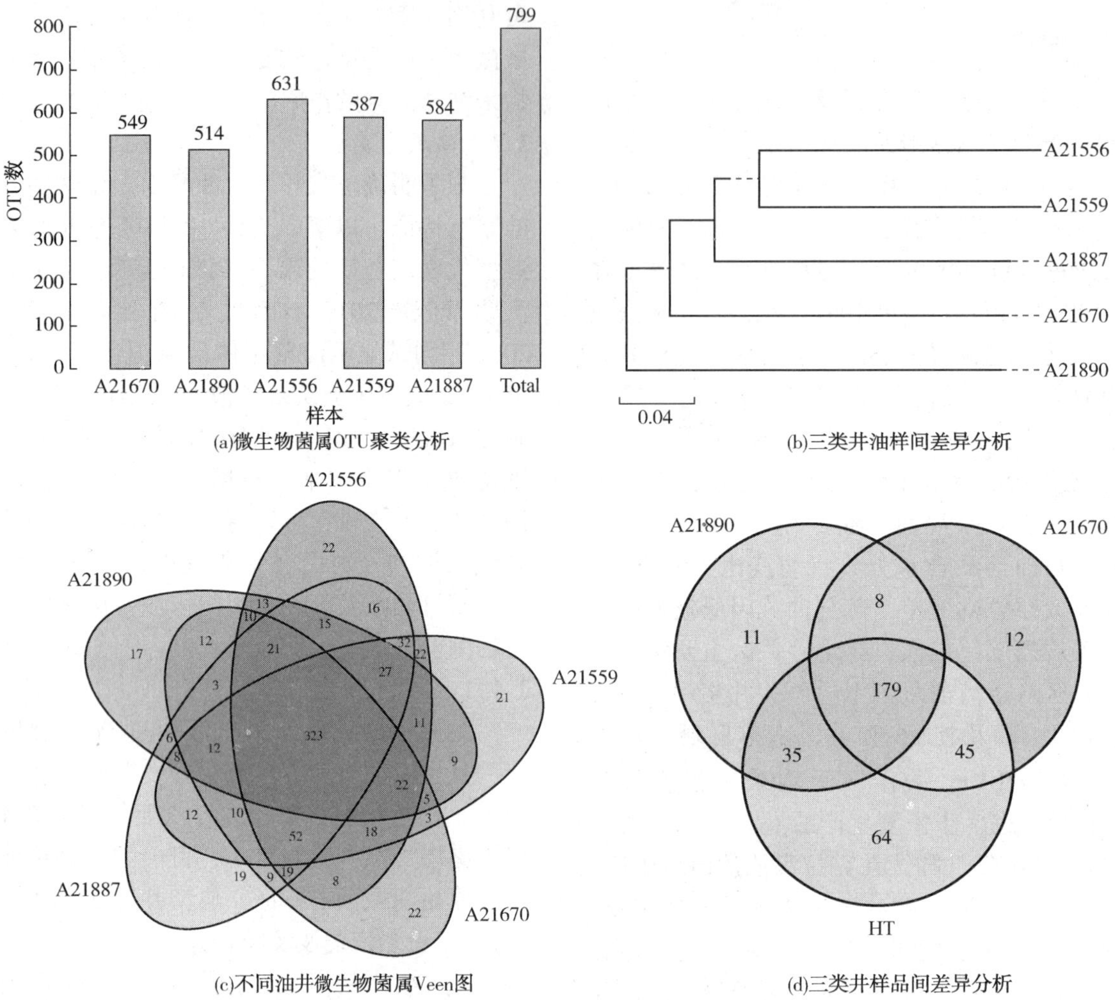

图 1　不同类型油井微生物菌属聚类 OTU 数

不同类型油井微生物门水平分析显示，代表原始储层油品中采油功能菌以 *Proteobacteria*(变形菌门)为主，且具有很高的丰度，显示克浅 10 油藏具有很好的微生物采油基础。代表蒸汽主要波及区的高温井以 *Firmicutes*(厚壁菌门)、*Bacteroidetes*(拟杆菌门)以及少量 *Actindobacteria*(放线菌门)等常见的采油功能菌为主。微生物属水平分析显示，原始储层油品中采油功能菌以假单胞菌(*pseudomonas*)为主要丰度，其次为乳杆菌(*Lactobacillus*)，而高温区因蒸汽灭活作用，主要采油功能菌以耐温性好的乳杆菌(*Lactobacillus*)为主。不同的采油功能菌对油品的作用功能有所差异(见图 2)。

稠油油藏受蒸汽灭活程度不同，油藏菌群结构差异较大，显示不同区域需要采取不同的内外源激活策略。

3　注蒸汽后期微生物提高采收率机理再认识

稠油因组分结构及组分含量不同，其致黏机理有较大的差异。近年来研究显示，稠油杂多环的含量及结构对黏度贡献较大，而以能够破坏杂多环结构的脱硫、固氮、固碳微生物作为研究热点，已取得了积极进展。通过筛选优势功能菌株对稠油胶质沥青质中的杂多环化合物结构的降解而降低了稠油黏度，代谢产物增加了稠油乳化分散能力已经成为实现稠油冷采的核心机理，在微扰动条件下，微生物对稠油的杂多环降解能力与代谢产物的乳化能力对稠油流动性的贡献远高于对黏度降低的贡献，流动性的大幅度改善是稠油微生物冷采见效的主要特征。

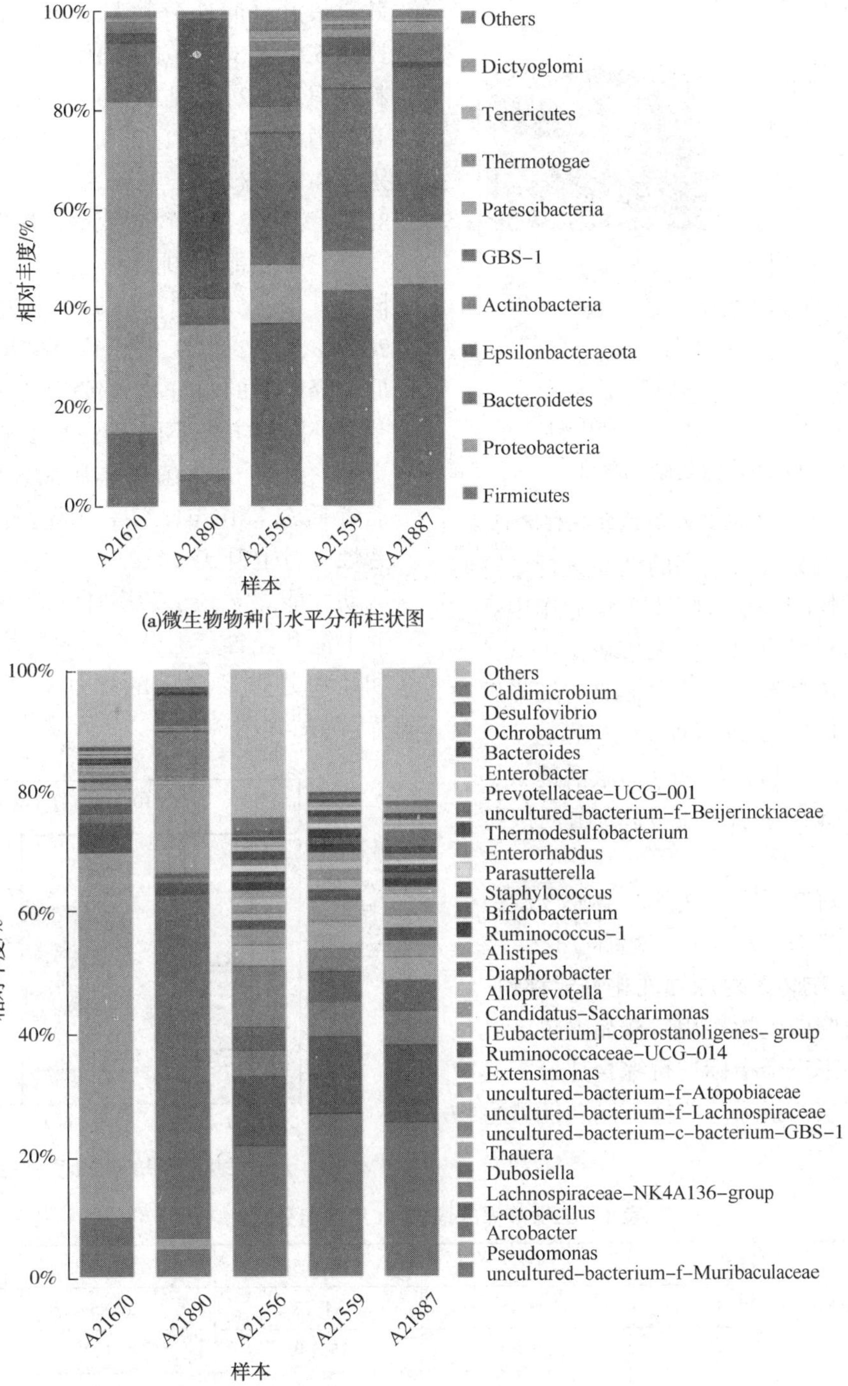

(a)微生物物种门水平分布柱状图

(b)微生物物种属水平柱状图

图 2　微生物物种门、属水平柱状图

3.1　功能微生物对稠油流动性及黏度改善的作用

实验方法：在过滤器中加入 20cm 的石英砂，选择 20℃原油黏度为 53329mPa·s 的稠油，加入 5%的功能微生物体系(功能菌+功能菌产物+辅助营养液)，将处理前后的原油进行渗滤实验，记录原油通过石英砂收集 10mL 所需要的时间，根据时间变化，评价功能微生物体系对稠油流动性的改善能力。

实验显示，20℃黏度为 53329mPa·s 的稠油通过石英砂管收集 10mL 所需要的时间为 19h，经过 5%功能微生物体系处理后黏度下降至 7789mPa·s，下降 85.4%。通过石英砂管收集 10mL 所需要的时间为 51min，原油流动性得到大幅度改善(见图 3)。

微生物功能菌及代谢产物对原油流动性的改善能力优于对原油黏度的改善。

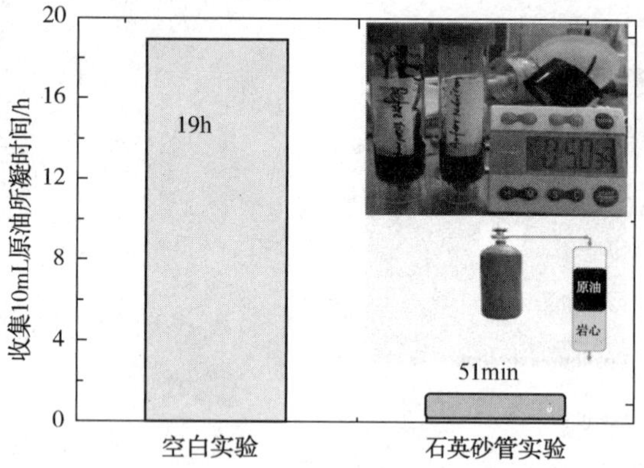

图3　高黏原油渗流实验示意图

3.2　功能微生物体系对原油烃降解及乳化能力作用

选择杂多环组分含量更高的稠油进行烃降解实验，测试微生物降解杂多环化合物的作用：

油品条件：40℃原油黏度25920mPa·s。

菌剂筛选：选择不同稠油中提取的烃降解功能菌株1-2、6-1、6-2进行评价。

菌剂体系：微生物菌株+0.6%激活剂A。

样品处理条件：原油浓度5%，菌剂接种量5%(对数生长期)。

充气条件：每2天充1次气，共充3次。

实验条件：37℃、220r摇床培养7d。

3.2.1　功能微生物体系对原油乳化性能评价

乳化性能按照微生物作用后样品颜色、乳化油珠粒径及降黏率三个指标进行综合评价，其中乳化油珠粒径为核心指标。三株不同功能微生物菌剂乳化性能优越，其中6-2菌株对油品分散效果最好，油珠分散粒径小，5μm以下粒径占比达52%，5~10μm占比36%，大于10μm颗粒粒径只有12%(见图4)。6-2菌株的降黏率最高，为53.95%，1-2和6-1菌株原油降黏率分别为46.76%、44.78%。

3.2.2　功能微生物对原油烃降解能力评价

三株功能菌剂对样品S稠油烃降解能力不同，其中，6-2菌株的降解率为30.3%，6-1为20.1%，1-2为9.9%。不同功能菌株对样品S原油降解后的组分差异较大，显示功能微生物对杂多环降解方向不同，6-2菌株降解胶质的能力更强，经过6-2菌株作用后，稠油样品中胶质沥青质总量由41.22%下降至27.91，饱和烃、芳烃含量上升了14.23%，大幅度改善了油品的流动性能。大分子杂多环化合物经过降解后，原油中饱和烃含量上升，稠油平均分子量下降，饱和烃和芳香烃含量的增加，对稠油起到了“掺稀”降黏作用。

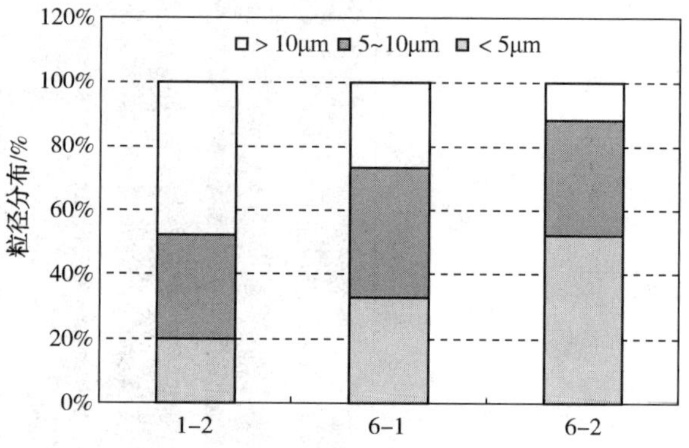

图4　三株菌摇床培养7d后油品粒径分析结果

表1　三株菌摇床培养7d后四组分对比表

样品	烷烃/%	芳烃/%	胶质/%	沥青/%	胶质+沥青/%
样品S	37.32	20.45	34.37	6.85	41.22
1-2作用	37.587	22.59	35.149	4.549	39.70
6-1作用	42.827	20.237	30.622	6.23	36.85
6-2作用	47.089	24.918	22.512	5.397	27.91

3.2.3　功能微生物对稠油杂多环化合物的降解作用

稠油中含一个氮元素(N_1类)，或者两个氧元素(O_2类)的杂多环化合物对原油黏度的贡献较大，稠油中胶质和沥青是含氮杂环的主要代表物，吲哚和咔唑系列也是稠油黏度增加的重要含氮元素的组分。含两个氧元素的杂环化合物通常是具有一定表面(乳化)活性的酯，有利于稠油黏度的降低。

图5(a)统计了样品S井稠油经6-2菌株作用7d后杂多环化合物组分的变化，其中对稠油黏度贡献较大的含氮杂环结构的组分相对含量下降了35%。对原油乳化降黏作用的含两个氧的杂环结构相对含量增加了58%。质谱分析显示，

经6-2菌株作用后，样品S原油中650m/z谱峰附近的化合物峰值明显增加，这类化合物为O6S2类化合物，经验证为O3S1类界面活性物质的缔合，这类活性化合物对稠油黏度降低的贡献较大，也是样品S原油经过7d微生物培育后黏度下降、乳化分散成细小颗粒的主要原因之一。

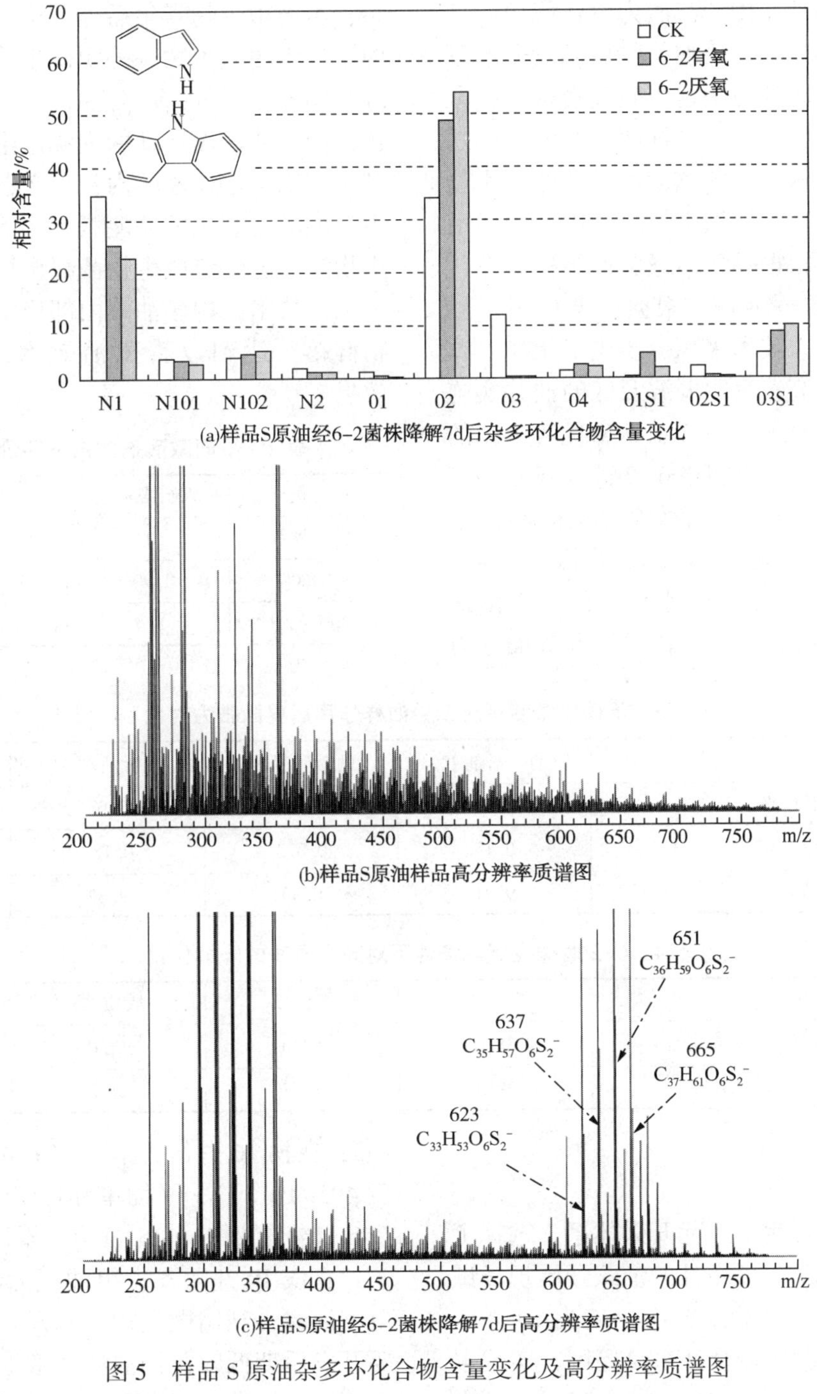

(a)样品S原油经6-2菌株降解7d后杂多环化合物含量变化

(b)样品S原油样品高分辨率质谱图

(c)样品S原油经6-2菌株降解7d后高分辨率质谱图

图5　样品S原油杂多环化合物含量变化及高分辨率质谱图

6-2菌株对稠油杂多环结构的降解，一方面降低了对稠油黏度上升影响较大的含氮多环化合物含量，降低了原油黏度；另一方面，通过拆散含氧多环化合物结构形成的代谢产物，增加了原油乳化降黏能力。微生物这种对杂多环化合物的综合作用是稠油能够实现微生物冷采的核心机理。

4　注蒸汽后期低效益稠油油藏微生物三元开采体系构建

前文研究显示，受储层非均质影响，蒸汽局

部窜流及蒸汽非均质波及形成注蒸汽后期三种油藏菌群环境：蒸汽未波及区基本保持原始油藏条件，采油功能菌以耐温相对较弱的假单胞菌为主；蒸汽动用区受蒸汽热波及程度不同，采油功能菌发育丰度存在差异，蒸汽弱波及区，以耐温较好的乳杆菌为主要丰度，其次为少量假单胞菌属；在蒸汽反复动用区，长期关停后温度开始下降，周边未灭活的乳杆菌快速繁殖并沿水道扩散至蒸汽反复动用区，形成以乳杆菌为主的采油功能菌属油藏条件。这种因蒸汽动用导致的微生物菌藏的差异，影响了常规微生物采油内外源激活策略的实施，需要根据具体油藏菌群结构的变化设计合理的微生物开采策略。根据克浅10井区油藏情况，微生物冷采技术采用分步走的策略，首先选择含油饱和度高蒸汽驱弱波及区的油井实施微生物预处理，以形成以6-2菌株为优势丰度的微生物菌藏条件。再实施围绕6-2菌株建立的三元体系形成循环注采方式进行微生物冷采驱替。

微生物三元体系构建以6-2菌株为核心，通过不同激活体系、激活助剂条件下6-2菌株的菌浓、对原油的乳化效果、降解率和界面张力为评价指标，优化了6-2菌株专属的定向激活剂、激活助剂(见表2、表3、表4)，建立了围绕6-2菌株形成优势生长的微生物菌藏环境，形成内外源微生物相耦合的三元微生物冷采技术。利用以油藏本源微生物为基础的定向激活体系，本原微生物富集后外源优势添加，形成油藏内定向内源微生物、外源微生物代谢物质交流及细胞间相互接触耦合，增强了内源微生物运动性，使不能表面运动的内源微生物菌落面积扩大到16倍，定向激活内源“核心微生物”采油能力，形成定制化的功能微生物筛选、优势本源微生物激活、优势微生物菌藏调控的稠油微生物冷采工艺技术，构建油藏内部稳定的采油功能微生物群落，达到改善驱油效率、提高采收率的效果。

表2　不同激活剂体系下评价指标对比表

评价指标	原始培养基	A	B	C	D
乳化评级	1	2.50	2.00	0.00	2.50
OD600	0.906	2.59	2.06	1.06	2.63
降解率/%	8.7	19.05	14.55	16.50	9.60

表3　不同助激活剂对三种油样作用后界面张力对比　　单位：mN/m

油样	助激活剂1#	助激活剂2#	助激活剂3#	助激活剂4#
克浅混合油	12.56	0.32	3.04	4.565
样品K(20℃，135×10^4mPa·s)	0.15	0.073	0.186	0.331
样品L	9.71	0.33	2.34	10.07

表4　6-2菌株在厌氧条件下对高黏原油的降解作用

样品	烷烃/%	芳烃/%	胶质/%	沥青/%
样品K(20℃，原油黏度135×10^4mPa·s)	38.0	29.0	17.0	16.0
6-2菌株三元体系作用后	39.4	31.8	21.2	7.6

5　矿场实例

根据所建立的微生物三元开采体系，选择了不同开发方式和原油黏度条件的油藏开展现场试验，其中微生物吞吐试验9井次，克浅10井区形成10注30采微生物循环注采试验区，实现累计增油超10000t。

微生物吞吐试验主要集中在20℃原油黏度小于10000mPa·s的普通和特稠油油藏，9井次累积增油5966t。其中：在六区2口稠油水平井(20℃原油黏度2170mPa·s)进行的微生物开采试验，平均单井增油1179t，投入产出比1：4.5；在拐16井区开展5口井试验(50℃原油黏度493mPa·s)，平均单井日产油由措施前的0~1.4t/d恢复到1.9~5.6t/d，累积增油3940t。

克浅10井区齐古组油藏为长期关停的低效典型油藏，利用微生物三元开采体系开展了蒸汽驱开发后期低效益稠油油藏微生物循环注采提高采收率现场试验(见图6)。试验区油层中部深度230m，油藏平均有效厚度7.4m，孔隙度28.8%，平均渗透率1420mD，原油密度为0.932g/cm^3，20℃脱气原油黏度为6094mPa·s。该试验区经过13年蒸汽驱后因生产效益低下于2016年陆续关停，关停前平均采出程度41.4%。

根据油藏剩余油分布特征，微生物试验区以原汽驱反九点井网角井为中心井，建立反五点微生物驱替井网，形成10注30采的试验规模。按照微生物采油分布实施策略，在23口采油井中注入定向激活剂及6-2菌株发酵液进行微生物焖井培育，以先期形成优势功能微生物菌藏。23口油井焖井4个月后开井生产，采出液分离后检测菌群变化，添加定向激活剂、激活助剂并适当补充发酵液进行回注，形成持续功能微生物菌藏培育。由于试验区地层亏空较大，采注比逐渐由1.0提高至1.2。试验区于2020年7月投产，截至2021年7月，累积产油3627t，平均单井日产油达到0.57t/d，基本运行费由注蒸汽的2057元/t下降到577元/t，走出了浅层稠油的提质增效、提高采收率的新路子。

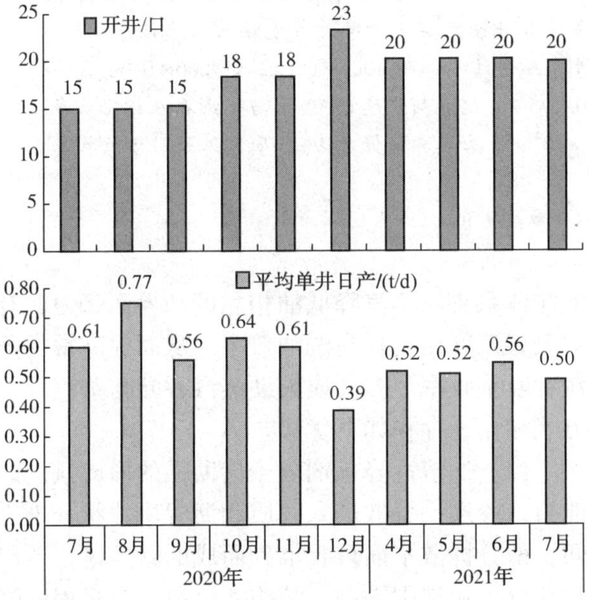

图6　克浅10井区齐古组油藏微生物试验日产油生产曲线

6　结论

（1）注蒸汽后稠油老区低效停关区微生物提高采收率技术是提高稠油开发效益的有效途径，也是一种全新的稠油绿色环保低能耗可持续的开发方式，具有重要的现实意义。

（2）注蒸汽后稠油老区微生物提高采收率技术面临菌种灭活程度高、菌种结构复杂、功能菌培育困难、地层压力极低的问题，构建的稠油微生物三元开采体系和采出液回注+微生物循环驱替的模式，有效地实现了浅层稠油提高采收率的目的。

（3）该技术在克拉玛依不同黏度稠油油藏应用后，取得了较好效果，增油 1×10^4t，在克浅井区低效稠油停关区初步形成10注30采规模，增油量达4000t，基本运行费由注蒸汽由2057元/t下降到577元/t，取得了非常好的开发效益，是稠油提质增效的有效途径。

（4）进一步扩大试验油藏的原油黏度建议控制在 5×10^4cP 以下，优先黏度 2×10^5cP 以内油藏，由易到难逐步拓展应用范围，初步估算该项技术推广储量近 1×10^8t，可在克拉玛依油田、黑油山、红山嘴等油田多个区块推广应用。

参 考 文 献

[1] 汪卫东．微生物采油技术研究进展与发展趋势[J]．油气地质与采收率，2021，28(2)：2-9.

[2] 黄世伟，张廷山，霍进，等．新疆油田稠油微生物开采矿场试验研究[J]．天然气地球科学，2005，16(2)：777-780.

[3] 侯维虹，纪平，张义江，等．稠油段油层近井微生物吞吐试验[J]．大庆石油地质与开发，2001，20(2)：133-134.

[4] 杨峰，高金峰，赵明宸，等．微生物采油技术在营6断块的研究与应用[C]．2003年三次采油技术论文集．北京：中国石化出版社，2003.

[5] 王红波，彭晓钟，吴运强，等．克拉玛依油田六中区地层水内源微生物激活现场试验[J]．新疆石油地质，2011，32(5)：524.

[6] 李明，王红波，钱玉祥，等．克拉玛依油田七中区内源微生物驱矿场试验生化指标跟踪与评价[J]．油田化学，2017，34(2)：323-328.

[7] 林军章，汪卫东，胡婧，等．胜利油田微生物采油技术研究与应用进展[J]．油气地质与采收率，2021，28(2)：19-26.

[8] 黄世伟，张廷山，霍进，等．稠油微生物开采在新疆油田的现场应用[J]．新疆地质，2006，24(1)：85-87.

[9] 代学成，李东文，王东，等．新疆油田微生物开采稠油技术研究及矿场试验[J]．特种油气藏，2003(10)：115-119.

[10] 王卫强，崔静，吴尚书，等．石油烃降解菌Pseudomonas sp. 及其生物表面活性剂对原油处理效果分析[J]．石油学报（石油加工），2020，36(5)：1039-1045.

[11] 于洋，刘琦，彭勃，等．微生物降解稠油中沥青质的研究进展[J]．化工进展，2021，40(3)：1574-1585.

海上稠油多介质辅助蒸汽吞吐注入参数影响规律及优化研究

王传军[1]　刘全刚[2]　张　洪[1]　刘志龙[2]　孙　君[2]　周文超[2*]　李关虎[3]　孙晓飞[3]

(1. 中海石油(中国)有限公司天津分公司；2. 中海油能源发展钻采工程研究院；
3. 中国石油大学(华东)石油工程学院)

摘　要　海上稠油油田蒸汽吞吐中后期极易出现产量递减快、地层能量不足、地层严重亏空等问题，考虑到降黏剂和氮气泡沫可有效降低稠油黏度，延缓蒸汽产出速度，保持地层压力，提出一种由降黏剂、氮气、起泡剂组成的多介质辅助蒸汽吞吐技术改善开发效果。基于渤海 L 油藏实际地质开发特征，建立了考虑多介质辅助蒸汽吞吐特征的数值模拟模型，揭示了降黏剂浓度、氮气注入量、起泡剂浓度等参数影响规律，利用正交设计优化了现场实施方案。研究结果表明，随着油溶性降黏剂体积、水溶性降黏剂浓度、起泡剂浓度增加，累增油量逐渐增加，但增加幅度和吨化学剂增油降低；随着氮气注入量和注入速度增加，累增油量先增加后降低，存在最优值。多介质辅助蒸汽吞吐最优实施方案为首先注入油溶性降黏剂，之后将水溶性降黏剂、氮气和起泡剂随蒸汽伴注。油溶性降黏剂注入体积 40t、氮气注入量 $60\times10^4m^3$、注入速度 1.81×10^4、水溶性降黏剂注入速度 0.6t/d、浓度 0.175%、起泡剂浓度 0.3%。与蒸汽吞吐相比，多介质辅助蒸汽吞吐最优实施方案 3 周期累产油提高 $0.461\times10^4m^3$，含水率降低 3.2%。研究结果对于改善海上稠油油藏蒸汽吞吐中后期开发效果具有重要意义。

关键词　海上稠油；蒸汽吞吐；数值模拟；影响规律；参数优化

我国渤海海域稠油资源丰富，探明储量 5.6×10^8t。对于黏度大于 350mPa・s 的海上稠油，水平井冷采初期产能仅为 20～30m^3/d，预测采收率仅 7.0%。为了探索海上稠油高效开发方式，2013 年渤海 L 油藏 A 井开展蒸汽吞吐先导试验，5 轮次蒸汽吞吐累产油 $5.63\times10^4m^3$，累计油汽比 2.15∶1，取得较好开发效果。但蒸汽吞吐中后期出现产量递减快、地层能量不足、地层严重亏空等问题，例如第 4 轮次递减率高达 5.5%，亏空 $4.8\times10^4m^3$，地层压力由 12.6MPa 降为 6MPa。考虑到降黏剂和氮气泡沫可有效降低稠油黏度，延缓蒸汽产出速度，保持地层压力，提出一种由降黏剂、氮气、起泡剂组成的多介质辅助蒸汽吞吐技术改善开发效果，并建立了考虑多介质辅助蒸汽吞吐特征的数值模拟模型，揭示降黏剂浓度、氮气注入量、起泡剂浓度等参数影响规律，优化现场实施方案，为蒸汽吞吐中后期海上稠油油藏高效开发提供技术支持。

1　海上稠油多介质辅助蒸汽吞吐技术概况

多介质辅助蒸汽吞吐技术利用降黏剂和氮气泡沫体系协同蒸汽降低油相黏度和界面张力，有效改善流度比，提高洗油效率，从而提高常规蒸汽吞吐采收率。多介质辅助蒸汽吞吐与蒸汽吞吐方式相比，存在如下优势。

(1) 油溶性降黏剂分子借助强的形成氢键的能力，渗透、分散进入胶质和沥青质片状分子之间，部分拆散平面重叠堆砌而成的聚集体，形成片状分子无规则堆砌，结构变松散，有序程度降低；聚集体中包含的胶质、沥青质分子数目亦减少，原油的内聚力降低，起到降黏作用。

(2) 水溶性降黏剂，能够提高注入水表面活性，降低油水界面张力，促进稠油分散和乳化，降低原油黏度，增加原油流动性能。

(3) 氮气可快速提高地层压力，实现助排/膨胀驱油、减小热损失，在利用前续残余热能的基础上，持续保证油田产量。

(4) 多孔介质中氮气与起泡剂作用形成氮气泡沫，能够堵塞大孔道，调整水平段吸汽剖面，逐级防窜，抑制层间非均质性窜流，提高蒸汽热效率，降低油井含水，提高油层动用程度。

2　海上稠油多介质辅助蒸汽吞吐数值模拟模型的建立

基于 CMG 软件 STARS 模拟器实现海上稠油多介质辅助蒸汽吞吐模拟计算。首先利用 petrel 精细地质建模软件建立渤海 L 油藏三维地质模型，粗化后导入 CMG 软件(见图 1)，模型共 44160(69×64×10)个网格节点。

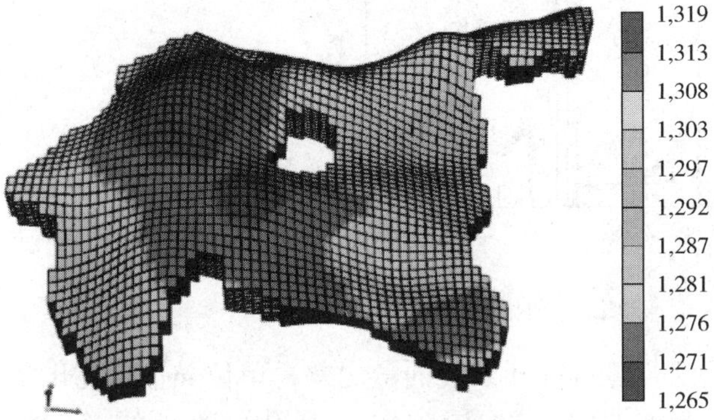

图 1　渤海 L 油藏构造模型

为了有效表征降黏剂、氮气、起泡剂提高采收率机理，模型中定义油、气、水三相和 8 个组分(水、起泡剂、油溶性降黏剂、水溶性降黏剂、脱气原油、乳状液、氮气和液膜)，多介质数模表征方法如下。

(1) 油溶性降黏剂表征：模型中将油溶性降黏剂定义为油相组分，基于室内实验所测降黏剂-稠油体系黏度数据，利用混合黏度计算公式(1)表征油溶性降黏剂对稠油黏度的影响。

$$\ln(\mu_o) = \sum_{i=1}^{n_o} x_i \ln(\mu_{oi}) \tag{1}$$

式中，μ_o 为混合油黏度，mPa · s；x_i 为油相中第 i 种组分的体积比例；μ_{oi}为油相中第 i 种组分的黏度，mPa · s；n_o 为油相中组分数目。

(2) 水溶性降黏剂表征：模型中将水溶性降黏剂设定为水相组分，通过式(2)所示动力学反应式表征乳状液生成过程，并通过式(1)影响体系黏度。

水+油+水溶性降黏剂→乳状液　　(2)

(3) 氮气泡沫表征：通过式(3)和式(4)所示的动力学反应式模拟氮气泡沫生成和破裂过程。

起泡剂+水+氮气→液膜　　(3)

液膜→起泡剂+水+氮气　　(4)

其中液膜组分为气相中分散的起泡剂溶液，利用公式(5)和式(6)提高气相黏度，降低气相流度，起到延缓汽窜作用。

$$\mu_{gi}(T_{abs}) = avg_i \times T_{abs}^{bvg_i} \tag{5}$$

$$\mu_g = \frac{\sum_{i=1}^{numy} visg(i) \times y(i) \times \sqrt{cmm(i)}}{\sum_{i=1}^{numy} y(i) \times \sqrt{cmm(i)}} \tag{6}$$

式中，μ_{gi}为组分黏度；T_{abs}为温度；μ_g 为总黏度；y 为物质的量浓度；cmm 为分子量，kg/mol；μ_{gi}为组分黏度，mPa · s；T_{abs}为温度,℃；μ_g为总黏度，mPa · s；y 为物质的量浓度；avg 为气相依赖于温度的黏度关系式的第 1 个系数，mPa · s/℃；bvg 为气相依赖于温度的黏度关系式的第 2 个系数，无量纲；$visg$ 为气相中的组分黏度，mPa · s；n_g为气相中组分的数目。

模型中油藏流体物性参数和原油黏温关系如表 1 所示。

表 1　油藏流体参数及原油黏温关系

油藏流体参数	数值
参考深度/m	1308
参考压力/MPa	12.877
岩石压缩系数/MPa^{-1}	25×10^{-6}
岩石热膨胀系数/$℃^{-1}$	1.00×10^{-6}
水热传导系数/$[J\cdot(m\cdot day\cdot C)^{-1}]$	5.35×10^4
油热传导系数/$[J\cdot(m\cdot day\cdot C)^{-1}]$	1.15×10^4
气热传导系数/$[J\cdot(m\cdot day\cdot C)^{-1}]$	1.40×10^2
上覆岩层热损失/$[J\cdot(m\cdot day\cdot C)^{-1}]$	2.6×10^6
下覆岩层热损失/$[J\cdot(m\cdot day\cdot C)^{-1}]$	91982.88
温度/℃	原油黏度/mPa · s
30	18323.15
60	1033.31
100	78.41
130	28.26
160	13.47
180	9.01
350	0.94

L 油藏 A 井从 2013 年 12 月投产到 2021 年 7 月 7 日为止共进行了 5 轮次吞吐，目前正处于第 5 轮次生产阶段，累产液量 $7.59\times10^4m^3$，累产油量 $5.79\times10^4m^3$，累计蒸汽注入量为 $2.55\times10^4m^3$，将上述 A 井生产动态导入模型建立生产动态模型，并进行生产历史拟合(见图 2)，为后续多介质辅助蒸汽吞吐参数影响规律和实施方案优化研究奠定了坚实基础。

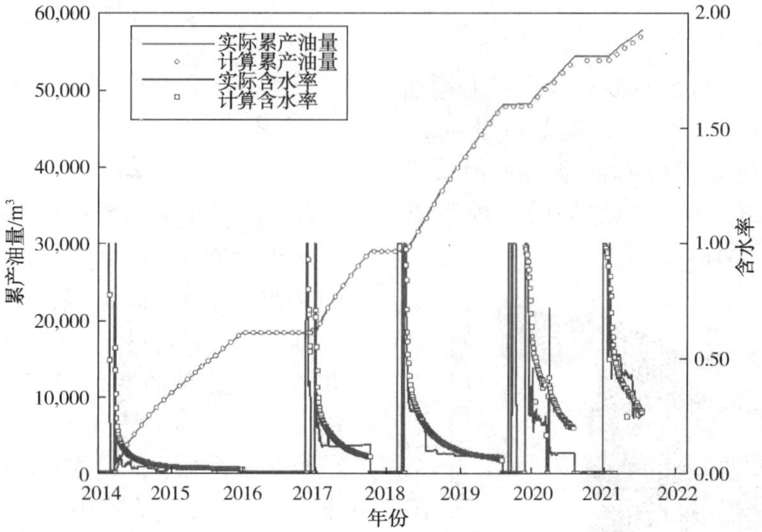

图2 A井累产油量和含水率拟合结果

3 多介质辅助蒸汽吞吐注入参数影响规律

基于上述拟合后的油藏数值模型，蒸汽吞吐注入阶段首先注入油溶性降黏剂，之后将水溶性降黏剂、氮气和起泡剂随蒸汽伴注，最后进行焖井和生产阶段。以累增油量(多介质辅助蒸汽吞吐与蒸汽吞吐累产油量之差，单位 m^3)、吨化学剂增油(指向地层中注入 1t 化学剂所增产的油量，单位 t/t)、换油率(多介质辅助蒸汽吞吐的增产油量与氮气注入量比值，单位 t/t)作为开采指标，研究多介质辅助蒸汽吞吐注入参数影响规律，模型中基础注入参数如表2所示。

表2 模型中基础注入参数

周期注汽量/m^3	温度/℃	干度/%	注汽速度/(m^3/d)	焖井时间/d	水溶性降黏剂质量/t	水溶性降黏剂注入时间/d	起泡剂溶液体积/m^3
7200	340	0.5	300	5	14.4	24	5267

3.1 油溶性降黏剂体积

图3为油溶性降黏剂体积对多介质辅助蒸汽吞吐累增油量和吨化学剂增油的影响。由图可知，随着油溶性降黏剂体积增加，3轮次累增油量增加 17.2m^3。因此，增加油溶性降黏剂体积有利于改善多介质辅助蒸汽吞吐中后期开发效果。这是因为增加油溶性降黏剂注入量有利于降低稠油黏度，提高稠油流动性。但是，随着油溶性降黏剂体积增加，累增油量增加幅度和吨化学剂增油逐渐降低，表明多介质辅助蒸汽吞吐应用效果和经济性逐渐变差，因此存在最优的油溶性降黏剂注入体积。这是由于随着吞吐周期的增加，近井周围含油饱和度逐渐降低，降黏作用减弱所致，注入油溶性降黏剂量增加增油效果不明显，反而增加实施成本。

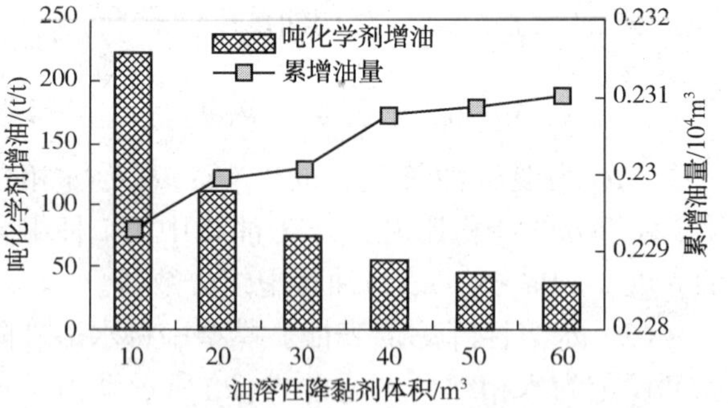

图3 油溶性降黏剂体积对累增油量和吨化学剂增油的影响

3.2 水溶性降黏注入速度

随着降黏剂注入速度增加，累增油量逐渐增加后趋于平缓，水溶性降黏剂注入速度从 0.6t/d 增加到 1.5t/d 时，3轮次累增油量增加 71.1m^3。因此适当增加水溶性降黏剂注入速度可改善吞吐中后期开发效果。通过分析可知随着降黏剂注入速度增加，降黏剂可进入油藏深处与原油充分接触，降低稠油黏度。但注入速度过大时，累增油量幅度逐渐降低，表明多介质辅助蒸汽吞吐效果变差，这是由于注入速度过大时会导致窜流现象，减小波及范围，使降黏剂效果减弱。

3.3 水溶性降黏剂浓度

随着水溶性降黏剂浓度增加，多介质辅助蒸汽吞吐累增油量逐渐增加后趋于平缓，水溶性降黏剂浓度从0.1%增加到0.5%时，3轮次累增油量增加473.6m^3。因此，增加水溶性降黏剂浓度有利于改善蒸汽吞吐中后期开发效果。这是因为水溶性降黏剂浓度有利于降低界面张力，增强乳状作用，从而降低稠油黏度，提高流动性。但是，当水溶性降黏剂浓度高于0.3%时，累增油量增加幅度和吨化学剂增油逐渐降低，表明水溶性降黏剂浓度达到一定值后，再增加水溶性降黏剂浓度难以大幅改善开发效果，但会导致成本大幅增加。因此，多介质辅助蒸汽吞吐注入水溶性降黏剂浓度存在最优值。

3.4 氮气注入速度

随着氮气注入速度增加，多介质辅助蒸汽吞吐累增油量呈先增加后减小的趋势。当注气速度为2.5×$10^4m^3/d$时，累增油量达到最大值。因此适当增加氮气注入速度可改善吞吐中后期开发效果。由图4可知，随着注气速度增加，井周围压力逐渐增加，且氮气注入速度增大有利于提高泡沫干度，增强泡沫稳定性，提高蒸汽渗流阻力，从而起到调整水平段吸汽剖面，逐级防窜提高蒸汽热效率的作用。但是当氮气注入速度过大时，氮气产生严重的滑脱效应，气液混合不够完全，氮气极易提前突破形成气窜，因此注气速度存在最优值。

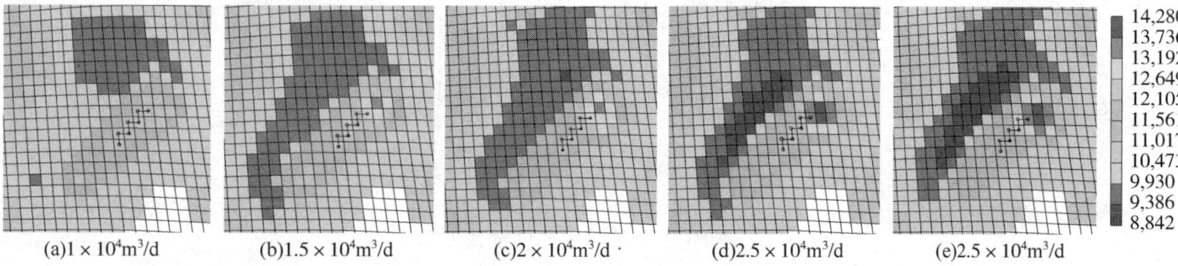

图4　氮气注入速度对油藏压力的影响

3.5 氮气注入量

图5为氮气注入量对多介质辅助蒸汽吞吐开发效果的影响。由图可知，随着氮气注入量增加，累增油量先增加后减小，当氮气注入量从20×10^4m^3增加到80×10^4m^3时累增油量增加456m^3，这是由于氮气注入量适当增加时，有利于提高油藏压力(见图6)，改善蒸汽吞吐中后期开发效果。但是当氮气注入量高于80×10^4m^3时，累增油量和换油率逐渐降低，这是由于当氮气注入量过大时，注入氮气极易发生气窜现象，使生产气油比快速增加(见图7)。此外，氮气注入量过大容易导致泡沫性能降低，因此氮气注入量存在最优值。

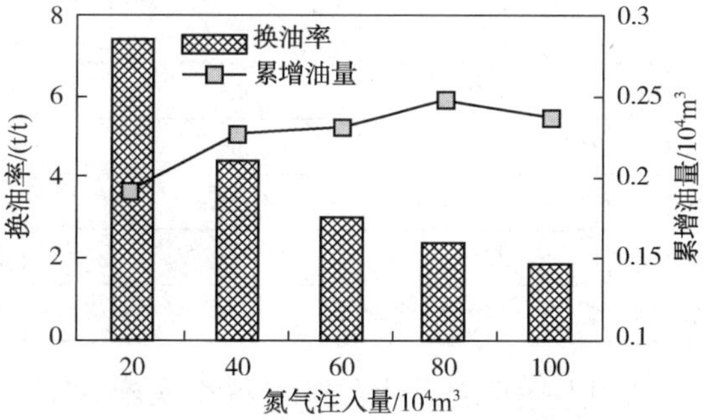

图5　氮气注入量对换油率和累增油量的影响

3.6 起泡剂浓度

随着起泡剂浓度增加，多介质辅助蒸汽吞吐累增油量逐渐增加，起泡剂浓度从0.05%增加到0.7%时，3轮次累增油量增加2311.6m^3。因此，增加起泡剂浓度有利于改善蒸汽吞吐中后期开发效果。这是由于较高的起泡剂浓度使得泡沫液膜表面上吸附的表面活性剂分子增加，油水界面张力降低幅度更大，从而提高了泡沫性能。但起泡剂浓度过大时，累增油量增加幅度和吨化学剂增油逐渐降低，经济型变差。这是由于起泡剂溶液的浓度达到临界胶束浓度时，增加起泡剂浓度对泡沫性能影响较小，反而会增加实施成本。

4 利用正交设计对参数进行优化效果预测

在多介质辅助蒸汽吞吐注入参数影响规律研究基础上，利用正交设计对油溶性降黏剂体积、氮气注入量、注气速度、水溶性降黏剂、注入速度、起泡剂浓度进行优化设计，从而确定最优多介质辅助蒸汽吞吐实施方案。设计的6因素5水平正交设计表如表3所示。

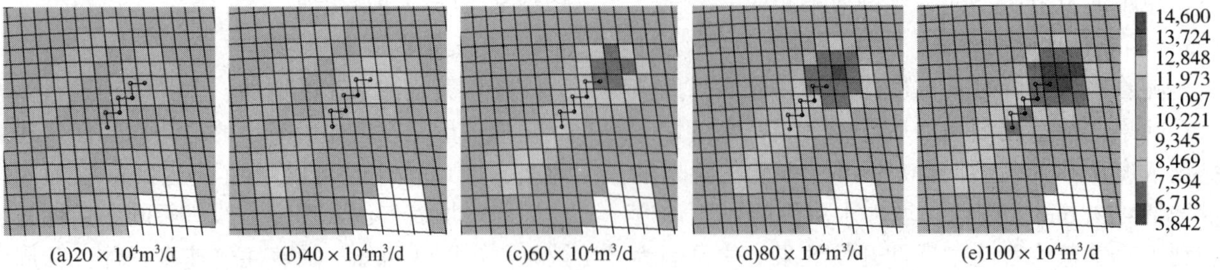

图 6　氮气注入量对油藏压力的影响

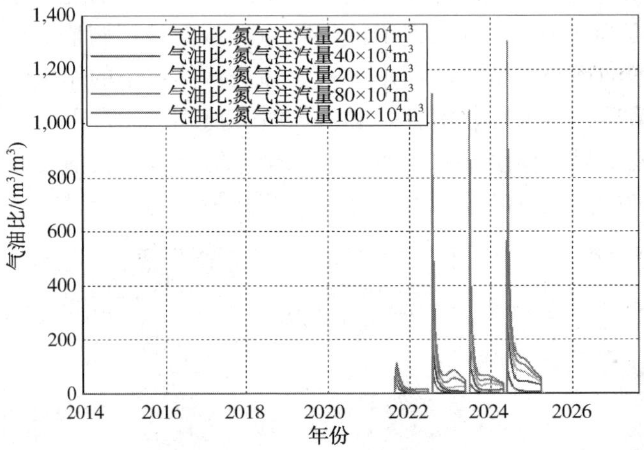

图 7　氮气注入量对生产气油比的影响

表 3　正交设计表

因素	油溶性降黏剂体积/t	氮气注入量/(10^4m^3)	注汽速度/($10^4m^3/d$)	水溶性降黏剂注入速度/(t/d)	水溶性降黏剂浓度/%	起泡剂剂浓度/%
水平 1	10	20	1	0.6	0.1	0.05
水平 2	17.5	30	1.4	0.75	0.125	0.11
水平 3	25	40	1.8	0.9	0.15	0.18
水平 4	32.5	50	2.1	1.05	0.175	0.24
水平 5	40	60	2.5	1.2	0.2	0.3

利用上述正交设计表制订 25 个实施方案，之后进行油藏数值模拟计算和直观分析，如表 4 所示。参数极差的大小反映了参数的水平对累增油量的影响幅度。因素对累增油量影响越大，不同因素水平所对应的级差越大；而各因素的最大均值可以确定各因素的最优水平。由表 4 可知，最优多介质辅助蒸汽吞吐注入实施方案为油溶性降黏剂体积 40t、氮气注入量 $60×10^4m^3$、注气速度 $1.8×10^4m^3/d$、水溶性降黏剂注入速度 0.6t/d、水溶性降黏剂浓度 0.175%和起泡剂浓度 0.3%。

表 4　正交设计直观分析表

因素	油溶性降黏剂体积/t	氮气注入量/(10^4m^3)	注汽速度/($10^4m^3/d$)	水溶性降黏剂注入速度/(t/d)	水溶性降黏剂浓度/%	起泡剂浓度/%
均值 1	3494.45	3335.63	3419.04	3673.03	3362.53	2536
均值 2	3541.60	3484.15	3597.16	3429.70	3507.18	3175.13
均值 3	3497.90	3563.37	3654.23	3576.26	3556.15	3722.21
均值 4	3544.33	3708.76	3596.04	3554.65	3742.64	3970.06
均值 5	3749.75	3736.11	3561.54	3594.38	3659.52	4315.21

续表

因素	油溶性降黏剂体积/t	氮气注入量/(10^4m^3)	注汽速度/(10^4m^3/d)	水溶性降黏剂注入速度/(t/d)	水溶性降黏剂浓度/%	起泡剂浓度/%
极差	255	400.48	235.19	243.3	380.11	1779.21
最优值	水平 5	水平 5	水平 3	水平 1	水平 4	水平 5

最优多介质辅助蒸汽吞吐注入实施方案和现有蒸汽吞吐方案 3 个周期开发效果预测结果如图 8 和图 9 所示。与现有蒸汽吞吐方案相比，最优多介质辅助蒸汽吞吐实施方案累增油量 $0.461\times10^4m^3$，提高 20.38%，含水率降低 3.2%，剩余油饱和度和稠油黏度明显降低(见图 8)。这是由于降黏剂、氮气和起泡剂的注入，使得近井周围油藏压力明显升高，稠油黏度大幅降低(见图 8)。因此，多介质辅助蒸汽吞吐可明显改善蒸汽吞吐开发效果，是一种有效的海上稠油蒸汽吞吐中后期接替技术。

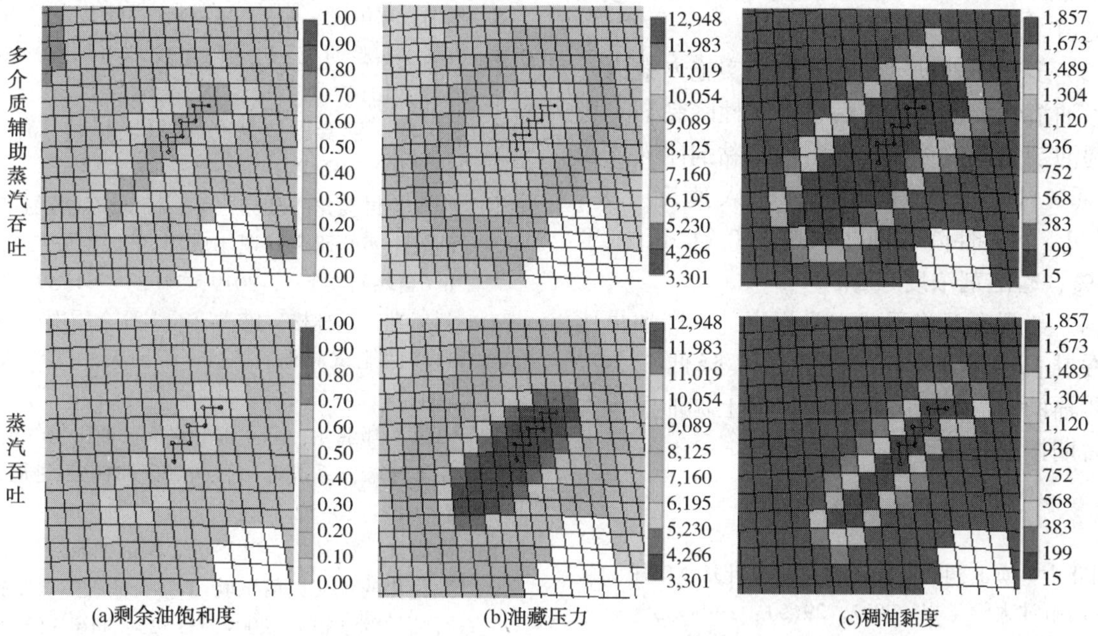

图 8　多介质辅助蒸汽吞吐与蒸汽吞吐含油饱和度、油藏压力、原油黏度对比图

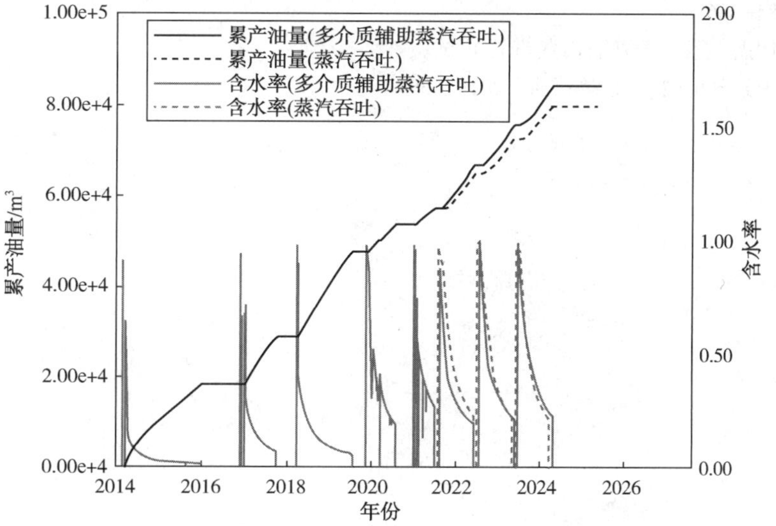

图 9　多介质辅助蒸汽吞吐开发指标预测图

5 结论

(1) 构建的油藏数值模拟模型可表征油溶性降黏剂、水溶性降黏剂和氮气泡沫作用机理，实现多介质辅助蒸汽吞吐准确模拟，为海上稠油多介质辅助蒸汽吞吐模拟研究提供了有效研究手段。

(2) 随着油溶性降黏剂体积、水溶性降黏剂浓度、起泡剂浓度增加，多介质辅助蒸汽吞吐累增油量逐渐增加，但增加幅度和吨化学剂增油逐渐降低。此外，随着氮气注入量和注入速度增加，累增产油量先增加后降低，因此上述参数存在最优值。

(3) 多介质辅助蒸汽吞吐最优实施方案为首先注入油溶性降黏剂，之后将水溶性降黏剂、氮气和起泡剂随蒸汽伴注。油溶性降黏剂注入体积40t、氮气注入量 $60\times10^4m^3$、注入速度 $1.8\times10^4m^3/d$、水溶性降黏剂注入速度 0.6t/d、浓度 0.175%、起泡剂浓度 0.3%。

(4) 与现有蒸汽吞吐方案相比，累产油量比蒸汽吞吐高 $0.461\times10^4m^3$，含水率降低 3.2%。多介质辅助蒸汽吞吐一种有效的海上稠油蒸汽吞吐中后期接替技术。

参 考 文 献

[1] 周守为．海上稠油高效开发新模式研究及应用[J]．西南石油大学学报，2007，29(5)：1-4.

[2] 陈伟．陆上A稠油油藏蒸汽吞吐开发效果评价及海上稠油油田热采面临的挑战[J]．中国海上油气，2011，23(6)：384-386.

[3] 罗珊，吴婷，袁伟杰，等．渤海油田蒸汽吞吐试验井注汽压力影响因素分析[J]．海洋石油，2019，39(1)：24-27.

[4] 高进锋，刘世恩．Gemini稠油乳化降黏剂GMS-1的合成及应用性能[J]．油田化学，2008，25(1)：13-16.

[5] 裴海华，张贵才，葛际江，等．塔河油田超稠油乳化降黏剂的研制[J]．油田化学，2010，27(2)：136-139.

[6] 金发扬，蒲万芬，赵金洲，等．SZ36-1稠油油溶性降黏剂JN-1的合成及评价[J]．精细石油化工进展，2005，6(11)：16-20.

[7] 李建波，杨海燕，钟小芳．油溶性降黏剂SWLY'I的合成及评价[J]．应用化工，2012，41(3)：445-448.

[8] 陈平，郑继龙，宋志学，等．吞吐井氮气泡沫抑制边底水实验研究[J]．科学技术与工程，2013，13(34)：10147-10149.

[9] 孟庆萍．混合原油黏度计算模型[J]．油气储运，2007(10)：22-24.

[10] 张泉，付美龙，孙晶，等．特低渗油藏氮气泡沫驱油效率实验研究其现场应用[J]．西安石油大学学报(自然科学版)，2019，34(2)：54-59.

[11] 刘新光，程林松，庞占喜．多孔介质中稳定泡沫的封堵性能试验研究[J]．石油天然气学报，2008(04)：129-133.

[12] 石洪，郑继龙，陈立群．渤海J油田氮气泡沫酸化用泡沫酸体系优选[J]．精细石油化工进展，2020，21(01)：10-12.

[13] 高海红，程林松，叶兴树．稠油油藏蒸汽驱注采参数优化的正交数值试验[J]．石油天然气学报(江汉石油学院学报)，2009，31(2)：116-119.

[14] 吴晓东，张玉丰，刘彦辉，蒸汽吞吐井注汽工艺参数正交优化设计[J]．石油钻探技术，2007，35(3)：1-4.

火驱注气井投球调剖技术研究与试验

郭洪军

(中国石油辽河油田分公司曙光采油厂)

摘　要　随着辽河油田火驱开发不断深入，注气井纵向动用不均、层间吸气程度差异大等矛盾越发突出，已成为影响火驱效果的主要矛盾之一。为此，开展了火驱注气井投球调剖技术研究与试验，进一步认识了火驱注气燃烧推进规律和特征，系统分析注气投球受力状况，摸清了堵球运动规律及封堵条件，从理论上验证了火驱投球调剖的可行性。同时，研制适用于火驱投球封堵的堵球，开展投球封堵模拟实验。通过理论研究、室内实验及现场试验证明，该技术有效调整了注气井吸气剖面，缓解了火驱油藏动用不均的矛盾。

关键词　火驱；动用不均；堵球；投球调剖

1　概述

辽河油田火驱开发不断深入，由于层间差异大、平面发育不均以及以往蒸汽开发过程中动用不均等多个因素影响，薄互层稠油火驱开发过程中动用不均矛盾凸显。吸气剖面监测结果表明：火驱整体动用程度达到75%，但是纵向上动用状况存在较大差异。其中杜Ⅰ1~2动用程度最高，达到82%以上，影响火驱的开发效果；平面非均质性导致生产井尾气在各个方向上分布不均，单井间产气量差异大；示踪剂监测显示：尾气推进速度也存在较大差异；同时，火驱转驱以来，部分吞吐开发阶段的汽窜通道随着火驱试验的进行，更加重了火线单向突进的趋势。以试验区十七井组油井为例，其中吞吐阶段发生过汽窜的83口井见效率为83%；而未汽窜井38口，见效率为58%。

因此，改善火驱井纵向动用程度是火驱未来发展的重要方向之一，现场主要采取了关井控气、吞吐引流等平面火线调控技术以及分层注气纵向剖面调整技术，但是均无法从油层上解决问题。根本上讲需要采取气窜封堵、调剖等进行调控，原有的调控技术在现场应用中取得一定效果，但注气井调剖受油藏条件影响，现有堵剂的耐温、封堵性能还未完全满足现场需要；生产井采用笼统注入时措施有效期短、周期产量下降明显，现有的分层注入方式费用较高。因此，有必要进一步开展新型火驱调堵技术研究。

2　火驱投球调剖技术研究

投球调剖工艺已经在稠油注蒸汽和稀油注水中得到应用，具有工艺简单、成本低等优势。但在火驱注气井空气密度低、温度变化大等条件下投球调剖具有一定挑战，堵球在注气井筒中运动规律、封堵性能等仍需深入。因此，在投球选注技术基础上针对火驱注气井投球调剖的需要，开展了火驱投球调剖技术研究。进一步认识了火驱注气燃烧推进规律和特征，系统分析注气投球受力状况，摸清了堵球运动规律及封堵条件，从理论上验证了火驱投球调剖的可行性；研制适用于火驱投球封堵的堵球，开展投球封堵模拟实验，优化设计适合火驱注气井炮眼投球封堵调剖工艺，为现场提供了指导依据。

2.1　火驱井吸气规律和温度压力变化规律研究

基于火驱现场测试资料和开发资料分析及典型火驱井油藏数值模拟结果，研究火驱注气井地层吸气规律及温度压力变化规律(见图2)，明确不同条件和火驱不同阶段投球封堵的温度和压力等工艺技术条件。

建立地质模型，采用CMG的STARS数值模拟器进行火驱油藏物性变化油藏数值模拟。首先建立一个27×27×11的三维网格系统，网格模型I、J方向的网格单位长度均为10m，K方向的网格单位长度为1m，模型长宽均为270m，厚度为11m。井网类型1注4采，井距为100m。模型如图1所示。

基于杜66块薄互层油藏火驱前缘和油藏温

度的变化规律(见图2)，明确了火驱注气井投球封堵工艺技术界限。

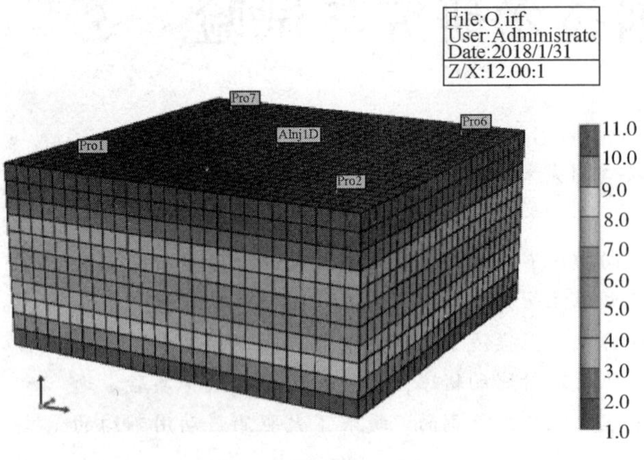

图1　油藏模型示意图

通过对数值模型设置不同的渗透率级差和注气速度，来研究其对油藏吸气规律和温度变化的影响。模拟结果表明，火驱地层渗透率级差变大，高低渗层段吸气差异变大。注气量变大，高渗段注气强度百分比略有增大，低渗段注气强度百分比略有减少。注气量变大，地层吸气差异变大。

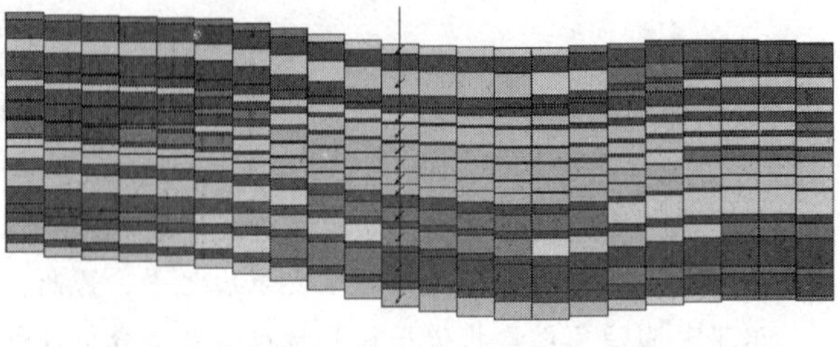

图2　杜66块典型火驱井组油藏渗透率垂向剖面图

火驱注气井注气过程中，油藏燃烧前缘不断向地层内部推进，近井地带地层和井底温度不断降低，井底温度主要取决于火烧地层传热和注空气温度，井底温度一般70~100℃。不同地层的温度因燃烧前缘推进速度不同而有差异，如表1所示。

表1　火驱井组注气井周围地层温度数模结果

项目		第1.5年	第2年	第3年	第4年	第5年	第9年
燃烧前缘位置/m		5~10	10~15	15~20	20~25	25	25~30
燃烧前缘温度/m		537.2	444	420	397.4	396.6	374.1
温度/℃	井底	75.2	98.4	93.4	90.2	86.4	79.7
	1m	119.9	129.6	121.1	116	111.1	102.2
	5m	239	212.8	195	184.9	177	162.3
	10m	358.1	296	268.9	253.8	242.9	222.4
	20m	208.5	234.3	326.4	288.5	262.1	248.2
	50m	102.6	104.3	113.3	129.4	148	171.4

由表可知，火驱注气井注气1年后，井底温度在75.2~98.4℃范围内。因此，投球调剖时堵球耐温需达到70~100℃。

2.2　耐温高强度低密度堵球的研制

投球封堵炮眼调剖时面临注气井井筒中流体密度低、温度压力变化大、停注调剖注入时间短等挑战。根据火驱注气井的温度压力条件及炮眼封堵的尺寸要求，基于空心球、填料球或包覆球等结构，研制了适用于火驱注气井投球封堵的聚氨脂堵球(见图3)。

① 堵球相对密度为0.1~1g/m^3；

② 堵球耐高温≤220℃、耐压≥5MPa；

③ 堵球的直径为15~30mm。

根据堵球工艺的要求，采用聚氨酯为原料堵球在高温高压下具有良好的机械强度和一定的弹性。一方面，在高温高压条件下，堵球不会因破损影响封堵效果；另一方面，在高温高压条件下，堵球具有一定的弹性，即不能失去弹性变硬，影响封堵炮眼的效果，更不能因为变得太软，堵球被挤入炮眼，堵塞油层。

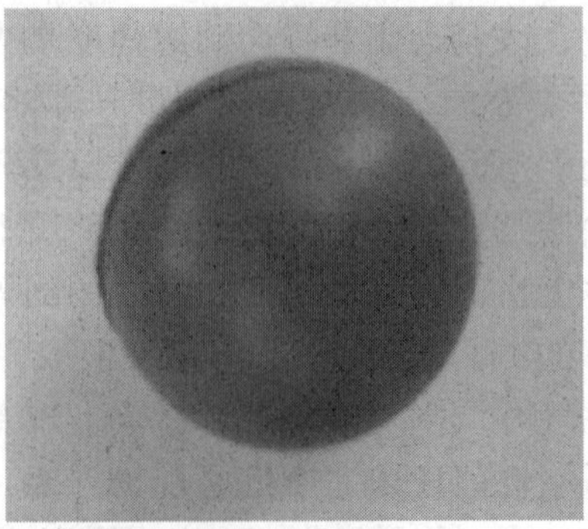

图3　聚氨脂堵球

2.3　火驱注气井堵球运动规律和封堵性能研究

为了解和掌握火驱注气井堵球运动规律和封

堵性能，系统分析注气投球受力状况，摸清了堵球运动规律及封堵条件，从理论上确定了火驱投球调剖的可行性。在井筒内堵球主要受力情况如图 4 所示。

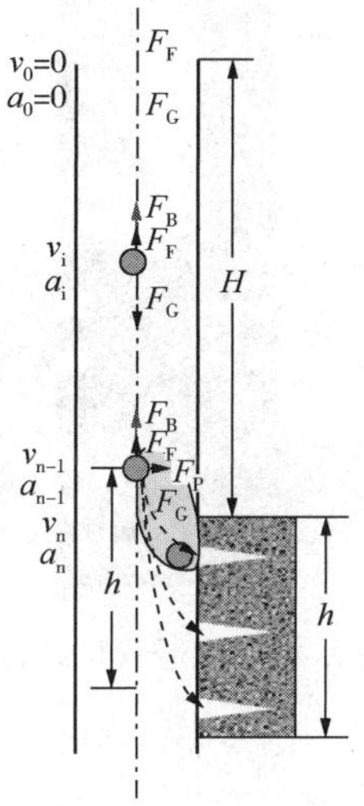

图 4　堵球封堵受力分析图

堵球在井筒内下落时所受到的沿井筒方向的空气阻力：

$$F_F = 6RV\pi\eta \tag{1}$$

堵球在井筒内下落时所受到的重力：

$$F_G = \frac{4}{3}\pi R^3 \rho_b g \tag{2}$$

堵球在下落过程中所受到的高压空气浮力：

$$F_B = \frac{4}{3}\pi R^3 \rho_f g \tag{3}$$

堵球在下落至炮眼附近时收到的两侧空气压力差：

$$F_P = (P_1 - P_2)\pi r^2 \tag{4}$$

研究表明，当堵球运动到炮眼时间低于堵球经过射孔段地层垂直下落时间时，才能实现封堵炮眼。

2.3.1　火驱注气井投球封堵模拟实验

为研究堵球在注气中的运动规律及其选择性封堵炮眼的规律，模拟杜 66 块火驱注气井油层特性，设计研制了非均质填砂投球封堵实验装置，研究投球封堵前后吸气变化情况(见图 5)。

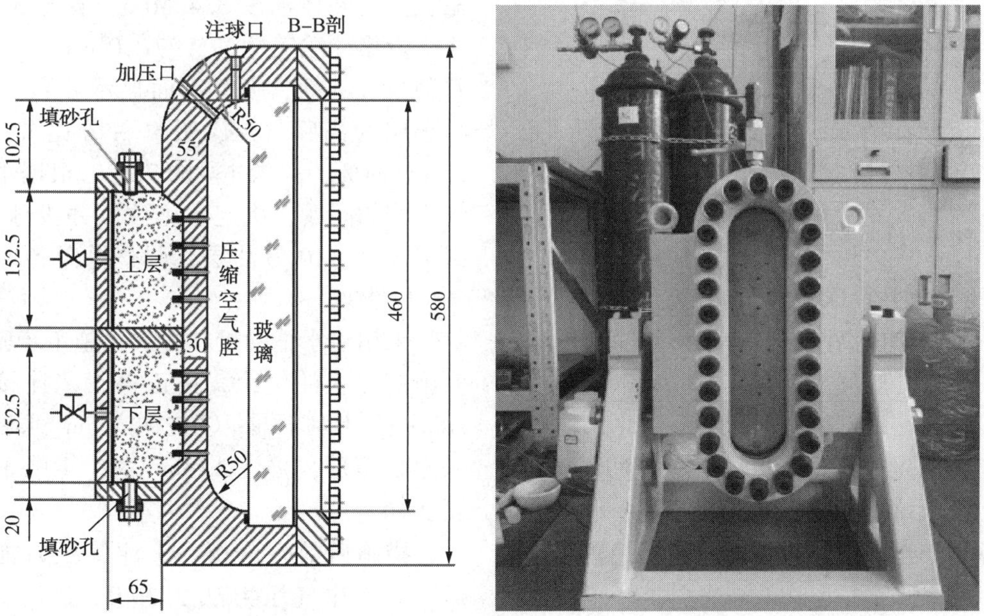

图 5　投球封堵炮眼模拟实验装置示意图及实物图片

(1) 实验设备。炮眼投球封堵模拟实验设备主要包括炮眼投球封堵模拟实验装置、高压空气瓶、压力采集装置、注水泵等(见图 6)。

(2) 实验方法及步骤。

① 准备实验材料，连接实验设备；

② 实验设备调试；

③ 打开注水泵，向投球封堵实验装置通入地层水，水面高于炮眼位置；

④ 打开注汽阀，向投球封堵实验装置通入高压空气，保持高压空气压力，记录压力，并保持水面略高于炮眼位置，若低于炮眼位置，需再次打开注水泵注水；

⑤ 打开排气阀，注汽阀保持开启，记录排气速度；

⑥ 打开投球阀，观测堵球下落轨迹，记录堵球封堵效果；

⑦ 待堵球封堵稳定后，先关闭排气阀，再关闭注气阀，打开下方放水阀，待液面下降至炮眼下方时，观察堵球是否稳定。

(3) 实验结果及分析。实验结果表明：其纵向动用程度可提高15%左右，吸气剖面调整明显(见图7)。

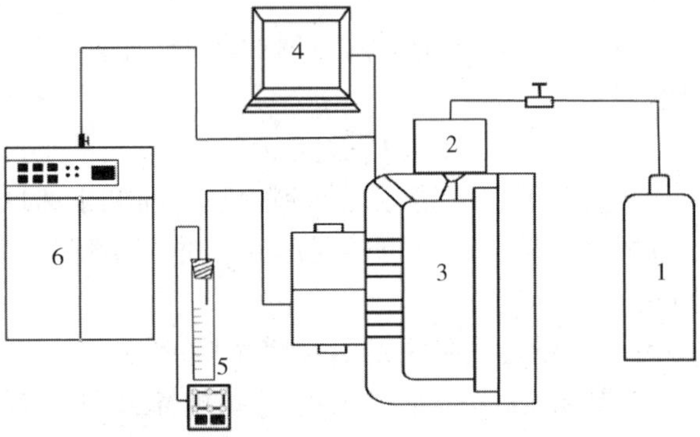

图6　注水辅助投球实验装置简图

1—供汽装置；2—投球装置；3—炮眼封堵装置；4—压力采集系统；5—流体采集系统；6—蒸汽发生装置

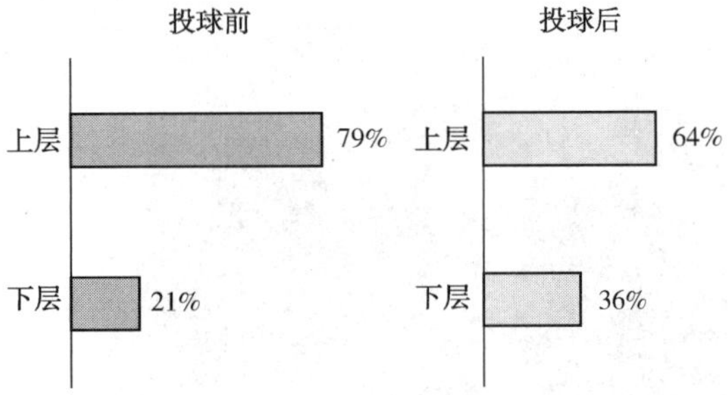

图7　投球前后吸气量变化图

2.3.2　火驱注气井投球封堵调剖工艺设计

针对明确封堵的高渗层，采用注水辅助投球工艺，改善注气井吸气剖面。

(1) 投球封堵调剖工艺原理。采用注水辅助笼统投球工艺，先向井筒内注水，待水面降至封堵炮眼前，投入堵球，注入空气使漂浮在水面的堵球随气体运动至井壁，封堵射孔孔眼，从而达到调堵的目的。

(2) 投球堵球选择。采用直径20mm的聚氨酯堵球。

(3) 注水辅助笼统投球工艺的施工工艺(注水辅助投球管柱结构示意图见图8)。

① 根据选井条件选择措施井，并根据需要调堵的油层数据设计管柱数据；

② 根据封堵油层厚度和射孔密度设计堵球数量(一般为封堵孔数的1~1.5倍)；

③ 向井中注水，待水面降至封堵炮眼所在位置；

④ 按设计数据将堵球下至井中，连续注气，注气期间不间断。

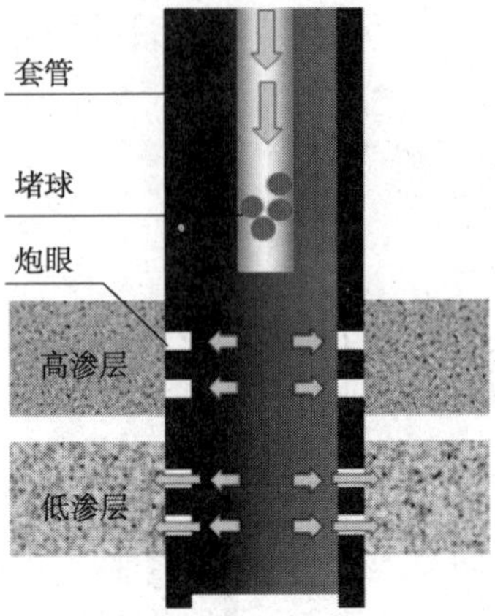

图8　注水辅助投球管柱结构示意图

3　现场试验

通过理论研究、室内试验为现场试验提供了技术依据。

以曙1-40-K053井为例，该井2013年转火驱，注气井口油压3.42MPa，套压3.3MPa，日注气量累计注气量175.77(10^4Nm^3)。2018年11月测吸气剖面，吸气剖面显示8号、10号、12号小层为高吸气层，吸气百分比分别为23%、28%、21%，占总井段的72%。根据本井纵向吸气不均的问题，决定实施注气井投球调剖试验，封堵8号、10号油层，调整纵向各油层均衡吸气(见图9)。

采用注水辅助投球方式。施工步骤如下：①实施前停止注气；②按正挤工艺连接线，试压18MPa，不刺不漏；③先注入$5m^3$水后从井口投入炮眼堵球，再注入$3m^3$水；④施工结束，恢复注气。

措施后效果分析：①注气压力提高。措施后，井口注气压力从3.2MPa上升到3.4MPa，提高0.2MPa。

② 吸气剖面改善。措施后，进行吸气剖面测试，测试结果：9号层由吸气差调整为吸气较好；10号层由吸气好调整为吸气差，吸气剖面有所改善(见图10)。

4　结论

(1) 针对火驱注气井纵向差异大，吸气不均的矛盾，首次提出火驱注气井投球调剖技术思路，系统开展相关研究与试验；

（2）通过物模数模研究，明确火驱投球封堵的温度和压力等工艺技术条件，验证了火驱注气井投球调剖技术的可行性，研制了适合火驱投球封堵的堵球，优化设计不同工况下封堵工艺参数，为现场试验提供了科学依据。

（3）该技术可有效调整了注气井吸气剖面，缓解了火驱油藏动用不均的矛盾，达到火驱注气井调堵的目的，为提高火驱开发效果提供了技术保障。

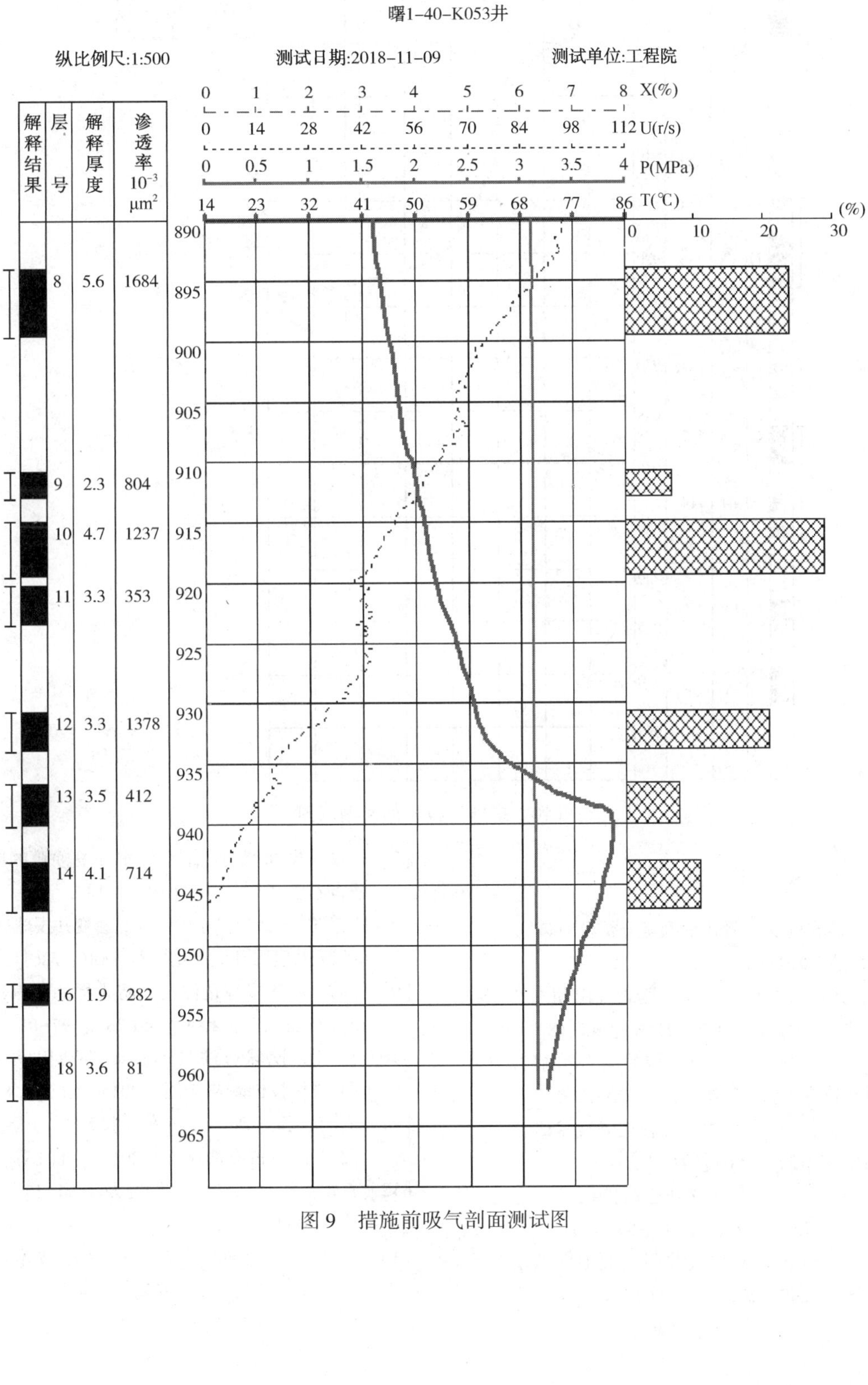

图 9　措施前吸气剖面测试图

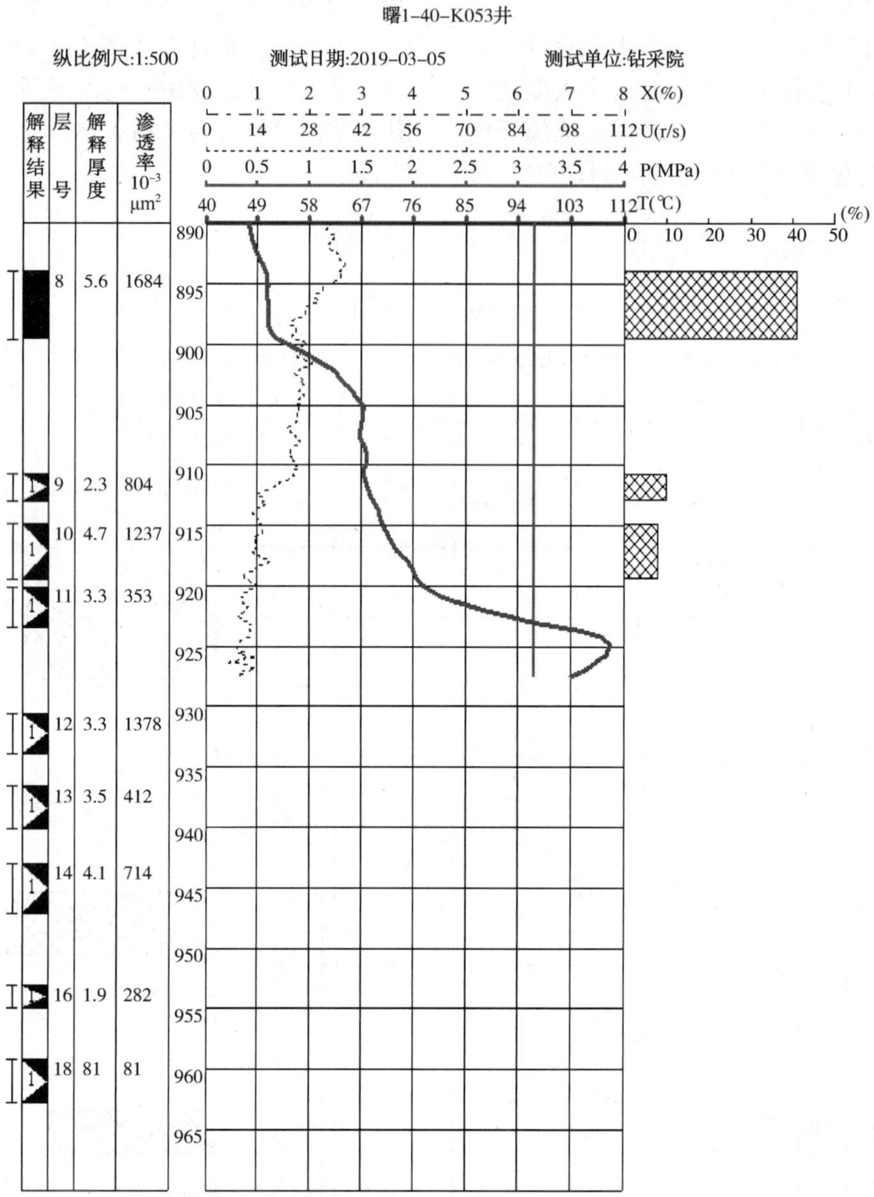

图 10　措施后吸气剖面测试图

参　考　文　献

[1] 秦洪岩，影响稠油火驱开发因素分析及对策[J]. 天然气与石油，2018(2)：79.

[2] 李得信，张洪，方惠年，等．涩北气田动态监测技术[J]. 油气井测试，2012，21(3)：46-48.

[3] 张予生，曹和民．吸气剖面测井与资料解释方法[J]. 测井技术，1999(增刊1)：538-543.

[4] 金兆勋，高升油田火烧油层过程控制技术研究[J]. 钻采工艺，2012，35(6)：41-44.

[5] 许国民，杜 66 块火驱开发动态调控技术研究[J]. 特种油气藏，2014，21(1)：81-83.

[6] 张守军，杜 66 块火驱注气井耐高温泡沫调剖技术[J]. 特种油气藏，2017，24(06)：152-156.

[7] 薛磊，投球调剖技术在注水开发油藏的应用[J]. 内蒙古石油化工，2010(10)：142.

[8] 罗鹏飞，王维，高小婷，等．套变井投球选注工艺技术的研究及应用[J]. 石化技术，2015，52(4)：161-612.

[9] 程欣．利用投球选注技术防止稠油蒸汽汽窜[J]. 内蒙古石油化工，2009，35(23)：97-98.

[10] 孙兴．投球选注技术在欢西油田的应用及发展[J]. 科技创新与应用，2014，4(7)：85.

[11] 丽莉，郭玉强．大斜度井投球同心分注技术研究[J]. 内蒙古石油化工，2015，41(16)：110-111.

[12] 刘恒．投球选注技术研究及应用[J]. 石油钻采工艺，2002，24(5)：44-46.

[13] 黄腾．曙光油田多层火驱调堵技术改进与完善[J]. 石化技术，2019(2)：134.

杜 80 兴隆台超稠油油藏精细开发探索与实践

秦洪岩

(中国石油 辽河油田分公司 曙光采油厂)

摘　要　杜 80 兴隆台投入开发 20 多年，平面汽窜严重、纵向动用不均矛盾突出，现方式提升采收率十分有限。近年来，深入油藏潜力评价，精细论证不同开发方式的可行性，通过井网重构，探索了纵向上分层系、分方式开发模式。并在实践过程中注重蒸汽驱动态调控、吞吐方式优化，最大限度地挖掘油藏潜力，实现精细开发。

关键词　杜 80 兴隆台；超稠油油藏；精细开发；蒸汽驱

1　区块基本概况

1.1　油藏概况

杜 80 兴隆台位于曙一区东部，开发目的层为兴隆台油层，探明含油面积 0.54km^2，地质储量 525×10^{4}t，可采储量 124×10^{4}t，标定采收率 23.7%。

杜 80 兴隆台为一四周被断层切割的单斜构造，倾向南东，倾角 2°～6°，油藏埋深 800～920m。储层为扇三角洲沉积体系。岩性以含砾砂岩和不等粒砂岩为主，粒度中值 0.26mm，分选系数 1.69，泥质含量 5.5%，孔隙结构以原生粒间孔隙为主，胶结类型以孔隙式和接触式为主。平均孔隙度 30.3%，渗透率 1.236μm^2，原油黏度 84551mPa·s，平均单层厚度 3.5m，为典型的薄互层状超稠油油藏。

1.2　开发历程

区块 1999 年投入开发，经历了早期试采、规模部署、井网调整三个阶段。采用一套开发层系 70m×100m 正方形井网，其中主体区域井网为 70m，边部区域井网为 100m。

第一阶段：早期试采阶段(1999～2001 年)部署新井 9 口，初期日产达到 80t，2001 年年产油达到 2.7×10^{4}t。

第二阶段：规模部署阶段(2002～2008 年)共部署新井 51 口，阶段末区块总井数达到 60 口，年产油最高达到 9.0×10^{4}t，阶段末采油速度 1.72%，采出程度 9.5%。

第三阶段：井网调整阶段(2009 年至今)阶段末区块总井数达到 84 口，区块产量 5.6×10^{4}t，采油速度 1.06%，采出程度 23.3%。

1.3　开发现状

截至 2019 年底，区块共有油井 84 口，开井 38 口，日产油 83t，单井日产 2.2t；年产油 5.6×10^{4}t，年注汽 23.3×10^{4}t，油汽比 0.24；采油速度 1.06%，采出程度 23.3%(见表 1)。

表 1　杜 80 兴隆台开发现状表

储量		井数		日产		2019 年			累计			采油速度/%	采出程度/%	平均周期
地质储量/×10^{4}t	可采储量/×10^{4}t	总井数/口	开井数/口	日产油/t	单井日产油/t	注气/×10^{4}t	产油/×10^{4}t	油汽比	注汽/×10^{4}t	产油/×10^{4}t	油汽比			
525	124	84	38	83	2.2	23.3	5.6	0.24	406	122	0.30	1.06	23.3	18.7

2　存在主要问题

2.1　开发成本逐年升高

区块经历近 20 多年的开发，整体已进入开发中后期，“两高三低”的矛盾较为突出。平均单井吞吐周期高达 18.7 个，可采储量采出程度达到 90% 以上(见图 1)，地层压力系数降至 0.19(见图 2)，目前地层能量严重亏空，导致油藏吞吐效果变差，油汽比降至 0.24，平均单井日产仅为 2.2t(见图 3)。受此影响，区块开发成本呈现逐年升高趋势(见图 4)，2019 年吨油成本升至 1159 元/t，对比 2018 年增加 40 元/t。

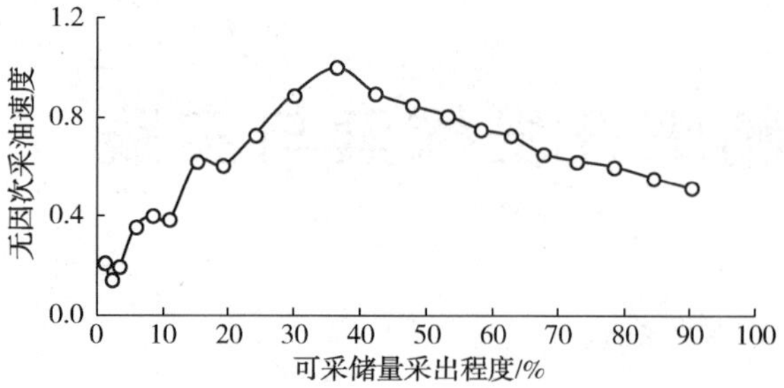

图 1　杜 80 兴隆台吞吐开发模式曲线

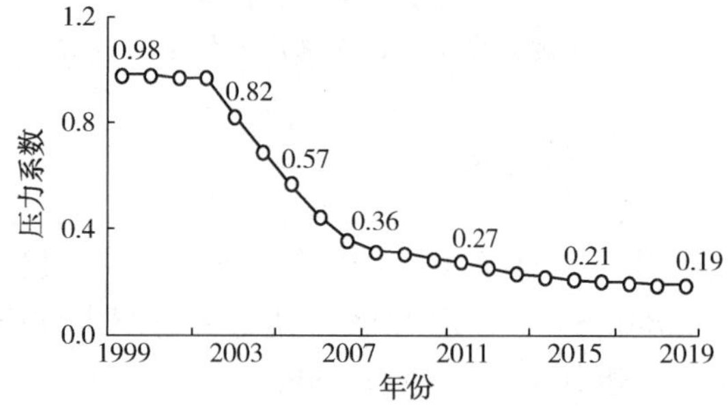

图 2　杜 80 兴隆台压力系数曲线

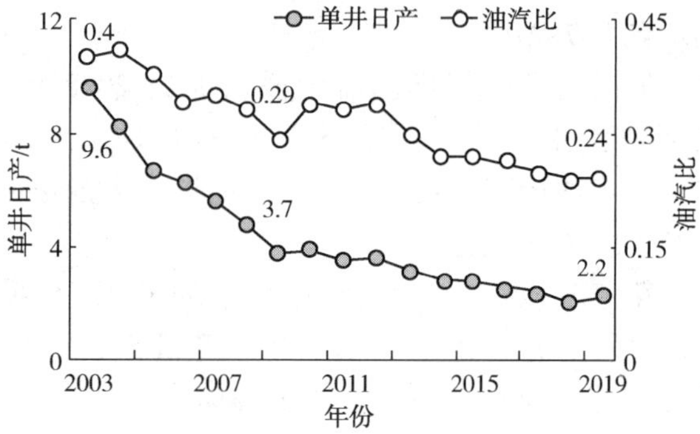

图 3　杜 80 单井日产、油汽比变化曲线

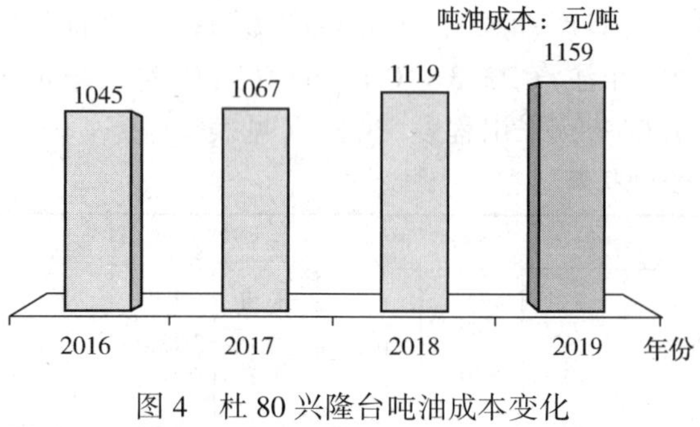

图 4　杜 80 兴隆台吨油成本变化

2.2　平面汽窜现象严重

受油藏条件、井网井距以及注采参数影响，井间汽窜现象严重(见图 5)。区块内 84 口油井中，汽窜井共计 68 口，比例高达 81%。2019 年累计发生汽窜 172 井次，年汽窜影响产量 3600t (见图 6)，其中多向汽窜(汽窜方向 ≥2) 发生 142 井次(见图 7)，占比 83%。

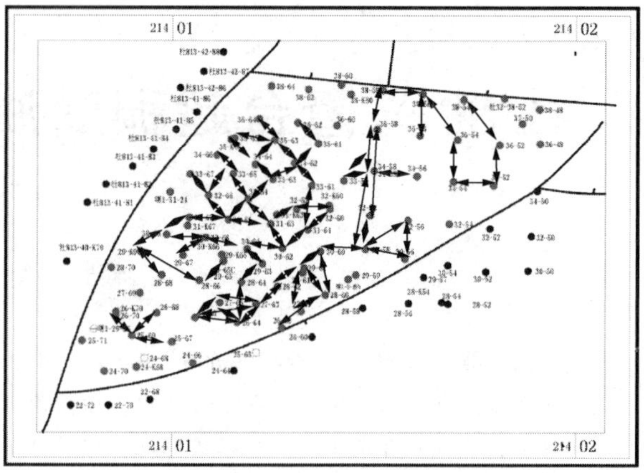

图 5　杜 80 兴隆台油井汽窜关系图

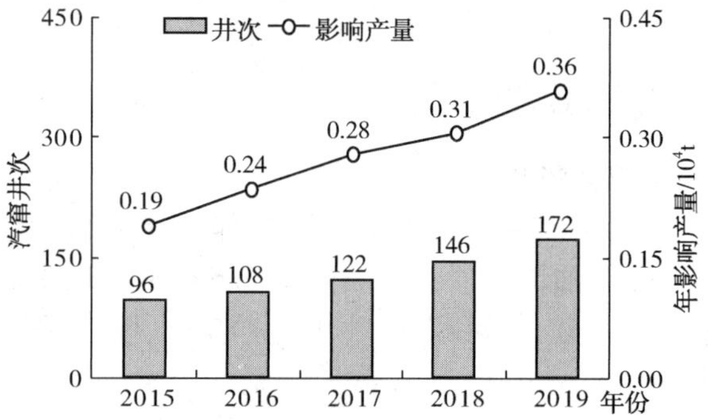

图 6　杜 80 汽窜井次、影响产量统计

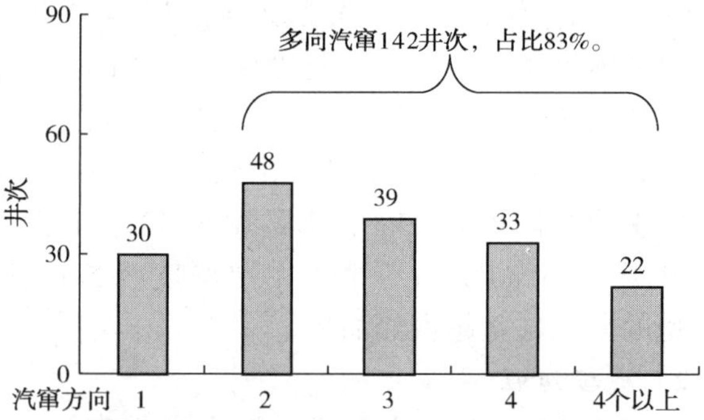

图 7　杜 80 兴隆台汽窜方向分布统计

2.3　纵向动用差异较大

杜 80 兴隆台油层发育纵向上表现为厚度大、层数多、单层厚度小的特点，各层储层参数共同制约和相互影响，导致其吸汽能力存在一定差异，动用不均矛盾突出。吸汽剖面统计结果显示，总体纵向动用程度为 74%，其中上层系油层动用状况为 83.4%，好于下层系油层的 64.6%(见表 2)。

2.4　现方式采收率较低

搭建运行成本与收入的盈亏平衡效益模型，只考虑与稠油注汽相关的稠油热采费和井下作业费，确定当前油价下经济极限油汽比为 0.17(见

图 8)。据此标准，利用极限油汽比法预测区块最终采收率仅为 26.2%(见图 9)，较杜 84(42%)、杜 813(46.7%)、杜 229(40.6%)等同类型油藏最终采收率仍有一定差距。

表 2　杜 80 兴隆台吸汽情况统计表

油层油	总厚度/总层数/(m/层)	动用好			动用中等			动用差			动用程度/%
		厚度/层数/(m/层)	百分数/%	渗透率/μm²	厚度/层数/(m/层)	百分数/%	渗透率/μm²	厚度/层数/(m/层)	百分数/%	渗透率/μm²	
Ⅱ	343.8/123	182.3/70	53	1671	106.8/29	31.1	1287	54.7/24	15.9	1086	84.1
Ⅲ	729.6/273	446.3/173	61.2	2181	159.7/39	21.9	1786	123.6/61	16.9	1743	83.1
上层系	1073.4/396	628.6/243	58.6	2033	266.5/68	24.8	1586	178.3/85	16.6	1541	83.4
Ⅳ	911.4/266	443.5/121	48.7	2132	213.3/52	23.4	1881	254.6/93	27.9	2098	72.1
Ⅴ	183.7/53	19.7/10	10.7	2233	30.8/6	16.8	1381	133.2/37	72.5	1419	27.5
下层系	1095.1/319	463.2/131	42.3	2136	244.1/58	22.3	1818	387.8/130	35.4	1865	64.6
合计	2181.6/718	1091.8/374	50	2054	526.9/128	24.1	1564	567.4/216	25.9	1448	74

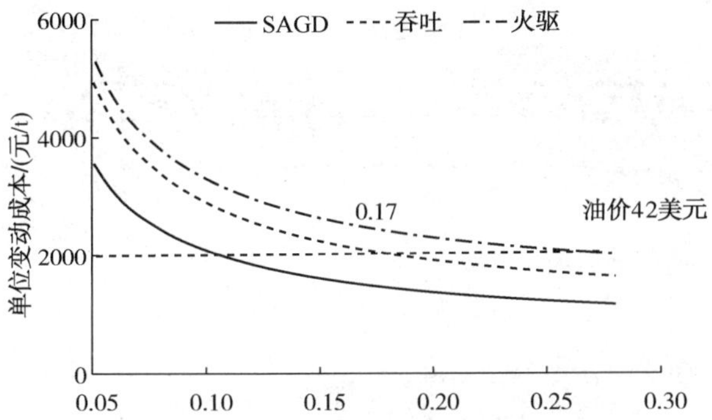

图 8　分方式极限油汽比模型

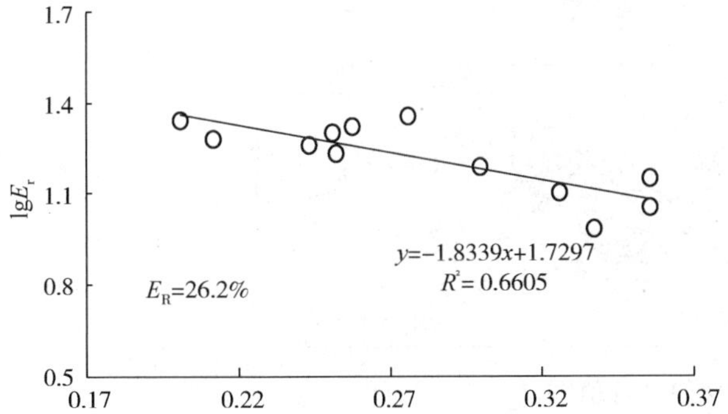

图 9　杜 80 兴隆台极限油汽比法曲线

3　治理对策研究

3.1　分层开发研究

针对杜 80 兴隆台纵向上油层厚度大、层数多、单层厚度小导致动用不均的问题，深入分析储层发育特点、产能状况，将其划分为上层系(兴Ⅱ、兴Ⅲ)和下层系(兴Ⅳ、兴Ⅴ)进行分层系开发。

3.1.1　储层发育研究

杜 80 兴隆台油层发育主要受构造和岩性控制，构造高部位油层厚度大，向低部位逐渐减薄，最大厚度 71m，最小 7.6m，平均厚度 27.5m，纵向上主要发育兴Ⅱ～兴Ⅴ油层。通过对比油层厚度、连通系数、储层物性等数据，兴Ⅱ、兴Ⅲ组油层发育较为接近，兴Ⅳ、兴Ⅴ组发育类似。整体兴Ⅱ、兴Ⅲ组发育状况优于兴Ⅳ、兴Ⅴ组(见图 10)，且兴Ⅱ、兴Ⅲ组与兴Ⅳ、兴Ⅴ组之前存在稳定发育的泥岩隔层，厚度约为 6m 左右(见图 11)。根据储层发育特点，划分为上层系(兴Ⅱ、兴Ⅲ)和下层系(兴Ⅳ、兴Ⅴ)进行研究。

其中上层系油层在全区分布，发育稳定，油层厚度大于 20m；下层系油层平面变化快，发育不稳定，局部区域油层厚度保持在 15m 以上(见图 12)。近年来超稠油新井实施效果研究表明，油层厚度大于 15m 可以实现独立开发。因此，上下层系均具备独立开发的油层厚度。

3.1.2　产能状况研究

通过储量计算，上层系地质储量为 302×10^4t，下层系地质储量为 223×10^4t。两者独立开采时均取得较好效果，历史上单采一套层系的油井共有 73 口井，其中单采上层系油井 48 口，初期平均单井日产 5t，目前日产 3.2t，平均单井累产油 1.13×10^4t；单采下层系油井 25 口，初期平均单井日产 4.6t，目前日产 3.7t，平均单井累产油 0.88×10^4t(见表 3)。上下层系也具备独立开发的产能条件。

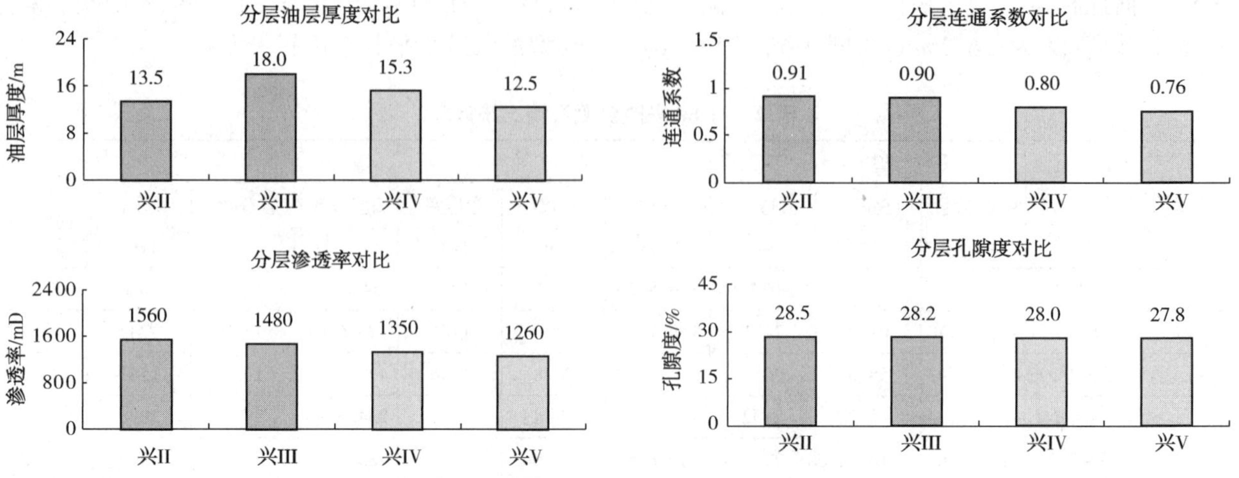

图10 各油层组储层发育状况对比

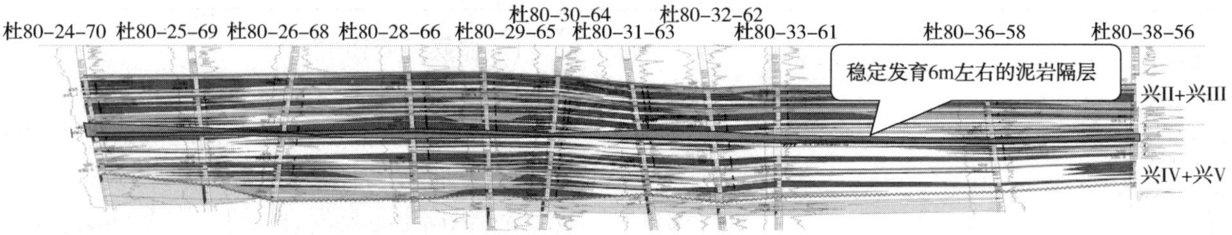

图11 杜80兴隆台油藏剖面图

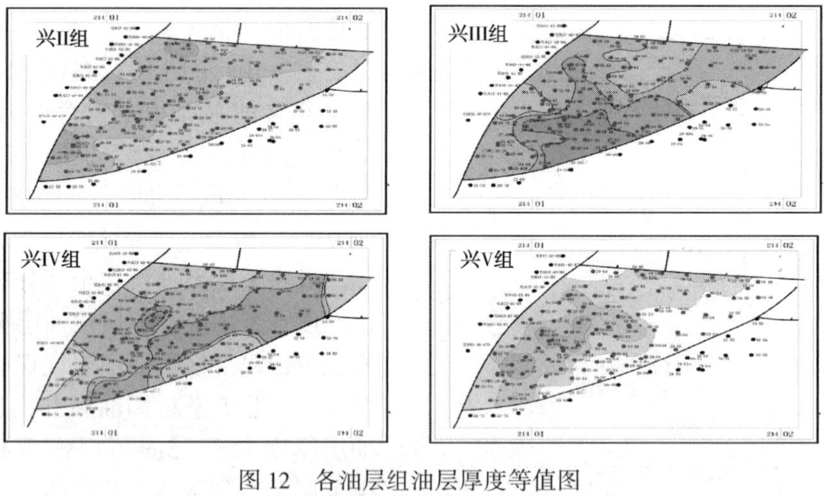

图12 各油层组油层厚度等值图

表3 杜80兴隆台分层系生产效果统计表

分类	初期生产情况			目前生产情况			累计生产情况			平均单井累产油/10^4t
	井数/口	日产油/t	平均单井/t	井数/口	日产油/t	平均单井/t	注汽量/10^4t	产油量/10^4t	油汽比	
上层系	48	240	5	31	99.2	3.2	185.3	54.24	0.29	1.13
下层系	25	115	4.6	16	59.2	3.7	81.5	22	0.27	0.88

3.2 开发方式研究

国内外研究资料表明，目前稠油开发接替技术主要有火驱、SAGD和蒸汽驱，将油层筛选标准与杜80块油藏主要参数进行对比，最终选择蒸汽驱为杜80兴隆台后续开发接替方式(见表4)。

表 4　各方式转换推荐油藏参数对比表

油藏参数	火驱	SAGD	蒸汽驱		杜 80 块	
			筛选标准	杜 229 块	上层系	下层系
地层温度下原油黏度/mPa·s	<10000	>10000	<10000	73900	76512	88952
油层深度/m	>150	≤1000	≤1400	840~1100	820~950	850~970
油层厚度/m	>6	连续厚度>20	10~60	38.2	21.2	18.0
孔隙度/%	>20	>20	≥20	30.4	31.2	29.7
渗透率/($10^{-3}\mu m^2$)	>100	>500	≥200	1320	1460	1120
起始含油饱和度	>0.35	>0.5	≥0.45	0.60	0.66	0.64
$\phi \cdot S_o$	>0.09	>0.1	>0.1	0.17	0.21	0.19
净总厚度比	>0.5	>0.75	>0.4	0.64	0.65	0.52

考虑到上层系油层在全区连续分布、油层厚度大、发育稳定，连通系数达到 0.91；而下层系连通系数为 0.76，且在东南部区域发育有边水，油水界面为 980~990m(见图 13)，不适合蒸汽驱开发。因此，选择上层系作为蒸汽驱驱替层段。

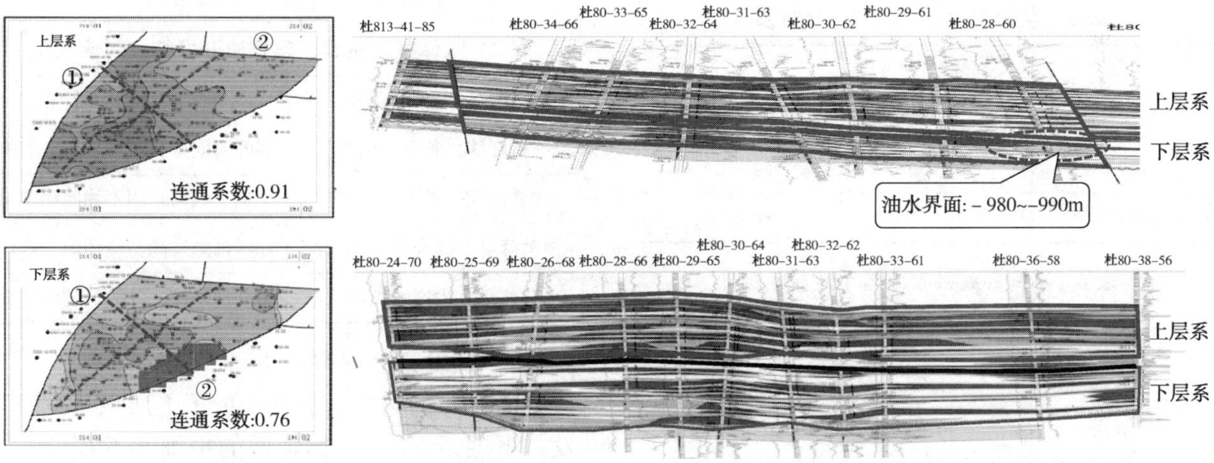

图 13　上、下层系油层剖面图

3.2.1　上层系蒸汽驱研究

以利于热连通、提高采收率为原则，开展井网优选。数值模拟结果显示，采用 70m 小井距时平面动用高，井间含油饱和度小于 30%，采收率达到 65%，较 100m 井距增加 24.8%(见图 14)。据此结果，最终优选 70m 反九点井网，在上层系部署蒸汽驱井组 24 个(见图 15)，预计提高采收率 42%。

3.2.2　下层系吞吐研究

稠油开发热采井距与原油黏度有直接关系，井距是影响开发效果和经济效益的重要因素。利用现场周期吞吐数据，采用 Mar-langenheim 公式计算不同油品的最大加热半径(见表 5)，其中超稠油加热半径为 37~48m，井距为 74~96m。在此基础上，对互层状超稠油油藏不同井距条件下的采收率与净效益进行计算(见表 6)，开发效

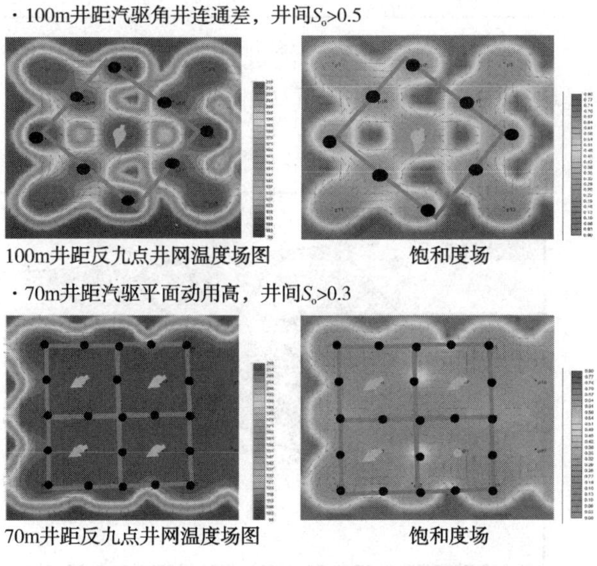

图 14　不同井距井网温度场、饱和度场图

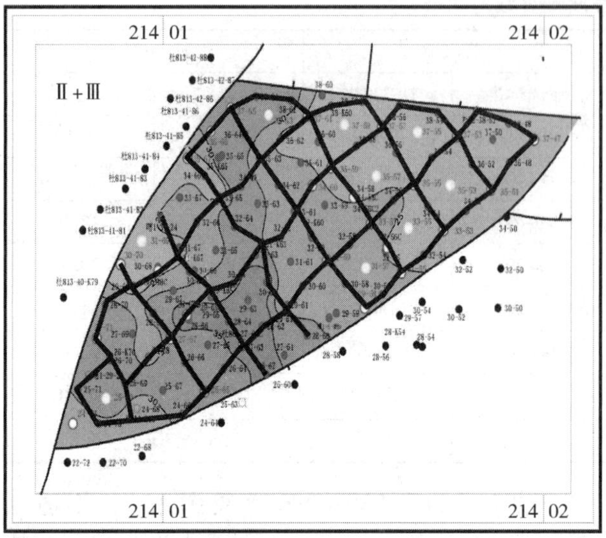

图 15　不同井距井网温度场、饱和度场图

果和经济指标较好的 100m 井距最为适合。

表 5　兰根海姆公式加热半径计算

油品	加热半径/m	井距/m
超稠油	37~48	74~96
特稠油	42~50	84~100
普通稠油	44~50	88~100

表 6　不同井距采收率与净效益预测

井距/m	采收率/%	净效益/$\times10^8$ 元
50	31.2	-5.92
70	29.7	-0.524
100	28.1	1.971
141	17.8	0.997

为保证实施效果，优选油层厚度大于 15m 区域，按照 100m 井距重构井网，阶段共部署 25 口(见图 16)，新增可采储量 26×10^4t，预计采收率提高 11.6%。同时根据气体辅助增油机理，结合同类型油藏开发特点(见表 7)，制定了早期吞吐开发、后期气体辅助的开发对策。

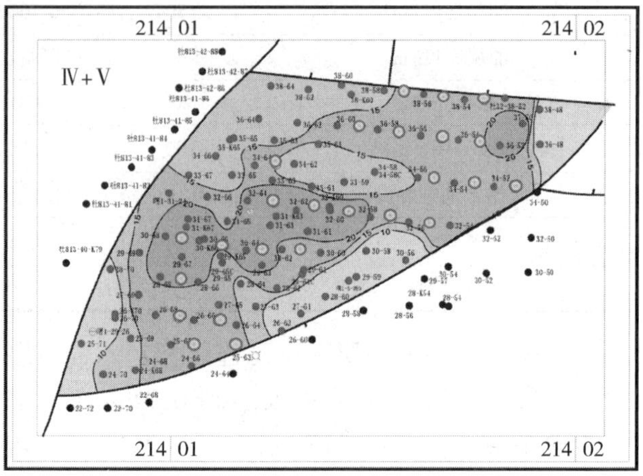

图 16　下层系井位部署图

表 7　气体辅助机理、超稠油开发特点对应关系

气体辅助增油机理	超稠油油藏开发特点
气体膨胀，补充地层能量	吞吐时间延长，地层压力下降
调整剖面，扩大波及体积	平面、纵向动用不均问题突出
溶解降黏，提高原油流动性	超稠油黏度高，流动阻力增加
隔热作用，提高系统热效率	随井深增加，井筒热随时加大

3.2.3　开发方式研究结果

通过井网重构，最终形成了上层系蒸汽驱开发，下层系吞吐+气体辅助的精细开发模式。总体规划部署新井 60 口，其中上层系蒸汽驱井网 35 口(注汽井 9 口)，下层系吞吐 25 口，共利用老井 76 口(见图 17)。

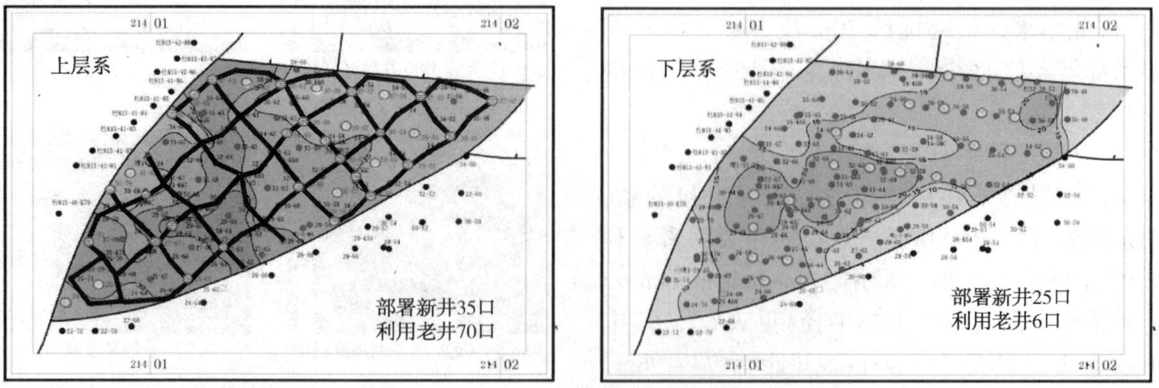

图 17　分层系开发方式研究结果

3.3 现场主要做法

3.3.1 精心组织，注重调控，蒸汽驱实现高效开发

通过对比杜 229、齐 40 及杜 80 兴隆台地层温度、厚度、单层厚度、净总比等油藏参数，结合两者的成功经验，制定了杜 80 兴隆台蒸汽驱实施细则。

（1）控制厚度，降低级差。为确保转驱后油层均衡动用，利用蒸汽超覆原理，射孔时采用分厚度、分级射孔。共实施优化注汽井射孔 4 口，其中已转驱 3 口注汽井吸汽剖面资料显示各层吸汽均匀，平均单井动用程度高达 89.3%（见图 18）。

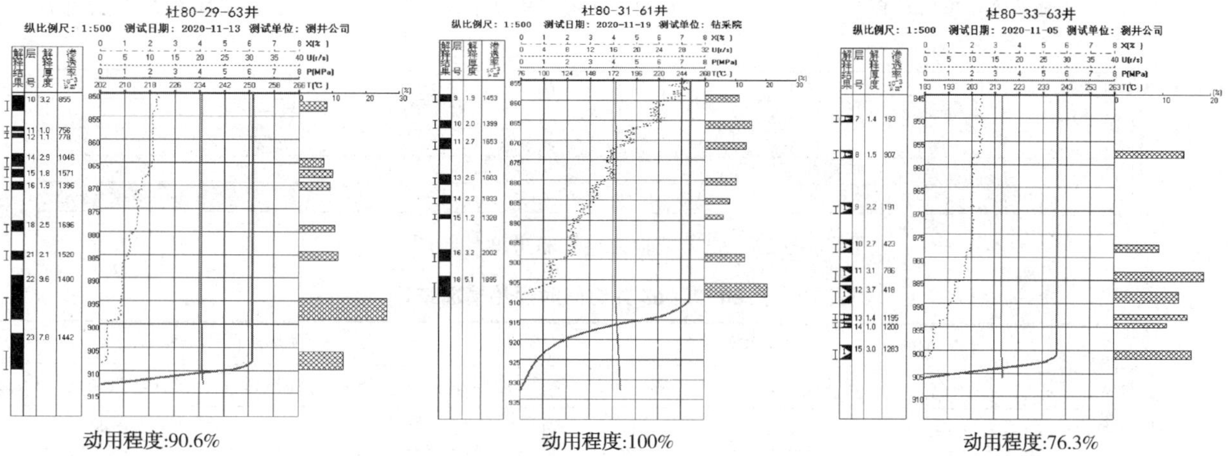

图 18　分级射孔注汽井吸汽剖面

射孔原则如下：当油层厚度小于 2m 时，油层应全部射开；油层厚度 2~5m 时，应射开油层下部 2/3；油层厚度 5~10m 时，应射开油层下部 1/2；单层厚度大于 10m 时，应分两段各射油层下部的 1/2（见表 8）；射孔层渗透率级差大于 4 时，孔密 16 孔/m；射孔层渗透率级差 3~4 时，孔密 12 孔/m；射孔层渗透率级差 2~3 时，孔密 8 孔/m；射孔层渗透率级差 1~2 时，孔密 4 孔/m（见表 9）。采油井单层厚度大于 5m 的油层，射开下部 2/3，其余全部射开，设计孔密均为 16 孔/m。

表 8　注汽井厚度界限射孔原则

分类	射孔原则
<2m	全部射开
2~5m	射开下部 2/3
5~10m	射开下部 1/2
大于 10m	分两段各射下部的 1/2

表 9　注汽井级差界限射孔原则

分类	射孔原则
级差 1~2	孔密 4 孔/m
级差 2~3	孔密 8 孔/m
级差 3~4	孔密 12 孔/m
大于 4	孔密 16 孔/m

（2）建立温场，有序转驱。根据先导试验井组的实际情况合理制定转驱顺序。一是结合区域井温情况，首先转驱的杜 80-29-63 井组 4 口井温均高于 100℃；其次转驱的杜 80-31-61、杜 80-33-63 井组共测井温 8 口，其中 6 口井温度在 90℃以上；待转杜 80-31-65 井组测井温 5 口，其中 3 口井低于 80℃（见图 19）。二是结合采出状况，区域上层系采出程度在 42%，目前只有个别井区采出程度相对低（见图 20）。三是结合汽窜情况，区域内汽窜现象较为严重，目前 25 口油井中，汽窜井达到 24 口，汽窜比例达 96%（见图 21）。

最终确定优先转驱杜 80-29-63 井组，其次转驱杜 80-31-61、杜 80-33-63 井组，杜 80-31-65 井组最后转驱（见图 22）。

（3）集中预热，优化注汽。充分利用汽窜，同步预热建立井间热连通，确保转驱后快速进入剥蚀阶段。并优化注汽强度，针对压力低、投产时间较早的井，采用低强度注汽；反之，采用高强度注汽，注汽量保持在 1800t 左右（见表 10），实现集中投产。14 口井采取同步预热的方式，初步建立了较好的热连通，确保了转驱质量。

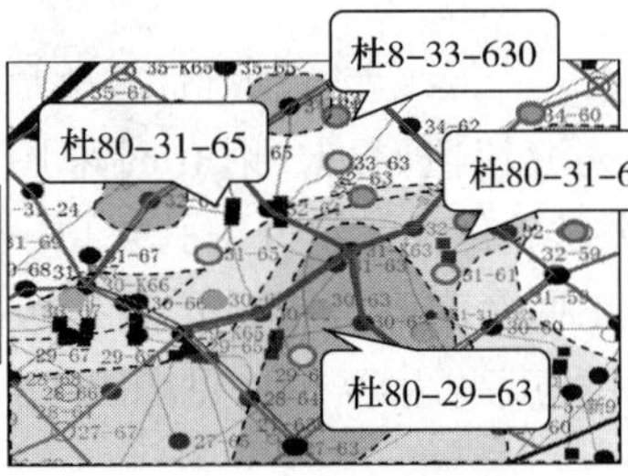

图 19　区域油层温度等值图

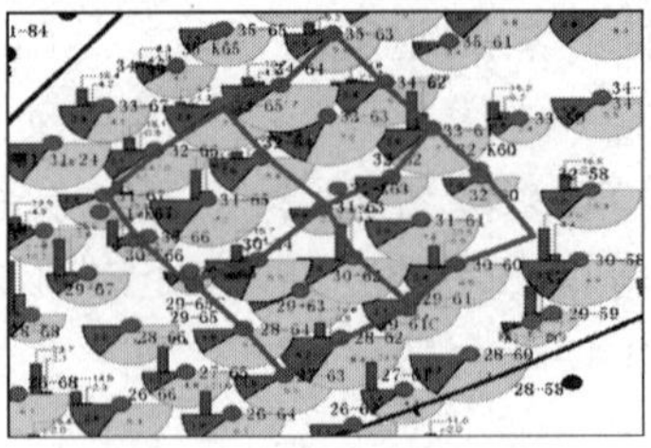

图 20　区域采出状况图

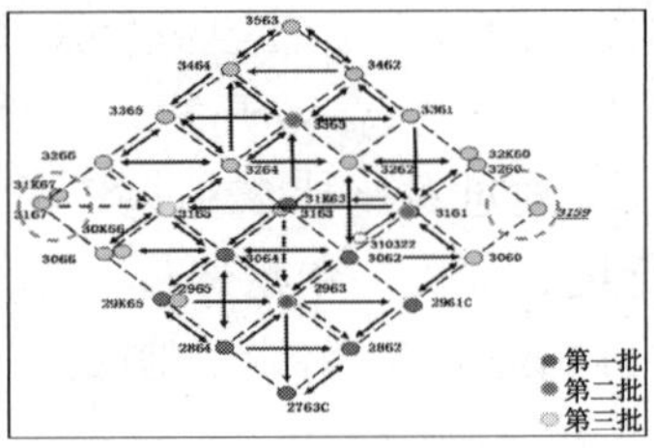

图 21　汽窜情况示意图

图 22　先导试验井组转驱进度甘特图

表 10　杜 80-29-63 井组同时预热情况统计表

井号	注汽速度/(t/d)	注汽干度		预热阶段		
		井口/%	井底/%	油层厚度/m	设计注汽量/t	设计注汽强度/(t/m)
杜 80-29-63	132	75	48	22.3	1840	83
杜 80-28-64	120	75	50	29.6	1800	61
杜 80-3+-K65	120	75	51	32.9	1800	55
杜 80-30-64	120	75	50	23.5	1804	77
杜 80-29-61C	120	75	53	32.1	1804	56
杜 80-30-62	120	75	49	34	1804	53
小计 6 口					10852	62

(4) 稳定温度，实时提液。初步形成了“控温度、快引效、稳压差、等注采”等十二字蒸汽驱调控理念(见图 23)。

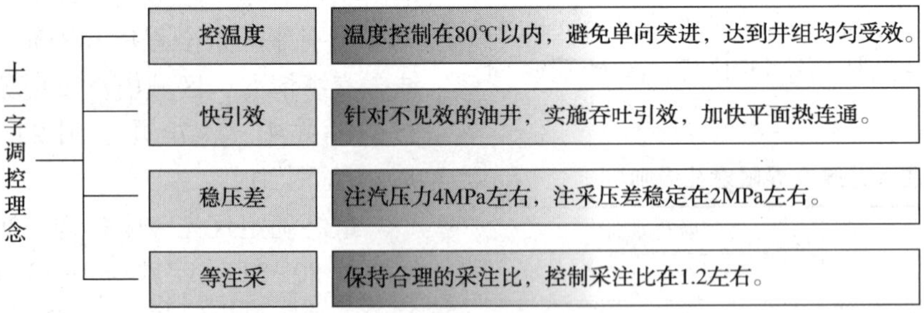

图 23　杜 80 蒸汽驱调控理念

其中针对转驱后井口温度较高的生产井，及时调整参数，避免单向突进，达到井组均匀受效，阶段实施 25 井次。以杜 80-30-64 为例，通过动态调控，确保一定的产液量及温度，阶段生产 217 天，对比转驱前同期增加 481t(见图 24)。

吞吐引效能够有效加强试验区注采连通的形成，阶段实施 4 口井。以杜 80-31-K63 为例，阶段生产 551 天，对比转驱前同期增加 336t。转驱后蒸汽驱见效不明显，表现吞吐特征，持续开展吞吐引效，加快热连通形成(见图 25)。

阶段蒸汽驱共转驱 3 个井组，日产油由转驱前的 31t 上升至 107t，产量增加将 76t(见图 26)；采油速度达到 4.9%，提高 3.48%(见图 27)。

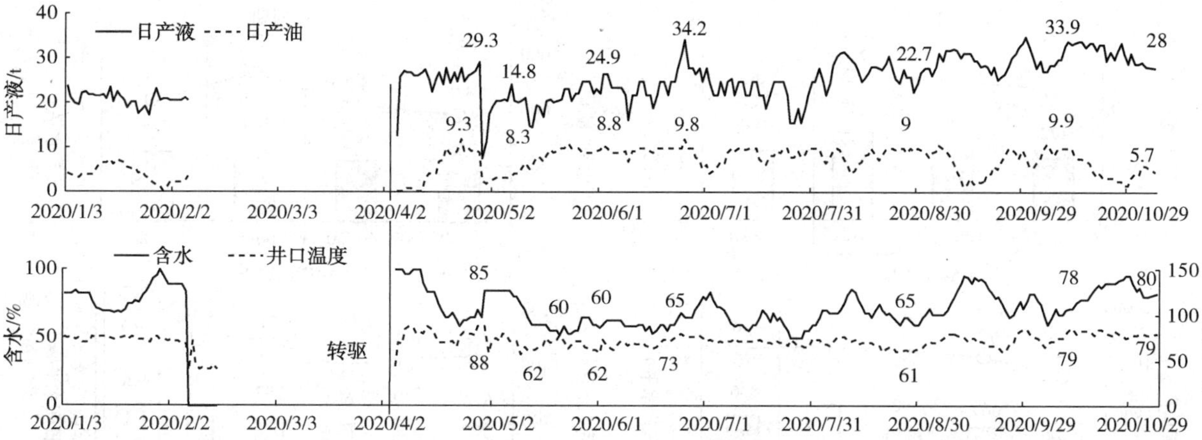

图 24　杜 80-30-64 井生产曲线

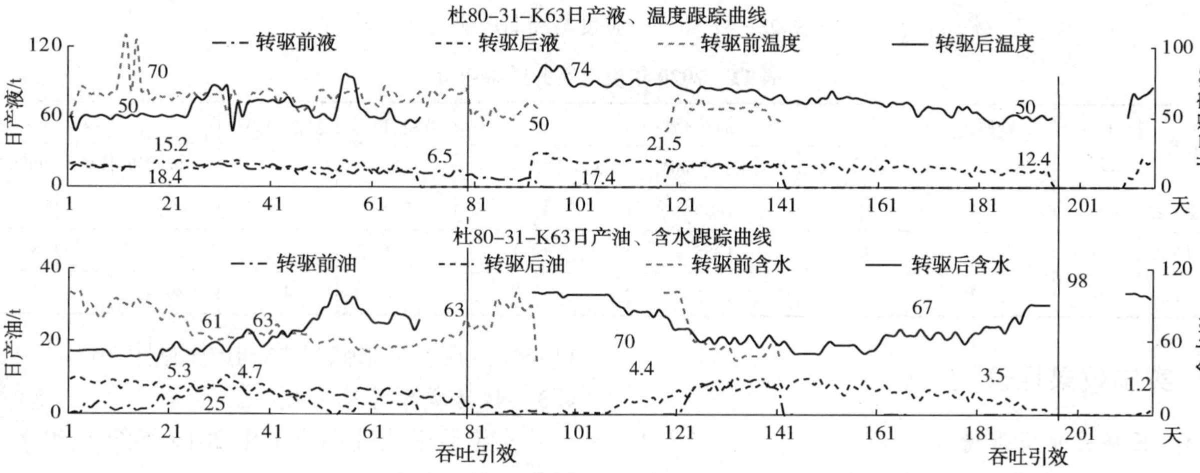

图 25　杜 80-31-K63 转驱前后生产效果对比

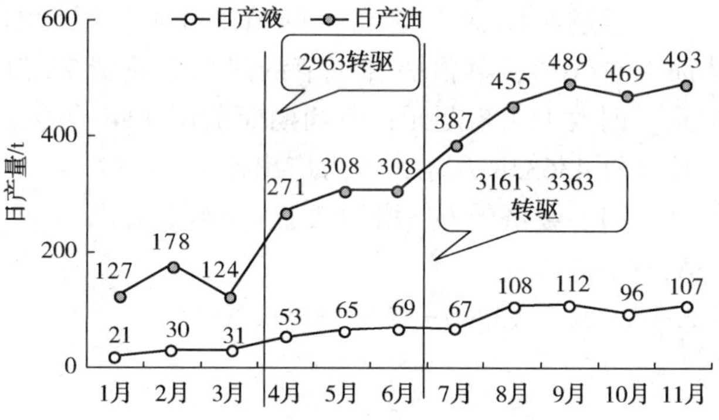

图 26　蒸汽驱先导井组日产曲线

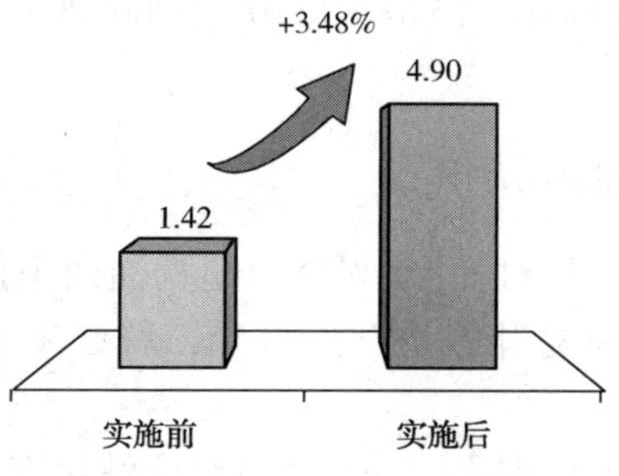

图 27　实施前后采收率对比

3.3.2　优化注汽，强化注汽，吞吐效果明显改善

通过研究周期产油与注汽强度关系，明确注汽强度设计标准，其中 1~5 周期注汽强度保持在 60~80t/m，5~10 周期注汽强度需控制在 80~100t/m，10 周期以上注汽强度应大于 100t/m（见图 28）；并围绕“注、焖、放、下、采”等五大环节，强调过程控制，实现快速衔接。

下层系新井取得较好效果。阶段共投产新井 30 口，年产油 8934t；其中下层投产新井 9 口，平均射孔厚度 30.8m，初期平均单井日产 6.6t，目前日产 4.5t，阶段产油 2842t。整体储层发育、实施效果与上层系相当（见表 11）。同时针对低产低效井吞吐老井配套实施气体辅助吞吐 12 井次，日增油 26t。下层系日产油由 18t 上升至目前的 43t，增加 25t。

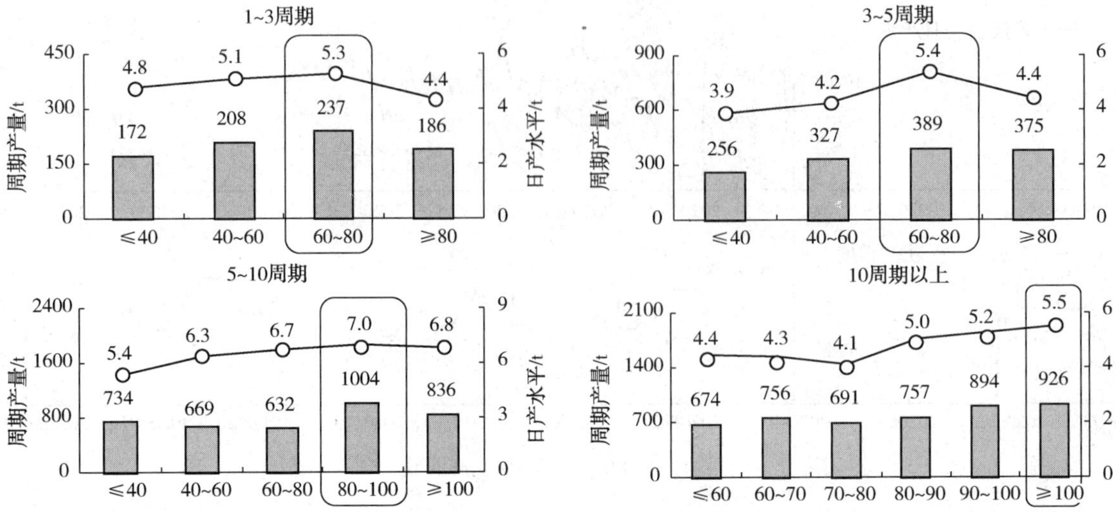

图 28　杜 80 注汽强度与周期产油关系

表 11　2020 年投产新井效果统计

分类	井数/口	平均厚度/m	油藏物性			初期日产/t	目前日产/t	阶段	
			孔隙度/%	渗透率/mD	含油饱和度/%			产油量/t	平均日产/t
上层系	21	23.4	28	1955	45	7.5	3.6	6092	3.5
下层系	9	30.8	28	1755	49	6.6	4.5	2842	3.4
区块	30	25.7	28	1895	47	7.1	4.1	8934	3.5

4　实施效果评价

4.1　区块产量成倍增长

日产油由年初的 77t 上升至目前的 246t，增加将近 2 倍；年产油增加 1.6×10^4t，采油速度提高 0.3%(见图 29)。

4.2　采收率大幅度提高

实施后区块采收率提高 29.1%，新增可采储量 153×10^4t；其中上层系采收率提高 42%，新增可采储量 127×10^4t；下层系采收率提高 11.6%，新增可采储量 26×10^4t(见图 30)。

4.3　扭转成本持续上升

实施后区块吨油成本由 2019 年的 1159 元/t 降至 1122 元/t，下降 37 元/t。

4.4　经济效益

通过对杜 80 兴隆台实施精细开发，累计增油 1.6×10^4t，蒸汽驱井组节约热采作业费 72 万元，创效 114.8 万元；节约勘探费用 4249 万元，共创效 4363.8 万元，投入产出比 1∶1.47。

(1) 经济效益=增油效益+降本效益。

$$E=E_1+E_2=(1-30\%)\times F\times Q\times(P-T-C)-I+N_1\times C_1-I+E_2$$
$$=(1-30\%)\times0.7\times15400\times(2121-113.5-257.2-367-1320)+42490000+720000$$
$$=4363.8(\text{万元})$$

(2) 阶段投入产出比。

$$\text{阶段投入产出比}=[Q\times(P-T)+E_2]/(Q\times C+I)$$
$$=(15400\times(2121-113.5)+720000+42490000)/(15400\times1320+30000000)$$
$$=1.47$$

式中，E 为取得的净效益(元)；E_1 为增油效益，元；E_2 为降本效益，元；P 为原油的价格：2121(元/t) T 为税金：113.5(元/t)；C 为生产成本(元/t)；F 为分成系数；I 为投资，元；N_1 为节约成本的数量；C_1 为成本的定额；Q 为增加产量，t。

5　结论及认识

(1) 针对杜 80 兴隆台超稠油油藏低效开发现状，为提升区块开发效果，就必须进行精细开发。

(2) 根据不同油藏条件，个性化进行多种开发方式组合开发，是提高油田采收率的必经之路。

（3）先导试验井组的成功实施，坚定了杜 80 兴隆台蒸汽驱规模实施的信心，为曙一区超稠油规模稳产提供技术支撑。

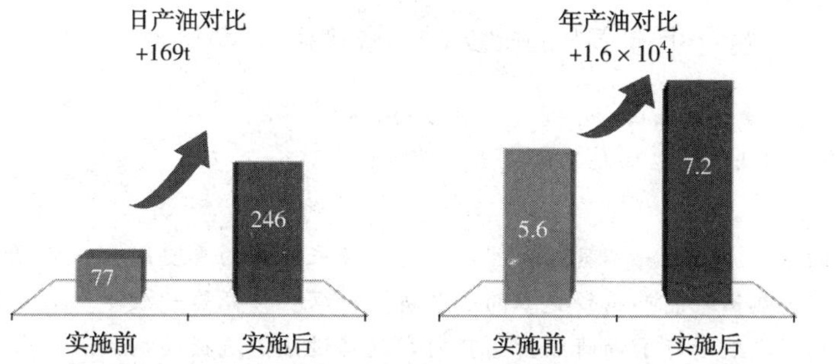

图 29　实施前后产量对比

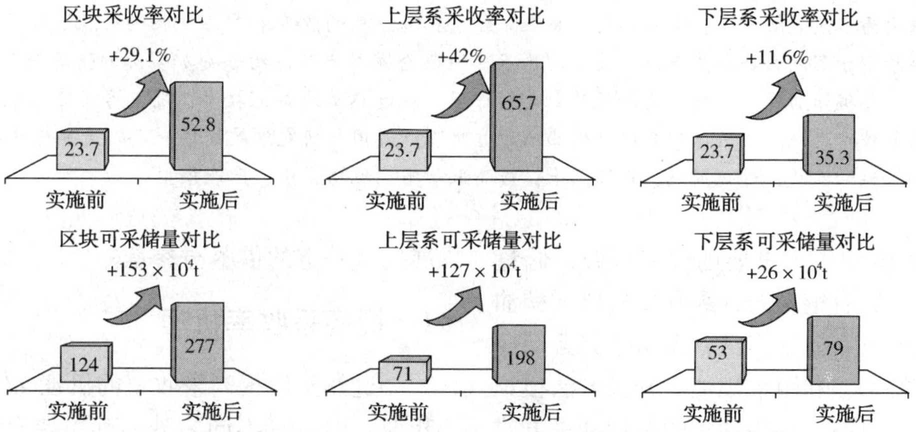

图 30　实施前后采收率、可采储量对比

参考文献

[1] 侯创业，李可宁．杜 80 断块超稠油藏汽化学吞吐试验[J]．特种油气藏，2001(第 B12 期)：72-74.

[2] 吴虹霖．杜 80 兴隆台综合生产形势研究[J]．中国科技博览．

[3] 刘昌龙．互层状超稠油热力采油完井配套技术[J]．中国科技博览．

[4] 李云松．辽河坳陷兴隆台变质岩潜山储层识别及评价[J]．中国石油勘探．

[5] 陈加华，覃青松．齐 40 块蒸汽驱 11 井组开发后期间歇注汽研究与试验[J]．石油地质与工程．

[6] 刘斌．齐 40 断块蒸汽驱试验效果评价方法研究[J]．特种油气藏．

过热蒸汽提高稠油采收率机理与应用新进展

郑爱萍[1]　黄　岢[2]　刘　欢[1]　巨世昌[1]　陈宏飞[1]　张洪源[1]　蒙延冲[1]

（1. 中国石油新疆油田分公司重油开发公司；
2. 西南石油大学石油与天然气工程学院）

摘　要　注蒸汽热采是开采稠油的主要方法之一。蒸汽的性质是影响开采效果的重要因素，常规注蒸汽热采主要采用的是饱和蒸汽，而采用过热蒸汽能够携带更多的热量进入油藏，提高热采效率。本文就过热蒸汽提高稠油采收率机理与研究应用新进展进行了调研分析，其内容包括过热蒸汽提高稠油油藏采收率机理、过热蒸汽的现场应用以及过热蒸汽相关的理论模型三个方面。过热蒸汽提高采收率机理主要有两个大方面：过热蒸汽对原油的改质作用和过热蒸汽对储层的改造作用。调研分析表明，对提高采收率贡献最大的机理依次为水热裂解作用、蒸馏作用、高温降黏、孔道结构的改变和岩石矿物的转化。过热蒸汽的现场应用主要集中于蒸汽吞吐和蒸汽驱。关于过热蒸汽的理论模型还有待结合更加实际的情况深入研究。过热蒸汽对于改善稠油油藏热采效果有着至关重要的作用，注过热蒸汽热采技术必将是今后改善稠油油藏热采效果的重要技术之一。本文以期为促进稠油油藏过热蒸汽应用与研究发展提供一定的借鉴与参考。

关键词　稠油油藏；过热蒸汽；稠油热采；提高采收率；现场应用；产能模型

稠油是21世纪极为重要的油气资源，储量丰富、物性好，具有很高的开采利用价值。稠油沥青资源在我国分布非常广泛，但由于其流动性差、黏度高等特性，利用常规油气开采方法很难将其开采出来。目前，稠油油藏的常用开采方式为热力开采，其中，以蒸汽为注入介质的：蒸汽吞吐、蒸汽驱以及蒸汽辅助重力泄油等开采方式已经广泛的应用在国内外的稠油油藏，经济效果显著。这些开采方式是利用具有一定干度的高温蒸汽将热量传递到油层中，降低稠油黏度，提高稠油流动性，从而提升驱油效率，其中蒸汽的性质对热采的影响是重中之重。

过热蒸汽与传统常规热采使用的饱和蒸汽相比具有更大的比热、更高的热焓。当注汽量相同时，过热蒸汽相较饱和湿蒸汽所携带的热量更高，在井底的加热半径更大，在井底能保持更高蒸汽干度，其所对应的采收率、油汽比和采油速率等越高，开发效果越好。

本文基于提高采收率机理对过热蒸汽开发稠油油藏技术进行以下两个部分的讨论：(1)过热蒸汽对原油物理化学性质的改变；(2)过热蒸汽对储层性质的改变。本文对过热蒸汽开采稠油油藏技术进行了详细的文献调研，结合室内机理实验研究，对该技术的发展应用现状进行了讨论，以期为促进稠油油藏过热蒸汽应用技术与研究进展提供一定的借鉴与参考。

1　提高采收率机理

过热蒸汽提高采收率的机理与常规蒸汽热采相似，但也有不同之处，其主要有两个大方面：(1)改变原油物理化学性质；(2)改变稠油油藏物理性质。其中改变原油物理化学性质的机理主要包括高温降黏、蒸馏作用、水热裂解作用等，改变稠油油藏物理性质包括改善油藏孔道结构、油藏岩石矿物的转化等。

1.1　改变原油物理化学性质

1.1.1　高温降黏

稠油注蒸汽热采的过程中，随着蒸汽的注入，油藏的温度逐渐升高，油藏中的油水黏度都大幅降低，但水的黏度降低幅度比稠油的小，其结果是改善了水油流度比，从而使得流动性增加，易于开采。过热蒸汽高温降黏的机理在国内外得到了充分的研究，目前，大多学者认为，降黏的机理是在过热蒸汽的高温环境下，稠油中的碳烃分子与水分子反应，稠油体系中大分子的C–S被破坏链断裂，形成轻质组分，从而使原油黏度降低。辽河油田柳荣伟等人调研分析了稠油降黏技术及其降黏机理，认为随着温度升高，稠油会从牛顿型流体转变为非牛顿型流体，由于稠油中胶质与沥青质分子的结构特点及相互作用，稠油体系中各大分子之间形成了一定程度的 π 键和氢键，当体系有了足够的能量时，体系中各大分子之间的连接被破坏，造成稠油黏度大幅度降低。而同质量的过热蒸汽相比普通蒸汽可以传递更多的能量到达地层之中，使大分子间各种化学键被破坏断裂得更多。总的来说，关于高温降黏的本质说法都相差无几，都是由于在过热蒸汽带来的高温环境下分子结构本身发生变化所导致，黏度的下降是一系列物理化学变化的结果。

大多数学者进行了单管驱替实验或高温反应釜实验，基本都是通过恒温控制压力实现蒸汽的过热状态。郭彬、林日亿等人、张川、文发旺等人和张健、梁建军等人都是使用填砂管进行了过热蒸汽单管驱替实验与黏温曲线测试，对比了普通饱和蒸汽与过热蒸汽驱替后原油的黏度；孙群使用高温反应釜研究了不同过热度的过热蒸汽对原油黏度的影响(见表 1)。上述实验结果都说明过热蒸汽的降黏效果要优于普通饱和蒸汽，过热度越高，原油黏度下降的越明显。图 1 为 50℃下驱替前、饱和湿蒸汽驱替后和过热 30℃ 蒸汽驱替后的黏度柱状图。过热蒸汽驱替过程中，原油与过热蒸汽发生的高温化学反应对稠油有着不可逆转的降黏改质作用。理论上说，填砂管的单管驱替实验更能模拟实际情况，但蒸汽在单管内的温度控制没有反应釜精确。孙群还使用高温反应釜研究了 240℃ 过热蒸汽作用不同时间对原油黏度的影响实验测定了过热蒸汽作用不同时间后常温下稠油的黏度，结果表明随着时间的增加，稠油黏度逐渐下降且下降幅度越来越大，但是当时间超过 36h 达到 48h，常温下的稠油黏度增加，这说明过热蒸汽作用的最佳时间为 36h。这可能是由于当温度达到一定程度后稠油某些成分发生结焦作用使得黏度略微上升。

值得指出的是，上述过热蒸汽单管驱替实验大多数只做了普通饱和蒸汽与过热蒸汽的对比实验，不同过热度的过热蒸汽的驱替实验最多也就两组，且过热度不大，最高过热 70℃。更高过热度的过热蒸汽驱替对于原油黏度的影响有待研究。上述驱替实验基本都是恒温调节压力来实现蒸汽的过热状态，恒压调节温度实现过热状态的驱替实验较少。

表 1　过热蒸汽过热度对稠油黏度的影响

年份	学者	实验方法	主要结论
2014	张健	单管驱替，恒温变压产生过热蒸汽(300℃)	过热蒸汽的降黏效果要优于普通饱和蒸汽；过热度的提高，黏度下降越明显
2017	孙群	高温反应釜，调节温度和压力	
2019	郭彬	单管驱替，恒温变压产生过热蒸汽(260℃)	
2020	张川	单管驱替，恒温变压产生过热蒸汽(250℃)	

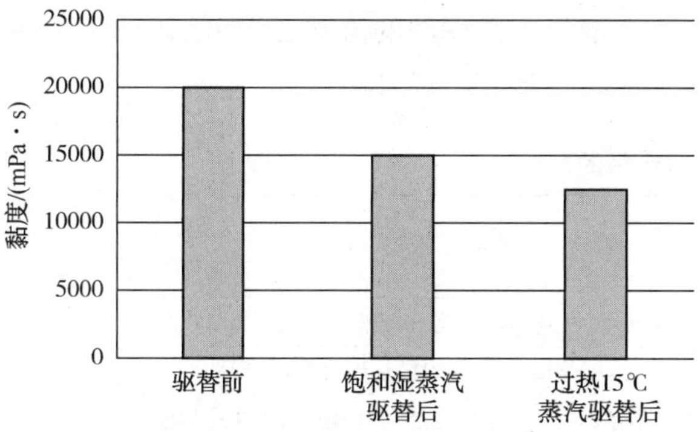

图 1　某稠油油样驱替前后原油黏度

1.1.2　蒸馏作用

当液态混合物中的挥发组分直接引入蒸汽时，液态混合物中的一些组分可以在低于其沸点的温度蒸发为气态，这就是蒸汽的蒸馏作用。简单来说，当过热蒸汽注入油藏之后，油藏温度随之提高，当油藏温度达到体系中轻质组分的泡点温度后，稠油中的轻质组分与重质组分发生分离，轻质组分占蒸馏产物的大部分，重质组分则还是液态。蒸馏作用的强度取决于蒸馏温度、压力和稠油组成。蒸汽注入过程中，地层的热量都是由蒸汽从地表带入油层，而基于前述蒸馏机理，能发生蒸馏作用部分为蒸汽，而非冷凝后的热水。由此可见，高干度的蒸汽应具有更好的蒸馏效益，而同质量的过热蒸汽相比于普通蒸汽不仅能够携带更多的热量进入油藏，同时也具有更多的高干度蒸汽，从而更能促使蒸馏作用的发生。

蒸汽蒸馏率指单位质量的原油中蒸馏出来的馏分的质量，一般用蒸汽蒸馏率的大小来表征蒸汽蒸馏作用的强弱。肖酒稠油蒸汽蒸馏实验装置对比研究了 0.98MPa 环境下饱和蒸汽与不同过热度的过热蒸汽对稠油的蒸馏率(见图2)。实验结果表明，稠油的蒸馏率随着蒸汽的过热度升高而升高，过热60℃的蒸馏率为19.6%，较180℃饱和湿蒸汽提高了6.6%；郭彬通过对过热蒸汽驱替后的油样进行分析发现，注入的过热蒸汽的过热度越高，蒸馏率越高，得到的馏分也越多；张健、李春兰等通过对过热蒸汽驱单管实验后的油样进行组分分析，认为由于过热蒸汽的高温低压的特性，过热蒸汽的蒸馏作用强于饱和蒸汽是因为前者对于多孔介质中的小孔隙的稠油轻质组分的蒸馏作用更强。但针对这一观点，他没有给出具体的实验证明与解释，有待进行对比实验具体研究；Mohammad通过蒸馏实验认为蒸汽过热度和轻质组分含量对蒸汽蒸馏率的影响至关重要；郝杰进行了过热蒸汽驱的蒸馏作用机理实验，实验结果证明，过热蒸汽可以较大幅度提升蒸汽蒸馏率，且原油组分中轻质组分含量越高，蒸馏作用更强；2008年，李春涛通过对哈萨克斯坦肯基亚克油田的现场试验进行了分析，得出注汽量相同的情况下，和普通蒸汽吞吐相比，过热蒸汽吞吐的蒸馏率更高，驱油效率更好。范宁宁设计了三维实验模型，探究了相同温度、不同压力下的不同过热度的过热蒸汽对蒸汽蒸馏作用的影响，定量测定了各组实验的蒸馏率。结果表明，过热度升高，蒸馏率升高。蒸馏作用前后原油的碳素分布表明，过热蒸汽蒸馏出的馏分以轻质组分居多，且轻质组分基本全部被蒸馏出来，轻质组分增多，开采出来的原油品质得到提升，提高了驱油效率。高孝田进行了过热蒸汽驱的蒸馏作用实验，也采用四组分测定的方法，测定了过热蒸汽蒸馏作用前后的四组分组成，实验结果显示过热度为80℃的过热蒸汽的蒸馏率较饱和蒸汽提高1~1.2倍；过热蒸汽的蒸馏馏出物中轻烃含量增加，残余油中饱和烃含量减少、胶质沥青质含量增加。杨森通过过热蒸汽的蒸馏实验得出蒸馏率随过热度增大而增大，且过热度越高，蒸馏率上升速度也就越快；饱和烃和胶质百分含量减小，芳烃和沥青百分含量会增多。但他发现当注汽量达到一定值后蒸馏率不再上升，这是由于蒸汽蒸馏的过程具有时间限制，仅在蒸汽接触原油的一段时间内发生，当注汽量超过一定程度后蒸汽蒸馏作用便不再发生。

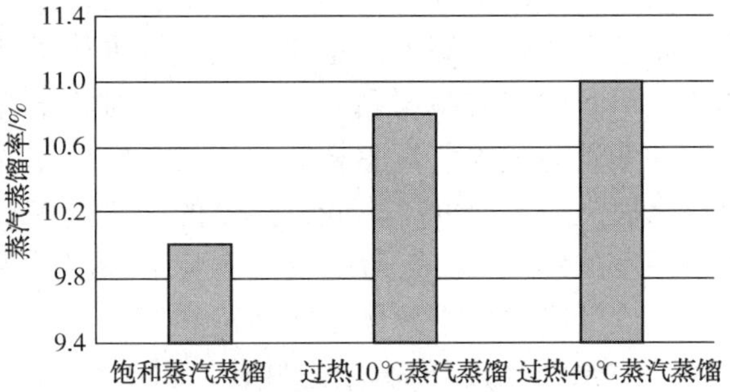

图2　不同蒸汽蒸馏作用效果

综上所述，表2简单整理了过热蒸汽对蒸馏作用影响的实验。大部分学者通过蒸馏实验后的稠油蒸馏率、四组分分析或者碳素分布分析来表征过热蒸汽的蒸馏作用。以上实验结果证明了蒸汽蒸馏作用的强度取决于蒸馏的温度、压力和稠油组成。随着蒸汽过热度的升高，油藏温度提高，能够被蒸馏出来的组分变多，从而使得蒸馏率提升。过热蒸汽的使用加强了蒸汽的蒸馏作用，增加了轻质组分的采出，使得油藏内流体渗流能力增强，使稠油的流动变得更加容易，驱油效率提高，采收率提升。

表2　影响过热蒸汽蒸馏作用的实验

影响因素					主要结论与认识
学者	温度	压力	过热度	稠油组成	
肖酒	√	√	√		过热蒸汽蒸馏率较饱和湿蒸汽提高了6.6%
郭彬		√	√		蒸馏率随着蒸汽的过热度升高而升高
张健	√		√		过热蒸汽对于小孔隙里轻质组分的蒸馏作用更强
Mohammad	√		√	√	蒸汽过热度和轻质组分含量对蒸馏率的影响至关重要
郝杰	√	√	√	√	轻质组分含量越高，蒸馏作用更强
李春涛	√		√		过热蒸汽吞吐的蒸馏率相比普通蒸汽更高
范宁宁		√	√		过热蒸汽蒸馏出的馏分以轻质组分更多
高孝田	√	√	√		过热蒸汽的蒸馏率较饱和蒸汽提高1~1.2倍
杨森		√	√		过热度高，蒸馏率上升速度高

注：没有打“√”说明该实验该因素不变。

1.1.3 水热裂解作用

在高温条件下，稠油与水蒸汽发生的水热裂解反应是过热蒸汽提高采收率的重要机理之一。相同质量的过热蒸汽相比普通蒸汽能够带入更多的热量进入地层，为稠油的裂解改质提供更好的温度条件，稠油的水热裂解反应更为剧烈。注入普通蒸汽时，稠油发生的水热裂解反应一般不是很剧烈，所以水热裂解反应也是过热蒸汽区别于普通蒸汽的重要作用机理。

1983年，Hyne等人在研究加拿大稠油时发现稠油在高温水蒸汽的作用下发生了脱硫、脱氮、加氢、开环以及水煤气转换等一系列反应，他把这一系列反应统称为稠油的水热裂解反应。他提出水热裂解总的化学反应式如式(1)所示：

$$RCH_2CH_2SCH_3+2H_2O \longrightarrow RCH_3+CO_2+H_2+H_2S+CH_4 \quad (1)$$

Hyne经过研究证明，当温度到200℃以上，由于发生水热裂解反应，使稠油中硫含量、相对分子量和黏度大幅降低。Strausz等人在Hyne的研究基础上，为了减少金属反应器的催化作用，改进了实验方法，研究了不同含水率的油砂的水热裂解实验，实验后对油样进行色谱分析发现饱和烃含量增加，沥青质解聚产生了噻吩化合物。Kenneth等人也对加拿大冷湖区域的稠油进行了热解实验研究，结果显示油样碳氢比明显上升，芳香度显著增加，这是由于组分发生了开环、缩合、侧链断裂和芳香化等一系列反应。Lamoureux-Var等开展稠油的水热裂解实验，定量分析结果表明反应前油砂中的硫主要存在于胶质、沥青质和芳香烃中，然而随着反应的进行，沥青质和胶质中的硫主要转化到不溶物中。这说明发生了C-S链的断裂，重烃转化成了轻烃。Clark认为油砂在高温蒸汽的处理下，油砂组分间存在微妙的相互作用，大分子重烃分解为轻烃与硫化氢。

国内刘永建、张博、孙群、范洪富和韩飞等学者都通过稠油水热裂解实验实验表明在高温条件下(见表3)，稠油与水蒸气发生热解反应后，稠油组分分子内部发生断链，轻烃增多，重烃减少；碳原子含量降低，氢原子含量明显增加。上述学者的研究中稠油的高温水热裂解实验一般都是将稠油与水置于高温高压反应釜或者某种容器进行来模拟过热蒸汽与稠油的反应，反应的实质其实是稠油与高温高压水的反应，而没有控制压力，过热蒸汽与稠油间水热裂解反应研究目前尚少。周体尧、程林松等人改进了实验方案与实验器材，严格控制了反应时蒸汽的压力和温度，理论上实现了过热蒸汽与稠油的热解反应，实验结果分析了油样的四组分组成与元素分析。实验结果显示，反应后饱和烃和芳香烃增多，胶质和沥青质减少，碳原子和硫原子含量减少，这说明发生了明显的热解反应。孙群还通过设计微观实验研究了黏度不同的稠油在过热蒸汽的作用下发生的水热裂解反应。研究结果显示，稠油黏度越高，其完全水热裂解时间越长。这是由于黏度高的稠油含油大量的胶质和沥青质，所以所需要的水热裂解时间长，而高分子量的沥青质对于温度敏感性，在高温时极易断链转化成轻质组分，而黏度较低的稠油水热裂解反应所需要的温度较低。低黏度稠油的沥青质含量少，反应主要为胶质向饱和烃转化，而高黏度的稠油不仅有胶质转化为向饱和烃的过程，还有沥青质转化为芳香烃的过程。

大多数学者都采用高温高压反应釜来进行稠油的水热裂解反应实验，油水质量比一般控制在10：3，通过测定反应后稠油组分的变化或者气体的生成情况来分析热解反应的发生与程度。综上所述，注入过热蒸汽后，稠油发生水热裂解反应，饱和烃和芳香烃增多、胶质和沥青质减少，储层流体流动能力增加，原油更容易被采出，采收率提高。

总的来说，高温降黏和蒸馏作用是蒸汽热采的主要机理，但不是对过热蒸汽提高采收率贡献最大的机理；过热蒸汽对稠油的水热裂解作用影响更大，对稠油的改质作用最为强烈，所以对过热蒸汽提高采收率贡献最大的机理依次是水热裂解作用、蒸馏作用和高温降黏。

1.2 储层性质改造

1.2.1 改善孔道结构

油藏的物理结构对于稠油的渗流能力和流通程度以及最终的采收率有着重要的影响。相同质量的过热蒸汽比普通蒸汽的能量大很多，当过热蒸汽注入地层后，对储层岩石进行高温下的强烈冲刷会造成储层岩石矿物颗粒的运移和裂解，甚至泥土矿物的溶解，使储层岩石孔喉通道变光滑，改善储层岩石结构，提高储层岩石的渗透率，降低残余油饱和度，提高原油的采收率。

表3　国内稠油水热裂解实验

时间	学者	实验方法	主要结论与认识
2002年	范洪富	高温高压反应釜	反应后饱和烃和芳香烃增多，胶质和沥青质减少，碳原子、硫原子含量减少
2004年	刘永建		
2008年	韩飞		
2009年	周体尧		
2011年	张博		
2017年	孙群		

为观察过热蒸汽对油砂的微观结构的改变，孙群使用电镜扫描了过热蒸汽作用前后油砂的微观结构，孔吼结构分布对比表明过热蒸汽作用后的岩石孔道表面更加平坦，光滑。这是由于在过热蒸汽的冲洗作用下，原始黏土矿物遭到了破坏，其中部分伊利石和绿泥石矿物颗粒被破碎、溶解。与普通蒸汽相比，过热蒸汽在作用到岩石矿物颗粒表面时会产生更高的热应力，导致颗粒表面的微晶体脱落，从而使储层孔道更加通畅。过热蒸汽这一作用在很大程度上降低了原油流体在孔道中的渗流阻力，提高了储层的流通能力。郑欢研究发现，油藏在被蒸汽注入后储层岩石骨架颗粒场发生明显变化，这是由于在过热蒸汽的冲刷作用下，储集体岩石骨架场发生剥蚀作用，小微粒被冲走，甚至部分矿物与胶结物发生溶解；刘大锰、王洪涛进行了蒸汽与储层的水岩反应实验，测定了当蒸汽pH值一定时，不同温度下黏土矿物的溶解度。结果显示，随着温度升高，储层岩石颗粒的溶解度升高，这表明相同质量的过热蒸汽相比普通蒸汽，携带的热量更高，能够更好地溶解岩石颗粒，提高流体的流动能力，提高驱油效率。罗晓惠在研究河南油田注蒸汽后地质特征变化情况时发现高温过热蒸汽注入后，储层内部孔隙类型发生变化，由原来的小孔隙转变为大孔隙。肖卫权在研究蒸汽吞吐后地质变化特征时发现随着过热蒸汽冲刷，储层孔隙被改造成扩大孔、超大孔、管状孔，宏观上油藏的孔隙度增大、渗透率升高。郭彬也使用电镜观察了过热蒸汽作用过后的油砂样品，发现作用后孔隙通道变大，这是由于过热蒸汽使小颗粒矿物被流体携带、冲刷、运移，使原始孔隙结构发生了改变。张健在研究过热蒸汽如何提高采收率的时候发现，注入过热蒸汽会在注入井附近形成一个持续的高温环境，在持续的高温氛围下会使过热蒸汽区的地层岩石孔隙结构发生改变，他还进行了饱和蒸汽和过热蒸汽驱替后岩层渗透率的对比实验，过热蒸汽驱替后的液测渗透率相比饱和蒸汽和热水明显提高，这说明注入过热蒸汽后储层渗流环境得到明显改变。

综上所述，过热蒸汽会使储层的物理性质参数向有利于原油开发的方向变化，通过改变岩石矿物结构，改善孔喉状态，甚至将一些没有打通的孔吼道，提升原油的采收程度；明显提高油相的相渗，降低残余油饱和度，提高油井产量。

1.2.2　油藏岩石矿物的转化

注入同质量的过热蒸汽与饱和蒸汽相比，过热蒸汽注入后会形成一个温度更高的环境，在高温环境中分子运动活跃，蒸汽和矿物会发生各种各样、十分复杂的物理化学反应，最后形成岩石矿物的转化，改善油藏物理性质。

黏土矿物在油藏中充填在岩石孔隙空间或覆盖在岩石颗粒表面，对岩层表面和液体的吸附力、界面张力、毛管力以及润湿性有很大影响。在注蒸汽开发的过程中，由于水汽进入地层，黏土矿物经常引起储层性质、孔隙结构和水驱油效率的改变。因此，黏土矿物的转化是影响储层性质的重要因素。孙群对过热蒸汽作用后的黏土矿物转化情况做了研究，结果显示实验后的黏土矿物中的高岭石、伊蒙混层减少，伊利石、绿泥石增加。这说明在过热蒸汽作用过后，部分黏土矿物被破坏、瓦解，使得油藏储层的水敏性下降，这将有利于原油后续的持续开发。出现这种转化是因为在高温、过热的情况下蒙脱石会脱水转化，在不同的酸碱性环境下蒙脱石所转化成的矿物类型不一样，发生转化时，蒙脱石会失去一些层间水，从而转化成伊蒙混层矿物，最后变成伊利石。如果存在 Mg^{2+} 和 Fe^{2+} 其最终会转化成绿泥石。林日亿、王铭宝也通过岩心驱替实验证明了这一点。不同的是，林日亿指出虽然湿蒸汽驱替实验的结果显示，湿蒸汽驱替后的矿物转化规律与过热蒸汽相似，但是使用湿蒸汽驱进行驱替时，蒙脱石的转化程度不如使用过热蒸汽，蒙脱石是比较典型的膨胀型黏土矿物，膨胀型黏土矿物遇水会膨胀堵塞渗流通道，影响储层流体的流动，对开采十分不利，所以蒙脱石的减少有利于改善储层的渗流能力，而过热蒸汽能够使蒙脱石减少得更少。

油藏岩石矿物的转化主要集中于膨胀黏土矿物向不膨胀的黏土矿物转化，而过热蒸汽能够加强这一作用，使得转化后的黏土矿物性质更加有利于提高采收率。

总的来说，过热蒸汽对于储层性质的改造主要得益于孔道结构的改善，孔道结构决定了储层的孔隙度、渗透率等储层物理性质参数。黏土矿物的转化主要是改变了一些矿物的水敏性，相较孔道结构的改变对储层性质影响较小。注入过热蒸汽后，储层性质从根本上得到了改变，使得采出程度提高。综上所述，对储层性质的改造也是过热蒸汽提高采收率不容忽视的重要机理，其中孔道结构的改善对提高采收率的贡献最大。

2 结论与展望

通过针对稠油油藏过热蒸汽提高采收率的机理相关文献的调研分析，得出以下结论：

(1) 高温降黏和蒸馏作用是普通饱和蒸汽热采提高采收率的主要机理，但不是过热蒸汽对提采贡献最大的机理；过热蒸汽对稠油的水热裂解作用是对提采贡献最主要的机理，对稠油的改质作用最为强烈，对过热蒸汽提高采收率贡献最大的机理依次是水热裂解作用、蒸馏作用和高温降黏。

(2) 对储层性质的改造也是过热蒸汽提高采收率不容忽视的重要机理，过热蒸汽通过改变岩石矿物结构，可以改善孔喉状态，甚至将一些没有打通的孔吼道，提升原油的采收程度；明显提高油相的流动能力，降低残余油饱和度，提高油井产量，其中孔道结构的改善对提高采收率的贡献最大。

参 考 文 献

[1] 于连东．世界稠油资源的分布及其开采技术的现状与展望[J]．特种油气藏，2001，(02)：98-103，110.

[2] 王大为，周耐强，牟凯．稠油热采技术现状及发展趋势[J]．西部探矿工程，2008，(12)：129-131.

[3] 王君，范毅．稠油油藏的开采技术和方法[J]．西部探矿工程，2006，(07)：84-85.

[4] 贾学军．高黏度稠油开采方法的现状与研究进展[J]．石油天然气学报，2008，(02)：529-531，537.

[5] 刘涛．稠油热采技术应用现状及优化分析[J]．自然科学(文摘版)，2016，(3)：124.

[6] 何聪鸽，许安著，范子菲，等．稠油油藏注过热蒸汽加热半径计算新模型[J]．大庆石油地质与开发，2017，36(02)：117-122.

[7] 陈月明．注蒸汽热力采油[M]．东营：石油大学出版社，1996.

[8] 张博，刘永建，赵法军，等．注蒸汽条件下稠油催化改质降黏实验[J]．新疆石油地质，2011，32(05)：501-503.

[9] Song G，Zhou T，Cheng L，et al. Aquathermolysis of conventional heavy oil with superheated steam [J]. Petroleum Science，2009，6(3).

[10] 柳荣伟，陈侠玲，周宁．稠油降黏技术及降黏机理研究进展[J]．精细石油化工进展，2008，9(04)：20-25，30.

[11] 郭彬，林日亿，王泽宇，等．过热蒸汽改善驱油效果实验及机理分析[J]．新疆石油地质，2019，40(04)：481-485.

[12] 张川，文发旺，欧阳云丽，等．过热汽驱提高稠油油藏采收率应用实践与认识[J]．化工管理，2020，(09)：222-223.

[13] 张健，梁建军，高巧娟，等．过热蒸汽对提高敏感性油藏原油采收率的实验研究[J]．科学技术与工程，2014，14(18)：40-43，47.

[14] 孙群．不同黏度稠油过热蒸汽作用机理室内实验研究[D]．北京：中国石油大学(北京)，2017.

[15] 刘新华，刘红研，朱建华．利用活化剂强化常减压蒸馏[J]．石化技术，2000，(02)：112-117.

[16] [美]K. C. Hong. 蒸汽驱油藏管理[M]．岳清山，等译．北京：石油工业出版社，1996.

[17] 叶仲斌．提高采收率原理[M]．北京：石油工业出版社，2000.

[18] 刘公和，林诚，朱跃姿，等．加剂强化蒸馏提高轻质混炼原油常减压拔出率的研究[J]．福州大学学报(自然科学版)，2002，(05)：627-631.

[19] 陆善祥，崔建，钟晓航，等．添加剂强化蒸馏及其在胜利原油蒸馏中的应用[J]．石油学报(石油加工)，2000，(03)：1-8.

[20] 肖洒．影响稠油蒸汽驱蒸馏作用因素及改善效果研究[D]．青岛：中国石油大学(华东)，2014.

[21] 张健，李春兰，李琳琳．过热蒸汽强化普通稠油蒸

馏作用的实验研究[J]. 重庆科技学院学报(自然科学版), 2009, 11(04): 66-68.
[22] Vafaei M T, Eslamloueyan R, Enfeali L, et al. Analysis and Simulation of Steam Distillation Mechanism during the Steam Injection Process [J]. Energy & Fuels, 2009, 23(1): 327-333.
[23] 郝杰, 吴涛, 王勇. 过热蒸汽驱蒸馏作用机理实验[J]. 油气田地面工程, 2014, 33(09): 15-16.
[24] 李春涛, 钱根宝, 吴淑红, 等. 过热蒸汽性质及其在稠油油藏吞吐开发中的应用——以哈萨克斯坦肯基亚克油田盐上稠油油藏为例[J]. 新疆石油地质, 2008, (04): 495-497.
[25] 范宁宁, 刘鹏程, 张胜飞, 等. 稠油油藏蒸汽蒸馏物理模拟实验[J]. 油气地质与采收率, 2016, 23(06): 70-75.
[26] 高孝田, 吴官生, 沈德煌, 等. 稠油油藏过热蒸汽驱蒸馏作用机理试验研究[J]. 石油天然气学报, 2010, 32(03): 344-346, 418.
[27] 杨森. 稠油热采中原油蒸汽蒸馏作用的机理研究[D]. 北京: 中国地质大学(北京), 2015.
[28] Clark, Clarke, Hyne. Studies on the Chemical Reactions of Heavy Oils Under Steam Stimulation Conditions[J]. AOSTRA Journal of Research, 1990, 6: 29-39.
[29] Muraza O. Hydrous pyrolysis of heavy oil using solid acid minerals for viscosity reduction[J]. Journal of Analytical and Applied Pyrolysis, 2015(114): 1-10.
[30] 吴川, 陈艳玲, 王元庆, 等. 胜利超稠油催化水热裂解改质降黏研究[J]. 油田化学, 2009, 26(2): 121-123.
[31] V. Lamoureux-Var, F. Lorant. H_2S Artificial Formation as a Result of Steam Injection for EOR: A Compositional Kinetic Approach[C]. ITOHOS International Thermal Operations and Heavy Oil Symposium, 2005.
[32] 刘永建, 钟立国, 蒋生健, 等. 水热裂解开采稠油技术研究的进展[J]. 燃料化学学报, 2004(01): 117-122.
[33] 范洪富. 辽河稠油水热裂解反应研究与应用[D]. 大庆: 大庆石油学院, 2002.
[34] 范洪富, 刘永建, 赵晓非. 稠油在水蒸汽作用下组成变化研究[J]. 燃料化学学报, 2001, (03): 269-272.
[35] 韩飞. 基于稠油水热裂解反应的SAGD蒸汽腔扩展规律研究[D]. 青岛: 中国石油大学(华东), 2018.
[36] 周体尧, 程林松, 李春兰, 等. 过热蒸汽与稠油之间的水热裂解实验[J]. 西南石油大学学报(自然科学版), 2009, 31(06): 89-92, 212.
[37] 郑欢. 齐40块中深层稠油热采储层汽驱优势通道研究[D]. 荆州: 长江大学, 2016.
[38] 王红涛, 刘大锰, 崔连训, 等. 稠油热采储层伤害及物性变化特征研究[J]. 钻采工艺, 2009, 32(01): 55-57, 115.
[39] 王红涛. 稠油油藏注蒸汽储层物性参数变化规律及治理技术研究[D]. 北京: 中国地质大学(北京), 2009.
[40] 罗晓惠, 罗曦. 稠油油层注汽后物性变化及剩余油分布研究[J]. 长江大学学报(自科版)理工卷, 2007, (03): 47-49.
[41] 张健. 过热蒸汽改善水敏性稠油油藏开发效果研究[J]. 内蒙古石油化工, 2014, 40(08): 129-131.
[42] 李红, 王培荣, 邓胜华, 等. 非烃化合物引起的润湿性的变化[J]. 石油勘探与开发, 2000, (05): 69-71, 75-16, 5.
[43] 李素梅, 张爱云, 王铁冠. 原油极性组分的吸附与储层润湿性及研究意义[J]. 地质科技情报, 1998, (04): 66-71.
[44] 刘其成, 郭彦臣, 刘志惠. 辽河油区稠油热采中储层变化实验研究[J]. 特种油气藏, 1999, (03): 54-58.
[45] 于兰兄, 杨延东, 汪宝华. 辽河油区砂岩稠油油藏蒸汽吞吐开采中储层变化的实验研究[J]. 特种油气藏, 1999, (01): 54-59.
[46] 李福垲. 砂岩油层中黏土矿物对储层性质的影响[J]. 石油勘探与开发, 1980, (06): 67-79.
[47] 宁林, 苟开元, 刘美玲, 等. 黏土矿物蒙脱石晶体的种类及其结构分析[J]. 广西科技大学学报, 2020, 31(03): 75-81, 98.
[48] 谭罗荣. 蒙脱石晶体膨胀和收缩机理研究[J]. 岩土力学, 1997, (03): 13-18.

扶余油田特高含水期深部调剖技术的应用及认识

黎政权　代春明　徐丽丽

（中国石油吉林油田分公司）

摘　要　扶余油田属于裂缝性砂岩油藏，现已进入特高含水开发期，二次开发后，井网进一步加密，水淹水窜问题突出，无效水循环严重，因此规模化、系统化开展水井深部调剖实现控水稳油是扶余油田高效稳产的突破口。通过对优势通黎政权道的识别、调剖调驱体系的优选、调剖剂驱油剂的最佳组合方式、注入方式及调剖轮次/时机的研究和矿场规模实施，扶余油田调剖区块的无效水循环得到有效控制，层间、层内吸水状况明显改善，水驱采收率较调剖前提高3.2%。结果表明，扶余油田形成的深部调剖配套技术可以有效改善特高含水期裂缝性砂岩油藏的水驱开发效果。

关键词　扶余油田；调剖调驱；特高含水；优势通道；凝胶

扶余油田位于松辽盆地南部中央坳陷区扶新隆起带扶余Ⅲ号构造上，为裂缝性中孔中渗砂岩油藏，开发层系为扶余油层和杨大城子油层，储层以正韵律、复合韵律沉积为主，层间、层内非均质性严重，再加上压裂导致的人工裂缝普遍发育，加剧了开发三大矛盾的产生。目前扶余油田采出程度25.2%、综合含水95.6%，已进入特高含水开发期，无效水循环严重。常用的油井机械堵水技术在堵住无效水的同时，也造成了高渗层中的低渗部位剩余油得不到有效动用，因此迫切需要研究适合扶余油田不同油藏特征的深部调剖技术，通过液流转向，挖潜中、低渗透部位的剩余油，扩大波及系数，改善驱替效果，提高采收率。

1　调剖区块、井、层的选取

1.1　调剖区块及调剖井的选取

针对注采井网完善、水淹水窜现象突出、采收率提升潜力大的区块开展调剖。

宏观选井原则：(1)井组平面矛盾突出、综合含水高但采出程度低、剩余油饱和度高；(2)储层普遍发育且高渗通道明显的注采井组；(3)层间或层段内吸水差异大的注水井；(4)固井质量好、调剖后有足够压升空间的注水井；(5)压力降落快、压力指数过低的水井。

在选井方法上主要采用压力指数PI决策法。PI决策技术主要根据注水井井口压降曲线计算所得的压力指数(Pressure Index)值决定区块调剖堵水决策的技术。

$$PI = \frac{\int_0^t p(t)\,dt}{t}$$

式中，PI为压力指数，MPa；t为时间，min；

$p(t)$为注水井井口压力随时间变化的函数。

为使注水井的PI值可与区块中其他注水井的PI值相比较，应将各注水井PI值改正到相同的条件下，即PI改正值。PI改正值$=PI$值$\times(q/h$平均值的归整值$)\div(q/h)$改正后的PI值直接与地层渗透率K相关，因此可求得此PI改正值作为压力指数决策技术中的决策参数，PI值越小，越需要调剖。

1.1.1　区块调剖必要性判断

区块平均PI值越小越需要调剖，一般低于10MPa的井需要调剖；区块中注水井的PI值极差越大越需要调剖，一般超过5MPa需要调剖。

1.1.2　调剖井的选定

按区块平均PI值和注水井的PI值选定。通常是低于区块平均PI值的注水井为调剖井。例如中11-15区块(见表1)，区块平均PI值为5.08 MPa，有调剖的必要，其中中11-13.2井PI改正值最小，最具有调剖的必要。

表1　中11-15区块井口全井压降测试情况

序号	井号	q/(m^3/d)	h/m	PI值/MPa	PI改正值/MPa
1	中11-013.2	32	25.6	4.84	5.33
2	中+11-013.21	37	25.8	5.00	4.80

续表

序号	井号	q/(m³·d⁻¹)	h/(m)	PI 值/MPa	PI 改正值/MPa
3	中 9-13.2	30	40.4	5.12	9.48
4	中 11-13.2	44	25.6	5.06	4.05
5	中 11-015.2	35	20.2	5.37	4.26
平均		35.6	27.5	5.08	5.08

2010 年以来在扶余油田 56 个区块优选调剖水井并实施了 924 井次，其中东、中、西三个区块均在 300 井次左右。

1.2　调剖目的层的选取

调剖目的层主要通过油水井的监测资料、动态分析和地球物理测井来识别水流优势通道类型和强水洗体积来确定。

1.3　水流优势通道的识别

优势通道类型的识别及定量描述能有效指导调剖调驱体系的优选。目前主要应用井间示踪剂测试、水井压降曲线测试、地球物理测井和数值模拟来定性与定量判别水流优势通道。

1.3.1　应用示踪剂曲线形态识别优势通道类型

示踪剂推进速度越快，见剂时间越早，井间具有大孔道和裂缝的可能性越大；从示踪剂浓度曲线的攀升形态上看，攀升段越陡，井间越可能有裂缝；曲线峰数越多，纵向上井间存在大孔道段的密度越大；高峰持续时间越长，存在裂缝可能性越大，裂缝的方向性越唯一；回落曲线越陡，井间裂缝越发育。

从近年井间示踪剂采出液检测分析得出，扶余油田水流优势通道以复合型为主，高渗型和裂缝型次之，但各区块有所不同。

1.3.2　应用试井解释技术识别优势通道类型

通过分层测压试井技术能够定性判别优势通道类型以及渗流特征。

井储+表皮：地层均质无裂缝，用于判断井的污染程度，双对数曲线开口越大，表皮系数越大，污染越严重(见图 1)。

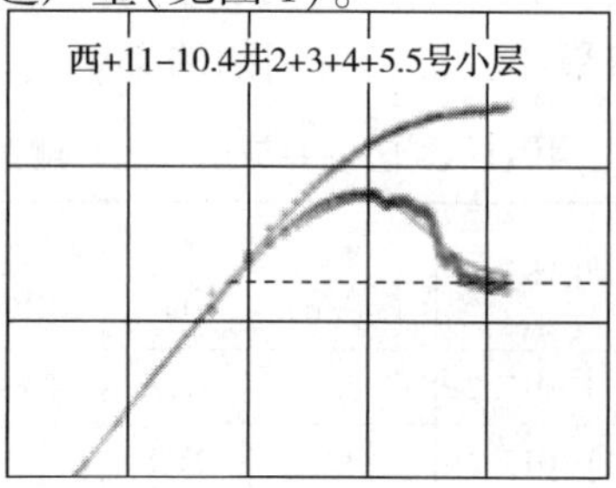

图 1　井储+表皮

无限导流：地层存在裂缝，流体直接由地层流向井筒，流体在裂缝中的流动忽略不计(见图 2)。

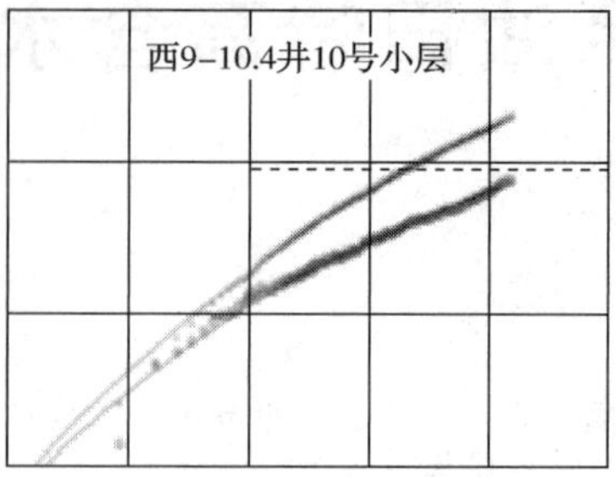

图 2　无限导流

有限导流：地层存在裂缝，地层中流体首先流向裂缝，然后自裂缝中流向井筒(见图 3)。

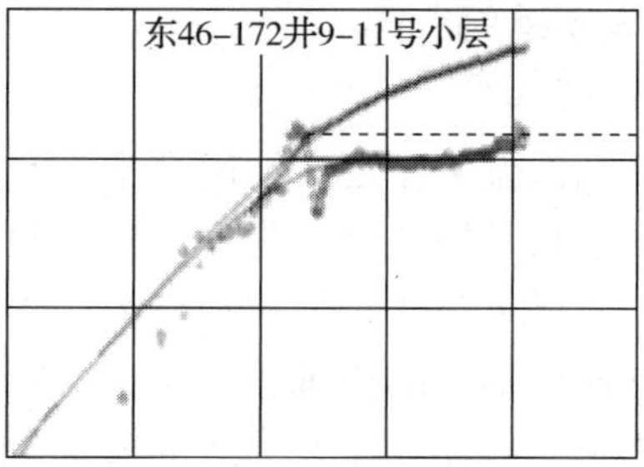

图 3　有限导流

根据扶余油田 153 口分测井 422 个层段的试井资料解释成果及分析模型得出，西区以裂缝型为主(占 47.2%)；中区以裂缝型和复合型为主，分别占 39.4% 和 37.2%；东区裂缝型、高渗层及复合型占比相近。

1.3.3　应用数值模拟识别优势通道方向

利用油藏开发精细评价模型，根据各小层注采井间的注水冲刷时间、累积注入量和注入速度的方向差异性进行量化研究判断平面上注采关系反映强且注水无效循环严重的井组，其水流优势通道方向为调剖的主要方向(见图 4)。

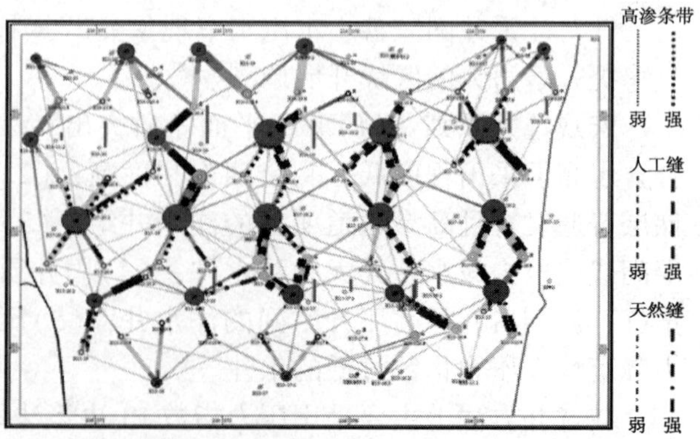

图 4　水流优势通道方向及强弱图

1.3.4 应用测井响应和水驱前缘测试确定水洗厚度和水洗体积

水流优势通道形成后在新老井测井曲线上表现为电阻率大幅下降、自然电位负异常增大、自然伽马减小、声波时差增大、井径扩大等特征。因此扶余油层的水洗状况分为局部水洗、层内底部水洗和全层段水洗三种，注采井组内强水洗厚度占砂岩厚度的25%~40%；水驱前缘监测技术得出，强水洗体积为孔隙体积的35%~40%。

2 调剖调驱体系选择及方式设计

扶余油田具有地层温度低(29~32℃)、井网密(油水井距80~100m)、水流优势通道复杂(人工裂缝、天然裂缝及高渗透条带均发育)、孔喉结构复杂多变(孔喉半径微米~毫米级)、原油黏度范围广(50~230mPa·s)、调剖需求量大(2000口水井)、常规调剖有效期短等特点，要求调剖体系应具有低温配伍性好、成胶时间可调、高强度、长效性、低成本的复合型调剖体系。

2.1 调剖调驱体系的优选

目前常用的调剖剂有凝胶类、颗粒类、冻胶类、微生物类和泡沫类。其中，凝胶类和颗粒类在扶余油田应用较多，冻胶类因成本高，只在油井化学堵水中应用。凝胶类主要有互穿网络凝胶、低温膨胀凝胶、有机铬凝胶三种，因其具有黏附性强、稳定性好，更适用于封堵高渗型优势通道油藏；颗粒类主要有粉煤灰、沥青胶、疏水型体膨颗粒和聚合物微球四种，主要以物理封堵裂缝型优势通道为主，常与凝胶复配后发挥各体系的特点，适用于封堵复合型、裂缝型、正韵律沉积底部高渗透条带为主的优势通道油藏。目前在扶余油田应用较多的有5类调剖体系(见表2)。

表2　五类调剖体系在扶余油田东、中、西区实施情况表

调剖体系	实施区块个数				实施井次/口			
	东区	中区	西区	小计	东区	中区	西区	小计
低温膨胀凝胶类体系	4	6	8	18	55	61	109	225
沥青颗粒二次交联体系	4	5		9	63	140		203
凝胶+缓膨颗粒复合体系	13	6	8	27	191	104	82	377
互穿网络凝胶复合体系	1	1	4	6	10	5	50	65
聚合物微球调剖体系			1	1			10	10
合计	22	18	21	61	319	310	251	880

2.1.1 低温膨胀凝胶类体系(凝胶类)

该体系稳定性好、胶体强度可调，能降低界面张力、剥离油膜、提高驱油效率。2010年以来实施225井次，施工结束时压力升幅较低，平均压升0.5MPa，但水驱后注入压力持续上升，能实现深部封堵，平均单井日增油幅度57%。

2.1.2 沥青颗粒二次交联体系(颗粒类)

该体系颗粒粒径可调(0.02~5mm)，具有亲油憎水特性，遇水凝结形成强度极高的沥青柱或沥青墙，耐冲刷性好，有效期长。2010年以来实施203井次，典型区块实施后平均注入压力上升1.8MPa，57.9%的水井调后注入压力持续上升，实现了深部有效封堵，日增油幅度103.5%。

2.1.3 凝胶+缓膨颗粒复合体系(细小颗粒类)

该体系既具有柔韧性好、强度高的特性，又具有凝胶的抗穿透、耐冲刷的特点，对大孔道和高渗透条带封堵效果好。2010年以来实施377井次，典型区块调剖后63.6%的水井注入压力持续上升，平均单井日增油幅度81.7%。

2.1.4 互穿网络凝胶复合体系(颗粒类)

互穿网络凝胶是吉林油田自主研发、强度高、成本低的有机凝胶，与细小颗粒复配形成复合体系。2010年在扶西27-9区块现场试验5口井，平均施工压升1.2MPa，达到了控水稳油效果。

2.1.5 聚合物微球调剖体系(弹性颗粒类)

该体系吸水膨胀性好，微球在储层多孔介质中能“运移、封堵、弹性变形、再运移、再封堵”，实现逐级封堵深部调剖效果。2010年在西17-19试验10口井，采收率提高2.2%。

2.2 调剖调驱的组合方式

调剖剂、调驱剂和驱油剂的组合方式对调剖调驱的效果有一定影响。刘义刚等人针对渤海LD5-2油田开展了“堵调驱”组合方式对调剖调驱效果影响的室内研究。结果显示，调剖剂+调驱剂+驱油剂效果最好，其次是调剖剂+调驱剂，调驱剂+驱油剂效果最差。

从扶余油田矿场试验来看(见表3)，常规调剖因仅在近井地带进行了堵塞，未达到深部调剖的效果，初期效果较好，但有效期短，进入水驱阶段提高采收率较低。典型区块西13-10调剖后采收率增幅仅0.9%；调剖剂+调驱剂组合和调剖剂+调驱剂+驱油剂组合单井累增油量相当，但进入水驱阶段后，调剖剂+调驱剂+驱油剂组合因有驱油剂的洗油作用，明显减缓了递减，提高了水驱采收率(见图5)。

从室内实验及矿场试验来看，在非均质性较强、优势通道较发育、无效水循环较严重的区块，首先需调剖封堵优势通道，才能保障调驱剂和驱油剂发挥液流转向和洗油作用，其中调剖剂+调驱剂+驱油剂是最佳的组合方式。

表3 调剖剂、调驱剂和驱油剂不同组合方式矿场试验效果

调剖调驱组合方式	调剖体系	典型区块	调剖前综合含水/%	调剖后综合含水/%	有效期内平均单井累增油/t	调后采收率增幅/%
常规调剖	颗粒+凝胶复合体系	西13-10	95.3	93.5	204.8	0.9
调剖剂+驱油剂	低温膨胀凝胶+分子膜	西2北	94.4	91.0	324.0	1.5
调剖剂+调驱剂	凝胶+CIF弱凝胶	西17-19东	93.0	89.0	1485.7	1.3
调剖剂+调驱剂+驱油剂	凝胶+微球+SDG	西17-19西	96.0	94.0	1371.4	2.2

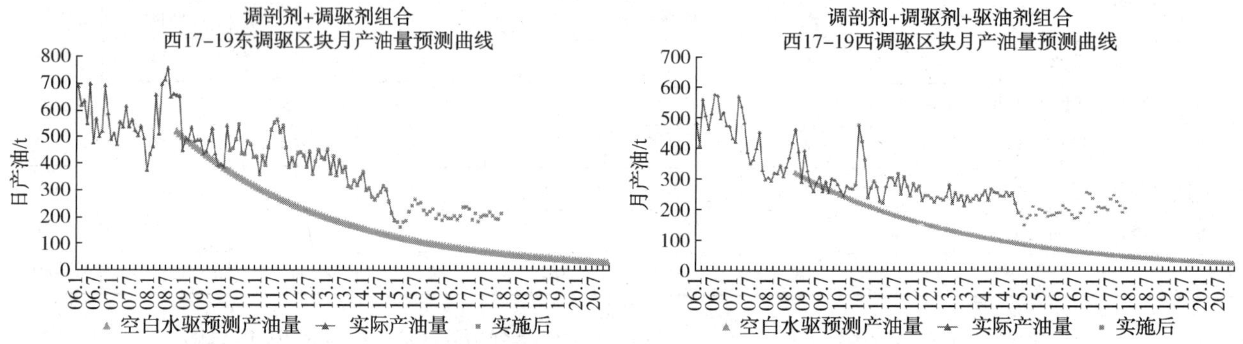

图5 西17-19东和西17-19西调驱区块月产油量预测曲线

2.3 调剖注入方式的研究

2.3.1 分调和混调相结合能更好实现调剖剂与储层的合理匹配

针对层间压差变化大、层内矛盾突出、层段较厚的多层段注水井采取分层调剖方式；针对调剖层段最下层吸水能力较强、颗粒调剖剂悬浮性好、注入工艺满足层间自然选择的井采取全井混调的方式。目前，扶余油田采取分调与混调相结合的方法，提高调剖的有效率和成功性。

2.3.2 间歇式注入方式实现了深部液流转向，缓解了平面矛盾

扶余油田主要采用间歇式的注入方式，间注周期主要根据注入压力和油井动态反应调控，也可参考凝胶成胶时间和周期注水周期调整。目的是使调剖剂在地下静态成胶，更有效地封堵优势通道，实现液流转向。

2.3.3 井间在线、同步、低速注入，真正发挥整体调剖的效果

为了预防注入过程中产生新的优势通道，调剖施工时需制定合理的注入速度，数模得出，注入速度以接近注水速度为宜，调剖最佳注剂速度为0.7~2m^3/h。

在线同步注入，一方面实现低速注入，另一方面多井同时注入使调剖剂按照注水的优势方向进入地层，更好地封堵水流优势通道，降低井间干扰影响，发挥整体调剖的效果。

3　调剖轮次及时机的确定

调剖注入的轮次和各轮次注入时机等注入过程的管控也是影响调剖效果的重要因素。

3.1　多轮次调剖注入轮次的优化

何涛等人开展了多轮次调剖室内实验，结果显示，第二轮较第一轮效果略差，第三轮效果最差，但仍有调剖效果。

从矿场试验来看，一轮调剖开展32个区块，平均单井累增油180t；二轮调剖开展21个区块，平均单井累增油356t，较一轮调剖单井增油多176t；三轮调剖开展2个区块，平均单井累增油456t，较二轮调剖单井增油多100t。可以看出，随着调剖轮次的增加，单井增油量也会增加，但调剖效果呈现逐次递减的现象。

综上所述，对于裂缝性油藏，多轮次调剖可以充分发挥协同作用，提高调剖效果。前一轮调剖剂封堵优势通道后，后续轮次调剖剂既会推动前轮调剖剂向裂缝深处运移，又会转向封堵其它微裂缝或高渗层，扩大波及体积。但考虑经济价值，推荐2~3轮次调剖。

3.2　多轮次调剖注入时机的优化

通过对比不同轮次间隔时间的二轮调剖区块（见表4），可以看出，在前一轮调剖还未失效就再次进入第二轮调剖，第二轮调剖效果较差，没有发挥出多轮次协同调剖作用；在第一轮调剖效果不是太显著且刚失效时进入第二轮调剖，同时调整调剖体系，第二轮调剖效果较好，发挥了调剖累加作用；在两轮调剖间隔时间较长且第一轮调剖已失效时进入第二轮调剖，此时第二轮调剖效果较差。所以，多轮次调剖最佳间隔时间为上一轮次调剖效果即将失效时开始下一轮次调剖可以得到最佳的调剖效果。

表4　多轮次调剖不同轮次间隔时间效果对比

区块	轮次间隔时间/d	第一轮是否失效	第一轮调剖		第二轮调剖		合计平均单井增油量/t
			调剖体系	单井增油量/t	调剖体系	单井增油量/t	
中7-3	822	否	沥青胶颗粒	215	沥青胶颗粒	111	178
探52	457	是(刚失效)	低温膨胀凝胶	71	低温膨胀凝胶+驱油剂	322	196
西25-20	334	是(刚失效)	橡胶颗粒-凝胶	90	体膨颗粒-凝胶	214	142
中137	1096	是(已失效600d)	低温膨胀凝胶	366	凝胶颗粒	0	233

4　调剖调驱应用情况及效果

4.1　构建了调剖调驱评价体系

水井调剖调驱技术不能作为单纯的增油措施，而应将其作为特高含水开发期改善水驱开发效果的一项重要配套技术，效果评价指标由单纯增油量完善为从水井施工效果、油井注采调控、区块开发指标3个方面11项评价指标综合评价（见图6）。

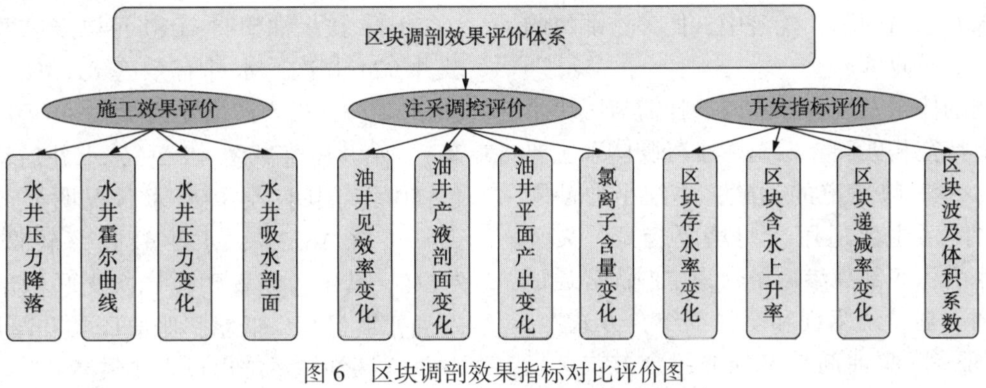

图6　区块调剖效果指标对比评价图

4.2　调剖调驱效果分析

扶余油田自2010年以来共实施调剖调驱井924井次，水井有效率81.3%，共计增油18.3×10^4t，平均单井增油198t，按照80美元/桶计算，投入产出比为1：1.9。从施工效果上看，水井压降减缓45.2%，水井启动压力上升1.1MPa，层间吸水状况明显改善；从注采调控上看，周围油井见到明显效果，平面、层内、层间三大矛盾得到明显改善；各项开发指标均趋于好转，综合递减下降 16.3%，调剖后一年采收率提高 3.2%，调剖后三年仍提高 2.1%。

其中，低温膨胀凝胶类体系，2010 年以来实施 225 井次，典型区块水井有效率 82%，平均单井增油 255t，增油幅度 57%，注入压力上升 0.5MPa，综合递减下降 40.9%，含水上升率减缓 3%，采收率上升 6.1%，投入产出比 1：2.7。

沥青颗粒二次交联体系，2010 年以来实施 203 井次，典型区块水井有效率 83%，平均单井增油 141t，增油幅度 103.5%，注入压力上升 1.8MPa，综合递减下降 25.2%，含水上升率减缓 4.5%，采收率上升 3.4%，投入产出比 1：1.8。

凝胶+缓膨颗粒复合体系，2010 年以来实施 377 井次，典型区块水井有效率 88%，平均单井增油 204t，增油幅度 81.7%，注入压力上升 0.3MPa，综合递减下降 13.1%，含水上升率减缓 2.6%，采收率上升 3.3%，投入产出比 1：2.7。

互穿网络凝胶复合体系，2010 年以来实施 65 井次，典型区块水井有效率 76%，平均单井增油 107t，增油幅度 33.1%，注入压力上升 0.9Mpa，综合递减下降 2%，含水上升率减缓 0.3%，采收率上升 0.2%，投入产出比 1：0.9。

表 5　不同调剖体系效果评价表

调剖体系	井数	典型区块	平均单井累增油/t	平均单井费用/万元	注入压力/MPa		施工压升/MPa	水井见效率/%	单井增油幅度/%	综合递减/%		含水上升率/%		采收率/%		产出投入比/美元		
					调前	调后				调前	调后	调前	调后	调前	调后	45	60	80
低温膨胀凝胶类体系	225	西 2 北	255	27.9	5.0	5.5	0.5	82	57	63.7	22.8	5.2	2.2	39.5	45.6	1.7	2.3	2.7
沥青颗粒二次交联体系	203	中 7-3	141	22.5	4.5	6.2	1.8	83	103.5	17.9	-7.3	3.4	-1.1	39.2	42.6	1.2	1.6	1.8
凝胶+缓膨颗粒复合体系	377	西 13-10	204	22.5	5.1	5.4	0.3	88	81.7	41.2	28.1	2.3	-0.3	37.5	40.8	1.7	2.3	2.7
互穿网络凝胶复合体系	65	扶 70	107	35.2	4.8	5.7	0.9	76	33.1	8	6	0.4	0.1	38.9	39.1	0.6	0.8	0.9

5　结论及认识

（1）深部调剖技术可有效封堵水流优势通道，改善水淹水窜问题，挖潜中、低渗透部位的剩余油，提高采收率。

（2）调剖体系及注入方式的选择需与区块水流优势通道特征相匹配。低温膨胀凝胶体系主要适用于高渗型优势通道的油藏；中细小弹性颗粒+凝胶类体系主要适用于封堵复合型、裂缝型、正韵律沉积底部高渗透条带为主的优势通道油藏。在调剖剂、调驱剂和驱油剂组合方式上，调剖剂+调驱剂+驱油剂是最佳的组合方式。采取井间在线、同步、低速、间歇注入能够真正发挥区块整体调剖的效果。

（3）多轮次调剖可以发挥协同作用，但随着调剖轮次的增加，调剖效果逐次减弱，综合考虑经济效益，推荐 2~3 轮次调剖。多轮次调剖最佳间隔时间为上一轮次调剖效果即将失效时开始下一轮次调剖，可以得到最佳的调剖效果。

（4）扶余油田自 2010 年以来共实施调剖调驱井 924 井次，水井有效率 81.3%，共计增油 18.3×10^4t，投入产出比为 1：1.9（80 美元/桶计算），水井压降减缓 45.2%，水井启动压力上升 1.1MPa，层间、层内吸水状况明显改善，综合递减下降 16.3%，水驱采收率较调剖前提高 3.2%。其中，沥青颗粒二次交联调剖体系单井增油幅度最高，低温膨胀凝胶类和凝胶+缓膨颗粒复合调剖体系产出投入比最高。

参考文献

[1] 李宜坤．区块整体调剖的 PI 决策技术研究[D]．东营：石油大学(华东)开发系，1993.

[2] 田苗，狄桂荣，曾鸣，等．海上油田大孔道识别及调剖调驱技术[J]．石油化工应用，2016，35(5)：1~4.
[3]黄易泽，杨蓉．利用注水井压降资料认识地层水驱规律指导实施堵水调驱措施[J]．油气井测试，2021，30(2)：44~50.
[4] 王翔，郭继香，陈金梅，等．油田深部调剖技术及其应用研究进展[J]．油田化学，2020，37(4)，738~744.
[5] 张同凯．砂岩油藏窜流通道调堵剂研究进展[J]．油田化学，2018，35(4)：726~730.
[6] 梁守成，李强，吕鑫，等．多级调剖调驱技术效果及剩余油分布[J]．大庆石油地质与开发，2018，37(6)：108~115.
[7] 梁守成，吕鑫，梁丹，等．聚合物微球粒径与岩芯孔喉的匹配关系研究[J]．西南石油大学学报(自然科学版)，2016，38(1)：140~145.
[8] 刘义刚，张云宝，李彦阅，等．堵/调/驱组合方式和井网类型对调剖调驱效果的影响[J]．油田化学，2020，37(3)：421~426.
[9] 何涛，王健，余恒，等．裂缝性注水开发油藏多轮次调剖机理研究[J]．油气藏评价与开发，2018，8(2)：68~72.
[10] 刘健，伊善利，张桂花，等．多轮次调剖井参数优化在桩西厂的应用[J]．内蒙古石油化工，2019，(5)：116~117.
[11] 许婧，张鹤川，刘曦禹，等．调剖时机对聚合物凝胶体系调剖效果影响[J]．专业管理，2016，92~92.
[12] 张云宝，卢祥国，王婷婷，等．渤海油藏优势通道多级封堵与调驱技术[J]．油气地质与采收率，2018，25(3)：82-88.

曙三区化学驱调控技术研究与应用

匡旭光

（中国石油辽河油田分公司）

摘　要　化学驱是一种深度改变储层油、水、岩石矿物相互作用机制和高强度驱替的提高采收率技术，是中、高渗油藏大幅度提高采收率的重要手段，对油田开发的可持续发展具有重要意义。曙三区化学驱于2017年首次进入现场试验，技术上随着对增油机理、开发规律的不断认识，针对转驱后黏度波动大、吸聚不均、出砂加剧等难题，以油藏工程方案为基础，从评价出砂状况入手，通过优化配聚流程、创新技术研究、加强生产管理等手段，提高化学驱开发效果。该技术的研究为对其他类似区块改善开发效果具有指导和借鉴意义。

关键词　化学驱；现状；调剖；防砂

曙三区经过40余年注水开发，历经多次整体、局部加密调整，一直采用一套层系大段合注合采，平面各区开发状况、水淹程度、压力保持水平等存在较大差异，尤其是中部杜18井区水淹严重，整体处于Ⅱ类开发水平，采油速度0.57%，采出程度27.62%，二次开发部署新井及注采井网调整基本完成，单纯依靠水驱难以改善开发效果。化学驱是稀油注水开发后期提高采收率的重要接替技术，但曙三区储层胶结疏松、成岩作用差，区块整体出砂严重，出砂井占比84%，平均冲检周期仅有150天。为此，开展出砂油藏化学驱调控技术研究与攻关。针对转驱后黏度波动大、吸聚不均、出砂加剧等难题，以油藏工程方案为基础，从评价出砂状况入手，通过优化配聚流程、创新技术研究、加强生产管理等手段来提高化学驱开发效果。

1　概况

曙三区是曙光油田稀油注水开发的主力区块之一，构造上位于辽河盆地西部凹陷西斜坡中段，历经多次整体、局部加密调整，一直采用一套层系大段合注合采，平面各区开发状况、水淹程度、压力保持水平等存在较大差异，尤其是中部杜18井区水淹严重，二次开发部署新井及注采井网调整基本完成，单纯依靠水驱难以改善开发效果，亟待转换开发方式。为了验证聚合物驱的适应性、注入参数设计的合理性，认识聚合物驱动态变化规律及驱油效果主控因素，综合考虑油藏储层条件、井网完善程度、注采能力、压力保持水平、聚合物驱潜力等因素，优先选择杜18井区主题部位有代表性的6个井组开展聚合物驱先导试验，聚合物驱目的层为Ⅱ13和Ⅲ15小层，根据实际油层发育状况，各井组聚合物驱层段略有差异，聚驱过程中主要存在以下问题。

1.1　现场配聚粘度波动大

现场采用井口撬式装置注入工艺流程，注入泵采取剪切较小的柱塞泵注入机械剪切易引发聚合物链键断裂，使分子结构受到破坏，从而导致溶液黏度降低。配液罐工频搅拌转速>60r/min且不可调，较30r/min转速时黏度下降大约16%。配聚使用水源为曙一联处理后回注污水，水中固体悬浮物、Fe^{2+}、S^{2-}等指标不稳定，受水质变化影响，现场配聚黏度波动大。同时井下注聚保黏技术处于空白阶段，井下工作黏度得不到有效保证。

1.2　油藏动用差异大

受储层非均质性影响，纵向动用不均严重，整体动用程度只有64%，部分小层发育较差、渗透率低，难以有效动用。现有配套工艺技术虽然相对完善，对于储层发育好、单层厚度大、渗透率高的化学驱油藏，常规的水井分注、调剖、酸化解堵均存在一定的技术局限性，无法满足提高动用程度的开发需求。

1.3　转化学驱后出砂加剧

化学驱后，由于驱替液黏度增加，携砂能力增强，储层出砂更为严重，导致油藏出砂进一步加剧。现有化学驱防砂手段单一，对于见聚井尤其是聚合物浓度高的采出井不能全部解决油井出砂矛盾。且个别井存在防砂后检泵周期短、日产能力降低等问题。

2　主要研究内容

针对化学驱区域出现的油藏出砂加剧、注聚配方适应性差、配聚黏度波动大、油藏动用不均等问题，从生产井控砂稳砂、注入井注聚保黏、提高油藏动用等方面入手，通过精细油藏研究、优化配方体系、完善工艺技术等手段，开展调控技术研究与应用，实现化学驱开发效果提升。

2.1　化学驱配聚操作规范技术研究

地面工艺设备是化学驱现场实施的关键装备，在国内各油田得到普遍应用，地面配注工艺流程主要有三种，即单井单泵撬装式、计配站撬装式和组合式集中配注站。其中撬装设备具有占地小、投资低、操作简单、可重复利用等优点，国内部分油田得到规模推广应用。通过现场运行情况及理论分析，确定了影响撬装设备地面聚黏度的主要因素为配聚水质指标和配制工艺参数控制，其中配聚水质的各种还原性离子如 Fe^{2+}、S^{2-} 等，与溶解氧反应产生自由基，氧化成小分子，造成聚合物断链，对聚合物溶液黏度有较大影响。非还原性离子如 Na^{+}、K^{+}、Ca^{2+}、Mg^{2+} 等，削弱分子间的静电斥力，从而改变分子构型，造成分子链卷曲、黏度下降；二价离子对聚合物溶液的黏度影响程度大于一价离子。固体悬浮物含量对黏度影响较大。搅拌速度导致的机械剪切，将引发聚合物链键断裂，使分子结构受到破坏，从而导致溶液黏度降低。现场数据表明，相同条件下 60r/min 对比 30r/min 转速时黏度下降大约 16%（见图 1）。熟化实验表明，1~6h 内聚合物溶液黏度随熟化时间延长逐渐升高，在超过 3h 后增幅变缓，基本保持在同一黏度水平（见图 2）。为保证化学剂的配注质量及注入过程的安全，建立了化学驱现场撬装设备技术管理规范标准。依据标准，在配聚设备上，配液罐由工频调为变频，搅拌速率控制在 20~30r/min，根据水质变化动态调控；在熟化时间上，结合室内实验、现场配聚时间、注入排量等，确定熟化时间控制在 2~3h。

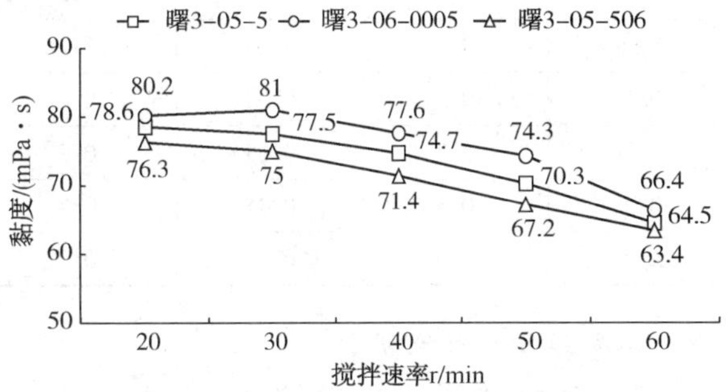

图 1　不同搅拌速率聚合物溶液黏度曲线

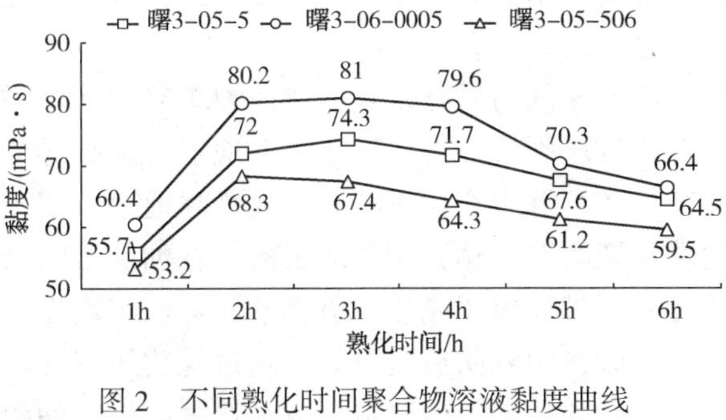

图 2　不同熟化时间聚合物溶液黏度曲线

2.2　化学驱调剖技术研究

目前，中油辽河油田公司注水井调剖以交联时间可控、强度适中、凝胶稳定期长的酚醛体系凝胶为主，体系主要成分包括聚丙烯酰胺、交联剂、稳定剂、增强剂、调节剂等（见图 3）。

强凝胶体系(E)　　中等 强度凝胶体系(D)　　弱凝胶体系(C)

图 3　不同强度凝胶体系表观图

杜家台油层埋深一般在 950~1650m，地温梯度 3.54℃/100m，折算油藏温度在 35~60℃，对于凝胶体系而言属低温交联范畴。低温一方面有利于延缓凝胶时间，便于进入地层深部，但低温环境下对凝胶的成胶强度及稳定性存在一定的影响。

常规酚醛树脂交联剂通过与聚合物发生缩聚反应，形成网状结构而增加凝胶强度，交联剂组分中的酚、醛在一定条件下可生成多羟甲基酚醛树脂，可进一步提高凝胶强度。据此对交联剂进行了配方改进，通过控制酚醛摩尔比、pH 值、反应时间等参数，提高多羟甲基酚醛树脂的产率。该配方体系在不同组分浓度下可形成不同强度的凝胶（8000～30000mPa·s），交联时间可控范围大（0.5～4d），能有效满足现场调剖强度的多样化需求（见表 1）。

表 1　不同聚合物、交联剂浓度凝胶成胶强度数据表

聚合物/%	交联剂/%	稳定剂/%	增强剂/%	pH 调节剂/%	成胶时间/h	成胶强度/（mPa·s）	强度代码
0.1	0.2	0.05	0.2	0.05	不成胶	—	
0.15	0.2	0.05	0.2	0.05	76h	9565	C
0.2	0.2	0.05	0.2	0.05	64h	14720	D
0.25	0.2	0.05	0.2	0.05	52h	18745	D
0.3	0.3	0.05	0.2	0.05	24h	24877	E
0.35	0.3	0.05	0.2	0.05	22h	27018	E

2.3　化学驱防砂技术研究

曙三区整体泥质含量较高，平均达到了 13.9%，油藏埋深浅，储层胶结疏松，成岩作用较差，油藏出砂问题是制约开发效果提升的主要因素之一。

地层深部防砂技术是通过压裂车组向地层注入大排量压裂液，形成高压迫使地层形成高导流裂缝。在裂缝中充填石英砂形成高渗通道，实现远端压裂改造，达到增产的目的。在油层亏空处及近井地带充填树脂砂形成挡砂屏障，实现近端造壁防砂，达到防砂的目的。通过优化压裂充填工艺，实现远端压裂改造，近端造壁防砂，使得该技术起到既防砂又增产的效果。

针对曙三区油藏发育和出砂特征，创新防砂固结剂包覆工艺，将石英砂与焦炭颗粒以一定的比例均匀混合作为支撑剂，涂抹酚醛树脂。提高石英砂用量，可提高固结体渗透率；提高焦炭颗粒用量，可提高固结体抗压强度增加，从而实现抗压强度和渗透率可调，配比原则是在确保防砂有效期的前提下尽可能提高油层渗透率，在防砂的同时提高油井产量。结合现场试验情况，确定涂敷砂与树脂砂配比 1∶0.9～1∶1.1。防砂固结剂配方创新组合后，抗压强度由 5.5MPa 提高至 8MPa，最小挡砂粒径由 0.09mm 精确至 0.07mm，渗透率达到 11.6μm^2，具有强度高，防治细粉砂能力强的优点，满足化学驱见效区块的调参提液需求，并且可通过冲砂的方式处理井筒内砂塞（见表 2）。

表 2　不同比例组合砂抗压强度和渗透率对比表

涂敷砂∶树脂砂	1∶1.4	1∶1.3	1∶1.2	1∶1.1	1∶1	1∶0.9	1∶0.8	1∶0.7	1∶0.6
抗压强度/MPa	9.7	9.3	8.4	8.0	7.9	7.7	7.4	6.9	6.5
渗透率/μm^2	7.3	8.2	9.1	10.4	11.6	12.4	12.9	13.5	13.9

固结体在原油（含水 50%）中浸泡 30d，在 35～70℃测试抗压强度、渗透率随温度变化。实验结果显示防砂剂固结后，抗压强度、渗透率随温度变化幅度较小。

在地层防砂技术中，携砂液作为极其重要的组成部分，其性能对能否携带足够量充填砂及防砂效果好坏起着决定性作用。现场普遍采用具有大分子量的高分子植物胶来配制携砂液的原液，这种聚合物携砂液在实际应用中的确具有一些优良的性能，但是在防砂作业后。对实际返排液进行统计分析结果表明，返排到地面的液量只有注入聚合物携砂液量的 30%～50%，由于因残渣、吸附、不能彻底破胶而留存于地层内等多种原因，容易对油层引起明显的伤害，致使油层渗透率下降，从而影响油井产油量。

针对这种情况，在普通携砂液的基础上，通过各种化学助剂的相互作用，研制出以刮胶为主剂的携砂液体系，大大改进了携砂液的各项性能指标。室内实验表明，该体系具有 5 大性能优势。

一是热稳定性好。当温度由 30℃提高至 60℃，黏度由 761mPa·s 降低至 341mPa·s，保持在 341mPa·s 以上，耐温性能优越。

二是抗剪切性好。当剪切速率由 $5s^{-1}$ 提高至 $145s^{-1}$，黏度由 761mPa·s 降低至 262mPa·s，保持在 262mPa·s 以上，抗剪切性能优越。

三是携砂能力强。最高砂比可达 50%，单颗粒沉降速度小于 1.2cm/min。

四是地层污染小。残渣量<0.5%，岩心渗透率伤害<2%。

五是返排性好。表面张力 26.3mN/m，返排率 60%~90%。

降低深部防砂携砂液的表面张力，可以降低其在地层孔隙中的毛细管力，提高自身的返排能力。测试深部防砂携砂液与其他几种助排剂的表面张力数据，实验数据表明，深部防砂携砂液、高温驱油助排剂、重烷基苯磺酸钠表面张力较低，数值比较接近，表面活性比较好，有利于携砂液返排(见表 3)。

表 3　携砂液与其他表面活性剂高温老化前后的表面张力对比数据

药剂名称	携砂液	高温驱油助排剂	重烷基苯磺酸盐	烷基酚聚氧乙烯醚磺酸盐	α-烯烃磺酸盐
温度/℃	25	25	25	25	25
浓度/%	1	1	1	1	1
表面张力/(mN/m)	26.3	26.5	23.4	33.5	30.6

3　措施效果分析

曙三区化学驱已转 11 井组，近年来现场累计实施各类调控措施 78 井次，通过各类调控措施，化学驱开发效果稳步提升，累计产油 4.9×10^4t，对比转驱前累计增油 3.2×10^4t，综合含水下降 10.4%，纵向动用程度由 46.2% 上升至 62.1%，取得了较好的开发效果(见表 4)。

表 4　调控前后措施效果对比表

分类	动用程度/%	产量/t	综合含水/%
调控前	46.2	16956	90.4
调控后	62.1	49058	80
对比	15.9	32102	-10.4

4　结论

(1) 曙三区本身出砂问题严重，化学驱转驱后油藏出砂进一步加剧，通过本次分析可看出，化学驱井组平面上呈现驱替井间油井出砂状况变重，单向驱替的外围油井出砂状况变化不大的特点。

(2) 影响曙三区化学驱开发效果因素主要有地面配聚黏度、纵向动用程度、平面波及程度、采出井的高时率平稳生产等，为下步化学驱调控提供了研究方向。

(3) 通过深入油藏认识、改善注聚黏度、优化采液强度、完善配套技术，出砂状况得到有效改善，油藏动用明显提高，整体开发效果稳步提升。

(4) 该系列技术有效改善了出砂油藏化学驱的开发效果，在提高动用程度、防砂控砂等方面效果突出，已成为化学驱开发的主力工艺技术，对油田其他类似区块改善开发效果具有指导和借鉴意义。

参　考　文　献

[1] 兰玉波. 化学驱波及系数和驱油效率的研究[D]. 大庆：大庆石油学院，2006.

[2] 兰夕堂，赵文森，刘长龙，等. 渤海 S 油田化学驱驱油体系渗流机理及提高采收率特性[J]. 特种油气藏，2019(10)：148-154.

[3] 王佳玮，徐守余. 化学驱提高油气采收率方法综述[J]. 当代化工，2016，45(05)：911-913，915.

[4] 闫文华，徐长亮，孙海涛，等. 化学剂用量及注入时机对稠油驱油效果影响的实验研究[J]. 当代化工，2016，45(01)：7-9.

[5] 张舒琴. 化学驱合理配产配注方法研究[J]. 石油地质与工程，2020，34(02)：119-122.

[6] 孙龙德，伍晓林，周万富，等. 大庆油田化学驱提高采收率技术[J]. 石油勘探与开发，2018，45(04)：636-645.

[7] 戚晶晶. 化学驱在三次采油中提高收率的应用[J]. 石化技术，2015，22(11)：46，184.

[8] 程光明，陈超，卢珊珊，等. 化学驱替剂的研究进

展[J]. 当代化工，2016，45(02)：383-386.
[9] 孙志刚，陈霆，杨晓敏. 胜利油区三种化学驱体系微观机理研究[J]. 四川大学学报(自然科学版). 2013，50(06)：1254-260.
[10] 宋欢. 肇261西块水井调剖效果分析[J]. 内蒙古石油化工，2011，37(07)：248-249.
[11] 吴庭文. 春光油田稀油防砂举升工艺技术研究与应用[J]. 石油地质与工程，2020，34(03)：105-107，112.
[12] 赵群. 冻胶类调剖剂性能评价方法及适用条件研究[D]. 大庆：大庆石油学院，2004.
[13] 尹文军，王青青，王业飞，等. 多轮次调剖效果逐次递减机理研究[J]. 油气地质与采收率，2004(02)：48-50，8.
[14] 许天寒. 调剖体系的性能评价[J]，化学工程师，2018：32(07)：50-53.
[15] 王任芳，李克华，赵修太，等. 新型防砂堵水剂的研制与应用[J]. 石油勘探与开发 ，2002(06)：100-102

薄层砂岩边底水油藏内源微生物驱油关键技术研究进展

刘晓丽[1,2,3,4]　白　雷[1,2,3,4]　陈丽艳[1,2,3,4]　王红波[1,2,3,4]　袁恩来[1,2,3,4]

（1. 中国石油 新疆油田分公司实验检测研究院；2. 新疆砾岩油藏实验室；
3. 中国石油集团公司油田化学重点实验室新疆油田分研究室；4. 南开大学生命科学学院）

摘　要　新疆陆梁油田是具有基本统一油水界面的边底水薄层砂岩油藏，处于“双高”开发阶段，受边底水、薄油层和$CaCl_2$水型的限制，寻找合适三采技术是提高油藏采收率的主要途径，因此，探索实施了微生物驱。本文主要研究了该类油藏的剩余油分布规律，评价了油藏的微生物驱适应性，利用微生物分子生态学技术全面解析了陆梁油田微生物的群落结构，筛选了乳化效果好的菌株H3，通过对主要营养元素碳、氮、磷源的筛选及单因素实验和正交实验，确定适合原油乳化分散和抑制SRB生长的复合粉激活体系，验证了补充空气在边底水微生物驱提高采收率的作用。现场增油降水效果显著，采出液中微生物菌种浓度增加，地层能量得到补充，且随着现场实施时间推移，存在自高向低的扩展见效特征，为砂岩油藏内源微生物驱油技术应用提供了理论指导。

关键词　内源微生物驱；边底水油藏；激活剂 剩余油

1　油藏微生物驱适应性分析

综合新疆油田油藏地质、内源微生物驱油特点及反应动力学特征，利用7个重要指标（温度、渗透率、原油密度、原油黏度、含蜡量、地层水矿化度、采出水中总菌浓）作为新疆油田内源微生物驱油的评价指标（见表1）。该指标全面考虑了若干影响微生物生长的油藏静态参数和油藏本身内源微生物的数量和分布，克服了单项指标片面反映油藏适宜度的缺点，作为内源微生物驱油工业化应用时筛选油藏、定量评价油藏适合度的判断依据。通过该技术进行筛选评价，陆9井区综合评价值在0.92，都属于I类油藏，具有微生物驱油潜力，适合开展现场试验。

表1　水驱油藏内源微生物驱油藏筛选评价图版

油藏参数	陆9井区	权重	范围划分			
温度/℃	37	0.2479	30~55	20~29	56~80	<20或>80
渗透率/10^{-3} μm²	1801	0.0962	50~500	10~49	>500	<10
地层水矿化度/(g/L)	8.471	0.0571	10~50	<10	50~ 150	>150
原油密度/(g/cm³)	0.883	0.0214	0.85~0.9	<0.85	0.9~0.966	>0.966
原油黏度/(mPa·s)	18	0.1458	30~150	<30	150~500	>500
含蜡量/%	3.49	0.0333	4~10	<4	>10	—
内源总菌浓(log菌浓)	5	0.3983	>3	1~3	<1	—
综合评价值	0.92	—	≥0.85	0.60~0.85	≤0.60	
分类	I类	—	I类	Ⅱ类	Ⅲ类	

2　剩余油分布规律研究

陆梁油田$K_1h_2^{3-4}$组油藏为低幅度、中高渗边底水砂岩油藏，储层条件好，以高孔、高渗为主，2001年以反九点300m×425m面积注水开发，由于底水水体体积在50倍以上，有效厚度只有4.4m，同时注采井距大，水驱进入“双高”开发阶段后，常规调整措施效果不佳，标定采收率不到40%。

通过穿层井水淹解释，结合油藏数值模拟技术，明确了边底水油藏剩余油主要富集区：一是厚度大底水区，此类井在油藏开发初期就已经到高含水阶段，占油井总数的32.2%，由于含水上升速度快，所以剩余油动用程度低；二是注采井间，通过穿层井水淹解释，在强底水区，距水井平均150m以上含油饱和度大于60%；三是微构造高点和正韵律顶层，由于注采井距大，注入水受重力分异作用下行进入底水，油藏顶部剩余油难以动用(见图1)。

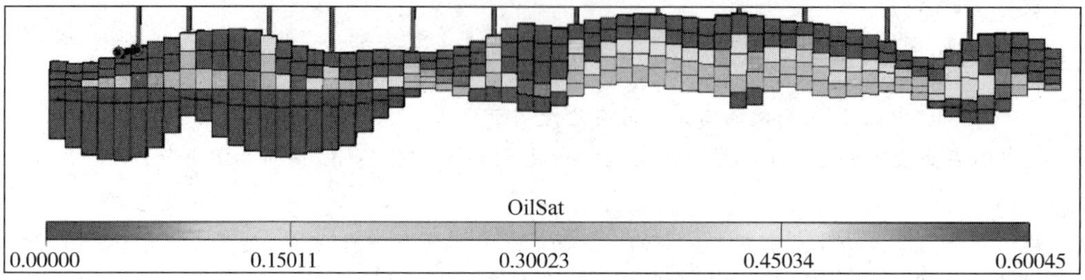

图1　油藏剩余油东西向分布模式图

3　油藏菌种优选技术研究

3.1　主要采油功能菌筛选

由于试验区油藏中内源菌数量偏低，在10^4个/mL以下，为保障现场试验效果，需要补充注入部分采油功能菌。室内采用富集培养和水样激活培养方式，从试验区注入和产出液中分离和纯化出9株油藏内源微生物，其中7株对原油具有较好的乳化分散效果。优选出原油降解效果较好的菌株H3进行16S rDNA扩增产物测序，将此序列与GenBank数据库中序列进行比对，H3得到了14种细菌的匹配序列，将H3与这14种细菌的16S rDNA的序列经CLUstal W、PHYLIP和MEGA软件进行分析，得到系统进化树和进化距离。

从序列相似值分析，H3的16S rDNA序列与Rhodococcus erythropolis (GenBank accession No. AY168586)的相似值高达到99.93%，进化距离仅为0.00069，但是与诺卡菌型放线菌中几个种(如Rhodococcus marinonascens、Rhodococcus opacus、Rhodococcus wratislaviensis和Rhodococcus fascians)的相似值也有99%左右。因此，判定H3菌株属于红球菌属。

3.2　菌种性能评价

3.2.1　菌体趋油性观察

将培养不同时期的菌液做成水封片，光学显微镜观察菌体趋油性的变化情况。在菌株刚刚接触石油烃时，细胞表面疏水性还较弱，只有少量菌体黏附到油滴表面，并且油滴较大。在第3天时菌体细胞疏水性达到最高，可以看到很多菌体黏附在油滴表面，并且由于乳化剂的产生，油滴明显变小，这与之前的菌体疏水性变化情况相同。在第5天时菌体细胞疏水性已经下降，油滴表面黏附菌体较少，但油滴已经被乳化成很小液滴，这说明H3菌株确实可以对石油烃产生乳化作用，使石油烃变成小的液滴，增加菌体与油的接触面积，促进对石油烃的降解。

3.2.2　菌株H3的乳化活性

提取表面活性剂后，将其粗品进行硅胶板薄层层析，经糖脂显色剂显色呈棕色，经碘蒸汽显色呈黄色斑点，Rf值约为0.48，初步鉴定为糖脂类物质。样品经水解后，通过纸层析做进一步组分分析，样品在Rf约为0.68处有一明显斑点，与标准海藻糖相同，说明糖脂中的糖组分为海藻糖，其糖脂为海藻糖脂。

将之前纯化的表面活性剂样品加入基础培养基中使表面张力为48mN/m，测定此时的乳化活性，与不加表面活性剂样品的烃降解液乳化活性进行比较。将H3烃降解液和0#柴油体系涡旋振荡1min静置24h后，观察到了明显的稳定的乳化层，表明H3具有良好的乳化效果；在相同的实验条件下，水与0#柴油体系涡旋振荡1min，静置2min便恢复到初始的油水分离状态。表活剂-柴油体系的乳化效果一般。表明仅仅依靠表面活性剂产生的乳化活性不如培养后烃降解液的乳化活性高，这说明烃降解液中菌体还会产生生物乳化剂来更好地乳化底物，以便利于菌体的降解作用(见图2)。

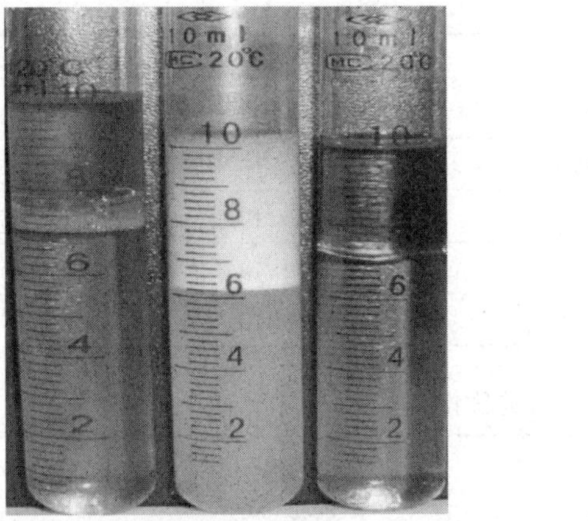

图 2　H3 菌株所产表活剂和乳化剂对柴油的乳化作用

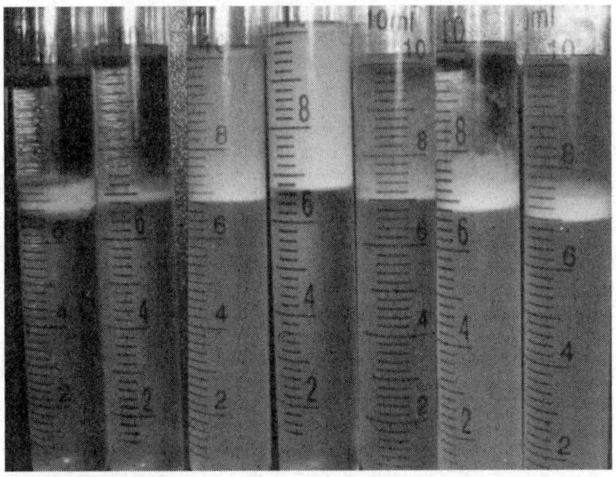

图 3　H3 菌株在烃降解过程的乳化活性变化

提取菌株 H3 的表面活性剂代谢产物，检测其对石油烃的乳化实验。结果表明，菌株 H3 的代谢产物具有较好的乳化性能，EI-24 能达到 100%，能够在柴油或液蜡为碳源的培养基中生长，且能将石油烃乳化成细小颗粒，静置后能在 72h 内保持良好的乳化活性，不分层(见图 3)。进一步研究表明，这种表面活性剂产物经 10 倍稀释能保持 50% 的活性，在 45℃ 以下能保持 100%的乳化活性，且对多种烃类物质均有较好的乳化活性。以液蜡及原油作为唯一碳源时，菌株发酵液表面张力分别降低 51.34%和 49.46%。菌株产表面活性剂的能力，证明其可提高水驱洗油效率。试验区地层温度为 37℃，属于中低温油藏，给该菌株的生长代谢提供了良好的条件。

4　激活剂筛选与评价技术研究

在产出液离子组成和微生物群落结构分析基础上，以优选出红球菌 H3 作为采油功能菌进行激活剂的筛选。首先从无机氮磷营养营养盐、硫酸盐还原菌抑制剂和外加有机营养等筛选的角度对激活剂的种类和含量进行了初步筛选和定量，确定内源微生物基础激活剂体系；在此基础上，通过单因素实验考察了无机氮磷营养盐、硝酸盐和外加有机营养对有氧激活原油乳化分散效果，对无氧激活产气、产酸和抑制 SRB 效果的影响；最后，通过正交优化实验针对原油乳化分散、产气和抑制 SRB 生长三方面，优化出激活体系(见表 2~表 4)。

表 2　试验区主激活剂配方组分筛选结果

配方编号	主激活剂 0.3%	磷酸盐缓冲对/%	硝酸盐/%	乳化效果	油滴平均粒径/μm	沉淀	菌浓/(cell/mL)	激活后 pH	HOB 浓度/(cell/mL)
CK	—	—	—	—	—	—	6.40×10^6	6.5	1.30×10^3
1	—	0.2	0.3	+	—	+	3.30×10^8	7.0	1.10×10^5
2	乳清	0.2	0.3	++	10.2594	-	4.48×10^9	7.0	1.10×10^8
3	糖粉	0.2	0.3	++	8.0895	+	1.77×10^9	7.0	1.10×10^8
4	酵母粉	0.2	0.3	+++	8.2995	+/-	2.97×10^9	7.0	1.10×10^8
5	复合糖粉	0.2	0.3	++++	7.4161	++	5.36×10^9	7.0	7.00×10^7

表 3　复合粉体系浓度的优化

编号	浓度/%	磷酸盐缓冲对/%	硝酸盐/%	乳化效果	油滴粒径/μm	沉淀	菌浓/(cell/mL)	激活后 pH	HOB 浓度/(cell/mL)
CK	—	—	—	-	—	+/-	6.40×10^7	6.5	6.00×10^4
1	0.05	0.2	0.3	+	—	+/-	2.23×10^8	7.0	7.00×10^7
2	0.1	0.2	0.3	+	—	+/-	1.94×10^9	7.0	7.00×10^7

续表

编号	浓度/%	磷酸盐缓冲对/%	硝酸盐/%	乳化效果	油滴粒径/μm	沉淀	菌浓/(cell/mL)	激活后 pH	HOB 浓度/(cell/mL)
3	0.2	0.2	0.3	++	7.9105	+/-	4.08×10^9	7.0	7.00×10^7
4	0.3	0.2	0.3	++	7.4795	+	5.36×10^9	7.0	7.00×10^7
5	0.4	0.2	0.3	+++	6.7919	+	4.72×10^9	7.0	1.10×10^8
6	0.5	0.2	0.3	+++	6.1037	+	5.60×10^9	7.0	1.10×10^8

表 4　酵母粉体系浓度的优化

编号	浓度/%	磷酸盐缓冲对/%	硝酸盐/%	乳化效果	油滴粒径/μm	沉淀	菌浓/(cell/mL)	激活后 pH	HOB 浓度/(cell/mL)
CK	—	—	—	-	—	+/-	6.70×10^7	6.5	7.0×10^5
1	0.05	0.2	0.3	+	—	+/-	5.00×10^8	7.0	7.0×10^6
2	0.1	0.2	0.3	+	—	+/-	9.50×10^8	7.0	7.0×10^7
3	0.2	0.2	0.3	++++	7.5744	+/-	4.10×10^9	7.0	1.1×10^8
4	0.3	0.2	0.3	++++	6.9959	+/-	5.10×10^9	7.0	7.0×10^8
5	0.4	0.2	0.3	++++	7.7698	+/-	3.10×10^9	7.5	1.1×10^6

首先是对主激活剂的筛选——碳源的筛选，选取 0.3%浓度的不同主激活剂进行筛选评价，筛选结果表明，酵母粉体系和复合糖粉体系最佳。

其次，是对磷源的筛选。部分磷营养盐(如磷酸氢盐、磷酸二氢盐)易与油藏地层水中的二价金属离子(如 Ca^{2+})形成沉淀，一方面造成了储层的非选择性堵塞，另一方面加大了微生物所需磷营养盐的损失，不利于激活体系在油田矿场实施。因此，激活体系筛选过程中应充分考虑无机盐组分含量与地层水配伍性的关系，合理调整激活体系，使不利因素降至最低水平。分别以磷酸盐缓冲对、磷酸二氢钠、磷酸二氢铵、十六烷基磷酸酯钾为作为外加磷源，与对照相比，加入磷酸二氢钠和磷酸盐缓冲对的激活效果则较好，产生沉淀也较少，其中磷酸盐缓冲对乳化效果更好，油滴粒径更小，因此初步优选磷酸缓冲对。

进一步对两种体系的最佳用量进行单因素实验，表明 0.5%浓度的复合糖粉体系和 0.3%浓度的酵母粉体系激活效果最佳。

利用物理模拟装置分别进行了同浓度下酵母粉、复合粉和无机盐等 3 种体系驱替实验。生化分析表明：酵母粉体系和复合粉体系能增加烃氧化菌 3~4 个数量级，发酵菌 1~2 个数量级，其中以假单胞菌代表的采油功能微生物也都在很大程度上得到了有效激活(见图 4)。

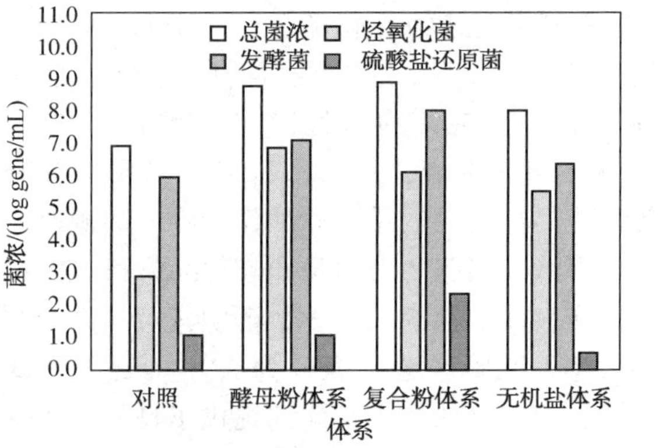

图 4　驱替液中功能菌的激活情况

考察不同激活配方、不同注入量以及注气条件下的驱油效率，结果如表 5 所示：无机盐体系不注气和注气的条件下提高驱油效率分别为 4.64%、7.09%；复合粉体系不注气和注气的条件下提高驱油效率分别为 6.18%、10.67%；酵母粉体系不注气和注气的条件下提高驱油效率分别为 8.67%、10.94%。室内物模驱油实验表明：在补充注入空气的条件下，筛选的激活剂配方采收率可提高 10%以上。由此可见，在内源微生物驱油激活体系中，微生物的种类和数量并不能单独决定样品中原油的驱替效果，作为菌群生长代谢的重要物质基础，营养剂本身在激活体系中发挥的作用除了对采油功能菌进行高效激活之外，还要充当微生物产表面活性剂的反应底物，即便样品中的采油功能菌得到了有效的激活和富集，在缺乏有效营养剂的情况下，相应的菌群也不能发挥出乳化效果。综合考虑激活效果和成本，优选复合粉体系作为陆梁油田试验区微生物激活剂配方。

表 5 不同体系的物模参数及驱油效率

岩心编号	长度/cm	直径/cm	孔隙体积/mL	饱和油量/mL	水渗/mD	注剂体积/PV	注气体积/PV	采收率/%			配方体系
								一次水驱	二次水驱	提高值	
L-4	20.0	2.5	36.1	26.6	593	0.4	0	47.49	48.11	0.62	地层水
L-16	20.0	2.5	36.3	28.6	647	0.4	0	51.75	56.39	4.64	无机盐
L-17	20.0	2.5	34.8	21.0	666	0.4	0.4	54.55	61.64	7.09	无机盐
L-14	20.0	2.5	34.8	21.0	666	0.4	0	54.55	61.64	6.18	复合粉
L-15	20.0	2.5	36.6	17.5	681	0.4	0.4	50.67	61.34	10.67	复合粉
L-12	20.0	2.5	36.6	17.5	681	0.4	0	50.60	59.27	8.67	酵母粉
L-13	20.0	2.5	36.7	17.0	677	0.4	0.4	49.59	60.53	10.94	酵母粉

5 微生物驱注入方式研究

针对该油藏的剖面特点，针对性的攻关研究了补充空气对微生物驱的作用。针对注水波及带剩余油，利用微生物原油趋向性和原位乳化效应，在油水界面附近形成高浓度菌场靶向驱替水洗带剩余油。实验表面，油水界面富集菌浓可以比水体中菌浓高 3 个数量级，代谢产物浓度高 1 倍。针对顶部未波及剩余油，提出注气"扩培+增能"引效的模式，利用空气为微生物提供好氧环境，在提高微生物驱油效率的同时增加地层能量，有效驱动上部剩余油。

通过胶结岩心物理模拟实验探究注入菌浓、注入量与提高采收率的关系，实验结果表明，随着注入菌浓的增大，提高采收率效果越好，注入菌浓为 10^9个/mL，注入 1PV 时，采收率达到最大值为 13.68%。当注入菌浓低于 10^8个/mL 时，原油提高采收率较低；当注入功能菌浓达到 10^8个/mL 时，驱油效率达到 10%以上，而菌浓稀释 20 倍(5×10^7个/mL)时驱油效率只有 6%左右。当菌浓高于 2×10^8个/mL 时，提高采收率大于 12%。当保持注入菌浓一样时，随着驱替体积的增加，原油采收率不断增加；当保持驱替体积一样时，随着注入菌浓的降低，提高采收率值也减小(见图 5)。因此选择注入菌浓 10^8个/mL 作为现场注入菌浓。

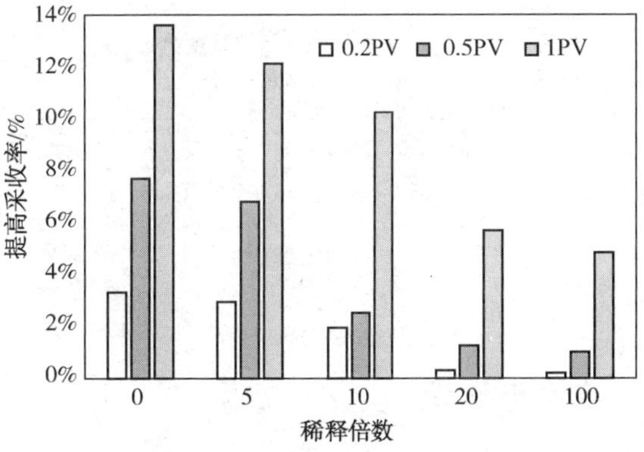

图 5 不同微生物菌浓与提高采收率关系柱状图

6 微生物驱现场实施效果

微生物驱试验优选油藏中部 4 注 20 采开展先导试验。设计总注剂量为 0.5PV，注入速度 $300m^3/d$，注入周期 10 年。预计总增油量为 12×10^4t，预测提高采收率 8.4%。现场从 2017 年开始实施，2021 年 9 月已经完成 0.1PV 注入，油井见效率 95%。2018 年平面上构造高部位菌浓高，采出液菌浓 10^7个/mL 以上，烃氧化菌浓度 10^5个/mL 以上，增油效果好。另外，随着现场实施时间推移，存在自高部位向低部位扩展见效特征，2020 年扩展至全试验区，现场试验表明：注入空气和激活剂比例逐步上升到 24：1 后，试验效果明显好转，日产油由 50t 上升到 65t，沉没度上升了 100m(见图 6)。

4 井组累计增油 3.1×10^4t，实现了边底水油藏采用微生物驱提高采收率的成功探索和技术突破，证实微生物驱可作为类似边底水油藏提高采收率的一项主体三采技术，为同类油藏稳产上产以及宝贵的石油资源充分开发利用提供了新技术，推动了微生物驱技术的发展。

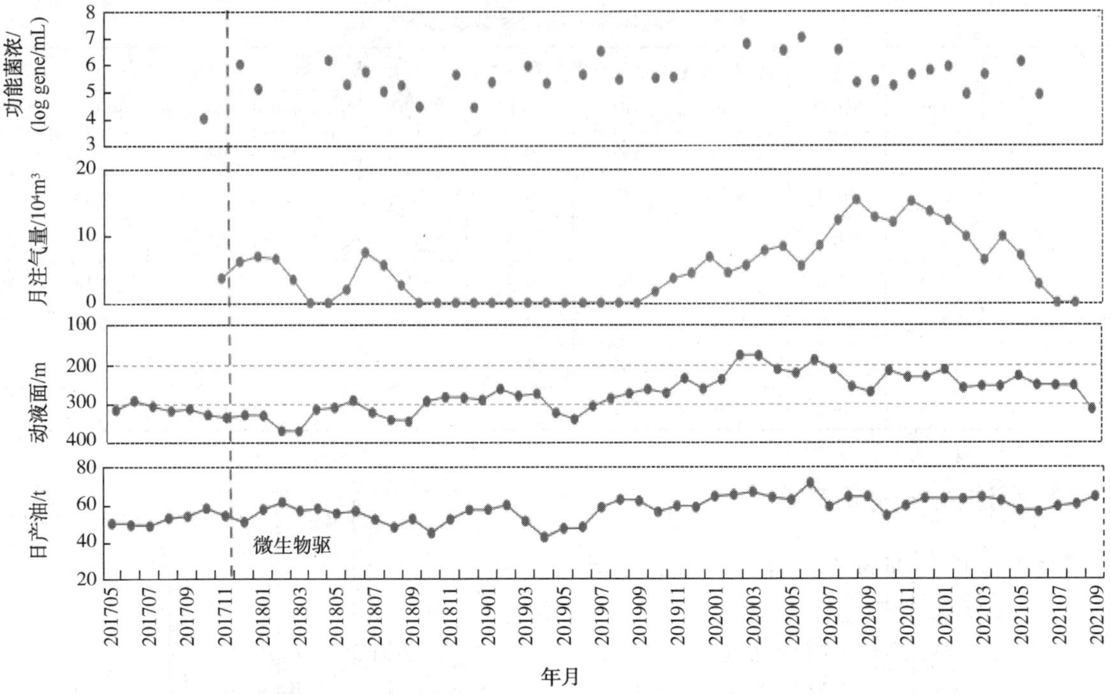

图 6　微生物驱开发曲线

7　结论与认识

（1）通过试验区主要采油功能菌筛选，筛选出 1 株乳化原油效果较好的菌株 H3，作为微生物驱现场试验添加菌剂。

（2）通过单因素实验和正交实验筛选出复合粉体系，能激活主要采油功能菌烃氧化菌增加 3~4 个数量级，发酵菌增加 1~2 个数量级，能定向激活主要采油功能菌将原油乳化分散、并且能抑制 SRB 生长。

（3）明确了薄层边底水油藏“微生物乳化+空气增能”为主的微生物驱油机理，在补充注入空气的条件下，复合粉激活体系物模驱油提高采收率可达到 10%以上，现场增油效果良好，沉没度得到明显上升。

（4）通过微生物室内及现场试验，展示出微生物驱油技术极强的适应能力和良好的经济性，为新疆砂岩油藏转换开发方式，进一步提高单井产量和最终采收率提供了强大的技术手段。同时也为类似油藏中高含水期寻求有效接替技术提供了很好的技术借鉴。

参 考 文 献

[1] 李燕淑，李彦，高配科，等．枯草芽胞杆菌 M15-10-1 强化内源微生物驱油模拟实验[J]．生物加工过程，2016，14(3)：46-52.

[2] Yao C，Lei G，Ma J，et al. Experiment and simulation of indigenous microbial enhanced oil recovery (IMEOR) [C]. International Petroleum Technology Conference，2011.

[3] 王惠，卢渊，伊向艺．微生物采油技术的进展[J]．新疆石油地质，2004，25(3)：329-332.

[4] 田会梅，高配科，代学成，等．新型稠化缓释营养剂的优化及其驱油潜力评价[J]．生物加工过程，2016，14(3)：33-38.

[5] 王红波，李明，连泽特，等．克拉玛依油田七中区微生物驱微生物功能基因与采油效果的关系[J]．油田化学，2016，33 (4) ：726-731.

[6] 齐义彬，王大威，吴萌萌，等．胶质降解和生物乳化在稠油降黏中的作用[J]．石油学报，2012，33 (4)：670-675.

[7] 王红波，彭晓钟，吴运强，等．克拉玛依油田六中区地层水内源微生物激活现场试验[J]．新疆石油地质，2011，32(5)：523-524.

[8] 代学成，王红波，许念，等．内源微生物驱油激活配

方筛选评价指标探讨[J]. 油气地质与采收率, 2012, 19(2): 37-40.

[9] 李红, 邓泳, 孟亚玲, 等. 新疆油田高含水油藏本源微生物驱矿场试验研究. 南开大学学报(自然科学版), 2013, 46(1): 108-111.

[10] 石国新, 田学峰, 白雷, 等. 注入水水质对新疆陆9井区内源微生物激活效果的影响[J]. 南开大学学报(自然科学版), 2021, 54(4): 15-21.

[11] 王东方. 钙离子对部分水解聚丙烯酰胺冻胶失水的作用机制研究[J]. 科学技术与工程, 2017, 17(3): 277-287.

[12] 王文昊. 聚合物注入系统黏度损失影响因素分析[J]. 石油规划设计, 2021, 31(5): 26-29.

三类油层分步开发方法及效果预测

杨　柳

（中国石油大庆油田有限责任公司第五采油厂）

摘　要　三类油层发育差，厚度薄、表外占比大，在垂向上好层与差层呈交互分布，各层之间聚驱控制程度差异较大，整体开发难度大。本文选取一个典型区块作为试验区，研究三类油层三次采油开发方法。通过对试验区块三类油层发育状况分析，针对区块发育特点，制订了先水驱开发差层、后化学驱开发好层的分步开发对策，以确保各类油层能得到有效动用。在此思路基础上，优化了层系组合方案、井网部署及注入方案，制订了区块三类油层开发方案。数值模拟预测结果表明，先注水开发差层至含水97%，后补开萨Ⅱ好层，聚/表二元驱开发0.76PV后，进行后续水驱，全程预测提高采收率10.62个百分点，累计增油6.97×10^4t。

关键词　三类油层；三次采油；分步开发；方案优化；提高采收率

当前老油田区块一类油层三次采油开发已进入中后期，可推广聚驱工业区块急剧减少，产量逐年递减。二、三类油层地质储量大，是接替一类油层有序开发的主要储备力量。但三类油层由于发育差、厚度薄、非均质严重，目前仍未有成型的聚驱工业化生产技术。目前对三类油层三次采油技术的研究基本做法是：细分开采层系、严格控制注聚合物对象、减少层间差异、提高油层动用程度。然而，由于三类油层发育差、层间非均质严重，造成各层动用不均匀，有效厚度0.5m以上的油层能得到有效动用，但表外和有效厚度0.5m以下的薄差层动用差。

试验区三类油层整体发育差、跨度大。平面上多数小层有效连续性差，表外、歼灭零星分布；垂向上好层、差层交互分布，层间差异非常大。为使三类油层所有层位均能有效开发，尤其是发育差但储量占比大的薄差层，试验区在细分开发对象与利用聚驱井网缩小井距的基础上，制定“先差后好”的开发思路，即先补孔差层，水驱开发，充分挖潜薄差层和表外储层剩余油后，再补孔好层，好层、差层一起化学驱开发，重点挖掘好层剩余油。

1　区块三类油层的发育特点

区块三类油层总体发育差、厚度小、表外占比大，萨Ⅱ组、萨Ⅲ组、葡I1-2层发育差异明显。为提高油层开发的针对性，依据三类油层分类标准，分析试验区油层发育情况，将区块内的三类油层，萨Ⅱ组、萨Ⅲ组以及葡I1-2层，钻遇的50个沉积单元划分为ⅢA、ⅢB、ⅢC三种类型（见表1）。其中，ⅢA类型9个，有效厚度7.0m，占比66%，平均单层厚度0.78m，作为好层开发。ⅢB、ⅢC类型41个，有效厚度3.59m，占比34%，平均单层厚度0.12，作为差层开发。（文中提到的“好层”均指ⅢA的三类油层，“差层”均指ⅢB、ⅢC的三类油层，之后不再解释。）

表1　试验区三类油层划分结果

划分结果	油层组	单元数/个	具体层号	砂岩厚度/m	有效厚度/m	渗透率/($10^{-3}\mu m^2$)
ⅢA	SII	6	$SII2_b$、$SII5_b$、$SII8_b$、$SII9_a$、$SII9_b$、$SII12_a$	7.02	4.93	134
	PI1-2	3	$PI1_{2b}$、$PI2_{1a}$、$PI2_2$	3.90	2.07	241
	小计	9		10.92	7.00	196

续表

划分结果	油层组	单元数/个	具体层号	砂岩厚度/m	有效厚度/m	渗透率/($10^{-3}\mu m^2$)
ⅢB	SII	4	SII4$_b$、SII5$_c$、SII11$_a$、SII15$_a$	5.05	1.38	79
	PI1-2	2	PI1$_{2a}$、PI2$_{1b}$	1.38	0.45	212
	PI4	2	PI4$_{2a}$、PI4$_{2b}$	2.29	0.64	221
	小计	8		8.72	2.47	140
ⅢC	SII	15	SII1$_a$、SII1$_b$、SII1$_c$、SII2$_a$、SII3$_b$、SII3$_c$、SII3$_d$、SII7$_a$、SII7$_b$、SII8$_a$、SII10$_a$、SII10$_b$、SII11$_c$、SII11$_d$、SII16	6.68	0.83	62
	SⅢ	6	SⅢ4、SⅢ5$_a$、SⅢ5$_b$、SⅢ6、SⅢ9+10$_a$、SⅢ9+10$_b$	2.01	0.07	90
	PI1-2	2	PI1$_{1a}$、PI1$_{1b}$	1.58	0.23	168
	小计	23		10.27	1.13	85
发育极差	SII	6	SII3$_a$、SII4$_a$、SII5$_a$、SII6、SII11$_b$、SII13	0.08	0	0
	SⅢ	4	SIII1$_a$、SIII7$_a$、SIII7$_b$、SIII11	0.24	0.01	36
	小计	10		0.32	0.01	36
合计		50		29.91	10.60	151

对比区块好层、差层发育情况，三类油层具有有以下特点。

（1）油层组内好层、差层发育差异大，呈交互分布。

萨Ⅱ组油层整体砂岩厚度18.74m，有效厚度7.14m。其中，好层砂岩厚度7.02m，有效厚度4.93m，占萨Ⅱ组总有效厚度的69%。好层单层的有效厚度大多在0.5~1.5m、渗透率大多在$100\sim200\times10^{-3}\mu m^2$。差层以表外发育为主，砂岩厚度11.7m，其中表外7.3m，表外占差层总砂岩厚度的62%。差层有效厚度2.21m，占萨Ⅱ组总有效厚度的31%，单层有效厚度大多在1.0m以内，渗透率集中在$50\times10^{-3}\mu m^2$以下。由此可见，萨Ⅱ组内好层发育好，有效厚度较大、渗透性较好；差层砂岩厚度大、有效厚度小、渗透率低，发育差。

萨Ⅲ组油层仅发育差层，并以表外发育为主，砂岩厚度2.01m，有效厚度0.07m。

葡I1-2层砂岩厚度6.86m，有效厚度2.75m。其中，好层砂岩厚度3.9m，有效厚度2.07m，占葡I1-2层总有效厚度的75%。好层单层有效厚度集中在2m以上，渗透率分布范围较大，$100\sim400\times10^{-3}\mu m^2$均有分布。而差层以表外发育为主，砂岩厚度2.96m，其中表外1.87m，表外占差层总砂岩厚度的63%。差层有效厚度0.68m，单层有效厚度大多小于1.5m，渗透率分布范围也很广，$100\sim400\times10^{-3}\mu m^2$均有分布。可见，葡Ⅰ1-2层好层以有效发育为主，有效部分的渗透率分布范围大，层内渗透性差异较大。而差层以表外发育为主，有效厚度小。虽然差层有效部分的渗透率分布范围同样较大，但由于有效发育少，对葡Ⅰ1-2层整个差层的开发不起决定作用。

从井区有效厚度、砂岩厚度垂向分布图来看（见图1），好层、差层在垂向上分布上呈交互分布，且整个井段跨度大，共137m。其中，萨Ⅱ组好层、差层交叉严重，萨Ⅱ组整体跨度达66m；萨Ⅲ组发育极差，仅2个沉积单元发育有效厚度；葡Ⅰ1-2层自下而上发育逐渐变差，跨度相对较小。

（2）油层组间差层发育相近，但好层发育差异较大。

对比各油层组中差层的发育状况，发现萨Ⅱ组、萨Ⅲ组、葡I1-2层的差层均以表外发育为主，且平面差异小，发育相近。其中，萨Ⅱ组差层ⅢB的沉积单元的4个，砂岩厚度5.05m，有效厚度1.38m，平面上主体砂、非主体砂交叉分布；ⅢC类型的单元15个，均以表外沉积为主，砂岩厚度6.67m，有效厚度0.83m。萨Ⅲ组仅有ⅢC类型，以表外沉积为主，共6个单元，砂岩厚度2.01m，有效厚度0.07m。葡I1-2差层中ⅢB、ⅢC均以表外沉积为主，少量河间、河道分布其中，其中ⅢB类型油层2个，砂岩厚度1.38m，有效厚度0.45m，ⅢC类型2个单元，砂岩厚度 1.58m，有效厚度 0.23m。

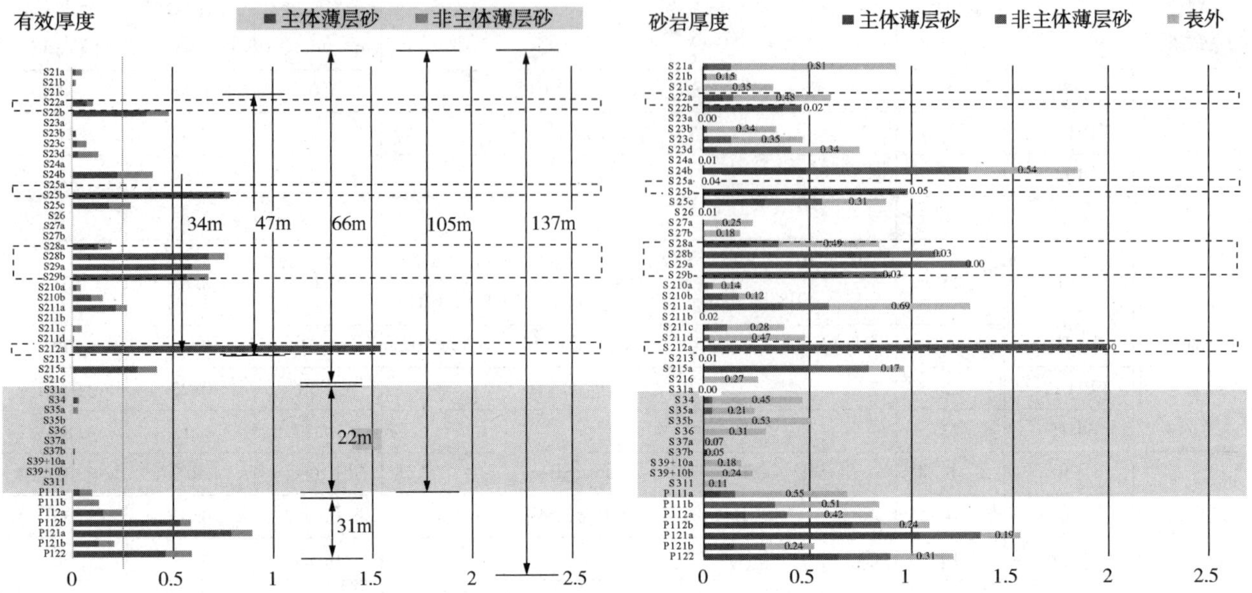

图 1　试验区有效厚度、砂岩厚度垂向分布图

对比萨Ⅱ组与葡Ⅰ1-2 层好层发育情况，发现不同油层组的好层在沉积砂体类型、砂体连续性、聚驱控制程度方面差异较大。萨Ⅱ组好层主要发育大面积主体薄层砂，主体砂连续性好，共有 6 个沉积单元，砂岩厚度 7.02m，有效厚度 4.93m，全区聚驱控制程度 80.9%（见表 2），满足化学驱条件。葡Ⅰ1-2 层好层发育窄条分流河道，分布面小，共 3 个沉积单元，砂岩厚度 3.90m，有效厚度 2.07m，全区聚驱控制程度 52.5%，不满足化学驱条件。

表 2　试验区萨Ⅱ组油层控制程度统计表

油层组	分类	全区				中心井			
		砂岩厚度/m	有效厚度/m	砂岩控制程度/%	有效控制程度/%	砂岩厚度/m	有效厚度/m	砂岩控制程度/%	有效控制程度/%
萨Ⅱ组	好层	7.19	5.13	82.4	80.9	3.06	2.22	100.0	99.1
	差层	12.27	2.52	78.1	48.1	5.35	1.04	95.6	62.0
	小计	19.46	7.65	79.7	71.8	8.41	3.26	97.3	89.7
萨Ⅲ组	差层	2.01	0.07	72.7	7.4	2.1	0.11	38.4	14.3
葡Ⅰ1-2 层	好层	4.10	2.34	70.9	52.5	3.63	2.18	84.9	65.5
	差层	3.11	0.82	73.1	23.6	2.29	0.33	94.5	33.7
	小计	7.21	3.16	71.9	45.8	5.92	2.50	89.0	61.7

（3）好层地质储量占比大，差层采出程度低。

由表 3 可见，试验区萨Ⅱ组～葡Ⅰ1-2 层地质储量 90.09×10^4t，目前采出程度较低，仅 31.15%。其中，好层储量 54.39×10^4t，占 60.37%，目前采出程度 36.88%，相对较大。差层储量 35.69×10^4t，占 39.63%，目前采出程度仅 22.36%，有较多剩余油。

表 3　试验区储量及采出程度情况统计表

油层组	分类	地质储量/10^4t			数模采出程度/%		
		表内	表外	表内+表外	表内	表外	表内+表外
S2	差层	15.80	9.42	25.22	26.87	14.61	22.33
	好层	36.29	0.44	36.73	39.93	10.96	39.59
	小计	52.09	9.86	61.95	35.97	14.49	32.59

续表

油层组	分类	地质储量/10^4t			数模采出程度/%		
		表内	表外	表内+表外	表内	表外	表内+表外
S3	差层	0.43	2.46	2.89	15.05	2.96	4.74
	小计	0.43	2.46	2.89	15.05	2.96	4.74
PI1-2	差层	5.22	2.36	7.58	37.62	10.17	29.17
	好层	16.48	1.18	17.66	32.46	14.17	31.24
	小计	21.71	3.54	25.25	33.70	11.52	30.61
合计	差层	21.45	14.24	35.69	29.23	11.84	22.36
	好层	52.77	1.62	54.39	37.60	13.50	36.88
	小计	74.23	15.86	90.09	35.19	12.01	31.15

说明：试验区面积 0.61km^2。

2　分步开发方案设计

从油层发育状况来看，区块三类油层垂向上油层发育差异大，好层与差层交互分布。采取笼统注化学剂，对不具备注化学剂条件的差层注采能力影响大，其地质储量(表内储量 21.45×10^4t，表外储量 14.24×10^4t)无法有效动用。为确保各类油层有效动用，确定了先水驱开发差层，后化学驱开发好层的开发对策。

2.1　*差层水驱开发方案*

2.1.1　差层层系组合分析

从试验区差层油层发育情况看，萨Ⅲ以及葡I1-2层油层发育差，无单独开发价值。一是萨Ⅲ组、葡I1-2层差层储量占比小，单独开采价值小。萨Ⅲ组地质储量仅占萨Ⅱ~葡I1-2层差层总储量的8%，葡I1-2层差层的地质储量仅占21%，单独开采价值低。二是各油层组的差层均以表外发育为主，一起组合开发层间差异小。三是差层总体控制程度均较低，可一起进行水驱开发。其中萨Ⅲ组以及葡I1-2层控制程度远低于聚驱要求。葡I1-2层控制程度为23.6%，萨Ⅲ组油层控制程度仅7.4%。因此，将萨Ⅱ~葡I1-2层差层整体作为一套层系，进行水驱开发。

2.1.2　差层井网部署

目前萨、葡薄差层采用的是井距200m左右的二、三次井网开发，近8年试验区三类油层阶段采出程度仅3.2%，可见目前井网条件下三类油层已难以动用。大多研究结果表明，开发三类油层时，缩小井距，可有效改善井网注采关系，提高聚驱控制程度。

试验区考虑采用聚驱井网，或水、聚驱井网结合，缩小井距后开发，以达到改善注采能力、提高开发效果的目的。方案设计见表4。方案一仅利用聚驱井，构成120m五点法面积井网，共48口注采井。方案二利用聚驱井加水驱井的组合井网，构成70~120m局部加密井网，共55口井。

表4　差层不同开发方案数模预测结果

方案	井网	井距及布井方式	全区砂岩控制程度/%	注/采井数/口	是否压裂投产	投产初期生产情况			阶段采出程度/%	阶段累产油/10^4t	总采出程度/%	提高采收率/%
						含水/%	日产油/t	平均单井日产油/t				
0	原水驱井网	200m 线状	68.5	9/13	—	95.48	3.44	0.26	6.05	1.98	30.04	—
1	聚驱井网	120m 五点法	76.6	21/27	否	93.5	15.86	0.59	7.89	2.61	31.88	1.84
				21/27	是	89.66	41.36	1.53	9.70	3.21	33.70	3.66
2	聚驱+水驱组合井网	70~120m 局部加密	77.9	25/30	否	94.05	16.59	0.49	8.56	2.83	32.55	2.51
				25/30	是	90.7	40.48	1.19	10.64	3.52	34.64	4.59

随着井距的缩小，聚驱控制程度逐渐增大，当组合井网缩小井距到70~120m时，全区砂岩控制程度达到77.9%。数值模拟结果表明，通过利用三采井网与水驱井网结合缩小井距，可有

效提高注采能力，改善开发效果。聚驱井与水驱井的组合井网，可比原井网提高采收率 2.51 个百分点，压裂投产条件下，比原井网提高采收率 4.59 个百分点。

因此差层开发时，选用聚驱井加水驱井的组合井网，该井网以 120m 井距五点法布井的聚驱井为主，以局部点缀加密水驱井为辅，组成一个 70~120m 局部加密井网，共有注采井 55 口，25 注 30 采。

2.1.3 差层注入方案设计

由于三类油层差层以发育表外及有效厚度小于 0.5m 的小层为主，为确保能注得进、采得出，设计差层注清水开发，且注采井均压裂投产。

采出井的产液能力设计参考其它类似区块。参考区块井距在 60~150m，射开层位发育状况与试验区差层相近，产液强度为 2.44 t/d·m。以此参考，设定试验区采出井平均单井产液强度为 2.4t/d·m。注入井根据注采平衡原则预测，设计注入井平均单井注入强度 5.0 m^3/d·m。

2.2 好层化学驱开发方案

2.2.1 好层层系组合分析

试验区好层仅在萨 II 组油层和葡 I1-2 层发育，共发育 9 个沉积单元，砂岩厚度 10.9m，有效厚度 7.0m。其中，萨 II 组好层 6 个，主要发育主体薄层砂，连续性好，有效厚度钻遇率高，有效厚度 4.93m，钻遇率 95.8%，渗透率集中分布在 $100\sim200\times10^{-3}\ \mu m^2$，具备规模注化学剂条件。葡 I1-2 好层 3 个，主要钻遇窄小分流河道砂体，有效厚度连续性差，钻遇率低，砂岩厚度 3.9m，有效厚度 2.07m，钻遇率 45.1%，渗透率较离散，在 $100\sim400\times10^{-3}\ \mu m^2$ 均有分布，不具备规模注化学剂条件。

由此可见，萨 II 组好层与葡 I1-2 好层发育差异大，若一起开发，不利于同类砂体开发效果评价，且整个跨度 128m，注聚时调整难度较大。因此设计好层开发阶段，仅补开萨 II 组好层。葡 I1-2 好层在试验后进行撬装局部注聚。

2.2.2 好层井网部署

好层开发阶段沿用差层阶段聚驱井加水驱井的组合井网。但由于好层阶段进行化学驱，水驱注入井却因现场条件限制不能注剂，因此需要封堵，以避免影响整体化学驱效果。而 3 口采出井可暂时不封堵，形成局部加密。因此，好层开发时，主要利用 120m 井距五点法布井的聚驱井网，有 3 口水驱采出井位于其中，局部形成 70m 的加密效果，共有注采井 51 口，21 注 30 采。

2.2.3 好层注入方案设计

国内对三类油层各种化学驱方法都有研究，常用的是聚驱、SP 二元驱与 ASP 三元驱。由于三类油层渗透性差，聚合物一般采用中低分子量产品。另外，为增强三类油层的注采能力与洗油效率，又多半会辅以表面活性剂和碱。

试验区根据实际情况，设计化学驱开发阶段注入体系选用聚/表二元复合体系，且根据体系与区块油层的配伍性，选定低分 900 万聚合物/石油磺酸盐二元体系。整个过程清配清稀，注入速度 0.16PV/a，聚合物用量为 600mg/L·PV。具体实施时，可根据动态特征适当延长化学驱时间。段塞设计如下：

前置聚合物段塞：0.06PV×1000mg/L(P)。

二元主段塞：0.35PV × 0.3wt%（S）+1000mg/L(P)。

二元副段塞：0.15PV × 0.15wt%（S）+800mg/L(P)。

后续聚合物保护段塞：0.20PV×600mg/L(P)。

3 整体开发效果预测

根据设计结果，试验区三类油层分步开发全过程为：先补开萨 II~葡 I2 层差层，水驱开发至含水 97%，大约 0.41PV；然后补开萨 II 组好层，化学驱开发 0.76PV 后，进行后续水驱至含水 98%。试验全程预计提高采收率 10.62 个百分点，累计增油 6.97 万吨，化学驱阶段含水最大降幅 7.7 个百分点，最终阶段采出程度 19.79%（见图 2）。

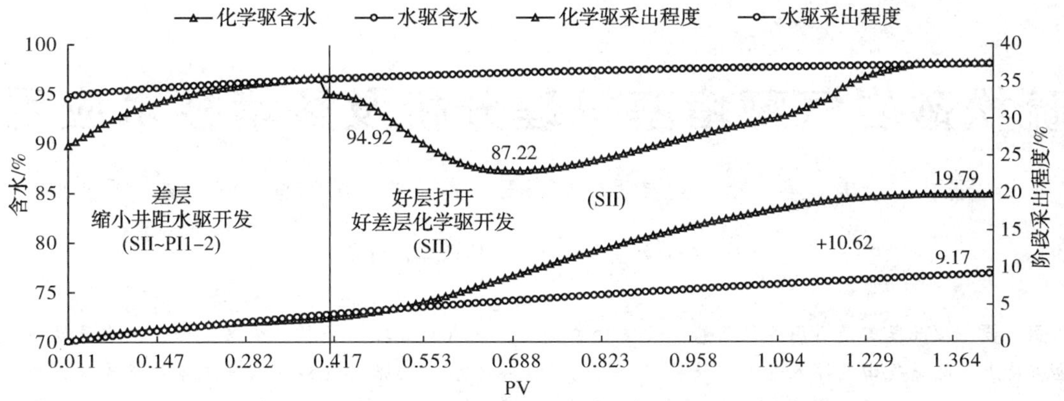

图 2　试验区开发全过程数模预测曲线

4　结论

（1）试验区三类油层总体发育差、厚度小、表外占比大，油层组间、各油层组内发育差异明显。好层、差层在垂向上交互分布。各油层组差层发育相近，萨 II 组好层与葡 I1～2 好层发育差异较大。

（2）试验区利用聚驱井加水驱井的组合井网，构成一个“120m 五点法面积井网为主、局部加密 70m”的局部加密井网，缩小井距，提高控制程度。

（3）在细分开发层系基础上，试验区三类油层按照“先水驱差层、后聚/表二元驱好层”的思路分步开发，预计可提高采收率 10.62 个百分点。

参　考　文　献

[1] 李兆雯．聚合物驱采油技术现状及发展趋势综述[J]．化学工程与装备，2018，(2)：243-245.

[2] 陈思．三类油层三元复合驱提高采收率可行性分析[J]．化学工程与装备，2016，(4)：74-77.

[3] 张晓芹，关恒，王洪涛．大庆油田三类油层聚合物驱开发实践[J]．石油勘探与开发，2006，33(3)：374-377.

[4] 李永吉．大庆油田杏南开发区表外储层分类和开发状况研究[D]．北京：中国地质大学，2009.

[5] 李霞，孙建国．大庆油田三类油层聚合物驱现场试验[J]．大庆石油地质与开发，2009，28(4)：98-101.

[6] 张彦辉．北二东区块三类油层聚合物驱数值模拟研究[D]．大庆：东北石油大学，2011.

[7] 周璿层．间非均质性对大庆油田三类油层聚合物驱开发效果的影响[J]．化学工程与装备，2021，(3)：156-157.

[8] 夏连晶，刘敏，樊海琳，等．大庆油田某区块两类油层协同布井优化调整技术[J]．中外能源，2020，(12)：47-53.

[9] 邵颖．喇嘛甸油田三类油层聚合物驱现场试验研究[D]．大庆：东北石油大学，2018.

[10] 李霞，张晓芹，周浩，等．适应大庆油田三类油层的驱油体系筛选及评价[J]．长江大学(自科版)，2015，35(12)：59-63.

[11] 王敏．三类油层弱碱三元复合驱对开发效果的影响[J]．化学工程与装备．2021．(8)：96-98.

[12] 裴桐，王克亮．三类油层二元体系乳化程度对驱油效率影响[J]．化学工程师．2020．(3)：39-43.

[13] 黄金，孟凡海，徐春玲．三类油层二元复合驱提高采收率技术室内研究[J]．化学工程师．2014，(11)：30-31.

[14] 孙志慧，冉法江．三类油层聚表剂驱提高采收率技术研究[C]．西安：2019 油气勘探与开发国际会议论文集，2019.

[15] 三类油层复合驱提高采收率技术研究[D]．长春：吉林大学，2012.

疏松砂岩气藏堵塞机理分析及解堵技术应用

廖 丽 倪 勇 姜 琪 欧宝明 赵 玉 康瑞鑫 吴 程 陈 君 冯大强

（中国石油青海油田分公司钻采工艺研究院）

摘 要 涩北气田是青海气区天然气开发的主战场，具有长井段、多层、极易出砂、边水气藏等特色的地质特点。随着气田的深入开发，储层因水锁伤害、黏土水化膨胀、运移及入井流体增多等原因发生堵塞的气井不断出现，严重影响气井产能。在调研国内外疏松砂岩气藏解堵技术的基础上，结合储层泥质含量高的物性特征及气井出水量大的现状，通过开展不同孔隙度、渗透率、含水饱和度和黏土含量对水侵伤害模拟实验，确定了气井堵塞的主要影响因素。以保护储层为出发点，从针对性及经济性方面优选解堵液，形成了适用于涩北疏松砂岩气藏的化学解堵技术。经过现场试验的应用，解堵效果良好。实践证明，化学解堵技术能够有效解除涩北疏松砂岩气藏的储层堵塞问题，具有施工快、有效率高、有效期长的特点，应用前景良好。

关键词 涩北气田；储层堵塞；渗透率；化学解堵；有效率

涩北气田属于第四系疏松砂岩气藏，是青海气区天然气开发的主战场，储层胶结差，岩性以含泥粉砂岩和泥质粉砂岩为主，整体上具有泥质含量高、压力敏感强的特点，水体主要以边水的形式存在，属于中强水驱气藏，目前地层压力系数为0.72，作业井漏失常见。

近年来，随着气田开发的持续深入，出水出砂形势加剧，同时，气井作业过程中，外来流体的侵入，导致储层气相相对渗透率下降，从而造成储层堵塞的气井逐步出现，气田产能的发挥受到严重影响。堵塞井现场表现为气井井口无压力，生产过程中无气、无水，通过压力测试判断井筒内无积液，向地层注氮气呈现压力持续升高不降的现象。针对这种问题，先后开展了增大生产压差、注气、注水、注酸等方法来试图解除储层堵塞，通过30余口的试验发现解堵效果不佳，有效率仅为23%左右，现场急需一种高效的解堵技术。通过调研，国内外解除疏松砂岩堵塞与液锁的方法多为使用酸液进行酸化或酸洗。笔者针对涩北疏松砂岩气藏储层泥质含量高的特征，结合气藏目前水侵严重的现状，开展不同孔隙度、渗透率、含水饱和度和黏土含量对水侵伤害模拟实验，以解除堵塞的同时保护储层为重点，开展了酸液、添加剂、解水锁剂的优选与复配，研制的解堵液具有高效低成本的特点。依据制定的原则完成了试验井的优选与现场应用，累增气$7.576\times10^{7}m^{3}$，最终形成了一套适合涩北疏松砂岩气藏的化学解堵技术，推广应用前景良好。

1 气井堵塞机理分析

涩北气田岩性以泥质粉砂岩、粉砂质泥岩和含粉砂泥岩为主，黏土矿物以伊利石为主，平均为51.2%，填隙物主要为泥质。通过对涩北气田岩心粉开展XRD分析可以看出，储层骨架结构主要以石英和长石为主。填隙物主要为伊利石、绿泥石、方解石、白云石、少量重晶石或者铁氧化物，其中黏土成分伊利石、绿泥石含量高，胶结物质以方解石、白云石为主。因此，储层水敏较强，见表1。

表1 台1-4井岩心粉XRD分析结果

样品号	台1-4井(1098m)	台1-4井(1448m)
石英	29.9%	29.30%
斜长石	7.80%	6.10%
钾长石	3.50%	0.90%
方解石	9.50%	8.60%
白云石	4.00%	4.50%
重晶石	2.90%	1.60%
伊利石	17.50%	19.00%
绿泥石	12.50%	15.50%
其它	赤铁矿：1.1%，石盐：1.3%	赤铁矿：1.2%石盐：2.0%，滑石：0.2% 海泡石：0.4% 闪石：0.7%
非晶相	10%	10%

涩北气田储层孔隙度主要分布在30%~35%，渗透率主要分布于1.0~500×10^{-3}μm^2，属于高孔中低渗气藏。经长期开采，气田地层压力由13.69MPa下降至7.1MPa，下降了48.14%，同时水侵加剧导致储层岩石骨架所承受压力增加，储层物性发生变化，导致储层渗透率下降，渗透性平均降低了40%左右，见表2。

表2 不同渗透率岩心水侵后渗透率变化

初始渗透率/10^{-3}μm^2	水侵后渗透率/10^{-3}μm^2	渗透率下降率/%
8.021	3.333	58.45
8.124	3.547	56.34
93.256	56.215	39.72
91.432	53.917	41.03
454.456	366.564	19.34
453.378	361.886	20.18

随着开发步入中后期，涩北气田的气井出现的液相流体主要为产层出水和外来流体(钻井液、压井液、冲砂液和压裂液等)，气田目前水气比为6.04m^3/10^4m^3，并且85%的作业井存在不同液量的漏失。储层的液相流体增多会导致气相相对渗透率K_{rg}下降(见图1)，渗流通道发生水锁。在开采过程中气井持续大量产水会导致黏土矿物水化膨胀、分散运移，近井地带淤塞，喉道堵塞，储层物性最终变差。

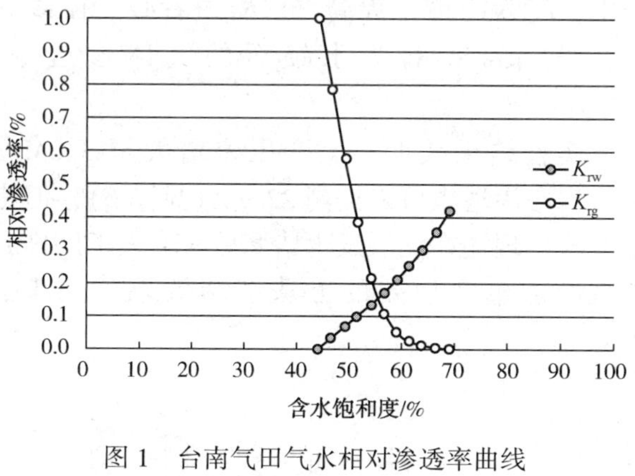

图1 台南气田气水相对渗透率曲线

1.1 储层物性变化引起的堵塞

1.1.1 不同孔隙度的影响

结合涩北气田储层实际参数，选择3类(≤10%，10%~20%，≥20%)不同孔隙度范围的岩心，每类2块，进行不同孔隙度伤害评价，实验方法如下：

(1) 岩心准备，岩心洗油，烘干；

(2) 有效渗透率(K_1)测量，用天然气测定气体有效渗透率(K_1)；

(3) 岩心渗析，将岩心放入盛有地层水的烧杯中进行自发渗吸实验，自发渗析72h后将岩心取出，擦干；

(4) 测定渗析后岩心气相渗透率(K_2)，利用岩心驱替实验，测定渗析后的气体有效渗透率(K_2)。

利用气体有效渗透率(K_1与K_2)，计算地层水对有效渗透率的损害率，其计算方法见下式1。

$$\eta_d = \frac{K_1 - K_2}{K_1} \times 100\% \quad (1)$$

式中，η_d为渗透率损害率；K_1为岩心气体渗透率，10^{-3} μm^2；K_2为伤害后的气体渗透率，10^{-3}μm^2。

由实验结果可以看出(见图2)，孔隙度越小，伤害越大。从毛细管力的Laplace公式可知，地层岩石的孔径越小，所产生的自吸毛管压力就越大，孔喉很小就会出现很强的自吸效应。在气藏开发过程中，水相一旦大量侵入产层，毛细管自吸效应会十分明显，进而产生水锁，近井地带一旦水锁将减小或封闭气体流向井筒的通道，造成气井产能的降低。

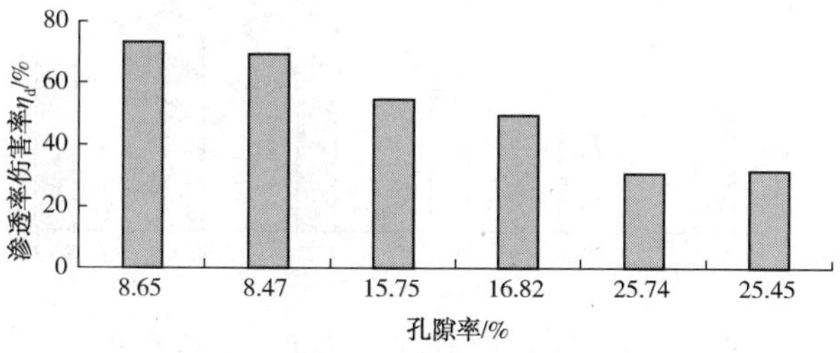

图2 涩北气田不同孔隙度对渗透率的影响实验结果图

1.1.2 不同渗透率的影响

结合涩北气田储层实际参数，选择3类渗透率区间的岩心(≤10mD、10~100mD、100~500mD)，每类2块，开展不同渗透率伤害模拟实验。

实验方法与孔隙度伤害测定相同，由实验结果可以看出(见图3)，岩心渗透率越小越容易受到地层水的伤害，这是由于低渗透率的岩心中孔喉往往更细小，孔喉半径越小毛细管力越大，所以自吸效应越明显。

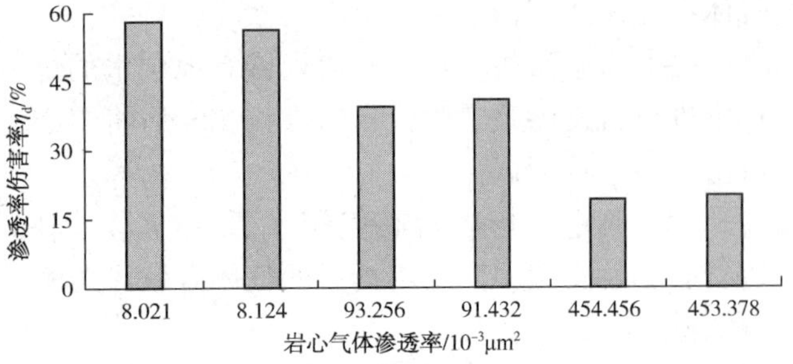

图3　涩北气田不同渗透率伤害实验结果图

1.2　液相流体增多导致气井堵塞

制作6块相同物性的岩心，分别建立不同的含水饱和度并开展驱替伤害实验。含水饱和度利用毛细管自吸法建立，具体步骤如下：根据确定建立的含水饱和度所用地层水的体积，用地层水将一张含孔隙的纤维浸湿，将岩心在纤维上滚动，保证岩心除两端面之外的外表面均匀浸湿，直到岩样吸入水的质量是所要建立含水饱和度需要的水质量。实验方法与孔隙度伤害测定相同，其计算方法见式(1)。

由实验结果可以看出(见图4)，含水饱和度越高，则初始含水饱和度和束缚水饱和度的差值越大，多余的水滞留孔道，降低岩心渗透率，造成的水锁伤害越大。

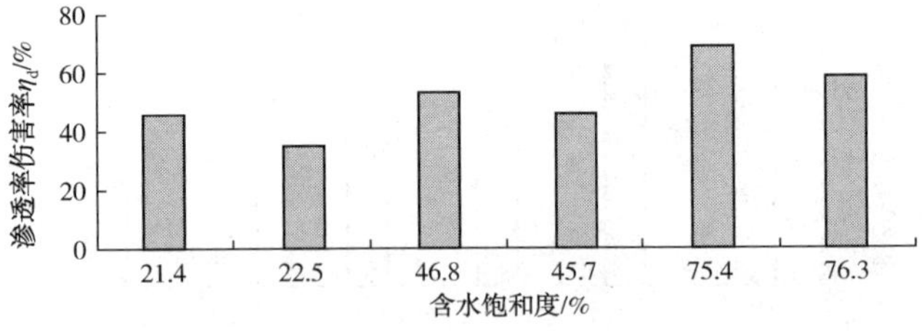

图4　涩北气田不同含水饱和度实验结果图

1.3　黏土运移膨胀堵塞喉道

制作4组不同粘土含量的岩心，每组2块，黏土主要采用钻井用钠基膨润土，实验方法与孔隙度伤害实验方法相同，由实验结果可以看出(见图5)，黏土水化膨胀后会导致孔道的缩小，储层渗透率降低，黏土含量越多，对储层的伤害越大。非膨胀性的黏土矿物会分割和充填孔隙喉道，产生大量的微孔隙，并表现出强烈的亲水性，最终增加毛细管力自吸趋势能和流体束缚能，潜在堵塞效应增强。

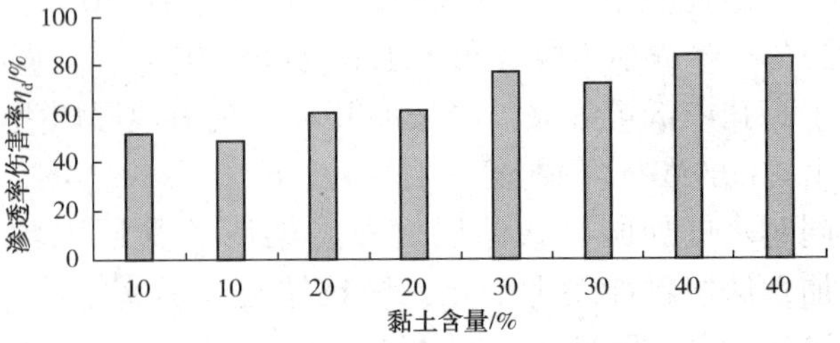

图5　涩北气田不同黏土含量实验结果图

2　解堵配方的研发

2.1　解堵技术优选

通过调研认为增大生产压差解堵、注气解堵、表面活性剂解堵和解堵液解堵4种解堵方法在国内应用较为普遍且可操作性高，从室内开展了上述实验方法模拟解堵，使用的岩心伤害方法与前文相同。

2.1.1　增大生产压差解堵

依据岩心中的毛细管末端效应会随着生产压差的增大而呈现减弱趋势的原理，改变入口压力时测定不同压差条件下渗透率值，采用0.6MPa、1.2MPa、2.0MPa、3.0MPa四组压差，每组2个不同渗透率的岩心，解水锁渗透率提高率R_k计算见式(2)：

$$R_k=\frac{K_3-K_2}{K_2}\times 100\% \quad (2)$$

式中，R_k为渗透率提高率；K_1为岩心气体渗透率，$10^{-3}\ \mu m^2$；K_2为水锁后的气体渗透率，$10^{-3}\mu m^2$。

实验结果表明：生产压差增大至3.0MPa时，岩心渗透率可以提高22.7%(见图6)，但是涩北气田现场在储层发生堵塞后采取人工助排后发现增加生产压差的方法解堵效果差，基本无效。

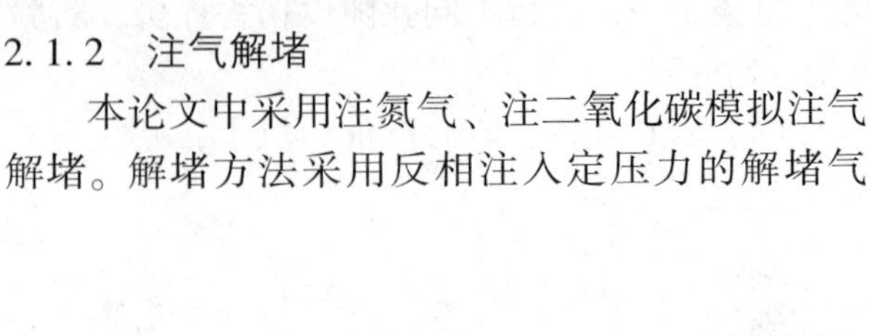

图6　涩北气田不同生产压差下渗透率提高率实验结果图

2.1.2　注气解堵

本论文中采用注氮气、注二氧化碳模拟注气解堵。解堵方法采用反相注入定压力的解堵气体，在0.5MPa下，注气2h后模拟关井72h，正向测定解堵后有效渗透率(K_3)。

实验结果表明：注氮气、注二氧化碳模拟注气解堵实验，注入气体后岩心渗透率提高20%左右(见图7)，现场开展注氮气解堵时泵注压力在设备能力范围内最高至18MPa，85%的堵塞井无解堵迹象，15%的气井泵注压力下降慢，解堵效果不佳且施工费用高。

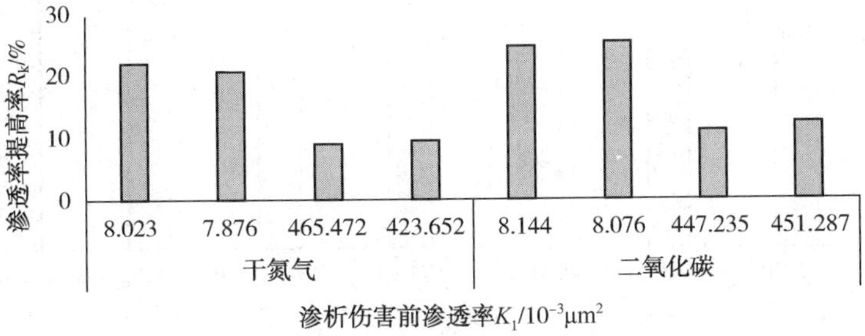

图7 涩北气田不同注气方式渗透率提高率实验结果图

2.1.3 表面活性剂解堵

采用青海油田在用的解水锁剂，选用低渗、中渗透、高渗岩心实验，反相注入2PV的解水锁表面活性剂，模拟关井24h，打开阀门，正向测定注表面活性剂后的气体有效渗透率(K_3)。

实验结果表明：使用表面活性剂开展模拟实验解堵后，岩心渗透率有一定的恢复，渗透率提高30%左右(见图8)，但是表面活性剂在储层堵塞的情况下无法注入地层，仅适用于气井出现轻微水锁的情况。

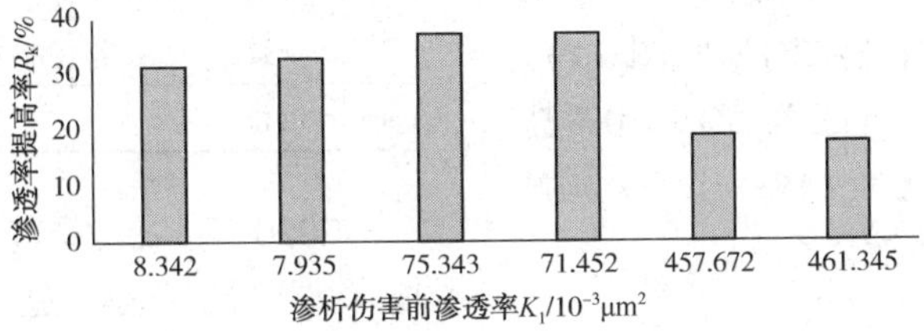

图8 涩北气田表面活性剂解堵后渗透率提高率实验结果图

2.1.4 解堵液解堵

通过采用1%~3%氟硼酸+3%缓释酸、1%~3%氢氟酸+8%盐酸、8%~10%盐酸前置酸+主体酸三种解堵液体系模拟实验，实验方法同2.1.3。酸化解堵后，第3种解堵液岩心渗透率提高率最高，提高了55.3%(见图9)，储层堵塞物被溶解，解除近井带黏土运移伤害，有效提高储层渗流能力实现储层堵塞的真正解除。

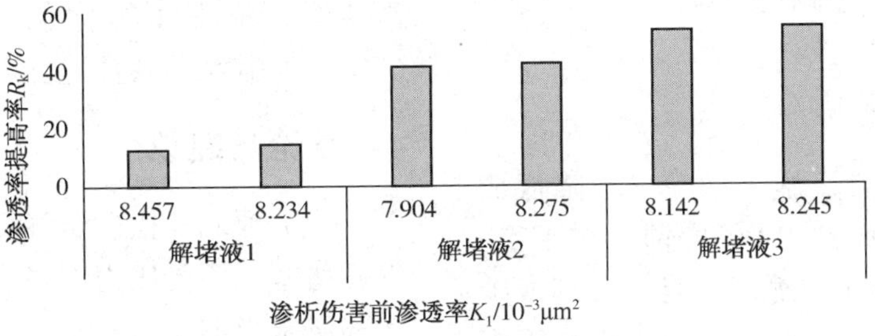

图9 涩北气田表面活性剂解堵后渗透率提高率实验结果图

2.2 解堵液体系优化

结合涩北气田储层特征，针对高黏土含量导致微粒运移堵塞储层的情况，在不伤害储层骨架结构的前提下，通过酸液溶解储层淤塞的泥质或其他堵塞物，实现解除储层堵塞的目的。在2.1.4解堵液体系基础上，通过测定不同比例酸液对涩北气田岩屑溶蚀率，确定酸液采用氢氟酸与盐酸复配，该体系中盐酸能与碳酸盐岩先反应，从而避免氢氟酸与碳酸盐岩反应产生沉淀。最终确定盐酸使用比例范围在4%~10%，氢氟酸使用比例范围在1%~1.5%(见图10)。当二者比例超过此范围时，岩心溶蚀率超过45%，将会导致储层骨架破坏，增加出砂及生成沉淀的风险。

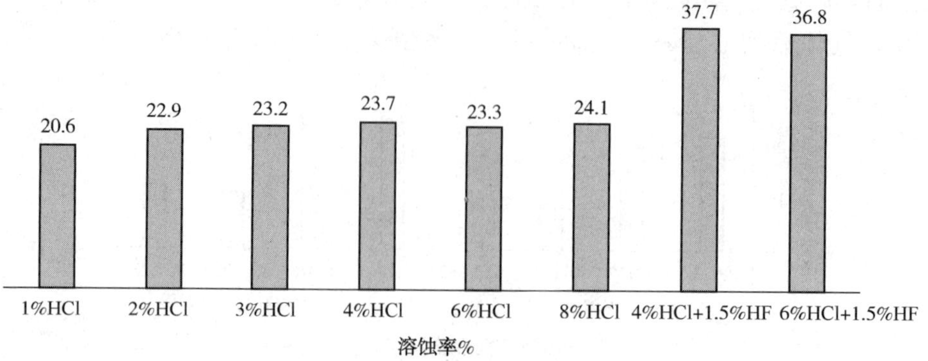

图10 不同酸液配比时的岩屑溶蚀率

结合前文的堵塞因素分析可知涩北气田的堵塞原因多为复合型，所以解堵液中添加解水锁剂来提高解堵效果，同时也可作为一种高效助排剂降低解堵后返排液的表面张力，从而利于液体排出。实验结果表明，解水锁剂浓度为2.1%时，表面张力降至最低21mN/m，考虑成本及气井水锁程度，解水锁剂加量为1%~2%(见图11)。综上所述，最终优选形成前置酸为8%~10%盐酸，主体配方为4%~10%盐酸+1%~1.5%氢氟酸+1%~2%解水锁剂的解堵液体系。

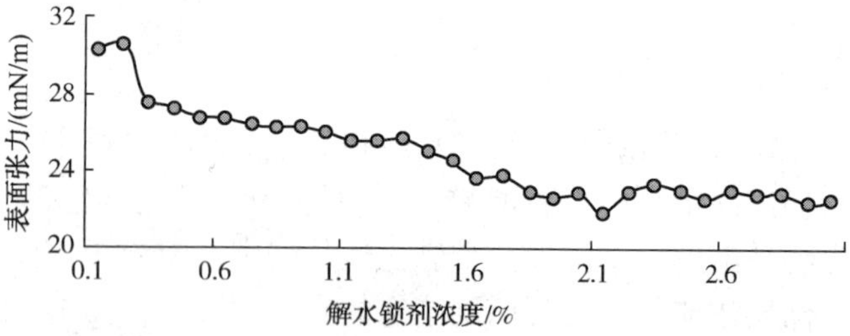

图11 解水锁剂对返排液表面张力的影响

3 现场应用与分析

为提高措施针对性、施工效率、与降低成本，确定3个选井原则：(1)停产前生产平稳，具备复产潜力；(2)气举空循环，且未砂埋或少量砂埋；(3)人工助排无气水，关井注气压力高。化学解堵技术现场采用原井不动管柱进行施工。解堵剂注入储层时沿井轴径向扩散，考虑解堵液在储层中沿溶蚀后的孔隙推进，参数设计中添加近井地带的孔隙度，防砂充填部位孔隙度采用37.4%，地层孔隙度取堵塞井实际值，泵注程序及排量范围见表3。

表3 化学解堵施工程序及参数推荐表

序号	泵注程序	液体类型	用量/m^3	排量/(m^3/min)	备注
1	循环	地层水	油套管容积	0.1~1.1	灌满油套环空后关闭套管阀门
2	解堵	解堵液	设计用量	0.2~1.1	
3	顶替	地层水	油管容积	0.7~1.1	
4	返排	停泵后立即气举返排			

2020年共优选17口停产井开展了化学解堵技术先导性试验，施工成功率达89%，施工有效率达56%，试验井平均日增产气$6.5\times10^4m^3$，累计增气$1776.2\times10^4m^3$，2021年不断优化工艺技术，推广应用88口井92井次，复产率85%，提升29%，日产天然气$41.37\times10^4m^3$，累计增产气$5800\times10^4m^3$，该化学解堵技术能够有效解除涩北气田出现的储层堵塞问题，同时该技术经酸液体系、施工车组优化，单井施工费用降低67%，应用效果显著。

4 结论与建议

(1)涩北疏松砂岩气藏在开发过程中出现的气井堵塞主要受压力下降、液相流体水锁及黏土运移淤塞影响。

(2)从孔隙度、渗透率、含水饱和度及黏土含量4个方面开展了分析，认为黏土含量对储层的堵塞影响最明显，为堵塞的主要因素。

(3)涩北气田应采用前置酸为8%~10%盐酸，主体配方为4%~10%盐酸+1%~1.5%氢氟酸+1%~2%解水锁剂的解堵液体系来解除气井黏土堵塞及水锁伤害。

（4）形成的化学解堵技术适用于涩北疏松砂岩气藏，能够有效解除储层堵塞，施工成本低、作业周期短、应用效果显著，打破了涩北气田水侵堵塞停躺井无增产手段的局面，促进了青海油田气田开发技术的快速发展。

参　考　文　献

[1] 马力宁，王小鲁，朱玉洁，等．柴达木盆地天然气开发技术进展[J]．天然气工业，2007(02)：77-80.

[2] 宗贻平，李永，尉亚民，等．涩北气田第四系疏松砂岩气藏有效开发工艺技术研究及应用[J]．天然气地球科学，2010，21(03)：357-361.

[3] 饶鹏，冯胜利，谷晓峰，等．青海涩北气田第四系疏松粉细砂岩气藏防砂工艺试验研究与评价[J]．天然气地球科学，2006(02)：196-200.

[4] 邓勇，杜志敏，陈朝晖．涩北气田疏松砂岩气藏出水规律研究[J]．石油天然气学报，2008(02)：336-338.

[5] 孙虎法，王小鲁，成艳春，等．水源识别技术在涩北气田气井出水中的应用[J]．天然气工业，2009，29(07)：76-78.

[6] 伦增珉．悬浮固相颗粒对储集层基质孔隙的堵塞规律研究[J]．后勤工程学院学报，2006(03)：30-32.

[7] 孟向丽，赵立强，徐昆，等．注聚合物井堵塞原因和解堵技术[J]．石油钻采工艺，2011，33(03)：70-73.

[8] 刘海庆，姚传进，蒋宝云，等．低渗高凝油藏堵塞机理及解堵增产技术研究[J]．特种油气藏，2010，17(06)：103-106.

[9] 冯胜利，尉亚民，邵文斌，等．柴达木盆地第四系疏松砂岩气藏防砂技术的研究与应用[J]．钻采工艺，2008(S1)：28-30.

[10] 谢一婷，陈朝晖．疏松砂岩气藏渗透率敏感性实验研究[J]．断块油气田，2013，20(04)：488-491.

[11] 林光荣，邵创国，徐振锋，等．低渗气藏水锁伤害及解除方法研究[J]．石油勘探与开发，2003(06)：117-118.

[12] 杨永利．低渗透油藏水锁伤害机理及解水锁实验研究[J]．西南石油大学学报(自然科学版)，2013，35(03)：137-141.

[13] 贺承祖，胡文才．浅谈水锁效应与储层伤害[J]．天然气工业，1994(06)：36-38.

川西新场气田蓬莱镇组气藏老井挖潜选井原则

路　玉　李忠平　黎华继　罗长川　骆　彬

（中国石化西南油气分公司）

摘　要　川西新场气田主力气藏已进入开发中—后期，挖潜增产是维持气田效益开发的重要手段。随着高品质气层动用程度增大，原有挖潜选井标准不再适用，急需建立新的选井选层评价标准。为此，通过对新场气田蓬莱镇组气藏典型挖潜井开展挖潜效果评价，分析挖潜层段气层品质和储量动用程度，结合单井生产情况，建立了适用于研究区现今开发特征的挖潜选井原则。结果表明，可依据录井、测井、地震响应、邻井动用等多因素确定挖潜井及层段，降低挖潜失利风险；在同一有利区带或同一裂缝走向选取挖潜井时，邻井井距下限为350 m，累计产气量上限为0.20×10⁸m³；次级有利微相多层合采更适用于老区中—后期开发，可增大挖潜获产概率。

关键词　新场气田；蓬莱镇组；气藏；挖潜井；效果评价；选井原则；开发后期；储集层品质 DOI

四川盆地是中国大型富含天然气资源的盆地之一，也是全世界最早开发和利用的天然气产区，其含油气层位广泛，气藏类型复杂多样，盆地西部川西坳陷侏罗系气藏资源量丰富，但呈现出砂体展布复杂、储层类型多样、沉积微相变化快等强非均质性特征。新场气田作为川西地区第一大气田，经过近30年的开发历程，其中浅层主力气藏蓬莱镇组气藏井网部署已经趋于完善，可采储量的采出程度较高，高品质储层动用程度大，挖潜增产成为接替衰减产能的重要手段。随着气藏的持续开发，气藏储量动用不均衡、复杂的剩余气分布认识不清等问题日益突出，而前期的挖潜工作更多偏向定性描述、挖潜选井依据相对单一、选井原则尤其缺乏对开发现状及挖潜配套工艺技术的考量。因此，在现有工艺发展的基础上，充分利用已有挖潜资料，精化细化挖潜效果评价工作，面对品质较差储层或难以动用的储量区建立新的挖潜评价标准，多角度综合深化挖潜精选原则，是目前亟待解决的重要问题。

笔者选取新场气田近三年挖潜井为研究对象，通过深入分析挖潜层段的砂体厚度、储层岩性及物性特征、录井指标、测井电性特征及地震含气响应特征，结合挖潜效果、同层邻井动用情况，以挖潜效果为宗旨细化以往评价依据，以期建立更加全面的挖潜评价标准、并提出适合现今开发形势的挖潜建议，为后续挖潜工作指明方向。

1　基本概况

新场气田蓬莱镇组气藏处于川西坳陷中段的孝泉-新盛-丰谷隆起构造带的中西段，整体呈北东东向，是孝泉构造向北东东方向延伸的平缓鼻状背斜，构造由西向东倾伏，南翼相对较陡、北翼较缓。气藏的储层类型为孔隙型和裂缝-孔隙型，以孔隙型为主，平均孔隙度13.83%，平均渗透率$3.288\times10^{-3}\mu m^2$，试井解释平均有效渗透率为$0.76\times10^{-3}\mu m^2$，气藏无明显的边、底水，属中-小侯孔隙型、低渗透、构造-岩性复合圈闭的弹性气驱气藏。新场蓬莱镇组气藏可采储量$106.77\times10^8 m^3$，累计产气量$97.54\times10^8 m^3$，剩余可采储量$9.23\times10^8 m^3$，采出程度91.36%，储采比低，维持目前生产规模的基础薄弱。

近三年来，新场气田以蓬莱镇组气层为目标部署挖潜井共8口，分别为XS21-43HF井、XQ74井、X714-1井、X714-4井、XS24-9HF井、X69-2井、X38井、L110-1井。笔者综合考虑单井挖潜后测试无阻流量、目前日产气量、挖潜后累产气量以及挖潜时长等因素，以单井挖潜后平均日产气量为最终评价指标，将8口井的挖潜效果大致为两类：挖潜失利井及挖潜成功井（见表1）。

表 1　近三年新场气田蓬莱镇组气井挖潜基本情况表

井名	测试无阻流量/($10^4m^3/d$)	测试日产气量/($10^4m^3/d$)	目前日产气量($10^4m^3/d$)	目前油/套压/MPa	累产气量(10^4m^3)	挖潜时长/d	挖潜后平均日产气量/($10^4m^3/d$)	效果分类
X714-1	0.3645	0.3645	关井(产水)	—	0.5	980	0.0005	失利
X714-4	0.3651	0.3651	0.0635	0.99/4.4	152.5501	950	0.1606	
X69-2	0	0	关井	—	0	482	0	
XS21-43HF	12.5148	9.675	0.0195	1.64/1.78	1066.2971	1119	0.9529	成功
XQ74	7.1637	2.4537	0.2947	0.65/1.1	393.0582	1018	0.3861	
XS24-9HF	3.302	2.9865	0.6168	1.33/1.83	228.8533	570	0.4015	
X38	0.1858	0.1858	0.2669	3.9/3.78	265.5235	466	0.5698	
L110-1	0.6369	0.6	0.3613	2.21/2.3	198.7196	385	0.5162	

在 8 口挖潜井中，X714-1 井、X714-4 井、X69-2 井和 X38 井测试无阻流量及测试日产气量均小于 $0.5\times10^4m^3/d$，相对其他挖潜井产量特征而言，该 4 口井挖潜效果不理想，但投入生产后，X38 井保持了较好的生产态势，累产气量和挖潜后平均日产气量均保持较高水平，因此被认定为成功挖潜。剩余 4 口气井挖潜后测试无阻流量及累产气量数据较为理想，均大于 $0.5\times10^4m^3/d$，但不同井之间的生产趋势仍有较大差异。其中，XS21-43HF 井测试无阻流量及前期产量高、XS24-9HF 井和 L110-1 井总体生产态势平稳，而 XQ74 井测试情况理想但前期产量波动较大(见图 1)。因此，本文以挖潜后平均日产气量作为综合评价参数，不对不同效果特征做过多陈述。

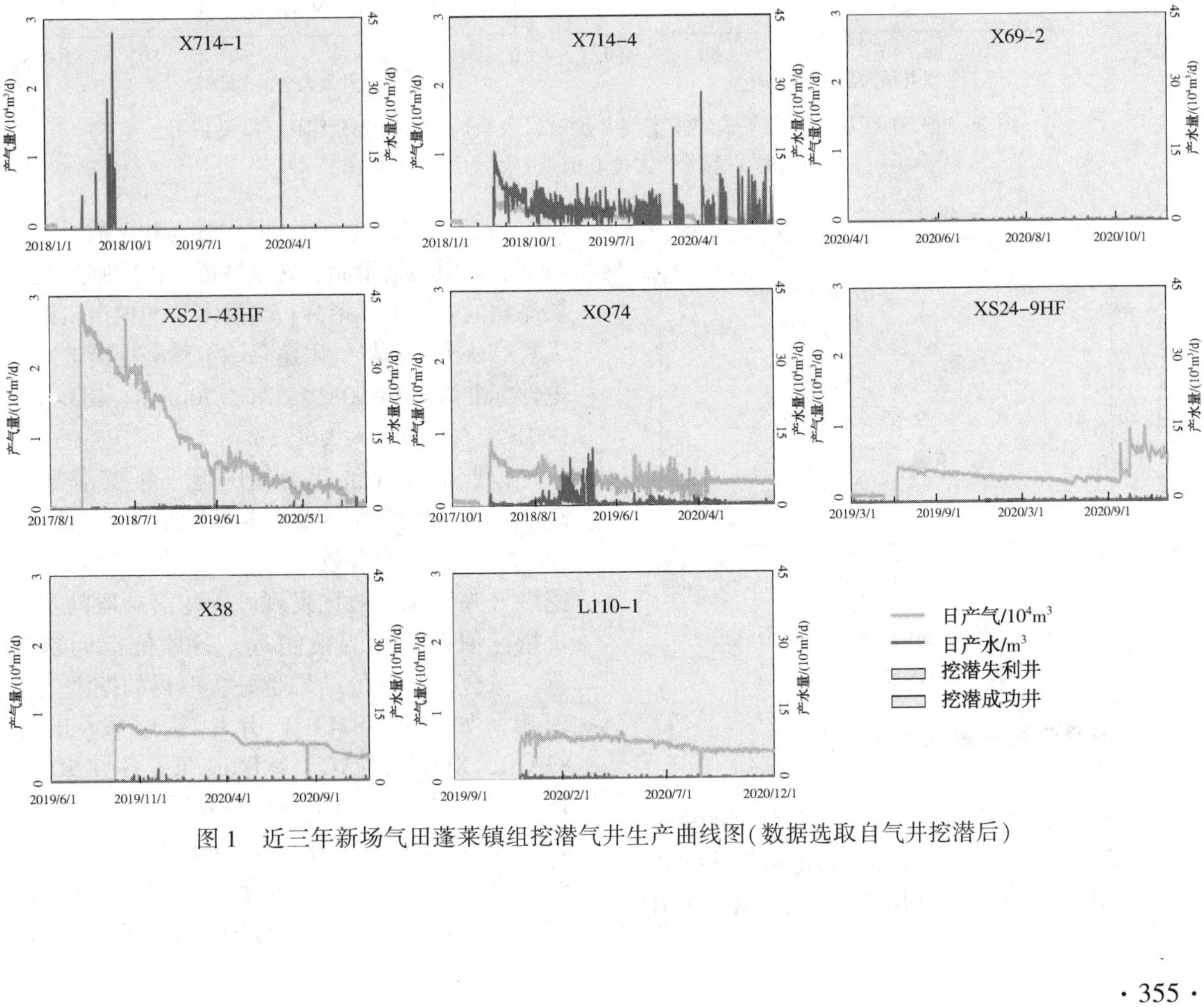

图 1　近三年新场气田蓬莱镇组挖潜气井生产曲线图(数据选取自气井挖潜后)

2 挖潜效果评价与原因分析

2.1 录井指标对挖潜效果的提示

气藏的各项地质参数往往对地下油气的存在与否有一定的指示作用，多年来行业内已经建立了较为完善的油气地质评价指标，一般认为：与新场气田蓬莱镇组气藏产能密切相关的录井参数有5项，其中气测全烃及槽面气泡含量可以指示测试储层内的含气丰度、钻井液密度指示储层能量的大小、储层厚度则用来表示储集体空间范围、钻时变化代表了储层物性品质。

由于新场气田蓬莱镇组气藏勘探开发时间较早，多数老井没有完整的测试数据，根据现有资料，笔者选取近三年挖潜井测试层段的气测全烃及总体有效厚度数据进行了综合分析，对比发现：二者均与挖潜段测试无阻流量呈现出较好的正相关关系(见图2、图3)，其中无阻流量与录井最大气测全烃含量更加符合指数函数关系，当最大全烃含量大于40%时，基本可以获得$1\times10^4 m^3/d$的无阻流量(图2左图，已去掉0值点)；而总体有效厚度的下限值则为6m，并且当该值大于9m时，有望获得较理想的测试无阻流量值，从而保证一定的挖潜效果(见图3)。值得注意的是，笔者选取的总体有效厚度为各挖潜测试段的有效厚度和，这可能意味着，取录井评价较好的薄层进行多层合采增加总体有效厚度，可提高取得理想挖潜效果的机率。

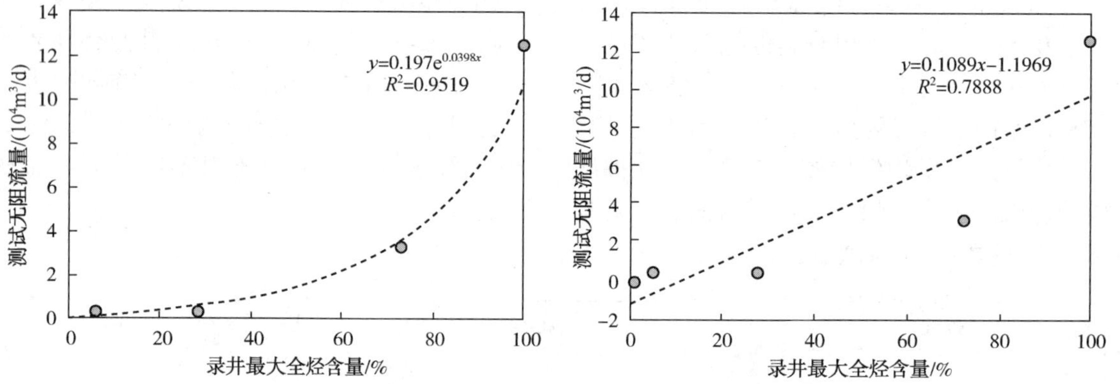

图2　近三年新场气田蓬莱镇组挖潜气井测试最大全烃含量-测试无阻流量关系图
(左为指数关系图，去掉0值点；右为线性关系图)

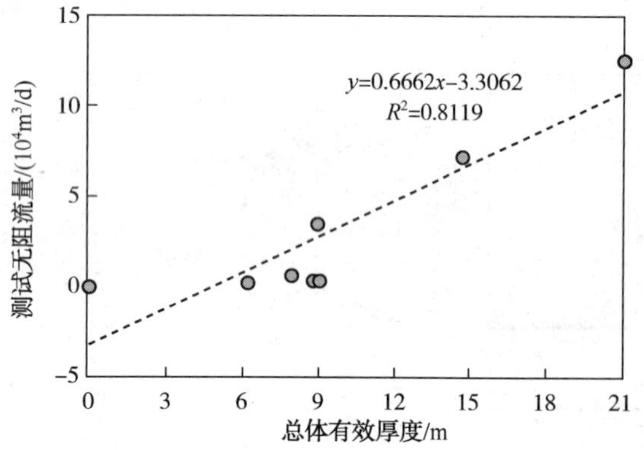

图3　近三年新场气田蓬莱镇组挖潜气井有效厚度-测试无阻流量关系图

2.2 测井评价对挖潜效果的限定

2.2.1 测井数据

新场气田蓬莱镇组测井信息反应出气藏内常规储层具有"三低一中一高"的特征：即低伽马(GR)、低密度(DEN)、低中子(CNL)、中等电阻率(RD/RS)、高声波时差(AC)，其中伽马和声波反应岩性特征、电阻率指示储层含水特征、密度则是判别储层品质的主要电性指标。经过多年的挖潜实践，前人总结认为：新场气田蓬莱镇组气藏挖潜选井理想电性标准为GR≤90API、AC≥70μs/ft、RD>10Ωm、CNL≤19%、DEN≤2.6g/cm。

以此标准评价新场气田近三年挖潜气井发现，8口井各挖潜层段基本都满足前人总结标准(见表2)，但挖潜效果却差异巨大。笔者将两类挖潜气井做深入对比发现：①挖潜层段的上述评价指标值偏离临界值越远，各评价指标越是严苛，综合录井评价结果越好，取得的挖潜效果越理想，如XS21-43HF井中各层段$GR_{max}\leq$83API，XQ74井$AC_{min}\geq$80μs/ft，各井$RD_{min}\geq$15Ωm、$CNL_{max}\leq$15%(甚至多层段满足CNL≤10%)；②已有的录井评价指标过于宽泛，宽松的评价标准会带来较大的挖潜失利风险，如X714-1井和X714-4井的RD值多在12~14Ωm，最终两口井因产水量较高导致挖潜失败(图1,X714-1井最高日产水42 m^3/d,X714-4井最高日产水28 m^3/d)。

综合现有5口挖潜成功井评价参数认为:面对不再优越的储层品质,反而不能轻易放宽录井评价标准,更该在尽可能多的保证各测试层段评价指标理想的情况下进行精细的挖潜施工,优选射孔层段以保证储层品质;限定挖潜选井录井指标为:$GR_{max}\leqslant 83API$,$AC_{min}\geqslant 80\mu s/ft$,$RD_{min}\geqslant 15\Omega m$、$CNL_{max}\leqslant 15\%$。

2.2.2 曲线形态

测井曲线的形态在很大程度上也反映了储层品质的好坏:曲线越平滑,储层均质性越强,反之,曲线的齿化现象则代表了储层的非均质性;同时不同的形态也表征了储层发育的沉积环境不同,前人研究认为,川西坳陷侏罗系地层整体发育于三角洲前缘及平原环境,箱形和钟形曲线特征多代表了(水下)分流河道沉积、漏斗形曲线多发育于河口坝沉积、指状和齿状曲线则多为席状砂沉积产物。

图4展示了7口挖潜井施工层段砂体的测井曲线特征(XS24-9HF井无测井数据),单从曲线形态方面分析可知:①挖潜成功井中,XS21-43HF井JP_3^2层、XQ74井JP_1^5层下段及L110-1井JP_3^6层测井曲线多呈箱形、钟形或齿化的箱形与钟形,表明相应层段储层品质较好、多发育于分流河道沉积环境,应取得较理想的挖潜效果,各井挖潜结果也与预期相符,特别是XS21-43HF井,各挖潜层段形态均偏向箱形或齿化的箱形,与其较高的测试无阻流量结果较吻合;②挖潜失利井中,X714-1井JP_1^6和JP_1^7层、X714-4井JP_1^7层上段及X69-2井JP_1^6和JP_2^2层也呈现了相对好的曲线形态,但其测试结果并不如意(X714-1井JP_1^6层和X714-4井RD值较低,有较大产水风险;X69-2井挖潜层邻井距离小,同层储量被动用),表明测井曲线形态并不是挖潜选井的决定因素,只能在一定程度上帮助判断储层品质,从而增加成功挖潜的概率;③值得说明的是,挖潜成功井中X38井为齿状层段的多层合测,曲线形态并不理想但仍然取得了较好的挖潜效果,目前该井生产稳定,挖潜后平均日产气$0.5698\times10^4 m^3/d$,同样代表了曲线形态的非决定作用。

综合分析认为:测井曲线形态对于挖潜选井并非起决定性作用,只能作为判断储层品质的辅助依据;老井挖潜时选取钟形、箱形曲线形态层段最佳,但面对不再优越的储层条件,次中选优,对次级有利微相进行多层合测可降低落空风险或增加挖潜收益。

表2 近三年新场气田蓬莱镇组挖潜气井测井数据表

井名	挖潜层位	射孔段斜深/m	GR(API)	AC/(μs/ft)	RD/Ωm	RS/Ωm	CNL/%	DEN/(g/cm^3)	Φ/%	K/($10^{-3}\mu m^2$)	S_w/%	测井评价	测试无阻流量/(m^3/d)
X714-1	JP_1^4	735~738	63	82~90	18	17	15	2.32	16	4	50	气层	0.3645
	JP_1^6	812~818	60~94	80~90	12~21	11~19	12~28	2.3	15	2	60~80	气水同层	
		827~835	60~100	74~97	12~21	10~20	14~21	2.33	15	2	60~80	气水同层	
	JP_1^7	914~922	65	90	16	14	17	2.3	18	6	50	气层	
X714-4	JP_1^5	794.5~805.0	72~76	81~83	17~21	15~17	11	2.42~2.45	11~12	0.64~0.9	54~69	差气层	0.3651
		812.5~827.0	77	89	13	11	13	2.31	14.6	2.7	64	气水同层	
	JP_1^7	894.0~901.0	82	77	14	13	15	2.5	11	0.5	76	差气层	
X69-2	JP_1^6	869.97~874.97	60~80	80~95	15~25	13~23	12~17	2.3~2.4	12~17	0.8~4	44~60	气层	0
	JP_2^2	1146.97~1150.97	65~75	80~88	15~22	14~20	10~15	2.32~2.42	10~14	0.6~1.4	50~65	差气层	

续表

井名	挖潜层位	射孔段斜深/m	GR(API)	AC/(μs/ft)	RD/Ωm	RS/Ωm	CNL/%	DEN/(g/cm³)	Φ/%	K/($10^{-3}\mu m^2$)	S_w/%	测井评价	测试无阻流量/(m³/d)
XS21-43HF	JP_2^1	901.02~913.02	44~83	—	—	—	—	—	—	—	—	—	12.5148
	JP_2^5	1073.02~1076.02	47~58	—	—	—	—	—	—	—	—	—	
	JP_3^2	1221.00~1227.00	48~75	—	—	—	—	—	—	—	—	—	
XQ74	JP_1^5	793.01~796.01	63~74	80~90	18~28	15~25.6	10~14	2.32~2.45	13	4	78	含气层	7.1637
		803.01~806.01	—	—	—	—	—	—	—	—	—	—	
	JP_1^6	823.02-~829.02	62-83	85-88	18	15	15-20	2.3-2.4	13~17	6~10	75~80	含气层	
XS24-9HF	JP_2^3	1081.00~1084.00	—	—	—	—	—	—	—	—	—	—	3.3020
	JP_2^5	1126.04~1132.04	—	—	—	—	—	—	—	—	—	—	
X38	JP_2^3	1005.04~1008.04	59~76	83~165	15~45	10~37	4.3~9	2.35~2.44	—	—	—	气层	0.1858
	JP_3^6	1329.07~1334.07	58~68	80~99	21~75	20~53	5.1~6	2.44~2.57	—	—	—	气层	
L110-1	JP_3^6	1450.94~1456.94	44~75	64~87	26	22	5	2.35	8	0.2	30~48	气层	0.6369

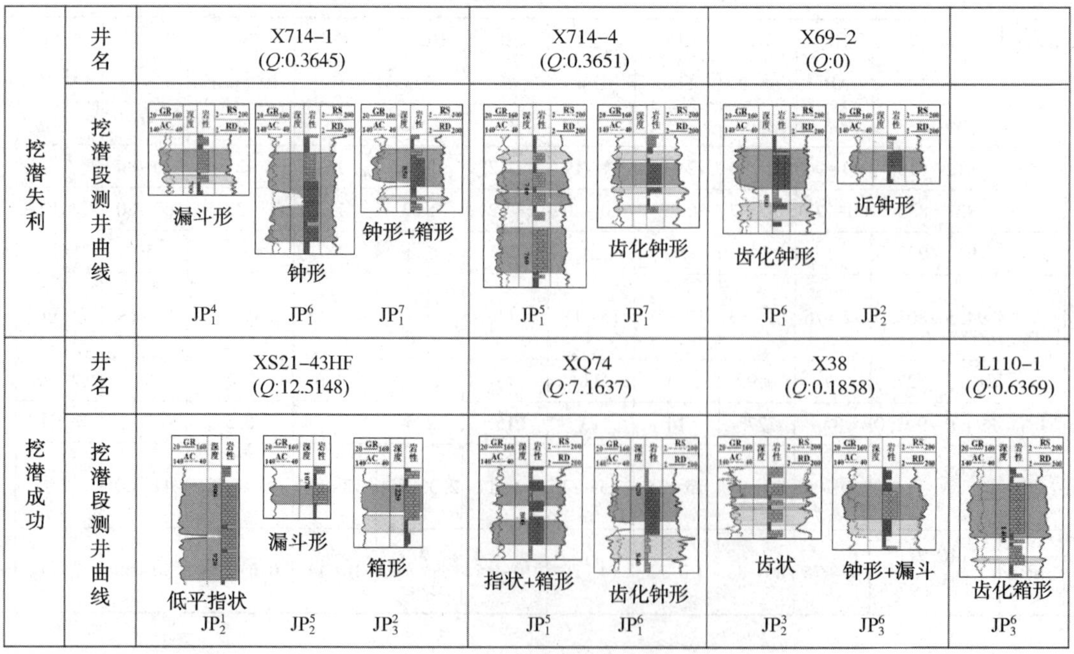

图 4　近三年新场气田蓬莱镇组挖潜气井测井曲线形态图(Q 为测试无阻流量，$\times10^4 m^3/d$)

2.3 地震响应特征对挖潜效果的约束

由于早期技术手段发展不完善、高品质储层开采程度低、部分勘探评价井以中深层系为目标等原因，早期开发气井或部分气井中浅层的测试资料并不完善，想要利用测、录井资料对挖潜目的层段进行评价的思路常常受阻。随着技术的发展，越来越多的评价手段被应用于油气勘探开发领域，如井震结合、地质建模等，前人通过一系列相关深入研究逐步建立了井震结合砂体识别与含气性评价技术，认为：合成地震记录归位可用于识别砂体，振幅异常可预测砂体厚度、波阻抗反演指示储集层物性、DHI 反演评价储集层含气丰度等，用来帮助判别储层特征及含气性。

基于上述研究成果，笔者团队建立了新场气田蓬莱镇组各层位地震异常图册及沉积微相图册（内部资料），各处地震响应特征与前期开发气井生产情况吻合度较高，可用来帮助进行挖潜选井工作。图 5 为近三年新场气田蓬莱镇组挖潜气井相应层段的地震异常图，通过与测试段测井曲线形态、沉积微相图对比发现：①挖潜成功井大多表现出较好的符合性，各层段均位于评价有利区或较有利区，即使有个别层段位于不利区（如 XQ74 井 JP_1^5层），也有同井其他测试层段做补充，取得了较好的挖潜效果；②挖潜失利井中，X714-1 井 JP_1^4层、X714-4 井 JP_1^5层测井曲线形态与地震异常特征符合度较低；③并不是所有挖潜效果理想井都在强振幅区、主河道沉积中，部分井发育在侧积、河口坝甚至远砂坝等次级微相中，如 X38 井、XS21-43HF 井为河口坝沉积叠加。

因此，笔者认为：挖潜选井需综合考虑测井曲线形态与地震响应特征的吻合程度；位于主河道的单层、河口坝等次级微相的多层合测均可取得较好挖潜效果。

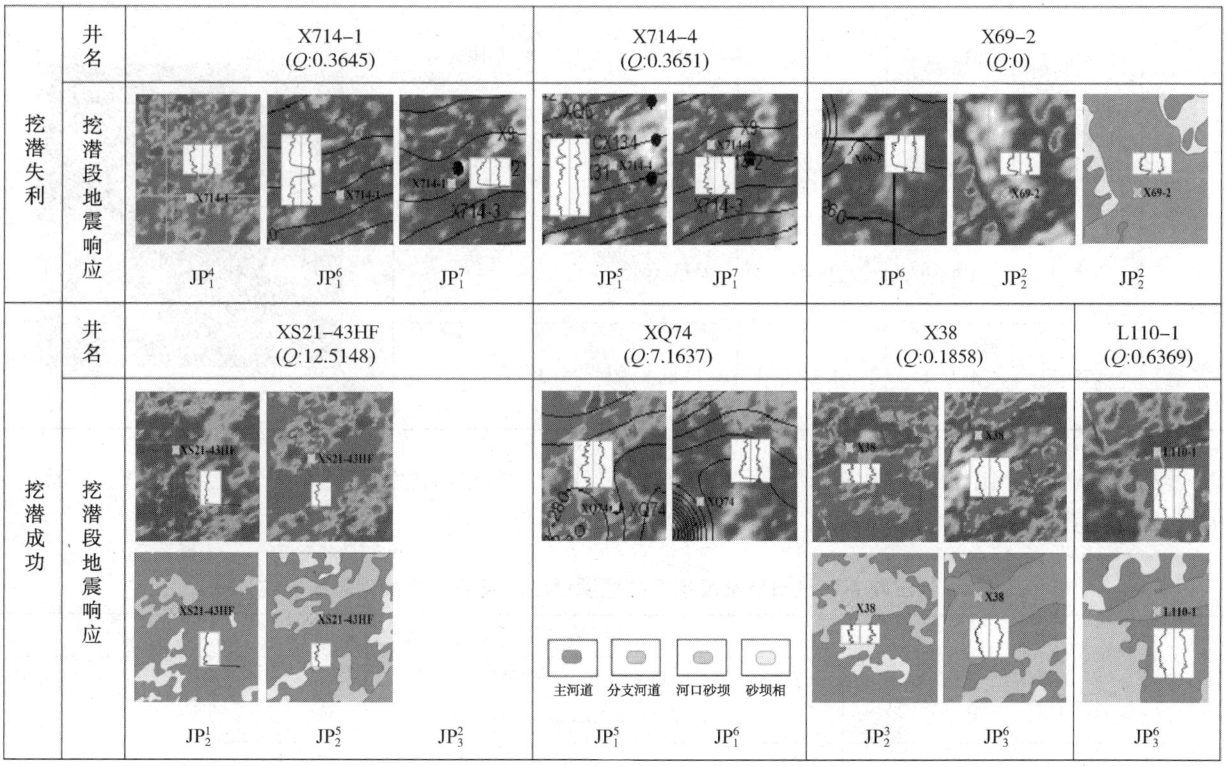

图 5 近三年新场气田蓬莱镇组挖潜气井地震异常图与主要测井曲线形态特征

2.4 邻井储量动用情况对挖潜效果的影响

通过对 8 口挖潜井进行上述录井、测井、地震响应等多方面的分析发现，多数气井挖潜层段的测试特征与挖潜效果较为吻合，但个别参数指征良好的层段却并未表现出理想的挖潜效果。因此，笔者对挖潜失利井进行了深入分析，发现同层邻井的开发情况也极大地影响了气井挖潜效果。以 X69-2 井为例（见表 3），该井 JP_1^6层近距离邻井有 3 口，其中 X69 井与目标井井距仅为 314.68m，即使该井为 JP_1^5-JP_2^2层贯眼完井，但其总累产气量达 2837.8×10^4 m^3，且该层地震响应特征良好，说明 JP_1^6层极有可能是该井的主力贡献层，JP$_2^2$层也有类似影响，X71 井距目标井 338.2m，同层累产气 4607×10^{4}m^3；同时，两层邻井中均有累产气量较高的邻井（如 JP$_1^6$层 X78 井，该井为单层测试，其累产气量达 9166.36×10^{4}m^3），且均与目标井处于同一有利区域内、同一压裂缝走向上（表 3 位置图），表明相应层段均已得到较大程度的动用，为 X69-2 井挖潜带来极大风险。

通过以上分析认为，测试层段的同层生产井井距、累产气量可较大程度的影响挖潜效果，因此今后的挖潜选井工作中，需要将其作为重要考量指标。

表 3　X69-2 井挖潜层段同层邻井测试生产情况统计表

层位	邻井井名	井距/m	测试无阻流量/（10^{4}m^3）	累产气量/（10^{4}m^3/d）	备注	位置图
JP$_1^6$	X69	314.68	1.77	2837.8	JP$_1^5$-JP$_2^2$贯眼完井	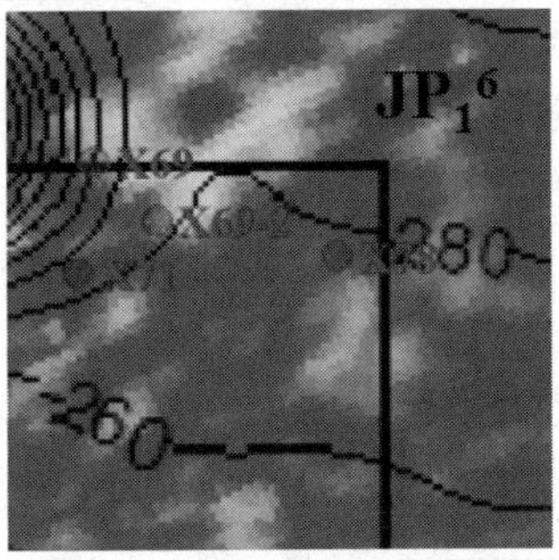
	X71	338.22	0.0398	252.37	JP$_1^5$、JP$_1^6$合采	
	X78	650.18	4.4882	9167.36	—	
JP$_2^2$	X69	314.68	1.77	2837.8	JP$_1^5$-JP$_2^2$贯眼完井	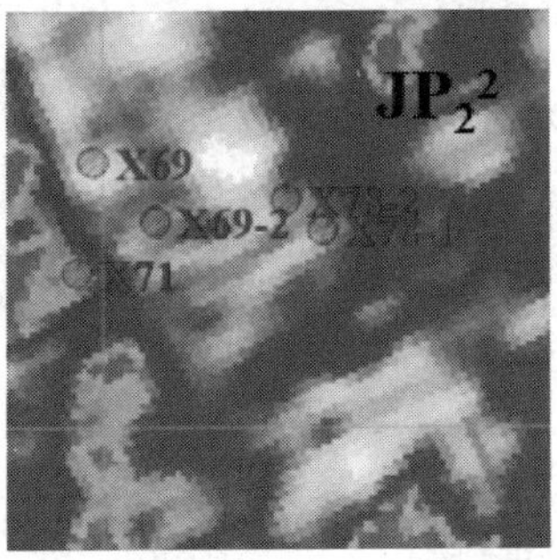
	X71	338.22	5.24	4607	JP$_1^7$、JP$_2^{2+4}$合测	
	X78-1	618.18	0.28	343.16	—	
	X78-2	482.76	0.3479	1145.8	JP$_2^{2+4}$合测	

为了进一步量化邻井井距及采气量对挖潜井的影响，笔者对已有挖潜井的相应指标（包括井距、测试无阻流量、累产气量等）进行了统计分析（见表 4）。

表 4　近三年新场气田蓬莱镇组气井挖潜层段同层邻井测试生产情况统计表

井名	挖潜层位	同层生产井（取最近距离生产井）				
		井名	井距/m	测试无阻流量/（m^3/d）	累产气（10^{4}m^3）	备注
X714-1	JP$_1^4$	XQ24	2591	1.3	1780	—
	JP$_1^6$	X31	561	0.5831	774	与 JP$_1^5$层混合替喷测试
	JP$_1^7$	X714-3	409	10.13	4427.23	与 JP$_2^2$层合采
X714-4	JP$_1^5$	XQ6	659	0.8	870.8	邻井已停产
	JP$_1^7$	X714-3	415	10.13	4427.23	与 JP$_2^2$层合采
X69-2	JP$_1^6$	X69	314.68	1.77	2837.8	JP$_1^5$-JP$_2^2$贯眼完井邻井 X78 井井距 650m，累产气 9167×10^{4}m^3
	JP$_{22}$	X69	314.68	1.77	2837.8	JP$_1^5$-JP$_2^2$贯眼完井

续表

井名	挖潜层位	同层生产井(取最近距离生产井)				
		井名	井距/m	测试无阻流量/(m^3/d)	累产气(10^4m^3)	备注
XS21-43HF	JP_2^1	CX158	2178	2.2279	1791.01	目前已停产
	JP_2^5	X80	913	4.23	4482.2	—
	JP_3^2	—	—	—	—	同层无邻井
XQ74	JP_1^5	X69	593	1.77	2837.8	JP_1^5-JP_2^2贯眼完井
	JP_1^6	X69	593	1.77	2837.8	JP_1^5-JP_2^2贯眼完井
XS24-9HF	JP_2^3	CX217	1158	3.4	5756.8	JP_1^5-JP_2^2层衬管替喷
	JP_2^5	CX259	467	4.74	1715.5	目前已转层
X38	JP_2^3	X65	477.44	0.51	2910.9	—
	JP_3^6	X16	556.82	0.5229	3435	—
L110-1	JP_3^6	L45	357.66	8.8438	2004.07	与JP_3^5层合测

对比认为：①当目标井与同层邻井处在同一有利区带、同一压裂缝走向上时，初步限定井距下限值为350m，相应井距下同层生产气井的累产气量上限值为$3.0\times10^7m^3$；②同层生产邻井井距越大，允许的累产气量越高，二者是互相协调的关系；③基于不再优越的储层品质及现实开发情况，当同层邻井井距小，累产气量相对较高时(即在初步限定值附近)，可将该层考虑作为兼顾层进行小规模压裂，但同层累产气量不可过高，以规避邻井动用风险。

3 老井挖潜精选原则与实践

通过上述综合分析，充分考虑气田目前开发现状，笔者建立了适合本区块的挖潜选层分级评价标准(见表5)：①选井标准为长停井或日产气量低于$0.5\times10^4m^3/d$的生产井；②选层标准从多维度进行评价，共分为三类，其中处于一类、二类评价范围内时可以进行挖潜，三类评价范围内气井挖潜失利风险高，不建议挖潜。

表5 新场气田蓬莱镇组挖潜选层分级评价表

选井标准	长停井、日产气量低于$0.5\times10^4m^3/d$生产井							
选层标准	分类	储层总体有效厚度	最大全烃含量	测井数据	测井形态	地震响应	沉积微相	邻井情况(同一有利区带、同一压裂缝走向)
	一类	>9m	>60%	$GR_{max}\leq83API$ $AC_{min}\geq80\mu s/ft$ $RD_{min}\geq15\Omega m$ $CNL_{max}\leq15\%$	箱形、钟形	强振幅区	主河道	邻井未动用
	二类	>6m	>40%		漏斗状、齿状、指状	中等振幅区	河口坝等次有利微相多层合测	井距>350m，累产<$3.0\times10^7m^3$
	三类	<6m	<40%	RD<$15\Omega m$	—	弱振幅区	次有利微相单层	井距<350m，累产>$3.0\times10^7m^3$

为验证上述分析得到的指征结果，依据上述挖潜选层分级评价标准，优选新场气田蓬莱镇组2口井(L111-2井、X82井)实施挖潜，均取得了理想挖潜效果(见表6)。可以看出，2口井均取得了较理想的测试无阻流量、同时保持了稳定的生产态势，平均测试无阻流量为$3.1209\times10^4m^3/d$(其中L111-2井：$5.5\times10^4m^3/d$)，挖潜后单井日产气平均增加$1.1037\times10^4m^3$，挖潜当年累积增产天然气$561.8737\times10^4m^3$。

综合分析挖潜成功的原因，发现该2口井的各项指标均比较符合前文所述依据，由于2口井测井数据不全，重点分析其他获产原因。L111-

2 井兼顾多层使得测试层段有效厚度得到保障（累计 14.35m），该井测试段最大全烃含量为 45.18%（经验证其测试无阻流量值基本与图 2、图 3 趋势吻合）；另外 JP_{21}层纵向上发育两条河道，互不影响，含气性好，JP_{22}层位于地震强振幅区（见图 5），处于分流河道中心部位，JP_{24}层具有一定能量储层砂体发育，含气性好，周围没有井打开，地层能量充足；且该井加砂规模较大，储层得到充分改造。X82 井进行多层合采，主力层位于地震强振幅区，同时兼顾次有利区层位，其中 JP_{22} 层位于地震强振幅异常区（见图 5），储层砂体发育，含气性好，周围井累计采出较大，但最近邻井井距较大（485m），预计周围井生产没有波及到本井；JP_{24}层位于河道中部，含气面积之外，地震强振幅区，周围没有生产井，储量未动用，含气性好，地层能量充足。

表 6　L111-2 井及 X82 井挖潜及后续生产基本情况表

井名	挖潜层位及深度/m	测试无阻流量/（10^4m^3）	挖潜后累产气量/（$10^4m^3/d$）	测井曲线特征	生产曲线
L111-2	JP_2^{1-1}：955.94~961.94 JP_2^{1-2}：980.98~989.98 JP_2^2：1087.9~1098.91 JP_2^4：1250.9~1261.99	5.5035	364.3703（日均产气 1.4014）	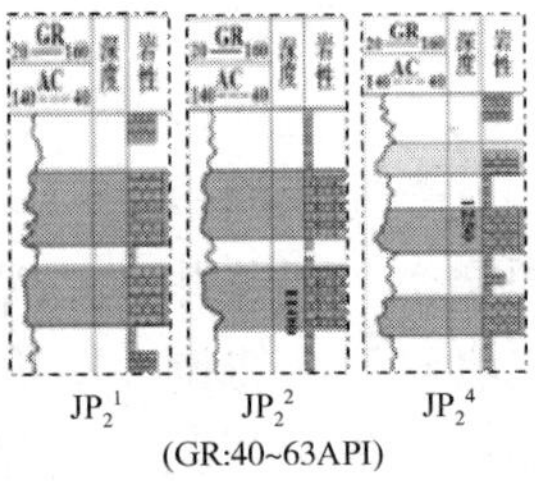	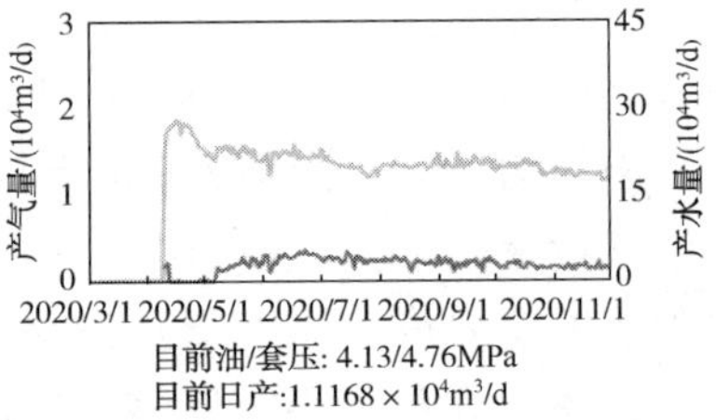
X82	JP_2^2：1048.05~1055.05 JP_2^4：1113.05~1116.05	0.7382	197.5034（日均产气 0.9060）	—	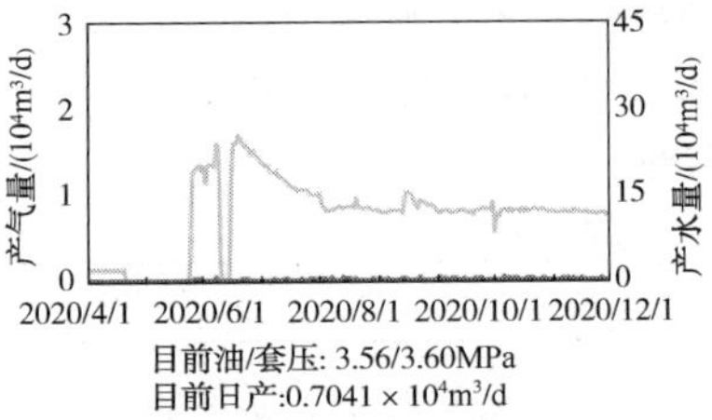

4　结论

综合上述分析认为，现阶段挖潜选井工作需注意以下几点：

（1）测试层段有效厚度、最大全烃含量均与测试无阻流量呈现较好的正相关关系，理想值为：最大全烃含量大于 40%、总有效厚度大于 9m（下限 6m）。

（2）挖潜层段理想测井评价指标为 $GR_{max} \leqslant$ 83API、$AC_{min} \geqslant 80\mu s/ft$、$RD_{min} \geqslant 15\Omega m$、$CNL_{max} \leqslant 15\%$（甚至多层段满足 $CNL \leqslant 10\%$），同时应严格限制测井数据指标；测井曲线形态可帮助判断储层品质，其要求可适当放宽。

（3）挖潜选井可通过多层合采的方式加大气井测试有效厚度以保障挖潜效果，选取单层位于主河道、多层位于河口坝等次级微相进行合测均可取得较好挖潜效果。

（4）地震响应特征可较好指征储层品质，挖潜选井需考虑其与测试段测井曲线特征的吻合程度。

（5）同层邻井动用情况会在较大程度上影响气井挖潜效果，当目标井与同层邻井处在同一有利区带、同一压裂缝走向上时，井距下限为 350m，相应邻井累产气量上限为 $3.0\times10^7m^3$。

（6）最新实施的两口挖潜井均取得理想效果，平均测试无阻流量为 $3.1209\times10^4m^3/d$，挖潜后单井日产气平均增加 $1.1037\times10^4m^3$，挖潜当年累积增产天然气 $561.8737\times10^4m^3$。

参 考 文 献

[1] 王伟东，彭军，段冠一．致密砂岩气藏储层研究的进展及趋势[J]．油气地球物理，2012，10(4)：33-38.

[2] 段永明，张岩，刘成川，等．川西致密砂岩气藏开发实践与认识[J]．天然气地球科学，2016，27(7)：1352-1359.

[3] 倪根生，朱北舜，赵军，等．四川盆地低效油气藏勘探技术[J]．天然气工业，2008，28(6)：62-64.

[4] 黎华继，严焕榕，詹泽东，等．川西坳陷侏罗系致密砂岩气藏储层精细评价[J]．天然气工业，2019，39(1)：129-135.

[5] 杨克明，朱宏权，叶军．川西致密砂岩气藏地质特征[M]．北京：科学出版社，2012.

[6]周桦．基于选井评层地质标准的老井挖潜研究及应用[J]．中国石油和化工标准与质量，2020，10：3-5.

[7] 刘焕，彭军，李丽娟．川西坳陷中段钙屑砂岩储层特征及主控因素[J]．岩性油气藏，2012，24(2)：77-82.

[8] 田刚，李祖友，王旭．川西地区老井挖潜选井评层标准研究[J]．中外能源，2014，19(12)：41-45.

[9] 邓强，赵志川，范世龙，等．新场气田蓬二气藏老井复查潜力评价[J]．中外能源，2018，23(6)：44-51.

[10] 祝金利．强非均质致密砂岩气藏剩余气分布定量描述与挖潜对策——以苏里格气田苏 11 区块北部老区为例[J]．天然气工业，2020，40(11)：89-95.

[11] 姜振海．河道砂体内部薄夹层识别与剩余油挖潜[J]．新疆石油地质，2018，39(2)：176-180.

[12] 陈世松，冉飞，曲文波．井震结合砂体识别与含气评价技术在致密气井挖潜中的应用[J]．录井工程，2017，28(4)：46-51.

[13] 郭立烨．复杂断块油气藏精细挖潜技术研究[J]．油气藏评价与开发，2014，4(5)：40-44.

[14] 贾爱林，孟德伟，何东博，等．开发中后期气田产能挖潜技术对策——以四川盆地东部五百梯气田石炭系气藏为例[J]．石油勘探与开发，2017，44(4)：580-589.

[15]李显贵，甘其刚．川西坳陷致密非均质储层地震识别技术．[J]．特种油气藏，2004，11(5)：12-14.

彩31气藏开发中后期稳产技术研究及应用

张艳梅　罗兴旺　张　武　秦旭升　李　琛　张瑞雪　刘　源

（中国石油 新疆油田分公司准东采油厂）

摘　要　彩31井区西山窑组气藏气层平均孔隙度13.51%，平均渗透率0.70mD，属于典型的低孔、低渗气藏。气藏开发初期由于配产偏高，地层压力下降快，产量递减率大，稳产期不到3年，2008年7月进入快速递减阶段，2013年之后进入开发中后期阶段。近10年以来，开展了气藏精细描述、稳产技术、配套工艺等研究，落实了气藏剩余潜力，通过完善井网、优化开采技术政策界限、增压开采、优选配套排水采气工艺等，气藏地层压力下降速度变缓，气井积液问题改善，单井回压明显降低，气藏开发效果逐步改善，剩余储量得到有效动用，阶段递减率减缓8.8个百分点，采收率提高8.6个百分点，形成了一套与气藏开发阶段相适应的开采技术政策和管理模式。

关键词　低孔低渗；稳产技术；完善井网；增压开采；提高采收率

1　气藏概况

1.1　气藏地质概况

彩31井区西山窑组气藏构造上位于白家海凸起北部，气藏中部埋深2425m，由多条断裂切割成彩17井断鼻、彩31井断鼻、彩45井断块和C3165井断鼻4个单元（见图1），为岩性-构造气藏，气层平均孔隙度13.51%，平均渗透率0.70mD，属低孔、低渗、非均质性较强的气藏。

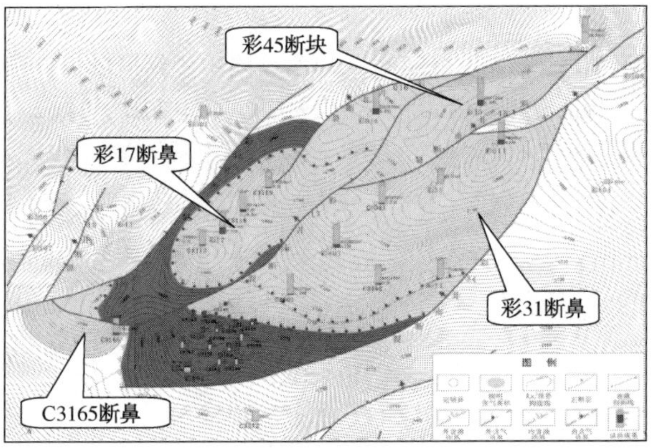

图1　彩31J_2x_1顶界构造图（附含油气面积图）

彩31井区西山窑组气藏目的层为J_2x_1段，自上而下又分为$J_2x_1^{\ 1}$、$J_2x_1^{\ 2}$、$J_2x_1^{\ 3}$、$J_2x_1^{\ 4}$四个砂层组，$J_2x_1^{\ 2}$、$J_2x_1^{\ 3}$为主要出气层，小层沉积厚度为5~20m，岩性为灰色中细砂岩、细砂岩、粉细砂岩，主要为三角洲前缘亚相水下分流河道微相沉积，物源方向来自北东方向（见图2）。

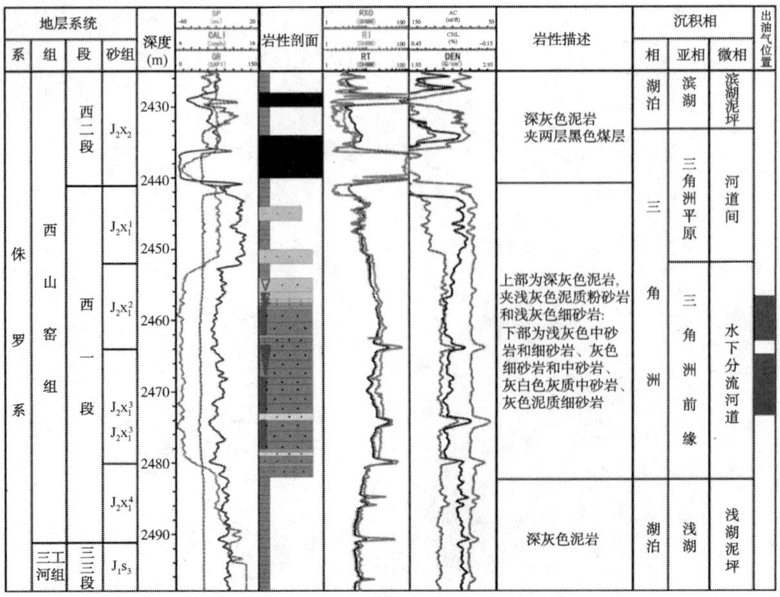

图2　彩31J_2x_1地层综合柱状图

1.2 气藏开发中后期存在的主要问题

彩 31 井区西山窑组气藏 2005 年 12 月以 800~1000m 井距投入开发，初期采取定产降压方式开采，单井平均日产气 $4.5\times10^4m^3$，气藏平均采气速度 2.5%，由于单井配产和气藏采气速度偏高，地层压力下降很快，稳产期不到 3 年；2008 年 7 月气藏产气量开始快速递减，地层压力持续下降，2013 年之后进入开发中后期，逐步暴露出以下几个问题。

1.2.1 气藏整体采出程度低，局部区域储量动用差

至 2012 年末，气藏累计产气 $3.49\times10^8m^3$，采出程度 13.24%，整体采出程度低。气藏井距 800~1000m，平均单井泄气半径为 381.16m，井距大且井网不完善，局部区域缺少控制井点，地质储量无法充分动用。

1.2.2 气藏地层压力偏低，地层能量不足

至 2012 年末，气藏地层压力仅 13.3MPa(原始地层压力 22.2MPa)，压力保持程度 59.9%地层能量明显不足；平面上看，压力场分布不均，彩 31 断鼻西部地层压力最低，仅 10.39MPa(见图 3)。

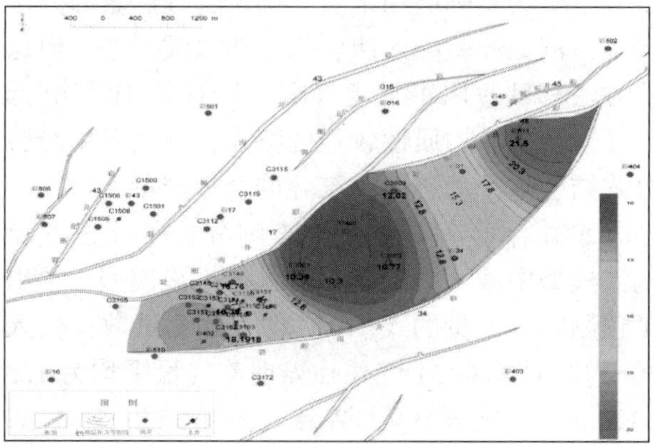

图 3　彩 31 气藏压力等值线图

1.2.3 气井产量递减幅度大，气藏稳产形势严峻

至 2012 年末，气井日产气由 2008 年最高时的 $4.9\times10^4m^3$ 下降至 $1.7\times10^4m^3$，下降 65.3%，气藏年产气量由 2007 年最高时的 $8684\times10^4m^3$ 下降至 2012 年的 $2671\times10^4m^3$，2009~2012 年阶段递减率平均 19.5%，气藏稳产形势严峻。

1.2.4 大部分气井出现积液问题，影响正常生产

至 2012 年末，积液气井占总井数的 90.5%，因积液导致开井数下降 36.3%，日产气量下降 34.7%，产液量增加一倍，时率下降 30%，严重影响气井正常生产。

1.3 气藏剩余气潜力分析

彩 31 井区西山窑组气藏属低孔、低渗气藏，无明显边底水。对比各断鼻、断块地质储量采出程度和面积动用程度，C3165 断鼻未动用，彩 17 断鼻、彩 31 断鼻、彩 45 断块面积动用程度均低于 48.00%，采出程度均低于 18.00%，其中彩 45 断块采出程度仅 5.90%(见表 1)。

2 稳产技术研究及应用

彩 31 井区西山窑组气藏进入开发中后期以后，针对气藏存在的问题及潜力开展稳产技术研究，采取的主要稳产技术有以下几点：完善井网提高气藏动用程度，优化开采技术政策合理开发气藏，实施配套排液采气工艺延长气井生命周期，开展增压开采提高单井产量，最终达到减缓气藏递减、改善开发效果、提高最终采收率的目的。

表 1　彩 31 气藏各断鼻动用情况统计表(截至 2012 年 12 月)

断块	地质储量/(10^8m^3)	累积产气量/(10^8m^3)	地质储量采出程度/%	含气面积/km^2	动用面积/km^2	面积动用率/%
彩 17 断鼻	5.05	0.57	11.29	3.50	0.99	28.29
彩 31 断鼻	14.73	2.60	17.65	6.49	2.10	32.37
彩 45 断块	5.42	0.32	5.90	1.94	0.92	47.42
C3165 断鼻	1.15	0	0	0.64	0	0
彩 31 井区	26.35	3.49	13.24	12.57	4.01	31.91

2.1 完善井网

2013 年之后，在气藏剩余潜力认识基础上，在井距偏大、未动用区域补钻 3 口井，上返 1 口井，利用油井转气井 2 口，取得较好的效果。其中 CHW3103 井 2013 年新钻投产，水平段长 570m，气层钻遇率 100%，投产初期日产气 $5.1\times10^4m^3$，目前日产气 $1.2\times10^4m^3$，累计产气 $0.43\times10^8m^3$(见图 4)。

井网完善后，气井总数由 8 口增加至 14 口，井网密度由 0.64 口/km^2 提高至 1.11 口/km^2，气藏面积动用率由 31.91%提高到 58.64%，地质储量动用程度由 33.25%提高到 60.48%(见

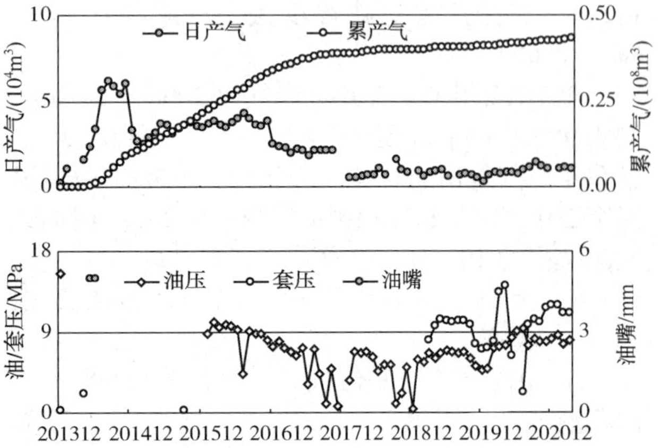

图 4　彩 31 气藏 CHW3103 井生产变化曲线

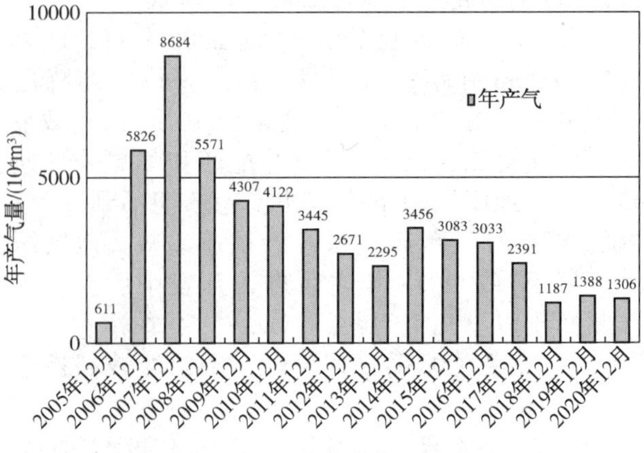

图 6　彩 31 气藏年产气量变化图

表 2），剩余地质储量得到有效动用。

表 2　彩 31 气藏井网完善前后参数对比表

阶段	井数/口	井网密度/(10^8m^3)	面积动用率/%	储量动用程度/%
完善井网前	8	0.64	31.91	33.25
完善井网后	14	3.49	58.64	60.48

2.2　优化开采技术政策，合理开发气藏

确定合理的开采技术政策界限、保持气藏地层能量是合理开发气藏和气藏稳产的重要因素。2013 年之后，彩 31 气藏主要从优化气井配产调整采气速度、细化气井生产制度减缓能量衰减两方面，合理开发气藏。

2.2.1　优化气井配产、调整气藏采气速度

彩 31 井区西山窑组气藏开发初期井均日产气 $4.5\times10^4m^3$，平均采气速度 2.5%（见图 5），2008 年后进入快速递减阶段，年产气量快速下降（见图 6），2012 年年产气量递减率达到 22.5%。气藏递减大主要因为气藏初期配产偏高，采气速度偏大。因此，气井需要合理配产，气藏需要制定合理的采气速度。

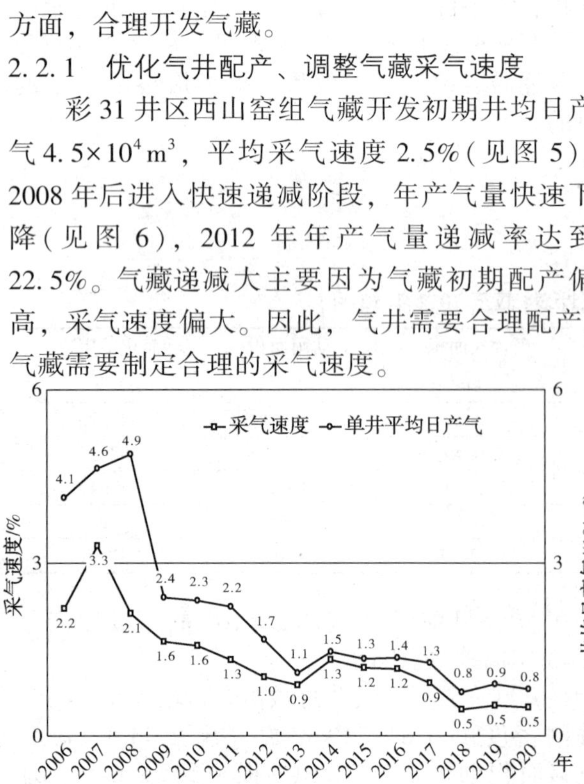

图 5　彩 31 气藏产气量与采气速度变化曲线

气井正常生产时，气体为连续相，液体为分散颗粒，液体以颗粒的形式被气体携带到地面，但当气体的流速降低，其携带的能力会降低，降低到一定程度后，将没有足够的能量使井筒中的流体连续流出井口，这样液体将在井底聚集，形成积液。为保证气井不积液，气井产量必须大于临界携液流量。

就矿场实际应用来看，确定合理产量的方法较多，例如经验配产法、采气曲线配产法，但这些方法都只适用于常规气藏。针对彩 31 气藏低孔、低渗，非均质性较强的特点，主要采用经验公式结合生产动态确定气井的合理产量。

2001 年西南石油大学李闽分析了高速气流携液模型中液滴的形状，建立了携液模型，给出了预测临界产量的式（1）。将气井测试数据代入式（1），计算彩 31 气井临界携液气量平均为 $1.5\times10^4m^3/d$（见表 3）。结合气藏单井生产动态，综合确定气井合理日产气量为 $1.3\times10^4\sim1.8\times10^4m^3$。2013 年之后，根据气井合理日产气量，逐步调整单井配产，气藏采气速度控制在 1.0% 左右，气藏递减趋势逐步减缓。

$$q_{sc}=\frac{2.5\times10^8AP}{TZ}\left[\frac{\sigma(\rho_l-\rho_g)}{\rho_g^2}\right]^{1/4} \tag{1}$$

$$\rho_g=3484.4\frac{\gamma_gP}{ZT}$$

式中，q_{sc} 为临界产气量，m^3/d，A 为油管截面积，m^2；P 为井底流压，MPa；σ 为气液表面张力，N/m；ρ_l 为液体的密度，kg/m^3；ρ_g 为天然气密度，kg/m^3；T 为井底温度，K；Z 为气体偏差因子；γ_g 为气体相对密度；

2.2.2　细化气井生产制度，提高气藏采收率

彩 31 井区西山窑组气藏进入开发中后期以

后，地层能量明显不足，大部分气井无法实现连续开井生产，逐步采取间开方式生产，而气井最优的间开工作制度，不仅能降低能量衰减速度，还能发挥气井最佳的产能。为了确定气井的合理关井复压时间，生产过程中主要通过分析测试期间压力恢复时间结合现场经验确定。

根据气井压力恢复试井数据，做出压力恢复时间与恢复的井底压力间的关系曲线。以C3001为例，如图7所示，C3001井2011年地层压力为11.17MPa，关井初期短时间内地层压力迅速上升，随着关井时间的增加压力上升幅度逐渐减小，关井时间13.71天(329h)之后，压力基本稳定。统计各井压力基本恢复时间，平均为13.74天，单井地层压力平均恢复95.7%(见表4)。因此确定单井关井复压时间为14天左右。

表3 彩31井区西山窑组气藏单井临界流量计算表

井号	油管内径/mm	井底流压/MPa	井底温度/℃	气体偏差因子	气液界面张力/(N/m)	气井液体密度/(kg/m³)	气体密度/(kg/m³)	气体相对密度	临界流量/($10^4m^3/d$)
C3001	62	8.8	77.2	0.907	0.06	883	58.6	0.610	1.3
C3002	62	10.9	76.0	0.907	0.06	883	73.8	0.617	1.4
C3003	62	9.4	75.3	0.907	0.06	883	63.5	0.610	1.3
彩401	62	12.7	65.0	0.907	0.06	883	87.7	0.610	1.6
彩45井	62	13.9	73.7	0.907	0.06	883	93.9	0.610	1.6
彩016	62	11.2	77.0	0.907	0.06	883	74.1	0.604	1.5
彩511	62	17.0	74.4	0.907	0.06	883	114.5	0.610	1.8
平均	62	12.0	74.1	0.907	0.06	883	80.9	0.610	1.5

表4 彩31气藏单井压力恢复时间统计表

井号	目前地层压力/MPa	压力恢复时间/d	恢复的地层压力/MPa	压力恢复程度/%
C3001	11.17	13.71	10.05	90.0
C3002	11.37	14.38	11.13	97.9
C3003	12.41	14.54	12.01	96.8
彩016	14.56	12.88	13.84	95.1
彩45	19.52	13.21	19.01	97.4
平均	13.81	13.74	13.21	95.7

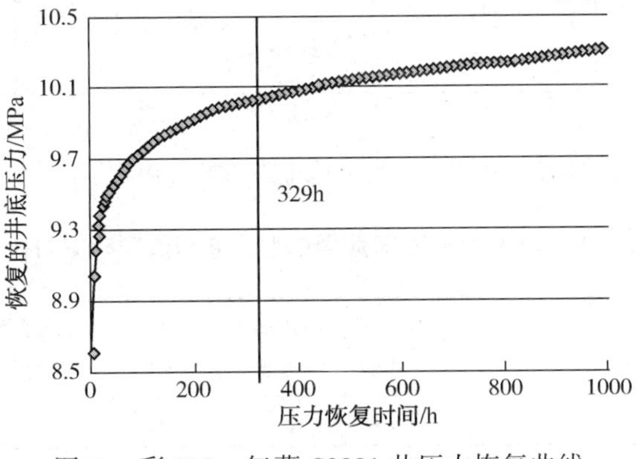

图7 彩31J_2x气藏C3001井压力恢复曲线

气井关井一段时间，地层能量得到补充，再开井生产，产气量恢复至临界携液产量以上，可将井筒积液带出，从而恢复气井产能，提高气藏采收率。2013年之后，彩31气藏气井根据测试获得的压力恢复时间，采取交错开井方式生产，保障气藏总体产量基本平稳，保持气藏压力场相对均衡。

2.3 采取增压开采提高气藏产量

增压开采是气田开发中后期，气井正常生产受管网压力制约而采取的一项重要的稳产技术，在国内外油气田开发中得到广泛应用。增压开采主要是通过降低进口输气压力而降低气井废弃压力，从而延长气井稳产期，提高气藏采收率。

彩31气藏2021年初实施增压开采，通过1年多的增压开采，气井井口回压明显降低，从平均5.0MPa降低至平均3.8MPa。随着气井生产压差的增大，气井产能得到恢复，产气量明显提高，2021年气藏月产气量较2020年明显增量，全年较上年累计增加产气量$4.0×10^6m^3$(见图8)。

2.4 采用配套排液采气工艺技术稳定单井生产

2.4.1 分析产水或积液对气藏生产的影响

通过建立产水气井产能模型，与不产水时进行对比，分析认为彩31气藏产水后对气井产能影响很大(见图9)。

气井出水会给气井的正常生产带来影响。主要表现在：(1)污染地层，使单相流动变为两相流动，增加气体流向井底的阻力；(2)水沿裂缝窜进，分割气体阻碍其在气层中的流动，甚至造成死气区，影响采收率；(3)井筒中气液共产，在油管中造成比纯气柱大得多的压力损失，使井口流动压力大幅度下降，缩短了稳产期；(4)由于气水同产，地层压力下降，水量增多不能及时排出，最终可能导致气井井筒严重积液至水淹停产。

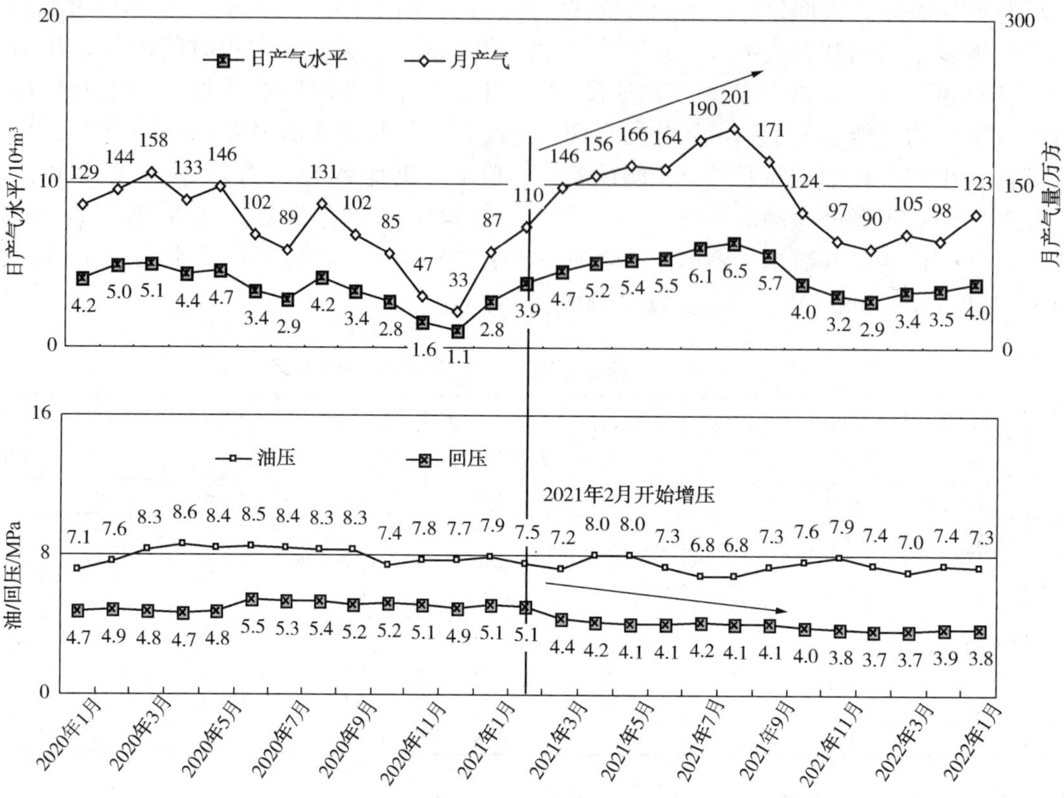

图 8　彩 31J_2x 气藏增压开采前后生产变化曲线

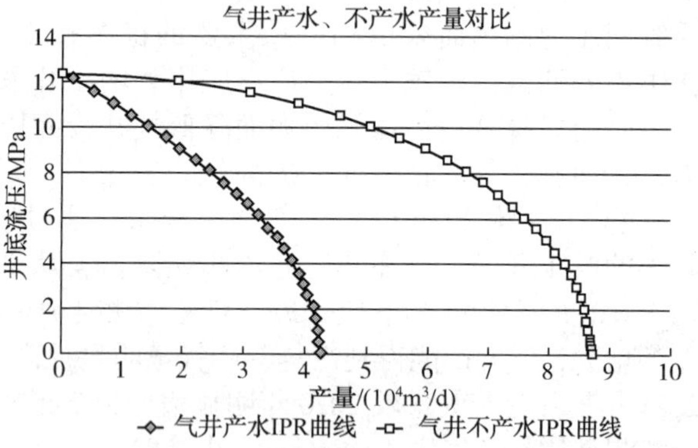

图 9　彩 31J_2x 气藏气井产水与不产水产量对比图

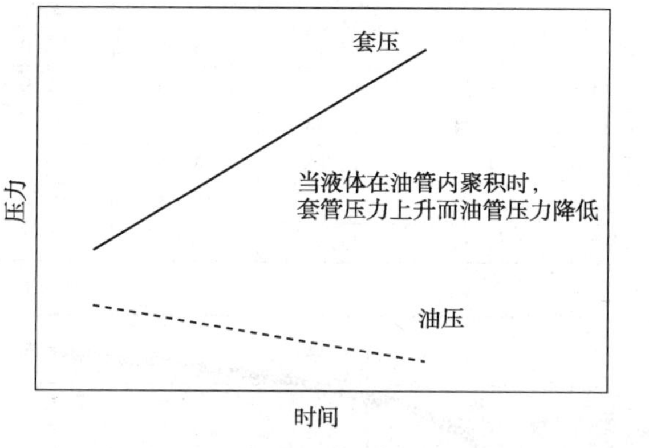

图 10　套压上升且油压下降诊断井筒积液法

2.4.2　诊断气井积液情况

根据经验，选用套压上升且油压下降方法进行井筒积液的初步诊断(见图 10)，结果为：截至 2014 年底，大部分气井都存在井筒积液现象。

对比不同数学模型诊断井筒积液的结准确率，优选准确率最高的 Turner 模型(见表 5)，诊断分析 11 口气井的生产数据，其中 10 口气井存在井筒积液问题，积液井占比达到 90.5%；由于井筒积液严重影响气井正常生产，导致开井数下降 36.3%，日产气量下降 34.7%，产液量增加一倍，时率下降 30%(见图 11、图 12)。

表 5　彩 31J_2x 气藏不同数学模型诊断积液准确率对比表

数学模型	LiMin 模型	Turner 模型	Coleman 模型	杨川东模型	涩北实验模型
准确率/%	26.9	76.9	25.5	73.0	74.1

2.4.3　依据合理技术界限，优选配套工艺

根据目前主要排液工艺适用条件及技术界限(见表 6)，结合彩 31 井区西山窑组气藏气井积液状况，进行排采工艺适应性分析，分析认为：适合优选管柱的气井 2 口，适合泡沫排水采气的气井有 3 口，适合气举排水的气井 2 口，适合涡

流排水采气的气井 3 口(见表 7)。

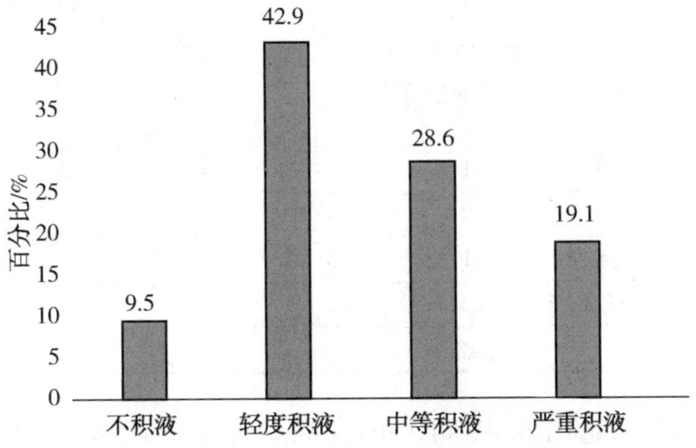

图 11　彩 $31J_2x$ 气藏气井井筒积液状况统计图

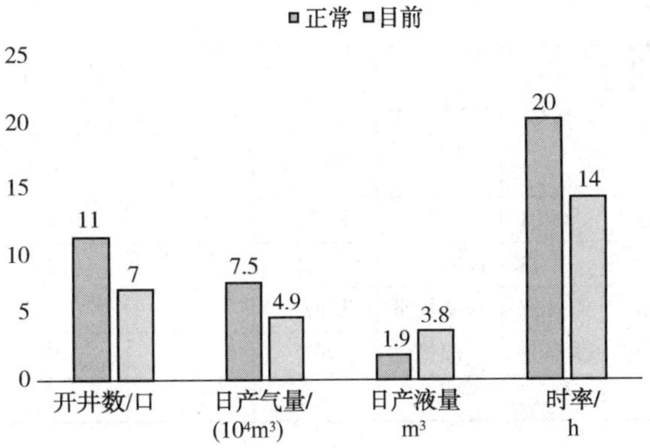

图 12　彩 $31J_2x$ 气藏气井积液前后生产情况对比图

表 6　主要排液工艺适应性及技术界限表

举升方法		最大排量/(m^3/d)	最大井深泵挂深度/m	适应条件
优选管柱	2in	100	3500	产液量<100m^3/d、液气比≤40m^3/10^4m^3，$V_r=Q_r$<1，有积液；油管公称直径≤60mm 时 q_1≤10m^3/d
	$1^1/_2$in	10	5000	
泡排		120	5200	T_b≤120℃，GLR180~1400，q_w≤100m^3/d，液态烃≤50%的间喷、弱喷井
气举		1000	5000	复产、助排及气藏强排水；排液量 10~1000m^3/d：液体黏度<1500mPa·s
柱塞气举		25	5000	GLR≥500~1000m^3/m^3，有积液的自喷或间喷直井，油管清洁完好
机抽		100	2500	P_R≤10~15MPa：排液量 10~100m^3/d、T_b≤100℃；总矿化度：10000~90000ppm、CO_2≤115g/m^3、H_2S：0~4g/m^3，液体黏度<100mPa·s，含砂≤0.03%；允许最大井斜率 12°/30.5m
电潜泵		1000	4000	排液量 50~1000m^3/d、T_b≤149℃的低压井复产和气藏强排水，液体黏度<500mPa·s，含砂≤0.1%；允许最大井斜率 12°/30.5m
螺杆泵		100	2500	动液面深度小于 1800m，泵沉没度大于 200m；扬程 800~1800m，产液量 10~100m^3/d；含砂≤2%，井温小于 120℃
射流泵		300	3500	排液量 100~300m^3/d，泵挂深度≤3500m、T_b≤120℃、H_2S≤3.0g/m^3，CO_2含量≤100g/m^3、矿化度≤50000ppm，液体黏度<2500mPa·s. 含砂≤3%；允许最大井斜率 20°/30.5m

表 7　彩 $31J_2x$ 气藏积液气井适合排液工艺分类表

排采工艺类型	适合井数/口	适合井号
优选管柱	2	C3001、C3002
泡沫排水采气	1	彩 401
气举排水	4	彩 016 井、C3165、C3003、彩 34
涡流排水采气	3	彩 45、C3119 及彩 511
合计	10	

根据现场工艺引进及气井实际情况，积液井主要实施了柱塞气举和泡排工艺，其中柱塞气举 5 口井，有效期 106.5~478.2 天，累计增气 41×10^4~588×10^4m^3，实施泡排 1 口井，有效期 49 天，累计增气 10×10^4m^3(见表 8)。由此可见，针对彩 31 气藏气井积液问题，柱塞气举排水采气工艺适应性最强，应用效果最好，具有进一步推广的意义。

表 8　彩 31 井区西山窑组气藏排液采气工艺实施效果表

序号	井号	主要措施内容	措施前		措施后		有效天数/d	累计增气/(10^4m^3)	平均日气/(10^4m^3)	累计增油/t	平均日增油/t
			日产气/(10^4m^3)	日产油/t	日产气/(10^4m^3)	日产油/t					
1	彩 45	柱塞气举	积液关		0.9	0.4	478.2	588	1.2	143	0.3
2	彩 016	柱塞气举	0.8	0.1	1.8	0.3	262.4	376	1.4	52	0.2

续表

序号	井号	主要措施内容	措施前		措施后		有效天数/d	累计增气/(10^4m^3)	平均日气/(10^4m^3)	累计增油/t	平均日增油/t
			日产气/(10^4m^3)	日产油/t	日产气/(10^4m^3)	日产油/t					
3	彩401	柱塞气举	积液关	0.2	0.7	0.4	149.0	61	0.4	30	0.2
4	C3003	柱塞气举	0.2	0	0.7	0.1	106.5	47	0.4	10	0.1
5	C3165	柱塞气举	积液关		0.3	0.4	138.3	41	0.3	5	
6	彩401	泡排	0.8	0.2	0.9	0.2	49.0	10	0.2	0	
合计	1.8	0.5	5.3	1.8		1123		240			

4　应用效果

通过开发中后期的稳产技术研究及应用，彩31气藏开发效果明显改善，气藏阶段递减率由19.5%减缓至10.7%，减缓8.8个百分点，气藏可采储量由4.49×10^8m^3提高到6.75×10^8m^3，增加2.26×10^8m^3，预测采收率由17.0%提高到25.6%，提高8.6个百分点（见表9、图13、图14）。

表9　彩31井区西山窑组气藏增压前后可采储量预测表

区块	地质储量/(10^8m^3)	参数			
		实施稳产对策前预测		实施稳产对策后预测	
		可采储量/(10^8m^3)	采收率/%	可采储量/10^8m^3	采收率/%
彩31气藏	26.35	4.49	17.04	6.75	25.62

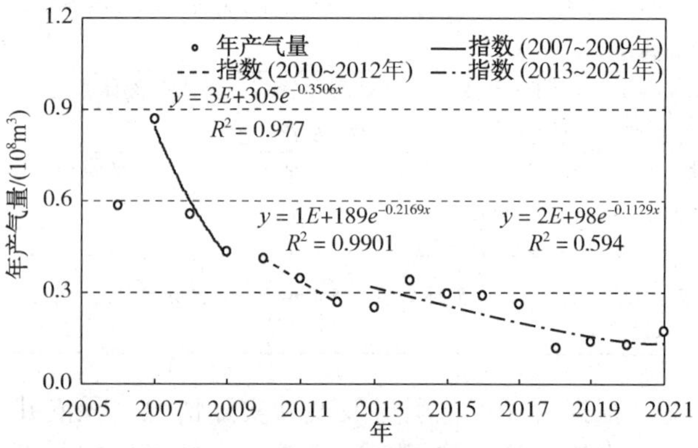

图13　彩31气藏年产气量指数递减变化图

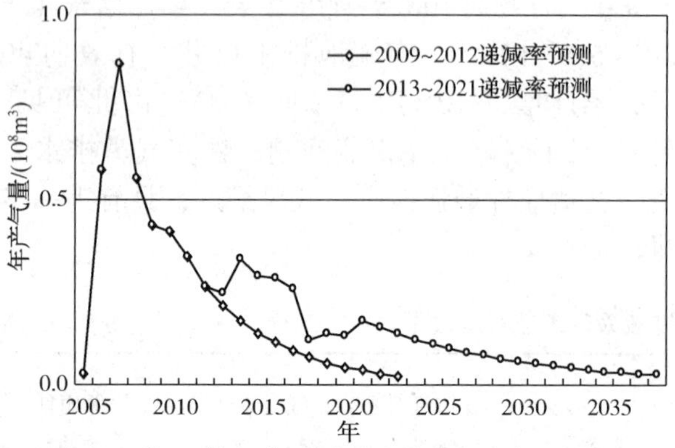

图14　彩31井气藏不同递减趋势年产气量预测

5　结论与认识

彩31井区西山窑组气藏为典型的低孔、低渗气藏，开发中后期稳产难度加大，通过对气藏存在问题及剩余潜力分析，开展地质工艺相结合的稳产技术研究，实施完善井网、优化开采技术政策、配套排液采气工艺技术优选、增压开采等一系列具体稳产举措，起到了改善气藏开发效果，减缓气藏递减8.8个百分点，增加可采储量2.26×10^8m^3，提高采收率8.6个百分点，达到了稳产增产的目的。

参　考　文　献

[1] 章彤，庞燕青，唐文军．彩南油田彩31井区侏罗系西山窑组石油天然气探明储量复算报告[R]．2012.

[2] 黄炳光，王怒涛，刘蜀知，唐海等．彩31井区西山窑组气藏稳产技术研究[R]．2013.

[3] 许锋．彩31井区西山窑组气藏动态分析[R]．2017.

[4] 陈伦俊，孟令强，钱立军，等．彩31井区西山窑组稳产技术研究[J]．新疆石油地质，2013.34(05)(增刊).

[5] 熊健，李凌峰，张涛．气井临界携液流量的计算方法[J]．天然气与石油，2011. 29(04)：54-56，84，95.

[6] 罗兴旺，孟琦等．彩31井区西山窑组气藏合理配产方法研究[J]．新疆石油地质，2013. 34(05)(增刊).

[7] 李闽，郭平，谭光天．气井携液新观点[J]．石油勘探与开发，2001(05)：105-106.

[8] 李士伦．天然气工程[M]．北京：石油工业出版社，2000.

Y 区块油井合理井底流压及下泵深度研究

吴东莹[1] 田文博[2]

（1. 大庆榆树林油田开发有限责任公司；2. 中国石油大庆油田有限责任公司第二采油厂）

摘 要 国内外对注水开发油田投产后含水率递增情况下井底流压的研究很少，本文针对低渗透油藏注水开发油田的合理井底流压开展了深入研究。通过考虑充满系数和含水率对沉没压力的影响，得出合理沉没压力的计算公式，并推导出合理下泵深度计算方法。综合考虑冲程损失、漏失系数、充满系数对泵效的影响，研究了沉没度、含水率以及泵效之间的关系。确定 Y 区块葡 I $_{1-2}$ 油层油井的合理流压范围为 1.14~4.21MPa，下泵深度为油层中部深度以上 102m。结论对 Y 区块葡 I $_{1-2}$ 油层高含水阶段油井的稳产有着重要意义。

关键词 井底流压；下泵深度；沉没压力；含水率；充满系数

Y 区块位于大庆长垣外围，其中葡 I $_{1-2}$ 层为低渗透油层，经过长期的注水开发后，出现了含水量增高、产量下降等问题。为实现油田长期的稳产、增加经济效益，本文对 Y 区块油井合理井底流压和下泵深度进行了研究。合理井底流压的确定主要利用井底流压与饱和压力的关系，根据公式确定不同含水率下合理井底流压。另外，通过考虑充满系数和含水率对沉没压力的影响，得出合理沉没压力的计算公式，推导出合理下泵深度计算方法，并研究了沉没度、含水率以及泵效之间的关系。以 Y 区块葡 I $_{1-2}$ 层为研究对象，确定其合理井底流压和下泵深度。

1 合理井底流压的确定

井底流压决定着油井的产量大小，所以合理井底流压的确定至关重要。近年来低渗透注水开发油田试井资料证实：当井底流压高于饱和压力时，井底为单相液流，随着井底流压的逐渐降低，产量逐渐变大；当井底流压低于饱和压力后，原油脱气、井底为油、气两相流动，导致液相流动能力降低；当井底流压降低到一定程度后，IPR 曲线发生偏转，并出现一个最大产量点，而最大产量点对应的就是最小井底流压值，合理井底流压范围可取在最低井底流压之上。

因此，沃格尔方程就不再适用于井底流压低于饱和压力情况下油井井底流压的计算。为解决此问题，王俊愧等人给出了一种新型流入动态方程。此方程既可以计算当井底流压低于饱和压力情况下的井底流压，又适用于井底流压高于饱和压力的情况。计算公式如下：

$$p_{wf\min}=\frac{1}{1-n}\left(\sqrt{n^2p_b^2+n(1-n)p_bp_R}-np_b\right) \quad (1)$$

$$n=\frac{aT(1-f_w)}{B_0} \quad (2)$$

式中，$P_{\mathrm{wf\,min}}$ 为最低井底流压，MPa；P_{b} 为饱和压力，MPa；P_{R} 为地层压力，MPa；a 为原油溶解系数，$\mathrm{m^3/(m^3 \cdot MPa)}$；$f_{\mathrm{w}}$ 为油井含水率；B_{o} 为原油体积系数；T 为油层温度，K。

将 Y 区块位葡 I $_{1-2}$ 油层的相关数据代入式(1)和式(2)中，结果如表 1、图 1 所示。

表 1 不同含水率下最低井底流压

含水率/%	10	20	30	40	50	60	70	80	85	90	95
最低流压/MPa	4.21	3.99	3.75	3.5	3.23	2.92	2.57	2.15	1.89	1.57	1.14

对图 1 分析可得，随着油井含水率的增加，最低井底流压呈现逐渐下降的趋势。含水率在 10%~95%时，最低井底流压在 1.14~4.21MPa。所以 Y 区块位葡 I $_{1-2}$ 油层的合理井底流压定于最低井底流压之上为 1.14~4.21MPa。对处于高含水阶段的注水开发油井（含水率大于 70%），合理井底流压范围可定于最低井底流压之上为 1.14~2.57MPa。

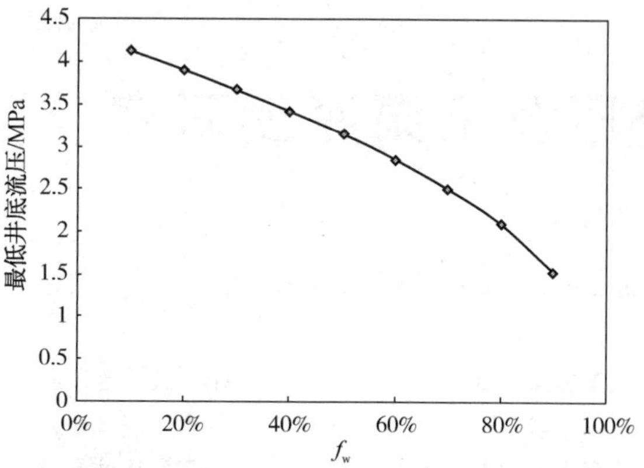

图 1 含水率与最小井底流压关系图

注水油田的无因次采液指数 $\bar{J}_L$ 随含水率 f_w 的变化是油田动态变化的重要规律。俞启泰等给出了河流相储层油藏无因次采液指数计算的典型通用公式，该公式针对油藏整体并考虑了油层平面渗透率分布的非均质性。具体公式如下：

$$\lg \bar{J}_{L1.0} = 0.705938\lg\mu_R + 0.242679\lg K_{50} + 0.504616\lg V_K - 0.791405 \tag{3}$$

$$\bar{J}_L = \{1+0.4991(1-f_w)[\ln(1-f_w)]\} \times \bar{J}_{L1.0}\left(\frac{m}{m+2.2336}\right) \tag{4}$$

$$m = \left(\frac{f_w}{1-f_w}\right)0.7344 \tag{5}$$

式中，$\bar{J}_L$ 为无因次采液指数；$\bar{J}_{L1.0}$ 为 $f_w=1.0$ 时的无因次采液指数；μ_R 为油水黏度比；K_{50} 为对数正态分布概率 50% 处渗透率，$10^{-3}\mu m^2$；V_k 为对数正态分布渗透率变异系数。

将 Y 区块位葡 I_{1-2} 油层的相关数据代入式(3)、式(4)和式(5)中，计算无因次采液指数随含水率的变化如图 2 所示。

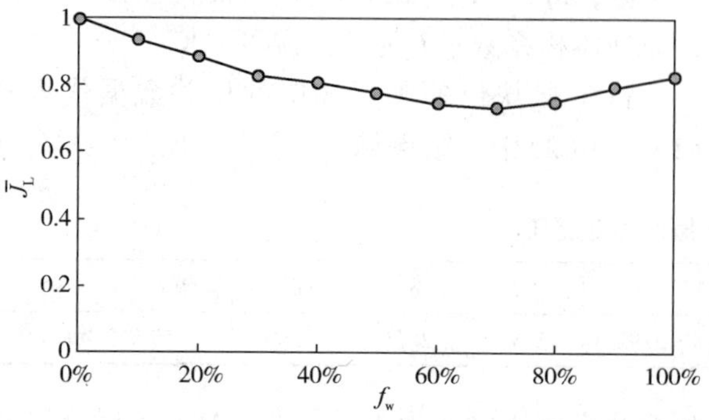

图 2 无因次采液指数随含水率的变化曲线

分析图 2 可知，在低含水期，随着含水率上升，无因次采液指数递减比较大，以后随含水率上升递减变小；无因次采液指数在中含水期下降变小，到高含水期有递增趋势，含水 100% 时，无因次采液指数小于无水期无因次采液指数，该区块初期产液量即为最大产液量，在理论上不具备提液能力。

2 下泵深度的确定

抽油泵的下泵深度与井底流压、沉没压力、油层中部深度以及含水率等有着密切的关系。通过井底流压和下泵深度的关系式，确定合理井底流压下的合理下泵深度，二者关系见式(6)：

$$p_{wf} = p_s + \frac{H_m - H_p}{100}[\rho_o(1-f_w) + \rho_w f_w] \tag{6}$$

式中，p_{wf} 为合理井底流压，MPa；p_s 为沉没压力，MPa；

ρ_o 为油的密度；H_m、H_p 为分别为油层中部深度与下泵深度。

由式(6)可知，公式中仅有沉没压力与下泵深度未知，可先求沉没压力。在此，以提高泵效为目的，考虑气体体积系数、充满程度等因素影响，推算合理沉没压力。

已知气体体积系数公式如下：

$$B_{gs} = \frac{V_g}{V_{go}} = 0.000346\frac{ZT}{p} \tag{7}$$

式中，B_{gs} 为气体体积系数；V_g 为气体所占体积，m^3；V_{go} 为气体和油总体积，m^3；Z 为天然气的压缩因子；T 为与泵入口处温度，K；P 为泵入口处压力，MPa。

设在泵吸入液体的过程中，进入泵内液体的体积与泵筒中柱塞让出的体积之比为泵的充满程度，用 β 表示。

$$\beta = \frac{V_o}{V_p} = 1-\alpha = 1-\frac{(R_p-ap)B_{gs}}{(R_p-ap)B_{gs}+\frac{B_{os}}{\rho_o(1-f_w)}} \tag{8}$$

将式(7)代入式(8)，泵入口压力即沉没压力，用沉没压力 P_s 代替式(8)中的泵入口压力 P，则求出公式如下：

$$\beta = 1-\alpha = 1-\frac{(R_p-ap)(0.000346\frac{ZT}{P_s})}{(R_p-ap)(0.000346\frac{ZT}{P_s})+\frac{B_{os}}{\rho_o(1-f_w)}} \tag{9}$$

式中，Z 为天然气的压缩因子；P_s 为沉没压力，MPa；T 为与沉没压力 P_s 对应位置处的温度，K。

求解式(9)可得沉没压力：

$$p_s=\frac{R_pAZT}{\frac{B_{os}}{\rho_o(1-f_w)}\left(\frac{1}{\beta}-1\right)+aAZT} \tag{10}$$

式中，A 为系数，取 0.000346。

通过式(10)建立了沉没压力、充满系数以及含水率之间的关系。根据 Y 区块位葡 I_{1-2} 油层资料，其物性如下：(1)油层温度为 57.2～67.8℃，平均地层温度取 $T=336$K；生产气油比 $R_p=22.35\mathrm{m^3/t}$；(3)天然气溶解系数 $a=4.05\mathrm{m^3/(t\cdot MPa)}$；(4)$Z=0.98$，地层油体积系数 $B_{os}=1.078\mathrm{m^3/m^3}$；(5)地层原油密度 $\rho_o=0.824\mathrm{t/m^3}$。将数据代入公式，将结果绘制成图，如图 3 所示。

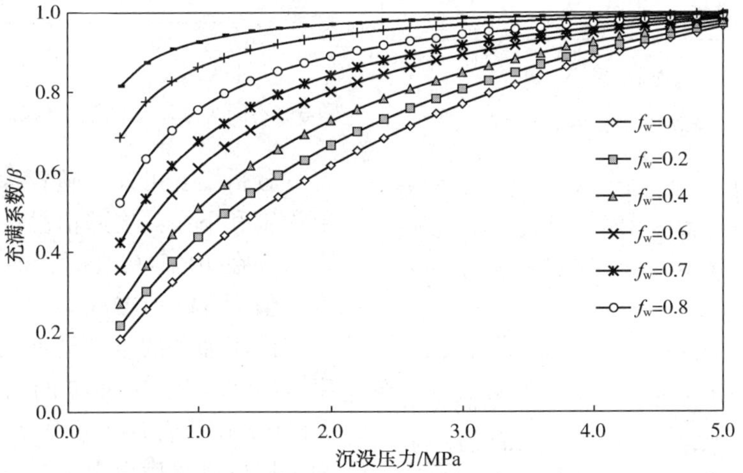

图 3 沉没压力、充满系数与含水率关系图

对图 3 分析可得：(1)同一含水率下，随着沉没压力的增加，泵充满系数表现出逐渐上升的趋势；(2)同一沉没压力值下，随着含水率逐渐增加，充满系数也在不断增加。

合理沉没压力的确定应以提高泵效为目标，所以可将图 3 横坐标上的沉没压力转化为沉没度，将纵坐标上的充满系数利用公式转化为泵效。研究沉没度、含水率以及泵效之间的关系。将沉没压力转化为沉没度的公式如下：

$$h_c=\frac{p_s}{\rho_1 g}\times10^6 \tag{11}$$

式中，h_c为沉没度，m；ρ_1为抽油泵内采出液密度，$\mathrm{kg/m^3}$；p_s为沉没压力，MPa。若要将充满系数转化为泵效，需分析泵效的影响因素，泵效的计算公式如下：

$$\eta=\eta_\gamma\beta\eta_1\eta_B \tag{12}$$

式中，η 为泵效；η_λ为柱塞冲程与光杆冲程之比；η_1为辅漏失系数；η_B为原油地面体积与地下体积之比；β 为充满系数。

根据美国石油学会有杆泵抽油系统设计计算标准 APIRP11L，计算冲程损失系数 η_λ，统计 75 口同种举升方式油井数据取平均数为 $\eta_\lambda=0.85$。

对于漏失量的计算，一般认为在修井、检泵后无漏失，随着泵工作时间的增加，泵的漏失量与漏失程度也在增加，从理论上很难计算漏失量。但可以将单井的理论产液与实际产液量的差值作为单井的日漏失量，则漏失系数为

$$\eta_1=\frac{Q}{Q_T} \tag{13}$$

式中，Q_T为理论产量，$\mathrm{m^3}$；Q 为实际产量，$\mathrm{m^3}$。

经过统计 75 口油井理论产量和实际产量，求得综合漏失系数 $\eta_1=0.65$。η_B为采出液体积系数的倒数，公式如下：

$$\eta_B=1/[1.078\cdot(1-f_w)+f_w] \tag{14}$$

以 Y 区块葡 I_{1-2} 油层高含水油井含水率为 $f_w=0.9$ 时为例，计算得 $\eta_B=0.992$。综合以上计算结果，泵效与充满系数之间的转化关系式如下：

$$\eta=0.85\times0.65\times0.992\times\beta=0.55\beta \tag{15}$$

通过转化，沉没度、泵效以及含水率关系如图 4 所示。

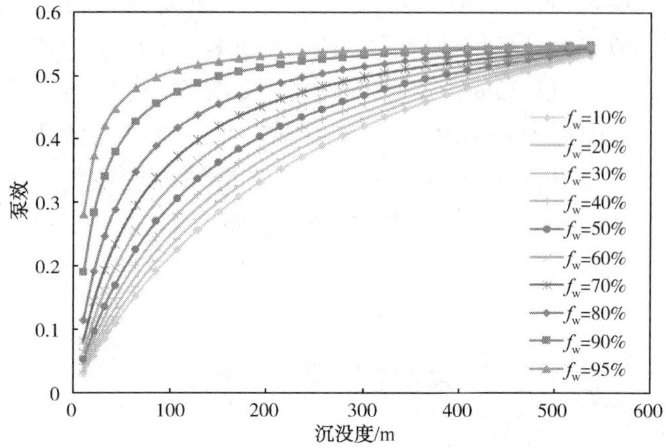

图 4　沉没度、泵效和含水率关系图

对图 4 分析可得：(1) 同一含水率下，随着沉没度的增加，泵效呈现逐渐上升的趋势；(2) 同一沉没度下，油井的含水率越高，抽油泵的泵效也越高。

由于油井在投入生产后，不同阶段采出液的含水率不同，为更好地发挥地层能量、提高油井产量，应针对不同含水率计算相应的沉没压力。在此，计算泵效为 25%时，不同含水率下的沉没压力，结果如图 5 所示。

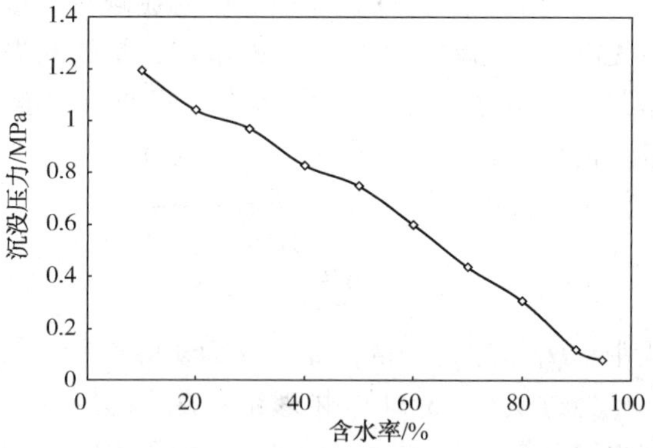

图 5　泵效为 25%时含水率与沉没压力关系图

对图 5 分析可得，当泵效为 25%时，随着含水率的增加，沉没压力呈现逐渐下降的趋势。当含水率为 10%～95%时，沉没压力为 0.08～1.19MPa。针对高含水油井可以根据含水率范围，确定合理的沉没压力和下泵深度。

根据上述式(6)，可推导出计算油层中部深度和下泵深度差值(H_m-H_p)的公式，如式(16)所示：

$$H_m-H_p=\frac{(p_{wf}-p_s)\times 100}{[\rho_o(1-f_w)+\rho_w f_w]} \tag{16}$$

代入不同含水率下合理井底流压和沉没压力的数值。绘制不同含水率下油层中部深度与下泵深度差值(H_m-H_p)值关系图，如图 6 所示。

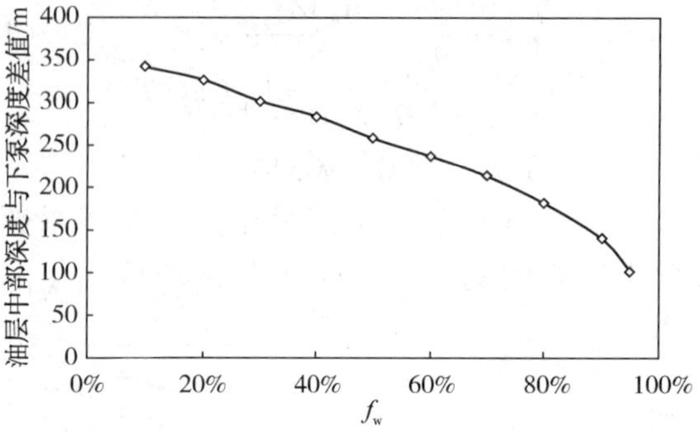

图 6　不同含水率下油层中部深度与下泵深度差值关系图

分析图 6 可知，随着含水率的增加，油层中部深度和下泵深度差值呈现逐渐下降的趋势。当含水率在 10%～95%时，油层中部深度和下泵深度差值为 342～102m。

由于油井的生产已进入高含水阶段，取含水率为 70%～95%对应的沉没压力范围 0.08～0.6MPa 作为合理沉没压力。理论合理下泵深度为油层中部深度以上 102～181m。

在实际生产中，不同区块油井的含水率是不同的，且含水率在不断增加，所以根据不同含水率数值经常改变下泵深度不符合实际生产制度，为使油井能够长期稳定生产、提高经济效益，建议下泵深度确定为油层中部深度以上 102m。Y 区块葡 I_{1-2} 油层中部深度为 1500m，则合理下泵深度为 1398m。

3　结论

(1) 通过井底流入动态的分析，确定了低渗透油藏注水开发油井的合理井底流压的计算方法，计算出 Y 区块葡 I_{1-2} 油层油井井底流压，确定合理井底流压为 1.14～4.21MPa。

(2) 综合考虑气体体积系数、充满系数和含水率等对沉没压力的影响，推导出合理沉没压力的计算公式，并确定 Y 区块葡 I_{1-2} 油层油井的合理下泵深度为油层中部深度以上 102m。

(3) 分析沉没压力、充满系数以及含水率三者之间的关系，并在考虑充满系数、冲程损失、漏失等对泵效影响下，进一步研究了沉没度、泵效以及含水率之间的关系。

参考文献

[1] 黄延章. 低渗透油层渗流机理[M]. 北京：石油工

业出版社，1999.
[2] 王鸿勋，张琪．采油工艺原理[M]．北京：石油工业出版社，1989.
[3] 巢华庆．大庆低渗透油田开发技术与实践[J]．大庆石油地质与开发，2000，19(5)：1-3.
[4] 王慧明．低渗透岩体饱和渗流研究进展[J]．水科学进展，2003，14(2)：242-247.
[5] 杨满平．低渗透变形介质油藏合理生产压差研究．油气地质与采收率，2004；11(5)：41-43.
[6] ZHANG M Y, Arobastha A K. New insights in press-transient analysis for stress sensitive. SPE 28420, 1994：617-627.
[7] 宋付权．变性介质低渗透油藏的产量分析[J]．特种油气藏，2002；9(4)：33-35.
[8] 阮敏，何秋轩．低渗透非达西渗流综合判据初探[J]．西安石油学院学报，1999，14(4)：46-48.
[9] 门庆来，何秋轩，尉立岗，等．低渗透油层中单相液体渗流特征的实验研究[J]．西安石油学院学报，1990；5(2)：1-6.
[10] 王俊魁，李艳华，赵贵仁，等．油井流入动态曲线与合理井底压力的确定[J]．新疆石油地质，1999(05)：414-417.
[11] 俞启泰，罗洪，陈素珍．河流相储层油藏无因次采液指数计算的典型通用公式[J]．断块油气藏，1998. 5(6)：27-29.
[12] 单五一，宋考平，迭惹冰．低渗层抽油机井合理沉没度及流压界限研究[J]．科学技术与工程，2012，12(01)：161-164.
[13] Riddoch, J., Wuest, C., & Toralde, J. S. S. (2016, March 22). Managing Constant Bottom Hole Pressure with Continuous Flow Systems. Offshore Technology Conference. doi：10.4043/26752-MS.
[14] 陈哲．杏北开发区抽油泵合理沉没压力的研究[D]．大庆：东北石油大学，2015.
[15] 陈叙生，刘永波，王殿军．大情字井油田下泵深度及抽油机机型优选[J]．钻采工艺，2008(S1)：34-36.
[16] 张秀芹．抽油泵合理沉没压力研究[D]．青岛：中国石油大学(华东)，2010.

储气库井下管柱腐蚀机理及选材研究

刘永为

（中国石油辽河油田分公司储气库公司）

摘　要　辽河储气库群作为东北调峰中心存储的天然气中含腐蚀性气体 CO_2，同时含有少量的 H_2S 和 O_2 等，由于腐蚀因素异常复杂，井下管柱长期在腐蚀、高温作用下，易发生寿命衰减，影响储气库安全运行，因此要进行井下管柱腐蚀机理研究，以保证储气库在安全运行的前提下，最大限度降低建设成本，以确保储气库设施的安全运行。确定了 CO_2 分压、温度、氯离子含量和矿化度是影响 CO_2 腐蚀的主要因素等内容。

关键词　储气库；腐蚀机理；影响因素；井下管柱

天然气地下储气库是将从气田或气藏中采出的天然气，通过长输管道重新注入地下封闭空间中，从而形成集注气、储存、采气于一体的人工气田或气藏。与气田调峰、LNG 调峰等传统调峰手段相比，地下储气库具有储气容量大、受气候影响小、安全可靠性高、适用于季节性调峰等优点，并且能够满足突发事件应急调节的要求以及具有天然气战略储备的作用，具有强注强采的典型特征，是一种天然气储存行之有效的方式，已经成为世界各国在经济、地质等条件允许下最主要的调峰手段，在国内外已经得到了越来越广泛的应用。

辽河储气库群是由已经枯竭的油气藏改建而成，储气库来气中含腐蚀性气体 CO_2，同时含有少量的 H_2S 和 O_2 等，腐蚀环境异常复杂，注采管柱长期经受腐蚀、高温作用下，极易发生过早损坏，影响储气库安全运行。此外，储气库须具备注气、采气双重功能，循环注气产生交变载荷，进一步加速了管柱损坏过程。因此，探究储气库的腐蚀程度和腐蚀类型，进行不同油套管材质的 CO_2 腐蚀速率测定，研究油套管寿命预测的长期腐蚀速率预测方法，并建立油套管腐蚀强度衰减模型，针对储气库的使用年限优化设计油套管管材防腐级别，在确保安全生产的前提下，降低成本，实现经济防腐。

1　研究背景

管柱腐蚀是造成储气库生产设备破坏的主要因素之一，腐蚀问题不仅会给储气库建设运行带来重大的经济损失，还存在较为严重的安全隐患。储气库在注气、采气过程中，产生交变载荷，进一步加速了管柱损坏过程。辽河储气库群来气中主要腐蚀性气体为 CO_2，含量在 0.06%～2.7%，计算 CO_2 分压值为 0.015～0.675MPa，属于中低 CO_2 腐蚀环境，碳钢油套管会发生较为严重的局部腐蚀和全面腐蚀。辽河储气库群属于国家“十四五”规划建设的重点项目，目前处于建设阶段，及时了解掌握腐蚀介质的腐蚀机理，选择适当的防腐措施，确保设备设施的安全运行，保障储气库稳定发展就显得尤为重要。因此对储气库井下管柱的 CO_2 腐蚀机理进行分析，以确保储气库设施的安全运行。

2　二氧化碳腐蚀机理研究

CO_2 常温物性上是一种无色、无味、无臭无毒的气体，密度比空气大约为空气的 1.5 倍，微溶于水，干燥的 CO_2 气体本身是没有腐蚀性的，与水结合会对钢铁材料产生腐蚀，同时也会促进钢铁发生电化学腐蚀。除此之外，在均匀腐蚀的基础上，大多数情况会产生局部点蚀。

2.1　二氧化碳腐蚀机理

油气井中油套管 CO_2 腐蚀问题及其机理一直是石油工程及管材工业研究的热点。干燥的 CO_2 气体本身是没有腐蚀性的。CO_2 较易溶解在水中，而在碳氢化合物（如原油）中的溶解度则更高，气体合物（如原油）中的溶解度则更高，气体 CO_2 与碳氢化合物的体积比可达与碳氢化合物的体积比可达 3∶1。当 CO_2 溶解在水中时，会促进钢铁发生电化学腐蚀，并在不同的温度等条件下溶解在水中时，会促进钢铁发生电化学腐蚀，并在不同的温度等条件下产生不同形式的腐蚀破坏。因此，根据腐蚀破坏形态，可以提出不同的腐蚀机理。

下面以碳钢和含铬钢的 CO_2 腐蚀为例来进一步阐述钢铁在 CO_2 介质中发生腐蚀的基本原理。大体上，CO_2 腐蚀可以分为全面腐蚀和局部腐蚀两大类，且随着温度、金属材质等不同有不同的腐蚀形态。根据金属表面产生的腐蚀破坏形态，可以按介质温度范围将腐蚀分为如图 1～图 3 所示的三类。

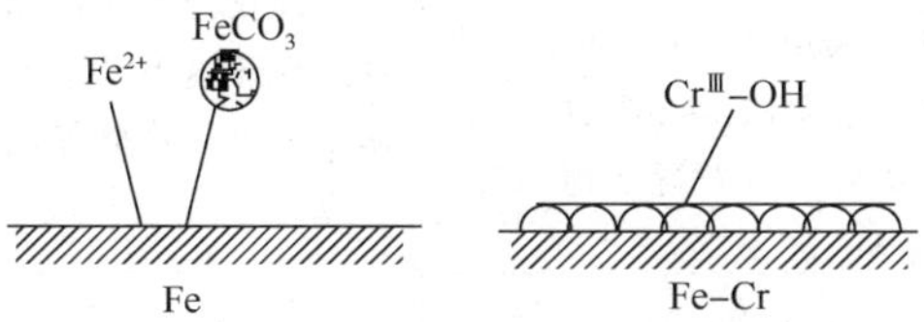

图 1　低温时碳钢和含铬钢腐蚀类型

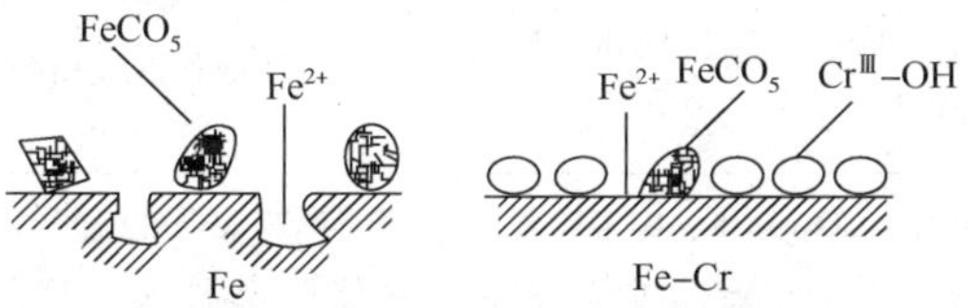

图 2　中温时碳钢和含铬钢腐蚀类型

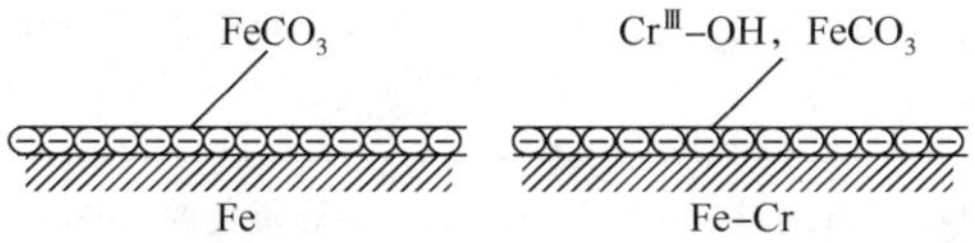

图 3　高温时碳钢和含铬钢腐蚀类型

2.2　二氧化碳均匀腐蚀机理

CO_2 溶解于水中形成碳酸，溶液中的 H_2CO_3 与 Fe 反应导致 Fe 的腐蚀。

钢铁材料在水溶液中的均匀腐蚀阳极过程与钢在其它酸溶液中阳极过程相同，其基本阳极过程为：

$$Fe+OH^- \longrightarrow FeOH+e$$

$$FeOH \longrightarrow FeOH^+ +e$$

$$FeOH^+ \longrightarrow Fe^{2+}+OH^-$$

也有人认为腐蚀阳极反应没有那样复杂，只是 Fe 形成 Fe^+ 离子的氧化过程，即：

$$Fe \longrightarrow Fe^{2+}+2e$$

阴极腐蚀过程主要有两种反应：

（1）非催化的氢离子阴极还原反应：

$$CO_2+H_2O \longrightarrow H_2CO_3$$

$$H_2CO_3 \longrightarrow H^+ +HCO_3^-$$

$$HCO_3^- \longrightarrow H^+ +CO_3^{2-}$$

pH<4 时，$H_3O^+ +e \longrightarrow H_{ad}+H_2O$（ad 代表基材表面吸附的粒子）；

4<pH<6 时，$H_2CO_3+e \longrightarrow H_{ad}+HCO_3^-$；

pH>6 时，$2HCO_3+2e \longrightarrow H_2+2CO_3^{2-}$

（2）表面吸附 $CO_{2,ad}$ 氢离子的催化还原反应：

$$CO_2(sol) \longrightarrow CO_2(ad)$$

$$CO_2(ad)+H_2O \longrightarrow H_2CO_3(ad)$$

$$H_2CO_3(ad)+e^- \longrightarrow H(ad)+HCO_3^-(ad)$$

$$H_3O^+ +e^- \longrightarrow H(ad)+H_2O^*$$

$$HCO_3^-(ad)+H_3O^+ \longrightarrow H_2CO_3(ad)+H_2O$$

这两种阴极反应的实质都是 CO_2 溶解后形成 HCO_3^- 电离出 H^+ 的还原过程。总的腐蚀反应为：

$$CO_2+H_2O+Fe \longrightarrow FeCO_3+H_2$$

2.3　二氧化碳局部腐蚀机理

CO_2 腐蚀常常表现为全面腐蚀与典型沉积物下方的局部腐蚀共存。CO_2 的局部腐蚀现象主要包括点蚀、台地侵蚀、流动诱使局部腐蚀等，而 CO_2 的腐蚀破坏往往是由局部腐蚀造成的。然而，对于局部腐蚀机理的研究目前尚不够深入和详尽。大体上，在含有 CO_2 介质中，腐蚀产物 $FeCO_3$ 及结垢物 $CaCO_3$ 或不同的生成物膜在钢铁表面不同区域的覆盖度不同，不同覆盖度的区域之间形成了具有很强自催化特性的腐蚀电偶，CO_2 的局部腐蚀正是这种腐蚀电偶作用的结果（见图 4）。

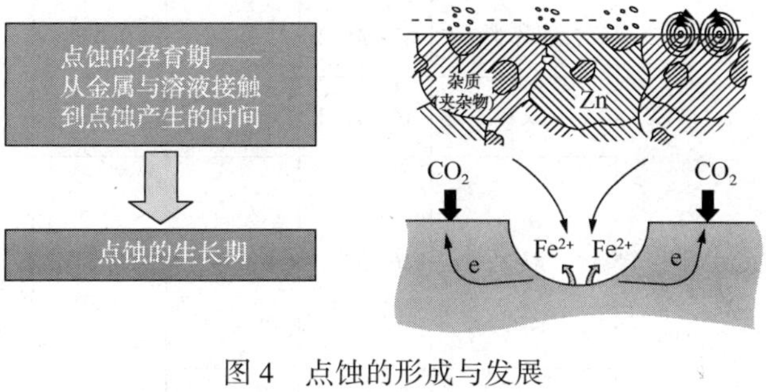

图 4　点蚀的形成与发展

3　辽河储气库腐蚀环境评价及选材方案

3.1　二氧化碳分压

国内储气库气藏地层水中氯离子的质量浓度不超过 14000mg/L，水型主要为 $NaHCO_3$，因注入气中 CO_2 体积分数在 1.89～2.7%，CO_2 分压为 0.1～0.8MPa，部分井的 CO_2 分压高达 1.16MPa。

此外，储气库注入的是经处理后的干燥气体，但在采出时因受气藏地层水的影响，采出的气体低含水。

辽河油田储气库腐蚀环境复杂多样，双台子库群压力8~26MPa，地层温度73~88℃，CO_2最高分压0.52MPa；双31储气库压力12~28.9MPa，地层温度84.7~105.8℃，CO_2最高分压0.58MPa，温压跨度大；双51块压力8~25.3MPa，地层温度84.7~105.8℃，CO_2最高分压0.51MPa，仍然是温压跨度大(见表1)。储气库复杂的腐蚀环境导致对油套管腐蚀的多样性，需要根据防腐选材模板对辽河油田储气库群个性化设计选材。

表1 部分气藏实验环境

储气库带块	储气库名称	运行压力/MPa	地层温度/℃	CO_2最高分压/MPa	设计实验内容	目标
双台子储气库群	双台子库群	8~26	73~88	0.52	温度：70℃、80℃、90℃；CO_2分压：0.5MPa(按照0.58MPa)；实验组数：共5组(3组温度规律测试，测试时间72h，确定极值温度后，再进行2组168h、336h腐蚀速度测试)	明确双台子库群储气库在最高环境条件下的最佳防腐材质，并推荐钢级和壁厚
	双31	12.0~28.9	84.7~105.8	0.58	温度：85℃、95℃、105℃；CO_2分压：0.58MPa；实验组数：共5组(3组温度规律测试，测试时间72h，确定极值温度后，再进行2组168h、336h腐蚀速率测试)	明确双31、双51、双台了库群01三个储气库在最高环境条件下的最佳防腐材质，并推荐钢级和壁厚
	双51块	8.0~25.3		0.51		
	双台子库群601块	13.0~24.0		0.48		
黄金带	d2	6~12.9	48.6	0.26	温度：50℃；CO_2分压：0.3MPa；实验组数：共3组(测试时间72h、168h、336h)	明确黄金带d2储气库的最佳防腐材质、钢级和壁厚
	d3	10~19.0	59.5~65.1	0.38	温度：65℃；CO_2分压：0.4MPa；实验组数：共3组(测试时间72h、168h、336h)	明确黄金带d3/S1上储气库的最佳防腐材质、钢级和壁厚
	S1上					
马19	S1中	10~29.0	85.4	0.58	温度：85℃；CO_2分压：0.58MPa；实验组数：共2组(72h参考双31测试结果；168h、336h两组)	明确黄金带S1中和马19储气库的最佳防腐材质、钢级和壁厚
	马19	8~28.7	85	0.57		
二期	双台子库群602	13~31.2	98.1	0.624	温度：100℃；CO_2分压：0.63MPa 实验组数：共3组(测试时间72h、168h、336h)	
	双9	16~31.2	98.4~100.5	0.624		
	双7	16~27.1	89.4~91.4	0.54	温度：90℃；CO_2分压：0.54MPa(按照0.05MPa)；溶液环境：辽河油田储气库最高氯离子浓度；实验组数：共3组(测试时间72h、168h、336h)	
	齐13	8~14.5	66	0.29	温度：66℃；CO_2分压：0.3MPa 实验组数：共3组(测试时间72h、168h、336h)	
	齐62	18.5~36.6	114	0.73	温度：114℃；CO_2分压：0.73MPa 实验组数：共3组(测试时间72h、168h、336h)	

CO_2分压：0.3~0.73MPa；H_2S分压：0~0.1kPa(验证性实验，本次研究不作为重点)；油层

温度：50～114℃；氯离子含量：3000mg/L（6000 mg/L矿化度）；模拟流速：动态（1.5m/s）；管材尺寸如表2所示。

表2　管材尺寸

生产套管	生产套管	生产套管	油管	油管
7in	6～5/8in	5～1/2in	4～1/2in	3～1/2in
L80/N80	L80/N80	L80/N80	L80/N80	L80/N80

3.2　腐蚀环境初步评估

防腐选材图版推荐：若只考虑 CO_2 分压和温度，选择1Cr－13Cr以上材质（中海油防腐图版），同时考虑 CO_2 和 H_2S，选择13Cr（住友公司），如图5所示。

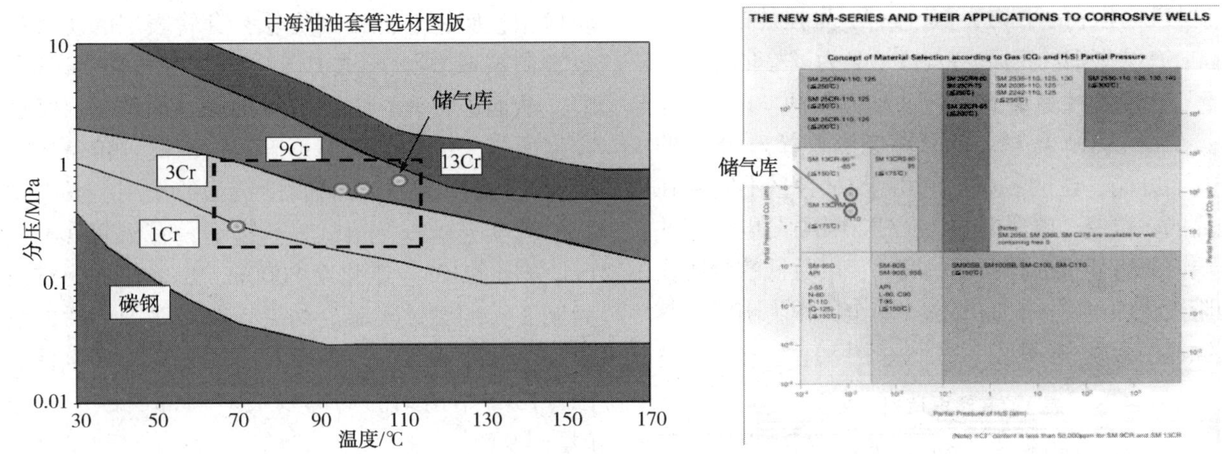

图5　中海油、日本住友公司选材图版

结合图版选材及相关调研，双台子库群储气群库需要至少选择超级13Cr不锈钢油套管进行防腐，成本昂贵，为满足经济性要求，需要通过模拟实验进一步验证分析9Cr及普通13Cr的可行性。

3.3　室内腐蚀模拟实验研究

结合储气库的实际腐蚀环境特点，制定出能够涵盖辽河储气库的腐蚀气体分压范围，对于同一种材料，具有一定程度的横向和纵向对比关系，例如温度对比、分压值对比、分压比对比、动态静态对比以及溶液中是否含砂等。这样既可以得出一些实用的规律，同时也可以验证试验操作过程是否完全按照程序进行，进而验证试验数据的可靠性。其中，高温高压釜结构示意图如图6所示。

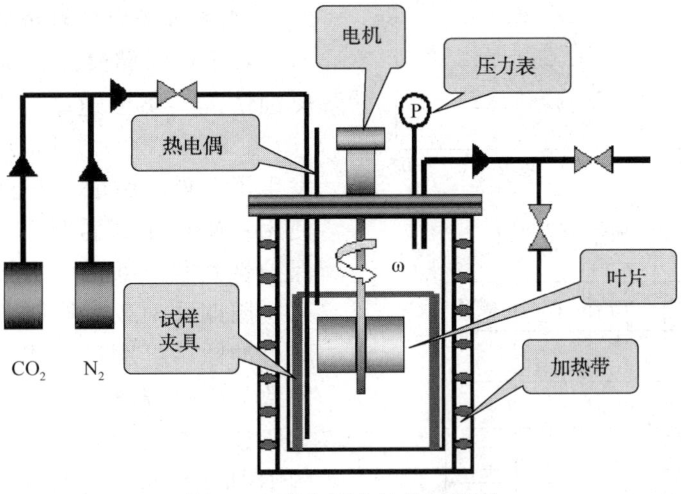

图6　高温高压釜结构示意图

3.4 腐蚀速率计算方法

采用失重法计算腐蚀速率，通过测量金属挂片的尺寸，腐蚀前后的质量，并记录测试时间，然后按照 NACERP0775-2005 中的腐蚀速率计算公式进行计算：

$$CR = \frac{3.65 \times 10^5 \times \Delta W}{A \times T \times D} \tag{1}$$

式中，CR 为腐蚀速率，mm/a；ΔW 为腐蚀前后平行试样即挂片的平均失重，g；A 为挂片的面积，mm^2；D 为碳钢的密度，g/cm^3；T 为试验时间，d。

3.5 电位差对油套管材料复配的影响

结果显示，各材质的开路电位随着 Cr 含量的升高而升高，说明各材质间由于 Cr 含量不同存在明显的电位差，电位低的金属(如碳钢)与电位高的金属(13Cr)偶接后存在电偶腐蚀，电位低的金属作为阳极将加速腐蚀，而电位高的金属作为阴极，其腐蚀速率会减小(见表 3、图 7、图 8)。

表 3　开路电位对比表

材料分类	材料明细	开路电位/V	腐蚀电位/V
13Cr	13Cr-80	-0.32951	-0.32164
9Cr	9Cr-90	-0.46686	-0.3346
3Cr	3Cr-80	-0.62927	-0.62816
1Cr	1Cr-90	-0.7224	-0.7206
碳钢	N80	-0.7211	-0.7172

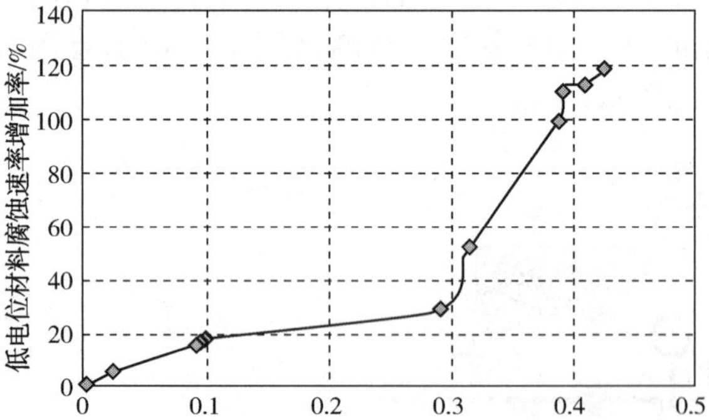

图 7　电位差与腐蚀加重程度曲线

电位差	13Cr	9Cr	3Cr	1Cr	碳钢
13Cr	0				
9Cr	0.02155	0			
3Cr	0.31511	0.29356	0		
1Cr	0.40986	0.38828	0.09472	0	
碳钢	0.42535	0.3902	0.10008	0.00536	0

图 8　材质复配推荐图

储气库腐蚀环境下，要避免 13Cr、9Cr 与 1Cr、碳钢的复配引起电偶腐蚀加重问题。本研究中 9Cr、13Cr 和超级 13Cr 的复配电位腐蚀现象轻微，三类材质的电位差小。

3.6 不锈钢咬痕评价结果

在完井作业过程中利用液压动力钳来实现套管的上扣、卸扣等操作。在操作中发现：液压动力钳工作时钳口很容易打滑，加之 13Cr 不锈钢质地相较碳钢、低铬刚更软，套管表层的防腐层也容易被咬伤，形成 0.5～2mm 深度的细微划痕，从而破坏套管表面的保护层，但现场对细微咬痕所带来的的影响尚不确定，因此评价常规液压管钳钳牙咬痕对套管腐蚀行为的作用，具有很好的现实意义。对 13Cr 不锈钢，在温度 66℃、CO_2分压 1MPa、矿化度 8000mg/L 条件下，进行为期 3 天的腐蚀实验。结果表明：腐蚀前后的咬痕深度深度一致，未发生咬痕诱发的局部电偶腐蚀；13Cr 不锈钢的局部咬痕对局部腐蚀不敏感(见图 9)。

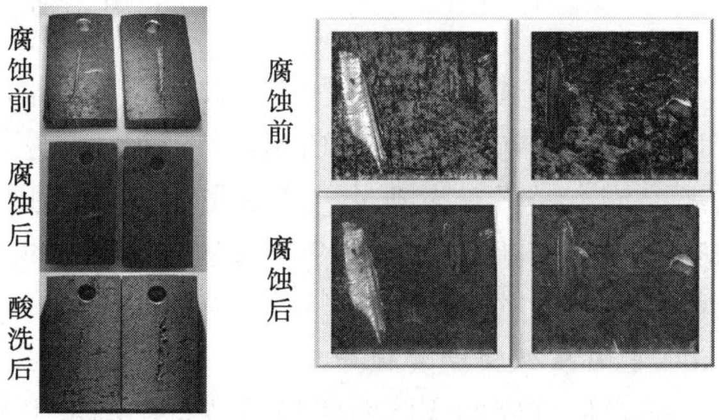

图 9　咬痕腐蚀评价对比

3.7 储气库管柱选材研究

对于辽河储气库，综合考虑油套管的动态腐蚀情况、腐蚀速率以及腐蚀剩余强度考虑：3Cr 在 85℃、CO_2分压 0.58MPa 腐蚀环境下就发生了严重的腐蚀，并且有点蚀发生，不推荐使用；N80 在高温时，产物膜沉积速度加快，保护性增强，但考虑到储气库周期性循环注采，周期性动载荷影响，N80 将发生腐蚀、成膜、冲蚀、再腐蚀，成膜的周期性快速腐蚀，导致其服役寿命较低，不能满足现场工况。综上所述，在考虑各方面因素之后，给出了如图 10所示的选材方案。

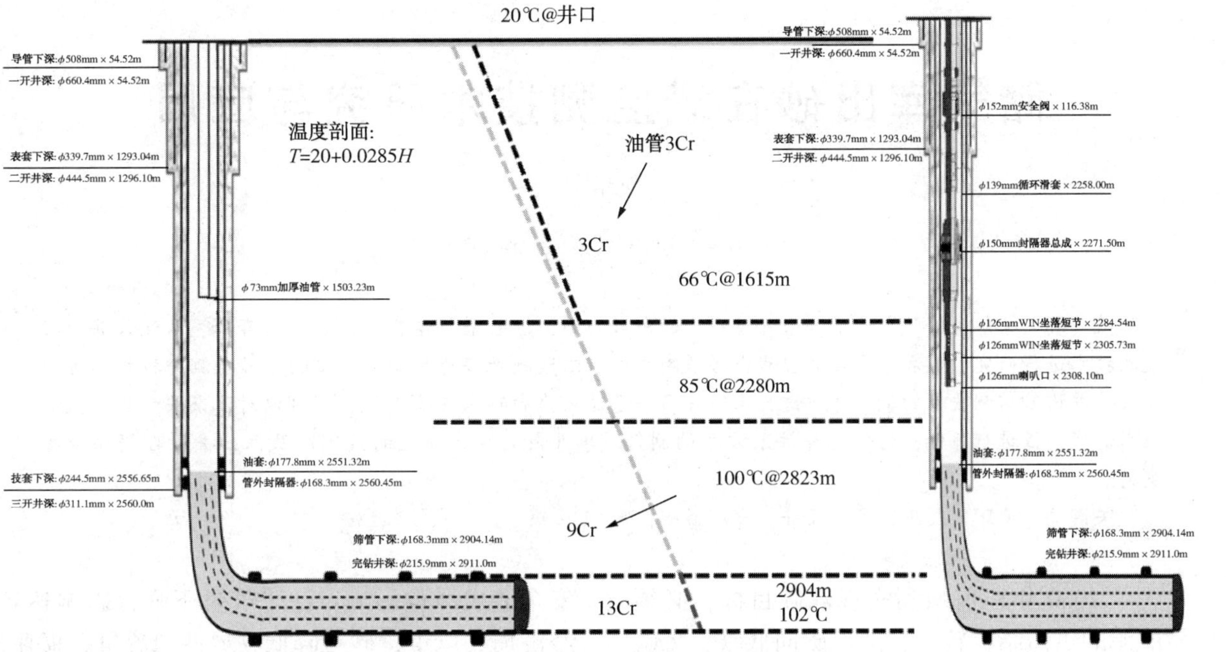

图 10 辽河储气库井筒分段防腐选材设计

5 结论

目前，二氧化碳腐蚀越来越引起重视，其作用往往不是单一作用，而是多种腐蚀因素的一种、综合影响和相互交叉。不同时间以及介质组分变化都会产生不同程度的腐蚀效果。这就使得管柱的腐蚀因素也变得极为复杂，CO_2分压、温度、氯离子含量和矿化度是影响CO_2腐蚀的主要因素；点蚀一旦形成会加速发展，导致油套管穿孔；氯离子会诱发金属发生点蚀坑。因此需要在不断的研究中，探索出注采井管柱防腐选材方法，形成防腐选材图版，能够有效确保储气库的安全生产。

参 考 文 献

[1] 薛继军 . S13Cr110 马氏体不锈钢油管在高温高压 Weigh4 完井液中的应力腐蚀开裂性能[J]. 腐蚀与防护，2021，42(09)：35-38.

[2] 潘丽娟，龙武，霍锦华 . P110 与 P110S 钢在套管环空液中的腐蚀行为研究[J]. 材料保护，2021，54(07)：56-62.

[3] 王兆会，陈俊 . 大张坨储气库井油套管腐蚀规律分析[J]. 石油钻采工艺，2020，42(06)：791-796.

[4] 陈彦超 . 注水井油套环空带压影响因素分析及对策[J]. 化学工程与装备，2020(09)：138-139.

[5] Kinsella B, Tan Y J, Bailey S. Electrochemical impendence spectroscopy and surface characterization techniques to study carbon dioxide corrosion product scales. Corrosion, 1998, 54: 835-841.

[6] Ikeda A, Ueda M, Mukai S. CO_2 Behavior of Carbon and Cr Steels. Corrosion 1984; New Orleans, NACE Internat ional, 289.

[7] Burke P A. Synopsis, Recent Progress in the Understanding of CO_2 Corrosion. Corrosion/1985, Houston, NACE Int ernational, Paper No. 1

[8] Takabe H, Ueda M. The formation behavior of corrosion protective films of low Cr bearing steels in CO2 environments. Corrosion, 2001, Paper No. 01066.

[9] Schmitt G, Engels D. SEM/EDX analysis of corrosion products for investigation on metallurgy and solution effects in CO_2 corrosion. Corrosion, 1988, Paper No. 149

[10] 王云，张建军 . 地下储气库注采井临界冲蚀流量优化计算方法[J]. 天然气工业，2019，39(11)：74-80.

[11] 贺梦琦 . 地下储气库注采气完井管柱的设计与应用[J]. 石油工业技术监督，2019，35(11)：62-65.

[12] 刘伟 . 喇嘛甸储气库套管柱检测技术实践与安全评估[J]. 采油工程，2019(04)：74-79.

储气库出砂在线监测技术研究与应用

刘永为

（中国石油辽河油田分公司储气库公司）

摘　要　为解决储气库注采井采气过程中的出砂问题，延长采气流程及设备使用寿命，从注采井出砂监测技术进行研究，形成了完善的在线出砂监测技术。以监测数据为导向，完整的出砂监测分析机制可以对注采井出砂监测技术的调整方案进行系统分析。通过必要的测试评价手段，还可以对注采井的出砂监测技术的实用性进行评价，为储气库注采方案的制订、单井最大生产压差的控制以及注采井管理提供数据支持。

关键词　地下储气库；注采气井；出砂监测；雷 61 区块

为了 2060 年以前顺利实现双碳目标，必须依靠能源的供需结构转变，从高碳向低碳、无碳能源转型。为满足不平衡的天然气供需结构，储气库成为天然气储存的最佳方式。本文从出砂监测需求出发，依靠现有的技术手段，建立起出砂监测机制，并对其监测结果进行测试，以确保监测结果的可靠性，为出砂监测技术的优化、应用以及测试结果及防治等工作的开展奠定理论依据。

1　油藏地质特征及防砂概况

1.1　雷 61 储气库油藏地质特征

雷 61 块构造上位于辽河坳陷西部凹陷陈家洼陷北侧，高点埋深约为 1192m，地层向北西方向倾斜，构造幅度 200m，测井解释孔隙度为 24～34%，平均孔隙度 27%，渗透率 500～1400mD，平均渗透率 638.8mD，属高孔高渗边水气藏，设计库容 $5.25\times10^8m^3$，工作气量 $3.4\times10^8m^3$。

1.2　雷 61 储气库建设概况

雷 61 储气库于 2020 年 8 月建成投产，隶属于辽河储气库群，是在国内同批次储气库中首个开工、首个建成、首个投产，首个实现压缩机国产化的储气库，有效缓解了周边地区冬季用气紧张的局面，极大地发挥东北天然气季节调峰作用。在雷 61 储气库先期建库阶段，无论是钻井还是作业完井均发现不同程度的地层出砂现象，而在储气库的采气期，随着天然气的不断生产、地质条件的不断变化，导致地层砂不断进入井筒之中，导致出砂的发生。出砂会对储气库生产和安全造成严重影响：注采气量下降，影响达容，经济损失严重；砂粒降低临界冲蚀流量，损坏设备，增加维护工作量；为储气库平稳运行带来安全隐患。虽然前期对所有的注采井进行了先期防砂措施，但是为了避免上述问题的发生，有效应对出砂问题，需要对出砂量进行实时监测。依据出砂监测数据，评估井下状态，制订合适的防砂、治砂方案，并采取相应措施保证注采井出砂量控制在合理范围内，在保证天然气开采的同时，减少生产设备发生故障的概率，延长注采井服务年限。而目前尚缺乏针对储气库生产特点的成熟防砂技术体系，所以储气库出砂防治在建库阶段势在必行。

1.3　雷 61 储气库出砂情况

雷 61 储气库在钻井过程中发现储层不能形成完整的岩心，呈散沙状。在老井处理过程中，取出大量砂样，平均分选系数为 1.738，粒度中值 0.232～0.442mm。而在大气量的注采气过程中，在高流速状态下，势必会携带大量的地层砂进入采气工艺，造成后期处理难度加大；另外，由于地层埋深浅，地层胶结疏松，钻井过程中地层低压漏失，骨架砂不稳定，在一定程度上制约着防砂技术的选择，传统的人工井壁防砂后，地层砂会随着流体不同程度地侵入人工井壁，形成互混带，降低人工井壁渗透率。

1.4　雷 61 储气库防砂概况

2020 年，雷 61 储气库建库完井过程中实施水平井螺旋筛管完井技术应用 2 井次；自清洁梯缝筛管完井技术应用 1 井次；“外防+内挡”复合防砂技术应用 1 井次；注采—防砂一体化技术应用2井次；自清洁梯缝筛管防砂技术应用5井次，共计措施10井次。

2 出砂在线监测技术

2.1 出砂监测技术

出砂监测技术的研究源于20世纪70年代，主要是将出砂监测技术作为大量出砂导致砂侵事故时的预警设备，用于解决由于生产过程中大量出砂造成的停产事故。监测设备在采集信号的时候已将其认为用不到的信号进行滤波处理，这样就会造成采集信号的误差，损失掉一部分有用的信号；国内采用的方法大多是先对数据进行现场采集，然后利用数据处理软件对数据进行后期处理。出砂监测方法按照原理可分为超声波监测法超声波监测法、电阻(ER)监测法、振动监测法、X射线监测法、光纤声波监测法、声纳监测法等多种方法，最主要的是声测法和ER监测法。按照监测位置可分为地面监测法和井下监测法，按照监测方式可分为侵入式监测法和非侵入式监测法。

2.2 非侵入式出砂监测模型

储气库注采井出砂监测技术主要是通过对砂粒在采气过程中，与生产流程管壁相互碰撞所产生的高频振动信号进行持续性监测，从而计算出砂量相关信息，达到监测目的。从砂粒运动情况来看，当砂粒随着天然气进入到井筒内，受到重力、浮力、管壁撞击横向力等外力作用，其运动轨迹表现出一定的特殊性。目前，国内尚没有成熟的出砂监测装置，无法评估注采井存在的出砂情况。国外在出砂监测过程中，通常采用传感器等信号采集设备，对井内的砂粒数量、天然气生产情况等进行分析。在国外技术经验的基础上，我国注采井在出砂监测过程中，采取管外非侵入方式，对砂粒运动过程中碰撞管壁产生的信号进行采集、汇总。从实际情况来看，砂粒在运动过程中，运动速度随着不同采气量、不同行进区域变化较大，通过仿真数值模拟，非侵入式探头能够有效捕捉砂粒的撞击情况，为砂粒轨迹的模拟、撞击频率的判定提供数据支撑。

出砂监测技术是通过传感器、非侵入式探针，判定生产流程中砂粒运动速度以及出砂质量计算出砂粒的动能，从而推算出出砂程度。当砂粒运行到地面管道的转弯处，砂粒的运行方向发生改变，砂粒从流体中分离出来，对管道产生撞击，引发连续、高频的脉冲信号，脉冲信号通过管道内置的传感器被获取，并通过传感器的处理将信号进一步放大，放大信号在数据处理软件内，计算出井出砂量和出砂程度等参数，以此评估注采井出砂情况。而监测出砂信号主要采用超声波频段，具有的动能较大，在以金属为介质的管道壁上传输性极佳。因此在出砂监测过程中，可以使用非侵入式设备，对出砂信号快速收集与处理，保证井出砂数据获取的实时性。为此，设计出砂信号监测系统模型如图1所示。

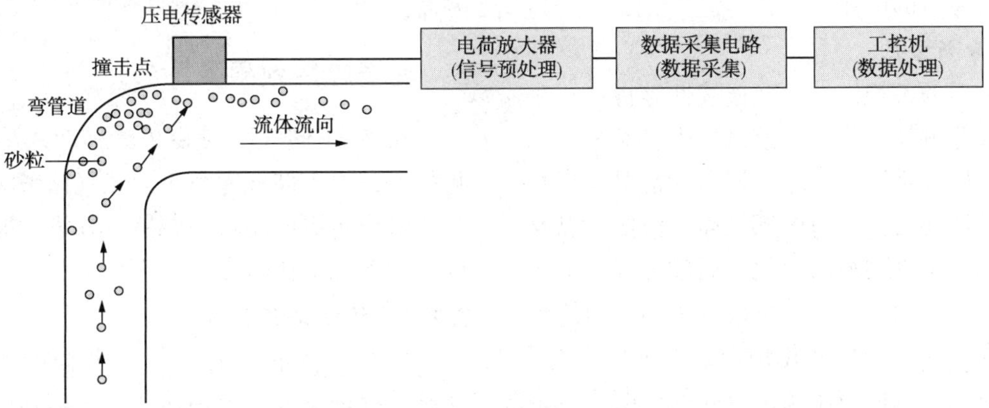

图1　非侵入式出砂监测模型

当管道中流体携带的砂运移到弯管处，由于高速流动，地层砂从流体中被挤出，撞击生产管线内壁，产生连续的超声波脉冲信号，信号通过金属管壁传输，被安装在弯管的压电传感器所采集，通过电荷放大器将信号转换为电信号。该信号作为动态信号经过滤波、放大等预处理，实时传输给数据处理设备，再通过数据处理软件对该信号进行相应的滤波，识别提通过出砂量的计算，出砂分析方案的制订、出砂数据处理机制的研究等，对出砂在线监测技术进行优化。

2.3 出砂量计算方法

由于地层压力的不同，砂粒会随着井内流体以一定的速度在管道中运动，管道中砂粒的大小具有差异性，撞击管壁产生的振动信号的强弱也不同，出砂监测根据输出信号的幅值对出砂量进行判断。由动能定理 $E=1/2mv^2$ 可知，砂粒的质量不同，具有的初始动能也不同，在一定的速度下，出砂量与输出电压信号之间的关系 Q 为：

$$Q=\frac{K}{\Delta\tau}\sum_{1}^{i} m_i v^2{}_i \quad (1)$$

式中，Q 为 $\Delta\tau$ 内电压的均值，V；$\Delta\tau$ 为时间间隔，s；K 为校正系数；m_i 为砂粒质量，g；v_i 为第 i 个砂粒运动速度，m/s。

由于砂粒初动能不同，当砂粒的动能达到一定程度时，与管道产生撞击产生的振动信号才有可能被传感器接收到。考虑到以上因素，管道内实际的出砂量为：

$$\sum_{1}^{i}\frac{m_i}{\Delta\tau}=C\,m_\tau \quad (2)$$

式中，C 为常数。可得出出砂量与传感器输出电压信号的关系 Q 为：

$$Q=p\,m_\tau v^2{}_i \quad (3)$$

式中，$p=KC$。在时间 $\Delta\tau$ 内，实际出砂量 M 为：

$$M=\int_{t_1}^{t_2} m_1 \mathrm{d}t=\frac{1}{kv^2}\int_{t_1}^{t_2}(Q-Q_s)\,\mathrm{d}t \quad (4)$$

式中，Q_s 为噪声的电压。

2.4 出砂分析方法

针对出砂的不稳定性以及连续性等特点，在实际的出砂监测技术优化调整过程中，通过动态监测加速信号等手段，及时掌握出砂情况。当井内发生出砂情况时，井筒内部气体、液体，以及颗粒物构成会发生明显的变化，通过了解这个变化，掌握出砂情况。为此，可以选用相应的传感器，对井内气体、液体变化情况进行实时监控，评估出砂情况。目前应用频率较高的压电式传感器，这类传感器能够对井内气体、液体运动过程产生的振动进行敏锐的捕捉，并将捕捉到的振动信号，传输到计算机系统之中，由计算机对传感器获取的振动信号的概率密度，以及功率谱密度等进行全面的分析工作。在分析过程中，分析不同流体的频谱特性，判定出砂情况。从实际使用情况来看，这种出砂监测方案实现了对原有出砂监测技术的优化调整，不仅能够快速、准确地获取各类振动信号，达到判定出砂情况的目的，同时还在很大程度上减少了噪声等外部因素对于整个出砂监测工作的影响。在实际的技术应用环节，除了做好传感器类别的选择之外，还需对信号传输交互模式做好相应的优化工作。在传感器的作用下，出砂产生的振动信号转化为电信号。为保证电信号的完整，避免出现失真的情况，可以采用滤波或者放大的技术方案，对电信号进行调控，使得电信号能够真实地反映出出砂情况。

2.5 出砂数据处理

为保证出砂数据的处理水平，在监测技术优化环节，对出砂数据进行系统化处理。从概率密度和功率谱密度两方面，对整个出砂监测环节产生的数据进行相应处理，实现对出砂情况的合理化管控。为提升出砂监测数据的准确性，获取内气体流速、砂粒大小等具体参数，通过概率密度、功率密度等的测试，在较短时间内完成单相气体测试、气砂测试等，通过对测试数据的分析、评估，准确获取出砂情况，并根据出砂量大小，制定合理生产压差，将出砂量控制在合理的范围内，在保证储气库单井产量的基础上，减少了注采气设备故障率，延长地面工艺流程的使用寿命。

3 现场应用效果

在雷 61 储气库安装 2 套移动式出砂在线监测装置，由于储气库属于天然气储采场所，井场全部采用防爆插座及传感器，并进行通信调试后进入到系统工作状态。

3.1 通信线路设计

综合考虑 5G、4G、光纤等通信手段的技术优势、维护成本、工程造价，选择利用光缆进行信息传输，在每个井场已有的防爆箱内安装监测主机，并将防爆箱与监测点之间埋地铺设通讯线缆，搭载防爆箱内端口，将信号传输至中控室监测服务器。(如图 2)

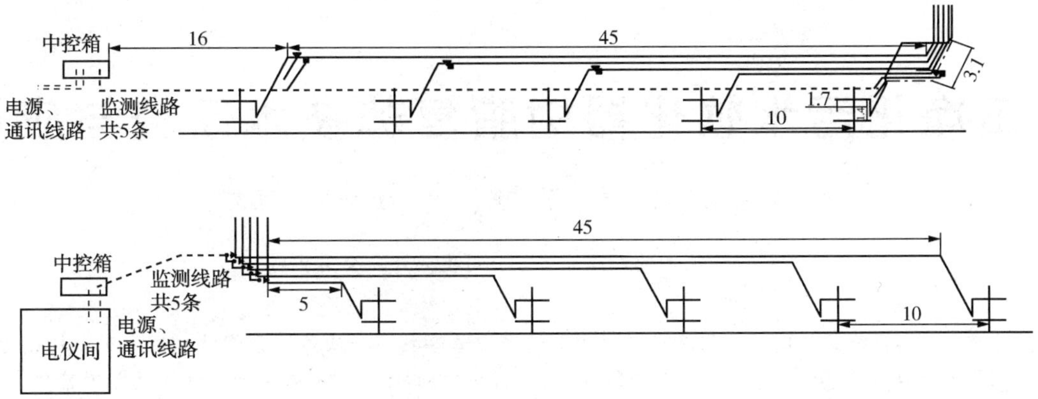

图 2　井场线路布置

3.2　监测情况

将设备完全安装以后，进行监测端的整体测试。测试结果表明通过传感器安装的尖峰信号测试，数据采集端可以采集到尖峰信号，确保对出砂信号的采集(见图 3)。

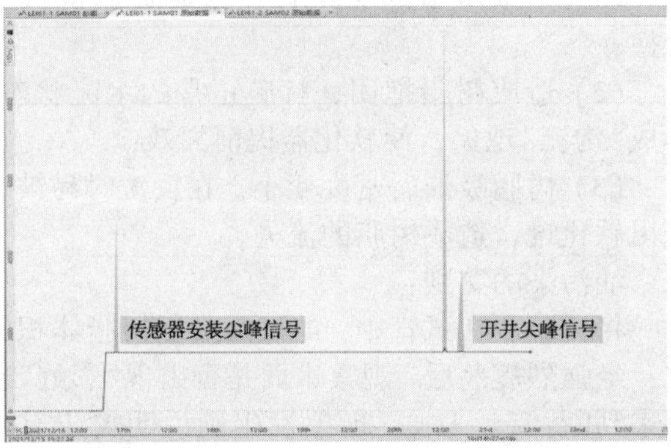

图 3　雷 61 储气库 X 井原始监测曲线

以某井为例，采取检测区间为 2021 年 12 月 23 日~2022 年 1 月 9 日，累计出砂达到 960g(见图 4)，最大出砂速率 23.2g/s。与地面分离器采集出砂量对比基本一致。该监测系统能够有效系统有效、稳定地对储气库注采井进行出砂监测，对储气库安全生产有重要意义，为确定单井产量、防砂等工作提供了数据支撑，达到预期应用目标。

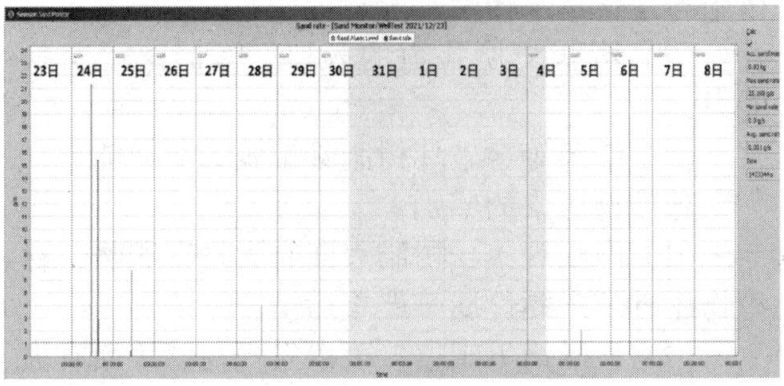

图 4　X 井出砂监测曲线

4　结语

(1) 出砂监测技术研发、应用以及测试工作，实现了对出砂的准确监测与有效控制，对制订采气方案、确定单井采气量起着至关重要的作用，对储气库的采气有着极为深远的影响。

(2) 以在线出砂监测技术作为研究核心，系统分析出砂监测技术优化调整方案，并通过必要的测试评价手段，对出砂监测技术的实用性进行考量，为后续相关实践工作的开展提供了便利。

(3) 为更好地完善优化在线出砂量监测体系，需要在技术构成、数据分析等角度出发，着力推进出砂在线监测技术走向的信息化、智能化。

(4) 未来可将出砂监测软件向一体化管理平台进行对接，实现出砂监测的数字化转型，并通过人工智能进行学习，为注采方案的制订，提供数据支持。

参　考　文　献

[1] 刘晋杰．便携式油气井出砂地面监测系统研究[D]．西安：西安石油大学，2017.

[2] 方传新，张昕，刘洋志，等．海上油气井出砂监测技术应用与实践[J]．中国石油和化工标准与质量，2020，40(9)：245-246，248.

[3] 宋汐瑾，张丽娟，党博．油气井出砂监测模拟实验方法研究[J]．管道技术与设备，2018(1)：4-6.

[4] 隋义勇，林堂茂，刘翔，等．交变载荷对储气库注采井出砂规律的影响[J]．油气储运，2019，38(3)：52-53.

[5] 韩雄，庞东晓，王峰．油气井试油作业数字井筒建设实践[J]．油气井测试，2018，27(2)：34-40.

[6] 周清泉．油气井智能分层测量技术研究[J]．化工管理，2018(1)：214-215.

[7] 张涛，刘莉娟，郭玉廷．油气井出砂在线监测技术[J]．油气井测试，2021，6：46-51.

油田净化污水软化器树脂复苏技术研究与应用

商振新　杨　洪　吴　军　鲍　静　王争光　程文莉

（中国石油新疆油田分公司重油开发公司）

摘　要　油田注汽锅炉回用净化污水过程中，受水中悬浮物、含油等因素影响，离子交换树脂污染、失效，软化器出口水质恶化，影响锅炉安全经济运行。针对树脂污染、失效问题，开展复苏工艺研究，分析污染原因、确定判断方法、建立树脂复苏药剂体系，开展复苏后的树脂现场试验及效果评价，为油田净化污水软化提供安全高效运行的途径。

关键词　油田净化污水；软化器；树脂复苏；降本增效；安全运行

新疆油田公司自2002年开始油田净化污水回用锅炉，在油田开发过程中既节约大量清水、燃料资源，又减少油田污水外排量，为油田循环经济运行做出了巨大贡献。但是净化污水中的悬浮物和油，会污染软化器中阳离子交换树脂。阳离子交换树脂受到污染又会使软化器的周期制水量下降，严重时甚至会下降到1/3以下，软化器出水水质恶化，并对锅炉等设备的安全经济运行造成严重的威胁。新疆油田目前每年有近200t树脂因污染失效报废，采购新树脂和报废处置都需要大量资金投入。因此对污染树脂进行及时的诊断和有效的复苏对水处理系统的经济运行具有很重要的意义 。

1　离子交换树脂的污染

新疆油田公司稠油热采注汽，是通过固定床的强酸阳离子树脂与油田净化污水中钙、镁离子发生离子交换，生产出硬度<0.1mg/L的软化水供给锅炉。在2002年污水回用锅炉时通过国内外同行业调研分析，得出利用原清水软化工艺满足污水回用锅炉的工艺要求并得到广泛应用。离子交换树脂是离子交换法的主要载体，它是由交联结构的高分子骨架与能理解的交换基团构成。当离子交换树脂使用一定时间后，由于有害物质的进入，常使得树脂表面被杂质包裹覆盖或是树脂内部交换孔道被杂志堵塞，造成树脂污染甚至中毒。出现这种情况可以通过树脂复苏来恢复树脂的交换能力。

1　树脂复苏技术方案的确定

2.1　树脂污染类型及判定方法

2.1.1　含油对树脂的污染

油田净化污水含油指标≤2mg/L，含油净化污水进入软化器后会在树脂表面形成一层薄膜，受到中度油污染的树脂颜色会变为棕色，重度污染时会变成黑色。

油污染的危害：

（1）堵塞树脂的交换孔道阻碍树脂的离子交换；

（2）造成树脂抱团，打破正常的水流状态，形成“沟流”现象，使软化器提前失效；

（3）树脂吸油后密度变小，在反洗时易被反洗出软化罐，造成树脂的流失。

油污染的鉴别：

将树脂放在试管中，加入两倍于树脂体积的水，经强烈震荡后，观察水面是否出现“彩虹”现象来判断，有“彩虹”现象发生则说明树脂有油污染发生。

2.1.2　悬浮物的污染

水中的悬浮物质颗粒直径在0.1~100μm的微粒。这些微粒主要是由泥沙、黏土、原生动物、藻类、细菌、病毒以及高分子有机物等组成，常常悬浮在水流之中，进入离子交换器时就会导致树脂污染。

悬浮物污染的危害：

（1）悬浮物紧裹着树脂表面的液膜层，隔绝树脂与净化污水接触；

（2）堵塞交换孔道的入口，降低离子交换能力；

（3）细菌等会破坏树脂骨架丧失交换能力。

悬浮物污染的鉴别：

（1）肉眼观察，树脂表面有大量存积物，存积物还有一定黏性属于严重污染；

（2）显微镜下观察，可以发现树脂表面有大量存积物，属于中度污染。

2.1.3　铁离子对树脂的污染

由于水中存在铁盐，在碱性环境下水解生成

氢氧化物絮状沉淀，这些物质就会导致树脂污染。

铁离子污染的危害：

（1）水解生成氢氧化物絮状沉淀会堵塞树脂孔道，影响了树脂的交换能力；

（2）当铁离子存在时，还会使树脂氧化，改变树脂结构，使树脂丧失交换能力。

铁离子污染的鉴别：

采用化学实验方法，清洗树脂后用盐酸浸泡树脂，取酸液加入一滴饱和的硫氰化胺，观察普鲁士蓝颜色深浅；由浅蓝色至不透明的棕黑色，可以判断树脂受到铁污染的严重程度，颜色越深铁离子污染越严重。

2.2 污染树脂基本构成

2.2.1 定量分析

（1）称取污染树脂 S_0，电热鼓风干燥箱 103～105℃干燥除去水份冷却后称重 S_1；

（2）加入两倍树脂体积的蒸馏水与树脂一同放入烧杯中，在超声波清洗机中进行清洗，温度设定为 55～60℃。

（3）重复第二部操作直至烧杯内水清澈透明，收集清洗水进行抽滤、烘干、称重 W_1 最后灼烧并称重 W_2。

（4）将过程（2）处理好的树脂烘干、称重 S_2。

（5）将过程(4)的树脂加入药剂处理，清洗干净烘干、称重 S_3。

记录实验步骤测得各过程如表 1 所示。

表 1　树脂样品质量情况

树脂样品	S_0	S_1	S_2	S_3	W_1	W_2
重量/g	50. 005	42. 12	39. 6225	39. 4325	2. 4975	1. 4985

超声波洗脱的树脂污染物占比 C_1 计算：

$$C_1=\frac{(S_1-S_2)\times 100}{S_1}=5.93\%$$

药剂洗脱的树脂污染物占比 C_2 计算：

$$C_2=\frac{(S_2-S_3)\times 100}{S_1}=0.46\%$$

超声波洗脱的有机物占比 C_3 计算：

$$C_3=\frac{(W_1-W_2)\times 100}{S_1}=2.38\%$$

2.2.2 实验流程

实验流程简述图如图 1 所示。

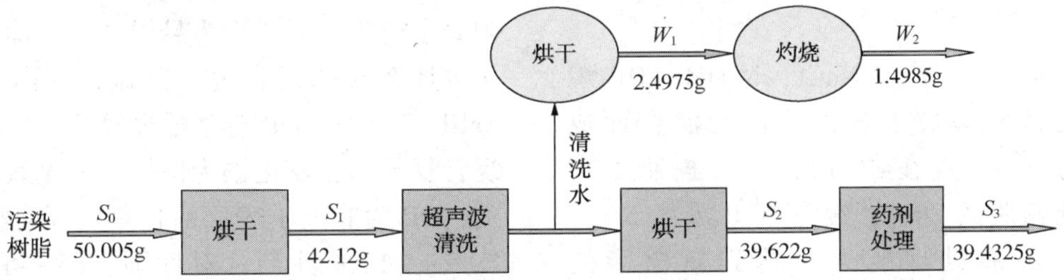

图 1　实验流程

2.2.3 实验说明和结果

实验说明：

（1）物理法（超声波）处理污染树脂去除物为树脂颗粒表层污染物；

（2）化学法（药剂）处理污染树脂去除物为树脂颗粒内部孔道污染物；

（3）灼烧超声波清洗水中固体溶解后，失去的（重量）是有机物污染。

实验小结：

树脂总污染物重量为污染树脂总重量的 6. 39%，其中悬浮物污染 3. 55%，有机物（油）污染占比 2. 38%，树脂孔道污染 0. 46%，如图 2 所示。

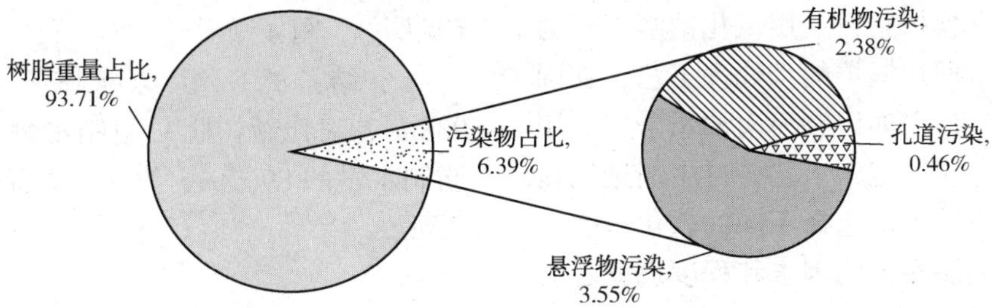

图 2　树脂污染物构成

从图 2 数据可以看出：新疆油田公司污水回用锅炉，污水软化过程中造成离子交换树脂污染的因素主要是悬浮物，有机物(主要是含油)。实验结果与生产现场相互印证。

2.3 树脂复苏工艺确定

2.3.1 药剂筛选

实验条件：原水硬度为 110mg/L，pH 值为 7。相关实验条件如表 2 所示。

表 2 相关实验条件及数据

药剂	树脂	树脂量/mL	浓度/%	温度/℃	周期制水量/mL	周期制水量占比/%
复苏剂 A	污染树脂 1	10	3	40	5120	67.95
	污染树脂 2	9.9	5		5690	76.27
	污染树脂 3	9.5	10		5530	77.25
	新树脂	10	—		7535	100
复苏剂 B	污染树脂 1	9.6	3	40	5725	79
	污染树脂 2	9.6	5		6915	95
	污染树脂 3	9.6	10		6950	96
	新树脂	10	—		7535	100

实验小结：

(1) 复苏剂 A(采用 NaCl、HCl、Na_2SO_4复合复苏剂)浓度在 3%时，复苏后树脂处理能力不足新树脂的 68%；复苏剂 A 浓度在 5%与 10%时，复苏后树脂处理能力相当，为新树脂的 77%左右。

(2) 复苏剂 B(采用 NaCl、NaOH、OP 烷基酚聚氧乙烯醚非离子表面活性剂混合而成的复合复苏剂)浓度在 3%时，复苏树脂处理能力不足新树脂的 80%；复苏剂 B 浓度 5%~10%时，复苏后处理能力在达到新树脂的 95%以上。

(3) 选用树脂复苏剂 B 体系，从经济上考虑选择浓度 5%。

2.3.2 工艺确定

污染树脂先初步筛选—清水清洗—盐水保护—反应罐—复苏剂—加热搅拌—清水清洗—盐水浸泡保护—待用。

2.3.3 行业对比情况

新疆油田公司选择两级固定床离子交换器、采用强酸阳离子交换树脂、选用氯化钠溶液作为再生剂的油田污水回用锅炉的水处理工艺，在国内油田是唯一的。辽河油田、河南油田采用采用弱酸阳离子交换树脂固定床工艺，再生剂选用盐酸和氢氧化钠。不同油田选择不同的软化再生工艺，离子交换树的脂污染的因素和程度也就各有不同。

目前离子交换树脂复苏方法主要有盐酸清洗法、还原复苏法、络和解析法。这些主要针对的是因铁、铝等金属离子造成离子交换树脂“中毒”失效而采用的复苏方法。新疆油田公司强酸阳离子树脂主要是因为悬浮物、含油以及两者因素叠加造成的树脂包裹覆盖污染而失效，采用 NaCl、NaOH、OP 烷基酚聚氧乙烯醚混合而成的复合复苏剂，氯化钠为保护剂，氢氧化钠为清洗剂，OP 为非离子表面活性剂。复合树脂复苏剂特点：(1)复苏剂针对性强；(2)可重复利用，使用后复合复苏剂残夜经沉淀过滤后液体可作为溶剂从新配药使用。复苏工艺特点：综合考虑兼顾失效树脂筛选、保护、清洗、复苏各环节效果。

3 运行效果

选取 5 供热站 8#水处理($72m^3/h$)进行复苏树脂对比试验。A 组树脂未换，为在用树脂；B 组更换复苏后的树约 3t；C 组更换新树脂约 3t(见图 3、图 4)。

小结：8# B 组复苏树脂平均制水量为 $938m^3$，对比新树脂 C 组制水量 $1042m^3$，是新树脂制水量的 89.7%，满足现场需求。约资金 140 万元。

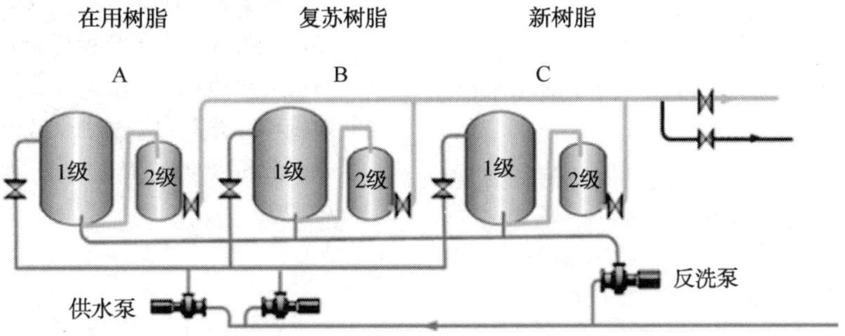

图 3　树脂复苏试验对比图

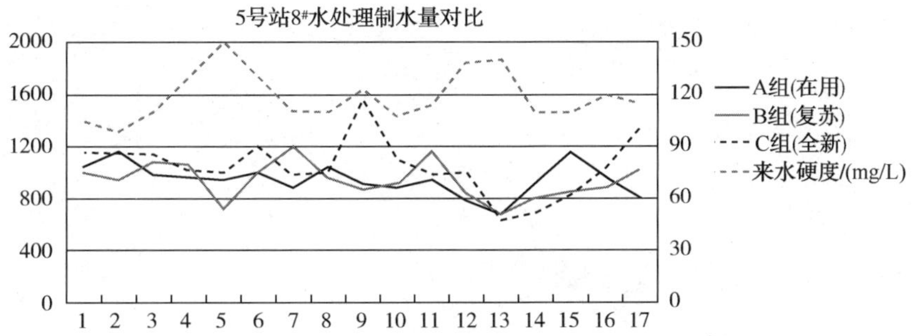

图 4　8# 水处理运行效果对比

4　效益分析

4.1　经济效益

油田每年超过 200t 以上树脂因失效而报废，为满足生产和危废处置环保要求，每年需采购补充树脂 7000 元/t，报废树脂处置需要有资质的承包商处理，处置费用 2800 元/t，两项合计需资金 196 万元。

经过树脂复苏恢复交换能力重新使用以后，每年采购新树脂减少 70% 以上，只需采购 30% 的新树脂费用约 42 万元；报废树脂处置量减少 70%，危废处置量只有 30% 费用 16.8 万元；树脂复苏费用 5000 元/t，复苏树脂总量每年约 140t，费用约 70 万元。三项总计约 128.8 万元。

树脂复苏前后经济效益对比节约资金 67.2 万元/年。

4.2　社会效益

树脂复苏技术研究针对污染树脂鉴别污染类型，分析树脂污染的主要原因，便于从源头进行水质控制，延长树脂使用寿命；减少了污染树脂形成的固废量，减轻了大量固废带来的环保风险，节约了固废处置费用，创造“降本”“环保”双效益。

5　结论

5.1　确定强酸阳离子交换树脂污染原因及所占比例

悬浮物和油是离子交换树脂污染的主要原因，经检测总污染物质量占比 6.39%，其中树脂表层油污染占比 2.38%，悬浮物污染占比 3.55%，树脂孔道污染物占比 0.46%。

5.2　树脂复苏工艺研究

树脂复苏工艺采用筛选预处理、溶胀处理、药剂混合、反应釜处理、药剂清洗置换、脱水共 6 个步骤，其中溶胀处理时间应不小于 30min，反应釜处理时需保证反应釜内温度在 50±5℃，可使反应更加充分。

5.3　药剂使用认识

树脂复苏药剂采用 B 型树脂复苏剂，同时复配渗透剂、表面活性剂，使用氯化钠溶液作为保护剂，可有效去除树脂表层污染物，复苏剂浓度控制在 5%～10%时污染物去除效果最好。

5.4　树脂复苏效果满足要求

现场试验数据表明，复苏树脂现场运行平稳，运行期间的平均制水量为 938m^3，对比新树脂制水量 1042m^3，是新树脂制水量的 89.7%，满足生产要求。

参 考 文 献

[1] 武占 . 油田注汽锅炉[M]. 上海：上海交通大学出版社，2008.

[2] 贾波，周柏青，李芹 . 阳离子交换树脂的污染与复苏。工业用水与废水，2003(05)：16-18.

[3] 国家能源局 . DL/T 673—2015 火力发电厂水处理用 001×7 强酸阳离子交换树脂报废标准[S]. 北京：中国电力出版社，2015.

[4] 桑俊珍，张利燕，王平，等 . 离子交换树脂的污染原因分析及防止措施[J]. 河北电力技术 2006(2)：19-20.